개념이 잡히는
디지털 전자회로
─○─ DIGITAL ELECTRONIC CIRCUITS ─○─

2판

강영국 지음

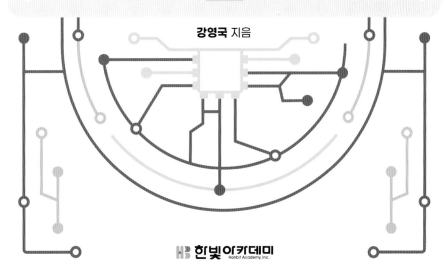

한빛아카데미
Hanbit Academy, Inc.

지은이 강영국 elekyk@daum.net

중앙대학교 전자공학과 대학원(DSP 회로 설계)을 졸업했다. 전자응용 및 통신 특급 기술자격을 보유하고 있으며, 육군에서 교수로 재직하며 전자공학을 가르쳤다. 대우통신 종합연구소, (주)SHARP, (주)LG전자에서 연구원을 역임했다. 현재 중소기업 및 Venture Engineering 기술(특허) 개발 · 기술위원(RF 회로 및 위성 송수신 장치, DSP 회로 설계 분야)으로 활동하고 있다. 또한 에듀피디 교육 채널에서 전자회로, 전기자기학, 통신이론과 전기, 전자 및 통신 분야의 기술고시를 지도하고 있다. 주요 저서로 『무선통신 기기와 시스템』(차송, 2006), 『알기 쉬운 무선통신 기기』(차송, 2010), 『알기 쉬운 디지털 전자회로』(차송, 2010)가 있다.

개념이 잡히는 디지털 전자회로 2판

초판발행 2024년 11월 18일

지은이 강영국 / **펴낸이** 전태호
펴낸곳 한빛아카데미(주) / **주소** 서울시 서대문구 연희로2길 62 한빛아카데미(주) 2층
전화 02-336-7112 / **팩스** 02-336-7199
등록 2013년 1월 14일 제 2017-000063호 / **ISBN** 979-11-5664-045-5 93560

총괄 박현진 / **책임편집** 김평화 / **기획 · 편집** 임여울
디자인 윤혜원 / **전산편집** 임희남 / **제작** 박성우, 김정우
영업 김태진, 김성삼, 이정훈, 임현기, 이성훈, 김주성 / **마케팅** 김호철, 심지연

이 책에 대한 의견이나 오탈자 및 잘못된 내용은 출판사 홈페이지나 아래 이메일로 알려주십시오.
파본은 구매처에서 교환하실 수 있습니다. 책값은 뒤표지에 표시되어 있습니다.

홈페이지 www.hanbit.co.kr / **이메일** question@hanbit.co.kr

지금 하지 않으면 할 수 없는 일이 있습니다.
책으로 펴내고 싶은 아이디어나 원고를 메일(writer@hanbit.co.kr)로 보내주세요.
한빛아카데미(주)는 여러분의 소중한 경험과 지식을 기다리고 있습니다.

전자회로 해석, 직관적으로 쉽게 해보자!

최근 우리나라는 반도체, 전자, 통신 산업의 급속한 발전 토대 위에 AI, 사물인터넷(IoT), 빅데이터, 클라우드 컴퓨팅 등 다양한 혁신 기술이 일상 및 산업 전반에 깊이 스며들고 있다. 이제 곧 사회에 진출하여 실무를 해야 할 전기, 전자 관련 공학도의 입장에서는 전자회로에 대한 통찰과 지식이 절실히 필요할 것이다.

이 책은 전자, 통신 분야의 기사/산업기사 자격증 및 군/공무원, 공기업 공채에 출제되는 주제를 중심으로 구성한 '디지털 전자회로' 이론서이다. 먼저 반도체의 필수 물성을 간략하게 학습한 후, 2단자 기초 소자(다이오드) 해석과 더불어, 전자회로의 꽃인 'BJT, MOS 트랜지스터, 연산 증폭기(OP-Amp)' 등 능동소자의 기본 회로 해석을 상세히 다룬다. 또한 이를 응용한 궤환/전력/발진/펄스 회로, 그리고 통신의 기본인 변·복조회로 등 아날로그 전자회로부터 디지털 전자회로 범위까지 폭넓게 학습할 수 있도록 구성했다. 특히 집적회로(IC)에 유용한 CMOS와 MOS형 차동 증폭회로에 대한 내용을 수록했으며, 각 장의 핵심 이론을 단순히 요약하는 데 그치지 않고 지루하지 않게끔 간단명료하면서도 빠짐없이 담아내기 위해 노력했다. 뿐만 아니라 여러 기업체의 현업 경험 및 20여 년에 이르는 전자회로 강의 내용을 바탕으로 혼자 힘으로도 회로를 해석 및 구현하며 흥미롭게 배울 수 있도록 직관적으로 설명했다.

그리고 전자회로의 개념을 이해하는 데 필수적인 풍부한 예제와 기출문제 기반의 객관식/주관식 연습문제를 수록했다. 특히 연습문제에 대한 해설은 문제 하단에 배치하여 학습한 이론을 스스로 정리할 수 있도록 했다. 이 책 한 권이면 어려운 전공 학습은 물론 전자, 정보, 무선통신 관련 자격증 대비와 국가/지방직 공무원, 군무원(5/7/9급), 공기업 취업 대비에도 부족함이 없을 것이다.

2판에서 달라진 점
2판에서는 일부 미흡한 주제에 대한 개념 설명을 보충하고, 학습 내용을 보다 짜임새 있게 재구성했다. 대표적인 예로, 스위칭(모드) 정전압 회로, 정전류원(전류거울) 바이어스 회로, 능동부하 및 CMOS 증폭기, 능동 필터(여파기) 회로 등의 실용적인 심화 내용을 대폭 추가했다. 특히 연습문제는 각 장의 주요 개념을 문제를 통해서 재정리하고, 각종 시험에도 대비할 수 있도록 출제 빈도가 높은 최신 유형의 문제 및 해설을 대폭 추가하며 업데이트했다.

감사의 글
이 책이 전자회로를 학습하는 이들에게 많은 도움이 되기를 바란다. 끝으로 책 한 권을 완성하기 위해 오랜 시간을 기다려주고 연일 부족한 원고를 가다듬느라 애써준 한빛아카데미(주) 여러분들께 거듭 감사드린다.

지은이 강영국

CHAPTER

01

반도체 다이오드 회로
Semiconductor Diode Circuit

이 장에서는 반도체의 개요 및 P형 및 N형 반도체의 특성을 중심으로 PN 접합 다이오드의 구조와 바이어스 상태에 대해 살펴보고, 회로 해석을 위한 특성곡선과 등가모델을 정리한다. 또한 다이오드의 응용회로의 동작과 특성을 해석하고, 특수 다이오드에 대한 기능과 동작특성 등 PN 다이오드의 전반에 대해 학습한다.

장 도입글

해당 장의 내용을 왜 배우는지,
무엇을 배우는지 설명합니다.

SECTION
1.1

반도체와 전류전도

이 절에서는 반도체 전자소자인 다이오드, BJT, FET, 특수 반도체 소자 및 IC 등의 동작과 특성을 이해하기 위해 원자이론과 반도체 물질에서의 전류전도를 숙지한다. 또한 전자소자의 구동에 앞서 소자를 구성하는 반도체 물질의 구조와 종류 및 반도체 특성에 대한 기본 지식을 배운다.

Keywords | 원자모델 | 반도체 물질의 전류 | 반도체 종류와 특성 |

1.1.1 물질의 원자모델과 반도체 전류전도

반도체와 같은 고체 물질에서 어떻게 전류가 흐를 것인지를 알기 위해서는 양자물리에 입각하여 물질의 특성을 유지하는 가장 작은 원소인 원자의 구조를 간략히 숙지해야 한다. [그림 1-1(a)]의 보어 bohr의 원자모델에서 보는 것처럼, 물질을 구성하는 모든 원자는 (+) 전기를 띤 양(성)자와 전기를

Keywords

해당 절에서 다루는
핵심 내용을 키워드로 보여줍니다.

Q 04 TR이 스위치로 동작할 경우와 증폭기로 동작할 경우, 컬렉터와 이미터 두 단자는 등가적으로 어떤 기능을 수행하나요?

A 04 스위치로 동작할 때는 '접점' 기능을 하는데, 스위치 on일 때는 '연결된 접점'으로, 스위치 off일 때는 '끊어진 접점'으로 볼 수 있다. 증폭기로 동작할 때는 '연결된 가변저항' 기능을 한다.

$$I_{C(on)} = \frac{V_{CC}}{R_C}$$

(a)　　(b) 접점 on

$$I_{C(off)} = 0$$

(c) 접점 off

$$I_C = \frac{V_{CC}}{R_C + R_i}$$

(d) 가변저항

[그림 3-16] 스위치와 증폭기의 등가 기능

Q & A

본문과 연계된 내용을
[질문]과 [대답] 형식으로 설명합니다.

예제 & 풀이

본문에서 다룬 개념을 적용한 문제와
상세한 풀이를 제공합니다.

참고

내용을 이해하는 데 도움이 되는
추가 설명을 제시합니다.

연습문제

각종 자격 시험과 공채 시험에 다년간
출제된 대표 문제들을 제시합니다.

* 문제 하단에 상세한 해설과 답안을
제시합니다.

* 본문에서 학습한 내용을 응용할 수
있는 주관식 문제를 제공합니다.

■ 강의 보조 자료

한빛아카데미 홈페이지에서 '교수회원'으로 가입하신 분은 인증 후 교수용 강의 보조 자료를 제공받을 수 있습니다. 한빛아카데미 홈페이지 상단의 〈교수전용공간〉 메뉴를 클릭하세요.

http://www.hanbit.co.kr/academy

■ 온라인 강의 안내

이 책을 기반으로 한 저자의 온라인 강의(유료)가 개설되어 있습니다. 해당 강의는 다음 경로에서 시청할 수 있습니다.

에듀피디(www.edupd.com) 홈페이지 접속 → 〈전자회로〉 검색 → 〈단과 바로가기〉 선택

■ 참고문헌

- Robert L. Boylestad, Louis Nashelsky, 『Electronic Devices and Circuit Theory, 11th Ed.』, Prentice Hall, 2012.
- Behzad Razavi, 『Fundamentals of Microelectronics』, John Wiley & Sons, 2008.
- Adel S. Sedra&K. C. Smith, 『Microelectronic Circuits, 7th Ed.』, McGraw-Hill, 2014.
- Thomas L. Floyd, 『Electronic Devices, 9th Ed.』, Prentice-Hall, 2011.
- Donald L. Schilling, 『Electronic Circuits』, McGraw-Hill, 1989.
- Jacob Millman, 『Microelectronics』, Mcgraw-Hill, 1986.
- 이영근, 『전자공학의 기초(개정판)』, 광림사, 1997.
- 菅谷光雄 & 中村征壽 저, 이용일 외 역, 『전자회로의 기초 연습』, 신화전산기획, 2000.
- 강영국, 『알기 쉬운 디지털 전자회로』, 차송, 2010.

CHAPTER 01 반도체 다이오드 회로

CHAPTER 02 전원회로

CHAPTER 03 **트랜지스터(BJT) 회로**

CHAPTER 04 전계효과 트랜지스터(FET) 회로

CHAPTER 07 전력 증폭기

CHAPTER 08 차동 증폭기

CHAPTER 09 연산 증폭기

CHAPTER 10 발진회로

반도체 다이오드 회로

Semiconductor Diode Circuit

이 장에서는 반도체의 개요 및 P형과 N형 반도체의 특성을 중심으로 PN 접합 다이오드의 구조와 바이어스 상태에 대해 살펴보고, 회로 해석을 위한 특성곡선과 등가모델을 정리한다. 또한 다이오드의 응용 회로 동작과 특성을 해석하고, 특수 다이오드에 대한 기능과 동작특성 등 PN 다이오드의 전반에 대해 학습한다.

SECTION 1.1

반도체와 전류전도

이 절에서는 반도체 전자소자인 다이오드, BJT, FET, 특수 반도체 소자 및 IC 등의 동작과 특성을 이해하는 데 필요한 원자이론과 반도체 물질에서의 전류전도를 숙지한다. 또한 전자소자의 구동에 앞서 소자를 구성하는 반도체 물질의 구조와 종류 및 반도체 특성에 대한 기본 지식을 배운다.

Keywords | 원자모델 | 반도체 물질의 전류 | 반도체 종류와 특성 |

1.1.1 물질의 원자모델과 반도체 전류전도

반도체와 같은 고체 물질에서 어떻게 전류가 흐를 것인지를 알기 위해서는 양자물리에 입각하여 물질의 특성을 유지하는 가장 작은 원소인 **원자의 구조**를 간략히 숙지해야 한다. [그림 1-1(a)]의 보어 ^{Bohr}의 원자모델에서 보는 것처럼, 물질을 구성하는 모든 원자는 (+) **전기**를 띤 **양(성)자**와 전기를 띠지 않는 **중성자**로 구성된 **원자핵**이 중심에 있고, (−) 극성의 **전기**를 띤 **전자**가 원 궤도를 따라 운동하는 구조로 이루어져 있다.

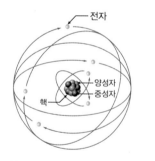

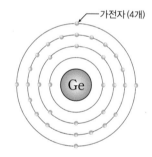

(a) 보어의 원자모델 (원자번호 : 6)   (b) 실리콘(Si) 원자의 구조 (원자번호 : 14)   (c) 게르마늄(Ge) 원자의 구조 (원자번호 : 32)

[그림 1-1] 원자의 구성

전자와 양(성)자는 **전기량의 크기**(1.6×10^{-19}[C])도 같고, 그 개수도 같다. 따라서 모든 **원자는 중성**이고 이 원자들로 구성된 모든 물질은 전기가 없는 중성으로 볼 수 있다. 그리고 양(성)자와 중성자는 질량이 동일하다. 즉, 원자핵(양성자 + 중성자) 덩어리는 전자의 질량에 비해 약 1,840배에 달해 거의 움직이지 않는다.

특히 최외각 궤도의 전자를 **가전자** $^{valence\ electrons}$라고 한다. [그림 1-1(b)]와 [그림 1-1(c)]처럼 4개의 가전자를 갖는 4족(4가 원자) 원자인 **실리콘** ^{Si}과 **게르마늄** ^{Ge}은 대표적인 단결정 반도체이다. 그리고 갈륨 ^{Ga}(3가 원자)과 비소 ^{As}(5가 원자)로 **갈륨비소** ^{GaAs}와 같이 화합물 반도체도 있다.

이와 같이 가전자 개수에 의해 물질의 특성이 결정되는데, 최외각 궤도의 전자가 8개인 경우는 매우 안정된 결합력을 갖는 절연체에 준하는 특성을 갖게 된다.

그래서 4가의 Si 원자는 8개의 전자를 구비하기 위해 인접하고 있는 좌우상하의 Si 원자들과 가전자를 하나씩 서로 공유하는 공유결합(다이아몬드 결정구조)으로 원자 간 결합을 형성한다.

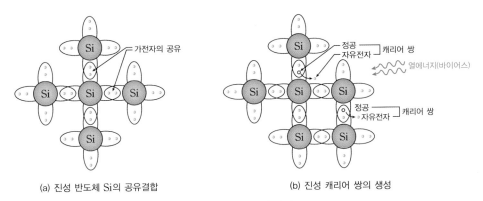

(a) 진성 반도체 Si의 공유결합   (b) 진성 캐리어 쌍의 생성

[그림 1-2] 진성 반도체 Si의 공유결합 및 진성 캐리어 쌍 생성

■ 반도체의 전류전도

반도체의 공유결합은 비교적 강한 결합이지만, 주위로부터 **열에너지 또는 광에너지(즉, 바이어스)**를 받으면 공유결합이 일부 깨지면서 결합에 구속되었던 가전자들이 결합 밖으로 튀어나와 반도체 내를 자유롭게 이동할 수 있는 **자유전자** free electron [1]가 된다. 이때 (−) 극성을 가진 전자가 생성된 바로 그 빈자리에 양(+)의 극성을 갖는 **정공** hole이 생성된다.

전자와 정공은 **반도체 결정 내를 자유롭게 이동**할 수 있으며, 음과 양의 전기를 띤 입자의 이동이라는 개념에서 캐리어 carrier라고 한다. 일단 캐리어가 생성된 반도체는 전기를 흘릴 수 있는 물질, 즉 전도성 물질이 되므로 도체 물질로 바뀌었다고 할 수 있다. 따라서 전기가 발생하면 전류가 흐르게 되는데, **전류는 시간당 전기량의 이동**$(I = \dfrac{\Delta Q}{\Delta t})$을 의미한다. 전자는 (−) 전기를 가지므로 전자의 이동방향과 반대로 전자전류가 흐르고, 정공은 (+) 전기를 가지므로 정공의 이동방향으로 정공전류가 흐른다.

이러한 물질에서 전류전도를 위해 반도체 물질은 캐리어가 생성되기 위한 최소 에너지 값인 **에너지 갭** E_g가 Si인 경우 $1.1[\text{eV}]$, Ge인 경우 $0.67[\text{eV}]$이며, 화합물 반도체 GaAs인 경우 $1.43[\text{eV}]$ 정도의 적절한 값을 갖는다. 그러나 절연체는 큰 장벽인 $E_g > 5[\text{eV}]$, 도체는 $E_g \cong 0[\text{eV}]$ 정도로 구분하고 있다. 여기서 $1[\text{eV}] = 1.6 \times 10^{-19}[\text{J}]$로서, $[\text{eV}]$는 전자운동에서 사용되는 에너지 단위이다.

---

1 이후부터는 간단히 '전자'라고 부르기로 한다.

1.1.2 진성(순수) 반도체

[그림 1-2]는 순수 Si 원자로만 구성되어 있는 Si **진성 반도체** intrinsic semiconductor이다. 진성 반도체는 상온에서 열에너지를 받으면 **가전자대(E_v)** valance band의 속박전자가 [그림 1-2(b)]와 [그림 1-3]에서 처럼 $E_g \cong 1.1[\text{eV}]$의 에너지를 받아서 가전자대를 이탈한다. 그리고 **전도대(E_c)** conduction band로 올라가서 자유롭게 이동하는 자유전자 캐리어가 된다. 반면 가전자대에서 전자가 빠져나간 자리인 정공 (홀)은 자유전자와 마찬가지로 양(+)전하를 가진 캐리어로서 가전자대에서 이동한다. [그림 1-3]은 이러한 캐리어들의 위치를 **에너지 밴드** energy band를 이용하여 나타냈다.

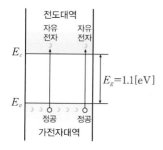

[그림 1-3] 진성 반도체의 에너지 밴드

[그림 1-3]은 진성 캐리어 '자유전자(n)−정공(p)' 두 쌍의 생성 예를 보여준다. 그러나 실제로 열적으로 생성되는 진성 캐리어 농도는 상온에서 약 $n_i(= n = p) = 1.5 \times 10^{10}[\text{개}/\text{cm}^3]$ 정도로 적고, Si의 경우 **1.1[eV]**만큼의 에너지가 필요하다. 이런 진성 반도체에 불순물(3가 또는 5가의 가전자를 갖는 원소들)을 **도핑** doping(주입)하면 매우 적은 에너지($E_g \cong 0.05[\text{eV}]$ 정도)로 상온에서 훨씬 많은 캐리어를 쉽게 만들 수 있는 **불순물(외인성) 반도체**가 된다. 이들 불순물(외인성) 반도체가 이 책에서 다루게 될 다이오드, BJT, FET, IC 등을 제작하는 데 사용된다.

1.1.3 N형 반도체

[그림 1-4(a)]와 같이 Si의 진성 반도체에 5가의 가전자를 갖는 원소들인 **비소**As, **안티몬**Sb, **인**P, **납**Pb, **비스무트** Bi 등의 불순물을 첨가한다고 하자. 그러면 비소의 5개 가전자 중 4개는 주위의 4가 Si 원자들과 공유결합을 하고, 나머지 1개의 잉여(과잉) 전자는 낮은 에너지($E_d \cong 0.05[\text{eV}]$: 도너 준위)에서 전도대로 보내져 쉽게 음(−)전하 캐리어인 자유전자가 생성되므로 **N형 반도체**라고 한다. 이때 5가 원소는 주위에 자유전자를 공급하므로 **도너** donor라고 한다. [그림 1-4(b)]에 보이는 것처럼 도너인 비소는 전자 1개를 방출했으므로, 움직이지 못하는 (+) 극성을 가진 **공간전하인 (+) 도너 이온**으로 공유결합에만 가담하며 남아있게 된다. 이는 전류를 만드는 캐리어가 아님을 기억하기 바란다.

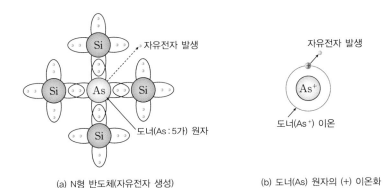

(a) N형 반도체(자유전자 생성)   (b) 도너(As) 원자의 (+) 이온화

[그림 1-4] N형 반도체 구성과 캐리어 생성

[그림 1-5]는 N형 반도체의 에너지 밴드로, 전도대에 있는 **자유전자**는 농도가 훨씬 큰 **다수 캐리어**이고, 가전자대에 있는 열생성된 **정공**은 극소수의 **소수 캐리어**임을 보여준다. 여기서 주목할 것은 Si의 에너지 장벽(E_g)은 $1.1[\text{eV}]$인 반면, 5가 원자(As)의 5번째 잉여전자는 에너지 장벽인 도너 준위 $E_d \cong 0.05[\text{eV}]$로서, 훨씬 작은 에너지로 자유전자가 될 수 있다는 점이다.

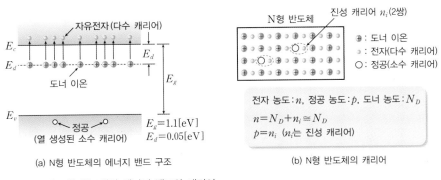

(a) N형 반도체의 에너지 밴드 구조   (b) N형 반도체의 캐리어

[그림 1-5] N형 반도체의 에너지 밴드와 캐리어

결론적으로 **불순물**을 **다량**으로 **도핑**시킬수록 많은 캐리어(자유전자)가 손쉽게 생성되므로 전기적인 **저항이 감소**되어 전류전도가 증대된다.

> **참고** 금지대(E_g) 영역 내에서 전자가 존재(50[%] 확률)할 수 있는 최고의 에너지 준위를 페르미 준위(E_f)라고 한다. 진성 반도체의 경우에는 금지대역 중앙에, N형 반도체의 경우에는 전도대역 바로 밑($\cong E_d$)에 페르미 준위가 형성된다.

1.1.4 P형 반도체

[그림 1-6(a)]와 같이 Si의 진성 반도체에 3가의 가전자를 갖는 원소인 **붕소**[B], **알루미늄**[Al], **갈륨**[Ga], **인듐**[In] 등의 불순물을 첨가한다고 하자. 이때 붕소는 가전자가 3개뿐이므로 공유결합을 위해서는 전자 1개가 부족하여 전자의 빈자리인 정공을 생성하며, 동시에 인접한 Si 원자로부터 낮은 에너지 ($E_a \cong 0.05[\text{eV}]$: **억셉터 준위**)에서 전자 1개를 쉽게 끌어들이고, 동시에 인접한 Si 원자에는 빠진

전자 자리에 양(+)전하 캐리어인 정공을 가전자대에 생성시킨다. 이를 **P형 반도체**라고 한다. 반면, 여기서 전자를 받아들이는 **억셉터** accepter인 붕소 원자는 [그림 1-6(b)]에서 보는 것처럼 움직이지 못하는 (−) 극성을 가진 **공간전하인 (−) 억셉터 이온**으로 공유결합에 가담하며 남아있게 된다. 이는 전류를 만드는 캐리어가 아님을 기억하기 바란다.

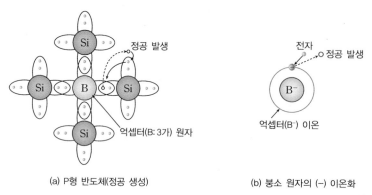

(a) P형 반도체(정공 생성) (b) 붕소 원자의 (−) 이온화

[그림 1-6] P형 반도체 구성과 캐리어 생성

[그림 1-7]은 P형 반도체의 에너지 밴드로, 가전자대에 있는 **정공(홀)**의 농도가 훨씬 큰 **다수 캐리어**이고, 전도대에 있는 열생성된 **자유전자**는 극소수의 **소수 캐리어**임을 보여준다.

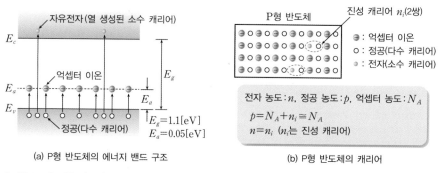

(a) P형 반도체의 에너지 밴드 구조 (b) P형 반도체의 캐리어

[그림 1-7] P형 반도체의 에너지 밴드와 캐리어

결론적으로 **불순물을 다량으로 도핑**시킬수록 많은 캐리어(정공)가 손쉽게 생성되므로 전기적인 **저항이 감소**되어 전류전도가 증대된다.

참고 P형 반도체의 페르미 준위(E_f)는 가전자대 바로 위($\cong E_a$)에 형성된다.

SECTION 1.2

PN 접합 다이오드

이 절에서는 P형 반도체와 N형 반도체를 접합시킨 2단자 소자인 PN 접합 다이오드의 구조와 기본 동작 상태를 학습한다. BJT, FET, 특수 반도체 소자 등을 구현하고 회로 해석을 위한 가장 기본적인 PN 접합 이론을 숙지하여 반도체 전자소자의 응용을 위한 기초 지식을 정리한다.

Keywords | PN 접합 다이오드 구조 | 순바이어스와 역바이어스 상태 | 항복상태 |

1.2.1 PN 접합 다이오드의 구조

[그림 1-8]에서 볼 수 있듯이, Si 결정 내의 한쪽은 3가 불순물을, 다른 쪽은 5가 불순물을 도핑하여 P형 반도체와 N형 반도체가 서로 경계를 이루는 PN 접합이 형성된다. 일반적으로 이를 PN **접합 다이오드** PN junction diode라고 하며, 간단히 말해 다이오드라고 한다. 다이오드의 P형 쪽 양극 단자를 **애노드** Anode(A), N형 쪽 음극 단자를 **캐소드** Cathode(K)라고 하며, 도통(on)이 되면 화살표 방향으로만 전류가 흐르는 **단방향 2단자** 소자이다.

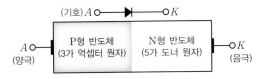

(a) PN 접합 다이오드의 구조와 기호

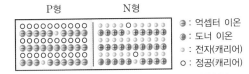

- 다수 캐리어 : P형(정공), N형(전자)
- 소수 캐리어(열 생성된 2쌍) : P형(전자), N형(정공)

(b) PN 접합의 캐리어와 이온

[그림 1-8] PN 접합 다이오드의 구조

■ 확산이동에 의한 열평형 상태

[그림 1-9]는 PN 접합 다이오드의 전류 캐리어(정공, 자유전자)들만 나타낸 구조이다.

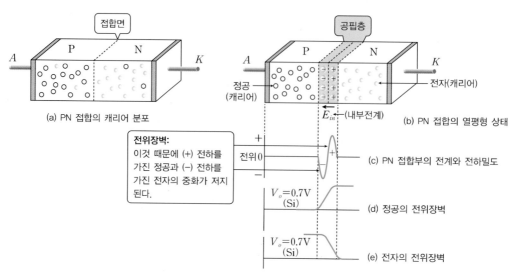

[그림 1-9] PN 접합의 확산이동과 열평형 상태

[그림 1-9(a)]처럼 PN 접합을 시킨 순간, N형 쪽보다 P형 쪽에 정공이 훨씬 많아 양쪽에 캐리어의 농도 기울기가 형성된다. 따라서 외부의 에너지(바이어스) 없이도 **확산**^diffusion**이동**을 한다. 즉 P형 쪽의 다수 캐리어인 정공은 N형 쪽으로, N형 쪽의 다수 캐리어인 전자는 P형 쪽으로 확산이동을 하면서 상대 영역에 있는 다수 캐리어와 **재결합**^recombination하여 소멸하게 된다. 결국 [그림 1-9(b)]와 같이 접합부의 P형 쪽은 (-) 억셉터 이온만, N형 쪽은 (+) 도너 이온만 존재하는 **이온층**인 **공핍층**^depletion region 혹은 **공간전하 영역**이라 불리는 접합부가 생긴다. 한편, 그 접합부에는 움직이지 못하는 이온들이 갖고 있는 공간전하에 의해 **내부전계**(E_{in})가 형성된다. 이 전계는 정공과 전자의 확산이동을 저지하는 방향으로 힘이 작용하므로 결국 **확산력과 이 전계의 저지력이 상쇄되어 확산이 중단되는 열평형 상태**^thermal equilibrium에 이르게 된다. 이 상태에서는 캐리어의 이동이 없고 전류도 흐르지 않는다.

그리고 공핍층은 캐리어 없이 도너 이온과 억셉터 이온만으로 형성되므로 N형 쪽에서 P형 쪽으로 전위차가 생긴다. 이를 [그림 1-10(b)]와 같이 **접합 전위차**^junction potential 혹은 **전위장벽**^potential barrier이라고 하며, **Si의 경우 약 0.7[V], Ge의 경우 약 0.3[V] 정도**이며 다음 식으로 나타낼 수 있다. 여기서 $V_T = \dfrac{KT}{e}$는 열전압으로 상온에서 $26[\text{mV}]$ 정도이다. N_A, N_D, n_i는 각각 억셉터 농도, 도너 농도, 진성 캐리어 농도를 의미한다.

$$V_O = \frac{KT}{e}\ln\left[\frac{N_A \cdot N_D}{n_i^2}\right] = V_T \ln\left[\frac{N_A \cdot N_D}{n_i^2}\right]$$

(1.1)

이 식을 보면 진성 캐리어(n_i)에 대해 불순물 농도 N_A, N_D가 클수록, 또는 주위 온도 T가 증가할수록 V_O가 증가함을 알 수 있다. 그리고 접합부에 형성된 공핍층은 서로 다른 종류의 전하를 갖는 2개의 절연층이 서로 마주 보고 있는 형태로 되어 [그림 1-10(a)]와 같이 **접합 커패시터(천이 커패시터)** transition capacitor C_T를 형성하는데, 역바이어스 전압이 증가하여 공핍층 폭이 넓어질수록 C_T이 감소한다. 한편, 순바이어스 상태에서는 다수 캐리어들의 확산이동에 따른 전하의 축적에 의한 확산 커패시터 C_D가 형성된다.

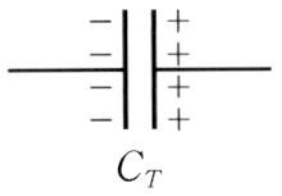

(a) 접합부의 커패시터 C_T

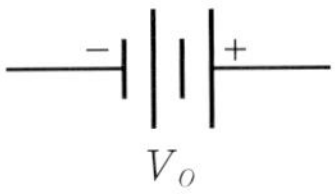

(b) 장벽전압 V_O

[그림 1-10] 접합부의 용량과 장벽전압 형성

예제 1-1

PN 접합에서 도너 농도 N_D가 억셉터 농도 $N_A = 10^{16}$개/cm^3의 2배로 도핑되었을 때, 상온 $T = 300°K$에서 접합 전위차 V_O를 구하여라(단, $T = 300°K$에서 진성 캐리어 $n_i (n = p)$는 1.5×10^{10}개/cm^3, $V_T = \dfrac{KT}{e} = 26[mV]$, $K = 1.38 \times 10^{-23}[J/°K]$: 볼츠만 상수, $e = 1.602 \times 10^{-19}[C]$이다).

풀이

상온에서 PN 접합의 전위장벽은 식 (1.1)을 이용하여 다음과 같이 계산한다.

$$V_O = V_T \ln \left[\frac{N_A \cdot N_D}{n_i{}^2} \right] = 26 \times 10^{-3} \ln \left[\frac{10^{16} \times 2 \times 10^{16}}{(1.5 \times 10^{10})^2} \right] = 0.715[V]$$

1.2.2 PN 접합 다이오드의 바이어스

바이어스 bias는 전자회로에서 반도체 소자의 동작조건을 맞추기 위해 인가되는 전압으로, [그림 1-11]과 같이 **순방향** forward 바이어스와 **역방향** reverse 바이어스로 나뉜다. 순바이어스의 다이오드는 전류를 흘릴 수 있는 상태(스위치 on[도통])로 동작하고, 역바이어스의 다이오드는 전류를 흘릴 수 없는 상태(스위치 off[차단])로 동작하기 때문에 다이오드를 **전자 스위치로 등가화**할 수 있다.

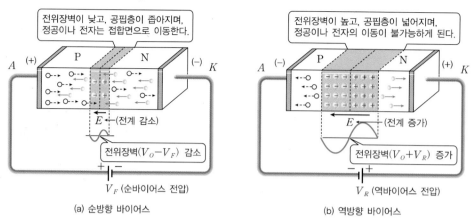

[그림 1-11] 순방향 및 역방향 바이어스의 다이오드 상태

순방향 바이어스

[그림 1-11(a)]를 보자. 순방향 바이어스 전압 V_F는 접합 전위차(전위장벽) V_O와 반대 극성이므로 **전위장벽이 $(V_O - V_F)$로 낮아지고**, 전계의 세기도 감소되어 중단되었던 다수 캐리어의 확산이 재개된다. 이로써 점차 공핍층이 메꿔지면서 축소되므로 많은 양의 **다수 캐리어들이 확산이동**을 하게 되고, 다이오드의 **순방향 전류 I_F**가 흐르게 된다. 간단히 말해, 애노드에 인가된 (+) 전압은 (+) 정공을 N형 쪽으로 밀어 이동시키고, 캐소드에 인가된 (-) 전압은 (-) 전자를 P형 쪽으로 밀어 이동시키므로 순방향 전류가 흐르게 된다. 이때 다수 캐리어들이 확산이동을 하여 떠난 빈자리에는 인가된 바이어스 전압의 (+) 단자로부터 정공을, (-) 단자로부터 전자를 계속 공급하여 보충시키게 되므로 순방향 전류 I_F가 계속 흐르게 된다는 점에 유의하자.

한편 [그림 1-11]에 나타내지는 않았지만, 열적으로 생성되는 극소수의 **소수 캐리어**는 공핍층 내의 **전계에 의한 드리프트** drift 이동$(I_O,\ I_S)$으로 거의 무시될 수 있는 크기이다. 따라서 순방향 전류 I_F는 지수함수적으로 표현되는 다수 캐리어의 확산이동에 의한 전류로서, 다음과 같이 다이오드 전류-전압 관계식으로 나타낼 수 있다. 여기서 $I_O(I_S)$는 다이오드 역방향 전류, $V_T = \dfrac{KT}{e}$는 열전압, K는 볼츠만의 상수$(1.38 \times 10^{-23}[\mathrm{J/K}])$이다.

$$I_D = I_F + (-I_O) = I_F - I_O \tag{1.2}$$

$$I_D = I_O(e^{\frac{eV_D}{KT}} - 1) = I_O(e^{\frac{V_D}{V_T}} - 1) \tag{1.3}$$

■ 다이오드의 순방향 바이어스 등가회로 (스위치 on)

[그림 1-12]와 같이 양극(애노드)에 음극(캐소드)보다 높은 전압을 걸어주는 경우를 이상적인 다이오드라고 가정하면, 마치 스위치가 도통상태인 것처럼 (+)에서 (-)로 전류가 흐르게 된다. 그러나 실제 다이오드인 경우는 [그림 1-12(c)]와 같이 미소한 **순바이어스 저항(r_d)**을 갖는 스위치 동작을 한다.

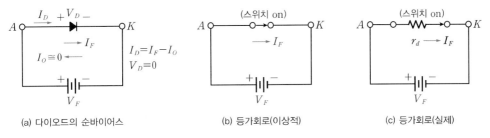

(a) 다이오드의 순바이어스　　(b) 등가회로(이상적)　　(c) 등가회로(실제)

[그림 1-12] 다이오드의 순바이어스와 등가회로

역방향 바이어스

[그림 1-11(b)]를 보자. 역방향 바이어스 전압 V_R은 접합 전위차(전위장벽) V_O와 동일 극성이므로 **전위장벽이 $(V_O + V_R)$로 높아지고**, 전계의 세기도 증가되어 접합면을 통과하는 **다수 캐리어의 확산 이동이 불가**하다. 즉, 애노드에 인가된 (−) 전압은 P형 반도체의 다수 캐리어인 정공을 바깥으로 끌어 당기고, 캐소드에 인가된 (+) 전압은 N형 반도체의 다수 캐리어인 전자를 바깥으로 끌어당기므로 그만큼 공핍층이 넓어진다. 공핍층은 계속 넓어지다가 접합 전위(전위장벽)가 외부 바이어스 전압과 같아질 만큼 높아지면 강한 전계가 형성되어 다수 캐리어의 확산을 차단시키고, 순방향의 다이오드 전류 I_F는 0이 된다.

그러나 열적으로 생성되는 **소수 캐리어**(즉, P형 쪽의 전자, N형 쪽의 정공)가 공핍층에 존재하는데, 이들은 접합부에 형성된 강한 전계에 이끌려 접합면을 통과하는 **역방향 드리프트 포화전류(누설 전류)** reverse saturation current $I_O(I_S)$를 흐르게 한다. 이 전류는 역바이어스 전압의 크기에는 무관하고, 접합부의 온도에 좌우되며, 역방향 전류를 약 2배/10℃ 정도 증가시킨다.

■ 다이오드의 역방향 바이어스 등가회로 (스위치 off)

이상적인 다이오드라고 가정할 때, [그림 1-13]과 같이 양극(애노드)에 음극(캐소드)보다 낮은 전압을 걸어주는 경우는 마치 스위치가 차단(off)되는 것처럼 전류가 흐르지 않게 된다. 그러나 실제 다이오드의 경우는 [그림 1-13(c)]처럼 미소한 역포화 전류([nA] 정도)가 흐른다.

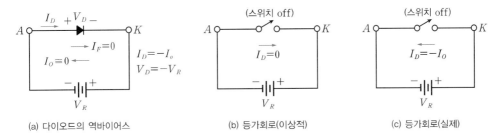

(a) 다이오드의 역바이어스　　(b) 등가회로(이상적)　　(c) 등가회로(실제)

[그림 1-13] 다이오드의 역바이어스와 등가회로

■ 역바이어스의 접합 커패시터 C_T의 접합용량의 변화

역방향 바이어스 전압의 크기에 따라 공핍층의 폭이 변화되므로 이때 접합부에 형성되는 **접합(천이) 커패시터 C_T**의 정전용량도 변화된다. 역바이어스 전압이 증가하면 공핍층은 넓어지는데, 이때 정전 용량은 감소($C_T \propto \dfrac{1}{\sqrt{V_R}}$)하는 관계를 갖는다. 이러한 정전용량의 가변특성을 응용하는 **특수 다이 오드** varactor diode를 후에 다룰 것이다. 참고로, 순방향 바이어스에서도 다수 캐리어들의 확산운동으로 접합을 넘어 서로 이동하므로, 공핍층의 끝부분에서 많은 양의 전하가 축적되면서 C_T([pF] 정도)보다 훨씬 큰 **확산용량 C_D**(수 [nF] 정도)가 형성된다. 순방향 바이어스에서는 C_T를 무시할 수 있다.

다이오드의 항복상태

다이오드의 역바이어스 전압이 어느 한계치를 넘겨 증가하면 역방향 전류가 급격히 증가하여 큰 전력 손실로 인한 손상을 일으키는 **항복현상** break-down이 발생하므로 그 항복전압(V_{BK}) 범위 이내에서 사 용해야 한다.

■ 애벌런치 항복 (전자사태 현상)

애벌런치 항복 avalanche break-down은 보통 **수십 [V]의 큰 역바이어스 전압**에서 넓은 공핍층 내에 형성 된 강한 전계가 공핍층 내에 열적으로 생성된 **소수 캐리어(전자-정공쌍)를 가속시켜** [그림 1-14(a)] 와 같이 공핍층 내 결정원자들의 공유결합을 연쇄적으로 파괴시키고, 이로써 생성되는 무수한 캐리어 쌍에 의해 큰 역방향 전류가 흐르게 되어 다이오드를 파괴하는 현상이다.

■ 제너 항복

제너 항복 zener break-down이란 불순물 농도를 강하게 도핑시켜 공핍층의 폭을 매우 좁게 하여 **낮은 수 [V]의 역전압**에서도 **큰 전계($E = \dfrac{V}{d} \cong 10^6 [\text{V/cm}]$ 정도)가 형성**되면, 공핍층 내 원자의 가전자의 결합을 끊어줌으로써 생성되는 대량의 전자-정공 쌍의 캐리어에 의해 큰 역방향 전류가 흐르게 되는 현상이다. 이는 [그림 1-14(b)]와 같이 전위장벽(공핍층)의 폭이 매우 좁아 **터널효과**로 인해 가전자들 이 반대쪽 전도대로 이동하게 된다. 이 제너 항복은 역방향으로 흐르는 최대 전류를 제한하고, 전류에 의한 전력손실에도 다이오드가 손상되지 않도록 한다.

> 참고 제너 다이오드는 다이오드 전류에 무관하게 다이오드 양단 전압(제너 전압이라고 함)이 일정하게 유지되는 정전압 회 로에 응용할 수 있도록 한 특수 다이오드로, 차후에 자세히 다루기로 한다.

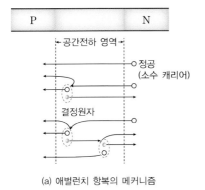

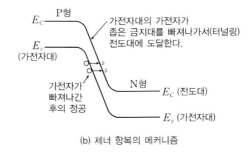

(a) 애벌런치 항복의 메커니즘　　　　　　(b) 제너 항복의 메커니즘

[그림 1-14] 다이오드의 항복상태

예제 1-2

다음 주어진 문장을 읽고, 빈칸에 들어갈 용어를 찾아라.

(a) 반도체 특성을 요약한다면?

　㉮ 도체와 부도체의 (ⓐ)　　　　　㉯ 원자가 (ⓑ) 원자

　㉰ 원자 간 (ⓒ)결합　　　　　　　㉱ 불순물 도핑 시 전기저항 (ⓓ)

　㉲ 온도 증가 시 저항 (ⓔ)

(b) PN 접합 다이오드는 순바이어스 시에는 (ⓐ) 전류, 역바이어스 시에는 (ⓑ) 전류가 흐른다.

(c) PN 접합 다이오드의 용량은 순바이어스 시에는 (ⓐ) 역바이어스 시에는 (ⓑ)이 형성된다.

(d) PN 접합 다이오드의 역바이어스 전압이 증가할 때의 상태는?

　㉮ 이온화가 (ⓐ)한다.　　　　　　㉯ 공간전하 용량이 (ⓑ)진다.

　㉰ 전위장벽이 (ⓒ)진다.　　　　　㉱ 전장의 세기가 (ⓓ)진다.

(e) PN 접합의 전위장벽은 캐리어의 (ⓐ)작용으로 형성되고, 불순물 농도가 증가할수록 전위장벽은 (ⓑ)지고, 온도가 높아질수록 전위장벽은 (ⓒ)진다.

(f) PN 접합에서 역방향 전압이 어느 임계값을 넘으면 역방향 전류가 급격히 증가하는 (ⓐ)현상이 일어나며, 여기에는 수십 [V]의 큰 역바이어스 전압에서 발생되는 (ⓑ)과 불순물을 강하게 도핑시켜 수 [V]가 낮은 역바이어스 전압에서 발생되는 (ⓒ)으로 구분할 수 있다.

풀이

(a) ⓐ : 양면성, 　ⓑ : 4가(4족), 　ⓒ : 공유, 　ⓓ : 증가, 　ⓔ : 증가

(b) ⓐ : 다수 캐리어에 의한 확산, 　ⓑ : 소수 캐리어에 의한 드리프트

(c) ⓐ : 확산용량 C_D, 　ⓑ : 접합용량 C_T

(d) ⓐ : 증가, 　ⓑ : 커, 　ⓒ : 낮아, 　ⓓ : 낮아

(e) ⓐ : 확산, 　ⓑ : 높아, 　ⓒ : 높아

(f) ⓐ : 항복, 　ⓑ : 애벌런치 항복, 　ⓒ : 제너 항복

<table>
<tr>
<td>
SECTION

1.3
</td>
<td>

PN 다이오드의
특성곡선과 등가모델
</td>
</tr>
</table>

이 절에서는 스위치로 등가화할 수 있는 (실제적인) 다이오드의 비선형적인 전류–전압 특성곡선을 숙지하고, DC 해석과 소신호 AC 해석을 위한 근사 등가모델을 학습하여 다이오드 회로 해석의 기본 사항을 익혀보자.

Keywords | 다이오드의 특성곡선 | DC 등가모델 | 소신호 등가모델 |

1.3.1 PN 다이오드의 특성곡선

[그림 1-15]는 PN 다이오드의 바이어스 상태에 따른 비선형적인 전류와 전압의 관계에 대한 실제적인 특성곡선을 보여준다.

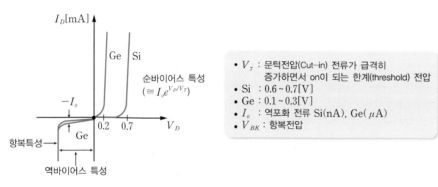

- V_γ : 문턱전압(Cut-in) 전류가 급격히 증가하면서 on이 되는 한계(threshold) 전압
- Si : 0.6 ~ 0.7[V]
- Ge : 0.1 ~ 0.3[V]
- I_o : 역포화 전류 Si(nA), Ge(μA)
- V_{BK} : 항복전압

[그림 1-15] 다이오드의 특성곡선

❶ 순바이어스 전류($V_D > V_\gamma$인 경우)

순바이어스 전류는 인가전압에 대해 지수함수적으로 증가한다.

$$I_D = I_o \left[e^{\frac{eV_D}{KT}} - 1 \right] \tag{1.4}$$

$$\cong I_o e^{\frac{eV_D}{KT}} = I_o e^{\frac{V_D}{V_T}} \ (V_D \gg \text{열전압} \ V_T = \frac{KT}{e} \cong 26[\text{mV}] \text{인 경우}) \tag{1.5}$$

❷ 역바이어스 전류($V_D < 0$인 경우)

역바이어스 전류는 인가전압에 무관하게 일정하게 포화된다. 이 역포화 전류는 [μA] 이하의 미미한 수준이라 순바이어스 전류에 비해 무시할 수 있는 정도지만, 온도에 민감하여(2배 증가/10℃) 차후 TR에서는 크게 증폭되면서 불안정한 동작의 주 요인이 된다.

$$I_D = I_o \left[e^{\frac{e V_D}{KT}} - 1 \right] \cong - I_o \; : \; \text{Si}([\text{nA}]), \; \text{Ge}([\mu\text{A}]) \qquad (1.6)$$

❸ 순바이어스 차단 영역$(0 \leq V_D < V_\gamma)$

$$I_D \cong 0 \;\; \text{(장벽을 낮출 수 없는 열평형 상태로 간주할 수 있음)} \qquad (1.7)$$

■ **다이오드 특성의 온도변화**

[그림 1-16]은 온도에 따른 다이오드 특성곡선을 보여준다. 온도가 상승함에 따라 $V - I$ 특성곡선은 왼쪽으로 이동하는데, 일정한 전류를 유지하려면 온도가 1℃ 증가할 때마다 순바이어스 전압을 $2.5[\text{mV}]$씩 낮춰야 한다. 주요 특성은 다음과 같이 요약할 수 있다.

- I_o(역포화 전류) 온도특성 : 10℃ 증가할 때마다 2배씩 증가
- V_D(순바이어스 전압) 온도특성 : $-2.5[\text{mV}/℃]$ 감소(I_D가 일정한 경우)
- V_{BK}(항복전압) 온도특성 : 온도에 따라 증가

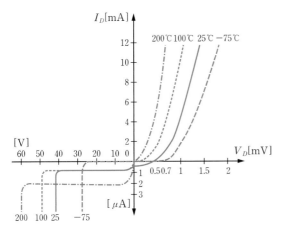

[그림 1-16] 온도에 따른 다이오드 특성곡선

1.3.2 PN 다이오드의 근사 등가모델

앞서 [그림 1-15]의 다이오드의 특성곡선에서 보듯이 전류-전압 관계는 지수함수적인 비선형 특성을 갖는다. 이때 다이오드를 포함하는 회로를 빠르고 쉽게 해석하기 위해 전류가 지수함수로 변하는 영역의 그래프를 [그림 1-17(b)~(d)]와 같이 직선으로 근사하여 선형화시키는 **근사(선형) 등가모델**을 사용할 수 있다.

근사 등가모델은 직류(대신호) 해석에 적용하는 **직류 근사 등가모델**과 소신호 해석에 적용하는 **소신호 근사 등가모델**로 나눌 수 있다.

직류(대신호) 근사 등가모델

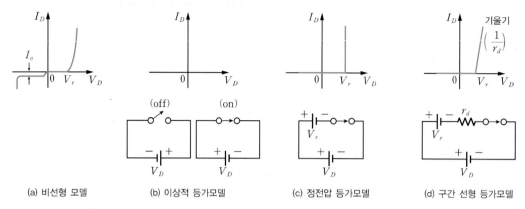

(a) 비선형 모델   (b) 이상적 등가모델   (c) 정전압 등가모델   (d) 구간 선형 등가모델

[그림 1-17] 비선형 모델과 직류(대신호) 근사 등가모델

❶ [그림 1-17(a)] : 실제 다이오드의 비선형 특성곡선을 갖는 **비선형 모델**로서, 식 (1.4)와 식 (1.5)에 따라 해석한다.

❷ [그림 1-17(b)] : **이상적 근사 등가모델**로서, $V_D > 0$인 경우에는 양극(애노드)에서 음극(캐소드)으로 전류를 흐르게 하는 스위치 on 동작을 하고, $V_D < 0$인 경우에는 전류를 흐르지 않게 하는 스위치 off 동작을 한다.

❸ [그림 1-17(c)] : **정전압 근사 등가모델**로서, $V_D \geq V_\gamma$인 경우에는 무한대의 전류를 흐르게 하는 스위치 on 동작을 하고, $V_D < V_\gamma$인 경우에는 전류를 차단하는 스위치 off 동작을 한다. 전자 스위치와 정전압($V_\gamma = 0.7[\text{V}]$)원으로 등가화한 모델로, 단순한 형태의 다이오드 회로를 해석할 때 유용하다.

❹ [그림 1-17(d)] : **구간 선형 근사 등가모델**로서, $V_D \geq V_\gamma$인 경우에는 흐르는 전류를 직선으로 근사화하기 위해 그 직선 기울기의 역수인 순방향 등가저항(턴-온 저항) r_d**와 정전압**($V_\gamma = 0.7[\text{V}]$)을 사용한다. 다이오드 회로 해석에 일반적으로 사용하고 있다. 여기서 $r_d \equiv \dfrac{\Delta V_D}{\Delta I_D} = \dfrac{d V_D}{d I_D}$로 표현되며, [그림 1-17(d)]의 DC 특성곡선의 기울기의 역수가 된다.

소신호 근사 등가모델

[그림 1-18(a)]는 **소신호 교류에 대한 다이오드의 등가회로**를 파악하기 위한 회로이다. 교류 소신호원 v_d와 직류전원 V_D를 함께 인가했으므로 다이오드에 걸리는 전체 전압은 $v_D = v_d + V_D$이고, 회로에 흐르는 전체 전류는 $i_D = i_d + I_D$가 된다.

참고   이 책에서는 전압과 전류의 직류(DC) 및 교류(AC) 성분을 표기할 때 다음의 기준(IEEE 기준)을 따른다.

표현 성분	전압, 전류	구분(본자, 첨자)
직류성분	V_D, I_D	대문자, 대문자
교류성분	v_d, i_d	소문자, 소문자
(직류 + 교류) 성분	v_D, i_D	소문자, 대문자
교류 실효값(평균값)	V_d, I_d	대문자, 소문자

[그림 1-18]은 소신호를 인가한 다이오드 회로의 특성곡선과 등가모델을 보여준다.

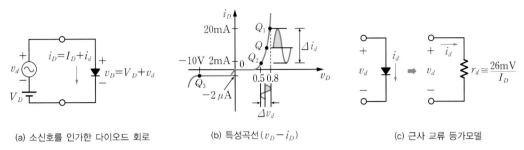

(a) 소신호를 인가한 다이오드 회로　　(b) 특성곡선($v_D - i_D$)　　(c) 근사 교류 등가모델

[그림 1-18] 다이오드 회로의 특성곡선과 등가모델

[그림 1-18(b)]에서 직류전압과 전류로 결정되는 동작점 $Q(V_D, I_D)$를 중심으로 인가된 소신호의 교류전압 v_d와 교류전류 i_d의 관계를 다음과 같이 해석할 수 있다. 식 (1.4)와 식 (1.5)를 이용하여 전압 $v_D = v_d + V_D$에 의한 다이오드 전류 i_D를 구할 수 있다.

$$i_D \cong I_o e^{\frac{(V_D + v_d)}{V_T}} = I_o e^{\frac{V_D}{V_T}} \cdot (e^{\frac{v_d}{V_T}}) = I_D(e^{\frac{v_d}{V_T}}) \tag{1.8}$$

위 식에서 $v_d \ll V_T$인 소신호인 경우에 $e^{\frac{v_d}{V_T}} \cong 1 + \dfrac{v_d}{V_T}$인 **테일러 급수 전개**로 근사화하여 i_D를 다음과 같이 표현할 수 있다.

$$i_D = I_D + i_d = I_D\left(1 + \frac{v_d}{V_T}\right) = I_D + \left(\frac{I_D}{V_T}\right)v_d \tag{1.9}$$

소신호 교류전압 v_d와 다이오드 전류 i_d의 관계는 다음과 같이 하나의 **등가저항 r_d로 선형 등가화**할 수 있다. 이 식은 상온인 경우에 성립한다.

$$\boldsymbol{r_d} \equiv \frac{v_d}{i_d} \cong \frac{V_T}{I_D} = \frac{26\,[\mathrm{mV}]}{I_D} \tag{1.10}$$

이 저항 r_d를 **다이오드의 동저항, 소신호 등가 교류저항**이라고 한다. 이는 동작점 Q에서 전류–전압 특성곡선의 기울기의 역수가 되며, 다이오드의 동작점(직류전류 I_D)에 의해 식 (1.10)으로 구해진다.

$$r_d = \frac{\Delta v_d}{\Delta i_d} = \frac{(0.8 - 0.5)\,[\mathrm{V}]}{(20 - 2)\,[\mathrm{mA}]} = 16.7\,[\Omega]\quad ([\text{그림 } 1\text{-}19(b)]\text{의 예시})$$

[그림 1-19]의 다이오드 회로에서 가장 적절한 Si 다이오드 등가모델을 적용하여 저항 R_L의 전압과 전류를 구하여라(단, Si형 다이오드 순방향 등가저항은 $20[\Omega]$이다).

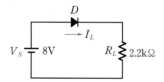

[그림 1-19] 다이오드 회로

풀이

[그림 1-20]은 주어진 회로를 직류 등가모델로 나타낸 것이다.

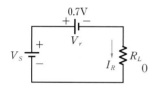

[그림 1-20] 직류 등가모델

다이오드 저항은 $R_L = 2.2[k\Omega]$보다 매우 작으므로 무시하고, 다이오드의 임계전압(Cut-in) $V_\gamma = 0.7[V]$를 고려하는 정전압 등가모델로 해석한다. 저항 R_L의 전압 V_L과 전류 I_L을 구하면 다음과 같다.

$$V_L = V_s - V_\gamma = 8 - 0.7 = 7.3[V]$$

$$I_L = \frac{V_L}{R_L} = \frac{7.3}{2.2k} \cong 3.32[mA]$$

다이오드 등가저항 r_d도 고려하는 등가모델을 적용하여 저항 R_L의 전류를 구하면 다음과 같다.

$$I_L = \frac{V_L}{R_L + r_d} = \frac{7.3}{2.2k + 20} = 3.28[mA]$$

Si형 PN 접합 다이오드의 상온에서 순방향 전류 $I_D = 2[\mathrm{mA}]$일 때, 이 다이오드의 교류 등가저항(동저항) r_d는 얼마인가?

풀이

• 상온에서의 등가온도 전압 : $V_T = \dfrac{KT}{e} = \dfrac{T}{11600} = \dfrac{300°\mathrm{K}}{11600} \cong 26[\mathrm{mV}]$

• 교류 등가저항 : $r_d = \dfrac{V_T}{I_D} = \dfrac{26[\mathrm{mV}]}{2[\mathrm{mA}]} = 13[\Omega]$

예제 1-5

[그림 1-21]의 다이오드 회로에서 교류전압에 대한 (상온에서의) 교류 출력전압 V_o는 얼마인가? (단, 콘덴서 영향은 무시하고, Si형 다이오드의 순방향 전압은 0.7[V]이다)

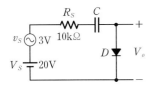

[그림 1-21] 다이오드 회로

풀이

[그림 1-22]는 주어진 회로를 소신호 교류 등가모델을 이용하여 나타낸 것이다.

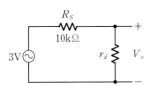

[그림 1-22] 교류 등가모델

• 다이오드에 흐르는 DC 전류 : $I_D = \dfrac{V_S - V_\gamma}{R_S} = \dfrac{20[\mathrm{V}] - 0.7[\mathrm{V}]}{10[\mathrm{k}\Omega]} = 1.93[\mathrm{mA}]$

• 다이오드의 순방향 교류저항(동저항) : $r_d = \dfrac{V_T}{I_D} = \dfrac{26[\mathrm{mV}]}{1.93[\mathrm{mA}]} = 13.5[\Omega]$

• 다이오드에 걸리는 교류 출력전압 : $V_o = v_s \cdot \dfrac{r_d}{R_S + r_d} = 3 \times \dfrac{13.5[\Omega]}{10[\mathrm{k}\Omega] + 13.5[\Omega]} = 3.9[\mathrm{mV}]$

[그림 1-23]의 회로에 흐르는 전류 I를 구하여라(단, 주어진 다이오드의 순바이어스 저항은 $r_d = 10[\Omega]$, 각 다이오드의 임계전압은 Si의 경우 $0.7[\text{V}]$, Ge의 경우 $0.3[\text{V}]$이다).

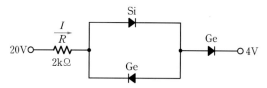

[그림 1-23] 다이오드 회로

풀이

주어진 회로에 순방향 등가전압과 등가저항을 적용한 등가모델을 사용한다. [그림 1-23]의 회로에서 앞의 Si, 뒤의 Ge 다이오드는 순바이어스 on이 되므로 회로의 전류는 다음과 같이 구한다.

$$I = \frac{20[\text{V}] - 4[\text{V}] - 0.7[\text{V}] - 0.3[\text{V}]}{2[\text{k}\Omega] + 10[\Omega] + 10[\Omega]} = \frac{15[\text{V}]}{2020[\Omega]} = 7.42[\text{mA}]$$

[그림 1-24]의 회로에서 전류 I_1과 I_2를 구하여라(단, 회로에서 사용된 다이오드의 순방향 전압은 $0.7[\text{V}]$이다).

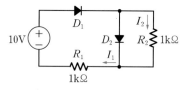

[그림 1-24] 다이오드 회로

풀이

다이오드 순방향 전압을 적용하는 등가모델을 이용하여 해석한다. 앞쪽 회로망에서 D_1, D_2 모두 순바이어스 on이 되므로 저항 $R_1(1[\text{k}\Omega])$에 걸리는 전압은 $10 - 0.7 - 0.7 = 8.6[\text{V}]$이다. 따라서 $I_1 = \frac{8.6[\text{V}]}{1[\text{k}\Omega]} = 8.6[\text{mA}]$이다. 또한 D_2의 $0.7[\text{V}]$는 R_2에 걸리므로 $I_2 = \frac{0.7[\text{V}]}{1[\text{k}\Omega]} = 0.7[\text{mA}]$이다.

참고 D_2에 흐르는 전류는 $I_1 - I_2 = 7.9[\text{mA}]$, 전압은 $0.7[\text{V}]$이다.

SECTION
1.4

다이오드의 파형정형 회로

이 절에서는 다이오드의 단방향 스위칭 작용을 이용한 다이오드의 응용 회로를 학습한다. 전원회로에 응용되는 정류회로와 파형의 일부를 잘라내는 클리퍼, 리미터, 슬라이스 회로를 살펴본 후, 파형의 형태는 변화시키지 않고 특정 레벨값으로 이동시키는 클램퍼와 전압체배기 회로 등의 구현과 해석을 살펴볼 것이다.[2]

Keywords | 클리퍼 | 리미터 | 슬라이서 | 클램퍼 |

1.4.1 클리퍼 회로

교류 입력신호의 상단부나 혹은 하단부를 잘라내어 파형을 정형하는 회로를 가리켜 **클리퍼**^{clipper} 혹은 **리미터**^{limiter}라고 한다. 이 책에서는 상단과 하단부를 동시에 잘라내서 입력신호의 진폭을 제한하는 진폭제한 회로를 리미터 회로로 분류하고, 입력신호의 양(+)의 진폭 일부 또는 음(−)의 진폭 일부만 추출하는 경우를 **슬라이서**^{slicer} 회로로 구분하여 사용한다. 그리고 사용되는 다이오드를 이상적인 스위치($V_F = 0[\mathrm{V}]$) 모델로 해석하는 경우와 순방향 전압($V_F = 0.7[\mathrm{V}]$)을 갖는 스위치 모델로 해석하는 경우를 절충하여 학습하도록 한다.

이상적인 다이오드 모델에 의한 간략한(직관적) 해석

[그림 1-25]는 이상적인 다이오드 스위치 모델($V_F = 0$, $r_d = 0$)을 사용한 클리퍼 회로들을 보여준다. 다음(병렬형)[3] 회로들의 입·출력 동작 상태를 간단한 **직관적인 해석**을 통하여 학습해보자. 여기 회로들은 다이오드가 off(차단)될 때 저항 R만 있는 입·출력 라인을 통해서 그대로 입력신호를 출력하고, on(도통)될 때는 부가되는 직류 바이어스 전압으로 출력을 제한하는 동작을 하므로 각 출력파형을 쉽게 이해할 수 있다. 파형의 실선은 출력전압 V_o의 파형을, 점선은 입력되는 정현파 전체 파형을 나타낸다.

---

2 다이오드의 정류회로와 전압체배기 회로는 '2장 전원회로'에서 자세히 다룬다.
3 병렬형은 입력과 다이오드가 병렬 구조이고, 직렬형은 직렬 구조이다.

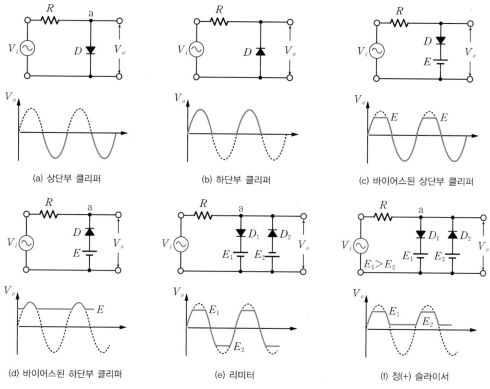

[그림 1-25] 병렬형 클리퍼 계열의 파형정형 회로(이상적인 다이오드의 경우)

[그림 1-25(a)]와 [그림 1-25(c)]는 다이오드가 하향이므로 특정(바이어스) 전압(0, $+E$)의 아랫부분만 출력되어 나오고, 윗부분이 잘리는 상단^{peak} 클리퍼이다. [그림 1-25(b)]와 [그림 1-25(d)]는 다이오드가 상향이므로 특정 전압(0, $+E$)의 윗부분만 출력되고, 그 아랫부분이 잘리는 하단^{base} 클리퍼이다.

[그림 1-25(e)]와 [그림 1-25(f)]는 2중 클리퍼이다. [그림 1-25(e)]는 상단부와 하단부를 동시에 특정 전압($+E_1 \sim -E_2$)으로 제한된 진폭을 출력시키는 리미터 회로이고, [그림 1-25(f)]는 극히 좁은 상단(+)부 ($+E_1 \sim +E_2$)의 제한된 진폭 일부만 출력시키는 정(+) 슬라이서 회로이다.

예제 1-8

[그림 1-26]은 입력파형과 다이오드가 직렬로 구성된 **직렬형 클리퍼**이다. 이상적인 다이오드 모델을 사용할 때, 주어진 회로의 출력파형과 등가인 **병렬형 클리퍼**를 그려보라.

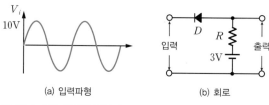

(a) 입력파형   (b) 회로

[그림 1-26] 직렬형 클리퍼

풀이

다이오드 애노드에 +3[V]의 바이어스가 부가되어 있으므로 다음과 같은 경우로 나뉜다.

- $V_i \leq 3[V]$인 경우 : 다이오드가 순바이어스 on이 되므로 그대로 출력된다($V_o = V_i$).
- $V_i > 3[V]$인 경우 : 다이오드가 역바이어스 off가 되므로 $V_o = 3[V]$이다.

즉, 직렬형은 병렬형 동작과 반대로, 다이오드가 on(도통)일 때 입·출력 라인이 형성되므로 입력신호를 출력하고, 다이오드가 off(차단)일 때는 출력을 특정(바이어스) 전압으로 제한시킨다. 앞선 결과를 바탕으로 출력파형과 등가의 병렬형 클리퍼를 그리면 다음과 같다. 직렬형과 병렬형의 등가회로는 다이오드와 R의 위치를 서로 바꾸고, 서로 반대의 회로전류가 되도록 각 다이오드 방향을 정하면 쉽게 얻어진다.

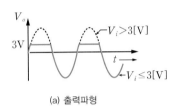 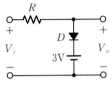

(a) 출력파형　　　　　　　(b) 등가인 병렬형 클리퍼　　　[그림 1-27] 등가 병렬형 클리퍼

예제 1-9

[그림 1-28]은 양(+)의 진폭 일부만 추출하는 정(+) 슬라이서 회로이다. 이 회로와 등가인 직렬형 슬라이서 회로를 그리고, 정상파형이 출력되기 위한 각 다이오드의 동작 상태를 비교하여라.

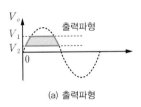 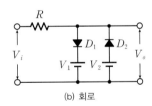

(a) 출력파형　　　　　　　(b) 회로

[그림 1-28] 병렬형 정(+) 슬라이서 회로($V_1 > V_2$)

풀이

[예제 1-8]의 회로에서 언급했던 직렬형과 병렬형 등가회로를 구하는 규칙을 적용해보자.

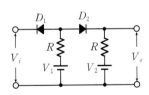

[그림 1-29] 직렬형 슬라이서 회로($V_1 > V_2$)

- 병렬형 : 입력 $V_2 \leq V_i \leq V_1$은 다이오드 D_1, D_2가 **모두 off일 때** R만 있는 입·출력 라인을 통해서 출력된다.
- 직렬형 : 입력 $V_2 \leq V_i \leq V_1$은 다이오드 D_1, D_2가 **모두 on일 때** 입·출력 라인이 형성되어 출력된다.

실제적인 다이오드($V_F = 0.7[\mathrm{V}]$) 모델에 의한 해석

■ 상단부 클리퍼

상단부 클리퍼 ^{peak clipper}는 입력신호의 **상단부의 일부를 자른 후**, 그 아랫부분의 신호를 출력하는 회로이다. 다이오드는 순방향 전압($V_F = 0.7[\mathrm{V}]$)을 고려하는 스위치 모델을 사용하며, 다이오드가 off(차단)되었을 때에만 입력신호가 출력된다.

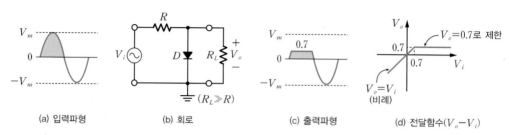

(a) 입력파형   (b) 회로   (c) 출력파형   (d) 전달함수($V_o - V_i$)

[그림 1-30] 상단부 클리퍼

- 입력 $V_i \geq 0.7[\mathrm{V}]$: 다이오드가 순바이어스 on이 되므로 출력은 다이오드 순방향 전압 $0.7[\mathrm{V}]$로 제한한다($V_o = 0.7[\mathrm{V}]$).
- 입력 $V_i < 0.7[\mathrm{V}]$: 다이오드가 역바이어스 off가 되므로 입력전압 V_i가 거의 R_L에 걸려 출력되어 $V_o = V_i$가 된다($R_L \gg R$인 경우, 실제 $V_o = V_i \dfrac{R_L}{R + R_L} \cong V_i$).

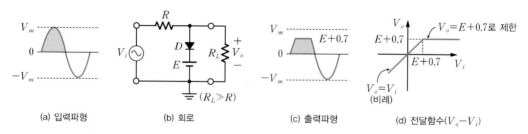

(a) 입력파형   (b) 회로   (c) 출력파형   (d) 전달함수($V_o - V_i$)

[그림 1-31] $+E$로 바이어스된 상단부 클리퍼

여기서 다이오드가 on 상태가 되면 $V_o = E + 0.7[\mathrm{V}]$로 출력을 제한하여 그 이하의 신호만 출력한다.

- 입력 $V_i \geq E + 0.7$: 다이오드가 순바이어스 on이 되므로 $V_o = E + 0.7[\mathrm{V}]$로 제한시킨다.
- 입력 $V_i < E + 0.7$: 다이오드가 역바이어스 off가 되므로 입력 V_i가 거의 R_L에 걸려 출력되어 $V_o = V_i$가 된다($R_L \gg R$ 경우, 실제 $V_o = V_i \dfrac{R_L}{R + R_L} \cong V_i$).

■ 하단부 클리퍼

하단부 클리퍼 ^{base clipper}는 입력신호의 하단부 일부를 자른 후, 그 윗부분의 신호를 출력하는 회로이다. 다이오드는 순방향 전압($V_F = 0.7[\mathrm{V}]$)을 고려하는 스위치 모델을 사용하는데, 다이오드가 off(차단)되었을 때에만 입력신호가 출력된다.

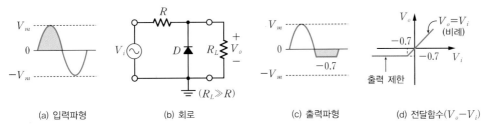

|(a) 입력파형|(b) 회로|(c) 출력파형|(d) 전달함수($V_o - V_i$)|

[그림 1–32] 하단부 클리퍼

- 입력 $V_i \le -0.7[\text{V}]$: 다이오드가 순바이어스 on이 되므로 $V_o = -0.7[\text{V}]$ (출력제한)
- 입력 $V_i > -0.7[\text{V}]$: 다이오드가 역바이어스 off가 되므로 $V_o = V_i$ (출력비례)

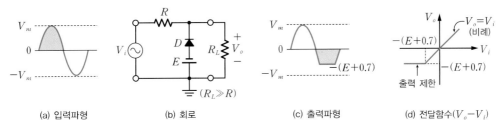

|(a) 입력파형|(b) 회로|(c) 출력파형|(d) 전달함수($V_o - V_i$)|

[그림 1–33] $-E$로 바이어스된 하단부 클리퍼

- 입력 $V_i \le -(E+0.7)$: 다이오드가 순바이어스 on이 되므로 $V_o = -(E+0.7)[\text{V}]$ (출력제한)
- 입력 $V_i > -(E+0.7)$: 다이오드 역바이어스 off가 되므로 $V_o = V_i$ (출력비례)

■ 리미터(센터^{center} 클리퍼)

리미터^{limiter}는 정(+) 바이어스된 클리퍼와 부(−) 바이어스된 클리퍼를 결합하여 입력신호 위아래의 진폭레벨을 제한시키는 회로로서, 앞서의 클리퍼 해석을 중첩하면 된다.

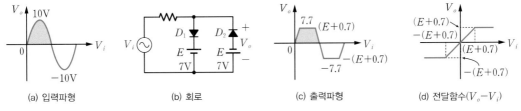

|(a) 입력파형|(b) 회로|(c) 출력파형|(d) 전달함수($V_o - V_i$)|

[그림 1–34] 리미터 회로(병렬형 센터 클리퍼)

- 입력 $V_i \ge (E+0.7)$: 다이오드 D_1(on), D_2(off)이므로 $V_o = (E+0.7) = 7.7[\text{V}]$
- 입력 $-(E+0.7) < V_i < (E+0.7)$: 다이오드 D_1, D_2 모두 off이므로 $V_o = V_i$
- 입력 $V_i \le -(E+0.7)$: 다이오드 D_1(off), D_2(on)이므로 $V_o = -(E+0.7) = -7.7[\text{V}]$

[그림 1-35]의 회로에서 출력 전달특성과 출력파형을 도시하여라(단, D_1, D_2는 이상적이다).

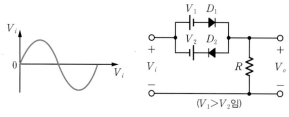

[그림 1-35] 역 리미터 회로(직렬형 센터 클리퍼)

풀이

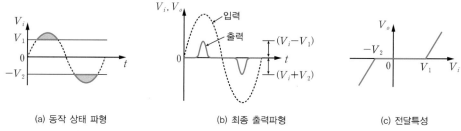

(a) 동작 상태 파형　　　　　(b) 최종 출력파형　　　　　(c) 전달특성

[그림 1-36] 역 리미터 회로의 출력파형

- $V_i > V_1$의 경우 : D_2는 off, D_1은 on이 되므로 입력이 출력으로 스위칭되어 $V_o = V_i - V_1$가 된다 (입력 V_i에서 V_1 전압을 뺀다).
- $V_i < -V_2$의 경우 : D_1은 off, D_2는 on이 되므로 입력이 출력으로 스위칭되어 $V_o = V_i + V_2$가 된다 (입력 V_i가 (−)값이므로 V_2만큼 뺀다).
- $-V_2 < V_i < V_1$의 경우 : D_1, D_2 모두 off가 되므로 출력 $V_o = 0$이다.

결국 이 회로는 입력 중에서 $V_1 \sim -V_2$ 부분만 출력되지 않도록 하는 '**역**' **리미터**라고 할 수 있다.

1.4.2 클램퍼 회로

클램퍼 clamper 회로는 교류 입력신호의 파형은 변형시키지 않고, 상하로만 이동시켜 **입력신호의 최대 값 혹은 최소값을 어떤 특정한 레벨값에 고정시키는** 회로이다. 커패시터 C에 충전된 일정한 직류전압이 입력신호에 더해지므로 **직류 재생회로**라고도 한다.

부(−) 클램퍼

부(−) 클램퍼는 입력신호의 최대값(상단레벨)을 특정한 레벨값에 고정시키는 회로이다.
(즉, $V_o = V_i - V_{DC}$)

[그림 1-37]의 클램퍼의 동작 상태를 살펴보자. 1번 신호가 입력되면 콘덴서 C에 $-V_m$이 충전되며, 이 $-V_m$이 있는 상태에서 2번 $-V_m$인 입력이 인가되므로 다이오드는 역바이어스 off가 되어 출력전압은 $-2V_m$까지 내려간다. 그런 다음 3번 $+V_m$ 입력이 인가되면 C의 충전전압 $-V_m$에 $+V_m$ 전압이 합성되므로 출력전압은 최대값이 $0[\text{V}]$가 된다.

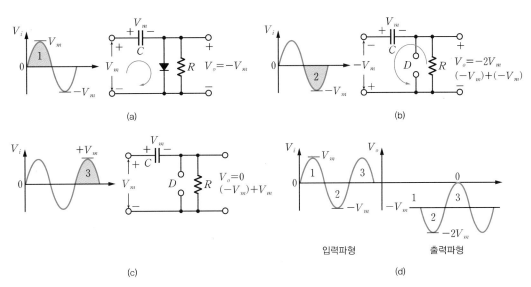

[그림 1-37] 클램퍼의 동작

결국 출력전압 V_o는 C에 충전된 직류전압($V_C = -V_m$)이 입력전압 V_i에 더해진다. 즉, **최대값이 V_m인 입력파형이 최대값이 $0[\text{V}]$(실제 다이오드 경우는 $0.7[\text{V}]$)인 출력파형**으로 정형된다.

- 이상적인 다이오드인 경우 : $V_o = V_i - V_m$
- 실제 다이오드 $V_F = 0.7[\text{V}]$를 고려한 경우 : $V_o = V_i - (V_m - 0.7) = V_i - V_m + 0.7$

■ 바이어스된 클램퍼 회로

[그림 1-38(b)]에서는 입력의 최대값을 $+V$에, [그림 1-38(c)]에서는 $-V$에 고정시킨다.

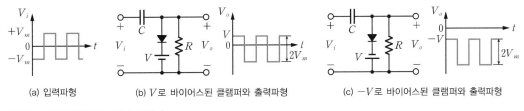

(a) 입력파형 (b) V로 바이어스된 클램퍼와 출력파형 (c) $-V$로 바이어스된 클램퍼와 출력파형

[그림 1-38] 바이어스 부(-) 클램퍼

[그림 1-39(b)]의 클램핑 회로에서 입력전압의 파형이 [그림 1-39(a)]와 같을 때, 출력전압을 구하여 도시하라(단, 다이오드는 이상적인 다이오드로 가정한다).

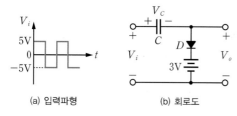

(a) 입력파형　　　　　(b) 회로도

[그림 1-39] 클램핑 회로와 입력전압

풀이

- $V_i = +5[\text{V}]$일 때 : D는 on이 되어 $V_o = 3[\text{V}]$가 되고, C에는 $V_C = -(5-3) = -2[\text{V}]$가 충전된다.

- $V_i = -5[\text{V}]$일 때 : D는 off가 되어 $V_o = V_i + V_C = (-5) - 2 = -7[\text{V}]$가 된다. 즉, **입력 V_i에 $V_{DC} = -2[\text{V}]$를 더해주는 회로**이다.

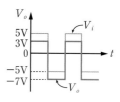

[그림 1-40] 출력파형

정(+) 클램퍼

정(+) 클램퍼는 입력신호의 최소값(하단레벨)을 특정한 레벨값에 고정시키는 회로이다. (즉, $V_o = V_i + V_{DC}$)

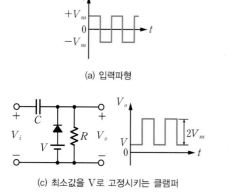

(a) 입력파형

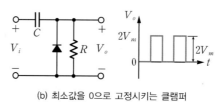

(b) 최소값을 0으로 고정시키는 클램퍼

(c) 최소값을 V로 고정시키는 클램퍼

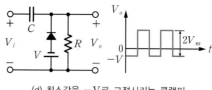

(d) 최소값을 $-$V로 고정시키는 클램퍼

[그림 1-41] 정(+) 클램퍼 회로

[그림 1-42(b)]의 클램핑 회로에서 입력전압의 파형이 [그림 1-42(a)]와 같을 때, 출력전압을 구하여 도시하여라(단, 다이오드는 이상적인 다이오드로 가정한다).

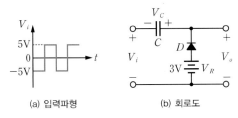

(a) 입력파형   (b) 회로도

[그림 1-42] 클램핑 회로와 입력전압

풀이

- $V_i = -5[V]$일 때 : D는 도통되어 $V_o = V_R = 3[V]$가 되고, C에는 $V_C = +8[V]$가 충전된다.
- $V_i = +5[V]$일 때 : D는 차단되어 $V_o = 8 + 5 = 13[V]$가 된다.

  즉, **입력 V_i에 $V_{DC} = +8[V]$를 더해주는 회로이다.**

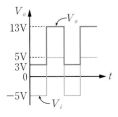

[그림 1-43] 출력파형

SECTION 1.5

특수 다이오드

이 절에서는 특별한 기능을 수행하도록 제작된 제너 다이오드, 바렉터, 쇼트키, 터널 다이오드와 광 관련 다이오드 및 기타 센서소자와 같은 특수 다이오드 소자들에 대해 학습한다.

Keywords | 제너 | 터널 | 바렉터 | 쇼트키 | 광 다이오드 | 서미스터 | 배리스터 |

1.5.1 제너 다이오드

제너 ^{Zener} 다이오드는 항복에 의한 전류를 특정 범위($I_{ZK} \leq I_Z \leq I_{ZM}$)로 제한하여 해당 범위 내에서는 파손되지 않게 제작한 다이오드이다. **정전압(전압포화) 특성**을 이용하는 전압제어 소자로 유용하게 쓰인다. 일반 다이오드보다 불순물을 강하게 도핑시킨 구조로서, 불순물 농도와 온도가 높아지면 항복(제너) 전압이 낮아진다(보통 $1.8 \sim 200[\text{V}]$ 정도). 보통 $6[\text{V}]$ 이하는 제너 항복, 그 이상은 대개 애벌런치 항복에 의해 동작한다. 순바이어스는 일반 다이오드와 특성이 동일하며 순방향 전압(V_F)은 약 $0.7[\text{V}]$ 정도이다. 주로 전원회로의 **정전압 회로**나 **리미터(진폭제한) 회로** 등에 응용된다.

[그림 1-44]의 특성곡선을 보자. 일반 정류 다이오드의 역방향 특성과 유사하게 처음에는 역바이어스 전압이 인가되어도 차단상태로 있다가 어느 정도의 낮은 역바이어스 전압, 즉 **제너 항복전압(V_Z) 이상이 인가되면 역바이어스에서도 도통**(on)되어 큰 역방향 전류가 흐른다. 그러면 항복 영역에서 동작하는 동시에 제너 다이오드 양단에는 항상 **일정한 전압(V_Z)**이 유지된다.

[그림 1-45]는 제너 다이오드의 선형 등가모델을 보여준다. 제너 다이오드의 동저항 r_Z는 수 ~ 수십 $[\Omega]$ 정도로 매우 낮으므로 거의 일정한 전압(V_Z)이 유지된다고 볼 수 있다. 그리고 캐소드 단자에서는 (+) 전압을, 애노드 단자를 이용하면 (−) 전압을 취할 수 있다.

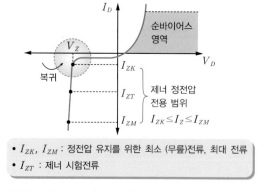

- I_{ZK}, I_{ZM} : 정전압 유지를 위한 최소 (무릎)전류, 최대 전류
- I_{ZT} : 제너 시험전류

[그림 1-44] 제너 다이오드 특성곡선

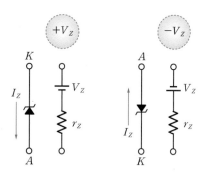

(a) 캐소드에 $+V_Z$ 유지   (b) 애노드에 $-V_Z$ 유지

[그림 1-45] 제너 다이오드의 등가회로

[그림 1-46]의 회로는 제너 다이오드를 이용한 10[V] 정전압 회로이다. 제너 다이오드에 흐르는 전류 I_Z를 구하여라(단, $V_Z = 10[V]$).

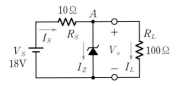

[그림 1-46] 정전압 회로

풀이

$V_Z = 10[V]$보다 큰 역바이어스인 입력전압 V_S이므로 제너 다이오드는 역방향으로 on이 된다. 그와 동시에 캐소드 쪽에 $+10[V]$를 유지해주므로, 점 A의 전위는 10[V]가 된다. 공급된 전류 $I_S = I_Z + I_L$이므로 이 식에서 I_Z를 구한다.

$$I_S = \frac{V_S - V_Z}{R_S} = \frac{18 - 10}{10\,\Omega} = 0.8[A], \quad I_L = \frac{V_L}{R_L} = \frac{10}{100} = 0.1[A]$$

$$I_Z = I_S - I_L = 0.8 - 0.1 = 0.7[A] \quad (I_{ZK} \leq 0.7[A] \leq I_{ZM}\text{인 제너를 선정한다.})$$

[그림 1-47]의 회로는 제너 다이오드를 응용한 진폭제한 회로[limiter]이다. 이때 각각의 출력파형을 그려보라(단, $V_{Z1} = 5[V]$, $V_{Z2} = 3[V]$이고, 순방향 전압은 0[V]이다).

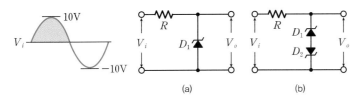

[그림 1-47] 리미터 회로

풀이

❶ [그림 1-48(a)]의 경우

- 입력 $V_i \geq 5[V]$인 경우 : $V_{Z1} = 5[V]$이므로 D_1은 역바이어스 on이 되는 동시에 캐소드를 항상 $+5[V]$로 유지시키므로 $V_o = 5[V]$가 된다.
- 입력 $0 < V_i < 5[V]$인 경우 : D_1은 역바이어스 off가 되므로 입력이 그대로 출력된다($V_o = V_i$).
- 입력 $V_i < 0$인 경우 : D_1은 순바이어스 on이 되므로 출력은 0이다.

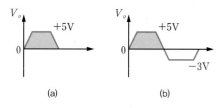

[그림 1-48] 출력파형

❷ [그림 1-48(b)]의 경우

- 입력 $V_i \geq 5[\mathrm{V}]$인 경우 : D_2는 순바이어스 on이 되고, D_1은 역바이어스 on이 되며, 캐소드에 +5[V]를 유지시키므로 $V_o = +5[\mathrm{V}]$가 된다.
- $V_i \leq -3[\mathrm{V}]$인 경우 : D_1은 순바이어스 on이 되고, D_2는 역바이어스 on이 되며, 애노드에 $-3[\mathrm{V}]$를 유지시키므로 $V_o = -3[\mathrm{V}]$가 된다.
- 입력 $-3[\mathrm{V}] < V_i < 5[\mathrm{V}]$인 경우 : D_1과 D_2 모두 off가 되므로 $V_o = V_i$가 된다.

참고 다이오드 순방향 전압($V_F = 0.7[\mathrm{V}]$)을 고려할 때는 진폭이 $+5.7 \sim -3.7[\mathrm{V}]$가 된다.

예제 1-15

[그림 1-49]의 리미터 회로의 출력파형을 그려보라(단, 순바이어스 전압은 0.7[V]이고, 각 제너 전압은 회로에 나타냈다).

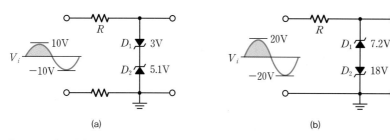

[그림 1-49] 리미터 회로

풀이

제너 다이오드는 제너 전압보다 강한 역바이어스 상태에서는 on이 되며, 그와 동시에 제너 전압을 출력한다. 순바이어스 on이 되는 경우에는 0.7[V]를 출력한다.

❶ [그림 1-49(a)]의 경우

- 입력 $V_i \geq 5.8[\mathrm{V}]$인 경우 : D_1은 순바이어스 on이 되어 $+0.7[\mathrm{V}]$, D_2는 역바이어스 on이 되어 $+5.1[\mathrm{V}]$가 된다. 따라서 $V_o = 0.7 + 5.1 = 5.8[\mathrm{V}]$가 된다.
- 입력 $-3.7[\mathrm{V}] < V_i < 5.8[\mathrm{V}]$인 경우 : D_1과 D_2 모두 off가 되므로 $V_o = V_i$가 된다.
- 입력 $V_i \leq -3.7[\mathrm{V}]$인 경우 : D_1은 역바이어스 on이 되어 $-3[\mathrm{V}]$, D_2는 순바이어스 on이 되어 $-0.7[\mathrm{V}]$가 된다. 따라서 $V_o = -3 - 0.7 = -3.7[\mathrm{V}]$가 된다.

❷ [그림 1-49(b)]의 경우

• 입력 $V_i \geq 7.9[\text{V}]$인 경우 : D_1, D_2 모두 on이 되므로 $V_o = 7.9[\text{V}]$가 된다.

• 입력 $-18.7[\text{V}] < V_i < 7.9[\text{V}]$인 경우 : D_1, D_2 모두 off가 되므로 $V_o = V_i$가 된다.

• 입력 $V_i \leq -18.7[\text{V}]$인 경우 : D_1, D_2 모두 on이 되므로 $V_o = -18.7[\text{V}]$가 된다.

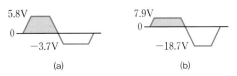

[그림 1-50] 출력파형

1.5.2 터널 다이오드

터널 ^{tunnel} **다이오드**에서는 불순물을 크게 도핑시켜 불순물 농도가 증가하면 공핍층이 감소하고 캐리어의 **터널링** ^{tunneling} **효과**가 발생한다. 이로 인해 적은 순바이어스뿐만 아니라 역바이어스에서도 on 상태가 되어 큰 전류가 흐른다. 만약 공진회로(탱크회로) 내의 저항요소(R_p)로 인해 발진파형이 소멸되는 경우에는 순바이어스 전압이 증가해도 전류는 감소되는 **부성저항**$(-R)$ 영역을 이용하면, $+R$ 인 저항요소(R_P)를 상쇄시킴으로써 발진파형을 정상적으로 유지시킬 수 있다. 부성저항을 이용한 발진기 응용은 '10장 발진회로'에서 다룬다.

• $O \sim A$ 영역 : 역바이어스에도 터널링 효과로 훌륭한 도체 특성

• $A \sim B$ 영역 : 적은 순바이어스 시 캐리어 터널링 효과로 큰 터널 전류로 도체 특성

• $B \sim C$ 영역 : 부성저항 영역으로, 전위장벽이 형성되면서 전압이 증가해도 전류는 감소(발진기에 응용됨)

• $C \sim D$ 영역 : 일반 다이오드의 순바이어스 on 동작

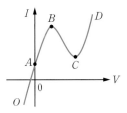

[그림 1-51] 터널 다이오드 특성곡선

[그림 1-52]에서 R_1, R_2에 의해 터널 다이오드를 부성저항 영역 내에 바이어스를 걸어서 그 부성저항 값을 코일의 권선저항 R_P와 일치시키면 정상 발진파형이 유지된다($\boldsymbol{R_{TD} = R_P}$ **조건**).

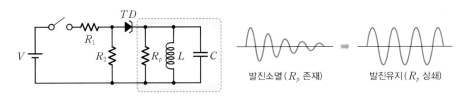

[그림 1-52] 병렬 공진형 발진회로에 TD 응용

1.5.3 바렉터 다이오드

역바이어스에 의해 생성된 공핍층은 비전도성 때문에 콘덴서 C의 유전체(절연체)로 작용하고, P형과 N형 영역은 전도성이 있어 콘덴서의 극판 역할을 한다. **역바이어스 전압**의 크기에 따라 공핍층의 고유 정전용량 C_V가 변화되므로 **가변용량(혹은 콘덴서) 다이오드**라고도 한다.

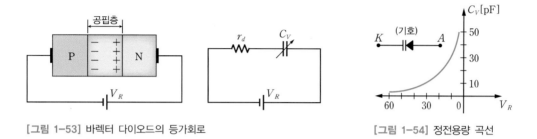

[그림 1-53] 바렉터 다이오드의 등가회로   [그림 1-54] 정전용량 곡선

바렉터 다이오드(VVC)[varicap]는 역바이어스 전압이 증가하면 공핍층의 두께가 넓어져 정전용량 C_V가 감소하며, 역바이어스 전압이 감소하면 정전용량이 증가한다. 이때 V_T는 문턱전압, V_R은 역바이어스 전압을 뜻한다.

$$C_V = \frac{K}{\sqrt{(V_T + V_R)}} \quad (C_V \; : \; 수\sim수백 \; [\text{pF}]) \tag{1.11}$$

바렉터 다이오드는 수신기의 전자동조기[electronic tunner] 외에도 VCO(전압제어 발진기), FM 변·복조기, AFC, Parametric 증폭기 등에도 이용된다.

[그림 1-55]는 전자동조기의 구성도로서, 입력신호 v_s에 대해 가변 직류전압 V_C에 따라 공진주파수 f_r을 변화시킬 수 있다. 또한 V_C에 음성신호를 인가하여 f_r이 변화되는 VCO로 동작시켜 FM 변조기를 구현할 수 있다.

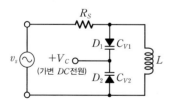

[그림 1-55] 바렉터를 이용한 동조(공진)회로

공진(동조)주파수는 다음 식으로 구하며, 여기서 합성 $C_t = (C_{V1} /\!/ C_{V2}) = \dfrac{C_{V1} \cdot C_{V2}}{C_{V1} + C_{V2}}$ 이다.

$$f_r = \frac{1}{2\pi\sqrt{LC_t}} \tag{1.12}$$

1.5.4 쇼트키 다이오드

쇼트키^{Schottkey} 다이오드는 도핑된 반도체(N형) 영역에 금속을 결합시킨 **금속-(N형)반도체 접합**으로, 다수 캐리어(전자)만으로 구성되어 있어 PN 접합에서 캐리어 축적효과가 나타나지 않아 **고속으로 동작하는**^{hot-carrier} **특징**이 있다. 따라서 매우 빠른 스위칭 동작이 필요한 고속 스위칭, 초고주파 신호 정류작용, 쇼트키 TTL 등에 이용된다.

[그림 1-56] 쇼트키 다이오드

1.5.5 발광 다이오드와 광 다이오드

발광 다이오드 ^{LED}는 순바이어스 인가 시 N형의 전자가 P형 정공과 재결합할 때 열과 빛을 방출하는 **전계발광** 현상을 이용한 다이오드로서, GaAs(적외선), GaAsP(적색, 황색빛), GaP(적색, 초록색빛) 등이 사용된다. **광 다이오드** ^{photo diode} 4는 역바이어스에서 동작하며, 빛이 강하게 입사되면 역방향 전류가 증대되어 빛 세기의 센서(가변저항소자)로 사용된다. 이러한 광 다이오드와 광 TR 등은 **광전 효과**를 이용한다. **광 결합기** ^{photo coupler}는 발광소자와 수광소자를 하나의 패키지에 결합시킨 소자를 의미한다. 특히 LED는 디스플레이 외에도 전광판, 교통신호등, 자동차 및 가정용 조명 등과 같이 우리 일상생활에 폭넓게 응용되고 있다.

> 참고 LED는 장벽전압 $V_\gamma = 1.8 \sim 2.5[\mathrm{V}]$, 구동전류 $I_D \cong 20[\mathrm{mA}]$ 정도임을 숙지하라.

1.5.6 서미스터

서미스터 ^{thermistor}는 온도가 상승되면 고유저항이 감소되는 부(−) 온도계수 ^{NTC}를 갖는 비선형 소자로서, 온도보상용, 자동제어(냉/온방) 시스템, FM 전력계, 온도계 등에 쓰인다. [그림 1-57]은 서미스터의 특성곡선을 보여준다.

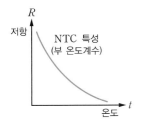

> 참고 상온에서 약 600[Ω] 정도이며, 1℃당 3~5%의 저항 변화폭을 갖는다.

[그림 1-57] 서미스터의 특성곡선

---

4 광 다이오드는 광수신 다이오드 또는 포토 다이오드(photo diode)라고도 한다.

1.5.7 배리스터

배리스터 varistor는 (고)전압에 의해 고유저항이 크게 변하는(감소) 특성의 비선형 소자로서, 과도 surge 전압에 대한 기기보호용 회로, 송신선의 고압낙뢰 전압 또는 전화기 및 통신기기의 불꽃 spark 잡음 전압을 흡수하는 회로 등에 사용된다. 대칭 배리스터는 **2개의 다이오드를 직렬 또는 병렬로 접속**한 구조를 보인다. [그림 1-58]은 배리스터 다이오드의 특성곡선을 보여준다($I = KV^n$에서 K는 상수, n은 보통 5~7의 값).

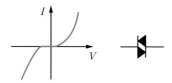

[그림 1-58] 배리스터의 특성곡선

1.5.8 태양전지

태양전지 solar cell는 광 기전력 효과를 이용하여 광에너지를 전기 에너지로 변환시키는 소자이다. 변환효율이 좋은 Si와 Se 등을 주로 사용하며, 손목시계, 탁상용 계산기, 인공위성의 전원장치로 응용되고 있다.

태양광 인버터는 태양전지 모듈에서 생산하는 직류 DC 전압을 가정이나 산업계에서 사용할 수 있게 교류 AC 전압으로 변환시켜주는 신재생 에너지원으로 폭넓게 쓰이고 있다.

01 반도체 소자에 전압을 가하면 전계에 의하여 전류가 흐르게 되는데, 이때 발생하는 전류로 가장 옳은 것은?

㉮ 이온 전류　　　　　　　　　　㉯ 확산전류

㉰ 드리프트 전류　　　　　　　　　㉱ 전자기 유도 전류

해설

전압에서 발생되는 전계의 힘에 의한 캐리어의 drift 이동(드리프트 전류)과 캐리어의 농도의 기울기 차에 의한 확산이동(확산전류)이 있다.　　　　　　　　　　　　　　　　　　　　　　　㉰

02 반도체 내에서의 전류흐름을 올바르게 표현한 것은?

㉮ 불순물 내에 존재하는 정공과 전자의 이동으로 인해 전류가 흐른다.

㉯ 반도체가 일종의 저항성분을 가지고 있기 때문에 전류가 흐른다.

㉰ 반도체가 일종의 도체이므로 옴^{ohm}의 법칙이 적용된다.

㉱ 반도체 내에서 발생되는 이온이 전이되어 전류가 흐른다.

해설

반도체 물질 내부에 캐리어(자유전자, 정공)를 생성시켜 전류가 발생된다.　　　　　　㉮

03 페르미 준위$^{Fermi\ level}$에 대한 설명으로 옳지 않은 것은?

㉮ 절대온도 0K에서 최외각 전자가 가지는 최고의 에너지 준위이다.

㉯ 온도와 캐리어 농도에 따라 크기가 변한다.

㉰ 진성 반도체의 경우 금지대의 중앙에 위치한다.

㉱ 온도와 무관하게 전자 점유 확률이 1인 에너지 준위이다.

해설

페르미 준위는 T[°K](상온)에서 전압에서 전자가 점유될 확률이 50%인 에너지 준위이며 진성 반도체는 금지대 중앙, 불순물 반도체는 캐리어 농도가 클수록 중앙에서 멀어지며 온도가 특정 이상 높아지면 금지대 중앙으로 접근한다(농도와 온도에 관계함).　　　　　　　　　　　　　　　　　　　　　㉱

04 반도체 도핑에 대한 설명으로 옳지 않은 것은? (단, 도핑된 불순물들은 모두 활성화되었다고 가정한다)

㉮ 실리콘에 5족 불순물을 도핑하면 N형 반도체 물질이 된다.

㉯ 실리콘에 도핑된 5족 불순물의 농도를 높이면 전자의 이동도는 감소한다.

㉰ 실리콘에 도핑된 불순물의 농도를 높이면 저항도는 증가한다.

㉱ 실리콘에 도핑된 3족 불순물의 농도를 높이면 전자의 농도는 감소한다.

해설

5가(5족) 불순물을 도핑하면 N형 반도체가 되며, 도핑 농도를 높일수록 저항은 감소, 도전율은 증대, 이동도는 감소되며, 3족 불순물의 농도를 높이면 다수 캐리어 정공은 증대가 되지만 소수 캐리어 (재결합으로) 전자의 농도는 감소한다.　　　　　　　　　　　　　　　　　　　　　　　　　　㉰

05 P형 Si 반도체에 대한 설명으로 <u>옳지 않은</u> 것은?

㉮ 다수 캐리어가 정공이다.

㉯ 불순물 도핑 농도가 높을수록 저항률이 증가한다.

㉰ 순수한 Si에 최외각 전자가 3개인 불순물을 첨가한다.

㉱ 페르미 준위는 진성 반도체보다 가전자 대역의 최고 에너지 준위에 더 가깝게 위치한다.

> **해설**
>
> 불순물을 도핑할수록 전기저항이 감소하여, 도전율이 증대된다. P형은 가전자대 근처, N형 반도체는 전도대 근처로 페르미 준위가 위치하며, P형은 3가 원자를 도핑하여 정공이 다수 캐리어가 된다. ㉯

06 반도체에 대한 설명으로 <u>옳지 못한</u> 것을 모두 고르면?

㉮ Ga이 도핑된 실리콘을 N형 반도체라 하고 다수 캐리어는 전자이다.

㉯ 실리콘 결정체는 상온에서 전자-정공쌍이 지속적으로 발생하고 소멸된다.

㉰ PN 접합 시 공핍층에서 정공은 소멸하고 자유전자는 가전자가 된다.

㉱ 최외각 궤도에 4개의 가전자를 갖는 원소를 주로 진성 반도체로 사용한다.

㉲ 진성 실리콘에서 온도 상승에 의해 생성된 전자와 정공의 수는 같다.

> **해설**
>
> 상온에서 열에너지를 받으면 실리콘 결정체는 캐리어의 생성과 재결합이 지속적으로 발생되며, 진성 반도체는 4가 원소(주로 Si, Ge)를 사용하고, 여기에 억셉터(3가) 원자(B, Al, Ga, In)를 도핑하여 P형, 도너(5가)원자(As, Sb, P, Pb, Bi)를 도핑하여 N형 불순물 반도체를 만든다. 진성 반도체는 동일 갯수로 열생성된 캐리어이다. ㉮

07 다음 중 P형 반도체를 만드는 불순물이 <u>아닌</u> 것은?

㉮ Al(알루미늄)   ㉯ As(비소)   ㉰ Ga(갈륨)   ㉱ In(인듐)

> **해설**
>
> • P형 반도체 : 억셉터(3가) 불순물 도핑(B, Al, Ga, In)
> • N형 반도체 : 도너(5가) 불순물 도핑(As, Sb, P, Pb, Bi) ㉯

08 다음 중 Ge(게르마늄)과 Si(실리콘) 반도체에 대한 설명으로 가장 <u>옳지 않은</u> 것은?

㉮ Ge 진성 반도체가 Si 진성 반도체보다 정공과 전자의 밀도가 낮다.

㉯ Si의 밴드갭(E_g)이 Ge의 밴드갭보다 크므로, 고온에 동작하는 데 유리하다.

㉰ 누설, 역포화 전류(I_o)는 Ge이 Si보다 훨씬 크며, Si 결정이 Ge 결정보다 강하다.

㉱ Ge과 Si 모두 전자의 이동도가 정공의 이동도보다 크다.

㉲ 절대온도 0K에서 순수한 결정체 Si과 Ge의 가전자대는 전자로 채워져 있다.

㉳ Ge과 Si 결정체 모두 온도 상승에 따라 저항이 감소하는 특성을 가지며, 절대온도 T=0°K에서 진성 반도체는 절연체 특성을 갖는다.

> **해설**
>
> 단일 결정체 반도체의 에너지 장벽(E_g)은 Si(1.1[eV]) > Ge(0.67[eV])이므로, 캐리어 밀도는 Ge이 높으나, 반면에 Si의 온도 인내특성(약 200°C) 등이 더 강하여 유용하다. 온도특성이 낮은 Ge이 열생성되는 소수 캐리어에 의한 역포화 전류(I_o)가 약 수천 배 크다. 캐리어의 이동도는 전자가 정공보다 약 3배 정도 더 크며, 또한 Ge이 Si보다 이동도가 크므로 고역 차단 주파수가 높아 고주파 특성은 Ge이 우세하다. ㉮

09 PN 접합에서 전류가 0일 때의 설명으로 가장 적합한 것은?

㉠ 접합면을 지나는 다수 반송자 carrier가 없다.

㉡ 접합면을 지나는 소수 반송자가 없다.

㉢ 접합면을 지나는 반송자의 농도가 적다.

㉣ 접합면을 지나는 소수 반송자와 다수 반송자의 수가 같다.

해설

극성이 반대인 동일한 수의 캐리어가 접합면을 이동할 때의 전류는 0이 된다. ㉣

10 다음 중 PN 접합 다이오드에 대한 설명으로 옳은 항목을 고르시오.

㉠ PN 접합 다이오드에 전압을 인가하지 않은 열적 평형 상태에서도 N 영역의 전자가 P 영역으로 이동하는 것을 방해하는 전위장벽이 형성된다.

㉡ 역방향 바이어스를 인가하면 공핍층의 전위장벽이 낮아진다.

㉢ 순방향 바이어스를 인가하면 공핍층의 폭이 넓어진다.

㉣ P형과 N형의 불순물의 농도가 높을수록 공핍층의 폭은 넓어진다.

㉤ P형과 N형의 불순물의 농도가 높을수록 전위장벽이 낮아진다.

㉥ PN 접합 다이오드에 P쪽에 음극, N쪽에 양극을 인가하면 접합면에 커패시턴스가 커진다.

㉦ PN 접합 다이오드의 접합면에는 전위차가 발생하여, 전하 캐리어가 고갈되어 공핍영역이 형성된다.

해설

외부에서 어떠한 바이어스도 인가되지 않는 열평형 상태에서도 캐리어의 확산이동으로 인해 PN 접합부에는 전위장벽, 전계, 공간전하 영역, 공핍층이 형성되어 캐리어가 이동하지 않는다.

• 순바이어스를 인가하여 접합부의 장애요소를 해소시켜 도통(on) 상태로 동작하고, 역바이어스를 인가하여 계속 차단(off) 상태를 유지하게 된다.

• 역바이어스 시에 접합부에 공간전하 용량 C_j가 형성되는데, 역바이어스가 클수록 공핍층 폭이 더 넓어지므로, 용량 C_j는 감소한다($[C_j \propto 1/\sqrt{V_r}\,]$). ㉠, ㉦

11 실리콘 PN 접합에 대한 설명 중 옳지 않은 것은?

㉠ 열평형 상태에서 PN 접합부에는 공핍영역이 존재한다.

㉡ PN 접합에서 전위장벽은 정공과 전자가 서로 반대 영역으로 이동하는 것을 가로막는다.

㉢ PN 접합에서 역방향 전압이 어떤 임계전압값을 넘으면 역방향 전류가 급격히 증가하는 항복현상이 일어난다.

㉣ 전압이 인가되지 않은 PN 접합에서 불순물 농도가 증가할수록 전위장벽은 낮아진다.

㉤ PN 접합에서 공핍층 용량은 접합부에서 생기는 공간전하 영역이 고정된 이온의 형태로 전하를 축적하여 생긴다.

㉥ 도통상태에서 온도가 올라가면 다이오드에 흐르는 전류는 증가한다.

해설

• 무바이어스인 열평형 상태에서는 캐리어가 확산이동하면서 접합부에 공핍층, 전위장벽, 전장이 형성되어 서로 반대 영역으로의 전류흐름을 저지시킨다.

• 큰 역바이어스 전압에 도달하게 되면 전자사태인 애벌런치 항복(파괴)에 이른다. 공핍층(이온층) 내의 고정된 이온전하들이 충전되는 공간전하 용량이 접합부에 생긴다.

• 캐리어 농도(N_A, N_D)가 높아질수록, 캐리어의 포텐셜 에너지도 증가하여 전위장벽은 높아진다.

• 다이오드의 전류특성은 온도에 따라 증대특성을 갖는다. ㉣

12 다이오드 특성에 대한 설명으로 <u>옳지 않은</u> 것은?

㉮ 역방향 전압이 높아질수록 공핍층의 두께가 감소한다.

㉯ 역방향 전압을 가하면 전류가 거의 흐르지 않는다.

㉰ 순방향 전압을 가할 경우 온도가 높아지면, 동일한 전류 조건에서 다이오드 전압이 감소한다.

㉱ 순방향 전압을 가하면 0.7[V] 근처에서 전류는 전압의 크기에 지수함수적으로 비례하여 증가한다.

㉲ 도통상태에서 온도가 올라가면 다이오드에 흐르는 전류는 감소한다.

해설

역바이어스 상태에서는 공핍층, 전위장벽이 증가하여, 전류흐름은 미약한 역포화 전류가 흐르나 거의 무시하는 off(차단) 상태이다. 순바이어스 도통(on) 상태에서는 온도 상승 시 전류증대 특성을 갖으며, 순바이어스 전압에 지수함수적으로 비례하고, 1[℃] 상승 시 순바이어스 전압 V_D가 약 -2.5[mV] 감소하는 특성을 갖는다.

㉮, ㉲

13 일반적인 PN 접합에 관한 설명 중 <u>옳지 않은</u> 것은?

㉮ 드리프트 전류의 크기는 바이어스 전압의 크기와 무관하다.

㉯ 순방향 바이어스가 인가될 경우 표동전류보다 확산전류 성분이 크다.

㉰ 순방향 바이어스가 인가될 경우 평형 상태일 때보다 전위장벽은 낮아진다.

㉱ P^+와 N을 접합시킬 경우 전이영역은 P^+ 쪽으로 더 많이 침투된다.

㉲ 순방향 바이어스가 인가될 경우 확산용량 성분이 접합용량 성분보다 크다.

해설

역바이어스 상태에서 공핍층 내 강한 전계에 의한 소수 캐리어의 흐름인 역포화 전류는 바이어스 전압 크기에 무관하게 일정하며, 순바이어스 상태에서는 캐리어의 확산이동에 의한 확산전류가 주가 된다. P형 반도체 쪽을 더 강하게 도핑한 [P⁺N] 접합의 경우, 전이(공핍)층은 N형 쪽으로 침투하며 형성된다. 접합부의 역바이어스에서는 접합용량(C_j), 순바이어스에서는 확산용량(C_D)가 주가 된다.

㉱

14 PN 접합에 대한 설명으로 <u>옳지 않은</u> 것은?

㉮ PN 접합 부근에서는 전하 캐리어가 고갈되어 공핍영역이 생긴다.

㉯ PN 접합을 사이에 두고 공핍영역 양쪽 전계의 전위차가 발생하는데 이를 전위장벽이라 한다.

㉰ PN 접합의 N 영역 접합 부근은 음전하층이 형성되고, P 영역 접합 부근은 양전하층이 형성된다.

㉱ PN 접합이 형성되는 순간 접합 근처의 N 영역에 있던 자유전자는 접합을 넘어 P 영역으로 확산되어 접합 근처의 정공과 재결합한다.

㉲ 역방향 바이어스가 증가하면 공핍영역의 양이온과 음이온 사이에 발생하는 전계의 세기는 감소한다.

해설

PN 접합 부근에는 상대영역의 다수 캐리어의 확산이동으로 접합부 중심에 공핍층, 전위장벽, 이온층 등이 생기고, 그 이온전하의 극성은 P쪽은 (−), N쪽은 (+)이므로, 이 전하의 (+) → (−)로 발생되는 전계도(역바이어스 시) 더 커진다.

㉰, ㉲

15 제너^{zener} 다이오드의 특성 관련 중 틀린 항목은?

㉮ 제너 다이오드는 순방향 전압이 항복 영역에 이르면 순방향 전류가 크게 증가하는 특성이 있고, 정전압 제어에 사용된다.

㉯ 제너 다이오드에서 불순물 도핑 농도를 매우 높게 하면 항복전압은 낮아진다.

㉰ 역방향 항복전압이 전압 조정에 사용되며, 전원회로에서 널리 쓰인다.

㉱ 제너 다이오드는 일반 다이오드보다 고농도 도핑으로 공핍층이 좁다.

㉲ 고농도 도핑이 이루어진 PN 접합이 역바이어스 전압에 의해 전자의 터널링으로 큰 역방향 전류를 형성하게 된다.

㉳ 제너 항복은 낮은 농도의 도핑으로, 높은 역전압에서의 항복을 주로 사용한다.

> **해설**
> 애벌런치 항복과 반대로, 제너 항복은 고농도의 불순물 도핑에 의해서 공핍층이 매우 좁아 낮은 역전압에서도 터널링에 의해 발생되는 항복현상으로서, 도핑이 높을수록 더 낮은 전압에서 항복현상(정전압 등)을 이용할 수 있다.　　㉮, ㉳

16 발광 다이오드(LED)에 대한 설명으로 <u>옳지 않은</u> 내용으로만 묶인 것은?

㉮ 발광 다이오드는 PN 접합 소자의 일종으로 역방향으로 바이어스될 때, Si 반도체 내 접합 부근에서 정공과 전자가 재결합 시 빛 에너지를 발산한다.

㉯ 발광 다이오드는 금속-반도체 접합으로서, 금속으로는 몰리브덴, 백금 등이 사용되고 반도체로는 Si, GaAs, GaP 등이 사용된다.

㉰ 발광되는 빛은 정공과 전자의 재결합된 양에 따라서 비례하고, 재결합되는 양은 다이오드의 순방향 전류에 비례한다.

㉱ 발광 다이오드는 빛을 전기적인 신호로 변환하는 포토 다이오드와 반대되는 기능을 한다.

㉲ 발광 다이오드는 도핑되는 불순물의 종류에 따라 다양한 색깔의 빛을 방출한다.

> **해설**
> 발광 다이오드는 순바이어스에서 접합 근처에서 캐리어 간의 재결합 시 광 에너지를 방출하며, 도핑하는 불순물은 화합물 반도체(GaAs, GaP 등)를 사용한다. 순방향 전류에 비례하는 빛을 발광하고, 불순물 종류로 색이 결정된다.　　㉮, ㉯

17 다음과 같은 특성을 갖는 특수 소자는 무엇인가?

> • 금속-반도체 접합의 정류 특성을 활용한다.
> • PN 접합 다이오드보다 상대적으로 빠른 스위칭 속도와 낮은 순방향 전압강하를 가진다.
> • 순방향 바이어스 인가 시에 확산용량이 없으므로, 역방향 회복시간은 접합면의 자체 용량에 의해서만 결정된다.

㉮ 제너 다이오드　　　　　　　　㉯ 배리스터 다이오드
㉰ 터널 다이오드　　　　　　　　㉱ 쇼트키 다이오드

> **해설**
> 쇼트키(schottky) 다이오드는 문턱전압(순방향 전압강하 : 0.4[V])이 일반 다이오드보다 낮은 특성을 가지며, 순바이어스 시 확산용량^{CD}이 없어 캐리어 축적효과가 없으므로, 역방향 회복시간이 짧아(스위칭 타임이 짧음) 고속 스위칭에 사용된다. 즉, 빠른 역회복 시간을 가진다(빠른 스위칭).　　㉱

18 터널^{tunnel} 다이오드의 특성 관련 중 틀린 항목은?

㉮ 일반 정류 다이오드보다 P형 영역과 N형 영역을 고농도로 도핑시킨 Ge이나 GaAs로 제작한다.

㉯ 터널 다이오드는 순방향 전압이 증가해도 전류가 감소하는 특성이 있다.

㉰ 터널링 현상은 낮은 순방향 전압에서만 일어나며 고속논리회로에서 사용된다.

㉱ 터널 다이오드는 부성저항 영역의 특성이 있어 발진회로에 사용될 수 있다.

㉲ 고농도 불순물 도핑으로, 매우 좁은 공핍층을 가지며 저항이 대단히 적다.

㉳ 역바이어스 상태에서는 항복현상이 없으며, 안정한 차단상태로 동작한다.

> **해설**
>
> 터널 다이오드는 고농도 불순물 도핑으로 공핍층이 매우 좁고 전기적 저항이 매우 작다. 그로 인해 낮은 순/역바이어스에도 터널효과에 의한 도통(on) 상태를 이용한 고속 스위칭 동작, 부성(−) 저항 특성을 이용한 고주파 발진회로, 증폭기 등에 유용하며, 항복현상이 없다.   ㉰, ㉳

19 광전소자$^{opto\text{-}electronic\ device}$에 관한 설명으로 옳지 않은 것은?

㉮ 광 다이오드는 역방향 바이어스 상태에서 빛이 인가되면 전류를 발생시킨다.

㉯ 포토 다이오드의 PN 접합에 가해지는 빛의 강도가 강해질수록 포토 다이오드의 역방향 전류가 증가한다.

㉰ 포토 트랜지스터의 베이스 저항을 감소시키면 빛에 대한 감도가 둔해진다.

㉱ 포토 트랜지스터는 포토 다이오드보다 빛에 대한 감도가 민감하고, 스위칭 속도가 빠르다.

㉲ 발광 다이오드^{LED}와 포토 트랜지스터로 구성된 광 결합기는 입·출력회로 사이의 전기적인 절연을 실현할 수 있다.

㉳ PN 접합 태양전지에 태양광이 조사되면, P형 영역에서 생성된 전자는 N형 영역으로 이동한다.

> **해설**
>
> 포토 다이오드는 역바이어스로 구동하며, 접합부의 인가된 빛에 의해 역방향의 전류를 발생시키는 광전효과를 이용한다. 또 포토 TR보다 빛에 대한 감도가 좋고(민감) 고속이다.
> - 포토 TR : 베이스에 광 입사로 생성된 정공 대부분이 콜렉터 접합부로 흡수(광 전류제어)
> - PN 접합 태양전지는 인가된 빛에 의해 생성된 소수 캐리어(P형에 전자, N형에 정공) 들에 의한 접합부 확산이동으로 전류(전력)를 생성하는 광 기전력 효과를 이용한다.
> - 발광소자와 수광소자 간에 광 결합기가 구현된다(전기적[간섭] 결합 차단).   ㉱

20 용량성 다이오드 혹은 바렉터^{varactor}에 관한 설명으로 옳은 것은?

㉮ 순방향 전압에 의해 다이오드의 정전용량이 가변되는 특성을 이용하여 동조회로, VCO, FM 변·복조기, AFC 등에 응용할 수 있다.

㉯ 바렉터는 역방향 전압이 증가하면, 공핍층이 좁아진다.

㉰ 바렉터 다이오드는 역방향 전압이 증가할수록 다이오드의 커패시턴스는 감소한다.

㉱ 공간전하 용량을 변화시켜, 콘덴서 역할을 하도록 설계되었으며, 정전용량의 크기는 역바이어스 전압에 반비례한다.

> **해설**
>
> 가변용량(바렉터) 다이오드는 역바이어스에서 공핍층의 변화로, 접합부의 공간전하 용량을 가변시켜 콘덴서 역할을 하도록 설계되었다. 또 정전용량은 역바이어스 전압의 제곱근에 반비례하고 VCO, AFC, FM 등에 이용된다.   ㉰

21 다이오드에 대한 설명 중 가장 옳은 항목은?

㉮ 제너 다이오드는 보통 수십 [V] 이상의 높은 역전압에서 발생되는 공핍층 내의 강한 전계에 의한 애벌런치 항복현상을 이용한다.

㉯ 바렉터 다이오드는 역방향 인가전압에 비례하는, 공간전하층의 정전 커패시턴스를 이용한다.

㉰ 터널 다이오드는 낮은 순방향 전압에 의한 터널효과와 부(−)저항 특성을 이용하며, 역바이어스에서는 항복특성을 이용한다.

㉱ 쇼트키 다이오드는 금속과 N형 반도체 접합구조로서, 낮은 문턱전압과 캐리어의 축적효과가 없어 고속 스위칭 논리회로 등에 사용된다.

㉲ 광 다이오드photo diode는 역방향 바이어스 상태에서 광전변환에, 발광 다이오드(LED)는 순방향 바이어스에서 전광변환에 사용된다.

> **해설**
> 제너 다이오드는 고농도 도핑에 의한 낮은 역전압에서의 터널링 제너 항복을 이용하며 바렉터는 역전압에 반비례하는 공간전하 용량을 이용하며, 터널 다이오드는 낮은 순/역전압에서의 터널효과와 순방향에서의 부성저항을 이용한다. 또한 광 다이오드는 역방향에서 광전변환, 발광 다이오드는 순방향에서 전광변환을 이용한다. **㉱, ㉲**

22 각 다이오드의 〈구동전압 − 주 현상 − 응용 회로〉의 조합으로 옳지 않은 것은?

㉮ 제너 다이오드 : 낮은 순방향 전압 − 터널링 항복현상 − 전압조정 회로

㉯ 바렉터 다이오드 : 역방향 전압 − 용량가변 현상 − VCO 회로

㉰ 터널 다이오드 : 순방향 전압 − 부성저항 현상 − 고주파 발진회로

㉱ 포토 다이오드 : 순방향 전압 − 발광 현상 − 광 검출회로

㉲ 쇼트키 다이오드 : 순방향 전압 − 빠른 역회복 현상 − 고속논리회로

㉳ 발광 다이오드 : 순방향 전압 − 전광변환 현상 − 전광, 조명회로

> **해설**
> 제너 항복은 낮은 역방향 전압에서 터널링에 의한 항복현상을 이용한다. 그리고 포토 다이오드는 역방향 전압에서 빛을 받으면 전류가 흐르는 광전변환에 이용한다. **㉮, ㉱**

23 정전압 회로에서 주로 사용하는 다이오드는?

㉮ 터널 다이오드
㉯ 제너 다이오드
㉰ 발광 다이오드
㉱ 바렉터 다이오드

> **해설**
> 낮은 역바이어스 전압에서의 제너 항복은 파괴되지 않으며, 도통(on) 상태에서 일정 전압(제너 전압)이 나타난다. **㉯**

24 공간전하 용량을 변화시켜 콘덴서 역할을 하도록 설계된 다이오드는?

    ㉮ 제너 다이오드   ㉯ 터널 다이오드

    ㉰ 바렉터 다이오드   ㉱ Gurn 다이오드

해설

바렉터 다이오드는 역바이어스 전압 인가→공핍층 변화→공간전하(접합)용량이 가변되는 (콘덴서) 다이오드이다.   ㉰

25 터널 다이오드의 특성 중 <u>옳지 않은</u> 것은?

    ㉮ 비교적 낮은 역방향 전압에서는 제너 항복이 일어난다.

    ㉯ 역방향 바이어스 상태에서는 훌륭한 도체가 된다.

    ㉰ 낮은 순방향 바이어스에서의 저항은 대단히 적다.

    ㉱ 순방향으로 전압을 증가해가면 전류가 감소하는 현상을 나타내기도 한다.

해설

터널 다이오드는 강한 불순물을 도핑시켜 공핍층이 매우 좁고, 전기저항이 적은 구조여서 낮은 순바이어스 및 역바이어스 시 터널효과로 도통(on)된다. 부성(−)저항 특성을 갖는다.   ㉮

26 광 결합기$^{photo\ coupler}$란?

    ㉮ 빛을 전기로 변환하는 장치이다.

    ㉯ 전기를 빛으로 변환하는 장치이다.

    ㉰ 발광소자와 수광소자를 하나로 조합한 장치이다.

    ㉱ 태양전지의 일종이다.

해설

발광부와 수광부가 하나로 조합된 광 결합기(포토 커플러)는 전자기적 유도결합 방해를 제거할 수 있다.   ㉰

27 다이오드를 사용한 정류회로에서 여러 다이오드를 직렬로 연결하여 사용하면?

    ㉮ 과전류로부터 보호할 수 있다.

    ㉯ 과전압으로부터 보호할 수 있다.

    ㉰ 부하출력의 백등률을 감소시킬 수 있다.

    ㉱ 직류전원으로부터 많은 전력을 공급받을 수 있다.

해설

- 다이오드의 순방향 전압($\cong 0.7[\mathrm{V}]$) 강하를 이용하면 여러 개의 직렬접속으로 인한 과도한 전압으로부터 회로를 보호할 수 있다.
- 여러 개의 병렬접속은 과도한 전류를 분산시켜 회로를 보호한다.   ㉯

28 서미스터^{thermistor}의 설명으로 옳은 것은?

㉮ 전압에 따라 저항값이 크게 변하는 소자이다.

㉯ 양(+)의 온도계수를 가지는 소자이다.

㉰ 온도에 따라 저항값이 크게 변하는 소자이다.

㉱ 전류에 따라 저항값이 크게 변하는 소자이다.

해설

서미스터는 온도센서로서 온도보상, 자동 온도제어, FM 전력을 측정하는 데 사용한다.
온도가 높으면 저항이 감소하는 부(−) 온도계수를 갖는다.   ㉰

29 배리스터^{varistor}에 관한 가장 적합한 설명은?

㉮ 반도체의 저항률이 온도에 따라 변화하는 성질을 이용한다.

㉯ 3개 이상의 PN 접합으로 구성된다.

㉰ 특정 온도에서 저항이 갑자기 변하는 것을 이용한 소자이다.

㉱ 낮은 전압에서 큰 저항을, 높은 전압에서 작은 저항을 나타낸다.

해설

• 배리스터는 전압센서로서 불꽃전압, 과도전압을 보호한다.

• 전압이 증가하면 저항이 감소한다.   ㉱

30 심화 다음의 턴온전압 $V_r = 0.7[\text{V}]$인 다이오드 회로에서 D_1, D_2의 on, off의 동작 상태를 파악하고 I_{D1}, V_o를 구하여라.

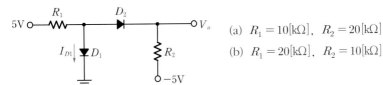

(a) $R_1 = 10[\text{k}\Omega]$, $R_2 = 20[\text{k}\Omega]$

(b) $R_1 = 20[\text{k}\Omega]$, $R_2 = 10[\text{k}\Omega]$

해설

(a) $R_1 = 10[\text{k}\Omega]$, $R_2 = 20[\text{k}\Omega]$인 경우 D_1과 D_2가 모두 on이라고 가정하면 다음과 같다.

• $V_{D1} = 0.7[\text{V}]$, $V_o = V_{D1} - 0.7 = 0[\text{V}]$ • $I_{D2} = \dfrac{0.7 - 0.7 - (-5)}{R_2} = \dfrac{5[\text{V}]}{20[\text{k}\Omega]} = 0.25[\text{mA}]$

• 입력전류 $I = \dfrac{(5-0.7)}{R_1} = \dfrac{4.3[\text{V}]}{10[\text{k}\Omega]} = 0.43[\text{mA}]$ • $I_{D1} = I - I_{D2} = 0.43 - 0.25 = 0.18[\text{mA}]$

이 경우는 회로상의 등식 $I = I_{D1} + I_{D2}$를 정상 만족하므로, D_1, D_2 모두가 on 상태이다.

(b) $R_1 = 20[\text{k}\Omega]$, $R_2 = 10[\text{k}\Omega]$ 경우 D_1과 D_2가 모두 on이라고 가정하면 다음과 같다.

• $V_{D1} = 0.7[\text{V}]$, $V_o = V_{D1} - 0.7 = 0[\text{V}]$ • $I_{D2} = \dfrac{0.7 - 0.7 - (-5)[\text{V}]}{R_2} = \dfrac{5[\text{V}]}{10[\text{k}\Omega]} = 0.5[\text{mA}]$

• 입력전류 $I = \dfrac{(5-0.7)[\text{V}]}{R_1} = \dfrac{4.3[\text{V}]}{20[\text{k}\Omega]} = 0.215[\text{mA}]$ • $I_{D1} = I - I_{D2} = 0.215 - 0.5 = -0.285[\text{mA}]$

여기서 $I_{D1} = -0.285[\text{mA}]$인 음(−) 전류는 모순이므로, 실제로 D_1은 off 상태로 동작한다.
반면에 D_1이 off이고, D_2가 on인 경우에서 해석하면 다음과 같다.

$I_{D1} = 0[\text{A}]$, $I = I_{D2} = \dfrac{5 - 0.7 - (-5)}{R_1 + R_2} = \dfrac{9.3[\text{V}]}{30[\text{k}\Omega]} = 0.31[\text{mA}]$

$V_o = I_{R2} + (-5) = 0.31[\text{mA}] \times 10[\text{k}\Omega] - 5 = 3.1 - 5 = -1.9[\text{V}]$

31 다음 회로에서 전류 I_1[A]과 전류 I_2[A]의 값으로 옳은 것은?

(단, 다이오드는 이상적이며 D_1과 D_2의 턴온전압은 각각 0.5[V], 0.7[V]이다)

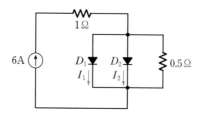

해설

공급 전류원으로 D_1, D_2가 제각기 on이 될 때, 다이오드의 각 양단에 턴온전압이 걸리게 되므로, $V_{D1} = 0.5$[V], $V_{D2} = 0.7$[V]인데, 병렬은 전압이 공통이므로 모두 작은 전압인 0.5[V]가 된다(두 다이오드 간에 전위차 0.2[V]에 의한 누설전류가 흘러 0.5[V]에서 멈춘다).

- $I_{D1} = 6$[A] $- I_{D2} - I_R = 6 - 0 - 1 = 5$[A]
- D_1의 $V_{D1} = 0.5$[V]이므로 $V_R = 0.5$[V]가 되어 $I_R = \dfrac{0.5[\text{V}]}{0.5[\Omega]} = 1$[A]이다. D_2의 $V_{D2} = 0.5$[V]이므로 $I_{D2} = 0$[A]이다(V_{D2}가 턴온전압인 0.7[V]에 미달하므로 D_2는 off 상태이다).

32 다음 이상적인 다이오드 회로에서 D_1, D_2의 상태를 파악하고, 1[kΩ]의 양단에 걸리는 전압을 구하여라.

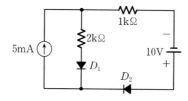

해설

우측 전압원의 회로망에서 볼 때, D_1이 역바이어스 상태로 위치하고 있어 회로망이 off가 되며, (D_1을 off 시킨 후) 외각의 루프에서는 D_2가 on되어 회로망이 구성된다. 이 회로망 우측 1[kΩ], 10[V]의 직렬구성을 병렬구성의 전원 변환시킨 등가회로에서 해석하면, 1[kΩ]의 양단의 전압 $V = (5-10)[\text{mA}] \times 1[\text{k}\Omega] = -5$[V]가 된다. 이 회로에서 D_1은 off, D_2는 on이고, $V_R = (5-10)[\text{mA}] \times 1[\text{k}\Omega] = -5$[V]이다.

33 다음의 턴온전압 $V_\gamma = 0.7$[V] 다이오드 회로에서 I_D, V_o를 구하여라.

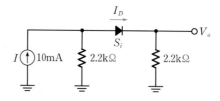

해설

좌측의 전류원과 2.2[kΩ]을 테브난의 등가회로로 바꾸어 KVL을 적용해 I_D를 구한다.

- $I_D = \dfrac{(22-0.7)[\text{V}]}{(2.2+2.2)[\text{k}\Omega]} = \dfrac{21.3[\text{V}]}{4.4[\text{k}\Omega]} = 4.841$[mA]
- $V_o = I_D \times R_L = 4.841[\text{mA}] \times 2.2[\text{k}\Omega] = 10.65$[V]

34 다음 다이오드 회로에서 입·출력 관계의 파형과 기능을 설명하여라.

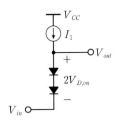

해설

입력신호의 직류레벨을 2개의 다이오드 턴온전압 $2V_{D,on}$(1.4[V])만큼 위로 이동시키기 위해 두 다이오드를 직렬로 사용하고, 입력을 캐소드에 인가하여 구현한 레벨 시프터 회로이다. 정전류원 I를 이용하여 각 다이오드에 바이어스 전압($V_{D,on}$)이 걸리게 한다. 입출력($V_{in} - V_{out}$) 파형에서처럼 입력크기를 약 1.4[V]만큼 올려주고 있다.

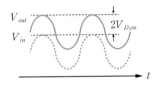

35 그림 (A)와 (B)에 정현파 신호를 가했을 때 출력파형을 고르시오.

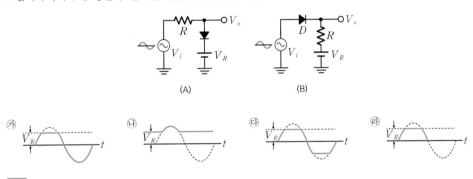

해설

- (A)는 병렬형, (B)는 직렬형 클리퍼 회로이다.
- (B)에서 다이오드와 R의 위치를 교체하여 병렬형을 구하면 (A)와 반대 형태가 된다. (A)는 다이오드 하향으로 ㉮, (B)는 다이오드 상향(병렬형에서)으로 ㉯이다.   ㉮, ㉯

36 다음 회로에 대한 입·출력의 전달함수로 옳은 것은?

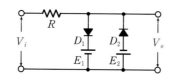

㉮ 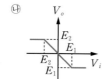   ㉯   ㉰   ㉱

해설

클리퍼 2개가 중첩된 리미터 회로로, 입력 V_i 중에 $-E_2 \le V_i \le E_1$ 인 가운데 부분만 비례하여 출력된다. ㉮

37 다음 다이오드 회로의 입력파형(V_i)이 그림과 같을 때 출력파형(V_o)를 구하여라.
(단, $V_D = 0.7[\text{V}]$이다.)

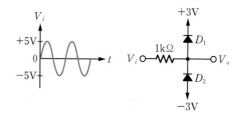

해설

D_1을 밑으로 향하게 그리면 [연습문제 36]과 동일한 리미터 회로가 된다. 즉, $-3[\text{V}] \le V_i \le 3[\text{V}]$ 사이로 진폭이 제한되어 출력된다. 그러나 다이오드 전압(0.7[V])을 고려하는 경우이므로 $-3.7[\text{V}] \le V_i \le 3.7[\text{V}]$ 가 출력된다.

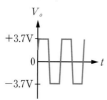

38 다음 회로에 입력전압이 V_i일 때 출력전압 V_o의 최대치와 최소치를 구하여라.

(단, 다이오드와 제너 다이오드는 이상적이다.)

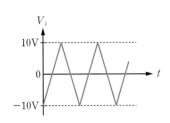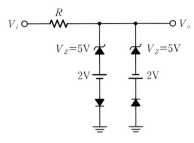

해설

모든 다이오드가 on 동작 상태일 때,

- 좌측 줄 회로의 총 DC 바이어스 전압1 $= 5[V]+2[V]=7[V]$
- 우측 줄 회로의 총 DC 바이어스 전압2 $=-2[V]$

주어진 회로는 입력신호 중 $-2[V] \sim +7[V]$ 부분이 출력되는 리미터 회로이며, 출력전압 V_o의 최대치는 $7[V]$, 최소치는 $-2[V]$로 진폭이 제한된다.

39 다음 회로에서 2개의 다이오드가 모두 도통(on) 동작할 때, 출력전압의 최대치와 최소치를 먼저 구하고, 입력 v_{in}이 주어질 때 출력 v_{out}을 도시하여라.

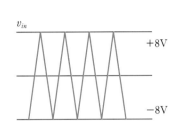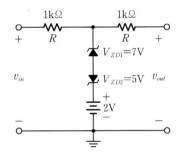

해설

Z_{D1}이 역바이어스 정전압 동작 시, 출력전압 $v_{out}=7[V]+0.7[V]+2[V]=9.7[V]$ (최대치)

Z_{D2}가 역바이어스 정전압 동작 시, 출력전압 $v_{out}=-0.7[V]-5[V]+2[V]=-3.7[V]$ (최소치)

- $v_{in} \geq 9.7[V]$일 때 : Z_{D1} (역바이어스 on), Z_{D2} (순바이어스 on)이므로
  $v_{out}=7[V]+0.7[V]+2[V]=9.7[V]$ (불만족)
- $9.7[V] \geq v_{in} \geq -3.7[V]$일 때 : Z_{D1}, Z_{D2} 모두 off이므로 $v_{out}=v_{in} \rightarrow -3.7[V] \leq V_o \leq +8[V]$
- $v_{in} \leq -3.7[V]$일 때 : Z_{D1} (순바이어스 on), Z_{D2} (역바이어스 on)이므로
  $v_{out}=-0.7[V]-5[V]+2[V]=-3.7[V]$

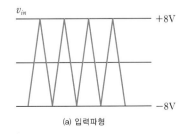

(a) 입력파형

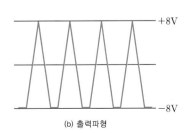

(b) 출력파형

40 다음 그림 (A)~(D)의 회로에 입력파형이 인가될 때 각각 출력파형을 구하여라(단, 다이오드는 이상적인 등가모델이다).

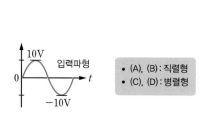

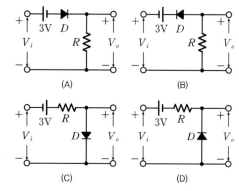

- (A), (B) : 직렬형
- (C), (D) : 병렬형

해설

- 회로 (A) : $V_i > +3[V]$: $D(\text{on})$, $V_o = V_i - 3$ ($V_i = 10[V]$ 시 $V_o = 10 - 3 = 7[V]$)
  $V_i < +3[V]$: $D(\text{off})$, $V_o = 0$
- 회로 (B) : $V_i < -3[V]$: $D(\text{on})$, $V_o = V_i + 3$ ($V_i = -10[V]$ 시 $V_o = -10 + 3 = -7[V]$)
  $V_i > -3[V]$: $D(\text{off})$, $V_o = 0$
- 회로 (C) : 회로 (B)와 등가
- 회로 (D) : 회로 (A)와 등가

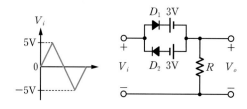

(a) 회로 (A)의 출력 (b) 회로 (B)의 출력

41 다음 회로에서 출력전압 V_o의 파형과 입·출력 전달함수를 구하여라(단, 다이오드는 이상적이다).

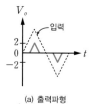

해설

- $V_i > +3[V]$일 때 : $D_1(\text{on})$, $V_o = V_i - 3$
- $V_i < -3[V]$일 때 : $D_2(\text{on})$, $V_o = V_i + 3$
- $-3[V] < V_i < 3[V]$일 때 : D_1과 $D_2(\text{off})$, $V_o = 0$

입력 중 가운데($-3[V] < V_i < 3[V]$)가 제거되는 역 리미터 회로이다.

(a) 출력파형 (b) 전달함수

42 다음 회로에 대한 설명 중 옳은 것은?

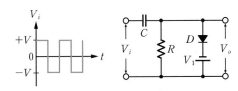

㉮ 출력신호의 상단레벨을 일정하게 유지한다.

㉯ 출력신호의 하단레벨을 일정하게 유지한다.

㉰ 클리퍼이며 일정 값 이하로 출력신호의 크기를 제한한다.

㉱ 반파 정류회로이다.

해설

C에 충전된 (−) 직류전압을 입력에 부가하는 부(−) 클램퍼로서, 입력의 최대값이 $+E$에 고정된다. ㉮

43 이상적인 다이오드를 사용하여 다음과 같이 구성한 회로에 구형파 펄스전압 $V_i(t)$를 인가할 때, 회로의 출력전압 파형 $V_o(t)$를 그려라(단, $V_1 = \dfrac{V}{3}$이고 커패시터의 방전시간은 입력전압 파형의 주기보다 충분히 크다).

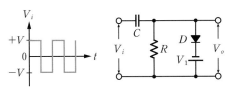

해설

부(−) 클램퍼 회로 : 입력의 최대값을 $-V_1$에 고정

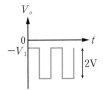

44 다음 회로에 대한 출력전압 V_o를 구하여라(단, 다이오드 전압은 0.7[V]이다).

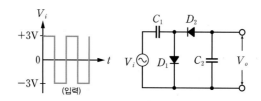

- $V_i > 0$: $D_1(\text{on})$, $D_2(\text{off})$되어 C_1에 충전, $V_{C1} = 3 - 0.7 = 2.3[\text{V}]$
- $V_i < 0$: $D_1(\text{off})$, $D_2(\text{on})$되어 C_2에 충전, $V_{C2} = -2.3 + [-(3-0.7)] = -4.6[\text{V}]$

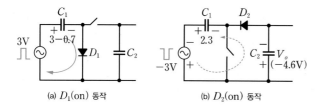

(a) $D_1(\text{on})$ 동작   (b) $D_2(\text{on})$ 동작

전원회로

DC Power Supply Circuit

거의 모든 전자회로는 직류(DC) 전원을 필요로 한다. 휴대용 소전력 시스템에서는 전지(battery)를 사용할 수도 있으나, 대부분의 경우는 상용 교류(AC) 전원 220[V], 60[Hz]를 이용하여 직류 공급전원으로 변환하는 전원회로를 이용하고 있다. 이 장에서는 전원회로 장치의 성능에 중요한 영향을 미치는 파라미터를 중심으로 전원장치의 특성 및 회로 전반에 대해 살펴보기로 한다.

SECTION 2.1 전원회로의 기본 이론

이 절에서는 전원회로의 구성과 전원회로의 중요한 파라미터인 리플률, 효율, 전압 변동률, PIV 등 전원회로의 전반에 대해 살펴보기로 한다.

Keywords | **정류와 평활** | **리플률** | **효율** | **전압 변동률** | **PIV** |

2.1.1 전원회로의 구성도

전원회로는 직류전원을 공급하는 장치로, 정류회로와 평활회로로 구분된다. 이는 1.2~1.3절에서 더 자세히 다루었으며, 이 절에서는 먼저 전원회로가 어떻게 구성되는지 [그림 2-1]을 통해 알아보자.

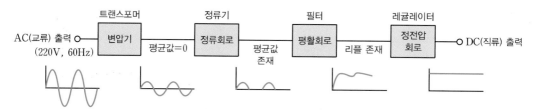

[그림 2-1] 전원회로의 구성

발전소에서 공급되는 상용전원인 **교류**^{AC} **220[V]**, **60[Hz]**는 전압이 너무 크므로 강하 변압기^{down} ^{transformer}를 이용해서 5 ~ 20[V] 정도의 교류로 변환시킨다. 이 정현파 교류전압은 평균값이 0인데, 단방향 스위치인 다이오드를 사용해서 양방성의 교류를 단방성의 **맥류**^{PC}(교류와 직류의 중간)로 바꾸는 정류를 행하면 평균값이 존재하게 되어 그에 상응하는 직류를 출력할 수 있다.

그러나 맥류 파형에는 고조파^{harmonics} 성분들이 포함되어 있으므로, 커패시터 필터 등을 사용해서 평탄한 파형으로 변환하고 리플(고조파) 성분을 제거시키는 **평활회로**^{LPF}를 거치면 직류화 출력이 발생되므로 예민하지 않은 전자회로에는 사용할 수 있다. 그런데 파형을 더욱 완전한 직류 형태로 하고, 그 직류전압 크기도 일정하게 유지할 수 있는 정전압 **회로**를 거치면 완전한 직류 전압원의 전원회로가 완성된다.

[그림 2-1]에 제시된 전원회로의 **[정류부–평활부–정전압부]**별 실제 회로도를 먼저 구현하고 상세 해석을 해나가기로 하자.

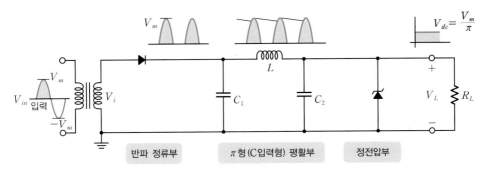

[그림 2-2] 반파 정류 전원회로

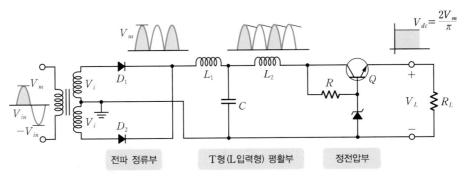

[그림 2-3] 중간 탭형 전파 정류 전원회로

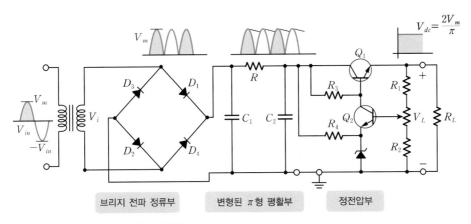

[그림 2-4] 브리지형 전파 정류 전원회로

2.1.2 전원(정류)회로의 특성

정류를 수행하여 전원회로의 성능을 파악할 수 있는 대표적인 파라미터^{parameter}는 다음과 같다.

■ 맥동률(리플률)

맥동률은 직류에 포함되어 있는 교류 잔재성분(즉, 리플)의 비율을 의미한다. 맥동률이 작을수록 이상적인 직류전원(전압원, 전류원)이 된다.

$$\gamma = \frac{\text{리플성분의 실효값}}{\text{직류출력(평균) 값}} = \frac{V'_{rms}}{V_{dc}} = \frac{I'_{rms}}{I_{dc}} = \sqrt{\left(\frac{I_{rms}}{I_{dc}}\right)^2 - 1} \tag{2.1}$$

$$I_{rms}{}^2 = I_{dc}{}^2 + I'_{rms}{}^2 \tag{2.2}$$

$$I'_{rms} = \sqrt{I_{rms}{}^2 - I_{dc}{}^2} \tag{2.3}$$

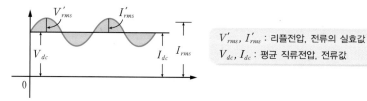

V'_{rms}, I'_{rms} : 리플전압, 전류의 실효값
V_{dc}, I_{dc} : 평균 직류전압, 전류값

[그림 2-5] 직류성분과 리플성분

■ 정류효율

정류효율은 정류회로에 입력된 교류전력이 직류전력으로 바뀌어 출력되는 비율로서, 이 값이 클수록 입력손실이 적어진다. 교류의 크기는 실효값으로 나타내며, 다이오드의 저항 r_d도 교류입력의 부하가 된다. 식 (2.4)의 R_L은 부하저항, r_d는 다이오드의 순바이어스 저항을 의미한다.

$$\eta = \frac{\text{출력 직류전력}}{\text{입력 교류전력}} = \frac{P_{dc}}{P_{ac}} = \frac{I_{dc}{}^2 \cdot R_L}{I_{rms}{}^2 \cdot (R_L + r_d)} \tag{2.4}$$

■ 전압 변동률

전압 변동률은 부하 변동에 따른 직류 출력의 변동비율이다. 변동전압($V_{oL} - V_L$)은 순바이어스 시 다이오드 저항 r_d에서의 전압강하이며, ΔV가 작을수록 이상적이다. 식 (2.5)의 V_{oL}은 무부하^{open} 시 출력전압, V_L은 부하^{load} 시 출력전압을 의미한다.

$$\Delta V = \frac{V_{oL} - V_L}{V_L} = \frac{r_d I_{dc}}{R_L I_{dc}} = \frac{r_d}{R_L} \tag{2.5}$$

■ 최대 역내전압

최대 역내전압 [PIV : Peak Inverse Voltage]은 다이오드 정류기에 걸리는 역방향 전압의 최대값을 의미한다. 다이오드는 역바이어스 시에 반복적으로 인가되는 입력의 (−)피크값인 이 최대 역전압을 견뎌야 한다. 결론적으로 이 PIV보다 항복전압(V_{BK})이 큰 다이오드를 선정해야 한다.

예제 2-1

전원장치에서 무부하일 때의 단자전압이 $11[\mathrm{V}]$이고, 전부하일 때의 단자전압이 $10[\mathrm{V}]$라면 전압 변동률은 약 몇 %인가?

풀이

$$전압\ 변동률\ \Delta V = \frac{무부하\ 시\ 전압(V_{oL}) - 부하\ 시\ 전압(V_L)}{부하\ 시\ 전압(V_L)} \times 100[\%]$$

$$= \frac{11-10}{10} \times 100[\%] = 10[\%]$$

예제 2-2

어떤 정류회로에서 부하 양단의 평균전압이 $20[\mathrm{V}]$이고, 맥동률이 2%라고 할 때 교류분의 실효값은 얼마인가?

풀이

맥동률을 구하는 식 (2.1)을 통해 교류(리플전압)의 실효값을 구할 수 있다.

$$V'_{rms} = V_{dc} \times \gamma = 20 \times 0.02 = 0.4[\mathrm{V}]$$

SECTION 2.2

정류회로

이 절에서는 정현파의 교류 입력신호를 맥류 파형으로 변환시키는 역할을 하는 다양한 종류의 정류회로를 구현하고, 정류회로의 특성과 파라미터를 해석한다.

Keywords | 반파·전파 정류회로 | 중간 탭 변압기 | 브리지 전파 정류회로 | 배전압 정류회로 |

2.2.1 정류회로의 분류

일반적으로 단상(반파, 전파) 정류를 주로 사용한다. 정류 주파수는 전원 주파수($60[\mathrm{Hz}]$)의 정수배가 되며, 정류 주파수가 높을수록 리플은 작아진다. 3상(반파, 전파) 정류 방식은 주로 강전(전기 분야)에서 쓰인다.

❶ **반파 정류회로(단상과 3상)** : 정류 주파수는 단상($60[\mathrm{Hz}]$), 3상($180[\mathrm{Hz}]$)이다.
❷ **전파 정류회로(단상과 3상)** : 정류 주파수는 단상($120[\mathrm{Hz}]$), 3상($360[\mathrm{Hz}]$)이다.
   • 중간 탭 변압기형(단상), 브리지 다이오드형(단상)
❸ **전압체배 정류회로(배압 정류회로)** : 입력 변압기의 정격전압은 증가시키지 않고, 정류된 전압의 첨두값을 **클램핑 작용**을 이용하여 전압을 올리는 No-trans 방식으로, 고전압 및 저전류 응용에 사용한다(일반적으로 사용하는 체배수는 2배압, 3배압, 4배압이다).
   • 2배압 회로 doubler: 반파 및 전파 2배압 회로
   • 3배압 회로 tripler : 반파
   • 4배압 회로 quadrupler : 반파

2.2.2 반파 정류회로

[그림 2-6]의 출력부하(R_L)에는 단방향 스위치인 다이오드의 스위칭 동작에 의해 입력전압의 양(+)의 반파만 순바이어스 on시켜 나타나므로 **반파 정류회로** half-wave rectifier circuit라고 한다. 음(−) 입력은 역바이어스 off로 제거시켜 정류되면 평균값이 존재하게 되어 그에 해당되는 직류(평균치) 전압 V_{dc}를 만들 수 있게 된다.

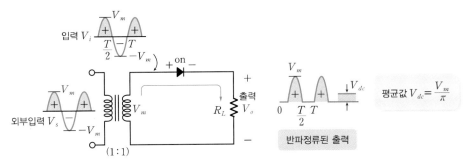

[그림 2-6] 반파 정류회로

[그림 2-6]의 회로에 사용하는 정류소자 다이오드가 (이상적이지 않은) 실제 다이오드인 경우, 다이오드의 순바이어스 장벽(커트인) 전압 V_F, V_γ(Si는 $0.7[\text{V}]$)를 고려하면 정류된 출력전압의 최대치는 V_m이 아니라 $V_m - V_F$인 $V_m - 0.7$이 되며, 다음과 같은 입·출력 전압 파형을 갖게 된다.

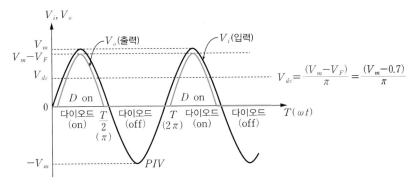

[그림 2-7] 반파 정류회로의 입·출력 전압 파형

■ 출력전압 및 전류의 평균값(V_{dc}, I_{dc})

V_{dc}는 [그림 2-7]에서 반파 정류된 출력전압의 1주기(T)의 평균값으로 얻을 수 있는 직류전압이다.

$$V_{dc} = \frac{1}{T}\int_0^T V_o(t)d(\omega t) = \frac{1}{T}\int_0^{\frac{T}{2}} V_m\sin\omega t d(\omega t) = \frac{1}{2\pi}\int_0^\pi V_m\sin\omega t d(\omega t) \qquad (2.6)$$

$$V_{dc} = \frac{V_m}{\pi} \cong 0.318\,V_m \quad (\text{1주기}\ \ T = 2\pi)$$

만일 다이오드의 순바이어스 저항 r_d에서 전압강하를 고려한다면 다음 식으로 구한다.

$$V_{dc} = \frac{V_m}{\pi} - r_d I_{dc} \qquad (2.7)$$

그리고 실제 다이오드의 순바이어스 장벽전압 $V_F(0.7[\text{V}])$를 고려할 경우 V_{dc}는 다음과 같다.

$$V_{dc} = \frac{V_m - V_F}{\pi} = \frac{V_m - 0.7}{\pi} \qquad (2.8)$$

직류 출력전류 I_{dc}도 동일한 방법(1주기 T의 평균값)으로 구할 수 있다.

$$I_{dc} = \frac{I_m}{\pi} \cong 0.318 I_m \tag{2.9}$$

■ 출력전압 및 전류의 실효값(rms)

$$V_{rms} = \frac{V_m}{2} \ (\text{순바이어스 저항 } r_d \text{의 저항 강하 고려 시 } \frac{V_m}{2} - r_d I_{rms}) \tag{2.10}$$

$$= \sqrt{\frac{1}{T} \int_0^T V_o(t)^2 d(\omega t)} = \sqrt{\frac{1}{2\pi} \int_0^\pi V_{in}{}^2 \sin^2 \omega t\, d(\omega t)}$$

$$= \sqrt{\frac{V_m{}^2}{2\pi} \int_0^\pi \frac{1 - \cos 2\omega t}{2} d(\omega t)} = \frac{V_m}{2} \tag{2.11}$$

이 경우도 다이오드 순바이어스 전압 $V_F(= 0.7[\mathrm{V}])$를 고려하면 $V_{rms} = \dfrac{V_m - 0.7}{2}$ 이다.

$$I_{rms} = \frac{I_m}{2} \tag{2.12}$$

■ 최대 역전압

역바이어스 상태에서 다이오드에 걸리게 되는 최대 전압을 의미한다. 다이오드는 최대 역전압을 견뎌내야 하므로 PIV보다 항복전압(V_{BK})이 큰 다이오드를 선택한다. 그러므로 [그림 2-7]의 입력파형에서 $V_i = -V_m$이 역바이어스의 최대값이므로 $PIV = V_m$이 되는데, 순바이어스 전압에도 $V_F(= 0.7[\mathrm{V}])$ 이하는 역바이어스이므로 V_F를 고려하면 다음과 같다.

$$PIV = V_m + V_F = V_m + 0.7 \cong V_m \tag{2.13}$$

■ 리플률(맥동률)

$$\gamma = \frac{V'_{rms}}{V_{dc}} = \frac{I'_{rms}}{I_{dc}} = \sqrt{\left(\frac{I_{rms}}{I_{dc}}\right)^2 - 1} = \sqrt{\left(\frac{I_m/2}{I_m/\pi}\right)^2 - 1} = 1.21\ (121\%) \tag{2.14}$$

■ 정류효율 η

$$\eta = \frac{P_o}{P_i} = \frac{I_{dc}{}^2 R_L}{I_{rms}{}^2 (R_L + r_d)} = \frac{0.406}{1 + \dfrac{r_d}{R_L}} \times 100\,(\%) \tag{2.15}$$

- 이론상 최대효율 $\eta = 40.6\%$ $(R_L \to \infty,\ r_d = 0)$이다.
- 직류 출력전력이 최대일 때$(R_L = r_d$ 시$)$ $\eta = 20.3\%$ 이다.
- 다이오드 저항이 감소할수록$(r_d \to 0)$ $\eta = 40.6\%$ 에 근접한다.

여기서 직류 출력전력(P_{dc})과 교류 입력전력(P_{ac})은 다음과 같다. 이때 교류는 실효값^{rms}을 사용한다.

$$P_{dc} = V_{dc}I_{dc} = I_{dc}^2 \cdot R_L = \left(\frac{I_m}{\pi}\right)^2 \cdot R_L = \frac{V_m^2 \cdot R_L}{\pi^2 (R_L + r_d)^2} \ : \ \left(I_m = \frac{V_m}{R_L + r_d}\right) \tag{2.16}$$

$$P_{ac} = V_{rms} \cdot I_{rms} = I_{rms}^2 \cdot (R_L + r_d) = \left(\frac{I_m}{2}\right)^2 (R_L + r_d) = \frac{V_m^2}{4(R_L + r_d)} \tag{2.17}$$

■ 전압 변동률

다이오드의 순바이어스 저항 r_d에서 전압강하로 인해 출력전압이 감소되어 전압 변동이 생긴다. 이때 V_{oL}은 무부하 시 출력전압, V_L은 부하 시 출력전압을 의미한다.

$$\Delta V = \frac{V_{oL} - V_L}{V_L} = \frac{r_d I_{dc}}{R_L I_{dc}} = \frac{r_d}{R_L} \times 100(\%) \tag{2.18}$$

예제 2-3

다음 Si 다이오드를 이용한 정류회로에서 출력전압의 (a) 최대값 V_m, (b) 평균값 V_{dc}과 (c) PIV를 구하여라(단, 다이오드 저항은 무시하고, 다이오드 순바이어스 전압 $V_F = 0.7[\text{V}]$와 권선비 $n_1 : n_2$을 고려하여라).

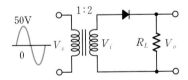

[그림 2-8] 반파 정류회로

풀이

먼저 변압기의 1차 측 전압 V_1과 2차 측 전압 V_2는 권선비 $n_1 : n_2$에 비례하므로 2차 측의 입력전압 V_i의 최대값 V_m을 먼저 구한다. $V_s : V_i = 50 : V_i = 1 : 2$이므로 V_i의 최대값 $V_m = 100[\text{V}]$이다. 출력 전압의 최대값은 $V_o = V_m = 100[\text{V}]$인데, 다이오드 순바이어스 전압 $V_F = 0.7[\text{V}]$를 고려하므로 출력전압의 최대값은 $(V_m - V_F)$가 되고, 평균값 V_{dc}는 다음과 같다.

(a) 출력전압의 최대값

$$V_o = (V_m - V_F) = (100 - 0.7) = 99.3[\text{V}]$$

(b) 출력전압의 평균값

$$V_{dc} = \frac{V_m - V_F}{\pi} = \frac{99.3}{\pi} = 31.62[\text{V}]$$

(c) PIV

$$\text{PIV} = (V_m + V_F) = (100 + 0.7) = 100.7[\text{V}]$$
$$\cong V_m = 100[\text{V}] \quad (식 (2.13) 참조)$$

예제 2-4

[그림 2-9]의 반파 정류회로에서 다음을 구하여라(단, 다이오드의 순방향 저항 $r_d = 10[\Omega]$이며, 순바이어스 전압 V_F는 0[V]로 무시하고, 변압기의 권선비 $n_1 : n_2 = 5 : 1$이다).

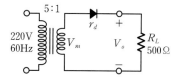

[그림 2-9] 반파 정류회로

(a) R_L에 흐르는 전류의 최대값 I_m과 전압의 최대값 V_m
(b) 직류 부하전류(평균값) I_{dc}와 부하전압(평균값) V_{dc}
(c) 교류 부하전류(실효값) I_{rms}와 부하전압(실효값) V_{rms}
(d) 입력전력 P_i와 출력전력 P_o
(e) 효율 η
(f) PIV
(g) 전압 변동률 $\varDelta V$

풀이

변압기 권선비가 5 : 1이므로 2차 측에 유도되는 전압은 1차 측의 1/5배이다. 1차 측 입력전압 220[V]는 실효값 표현이므로 최대값은 $V_{m1} = 220 \cdot \sqrt{2}$ 가 된다. 2차 측 입력전압 V_i의 최대값 $V_m = \frac{1}{5}(220\sqrt{2})$ $= 62.2[\text{V}]$이다.

(a) 부하 R_L에 공급되는 출력전압의 최대값은 입력전압의 최대값이 그대로 걸린다. 만일 다이오드의 순 바이어스 전압 $V_F(=0.7[\text{V}])$를 고려할 경우 $V_o = V_m - 0.7 = 62.2 - 0.7 = 61.5[\text{V}]$를 사용한다.

- R_L 부하전압의 최대값 : $V_o = V_m = 62.2[\text{V}]$

- R_L 부하전류의 최대값 : $I_m = \dfrac{V_m}{R_L + r_d} = \dfrac{62.2}{500 + 10} = 122[\text{mA}]$

(b) 식 (2.6)~식 (2.9)를 이용하여 계산하면 다음과 같다.

- 직류 부하전류 : $I_{dc} = \dfrac{I_m}{\pi} = \dfrac{122}{3.14} = 38.9[\text{mA}]$

- 직류 부하전압 : $V_{dc} = \dfrac{V_m}{\pi} - r_d I_{dc} \cong \dfrac{V_m}{\pi} = \dfrac{62.2}{\pi} = 19.8[\text{V}]$

(c) 식 (2.10)~식 (2.12)를 이용하여 계산하면 다음과 같다.

- 교류 부하전류 : $I_{rms} = \dfrac{I_m}{2} = \dfrac{122}{2} = 61[\text{mA}]$

- 교류 부하전압 : $V_{rms} = \dfrac{V_m}{2} - r_d I_{rms} \cong \dfrac{V_m}{2} = \dfrac{62.2}{2} = 31.1[\text{V}]$

(d) 식 (2.16)~식 (2.17)을 이용하여 계산하면 다음과 같다.

- 입력전력 : $P_i = P_{ac} = I_{rms}{}^2(R_L + r_d) = (61 \times 10^{-3})^2 \cdot (500 + 10) = 1.9[\text{W}]$
- 출력전력 : $P_o = P_{dc} = I_{dc}{}^2 \cdot R_L = (38.9 \times 10^{-3})^2 \cdot 500 = 0.76[\text{W}]$

(e) 식 (2.15)를 이용하여 계산하면 다음과 같다.

$$\eta = \frac{P_o}{P_i} = \frac{0.76}{1.9} = 40\% \quad (\text{또는 } \eta = \frac{40.6\%}{1 + (r_d/R_L)})$$

(f) 식 (2.13)을 이용하여 계산하면 다음과 같다.

$$PIV = V_m + 0.7 \cong V_m = 62.2[\text{V}]$$

(g) 식 (2.18)을 이용하여 전압 변동률을 계산하면 다음과 같다.

$$\Delta V = \frac{r_d}{R_L} = \frac{10}{500} \times 100(\%) = 2\%$$

2.2.3 중간 탭 변압기를 이용하는 전파 정류회로

전파 정류회로는 양(+)의 반주기 반파 정류와 음(−)의 반주기 반파 정류를 합성하여 모두 사용하는 방식을 말한다. 반파 정류에 비해 **직류 출력전압(V_{dc})과 정류효율(η)이 2배나 높고 리플성분이 적다**는 장점이 있어 많이 사용된다.

[그림 2-10]은 중간 탭을 갖는 전파 정류회로를 보여준다. 2개의 반파 정류를 구성하기 위해 변압기의 2차 측 권선비를 2배만큼 높인 **큰 변압기**로 2차 측에 중간 탭(단자, 탭)을 내어 사용하면 상, 하에 각각의 반파 정류회로 2개를 얻을 수 있게 된다. 이때 중간 탭을 갖는 변압기의 중간 탭을 접지단자로 사용하면 2차 측 상, 하에는 위상이 반전된 2개의 입력신호 V_i가 형성된다.

- [그림 2-10(a)] : (+) 반주기 입력신호는 다이오드 D_1만 순바이어스 on시켜 반파 정류 출력을 보인다.

- [그림 2-10(b)] : (−) 반주기 입력신호는 다이오드 D_2만 순바이어스 on시켜 반파 정류 출력을 보인다.

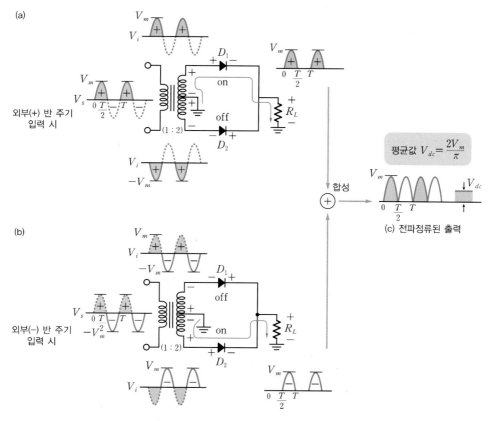

[그림 2-10] 중간 탭 변압기형 전파 정류회로

[그림 2-10]의 전파 정류회로에 사용되는 다이오드가 실제 다이오드인 경우에는 순바이어스 장벽(커트인) 전압 V_F, V_γ(Si형 0.7[V])를 고려해야 한다. 따라서 정류된 출력전압의 최대값은 $V_m - V_F$인 $V_m - 0.7[V]$이며 다음과 같은 입·출력 파형을 갖게 된다.

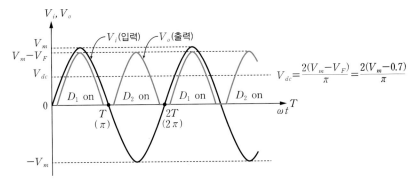

$$V_{dc} = \frac{2(V_m - V_F)}{\pi} = \frac{2(V_m - 0.7)}{\pi}$$

[그림 2-11] 중간 탭형 전파 정류회로의 입·출력 파형

❶ 출력전압 및 전류의 평균값(V_{dc}, I_{dc}) : 전파 정류된 출력전압의 1주기 T의 평균값으로 얻을 수 있는 직류전압이다.

$$V_{dc} = \frac{1}{T} \int_0^T V_o(t) d(\omega t) = \frac{1}{\pi} \int_0^\pi V_m \sin\omega t \cdot d(\omega t)$$

$$V_{dc} = \frac{2 V_m}{\pi} = 0.636 V_m \quad (1주기\ T = \pi) \tag{2.19}$$

만일 다이오드의 순바이어스 저항 r_d에서 전압강하를 고려하면 다음과 같다.

$$V_{dc} = \frac{2 V_m}{\pi} - r_d I_{dc} \tag{2.20}$$

그리고 실제 다이오드의 순바이어스 장벽전압 $V_F(0.7[\mathrm{V}])$를 고려할 경우 V_{dc}는 다음과 같다.

$$V_{dc} = \frac{2(V_m - V_F)}{\pi} = \frac{2(V_m - 0.7)}{\pi} \tag{2.21}$$

직류 출력전류 I_{dc}도 동일한 방법으로 1주기 T의 평균값으로 구할 수 있다.

$$I_{dc} = \frac{2 I_m}{\pi} = 0.636 I_m \tag{2.22}$$

❷ 출력전압 및 전류의 실효값(V_{rms}, I_{rms}) : 식 (2.11)을 이용하여 1주기 T에 π를 대입하여 구하면 다음과 같다. 이때 순바이어스 저항 r_d의 전압강하를 고려하면 $\frac{V_m}{\sqrt{2}} - r_d I_{rms}$가 된다.

$$V_{rms} = \frac{V_m}{\sqrt{2}} \tag{2.23}$$

그리고 실제의 다이오드의 순바이어스 장벽전압 $V_F(0.7[\text{V}])$를 고려하면 다음과 같다.

$$V_{rms} = \frac{V_m - V_F}{\sqrt{2}} = \frac{V_m - 0.7}{\sqrt{2}} \tag{2.24}$$

$$I_{rms} = \frac{I_m}{\sqrt{2}} \tag{2.25}$$

❸ **최대 역전압(PIV)** : 전파 정류회로는 다이오드가 번갈아가며 순바이어스와 역바이어스로 동작한다. [그림 2-12]에서 D_2를 중심으로 PIV를 살펴보기로 한다.

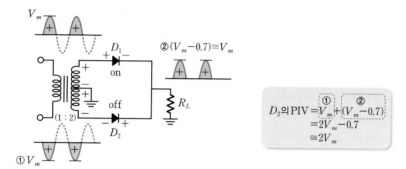

[그림 2-12] 중간 탭 전파 정류의 PIV

D_1의 첫 번째 (+) 반주기 입력신호는 D_1이 on이 되어 부하 R_L에 공급되며, 동시에 D_2의 캐소드에는 역바이어스 전압으로 작용하게 된다. 반면 D_2의 첫 번째 (+) 반주기 입력신호는 D_2에는 역바이어스 전압으로 off시키고 있다. 결국 D_2는 앞뒤로 $2V_m$의 역바이어스 전압을 견뎌야 한다.

❹ **리플률(맥동률)** : 리플률은 48.2[%]로, 반파 정류보다 2.5배만큼 리플이 작다.

$$\gamma = \frac{V'_{rms}}{V_{dc}} = \frac{I'_{rms}}{I_{dc}} = \sqrt{\left(\frac{I_{rms}}{I_{dc}}\right)^2 - 1} = \sqrt{\left(\frac{1/\sqrt{2}}{2/\pi}\right)^2 - 1} = 0.482 \tag{2.26}$$

❺ **정류효율** : 이론상 최대효율($r_d = 0$, $R_L \rightarrow \infty$ 경우)은 81.2[%]로, 반파 정류의 2배이다.

$$\eta = \frac{P_o}{P_i} = \frac{P_{dc}}{P_{ac}} = \frac{I_{dc}^{\,2} R_L}{I_{rms}^{\,2}(R_L + r_d)} = \frac{0.812}{1 + (r_d/R_L)} \times 100(\%) \tag{2.27}$$

여기서 직류 출력전력(P_{dc})과 교류 입력전력(P_{ac})는 다음과 같다.

$$P_{dc} = V_{dc}I_{dc} = R_L I_{dc}^{\,2} = \left(\frac{2I_m}{\pi}\right)^2 \cdot R_L = \frac{4V_m^{\,2} \cdot R_L}{\pi^2(R_L + r_d)^2} \quad \text{(반파의 4배)} \tag{2.28}$$

$$P_{ac} = V_{rms} \cdot I_{rms} = I^2_{rms} \cdot (R_L + r_d) = \left(\frac{I_m}{\sqrt{2}}\right)^2 \cdot (R_L + r_d) = \frac{V_m^{\,2}}{2(R_L + r_d)} \tag{2.29}$$

❻ **전압 변동률** : $\Delta V = \dfrac{V_{oL} - V_L}{V_L} = \dfrac{r_d}{R_L} \times 100[\%]$ $\qquad\qquad$ (2.30)

[그림 2-13]의 전파 정류회로에서 직류 출력전압 V_{dc}와 PIV를 구하여라(단, 다이오드 저항은 무시한다).

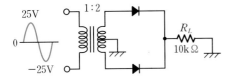

[그림 2-13] 전파 정류회로

풀이

입력 변압기의 권선비가 1 : 2이므로 2차 측 전체 전압은 50[V]가 된다. 그런데 중간 탭에 의해 각각 $\frac{1}{2}$씩 분배되므로 각 정류회로의 입력전압은 $V_m = 25$[V]이다.

- 직류 출력전압 : $V_{dc} = \dfrac{2V_m}{\pi} - r_d \cdot I_{dc} \cong \dfrac{2V_m}{\pi} = \dfrac{2 \times 25}{3.14} = 15.9$[V]
- PIV $= 2V_m - 0.7 \cong 2V_m = 2 \times 25 = 50$[V]

[그림 2-14]의 전파 정류회로에서 2차 측이 중간 탭으로 $\frac{1}{2}$ 분할되어 있다. 그 한쪽 전압이 $V = 40$[V], 60[Hz]일 경우, 다음의 값을 구하여라(단, $r_d = 100$[Ω], $R_L = 1$[kΩ]이다).

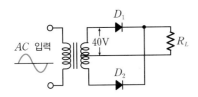

[그림 2-14] 전파 정류회로

(a) I_{dc}, V_{dc}, P_{dc} (b) 리플률 (c) 효율

(d) 전압 변동률 (e) PIV

풀이

2차 측 입력전압의 최대값 $V_m = 40 \cdot \sqrt{2} = 56.6$[V]이고,

$$I_m = \frac{V_m}{R_L + r_d} = \frac{56.6}{1k + 100\Omega} = \frac{56.6}{1100} = 51.4[\text{mA}]$$이다.

(a) $I_{dc} = \dfrac{2 \cdot I_m}{\pi} = 32.7[\mathrm{mA}]$, $V_{dc} = \dfrac{2V_m}{\pi} - I_{dc} \cdot r_d = 36 - (32.7 \times 0.1) = 32.73[\mathrm{V}]$,

   $P_{dc} = I_{dc}^2 \cdot R_L = (32.7 \times 10^{-3})^2 \times 1000 = 1.07[\mathrm{W}]$

(b) 리플률은 전파 정류이므로 48.2%이다.

(c) 효율 $\eta = \dfrac{P_{dc}}{P_{ac}} = \dfrac{0.812}{1 + (r_d/R_L)} = \dfrac{0.812}{1 + (100/1000)} \times 100 = 73.8\%$

(d) 전압 변동률 $\Delta V = \dfrac{r_d}{R_L} = \dfrac{100}{1000} \times 100 = 10\%$

(e) $\mathrm{PIV} = 2V_m - 0.7 \cong 2V_m = 2 \times 56.6 = 113.2[\mathrm{V}]$

2.2.4 브리지 전파 정류회로

브리지 ^{bridge} **전파 정류회로**는 대형 중간 탭 변압기를 사용하는 전파 정류회로와 달리 **소형 변압기의 장점**을 갖는 회로이다. (+)반주기 입력신호는 [그림 2-15(a)]와 같이 다이오드 D_1과 D_2가 동시에 순바이어스 on되어 반파 정류를 시키고, (−)반주기 입력신호는 [그림 2-15(b)]와 같이 다이오드 D_3와 D_4가 동시에 순바이어스 on되어 반파 정류를 시켜, 2개의 반파 정류출력을 합성하여 전파 정류회로를 구현하는 방식이다.

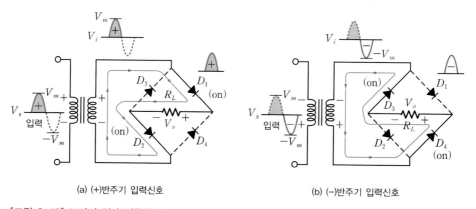

(a) (+)반주기 입력신호   (b) (−)반주기 입력신호

[그림 2-15] 브리지 전파 정류회로

[그림 2-16]은 브리지 전파 정류회로의 입·출력 파형을 보여준다. 이 회로에 사용되는 다이오드가 실제 다이오드인 경우에는 순바이어스 장벽(커트인) 전압 V_F, V_γ(Si형 0.7[V])를 고려해야 한다. 따라서 정류된 출력전압의 최대값은 (**다이오드 2개가 on**이므로) $V_m - 2V_F$인 **$V_m - 1.4[\mathrm{V}]$**가 된다.

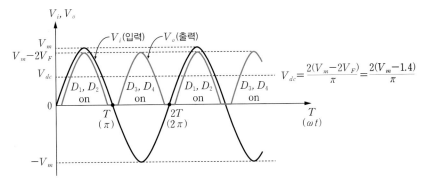

[그림 2-16] 브리지 전파 정류회로의 입·출력전압 파형

❶ 출력전압 및 전류의 평균값 (V_{dc}, I_{dc})

$$V_{dc} = \frac{2\,V_m}{\pi} \tag{2.31}$$

$$V_{dc} = \frac{2\,(V_m - 2\,V_F)}{\pi} \text{ (다이오드 순바이어스 전압 } V_F \text{ 고려 시)} \tag{2.32}$$

$$I_{dc} = \frac{2I_m}{\pi} \tag{2.33}$$

❷ 출력전압 및 전류의 실효값 (V_{rms}, I_{rms})

$$V_{rms} = \frac{V_m}{\sqrt{2}}, \quad V_{rms} = \frac{(V_m - 2\,V_F)}{\sqrt{2}} \text{ (다이오드의 } V_F \text{ 고려 시)} \tag{2.34}$$

$$I_{rms} = \frac{I_m}{\sqrt{2}} \tag{2.35}$$

❸ 최대 역전압(PIV) : 소형 변압기를 쓰는 반파 정류와 유사하다.

$$\text{PIV} = V_m - V_F = V_m - 0.7 \cong V_m \tag{2.36}$$

❹ 리플률(맥동률) : $\gamma = 0.482\,(48.2\%)$ \hfill (2.37)

❺ 정류효율 : $\eta = \dfrac{0.812}{1 + (2\,r_d / R_L)} \times 100(\%)$ \hfill (2.38)

최대효율은 81.2%로 중간 탭형 전파 정류와 비교하면 동일하지만, **다이오드 2개가** on되는 구조 (즉, $2\,r_d$)이므로 실제 효율은 감소한다.

❻ 전압 변동률 : $\Delta V = \dfrac{2\,r_d}{R_L} \times 100(\%)$ \hfill (2.39)

전압 변동률도 **다이오드 2개**($2\,r_d$)이므로 중간 탭형 전파 정류보다 다소 커서 바람직하지는 않다.

예제 2-7

[그림 2-17]의 브리지 정류회로에서 출력전압(첨두값)을 구하고, Si 다이오드에 요구되는 최소 PIV 정격을 구하여라(단, 다이오드 순바이어스 전압 $V_F = 0.7[V]$이다).

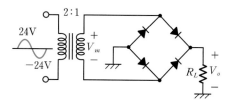

[그림 2-17] 브리지 전파 정류회로

풀이

권선비가 2 : 1이므로 2차 측 최대 입력전압 $V_m = 12[V]$이다. 브리지 전파 정류회로는 다이오드가 동시에 2개씩 on되어 동작하므로 실제 부하 R_L에 공급되는 출력전압(피크값) V_{on}은 다음과 같다.

$$V_{on} = V_m - (0.7 \times 2) = 12 - 1.4 = 10.6[V] \quad (V_{dc} = \frac{2V_{on}}{\pi} = \frac{2 \times 10.6}{\pi} = 6.75[V])$$

다이오드 전압 V_F를 고려하여 최소 PIV 정격을 구하면 다음과 같다.

$$PIV = V_m - V_F = 12 - 0.7 = 11.3[V]$$

예제 2-8

[그림 2-18]의 브리지 정류회로에서 평균 직류 출력전압이 부하 $10[\Omega]$에 $10[V]$일 때 다음을 구하여라(단, 다이오드의 전압 $V_F = 0$, 저항 $r_d = 0$이다).

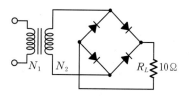

[그림 2-18] 브리지 정류회로

(a) 2차 측 입력전압(피크값) V_m

(b) 각 다이오드에 흐르는 피크 전류값 I_m

(c) 각 소자에 걸리는 PIV

풀이

(a) $V_{dc} = \dfrac{2}{\pi} V_m$ 에서 $V_m = \dfrac{\pi}{2} V_{dc} = \dfrac{\pi}{2} \times 10 = 5\pi [\text{V}]$

(b) $I_m = \dfrac{V_m}{R_L} = \dfrac{5\pi}{10\,\Omega} = 1.57 [\text{A}]$

(c) $\text{PIV} = V_m = 5\pi [\text{V}]$

중간 탭형 전파 정류와 비교했을 경우, **브리지형 전파 정류회로의 특징**은 다음과 같다.

- 고압 정류회로에 적합하다(PIV가 탭형 전파 정류의 1/2이다).
- 소형 변압기를 사용할 수 있다(동일 출력 시 중간 탭형 2차 코일의 1/2이다).
- 높은 출력전압을 얻을 수 있다(변압기의 2차 전압을 거의 이용할 수 있다).
- 변압기 자기포화 현상이 거의 없다.
- 정류효율이 낮고 전압 변동률이 크며, 낮은 전압을 사용할 수 없다는 단점이 있다.

2.2.5 배전압 정류회로(전압체배기 회로)

배전압 정류회로는 클램핑 작용을 이용하여 입력 변압기의 정격전압(V_m)을 증가시키지 않고 정류된 전압의 최대값을 2배, 3배 혹은 그 이상의 값이 되도록 (no-trans 방식으로) 올리는 회로이다. 고전압, 저전류를 응용할 때 사용한다.

2배압 정류회로

다음은 2개의 클램퍼 구성을 갖는 2배압 정류회로이다.

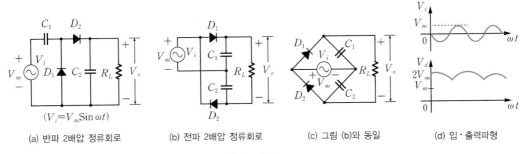

(a) 반파 2배압 정류회로　　(b) 전파 2배압 정류회로　　(c) 그림 (b)와 동일　　(d) 입·출력파형

[그림 2-19] 반파 및 전파 2배압 정류회로와 입·출력 파형

■ 반파 2배압 회로 해석

[그림 2-20(a)]에서는 2차 측에 넘어온 AC 입력 $V_i = V_m \sin \omega t$가 인가된 상태에서, $(-)$반주기에 D_1은 on, D_2는 off가 되므로 C_1에 $V_{C1} = V_m$이 충전된다. [그림 2-20(b)]에서는 $(+)$반주기에 D_1은 off, D_2는 on되므로 C_2는 V_m까지 충전하는 동시에 C_1에 있던 충전전압도 방전되고, 이 전압 V_m도 C_2에 충전되어 결국 $2V_m$까지 충전되므로 C_2의 용량은 충분히 커야 한다. 그리고 위 회로에서 다이오드 극성을 바꾸면 $-2V_m$인 출력전압을 충전시켜 이용할 수 있으며, [예제 2-9]에서 다룬다.

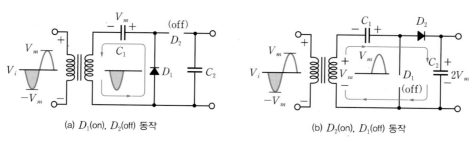

(a) D_1(on), D_2(off) 동작   (b) D_2(on), D_1(off) 동작

[그림 2-20] 반파 2배압 정류회로의 동작

■ 전파 2배압 회로 해석

[그림 2-21(a)]에서는 2차 측에 넘어온 AC 입력 $V_i = V_m \sin \omega t$가 인가된 상태에서, $(+)$반주기에 D_1은 on, D_2는 off가 되어 C_1에 $V_{C1} = V_m$이 충전된다. [그림 2-21(b)]에서는 $(-)$반주기에 D_1은 off, D_2는 on되어 C_2에 $V_{C2} = V_m$이 충전되므로 C_1과 C_2의 접속단자에서 출력 $2V_m$을 만들어 낸다. **배압 정류회로**는 콘덴서에 충전되어 있는 전압도 다이오드에 역바이어스 전압으로 작용하므로 정류 방식에 관계없이(반파 및 전파 정류인 경우도 평활 콘덴서가 부착되면) **다이오드의 PIV는 무조건 $2V_m$**이 된다.

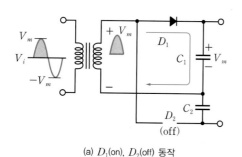
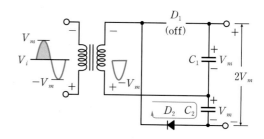

(a) D_1(on), D_2(off) 동작   (b) D_2(on), D_1(off) 동작

[그림 2-21] 전파 2배압 정류회로의 동작

n배압 정류회로

[그림 2-22]~[그림 2-23]과 같은 **n배압 정류회로**는 처음에 위치한 C_1에만 V_m이 충전되고, 그다음에 쓰이는 콘덴서에는 다이오드의 클램핑 작용으로 $2V_m$이 충전된다([그림 2-20] 참조). 즉, 적절한 위치에서 출력단자를 설정하여 배압된 전압을 이용하는 회로를 말한다. 이 경우에도 PIV는 $2V_m$이 된다.

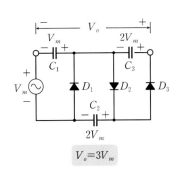

[그림 2-22] 반파 3배압 정류회로

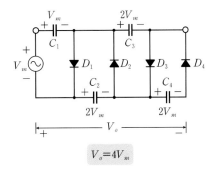

[그림 2-23] 반파 4배압 정류회로

예제 2-9

[그림 2-24]의 회로에서 C_1에 걸리는 전압 V_{C1}과 출력전압 V_o를 구하여라(단, 다이오드 순바이어스 전압 V_F는 $0.7[\mathrm{V}]$이다)

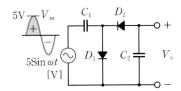

[그림 2-24] 배압 정류회로

풀이

입력의 (+)반주기 신호가 입력될 때는 D_1만 on되어 C_1에 $V_m - 0.7[\mathrm{V}]$가 충전되므로 C_1에 걸리는 전압 V_{C1}은 다음과 같다.

$$V_{C1} = V_m - 0.7 = 5 - 0.7 = 4.3[\mathrm{V}]$$

입력의 (−)반주기 신호가 입력될 때는 D_2만 on되어 C_2에 $-(V_m - 0.7)[\mathrm{V}]$가 충전되고, C_1의 전압도 방전하면서 C_2에 충전시키므로 출력전압 V_o는 다음과 같다.

$$V_o = -(V_m - 0.7) + (-4.3) = -(5 - 0.7) - 4.3 = -8.6[\mathrm{V}]$$

평활회로

이 절에서는 정류회로의 출력에 포함되어 있는 고조파 성분, 즉 리플(맥동) 성분을 제어하여 일정한 크기의 전압을 유지시키는 평활회로(LPF)를 다룬다. 수동소자인 커패시터와 인덕터를 사용하여 회로를 구현하고, 여러 평활회로의 특성을 비교, 정리 및 해석해 보기로 하자.

Keywords | 평활회로 | 커패시터 필터 | 인덕터 필터 | 리플률 |

평활회로 smoothing circuit는 맥류 형태인 정류 출력파형 내의 많은 고조파(리플) 성분을 제거시켜 이상적인 평탄한 직류 출력전압을 얻을 수 있게 해주는 **저역통과 필터** LPF이다. 주로 **커패시터, 인덕터** 및 이들의 조합으로 구성한다.

C형은 C를 크게 하여 정류기에 흐르는 전류가 짧은 펄스 형태로 나타나며, 출력전압은 최대값까지 충전시키고, 맥동률(리플률)은 줄어든다. 그래서 C형은 고전압, 저전류에 적합하다. 반면 L형은 코일에 흐르는(고조파에 의한) 급격한 전류의 변화를 억제시키는 안정화 작용으로 전압 **변동률이 작다는 장점**이 있지만, 코일의 권선저항에서 출력전압이 약간 감소한다. L형은 고전류, 저전압에 적합하다. 실제 회로에서는 C형과 L형을 조합한 형태 중 π**형(C 입력형)**과 T**형(L 입력형)** 및 **변형된 π형**을 주로 사용한다.

[표 2-1] C형과 L형의 평활 특성 비교

방식 항목	C형 평활회로	L형 평활회로
직류 출력전압	높다.	낮다(코일의 저항에서 강하).
전압 변동률	크다(단점).	낮다(장점).
PIV	높다($2V_m$).	낮다(V_m).
맥동률(γ)	• 작다. • $\gamma \propto \dfrac{1}{f},\ \dfrac{1}{C},\ \dfrac{1}{R_L}$ • 시정수가 크면 리플이 감소한다.	• 부하전류가 작을수록 크다. • $\gamma \propto \dfrac{1}{f},\ \dfrac{1}{L},\ R_L$ • 부하전류가 크면(즉, R_L이 작을 때) 리플이 감소한다.
용도	고전압, 저전류	고전류, 저전압

2.3.1 콘덴서 C형 평활회로

C형 필터의 반파 정류회로

[그림 2-26]은 반파 정류(60[Hz])의 파형을 C형 필터의 충·방전 동작에 의해 평활시킨 파형을 보여준다. 평활회로의 시정수가 클수록 리플이 감소하며, 리플 파형의 주파수는 정류 파형의 주파수와 60[Hz]로 동일하다.

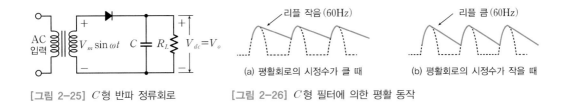

[그림 2-25] C형 반파 정류회로   [그림 2-26] C형 필터에 의한 평활 동작

■ C형 평활회로의 동작 상태

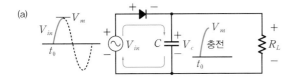

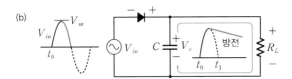

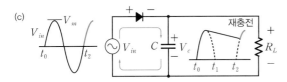

[그림 2-27] C형 평활 동작 상태

- [그림 2-27(a)] : (+) 입력의 1/4 부분이 인가될 때, 다이오드가 on이 되므로 C에 V_m 전압이 충전된다.
- [그림 2-27(b)] : (+) 입력이 감소하면서 다이오드가 역바이어스 off가 되므로 C는 방전된다.
- [그림 2-27(c)] : (−) 입력으로 내려가도 다이오드가 역바이어스 off가 되어 계속 방전되다가 제2의 (+) 입력신호가 들어오면 재충전되면서 처음으로 돌아간다.

■ C형 평활회로의 해석

[그림 2-28]은 커패시터 C의 충·방전 동작에 의해 평활시킨 파형을 제시한다. 이때 주기 $T = T_1 + T_2$이며, T_1은 전도기간(충전), T_2는 차단기간(방전)을 의미한다.

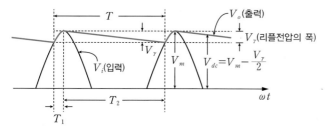

[그림 2-28] C형 필터에 의한 반파 정류신호의 평활 동작

우선, **리플(맥동)전압** V_γ를 구해보자. 먼저 커패시터 C의 전압이 T_2시간 동안 직선적으로 내려가고 있는데, 이것은 콘덴서에서부터 부하 R_L을 거쳐 방전하는 전류가 일정하다는 것을 의미한다. 이를 I_{dc}로 표시하면 T_2시간 동안 콘덴서의 단자전압이 감소하는 것은 식 (2.40)과 같이 나타낼 수 있으며, 이를 리플전압의 폭 V_γ라고 한다. 여기서 T_1은 매우 짧아 무시되며 $T = T_1 + T_2 \cong T_2$이고, $f = 1/T$, $I_{dc} = V_{dc}/R_L$을 대입한다.

$$V_\gamma = \frac{1}{C} \int_0^{T_2} I_{dc} dt = \frac{I_{dc} \cdot T_2}{C} \cong \frac{I_{dc} \cdot T}{C} \cong \frac{I_m}{fC} = \frac{V_m}{R_L f C} \tag{2.40}$$

그리고 [그림 2-28]에서 출력전압 파형은 삼각파에 근접한 모양이므로 V_{dc} 위에 존재하는 리플전압은 $\frac{V_\gamma}{2}$이고, 이것의 실효값은 $\frac{V_\gamma}{2} \cdot \frac{1}{\sqrt{3}}$ (삼각파의 실효값은 $\frac{V_m}{\sqrt{3}}$ 을 이용)이다. 이를 이용하여 다음과 같이 리플(맥동)률을 구할 수 있다.

$$\text{리플전압의 실효값 } V'_{rms} = \frac{V_\gamma}{2\sqrt{3}} = \frac{V_m}{2\sqrt{3}\,R_L f C} \tag{2.41}$$

$$\text{리플(맥동)률 } \gamma = \frac{V'_{rms}}{V_{dc}} = \frac{1}{2\sqrt{3}\,R_L f C} \tag{2.42}$$

그리고 [그림 2-28]에서 최대값은 입력 교류전원의 전압 V_m과 같다. 직류 출력전압 V_{dc}는 식 (2.43)으로 나타낼 수 있으며, 이 식을 정리하여 식 (2.44)를 구한다.

$$V_{dc} = V_m - \frac{V_\gamma}{2} = V_m - \frac{V_m}{2R_L f C} \tag{2.43}$$

❶ 직류 출력전압 : $V_{dc} = \dfrac{V_m}{1 + \left(\dfrac{1}{2fCR_L}\right)}$ $\qquad$ (2.44)

❷ 맥동률 : $\gamma = \dfrac{1}{2\sqrt{3}\,f\,CR_L} = \dfrac{T}{2\sqrt{3}\,CR_L}$ $\left(\gamma \propto \dfrac{1}{C},\ \dfrac{1}{R_L},\ \dfrac{1}{f}\right)$ (2.45)

　(리플(맥동)률은 정류 주파수 f, C와 부하 R_L이 클수록 감소함을 알 수 있다.)

❸ PIV$= 2\,V_m$ (C에 충전된 순바이어스 전압도 다이오드에 역바이어스로 작용한다.)

C형 필터의 전파 정류회로

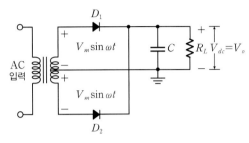
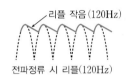

　　　(a) C형 전파 정류회로　　　　　　(b) 필터에 의한 평활동작

[그림 2-29] C형 필터의 전파 정류회로

전파 정류는 반파 정류에 비해 정류 주파수와 리플 주파수 모두가 120[Hz]로 2배나 높아 리플이 더 감소한다.

❶ 직류 출력전압 : $V_{dc} = \dfrac{V_m}{1 + \left(\dfrac{1}{4f\,CR_L}\right)}$ (2.46)

❷ 맥동률 : $\gamma = \dfrac{1}{4\sqrt{3}\,f\,CR_L} = \dfrac{T}{4\sqrt{3}\,CR_L}$ $\left(\gamma \propto \dfrac{1}{C},\ \dfrac{1}{R_L},\ \dfrac{1}{f}\right)$ (2.47)

　전파 정류의 주기 $T(=\pi)$는 반파 정류의 주기 $T(=2\pi)$의 $\dfrac{1}{2}$의 관계이므로, 앞선 ❶, ❷ 항목은 반파 정류회로의 유도식인 식 (2.45)에 T 대신 $\dfrac{T}{2}$를 대입하여 구한다.

❸ PIV$= 2\,V_m$ (C에 충전된 전압도 PIV로 합쳐짐) (2.48)

예제 2-10

[그림 2-30]의 C형 평활회로를 갖고 있는 전파 정류회로에서 직류 출력전압 V_{dc}, 리플률, PIV를 구하여라(단, $V_s = 150\sin$ $(2\pi \times 60t)$, $C = 100[\mu\mathrm{F}]$, $R_L = 0.5[\mathrm{k\Omega}]$이다).

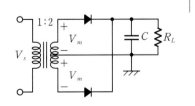

[그림 2-30] C형 필터 정류회로

풀이

권선비가 1 : 2이므로 2차 측 유도전압은 $2 \times 150 = 300[\mathrm{V}]$인데, 이 값이 2차 측에서 중간 탭으로 절반씩 분배되므로 각 $V_m = 150[\mathrm{V}]$이다.

- 평활 콘덴서 C를 고려한 전체 출력전압 V_{dc}는 다음과 같다.

$$V_{dc} = \frac{V_m}{1+\left(\dfrac{1}{4fCR_L}\right)} = \frac{150}{1+\left(\dfrac{1}{4\times60\times100\times10^{-6}\times0.5\times10^3}\right)} = 138[\text{V}]$$

- 리플률 : $\gamma = \dfrac{1}{4\sqrt{3}\,fCR_L} = \dfrac{1}{4\sqrt{3}\times60\times100\times10^{-6}\times0.5\times10^3} = 4.8[\%]$

- PIV $= 2V_m = 2\times150 = 300[\text{V}]$ (C가 있으면 무조건 $2V_m$이다.)

예제 2-11

[그림 2-31]의 정류회로에서 직류 부하전압은 30[V]이며, 입력 주파수 $f=60[\text{Hz}]$, $R_L = 10[\text{k}\Omega]$이라고 할 때 커패시터의 입력 필터에서 나오는 피크-피크 리플전압(V_γ)의 값이 5[V]이다. 이 경우 사용하는 콘덴서 C의 값을 구하여라(단, 다이오드는 이상적이다).

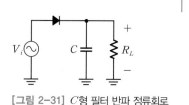

[그림 2-31] C형 필터 반파 정류회로

풀이

C형 필터를 갖는 반파 정류회로의 리플률 식을 통해 C 값을 구한다.

$$\gamma \equiv \frac{V'_{rms}}{V_{dc}} = \frac{V_\gamma/2\sqrt{3}}{V_{dc}} = \frac{5/2\sqrt{3}}{30} = \frac{1}{2\sqrt{3}\,fCR_L}$$

$$C = \frac{12\sqrt{3}}{2\sqrt{3}\,fR_L} = \frac{12\sqrt{3}}{2\sqrt{3}\times60\times10^4} = 10[\mu\text{F}]$$

2.3.2 인덕터(초크) L형 평활회로

인덕터(L)는 전류의 변화를 억제시키는 안정화 작용을 하므로 부하 R_L과 직렬로 사용하면 부하전류의 리플을 감소시켜 준다.

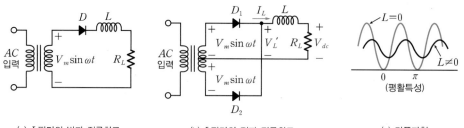

(a) L필터의 반파 정류회로　　(b) L필터의 전파 정류회로　　(c) 리플파형

[그림 2-32] L형 필터를 사용한 정류회로와 리플 파형

[그림 2-32(b)]의 전파 정류 출력전압, 즉 평활회로의 입력전압 $V_L{}'$은 다음 형식(푸리에 급수)으로 표현된다.

$$V_L{}' = \frac{2\,V_m}{\pi} - \frac{4\,V_m}{3\pi}\cos 2\omega t - \frac{4\,V_m}{15\pi}\cos 4\omega t - \cdots \tag{2.49}$$

여기서 4차 고조파 이상은 진폭이 매우 작으므로 무시하고, 전압 $V_L{}'$에 의해 $L-R_L$의 직렬회로에 흐르는 부하전류 I_L은 다음과 같이 나타낼 수 있다. 여기서 $\phi = \tan^{-1}\dfrac{(2\pi)L}{R_L}$이다.

$$I_L = \frac{2\,V_m}{\pi R_L} - \frac{4\,V_m}{3\pi}\frac{1}{\sqrt{R_L{}^2 + (2\omega L)^2}}\cos\left(2\omega t - \phi\right) \tag{2.50}$$

출력 부하전압 $V_L = I_L \cdot R_L$로 구한다.

❶ 직류 출력전류, 전압(I_{dc}, V_{dc}) : $I_{dc} = \dfrac{2\,V_m}{\pi R_L}$, $\quad V_{dc} = \dfrac{2\,V_m}{\pi}$ $\tag{2.51}$

❷ 리플(맥동)률 : 식 (2.50)에서 유도한다.

$$\gamma \equiv \frac{I'_{rms}}{I_{dc}} = \frac{\dfrac{1}{\sqrt{2}}\dfrac{4\,V_m}{3\pi}\dfrac{1}{\sqrt{R_L{}^2 + (2\omega L)^2}}}{2\,V_m / \pi R_L} = 3\sqrt{2}\,\frac{1}{\sqrt{1 + (2\omega L/R_L)^2}} \tag{2.52}$$

$$\cong \frac{1}{3\sqrt{2}}\frac{R_L}{\omega L} \; : \; (2\omega L/R_L)^2 \gg 1 \text{ 경우, } \left(\gamma \propto \frac{1}{f}, \frac{1}{L}, R_L\right) \tag{2.53}$$

L형 필터의 경우, 리플률은 f와 L이 클수록 감소하지만, **부하저항 R_L은 작아서 부하전류 I_{dc}가 클수록 리플이 작아진다.**

❸ 전압 변동률 : $V_{dc} = \dfrac{2}{\pi}V_m - RI_{dc}$ $\tag{2.54}$

R은 R_L을 제외한 다이오드 저항 r_d, 초크 코일의 권선저항, 변압기의 2차 코일저항 등을 말한다. 부하전류 I_{dc}가 증가함에 따라 V_{dc}가 감소하므로 전압 변동률도 감소한다.

2.3.3 T형(L형 입력형) 평활회로

앞의 2가지 필터 작용을 합치면 출력전압의 리플을 더욱 작게 만들 수 있다. 부하 R_L과 직렬인 L은 교류성분에 대해 큰 임피던스를 나타낸다. 한편 부하와 병렬인 C는 교류성분을 바이패스by-pass하므로 출력의 리플은 더욱 작아진다.

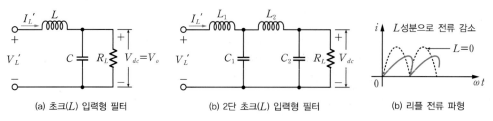

(a) 초크(L) 입력형 필터	(b) 2단 초크(L) 입력형 필터	(b) 리플 전류 파형

[그림 2-33] L 입력형 필터의 평활회로와 리플 파형

[그림 2-33(a)]의 평활회로의 입력전압 V_L'은 앞 절의 식 (2.49)와 같다.

$$V_L' = \frac{2V_m}{\pi} - \frac{4V_m}{3\pi}\cos 2\omega t \tag{2.55}$$

직류 출력전압 V_{dc}는 다음과 같다.

$$V_{dc} = \frac{2V_m}{\pi}, \quad V_{dc} = \frac{2V_m}{\pi} - RI_{dc} \text{ (손실저항 } R \text{ 고려 시)} \tag{2.56}$$

L 입력형 필터에서 L은 교류성분에 큰 임피던스($2\omega L$)를, C는 교류성분에 낮은 임피던스 $\left(\dfrac{1}{2\omega C}\right)$의 바이패스를 마련하는 것이 목적이므로, 실제 문제에서는 $\dfrac{1}{2\omega C} \ll R$, $\dfrac{1}{2\omega C} \ll 2\omega L$ 조건이 성립된다. 그러므로 [그림 2-33(a)]의 입력단자에서 본 임피던스는 교류성분이 2차 고조파이므로 $(2\omega)L$이 된다. 따라서 입력전류 I_L'의 교류성분의 실효값 I'_{rms}는 다음과 같다.

$$I'_{rms} = \frac{1}{\sqrt{2}} \cdot \frac{4V_m}{3\pi} \frac{1}{2\omega L} = \frac{\sqrt{2}}{3} V_{dc} \frac{1}{2\omega L} \quad \left(V_{dc} = \frac{2V_m}{\pi} \text{ 임}\right) \tag{2.57}$$

출력전압($V_{dc} = V_o = V_L$)의 교류성분 V'_{rms}은 콘덴서 C에 걸리는 전압으로 다음과 같다.

$$V'_{rms} \cong I'_{rms} \cdot \left(\frac{1}{2\omega C}\right) = \frac{\sqrt{2}}{3} \frac{1}{(2\omega L)(2\omega C)} V_{dc} \tag{2.58}$$

리플(맥동)률은 다음과 같이 구한다.

$$\gamma \equiv \frac{V'_{rms}}{V_{dc}} = \frac{\sqrt{2}}{3} \frac{1}{(2\omega L)(2\omega C)} = \frac{0.118}{\omega^2 LC} \tag{2.59}$$

$$= 1.21 \times \text{리플 감쇄율}\left(= \frac{1/j\omega C}{j\omega L + 1/j\omega C} = \frac{1}{\omega^2 LC - 1}\right) \tag{2.60}$$

❶ L형 입력 단상 반파 정류회로인 경우

$$\gamma = \frac{1.21}{\omega^2 LC - 1} \times 100\,[\%] = \frac{\sqrt{2}}{3} \frac{1}{2\omega L} \cdot \frac{1}{2\omega C} = \frac{0.118}{\omega^2 LC} \times 100\,[\%] \tag{2.61}$$

$$\gamma_{n\text{단}} = \frac{1.21}{(\omega^2 LC - 1)^n} \times 100(\%) \quad (\text{단,} \ C_1 = C_2 = C, \ L_1 = L_2 = L) \tag{2.62}$$

❷ L형 입력 단상 전파 정류회로인 경우

$$\gamma = \frac{0.482}{4\omega^2 LC - 1} \times 100(\%) \quad (\text{전파의 경우 주파수는 전원 주파수의 2배}) \tag{2.63}$$

$$\gamma_{n\text{단}} = \frac{0.482}{(4\omega^2 LC - 1)^n} \times 100(\%) \tag{2.64}$$

L 입력형 평활회로의 리플률 γ는 부하저항 R_L과 무관하다는 점에 주목하자. 주파수 f와 L, C에 반비례한다. 그리고 1.21은 반파 정류회로만의 리플률, 0.482는 전파 정류회로만의 리플률을 의미한다.

2.3.4 π형(C형 입력형) 평활회로

이 회로는 다이오드 전류가 C형과 마찬가지로 펄스 모양을 보이며, 전압 변동률이 좋지 않다는 단점을 갖고 있다. 그러나 리플이 적은, 대단히 매끈한 출력전압을 얻을 수 있으며, **L 입력형보다 높은 출력전압과 적은 맥동(리플)**을 얻고자 하는 경우에 쓰인다.

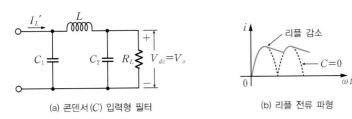

(a) 콘덴서(C) 입력형 필터   (b) 리플 전류 파형

[그림 2-34] C 입력형 평활회로와 리플 파형

맥동률 γ를 구하는 식은 다음과 같다.

$$\text{리플 감쇄율} \fallingdotseq \left| \frac{\Delta V_{dc}}{\Delta V_C} \right| = (C\text{만의 평활회로}) \times (L\text{형 입력 필터})$$

$$= \frac{1}{\omega C R_L} \times \frac{1}{\omega^2 LC - 1} \tag{2.65}$$

$$\gamma = \frac{\sqrt{2}}{R_L(2\omega C_1)(2\omega C_2)(2\omega L)} = \frac{\sqrt{2}}{8\omega^3 R_L L C_1 C_2}, \quad \left(\gamma \propto \frac{1}{R_L}, \ \frac{1}{L}, \ \frac{1}{C}, \ \frac{1}{f} \right) \tag{2.66}$$

$$\fallingdotseq \frac{3300}{R_L L C_1 C_2} \quad (R\text{은 } [\Omega], \ C_1, \ C_2\text{는 } [\mu\text{F}], \ L\text{은 } [\text{H}], \ f = 60[\text{Hz}]\text{인 경우})$$

리플률 γ는 주파수 f, 부하저항 R_L과 L, C에 반비례한다.

2.3.5 변형된 π형 평활회로

변형된 π형 평활회로는 C 입력형(π형) 필터에서 고가인 코일(L) 대신 저항 R로 대치시킨 형태로서, L의 리액턴스와 동일한 값의 R을 사용할 경우 리플률은 변하지 않는다.

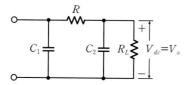

[그림 2-35] R을 사용한 π형 필터

직류 출력전압 V_{dc}는 C형 필터 식 (2.43)으로부터 R에서의 전압강하를 **빼면** 된다.

$$V_{dc} = \left(V_m - \frac{I_{dc}}{4fC} \right) - RI_{dc} \tag{2.67}$$

리플(맥동)률은 식 (2.66)에서 $2\omega L$ 대신 R을 넣어 구한다.

$$\gamma = \frac{\sqrt{2}}{R_L(2\omega C_1)(2\omega C_2)R} \quad \left(\gamma \propto \frac{1}{f}, \ \frac{1}{C_1}, \ \frac{1}{C_2}, \ \frac{1}{R}, \ \frac{1}{R_L} \right) \tag{2.68}$$

예제 2-12

C형, L형, L 입력(T)형, C 입력(π)형, 변형된 π형 평활회로들의 리플률 γ와 부하저항 R_L과의 관계를 설명하여라.

풀이

❶ C형 : $\gamma \propto \dfrac{1}{f}, \ \dfrac{1}{R_L}, \ \dfrac{1}{C}$

 L형 : $\gamma \propto \dfrac{1}{f}, \ \dfrac{1}{L}, \ R_L$

 L 입력형 : $\gamma \propto \dfrac{1}{f}, \ \dfrac{1}{L}, \ \dfrac{1}{C}$,

 C 입력형 : $\gamma \propto \dfrac{1}{f}, \ \dfrac{1}{R_L}, \ \dfrac{1}{L}, \ \dfrac{1}{C}$

 변형된 π형 : $\gamma \propto \dfrac{1}{f}, \ \dfrac{1}{R}, \ \dfrac{1}{R_L}, \ \dfrac{1}{C_1}, \ \dfrac{1}{C_2}$

❷ L형의 경우 부하저항 R_L은 리플률에 비례하고, L 입력형의 경우 R_L은 리플률과 무관하다. 나머지 형의 경우 R_L은 리플률과 반비례한다.

<table>
<tr><td>

SECTION

2.4
</td><td>

정전압(직류 안정화) 회로
</td></tr>
</table>

이 절에서는 안정된 직류 출력전압을 공급할 수 있는 정전압(혹은 직류 안정화) 회로의 종류와 구현 방법을 살펴보고, 회로를 해석해보며 전원회로의 전반을 정리한다.

Keywords | 정전압 회로의 안정계수 | 선형 및 스위칭 정전압 회로 | IC형 정전압 회로 |

2.3절에서 다루었듯이, 정류된 출력파형을 평활회로인 필터^{LPF}를 사용하여 리플성분을 제거하면 직류화가 되며, 정밀성을 요구하지 않는 일반 직류전원으로 사용될 수 있다. 그러나 여전히 리플성분이 존재한다는 문제가 있으므로, 정류소자(즉, 다이오드)에서의 **전압강하** 및 저항 등에 의한 **부하전류의 변화**나 **상용 교류 입력전압의 변화**, **온도의 변화**에도 안정적인 직류 출력전압을 공급할 수 있는 **정전압(혹은 직류 안정화) 회로**가 반드시 필요하다.

2.4.1 정전압 회로의 분류

정전압 회로를 구성하는 가장 간단한 방법은 **제너**^{Zener} **다이오드의 항복특성**을 이용하는 것이다. 이는 다이오드가 제너 영역(항복 영역)에서 동작하기 위한 조건, 즉 인가전압 및 제너전류의 적정범위를 만족해야 하며, 전력손실이 많이 발생하여 비효율적이므로 트랜지스터의 이미터 폴로워 구성을 이용하는 **제너 폴로워**$^{\text{Zener follower}}$가 훨씬 향상된 정전압 특성을 제공한다.

[그림 2-36]은 정전압 회로의 종류와 각각의 특성을 정리한 것이다.

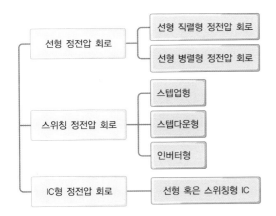

[그림 2-36] 정전압 회로의 분류

■ 선형 정전압 회로

반도체 소자(BJT, FET 또는 OP-Amp)의 **선형 영역(BJT는 활성 영역, FET는 포화 영역)**을 이용하는 선형 정전압 회로가 있다. 반도체 소자의 선형(=증폭기) 영역에서는 전압, 전류가 크기 때문에 전력소모가 커서 효율이 낮다는(50[%] 이하) 단점이 있다. 대신 리플이나 노이즈가 매우 작아 휴대용 기기의 저전력 응용에 많이 쓰이고 있다. 이들 선형 정전압 회로는 제어용 반도체 소자를 부하와 직렬로 연결시킨 **직렬형**과 병렬로 연결시킨 **병렬형**으로 나뉜다.

■ 스위칭 정전압 회로

반면에 반도체 소자를 **스위치**로 사용하여 on, off의 기간을 제어함으로써 직류 출력전압을 제어하는 **스위칭 정전압 회로**SMPS : switching mode power supply가 있다. 이상적인 스위치 동작은 전력손실이 거의 0으로, 효율이 거의 100%에 달하고, 방열판을 사용할 필요가 없어서 **소형 및 경량, 고효율**의 전원이라 할 수 있다. 한편, TR, 다이오드 등의 **스위칭 잡음**이 발생하고, **회로가 복잡**하다는 단점이 있었으나 최근에는 잡음 특성 개선 등 개량형 IC가 제공되면서 PC 등 많은 전자기기의 DC 전원으로 사용되고 있다. 그리고 이 방식의 스위칭 전원 동작은 직류 입력전압에서 직류 출력전압으로의 변환을 기본으로 하고 있으므로, 스위칭 전원을 **DC-DC 컨버터**라고 부르기도 한다.

■ IC형 정전압 회로

선형 정전압 회로를 IC화하여 비교적 소용량의 직류 안정화 전원으로 편리하게 사용하도록 구성된 정전압 회로이다. 정(+)의 고정출력과 부(−)의 고정출력 IC형 정전압 회로(즉, Regulator IC)인 7800 시리즈와 7900 시리즈가 있으며, 정(+)과 부(−)의 가변출력 IC형 정전압 회로인 LM317과 LM337 등과 IC 스위칭 정전압 회로인 78S40 등이 많이 쓰이고 있다.

2.4.2 정전압 회로의 파라미터(안정계수)

직류 출력전압 $V_o(= V_L)$의 변동요인은 입력전압의 변화(ΔV_s), 부하전류의 변화(ΔI_L), 온도의 변화(ΔT)에 의한 것으로, 이들의 영향을 식으로 표현하면 다음과 같다.

• 출력 직류전압 : $V_L = f(V_s, I_L, T)$

• 출력전압의 변화 : $\Delta V_o = \dfrac{\partial V_o}{\partial V_s}\Delta V_s + \dfrac{\partial V_o}{\partial I_L}\Delta I_L + \dfrac{\partial V_o}{\partial T}\Delta T$

$$= S_V \Delta V_s + R_o \Delta I_L + S_T \Delta T$$

❶ **전압 안정계수(라인 레귤레이션**line regulation) : 입력전압의 변화에 대한 출력전압 안정화 비율이다.

$$S_V = \left.\frac{\Delta V_o}{\Delta V_s}\right|_{\Delta I_L, \ \Delta T = 0} \tag{2.69}$$

❷ **출력저항(전압 변동률, 로드 레귤레이션**load regulation) : 부하전류의 변화에 대한 출력전압 안정화 비율이다.

$$R_o = - \frac{\Delta V_o}{\Delta I_L}\bigg|_{\Delta V_s,\ \Delta T = 0} \qquad (2.70)$$

❸ **온도 안정계수** : 온도의 변화에 대한 출력전압 안정화 비율이다. 이 계수들의 값이 작을수록 우수한 직류 안정화 전원이라고 평가할 수 있다.

$$S_T = \frac{\Delta V_o}{\Delta T}\bigg|_{\Delta V_s,\ \Delta I_L = 0} \qquad (2.71)$$

예제 2-13

무부하 시($I_L = 0$) 출력전압이 15[V]인 정전압 회로가 있다. 10[mA]의 전부하 전류에서 출력전압이 14.5[V]일 때 다음을 구하여라.

(a) 전부하에 대한 무부하의 전압 변동률[%]
(b) 부하전류의 [mA] 변화에 대한 전압 변동률[%/mA]

풀이

(a) 부하전압 변동률[%] $\equiv \dfrac{\text{무부하 시 전압}(V_{oL}) - \text{부하 시 전압}(V_L)}{\text{부하 시 전압}(V_L)} \times 100[\%]$

$$= \frac{15[\text{V}] - 14.5[\text{V}]}{14.5[\text{V}]} \times 100\% = 3.45[\%]$$

(b) 부하전류 변동(10[mA])에 따른 부하전압 변동률 $\equiv \dfrac{3.45[\%]}{10[\text{mA}]} = 0.345[\%/\text{mA}]$

예제 2-14

[그림 2-37]은 제너 다이오드를 사용한 정전압 회로이다. 다이오드 on 저항이 $r_d = 2[\Omega]$, $R_s = 500[\Omega]$일 때 다음 항목을 해석하여라.

(a) 입력이 $\pm 6[\text{V}]$로 변화할 때 출력전압의 변화를 구하여라.
(b) 출력전류가 $I_L = \pm 3[\text{mA}]$로 변화할 때 출력전압의 변화를 구하여라.
(c) 전압 안정계수 S_V를 0.01로 할 때 R_s의 값을 구하여라.

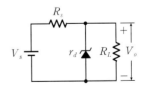

[그림 2-37] 제너 정전압 회로

풀이

입력전압 V_s 중 다이오드 저항 r_d에 걸리는 전압이 출력의 변동전압 성분이 되므로 V_s를 R_s와 r_d로 전압분배시켜 출력(변동)전압을 구하면 다음과 같다.

$$V_o(= V_L) = V_s \cdot \frac{r_d}{r_d + R_s}$$

따라서 전압 안정계수 $S_V \equiv \dfrac{V_o}{V_s}$ 이므로 다음과 같이 정리된다.

$$S_V = \frac{r_d}{r_d + R_s} \cong \frac{r_d}{R_s} = \frac{2}{500} = 0.004$$

(a) $S_V \equiv \dfrac{\Delta V_o}{\Delta V_s}$ 이므로 $\Delta V_o = S_V \cdot \Delta V_s = 0.004 \times (\pm 6[\mathrm{V}]) = \pm 24[\mathrm{mV}]$

(b) $\Delta V_o \equiv \Delta I_L \cdot r_d = (\pm [3\mathrm{mA}]) \cdot 2[\Omega] = \pm 6[\mathrm{mV}]$

(c) $S_V = \dfrac{r_d}{r_d + R_s} \cong \dfrac{r_d}{R_s} = 0.01$ 이므로 $R_s = \dfrac{r_d}{0.01} = \dfrac{2}{0.01} = 200[\Omega]$

참고 상세하게 해석하면 $R_s = \dfrac{r_d(1 - S_V)}{S_V} = \dfrac{2(1 - 0.01)}{0.01} = 198[\Omega] \cong 200[\Omega]$ 이다.

2.4.3 제너 정전압 회로

제너 정전압 회로 $^{\text{Zener regulator}}$는 정전압 회로 중 가장 간단한 형태로서, 제너 다이오드의 역바이어스 **제너 영역(항복 영역)에서 일정한 정전압(제너 항복전압, V_Z)을 출력전압으로 유지시켜 준다.** [그림 2-38]에서 제너 영역 범위에서 동작하도록 **제너 다이오드의 허용전류 I_Z와 입력전압 V_s의 조건** 등을 만족하도록 회로를 구성해야 한다.

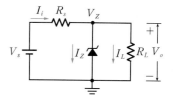

[그림 2-38] 제너 정전압 회로

만일 부하저항 R_L이 매우 작아 I_L이 크게 증가할 경우, 제너전류가 최소한의 동작전류인 I_{ZK} 이하로 떨어지면 제너 기능이 off가 되고, 반대로 I_L이 감소할 경우, 매우 큰 제너전류가 흘러야 하되 최대 정격 I_{ZM}을 초과되지 않도록 제너 다이오드에 의한 전류 조절 기능을 수행해야 한다. 즉 이 회로는 **큰 제너전류에 의한 전력손실**이 발생하여 효율이 떨어지는 단점이 있으므로, **트랜지스터를 부가**하여 전류 조절 능력을 향상시킬 수 있는 **선형 정전압 회로**를 사용하여 구현한다.

제너 영역(항복 영역)에서 동작하기 위한 조건을 살펴보자. 먼저 [그림 2-38]에서 제너 다이오드에 대한 테브난의 등가전압 V_{Th}는 식 (2.72)와 같다. 이 전압은 식 (2.73)과 같이 제너(항복) 전압 이상이 되어야 하며, 만족하지 못하면 제너 다이오드는 off가 된다.

$$V_{Th} = V_s \frac{R_L}{R_s + R_L} \tag{2.72}$$

$$V_{Th} > V_Z \tag{2.73}$$

반면 제너전류 $I_Z = I_i - I_L = \dfrac{V_s - V_Z}{R_s} - \dfrac{V_Z}{R_L}$ 는 다음과 같이 허용 동작전류 범위를 만족해야 한다.

$$I_{ZK} \leq I_Z \leq I_{ZM} \ (I_{ZK} : \text{최소 항복전류}, \ I_{ZM} : \text{최대 항복전류}) \tag{2.74}$$

$$I_{ZK} \leq \left(\frac{V_s - V_Z}{R_s} - \frac{V_Z}{R_L} \right) \leq I_{ZM} \ (I_Z \text{의 허용범위}) \tag{2.75}$$

예제 2-15

다음 제너 정전압 회로에서 다음 항목을 해석하여라(단, 제너 다이오드의 항복전압은 10[V], 제너 최대 정격소비전력 $P_{Dmax} = 10[W]$이고, $R_s = 10[\Omega]$, $R_L = 100[\Omega]$, 다이오드 저항 $r_d = 0$, $V_s = 18[V]$이다).

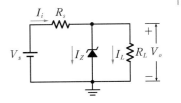

(a) 부하전류 I_L, 제너전류 I_Z, 전체 공급전류 I_i를 구하여라.

[그림 2-39] 제너 정전압 회로

(b) 정격범위에서 제너 영역에서 동작하기 위한 입력전압 V_s의 범위를 구하여라(단, 제너의 최소전류 $I_{ZK} = 50[mA]$이다).

(c) 정격범위 내 제너 영역에서 동작하기 위한 부하저항 R_L 값을 구하여라.

(d) 입력전압 V_s를 $5 \sim 40[V]$에서 가변할 때 출력전압 $V_o (= V_L)$를 결정하여라.

풀이

먼저 제너의 최대 정격소비전력 $P_{Dmax} = 10[W]$이다. 최대 항복전류인 $I_{ZM} = \dfrac{P_{Dmax}}{V_Z} = \dfrac{10[W]}{10[V]} = 1[A]$를 구할 수 있고, $I_{ZK} = 50[mA]$이다.

(a) 회로에서 부하전류 $I_L = \dfrac{V_Z}{R_L} = \dfrac{10[V]}{100[\Omega]} = 0.1[A]$이므로 전류방정식에서 제너전류 I_Z, 전체 전류 I_i를 구한다.

$$I_i = \frac{V_S - V_Z}{R_S} = \frac{18 - 10}{10} = 0.8[A], \quad I_Z = I_i - I_L = 0.8 - 0.1 = 0.7[A]$$

(b) 식 (2.74)를 이용하여 **제너동작이 유지되기 위한 입력전압의 조건**을 구한다.

$$V_{Th} = V_s \frac{R_L}{R_s + R_L} > V_Z \text{에서} \ V_s > V_Z \cdot \frac{R_s + R_L}{R_L} \tag{2.76}$$

$V_s > 10 \cdot \dfrac{10 + 100}{100} = 11[V]$ 이상은 공급되어야 하는데, 제너 최소전류 $I_{ZK} = 50[mA]$의 조건을 고려해야 하므로 전류방정식에서 다시 산출한다.

$I_i = I_Z + I_L$이므로 이 관계식에서 V_s의 최소값과 최대값을 구한다.

$$\frac{V_s - 10}{10} = 50[mA] + \frac{10}{100} \ (I_{ZK} = 50[mA]) \text{에서} \ V_{s(min)} = 11.5[V]$$

$$\frac{V_s - 10}{10} = 1[A] + \frac{10}{100} \ (I_{ZM} = 1[A]) \text{에서} \ V_{s(max)} = 21[V]$$

그러므로 $11.5[V] < V_s < 21[V]$ 범위에서만 제너동작을 행한다.

(c) 제너 영역에서 동작하기 위한 최소 부하저항 R_L 값을 구하면 다음과 같다.

$$I_i = I_Z + I_L \text{이므로} \quad \frac{18-10}{10} = 50[\text{mA}] + \frac{10[\text{V}]}{R_{L(\min)}}$$

$$R_{L(\min)} = \frac{10}{0.75} = 13.33[\Omega]$$

(d) (b)에서 V_s의 범위는 $11.5[\text{V}] < V_s < 21[\text{V}]$이므로 다음과 같이 V_o가 결정된다.

- $11.5[\text{V}] > V_s$: 제너 off 영역, $V_o = V_s \dfrac{R_L}{R_s + R_L}$이 출력됨

- $11.5[\text{V}] < V_s < 21[\text{V}]$: 제너 on 영역, $V_o = 10[\text{V}]$(정전압) 출력됨

- $21[\text{V}] < V_s$: 정격을 벗어나서 다이오드가 파괴된다.

2.4.4 선형 직렬형 정전압 회로

기본 선형 직렬형 정전압 회로

[그림 2-40]의 회로는 앞 절의 제너 정전압 회로에 **BJT 이미터 폴로워를 조합**한 형태로, 부하전류 I_L의 변화에 대한 제너전류 I_Z 폭(크기)을 낮추는 전류 조절 기능이 좋고, 출력 임피던스가 낮아 안정한 정전압 회로가 된다. 부하전류 I_L은 모두 Q를 통해 공급되므로 Q를 통과 트랜지스터$^{\text{pass transistor}}$라고 하며, 제어소자인 **TR Q가 부하(R_L)와 직렬**로 접속되어 있으므로 **직렬형 선형 정전압 회로**라고 한다. 이때 Q(제어용)는 가변저항 역할인 증폭기로서 $I_E(= I_L)$를 변화시키며, 출력전압 V_o를 제어하고, 제너 다이오드(기준용)는 기준 전압(V_Z)을 제공한다.

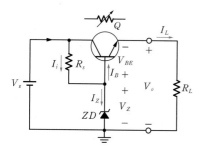

[그림 2-40] 직렬형 정전압 회로

출력측에 전압방정식^{KVL}을 세워서 출력전압 V_o를 다음과 같이 구할 수 있다. 상세해석은 [예제 2-16]에서 다루기로 한다.

$$\text{전압방정식} : \quad V_Z = V_{BE} + V_o \tag{2.77}$$

$$\text{출력전압} : \quad V_o = V_Z - V_{BE} \ (\text{부하} \ R_L\text{과 무관하게 일정}) \tag{2.78}$$

[그림 2–40]의 직렬형 정전압 회로에서 출력전압 V_o, I_i, I_B, I_Z 및 I_L을 구하고, 출력 V_o가 감소될 경우에 안정화 동작을 설명하여라(단, $R_S = 680[\Omega]$, $V_Z = 10[\mathrm{V}]$, $R_L = 1.5[\mathrm{k}\Omega]$, $\beta = 80$, $V_i = 20[\mathrm{V}]$ 이다).

풀이

- 출력전압 : $V_o = V_Z - V_{BE} = 10 - 0.7 = 9.3[\mathrm{V}]$

- 입력전류 : $I_i = \dfrac{V_s - V_Z}{R_s} = \dfrac{20 - 10}{680} = 14.7[\mathrm{mA}]$

- 부하전류 : $I_L = \dfrac{V_o}{R_L} = \dfrac{9.3}{1.5\mathrm{k}} = 6.2[\mathrm{mA}]$

- 베이스전류 : $I_B = \dfrac{I_C}{\beta} \cong \dfrac{I_L}{\beta} = \dfrac{6.2}{80} = 77.5[\mu\mathrm{A}]$ ($I_C \cong I_E = I_L$)

- 제너전류 : $I_Z = I_i - I_B = 14.7 - 77.5[\mu\mathrm{A}] = 14.622[\mathrm{mA}]$ ($I_i = I_Z + I_B$에서)

- **안정화 동작** : 출력전압 V_o 감소 → V_{BE} 증가(V_Z(일정) $= V_{BE} + V_o$이므로) → I_B, I_C, $I_E(=I_L)$ 증가 → V_o 증가(안정화) (※ V_o가 증가하는 때는 위와 반대로 동작함)

부궤환 이용한 선형 직렬형 정전압 회로(BJT 사용)

[그림 2–41]은 R_3, R_4와 **BJT Q_2의 부궤환 회로**를 이용하여 응답속도를 빠르게 하여 입력전압이나 부하전류 등에 대한 안정화를 더욱 개선시킨 직렬형 정전압 회로이다.

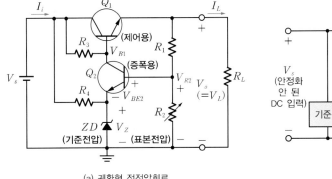

(a) 궤환형 정전압회로

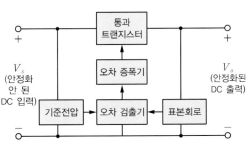

(b) 구성 블록 다이어그램

[그림 2–41] 궤환형 직렬 정전압 회로

Q_2는 기준전압(V_Z)와 V_o에서 추출한 표본전압(V_{R2}) 사이의 오차를 증폭하는 오차 증폭기[error amp]로서, Q_2가 통과 트랜지스터 Q_1을 제어함으로써 최종적으로 제어용 Q_1(가변저항 역할)이 일정한 직류 출력전압 V_o를 유지시킨다. V_o를 구하기 위해서는 Q_2의 입력 회로망에 전압법칙을 적용한다.

$V_{R2} = V_{BE2} + V_Z$ 이고 $V_{R2} = V_o \dfrac{R_2}{R_1 + R_2}$ $(I_{B2} \cong 0$ 으로 무시)를 정리하여 출력전압 V_o를 다음과 같이 구할 수 있다.

$$V_o(= V_L) = \frac{R_1 + R_2}{R_2}(V_{BE2} + V_Z) = \left(1 + \frac{R_1}{R_2}\right)(V_{BE2} + V_Z) \tag{2.79}$$

그리고 제너 다이오드는 허용범위의 제너전류 I_Z(즉, $I_{ZK} < I_Z < I_{ZM}$)가 항상 흘러야 제너 동작을 하게 되므로, R_4 저항을 이용해서 $V_s - R_4 - ZD$를 통해 고정적인 다이오드 전류 I_Z를 공급해준다. 그리고 R_3와 Q_1의 β가 클수록(β가 크면 R_o는 작아지므로) 전압 안정화가 우수해진다.

[그림 2-41(a)] 회로에서 입력전압 V_s나 부하전류 I_L의 변화에 따라 정전압 회로는 다음과 같이 동작한다. 만약 출력전압 V_o가 감소하면 V_{R2}가 감소하고 $(V_{R2} = V_o \dfrac{R_2}{R_1 + R_2})$, V_{R2}가 감소하면 V_{BE2}가 감소한다 $(V_{BE2} = V_{R2} - V_Z$(일정)$)$. V_{BE2}가 감소하면 I_{B2}와 I_{C2}가 감소하고, $V_{B1}(= V_{C2})$이 증가하면 I_{B1}과 $I_{C1}(\cong I_L)$이 증가한다. I_L이 증가하면 V_o가 증가함으로써 초기에 V_o가 감소하는 것을 막아 정전압을 유지시킨다. 반면, V_o가 증가하는 경우에는 그와 반대의 상태로 해석하면 된다.

예제 2-17

[그림 2-42]의 궤환형 선형 직렬 정전압 회로에서 다음 항목을 해석하여라(단, $R_1 = 1[\mathrm{k}\Omega]$, $R_2 = 2[\mathrm{k}\Omega]$, $R_3 = 2[\mathrm{k}\Omega]$, $R_4 = 10[\mathrm{k}\Omega]$, $V_Z = 10[\mathrm{V}]$, $\beta_1 = \beta_2 = 100$, $V_{BE1} = V_{BE2} = 0.7[\mathrm{V}]$, 입력전압 $V_s = 30[\mathrm{V}]$, 부하전류 $I_L = 0.5[\mathrm{A}]$이다).

(a) 출력전압 $V_o(= V_L)$ (b) I_{R1}, I_{R2}, I_{R3}, I_{R4} (c) I_{E1}, I_{B1}, I_{E2}, I_{B2}

(d) I_Z (e) V_{CE1}

풀이

먼저 해석을 좀 더 손쉽게 진행하기 위해 $I_{B2} \ll I_{R1}$, I_{R2}로 가정한다.

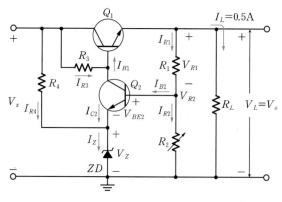

[그림 2-42] 궤환형 직렬 정전압 회로

(a) 출력전압 $V_o (= V_L)$는 Q_2의 입력부에 전압방정식을 세워서 구할 수 있다. 이때 $I_{B2} \cong 0$으로 무시하여 전압분배법칙을 사용한다.

$$V_{R2} = V_{BE2} + V_Z \ , \ \ V_{R2} = V_o \frac{R_2}{R_1 + R_2}$$

위 두 식을 통해 V_o를 구한다.

$$V_o = \frac{R_1 + R_2}{R_2}(V_{BE2} + V_Z) = \frac{1+2}{2}(0.7 + 10) = 16.05 [\mathrm{V}]$$

(b) 먼저 I_{R4}를 구하고, I_{R1}, I_{R2}, I_{R3}를 순서대로 구한다.

- I_{R4} : $V_s = V_{R4} + V_Z$에서 $V_{R4} = V_s - V_Z = 30 - 10 = 20 [\mathrm{V}]$이므로 I_{R4}는 다음과 같다.

$$I_{R4} = \frac{V_{R4}}{R_4} = \frac{20}{10\mathrm{k}} = 2[\mathrm{mA}]$$

- I_{R1}, I_{R2} : $V_{R2} = V_{BE2} + V_Z = 0.7 + 10 = 10.7 [\mathrm{V}]$이므로 I_{R2}, I_{R1}을 구하면 다음과 같다.

$$I_{R2} = \frac{V_{R2}}{R_2} = \frac{10.7}{2\mathrm{k}} = 5.35 [\mathrm{mA}]$$

$$I_{R1} = I_{R2} + I_{B2} \cong I_{R2} = 5.35 [\mathrm{mA}] \ \ (I_{B2} \ll I_{R2}\text{이므로 무시})$$

- I_{R3} : $V_s = V_{R3} + V_{BE1} + V_o$이므로 V_{R3}를 통해 I_{R3}를 구한다.

$$I_{R3} = \frac{V_{R3}}{R_3} = \frac{V_s - V_{BE1} - V_o}{R_3} = \frac{30 - 0.7 - 16.05}{2\mathrm{k}} = 6.625 [\mathrm{mA}]$$

(c) 먼저 I_{E1}을 구하고, I_{B1}, I_{E2}, I_{B2}를 순서대로 구한다.

- $I_{E1} = I_{R1} + I_L = 5.35 + 500 = 505.35 [\mathrm{mA}]$
- $I_{B1} = \frac{I_{E1}}{1+\beta} \cong \frac{I_{E1}}{\beta} = \frac{505.35}{100} \cong 5.05 [\mathrm{mA}]$
- $I_{E2} \cong I_{C2} = I_{R3} - I_{B1} = 6.625 - 5.05 = 1.575 [\mathrm{mA}]$
- $I_{B2} \cong \frac{I_{E2}}{\beta} = \frac{1.575}{100} = 15.75 [\mu\mathrm{A}]$

여기에서 $I_{B2} \ll I_{R1}$임이 분명하고, $I_{R2} \cong I_{R1}$으로 사용할 수 있다.

(d) I_Z : $I_Z = I_{R4} + I_{E2} = 2[\mathrm{mA}] + 1.575[\mathrm{mA}] = 3.575[\mathrm{mA}]$

(e) $V_{CE1} = V_s - V_L = 30 - 16.05 = 13.95 [\mathrm{V}]$

부궤환을 이용한 선형 직렬형 정전압 회로(연산 증폭기 사용)

[그림 2-43]은 연산 증폭기를 이용한 직렬형 정전압 회로로, [그림 2-41]의 회로와 동작원리는 동일하나 **오차검출 및 증폭을 위해 BJT Q_2 대신 연산 증폭기**$^{OP\text{-}amp}$**를 사용**한다.

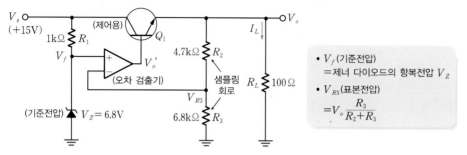

[그림 2-43] 연산 증폭기를 이용한 직렬형 정전압 회로

만일 외부요인으로 인해 출력전압 V_o가 감소한다면, 분압기 R_3 단자의 전압, 즉 샘플(표본)전압 V_{R3}가 감소하여 연산 증폭기의 반전(−) 단자로 인가되면 증폭기의 차동 입력전압 $(V_f - V_{R3})$이 증가하므로 증폭기의 출력전압 V_o'이 증가한다. V_o'은 Q_1의 베이스 전압이므로 V_{BE}가 증가되어 I_B 및 $I_C (\cong I_E)$가 증가된다. 따라서 곧 부하전류 $I_L (\cong I_E)$이 증가함으로써 출력전압 $V_o (= V_L)$를 크게 하여 일정하게 안정화시킨다(V_o가 증가인 경우도 동일한 방법으로 해석하길 바란다). 이때 Q_1의 I_E가 거의 부하전류 I_L이 되는 이유는 $R_2 + R_3 \gg R_L$ 관계가 성립하기 때문이다.

결국 회로에 쓰인 연산 증폭기는 기준 전압(V_f)이 입력인 비반전 증폭기이므로 출력 $V_o' = \left(1 + \dfrac{R_2}{R_3}\right)V_f$에 의한 일정 전압을 출력전압 $V_o(= V_L)$로 항상 유지시킨다. 그리고 R_3를 가변저항으로 사용하면 출력전압도 가변시킬 수 있다.

$$V_o' = V_{BE}(on) + V_o \cong V_o = \left(1 + \frac{R_2}{R_3}\right)V_f, \quad V_{BE} \cong 0 \ (무시) \tag{2.80}$$

예제 2-18

[그림 2-43]의 직렬형 정전압 회로의 출력전압과 부하전류를 구하여라.

풀이

- $V_o = \left(1 + \dfrac{R_2}{R_3}\right)V_f = \left(1 + \dfrac{4.7}{6.8}\right) \times 6.8 = 11.5 \, [\mathrm{V}]$

- $I_L = \dfrac{V_L}{R_L} = \dfrac{11.5 \, [\mathrm{V}]}{100 \, [\Omega]} = 115 \, [\mathrm{mA}]$

출력단락 전류(혹은 과부하 전류) 제한을 갖는 직렬형 정전압 회로

직렬형 정전압 회로에서는 출력 부하단자가 단락^{short}되거나 과부하가 걸렸을 때, 또는 과도한 전류가 흐를 때 통과 트랜지스터 Q_1의 정격전류를 초과하여 파손되는 문제가 발생할 수 있다. 이런 문제를 해결할 수 있는 회로가 바로 [그림 2-44]와 같이 Q_2, R_4로 구성된 단락 전류 보호회로^{short-circuit protection circuit}이다.

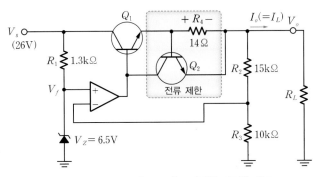

[그림 2-44] 단락 전류 보호회로를 갖는 직렬형 정전압 회로

[그림 2-44]의 회로에서 Q_1의 최대 전류(I_{E1})가 곧 최대 부하전류(I_L)가 된다. 만일 부하전류 I_L이 급격히 증가하여 미리 설정된 최대 전류값에 이를 경우, R_4의 전압강하가 $0.7[\text{V}]$에 달하면 Q_2가 도통하여 Q_1의 베이스 전류 일부가 Q_2의 콜렉터로 우회되고 I_L은 최대값 $I_{L\max}$로 **제한**된다. 그 결과 **Q_1의 파손을 막을 수 있게 된다.** 한편, R_4의 전압강하가 $0.7[\text{V}]$에 이르지 않으면 Q_2는 차단^{cut off} 상태에 있으므로 직렬형 정전압 회로의 정상동작에 영향을 미치지 않는다. 결국 부하전류의 최대값 $I_{L\max}$를 정할 수 있으며, 이는 다음 식으로 표현된다.

$$I_{L\max} = \frac{V_{BE2}}{R_4} = \frac{0.7\text{V}}{R_4} \tag{2.81}$$

여기서 고려할 점은 R_4는 최대 부하전류를 견딜 수 있어야 하며, 소모전력도 비교적 높으며, 특히 낮은 값의 표준저항이 없는 경우에는 동선 같은 권선을 감아서 사용한다.

예제 2-19

[그림 2-44]의 회로에서 최대 정격 출력전류 I_o를 구하여라. 또 만일 Q_1의 최대 정격전류가 5[A]일 때 출력단락 시 회로를 보호하기 위한 R_4 값을 구하여라.

풀이

- $I_{o\max} = \dfrac{0.7[\text{V}]}{R_4} = \dfrac{0.7[\text{V}]}{14[\Omega]} = 50[\text{mA}]$
- $R_4 = \dfrac{0.7[\text{V}]}{I_{o\max}} = \dfrac{0.7[\text{V}]}{5[\text{A}]} = 0.14[\Omega]$

부하전류가 5[A] 이상일 때 Q_2가 동작하도록 $R_4 = 0.14[\Omega]$을 사용하면 Q_1이 파손되는 것을 막을 수 있다. 즉, **R_4는 부하전류를 5[A]로 제한시키는 용도**이다.

2.4.5 선형 병렬형 정전압 회로

제어소자인 TR Q가 [그림 2-45]와 같이 부하(R_L)와 병렬로 접속되어 있으므로 **선형 병렬형 정전압 회로**라고 한다. 직렬형 정전압 회로와 비교할 때 병렬로 연결된 트랜지스터 Q의 I_C인 분기전류^{shunt} ^{current}를 제어하여 전압 안정을 이룬다는 점만 다를 뿐 동작원리는 동일하다. **병렬형은 출력이 단락(과부하)될 때 과도한 출력전류에 대한 보호기능을** 갖는다.

기본 선형 병렬형 정전압 회로

[그림 2-45]의 출력전압은 다음과 같이 구할 수 있으며, 상세해석은 [예제 2-20]에서 다루기로 한다.

$$V_o = V_Z + V_{BE} = V_Z + 0.7 \tag{2.82}$$

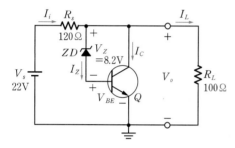

[그림 2-45] 병렬형 정전압 회로

예제 2-20

[그림 2-45]의 병렬형 정전압 회로에서 출력전압 V_o, I_i, I_L, I_C를 구하고, 출력 V_o가 증가될 때 안정화 동작을 설명하여라.

풀이

출력전압 V_o는 식 (2.82)로 구하면 된다.

- $V_o = V_Z + V_{BE} = 8.2 + 0.7 = 8.9[\text{V}]$

- $I_i = \dfrac{V_s - V_o}{R_s} = \dfrac{22 - 8.9[\text{V}]}{120[\Omega]} = 109[\text{mA}]$

- $I_L = \dfrac{V_L}{R_L} = \dfrac{V_o}{R_L} = \dfrac{8.9[\text{V}]}{100[\Omega]} = 89[\text{mA}]$

- $I_C \cong I_i - I_L = 109[\text{mA}] - 89[\text{mA}] = 20[\text{mA}]$

- **안정화 동작** : 출력전압 V_o 증가 → V_{BE} 증가($V_o = V_Z + V_{BE}$이므로) → I_B, I_C, I_E(분기전류) 증가 → I_L 감소 → V_o 감소(안정화)

부궤환을 이용한 선형 병렬형 정전압 회로

[그림 2-46]은 부궤환을 이용하여 안정성을 개선한 병렬형 정전압 회로이다.

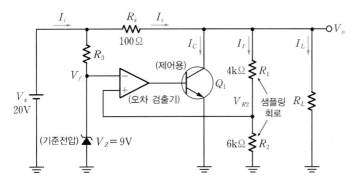

[그림 2-46] 부궤환을 이용한 병렬형 정전압 회로

이 회로의 안정화 동작을 살펴보자. 입력전압 V_s나 I_L의 변화에 의해 출력전압 V_o가 증가되었다고 하면 표본전압 V_{R2}도 증가되며 비반전 입력으로 궤환된다. 기준 전압과 궤환된 표본전압이 비교되어 그 오차 전압이 크게 증폭되므로, 그 출력은 Q_1의 V_{BE}를 증대시켜 I_C가 증가하므로 V_{CE}는 감소하게 된다. 이 V_{CE}가 곧 V_o가 되므로 V_o 증가를 억제시켜 안정하게 만든다. 출력전압 V_o가 감소되는 경우에도 동일하게 해석해보기 바란다.

출력전압 $V_o(=V_L)$는 궤환(표본)전압 $V_{R2}=V_o\dfrac{R_2}{R_1+R_2}$와 기준 전압 $V_f(=V_Z)$가 일치되는 조건식에서 V_o가 구해지며, 제어용 Q_1의 I_C로 정전압 제어가 된다.

$$V_o \cdot \frac{R_2}{R_1+R_2} = V_Z$$

$$V_o = \frac{R_1+R_2}{R_2}V_Z = \left(1+\frac{R_1}{R_2}\right)V_Z \tag{2.83}$$

그리고 **병렬형 정전압 회로는 원칙적으로 출력단락(혹은 과부하) 회로를 보호**하는 기능을 갖고 있다. 만일 출력 $V_o=0$으로 단락되었다면, 직렬저항 R_s에 의해 식 (2.84)와 같이 최대값으로 제한시킨다. 이때 $V_o=0$이므로 Q_1의 $I_C=0$이다.

$$I_{L\max} = \frac{V_s}{R_s} \quad (R_s \text{는 과대전류 제한용}) \tag{2.84}$$

반면, 병렬형의 대표적인 단점은 큰 부하전류가 R_s를 통과하여 전력손실이 크게 발생하기 때문에, 사용전력이 큰 저항을 사용해야 하며 효율이 낮다. 또한 직렬형과 달리 사고 등에 의해 BJT Q_1 양단의 전압, 즉 V_o가 정격 이상의 전압으로 증가하는 경우 BJT가 파손되므로 **과전압 보호회로** overvoltage protection circuit**가 필요**하다. 일례로 과전압 흡수용 소자인 배리스터 varistor를 Q_1의 양단에 병렬로 연결한다든지, SCR 등을 이용해 과전압일 때 $V_o = 0$(무전압)으로 제어한다. 이와 같은 단점들로 인해 병렬형보다는 직렬형 정전압 회로를 더 많이 사용한다.

예제 2-21

[그림 2-46]의 부궤환을 이용한 병렬 정전압 회로에서 출력전압 V_o, I_1, I_L, I_C, 그리고 출력 V_o가 단락되었을 때 R_s의 정격 전력용량[W]을 구하여라.

풀이

• 출력전압 $V_o = \left(1 + \dfrac{R_1}{R_2}\right) V_Z = \left(1 + \dfrac{4}{6}\right) \cdot 9[\text{V}] = 15[\text{V}]$ (식 (2.83) 이용)

• $I_1 = \dfrac{V_o}{R_1 + R_2} = \dfrac{15[\text{V}]}{(4+6)\text{k}} = 1.5[\text{mA}]$ (연산 증폭기 내부로 유입되는 전류는 0)

• $I_L = \dfrac{V_o}{R_L} = \dfrac{15[\text{V}]}{1\text{k}} = 15[\text{mA}]$

• $I_C = I_S - I_1 - I_L = \dfrac{(20-15)[\text{V}]}{100[\Omega]} - 1.5 - 15 = 50 - 15 = 35[\text{mA}]$

• R_s의 정력 전력용량 : $P = \dfrac{V_s^{\,2}}{R_s} = \dfrac{20^2}{100} = 4[\text{W}]$ (출력단락 시 입력전압 V_s가 전부 R_s에 걸림)

2.4.6 스위칭(모드) 정전압 회로

앞서 다룬 직렬형 정전압 회로는 입력전압이나 부하변동을 조정하는 능력이 우수하고 부하전압을 쉽게 조절할 수 있는 보편화된 정전압 회로이다. 그러나 직렬 정전압 회로는 통과 트랜지스터를 통해 모든 부하전류를 공급하므로 **통과 트랜지스터가 소비하는 전력이 높다는 문제**가 있다. 이때 발생하는 열을 제거하기 위해 큰 방열판과 팬이 필요한 경우도 많아서 부피가 커진다. 이러한 단점을 해결하기 위해 고안한 것이 **스위칭(모드) 정전압 회로**SMPS : Switching Mode Power Supply이다.

스위칭 정전압 회로는 반도체 소자를 스위치로 사용하여 직류 입력전압을 구형파 형태의 전압으로 변환한 후 L, C 필터 등을 통하여 제어된 직류 출력전압을 얻는 장치이다. 이때 직류 출력전압의 제어는 스위치의 on, off 기간을 제어하며 이루어진다. 스위칭 전원의 동작은 직류 입력전압에서 직류 출력전압으로의 변환, 즉 직류-직류 변환을 기본으로 하고 있어서, 스위칭 전원을 DC-DC 컨버터 DC-DC converter, 직류 쵸퍼 DC chopper 회로라고도 한다. 이는 크게 3가지 유형으로 분류할 수 있다

❶ Buck(강압형) 컨버터 : $V_o = V_s \cdot D$ $(V_o < V_s)$ (2.85)

❷ Boost(승압형) 컨버터 : $V_o = V_s / (1-D)$ $(V_o > V_s)$ (2.86)

❸ Buck-Boost(전압 반전형) 컨버터 : $V_o = V_s / D \cdot (1-D)$ (2.87)

스위칭 정전압 회로는 제어용 소자인 **트랜지스터를 스위치로 사용하는 방식**으로, **소비전력이 거의 0이어서 효율이 매우 높고**($\cong 100\%$), **큰 부하전력**을 공급할 수 있다. 그러나 TR, 다이오드 등의 스위칭 잡음이 발생하고, 회로가 복잡하다는 단점이 있다. [그림 2-47]에 스위칭 정전압 회로의 구성도와 기본 회로를 보여준다.

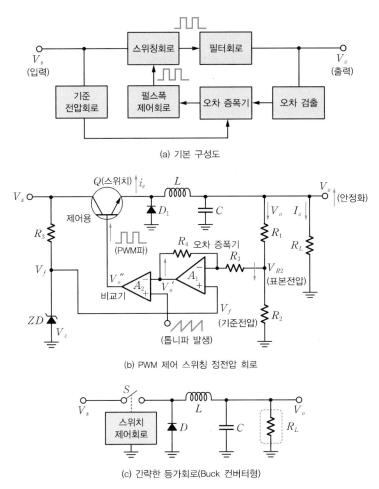

(a) 기본 구성도

(b) PWM 제어 스위칭 정전압 회로

(c) 간략한 등가회로(Buck 컨버터형)

[그림 2-47] 스위칭 정전압 기본 회로도와 구성도

[그림 2-47]의 회로에서는 출력전압 V_o가 입력전압 V_s보다 항상 낮아 **강압형 컨버터**$^{\text{Buck converter}}$라고 부르며, [그림 2-47(b)]~[그림 2-47(c)]에서 스위치와 다이오드, 코일의 위치를 변형하여 출력전압을 상승^{boost}시킴으로써 입력전압 V_S보다 큰 값의 출력전압 V_o을 얻는 **승압형 컨버터**$^{\text{Boost converter}}$와 시비율($D$) 크기에 따라 두 특성을 갖는 **전압 반전형 컨버터**$^{\text{Buck-Boost converter}}$ 등 3개의 부류로 구현할 수 있다. 3가지 모두 스위치 Q, S가 off될 때 환류 다이오드 D는 반드시 L과 직렬로 위치하게 된다.[1]

---

1 이와 관련된 추가 회로 해석은 2장 연습문제에서 다루도록 한다.

이 회로에서 볼 수 있듯이 제어용 소자인 트랜지스터의 베이스는 폭이 다른 펄스열로 구동된다. 펄스 레벨이 high일 때는 Q가 on(포화)되고, 펄스가 low일 때는 off(차단)된다. 출력에서는 이미터 펄스 전압의 고주파 성분이 L에 의해 차단되어 직류성분만 나타나며, LC 필터는 펄스의 평균화에 사용된다.

그런데 트랜지스터가 포화(on) 상태에서 갑자기 차단(off) 상태로 천이되는 순간에 인덕터 L에 역기전력이 유도될 수 있다. 이때 이 전압은 큰 역바이어스로 작용하여 TR을 파괴할 수 있다. 다이오드 D_1은 이때의 역기전력을 접지로 패스시켜, 결론적으로 제어소자 BJT Q가 on인 t_{on} 동안에는 C가 충전되며, off인 t_{off} 동안에는 방전된다. 즉 $t_{on} > t_{off}$이면 출력전압이 증가하게 되고, $t_{on} < t_{off}$이면 출력전압은 감소하게 된다. 따라서 **BJT Q의 베이스에 가해지는 펄스열의 듀티 사이클(충격계수 $D \equiv \dfrac{t_{on}}{t_{on} + t_{off}}$)을 조절함으로써 출력전압 V_o의 크기를 조정**할 수 있다. 또한 인덕터 L은 커패시터의 충·방전으로 생기는 출력전압의 리플을 완화시켜 준다.

먼저 펄스열의 주기 T와 듀티 사이클 D와의 관계로 출력전압의 직류성분을 구한다.

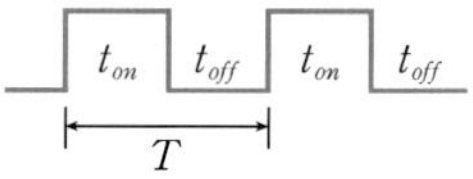

[그림 2-48] 펄스열의 폭과 주기

$$T = t_{on} + t_{off} \tag{2.88}$$

$$D \equiv \frac{t_{on}}{T} = \frac{t_{on}}{t_{on} + t_{off}} \tag{2.89}$$

$$V_o = V_{dc} = \frac{t_{on}}{T} V_s = D V_s \tag{2.90}$$

■ 정전압 동작 상태

[그림 2-47(b)]는 오차에 상응하여 폭을 다르게 하는 구형파 펄스(즉, PWM파)에 제어요소인 스위치 Q를 구동하는 PWM 제어 스위칭 정전압 회로이다.

[그림 2-47(b)]에서 부하변동과 같은 요인으로 인해 출력전압 V_o가 감소하려고 한다고 하자. R_1, R_2의 분압기 회로에서 표본(궤환)전압 V_{R2}가 감소하므로 기준 전압(V_f)과 반전입력의 표본(궤환)전압(V_{R2})을 비교기에서 비교 증폭하는 오차 증폭기의 출력 $V_o{}'$이 증가한다. $V_o{}'$이 증가하면 펄스 발생기의 듀티 사이클(펄스폭)도 증가하여 t_{on}이 증가하게 된다. 즉 커패시터 충전전압이 커지게 되므로, 결국 V_o가 증가하여 출력전압을 안정화시키게 된다.

예제 2-22

[그림 2-47(b)] 회로에서 $V_s = 20[\text{V}]$, $t_{on} = 40[\mu s]$, $T = 100[\mu s]$, $L = 10[\text{mH}]$, $C = 1.5[\mu\text{F}]$일 때 출력전압 V_{dc}를 구하여라.

풀이

듀티 사이클 $D = \dfrac{t_{on}}{T} = \dfrac{40}{100} = 0.4$이므로 $V_{de} = V_s \cdot D = 20 \times 0.4 = 8[\text{V}]$이다.

[그림 2-49]의 컨버터에 대한 동작 상태와 유형을 판단하고, 출력전압 V_o와 스위칭 주파수 f_S, 턴온 시간 t_{on}, S가 on 시 다이오드의 PIV를 구하여라(단, $V_s = 10[\text{V}]$, 듀티비 $D = 25[\%]$, $L = 1[\text{mH}]$, $T = 10[\mu\text{S}]$, $R = 50[\Omega]$, C는 충분히 크고, 다이오드 및 스위치는 이상적이며, 인덕터 전류는 연속이라 가정한다).

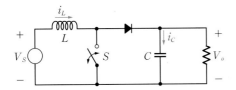

[그림 2-49]

풀이

❶ 동작 상태

• 스위치 S가 on 시 : 입력으로부터 전류가 L과 S를 흐르면서 L에는 에너지(전류)를 충전하게 된다. 환류 다이오드는 역바이어스 off되고, C는 이전에 축적되었던 전하를 부하 R_L을 통해 방전한다.

• 스위치 S가 off 시 : L의 전류연속성에 의해 이전 축적된 전류와 인가 입력에 의한 전류가 합쳐진 큰 전류가 D를 통하여 출력부하 측으로 방출된다. 이때 출력전압을 상승시켜 입력 V_S보다 큰 출력 V_o를 얻고, 스위칭 주기 T를 한 주기로 하여 이 동작이 반복된다. 따라서 [그림 2-49]의 컨버터는 **승압형 DC-DC 컨버터**이다.

L이 증가하면 인덕터 전류의 리플이 감소하고, C를 증가시키면 출력전압의 리플이 감소한다. 간략히 말하면, S가 on이면 L에 $(V_s - V_{CE})$ 걸리고, S가 off이면 발생되는 L의 역기전력이 입력과 동일방향으로 합해져서, 그 전압이 순방향 on 다이오드를 통해 C에 합해진 큰 전압이 충전되어 출력전압 V_o를 상승boost시킨다.

❷ 출력 DC전압

$$V_o = \frac{V_s}{(1-D)} = \frac{10}{1-0.25} = \frac{10}{0.75} \approx 13.33[\text{V}]$$

❸ 스위칭 주파수

$$f_S = \frac{1}{T} = \frac{1}{10[\mu s]} = 100[\text{kHz}]$$

$$t_{on} = DT = 0.25 \times 10[\mu s] = 2.5[\mu s]$$

❹ 다이오드의 PIV

$$\text{PIV} = 13.33[\text{V}]$$

2.4.7 정전압 IC 회로

정전압 ^{regulator} IC는 지금까지 다룬 **선형 정전압 회로**를 IC화하여 비교적 소용량의 직류 안정화 전원으로 편리하게 사용할 수 있도록 한 것으로, 보통 3단자로 구성된 **3단자 레귤레이터**이다. [그림 2-49]를 보면 알 수 있듯이, 입력과 출력단자에 커패시터 1개씩을 추가함으로써 간단한 직류 안정화 전원을 구성할 수 있다.

[표 2-2]는 IC형 번호가 78로 시작되는 시리즈로서, 78 다음에 오는 숫자는 양(+)의 출력전압의 값을 나타낸다. 부하전류는 최대 $3[\mathrm{A}]$ 정도까지 흘릴 수 있는데, 부하전류 범위에 따라 형 번호를 달리하여 구분하고 있다. 예시로서 78LXX 시리즈는 최대 $100[\mathrm{mA}]$까지, 78MXX 시리즈는 최대 $500[\mathrm{mA}]$까지, 78XX 시리즈는 최대 $1[\mathrm{A}]$까지, 78TXX 시리즈는 최대 $3[\mathrm{A}]$까지 부하전류를 흘릴 수 있다. 반면에 음(-)의 출력전압은 79XX 시리즈라고 하며, [표 2-3]에 제시하였다.

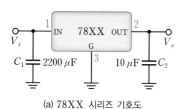

(a) 78XX 시리즈 기호도

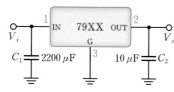

(b) 79XX 시리즈 기호도

[그림 2-50] 정전압 IC 회로

[표 2-2] 78XX 시리즈 정전압 IC

형 번호	출력전압(V)
7805	+5
7806	+6
7808	+8
7809	+9
7812	+12
7815	+15
7818	+18
7824	+24

[표 2-3] 79XX 시리즈 정전압 IC

형 번호	출력전압(V)
7905	-5
7906	-6
7908	-8
7909	-9
7912	-12
7915	-15
7918	-18
7924	-24

참고 고정적인 양(+) 정전압용 LM340, 부(-) 정전압용 LM320 시리즈도 공급된다.

■ 가변 출력 정전압 IC(LM317 / LM337)

양(+) 정전압 가변용에는 LM317, 부(−) 정전압 가변용에는 LM337이 대표적이며, 출력전압 V_o는 다음 식으로 나타낸다. 이 IC에서 V_{REF} 및 I_{ADJ}의 대표값은 다음과 같다.

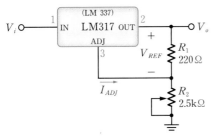

[그림 2-51] LM317 정전압 회로

$$V_o = V_{REF}\left(1 + \frac{R_2}{R_1}\right) + I_{ADJ} \cdot R_2 \tag{2.91}$$

$$V_{REF} = 1.25[\text{V}], \quad I_{ADJ} = 100[\mu\text{A}] \tag{2.92}$$

이 IC는 R_1, R_2를 이용하여 출력전압을 가변할 수 있다.

- LM317 : $1.2[\text{V}] \sim 37[\text{V}]$ 범위
- LM337 : $-1.2[\text{V}] \sim -37[\text{V}]$ 범위

예제 2-24

[그림 2-50]의 회로에서 출력전압 V_o를 구하여라.

풀이

$$V_o = V_{REF}\left(1 + \frac{R_2}{R_1}\right) + I_{ADJ} \cdot R_2 = 1.25\left(1 + \frac{2500}{220}\right) + 100 \times 10^{-6} \times 2.5 \times 10^3 = 15.7[\text{V}]$$

01 정류회로를 평가하는 파라미터에 해당되지 <u>않는</u> 것은?

㉮ 최대 역전압   ㉯ 궤환율

㉰ 전압 변동률   ㉱ 정류효율

> **해설**
>
> 궤환율(β)은 부궤환 증폭기의 부궤환 비율이다.

㉯

02 $12[V]$, $100[mA]$의 전원장치가 있다. 부하가 연결될 때 출력전압이 $10[V]$이면 전압 변동률은?

㉮ $10[\%]$ ㉯ $15[\%]$ ㉰ $20[\%]$ ㉱ $25[\%]$

> **해설**
>
> $$\Delta V = \frac{V_o - V_L}{V_L} = \frac{12-10}{10} \times 100[\%] = 20[\%]$$

㉰

03 전원전압 $6[V]$, 내부저항 $2[\Omega]$인 전원회로에서 부하저항 $R = 8[\Omega]$일 때 전원전압 변동률은?

㉮ 20   ㉯ 25   ㉰ 50   ㉱ 80

> **해설**
>
> $$\Delta V = \frac{V_o - V_L}{V_L} = \frac{r_d}{R_L} = \frac{2}{8} \times 100[\%] = 25[\%]$$

㉯

04 맥동률이 $2.5[\%]$인 정류회로의 부하양단 평균 직류전압이 $220[V]$이다. 교류분은 얼마나 포함되어 있는가?

㉮ $2.2[V]$ ㉯ $3.3[V]$

㉰ $4.4[V]$ ㉱ $5.5[V]$

> **해설**
>
> $$\gamma = \frac{\text{교류 리플 전압(실효값)}}{\text{직류전압(평균값)}} = \frac{\Delta v_{rms}}{V_{dc}} \times 100[\%] \; \rightarrow \; 2.5[\%] = \frac{5.5[V]}{220[V]} \times 100[\%]$$

㉱

05 주된 맥동전압 주파수가 전원 주파수의 6배가 되는 회로는?

㉮ 단상 전파 전류   ㉯ 3상 반파 정류

㉰ 단상 브리지 정류   ㉱ 3상 전파 전류

> **해설**
>
> • 단상 전파 정류 : 2배 $\times 60[Hz] = 120[Hz]$
>
> • 3상 반파 정류 : 3배 $\times 60[Hz] = 180[Hz]$
>
> • 3상 전파 정류 : 6배 $\times 60[Hz] = 360[Hz]$

㉱

06 다음 중 정류회로에서 리플 함유율을 감소시키는 방법으로 적합하지 않은 것은?

㉮ 입력전원의 주파수를 낮게 한다.
㉯ 반파 정류회로보다는 전파 정류회로를 사용한다.
㉰ 콘덴서 입력형 평활회로에서 콘덴서 용량을 크게 한다.
㉱ 초크 입력형 평활회로에서 초크의 인덕턴스를 크게 한다.

해설

리플률 $\gamma \propto \dfrac{1}{f}, \dfrac{1}{L}, \dfrac{1}{C}$ ㉮

07 평활회로의 특성 중 L형 평활회로와 비교하여 C형 평활회로의 특성으로 틀린 것은?

㉮ 직류 출력전압이 높다.
㉯ 시정수가 클수록 리플이 감소된다.
㉰ 전압 변동률이 작다.
㉱ 고전압, 저전류 용도로 사용된다.

해설

L(인덕터)는 입력전압의 변동분에 대해 급격한 출력(전류) 변화를 억제하기 때문에 전압 변동률이 작은 것이 장점이다. ㉰

08 인덕터 필터에 관한 설명으로 틀린 것은?

㉮ L 값이 클수록 평활특성이 좋아진다.
㉯ 커패시터 필터에 비해 맥동률이 크다.
㉰ 부하저항이 클수록 맥동률이 작아진다.
㉱ 커패시터 필터에 비해 전압 변동률이 작다.

해설

L(인덕터)형은 전압 변동률이 작고, 부하저항(R_L)이 작아서 부하에 큰 전류가 흐를 때만 리플이 작다.

리플률 $\gamma \propto \dfrac{1}{f}, \dfrac{1}{L}, R_L$ ㉰

09 단상 전파 정류기의 평균값(V_{dc}), 실효값(V_{rms}), 최대효율(η), 리플률(γ)은 단상 반파 정류기의 몇 배인지 답을 순서대로 나열하시오.

㉮ 2 　　　㉯ 2.5 　　　㉰ $\sqrt{2}$ 　　　㉱ $\dfrac{1}{2.5}$

해설

구분	V_{dc}	η_{max}	V_{rms}	γ	정류 주파수
전파 정류	$2V_m/\pi$	81.2[%]	$V_m/\sqrt{2}$	48.2%	120[Hz]
반파 정류	V_m/π	40.6[%]	$V_m/2$	121%	60[Hz]
	2배	2배	$\sqrt{2}$ 배	1/2.5배	2배

10 다음 회로에 대한 설명으로 <u>옳지 않은</u> 것은? (단, 다이오드 순방향 전압은 0.7[V]이다)

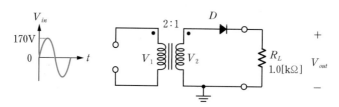

㉮ 입력전압 V_{in}이 음($-$)의 최대 피크전압에서 다이오드의 최대 역전압이 발생한다.

㉯ 권선비가 3 : 1로 되면 입력전압 V_{in}이 양($+$)의 주기 동안 다이오드에 흐르는 전류는 감소한다.

㉰ 다이오드 양단의 최대 역전압$^{PIV\ :\ peak\ inverse\ voltage}$는 170[V]이다.

㉱ 정류된 출력의 피크전압은 84.3[V]이다.

㉲ 부하에서 소비되는 평균전력은 $P = \dfrac{V_{rms}^{\,2}}{R_L} = \dfrac{(V_m/2)^2}{1k} = \dfrac{85^2}{1k} = 7.225[W]$이다.

해설

- 권선비 2 : 1이므로 2차측 입력전압 $V_m = \dfrac{V_{in}}{2} = \dfrac{170}{2} = 85[V]$

- PIV $= V_m + 0.7 = 85 + 0.7 = 85.7[V]$

- 반파 정류 시 실효값 $V_{rms} = \dfrac{V_m}{2} = \dfrac{85}{2} = 42.5[V]$

- 소비(유효)전력 $P = \dfrac{V_{rms}^{\,2}}{R_L} = \dfrac{(V_m/2)^2}{R_L} = \dfrac{(85/2)^2}{1k} = \dfrac{7.225}{4} = 1.8[W]$ ㉰, ㉲

11 다음 회로에서 입력전압 v_1이 220[V]일 때, 출력전압 v_0의 평균값(V_{dc}), 실효값(V_{rms}) 및 출력전류 i_o의 평균값(i_{dc}), 실효값(I_{rms})을 각각 구하여라(단, 변압기의 권수는 1차 측 100회, 2차 측 50회이고, 부하 $R = 10[\Omega]$, 정류회로 및 변압기 내의 전압강하와 손실은 무시한다).

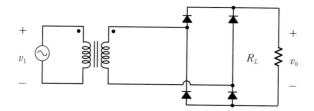

해설

2차 측 입력전압 $V_m = (220\sqrt{2})/2 = 110\sqrt{2}\,[V]$이므로 각각의 값을 구하면 다음과 같다.

- $V_{dc} = 2V_m/\pi = (220\sqrt{2})/\pi\,[V]$

- $V_{rms} = V_m/\sqrt{2} = 110[V]$

- $I_{dc} = V_{dc}/R = (22\sqrt{2})/\pi\,[A]$

- $I_{rms} = V_{rms}/R = 110/10 = 11[A]$

12 변압기의 권선비가 1:3인 이상적인 전원변압기를 사용하여 교류입력 100[V]를 가해서 전파 정류를 했을 때 출력전압의 평균치는?

㉮ $100 \times \sqrt{2}$ [V]　　　　　　　　　　　㉯ $300 \times \sqrt{2}$ [V]

㉰ $\dfrac{300 \times \sqrt{2}}{\pi}$ [V]　　　　　　　　　　㉱ $\dfrac{600 \times \sqrt{2}}{\pi}$ [V]

해설

전파 정류 출력 평균전압은 $V_{dc} = \dfrac{2}{\pi} V_m$ 이다. 여기서 권선비 3배를 고려하면 2차 측 입력전압의 최대값 $V_m = 3 \times 100\sqrt{2} = 300\sqrt{2}$ 를 대입한다. (교류의 수치표현 100[V]는 실효값)　　　㉱

13 다음 회로에서 평균 직류 출력전압이 10[Ω]의 부하에 10[V]가 나타났다고 한다. 각 정류소자에 걸리는 피크 역전압은? [주관식] 각 정류소자에 흐르는 첨두전류 I_m도 구하여라.

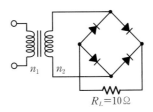

$R_L = 10\,\Omega$

㉮ 10π[V]　　　　　　　　　　　㉯ 5π[V]

㉰ 3π[V]　　　　　　　　　　　㉱ π[V]

해설

브리지 전파 정류의 PIV $= V_m$ 이고, 출력 직류전압 $V_{dc} = \dfrac{2}{\pi} V_m$ 이므로 $V_m = \dfrac{\pi}{2} V_{dc} = \dfrac{\pi}{2} \times 10 = 5\pi$[V]이다.

[주관식] $V_{dc} = I_{dc} R_L$에서 $I_{dc} = \dfrac{V_{dc}}{R_L} = \dfrac{10[\text{V}]}{10[\Omega]} = 1$[A], $I_{dc} = \dfrac{2I_m}{\pi}$에서 첨두전류 $I_m = I_{dc} \dfrac{\pi}{2} = \dfrac{\pi}{2}$[A]　　㉯

14 다음 회로에서 각 항목의 질문에 답하여라(단, $V_i = V_m \cdot \sin(2\pi f_{in} t)$이고, 다이오드의 순방향 전압은 0.7[V]이다).

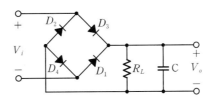

(a) 출력 리플전압 V_r을 식으로 구하고, 리플성분의 감소 조건을 파악하여라.

(b) 출력전압 V_{dc}를 구하여라(단, C의 영향은 무시한다).

(c) 다이오드의 PIV를 구하여라(단, 양호한 C를 사용하고 있다).

(d) 리플 주파수와 정류 주파수는 얼마인가?

(e) 부하 $R_L = 15[\Omega]$이고 $V_i = 100\sin 377t$[V]일 때 부하의 평균 소비전력 P_{dc}를 구하라.

해설

(a) $V_r = (V_m - 1.4)/2 \cdot R_L C f_{in}$으로 구해지며, R_L, C, f_{in}을 크게 사용한다.

(b) $V_{dc} = 2(V_m - 1.4)/\pi[\text{V}]$

(c) $\text{PIV} = 2V_m - 0.7[\text{V}]$ (단, C를 무시하면 $\text{PIV} = V_m - 0.7[\text{V}]$이다)

(d) 리플 주파수와 정류 주파수 모두 $120[\text{Hz}]$이다.

(e) 출력 평균 전압 $V_o = 2V_m/\pi = 200/\pi$이므로, $P_{dc} = V_o^2/R = 200^2/15\pi^2 = $ 약 $270.5[\text{W}]$이다.

15 다음 전파 정류회로의 V_{dc}, PIV, 출력 V_o의 파형을 그려보라(단, 다이오드는 이상적인 모델이다).

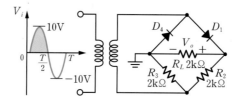

해설

브리지 전파 정류의 다이오드 2개를 저항 2개로 교체했다. PIV가 $\dfrac{V_m}{2}$으로 낮다는 장점이 있다.

• $V_i > 0 : D_1(\text{on})$, $V_o = V_i \dfrac{R_L}{R_L + R_3} = 10 \times \dfrac{2}{4} = 5[\text{V}]$

• $V_i < 0 : D_4(\text{on})$, $V_o = V_i \dfrac{R_L}{R_L + R_2} = 10 \times \dfrac{2}{4} = 5[\text{V}]$

PIV는 R_2나 R_3의 $5[\text{V}]$ 전압이 되므로 $V_{dc} = \dfrac{2}{\pi} \times 5 = 3.18[\text{V}]$이다.

16 다음 정전압 회로에서 입력전압이 $15[\text{V}]$, 제너 전압이 $10[\text{V}]$, 제너 다이오드에 흐르는 전류가 $25[\text{mA}]$, 부하저항이 $100[\Omega]$일 때 저항 R_1의 값은?

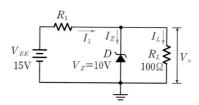

㉮ $20[\Omega]$　　　　　　　　　　㉯ $40[\Omega]$

㉰ $125[\Omega]$　　　　　　　　　　㉱ $200[\Omega]$

해설

전류방정식 $I_1 = I_Z + I_L$에서 구한다.

$\dfrac{15-10}{R_1} = 25[\text{mA}] + \dfrac{10}{100} = 125[\text{mA}]$, 즉 $R_1 = \dfrac{15-10}{125[\text{mA}]} = \dfrac{5}{125[\text{mA}]} = 40[\Omega]$　　㉯

17 다음 회로에서 출력측에 정전압을 유지할 수 있는 입력전압의 범위를 구하여라(단, 제너 전압 $V_Z = 20[\text{V}]$, 허용 제너전류 I_Z는 $10[\text{mA}] \leq I_Z \leq 50[\text{mA}]$이다).

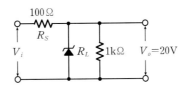

해설

전류방정식 $I_S = I_Z + I_L$에서 구하면 입력전압 V_i의 범위는 $23[\text{V}] \leq V_i \leq 27[\text{V}]$이다.

$$\frac{V_i - 20}{100} = 10 + \frac{20}{1\text{k}} \quad \rightarrow \quad V_i = 23[\text{V}], \qquad \frac{V_i - 20}{100} = 50 + \frac{20}{1\text{k}} \quad \rightarrow \quad V_i = 27[\text{V}]$$

18 다음 회로에서 V는 실효값 $100[\text{V}]$인 교류전압이다. R_L에 걸리는 전압은?

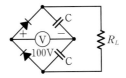

㉮ $71[\text{V}]$ ㉯ $141[\text{V}]$ ㉰ $200[\text{V}]$ ㉱ $283[\text{V}]$

해설

전파 2배압 정류회로로서 입력의 최대값 $\pm V_m = 100\sqrt{2}$가 각 C에 충전되므로 출력전압 $V_o = 2V_m = 200\sqrt{2} = 283[\text{V}]$가 부하 R_L에 걸린다.   ㉱

19 다음 중 일반적인 선형 정전압에 대한 스위칭 정전압 제어회로^{SMPS}의 장점으로 틀린 것은?

㉮ 효율이 높다.   ㉯ 잡음이 작다.
㉰ 소형 변압기를 사용할 수 있다.   ㉱ 낮은 전압에서 큰 부하전류를 공급할 수 있다.

해설

SMPS 방식은 TR을 증폭기가 아니라 스위치(on, off의 기간제어)로 사용하는 방식으로, 스위칭 잡음이 발생하는 단점이 있다.   ㉯

20 전압 안정계수 $S_V = 0.1$인 정전압 회로의 입력전압이 $\pm 5[\text{V}]$로 변화할 때 출력전압의 변화는?

[주관식] 정전압 회로의 안정도 파라미터(3항목)는?

㉮ $\pm 0.05[\text{mV}]$ ㉯ $\pm 0.5[\text{mV}]$ ㉰ $\pm 0.05[\text{V}]$ ㉱ $\pm 0.5[\text{V}]$

해설

$S_V = \dfrac{\Delta V_L}{\Delta V_s}$에서 $\Delta V_L = S_V \cdot \Delta V_s = 0.1 \times (\pm 5[\text{V}]) = \pm 0.5[\text{V}]$ ㉱

[주관식] 정전압 회로의 안정계수 : 전압 안정계수(S_V), 온도 안정계수(S_T), 출력저항(R_o)

21 다음 BJT를 사용한 $I = 10[\text{mA}]$의 정전류원 회로 구성을 위한, 적절한 제너 다이오드의 항복전압 $V_Z[\text{V}]$를 결정하여라(단, $V_{BE} = 0.7[\text{V}]$이다).

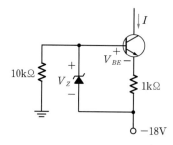

> **해설**
>
> 입력측 KVL을 적용하면 $V_Z = V_{BE} + (1k \times 10[\text{mA}]) = 0.7 + 10 = 10.7[\text{V}]$이다. 참고로 정전류원은 BJT와 MOSFET, OP-amp를 이용하는 전류거울 회로 등을 많이 사용한다.

22 다음 회로에서 출력전압 V_o를 구하여라.

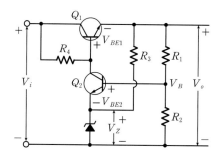

> **해설**
>
> Q_2의 베이스 전압 $V_B = V_o \dfrac{R_2}{R_1 + R_2} = V_{BE2} + V_Z$이므로 $V_o = (V_{BE2} + V_Z) \cdot \left(1 + \dfrac{R_1}{R_2}\right)$이다.

23 다음 회로의 출력전압 V_o와 최대 정격 출력전류 I_o를 구하여라.

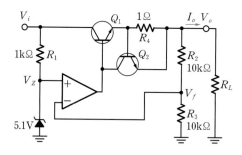

> **해설**
>
> $V_Z = V_f = 5.1[\text{V}]$이므로 $V_{R3} = 5.1[\text{V}]$가 되어 $V_o = 10.2[\text{V}]$이다.
>
> 출력단락으로 과부하 전류가 흐를 때 Q_2가 on되어 최대 출력전류가 $I_o = \dfrac{0.7[\text{V}]}{1[\Omega]} = 0.7[\text{A}]$로 제한된다.

24 다음 전압 조정기의 R_s에 흐르는 전류 $I_s[\text{mA}]$는? (단, $V_{BE1} = V_{BE2} = 0.7[\text{V}]$, $V_Z = 5[\text{V}]$, $V_i = 10[\text{V}]$, $R_s = 2[\text{k}\Omega]$이다)

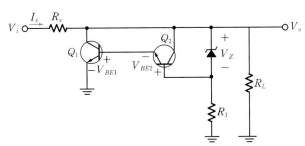

해설

$V_{R1} = V_{BE1} + V_{BE2} = 0.7 + 0.7 = 1.4[\text{V}]$, $V_z = 5[\text{V}]$이므로 Q_1의 전위는 $5 + 1.4 = 6.4[\text{V}]$이다.

전류 $I_s = \dfrac{V_i - 6.4}{R_s} = \dfrac{10 - 6.4}{2k} = \dfrac{3.6}{2k} = 1.8[\text{mA}]$이다. 여기서 Q_1은 제어용, Q_2는 오차 검출용을 갖는 병렬형 정전압 회로이다.

25 다음 스위칭 정전압(DC-DC 컨버터) 회로에서 스위치 Q의 on/off 시 듀티비 D와 인덕터 L 전류의 리플 값 $\Delta i[\text{A}]$를 구하여라(단, $L = 600[\mu\text{H}]$, S의 스위칭 주파수 $f_s = 33[\text{kHz}]$, $V_o = 5[\text{V}]$이다).

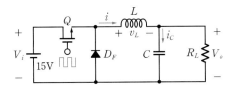

해설

• $D = \dfrac{t_{on}}{T} = \dfrac{V_o}{V_i} = \dfrac{5}{15} \times 100\% \cong 33\%$ • $v_L = L\dfrac{di_L}{dt}$ 에서 $\Delta i_L = \dfrac{v_L}{L}\Delta t = \dfrac{15 - 5}{6000 \times 10^{-6}} \times D \cdot T_S \cong 0.17[\text{A}]$

(여기서 Δt는 스위치 on 상태에서 L에 전류가 흐를 때이다)

26 다음 회로에 대한 동작 상태와 회로 유형을 판단하고, 출력전압 V_o, 다이오드 D의 PIV, 스위칭 주파수 f와 주기 T 등 각각의 값을 구하여라(단, TR(MOSFET)의 스위칭 주기 T, t_{on}(on 시간) $= 1[\mu\text{s}]$, 도통비 $D = 50[\%]$, 인덕터 전류는 연속이고, 출력 커패시터는 충분히 크며, 모든 소자들은 이상적이고, 정상 상태에서 동작한다).

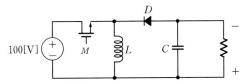

해설

① 동작 상태

• 스위치 S가 on 시 : L에는 $V_L = V_i - V_{ds}(sat)$의 전압이 유기되며, D는 역방향 off된다.

• 스위치 S가 off 시 : L에는 자계가 차단되면서, L에는 반대 극성의 유도기 전력 $-V_L$이 유기되어, D를 순바이어스 on시켜 C에 충전하게 되므로 반전된 출력전압 V_o가 나온다. 그러므로 **전압 반전형 컨버터**라고도 한다.

② 출력 DC 전압

$V_o = V_i \cdot (D/1-D) = 100 \cdot (0.5/1-0.5) = 100[V]$ (극성 고려 시 $V_o = -100[V]$)

$V_o = V_i \cdot (t_{on}/t_{off})$으로, 각 시간($t_{on}$, t_{off}, D) 조절에 의해서 V_o를 강압 및 승압을 동시에 행할 수 있는 전압 반전형(Buck-Boost) 컨버터 유형에 속한다.

③ 다이오드의 PIV

S가 on 시 $V_i = 100[V]$와 S가 off 시 유도전압 $V_L = -100[V]$이 C에 충전된 전압, 총 2개가 D에 역전압이 되므로 PIV $= 100 - (-100) = 200[V]$이다.

④ 스위칭 주파수 : $f_s = 1/T = 1/(1+1)[\mu s] = 500[kHz]$

⑤ 스위칭 주기 : $T = 1[\mu s] + 1[\mu s] = 2[\mu s]$

27 다음 회로에 대한 각 물음에 대하여 답하여라(단, 소자들은 이상적이고 정상상태에서 동작하며, 인덕터 전류는 연속이고 연산 증폭기는 이상적이다).

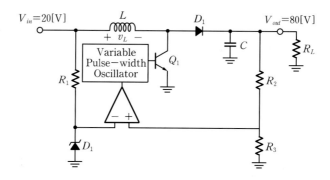

(a) 주어진 회로의 기능은?

(b) 이 회로의 듀티비 D를 구하여라.

(c) 스위치(Q_1)이 턴온될 때, 다이오드(D_1)에 인가되는 역전압^{PIV}는?

(d) 이 회로의 출력전압은 인덕터(L) 값의 변화와 듀티비가 일정할 때 스위치의 동작 주파수 변경에 대하여 어떠한 변화를 갖는가?

(e) Q_1의 포화구간이 길수록, L의 유기전압 V_L과 출력전압 V_o의 관계는 어떠한가?

(f) 부하가 증가, 또는 입력전압이 감소로 인해 V_o가 감소할 때 안정화 동작은?

(g) 회로에서 인덕터 L 전류의 리플값 $\triangle i$를 구하여라.

해설

(a) 직류 입력전압 20[V]를 직류 출력전압 80[V]로 승압시키는 **벅 컨버터 회로**이다.

(b) 출력전압 $V_o = V_{in}/(1-D)$에서 $D = 1 - (V_{in}/V_o) = 1 - 20/80 = 3/4 = 0.75$이다.

(c) Q_1이 on에서 D_1 양단에 걸리는 최대 역전압 PIV $= 80 - 0 = 80[V]$가 된다.

(d) 출력전압 $V_o = V_{in}/(1-D) = V_{in} \cdot (T/t_{off})$는 차단시간이 짧을수록 V_o는 증대되며 L과 f의 변화에는 출력전압은 변하지 않는다.

(e) L의 유기전압 V_L은 더 작아지며, (적은 V_L이 V_{in}에 첨가되어) 출력전압 V_o도 작아진다.

(f) V_{R3}이 감소하여 Q_1의 t_{on}이 짧아져서, V_o의 감소를 막아 V_o의 안정화를 유지시킨다.

(g) [연습문제 25]의 해설 참고

트랜지스터(BJT) 회로
BJT Circuit

복잡하면서 다양한 전자기기 내부에서 신호의 감쇠나 왜곡을 제거하고 보상하기 위해 큰 에너지 신호가 되도록 신호증폭 기능을 갖는 소자가 트랜지스터이다. 이 BJT가 응용이 되는 복잡, 방대한 전자회로라는 지도의 흐름을 손쉽고 흥미롭게 파악하여 7부 능선에 위치할 수 있도록 BJT 소자의 회로 해석 기법을 제시한다.

BJT의 기본 이론

PN 다이오드 2개의 조합구조인 트랜지스터(TR)의 증폭기와 전자 스위치 동작 상태를 이해하고 회로 해석의 기본 방정식과 특성곡선을 손쉽게 이해하고 응용할 수 있는 기본지식을 다룬다.

Keywords | BJT 구조와 동작모드 | 기본 방정식 | BJT 입·출력특성 곡선과 정격 |

3.1.1 트랜지스터의 분류

트랜지스터$^{Transistor, TR}$는 [그림 3-1]과 같이 BJT형과 UJT형으로 구분된다.

TR
- 양극성 접합형 TR(BJT : Bipolar Junction TR)
  - 다수 캐리어 + 소수 캐리어 이용
  - 전류 제어 소자(전류증폭에 적합한 구조)
- 단극성 접합형 TR(UJT : Unipolar Junction TR)
  (FET)
  - 다수 캐리어만 이용
  - 전압 제어 소자(전압증폭에 적합한 구조)

[그림 3-1] 트랜지스터의 분류

BJT형 TR은 **다수 캐리어와 소수 캐리어** 모두가 출력전류 생성에(95[%]와 5[%]의 비율 정도) 기여하는 양극성 TR이다. FET라고 불리는 UJT형 TR은 오로지 **다수 캐리어**에 의해서만 출력전류가 생성된다. BJT형 TR은 반드시 입력전류를 흐르게 하여 이를 갖고 출력전류를 제어하는 **전류 제어소자**인 반면, UJT형 TR은 보통 입력전류의 흐름이 없이 입력전압에 의해 출력전류를 제어하는 **전압 제어소자**라는 서로 다른 특성을 보인다. FET은 4장에서 자세히 다루기로 하고, 지금부터 BJT에 대해 살펴보자.

3.1.2 BJT의 구조와 회로 기호

앞서 1장에서는 제일 간단한 2단자 반도체 소자인 다이오드^{Diode}를 해석했는데, 트랜지스터는 다이오드에 1개의 제어단자가 더 추가되어 있는 **3단자 반도체 소자**로서, 그 내부에 **다이오드 2개(B-E 접합과 B-C 접합)**가 내장된 구조이다. 이 2개의 다이오드를 순바이어스^{Bias}나 역바이어스 상태를 만들어 TR을 **증폭기로 사용**하거나 **전자 스위치로 사용**한다.

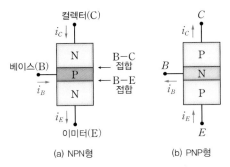

(a) NPN형   (b) PNP형

- 이미터(Emitter) : 캐리어(정공, 전자)를 방출하는 단자
- 컬렉터(Collector) : 방출된 캐리어 수집
- 베이스(Base) : 이미터에서 방출된 캐리어를 제어 (바이어스 전류 공급)

[그림 3-2] BJT의 구조

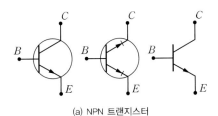
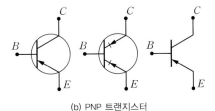

(a) NPN 트랜지스터   (b) PNP 트랜지스터

[그림 3-3] BJT의 회로 기호

NPN형과 PNP형은 다이오드 방향이 서로 반대로 되어 있어서 전압극성과 전류방향이 반대이고, 다수와 소수 캐리어가 다를 뿐 모든 동작원리는 동일하다. 그런데 전자가 정공보다 이동도가 약 3배 정도 빠르므로 실제 성능 면에서는 다수 캐리어가 전자로 구성된 NPN형이 특성 면에서 더 우수하다.

[그림 3-4]는 BJT의 각 단자의 전류와 전압을 표시한 것이다. 전류와 전압을 표시할 때는 다음의 규칙을 따른다.

- 직류성분 : 대문자 (예 I_B, I_C, I_E, V_{CE})
- 교류신호 성분 : 소문자 (예 i_b, i_c, i_e, v_{ce})
- 전체 순시값 성분 : 소문자 + 대문자 첨자 (예 i_B, i_C, i_E, v_{CE}, v_{BE})

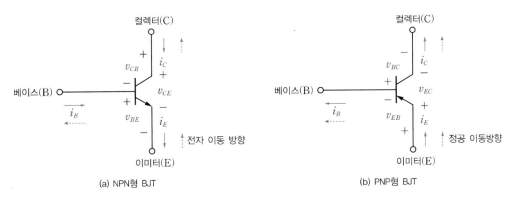

(a) NPN형 BJT   (b) PNP형 BJT

[그림 3-4] BJT의 단자 전류와 전압 표시

(+)전기를 갖는 정공은 이동방향을, (-)전기를 갖는 전자는 그 이동의 반대 방향을 전류방향으로 정의한다. [그림 3-4]에서 실선은 전류방향이고, 점선은 다수 캐리어의 이동방향을 나타낸다. [그림 3-4(a)]의 NPN형 BJT는 이미터에서 다수 캐리어인 전자를 방출시키는데, 일부는 베이스로 가고, 대부분은 컬렉터로 수집된다. 전류의 방향은 전자의 이동방향과는 반대이므로, 컬렉터에서 흘러나와 일부 베이스 전류와 합쳐진 전체 전류가 이미터 쪽으로 향하는 화살표로 표기한다.

[그림 3-4(b)]의 PNP형 BJT는 이미터의 다수 캐리어인 정공을 방출시키는데, 이는 베이스와 컬렉터로 수집된다. 전류의 방향은 정공의 이동방향과 동일하므로, 이미터에서 베이스와 컬렉터 쪽으로 향하는 화살표로 표기한다.

전체 이미터 전류(i_E) 중에서 베이스를 흐르는 **전류(i_B)는** 1~5[%], 컬렉터를 흐르는 **전류(i_C)는** 95~99[%] 정도가 되며, **전류보존법칙**에 따라 $i_E = i_B + i_C$가 되어야 한다.

3.1.3 BJT의 접지 방식

BJT는 3단자(베이스, 컬렉터, 이미터)로 구성된 소자이므로, 2개 단자는 입력 및 출력단자로 사용하고, 나머지 1개는 공통단자(보통 접지시킴)로 사용된다. 이때 일반적으로 컬렉터 단자는 입력단자로 사용할 수 없다.

공통 베이스(베이스 접지) 회로

공통 베이스(CB)$^{\text{Common-Base}}$(이하 [CB]로 표기함) 회로는 [그림 3-5]와 같이 이미터를 입력으로, 컬렉터를 출력으로 연결하고, 베이스를 공통단자로 연결한(즉 접지시킨) 회로 형태이다. 이 경우는 입력 이미터 전류 i_E의 95~99[%] 정도가 컬렉터 출력전류 i_C가 되고, 1~5[%]가 베이스 전류 i_B가 될 때 직류 전류이득 α_{DC}는 거의 1이므로 **전류버퍼**^{Buffer}에 쓰인다. [CB] 회로는 **고주파 특성**은 양호하지만 일반적인 저주파 증폭에는 잘 쓰이지 않는다.

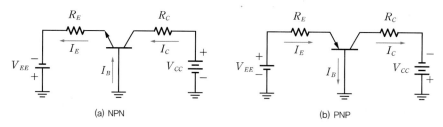

[그림 3-5] 공통 베이스 회로

[CB] 회로의 **직류 전류이득(=증폭률)** α_{DC}(또는 h_{FB})는 다음 식으로 구할 수 있다.

$$\alpha_{DC} \equiv \frac{\text{출력전류}}{\text{입력전류}} = \frac{i_C}{i_E} = \frac{I_C}{I_E} = 0.95 \sim 0.99 \cong 1 \tag{3.1}$$

공통 이미터(이미터 접지) 회로

공통 이미터(CE)^{Common-Emitter}(이하 [CE]로 표기함) 회로는 [그림 3–6]과 같이 베이스를 입력, 컬렉터를 출력으로 연결하고, 이미터를 공통단자로 연결한(즉 접지시킨) 회로 형태이다. 직류 전류이득 β_{DC}의 값은 수십~수백에 달하므로 증폭 특성이 우수하여 일반적인 **신호 증폭회로**에 많이 사용된다. 전류, 전압, 전력증폭이 모두 가능한 방식이다.

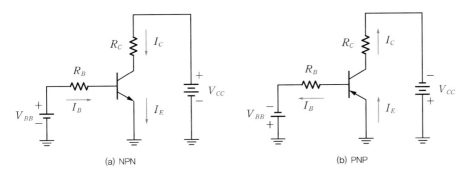

(a) NPN   (b) PNP

[그림 3–6] 공통 이미터 회로

[CE] 회로의 **직류 전류이득(=증폭률)** β_{DC}(또는 h_{FE})는 다음 식으로 구할 수 있다.

$$\beta_{DC} \equiv \frac{\text{출력전류}}{\text{입력전류}} = \frac{i_C}{i_B} = \frac{I_C}{I_B} \quad (\text{수십}\sim\text{수백} : 50\sim200) \tag{3.2}$$

식 (3.1)에서 $i_C = \alpha_{DC}i_E$이므로 $i_B = (1 - \alpha_{DC})i_E$로 나타낼 수 있다.

[CE] 회로의 직류 전류이득 β_{DC}와 [CB] 회로의 직류 전류이득 α_{DC}의 관계식은 다음과 같다.

$$\beta_{DC} = \frac{I_C}{I_B} = \frac{\alpha_{DC} I_E}{(1 - \alpha_{DC})I_E} = \frac{\alpha_{DC}}{1 - \alpha_{DC}}$$

$$\alpha_{DC} = \frac{I_C}{I_E} = \frac{\beta_{DC} I_B}{I_C + I_B} = \frac{\beta_{DC} I_B}{\beta_{DC} I_B + I_B} = \frac{\beta_{DC}}{1 + \beta_{DC}} \tag{3.3}$$

BJT의 베이스 단자의 직류전류 $I_B = 10[\mu\mathrm{A}]$이고, 컬렉터 단자의 직류전류 $I_C = 1[\mathrm{mA}]$가 흐르고 있는 [CE] 회로에서 β_{DC}를 구하여라. 그리고 이를 [CB] 회로로 전환했을 때의 α_{DC}를 구하여라.

풀이

- $\beta_{DC} \equiv \dfrac{I_C}{I_B} = \dfrac{1[\mathrm{mA}]}{10[\mu\mathrm{A}]} = \dfrac{1000[\mu\mathrm{A}]}{10[\mu\mathrm{A}]} = 100$

- β_{DC}에 의한 관계식을 사용하면 $\alpha_{DC} = \dfrac{\beta_{DC}}{1 + \beta_{DC}} = \dfrac{100}{101} = 0.99$를 얻을 수 있다.

공통 컬렉터(컬렉터 접지, 이미터 폴로워) 회로

공통 컬렉터(CC) Common-Collector(이하 [CC]로 표기함) 회로는 [그림 3-7]과 같이 베이스를 입력, 이미터를 출력으로 연결하고, 컬렉터를 전원 V_{CC}로 연결한 회로 형태이다. 이상적인 전원의 내부저항은 0으로 간주하므로 교류적인 해석을 할 때는 컬렉터가 접지된 것과 같은 기능을 하므로 공통 컬렉터(컬렉터 접지)라고 한다.

그리고 입력 베이스와 출력 이미터 단자는 다이오드 1개로 연결된 구조이므로 입력 베이스의 신호전압이 이미터 출력으로 그대로 따라나간다. 따라서 전압이득이 거의 1인 **전압버퍼**Buffer로 쓰이며, **이미터 폴로워**Emitter follower라고도 부른다.

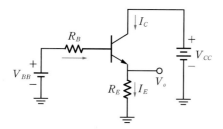

[그림 3-7] 공통 컬렉터(= 이미터 폴로워) 회로

[CC] 회로의 **직류 전류이득(또는 h_{FC})**은 다음 식으로 구할 수 있다.

$$h_{FC} \equiv \frac{\text{출력전류}}{\text{입력전류}} = \frac{I_E}{I_B} = \frac{I_C + I_B}{I_B} = \frac{\beta I_B + I_B}{I_B} = (1 + \beta_{DC}) \tag{3.4}$$

이와 같은 BJT의 접지 방식을 요약하여 [표 3-1]에 정리했다. 접지 방식별 회로의 특성과 상세한 용도는 BJT의 소신호 해석에서 자세히 다루기로 하자.

[표 3-1] BJT의 접지 방식별 요약

접지 방식	입력	출력	주 용도
[CE] (이미터 공통)	베이스	컬렉터	증폭기, 스위치 전용
[CB] (베이스 공통)	이미터	컬렉터	전류버퍼 (많이 쓰이지 않음)
[CC] (컬렉터 공통)	베이스	이미터	전압버퍼, 임피던스 매칭용
[CE] with R_E	이미터 저항을 가지며, [CE] 특성을 개선		

예제 3-2

[그림 3-8]은 BJT를 사용한 [CB] 회로와 각 단자에 흐르는 직류전류 I_E와 I_C를 나타낸 회로이다.

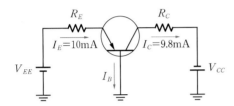

[그림 3-8] [CB]의 BJT 직류회로

(a) 베이스 단자에 흐르는 직류전류 I_B를 구하여라.

(b) [그림 3-8]의 [CB] 회로에서 직류전류 증폭률 α_{DC}를 구하여라.

(c) [그림 3-3]의 회로를 [CE](이미터 공통, 이미터 접지) 회로로 사용한다면, 직류전류 증폭률 β_{DC}는 얼마가 되는지 구하여라.

(d) [그림 3-3]의 회로를 [CC](컬렉터 공통, 컬렉터 접지) 회로로 사용한다면, [CB] 회로, [CE] 회로일 때와 비교하여 컬렉터 단자의 직류전류 I_C가 어떻게 변화되는지를 비교하여라.

풀이

(a) 3단자 간의 전류의 기본식 $I_E = I_B + I_C$에서 I_B를 구할 수 있다.

$$I_B = I_E - I_C = (10 - 9.8) = 0.2[\text{mA}]$$

(b) [CB] 회로에서 전류 증폭률을 구하면 $\alpha_{DC} = \dfrac{출력전류}{입력전류} = \dfrac{I_C}{I_E} = \dfrac{9.8}{10} = 0.98$이다.

 ([CB] 회로의 전류 증폭률은 거의 1에 가까워 전류증폭이 불가능하다)

(c) [CE] 회로로 전환하여 전류 증폭률을 구하면 $\beta_{DC} = \dfrac{출력전류}{입력전류} = \dfrac{I_C}{I_B} = \dfrac{9.8}{0.2} = 49$이다.

(d) 동일한 BJT를 사용할 경우에는 [CB], [CE], [CC] 어떤 회로를 사용하든 $I_E = 10[\text{mA}]$, $I_C = 9.8[\text{mA}]$, $I_B = 0.2[\text{mA}]$가 동일하므로, I_C도 $9.8[\text{mA}]$로 변화가 없다.

3.1.4 BJT의 동작(모드) 상태

BJT를 미약한 신호를 크게 만드는 **증폭기**^{Amplifier}나 디지털 회로를 on/off시키는 **전자 스위치**^{switch}(접점)로 사용하기 위해서는 각 해당 영역에서 동작하도록 바이어스를 걸어주어야 한다. PN 접합의 바이어스 조건에 따라 [표 3-2]와 같이 **4가지의 동작모드**를 갖는다.

[표 3-2] BJT의 동작모드 영역

동작 영역	B-E 접합	B-C 접합	기능
활성(모드) 영역	순바이어스	역바이어스	증폭기
포화(모드) 영역	순바이어스	순바이어스	스위치 on
차단(모드) 영역	역바이어스	역바이어스	스위치 off
역 활성(모드) 영역	역바이어스	순바이어스	사용 안 함(증폭효율 저하)

BJT의 (순방향) 활성모드 동작 : 증폭기 기능

[그림 3-9]는 BJT가 증폭기 기능을 수행하는 활성모드에서의 캐리어의 흐름과 전류 관계를 이해하기 쉽게 나타낸 것이다. 이 책에서는 NPN형 위주로 해석한다.

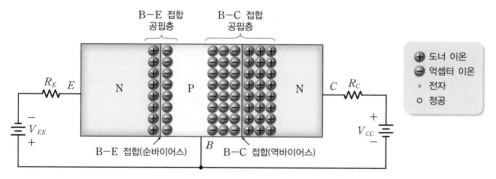

(a) 접합부의 바이어스 (B−C 접합의 공핍층이 더 넓음)

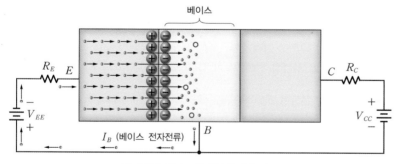

(b) 순바이어스 B−E 접합의 전자 흐름

[그림 3-9] BJT의 활성모드 동작(계속)

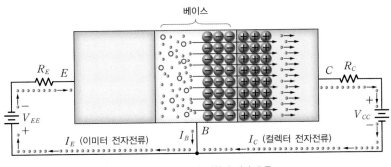

(c) 역바이어스 B-C 접합의 전자 흐름

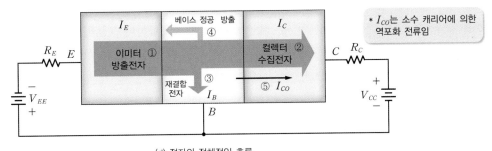

(d) 전자의 전체적인 흐름

[그림 3-9] BJT의 활성모드 동작

■ 활성모드의 전류전도의 매커니즘

[그림 3-9]에서 제시하는 활성모드에서 전류가 전도되는 과정을 다음과 같이 정리할 수 있다.

[그림 3-10] 활성모드의 전류전도의 매커니즘

❶ 방출(주입)

[그림 3-9(a)]의 경우, 바이어스가 인가되지 않은 열적 평형 상태라면 이미터, 베이스, 컬렉터의 다수 캐리어들은 B-E **접합**과 B-C **접합**의 전위장벽에 갇혀 이동하지 못하게 되므로, 3단자에는 전류가 흐르지 않는다. 그래서 B-E 접합은 V_{EE}에 의해 순바이어스가 되고, B-C 접합은 V_{CC}에 의해 강한 역바이어스가 되어 BJT는 **활성모드**로 동작하게 된다.

B-E **접합**은 순바이어스에 의해 전위장벽이 낮아지므로 이미터의 다수 캐리어인 전자들이 확산이 동으로 베이스에 주입되면서 **확산전류인 I_E**(입력전류)가 흐르게 된다. 동시에 베이스의 다수 캐리

어인 정공들도 이미터로 확산이동하여 전류를 흐르게 하지만, 베이스의 불순물 농도가 낮으므로 그 세기가 약해서 무시할 수 있다.

베이스보다 이미터의 불순물 농도를 훨씬 높이고 베이스의 폭을 매우 좁게 만들면 이미터의 다수 캐리어(전자)에 의한 전류로 BJT의 전체 전류를 주도할 수 있다. 그러면 다수 캐리어인 전자들이 베이스를 통과하는 시간이 짧아지며, 베이스 내에서 정공과의 재결합율도 감소하게 되므로 전류 증폭률도 증대되고, 고속특성도 향상될 수 있다.

❷ 확산 및 재결합

[그림 3-9(b)]의 경우, B-E 접합의 순바이어스로 이미터의 다수 캐리어인 전자가 확산이동으로 베이스를 통과하게 된다. 그런데 그 중 일부는 **베이스의 정공과 재결합**하여 소멸되는 정공을 보충하기 위한 전류 I_{B1}과 베이스의 다수 캐리어인 정공이 이미터로 확산이동해가는 정공을 보충하기 위한 전류 I_{B2}의 합인 베이스 전류 I_B로 결국 컬렉터 출력전류 I_C를 제어하게 된다.

❸ 수집

[그림 3-9(c)]의 경우, B-C **접합의 강한 역바이어스**로 인해 생긴 넓은 공핍층과 그 안에 생성된 강한 **전계의 힘**에 의해 베이스를 통과하는 이미터의 다수 캐리어인 전자들이 컬렉터로 강하게 끌어내려져 컬렉터에는 **드리프트 출력전류 I_C**가 흐르게 된다. 그리고 [그림 3-9(a)]에서 보는 것처럼 B-C 접합의 공핍층을 B-E 접합보다 더 넓게 만든 이유도 강한 전계를 만들어 사용하기 위해서이다.

❹ 전류 증폭 및 관계식

결론적으로 순바이어스를 가해 입력측 B-E 접합의 장벽을 낮춰 이미터의 다수 캐리어가 확산이동으로 베이스를 통과하게 한다. 그리고 강한 역바이어스로 출력측 B-C 접합의 장벽을 높일 때 생성되는 큰 전계의 힘으로 통과된 다수 캐리어들을 컬렉터로 끌어내리면 출력전류 I_C가 흐르게 된다.

[그림 3-9(d)]에 이러한 전자 캐리어들의(베이스 방출정공만 정공 캐리어) 흐름을 화살표로 표시했는데, 전류방향은 화살표의 반대 방향이 된다. 이와 관련된 전류 관계식을 아래와 같이 요약할 수 있다. 이때 PNP형 BJT에도 동일한 설명이 적용되며, 단지 전압방향과 전류방향이 반대라고 생각하면 된다.

[표 3-3] 주요 전류

기호	의미
이미터 방출전자 I_E	이미터에서 공급되는 전체 전자전류이다.
컬렉터 수집전자 I_C	컬렉터에 수집되는 전자전류이다.(I_E 중 95~99[%] 정도)
재결합 전자 I_B	베이스의 정공과 재결합하는 전자전류이다.(I_E 중 1~5[%] 정도)
베이스 방출정공	B-E 접합의 순바이어스 시 베이스의 정공이 이미터로 확산이동되는 정공의 전류이다. 그러나 베이스는 저농도이므로 이 전류는 무시한다.
컬렉터 역포화 차단전류 I_{CO}	B-C 접합의 역바이어스 상태 시에 형성된 넓은 공핍층 안에 존재하는 '**열생성된 소수 캐리어**'에 의한 차단전류이다. 상온에서 [nA] 정도의 극소의 전류이므로 보통은 무시한다.

각 단자의 전류 간 관계식은 다음과 같이 정리할 수 있다.

$$I_E = I_B + I_C \tag{3.5}$$

$$I_C = \alpha I_E \qquad (I_C \text{는 } I_E \text{ 중 } 95\sim99[\%] \ (\text{즉 } \alpha \text{값})) \tag{3.6}$$

$$I_B = (1-\alpha)I_E \qquad (I_B \text{는 } I_E \text{ 중 } 1\sim5[\%] \ (\text{즉 } (1-\alpha) \text{값}) \tag{3.7}$$

$$\frac{I_C}{I_B} = \frac{\alpha I_E}{(1-\alpha)I_E} = \frac{\alpha}{1-\alpha} \equiv \beta \qquad (\beta \text{는 } 50\sim200 \text{ 정도임}) \tag{3.8}$$

$$I_C = \frac{\alpha}{1-\alpha} \cdot I_B = \beta I_B \qquad (\beta \text{는 입·출력 일정 크기 증폭률}) \tag{3.9}$$

$$\alpha \equiv h_{FB} = \frac{I_C}{I_E} = \frac{\beta}{1+\beta} \qquad ([CB] \text{ 회로의 전류 증폭률}(0.95\sim0.99)) \tag{3.10}$$

$$\beta \equiv h_{FE} = \frac{I_C}{I_B} = \frac{\alpha}{1-\alpha} \qquad ([CE] \text{ 회로의 전류 증폭률}(50\sim200)) \tag{3.11}$$

위의 식 (3.9)를 보면 약간의 베이스 전류 I_B를 흘려주면 이에 β만큼 증폭된 컬렉터 전류 I_C가 흐르게 되고 여기에 I_B를 더하면 이미터 전류 I_E가 된다. I_E는 I_C보다 약간 큰 값이 된다. B-E 접합이 PN 접합 다이오드와 유사한 동작을 하므로 I_B와 V_{BE} 사이에 $I_B \cong I_0 e^{V_{BE}/V_T}$으로 되며, $I_C = \beta I_B$는 다음과 같이 표현된다.

$$I_C = I_S e^{V_{BE}/V_T} \qquad (\text{BJT의 } i_C - v_{BE} \text{ 특성곡선에 유용}) \tag{3.12}$$

이때 **역포화 전류 I_S**는 전류스케일 상수로서 $10^{-12} \sim 10^{-13}[\text{A}]$ 정도이다. 온도가 $10℃$ 상승할 때마다 2배씩 커지며, 베이스 폭에 반비례하고 B-E 접합 면적에 정비례한다.

활성모드에서 B-C 접합의 역바이어스 시 형성된 공핍층 내에 존재하는 '열생성된 극소의 소수 캐리어'에 의한 **컬렉터 역포화 차단전류($I_{CO} = I_S$)**를 고려하면 I_C는 다음과 같다.

$$I_C = \alpha I_E + I_{CBO} = \alpha I_E + I_{CO} \tag{3.13}$$

식 (3.13)에 $I_E = I_B + I_C$를 대입하면 다음과 같다.

$$I_C = \beta I_B + I_{CEO} = \beta I_B + (1+\beta)I_{CO} \tag{3.14}$$

컬렉터 역포화 차단전류(누설전류)는 온도에 크게 좌우되는데, 온도가 $10℃$ 상승할 때마다 2배씩 커진다. I_{CO} 값은 0이 될수록 이상적이며 보통 [nA] 정도의 극소의 전류값이다.

❺ 항복 영역

B-C 접합부의 역바이어스 전압이 어느 한계 이상 급증하면 B-E 접합에서 항복현상이 발생하고, 컬렉터 전류가 과도하게 증가함으로써 TR이 파괴되므로 이 영역은 피해서 동작시켜야 한다.

Q 01 BJT 구조에서 베이스 폭을 가장 좁게 만드는 이유는 무엇입니까?

A 01 이미터에서 방출되는 캐리어들이 베이스에서 재결합으로 잡히지 않고 신속하게 출력되어 고속특성, 고주파 특성이 개선되고, 전류이득(증폭률)이 크게 증대될 수 있기 때문입니다.

Q 02 이미터의 다수 캐리어는 BJT 구조상 B-E 접합과 B-C 접합의 각 장벽을 어떤 방식으로 통과하면서 컬렉터까지 이동할까요?

A 02 B-E 접합은 순바이어스로 장벽을 낮추어 확산이동으로, B-C 접합은 역바이어스로 장벽(전계)을 높여서 장벽에서 휩쓸려 미끄러져 나가는 드리프트 이동으로 목적지인 컬렉터에 전류를 형성합니다. (즉 제1장벽은 캐리어 이동을 막는 장벽이고, 제2의 장벽은 캐리어 이동을 돕는 장벽임)

BJT의 포화모드 동작 : 스위치 on 기능

디지털 논리회로에서 BJT를 전자 스위치로 사용할 때는 컬렉터 단자와 이미터 단자를 **개폐하는 접점의 기능**을 수행하게 하면 된다. 포화모드에서는 출력단자가 **단락** short되어 닫힌 접점 상태인 때를 스위치 on 동작이라 하고, 반대로 두 단자가 **개방** open되어 열린 접점 상태인 때를 스위치 off 동작이라 한다.

TR의 출력전류(컬렉터 전류)가 입력전류(베이스 전류)와 비례 관계인 활성 영역에서 베이스 전류가 어느 임계값 이상으로 증가하게 되면, 컬렉터 전류는 더 이상 비례 증세를 보이지 않고 최대 $I_{C(\max)}$에 도달하여 일정 값으로 유지되는 상태가 된다. 이를 **포화 영역** saturation region이라고 하며, 이는 **스위치 on 상태**를 의미한다. TR의 **B-E 접합과 B-C 접합 모두에 순바이어스 전압**을 인가하면 이미터와 컬렉터의 다수 캐리어인 전자가 동시에 베이스로 주입되면 베이스 내의 정공과 재결합이 증대하여 베이스 전류는 증대하는 반면, 다수 캐리어의 전자 농도 기울기가 감소하면서 확산전류가 감소하고, 이어 컬렉터 전류도 감소한다. 즉 포화 영역에서는 활성 영역에 비해 **베이스 전류는 증가해도 컬렉터 전류는 감소**한다.

$$I_C = \beta \cdot I_B \quad \text{(활성 영역 : } \beta\text{배 증폭)} \tag{3.15}$$

$$I_{C(\mathrm{sat})} < \beta \cdot I_B, \quad V_{CE(\mathrm{sat})} \cong 0(\mathrm{V}) \quad \text{(포화 영역)} \tag{3.16}$$

[그림 3-11]의 BJT 스위치 회로 입력 V_i에 고레벨인 $+V_{BB}$를 인가하여 B-E 접합이 순바이어스가 된 후 최대 컬렉터 전류 $I_{C(\max)}$가 흐를 때 TR은 포화모드로 동작한다. 이때 컬렉터와 이미터가 단락되어 스위치 on이므로 컬렉터 전압 $V_{CE(\mathrm{sat})}$는 단락이므로 거의 0[V]가 된다. 컬렉터 전류 $I_{C(\mathrm{sat})}$는 V_{CC}와 R_C로만 구해지는 최대 포화전류 $\dfrac{V_{CC}}{R_C}$로 이는 출력측 회로에서 구할 수 있다.

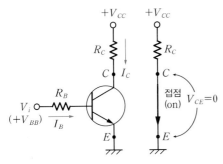

[그림 3-11] TR의 스위치 on 등가 접점

$$I_{C(sat)} = I_{C(max)} \tag{3.17}$$

$$= \frac{V_{CC} - V_{CE(sat)}}{R_C} \tag{3.18}$$

$$\cong \frac{V_{CC}}{R_C} \quad \text{(최대 포화전류)} \tag{3.19}$$

$$V_{CE(sat)} \cong 0 \quad \text{(실제는 0.1 ~ 0.2V)} \tag{3.20}$$

$$\text{포화점} : \left(\frac{V_{CC}}{R_C}[A], \ 0[V] \right) \tag{3.21}$$

BJT의 차단모드 동작 : 스위치 off 기능

[그림 3-12]처럼 컬렉터와 이미터 두 단자가 개방^{open}되어 열린 접점인 상태를 스위치 off 동작이라 한다. 컬렉터 전류 $I_C = 0$이므로 R_C 저항에 전압강하는 발생하지 않으므로 $+V_{CC}$가 컬렉터에 그대로 가해져서 컬렉터 전압 $V_{CE} = V_{CC}$가 된다.

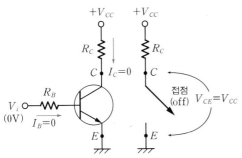

[그림 3-12] TR의 스위치 off 접점

$$I_{B(off)} = 0 \tag{3.22}$$

$$I_{C(off)} = 0 \quad \text{(실제는} \cong I_{CO}) \tag{3.23}$$

$$V_{CE(off)} = V_{CC} \tag{3.24}$$

$$\text{차단점} : (0[A], \ V_{CC}[V]) \tag{3.25}$$

차단 영역$^{cut-off\ region}$은 입력 B-E 접합 및 출력 B-C 접합 모두 역바이어스 전압이 인가되어 다수 캐리어의 주입 및 확산 등이 모두 차단되어 전류가 흐르지 않는 스위치 off 상태의 영역이다. 그런데 출력측 B-C 접합의 역바이어스로 형성된 공핍층 내부에 존재하는, 극소의 열적으로 생성되는 소수 캐리어들에게는 순바이어스가 되어 도통(on)상태로 극소량의 컬렉터 역포화 전류(컬렉터 누설전류, 차단전류)인 I_{CBO}, I_{CEO}가 흐르게 된다. 이 전류의 크기는 온도에 크게 좌우되는데, 10℃ 상승할 때마다 2배 정도 증가한다. 이러한 입력개방 시에도 출력에 흐르는 컬렉터 역포화 전류가 증가하면 왜곡이 없어야 하는 선형증폭에 불안정한 영향을 초래한다.

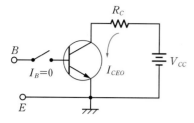

(a) [CE] 회로에서 $I_B=0$ (입력 개방 시), $I_C=I_{CEO}$

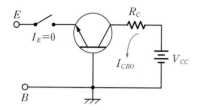

(b) [CB] 회로에서 $I_E=0$ (입력 개방 시), $I_C=I_{CBO}$

[그림 3-13] TR 차단전류

예제 3-3

TR이 정상적으로 동작하기 위해 B-E 접합부와 B-C 접합부에 가해야 하는 바이어스 형태는?

풀이

TR의 정상적(즉 증폭기) 동작은 활성모드 영역에서 이루어지므로 B-E 접합에는 '순방향' 바이어스, B-C 접합에는 '역방향' 바이어스를 가해야 한다.

예제 3-4

TR의 B-E 접합과 B-C 접합 모두가 순바이어스 상태일 때, TR의 동작모드와 기능은?

풀이

TR은 포화모드이며, 스위치 on 기능을 수행한다.

Q03 BJT의 동작모드 중에 차단(cut off) 상태와 항복(break down) 상태의 차이점은 무엇인가요?

A03 차단상태는 BJT 3단자 모두에 전류가 흐르지 않는, 스위치 off 상태를 말한다. 항복상태는 컬렉터 접합부에 과도한 역바이어스 전압이 인가될 때 I_C가 과도하게 증가하여 TR이 파괴되는 상태이므로, 되도록 이 영역은 피해야 한다.

[그림 3-14]와 같이 가시광 LED를 on-off하여 구동되는 어떤 표시^{display}장치에 BJT가 스위치 모드로 동작하고 있다고 할 때, 다음 항목을 구하여라(단, LED에 필요한 전류는 20[mA]이며, 스위치를 on했을 때 LED 저항값은 0이고, $V_{CE(\text{sat})} = 0[\text{V}]$으로 무시한다).

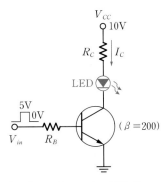

[그림 3-14] BJT의 스위치 회로

(a) BJT가 스위치 on으로 동작하기 위한 최소 포화 베이스 전류 $I_{B(\text{sat})}$를 구하여라.

(b) BJT가 스위치 on으로 동작하기 위한 R_B 저항값의 범위를 구하여라.

(c) 사용하는 LED의 전류가 20[mA] 정도일 때 적절한 R_C 값을 구하여라.

풀이

BJT는 포화 영역에서는 스위치 on, 차단 영역에서는 스위치 off 동작을 한다. 컬렉터와 이미터 두 단자가 단락^{short}이면 on([그림 3-15(a)]), 두 단자가 개방^{open}이면 off([그림 3-15(b)])로 동작하면서 LED가 점등 또는 소등된다.

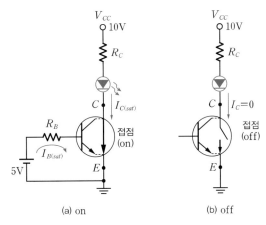

(a) on   (b) off

[그림 3-15] BJT의 스위치 등가

(a) [그림 3-15(a)]처럼 스위치가 on일 때 컬렉터 출력전류에는 최대 포화전류 $I_{C(\text{sat})}$가 흐른다. $I_{C(\text{sat})} = 20[\text{mA}]$이므로 $I_{B(\text{sat})})$는 다음과 같다.

$$I_{B(sat)} = \frac{I_{C(\text{sat})}}{\beta} = \frac{20[\text{mA}]}{200} = 100[\mu\text{A}]$$

I_B가 $100[\text{uA}]$ 이상이면 I_C에는 최대 포화전류인 $I_{C(\text{sat})} = 20[\text{mA}]$가 흐르며 스위치 on 상태가 된다.

(b) [그림 3-15(a)]의 입력측 회로망에 전압방정식(KVL)을 세우고 TR을 스위치 on 상태로 동작하게 하는 R_B 값을 구해보자.

$$5[\text{V}] = R_B I_B + V_{BE}$$

$$R_{B(\text{sat})} = \frac{5 - V_{BE}}{I_{B(\text{sat})}} = \frac{5 - 0.7}{100[\mu\text{A}]} = \frac{4.3}{100 \times 10^{-6}} = 43[\text{k}\Omega]$$

$I_{B(\text{sat})} = 100[\mu\text{A}]$ 이상일 때 스위치가 on 상태가 된다. 따라서 R_B 값이 $43[\text{k}\Omega]$ 이하이면 주어진 회로가 스위치로 동작할 수 있다($R_B \le 43[\text{k}\Omega]$ 범위).

(c) [그림 3-15(a)]처럼 BJT가 컬렉터와 이미터가 단락되었을 때 최대 포화전류 $I_{C(\text{sat})} = 20[\text{mA}]$가 흐르면서 스위치 on 상태가 되므로 $I_{C(\text{sat})} = \dfrac{V_{CC}}{R_C}$를 사용하여 R_C를 구한다.

$$R_C = \frac{V_{CC}}{I_{C(\text{sat})}} = \frac{10[\text{V}]}{20[\text{mA}]} = 500[\Omega]$$

Q 04 TR이 스위치로 동작할 경우와 증폭기로 동작할 경우, 컬렉터와 이미터 두 단자는 등가적으로 어떤 기능을 수행하나요?

A 04 스위치로 동작할 때는 '접점' 기능을 하는데, 스위치 on일 때는 '연결된 접점'으로, 스위치 off일 때는 '끊어진 접점'으로 볼 수 있다. 증폭기로 동작할 때는 '연결된 가변저항' 기능을 한다.

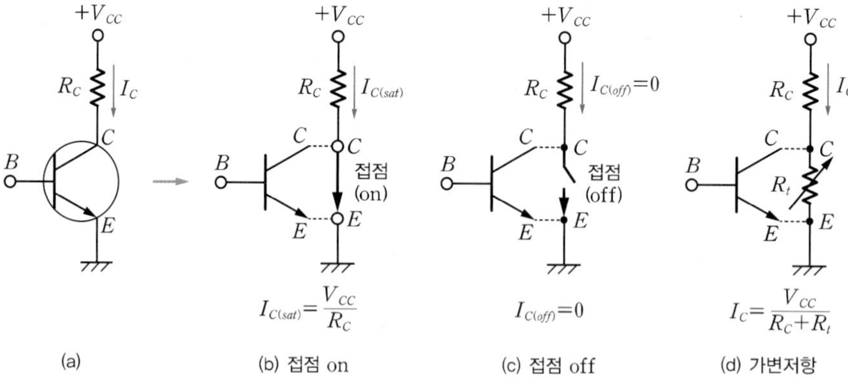

[그림 3-16] 스위치와 증폭기의 등가 기능

3.1.5 BJT 증폭기의 기본 방정식

TR을 이론적으로 해석할 때 알아야 할 필수 관계식들을 정리하면 다음과 같다.

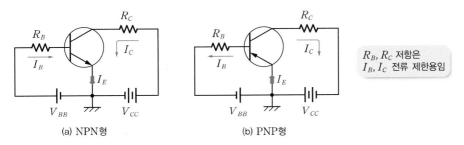

(a) NPN형   (b) PNP형

R_B, R_C 저항은
I_B, I_C 전류 제한용임

[그림 3-17] 기본 [CE] 회로

❶ $I_E = I_B + I_C$ $\qquad\qquad\qquad\qquad\qquad\qquad\qquad\qquad\qquad$ (3.26)

❷ $V_{CE} = V_{CB} + V_{BE}$ $\qquad\qquad\qquad\qquad\qquad\qquad\qquad\qquad$ (3.27)

❸ $I_C = \alpha I_E + I_{CO}$ $\qquad$ ([CB]일 때) $\qquad\qquad\qquad\qquad\qquad$ (3.28)

❹ $I_C = \beta I_B + (1+\beta)I_{CO}$ $\qquad$ ([CE]일 때) $\qquad\qquad\qquad\qquad$ (3.29)

❺ $I_{CEO} = (1+\beta)I_{CBO}$ $\qquad$ (컬렉터 차단전류 관계식) $\qquad\qquad$ (3.30)

❻ $\alpha = \dfrac{\beta}{1+\beta}, \quad \beta = \dfrac{\alpha}{1-\alpha}$ $\qquad\qquad\qquad\qquad\qquad\qquad$ (3.31)

$\alpha = h_{FB} \equiv \dfrac{\Delta I_C}{\Delta I_E}$ $\qquad$ ([CB]일 때 전류 증폭률, $\alpha = 0.95 \sim 0.99$) $\qquad$ (3.32)

$\beta = h_{FE} \equiv \dfrac{\Delta I_C}{\Delta I_B}$ $\qquad$ ([CE]일 때 전류 증폭률, $\beta =$ 수십 $\sim$ 수백) $\qquad$ (3.33)

예제 3-6

다음 증폭회로에서 TR의 기본 방정식을 이용하여 I_B, I_C, I_E, V_{CE}, V_{CB}, α를 구하여라(단, $V_{BB} = 5[\text{V}]$, $V_{CC} = 10[\text{V}]$, $V_{BE} = 0.7[\text{V}]$, $\beta = 100$이다).

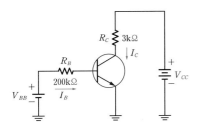

[그림 3-18] 기본 BJT 증폭회로

풀이

V_{BB}로 B–E 접합을 순바이어스(on) 시키므로 먼저 입력측 회로망에서 전압방정식(KVL)을 세워서 I_B를 구한다(KVL 법칙 : 공급전압은 각 저항에 걸리는 전압의 합과 같다).

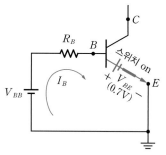

[그림 3-19] 입력측 등가회로

$$V_{BB} = R_B I_B + V_{BE}$$

$$I_B = \frac{V_{BB} - V_{BE}}{R_B} = \frac{5 - 0.7}{200\mathrm{k}} = 21.5[\mu\mathrm{A}]$$

$$I_C = \beta I_B = 100 \times 21.5[\mu\mathrm{A}] = 2150[\mu\mathrm{A}] = 2.15[\mathrm{mA}]$$

$$I_E = I_B + I_C = (1 + \beta)I_B = 101 \times 21.5[\mu\mathrm{A}] = 2.17[\mathrm{mA}]$$

출력측 회로망에서 전압방정식을 세워서 출력전압 V_{CE}를 구한다(TR이 스위치 기능을 할 때는 접점 역할을 하지만, 증폭기 기능을 할 때는 컬렉터와 이미터 사이에서 가변저항 역할을 하며 연결되어 출력측에 전류 I_C가 흐르게 해준다. 그리고 그 저항에 걸리는 전압이 출력전압 V_{CE}가 된다).

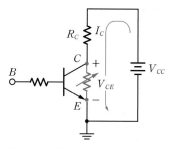

[그림 3-20] 출력측 등가회로

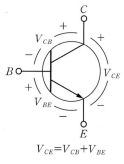

$V_{CE} = V_{CB} + V_{BE}$

[그림 3-21] TR의 3단자 전압 관계

$$V_{CC} = R_C I_C + V_{CE}$$

$$V_{CE} = V_{CC} - R_C I_C = 10 - (3 \times 2.15) = 3.55[\mathrm{V}]$$

$$V_{CB} = V_{CE} - V_{BE} = 3.55 - 0.7 = 2.85[\mathrm{V}]$$

(TR의 3단자 전압관계식으로부터 구함)

$$\alpha = \frac{\beta}{1 + \beta} = \frac{100}{101} = 0.99 \quad ([\mathrm{CB}]\ \text{회로의 전류 증폭률} : \alpha)$$

참고 V_{CB} 전압이 $2.85[\mathrm{V}]$이면 C–B 접합부에서 컬렉터(N형) 전위가 베이스(P형) 전위보다 +2.85만큼 높아서 출력측 접합부가 역바이어스 상태이다. 따라서 이 TR은 활성 영역에서 동작하는 증폭기인 것이 입증된다.

예제 3-7

[예제 3-6] 회로에 $I_{CO}=20[\mathrm{nA}]$가 존재할 경우, 출력전류 I_C 및 출력전압 V_{CE}는 어떻게 변하는지 구하여라.

풀이

I_{CO}를 고려할 때는 식 (3.29)를 이용하여 구한다.

$$I_C = \beta I_B + (1+\beta)I_{CO} = (100 \times 21.5) + (101 \times 20[\mathrm{nA}]) = 2.152[\mathrm{mA}]$$
$$V_{CE} = V_{CC} - R_C I_C = 10 - (3 \times 2.152) = 3.544[\mathrm{V}]$$

예제 3-8

다음 PNP BJT 증폭기 회로에서 I_B, I_C, I_E, V_{EC}를 구하여라(단, $V_{EB}=0.6[\mathrm{V}]$, $\beta=100$이다).

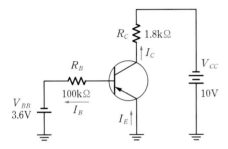

[그림 3-22] 기본 PNP BJT 증폭회로

풀이

먼저 입력측에 전압방정식(KVL)을 세워서 I_B를 구한다.

$$V_{BB} = V_{EB} + R_B I_B$$
$$I_B = \frac{V_{BB} - V_{EB}}{R_B} = \frac{3.6-0.6}{100\mathrm{k}\Omega} = 30[\mu\mathrm{A}]$$
$$I_C = \beta I_B = 100 \times 30[\mu\mathrm{A}] = 3000[\mu\mathrm{A}] = 3[\mathrm{mA}]$$
$$I_E = I_B + I_C = (1+\beta)I_B = 101 \times 30[\mu\mathrm{A}] = 3.03[\mathrm{mA}]$$

출력측에 전압방정식(KVL)을 세워서 V_{EC}를 구한다.

$$V_{CC} = R_C I_C + V_{EC}$$
$$V_{EC} = V_{CC} - R_C I_C = 10 - (1.8 \times 3) = 4.6[\mathrm{V}]$$

3.1.6 BJT의 입·출력특성 곡선

[그림 3-23]에는 BJT의 **입력특성**($I_B - V_{BE}$)을 나타냈다. PN 접합 다이오드 특성과 유사하게 지수 함수적인 관계($I_B = I_{CO} e^{V_{BE}/V_T}$)를 보이는데, V_{BE}가 컷인전압($V_\gamma = 0.5[\mathrm{V}]$) 이하이면 **차단 영역**이고, **정상적인 전류 I_B가** 흐르게 되는 활성 영역에서는 V_{BE}가 보통 $0.6 \sim 0.8[\mathrm{V}]$ 정도이다. 또한 개략적 DC 근사의 경우 일단 턴-온이 되면 $V_{BE} = 0.7[\mathrm{V}]$로 가정한다.

[그림 3-24]는 BJT의 **출력특성**($I_C - V_{CE}$)을 보여준다. 베이스 전류 I_B에 따라 출력 컬렉터 전류 I_C가 **일정 비율로(선형적으로) 증가하는 활성 영역**이 증폭기로 사용되는 동작모드이다. 컬렉터 전압 V_{CE}가 점점 감소하여 $V_{CE} < V_{BE}$가 되면 컬렉터 전류가 급격히 감소하는 포화 영역이 된다. I_B에 따라 I_C가 선형적으로 증가하지 않으므로 증폭기에는 사용되지 않고 스위치 on 동작에 사용된다. 차단 영역은 모든 전류가 0이 되는 동작모드인데, 실제는 소수 캐리어에 의한 역포화 전류(I_{CO})가 미소하게 흐른다.

활성 영역에서는 컬렉터 전압 V_{CE}가 증가함에 따라 컬렉터 전류 I_C가 다소 증가한다. 이는 V_{CE}가 증가할 때 컬렉터 접합부의 공핍층이 넓어짐에 따라 유효 베이스 폭이 감소되는 **얼리효과**Early effect 때문인데, 이미터에서 주입된 캐리어가 베이스를 더 잘 통과하게 되므로 컬렉터 전류(I_C)가 평탄하지 않고 다소 증가하게 한다.

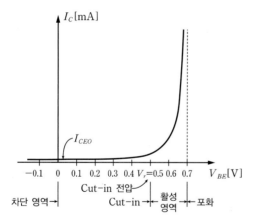

[그림 3-23] [CE] 회로의 입력특성 곡선

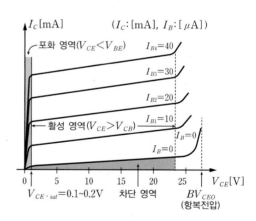

[그림 3-24] [CE] 회로의 출력특성 곡선

[표 3-4]는 BJT 동작모드 영역에서의 대표적인 전압값과 관계식이다.

[표 3-4] TR의 대표적인 접합 전압(25℃인 경우)

동작 영역	$V_{BE}(\mathrm{V})$	$V_{CE}(\mathrm{V})$	I_C 전류 관계
차단 영역	< 0.5	V_{CC}	$I_B = I_C = 0$
활성 영역	$0.6 \sim 0.7$	> 0.8	$I_C = \beta I_B$
포화 영역	$0.7 \sim 0.8$	$\cong 0.2$	$I_C < \beta I_B$

3.1.7 BJT의 최대 정격

트랜지스터를 파괴하지 않고 유익하게 사용하기 위해서는 물리적 및 전기적 특성에서 제한되는 특정 범위 내에서 동작시켜야 한다. 제조회사는 이러한 동작 범위에 대한 기술자료$^{\text{data spec}}$를 제공하는데, 이를 **최대정격**$^{\text{Maximum Rating}}$이라고 한다.

[표 3-5] BJT의 최대 정격

기호	의미
T_{stg}	TR 특성을 열화시키지 않고 보존할 수 있는 온도
$T_{j\max}$	TR이 정상적으로 동작할 수 있는 최대 접합부 온도 (Ge TR의 경우 75~100℃, Si TR의 경우 175~200℃)
$P_{c\max}$	컬렉터의 손실은 줄열로 되어 TR의 온도를 상승시킨다. 최대로 허용할 수 있는 컬렉터 손실 값(최대 소비전력)
$I_{E\max}$	정상적인 동작에서 허용할 수 있는 최대 I_E 값
$I_{C\max}$	정상적인 동작에서 허용할 수 있는 최대 I_C 값
BV_{EBO}, $V_{EB\max}$	TR을 파괴하지 않는 범위 안에서 B-E 접합부에서 허용할 수 있는 최대 역전압(항복전압)
BV_{CBO}, $V_{CB\max}$	[CB] 접지 시, $I_E=0$일 때 B-C 접합부에서 허용할 수 있는 최대 역전압(항복전압)

예제 3-9

온도가 상승하면서 TR의 최대로 허용할 수 있는 컬렉터 손실 값(최대 소비전력) $P_{c\max}$를 초과하여 열적으로 파괴되는 현상은 무엇인가?

풀이

열폭주$^{\text{thermal runaway}}$ **현상**이라고 한다. 이때는 온도 상승으로 인해서 비정상적인 전류가 더 흐르게 되므로 부궤환 회로 또는 온도보상 회로를 사용하거나 방열판을 사용하는 식의 대책을 마련해야 한다.

Q 05 얼리효과(베이스 폭 변조)는 무엇이며, 컬렉터 전류 I_C와 전류 증폭률에 어떤 영향을 주나요? 만약 얼리효과가 심해질 경우 어떤 현상이 생기나요?

A 05 • 얼리효과(베이스 폭 변조) : 컬렉터 접합부의 역바이어스 전압이 증가함으로써 공핍층이 증가되어 **실효 베이스 폭이 변조**(즉 감소)되는 현상 (I_C 증가, α 증가, β 증가, 차단 주파수 증가)
• 펀치 스루$^{\text{Punch-through}}$ 현상 : 역바이어스 전압이 계속 증가하여 컬렉터 접합부 공핍층과 이미터 접합부 공핍층이 서로 붙어버려 **베이스 중성 영역이 소실**되는 현상
펀치오프 전압 : $\left(V_P = \dfrac{eNW^2}{2\varepsilon} \right)$ (N : 불순물 농도, W : 베이스 폭, ε : 유전율)

Q 06 TR의 명칭(기호표기법)에서 각 문자와 숫자는 무엇을 의미하나요?

A 06

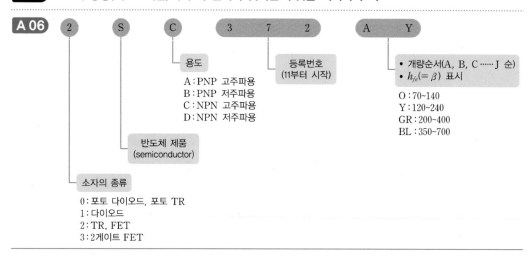

2 S C 3 7 2 A Y

용도
A : PNP 고주파용
B : PNP 저주파용
C : NPN 고주파용
D : NPN 저주파용

등록번호
(11부터 시작)

• 개량순서(A, B, C ······ J 순)
• $h_{fe}(= \beta)$ 표시

O : 70~140
Y : 120~240
GR : 200~400
BL : 350~700

반도체 제품
(semiconductor)

소자의 종류
0 : 포토 다이오드, 포토 TR
1 : 다이오드
2 : TR, FET
3 : 2게이트 FET

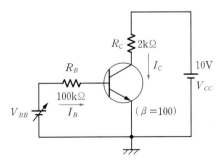

SECTION 3.2

BJT의 DC 해석(바이어스 해석)

TR을 증폭기나 스위치로 동작시키기 위해서 교류 입력신호를 인가하기 전에(즉 무신호 시), 먼저 직류(DC) 전원으로 바이어스를 가해서 TR을 해당 영역(활성, 포화, 차단)에 빠뜨려 놓아야 한다. 그리고 그 영역에서도 안정하게 동작할 수 있는 좋은 위치에 동작점(Q점)이 선정이 되어야 비로소 이 점을 중심으로 입력된 신호가 정상 선형증폭된다. 이 절에서는 Q점을 어떠한 외부요인(온도, 부품 특성 등)에도 변동되지 않게 안정화시키는 설계 기법에 대해 살펴볼 것이다.

Keywords | 동작점 | 안정계수 | 실용 바이어스 회로 | 온도보상 회로 |

3.2.1 부하선과 동작점

동작점 Q는 무신호 시에 출력전압과 출력전류에 의해 정해지는 지점을 의미한다. 교류 입력신호의 증폭 동작은 이 점을 중심으로 시작되므로 이 **Q점**quiescent point은 반드시 안정해야 한다. **직류 부하선**DC-load line은 DC 바이어스 회로에서 출력전압과 출력전류의 관계식을 그래프로 나타낸 직선이다. 이는 직류 부하저항으로 결정되며, 수많은 동작점들이 이 직류 부하선 위에 존재하게 된다.

교류 부하선AC-load line은 교류 입력신호 인가 시에 출력 교류전압과 출력 교류 전류의 관계를 나타낸 직선으로, 교류 부하저항에 의해 결정되어 그려진다. [그림 3–25]의 회로는 직류 또는 교류신호의 출력전류, 전압은 R_C로 결정된다. 따라서 직류 및 교류 부하저항은 R_C로 동일하고, 직류 부하선과 교류 부하선도 동일하다.

동작점 Q의 선정

[그림 3–25]의 TR 증폭기의 기본 바이어스 회로에서 입력전압 V_{BB}를 조정하여 입력전류 I_B 변화에 따른 출력전류 I_C, 출력전압 V_{CE}를 구하여 활성 영역의 좋은 위치에 **동작점 $Q(V_{CE}, I_C)$**를 선정하는 방법을 알아보자.

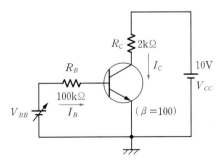

[**그림 3–25**] TR의 기본 바이어스 회로

앞서 [예제 3-6]에서 다루었듯이 V_{BB}에 1.7[V]를 인가하여 B-E 접합이 순바이어스 on 상태가 되도록 하면 베이스 입력측 회로망에 전압방정식(KVL)을 세워서 I_B를 구할 수 있다.

$V_{BB} = R_B I_B + V_{BE}$를 이용하면 $I_B = \dfrac{V_{BB} - V_{BE}}{R_B} = \dfrac{1.7 - 0.7}{100\text{k}} = 10[\mu\text{A}]$ 이므로 다음과 같다.

$$I_C = \beta I_B = (100 \times 10)[\mu\text{A}] = 1[\text{mA}]$$

컬렉터 출력측 회로망에도 전압방정식(KVL)을 세워서 출력전압 V_{CE}를 구하면 $V_{CC} = R_C I_C + V_{CE}$ 이므로 다음과 같다.

$$V_{CE} = V_{CC} - R_C I_C = 10 - (2\text{k} \times 1[\text{mA}]) = 8[\text{V}]$$

이 경우에 이 증폭기가 활성 영역 안에 위치한 동작점 $Q_1(V_{CE}, I_C)$이 구해진다. 즉 동작점 $Q_1(8[\text{V}], 1[\text{mA}])$이 설정되는 것이다. 동일한 방법으로 V_{BB} 전압을 변화시키면서 활성 영역 안에 위치할 수 있는, 또 다른 무수히 많은 동작점 중에 대표로 동작점 Q_2, Q_3, Q_4를 [표 3-6]에 제시했으며 위의 해석과 동일한 방법으로 구해진다.

[표 3-6] [그림 3-22]의 기본 바이어스 회로의 각 동작점

V_{BB}	I_B	I_C	V_{CE}	동작 상태
0	0	0	10[V]	차단상태, **차단점**(10[V], 0)
1.7[V]	10[μA]	1[mA]	8[V]	활성상태, Q_1(8[V], 1[mA])
2.7[V]	20[μA]	2[mA]	6[V]	활성상태, Q_2(6[V], 2[mA])
3.7[V]	30[μA]	3[mA]	4[V]	활성상태, Q_3(4[V], 3[mA])
4.7[V]	40[μA]	4[mA]	2[V]	활성상태, Q_4(2[V], 4[mA])
5.7[V]	50[μA]	5[mA]	0[V]	포화상태, **포화점**(0, 5[mA])

■ MSS 조건을 만족하는 경우

[그림 3-26]의 바이어스 회로 상에서 대표적인 **동작점**($Q_1 \sim Q_4$)과 차단점, 포화점으로 그려지는 **부하선의 중앙에 동작점 Q가 선정되어야**([그림 3-27]) **최대 교류신호 스윙** MSS$^{\text{Maximum Symmetrical Swing}}$ **조건을 만족**하게 되어 왜곡이 없는 최대 선형증폭을 수행하게 된다.

동작점 **Q는 직류 부하선과 교류 부하선의 교점**으로 결정되기 때문에 교류 입력신호에 대해 MSS 조건이 만족되어야 한다. 따라서 직류 부하선과 교류 부하선이 서로 다른 회로에는 실제는 직류 부하선이 아니라 교류 부하선의 정중앙이 가장 이상적이다.

[그림 3-25]의 출력측 회로의 전압방정식 $V_{CC} = R_C I_C + V_{CE}$에서 $I_C - V_{CE}$ 관계식을 유도하면 직류 부하선 방정식인 식 (3.34)가 구해지고, [그림 3-26]과 같은 방정식의 그래프가 된다.

$$I_C = -\frac{1}{R_C}V_{CE} + \frac{V_{CC}}{R_C} \quad \left(\text{직류 부하선 기울기} = -\frac{1}{R_C}\right) \tag{3.34}$$

[표 3-6]에 제시된 **차단점** $(0,\ V_{CC})$, **포화점** $\left(\dfrac{V_{CC}}{R_C},\ 0\right)$, 활성 영역 안에 위치한 **동작점** Q_1, Q_2, Q_3, Q_4를 연결하여 직류 부하선인 [그림 3-26]을 그리지만, 차단점과 포화점만 연결하면 손쉽게 그릴 수 있다. [그림 3-25]의 회로에서 차단점과 포화점은 다음과 같다.

- 차단점(스위치 off) $\begin{cases} I_{C(off)} \cong 0 \ (\cong I_{CO} \ \text{흐름}) & (0,\ V_{CC}) \\ V_{CE(off)} = V_{CC} = 10[\text{V}] & (0[\text{A}],\ 10[\text{V}]) \end{cases}$ (3.35)

- 포화점(스위치 on) $\begin{cases} I_{C(sat)} \cong \dfrac{V_{CC}}{R_C} \cong 5[\text{mA}] & \left(\dfrac{V_{CC}}{R_C},\ 0\right) \\ V_{CE(sat)} \cong 0 \ (0.1 \sim 0.2[\text{V}]) & (5[\text{mA}],\ 0[\text{V}]) \end{cases}$ (3.36)

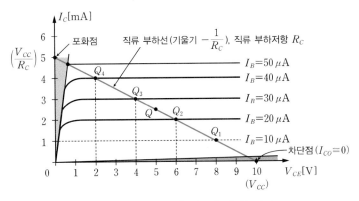

[그림 3-26] 직류 부하선과 동작점 $Q(2.5[\text{mA}], 5[\text{V}])$ 선정

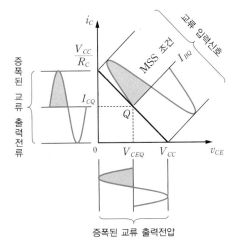

[그림 3-27] MSS 조건을 만족하는 부하선 중앙의 동작점 Q

■ MSS 조건을 만족하지 않는 경우 : Q점 이탈과 신호 왜곡

BJT를 증폭기로 사용하기 위해서 **동작점 Q를 활성 영역(선형 영역)의 중앙**에 설정할 때, 왜곡이 없는 MSS 조건을 만족하는 최대 신호의 범위를 갖게 되는데, Q점이 중앙보다 하단부에 위치할 때에는 [그림 3-28]의 차단 근처에서, 상단부에 위치할 때에는 [그림 3-29]의 포화 근처에서 왜곡이 발생한다. Q점이 중앙 근처에 위치할 때도 입력신호가 너무 큰 경우에는 [그림 3-30]처럼 차단 및 포화 근처 양쪽에서 왜곡이 발생할 수 있으므로 동작점 선정은 매우 중요하다.

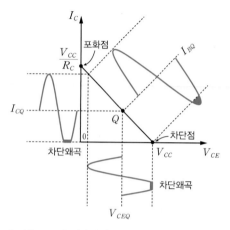

[그림 3-28] 차단점에서 레벨제한

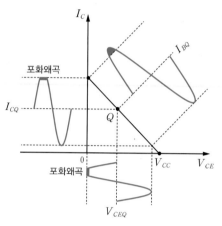

[그림 3-29] 포화점에서 레벨제한

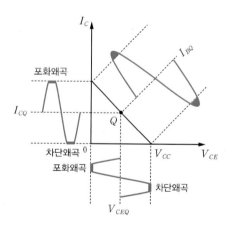

[그림 3-30] 차단점, 포화점에서 레벨제한

예제 3-10

[그림 3-31]은 BJT 증폭기의 DC-바이어스 회로이다. 이때 다음 항목을 해석하여라(단, $\beta = 100$이다).

(a) 동작점 $Q(I_C, V_{CE})$를 구하여라.

(b) 신호왜곡 없이 선형증폭을 하기 위한 교류입력 전류 i_b의 최대 한계값은 얼마인가?
   (단, 동작점 변동은 없다)

(c) 직류 부하선의 기울기를 구하여라.

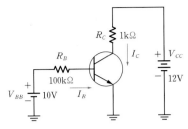

[그림 3-31] BJT의 기본 바이어스 회로

풀이

(a) 먼저 입력회로에 전압방정식(KVL)을 세워서 입력전류 I_B를 구한다.

$$V_{BB} = R_B I_B + V_{BE}$$

$$I_B = \frac{V_{BB} - V_{BE}}{R_B} = \frac{10 - 0.7}{100\text{k}} = 93[\mu\text{A}]$$

$$I_C = \beta I_B = 100 \times 93[\mu\text{A}] = 9.3[\text{mA}]$$

출력회로에 전압방정식을 세워서 출력전압 V_{CE}를 구한다.

$$V_{CC} = R_C I_C + V_{CE}$$

$$V_{CE} = V_{CC} - R_C I_C = 12 - (1\text{k} \times 9.3[\text{mA}]) = 2.7[\text{V}]$$

동작점 $Q(I_C, V_{CE}) = (9.3[\text{mA}], 2.7[\text{V}])$이다.

(b) 포화 시 최대전류를 구하면 다음과 같다.

$$I_{C(\text{sat})} = \frac{V_{CC}}{R_C} = \frac{12[\text{V}]}{1\text{k}} = 12[\text{mA}]$$

따라서 포화점은 $(12[\text{mA}], 0[\text{V}])$이고, 차단 시 최대전압 $V_{CE(off)} = V_{CC} = 12[\text{V}]$이므로 차단점은 $(0[\text{A}], 12[\text{V}])$이다.

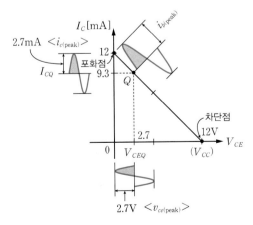

[그림 3-32] 동작점 확인

주어진 회로의 BJT가 스위치 on되었을 때의 포화점과 스위치 off되었을 때의 차단점을 연결하면 직류 부하선을 손쉽게 그릴 수 있다. 두 점의 연결선이 증폭기 동작모드인 활성(선형) 영역이 되므로 구해진 동작점 Q를 도시하여, 왜곡이 없는 최대 교류 입력신호의 전류값 $i_{b(peak)}$를 계산할 수 있다.

두 점 값을 가지고 직류 부하선을 그리고 동작점 Q를 도시하면, 동작점은 상측으로 치우친 상태이므로 포화점에서 레벨제한을 받는다. 따라서 최대 출력전류 및 최대 출력전압의 피크값은 다음과 같다.

$$i_{c(peak)} = 2.7[\mathrm{mA}], \quad v_{ce(peak)} = 2.7[\mathrm{V}]$$

그러므로 선형증폭을 위한 최대 입력전류는 다음과 같다.

$$i_{b(peak)} = \frac{i_{c(peak)}}{\beta} = \frac{2.7[\mathrm{mA}]}{100} = 27[\mu\mathrm{A}]$$

(c) 직류 컬렉터 전류 I_C와 컬렉터 전압 V_{CE}를 산출할 때 출력 측 R_C 저항이 사용된다. 이 R_C 저항을 **직류 부하저항**이라 하고, $-\dfrac{1}{R_C} = -\dfrac{1}{1000}$ 은 **직류 부하선의 기울기**가 된다.

Q점 변동 요인

TR의 **파라미터**(I_{CO}, β, V_{BE} 등) 값은 온도에 따라 변한다. TR의 컬렉터 전류 I_C가 상승하면 TR의 동작점 $Q(I_C, V_{CE})$도 변동되어 정상적으로 선형증폭이 되지 않고, 열적으로 손상의 우려가 있다. 이를 막기 위해서는 안정성이 좋은 바이어스 회로를 사용해야 한다.

동작점 Q 변동의 대표적 요인은 다음과 같이 요약할 수 있다.

❶ I_{CO}의 온도변화(2배/10℃, 10° 상승 시마다 약 2배씩 증가)
❷ V_{BE}의 온도변화($-2.5[\mathrm{mV/℃}]$, 1° 상승 시마다 2.5$[\mathrm{mV}]$씩 감소해야 일정 I_C 유지)
❸ TR 품질 불균일(β 값이 약 3배 정도 오차 발생)
❹ 회로 바이어스 저항값 변화(허용 오차)

안정계수

TR의 특성변화에 무관한 동작점 $Q(V_{CE}, I_C)$를 유지할 수 있는 바이어스 회로를 설계할 때 바이어스 회로의 안정도를 평가할 파라미터parameter를 가리켜 **안정계수**stability factor라 한다. 이는 주로 바이어스 회로 설계 시 관심 대상인 I_{CO}에 대한 안정계수 S를 의미한다.

S가 좋은 회로는 S' 및 S''도 양호하므로 주로 S를 기준으로 평가하게 된다. S 값이 작을수록 (**$S = 1$인 경우가 이상적임**) 안정함을 의미하며, S가 큰 값이 되면 안정한 바이어스 회로를 사용하여 Q점을 안정하게 유지해야 한다.

I_{CO}, V_{BE}, β(혹은 h_{fe}) 값들의 상승으로 인해 I_C가 변하는 변화율을 안정계수로 정의하는데, 이는 3가지 종류(S, S', S'')가 있다.

$I_C = f(I_{CO},\ V_{BE},\ \beta)$에서 I_C의 변동 성분을 해석하면 다음과 같다.

$$\Delta I_C = \frac{\partial I_C}{\partial I_{CO}}\Delta I_{CO} + \frac{\partial I_C}{\partial V_{BE}}\Delta V_{BE} + \frac{\partial I_C}{\partial \beta}\Delta \beta \tag{3.37}$$

$$= S\Delta I_{CO} + S'\Delta V_{BE} + S''\Delta \beta \tag{3.38}$$

$$S = \frac{\partial I_C}{\partial I_{CO}} = \frac{\Delta I_C}{\Delta I_{CO}}$$
(제1 안정계수)

$$S' = \frac{\partial I_C}{\partial V_{BE}} = \frac{\Delta I_C}{\Delta V_{BE}}$$
(제2 안정계수)

$$S'' = \frac{\partial I_C}{\partial \beta} = \frac{\Delta I_C}{\Delta \beta}$$
(제3 안정계수)

Q점에 따른 증폭기의 분류

BJT의 동작점을 활성(선형) 영역의 중앙 근처에 설정하는 것을 **A급(바이어스) 증폭기**라고 한다. A급은 왜곡이 거의 없는 선형성이 장점이지만, 입력신호의 제한을 받으므로 **소신호 증폭**으로 사용된다. DC 전력소비가 크다 보니 전력효율이 50[%] 미만으로 그다지 좋지 않다.

동작점을 차단점에 두는 **B급(바이어스) 증폭기**는 $\frac{1}{2}$(반파) 왜곡이 발생되므로 TR 2개를 사용한 교번 push pull동작으로 파형을 정형하며, 효율(78.5[%])이 높아 대신호 증폭기로 사용된다. **C급(바이어스) 증폭기**는 차단점 밖에 동작점을 두기 때문에 $\frac{1}{2}$(반파) 이상 왜곡이 발생되므로 LC 동조회로를 사용하여 기본파를 걸러내어 사용해야 한다. 가장 고효율(78.5~100[%] 미만)이므로 고주파 대신호 증폭기로 쓰인다. (B급, C급 증폭기의 상세한 해석은 7장에서 다룬다)

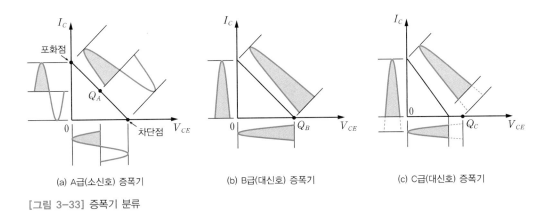

(a) A급(소신호) 증폭기　　(b) B급(대신호) 증폭기　　(c) C급(대신호) 증폭기

[그림 3-33] 증폭기 분류

TR의 컬렉터 차단(누설)전류인 I_{CO}가 주위 온도변화로 $15[\mu A]$에서 $150[\mu A]$로 증가되었을 때, 컬렉터 전류 I_C는 $9[\text{mA}]$에서 $9.5[\text{mA}]$로 변했다. 이 TR의 안정계수 S 값을 구해라.

풀이

안정계수 S는 I_{CO}의 증가로 인해 I_C가 변동되는 비율이다.

$$S = \frac{\Delta I_C}{\Delta I_{CO}} = \frac{(9.5-9)[\text{mA}]}{(150-15)[\mu A]} = \frac{0.5 \times 1000[\mu A]}{135[\mu A]} = 3.7$$

3.2.2 BJT 증폭기의 실용 바이어스 회로

주위 온도가 상승하면 I_C 컬렉터 전류가 증가되어 증폭기의 동작점 Q가 불안정해지고, 컬렉터 접합부의 손실전력이 증대되면서 접합부 온도는 더 상승된다. 그러다 또 다시 온도가 상승하면 I_C가 증대되고, 컬렉터 손실전력이 증대되며, 다시 온도가 급증하는 등 인과관계가 누적되어 TR은 열적으로 파괴되는 **열폭주 현상**thermal runaway에 도달하게 된다. 따라서 안정된 바이어스 회로를 설계하기 위해서는 설계자가 **NFB(부궤환)의 바이어스 기법, 비선형 바이어스 회로(온도보상 회로) 기법, 방열판**Heat-sink 에 의한 **방열대책** 등을 효율적으로 활용해야 한다.

■ 블리더 저항 R에 의한 안정성 향상 바이어스 회로

[그림 3-34]에 제시한 바이어스 회로에 별도의 **블리더**bleeder **저항** R을 추가하면 증폭기 베이스 전류 I_B의 일부를 R 저항을 통해 접지쪽으로 싱크sink된다. 그러면 컬렉터 출력전류 I_C 증가를 억제하여 안정도가 향상되고, 바이어스 DC 해석도 다소 용이해지는 장점이 있다.

[그림 3-34(a)]의 기본 바이어스 회로는 2개의 양전원을 필요로 하기 때문에 비경제적이어서 실제로는 사용되지 않는다. 따라서 온도변화 등으로 인한 동작점 변동에 대해서도 안정화를 꾀할 수 있는 [그림 3-34(c)~(e)]나 [그림 3-35(b)~(d)]와 같은 실용적인 바이어스 회로를 사용해야 한다.

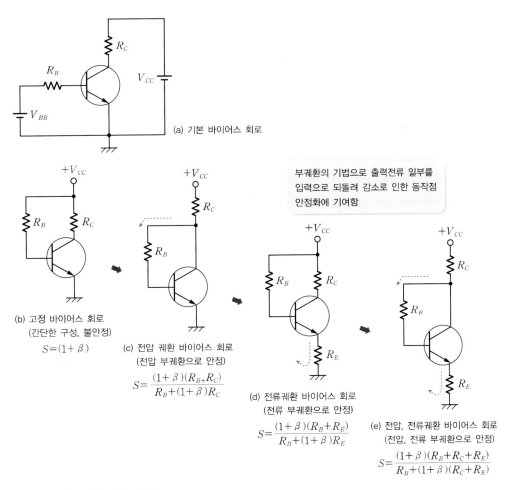

(a) 기본 바이어스 회로

부궤환의 기법으로 출력전류 일부를 입력으로 되돌려 감소로 인한 동작점 안정화에 기여함

(b) 고정 바이어스 회로
  (간단한 구성, 불안정)
  $S=(1+\beta)$

(c) 전압 궤환 바이어스 회로
  (전압 부궤환으로 안정)
  $$S=\frac{(1+\beta)(R_B+R_C)}{R_B+(1+\beta)R_C}$$

(d) 전류궤환 바이어스 회로
  (전류 부궤환으로 안정)
  $$S=\frac{(1+\beta)(R_B+R_E)}{R_B+(1+\beta)R_E}$$

(e) 전압, 전류궤환 바이어스 회로
  (전압, 전류 부궤환으로 안정)
  $$S=\frac{(1+\beta)(R_B+R_C+R_E)}{R_B+(1+\beta)(R_C+R_E)}$$

[그림 3-34] 바이어스 회로 변천

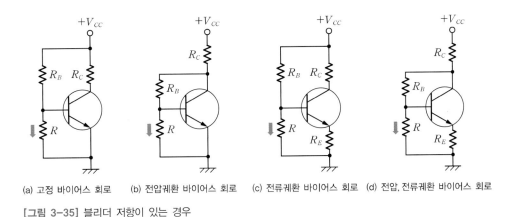

(a) 고정 바이어스 회로   (b) 전압궤환 바이어스 회로   (c) 전류궤환 바이어스 회로   (d) 전압, 전류궤환 바이어스 회로

[그림 3-35] 블리더 저항이 있는 경우

3.2.3 고정 바이어스 회로

고정^{Base} 바이어스 회로는 고정된 V_{CC}가 R_B 저항을 통해 입력측에 순바이어스를 걸어 I_B 전류를 흐르게 한다. [그림 3-36]에 대한 직류 바이어스 회로의 DC 해석은 다음과 같다.

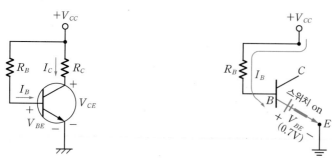

[그림 3-36] 고정 바이어스 회로   [그림 3-37] 입력측 등가회로

❶ I_B : 입력측에 전압방정식(KVL)을 세워서 해석한다([그림 3-37] 참조).

$$V_{CC} = R_B I_B + V_{BE} \tag{3.39}$$

$$I_B = \frac{V_{CC} - V_{BE}}{R_B} \cong \frac{V_{CC}}{R_B} \tag{3.40}$$

(I_B가 거의 고정인 것이 안정화 관점에서는 단점이 된다)

❷ I_C : $I_C = \beta I_B + (1 + \beta) I_{CO}$ $\tag{3.41}$

$\quad$ $I_C = \beta I_B$ $\quad$ ($I_{CO} = I_{CBO}$가 매우 작아 무시하는 경우) $\tag{3.42}$

❸ I_E : $I_E = I_B + I_C = (1 + \beta) I_B$ $\tag{3.43}$

❹ V_{CE} : 출력측에 전압방정식(KVL)을 세워서 해석한다([그림 3-38] 참조).

$$V_{CC} = R_C I_C + V_{CE} \tag{3.44}$$

$$V_{CE} = V_{CC} - R_C I_C = V_{CC} - R_C \cdot \beta I_B \tag{3.45}$$

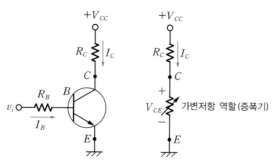

[그림 3-38] 출력측 등가회로

참고 TR이 스위치 기능일 때는 on, off되는 접점으로 동작하고, 증폭기 기능일 때는 출력전류가 변화되어야 하므로 가변저항으로 동작해 출력전류(I_C), 출력전압(V_{CE}) 값을 모두 갖게 된다.

❺ V_{CB} : $V_{CE} = V_{CB} + V_{BE}$에서 $V_{CB} = V_{CE} - V_{BE}$ (3.46)

V_{CB} 값이 (+) 값이면(NPN인 경우) B–C 접합이 역바이어스가 되므로 활성 영역임을 확인할 수 있다. 반면 (–) 값이면 순바이어스가 되어 포화 영역에 있으므로 스위치로 동작한다.

❻ 동작점 $Q(I_C, V_{CE})$: DC 해석에서 결정된 동작점 위치를 확인 및 판정(MSS 조건)하여 왜곡 없이 선형증폭이 가능한 범위 내에서 최대 입·출력전압 및 전류 레벨을 산출한다.

❼ 안정계수 S : $I_C = \beta I_B + (1 + \beta)I_{CO}$에서 양변을 I_C에 관해 미분한다.

$$1 = \beta \frac{dI_B}{dI_C} + (1 + \beta)\frac{dI_{CO}}{dI_C} \qquad (\beta \text{ 값은 일정함}) \tag{3.47}$$

$$S \cong \frac{dI_C}{dI_{CO}} = \frac{(1 + \beta)}{1 - \beta\left(\dfrac{dI_B}{dI_C}\right)} \cong (1 + \beta) \qquad \left(\frac{dI_B}{dI_C} \cong 0 : I_B \text{는 고정값}\right) \tag{3.48}$$

안정계수 값이 $(1 + \beta)$로 커지므로 사용 측면에서는 동작점이 불안정한 바이어스 회로이다.

❽ 직류 부하 방정식 : 출력측 전압방정식에서 I_C와 V_{CE} 관계식이므로 차단점 $(0, V_{CC})$와 포화점 $\left(\dfrac{V_{CC}}{R_C}, 0\right)$만 연결하면 직류 부하선을 손쉽게 그릴 수 있다.

$$I_C = -\frac{1}{R_C}V_{CE} + \frac{V_{CC}}{R_C} \qquad (\text{직류 부하선의 기울기 } -\frac{1}{R_C}) \tag{3.49}$$

❾ 교류부하 방정식 및 교류 부하선 기울기 : 직류의 경우와 동일하다. 왜냐하면 직류가 흐르는 길과 교류가 흐르는 길이 동일하기 때문이다.

❿ 고정 바이어스 회로 특징 : 회로 구성이 간단하지만, 고정된 V_{CC}로부터 I_B가 결정되므로 **입력전류 I_B가 고정되어 있다는 단점**이 있다. 또한 R_B가 수백 $[\text{k}\Omega]$의 큰 값을 사용하며, 온도 및 β 상승으로 인해 안정계수 S가 커서 불안정하다.

예제 3-12

[그림 3–39]의 고정 바이어스 회로에서 DC 해석을 통해 I_B, I_C, I_E, V_{CE}, V_{CB}, Q점, S(안정계수), 직류 부하선의 기울기를 구해라(단, $\beta = 50$, $V_{BE} = 0.7[\text{V}]$이다).

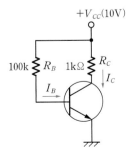

[그림 3–39] 고정 바이어스 회로

풀이

입력측에 전압방정식을 세워서 입력전류 I_B를 먼저 구한다([그림 3-37] 참조).

$$V_{CC} = R_B I_B + V_{BE}에서 \ I_B = \frac{V_{CC} - V_{BE}}{R_B} = \frac{10 - 0.7}{100\text{k}} = 93[\mu\text{A}]$$

$$I_C = \beta I_B = 50 \times 93 = 4.65[\text{mA}]$$

$$I_E = I_B + I_C = (1 + \beta)I_B = 51 \times 93 = 4.7[\text{mA}]$$

출력측 전압방정식에서 출력전압 V_{CE}를 구한다([그림 3-38] 참조).

$$V_{CC} = R_C I_C + V_{CE}에서$$

$$V_{CE} = V_{CC} - R_C I_C = 10 - (1 \times 4.65) = 5.35[\text{V}]$$

$$V_{CB} = V_{CE} - V_{BE} = 5.35 - 0.7 = 4.65[\text{V}]$$

동작점 $Q(I_{CQ}, \ V_{CEQ}) = (4.65[\text{mA}], \ 5.35[\text{V}])$ 판정을 위하여 직류 부하선을 그린다.

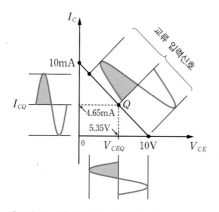

[그림 3-40] 부하선과 동작점 Q

포화점$(10[\text{mA}], 0[\text{V}])$, 차단점$(0, 10[\text{V}])$, 부하선 상의 동작점 Q는 차단점으로부터 레벨제한을 받으므로, 이 회로에서 얻을 수 있는 최대 출력전압 및 전류의 피크값은 다음과 같다.

$$i_{op} = 10 - 5.35 = 4.65[\text{mA}]$$

$$v_{op} = 4.65[\text{V}]$$

$$S = (1 + \beta) = 51 \quad (불안정함)$$

직류 부하선의 기울기는 $-\dfrac{1}{1\text{k}} = -\dfrac{1}{1000}$ 이다.

3.2.4 전압궤환 바이어스 회로

고정된 V_{CC} 전원을 사용하지 않고, 컬렉터 출력전압 V_C를 R_B 저항을 통해 궤환시켜 입력측에 순바이어스를 걸어 I_B 전류를 흐르게 하므로 **전압궤환 바이어스 회로(컬렉터 궤환 바이어스, 자기 바이어스 회로)**라고 한다.

이 회로는 고정 바이어스인 경우보다 **궤환작용으로 인해 안정도가 향상**되는 특징을 갖는다. 온도가 상승되든지, β가 큰 TR로 교체되든지 β 값이 증가하면 I_C가 증가하고, R_C 양단 전압이 증가하면 V_{CE}가 감소하므로 I_B가 고정되지 않고 감소되어, I_C가 증가하는 것을 막아 안정된 Q점을 갖게 된다.

[그림 3-41]의 회로에서 C_C를 제거한 직류 등가회로를 사용한 DC 해석은 다음과 같다.

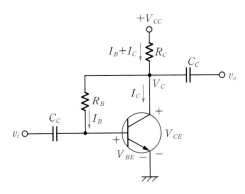

[그림 3-41] 전압궤환 바이어스 회로

❶ I_B : 입력측에 전압방정식(KVL)을 세운다([그림 3-42] 참조).

$$V_{CC} = R_C(I_B + I_C) + R_B I_B + V_{BE} \tag{3.50}$$
$$= R_C I_B + R_C \beta I_B + R_B I_B + V_{BE} \quad (I_C = \beta I_B 이므로)$$
$$= R_C(1+\beta)I_B + R_B I_B + V_{BE}$$

$$I_B = \frac{V_{CC} - V_{BE}}{R_B + (1+\beta)R_C} \tag{3.51}$$

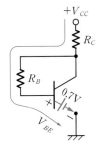

[그림 3-42] 입력측 등가회로

❷ I_C : $I_C = \beta I_B + (1 + \beta)I_{CO} \cong \beta I_B$ (I_{CO}가 매우 작아 무시하는 경우) (3.52)

❸ I_E : $I_E = I_B + I_C = (1 + \beta)I_B$ (3.53)

❹ V_{CE} : 출력측에 전압방정식을 세운다([그림 3-43] 참조).

$$V_{CC} = R_C(I_B + I_C) + V_{CE} = R_C(1 + \beta)I_B + V_{CE} \tag{3.54}$$

$$V_{CE} = V_{CC} - R_C(1 + \beta)I_B \tag{3.55}$$

$$V_{CE} = R_B I_B + V_{BE} \text{ ([그림 3-41]을 사용)} \tag{3.56}$$

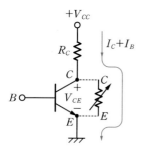

[그림 3-43] 출력측 등가회로

❺ V_{CB} : $V_{CE} - V_{BE} = R_B I_B > 0$ (+ 값이므로 항상 활성 영역에서 동작) (3.57)

❻ 동작점 $Q(I_C, V_{CE})$: 동작점 확인 및 MSS 조건 여부를 판정한다.

■ 교류신호의 이득 감소를 방지하기 위한 방법

[그림 3-41]의 전압궤환 바이어스 회로는 직류와 교류신호 모두가 부궤환이 걸리게 되므로 교류신호 측면에서는 신호증폭이 안정해지고 주파수 특성이 향상되지만, 부궤환으로 신호출력 이득은 감소된다. 그러므로 [그림 3-44] 회로처럼 콘덴서 C를 사용하면 직류는 개방이므로 전압 부궤환이 걸려 동작점 안정화를 수행한다. 교류적으로는 C가 단락되어 회로를 접지로 바이패스시키므로 R_{B1} 쪽으로는 교류신호가 흐르지 못하게 차단된다. 결국 전압 부궤환이 걸리지 않게 되므로 **교류신호의 이득은 증가하게 된다. 즉 직류성분은 부궤환이 걸리게 하고, 교류성분은 부궤환이 걸리지 않게 하는 회로가** 된다. (C : 교류신호 이득 감소 방지용 바이패스 콘덴서)

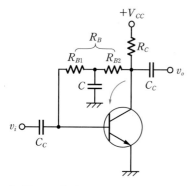

[그림 3-44] 신호 이득 감소를 피하는 전압궤환 바이어스 회로

[그림 3-45]의 전압궤환 바이어스 회로에서 DC 해석을 하여라. I_B, I_C, I_E, V_{CE}, V_{CB}, Q점, S(안정계수), 직류 부하선과 교류 부하선의 기울기를 구하라. 그리고 $V_{CE} = 4.5$[V]일 때 R_B 값을 구하여라(단, $\beta = 50$이다).

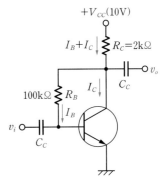

[그림 3-45] 전압궤환 바이어스 회로

풀이

입력측에 전압방정식을 세워서 입력전류 I_B를 먼저 구한다([그림 3-42] 참조).

$$V_{CC} = R_C(I_B + I_C) + R_B I_B + V_{BE} = R_C(1+\beta)I_B + R_B I_B + V_{BE}$$

$$I_B = \frac{V_{CC} - V_{BE}}{R_B + (1+\beta)R_C} = \frac{10 - 0.7}{100\text{k} + (1+50)\cdot 2\text{k}} = \frac{9.3}{202\text{k}} = 46\,[\mu\text{A}]$$

$$I_C = \beta I_B = 50 \times 46\,[\mu\text{A}] = 2.3\,[\text{mA}]$$

$$I_E = I_B + I_C = (1+\beta)I_B = 51 \times 46 = 2.35\,[\text{mA}]$$

출력측 전압방정식에서 출력전압 V_{CE}를 구한다([그림 3-43] 참조).

$$V_{CC} = R_C(I_B + I_C) + V_{CE}$$

$$V_{CE} = V_{CC} - R_C(1+\beta)I_B = 10 - (2 \times 2.35) = 5.3\,[\text{V}] \quad \text{또는}$$

$$V_{CE} = R_B I_B + V_{BE} = (100\,\text{k} \times 46\,[\mu\text{A}]) + 0.7 = 5.3\,[\text{V}]$$

$$V_{CB} = V_{CE} - V_{BE} = 5.3 - 0.7 = 4.6\,[\text{V}] \quad ((+) \text{ 값이므로 활성 영역임})$$

동작점 $Q(I_{CQ}, V_{CEQ}) = (2.3\,[\text{mA}], 5.3\,[\text{V}])$ 판정을 위해 차단점 $(0\,[\text{A}], 10\,[\text{V}])$와 포화점 $(5\,[\text{mA}], 0\,[\text{V}])$ 를 연결하여 부하선을 그린다. $\left(\dfrac{V_{CC}}{R_C} = \dfrac{10\,[\text{V}]}{2\text{k}} = 5\,[\text{mA}] \right)$

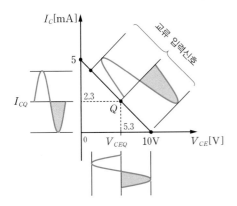

[그림 3-46] 부하선과 동작점 Q

부하선 상의 동작점 Q는 차단점에 가까우므로 이 회로에서 얻을 수 있는 최대 출력전압, 전류의 피크값은 다음과 같다.

$$v_{op} = 10 - 5.3 = 4.7 [\mathrm{V}]$$

$$i_{op} = 2.3 [\mathrm{mA}]$$

$$S = \frac{(1+\beta)(R_B + R_C)}{R_B + (1+\beta)R_C} = 25.6$$

직류 및 교류회로가 동일하므로 직류 및 교류 부하선의 기울기는 $-\dfrac{1}{2\mathrm{k}} = -\dfrac{1}{2000}$ 이다.

바이어스 저항 R_B는 $V_{CE} = V_{CB} + V_{BE} = R_B I_B + 0.7$에서 구한다.

$$R_B = \frac{V_{CE} - 0.7}{I_B} = \frac{4.5 - 0.7}{55 [\mu A]} = 69.1 [\mathrm{k\Omega}]$$

준회로에서 $I_E \cong I_C = \dfrac{V_{CC} - V_{CE}}{R_C} = \dfrac{10 - 4.5}{2\mathrm{k}} = 2.75 [\mathrm{mA}]$이므로 $I_B = \dfrac{I_C}{\beta} = \dfrac{2.75 [\mathrm{mA}]}{50} = 55 [\mu A]$이다.

3.2.5 전류궤환 바이어스 회로

고정된 V_{CC} 전압을 R_1과 R_2로 분배시킨 V_{R_2}의 전압과 전류 부궤환을 걸어주는 R_E 저항의 전압 V_{R_E}에 의해 입력측에 안정된 순바이어스를 걸어 I_B 전류를 흐르게 하므로 **전류궤환 바이어스 회로**, **혹은 전압분배 바이어스 회로**라고도 한다. 전류궤환 바이어스 회로는 R_1, R_2로 분배하여 사용하므로 R_E와 $R_B(R_1$과 $R_2)$ 값을 잘 선정하고 안정계수 S를 임의로 작게 설정하여 안정도를 향상시킬 수 있는 **가장 실용적인 바이어스 회로**이다. 이미터 콘덴서 C_E는 교류신호 증폭 시에 단락되어 교류신호 부궤환을 막는 신호이득 감소를 방지하는 바이패스 콘덴서로서, 직류 바이어스 해석 시에는 차단된다. (콘덴서는 직류를 차단시키고, 교류신호를 단락시키는 동작을 하므로 DC 바이어스 해석 시에는 C_E, C_C가 차단된다)

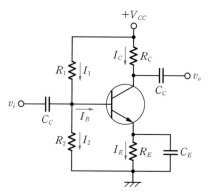

[그림 3-47] 전류궤환 바이어스 회로

이 회로는 온도 상승이나 β값의 변동 등으로 I_C가 증가하면 R_E의 전류 I_E도 증가하여, R_E의 전압강하 V_{R_E} 역시 증가한다. 따라서 V_{BE}가 감소되고 I_B도 감소되어 결국 출력전류 I_C가 감소(즉, 전류 부궤환임)함으로써, 안정된 I_C를 유지하여 안정된 동작점 Q를 갖게 된다.

[그림 3-47]의 바이어스 회로에서 입력측 전류방정식 $I_1 = I_2 + I_B$에서 I_B가 매우 적어 무시되는 경우는 $I_1 = I_2$가 되어 R_1과 R_2가 직렬접속인 단순한 전압분배로 근사 해석을 할 수 있다. 그러나 I_B가 I_2에 비해 무시할 수 있는 정도가 아니면 증폭기의 베이스에서 본 입력저항 R_i를 고려하여(**테브난의 등가회로** 사용) 정밀해석을 해야 한다.

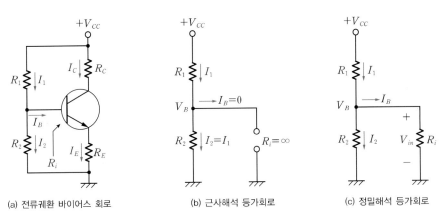

(a) 전류궤환 바이어스 회로 (b) 근사해석 등가회로 (c) 정밀해석 등가회로

[그림 3-48] 전류궤환 바이어스 회로 근사 및 정밀해석

[그림 3-48(a)]의 경우, 베이스에서 들여다보는 입력저항 R_i는 **저항의 반사법칙**인 '이미터 저항 R_E는 베이스에서 볼 때 $(1+\beta)$배로 크게 보인다'는 정의를 적용하여 간단히 구할 수 있다. 이에 대한 설명은 3절에서 상세히 다루기로 한다.

$$\text{입력저항 } R_i = (1+\beta)R_E \cong \beta R_E \tag{3.58}$$

이 입력저항 R_i와 $10R_2$를 비교하여 $R_i > 10R_2$이면 증폭기 내부의 베이스 전류 I_B가 거의 0이므로 이 경우는 근사 해석을 해도 무방하다([그림 3-48(b)]). 반면, $R_i < 10R_2$이면 테브난의 정리로 등가회로를 구성하여 정밀해석을 하는 편이 바람직하다([그림 3-48(c)]).

■ 근사 DC 해석

[그림 3-47]에서 C_C, C_E를 제거하고 직류 바이어스 회로 해석을 한다.

❶ I_E : V_{CC} 전압을 R_1과 R_2에 의해 분배시켜 얻은 베이스 전압 V_B로 입력측 전압방정식을 세워서 I_E를 구한다([그림 3-49] 참조).

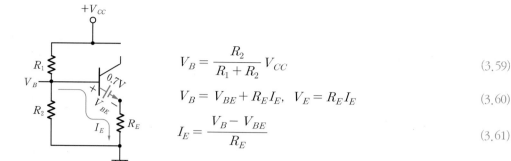

$$V_B = \frac{R_2}{R_1 + R_2} V_{CC} \tag{3.59}$$

$$V_B = V_{BE} + R_E I_E, \quad V_E = R_E I_E \tag{3.60}$$

$$I_E = \frac{V_B - V_{BE}}{R_E} \tag{3.61}$$

[그림 3-49] 입력측 등가회로

❷ I_B : $I_E = I_B + I_C = (1+\beta)I_B$이므로 $I_B = \dfrac{I_E}{(1+\beta)}$ 이다. $\tag{3.62}$

❸ I_C : $I_C = \beta I_B$

❹ V_{CE} : 출력측 전압방정식을 세워서 V_{CE}를 구한다([그림 3-50] 참조).

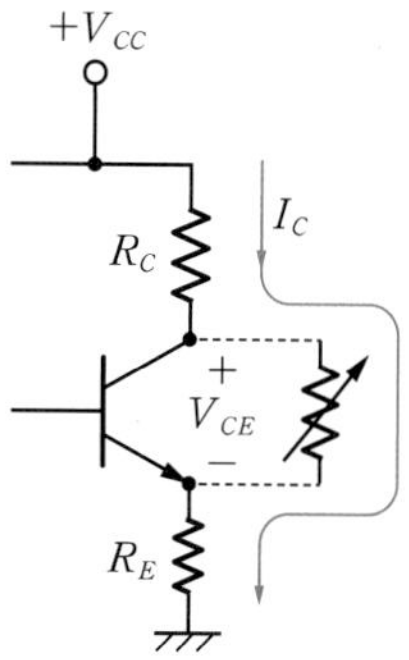

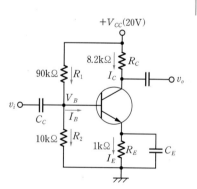

$$V_{CC} = R_C I_C + V_{CE} + R_E I_E \tag{3.63}$$

$$V_{CE} = V_{CC} - R_C I_C - R_E I_E$$

$$\cong V_{CC} - I_C(R_C + R_E) \tag{3.64}$$

[그림 3-50] 출력측 등가회로

❺ 동작점 $Q(I_{CQ},\ V_{CEQ})$를 부하선 상에서 확인 및 판정한다.

예제 3-14

[그림 3-51]의 전류궤환 바이어스 회로에서 다음의 DC 해석을 하여라. I_B, I_C, I_E, V_{CE}, V_{CB}, Q점, S, 그리고 직류 및 교류 부하저항과 부하선의 기울기를 구하라(단, $\beta = 100$, $V_{BE} = 0.7[\text{V}]$, $C_E \to \infty$ 이다).

풀이

먼저 $R_i \cong \beta \cdot R_E \geq 10 \cdot R_2$ 조건이 만족되므로 **근사 해석을 적용**해 간단히 해석할 수 있다. (DC 해석이므로 C_E는 무시함)

[그림 3-51] 전류궤환 바이어스 회로

R_1과 R_2의 비례식으로 베이스 전압 V_B를 먼저 계산한다.

$$V_B = \frac{R_2}{R_1 + R_2} V_{CC} = \frac{10}{90 + 10} \cdot 20 = 2[\text{V}]$$

입력측 등가회로에 전압방정식을 세워서 I_E를 구한다.

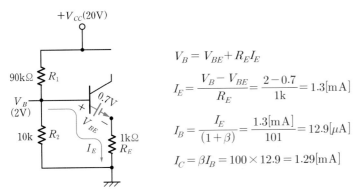

$$V_B = V_{BE} + R_E I_E$$

$$I_E = \frac{V_B - V_{BE}}{R_E} = \frac{2 - 0.7}{1\text{k}} = 1.3[\text{mA}]$$

$$I_B = \frac{I_E}{(1+\beta)} = \frac{1.3[\text{mA}]}{101} = 12.9[\mu\text{A}]$$

$$I_C = \beta I_B = 100 \times 12.9 = 1.29[\text{mA}]$$

[그림 3-52] 입력측 등가회로

출력측 등가회로에 전압방정식을 세워서 출력전압 V_{CE}를 구한다.

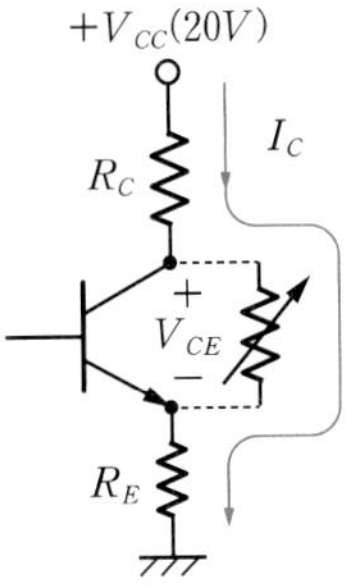

$$V_{CC} = R_C I_C + V_{CE} + R_E I_E$$

$$V_{CE} = V_{CC} - R_C I_C - R_E I_E$$
$$= 20 - (8.2 \times 1.29) - (1 \times 1.3) = 8.1[\text{V}]$$

$$V_{CB} = V_{CE} - V_{BE} = 8.1 - 0.7 = 7.4[\text{V}]$$

[그림 3-53] 출력측 등가회로

동작점 $Q(I_{CQ},\ V_{CEQ}) = (1.29[\text{mA}],\ 8.1[\text{V}])$를 부하선 상에서 확인하고 MSS 조건 여부 등을 판정한다. 직류 및 교류 부하저항과 기울기를 구하면 다음과 같다. 이 회로는 직류와 교류 부하선이 다른 경우에 해당된다.

- 직류 부하저항 : $R_{dc} = R_C + R_E = 9.2[\text{k}\Omega]$, 직류 부하선의 기울기 $= -\dfrac{1}{9200}$

- 교류 부하저항 : $R_{ac} = R_C = 8.2[\text{k}\Omega]$, 교류 부하선의 기울기 $= -\dfrac{1}{8200}$

■ 정밀 DC 해석

[그림 3-54] 회로의 베이스 B에서 왼쪽을 본 회로를 [그림 3-55]와 같이 **테브난의 정리**에 따라 **테브난의 등가전압** V_B와 **등가저항** R_B로 **변환**시켜 [그림 3-56]으로 해석한다. [그림 3-54]에서 테브난의 등가전압 V_B는 V_{CC}를 R_1과 R_2로 전압분배시켜 R_2에 걸리는 전압이다. 등가저항 R_B는 V_{CC}(전원)= 0으로 접지시킨 상태에서 구하면 되므로, 결국 R_1과 R_2가 병렬로 구성되므로 합성저항 $R_B = R_1 /\!/ R_2$가 된다.

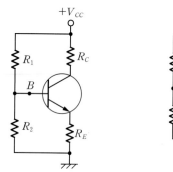

[그림 3-54]
전류궤환 바이어스 회로

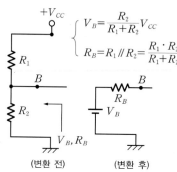

$$\begin{cases} V_B = \dfrac{R_2}{R_1 + R_2} V_{CC} \\ R_B = R_1 /\!/ R_2 = \dfrac{R_1 \cdot R_2}{R_1 + R_2} \end{cases}$$

(변환 전)　(변환 후)

[그림 3-55]
테브난의 정리

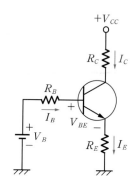

[그림 3-56]
테브난의 등가 바이어스 회로

❶ I_B : 테브난의 등가회로에 입력측 전압방정식을 세워 I_B를 구한다([그림 3-57] 참조).

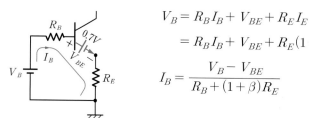

$$V_B = R_B I_B + V_{BE} + R_E I_E \tag{3.65}$$
$$= R_B I_B + V_{BE} + R_E (1+\beta) I_B$$

$$I_B = \frac{V_B - V_{BE}}{R_B + (1+\beta) R_E} \tag{3.66}$$

[그림 3-57] 테브난의 등가회로

❷ I_C : $I_C = \beta I_B$ $\qquad\qquad$ (3.67)

❸ I_E : $I_E = I_B + I_C = (1+\beta) I_B \cong I_C$ $\qquad\qquad$ (3.68)

❹ V_{CE} : 출력측 전압방정식을 세워 V_{CE}를 구한다.

$$V_{CC} = R_C I_C + V_{CE} + R_E I_E$$
$$V_{CE} = V_{CC} - R_C I_C - R_E I_E \cong V_{CC} - (R_C + R_E) I_C \tag{3.69}$$

❺ V_{CB} : $V_{CB} = V_{CE} - V_{BE}$ 값이 (+)인 경우 NPN TR을 사용하므로 출력측이 역바이어스가 되므로 활성 영역에서 동작한다.

❻ 동작점 $Q(I_{CQ},\ V_{CEQ})$: 동작점 확인 및 MSS 조건을 만족하는지 여부를 판정한다.

❼ S(안정계수) : 아래의 두 관계식에서 I_B를 소거하여 I_C를 구한다.

$$V_B = R_B I_B + V_{BE} + R_E (I_B + I_C) \text{ (입력측 전압방정식)}$$

$$I_C = \beta I_B + (1+\beta) I_{CO}$$

$$I_C = \frac{V_B}{R_B + (1+\beta) R_E}\beta - \frac{\beta}{R_B + (1+\beta) R_E} V_{BE} + \frac{(1+\beta)(R_B + R_E)}{R_B + (1+\beta) R_E} I_{CO}$$

$$S = \frac{dI_C}{dI_{CO}} = \frac{(1+\beta)(R_B + R_E)}{R_B + (1+\beta) R_E} = (1+\beta)\frac{1 + (R_B/R_E)}{1+\beta + (R_B/R_E)} \tag{3.70}$$

$$1 \leq S \leq (1+\beta) \tag{3.71}$$

$$(R_B / R_E) \to 0, \ \ S \to 1 (\text{최소}) : \text{가장 안정} \tag{3.72}$$

$$(R_B / R_E) \to \infty, \ \ S \to 1+\beta (\text{최대}) : \text{가장 불안정} \tag{3.73}$$

S를 작게 만들어 안정도를 향상시키려면 (R_B / R_E)를 감소시켜야 한다. R_B를 아주 작게 하면 안정해지기는 하지만, R_1, R_2에서 전력손실이 커지고, 반대로 R_E를 너무 크게 하면 큰 V_{CC}가 필요하게 되므로 적절하게 선정해야 한다.

❽ **신호이득 감소를 방지하는 방법** : 전압궤환 바이어스의 경우와 동일한 방법으로 이미터에 콘덴서 C_E를 R_E 저항과 병렬로 접속하여 DC 해석 시에는 직류적으로 C_E 개방open되어 R_E에 의한 전류 부궤환이 걸려 동작점 안정을 취하고, AC 해석 시에는 교류적으로 C_E 단락short되어 신호에 대한 부궤환은 제거되므로 교류신호 이득 감소를 방지한다. 이때 C_E는 **교류 신호이득 감소 방지용 바이패스 콘덴서**이다.

예제 3-15

[그림 3−58]의 전류궤환 바이어스 회로에서 직류 바이어스 전류와 전압, 동작점 Q를 구하여라 (단, $\beta = 50$, $V_{BE} = 0.7[\text{V}]$이다).

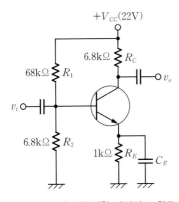

[그림 3−58] 전류궤환 바이어스 회로

풀이

$R_i \cong \beta \cdot R_E > 10 \cdot R_2$ 조건이 만족되지 않으므로 정밀해석을 하기 위해 입력측에 **테브난의 정리**를 적용한 등가회로로 바꾼다.

$$V_B = \frac{R_2}{R_1 + R_2} V_{CC} = \frac{6.8}{68 + 6.8} \times 22 = 2[\text{V}], \quad R_B = R_1 \mathbin{/\mkern-5mu/} R_2 = \frac{R_1 \cdot R_2}{R_1 + R_2} = \frac{68 \times 6.8}{68 + 6.8} = 6.2[\text{k}\Omega]$$

입력측에 전압방정식을 세워서 I_B를 구한다([그림 3-60] 참조).

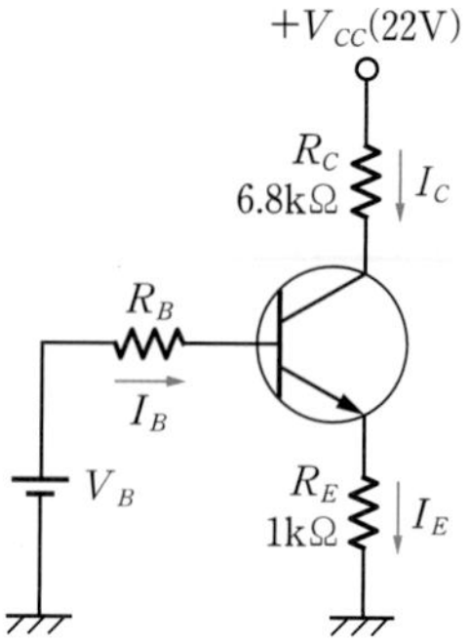

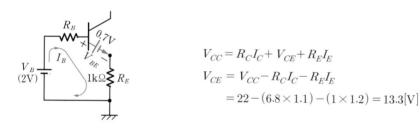

$$V_B = R_B I_B + V_{BE} + R_E I_E$$
$$\quad = R_B I_B + V_{BE} + (1+\beta) R_E I_B$$
$$I_B = \frac{V_B - V_{BE}}{R_B + (1+\beta) R_E} = \frac{2 - 0.7}{6.2\text{k} + (1+50) \cdot 1\text{k}}$$
$$\quad = 22.7[\mu\text{A}]$$
$$I_C = \beta I_B = 50 \times 22.7 = 1.1[\text{mA}]$$
$$I_E = (1+\beta) I_B = 1.2[\text{mA}]$$

[그림 3-59] 테브난 등가회로

출력측에 전압방정식을 세워서 V_{CE}를 구한다([그림 3-59] 참조). 동작점 $Q(1.1[\text{mA}], 13.3[\text{V}])$가 구해진다.

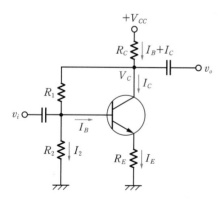

$$V_{CC} = R_C I_C + V_{CE} + R_E I_E$$
$$V_{CE} = V_{CC} - R_C I_C - R_E I_E$$
$$\quad = 22 - (6.8 \times 1.1) - (1 \times 1.2) = 13.3[\text{V}]$$

[그림 3-60] 입력측 등가회로

3.2.6 전압·전류궤환 바이어스 회로

[그림 3-61] 전압·전류궤환 바이어스 회로

전압·전류궤환 바이어스는 **전압궤환 바이어스와 전류궤환 바이어스를 조합**시킨 형태로, 2중으로 부궤환이 걸려 안정도는 제일 좋으나, 회로 구성은 복잡한 편이다. [그림 3-62]에서 보는 것처럼 R_1, R_2에 의한 전압 부궤환과 R_E에 의한 전류 부궤환에 의해 안정된 바이어스를 공급한다. 회로를 해석하려면 3.2.4절 ~ 3.2.5절의 해석 과정을 참고하기 바란다.

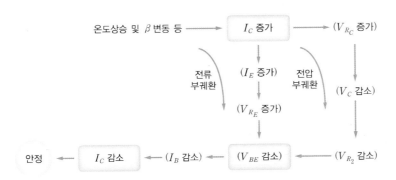

[그림 3-62] 전압·전류궤환 바이어스 회로의 안정도 개선

예제 3-16

[그림 3-63]의 회로에서 $V_{CC} = 24[\text{V}]$, $R_C = 10[\text{k}\Omega]$, $R_E = 270[\Omega]$일 때 R_B 값을 구하여라 (단, $V_{CE} = 5[\text{V}]$, $\beta = 45$, $V_{BE} = 0.7[\text{V}]$이다).

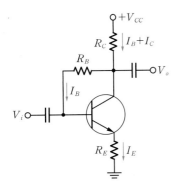

[그림 3-63] 전압·전류궤환 바이어스 회로

풀이

출력측에 전압방정식을 세워서 I_B를 먼저 구한다.

$$V_{CC} = R_C I_E + V_{CE} + R_E I_E = (R_C + R_E)(1+\beta)I_B + V_{CE}$$

$$I_B = \frac{V_{CC} - V_{CE}}{(1+\beta)(R_C + R_E)} = \frac{(24-5)}{(1+45)(10\text{k}+0.27\text{k})} = 40[\mu\text{A}]$$

$$R_B = \frac{V_{CB}}{I_B} = \frac{V_{CE} - V_{BE}}{I_B} = \frac{5-0.7}{40[\mu\text{A}]} = 107[\text{k}\Omega]$$

참고 $I_C = \beta I_B$, $I_E = (1+\beta)I_B$, $V_{CE} = V_{CC} - R_C I_E - R_E I_E$로 동작점 (I_{CQ}, V_{CEQ})도 해석이 된다.

3.2.7 비선형 바이어스 회로(온도보상 회로)

지금까지 고찰한 바이어스 회로들은 선형회로 요소인 저항만으로 구성되는 선형 바이어스 회로이다. 그런데 회로 주변의 온도 상승 변화 등으로 I_C가 증가하여 동작점이 불안정해지므로, 온도에 따라 특성변화를 갖는(즉, 온도감지 능력을 갖는) 비선형 회로소자를 바이어스 회로에 사용함으로써 온도에 따른 동작점 변동을 보상하는 비선형 바이어스 회로(온도 보상회로^{compensation circuit})를 학습한다. 여기에 다이오드, TR , 서미스터, 센시스터 등의 비선형 특성소자를 주로 사용한다.

■ I_{CO}에 대한 다이오드 보상회로

다이오드와 TR이 같은 재료이면 TR의 I_{CO} 성분을 다이오드의 역포화 전류($-I_O$)로 감소시켜 일정한 I_C 전류를 안정하게 유지시킨다. ($I_C = \beta I + \beta(I_{CO} - I_O) \cong \beta I$: 안정)

■ V_{BE}에 대한 다이오드 보상회로

[그림 3-64(b)]에서 다이오드의 순바이어스 전압 V_D의 온도변화는 TR의 V_{BE}와 마찬가지로 $-2.5[\mathrm{mV/℃}]$이므로 반대 방향으로 접속된 다이오드로 TR의 V_{BE}의 온도변화 영향을 감소시켜 안정을 유지한다. 여기서 V_{DD} 전원과 저항 R_d는 다이오드를 순바이어스로 만드는 용도이다.

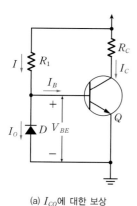

(a) I_{CO}에 대한 보상 (b) V_{BE}에 대한 보상

[그림 3-64] 다이오드 온도보상 회로

■ TR과 서미스터 보상회로

[그림 3-65]의 Q_1 트랜지스터는 Q_2 트랜지스터의 온도보상용으로 쓰인다. 출력전류 I_{C2}에 변동이 생기면 I_{C1}도 변동이 발생하는데, 그 변동분을 접지로 제거시켜 I_{C2} 전류를 일정하게 유지시킨다. [그림 3-65(b)]는 비선형 부 온도계수의 저항체인 **서미스터**^{thermistor} 전용 온도센서를 이용한 보상회로이다.

온도 상승 → 서미스터 저항 R_T 감소($R_C \parallel R_T$ 합성저항 감소)
→ I_C 증대 → R_E 전압 증대 → V_{BE} 감소 → I_B 감소 → I_C 감소 → 안정

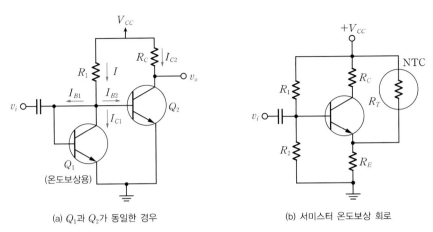

(a) Q_1과 Q_2가 동일한 경우
(b) 서미스터 온도보상 회로

[그림 3-65] TR과 서미스터 온도보상 회로

3.2.8 정전류원(전류거울) 바이어스 회로

[그림 3-66(a)]는 BJT의 정전류원 바이어스 회로를 나타낸다. 이때 정전류원 회로에는 [그림 3-66(b)]에서 나타낸 BJT로 구성한 전류거울 회로^{current mirror circuit}를 보통 이용한다. 이 바이어스 회로는 바이어스 전류값을 전류거울 회로에 의해서 임의로 정할 수 있고, 복제^{copy}도 할 수 있어 증폭기 등의 IC용 **바이어스 회로**로 적합하다.

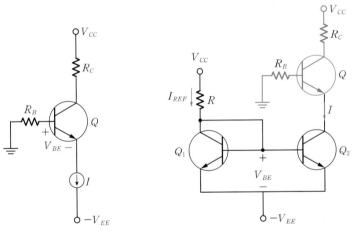

(a) BJT의 정전류원 바이어스 회로
(b) 전류거울을 이용한 정전류원 바이어스 회로

[그림 3-66] 정전류원 바이어스 회로

이 회로에서 바이어스 전류 I는 BJT의 β 값이나 저항 R_B의 값에 관계없이 정할 수 있는 장점이 있으며, 여기서 R_B를 크게 하여 증폭기의 입력저항을 크게 할 수 있다. 이 전류거울 회로에서 I를 결정하는 전류 I_{REF}는 다음과 같이 구할 수 있다.

$$I = I_{REF} = \frac{V_{CC} + V_{EE} - V_{BE}}{R}$$

전류거울 회로와 이를 이용한 바이어스 회로에 대한 설명은 4장과 8장에서 상세하게 다룰 예정이다.

예제 3-17

[그림 3-66(b)]로 주어지는 BJT의 정전류원 바이어스 회로에서 다음 항목 I_E, I_B, I_C, V_C, V_E 및 전류
거울에서 R의 바이어스 해석을 하여라(단, $V_{CC} = V_{EE} = 10[\text{V}]$, $R_B = 100[\Omega]$, $R_C = 7.5[\text{k}\Omega]$, $I = 1[\text{mA}]$, $\beta = 100$이다).

풀이

- $I_E = I = 1[\text{mA}]$이고, $I_B = \dfrac{I_E}{1+\beta} = \dfrac{1}{101} = 0.0099[\text{mA}]$이다.
- $I_C = \beta \cdot I_B = 0.99[\text{mA}]$
- $V_B = -I_B \cdot R_B = -0.0099 \times 100 = -0.99[\text{V}]$
- $V_E = V_B - V_{BE} = -0.99 - 0.7 = -1.69[\text{V}]$
- $V_C = V_{CC} - R_C I_C = 10 - 0.99 \times 7.5 = 2.575[\text{V}]$
- I_{REF}의 관련 식에서 $R = \dfrac{(V_{CC} + V_{EE} - V_{BE})}{I} = \dfrac{(10+10-0.7)[\text{V}]}{1[\text{mA}]} = 19.3[\text{k}\Omega]$

예제 3-18

$2[\mu A]$의 정전류원으로 구동되는 회로에서 V_B와 동작점 $Q(V_{CE}, I_C)$을 구하여라(단, Q_1의 전류 증폭율
$\beta = 100$, $V_{BE} = 0.7[\text{V}]$이다).

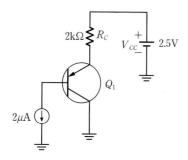

[그림 3-67] 정전류원 바이어스 증폭기

풀이

- $I_E = (1+\beta) \cdot I_B \simeq \beta \cdot I_B = 100 \times 2[\mu A] = 0.2[\text{mA}]$

  $V_E = V_{CC} - R_C I_C = 2.5[\text{V}] - 2\text{k} \times 0.2[\text{mA}] = 2.5 - 0.4 = 2.1[\text{V}]$

  $V_{EC} = V_E = 2.1[\text{V}]$, $V_{CE} = -2.1[\text{V}]$, $I_C = \beta \cdot I_B \simeq I_E = 0.2[\text{mA}]$

  $Q(-2.1[\text{V}], 0.2[\text{mA}])$

- $V_B = V_E - V_{BE} = 2.1 - 0.7 = 1.4[\text{V}]$

<table>
<tr>
<td>

SECTION

3.3

</td>
<td>

BJT의 AC 해석(소신호 해석)

</td>
</tr>
</table>

TR의 DC 해석은 적절한 신호증폭을 위한 동작점 Q를 설정하기 위한 바이어스를 제공하는 것인데, 실제 중요 관심사는 직류가 아니라, 교류신호를 왜곡 없이 선형증폭하는(소신호 증폭) 일이다. 이 절에서는 교류신호를 해석하기 위해 TR을 출력측에 큰 전류가 증폭되어 나오는 전류제어 소자인 전류, 전압 종속 전류원으로 나타낸 등가모델로 바꿔 놓고 해석하는 방법을 살펴볼 것이다.

Keywords | 소신호 $-\pi$, $-T$, $-h$ 등가모델 | 캐스코드, 달링턴, 다단 증폭기 |

교류신호를 해석하기 위해서는 TR을 출력측에 큰 전류가 증폭되어 나오는 전류제어 소자인 전류, 전압 종속 전류원으로 나타낸 **등가모델**로 바꿔 놓고 해석해야 한다. 이때 **교류 전압이득, 교류 전류이득**과 증폭회로의 **입·출력 임피던스** 항목 등을 중심으로 회로에 미치는 영향을 고려하여 상세하게 신호를 해석해야 한다.

3.3.1 BJT의 기본적인 소신호 증폭기

BJT 교류 증폭기 내 각 단자의 신호파형을 다음과 같이 나타낼 수 있다. [그림 3-68]의 증폭기 회로는 직류 바이어스와 교류신호 모두가 인가되어 있는 BJT 전체 증폭기 회로를 제시했다.

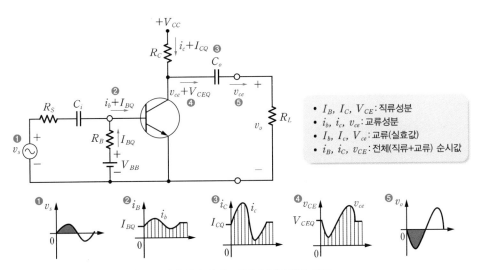

[그림 3-68] DC 바이어스된 증폭기에 신호의 입·출력파형([CE]의 경우)

❶번은 외부에서 공급되는 교류 입력신호 전압(v_s)의 파형이고, ❺번은 크게 증폭된 후 출력부하에 공급되는 최종 교류 출력신호 전압(v_{ce})의 파형이다. 나머지 그림의 신호는 직류 바이어스 성분과 교류 신호 성분이 합성되어 나타나는 각 단자의 파형을 나타낸다. ❷번은 입력 베이스에 흐르는 직류 바이어스 전류(I_{BQ})와 교류 입력전류(i_b)이고 ❸번은 출력 컬렉터에 증폭되어 크게 흐르는 직류 바이어스 전류(I_{CQ})와 교류 출력전류(i_c)가 합성된 파형으로, 입·출력전류의 위상이 **동위상**임을 알 수 있다. ❹번은 출력 컬렉터에 증폭된 직류 바이어스 전압(V_{CEQ})과 교류 출력전압(v_{ce})이 합성된 파형이며, 입·출력전압 위상이 **역위상**임을 보여주고 있다. 이 회로는 공통 이미터 회로를 기준으로 나타냈다.

[그림 3-69]는 직류 바이어스된 **동작점** $Q(V_{CEQ}, I_{CQ})$에서 입력 교류신호 전류(i_b)가 깨끗하게 선형증폭되어 컬렉터 교류 출력전류(i_c)와 교류 출력전압(v_{ce})이 형성되었음을 보여준다.

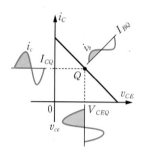

[그림 3-69] 동작점 상의 신호증폭 동작

[그림 3-68]의 기본적인 신호 증폭기에서 보는 것처럼, 내부저항 R_S인 입력신호 v_s와 증폭된 출력신호 v_o는 커패시터 C_i와 C_o를 통해 각각 입력측과 출력측에 결합시켜야 한다. 그래야 직류를 차단시켜 직류전류가 바이어스 회로 안으로 누설되지 않게 되므로 직류 동작점 Q에는 영향을 주지 않는 안정된 신호증폭이 이루어진다. 그리고 출력측에서도 직류를 차단시켜 교류 출력전압 v_o만 부하저항 R_L에 공급할 수 있게 된다. 즉 교류신호를 증폭기에 입·출력할 때는 **직류는 차단**하고 **교류적으로 단락**시켜 주는 **결합**^{coupling} **콘덴서 C_i와 C_o**를 사용(C 결합 방식)해야 한다.

이는 입력신호 주파수에 대해 그 리액턴스가 무시될 정도의 큰 용량을 사용한다. 그리고 [그림 3-68]의 기본 증폭기에서 외부에서 입력된 신호 v_s가 손실 없이 거의 증폭기 내부로 입력되고, 증폭된 출력신호 v_o도 전부 부하저항에 공급되면 이상적인 전압 증폭회로가 된다. 그런데 실제는 그 증폭 회로의 입력측에서 본 **입력저항**과 출력측에서 본 **출력저항**의 형편(대·소)에 따라 전압이득과 전류이득이 좌우된다. 따라서 전압 증폭기는 입력저항은 크게, 출력저항은 작게 만들수록 큰 교류전압을 만들 수 있게 된다. 그러므로 교류신호를 해석할 때는 **전압이득, 전류이득**뿐만 아니라 **입력저항과 출력저항**도 해석해야 한다.

이러한 이상적인 전압 증폭기 구조를 갖도록 설계된 소자가 바로 연산 증폭기$^{OP-Amp}$이며, 이에 대해서는 9장에서 자세히 살펴보기로 하자.

3.3.2 트랜지스터의 하이브리드 π-모델과 T-모델 등가회로

회로정수 g_m, r_π, r_o, r_e를 사용하면 **하이브리드 π-모델(r_π-모델)**과 **T-모델(r_e-모델)**의 소신호 등가회로가 완성되어 소신호 해석을 할 수 있다. 이들 회로정수는 직류 바이어스 전류 I_C에 의해 구해지므로, h 정수가 제공되지 않더라도 **직류해석과 β 값만으로도 소신호 해석을 쉽게 할 수 있다**는 장점이 있다. 그래서 최근에는 상세한 h 정수를 이용하는 h 모델보다 BJT 등가모델로 많이 쓰인다.

[그림 3-70]에 제시된 **BJT 등가모델**에서 r_π-모델은 베이스를 들여다본 입력저항인 r_π가 포함되어 있고, T-모델은 이미터를 들여다봤을 때 베이스와 이미터 사이에 나타나는 저항 r_e가 포함되어 있다는 차이가 있다. 그리고 [그림 3-70(g)~(h)] 모델은 얼리효과로 인한 교류 출력저항 r_o를 고려한 등가모델이다. 그 외의 모델에서는 r_o가 매우 큰 값이므로 무시한다.

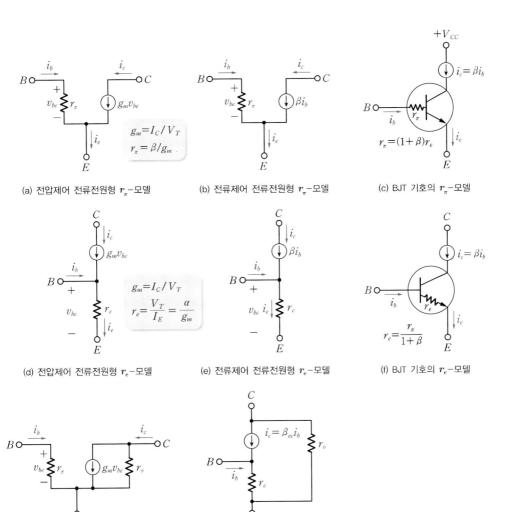

(a) 전압제어 전류전원형 r_π-모델

(b) 전류제어 전류전원형 r_π-모델

(c) BJT 기호의 r_π-모델

(d) 전압제어 전류전원형 r_e-모델

(e) 전류제어 전류전원형 r_e-모델

(f) BJT 기호의 r_e-모델

(g) r_o 저항을 포함한 r_π-모델

(h) r_o 저항을 포함한 r_e-모델

[그림 3-70] 트랜지스터의 하이브리드 등가모델

보통 r_π-모델이 널리 사용되지만, 경우에 따라 r_e-모델이 훨씬 편할 때가 있으므로 두 가지 해석법을 숙지하기를 권한다. 그리고 고주파 신호가 입력될 때는 접합부에 접합 기생용량인 C_π가 입력저항 r_π와 병렬로 형성되어 C_π를 통해 바이패스된다. 따라서 입력 교류전류 i_b가 감소되어 출력 교류전류 i_c가 감소되므로, **고주파 해석 시에는** $i_c = \beta i_b$가 아닌 접합전압이 g_m에 의해 제어되도록 하는 **전압 제어형(즉** $i_c = g_m v_{be}$ **형)**이 되어야 모델의 정확도를 높일 수 있다. 이 책에서는 BJT의 어떤 접지 방식에도 손쉽게 적용할 수 있는 r_e-**모델 위주로 해석**하며, r_π-**모델 해석**은 예제를 통해 제시할 것이다.

BJT 신호 해석에 사용되는 등가모델은 [그림 3-70(a)~(h)]에 제시되었으며, [그림 3-71 (a)~(c)]의 소신호 등가회로를 사용하여 BJT 회로의 신호를 해석한다. (표기된 전류원은 종속 전류원이다)

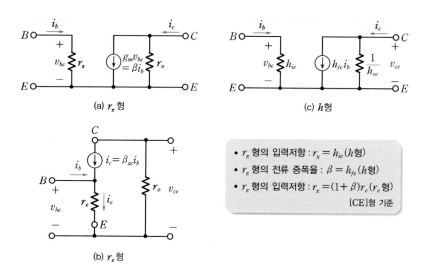

[그림 3-71] 일반적인 BJT의 소신호 등가회로

3.3.3 r_π-모델과 r_e-모델의 회로정수 산출

[그림 3-72(a)]의 BJT 기본 증폭기 회로의 신호를 해석해보자. 먼저 신호원을 제거한 후 직류 바이어스가 인가된 [그림 3-72(b)]의 회로에서 직류 바이어스 해석을 한다. 그런 다음 그 값을 이용해서 각 교류 등가모델에 사용되는 회로정수를 정의하고 관계식을 유도한다.

주어진 트랜지스터 회로 상에서 전체 순시값은 직류 바이어스량(대문자)과 교류 신호량(소문자)의 합으로서, 이 책에서는 다음과 같은 규칙으로 표기한다.

$$v_{BE} = V_{BE} + v_{be} \qquad i_B = I_B + i_b$$
$$v_{CE} = V_{CE} + v_{ce} \qquad i_C = I_C + i_c$$
$$i_E = I_E + i_e$$

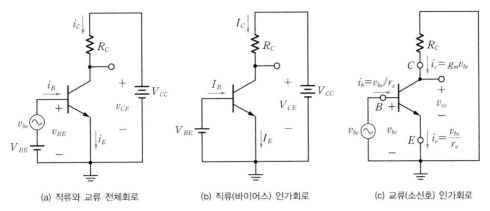

(a) 직류와 교류 전체회로   (b) 직류(바이어스) 인가회로   (c) 교류(소신호) 인가회로

[그림 3-72] BJT 기본 증폭기의 전체 회로

BJT 소신호 해석을 위한 r_π-모델과 r_e-모델에 사용되는 각 **회로정수**$(g_m,\ r_\pi,\ r_o,\ r_e)$를 정의하기 위해서는 먼저 진행된 직류해석의 결과치를 이용한다.

직류 바이어스 해석

예시 회로인 [그림 3-72(b)]와 같이 신호 v_{be}를 0으로 놓고, 직류전압 및 전류 관계를 다음의 식을 통해 바이어스 계산할 수 있다.

$$I_C = I_S\, e^{V_{BE}/V_T} \tag{3.74}$$

$$I_E = I_C/\alpha \tag{3.75}$$

$$I_B = I_C/\beta \tag{3.76}$$

$$V_C = V_{CE} = V_{CC} - I_C R_C \tag{3.77}$$

회로정수의 정의

■ 컬렉터 전류와 전달 컨덕턴스 : g_m

[그림 3-72(a)] 회로에 전체 순시 베이스-이미터 전압 $v_{BE} = V_{BE} + v_{be}$를 인가하면 컬렉터 전류 i_C 는 다음과 같이 나타낼 수 있다.

$$i_C = I_S\, e^{v_{BE}/V_T} = I_S\, e^{(V_{BE} + v_{be})/V_T}$$
$$= I_S\, e^{V_{BE}/V_T}\, e^{(v_{be}/V_T)} \tag{3.78}$$

식 (3.74)를 이용하면 다음과 같이 나타낼 수 있다.

$$i_C = I_C\, e^{v_{be}/V_T} \tag{3.79}$$

만일 $v_{be} \ll V_T$(열전압)라면 식 (3.79)는 다음과 같이 근사화할 수 있다.

$$i_C \cong I_C \left(1 + \frac{v_{be}}{V_T} \right) \tag{3.80}$$

위 식은 식 (3.79)의 지수함수를 테일러 급수 전개 $e^x = 1 + x + \frac{x^2}{2!} + \frac{x^3}{3!} + \cdots \cong (1+x)$에 의해 근사화된 것으로, 이를 전개하면 다음과 같은 식이 된다.

$$i_C = I_C + \frac{I_C}{V_T} v_{be} = I_C \, (직류 \ 성분) + i_c \, (교류신호 \ 성분) \tag{3.81}$$

교류신호 성분 i_c는 다음과 같다.

$$i_c = \frac{I_C}{V_T} v_{be} \quad (i_c = g_m v_{be} = \beta i_b \text{로 정의할 수 있음}) \tag{3.82}$$

$$g_m \equiv \frac{I_C}{V_T} \tag{3.83}$$

여기서 g_m은 **전달 컨덕턴스**^{transconductance}라고 정의한다. V_T는 열전압으로 $V_T = \frac{KT}{e}$로 표현되며, 상온에서는 약 $26[\mathrm{mV}]$이다. 참고로 $V_T = \frac{KT}{e} = \frac{T}{11600} = \frac{300°K}{11600} = 0.026[\mathrm{V}]$이다.

■ 베이스에서 본 베이스 교류 입력저항 : r_π

베이스에서 들여다볼 때 나타나는 베이스와 이미터 사이의 소신호 입력저항을 r_π로 표시하며, 다음과 같이 정의한다. 식 (3.82)의 $g_m v_{be} = \beta i_b$에서 $\frac{v_{be}}{i_b}$를 구해보자.

$$r_\pi \equiv \frac{v_{be}}{i_b} = \frac{\beta}{g_m} \quad (g_m = \frac{I_C}{V_T} \text{와} \ \beta = \frac{I_C}{I_B} \text{를 대입}) \tag{3.84}$$

$$r_\pi \equiv \frac{V_T}{I_B} = \beta \frac{V_T}{I_C} \tag{3.85}$$

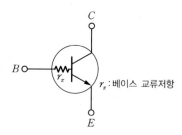

r_π : 베이스 교류저항

[그림 3-73] BJT 기호 내 r_π 표기

■ 이미터에서 본 이미터 교류 입력저항 : r_e

이미터에서 본 입력저항(r_e)을 계산하기 위해서 순시 이미터 교류전류 i_e 는 다음과 같다. 이 식은 식 (3.82)인 $i_c = \dfrac{I_C}{V_T} v_{be}$ 와 $\dfrac{I_C}{\alpha} = I_E$ 를 대입하여 유도되었다.

$$i_e = \frac{i_c}{\alpha} = \frac{I_C}{\alpha V_T} v_{be} = \frac{I_E}{V_T} v_{be} \tag{3.86}$$

이미터에서 들여다볼 때 나타나는 이미터와 베이스 사이의 소신호 입력저항을 r_e 로 표시하며, 다음과 같이 정의한다.

$$r_e \equiv \frac{v_{be}}{i_e} \tag{3.87}$$

식 (3.86)에서 r_e 는 다음과 같이 주어진다.

$$r_e \equiv \frac{V_T}{I_E} \tag{3.88}$$

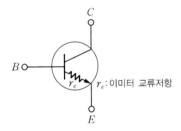

r_e : 이미터 교류저항

[그림 3-74] BJT 기호 내 r_e 표기

식 (3.83)에서 $g_m = \dfrac{I_C}{V_T}$ 와 $I_C = \alpha I_E$ 에서 $g_m = \dfrac{\alpha I_E}{V_T} = \alpha \cdot \dfrac{I_E}{V_T} = \dfrac{\alpha}{r_e}$ 이므로 r_e 는 다음과 같이 g_m 관계식으로도 나타낼 수 있다.

$$r_e = \frac{\alpha}{g_m} \cong \frac{1}{g_m} \quad (\alpha \cong 1 \text{임}) \tag{3.89}$$

베이스 입력저항 r_π(즉 이미터 공통[CE]인 경우)와 이미터 입력저항 r_e(즉 베이스 공통[CB]인 경우)와의 관계는 식 (3.85)와 식 (3.88)과 $I_E = (1+\beta)I_B$ 에 의해 구할 수 있다.

$$r_\pi = (1+\beta)r_e \cong \beta r_e \tag{3.90}$$

h-모델에서 공통 이미터[CE]인 경우 입력 베이스에서 본 입력저항 h_{ie}가 r_π와 동일하고, 공통 베이스[CB]인 경우 입력 이미터에서 본 입력저항 h_{ib}는 r_e와 같은 것이다. 전류 증폭률도 [CE]형인 경우 h_{fe}가 β와 같고, [CB]형인 경우 h_{fb}는 α와 동일하므로 사용하는 기호만 다를 뿐 결국은 같은 등가모델이라 할 수 있다. r_e나 r_π-모델의 회로정수는 직류해석으로 쉽게 구할 수 있다. 그러나 h 정수는 제조회사의 규격SPEC으로 구해야 하므로 번거롭기는 하지만, 정확성은 훨씬 높다. **이 책에서는 h-모델 해석을 r_π-모델 해석으로 대신한다.**

■ 얼리효과를 고려한 교류 출력저항 : r_o

트랜지스터 증폭기는 베이스–이미터 접합은 순방향 바이어스, 베이스–컬렉터 접합은 역방향 바이어스인 활성 영역에서 동작하는데, 출력측 역바이어스 전압인 V_{CE}를 증가시킬수록 베이스–컬렉터 접합부의 공핍층은 확대되고, 그만큼 **베이스 영역의 폭이 감소**하므로(즉 **얼리효과** Early Effect) 컬렉터 출력전류는 더욱 증가한다. 이 얼리효과 때문에 컬렉터 전류는 입력전압 v_{BE}뿐만 아니라 출력전압 v_{CE}에도 의존한다. 그러므로 [그림 3-75]에 보이는 것처럼 출력전류 i_C와 출력전압 v_{CE}의 기울기로 얻어지는 출력저항 r_o도 구해야 BJT 소신호 등가회로가 완성된다.

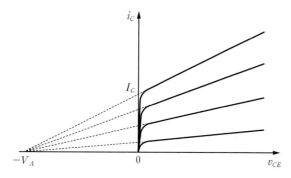

[그림 3-75] 소신호 모델의 출력저항 r_o 산출

$i_C - v_{CE}$의 출력특성 곡선에서 i_C의 연장선 상에서 만나는 지점의 전압인 얼리전압($-V_A$)을 가지고 다음과 같이 출력특성 곡선의 기울기인 **소신호 출력저항 r_o**를 정의할 수 있다.

$$r_o \equiv \frac{V_A}{I_C}$$

(3.91)

회로정수의 관계식 유도

BJT 신호 해석에 사용되는 소신호 등가모델의 회로정수를 [표 3-7]에 요약했다.

[표 3-7] π-모델 정수와 h-모델 정수의 관계

π-모델의 정수	h-모델의 정수
$\beta\left([\text{CE}]\text{의 전류 증폭률}=\dfrac{\Delta I_C}{\Delta I_B}\right)$	h_{fe}
$\alpha\left([\text{CB}]\text{의 전류 증폭률}=\dfrac{\Delta I_C}{\Delta I_E}\right)$	h_{fb}
$r_\pi\left(\text{베이스 교류 입력저항}=\dfrac{v_{be}}{i_b}\right)=(1+\beta)r_e$	$h_{ie}=(1+h_{fe})h_{ib}$
$r_e\left(\text{이미터 교류 입력저항}=\dfrac{v_{be}}{i_e}\right)=\dfrac{r_\pi}{(1+\beta)}$	$h_{ib}=\dfrac{h_{ie}}{(1+h_{fe})}$
$g_m\left(\text{전달 컨덕턴스}=\dfrac{i_c}{v_{be}}\right)=\dfrac{\beta}{r_\pi}=\dfrac{\alpha}{r_e}$	$\dfrac{h_{fe}}{h_{ie}}=\dfrac{h_{fb}}{h_{ib}}$

예제 3-19

BJT 증폭기의 동작점이 $Q(I_C=1.3[\text{mA}],\ V_{CE}=8.1[\text{V}])$일 때 π-모델, T-모델의 회로정수인 r_π, g_m, r_e, r_o 값을 결정하여라(단, 온도전압 $V_T=26[\text{mV}]$, 얼리전압 $V_A=100[\text{V}]$, $\beta=100$이다).

풀이

$$r_e=\frac{V_T}{I_E}\cong\frac{V_T}{I_C}=\frac{26[\text{mV}]}{1.3[\text{mA}]}=20[\Omega],\ \ g_m\cong\frac{1}{r_e}=\frac{1}{20}=50[\text{m}\mho]$$

$$r_\pi=\frac{V_T}{I_B}=(1+\beta)r_e\cong\beta r_e=2[\text{k}\Omega],\ \ r_o=\frac{V_A}{I_C}=\frac{100[\text{V}]}{1.3[\text{mA}]}=76.9[\text{k}\Omega]$$

π-모델 정수와 h-모델 정수의 관계

하이브리드-π 모델과 T-모델은 h-모델의 h 정수가 제공되지 않아도 소신호 해석을 할 수 있다. 먼저 직류 바이어스 해석으로 모델의 정수를 구해 손쉽게 해석할 수 있으며, [표 3-7]의 h 정수값으로부터 모델의 정수값들을 곧바로 유도할 수도 있다.

예제 3-20

BJT의 h 정수값이 $h_{ie}=1[\text{k}\Omega]$, $h_{fe}=100$, $h_{oe}=10^{-5}[\mho]$일 때 π, T-등가모델의 회로정수 r_π, β, r_e, r_o의 값들로 환산하여라.

풀이

- $r_\pi=(1+\beta)r_e=h_{ie}=1[\text{k}\Omega]$이므로 $r_\pi=1[\text{k}\Omega]$이고 $\beta=h_{fe}=100$이 된다.

- $r_e = \dfrac{h_{ie}}{(1+h_{fe})} \cong \dfrac{h_{ie}}{h_{fe}} = \dfrac{1[\mathrm{k\Omega}]}{100} = 10[\Omega]$ 이다.

- $r_o \cong \dfrac{1}{h_{oe}} = \dfrac{1}{10^{-5}} = 10^5 = 100[\mathrm{k\Omega}]$, $g_m \cong \dfrac{1}{r_e} = 0.1[\mho]$ 가 된다.

3.3.4 공통 이미터 증폭기의 신호 해석

가장 범용적인 공통 이미터 증폭기의 신호 해석을 위해 주어진 회로의 직류 바이어스 해석을 하고, 교류 등가모델의 회로정수와 소신호 등가회로를 이용하여 교류신호 해석을 순차적으로 진행한다.

직류 바이어스 해석

주어진 [CE]형 증폭기 회로인 [그림 3-76]에서 콘덴서 C_C, C_E를 제거한 직류 등가회로 [그림 3-77]을 사용하여 직류해석을 하여 I_B, I_C, I_E를 구한다. 직류 바이어스 해석은 3.2절에서 상세히 다루었으니 참조하기 바란다.

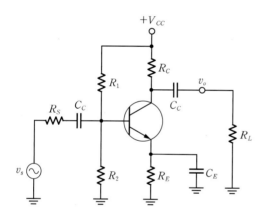

[그림 3-76] 공통 이미터 증폭기

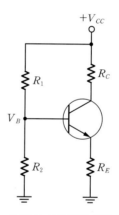

[그림 3-77] [CE] 직류 등가회로

[그림 3-77]에서 베이스 전압 V_B를 구하고, I_B, I_C, I_E 전류를 구한다.

$$V_B = V_{CC} \cdot \frac{R_2}{R_1 + R_2}$$

$$V_E = V_B - V_{BE} = V_B - 0.7 = I_E R_E$$

$$I_E = \frac{V_E}{R_E}, \quad I_B = \frac{V_E}{(1+\beta)R_E}, \quad I_C = \beta I_B$$

교류 등가회로 구성

주어진 [CE]형 증폭기 회로인 [그림 3-76]에 대한 교류 등가회로는 결합 콘덴서 C_C와 바이패스 콘덴서 C_E는 교류 시에 단락시키고, 직류 공급전원 V_{CC}는 교류성분의 전위차는 0이므로 접지(GND)시키면 [그림 3-78]의 (a) → (b) → (c) 순으로 그려진다.

[그림 3-76]의 회로는 R_E가 있어도 교류해석 시에는 사용되지 않으므로 이미터 접지[CE] 증폭기임을 숙지해야 한다.

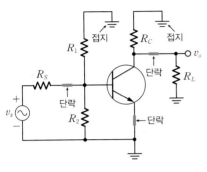

(a) 교류 등가회로의 규칙을 적용

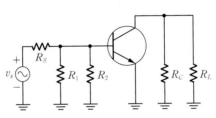

(b) R_1과 R_2, R_C와 R_L을 병렬로 정리

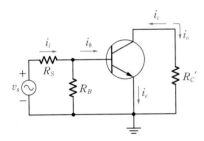

(c) 전체 합성저항 R_B, $R_C{}'$으로 표현

- R_B: 전체 베이스 바이어스 저항
$$\left(R_B = R_1 /\!/ R_2 = \frac{R_1 R_2}{R_1 + R_2} \right)$$

- $R_C{}'$: 전체 교류 컬렉터 저항
$$\left(R_C{}' = R_C /\!/ R_L = \frac{R_C R_L}{R_C + R_L} \right)$$

[그림 3-78] 이미터 공통 증폭기의 교류 등가회로

교류 등가모델(r_e, r_π, h-모델 등) 선정

이 책에서는 BJT 교류신호 해석이 용이한 r_e - 모델을 주로 사용한다.

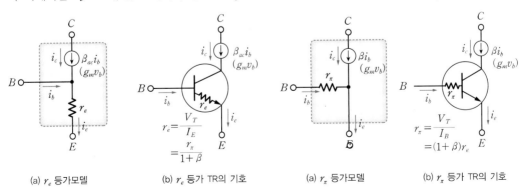

(a) r_e 등가모델   (b) r_e 등가 TR의 기호

[그림 3-79] r_e 교류 등가모델과 기호

(a) r_π 등가모델   (b) r_π 등가 TR의 기호

[그림 3-80] r_π 교류 등가모델과 기호

교류해석을 위한 회로정수 산출

r_π 또는 r_e-모델을 이용하여 교류해석을 할 때, 회로정수는 직류 바이어스 전류에 의해 손쉽게 계산할 수 있는데, 다음 식으로 산출한다.

$$g_m = \frac{I_C}{V_T} = \frac{I_C}{26[\text{mV}]} \ [\text{Ʊ, S}] \qquad r_\pi = \frac{V_T}{I_B} = \frac{26[\text{mV}]}{I_B} = \frac{\beta}{g_m} [\Omega]$$

$$r_e = \frac{V_T}{I_E} = \frac{26[\text{mV}]}{I_E} [\Omega] \qquad r_o = \frac{V_A}{I_C} [\Omega] \quad (V_A = \text{얼리전압})$$

소신호 등가회로에 의한 교류신호 해석

[그림 3-81(a)]는 r_e 등가모델을 적용한 소신호 등가회로이다. 이 등가회로를 사용해서 교류신호 해석을 행하게 된다. 참고로 [그림 3-81]은 회로도에 직접 표현된 r_e 등가 BJT의 기호이다. 소신호 등가회로를 일일이 그리지 않고, **회로도 상에서 이 기호를 써서 직관적으로 해석**해 나가며 회로 내 신호의 전송관계를 파악해보면 회로에 대한 통찰력을 키울 수 있을 것이다.

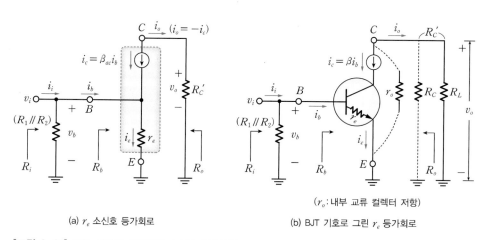

(a) r_e 소신호 등가회로

(b) BJT 기호로 그린 r_e 등가회로

(r_o : 내부 교류 컬렉터 저항)

[그림 3-81] 공통 이미터 증폭기의 소신호 등가회로

■ 입력저항(임피던스) : R_b, R_i

[그림 3-81]에서 증폭기 입력인 베이스에서 회로측을 들여다본 입력저항 R_b는 베이스 입력전압(v_b)을 베이스 입력전류(i_b)로 나누어 구한다.

$$R_b = \frac{v_b}{i_b} = \frac{r_e i_e}{i_b} = \frac{r_e(i_b + i_c)}{i_b} = \frac{r_e(1+\beta)i_b}{i_b} = (1+\beta)r_e \cong \beta r_e \tag{3.92}$$

[CE]형 증폭기는 입력저항이 불과 1~2[kΩ] 정도로 다소 작은 편이므로 [그림 3-76]의 이미터에 부착한 **바이패스 컨덴서 C_E를 제거**하면 R_E 저항이 나타난다. 따라서 [그림 3-82]의 회로(R_E를 갖는 [CE]형 증폭기)인 **고입력 저항회로**가 되며 다음과 같이 나타낸다.

$$R_b = (1+\beta)(r_e + R_E) \cong \beta(r_e + R_E) \tag{3.93}$$

참고 저항의 반사법칙이란 베이스에서 이미터에 있는 저항을 볼 때는 $(1+\beta)$배 크게 보이고, 이미터에서 베이스에 달린 저항을 볼 때는 $1/(1+\beta)$배 작게 보인다는 법칙이다. 식 (3.92)와 식 (3.93)도 $(1+\beta)$배 커지고 있다.

이때 입력신호전원 v_i에서 들여다본 **전체 입력저항 R_i**는 베이스 바이어스 저항 R_1, R_2와 R_b가 병렬로 접속된 합성저항이 된다.

$$R_i = \frac{v_i}{i_i} = (R_1 /\!/ R_2) /\!/ R_b = (R_B /\!/ R_b) \tag{3.94}$$

베이스 바이어스 저항 R_B 때문에 전체 입력저항이 감소되고 있음을 기억하기 바란다.

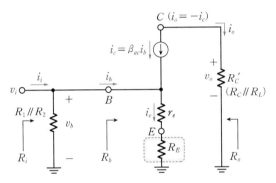

[그림 3-82] 바이패스 커패시터가 없는 교류 증폭기의 교류 등가모델

■ 출력저항(임피던스) : R_o

출력단자 컬렉터에서 회로의 내부를 들여다본 저항을 의미하며, 보통 부하저항 R_L은 제외시켜 계산한다. 그런데 [그림 3-81(b)]에서 보는 것처럼 트랜지스터 내부 교류 컬렉터 출력저항(r_o, r_c)은 매우 큰 값이므로 무시되어 출력저항 R_o는 다음과 같이 표현된다.

$$R_o = (r_o /\!/ R_C) \cong R_C \quad (r_o\text{는 매우 큰 값이므로 무시}) \tag{3.95}$$

■ 전압이득 : A_{vb}, A_v

[그림 3-81]에서 증폭기 입력인 베이스 교류전압 v_b가 증폭되어 출력인 컬렉터에서 나오는 교류 출력전압 v_o의 비율인 A_{vb}(증폭기만의 전압이득)는 다음과 같다.

$$A_{vb} \equiv \frac{v_o}{v_b} = \frac{R_o \cdot i_o}{r_e \cdot i_e} \cong \frac{R_C(-i_c)}{r_e i_c} = \frac{-R_C}{r_e} \quad (R_L\text{이 없는 경우}) \tag{3.96}$$

여기에서 교류 출력전류 i_o는 실제로 부하쪽에서 쓰이는 전류가 합당하므로 컬렉터 출력전류 i_c에 (−)
부호를 달면 된다(즉 $i_o = -i_c = -\beta i_b$). 여기서 (−) 부호는 역위상을 의미하며, **[CE]형 증폭기만 입
·출력전압이 역위상**이다.

만일 컬렉터 저항 R_C 외에 실제 부하저항 R_L도 접속된 경우에는 전체 교류 컬렉터 저항 $R_C{}'$은 R_C
와 R_L이 병렬로 합성된 $(R_C /\!/ R_L) = \left(\dfrac{R_C \cdot R_L}{R_C + R_L} \right)$을 사용한다.

$$A_{vb} = -\frac{R_C{}'}{r_e} = -\frac{R_C /\!/ R_L}{r_e} \quad (R_L \text{ 접속 시}) \tag{3.97}$$

그리고 회로정수 g_m(**전달 컨덕턴스**) $\cong \dfrac{1}{r_e}$ 관계를 이용하여 A_v를 다음과 같이 쓸 수도 있다.

$$A_{vb} = -g_m R_C \quad (R_L \text{이 없는 경우}) \tag{3.98}$$

$$A_{vb} = -g_m R_C{}' = -g_m(R_C /\!/ R_L) \quad (R_L \text{ 접속 시}) \tag{3.99}$$

[그림 3-83]에서와 같이 입력신호원 v_s의 내부 소스저항 $R_S = 0$이면 v_s가 전부 증폭기의 입력 베이
스 전압 v_b로 인가되지만, R_S 값이 존재하면 입력신호 전압 v_s의 일부가 R_S에서 전압강하되어 v_b가
감소된다.

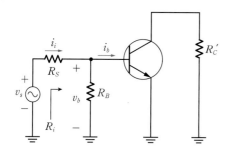

[그림 3-83] 소스저항 R_S에서 신호이득 감쇠

전체 전압이득 A_v는 v_s 입력신호 중 증폭기 입력저항(R_i)쪽으로 인가되는 비율을 R_S와 **전압분배시**
켜 구한 후, 그 비율인 $\dfrac{R_i}{R_i + R_S}$에 증폭기만의 전압이득인 A_{vb}를 곱한 것이다.

$$A_v = A_{vb} \cdot \frac{R_i}{R_i + R_S} = -\frac{R_C}{r_e} \cdot \frac{R_i}{R_i + R_S} \quad (R_L \text{이 없는 경우}) \tag{3.100}$$

$$A_v = A_{vb} \cdot \frac{R_i}{R_i + R_S} = -\frac{(R_C /\!/ R_L)}{r_e} \cdot \frac{R_i}{R_i + R_S} \quad (R_L \text{ 접속 시}) \tag{3.101}$$

이처럼 입력 소스저항(R_S)에서의 전압강하로 인해 전체 전압이득이 감소됨을 숙지해야 한다. 이밖에
전체 전압이득의 변동을 초래하는 여러 회로적인 요인을 다음과 같이 정리할 수 있다.

• 이미터 바이패스 콘덴서(C_E)에 의한 전압이득의 변화

[그림 3-82]와 같이 C_E를 제거하면 [CE]형 증폭기가 아니라 R_E를 갖는 [CE]형 증폭기가 되며, 전압이득 A_{vb}는 감소하지만 안정성은 좋아진다.

$$A_{vb} = \frac{v_o}{v_b} = \frac{R_C{}' i_o}{(r_e + R_E)i_e} \cong \frac{R_C{}'(-i_c)}{(r_e + R_E)i_e}$$

$$\cong \frac{-R_C{}'}{(r_e + R_E)} = -\frac{R_C /\!/ R_L}{r_e + R_E} \quad (R_L \text{ 접속 시}) \tag{3.102}$$

$$A_{vb} \cong -\frac{R_C(-i_c)}{(r_e + R_E)i_e} = -\frac{R_C}{r_e + R_E} \quad (R_L \text{이 없는 경우}) \tag{3.103}$$

이미터 바이패스 콘덴서(C_E)를 사용하면 이미터 접지형 증폭기로서 전압이득$(A_{vb} = -\dfrac{R_C}{r_e})$이 증대는 되지만, r_e 값이 온도에 따라 변화하므로 전압이득이 불안정해진다. 반면 콘덴서(C_E)를 제거하고 $R_E > r_e$인 **R_E 저항을 사용하면 이득은 감소**하지만 순수한 저항$(R_E, R_C{}')$으로만 결정되므로 온도변화에도 **안정한 이득특성**을 갖게 된다. 즉 $R_E > r_e$일 때의 이득은 식 (3.102)와 식 (3.103)에서 다음 식으로 변화된다.

$$A_{vb} \cong -\frac{R_C{}'}{R_E} = -\frac{(R_C /\!/ R_L)}{R_E} \quad (R_L \text{ 접속 시}) \tag{3.104}$$

$$A_{vb} \cong -\frac{R_C}{R_E} \quad (R_L \text{이 없는 경우}) \tag{3.105}$$

• 전압이득과 이득의 안정성을 절충하는 스웸핑 증폭기

앞서 언급했듯이 이미터 바이패스 콘덴서(C_E)를 사용하면 전압이득은 증가되지만 안정성이 떨어진다. 한편 C_E를 제거하고 R_E 저항을 사용하면 안정성은 향상되지만 전압이득이 감소하는 문제가 생긴다. 스웸핑^{swamping} 증폭기는 양쪽의 두 가지 특성을 모두 개선하기 위해 R_E 저항을 R_{E1}과 R_{E2}로 분할시켜 R_{E2} 저항은 바이패스시키고, 나머지 R_{E1}은 바이패스 없이 그대로 사용한다. [예제 3-24]를 통해 회로의 특징과 구성을 숙지하기 바란다.

• 부하저항 R_L에 의한 전압이득의 영향

[CE]형 증폭기에서 무부하 시 전압이득(A_{vo})과 부하 시 전압이득(A_{vL})을 다음과 같다.

$$A_{vo} = -\frac{R_C{}^{\cdot}}{r_e}, \quad A_{vL} = -\frac{R_C{}'}{r_e} = -\frac{(R_C /\!/ R_L)}{r_e}$$

여기서 $R_C{}' = (R_C /\!/ R_L) = \dfrac{R_C \cdot R_L}{R_C + R_L}$은 '전체 교류 컬렉터 저항'으로 작은 부하저항 R_L이 결합되는 경우에는 $R_C{}'$이 감소되어 전압이득 A_{vL}이 감소된다.

그러나 부하저항 $R_L \gg R_C$일 때는 $R_C{}' \cong R_C$로 전압이득은 무부하인 경우와 동일하다. 따라서 부하 R_L은 전압이득에 거의 영향을 주지 않는다.

■ 전류이득 : A_{ib}, A_i

[그림 3-84]에서 증폭기 입력인 베이스 교류전류 i_b가 출력인 컬렉터 교류전류 i_c로 증대되는 비율인 A_{ib}(증폭기만의 전류이득)는 다음과 같이 구한다.

$$A_{ib} \equiv \frac{i_o}{i_b} = \frac{-i_c}{i_b} = -\frac{\beta i_b}{i_b} = -\beta \tag{3.106}$$

[그림 3-84]에서 증폭기 전체 입력전류 i_s 중 일부는 바이어스 저항인 $R_B(=R_1 /\!/ R_2)$쪽으로도 i_B 만큼 흘러나가므로 증폭기쪽 입력저항 R_b와 R_B 간의 전류를 분배시켜 증폭기 R_b쪽으로 유입되는 비율을 구해 A_{ib}와 곱하면 **전체 전류이득**인 A_i를 구할 수 있다.

$$A_i = \frac{i_o}{i_s} = \frac{i_b}{i_s} \times \frac{i_o}{i_b} = \frac{R_B}{R_B + R_b} \cdot A_{ib} = -\frac{R_B}{R_B + R_b} \cdot \beta \tag{3.107}$$

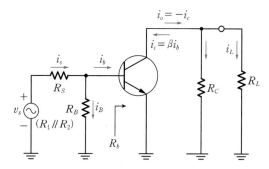

[그림 3-84] 전체 교류입력 전류 i_s

전류분배법칙은 전류는 각 저항에 반비례한다는 성질을 적용하면 R_B와 R_b로 전류분배를 할 때 R_b쪽으로 유입되는 비율인 $\dfrac{R_B}{R_B + R_b}$ 값으로 구할 수 있다.

결론적으로 직류 바이어스 공급용 저항인 $R_B(R_1, R_2)$쪽으로도 교류전류 일부가 흘러 누설되고 있다는 것을 고려하여 바이어스 저항, 입력저항 등을 적절히 선정해야 한다.

■ 실제 부하저항 R_L이 접속된 경우 최종 전체 전류이득(A_{it}) 감소

[그림 3-84] 회로의 출력단에 R_C 저항과 별개로 부하저항 R_L이 접속된 경우에는, R_L이 없을 때 R_C에 공급된 전체 전류이득(A_i)을 R_C와 R_L로 다시 **전류분배**시켰을 때 부하저항 R_L쪽으로 유입되는 비율인 $\dfrac{R_C}{R_C + R_L}$ 값을 곱하면 유용한 **최종 전체 전류이득**(A_{it})이 구해진다.

$$A_{it} = \frac{R_C}{R_C + R_L} A_i = -\left(\frac{R_C}{R_C + R_L}\right) \cdot \left(\frac{R_B}{R_B + R_b}\right) \cdot \beta \tag{3.108}$$

여기서 부하저항 R_L은 전류에 반비례하므로 부하가 작을 때 공급되는 전력이 커질 수 있음을 기억하기 바란다.

■ 전력이득 : A_p

전력이득은 전압이득(A_v)과 전류이득(A_i)을 곱하여 얻을 수 있다.

$$A_p = A_v \cdot A_i = \left(\frac{R_L}{R_i} A_i\right) A_i = \frac{R_L}{R_i} A_i^2 \tag{3.109}$$

이때 전압이득은 $A_v = \dfrac{v_o}{v_s} = \dfrac{i_o R_o}{i_s R_i} = \dfrac{R_L}{R_i} A_i$로 정의될 수 있고, 이는 전력이득 표현에도 적용될 수 있다.

예제 3-21

[그림 3-85]의 BJT 증폭기 회로에서 소신호 해석을 하여라(단, A_v, A_i, R_i, R_o는 r_e-모델을 이용하며, $\beta = 100$이다).

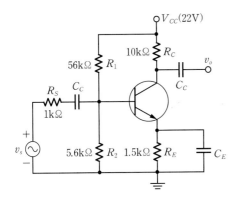

[그림 3-85] 공통 이미터 [CE]형 증폭기

풀이

먼저 C_C, C_E를 제거한 직류 등가회로에서 DC 바이어스 해석을 하여 $I_E \cong I_C = 0.85[\text{mA}]$, $I_B = 8.4[\mu\text{A}]$를 구한다. (DC 바이어스 해석은 3장 2절을 참고하기 바란다)

교류해석을 위한 회로정수를 구한다.

$$g_m = \frac{I_C}{V_T} = \frac{0.85[\text{mA}]}{26[\text{mV}]} = 0.033[\text{℧}], \quad r_e = \frac{V_T}{I_E} = \frac{26[\text{mV}]}{0.85[\text{mA}]} = 30.5[\Omega]$$

$$r_\pi = \frac{V_T}{I_B} = \frac{26[\text{mV}]}{8.4[\mu\text{A}]} = 3.09[\text{k}\Omega], \quad r_o = \frac{V_A}{I_C} \cong \infty \ (\text{무시})$$

[그림 3-81]의 r_e 소신호 등가회로와 유도한 결과식을 이용하여 해석한다.

$$\left(R_B = (R_1 \parallel R_2) = \frac{R_1 \cdot R_2}{R_1 + R_2} = 5.09[\text{k}\Omega]\right)$$

• 베이스에서 본 입력저항 : $R_b = (1+\beta)r_e = 101 \times 30.5 = 3.08[\text{k}\Omega]$

• 전체 입력저항 : $R_i = (R_B \parallel R_b) = (5.09\text{k} \parallel 3.08\text{k}) \cong 1.92[\text{k}\Omega]$

• 증폭기만의 전압이득 : $A_{vb} = -\dfrac{(r_o \parallel R_C)}{r_e} \cong -\dfrac{R_C}{r_e} = -\dfrac{10[\text{k}\Omega]}{30.5[\Omega]} \cong -328$ (r_o 는 무시)

• 전체 전압이득 : $A_v = (-328) \times \dfrac{R_i}{R_S + R_i} = (-328)\dfrac{1.92}{1+1.92} = -215$

• 출력저항 : $R_o = (r_o \parallel R_C) \cong R_C = 10[\text{k}\Omega]$

• 증폭기만의 전류이득 : $A_{ib} = \dfrac{i_o}{i_b} = \dfrac{-i_c}{i_b} = \dfrac{-\beta i_b}{i_b} = -\beta = -100$

• 전체 전류이득 : $A_i = (-\beta) \cdot \dfrac{R_B}{R_B + R_b} = -100 \times \dfrac{5.09\text{k}}{5.09\text{k} + 3.08\text{k}} = -62.3$

예제 3-22

[예제 3-21]의 증폭회로에 부하저항 $R_L = 3[\text{k}\Omega]$이 접속된다면 전압이득(A_v)과 전류이득(A_i)은 어떻게 변화되는지 비교하여라.

풀이

[그림 3-81]의 r_e 소신호 등가회로와 유도식을 이용하여 해석한다.

$$\left(R_C{}' = (R_C \parallel R_L) = \frac{R_C \cdot R_L}{R_C + R_L} = 2.3[\text{k}\Omega]\right)$$

• 증폭기만의 전압이득 : $A_{vb} = -\dfrac{R_C{}'}{r_e} = -\dfrac{(R_C \parallel R_L)}{r_e} = -\dfrac{2.3[\text{k}\Omega]}{30.5[\Omega]} = -75.4$

• 전체 전압이득 : $A_v = A_{vb} \cdot \dfrac{R_i}{R_S + R_i} = (-75.4)\dfrac{1.92\text{k}}{1\text{k} + 1.92\text{k}} = -49.6$

• 증폭기만의 전류이득 : $A_{ib} = \dfrac{i_o}{i_b} = \dfrac{-i_c}{i_b} = \dfrac{-\beta i_b}{i_b} = -\beta = -100$

• 전체 전류이득 : $A_i = \dfrac{i_L}{i_s} = (-\beta) \cdot \dfrac{R_B}{R_B + R_b} \cdot \dfrac{R_C}{R_C + R_L} = (-100)\dfrac{5.09}{5.09 + 3.08} \cdot \dfrac{10}{10+3} = -47.9$

  (여기서 $R_B = (R_1 \parallel R_2) = 5.09[\text{k}\Omega]$이다)

부하저항 R_L과 R_C에 의한 전류분배가 추가되므로 전체 전류이득은 감소되고, 출력저항이 R_C와 R_L이 병렬 합성된 $R_C{}'(= R_C \parallel R_L)$을 사용하므로 전압이득도 다소 감소된다.

[예제 3-21]의 [그림 3-85]의 회로를 r_π-모델을 사용하여 교류신호 해석을 하여라.

풀이

[예제 3-21]에서와 동일하게 직류 바이어스 해석과 r_π-모델의 회로정수를 구한다. 그런 다음 [그림 3-86]의 r_π 소신호 등가회로를 이용하여 신호 해석을 한다.

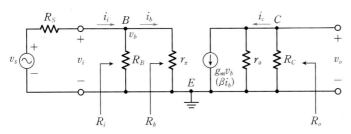

[그림 3-86] [CE]형 증폭기의 r_π 소신호 등가회로

- 증폭기만의 입력저항 : $R_b = r_\pi = 3.09[\text{k}\Omega]$

- 전체 입력저항 : $R_i = (R_B \mathbin{/\mkern-5mu/} r_\pi) = (5.09[\text{k}\Omega] \mathbin{/\mkern-5mu/} 3.09[\text{k}\Omega]) = 1.92[\text{k}\Omega]$

$$(R_B = (R_1 \mathbin{/\mkern-5mu/} R_2) = \frac{R_1 \cdot R_2}{R_1 + R_2} = \frac{56\text{k} \cdot 5.6\text{k}}{56\text{k} + 5.6\text{k}} = 5.09[\text{k}\Omega])$$

- 증폭기만의 전압이득 : $A_{vb} = -g_m(r_o \mathbin{/\mkern-5mu/} R_C) \cong -g_m R_C = -(0.033 \times 10\text{k}) = -330$

- 전체 전압이득 : $A_v = A_{vb} \cdot \left(\dfrac{R_i}{R_s + R_i}\right) = -330 \cdot \left(\dfrac{1.92\text{k}}{1\text{k} + 1.92\text{k}}\right) = -216$

- 출력저항 : $R_o = (r_o \mathbin{/\mkern-5mu/} R_C) \cong R_C = 10[\text{k}\Omega]$ (내부 컬렉터 출력저항 r_o는 크므로 무시)

- 증폭기만의 전류이득 : $A_{ib} = \dfrac{i_o}{i_b} = \dfrac{-i_c}{i_b} = \dfrac{-\beta i_b}{i_b} = -\beta = -100$

- 전체 전류이득 : $A_i = \dfrac{-i_c}{i_s} = A_{ib} \cdot \left(\dfrac{R_B}{R_B + r_\pi}\right) = (-\beta) \cdot \left(\dfrac{5.09\text{k}}{5.09\text{k} + 3.09\text{k}}\right) = -62.2$

신호 해석 결과, [예제 3-21]의 r_e-모델 해석과 동일함을 알 수 있다.

3.3.5 이미터 저항을 가진 이미터 접지 증폭기

[그림 3-87]은 앞에서 다루었던 이미터 접지(공통 이미터, [CE]) 증폭기 회로에서 이미터 바이패스 콘덴서(C_E)를 제거한 형태를 나타낸 것이다. 이미터 저항 R_E를 사용하므로 증폭기의 **입력저항이 증대되고, 전압이득은 감소될망정 이득의 안정성이 좋아지는 특징**이 있다.

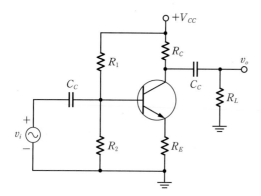

[그림 3-87] 이미터 저항을 가진 이미터 접지 증폭기

교류해석을 위해서는 결합 콘덴서(C_C)는 교류적으로 단락시키고, 직류전원 V_{CC}는 교류적으로 접지시켜 [그림 3-88]과 같은 교류 등가회로를 그린다. 그리고 신호 해석이 용이한 r_e 등가모델을 사용한 소신호 등가회로에서 신호 해석을 한다.

[그림 3-87]의 회로에서 + V_{CC}를 접지시키면 R_1은 R_2와, R_C는 R_L과 나란히 병렬형태로 되는 [그림 3-88]과 같은 교류 등가회로(r_e 등가 BJT 기호 사용)가 완성된다. [그림 3-89]는 원칙적인 r_e 소신호 등가회로이다.

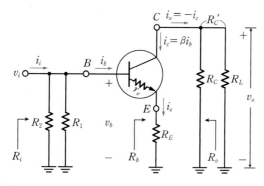

[그림 3-88] 교류 등가회로

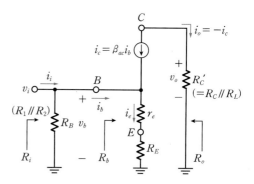

[그림 3-89] r_e 소신호 등가회로

이 회로에 대한 신호 해석은 앞서 이미터 접지[CE] 증폭기에서 이미 다루었으므로 이해가 덜 되었다면 해당 부분을 참고하기 바란다. 지금부터 [그림 3-88] ~ [그림 3-89]의 회로를 사용해서 신호 해석을 해보자. 가급적 [그림 3-88]을 이용해 **직관적으로 해석**할 수 있을 정도로 해석 과정을 학습하길 권한다.

■ 입력저항(임피던스) : R_b, R_i

베이스에서 본 입력저항(R_b)은 다음과 같이 구한다.

$$R_b = \frac{v_b}{i_b} = \frac{i_e(r_e + R_E)}{i_b} = \frac{(1+\beta)i_b(r_e + R_E)}{i_b} = (1+\beta)(r_e + R_E) \cong \beta R_E \tag{3.110}$$

베이스에서 볼 때 이미터 단자의 저항은 $(1+\beta)$배 크게 보이는 **저항의 반사법칙**을 적용하면 쉽게 해석할 수 있으며, R_E 사용으로 입력저항이 매우 증대된다. 전체 입력저항은 바이어스 공급용 저항 R_B와 R_b의 병렬접속으로 구할 수 있다.

$$R_i = R_B /\!/ R_b = R_B /\!/ (1+\beta)(r_e + R_E) \tag{3.111}$$

■ 전압이득 : A_{vb}, A_v

베이스에서 본 전압이득(A_{vb})은 다음과 같다.

$$A_{vb} = \frac{v_o}{v_b} = \frac{-i_c R_C{}'}{i_e(r_e + R_E)} \cong -\frac{R_C{}'}{r_e + R_E} \cong -\frac{R_C{}'}{R_E} \tag{3.112}$$

저항 R_E를 사용하므로 전압이득은 감소되지만, 전압이득이 저항요소(R_E, R_C, R_L)에 의해서만 결정되므로 안정도가 높은 증폭기가 된다. 그런데 입력측에 소스저항 R_S가 있다면 R_S에서 전압강하가 발생한다. 증폭기 입력저항 R_i와 R_S를 전압분배시키면 전체 전압이득(A_v)이 구해진다.

$$A_v \cong -\frac{R_C{}'}{R_E} \cdot \left(\frac{R_i}{R_s + R_i} \right) \quad (\text{-는 역상임, } R_C{}' = R_C /\!/ R_L) \tag{3.113}$$

■ 출력저항 : R_o

출력저항에 R_L은 포함되지 않으며, TR 내부의 컬렉터 저항 r_o는 매우 크므로 무시할 수 있다.

$$R_o = (r_o /\!/ R_C) \cong R_C$$

■ 전류이득 : A_{ib}, A_i

베이스에서 본 증폭기만의 전류이득(A_{ib})은 다음과 같다.

$$A_{ib} = \frac{i_o}{i_b} = \frac{-i_c}{i_b} = \frac{-\beta i_b}{i_b} = -\beta \tag{3.114}$$

DC 바이어스 저항 R_B쪽, 부하저항 R_L이 접속되었을 때 R_C쪽, 이 양쪽으로 흐르는 교류전류 성분을 모두 전류분배법칙으로 제외시키면 부하에만 공급되는 전체 전류이득을 구할 수 있다.

$$A_i = (-\beta) \cdot \frac{R_B}{(R_B + R_b)} \cdot \frac{R_C}{(R_C + R_L)} \tag{3.115}$$

[그림 3-90]은 **스웸핑 증폭기**이다. 다음 각 경우에 r_e-모델로 신호 해석을 하고 최종 교류 출력전압을 구하라.

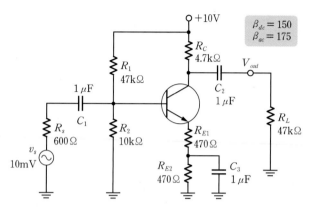

[그림 3-90] 스웸핑 증폭기 회로

풀이

[그림 3-91]의 직류 등가회로를 사용하여 I_B, I_C, I_E를 구한다. 이때 C_1, C_2, C_3는 직류적으로는 off 가 된다.

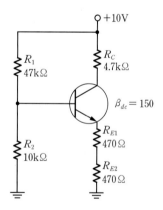

[그림 3-91] 직류 등가회로

- $V_B \cong V_{CC} \cdot \left(\dfrac{R_2}{R_1 + R_2} \right) = 10\text{V} \cdot \left(\dfrac{10k}{47k + 10k} \right) = 1.75\,[\text{V}]$

- $I_E = \dfrac{V_B - V_{BE}}{(R_{E1} + R_{E2})} = \dfrac{1.75 - 0.7}{940\,[\Omega]} = 1.12[\text{mA}]$ ($V_B = V_{BE} + (R_{E1} + R_{B2})I_E$에서 I_E를 구함)

- $I_B \cong \dfrac{I_E}{\beta_{dc}} = \dfrac{1.12\,[\text{mA}]}{150} = 7.46\,[\mu\text{A}]$, $I_C \cong I_E = 1.12[\text{mA}]$

소신호 모델의 회로정수를 구한다.

- $r_e = \dfrac{V_T}{I_E} = \dfrac{26[\mathrm{mV}]}{1.12[\mathrm{mA}]} = 23.2[\Omega]$ 　　　　- $r_o = \infty$

- $g_m = \dfrac{I_C}{V_T} = \dfrac{1.12[\mathrm{mA}]}{26[\mathrm{mV}]} = 0.043[\mho]$ 　　- $r_\pi = \dfrac{V_T}{I_B} = \dfrac{26[\mathrm{mA}]}{7.46[\mu\mathrm{A}]} = 3.48[\mathrm{k}\Omega]$

C_1, C_2, C_3는 교류적으로 단락시키고 V_{CC}는 접지시켜서 [그림 3-92]와 같은 교류 등가회로를 그린다.
(R_{E2}는 나타나지 않음을 기억하기 바란다)

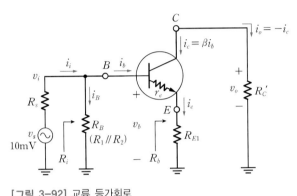

[그림 3-92] 교류 등가회로

'r_e -등가 BJT 기호'를 사용한 교류 등가회로로 직접 신호 해석을 한다.

- 증폭기 베이스에서 본 입력저항 : $R_b = (1+\beta)(r_e + R_{E1}) \cong \beta(r_e + R_{E1}) = 175(23.2 + 470)$
$$= 86.3[\mathrm{k}\Omega]$$

- 전체 입력저항 : $R_i = (R_B /\!/ R_b) = (R_1 /\!/ R_2) /\!/ R_b = (8.25 /\!/ 86.3) = 7.53[\mathrm{k}\Omega]$
(여기서 $R_B = (R_1 /\!/ R_2) = \dfrac{R_1 \cdot R_2}{R_1 + R_2} = 8.25[\mathrm{k}\Omega]$)

- 증폭기 베이스에서의 전압이득
$$A_{vb} \equiv \frac{v_o}{v_b} = \frac{i_o R_C'}{i_e(r_e + R_{E1})} = -\frac{i_c \cdot R_C'}{i_e(r_e + R_{E1})} \cong -\frac{R_C'}{r_e + R_{E1}} \cong -\frac{R_C'}{R_{E1}} = -\frac{4.27\mathrm{k}}{0.47\mathrm{k}} = -9$$

(여기서 $R_C' = (R_C /\!/ R_L) = \dfrac{R_C \cdot R_L}{R_C + R_L} = 4.27[\mathrm{k}\Omega]$)

- 전체 전압이득 : $A_v = \dfrac{v_o}{v_s} = A_{vb}\left(\dfrac{R_i}{R_s + R_i}\right) \cong -8.33$

- 출력저항 : $R_o \cong R_c = 4.7[\mathrm{k}\Omega]$

- 전체 전류이득 : $A_i = \dfrac{i_L}{i_s} = (-\beta) \cdot \dfrac{R_B}{R_B + R_b} \cdot \dfrac{R_C}{R_C + R_L} = -1.37$

- 최종 교류 출력전압 : $v_o = A_v \cdot v_s = -8.03 \times 10 = -80.3[\mathrm{mV}]$

R_E를 가진 [CE]형 증폭기 특성을 이미터 접지인 [CE]형 증폭기와 비교하여라(단, 증폭기 자체만의 특성을 비교한다).

풀이

구분	[CE]형 증폭기	R_E를 가진 [CE]형 증폭기
입력저항	$(1+\beta)r_e \cong \beta r_e$	$(1+\beta)(r_e+R_E) \cong \beta R_E$ (증대)
전압이득	$-\dfrac{R_C}{r_e}$	$-\dfrac{R_C}{r_e+R_E} \cong -\dfrac{R_C}{R_E}$ (감소) : 안정
전류이득	$-\beta$	$-\beta$ (동일)
출력저항	$r_o \mathbin{/\mkern-5mu/} R_C \cong R_C$	$(r_o+A_{vo}R_E) \mathbin{/\mkern-5mu/} R_C \cong R_C$ (증폭기만 증가)

r_π-등가모델을 사용하여 [예제 3-24]의 **스웸핑 증폭기**의 신호 해석을 하여라.

풀이

직류 등가회로에서 직류 바이어스 해석을 하고, 모델에 사용되는 회로정수를 구하는 과정은 [예제 3-24]와 동일하므로 해당 풀이를 참조하기 바란다. 여기서는 [그림 3-93]의 r_π 소신호 등가회로를 이용하여 교류신호 해석을 한다. ([그림 3-93(b)]를 이용하여 직접 회로도 상에서 해석하는 것도 좋다)

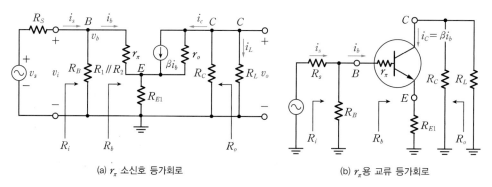

(a) r_π 소신호 등가회로　　　(b) r_π용 교류 등가회로

[그림 3-93] 스웸핑 증폭기

- 증폭기 베이스에서 본 입력저항 : $R_b = \dfrac{v_b}{i_b} = r_\pi + (1+\beta)R_{E1} = 3.48\text{k} + (1+175)(0.47\text{k}) = 86.2[\text{k}\Omega]$
- 전체 입력저항 : $R_i = (R_1 \mathbin{/\mkern-5mu/} R_2 \mathbin{/\mkern-5mu/} R_b) = (8.25\text{k} \mathbin{/\mkern-5mu/} 86.2\text{k}) = 7.5[\text{k}\Omega]$
- 증폭기만의 전압이득

$$A_{vb} = \frac{v_o}{v_b} = \frac{-\beta i_b \cdot R_C{}'}{i_b R_b} = -\frac{\beta(R_C \mathbin{/\mkern-5mu/} R_L)}{r_\pi + (1+\beta)R_{E1}} \cong -\frac{(R_C \mathbin{/\mkern-5mu/} R_L)}{R_{E1}} = -\frac{175 \times 4.27\text{k}}{86.2\text{k}} = -8.66$$

- 전체 전압이득 : $A_v = A_{vb} \cdot \left(\dfrac{R_i}{R_s + R_i} \right) = -8.02$ (R_s와 R_i 간 전압분배시킴)

- 출력저항 : $R_o = (r_o \parallel R_C) \cong R_C = 4.7[\mathrm{k\Omega}]$ (r_o는 크므로 무시함)

- 전류이득 : $A_i = (-\beta) \cdot \left(\dfrac{R_B}{R_B + R_b} \right) \cdot \left(\dfrac{R_C}{R_C + R_L} \right)$

$$= (-175) \cdot \left(\frac{8.25\mathrm{k}}{8.25\mathrm{k} + 86.2\mathrm{k}} \right) \cdot \left(\frac{4.7\mathrm{k}}{4.7\mathrm{k} + 47\mathrm{k}} \right) = -1.39$$

(입력측 R_B와 출력측 R_L을 고려하여 전류분배시킴)

- 최종 교류 출력전압 : $v_o = v_s \cdot A_v = (10[\mathrm{mV}]) \times (-8.02) = -80.2[\mathrm{mV}]$

[예제 3-24]의 r_e-모델 소신호 등가회로의 경우와 동일한 결과를 보여준다.

3.3.6 공통 컬렉터 증폭기의 신호 해석

공통 컬렉터[CC] 증폭기는 입력단자 베이스와 출력단자 이미터가 다이오드로 연결된 구조로서 베이스의 입력 신호전압이 이미터의 출력전압으로 그대로 따라가는 형태이다. **이미터 폴로워**^{Emitter-follower}라고도 불리며, 전압이득은 거의 1배이고, 입·출력 간 전압위상도 같다. 또한 출력에 이미터 저항 R_E를 사용하므로 **입력저항이 매우 큰 반면, 출력저항은 매우 작으며** 큰 전류이득을 갖고 있어 **전압버퍼(완충기)** 회로에 널리 쓰인다. 큰 임피던스 회로의 신호를 작은 임피던스 회로에 **매칭(정합)해주는 회로**에 주로 쓰인다. 컬렉터는 전원 V_{CC}로 연결되며, 컬렉터 저항은 거의 쓰지 않는다.

직류 바이어스 해석

[그림 3-94]의 [CC]형 증폭기 회로에서 C_1, C_2를 제거한 구성한 직류 등가회로를 구성하고 직류해석을 하여 I_E, I_C, I_B를 구한다.

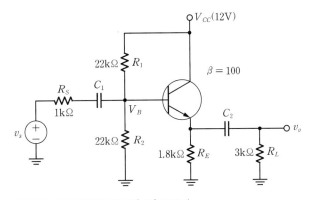

[그림 3-94] 이미터 폴로워[CC] 증폭기

먼저 베이스 전압 V_B를 구하고, 베이스쪽 입력회로에 전압방정식(KVL)을 세워서 I_E, I_C, I_B를 구한다.

$$V_B = V_{CC} \frac{R_2}{R_1 + R_2} = 12[\text{V}] \cdot \frac{11\text{k}}{11\text{k} + 11\text{k}} = 6[\text{V}]$$

$$V_B = V_{BE} + R_E I_E$$

$$I_E = \frac{V_B - V_{BE}}{R_E} = \frac{(6 - 0.7)[\text{V}]}{1.8\text{k}} = 2.94[\text{mA}]$$

$$I_C \cong I_E = 2.94[\text{mA}], \quad I_B = \frac{I_C}{\beta} = \frac{2.94[\text{mA}]}{100} = 29.4[\mu\text{A}]$$

교류해석을 위한 회로정수 산출

r_e 또는 r_π-모델에 사용되는 대표적인 회로정수를 구한다.

$$r_e = \frac{V_T}{I_E} = \frac{26[\text{mV}]}{2.94[\text{mA}]} = 8.8[\Omega]$$

$$r_\pi = \frac{V_T}{I_B} = \frac{26[\text{mV}]}{29.4[\mu\text{A}]} = 889[\Omega]$$

$$g_m = \frac{I_C}{V_T} \cong \frac{1}{r_e} = 0.11[\mho]$$

$$r_o = \frac{V_A}{I_C} = \infty$$

교류 등가회로와 r_e-모델 소신호 등가회로

[그림 3-95]는 [그림 3-94]를 가지고 r_e 등가모델을 적용한 소신호 등가회로이다. 이 교류 등가회로는 [그림 3-94]에서 결합 콘덴서 C_1, C_2를 교류시에 단락^{short}시키고, V_{CC}는 접지시켜 구성한다.

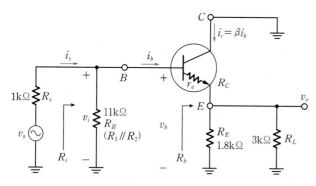

[그림 3-95] 교류 등가회로 겸 r_e 소신호 등가회로

소신호 등가회로에 의한 교류신호 해석

[그림 3-95]를 이용하여 다음과 같이 신호 해석을 진행한다.

■ 입력저항(임피던스) : R_b, R_i

베이스에서 본 입력저항 R_b는 다음 식으로 구한다.

$$R_b \equiv \frac{v_b}{i_b} = \frac{i_e(r_e + R_E)}{i_b} = \frac{(1+\beta)i_b}{i_b}(r_e + (R_E /\!/ R_L)) = (1+\beta)(r_e + (\boldsymbol{R_E} /\!/ \boldsymbol{R_L}))$$

$$\cong \beta(\boldsymbol{R_E} /\!/ \boldsymbol{R_L}) = (1+100)(8.8 + 1.125k) = 114.5[k\Omega] \tag{3.116}$$

전체 입력저항 $\boldsymbol{R_i}$는 바이어스 저항 R_B와 R_b를 병렬로 합성하여 구한다.

$$R_i = (R_1 /\!/ R_2) /\!/ R_b = R_B /\!/ R_b = 11k /\!/ 114.5k \cong 10.036[k\Omega] \tag{3.117}$$

바이어스 저항 때문에 전체 입력저항이 감소되고 있음을 알아두기 바란다.

■ 전압이득 : A_{vb}, A_v

베이스에서 본 증폭기만의 전압이득 A_{vb}는 다음 식으로 구한다.

$$A_{vb} = \frac{v_o}{v_b} = \frac{i_e R_E}{i_e(r_e + R_E)} = \frac{\boldsymbol{R_E}}{\boldsymbol{r_e + R_E}} \tag{3.118}$$

$$= \frac{1.8[k\Omega]}{(8.8[\Omega] + 1.8[k\Omega])} = 0.99 \quad \text{(전압이득은 거의 1로, 동위상임)}$$

부하저항 R_L까지 고려한다면 R_E 대신 $R_E /\!/ R_L$을 사용하면 되는데, 전압이득에는 큰 변화가 없다. **전체 전압이득 $\boldsymbol{A_v}$**는 A_{vb} 중에서 입력 소스저항 R_s에서의 전압강하분을 제외하면 된다. 따라서 R_s와 증폭기 입력저항 R_i로 전압분배시켜 증폭기의 R_i쪽으로 걸리는 크기가 A_v가 된다.

$$A_v = \frac{R_E}{r_e + R_E} \cdot \left(\frac{R_i}{R_s + R_i}\right) = 0.99 \cdot \left(\frac{10.37k}{1 + 10.37k}\right) \cong 0.9 \tag{3.119}$$

■ 출력저항(임피던스) : $R_o{}'$, R_o

출력저항을 계산하기 위해 별도의 등가회로인 [그림 3-96]을 이용한다.

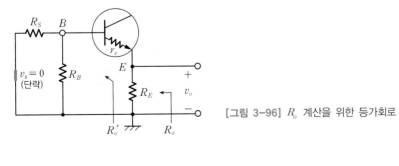

[그림 3-96] R_o 계산을 위한 등가회로

어떤 회로상에서 저항을 측정할 때는 전원은 0으로 해놓고 측정해야 하므로, 입력전압 $v_s = 0$으로 단락시킨 후 이미터 단자에서 좌측부에 있는 합성저항 값 R_o'을 구한다.

R_S와 R_B는 병렬이므로 $(R_S /\!\!/ R_B)$ 값이 되는데, **저항의 반사법칙**을 적용하면 이미터에서 볼 때 베이스 단자에 접속된 저항은 $\dfrac{1}{1+\beta}$ 배로 작게 보이므로 결국 $\dfrac{(R_S /\!\!/ R_B)}{1+\beta}$ 값으로 환산된다. r_e는 이미터에 있는 저항이므로 그대로 r_e가 되는데, 그들은 서로 직렬로 접속되어 있으므로 R_o'은 다음 식으로 구해진다.

$$R_o' = \frac{(R_S /\!\!/ R_B)}{1+\beta} + r_e \cong \boldsymbol{\frac{R_S}{1+\beta} + r_e} \quad (R_S \ll R_B \text{의 경우}) \tag{3.120}$$

전체 출력저항 R_o는 출력저항 R_E와 R_o'을 병렬로 합성하면 된다.

$$R_o = (R_o' /\!\!/ R_E) \cong R_o' = \left(\frac{R_S}{1+\beta} + r_e\right) \quad (R_o' \ll R_E \text{의 경우}) \tag{3.121}$$

$$= \frac{1\text{k}}{1+\beta} + 8.8 \cong 18.7\,[\Omega]$$

이미터 폴로워는 출력저항이 대단히 작다는 것을 기억해야 한다.

■ 전류이득 : A_{ib}, A_i

베이스에서 본 증폭기만의 전류이득 A_{ib}는 다음 식으로 구한다.

$$A_{ib} = \frac{i_e}{i_b} = \frac{(1+\beta)i_b}{i_b} = (1+\beta) \tag{3.122}$$

그런데 **전체 전류이득 A_i**는 입력측 바이어스 저항 R_B쪽으로도 교류전류가 일부 흘러나가므로 그 성분을 제거하기 위해 증폭기 베이스에서 본 입력저항 R_b와 전류분배시켜 증폭기 내부의 R_b쪽으로 유입되는 성분을 취하면 A_i를 구할 수 있다.

$$A_i = A_{ib} \cdot \frac{R_B}{R_B + R_b} = (1+\beta) \cdot \frac{R_B}{R_B + R_b} \tag{3.123}$$

$$= (1+100)\frac{11\text{k}}{(11+182.7)\text{k}} = 5.73$$

만약 부하저항 R_L이 접속되어 있는 경우는 다시 한 번 R_E와 R_L로 전류분배시켜 부하 R_L쪽으로 흐르는 **최종 전류이득 A_{it}**를 구한다.

$$A_{it} = A_i \cdot \left(\frac{R_E}{R_E + R_L}\right) = (1+\beta)\frac{R_B}{R_B + R_b} \cdot \frac{R_E}{R_E + R_L} \tag{3.124}$$

$$= (1+100) \cdot \frac{11}{11+182.7} \cdot \frac{1.8}{1.8+3} = 2.15$$

■ **전력이득 : A_p**

전력이득 A_p는 전압이득 A_v와 전류이득 A_i의 곱으로 구해진다.

$$A_p = A_v \cdot A_i = 0.9 \times 2.15 \cong 2$$

예제 3-27

다음 회로에서 신호 해석을 하여 A_i, A_v, R_i, R_o를 구하여라(단, $V_{CC} = 5[\text{V}]$, $R_1 = R_2 = 50[\text{k}\Omega]$, $R_E = 2[\text{k}\Omega]$, $R_S = 0.5[\text{k}\Omega]$, $R_L = 1[\text{k}\Omega]$, $\beta = 100$, 얼리전압 $V_A = 80[\text{V}]$이다).

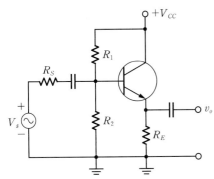

[그림 3-97]

풀이

먼저 DC 해석을 하여 $I_C \cong I_E = 0.793[\text{mA}]$, $I_B = 7.93[\mu\text{A}]$, $V_{CE} = 3.4[\text{V}]$를 구하고, 교류해석을 위한 회로정수를 구한다.

$$g_m = \frac{I_C}{V_T} = \frac{0.793}{26} = 30.5[\text{mA/V}], \quad r_\pi = \frac{\beta}{g_m} = \frac{100}{35} = 3.28[\text{k}\Omega]$$

$$r_e = \frac{V_T}{I_E} \cong \frac{V_T}{I_C} = 32.7[\Omega], \quad r_o = \frac{V_A}{I_C} = \frac{80}{0.793} = 100[\text{k}\Omega]$$

[그림 3-95]의 r_e 소신호 등가회로와 유도된 식을 이용하여 해석한다.

• 베이스에서 본 입력저항 : $R_b = (1+\beta)[r_e + (r_o /\!/ R_E /\!/ R_L)] = 3.28 + (1+100)(100 /\!/ 2 /\!/ 1)$
$$= 70.14[\text{k}\Omega]$$

• 전체 입력저항 : $R_i = (R_B /\!/ R_b) = (R_1 /\!/ R_2 /\!/ R_b) = (50 /\!/ 50 /\!/ 70.14) = 18.43[\text{k}\Omega]$

• 증폭기만의 전압이득 : $A_{vb} = \dfrac{v_o}{v_b} = \dfrac{i_e(r_o /\!/ R_E /\!/ R_L)}{i_e[r_e + (r_o /\!/ R_E /\!/ R_L)]} = 0.95$

• 전체 전압이득 : $A_v = A_{vb} \cdot \dfrac{R_i}{R_s + R_i} = 0.95 \dfrac{18.43}{0.5 + 18.43} = 0.92$

• 전체 출력저항 : $R_o = \dfrac{(R_S /\!/ R_B)}{1+\beta} + r_e /\!/ R_E \cong \left(\dfrac{R_S}{1+\beta} + r_e\right) /\!/ R_E \cong \dfrac{R_S}{1+\beta} + r_e = 37.7[\Omega]$

• 전체 전류이득 : $A_i = (1+\beta)\dfrac{R_B}{(R_B + R_b)} \times \dfrac{R_E}{R_E + R_L} = 101 \times \dfrac{25}{25 + 70.14} \times \dfrac{2}{2+1} = 17.7$

3.3.7 공통 베이스 증폭기의 신호 해석

베이스 접지[CB] 증폭기는 전류는 증폭할 수 없으나, 전압 증폭률은 매우 크다. **입력저항은 매우 작고, 출력저항이 매우 크다.** 예를 들어 $50[\Omega]$의 동축케이블의 신호를 입력저항이 $1[k\Omega]$인 시스템에 인가하고자 할 때처럼, 작은 임피던스 회로의 신호를 큰 임피던스 회로에 매칭(정합)시키는 용도로 사용할 수도 있다. 그리고 전류이득이 거의 1에 가까운 **전류버퍼**buffer로 사용될 수도 있다. [CB]형은 **전압 궤환율이 매우 작아서 자기발진현상**이 거의 없으므로 고주파 특성이 양호해서 [CE]와 [CB]의 복합 구조인 **캐스코드 고주파 증폭기**에 응용되고 있다.

직류 바이어스 해석

[그림 3-98]의 [CB]형 증폭기 회로에서 C_1, C_2, C_3를 제거한 직류 등가회로를 구성하여 직류 바이어스 해석을 진행한다.

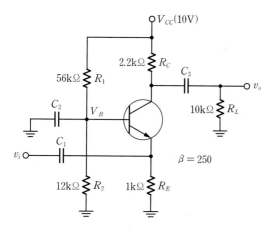

[그림 3-98] 공통 베이스[CB] 증폭기

먼저 베이스 전압 V_B를 구하고, 입력측에 전압방정식(KVL)을 세워서 I_E를 구한다. (직류 바이어스 해석은 3장 2절에서 상세히 다루었으니 참조하기 바란다)

$$V_B = V_{CC} \cdot \frac{R_2}{R_1 + R_2} = 10[\text{V}] \cdot \frac{12\text{k}}{56\text{k} + 12\text{k}} = 1.76[\text{V}]$$

$$V_B = V_{BE} + R_E I_E$$

$$I_E = \frac{V_B - V_{BE}}{R_E} = \frac{1.76 - 0.7}{1\text{k}} = 1.06[\text{mA}]$$

$$I_C \cong I_E = 1.06[\text{mA}]$$

$$I_B = \frac{I_C}{\beta} = 4.24[\mu\text{A}]$$

교류해석을 위한 회로정수 산출

r_e 또는 r_π−모델에 사용되는 대표적인 회로정수를 구한다.

- $r_e = \dfrac{V_T}{I_E} = \dfrac{26\,[\mathrm{mV}]}{1.06\,[\mathrm{mA}]} = 24.5\,[\Omega]$

- $g_m = \dfrac{I_C}{V_T} = \dfrac{1.06\,[\mathrm{mA}]}{26\,[\mathrm{mV}]} = 40.7\,[\mathrm{m\mho}]$

- $r_o = \infty$

- $r_\pi = \dfrac{V_T}{I_B} = \dfrac{26\,[\mathrm{mV}]}{4.24\,[\mu\mathrm{A}]} = 6.13\,[\mathrm{k}\Omega]$

교류 등가회로 r_e−모델 소신호 등가회로

[그림 3-99]는 [그림 3-98]에서 C_1, C_2, C_3를 교류적으로 단락시키고 V_{CC}는 접지시켜 구성한다. (R_1, R_2는 교류 등가회로에서 접지 사이에 위치하므로 나타나지 않는다)

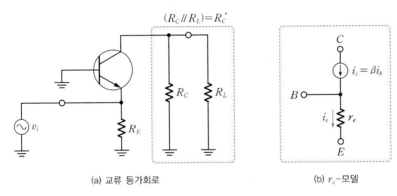

(a) 교류 등가회로   (b) r_e−모델

[그림 3-99] 교류 등가회로 겸 r_e 소신호 등가회로

소신호 등가회로에 의한 교류신호 해석

[그림 3-100]을 이용하여 다음과 같이 신호 해석을 진행한다.

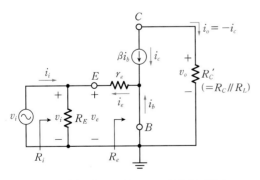

[그림 3-100] [CB] 증폭기 교류 소신호 등가회로

■ **전압이득 : A_v**

$$A_v = \frac{v_o}{v_i} = \frac{v_c}{v_e} = \frac{-i_c R_C}{-i_e r_e} \cong \frac{\boldsymbol{R_C}}{\boldsymbol{r_e}} \cong \boldsymbol{g_m R_C} \quad (R_L\text{이 없는 경우}) \tag{3.125}$$

어떤 경우는 $g_m \cong \dfrac{1}{r_e}$ 관계를 이용하여 g_m 식으로 사용하기도 한다. 부하저항 R_L이 접속된 경우는 $R_C{}' = (R_C /\!/ R_L)$을 사용하여 다음과 같이 구한다.

$$A_v = \frac{R_C{}'}{\boldsymbol{r_e}} = \boldsymbol{g_m R_C{}'} = \frac{(2.2\text{k} /\!/ 10\text{k})}{24.5} = 73.6 \quad (R_L \text{ 접속할 경우}) \tag{3.126}$$

■ **입력저항(임피던스) : R_e, R_i**

이미터에서 본 증폭기만의 입력저항은 다음과 같다.

$$R_e \equiv \frac{v_e}{i_e} = \frac{r_e i_e}{i_e} = \boldsymbol{r_e} = 24.5\,[\Omega] \tag{3.127}$$

R_E 저항도 고려한 전체 입력저항 R_i는 R_e와 R_E의 병렬로 합성한다. [CB]형 증폭기는 입력저항이 매우 작다는 것을 기억해야 한다.

$$R_i \equiv \frac{v_i}{i_i} = (r_e /\!/ \boldsymbol{R_E}) \cong r_e \cong \frac{1}{g_m} = 24.5\,[\Omega] \tag{3.128}$$

■ **전류이득 : A_{ie}, A_i**

이미터에서 본 증폭기만의 전류이득은 다음과 같다.

$$A_{ie} = \frac{i_c}{i_e} = \frac{\beta i_b}{(1+\beta)i_b} = \frac{\beta}{1+\beta} = \boldsymbol{\alpha} \cong 0.99 \tag{3.129}$$

전체 전류이득 A_i는 입력측 저항 R_E와 증폭기 입력저항 r_e로 전류분배시켜 구한다.

$$\boldsymbol{A_i} = \frac{\beta}{1+\beta} \cdot \left(\frac{\boldsymbol{R_E}}{\boldsymbol{R_E + r_e}}\right) = \frac{250}{251} \cdot \left(\frac{1000}{1000 + 24.5}\right) \cong 0.966 \tag{3.130}$$

만약 부하저항 R_L이 접속되어 있는 경우에는 R_C와 R_L로 다시 전류분배시켜 부하 R_L쪽으로 흐르는 최종 전류이득을 구한다. [CB]형 증폭기는 전류증폭이 되지 않는 것을 알 수 있다.

$$A_i = \left(\frac{\beta}{1+\beta}\right)\left(\frac{R_E}{R_E + r_e}\right)\left(\frac{R_C}{R_C + R_L}\right) \cong 0.17 \tag{3.131}$$

■ 출력저항(임피던스) : $R_o{}'$, R_o

컬렉터에서 바라본 증폭기 자체만의 출력저항은 TR 내부의 컬렉터 저항 r_o(매우 큰 값)가 되므로 출력저항이 매우 크다는 것을 기억해야 한다.

$$R_o{}' = r_o \tag{3.132}$$

만약 R_C 저항이 연결된 경우에는 r_o와 R_C를 병렬로 합성한 값이 된다.

$$R_o = (r_o \mathbin{/\!/} R_C) \cong R_C = 2.2[\mathrm{k\Omega}] \tag{3.133}$$

r_e-모델의 특성을 간단히 표로 정리했다.

[표 3-8] BJT 해석의 최종 요약 수식도표(증폭기 자체만 해석)

항목 \ 구조	공통 이미터[CE]	공통 베이스[CB]	공통 컬렉터[CC] (이미터 폴로워)
전류이득(A_i)	크다 $A_i = -\beta(\gg 1)$	1보다 작다 $A_i = \alpha(\approx 1 < 1)$	매우 크다 $A_i = (1+\beta)(\gg 1)$
전압이득(A_v)	크다 $A_v = -\dfrac{R_C}{r_e} = -g_m R_C$	매우 크다 $A_v \approx \dfrac{R_C}{r_e} = g_m R_C$	1보다 작다 $A_v = \dfrac{R_E}{r_e + R_E}$ ($\approx 1 < 1$)
입력저항(R_i)	보통 $R_i = (1+\beta)r_e \cong \beta r_e$	매우 작다 $R_i = r_e \mathbin{/\!/} R_E \cong r_e = \dfrac{1}{g_m}$	매우 크다 $R_o = (1+\beta)(r_e + R_E) \cong \beta R_E$
출력저항(R_o)	보통 $R_o = r_o \mathbin{/\!/} R_C \cong R_C$	크다 $R_o \approx R_C$	매우 작다 $R_o = \dfrac{R_S}{(1+\beta)} + r_e$
입·출력위상	역상	동상	동상
주 용도	증폭기, 스위치	고주파 증폭기, 전류버퍼	전압버퍼, 임피던스 매칭용 전력 증폭기

참고 R_E를 갖는 [CE] : [CE]와 A_i는 동일하고, A_v는 감소하지만 안정해지고, R_i와 R_o는 매우 크다.

[표 3-9] 접지별 정성적 특성 비교

[CE]	• 전압이득과 전류이득 모두 큼, 전력이득 최대 • 입력저항 R_i, 출력저항 R_o는 [CB]와 [CC]의 중간임 • R_i와 R_o는 소스저항 R_s, 부하저항 R_L에 큰 변동 없음 • 가장 범용적인 증폭기임(다단 증폭기 중간 단, 저주파 증폭) • 입·출력위상은 역상임
[CE] with R_E	• 전류이득 [CE]와 동일, 전압이득 감소(안정) • 입력저항 R_i는 매우 큼 • 출력저항 R_o도 매우 큼
[CC]	• 전류이득 최대, 전압이득 최소($A_v \cong 1$, 1보다 작음) • 입력저항 R_i 최대(수백 [kΩ]) • 출력저항 R_o 최소(수십 [Ω]) • 임피던스 매칭용 버퍼 증폭기(고 임피던스 전원과 저 임피던스 부하 사이) • 전력 증폭에도 사용 가능 • 입·출력위상은 동상임
[CB]	• 전압이득 최대, 전류이득 최소($A_i \cong 1$, 1보다 작음) • 입력저항 R_i 최소(수십 [Ω]) • 출력저항 R_o 최대(수백 [kΩ]) • 고주파 특성 양호(고주파 증폭) • 임피던스 매칭용(저 임피던스 전원과 고 임피던스 부하) • 입·출력위상은 동상임 • 거의 사용하지 않음

[표 3-10] 접지별 정성적 특성 비교(간략화한 버전)

	[CE]	[CC]	[CB]
전압이득 A_v	크다	최소	최대
전류이득 A_i	크다	최대	최소
입력저항 R_i	중간	최대	최소
출력저항 R_o	중간	최소	최대
입·출력위상	역상	동상	동상

3.3.8 달링턴 증폭기

실제 증폭회로에서는 **높은 입력저항**과 **큰 전류이득**을 요구하는 경우가 많은데, $500[\text{k}\Omega]$ 이하 정도는 이미터 폴로워[CC]로서 충분하다. 그 이상 더 높은 입력저항을 요하는 경우는 2개의 TR을 복합시킨 **달링턴**Darlington **접속**을 이용한 이미터 폴로워를 사용한다. 또한 바이어스 저항으로 인한 전체 입력저항의 감소를 보완하기 위해 **부트스트랩**bootstrap **회로**를 사용하여 실효 교류 입력저항을 증대시킬 수 있다.

달링턴 접속 이미터 폴로워

[그림 3-101(a)]의 NPN형 달링턴 접속 시 총 전류 증폭률을 해석해보자.

$$i_{E1} = (1+\beta_1)i_B, \quad i_{C1} = \beta_1 i_B, \quad i_{E1} = i_{C1} + i_B = (1+\beta_1)i_B = i_{B2} \tag{3.134}$$

$$i_E = i_{E2} = (1+\beta_2)i_{E1} = (1+\beta_2)(1+\beta_1)i_B \tag{3.135}$$

$$i_C = i_E - i_B = (\beta_1\beta_2 + \beta_1 + \beta_2)i_B \cong \beta_1\beta_2 i_B \tag{3.136}$$

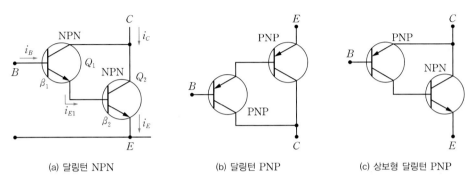

(a) 달링턴 NPN   (b) 달링턴 PNP   (c) 상보형 달링턴 PNP

[그림 3-101] 달링턴 접속의 구성

다음의 달링턴 쌍은 **큰 전류이득**$(\cong \beta_1 \cdot \beta_2)$을 가지므로 출력단에 큰 전류이득을 공급하는 음성 전력 증폭기, 고전력 스위칭 응용에 널리 사용되고 있다.

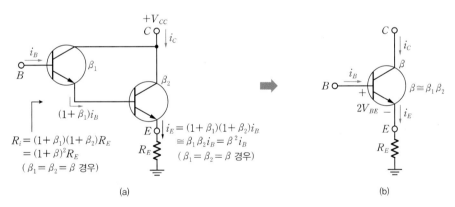

[그림 3-102] 달링턴 이미터 폴로워

달링턴 접속 TR을 사용하면 제곱비율$(A_i \cong \beta^2)$에 달하는 고이득을 얻을 수 있다. 이 달링턴 접속 TR을 이미터 폴로워[CC] 방식으로 구성하면 입력저항도 제곱비율$(R_i = (1+\beta)^2 R_E)$로 증대시킬 수 있다. 그리고 달링턴 접속 TR을 이미터 공통[CE] 방식으로 구성하면 높은 전압이득 및 전류이득을 얻을 수 있다.

다음 회로는 달링턴 접속을 이용한 이미터 폴로워이다. r_e - 등가모델로 신호 해석을 하여 A_i, A_v, R_i, R_o를 구하여라(단, $Q_1 = Q_2$, $\beta_1 = \beta_2 = \beta = 100$, $r_{e1} = r_{e2}$이다).

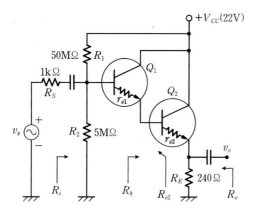

[그림 3-103] 달링턴 이미터 폴로워 증폭기

풀이

모든 콘덴서를 제거한 DC 등가회로에서 Q_1의 베이스 전압 V_B를 구하고 베이스쪽 입력회로 전압방정식 (KVL)을 세워 직류 I_E를 구한다.

$$V_B = V_{CC} \frac{R_2}{R_1 + R_2} = 22 \cdot \frac{5}{50 + 5} = 2[\mathrm{V}]$$

$$V_B = V_{BE1} + V_{BE2} + I_E R_E \quad \rightarrow \quad 2 = 0.7 + 0.7 + I_E R_E$$

$$I_E = \frac{2 - 1.4}{R_E} = \frac{0.6}{240} = 2.5[\mathrm{mA}]$$

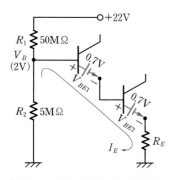

[그림 3-104] 입력측 DC 등가회로

교류해석을 위한 회로정수를 구한다.

$$r_e = \frac{26[\mathrm{mV}]}{2.5[\mathrm{mA}]} \cong 10[\Omega]$$

[그림 3-103]에서 직접 r_e-모델 소신호 해석을 한다.

- Q_1의 베이스에서 본 증폭기의 입력저항 : $R_b \cong (1+\beta)^2 R_E \cong \beta^2 R_E = 2.4[\text{M}\Omega]$
- 전체 입력저항 : $R_i = (R_1 \,/\!/\, R_2) \,/\!/\, R_b = (50\text{M} \,/\!/\, 5\text{M}) \,/\!/\, 2.4\text{M} = 1.56[\text{M}\Omega]$
- 전체 전류이득 : $A_i = (1+\beta)^2 \cong \beta^2 = 100^2 = 10^4$인데 DC 바이어스 저항 $R_B(R_1 \,/\!/\, R_2 = 4.5\text{M})$로
  흐르는 교류전류는 제외하기 위해 R_B와 R_b의 전류분배법칙으로 구한다.

$$A_i = (1+\beta)^2 \cdot \frac{R_B}{R_B + R_b} \cong 10^4 \cdot \frac{4.5\text{M}}{4.5\text{M} + 2.4\text{M}} = 6521.7$$

- 전체 출력저항 : $R_o = (R_{o2} \,/\!/\, R_E) \cong \left[\dfrac{R_S \,/\!/\, R_B}{(1+\beta)^2} + \dfrac{r_{e1}}{(1+\beta)} + r_{e2} \right] \,/\!/\, R_E$

$$\cong r_{e2} \,/\!/\, R_E = (10 \,/\!/\, 240) \cong 9.6[\Omega] \quad \text{(저항의 반사법칙 이용)}$$

3.3.9 캐스코드 증폭기 : [CE] + [CB]

TR은 궤환요소인 **전압 궤환율**(h_r)이 있기 때문에 사용 주파수가 높아지면 출력의 일부가 입력측으로 궤환되는 **자기발진 문제**가 발생되어 고주파 특성이 저하된다.

기본 증폭기 중에서 [CB]형 증폭기는 **전압 궤환율**(h_{rb})**이 작아 밀러효과**[Miller effect]의 영향을 거의 받지 않는다. 따라서 고주파 특성은 양호한데 입력 임피던스가 낮고 이득도 낮다. 이때 서로의 단점을 보완하기 위해 입력단에는 높은 전류이득과 입력 임피던스를 갖는 [CE]형 증폭기를, 출력측에는 전압 궤환율이 작고 출력 임피던스가 큰 [CB]형 증폭기를 결합한 **캐스코드 증폭기**를 사용한다.

밀러용량은 증폭기 이득에 비례하여 커지므로 출력측에 위치한 [CB]형 증폭기의 낮은 입력 임피던스가 앞단에 위치한 고이득인 [CE]형 증폭기의 낮은 부하저항 역할을 한다. 즉 [CE]형 증폭기의 이득을 감소시킴으로써 밀러효과의 영향도 덜 받아 고주파 특성이 좋아진다. 이 증폭기는 특히 전압 궤환율이 매우 작다는$(h_r \cong 0)$ 장점으로 인해 [CE]형 증폭기에 비해 더 넓은 대역폭을 얻을 수 있고, 동등한 대역폭에서 더 큰 이득을 얻을 수 있다는 장점때문에 **고이득 고주파 증폭기**로 사용되고 있다.

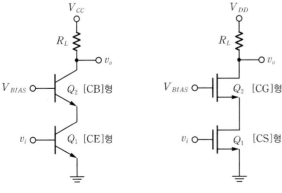

(a) BJT 캐스코드　　　　(b) MOS 캐스코드　　　**[그림 3-105]** 캐스코드 증폭기의 구조

캐스코드 증폭기의 신호 해석

다음 회로의 BJT Q_1과 Q_2의 β는 150이고, 전달 컨덕턴스 $g_{m1} = g_{m2} = g_m$이 30[m℧]인 캐스코드 증폭기를 r_e-모델을 이용하여 신호 해석을 한다.

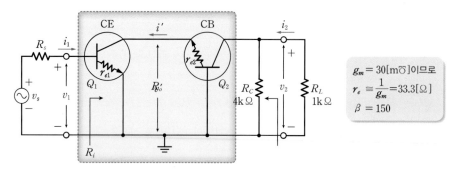

$g_m = 30[\text{m℧}]$이므로
$r_e \cong \dfrac{1}{g_m} = 33.3[\Omega]$
$\beta = 150$

[그림 3-106] 캐스코드 증폭기의 r_e-교류 등가회로

- 전체 입력저항 : $R_i = (1+\beta)r_{e1} \cong \beta r_{e1} = 5[\text{k}\Omega]$ ([CE]와 동일)   (3.137)
- 전체 출력저항 : $R_o = (r_o \mathbin{/\mkern-5mu/} R_C) \cong R_C = 4[\text{k}\Omega]$ ([CB]와 동일)   (3.138)

  (내부 컬렉터 출력저항 r_o는 매우 크므로 무시)

- Q_2의 전압이득 : $A_{v2} = \dfrac{R_C'}{r_{e2}} = \dfrac{(R_C \mathbin{/\mkern-5mu/} R_L)}{r_{e2}} = g_{m2} \cdot R_C'$ (3.139)

- Q_1의 전압이득 : $A_{v1} = -\dfrac{R_{L1}}{r_{e1}} = -\dfrac{r_{e2}}{r_{e1}} \cong 1$ (3.140)

  (Q_1의 출력 부하저항 R_{L1}은 Q_2의 r_{e2}와 동일해야 한다)

- 전체 전압이득은 결과식으로 볼 때 [CE]와 근사적으로 동일하다.

$$A_v = A_{v1} \cdot A_{v2} = -\frac{r_{e2}}{r_{e1}} \cdot \frac{R_C'}{r_{e2}} = -\frac{R_C'}{r_{e1}} = -g_{m1}R_C' \tag{3.141}$$

$$= -30 \times 0.8 = -24$$

$$(\text{여기서 } R_C' = (R_C \mathbin{/\mkern-5mu/} R_L) = (4\text{k} \mathbin{/\mkern-5mu/} 1\text{k}) = \frac{4 \times 1}{4+1} = 0.8[\text{k}\Omega])$$

- 전체 전류이득 : $A_i = A_{i1} \cdot A_{i2} = -\beta_1 \cdot \alpha_2$

$$\cong -\beta_1 \cdot 1 = -\beta = -150 \quad \text{([CE]와 동일)} \tag{3.142}$$

- 전압 궤환율 : $h_r = h_{r1} \cdot h_{r2} = h_{re} \cdot h_{rb} \cong 10^{-4} \cdot 10^{-6} = 10^{-10} \cong 0$ (3.143)

캐스코드 증폭기는 **내부 전압 궤환율 $\cong$ 0**이므로 자기발진이 거의 없어 **고주파 증폭기에 응용**된다. 캐스코드 증폭기를 [CE]형 증폭기와 특성을 비교해보면, 입력저항(R_i), 전류이득(A_i), 전압이득(A_v)은 [CE]와 동일하고 출력저항(R_o)은 매우 커서 [CB]와 동일하며, 전압 궤환율은 거의 0이 된다.

3.3.10 다단 증폭기의 신호 해석

[그림 3-107]과 같이 몇 개의 증폭기를 **종속접속**^{cascaded arrangement}하여 한 증폭기의 출력을 다음 단 증폭기의 입력으로 구동시킬 수 있다. 종속접속에서 각 증폭기를 단^{stage}이라 한다. 다단 증폭기를 사용하는 목적은 **전체 이득을 증대**시키기 위해서이다.

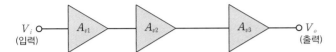

[그림 3-107] 종속접속된 다단 증폭기

다단 증폭기의 이득

종속접속 증폭기의 전체 이득은 각 증폭기의 이득의 곱이 된다. 여기서 n은 단(段)의 수이다.

$$A_{vT} = A_{v1} A_{v2} A_{v3} \cdots A_{vn} \tag{3.144}$$

[그림 3-108]의 2단 증폭기를 이용하여 다단 증폭기를 해석해보자. 첫째 단의 출력이 콘덴서에 의해 다음 단의 입력에 결합되는데, 첫째 단은 이미터 접지이고, 둘째 단은 컬렉터 접지 증폭기이다. 용량성 C 결합은 한 단의 직류 바이어스가 다음 단에 영향을 미치지 않도록 하기 위한 것이다.

■ 부하효과

첫째 단의 이득을 구하기 위해 둘째 단의 **부하효과**^{loading effect}를 고려해야 한다. 결합 콘덴서 C_c는 신호 주파수에서 단락으로 나타나기 때문에 **둘째 단의 전체 입력 임피던스는 첫째 단의 교류부하로 작용**한다.

[그림 3-108]의 Q_1의 컬렉터에서 보았을 때 Q_2의 바이어스 저항 R_B와 Q_2의 베이스 입력저항이 앞단의 교류부하로 작용한다. 즉 Q_1의 컬렉터에서 R_C와 R_B, 그리고 Q_2의 베이스 입력저항 R_{i2}들이 병렬로 합성된 저항이 앞단 Q_1의 실효 교류부하 R_L'이 된다.

$$R_L' = R_C /\!/ R_B /\!/ R_{i2} \tag{3.145}$$

첫째 단의 전압이득($A_v = R_L'/r_{e1}$)은 둘째 단의 부하효과에 의해 감소된다. 그 이유는 첫째 단의 교류실효 부하저항 R_L'이 컬렉터 저항 R_C보다 작아지기 때문이다. 즉 다단 증폭기의 해석은 부하효과만 고려한다면 이제까지 논의한 일반 증폭기의 해석과 같다.

■ 데시벨 전압이득

증폭기의 전압이득을 **데시벨**^{dB}로 표시하면 다음과 같다.

$$A_v[\text{dB}] = 20 \log A_v \tag{3.146}$$

전체 [dB] 전압이득은 각각의 [dB] 이득의 합이 되기 때문에 다단 증폭기의 전체 이득을 구할 때 매우 편리하다.

$$A_{vT}[\text{dB}] = A_{v1}[\text{dB}] + A_{v2}[\text{dB}] + \cdots + A_{vn}[\text{dB}] = \sum_{i=1}^{n} A_{vi}[\text{dB}] \tag{3.147}$$

예제 3-29

주어진 종속 증폭기가 $A_{v1} = 10$, $A_{v2} = 50$, $A_{v3} = 100$의 전압이득을 갖는다고 할 때 전체 이득은 얼마인가? 또한, 각각의 이득을 [dB]로 나타내고 총 [dB] 전압이득을 구하라.

풀이

전체 이득을 구하면 다음과 같다.

$$A_{vT} = A_{v1}A_{v2}A_{v3} = (10)(50)(100) = 50,000$$

각각의 전압이득을 [dB]로 나타낸 후 이들을 합하여 총 [dB] 전압이득을 구하면 다음과 같다.

$$A_{v1}[\text{dB}] = 20\log 10 = 20[\text{dB}]$$
$$A_{v2}[\text{dB}] = 20\log 50 = 34[\text{dB}]$$
$$A_{v3}[\text{dB}] = 20\log 100 = 40[\text{dB}]$$
$$A_{vT}(\text{dB}) = 20[\text{dB}] + 34[\text{dB}] + 40[\text{dB}] = 94[\text{dB}]$$

다단 증폭기의 신호 해석

다음 회로는 **이미터 접지[CE] 증폭기와 이미터 폴로워[CC] 증폭기로 구성된 2단 증폭기**이다. 이 회로는 [CC]형의 큰 전류이득과 작은 출력저항의 특성으로 작은 저항의 부하에 큰 전류를 효율적으로 공급하는 데 사용된다. r_e-모델을 적용하여 해석해보자.

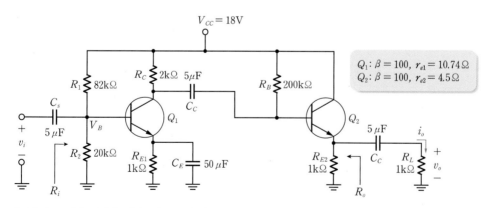

[그림 3-108] [CE]와 [CC]의 2단 증폭기 회로

■ 직류 바이어스 해석

먼저 직류해석을 하여 식 (3.148)~식 (3.151)에서 I_B, I_C, I_E를 구하고, 교류정수를 산출해보자. (직류 바이어스 해석은 3.2절에서 상세히 다루었으니 참조하기 바란다)

- Q_1 : $I_B = \dfrac{V_B - V_{BE}}{R_{B1} + (1+\beta)R_E} = \dfrac{3.52 - 0.7}{16.07\text{k} + 101\text{k}} = \dfrac{2.82}{117.07\text{k}} = 24[\mu\text{A}]$ 　　　　(3.148)

$I_C = \beta I_B = 2.4[\text{mA}]$, $I_E = (1+\beta)I_B = 2.42[\text{mA}]$, $R_{B1} = R_1 /\!/ R_2$ 　　(3.149)

$r_{e1} = \dfrac{V_T}{I_E} = \dfrac{26[\text{mV}]}{2.42[\text{mA}]} = 10.74[\Omega]$, $r_{\pi 1} = \dfrac{V_T}{I_B} = (1+\beta)r_{e1} = 1084.7[\Omega]$

$g_m = \dfrac{I_C}{V_T} = \dfrac{2.4[\text{mA}]}{26[\text{mV}]} = 0.092[\mho]$, $r_o = \infty$

- Q_2 : $I_B = \dfrac{V_{CC} - V_{BE}}{R_B + (1+\beta)R_E} = \dfrac{18 - 0.7}{200\text{k} + 101\text{k}} = \dfrac{17.3}{301\text{k}} = 57.47[\mu\text{A}]$ 　　　(3.150)

$I_C = \beta I_B = 5.747[\text{mA}]$, $I_E = (1+\beta)I_B = 5.8[\text{mA}]$ 　　　　　(3.151)

$r_{e2} = \dfrac{V_T}{I_E} = \dfrac{26[\text{mV}]}{5.8[\text{mA}]} = 4.5[\Omega]$, $r_{\pi 2} = (1+\beta)r_{e2} = 454.5[\Omega]$

$g_m = \dfrac{I_C}{V_T} = \dfrac{5.74[\text{mA}]}{26[\text{mV}]} = 0.22[\mho]$, $r_o = \infty$

■ 입력 임피던스(저항) : R_i

Q_1의 R_{E1}은 C_E에 의해 교류해석 시에 단락되어 0이 된다.

- Q_1의 입력저항 : $R_b \cong r_{\pi 1} = (1+\beta)r_{e1} \cong \beta r_{e1} = 100 \times 10.74 = 1.074[\text{k}\Omega]$ 　(3.152)
- 증폭기 전체 입력저항 : $R_i = R_1 /\!/ R_2 /\!/ \beta r_{e1} = 82\text{k} /\!/ 20\text{k} /\!/ 1.074\text{k} \cong \beta r_{e1}$

$$= 1.074[\text{k}\Omega]$$ 　　　　　　(3.153)

■ 출력 임피던스(저항) : R_o

[그림 3-109]에서 Q_2의 베이스에 연결된 전체 저항을 R_s라고 하면 $R_s = R_C /\!/ R_B = 2\text{k} /\!/ 200\text{k} \cong 2[\text{k}\Omega]$이다.

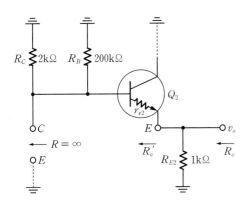

[그림 3-109] [그림 3-108]에서 R_o를 계산하기 위한 등가회로

Q_2의 이미터에서 들여다본 출력저항 $R_o{}'$은 다음과 같다.

$$R_o{}' = \frac{R_s}{(1+\beta)} + r_{e2} \cong \frac{2\text{k}}{100} + 4.5 = 24.5\,[\Omega] \tag{3.154}$$

베이스에 있는 저항 R_s는 이미터에서 들여다볼 때는 $\frac{R_s}{1+\beta} \cong \frac{R_s}{\beta}$로 보인다는 **저항의 반사법칙**을 적용하므로 출력저항이 감소되고, Q_1의 R_C도 Q_2의 신호원 저항으로 작용하고 있음을 알 수 있다. 전체 출력저항 R_o는 다음과 같다.

$$R_o = R_o{}' \mathbin{/\!/} R_{E2} = 24.5 \mathbin{/\!/} 1\text{K} \cong 24.5\,[\Omega] \tag{3.155}$$

■ 전압이득 : A_{vT}

r_e-모델에 의한 해석을 적용하여 전압이득 A_{vT}를 구한다. Q_1 증폭기만의 전압이득 A_{v1}을 구할 때는 Q_2 증폭기의 R_B 저항, R_{E2} 저항, R_L 저항 모두가 Q_1의 부하효과로 작용하므로 Q_1의 전체 출력 부하저항은 $R_L{}' = R_C \mathbin{/\!/} R_B \mathbin{/\!/} \beta(R_{E2} \mathbin{/\!/} R_L)$이므로 다음과 같이 구해진다.

- $R_L{}' = [2\text{k} \mathbin{/\!/} 200\text{k} \mathbin{/\!/} 100(1\text{k} \mathbin{/\!/} 1\text{k})] \cong 2\,[\text{k}\Omega]$ \hfill (3.156)

- Q_1의 전압이득 : $A_{v1} \cong \dfrac{-R_L{}'}{r_{e1}} = \dfrac{-2\text{k}}{10.74} = -186.22$ \hfill (3.157)

- Q_2의 전압이득 : $A_{v2} \cong \dfrac{R_{E2} \mathbin{/\!/} R_L}{r_{e2} + (R_{E2} \mathbin{/\!/} R_L)} = \dfrac{0.5\text{k}}{4.5 + 0.5\text{k}} \cong 1$ \hfill (3.158)

- 전체 전압이득 : $A_{vT} = A_{v1} \cdot A_{v2} = -186.22 \times 1 = -186.22$ \hfill (3.159)

■ 전체 전류이득 : A_{iT}

$A_{vT} = \dfrac{R_L}{R_i} A_{iT}$인 관계식에서 전체 전류이득 A_{iT}는 다음과 같다.

$$A_{iT} = \frac{R_i}{R_L} A_{vT} = \frac{1.074\text{k}}{1\text{k}} \cdot (-186.22) = -194.97 \tag{3.160}$$

$(-)$ 부호 입·출력 전압이 역위상을 의미하며, 이러한 다단 증폭기에서는 뒤의 다음 단 증폭기의 저항 요소가 부하저항 효과로 작용되는 것을 고려해야 한다.

01 바이폴라 접합 트랜지스터(BJT)에 대한 설명으로 옳은 것은?

㉮ 전류증폭 이득(β)을 크게 하기 위해서는 베이스 영역의 폭을 넓혀야 한다.

㉯ 증폭기로 이용하기에 적합한 동작모드는 포화모드이다.

㉰ 활성모드에서 동작할 때 이미터에서 베이스로 넘어간 캐리어가 베이스 영역 내에서는 드리프트 현상에 의해 움직인다.

㉱ 활성모드에서 동작할 때 이미터에서 베이스로 넘어간 캐리어 중 일부가 재결합하는데 이것이 베이스 전류를 형성한다.

해설

BJT는 증폭은 활성모드, 스위치는 포화모드에서 행하며, 활성모드 시 다수 캐리어는 베이스를 확산이동, 컬렉터를 드리프트 이동으로 전류를 발생한다. 또한 이미터의 확산전류 I_E 중의 극소가 베이스의 캐리어와 재결합하는 I_B를 형성하며, 베이스 폭은 좁게 하여 재결합을 줄인다. ㉱

02 BJT$^{\text{Bipolar Junction Transistor}}$ 소자의 특징 중 옳지 <u>않은</u> 것은?

㉮ 베이스와 이미터 사이 접합의 순방향 바이어스가 인가되는 경우 BJT는 차단된다.

㉯ pnp 소자에서 전류를 형성하는 다수 캐리어는 정공^{hole}이다.

㉰ 베이스 전류를 조절하여, 컬렉터 단으로 흐르는 전류를 조절할 수 있다.

㉱ 포화 영역에서 동작하는 경우, 이상적인 BJT는 전압원에 근사하여 해석할 수 있다.

㉲ 활성 영역에서 소신호 증폭기로 사용된다.

해설

BJT는 입력 접합에 순바이어스를 인가하여, 이때 흐르는 입력전류로 출력전류를 조절하는 전류제어 소자이다. 활성모드는 증폭기에, 포화&차단모드는 컬렉터와 이미터 양단 사이에 V_{CE} 개/폐 전압원을 스위치로 사용할 수 있다. V_{BE}가 역바이어스 경우 차단된다. ㉮

03 다음 바이폴라 접합 트랜지스터(BJT)의 특성을 설명한 것으로 옳지 <u>않은</u> 것은?

㉮ 선형 영역에서 동작시키기 위해서는 베이스–이미터 접합은 순방향 바이어스를 걸고 베이스–컬렉터 접합은 역방향 바이어스를 건다.

㉯ 선형 영역에서 베이스 전류를 특정한 값으로 고정하면 컬렉터–이미터 전압을 증가시켜도 컬렉터 전류는 일정하다.

㉰ 일반적으로 이미터 영역은 높게, 컬렉터 영역은 중간 정도로 도핑되어 있는 것에 비해 베이스 영역은 엷게 도핑되어 있다.

㉱ 포화 영역에서는 베이스–컬렉터 접합이 역방향 바이어스 되기 때문에 컬렉터–이미터 전압은 0.7[V] 보다 크다.

㉲ 베이스 전류가 0[A]인 경우에 트랜지스터는 차단되고 컬렉터–이미터 전압은 컬렉터 인가전압과 같게 된다.

해설

선형(활성) 영역은 [순+역]바이어스이며, 입력 I_B에 의해 일정한 출력 I_C가(V_{CE}에 무관한) 선형 제어가 되며, 베이스 폭은 가장 좁은 구조로 형성한다. 포화 영역은 [순+순]이며, 베이스–컬렉터 접합도 순바이어스가 되므로 $V_{CE} \cong 0.1 \sim 0.2[V]$이다. 차단 상태 시 $V_{CE} = V_{CC}$, $I_C = 0$이 된다. ㉱

04 선형적인 증폭을 위해 트랜지스터의 동작점은 어떻게 되는가?

㉮ 포화 영역 부근에 세워져야 한다.

㉯ 차단 영역 부근에 세워져야 한다.

㉰ 차단 영역과 포화 영역 중간지점에 세워져야 한다.

㉱ 활성 영역에 세워지기만 하면 된다.

> **해설**
>
> 왜곡이 없는 선형증폭은 포화와 차단 영역의 사이인 활성 영역(중앙)에서 동작해야 한다.　　㉰

05 다음 중 트랜지스터 증폭회로에서 컬렉터 회로의 바이어스 설명 중 적당한 것은?

[주관식] 컬렉터 전위는 PNP형일 때는 (ⓐ), NPN형은 (ⓑ)이다.

㉮ 항상 순방향으로 공급한다.

㉯ 항상 역방향으로 공급한다.

㉰ PNP는 역방향, NPN은 순방향으로 공급한다.

㉱ PNP는 순방향, NPN은 역방향으로 공급한다.

> **해설**
>
> TR 증폭회로 기능을 가지며 활성 영역에서 동작하므로 PNP 또는 NPN은 컬렉터 회로(CB 접합)는 항상 역바이어스이다.　　㉯
>
> [주관식] ⓐ : 부(−) 극성, ⓑ : 정(+) 극성

06 BJT 증폭기 회로와 입·출력전압 특성곡선이 다음과 같을 때 옳지 <u>않은</u> 것은?

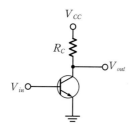
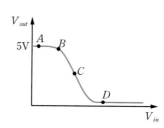

㉮ $V_{CC} = 5[V]$이다.

㉯ C 지점에서 가장 큰 전압이득(절댓값 기준)을 얻을 수 있다.

㉰ D 지점보다 B 지점에서 더 큰 전압이득(절댓값 기준)을 얻을 수 있다.

㉱ D 지점은 포화 영역, 활성화 영역, 차단 영역 중 차단 영역에 해당한다.

> **해설**
>
> BJT의 동작점은 활성 영역(V_{CE}, I_C), 포화점(0, I_{CMAX}), 차단점(V_{CEMAX}, 0)에서 설정되며 부하곡선의 중앙(C점)에서 최대 전압 증폭인 활성 영역, 출력전압=0(최소)인 포화(D점) 영역, 출력전압=5[V](최대)인 차단(A점)영역에서 증폭&스위치 동작한다. 따라서 D지점은 포화 영역이다.　　㉱

07 이미터 전류를 1[mA] 변화시켰더니 컬렉터 전류의 변화는 0.96[mA]였다. 이 트랜지스터의 β는 얼마인가? [주관식] 이때 α값은 ( )이다.

㉮ 0.96　　　　　㉯ 24　　　　　㉰ 1.04　　　　　㉱ 48

해설

$$\beta = \frac{\Delta I_C}{\Delta I_B} = \frac{0.96}{(1-0.96)} = \frac{0.96}{0.04} = 24$$ ④

[주관식] $\alpha = \frac{0.96}{1} = 0.96$ 이므로 $\beta = \frac{\alpha}{1-\alpha} = 24$

08 TR 활성 영역에서 베이스 접지 시 컬렉터 전류는 얼마인가? (단, $\alpha = 0.98$, $I_{CO} = 100[\mu A]$, $I_B = 10[mA]$인 경우이다) [주관식] 이미터 접지로 전환할 때 I_C는 (　　)하다.

㉮ 495[mA]　　　㉯ 49.5[mA]　　　㉰ 4.9[μA]　　　㉱ 0.5[μA]

해설

I_B가 주어지면 $I_C = \beta I_B + (1+\beta)I_{CO}$로 구한다. $I_C = (49 \times 10) + (1+49)0.1 = 495[mA]$이다.
여기서 $\beta = \frac{\alpha}{1-\alpha} = 49$이다. ㉮

[주관식] 동일 TR을 사용할 때이므로 I_C는 동일하다.

09 TR 증폭기에서 Q 동작점의 변동 원인(드리프트 원인)에 영향이 가장 적은 것은 무엇인가?
[주관식] 이상적인 안정계수 S 값은 (　　)이다.

㉮ 동작 주파수　　　　　　　　㉯ 컬렉터 차단전류(I_{CO})의 온도변화
㉰ V_{BE} 바이어스 전압의 온도변화　　㉱ β 값의 변화

해설

온도변화에 따라 I_{CO}(10℃ 당 2배), V_{BE}(1℃ 당 2.5[mV]), β(1:3의 오차) 값의 변동으로 Q 동작점 변화가 발생한다. ㉮

[주관식] 안정계수 $S = \frac{\Delta I_C}{\Delta I_{CO}}$가 클수록 Q점은 불안정하다. 이상적인 안정상태는 $S=1$이다.

10 트랜지스터의 컬렉터 누설전류가 주위 온도변화로 15[μA]에서 150[μA]로 증가되었을 때, 컬렉터 전류는 9[mA]에서 9.5[mA]로 변했다. 이 트랜지스터의 안정계수는?

㉮ 0.0037　　　㉯ 3.7　　　㉰ 27　　　㉱ 20

해설

$$S = \frac{\Delta I_C}{\Delta I_{CO}} = \frac{(9.5-9)[mA]}{(150-15)[\mu A]} = \frac{500[\mu A]}{135[\mu A]} = 3.7$$ ④

11 다음 회로에서 트랜지스터가 포화상태를 유지하기 위한 필요한 입력전압으로 적절한 값을 결정하여라(단, 확실하게 포화시키기 위해 베이스 전류는 최소 베이스 전류 값의 2배를 사용한다. 그리고 $V_{BE}=0.7[V]$, $V_{CE}(sat)=0.2[V]$, $\beta_{DC}=100$이다).

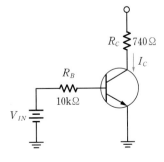

TR을 스위치로 사용하기 위해, 포화상태로 동작시켜야 한다. 이때 $I_C(sat) = \dfrac{V_{CC} - V_{CE}(sat)}{R_c} = \dfrac{15 - 0.2}{0.74k} = $
20[mA]이므로 최소 $I_B(sat) = \dfrac{I_C(sat)}{\beta} = 200[\mu A]$이다. 이 값의 2배인 $I_B(sat) = 0.4[mA]$를 사용할 때,
$V_{IN} = R_B I_B + 0.7 = (10 \times 0.4) + 0.7 = 4.7[V]$ 이상이다.

12 다음 그림의 회로에서 컬렉터 전류 I_C와 V_{CE} 값을 구하여라(단, $\beta = 100$, $V_{BE} = 0.7[V]$이다).

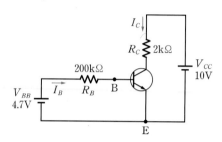

- 입력 회로망에 전압(KVL) 방정식에서 I_B를 구할 수 있다.

  $V_{BB} = R_B I_B + V_{BE}$에서 $I_B = \dfrac{V_{BB} - V_{BE}}{R_B} = \dfrac{4.7 - 0.7}{200k} = 20[\mu A]$이므로 $I_C = \beta I_B = 2[mA]$이다.

- V_{CE}는 출력 회로망에서 $V_{CC} = R_C I_C + V_{CE}$이므로 $V_{CE} = V_{CC} - R_C I_C = 10 - (2 \times 2) = 6[V]$이다.

13 다음 (A), (B) 회로에서 R_e, R의 중요한 역할은?

[주관식] 각 바이어스 회로의 명칭은 (ⓐ), (ⓑ)이다.

㉮ 동작점의 안정화   ㉯ 주파수 대역폭 증대
㉰ 바이어스 전압감소   ㉱ 출력증대

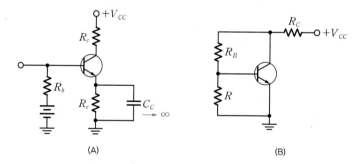

(A)   (B)

C_E는 교류를 흐르게 하여 교류전압 이득을 증가시킴
- 회로 (A) : R_e는 전류 부궤환을 걸어 동작점을 안정화시킴
- 회로 (B) : R은 블리더 저항으로, I_B 감소 → I_C 감소시켜 동작점을 안정화시킴   ㉮
[주관식] ⓐ : 전류궤환 바이어스 회로(R_e : 전류 부궤환)
          ⓑ : 전압궤환 바이어스 회로(R_B : 전압부궤환)

14 다음 [CB],[CE]형 BJT 증폭회로의 소신호 전압 증폭도(V_o / V_I)를 r_e, r_π에 대한 소신호 등가회로인 (B) 와 (D)를 이용하여 손쉽게 해석할 수 있다. 주어진 증폭회로 (a)와 (c)에서 r_e, r_π, g_m을 사용하여 전압이득 A_v를 구하여라(단, $V_T = 26[\text{mV}]$, $V_{BE} = 0.7[\text{V}]$이다).

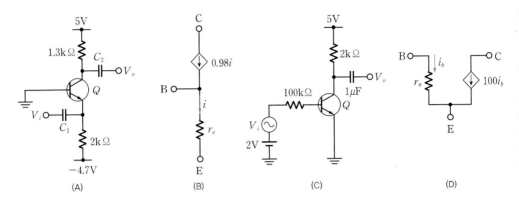

(A) (B) (C) (D)

해설

① 회로 (A)

- 입력 KVL : $I_E = \dfrac{(4.7-0.7)[\text{V}]}{2k} = 2[\text{mA}]$, (b)에서 $\alpha = 0.98$ → $I_C = \alpha I_E = 1.96[\text{mA}]$

- $r_e = \dfrac{26[\text{mV}]}{I_E} = 13[\Omega]$, $g_m = \dfrac{I_C}{V_T} = \dfrac{1.96[\text{mA}]}{26[\text{mV}]} = \dfrac{1.96}{26}[\text{℧}]$

- 전압이득 : $A_v = \dfrac{R_C}{r_e} \cong g_m \cdot R_C = \dfrac{1.96}{26} \times 1300[\Omega] = 98$

② 회로 (C)

- 입력 KVL : $I_B = \dfrac{(2-0.7)}{100k} = 13[\mu\text{A}]$ → $I_C = \beta I_B = 100 \times 13[\mu\text{A}] = 1.3[\text{mA}]$

- $g_m = \dfrac{I_C}{V_T} = \dfrac{1.3}{26}[\text{℧}]$ • 회로 (D)에서 $\beta = 100$

- 전압이득 : $A_v = \dfrac{-R_C}{r_e} \cong -g_m \cdot R_C = -(1.3/26) \times 2000 = -100$ (증폭기만의 이득)

- 전체 전압이득 : $A_v T = A_v \times \dfrac{R_{ib}}{R_{ib} + R_S} = -100 \times \dfrac{r_\pi}{r_\pi + 100k} = -100 \dfrac{2k}{102k} = -1.96$

  (여기서, 증폭기 베이스 입력저항 $R_{ib} = r_\pi = (1+\beta)r_e \cong 100 \times \dfrac{26}{1.3} = 2[\text{k}\Omega]$, $r_e = \dfrac{1}{g_m}$이다.

15 다음 회로의 전압이득 A_v에 가까운 값은? 단, 베이스와 이미터 사이의 교류저항 r_e는 $13[\Omega]$이다.

[주관식] 입력저항 R_i는 약 (   )이다.

㉮ -95

㉯ -123

㉰ -135

㉱ -154

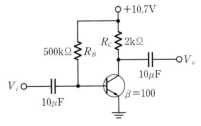

해설

이미터 접지인 [CE]형 증폭기이다. $A_v \cong -\dfrac{R_C}{r_e} = -\dfrac{2k}{13} \cong -153.8$ ㉱

[주관식] $R_i \cong (1+\beta)r_e \cong \beta r_e = 100 \times 13 = 1.3[\text{k}\Omega]$

16 다음 회로에서 R_e의 값과 관계가 없는 사항은?

[주관식] 이미터 바이패스 콘덴서 C_E를 사용하면 전압이득 A_v는 (　　)이 된다.

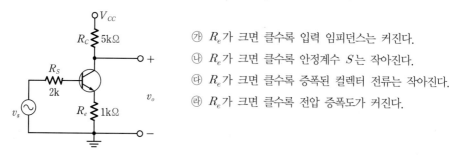

㉮ R_e가 크면 클수록 입력 임피던스는 커진다.

㉯ R_e가 크면 클수록 안정계수 S는 작아진다.

㉰ R_e가 크면 클수록 증폭된 컬렉터 전류는 작아진다.

㉱ R_e가 크면 클수록 전압 증폭도가 커진다.

해설

R_e를 가진 [CE]형 증폭기로서 이미터 저항 R_e가 있으므로 입력저항 $R_i \cong (1+\beta)R_e$로 증대되고, 전압이득 $A_v \cong \dfrac{R_C}{R_e}$로 감소될지라도 매우 안정한 증폭기가 된다. 또한 전류 부궤환(R_e)으로서 DC 동작점도 안정되므로 안정계수 S는 감소된다.　[주관식] [CE]형 증폭기 : $A_v \cong -\dfrac{R_C}{r_e}$　　㉱

17 [연습문제 16]의 회로에서 소신호 증폭기의 전압이득 A_v와 입력저항 R_i는 약 얼마인가? (단, $\beta = 99$이다)

㉮ $A_v = -5$, $R_i = 1[\text{k}\Omega]$

㉯ $A_v = -5$, $R_i = 100[\text{k}\Omega]$

㉰ $A_v = -\dfrac{1}{5}$, $R_i = 3[\text{k}\Omega]$

㉱ $A_v = -99$, $R_i = 99[\text{k}\Omega]$

해설

[CE] with R_E 증폭기, $A_v \cong -\dfrac{R_C}{R_E + r_e} \cong -\dfrac{R_C}{R_E} = -5$,

$R_i \cong (1+\beta)(R_E + r_e) \cong (1+\beta)R_E = (1+99) \times 1\text{k} = 100[\text{k}\Omega]$이다.　　㉯

18 다음 2단 BJT 증폭회로이다. 전압이득을 가장 적절하게 나타낸 것은?

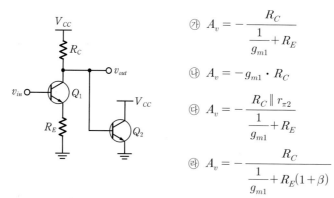

㉮ $A_v = -\dfrac{R_C}{\dfrac{1}{g_{m1}} + R_E}$

㉯ $A_v = -g_{m1} \cdot R_C$

㉰ $A_v = -\dfrac{R_C \parallel r_{\pi 2}}{\dfrac{1}{g_{m1}} + R_E}$

㉱ $A_v = -\dfrac{R_C}{\dfrac{1}{g_{m1}} + R_E(1+\beta)}$

해설

Q_2의 입력저항 R_{i2}도 Q_1의 부하로 작용하는, [CE] with R_E 증폭기 Q_2의 전압이득은 다음과 같다.

$A_v = -\dfrac{R_C \parallel R_{i2}}{r_{e1} + R_E} = -\dfrac{R_C \parallel R_{i2}}{\dfrac{1}{g_{m1}} + R_E} = -\dfrac{R_C \parallel r_{\pi 2}}{\dfrac{1}{g_{m1}} + R_E}$　(여기서, $R_{i2} = r_{\pi 2} = (1+\beta) \cdot r_{e2}$이다)　　㉰

19 다음 BJT가 활성 영역에서 동작한다고 할 때, 소신호 전압이득 A_v의 크기를 증가시키는 방법으로 적절한 것은? (단, 교류 출력저항 $r_o = \infty$, 교류 이미터 저항은 r_e, 교류 베이스 저항은 r_π, 전달 컨덕턴스 g_m이다)

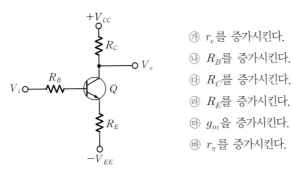

㉮ r_e를 증가시킨다.

㉯ R_B를 증가시킨다.

㉰ R_C를 증가시킨다.

㉱ R_E를 증가시킨다.

㉲ g_m을 증가시킨다.

㉳ r_π를 증가시킨다.

해설

[CE] with R_E 증폭기의 $A_v = \dfrac{-R_c}{r_e + R_E}$, $g_m \cong \dfrac{1}{r_e}$ 에서, R_C와 g_m이 클 때, 전압이득이 증가하며, R_B가 클수록 V_i의 일부가 크게 전압강하가 발생되어 전압이득이 감소된다. ㉰, ㉲

20 다음 트랜지스터 소신호 증폭기의 입력 R_i 및 출력 R_o 임피던스는 어느 값에 가장 가까운가? (단, $h_{ie} = r_\pi = 1[\text{k}\Omega]$, $\beta = 100$이다) [주관식] 전압이득 A_v는 ( )이다.

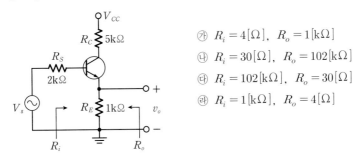

㉮ $R_i = 4[\Omega]$, $R_o = 1[\text{k}\Omega]$

㉯ $R_i = 30[\Omega]$, $R_o = 102[\text{k}\Omega]$

㉰ $R_i = 102[\text{k}\Omega]$, $R_o = 30[\Omega]$

㉱ $R_i = 1[\text{k}\Omega]$, $R_o = 4[\Omega]$

해설

이미터 폴로워인 [CC]형 증폭기는 $A_v \cong 1$인 버퍼 증폭기이다.

- $R_i \cong (1+\beta)(R_E + r_e) = r_\pi + (1+\beta)R_E = 1\text{k} + (101 \times 1\text{k}) = 102[\text{k}\Omega]$

- $R_o \cong \dfrac{R_S + r_\pi}{1 + \beta} \cong \dfrac{2\text{k} + 1\text{k}}{100} = 30[\Omega]$ ㉰

[주관식] $A_v \cong 1 - \dfrac{h_{ie}}{R_i} = 1 - \dfrac{r_\pi}{R_i} = 1 - \dfrac{(1+\beta)r_e}{(1+\beta)(R_E + r_e)} \cong \dfrac{R_E}{R_E + r_e} = \dfrac{1\text{k}}{1\text{k} + 10} \cong 0.99$

(여기서 $r_e = \dfrac{r_\pi}{1 + \beta} \cong \dfrac{1\text{k}}{1\text{k} + 10} \cong \dfrac{1\text{k}}{100} = 10[\Omega]$이다)

21 다음 회로에 대한 설명으로 틀린 항목을 모두 골라라. [주관식] 본 회로와 C_E를 제거시킨 회로와의 특성 (전압이득 A_v, 동작점 Q)을 비교하라(단, $V_{BE} = 0.7[\text{V}]$, $r_o = \infty$, $C \to \infty$이다).

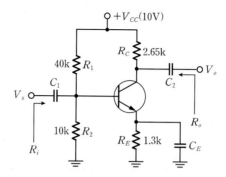

㉮ R_1과 R_2는 바이어스 전압을 분배하는 역할을 한다.

㉯ 커패시터 C_1, C_2는 직류신호를 차단하는 데 사용된다.

㉰ 출력측 교류전류는 C_E를 통해 바이패스^{bypass}된다.

㉱ 커패시터 C_E를 제거하면 증폭기의 전압이득이 증가한다.

㉲ 커패시터 C_E를 제거하면 증폭기의 입력 임피던스가 증가한다.

㉳ R_E는 증폭기의 동작점 바이어스를 안정화 한다.

㉴ 입·출력위상은 변화없이 반전이다.

㉵ 입력저항은 매우 높고, 출력저항은 매우 낮다.

㉶ 전압이득과 전류이득이 모두 매우 크다.

㉷ 접지 방식은 R_E를 가진 공통 이미터[CE]이다.

해설

[CE] 방식으로 A_v, A_i가 모두 크고, 입·출력전압은 역상이며, R_E는 직류바이어스 해석 시 동작점을 안정화시키는 전류 부궤환 안정용 저항이다. 만일 C_E를 제거하면, R_E를 갖는 [CE]가 되어, 전압이득은 감소되나, 큰 $R_i (\cong \beta R_E)$와 큰 R_o를 가지며 안정성이 높은 개선 특성을 갖게 된다. **㉱, ㉵, ㉷**

[주관식]

비교	[CE] 증폭기	C_E를 제거시킨 [CE] 증폭기
전압이득	$A_{vs} = -g_m \cdot R_C = -\dfrac{R_C}{r_e} = -\dfrac{2.65k}{25} = -53$	$A_{vo} = -\dfrac{R_C}{r_e + R_E} = -\dfrac{2.65k}{1.3k+25} = -2$ (전압이득 감소)
동작점	모든 C를 개방한 직류 등가회로에서 해석하므로, 동작점은 C_E 상태와 무관하다. • $V_E = V_B - 0.7 = 2 - 0.7 = 1.3[\text{V}] \to I_E = \dfrac{V_E}{R_E} = \dfrac{1.3}{1.3k} = 1[\text{mA}]$ • $V_B = V_{CC} \cdot \dfrac{R_2}{R_1 + R_2} = 2[\text{V}]$, $I_C \cong I_E$이므로 $V_{CEQ} = V_{CC} - I_C(R_C + R_E) = 10 - (2.65 + 1.3) = 6.05[\text{V}]$ 따라서 동작점 Q는 $1[\text{mA}]$, $6.05[\text{V}]$로 동일하다(단, $r_e = V_T/I_E = 25[\text{mV}]/1[\text{mA}] = 25[\Omega]$).	

22 [연습문제 21]의 회로에서 이미터 바이패스 커패시터 C_E를 제거할 때, 증폭기에 발생하는 결과로 가장 옳은 것은?

㉮ 베이스 입력 임피던스가 낮아진다.

㉯ 회로가 불안정하게 동작한다.

㉰ 회로의 동작점이 위로 올라간다.

㉱ 전압이득이 감소한다.

㉲ 회로의 동작점이 아래로 내려간다.

㉳ 출력 임피던스가 낮아진다.

> **해설**
>
> C_E를 제거하면, R_E를 갖는 [CE]가 되어 전압이득 A_v는 감소하지만 안정해진다. 또한 R_i, R_o는 증대되며, DC 바이어스 안정용 R_E로 인해 동작점이 위/아래 이동 없이 안정성을 유지한다.　　㉱

23 [연습문제 21]의 회로에서 R_E의 역할에 대한 설명으로 옳은 것은? (단, $C = \infty$ 이다)

㉮ 입력저항 R_i를 증가시킨다.

㉯ 출력저항 R_o를 감소시킨다.

㉰ 교류신호 전압이득을 감소시킨다.

㉱ 버퍼저항으로 이득을 안정화시킨다.

㉲ 부궤환 작용을 하여 바이어스 안정화에 도움을 준다.

> **해설**
>
> 주어진 회로는 이미터 접지[CE] 증폭회로이므로, R_E는 직류해석 시에만 나타나므로, R_i는 증가하지 않으며, DC 바이어스에 전류 부궤환으로 작용하고 Q의 안정화에 기여한다.　　㉲

24 다음 접지회로 방식 중에서 전류이득과 전압이득을 동시에 얻을 수 있는 회로 접지 방식은 무엇인가?
[주관식] 전압이득 A_v가 최대인 경우는 (ⓐ), 전류이득 A_i가 최대인 경우는 (ⓑ)이다.

㉮ 이미터 접지　　　　　　　　　　㉯ 베이스 접지

㉰ 컬렉터 접지　　　　　　　　　　㉱ 캐스코드 접지

> **해설**
>
> [CE]형은 A_v, A_i가 모두 크며, 전력이득 $A_p(= A_v \cdot A_i)$는 가장 크다.　　㉮
>
> [주관식] ⓐ : [CB]형, ⓑ : [CC]형

25 다음에서 틀린 것은?

㉮ 공통 컬렉터 회로는 입력 임피던스가 높고 출력 임피던스가 낮다.

㉯ 공통 이미터 회로는 전력이득이 가장 크다.

㉰ 공통 컬렉터 회로는 전압이득이 1보다 작으며 출력 임피던스가 낮다.

㉱ 공통 베이스 회로는 전류이득이 1보다 크며 입력 임피던스가 크다.

> **해설**
>
> [CB]형은 A_v 최대, $A_i \cong 1$ 최소, R_i 최소, R_o 최대이다. [CC]형은 [CB]형과 반대 특성을 갖는다.　　㉱

26 [CE]형 증폭기와 [CB]형 증폭기의 입력, 출력, 전압의 위상 관계는? [주관식] [CC] 증폭기의 입·출력 전압의 위상은 (   )이다.

㉮ 모두 동상이다.   ㉯ 모두 역상이다.

㉰ [CE]형은 동상, [CB]형은 역상이다.   ㉱ [CE]형은 역상, [CB]형은 동상이다.

> **해설**
>
> [CE]는 역상, [CB]는 동상이다.   ㉱
>
> [주관식] [CC]는 동상

27 전압 증폭도가 항상 1보다 작은 증폭회로는? [주관식] 전류 증폭도가 항상 1보다 작은 회로는 (   )이다.

㉮ 컬렉터 접지   ㉯ 베이스 접지

㉰ 이미터 접지   ㉱ 게이트 접지

> **해설**
>
> 컬렉터 접지인 [CC]형은 전압이득 $A_v \cong 1$(최소)로서 전압버퍼로 쓰인다.   ㉮
>
> [주관식] [CB]형은 전류이득 $A_i \cong 1$(최소)이며, 전류버퍼가 된다.

28 다음 중 이미터 폴로워 회로의 일반적 특성이 <u>아닌</u> 것은?

㉮ 입력저항이 대단히 크다.   ㉯ 출력저항이 대단히 작다.

㉰ 전류이득이 상당히 크다.   ㉱ 전압이득이 −1에 가깝다.

㉲ 입력전압과 출력전압의 위상은 역상이다.

> **해설**
>
> 이미터 폴로워인 [CC]형은 전압이득 $A_v \cong 1$인 버퍼 증폭기이므로 입·출력전압의 위상은 동상이다.
>
> ($R_i \to$ 최대, $R_e \to$ 최소, $A_i \to$ 최대, $A_v \to$ 최소)   ㉱, ㉲

29 고주파 특성이 좋고, 입력 임피던스가 작으며 출력 임피던스가 큰 회로방식은?

㉮ [CE]형   ㉯ [CB]형

㉰ [CC]형   ㉱ 캐소드 폴로워

> **해설**
>
> [CB]형은 전압 궤환율(h_{rb})이 매우 작으므로 고주파 증폭시에 자기발진이 거의 없어 캐스코드(CE+CB 복합형) 고주파 증폭기에 쓰인다.   ㉯

30 임피던스 매칭용에 주로 쓰이는 전압버퍼 증폭기는?

㉮ [CE]형 증폭기   ㉯ 이미터 폴로워

㉰ [CB]형 증폭기   ㉱ 캐스코드 증폭기

> **해설**
>
> 이미터 폴로워인 [CC]형은 R_i는 최대이고, R_0는 최소이므로 회로의 전·후 간의 임피던스 불균형 시 임피던스 매칭용(버퍼)으로 사용할 수 있다.   ㉯

31 완충^{buffer} 증폭기로 A급 증폭기를 쓰는 주된 이유는?

㉮ 효율이 좋다.　　　　　　　　　㉯ 조정이 쉽다.

㉰ 기생진동이 없다.　　　　　　　㉴ 안정한 증폭이 된다.

해설

버퍼(완충기)는 받은 신호를 그대로 넘기는 기능으로 A급으로 안정한 신호 처리가 되어야 한다.　　㉴

32 다음의 다단 증폭기에 관한 설명 중 옳게 나타낸 것은?

㉮ CC-CE 종속 연결 증폭기는 출력저항을 크게 하기 위해 사용된다.

㉯ CE-CC 종속 연결 증폭기는 출력저항이 매우 크다.

㉰ CC-CC 종속 연결 증폭기는 매우 큰 전압이득을 얻을 수 있다.

㉴ 전체 전압이득은 각 증폭단의 전압이득을 합한 것이다.

㉵ CE-CB 종속 연결 증폭기는 고주파 영역에서 우수한 성능을 갖는다.

해설

다단 증폭기의 전체 이득은 각단이득의 곱이며, [CC]는 R_i(최대), R_o(최소), $A_v \cong 1$(최소), A_i(최대)로 임피던스 매칭용, 전압버퍼 등에 유용하다. [CE-CB]는 고주파 특성이 좋은 캐스코드 증폭기로 쓰인다. [CC-CE]는 입력저항을 크게 하며, [CE-CC]는 출력저항을 낮게 한다. [CC-CC]는 매우 큰 전류이득을 얻으며, [CE-CB]는 가장 큰 전압이득을 얻는다.　　㉵

33 다음 중 캐스코드 증폭기에 대한 설명으로 틀린 것은?

㉮ 입력단에 공통 베이스 출력단에 공통 이미터로 구성된 증폭기이다.

㉯ 전압 궤환율이 매우 적다.

㉰ 공통 베이스 증폭기로 인해 고주파 특성이 양호하다.

㉴ 자기발진 가능성이 매우 적고, 회로의 안정성이 높다.

㉵ 밀러효과의 영향을 많이 받는다.

해설

[CB]형은 입력저항 R_i가 최소이므로 [CE]형을 앞 입력단에 사용한다. 그러면 R_i가 증대([CE]형과 동일), 전류이득 $A_i = \beta$로 증대([CE]와 동일), 전압 궤환율 $h_r \cong 0$이 되어 자기발진이 없이 밀러 영향이 없는 안정된 고주파 증폭기가 된다.　　㉮, ㉵

34 트랜지스터를 달링턴 접속했을 때 가장 두드러지게 나타나는 현상은?

㉮ 역내 전압이 증가한다.

㉯ 역내 전압이 감소한다.

㉰ 전류용량이 증가한다.

㉴ 전류용량이 감소한다.

해설

달링턴 접속은 앞단의 증폭된 출력전류를 후단에 입력시켜 대량의 전류증폭을 구현하는 구조이다.　　㉰

35 이미터 폴로워를 달링턴 접속했을 때 가장 두드러지게 나타나는 현상은 무엇인가?

[주관식] $A_i = ($ ⓐ $)$, $R_i = ($ ⓑ $)$, $A_v = ($ ⓒ $)$, $R_o = ($ ⓓ $)$가 된다.

㉮ 전압 궤환율 감소 ㉯ 출력저항 증대
㉰ 전압이득 증대 ㉱ 입력저항 증대

> **해설**

후단에 이미터 폴로워를 쓰는 달링턴 이미터 폴로워는 입력저항도 매우 증대되어 이상적인 버퍼의 조건을 갖는다. **㉱**

[주관식] ⓐ : $A_i \cong (1+\beta)^2$, ⓑ : $R_i \cong (1+\beta)^2 R_E$, ⓒ : $A_v \cong 1$, ⓓ : $R_o = 0$

36 다음 회로 중 증폭기의 동작 주파수를 훨씬 높게 할 목적으로 사용되는 회로는?

㉮ 달링턴^{Darlington} ㉯ 부트스트래핑^{bootstrapping}
㉰ 캐스코드^{cascode} 회로 ㉱ 복동조 회로

> **해설**

캐스코드([CE]+[CB] 복합형)는 자기발진이 거의 없는 고주파용 특수 증폭기이다. **㉰**

37 다음 설명 중 틀린 항목을 모두 고르면?

(ㄱ) 공통 베이스 증폭기는 입력 임피던스가 작고, 출력 임피던스가 크다.
(ㄴ) 공통 컬렉터 증폭기는 주로 고주파 증폭회로로 이용된다.
(ㄷ) 공통 베이스 증폭기는 전압이득이 높고, 전류이득은 1에 가깝다.
(ㄹ) 공통 컬렉터 증폭기는 입력 임피던스가 크고, 출력 임피던스도 크다.
(ㅁ) 공통 이미터 증폭기는 전압 및 전류이득이 모두 높아 전력증폭에 적합하다.
(ㅂ) [CC+CC] 달링턴 접속은 전압이득이, [CE+CB] 캐스코드 접속은 전류이득이 매우 크다.
(ㅅ) 입·출력 전압의 위상은 [CE]는 반전, [CC], [CB]는 비반전이다.

㉮ (ㄱ), (ㄴ), (ㄹ) ㉯ (ㄴ), (ㄷ), (ㅂ)
㉰ (ㄹ), (ㅁ), (ㅅ) ㉱ (ㄴ), (ㄹ), (ㅂ)

> **해설**

• [CC]는 A_i(최대), $A_v \cong 1$(최소) : 전압버퍼, R_i(최대), R_o(최소)이다.
• [CB]는 [CC]와 상반된 특성을 가진다. 전압 궤환율이 매우 작아 고주파 증폭 시 자기발진현상이 없어 고주파 특성이 양호하므로 [CE]+[CB]의 캐스코드 고주파 증폭에 유용하며, 전압이득도 매우 크다.
• [CC+CC] 달링턴 접속은 전류이득이 매우 크다.
• 입·출력전압의 위상은 [CE]만 역상이다. **㉱**

38 다음 달링턴 접속회로에서 부하 R_E에 흐르는 출력전류 $i_o(i_E)$는?

[주관식] 입력저항 R_i는 (   )이다.

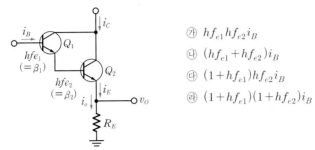

㉮ $hf_{e1}hf_{e2}i_B$

㉯ $(hf_{e1}+hf_{e2})i_B$

㉰ $(1+hf_{e1})hf_{e2}i_B$

㉱ $(1+hf_{e1})(1+hf_{e2})i_B$

해설

Q_2의 입력 $i_{B2}=(1+\beta_1)i_B$이고, Q_2의 이미터 출력전류 $i_o(=i_{E2})=(1+\beta_1)(1+\beta_2)i_B=(1+\beta)^2 i_B$ ($\beta_1=\beta_2=\beta$일 때)이다.   ㉱

[주관식] $R_i\cong(1+\beta_1)(1+\beta_2)R_E=(1+\beta)^2 R_E$

39 다음 회로에서 Q_2의 이미터 출력단자에서 들여다본 출력 임피던스 R_{o2}를 표현한 것으로 가장 근사한 것은? (단, $\beta\gg 1$이고 얼리효과는 무시한다)

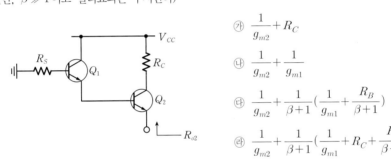

㉮ $\dfrac{1}{g_{m2}}+R_C$

㉯ $\dfrac{1}{g_{m2}}+\dfrac{1}{g_{m1}}$

㉰ $\dfrac{1}{g_{m2}}+\dfrac{1}{\beta+1}\left(\dfrac{1}{g_{m1}}+\dfrac{R_B}{\beta+1}\right)$

㉱ $\dfrac{1}{g_{m2}}+\dfrac{1}{\beta+1}\left(\dfrac{1}{g_{m1}}+R_C+\dfrac{R_B}{\beta+1}\right)$

해설

Q_1의 베이스저항 R_B는 출력단자에서 볼 때는 $\dfrac{1}{(1+\beta_1)(1+\beta_2)}$로 작게 보이며, Q_1의 r_{e1}도 출력단자에서 볼 때는 $\dfrac{1}{1+\beta_2}$로 작게 보인다는 저항의 반사법칙으로 R_{o2}는 다음과 같다.

$$R_{o2}=r_{e2}+\dfrac{r_{e1}}{1+\beta_2}+\dfrac{R_B}{(1+\beta_1)(1+\beta_2)}=\dfrac{1}{g_{m2}}+\dfrac{1}{\beta+1}\left(\dfrac{1}{g_{m1}}+\dfrac{R_B}{\beta+1}\right)$$ ㉰

40 [연습문제 39]의 회로에 대한 설명으로 가장 옳은 것은?

㉮ 높은 전류이득을 가진다.   ㉯ 높은 전압이득을 가진다.

㉰ 낮은 입력 임피던스를 가진다.   ㉱ 달링턴 공통 이미터 회로이다.

해설

달링턴 이미터 폴로워로, 높은 전류이득, 높은 Z_i, 낮은 Z_o인 특징을 갖는다.   ㉮

41 다음 회로 (A)~(C)에서 바이어스 저항값을 결정하여라. 단, $V_{BE} = 0.7[\text{V}]$이다.

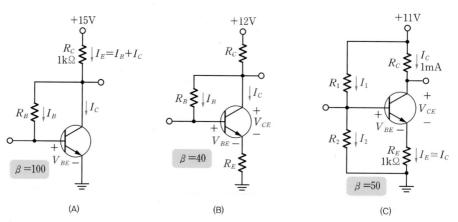

(A)   (B)   (C)

(a) 회로 (A)에서 $V_{CE} = 6.5[\text{V}]$일 때 R_B의 값은?

(b) 회로 (B)에서 $V_{CE} = 5[\text{V}]$, $I_C = 0.5[\text{mA}]$, $V_{R_C} = 3[\text{V}]$일 때, R_B와 R_E의 값은?

(c) 회로 (C)에서 $V_{CE} = 5[\text{V}]$, $I_C = 1[\text{mA}]$일 때, R_1, R_2, R_C 값은?

해설

(a) 입력측 전압방정식에서 $V_{CE} = R_B I_B + V_{BE}$이므로 R_B는 다음과 같다.

$$R_B = \frac{V_{CE} - V_{BE}}{I_B} = \frac{6.5 - 0.7}{85[\mu\text{A}]} = 68.2[\text{k}\Omega] \quad (I_C \cong I_E = \frac{V_{CC} - V_{CE}}{R_C} = 8.5[\text{mA}], \ I_B = \frac{I_C}{\beta} = 85[\mu\text{A}])$$

(b) 출력측 전압방정식에서 $V_{CC} = R_C I_C + V_{CE} + R_E I_E$이므로 R_E는 다음과 같다.

- $R_E = \dfrac{12 - 3 - 5}{I_E} = \dfrac{4[\text{V}]}{0.5125[\text{mA}]} \cong 7.8[\text{k}\Omega]$

- $R_B = \dfrac{V_{R_C} + V_{CB}}{I_B} = \dfrac{(3 + 4.3)[\text{V}]}{12.5[\mu\text{A}]} = 584[\text{k}\Omega]$

  $(V_{CB} = V_{CE} - V_{BE} = 5 - 0.7 = 4.3[\text{V}], \ I_B = \dfrac{I_C}{\beta} = \dfrac{0.5[\text{mA}]}{40} = 12.5[\mu\text{A}], \ I_E = I_C + I_B = 0.5125[\text{mA}])$

(c) 출력측 전압방정식에서 $V_{CC} = R_C I_C + V_{CE} + R_E I_E$이므로 R_C는 다음과 같다.

- $R_C = \dfrac{V_{CC} - V_{CE} - R_E I_E}{I_C} = \dfrac{11 - 5 - 1}{1[\text{mA}]} = 5[\text{k}\Omega]$

베이스 전압 $V_B = V_{BE} + R_E I_E = 0.7 + 1 = 1.7[\text{V}]$이고, I_2를 I_B의 약 10배로 잡으면($\because I_B \cong 0$) R_2를 구할 수 있다.

- $R_2 = \dfrac{V_B}{I_2} = \dfrac{1.7}{10 I_B} = \dfrac{1.7}{10(I_C / \beta)} = 8.5[\text{k}\Omega]$

- $R_1 = \dfrac{V_{CC} - V_B}{V_B} \times R_2 = \dfrac{11 - 1.7}{1.7} \times 8.5\text{k} = 46.5[\text{k}\Omega] \quad (V_B = V_{CC} \cdot \dfrac{R_2}{R_1 + R_2}$ 이므로)

42 다음 회로에서 Q_1의 컬렉터 전류 I_{C1}[mA], 전압 V_{CE1}[V]를 구하여라(단, 모든 트랜지스터에서 $\beta = 100$ 이고, $V_{BE} = 0.7$[V]이다).

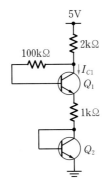

해설

전압방정식(KVL)을 이용하여 계산하면 다음과 같다.

- $5[\text{V}] = (2+1)\text{k} \cdot I_{C1} + 100\text{k} \cdot \left(\dfrac{I_{C1}}{\beta}\right) + 0.7 + 0.7 \rightarrow I_{C1} = \dfrac{3.6[\text{V}]}{4\text{k}} = 0.9[\text{mA}]$ (단, $I_{B1} = \dfrac{I_{C1}}{B}$ 임)
- $5[\text{V}] = (2+1)\text{k} \cdot I_{C1} + V_{C1} + 0.7 \rightarrow V_{C1} = 5 - 0.7 - (3\text{k} \times 0.9[\text{mA}]) = 5 - 0.7 - 2.7 = 1.6[\text{V}]$

43 다음 BJT 증폭회로에서 증폭기의 소신호 전압 증폭률이 증가하는 경우가 아닌 항목을 골라라(단, $V_{BE} = 0.7$[V], $I_E = I_C$로 가정한다). [주관식] 컬렉터에 흐르는 전류의 값이 0.3[mA]가 되게 하기 위한 바이어스 저항 R_2[kΩ] = (ⓐ)이고 소신호 전압이득 $A_v = ($ ⓑ $)$이다.

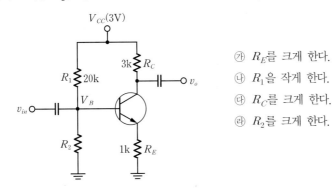

㉮ R_E를 크게 한다.

㉯ R_1을 작게 한다.

㉰ R_C를 크게 한다.

㉱ R_2를 크게 한다.

해설

$A_v = -\dfrac{R_C}{r_e + R_E}$ 이므로 R_C는 크게, R_E는 작게 한다. 그리고 교류 입력전압이 R_1과 R_2로 분배될 때 R_2를 크게 하여 증폭기의 V_B, i_b를 크게 한다. ㉮

[주관식]

ⓐ $V_B = V_{BE} + (I_E \cdot R_E) = 0.7 + (0.3\text{m} \times 1\text{k}) = 1[\text{V}]$, $I_{R1} = \dfrac{2[\text{V}]}{20\text{k}} = 0.1[\text{mA}] = I_{R2}$ 이므로

$V_B = I_{R2} \times R_2 = 1[\text{V}] \rightarrow R_2 = \dfrac{V_B}{I_{R2}} = \dfrac{1[\text{V}]}{0.1[\text{mA}]} = 10[\text{k}\Omega]$

ⓑ $I_E = \dfrac{(1-0.7)}{1\text{k}} = 0.3[\text{mA}]$ 에서 $r_e \cong \dfrac{26[\text{mV}]}{0.3[\text{mV}]} \cong 86.6[\Omega]$ 이다.

R_E를 갖는 [CE]이므로, 전압이득 $A_v = -\dfrac{R_C}{r_e + R_E} = -\dfrac{3\text{k}}{1.0866\text{k}} = -2.76$ 이다.

44 다음 회로 (A)에서 V_{CE}, I_C를 구하고, 회로 (B)에서 $V_B = 1[\text{V}]$일 때 V_C, V_E, I_E 및 전류 증폭율 β의 값을 구하여라(단, $V_{BE} = 0.7[\text{V}]$, 회로 (A)의 $\beta = 100$이다).

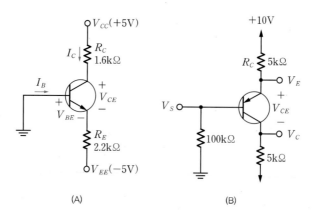

(A)   (B)

해설

- 회로 (A) : 입력측 전압방정식 $V_{EE} = V_{BE} + R_E I_E$에서 $I_E = \dfrac{V_{EE} - V_{BE}}{R_E} = \dfrac{5 - 0.7}{2.2} = 1.95[\text{mA}]$이므로

  $I_B = \dfrac{I_E}{1+\beta} = 19.3[\mu\text{A}]$ → $I_C = \beta I_B = 1.93[\text{mA}]$이다. 출력측 전압방정식에서 V_{CE}를 구하면

  $V_{CC} = R_C I_C + V_{CE} + R_E I_E - V_{EE}$이므로 $V_{CE} = V_{CC} - R_C I_C - R_E I_E + V_{EE} = 5 - 3.08 - 4.29 + 5 = 2.63[\text{V}]$이다.

- 회로 (B) : $I_B = V_B / R_B = 1[\text{V}]/100[\text{k}\Omega] = 10[\mu\text{A}]$이고, $V_E = V_{BE} + V_B = 0.7 + 1 = 1.7[\text{V}]$이다.

  $I_E = (V_{CC} - V_E)/R_E = (10 - 1.7)/5k = 8.3/5k = 1.66[\text{mA}]$이므로 $I_C = I_E - I_B = 1.65[\text{mA}]$이다.

  $V_C = I_C \cdot R_C - V_{EE} = 8.25 - 10 = -1.75[\text{V}]$이고, 전류 증폭율 $\beta = I_C / I_B = 1.65[\text{mA}]/10[\mu\text{A}] = 165$이다.

45 다음 회로는 중간대역 주파수에서 동작하는 전압 증폭기이다. 상온에서 동작할 때 교류 이미터 저항 r_e와 전압이득 A_v를 구하여라(단, $V_{BE} = 0.7[\text{V}]$, $\beta = 100$, $V_T = 25[\text{mV}]$이다).

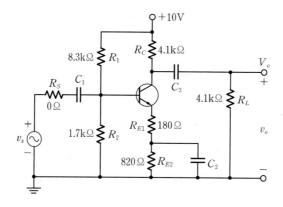

해설

- C_1, C_2, C_3를 개방시킨 직류 등가회로에서 베이스 전압 $V_B = 10 \cdot \dfrac{R_2}{R_1 + R_2} = 1.7[\text{V}]$이고,

  $V_B = V_{BE} + (R_{E1} + R_{E2})I_E$에서 $I_E = \dfrac{1\text{V}}{1\text{k}} = 1[\text{mA}]$이다. 이미터 교류저항 $r_e = \dfrac{V_T}{I_E} \cong \dfrac{25[\text{mV}]}{1[\text{mA}]} = 25[\Omega]$이다.

- C_1, C_2, C_3는 단락, V_{CC}는 접지시킨 교류 등가회로에서 $A_v \cong -\dfrac{(R_C \parallel R_L)}{R_{E1} + r_e} = -\dfrac{(4.1 \parallel 4.1)}{(180 + 25)} = -10$이다.

- 회로 명칭은 스웸핑 증폭기이다.

46 [연습문제 45]의 회로에서 바이패스 커패시터 C_2의 고장으로 인한 영향으로 옳지 않은 항목은?

[주관식] C_2가 단락고장일 때와 개방고장일 때의 이득을 비교하여라.

㉮ 커패시터 C_2가 개방고장이면 온도에 대한 안정도는 증가한다.

㉯ 커패시터 C_2가 개방고장이면 전압이득은 증가한다.

㉰ 커패시터 C_2가 단락고장이면 직류컬렉터전류 I_C는 증가한다.

㉱ 커패시터 C_2가 단락고장이면 교류입력저항 R_{in}은 변하지 않는다.

해설

R_E는 온도, 외부전압 등에 대한 바이어스 동작점 안정용 저항이며, 교류해석 시 R_E로 인하여 전압이득은 감소($A_v \cong -R_L/R_E$)된다. C_2 개방 시 합성 R_E가 증대되어 직류 I_C도 A_v도 감소된다. 정상적인 직류해석은 C_2는 개방시켜 해석한다. ㉯

[주관식] 단락고장 : $A_{vs} = -\dfrac{(R_C \parallel R_L)}{R_{E1} + r_e} = -\dfrac{(4.1 \parallel 4.1)}{205} = -10$,

개방고장 : $A_{vo} = -\dfrac{(R_C \parallel R_L)}{R_{E1} + R_{E2} + r_e} = -\dfrac{(4.1 \parallel 4.1)}{1025} = -2$

47 다음 정전류원 바이어스의 2단 증폭회로에서 I_{C2}, V_o을 구하여라(단, $I_1 = 20[\mu A]$, $I_2 = 1[mA]$, Q_1 및 Q_2의 전류이득 $\beta_1 = 100$, $\beta_2 = 50$, $R_1 = 100[\Omega]$, $R_2 = 5[\Omega]$, $V_{CC} = 10[V]$이고 얼리효과는 무시한다).

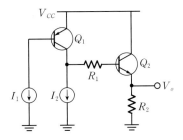

해설

- $I_{C1} = \beta_1 \cdot I_1 = 100 \times 20 = 2000[\mu A] = 2[mA]$, $I_{B2} = I_{C1} - I_2 = 2 - 1 = 1[mA]$, $I_{C2} = \beta_2 \cdot I_{B2} = 50 \times 1 = 50[mA]$
- $I_{E2} = (1 + \beta_2) \cdot I_{B2} \simeq 51 \times 1 = 51[mA]$, $V_o = I_{E2} \times R_2 = 51[mA] \times 5 = 255[mV]$

48 다음 공통 베이스인 [CB]형 증폭기의 신호 해석(A_v, A_i, R_i, R_o)을 하여라(단 $V_{BE} = 0.7[V]$, $V_A = \infty$, $V_T = 25[mV]$, $\beta = 100$이다).

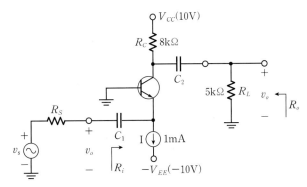

해설

교류 등가회로(C_1, C_2는 단락, $V_{CC} = V_{EE} = 0$[V])를 그린다.

이미터 교류저항 $r_e = \dfrac{V_T}{I_E} = \dfrac{25[\text{mV}]}{1[\text{mA}]} = 25[\Omega]$, 전달 컨덕턴스 $g_m \cong \dfrac{1}{r_e} = 40[\text{mS}]$이다.

- $A_v = g_m R_L' = 40(R_C /\!/ R_L) \cong 40 \times 3 = 120$
- $R_i \cong r_e = 25[\Omega]$
- $A_i = \dfrac{i_c}{i_e} = \dfrac{\alpha i_e}{i_e} = \alpha = \dfrac{\beta}{1+\beta} = \dfrac{100}{101} \cong 0.99$
- $R_o = (R_C \parallel R_L) = (8\text{k} \parallel 5\text{k}) \cong 3[\text{k}\Omega]$

49 [연습문제 48]의 회로 특성에 대한 설명으로 가장 옳은 항목은?

㉮ 전류이득이 매우 크다.

㉯ 출력 임피던스가 낮다.

㉰ 전압이득이 거의 1이다.

㉱ 전류이득이 거의 1이다.

㉲ 입·출력위상이 반전이다.

㉳ 전압 궤환율이 낮아 고주파 특성이 좋다.

해설

[CB]증폭기는 전류이득이 낮다($\cong 1$). 또한 전압 궤환율(h_{rb})이 매우 낮아 고주파 특성이 좋다. **㉱, ㉳**

50 다음 정전류원 바이어스 회로에서 $\beta = 65$, $V_B = 0.3$[V], $V_C = -3$[V]일 때 (a) R_B, R_C 값을 먼저 설계한 후 (b) 회로정수와 (c) 전압이득 $A_v(v_o/v_{si})$을 구하여라.

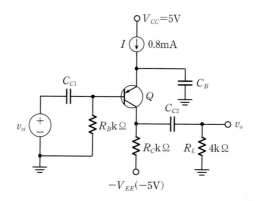

해설

(a) 모든 C를 개방한 DC 등가회로에서 I_C, I_B를 이용해 R_B 및 R_C를 구한다.

$$I_C = \alpha I_E = \frac{\beta}{1+\beta} I = 0.788[\text{mA}] \;\rightarrow\; R_C = \frac{V_C - (-V_{EE})}{I_C} = \frac{-3+5}{0.788} = 2.54[\text{k}\Omega]$$

$$I_B = \frac{I_C}{\beta} = \frac{0.788}{65} = 0.012[\text{mA}] \;\rightarrow\; R_B = \frac{V_B}{I_B} = \frac{0.3}{0.012} = 25[\text{k}\Omega]$$

(b) 교류해석을 위해 회로정수를 구하면 다음과 같다.

$$g_m = I_C / V_T = 0.788/26 = 30[\text{mA/V}], \quad r_\pi = \beta/g_m = 65/30 = 2.17[\text{k}\Omega],$$

$$r_e = V_T / I_E = 26/0.8 = 32.5[\Omega], \quad r_o = V_A / I_C = 75/0.788 = 95.18[\text{k}\Omega]$$

(c) [CE]의 전압이득을 계산하면 다음과 같다.

$$A_v \equiv \frac{v_o}{v_S} = -g_m(r_o \parallel R_C \parallel R_L) = -\frac{(r_o \parallel R_C \parallel R_L)}{r_e} = -30(95.18 \parallel 2.54 \parallel 4) = -30 \times 1.525 = -45.75$$

참고 증폭기 교류등가회로에서 $v_o = g_m v_\pi (r_o \parallel R_C \parallel R_L)$, $v_\pi = -v_S$, $r_e = 1/g_m$

51 $r_o = \infty$인 이상적인 전류원 바이어스의 다음 회로에 대한 설명으로 옳지 않은 것을 골라라.

[주관식] 주어진 회로에서 R_i, A_{vo}, A_v, R_o, A_{ib}, A_i 값을 해석하여라(단, $I = 5[\text{mA}]$의 이상적 정전류원이며, $R_1 = R_2 = 80[\text{k}\Omega]$, $R_S = 10[\text{k}\Omega]$, $R_L = 1[\text{k}\Omega]$, $\beta = 100$, $V_A = 100[\text{V}]$, 베이스-이미터 간 교류 입력저항 r_π, 교류 이미터 저항 r_e, 교류 출력저항 r_o, $C_c = \infty$ 이다).

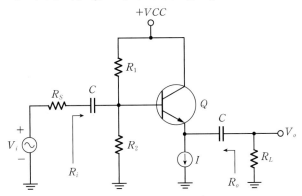

㉮ 전압 증폭률은 1보다 작다.

㉯ 전체 전력이득은 전류이득과 거의 같다.

㉰ 입력신호와 출력신호의 위상차는 $180°$이다.

㉱ 낮은 저항값을 갖는 부하를 구동하기에 적당하다.

㉲ 입력 임피던스 R_i는 $R_1 \parallel R_2 \parallel [(1+\beta)r_e + R_L]$이다.

㉳ 출력 임피던스 R_o는 $\dfrac{(R_S \parallel R_1 \parallel R_2) + r_\pi}{1+\beta}$ 이다.

㉴ 공통-컬렉터 버퍼 증폭기이다.

㉵ 부하저항이 변화해도 전류, 전압, 전력이득은 일정하다.

해설

정전류원 바이어스의 [CC] 증폭기로, 전류이득은 증대, 전압이득은 감소한다($\cong 1$). R_i는 증대, R_o는 감소하며 낮은 부하와 임피던스 매칭한다. 동상의 버퍼로 사용되고 $R_i = R_1 \parallel R_2 \parallel (1+\beta)(r_e + R_L)$이다. ㉰, ㉲

[주관식]

교류해석을 위해 회로정수를 구하면 $I_E = I = 5[\text{mA}]$, $I_C = \alpha I_E = (\beta/(1+\beta))I_E = 0.99 \times 5 = 4.95[\text{mA}]$,
$g_m = I_C/V_T = 4.95/26 = 190[\text{mA/V}]$, $r_\pi = \beta/g_m = 100/190 = 0.53[\text{k}\Omega] = (1+\beta)r_e$,
$r_e = V_T/I_E = 26/5 = 5.2[\Omega](r_e \cong 1/g_m)$, $r_o = V_A/I_C = 100/4.95 = 20.2[\text{k}\Omega]$이다.

- $R_{ib} = r_\pi + (1+\beta)(r_O \parallel R_L) = 0.53 + 101 \times 0.95 = 96.48[\text{kohm}]$ (베이스에서 본 입력저항)

  $R_i = R_1 \parallel R_2 \parallel R_{ib} = 80 \parallel 80 \parallel 96.48 = 40 \parallel 96.48 = 28.3[\text{k}\Omega]$

- $A_{vo} = \dfrac{(1+\beta)r_O}{r_\pi + (1+\beta)r_O} = \dfrac{101 \times 20.2}{0.53 + 101 \times 20.2} \simeq 1 (\cong r_o/r_e + r_o)$ (부하개방 시 전압이득)

- $A_v = \dfrac{(1+\beta)(r_O \parallel R_L)}{r_\pi + (1+\beta)(r_O \parallel R_L)} \cdot \dfrac{R_i}{R_s + R_i} = \dfrac{101 \times 0.95}{0.53 + 101 \times 0.95} \cdot \dfrac{28.3}{10 + 28.3} = 0.735$

- $R_o = \left(\dfrac{r_\pi + R_B \parallel R_s}{1+\beta}\right) \parallel r_o = \left(\dfrac{0.53 + 40 \parallel 10}{101}\right) \parallel 20.2 = 0.0845 \parallel 20.2 \simeq 84.5[\Omega]$

- $A_{ib} = i_e/i_b = (1+\beta) \cdot i_b/i_b = (1+\beta) = 101$ (베이스에서의 전류이득)

- $A_i = R_B/(R_B + R_{ib}) \cdot (1+\beta) \cdot r_o/(r_o + R_L) = (40/40 + 96.48) \times 101 \times (20.2/20.2 + 1) = 28.2$

52 다음 증폭회로의 소신호 전압이득(V_o / V_i)을 구하여라. 단, Q_1과 Q_2의 전달 컨덕턴스는 각각 g_{m1}, g_{m2} 이고, 출력저항 r_{o1}, r_{o2}는 무시하고, 각 공통 베이스 전류이득 $\alpha_1 = \alpha_2 \cong 1$이다.

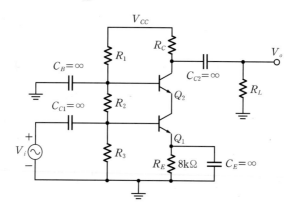

해설

Q_1은 [CE]형, Q_2는 [CB]형인 캐스코드 증폭기 회로로서, C_C, C_B, C_E는 단락, V_{CC}는 접지시킨 교류 등가회로에서 해석한다.

$$A_v = \frac{V_o}{V_i} = \frac{V_{C1}}{V_i} \times \frac{V_o}{V_{C1}} = -\frac{R_{L1}}{r_{e1}} \times \frac{R_L'}{r_{e2}} = -g_{m1} \cdot R_{L1} \times g_{m2} R_L' = -g_{m1} R_L' = -g_{m1} \cdot (R_C \mathbin{/\!/} R_L)$$

(여기서 Q_1의 부하 R_{L1}은 Q_2의 $r_{e2}\left(\cong \dfrac{1}{g_{m2}}\right)$과 같고 $g_{m1} \cong \dfrac{1}{r_{e1}}$, $g_{m2} \cong \dfrac{1}{r_{e2}}$을 이용한다)

전계효과 트랜지스터 (FET) 회로

Field Effect Transistor Circuit

전계효과 트랜지스터(FET : Field Effect Transistor)는 BJT와 달리 전계에 의한 제어구조이고 소전력과 소형화 구현이 가능하므로 고집적 VLSI 회로, 메모리 등 디지털 IC의 구현과 고입력저항과 저잡음 특성을 이용한 무선 수신기의 LNA 증폭회로 등 아날로그 IC의 구현에도 광범위한 응용을 갖고 있는 UJT 소자이다. 이 장에서는 접합형 및 MOS형 FET의 구조, 특성, 응용 회로 해석 등 FET의 전반을 체계적으로 학습하고 정리한다.

FET의 기본 이론

FET 소자의 특성, 종류, 기호를 숙지하고, 접합형 및 MOS형 FET의 구조 및 동작원리와 특성곡선 등을 정확히 학습하여 FET 의 DC, AC 회로 해석의 기본 지식을 익혀보자.

Keywords | FET 특성 | JFET과 D-MOS | E-MOS의 구조와 동작원리 | 특성곡선 |

4.1.1 FET의 기본 구조와 특성

3장에서 학습한 BJT는 큰 출력전류를 얻기 위해서는 반드시 입력전류가 필요한 전류제어 소자였다. 반면, 이 장에서 살펴볼 **전계효과 트랜지스터(FET)**Field Effect Transistor은 입력전류 없이 입력 **전계효과 에 의해 구동되는 전압제어 소자**이다. 소비전력이 작고, 소형 면적으로 구현할 수 있어 고집적 VLSI 마이크로 프로세서, 메모리 등과 같은 **디지털 IC 회로**뿐만 아니라 높은 입력저항과 저잡음 특성을 이용한 무선수신기 등과 같은 아날로그 LNA(저잡음) 증폭회로 및 아날로그 IC 회로 설계에도 광범위하게 사용되고 있다.

FET의 기본 구조

FET은 2개의 PN 구조를 보이는 BJT와 달리 1개의 PN 구조로 이루어진다. 다수 캐리어에 의해서만 구동되는 UJT(단극성 접합 TR) 소자로서 잡음, 열, 방사능 등 외부영향에 강한 특징을 갖는다. 구조적인 측면에서 [표 4-1]과 같이 접합형 FET과 MOS형 FET으로 나뉜다.

[표 4-1] 접합형 FET과 MOS형 FET의 비교

구분	접합형 FET(=JFET)	MOS형 FET(=MOSFET)
구조	게이트가 전류가 흐르는 통로인 채널과 PN 접합구조이다.	게이트 단자가 산화절연물(SiO_2)을 주입시켜 채널과 격리된 구조이다.
동작	**역바이어스 상태의 PN 접합 다이오드**처럼 동작한다.	**조그만 커패시터(콘덴서)**처럼 동작한다.
제어 방식	게이트에 역바이어스 전압을 가해 채널 폭을 넓게, 좁게 가변시키면서 출력전류를 제어한다.	MOS 커패시터 내부에 형성되는 전계효과에 의해서 반도체 표면에 생성되는 유도채널의 폭을 넓게, 좁게 가변시키면서 출력전류를 제어한다.

MOS형 FET은 게이트 단자가 금속(M)과 산화층(O)과 반도체(S)로 형성되므로 MOSFET이라는 명칭을 가지며, IGFET(insulated-gate 산화 절연 게이트형 FET)으로 불리기도 한다. **MOSFET은 작은 전력소모, 낮은 구동 전원 사용, 소형 크기로 구현, 저잡음** 등 우수한 구조 특성을 갖는다. 그러나 게이트 입력전류는 0이므로 전류증폭은 불가능하고 전압증폭이 가능한 전용소자이다.

FET의 특성

FET의 특성은 다음과 같이 정리할 수 있다.

- 다수 캐리어에 의해 구동되는 UJT(단극성 접합형 TR) 소자이다.
- 입력 전계에 의해 구동되는 전압제어 소자이다. (출력전류는 드리프트 전류)
- 입력저항이 매우 높다. ($10^8 - 10^{10}[\Omega]$ 정도 : BJT는 $2[\mathrm{k}\Omega]$ 정도)
- 잡음 특성이 양호하다. (무선 수신기의 초단 저전력 LNA 증폭소자)
- 열에 대한 안정 특성을 갖는다. (온도상승 시 g_m 감소, r_d 증가, 열폭주 없음)
- 문틱전압이 없어 우수한 스위치(혹은 쵸퍼chopper) 특성을 갖는다. 스위치(쵸퍼)로 사용 시 오프셋 전압, 전류가 없다.
- 제조과정이 간단하고 IC화에 차지하는 공간이 작다.
- FET을 저항부하로 사용할 수 있고, 소비전력이 작아 고밀도 IC화에 적합하다. (특히 CMOS-FET은 최저 소비전력임)
- 내부의 작은 커패시턴스에 전하를 축적하므로 기억소자(메모리)로 작용한다.
- 비교적 방사능의 영향을 거의 받지 않는다.
- 2중dual 게이트형도 있으며 믹서mixer 회로 등에 효율적으로 응용할 수 있다.
- 이득과 대역폭의 곱 [G · B]이 작다. (이득이 낮고, 고주파 특성이 낮다)
- 동작 속도가 느리다. (소전력 스위칭 소자로 사용할 때 CMOS ≪ TTL은 고속)
- 취급상에 어려움이 있다. (특히 정전기 등에 의한 절연층(SiO_2) 파괴)

4.1.2 접합형 JFET의 구조 및 동작원리

JFET의 구조와 기호

[그림 4-1]은 JFET의 구조를 보여준다.

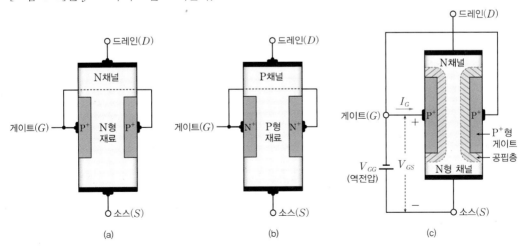

[그림 4-1] JFET의 구조

N형 반도체 막대(채널이 됨)의 양끝에 다수 캐리어(전자)가 N형 반도체 막대로 흘러들어가는 쪽의 전극을 소스Source, 다수 캐리어(전자)가 반도체 막대로부터 흘러나가는 쪽의 전극을 드레인Drain이라고 부른다. 반면에 N형 막대의 양 옆면은 N형보다 불순물이 훨씬 강하게 도핑(주입)되어 있는 P^+형 반도체로 되어 있는 게이트Gate 제어단자로 구성되어 있다. 그런데 보통 양쪽 게이트는 내부에서 서로 접속되어 있는 구조이다.

각 단자 이름은 BJT와 '소스-이미터, 게이트-베이스, 드레인-컬렉터'처럼 서로 유사하다. 게이트를 강하게 도핑시킨 이유는 공핍층(공간전하층)을 N형 막대 안에 만들기 위한 것이다. [그림 4-1(c)]에서 빗금친 부분이 공핍층이며, 공핍층으로 덮이지 않은 막대의 부분이 전류가 흐르게 되는 채널이다. 반도체 막대를 P형으로 하고 N^+형을 게이트로 하는 것은 P채널 JFET이라고 한다. [그림 4-2]~[그림 4-3]에 심벌 기호를 나타냈으며 화살표는 PN 접합의 순방향(P-N)을 표시한다. (이 책에서는 N형 채널 FET 위주로 해석되고 있음을 기억하기 바란다)

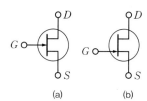

(a)   (b)

[그림 4-2] N채널 JFET 기호

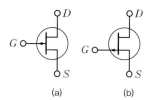

(a)   (b)

[그림 4-3] P채널 JFET 기호

참고 [그림 4-2(b)]와 [그림 4-3(b)]는 소스단자 식별을 위해 게이트를 소스에 가깝게 그리는 실용적인 표기법이다.

JFET의 동작모드

■ 공핍형 모드 : $v_{GS} < 0$

JFET의 동작은 드레인-소스 전극 사이를 흐르는 채널의 드레인 전류(i_D)가 게이트 전압(v_{GS})에 의해 제어되는 성질을 이용하게 된다. 즉 역바이어스의 게이트 전압(v_{GS})이 전류의 통로인 채널의 폭을 공핍(감소)되게 변화시킴으로써 채널의 전류(i_D)를 제어하게 된다.

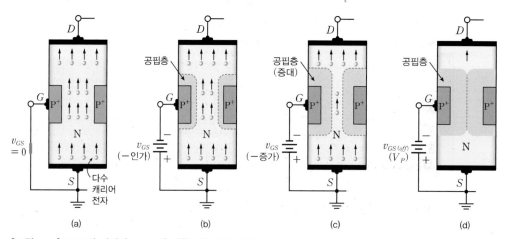

(a)   (b)   (c)   (d)

[그림 4-4] JFET의 바이어스 v_{GS}에 의한 채널 폭의 변화

[그림 4-4]의 N채널과 게이트의 PN 접합에 역바이어스가 되도록 음(-)의 게이트 전압($v_{GS} < 0$)을 걸고 이 값을 점점 강하게 변화시켜 나가면, 공핍층의 폭이 채널 안으로 넓게 퍼져 나가면서 채널의 폭은 좁아지고, 다수 캐리어 농도(전자의 수)가 감소되어 반도체 막대의 도전율이 떨어지며, 채널의 저항(r_d)은 증가하므로 결국 드레인 전류가 감소하는 변화가 나타난다. 즉 JFET은 이처럼 **공핍형(감소형) 모드**에서만 동작하게 된다.

이러한 JFET의 동작원리는 [그림 4-5]의 **수도꼭지의 흐름**을 연상하면 손쉽게 기억할 수 있다. 즉 손(=역바이어스 전압)으로 강하게 움켜쥐면 채널 폭이 좁아져서 물 흐름(=전류)이 약하게 흐르게 되는 것이다. 그러다가 더욱 강하게 하여 채널 폭이 소멸되는 **핀치-오프**pinch-off**상태**([그림 4-4(d)] 참조)가 되면 물 흐름(전류)이 0이 된다.

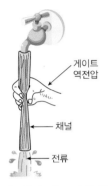

게이트
역전압

채널

전류

[그림 4-5] JFET의 동작원리(모형도)

그런데 $v_{GS} = 0$인 [그림 4-4(a)]의 경우도 역바이어스이며, 오히려 이 때가 채널 폭이 가장 넓은 상태이다. 이때 **최대 드레인 포화전류**를 I_{DSS}라고 하는데, JFET은 보통 $v_{GS} = 0$이내로 제한하여 사용한다. 그리고 게이트 전압은 역 바이어스되어 있으며, 입력 게이트 전류는 Si형 FET의 경우 극히 적은 수 [nA] 정도의 누설 전류로서, 거의 0으로 간주한다.

■ 차단모드 : $v_{GS} = v_{GS(off)}$

게이트 전압 $-v_{GS}$가 어느 한도로 강하게 가해지면 [그림 4-4(d)]와 같이 채널은 출발점인 소스부터 차단되므로 드레인 전류(i_D)는 0이 되며 채널이 완전히 막혀 차단 상태가 된다. 그때의 v_{GS} 전압을 **핀치-오프 전압** $v_{P(off)}$ **또는** V_P라고 하며 다음 식으로 나타낼 수 있다. 단, N_d는 N형 채널 도너 농도, ε은 유전율, W는 $\frac{1}{2}$ 채널 폭, e는 전자의 전기량을 의미한다.

$$V_P = v_{GS(off)} = -\frac{eN_d}{2\varepsilon} W^2 \, [\text{V}]$$

(4.1)

N채널 FET은 $V_P < 0$이지만, P채널 FET은 $V_P > 0$이 된다.

■ JFET의 정특성 (드레인 출력 $v_{DS} - i_D$ 특성)

동작모드의 단계는 [그림 4-6]과 같이 정리할 수 있다.

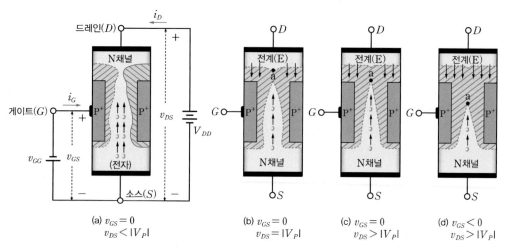

[그림 4-6] 소스 접지 JFET 회로 동작 상태

또한 어떤 일정한 게이트 전압에서($v_{GS} = 0$일 때로 가정) 해당 채널 폭이 설정된 상태에서 채널의 양단인 드레인과 소스 간 전압(v_{DS})을 증가하며 인가할 때 흐르는 드레인 전류(i_D)와의 관계 특성은 [그림 4-7]로 나타낼 수 있다.

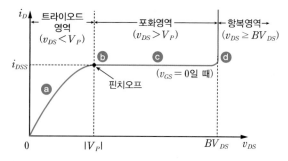

[그림 4-7] N채널 JFET의 $i_D - v_{DS}$ 특성곡선($v_{GS} = 0$인 경우)

❶ 트라이오드(선형) 모드 : $v_{DS} < V_P$

$v_{GS} = 0$일 때와 거의 동일하게 공핍층이 매우 좁으며, 드레인 전압(v_{DS})에 의한 채널 폭의 변화가 거의 없어 일정한 채널의 등가 드레인 저항($r_d : 100[\Omega] \sim 100[k\Omega]$ 정도)으로 동작한다. 따라서 드레인 전류(i_D)는 드레인 전압(v_{DS})에 선형적으로 비례하는 [그림 4-7]의 ⓐ인 **트라이오드(선형, 저항성) 모드**에서 동작하며, **스위치 on 기능**을 하게 된다.

❷ (드레인) 핀치-오프(V_P) : $v_{DS} = V_P$

드레인 전압(v_{DS})이 증대될수록 드레인과 게이트 간의 역바이어스에 의해 공핍층이 넓어짐으로써 채널의 폭이 좁아지는 현상이 나타나기 시작한다. 그에 따라 드레인 등가저항(r_d)이 증가하여 [그림

4-7]의 ⓑ와 같이 특성곡선의 기울기가 감소하는 형태를 보이게 된다.

그런데 ⓑ와 같이 영역을 넘어 드레인 전압(v_{DS})이 더 증가하면 드레인 쪽의 양쪽 공핍층이 [그림 4-6(b)]와 같이 서로 맞붙어 채널의 폭이 소멸되는 **드레인 핀치-오프 현상**이 나타난다. 이때의 드레인 전압(v_{DS})을 드레인 핀치-오프 전압 V_P($V_P > 0$: N채널, $V_P < 0$: P채널)라고 하는데, 이는 앞서 다룬 **게이트 핀치-오프**와는 다르다. 이 경우는 드레인 전류(i_D)가 0(차단모드)인 게이트 핀치-오프와 달리, 일정한 포화 드레인 전류가 흐른다. 결국 **핀치-오프는 2가지 형태**가 있다. 여기서 형성되는 공핍층의 형태는 드레인 전압(v_{DS})이 인가될 때 소스와 게이트 접합보다 드레인과 게이트 접합이 더 강한 역바이어스이므로, 소스보다 드레인 쪽으로 갈수록 공핍층은 더 넓어지고 채널의 폭은 더 좁아지는 [그림 4-6]의 형태가 되는 것도 기억해야 한다.

❸ **(전류) 포화모드 : $v_{DS} > V_P$**

핀치-오프 이후부터는 [그림 4-7]의 ⓒ에서와 같이 드레인 전류 변화가 거의 없는 전류 포화모드에서 동작하게 되므로 드레인 전류(i_D)에 일정한 포화전류가 흐르게 된다. 즉 **드레인 핀치-오프 이후**는 드레인 쪽의 두 공핍층이 서로 완전히 맞붙어 버리는 것이 아니라, 드레인 전압(v_{DS})이 증가해도 **매우 좁은 폭의 채널이 길이로만 늘어나는, 즉 홀쭉한 형태가 되므로 드레인 전류(i_D)는 일정한 값을 유지**하게 된다. 그리고 $v_{DS} > V_P$가 되면 [그림 4-6(c)]와 같이 드레인 쪽과 게이트 사이의 공핍층은 넓어지지만, 핀치-오프 점과 소스 사이의 채널의 형태는 그다지 달라지지 않는다. 따라서 핀치-오프 점 'a'와 소스 사이에 V_P가 걸려있으므로 소스로부터 공급되는 다수 캐리어 전자들은 공핍층으로 주입된다. 그리고 공핍층 안에 형성되어 있는 강한 **전계(화살표)가 전자들을 반대 방향으로 가속시키면** 드레인 쪽에서 끌어당김으로써 일정한 크기의 드레인 전류가 흐르게 된다. JFET이 **증폭기로 응용**될 경우는 핀치-오프를 넘는 이 전류 포화모드를 이용하는 것이다.

❹ **항복**break down **상태 : $v_{DS} \geq Bv_{DS}$**

게이트와 드레인 접합부에 걸 수 있는 최대 역 드레인 전압(v_{DS})을 의미한다. 이 한계를 초과할 때 애벌런치 항복이 발생되므로 이 상태는 피하는 편이 좋다.

❺ **차단모드 : 게이트 핀치-오프**

게이트 전압(v_{GS})이 음(−)의 값으로 어느 한도로 강해져서 $v_{GS} = v_{GS(off)} = V_P$에 도달하면, 채널이 완전히 막혀 채널 전류 $i_D = 0$이 되는 차단상태가 되며, **스위치 off 동작**을 하게 된다.

지금까지의 논의는 $v_{GS} = 0$이 아닌 $v_{GS} < 0$의 경우인 [그림 4-6(d)]에도 그대로 적용된다. $v_{GS} < 0$일 때는 v_{GS}에 의한 여분의 역바이어스가 추가되므로 $v_{GS} = 0$일 때보다 드레인 전압(v_{DS})과 드레인 전류(i_D)가 더 낮은 값에서 핀치-오프가 된다. 또한 항복전압도 더 낮은 드레인 전압(v_{DS})에서 일어나고 있음을 [그림 4-8]의 출력 특성곡선에서 잘 보여주고 있다. 그러한 $-v_{GS}$가 어느 한계까지 (−)로 더 강해지면 '게이트 핀치-오프'가 발생되어 채널이 완전히 차단되고 $i_D = 0$인 차단모드가 된다.

N채널 JFET의 종합적인 전달특성($i_D - v_{GS}$) 곡선과 출력특성($i_D - v_{DS}$) 곡선을 [그림 4-8]과 같이 나타낼 수 있다.

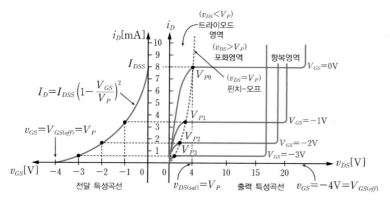

[그림 4-8] N채널 JFET의 특성곡선(예시)

FET이 증폭기 동작을 하는 포화 영역에서의 N채널 JFET 포화전류 관계식은 다음과 같이 나타낼 수 있다. 단, I_{DSS}는 $v_{GS} = 0$일 때 최대 포화 드레인 전류가 되고, $v_{GS(off)} = V_P$는 게이트 핀치-오프 전압을 의미한다.

$$i_D = I_{DSS}\left(1 - \frac{v_{GS}}{V_P}\right)^2, \quad V_P = v_{GS(off)} \tag{4.2}$$

[그림 4-8]의 N채널 JFET의 경우는 $v_{GS} < 0$, $V_P = v_{GS(off)} < 0$이지만, P채널 JFET의 경우는 $v_{GS} > 0$, $V_P = v_{GS(off)} > 0$으로 극성이 반대가 된다. [그림 4-9]는 P채널의 특성곡선을 보여준다.

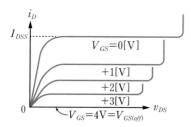

(a) P채널 JFET의 출력특성곡선

(b) P채널 JFET의 전달특성곡선

[그림 4-9] P채널 JFET의 출력·전달특성곡선

N채널 JFET에서 $I_{DSS} = 10[\mathrm{mA}]$, $V_P = -4[\mathrm{V}]$이고 $V_{GS} = 0$, $-2[\mathrm{V}]$일 때 i_D를 구하여라.

풀이

- $V_{GS} = 0$일 때 : $i_D = I_{DSS} = 10[\mathrm{mA}]$

- $V_{GS} = -2\mathrm{V}$일 때 : $i_D = I_{DSS}\left(1 - \frac{V_{GS}}{V_P}\right)^2 = 10\left(1 - \frac{-2}{-4}\right)^2 = 10 \times \frac{1}{4} = 2.5[\mathrm{mA}]$

4.1.3 증가형 E-MOSFET 구조 및 동작원리

MOSFET의 종류 및 기호

MOSFET은 크게 두 종류로 구분된다. 먼저 제작공정 시에 **물리적인 채널**이 미리 만들어져 있는 **D-MOSFET(감소형(공핍형**Depletion type) **MOSCET)**, 그리고 이와 달리 채널이 없는 구조에서 시작해 **채널을 만든 후에 동작시키는 E-MOSFET(증가형**Enhancement type **MOSFET)**으로 나뉜다. 또한 채널의 종류가 P형 채널이냐, N형 채널이냐에 따라 P채널 MOSFET, N채널 MOSFET으로 분류된다. 게이트에 특정 임계전압(V_T) 이상을 인가해 채널이 형성된 후에 사용하는 증가형 E-MOSFET이 입력 임계전압의 균일성을 유지할 수 있으므로 현재 IC에서는 증가형 E-MOSFET을 주로 사용한다.

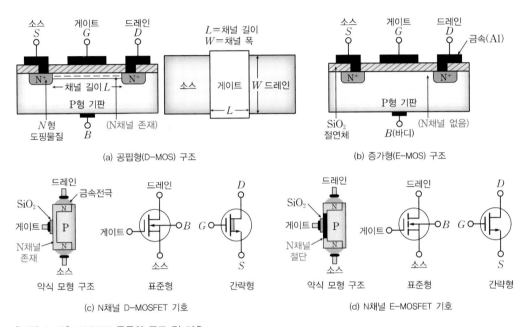

(a) 공핍형(D-MOS) 구조

(b) 증가형(E-MOS) 구조

(c) N채널 D-MOSFET 기호

(d) N채널 E-MOSFET 기호

[그림 4-10] MOSFET 종류와 구조 및 기호

공핍형 D-MOSFET의 채널을 표현할 때는 [그림 4-10(c)]와 같이 실선(표준형)으로 그리거나 음영 영역을 그린다(간략형). 기존 채널이 없는 증가형 E-MOSFET의 경우는 [그림 4-10(d)]와 같이 점선으로 그리거나 음영 영역 없이 표기한다.

보통 **기판**Body은 소스단자와 연결해서 사용하므로 기판 B의 표시를 생략한 간략형이 있고, 표준형에서도 기판 B의 연결선을 제거한 기호를 사용하기도 한다. P채널 MOSFET의 기호는 N채널의 화살표 방향을 바꾸면 된다.

증가형 E-MOSFET의 구조와 채널 형성

[그림 4-10(b)]의 N채널 증가형 E-MOSFET 구조를 살펴보자. 먼저 불순물 농도가 낮은 P형 S_i 기판 Substrate, Body 위에 불순물 농도가 높은 두 개의 N$^+$형 반도체를 확산시켜 양단에 각각 드레인과 소스단

자를 만든다. P형 기판의 위쪽 표면은 산화절연물(SiO_2)층으로 덮여 있고 드레인과 소스 두 단자 사이의 절연물(SiO_2)층 위에는 채널과 격리된 게이트 단자가 형성되어 있다. 결과적으로 **드레인(D), 게이트(G), 소스(S) 및 기판(B : 바디) 등 4개의 단자**로 구성되어 있다.

E-MOSFET은 물리적인 채널이 없는 구조이므로 **채널을 미리 형성하여 사용**해야 한다. 그리고 FET은 소스와 드레인 사이의 채널을 통해서만 전류가 흘러야 하므로 P형 기판과 소스나 기판과 드레인 사이의 PN 접합부 간에는 전류가 0이 되어야 한다. 따라서 기판은 소스와 함께 접지시키거나 기판에 음(−)의 전압을 인가해서 두 PN 접합부 간에는 항상 역바이어스 상태가 되도록 해야 한다. P채널 E-MOSFET의 경우는 채널이 P형이고, 기판은 N형 반도체로 구성되는 것이 N채널과는 다르지만, 이후에 언급되는 동작원리는 동일하게 적용된다.

■ 바디효과

일반적으로 MOSFET의 경우 기판의 단자 B는 소스단자와 단락시켜 사용하므로 채널과 기판 사이의 PN 접합에는 0[V]의 바이어스(즉 $v_{SB} = 0$)가 된다. 따라서 기판이 회로의 동작에 아무런 역할도 하지 못하므로 무시될 수 있다. 그러나 집적회로에서는 채널과 기판 사이 PN 접합이 on되는 것을 막기 위해 N채널 MOSFET의 경우 **기판에 음(−)의 전압을 인가**하여 그 PN 접합을 역바이어스($v_{SB} < 0$)시키는데, 그로 인해 기판과 채널 간의 공핍층이 넓어지며, 채널의 두께도 감소된다. 결론적으로 기판과 소스 채널 사이의 역바이어스 전압 v_{SB}의 증가는 임계전압 V_T의 증가를 초래하여 **드레인 전류 i_D를 감소**시키게 된다. 기판이 i_D를 제어하는 또 다른 게이트의 작용을 하게 되어 회로 성능을 저하시키게 되는 현상을 **바디효과(기판효과)**^{Body effect}라고 한다.

■ E-MOSFET에서 새로운 N형 채널을 형성하는 원리(전계효과, 표면효과)

[그림 4-11]에서 볼 수 있듯이 **게이트 금속전극에 양(+)의 전압 v_{GS}를 인가**하면 금속전극과 P형 기판 반도체 사이에 주입된 산화절연층(SiO_2)이 유전체가 되는 **평행판 콘덴서(게이트 MOS 커패시터)** 역할을 하게 된다. 그 사이의 매우 얇은 **절연층(SiO_2)에는 강한 전계가 생성**되어 P형 기판 반도체 내의 전자들을 표면으로 끌어당겨서 게이트 밑의 표면에는 유도된 전도전자층, 즉 (−) 극성의 반전층 (P형인 표면이 N형으로 변화됨 의미)이 **N형 채널을 형성**하게 된다.

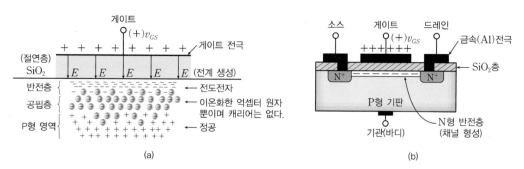

[그림 4-11] E-MOSFET의 N형 유도채널 형성

그리고 그 아래는 움직일 수 없는 억셉터 이온인 공핍층(공간전하층)이, 또 그 밑은 P형 영역이 된다. 이때 단위 면적당 게이트 MOS 커패시터 $C_{ox} = \varepsilon_{ox}/t_{ox}$로 나타낼 수 있다. 이때 $\varepsilon_{ox}(=\varepsilon_{rx}\varepsilon_o)$는 산화절연물의 유전율, t_{ox}는 산화절연물의 두께를 의미한다.

그래서 게이트 단자 밑에 형성된 반전층 내의 전도전자들이 드레인과 소스 사이에 새롭게 N형 채널을 형성하므로, 드레인과 소스 간 인가전압(v_{DS})에 의해 채널 내의 전자이동으로 인한 채널 드레인 전류(i_D)가 흐르게 된다. **게이트 전압이 증가할수록** 게이트로 끌리는 전도전자들의 농도가 증가하고(채널저항은 감소), 채널의 폭과 전도성도 증가되어 **드레인 전류가 증가**되므로 **증가형 MOSFET**이라고 하며, E−MOSFET은 v_{GS}가 임계전압 V_{Tn} 이상인 증가형 모드에서만 동작하게 된다. 결국 채널 전류는 게이트 전압에 의해 제어되는데, 이와 같이 움직이는 캐리어의 **채널이 형성되는 데 필요한 최소의 게이트 전압을 문턱전압(V_T)**이라 한다. V_T 값은 보통 $1 \sim 3[\mathrm{V}]$의 범위이다. N채널 E−MOSFET은 $V_{Tn} > 0$이며, P채널 E−MOSFET은 $V_{Tp} < 0$이 된다.

증가형 E−MOSFET의 동작모드

증가형 E−MOSFET은 물리적인 채널이 없는 구조이므로 게이트에 임계전압(V_T)보다 큰 v_{GS} 전압을 인가하여 채널을 만들어야 한다. 그 채널의 캐리어를 이동시켜 채널 전류를 흐르게 하기 위해 드레인−소스 간에 v_{DS} 전압을 인가한다. 이때 v_{DS} 전압에 따라 **차단모드(스위치−off 동작), 트라이오드(선형)모드(스위치−on 동작), 포화모드(증폭기 동작), 항복모드**로 동작하게 된다. N채널 E−MOSFET 드레인의 특성에 대해 살펴보고, 각각의 모드에 대해 자세히 살펴보자.

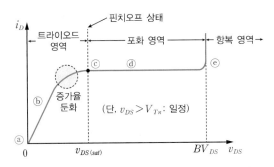

[그림 4−12] N채널 E−MOSFET 드레인 특성

❶ 차단$^{\text{cut-off}}$ 영역 $v_{GS} < V_{Tn}$: $i_D = 0$ (스위치 off 동작)

❷ 트라이오드^{triode} 영역 $v_{DS} < v_{DS(sat)}$: i_D가 v_{DS}에 비례하는 선형영역 (스위치 on 동작)

❸ 핀치−오프$^{\text{pinch-off}}$ 영역 $v_{DS} = v_{DS(sat)}$: i_D가 일정유지(i_D 증가율 = 0)

❹ 포화^{saturation} 영역 $v_{DS} > v_{DS(sat)}$: i_D가 v_{DS}에 무관한 일정유지 영역 (증폭기 동작)

❺ 항복$^{\text{break down}}$ 영역 $v_{DS} \geq BV_{DS}$: $i_D = \infty$ (파괴)

■ 차단모드 : $v_{GS} < V_{Tn}$

게이트 전압(v_{GS})< 임계전압(V_{Tn})일 때는 채널이 형성되지 않으므로 드레인 전류 $i_D = 0$이 되므로 **차단상태**가 된다. 이 모드가 **스위치 off** 동작을 행하게 된다. [그림 4-13]을 보면 $v_{GS} \geq V_{Tn}$인 양 (+)의 전압 v_{GS}가 게이트에 인가되며 N형 (−)반전층 채널이 유도되었다. 그러나 v_{DS} 전압이 0이므로 드레인 채널 전류(i_D)는 흐르지 않게 된다. 이때 드레인과 소스단자 사이에 양(+)의 전압 v_{DS}를 걸어주면 채널을 형성하고 있는 자유전자들이 v_{DS}의 전계에 이끌려 드레인 쪽으로 이동하며 드레인 채널 전류(i_D)가 흐르게 된다.

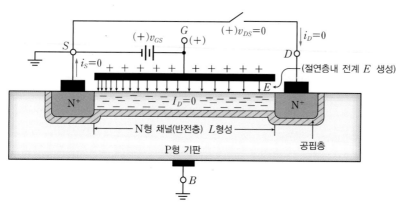

[그림 4-13] (+)$v_{GS} > V_{Tn}$ 인가로 N형 채널 형성($v_{DS} = 0$이므로 $i_D = 0$)

■ 트라이오드(선형, 비포화, 저항성) 모드 (핀치−오프 이전) : $v_{DS} < v_{GS} - V_{Tn}$

[그림 4-14]와 같이 게이트 전압을 ($v_{GS} > V_{Tn} > 0$)에서 고정된 값을 인가하여 채널이 형성된 상태에서 드레인−소스 간에 양(+)의 전압 v_{DS}를 인가하면 채널 내의 전자들이 전계에 이끌려 드레인으로 이동하므로 그 반대 방향(드레인→소스)으로 드레인 전류(i_D)가 흐르게 된다. 이 경우는 **채널의 상태(즉 채널의 길이, 폭, 캐리어 농도 등)가 거의 일정**하여, 즉 전도도가 일정하여 JFET의 경우와 마찬가지로 채널을 도전성을 가진 **일정한 저항**(r_d)으로 볼 수 있다.

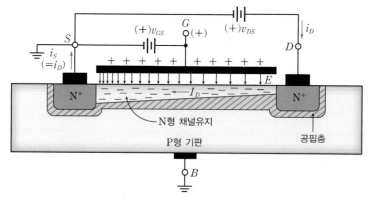

[그림 4-14] 트라이오드(선형) 모드

따라서 v_{DS}에 비례하는 i_D가 흐르는 **트라이오드(선형, 저항성, 비포화) 영역**에서 동작한다고 정의한다. 이 모드에서는 MOSFET이 **스위치 on 동작**을 수행한다. 그러나 v_{DS}가 일정한 값 이상으로 증가하기 시작하면 채널의 드레인 쪽에 걸리는 전압인 v_{GD}가 감소하여 채널의 크기가 작아지기 시작하면서 v_{DS}의 증가율에 비해 i_D의 증가율이 다소 둔화되는 모습을 보인다([그림 4–12]의 빗금친 부분).

[그림 4–12]의 트라이오드 영역에서의 드레인 전류 i_D는 유도채널을 형성할 수 있는 유효 게이트 전압 혹은 과잉 게이트 전압인 $v_{GS} - V_{Tn}$과 v_{DS}에 비례하는 함수로 주어지므로, 포화 영역에서의 전류식과는 다르게 다음과 같이 근사적으로 표현된다.

$$i_D = k_n' \frac{W}{L}\left[(v_{GS} - V_{Tn})v_{DS} - \frac{1}{2}v_{DS}^2\right] \tag{4.3}$$

$$= K\left[2(v_{GS} - V_{Tn})v_{DS} - v_{DS}^2\right] \tag{4.4}$$

여기서, MOSFET 전도 구조상수 $K = \frac{1}{2}\mu_n C_{ox} \frac{W}{L} = \frac{1}{2}k_n' \frac{W}{L}\,[\mathrm{A/V^2}]$, μ_n은 전자의 이동도, $C_{ox} = \frac{\varepsilon_{ox}}{t_{ox}}$는 절연층($\mathrm{SiO_2}$)의 단위 면적당 커패시턴스, ε_{ox}는 산화물의 유전율, t_{ox}는 산화물의 두께, W는 채널의 폭, L은 채널길이, $k_n' = \mu_n C_{ox}$는 공정상 결정되는 전달 컨덕턴스 변수로 정의한다.

■ (전류) 포화모드 동작 (핀치–오프 이후) : $v_{DS} \geq v_{GS} - V_{Tn}$

v_{DS} 전압이 어느 특정한 값 이상으로 증가하면 [그림 4–15]와 같이 드레인 주변과 채널과 드레인 접합 근처의 공핍층이 확장되어 채널크기가 감소되어 더 이상 v_{DS}가 증가하는 만큼 i_D가 커지지 않게 된다. 그리고 난 후에도 v_{DS}가 더 증가하면 드레인 쪽의 채널이 감소되다가 급기야는 채널이 소멸되는 **채널 핀치–오프**pinchi-off가 발생한다. 이때의 드레인–소스 전압(v_{DS})을 $v_{DS(sat)}$라고 정의한다 ($v_{DS(sat)} > 0$: N채널 E–MOSFET의 경우). 그리고 v_{DS}가 핀치–오프되는 v_{DS}의 포화전압인 $v_{DS(sat)}$의 값보다 더 증가하면 [그림 4–16]처럼 드레인 쪽의 일부 채널이 공핍되는 현상을 보인다. 그리고 [그림 4–12]의 특성곡선에서 볼 수 있듯이 **채널이 소멸된 핀치–오프 이후에도 드레인 전류** (i_D)가 0이 아니며, 일정한 크기로 **포화된 전류 특성을 갖는 포화 영역에서 동작**하게 된다.

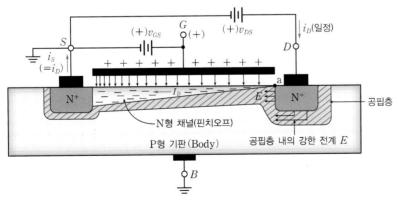

[그림 4–15] N형 채널의 핀치–오프 동작

이때 드레인과 소스의 불순물을 더 강하게 N^+ 도핑시키는 이유는 기판 쪽으로 공핍층이 형성되게 하기 위해서이다. 또한 소스 쪽보다 드레인 쪽이 채널과 역바이어스가 더 크게 걸리므로 공핍층은 소스 쪽보다 드레인 쪽에 더 크게 형성되어 핀치오프가 드레인측에 형성된다.

[그림 4-16]에서 **핀치-오프 이후 드레인 쪽에 생긴 공핍된 채널의 길이(L')를** 볼 수 있다. 실제 그 길이는 매우 작으므로 공핍층이 소스 쪽으로 퍼지기는 하지만(점 a가 소스 쪽으로 조금 이동함) 채널 길이는 거의 변하지 않는다. 즉 채널의 상태는 실질적으로 일정하다고 볼 수 있으므로 채널을 흐르는 드레인 전류(i_D)는 0이 아니고, v_{DS} 전압에 무관하게 일정하게 유지되는 **전류 포화 영역**([그림 4-12]의 ⓓ)에서 동작한다고 정의한다. 이 모드에서는 **MOSFET이 증폭기로 동작**한다.

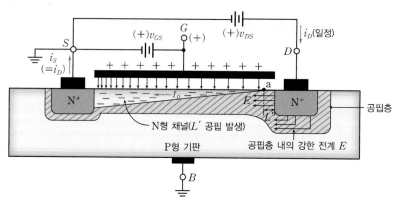

[그림 4-16] (전류) 포화모드

포화 영역에서 동작하는 MOSFET의 드레인 전류(i_D)는 드레인 전압(v_{DS})에는 거의 무관하고 게이트 전압 v_{GS}에 의해 결정되는 제곱관계식으로 나타낼 수 있다.

$$i_D = K(v_{GS} - V_{Tn})^2 = \frac{1}{2}k_n{'}\frac{W}{L}(v_{GS} - V_{Tn})^2 = \frac{1}{2}\mu_n C_{ox}\frac{W}{L}(v_{GS} - V_{Tn})^2 \qquad (4.5)$$

실제는 핀치-오프 이후에 드레인 전압(v_{DS})이 높아지면 채널이 없어지는 위치가 소스 쪽으로 조금씩 이동한다. 즉 채널길이 L이 감소되는 **채널길이 변조효과**로 인해 드레인 전류$\left(i_D \propto \dfrac{1}{L}\right)$가 증가하게 된다(**BJT의 얼리효과와 유사**). 그래서 이 경우는 L 자체는 일정하다고 간주하는 대신 $1 + \lambda v_{DS}$를 곱하여 i_D 값을 보정하여 다음 식으로 나타낸다. 즉 채널길이 변조효과를 고려할 때는 식 (4.6)을 사용한다. 여기서 **λ는 채널길이 변조계수**로 정의한다.

$$i_D = \frac{1}{2}\mu_n C_{ox}\frac{W}{L}(v_{GS} - V_{Tn})^2(1 + \lambda v_{DS}) \qquad (4.6)$$

[그림 4-17]과 같이 채널길이가 길면($L_2 > L_1$) v_{DS}에 대한 i_D의 상대적인 변화(증가율)는 더 작다.

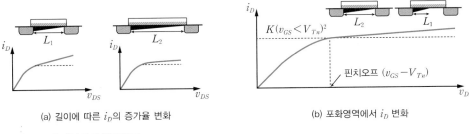

(a) 길이에 따른 i_D의 증가율 변화

(b) 포화영역에서 i_D 변화

[그림 4-17] 채널길이 변조효과

Q 01 핀치-오프 이후에는 드레인 쪽 채널이 끊어지는데, 어떻게 채널 전류가 흐르는 것일까?

A 01 소스에서 출발하여 드레인 쪽의 채널 끝 지점 'a'까지 온 전자들이 채널과 드레인 접합 근처의 공핍층 내부에 형성된 강한 전계(화살표)에 의해 가속되어 전계와 반대 방향인 드레인 쪽으로 끌어당겨지면서 **드리프트**drift **전류**가 흐르게 되는 것이다. 그래서 전계효과 TR(FET)이라 칭하고 있다. 이는 3장에서 BJT에서 활성 영역 내의 전자들이 컬렉터 접합부의 공핍층 내에 형성된 강한 전계의 힘을 받아 컬렉터로 빠져나가는 원리와 동일하다.

■ **항복 상태** : $v_{DS} \geq BV_{DS}$

인가되는 드레인 전압(v_{DS})이 더 높으면 [그림 4-12]에서 볼 수 있듯이 드레인과 기판 사이의 PN 접합에서 애벌런치 항복break down이 발생한다. 이 상태는 되도록 피해야 한다.

N채널 E-MOSFET의 특성곡선

N채널 E-MOSFET의 종합적인 전달특성($i_D - v_{GS}$) 곡선과 출력특성($i_D - v_{DS}$) 곡선을 [그림 4-18]로 나타냈다.

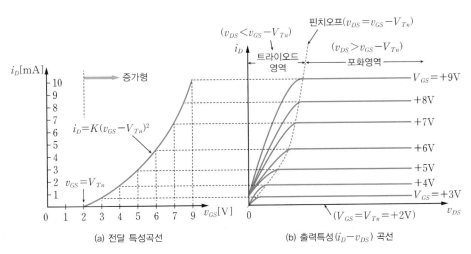

(a) 전달 특성곡선

(b) 출력특성($i_D - v_{DS}$) 곡선

[그림 4-18] N채널 E-MOSFET의 특성곡선(예시)

P채널 증가형 E-MOSFET의 구조

P채널 E-MOSFET의 구조는 N채널 E-MOSFET에서 P형 기판이 N형 기판으로 바뀌고, 소스와 드레인이 P$^+$형으로 바뀐 구조이다.

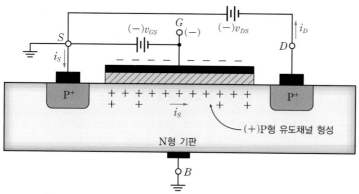

[그림 4-19] P채널 E-MOSFET 구조

[그림 4-19]에서 보듯이 **P형 유도채널을 형성**하기 위해 **음의 게이트 전압**($-v_{GS}$)을 **인가**하여 N형 기판 상단에 P형 채널을 만들고, 여기에 다수 캐리어인 정공을 이동시켜 채널 전류를 발생하기 위해 드레인-소스 간의 전압 v_{DS}도 (−) 극성을 사용해야 한다. 즉 N채널 E-MOSFET과 반대로 v_{GS}, V_{Tp}, v_{DS} 값이 (−)인 것을 기억해야 한다.

P채널 E-MOSFET 기호는 [그림 4-20]과 같이 N채널의 경우와 화살표가 반대 방향이다. 또한 기존에 물리적인 채널을 갖고 있는 공핍형 D-MOSFET과 달리 기존 채널이 없음을 점선으로 표기하며, 기판 B를 표기하는 표준형과 표기하지 않는 간략형으로 나뉜다.

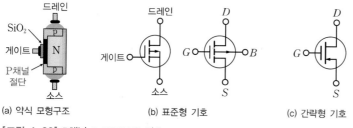

(a) 약식 모형구조   (b) 표준형 기호   (c) 간략형 기호

[그림 4-20] P채널 E-MOSFET 기호

P채널 E-MOSFET은 $-v_{GS}$인 게이트 전압을 사용하며, 채널이 형성되는 임계전압 V_{Tp}도 음(−)의 값을 가지므로 다음과 같은 전달특성과 출력특성 곡선이 나타난다.

그리고 P채널 E-MOSFET의 드레인 전류(i_D)의 식은 비례상수 $k_n{'}$을 $k_p{'}$으로 교체하는 것을 제외하면 N채널 E-MOSFET과 동일하다. 여기서 P채널 E-MOSFET의 전달 컨덕턴스 변수 $k_p{'} = \mu_p C_{ox}$이다. (μ_p는 정공의 이동도이다)

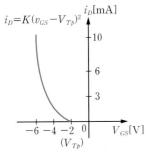

[그림 4-21] P채널 E-MOSFET 전달특성

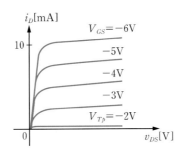

[그림 4-22] P채널 E-MOSFET 출력특성($i_D - v_{DS}$)

❶ 트라이오드 모드 영역 : $0 > v_{DS} > v_{GS} - V_{Tp}$

$$i_D = k_p' \frac{W}{L} \left[(v_{GS} - V_{Tp}) v_{DS} - \frac{1}{2} v_{DS}^2 \right] \tag{4.7}$$

❷ 포화 영역 : $v_{DS} \leq v_{GS} - V_{Tp}$

$$i_D = K(v_{GS} - V_{Tp})^2 = \frac{1}{2} k_p' \frac{W}{L} (v_{GS} - V_{Tp})^2 \tag{4.8}$$

예제 4-2

$V_{Tn} = 2[\mathrm{V}]$, $V_{GS} = 3[\mathrm{V}]$인 증가형 N MOSFET에서 $v_{DS} = 0.5[\mathrm{V}]$, $1[\mathrm{V}]$, $5[\mathrm{V}]$일 때, 동작 영역을 확인하고 $v_{DS} = 5[\mathrm{V}]$일 때 드레인 전류 i_D를 구하여라(단, $k_n' = 100[\mu\mathrm{A/V}^2]$, $L = 1.5[\mu\mathrm{m}]$, $W = 100[\mu\mathrm{m}]$이다).

풀이

$v_{DS} \geq V_{GS} - V_{Tn}$은 포화 영역, $v_{DS} < V_{GS} - V_{Tn}$은 트라이오드 영역이다.

• $v_{DS}(= 0.5[\mathrm{V}]) < 1[\mathrm{V}](= 3 - 2)$: 트라이오드 영역
• $v_{DS}(= 1[\mathrm{V}])$, $v_{DS}(= 5[\mathrm{V}]) \geq 1[\mathrm{V}](= 3 - 2)$: 포화 영역

예제 4-3

$K = 50[\mu\mathrm{A/V}^2]$, $V_{Tp} = -2[\mathrm{V}]$인 증가형 P-MOSFET에서 $V_{GS} = -4[\mathrm{V}]$일 때 이 소자를 포화 영역에서 동작시키려고 할 때 v_{DS}의 최대값과 그때의 드레인 전류 i_D를 구하여라.

풀이

먼저 P-MOSFET에서 다음의 포화 영역 동작조건에서 v_{DS}를 구한다. 그리고 $v_{SD} \geq V_{SG} + V_{Tp}$ 혹은 $v_{DS} \leq V_{GS} - V_{Tp}$에서, $V_{GS} = -4[\mathrm{V}]$, $V_{Tp} = -2[\mathrm{V}]$를 대입한다. $v_{DS} \leq (-4) - (-2) = -2[\mathrm{V}]$, 즉 $v_{DS} \leq -2[\mathrm{V}]$.

• v_{DS}의 최대값 : $-2[\mathrm{V}]$
• 드레인 전류 : $i_D = K(v_{GS} - V_{Tp})^2 = 50[-4 - (-2)]^2 = 50 \times 4 = 0.2[\mathrm{mA}]$

4.1.4 공핍형 D-MOSFET 구조 및 동작원리

공핍형(감소형)$^{\text{Depletion type}}$ D-MOSFET은 제조과정에서 채널이 이미 만들어져 있는 구조이므로 채널의 폭을 넓혀서 사용하는 증가형 모드 동작과 채널의 폭을 좁혀서 사용하는 공핍형 모드 동작 방식을 모두 사용할 수 있다. 또한 게이트 바이어스 전압은 증가형과 공핍형의 경계로서, 보통 별도의 바이어스 전압이 필요 없는($v_{GS} = 0$) normally ON 동작을 한다. 공핍형 D-MOSFET을 표현할 때는 기존의 물리적인 채널이 존재한다는 것을 실선(표준형)이나 채널을 음영 영역으로(간략형) 나타낸다. P채널은 N채널과 화살표가 반대이다.

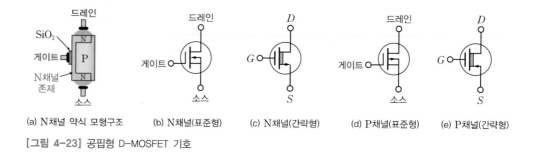

(a) N채널 약식 모형구조   (b) N채널(표준형)   (c) N채널(간략형)   (d) P채널(표준형)   (e) P채널(간략형)

[그림 4-23] 공핍형 D-MOSFET 기호

■ 공핍형 모드 : $v_{GS} < 0$인 경우

게이트에 음(-)의 전압($v_{GS} < 0$)**을 인가하면** 금속전극과 채널 사이의 절연층(SiO_2)에 **전계가 형성**된다. 이 전계는 N형 채널에 있는 전도전자를 P형 기판으로 밀어내고, P형 기판에 있는 홀(정공)들을 채널로 끌어당겨 채널 안의 전자와 재결합시켜 전자 수(캐리어 농도)를 감소시킨다. 그리고 채널 폭이 줄어들면서 채널의 저항이 증가되고 드레인 포화전류가 감소하면서 [그림 4-24]와 같이 **공핍형(감소형) 동작**을 하게 된다.

게이트의 음(-)의 전압이 더 강해지면 **채널 폭＝0, 채널의 저항＝∞, 드레인 전류 $i_D = 0$**이 되는 **게이트 핀치-오프(차단상태)**가 된다. 이때 게이트의 전압을 V_{Tn}, $v_{GS(off)}$라고 하며 이 값은 $V_{Tn} < 0$(N채널), $V_{Tp} > 0$(P채널)이 된다. [그림 4-27]에 전달특성곡선과 출력 드레인 특성곡선을 보여준다.

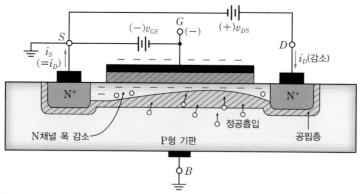

[그림 4-24] D-MOSFET의 공핍형 모드 동작

■ 증가형 모드 : $v_{GS} > 0$인 경우

게이트에 양(+)의 전압 v_{GS}를 인가하면 절연층에 **전계가 형성**된다. 이 전계는 P형 기판에 있는 전자를 끌어당겨 N형 채널 안의 전도전자의 수(캐리어 농도)를 증가시킨다. 그리고 채널의 폭이 증가하면서 채널의 저항이 감소되고 드레인 포화전류가 증가되어 [그림 4-25]와 같이 **증가형 동작**을 하게 된다. 이 경우는 앞서 공핍형 모드와 반대로 동작하며, 증가형 E-MOSFET과 동작 상태가 같다.

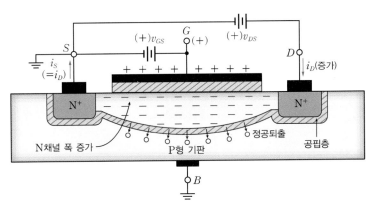

[그림 4-25] D-MOSFET의 증가형 모드 동작

■ normally ON 동작(공핍형 + 증가형 모드 동작) : $v_{GS} = 0$인 경우

E-MOSFET과 달리 채널이 이미 형성되어 있으므로 게이트에 바이어스 전압을 걸지 않더라도 $v_{GS} = 0$일 때(**제로 바이어스**)에도 드레인 포화전류가 흐르며 동작한다. 보통 D-MOSFET에서 사용하며, JFET과 E-MOSFET에는 사용할 수 없다.

■ 공핍형 D-MOSFET의 정특성과 특성곡선

게이트 전압(v_{GS})을 일정 영역에 고정시킨 상태에서는 드레인-소스 간의 전압(v_{DS})이 채널의 크기에 영향을 주어 채널전류(i_D)가 변하게 된다. JFET이나 E-MOSFET과 마찬가지로 v_{DS}에 따른 동작(영역) 모드를 다음과 같이 정리할 수 있다.

❶ 트라이오드(선형모드($v_{DS} < v_{GS} - V_{Tn}$)) : i_D가 v_{DS}에 비례하는 동작 (스위치-on 작용)

❷ 포화모드($v_{DS} \geq v_{GS} - V_{Tn}$) : i_D가 v_{DS}에 무관한 일정한 포화전류를 유지하는 동작 (증폭기 작용)

❸ 차단모드($v_{GS} < V_{Tn}$) : 게이트-핀치-오프 상태로 $i_D = 0$인 동작 (스위치-off 작용)

❹ 항복상태($v_{DS} \geq BV_{DS}$) : 애벌런치 항복상태로 $i_D = \infty$인 동작

[그림 4-26]의 **드레인-핀치-오프** 상태의 v_{DS}를 $v_{DS(sat)}$이라 하며, N채널 D-MOSFET의 경우에 $v_{DS(sat)} = v_{GS} - V_{Tn}$이며, $v_{DS} > v_{DS(sat)}$에서도 일정 포화전류가 흐르는 포화모드로 동작하게 된다. 여기서 **N채널 D-MOSFET의 임계전압 V_{Tn}**은 채널 핀치-오프 전압($v_{GS(off)}$)을 의미한다.

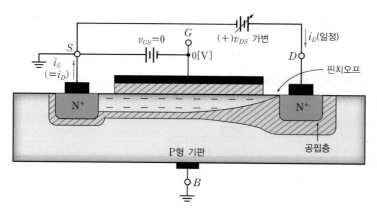

[그림 4-26] N채널 D-MOSFET의 드레인 핀치-오프 상태

[그림 4-27]은 N채널 D-MOSFET의 종합적인 전달특성($i_D - v_{GS}$) 곡선과 출력 드레인 특성 ($i_D - v_{DS}$) 곡선을 나타낸 것이다.

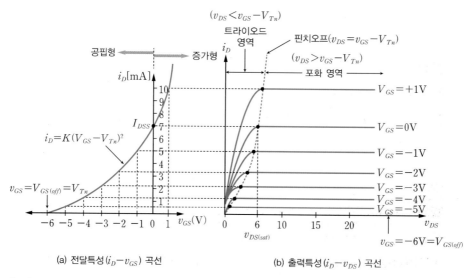

[그림 4-27] N채널 D-MOSFET의 특성곡선(예시)

P채널 D-MOSFET은 채널 형성이 되는 임계전압 $V_{Tp}(= v_{GS(off)})$가 양(+)의 값($V_{Tp} > 0$)을 갖는 것이 N채널과 다른 점이다. 해석 방법은 N채널과 유사하며 [그림 4-28]과 같이 전달특성곡선을 나타낼 수 있다.

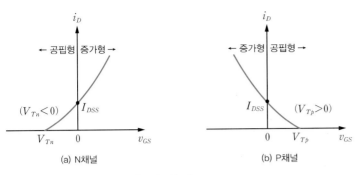

[그림 4-28] D-MOSFET 전달특성곡선 비교

예제 4-4

$K = 2[\mathrm{mA/V^2}]$, $V_{Tn} = -4[\mathrm{V}]$인 공핍형 N MOSFET이 있다. $V_{GS} = 1[\mathrm{V}]$일 때 이 소자를 포화 영역에서 동작시키려고 할 때 v_{DS}의 최소값과 그때의 드레인 전류 i_D를 구하여라.

풀이

포화 영역 동작조건인 $v_{DS} \geq V_{GS} - V_{Tn}$에서 v_{DS}를 구한 후 i_D를 구한다.

- $v_{DS} \geq 1 - (-4) = 1 + 4 = 5[\mathrm{V}]$ (최소값 $v_{DS} = 5[\mathrm{V}]$)
- $i_D = K(v_{GS} - V_{Tn})^2 = 2 \times [1 - (-4)]^2 = 50[\mathrm{mA}]$

4.1.5 CMOS-FET 구조와 CMOS 인버터

CMOS-FET은 동일한 기판 위에 P형 E-MOSFET과 N형 E-MOSFET을 나열한 구조로, 서로 **상보대칭** complementary**의 기능**을 수행하게 된다. CMOS는 높은 입력저항, 빠른 스위칭 속도, 낮은 동작전원과 낮은 전력소모, 고집적도, 저잡음 등의 특징을 갖고 있어 논리소자 설계뿐만 아니라 대용량 IC에도 널리 응용되고 있다. 특히 서로 다른 타입을 직렬로 연결한 구조이므로 항시 어느 한쪽만 on되며, off된 다른 한쪽은 전류가 흐르지 않아 **소비전력이 작다**는 장점이 있다. 하지만 N형 MOS와 P형 MOS를 한 기판에 형성해야 하므로 제조공정이 복잡하다. 그리고 N형 MOSFET과 P형 MOSFET의 이동도가 서로 다르므로 동일한 스위칭 속도특성을 갖도록 W/L 값을 조정해야 한다. 이는 [예제 4-9]에서 다룬다.

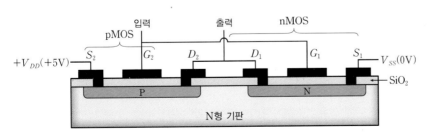

[그림 4-29] CMOS FET의 구조

CMOS 인버터 특성

디지털 시스템 설계에 대한 가장 중요한 기초가 되는 것이 CMOS 회로 기술이며, 그 중에 대표로 꼽을 수 있는 것이 CMOS 인버터이다. [그림 4-30]은 논리회로의 NOT 기능을 수행하는 **CMOS 인버터 회로를 나타낸다.**

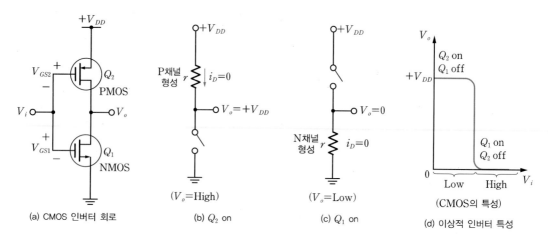

(a) CMOS 인버터 회로   (b) Q_2 on   (c) Q_1 on   (d) 이상적 인버터 특성

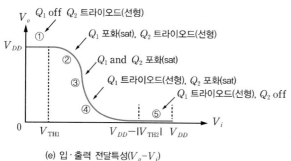

(e) 입·출력 전달특성($V_o - V_i$)

[그림 4-30] CMOS 인버터 회로와 전달특성

입력 $V_i = + V_{DD}$(High)이면 [그림 4-30(c)]처럼 Q_1 NMOS는 $V_{GS1} = V_{DD}$이므로 on이 되어 등가저항 r로 나타낼 수 있는 N채널이 형성된다. 이때 Q_2 PMOS는 $V_{GS2} = V_{DD} - V_{DD} = 0$이므로 off되어 P채널은 형성되지 않으므로 출력전압 $V_o = 0$(Low)이 된다.

반대로, 입력 $V_i = 0$(Low)이면 [그림 4-30(b)]처럼 Q_1 NMOS는 off가 되고, Q_2 PMOS는 $V_{GS2} = V_{DD}$이므로 on이 되어 등가저항 r로 나타낼 수 있는 P채널이 형성되므로 출력전압 $V_o = V_{DD}$ (High)가 된다. 따라서 [그림 4-30]의 **CMOS 인버터**는 $V_i = + V_{DD}$(High)이면 $V_o = 0$(Low)이 되고, $V_i = 0$(Low)이면 $V_o = + V_{DD}$(High)가 되므로 NOT 기능인 [그림 4-30(d)]의 인버터로 동작하게 된다.

[그림 4-30(e)]의 입·출력 $(V_i - V_o)$의 상태를 해석하면 다음과 같다.

- **영역 ❶** : $V_i < V_{TH1}(= V_{tn})$)인 영역으로 Q_1 =off(차단), Q_2 =on(선형, 트라이오드) 상태가 된다. 여기서 회로전류 $I_{D2} = I_{D1} = 0$인 동안에, Q_2가 on 상태를 유지하는 것은 $V_{DS2} = 0$을 유지하는 경우만 가능하다. 즉 $I_{D2} = (1/2)k'_p \cdot (W/L) \cdot [2(V_{GS2} - |V_{TH2}|) \cdot V_{DS2} - V_{DS2}^2] = 0$ 식은 $V_{DS2} = 0$을 요구하므로, 결국 출력 $V_o = V_{DD}$가 된다. 그러므로 Q_2는 $V_{DS2} < V_{GS2} - |V_{TH2}|$을 만족하는 선형성(저항성, 트라이오드) 모드에서 동작하게 된다. 다른 측면에서 볼 때, Q_2는 다음의 저항 $R_{on2}(r_{o2})$으로 동작하며 출력노드를 $+V_{DD}$로 끌어 올린다. 즉, Q_2는 pull-up Device(저항) 역할을 한다(즉, Q_2는 저항성(선형성)모드이다).

$$R_{on2}(= r_{o2}) \equiv \frac{\Delta V_{DS2}}{\Delta I_{D2}} \cong \frac{1}{[\mu_p C_{ox} \cdot (W/L)_2 (V_{DD} - V_{TH2})}$$

- **영역 ❷** : $V_i > V_{TH1}(= V_{tn})$인 영역으로 Q_1 =on(포화, sat), Q_2 =on(선형, 트라이오드) 상태가 된다. V_i가 V_{TH1}보다 증가하면, NMOS Q_1이 도통(on)하기 시작하고, PMOS Q_2의 V_{GS2} 감소, 온저항 $R_{on2}(= r_{o2})$은 증가되며, V_{DD}로부터 저항 통해 드레인 전류를 끌어내 흐르기 시작한다. V_o도 조금씩 감소하기 시작하지만, V_o은 아직은 V_{DD}에 가까워 크므로, Q_1 =on(포화, sat)이고 $V_{DS2} \cong$ 작음으로, Q_2 =on(선형, 트라이오드) 상태로 동작하며, 흐르는 두 개의 드레인 전류를 다음과 같이 같게 놓아 해석할 수 있다. 즉, I_{D1}(포화전류)$= I_{D2}$(선형전류)의 관계식이다.

$$\frac{1}{2}\mu_n C_{ox}\left(\frac{W}{L}\right)_1 (V_{in} - V_{TH1})^2$$
$$= \frac{1}{2}\mu_p C_{ox}\left(\frac{W}{L}\right)_2 [2(V_{DD} - V_{in} - |V_{TH2}|)(V_{DD} - V_{out}) - (V_{DD} - V_{out})^2]$$

위 식에서 입·출력 관련 함수로 풀 수도 있으나, 정량적인 관점에서 V_i이 증가함에 따라 I_{D1}과 Q_2의 채널저항 $R_{on2}(= r_{o2})$이 모두 증가하므로, V_o이 계속 떨어지기 시작하는 것을 예상하며, 전달 특성상에서 관찰할 수 있다.
- **영역 ❸** : $V_i \rightarrow V_{it}$인 영역으로 Q_1 =on(포화, sat)과 Q_2 =on(포화, sat) 상태가 된다(V_{it}는 Q_2가 선형 영역에서 포화 영역으로 천이되는 경계점이다). V_i가 더 증가하여(V_{it} 되면서) V_o이 충분히 떨어지면, V_{DS2} 증가로, Q_2는 포화(sat) 영역으로 들어가며 그 동작범위는 Q_1이 포화에서 선형(트라이오드) 영역으로 동작 전환될 때까지 확대된다.
- **영역 ❹** : $V_{it} < V_i < V_{DD} - |V_{TH2}|$인 영역으로 Q_1 =on(선형, 트라이오드), Q_2 =on(포화, sat) 상태가 된다. V_i가 V_{it}보다 더 증가하면 $V_o(= V_{DS1})$는 대폭 감소하게 되어 Q_1이 선형(트라이오드) 상태가 된다. V_{DS2} 는 증가로, Q_2는 포화(sat)영역이다.
- **영역 ❺** : $V_i \rightarrow V_{DD} - |V_{TH2}|(= V_{tp})|$인 영역으로 Q_1 =on(선형, 트라이오드), Q_2 =off(차단) 상태가 된다. V_i가 High인 $V_{DD} - |V_{TH2}|$이 될 때, Q_2는 off되고, $V_o(= V_{DS1}) = 0$으로, 완전한 Low 상태가 된다. 여기서 Q_1은 on되어 $V_{DS1} = 0$이므로, 영역 ❶처럼 전류$= 0$인 상태에서도

Q_1의 on 상태를 유지시키는 온저항 $R_{on1}(=r_{o1})$인 pull-down Device(저항) 역할로 출력노드를 0으로 끌어 내린다. Q_1는 선형성(저항성, 트라이오드) 모드가 된다.

참고 $V_o = V_i$일 때의 입력레벨인 $V_i = V_{DD}/2$은 인버터의 트립점(스위칭 임계점)으로 불린다.

예제 4-5

[그림 4-30(a)]의 CMOS 인버터 회로에서 빈칸에 들어갈 말을 고르시오.

(a) 2개의 상보형 MOSFET (㉮)로 이루어진 CMOS 인버터로서, 입력전압이 H 상태에서 (㉯)이 on일 때, 출력전압은 (㉰) 상태가 되며, 입력전압이 L 상태에서 (㉱)이 on일 때, 출력전압은 (㉲) 상태가 되는 반전기로 동작한다.

(b) Pull-up 디바이스는 출력을 (㉮)로 만드는 역할을 하며 (㉯) 트랜지스터로 구성되며, Pull-down 디바이스는 출력을 (㉰)로 만드는 역할을 하며 (㉱) 트랜지스터로 구성된다.

풀이

(a) ㉮ : 스위치,   ㉯ : NMOS,   ㉰ : low,   ㉱ : PMOS,   ㉲ : high
(b) ㉮ : high,   ㉯ : PMOS,   ㉰ : low,   ㉱ : NMOS

예제 4-6

다음은 CMOS 인버터의 입·출력 동작 전달특성곡선이다. c점과 출력 $V_o = 0$일 때의 두 소자의 동작모드를 결정하고, 특성곡선에서 인버터의 트립점(스위칭 임계점)의 레벨값을 구하여라(단, $V_{DD} = 3[\mathrm{V}]$, $V_{Th} = -V_{Tp} = 0.5[\mathrm{V}]$이다).

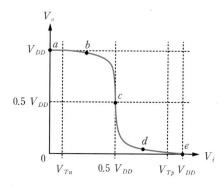

[그림 4-31]

풀이

• c점 : PMOS(포화, sat), NMOS(포화, sat) 동작모드
• $V_o = 0$의 경우 : PMOS(차단, off), NMOS(선형, 트라이오드) 동작모드
• 인버터의 트립점(스위칭 임계점)의 레벨값 : $V_i(=V_o) = 0.5 V_{DD} = 1.5[\mathrm{V}]$

CMOS 인버터의 동적특성과 전력소모

부하 커패시턴스 C_L를 구동할 때 상태천이 동적특성과 전력소모를 해석한다. [그림 4−30(b)]나 [그림 4−30(c)]의 High 상태나 Low 상태 어느 경우에서도 전류는 0이므로 전력소모도 0이다. 그러나 High 상태에서 Low 상태로, Low 상태에서 High 상태로 천이할 때는 짧은 시간이나마 전류가 흘러 전력소모가 발생된다. 특히 이 CMOS 인버터가 다른 MOSFET을 구동할 때는 그 구동되는 회로의 입력 커패시턴스가 부하(C_L)가 되므로 상태가 천이할 때에는 부하가 없을 때보다 더 큰 전류로 부하 커패시턴스(C_L)를 충전 또는 방전하게 된다. 이 경우 [그림 4−32(a)]와 같이 Q_P PMOS가 on되어 C_L에 충전하는 동안 소모되는 에너지 E_p, [그림 4−32(b)]와 같이 Q_N NMOS가 on되어 C_L의 충전 에너지를 방전시키는 동안 소모되는 에너지 E_n, CMOS 인버터 전체에서 소모하는 에너지 E_t를 다음과 같이 나타낼 수 있다. 여기서 C_L은 CMOS 내부의 모든 용량을 포함한 값이다.

$$E_p = E_n = \frac{1}{2} C_L V_{DD}^2 \tag{4.9}$$

$$E_t = E_p + E_n = C_L V_{DD}^2 \tag{4.10}$$

만일 CMOS 인버터의 동작 주파수가 $f\,[\mathrm{Hz}]$일 경우라면 **전력소모 P**는 다음과 같이 구할 수 있다.

$$P \equiv \frac{E_t}{t} = f E_t = f C_L V_{DD}^2 \tag{4.11}$$

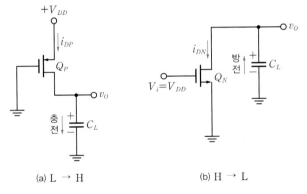

(a) L → H   (b) H → L

[그림 4−32] CMOS 인버터의 상태 천이

예제 4-7

$C_L = 1.5\,[\mathrm{pF}]$인 커패시터 부하를 구동하는 CMOS 인버터에서, 인버터의 전력소모를 구하여라(단, $V_{DD} = 3.3\,[\mathrm{V}]$, 동작 주파수는 $f = 100\,[\mathrm{kHz}]$이다).

풀이

식 (4.11)을 통해 $P = f \cdot C_L \cdot V_{DD}^2 = 10^5 \times 1.5 \times 10^{-12} \times 3.3^2 = 1.63\,[\mu\mathrm{W}]$이다.

다음의 CMOS 인버터 회로에서 입력신호인 클럭(clock)의 주파수를 2배 증가시키고, 전원전압 V_{DD}를 1/2로 줄였을 때 동적 소비전력의 변화를 구하여라.

풀이

식 (4.11)을 통해 $P = f \cdot C_L \cdot V_{DD}^2 \propto f \cdot V_{DD}^2 = (2f) \cdot \left(\dfrac{V_{DD}}{2}\right)^2 = \dfrac{1}{2} \cdot f \cdot V_{DD}^2$ 이므로 $\dfrac{1}{2}$ 배임을 알 수 있다.

예제 4-9

CMOS 인버터를 설계할 때 NMOS와 PMOS의 채널길이를 동일하게 할 경우, PMOS의 넓이를 NMOS의 넓이보다 약 2배 정도로 크게 하는 이유는 무엇인가?

풀이

PMOS의 캐리어인 정공의 이동도가, NMOS 전자의 이동도의 약 1/2로 작기 때문에 동일한 스위칭 속도 특성을 갖도록 하기 위해서 PMOS의 넓이(W)를 약 2배 정도 크게 공정하여 접합시킨다.

CMOS NOR 및 NAND 게이트

CMOS 인버터는 다른 논리 게이트를 구현하기 위한 기초로서 중요한 역할을 한다. 이밖에 광범위한 응용을 갖는 NOR 및 NAND 게이트와 그 응용 회로 구현과 해석 등은 13장에서 다룰 예정이다.

지금까지 논의한 JFET과 MOSFET은 **트라이오드 영역과 포화 영역(증폭기로 동작)**에서 동작한다. 각 동작 영역에서의 드레인 전류식을 다음과 같이 정리할 수 있다.

[표 4-2] JFET과 MOSFET의 드레인 전류 표현식(정리)

구분	N채널	P채널
MOSFET (증가형, 공핍형 공통)	• 포화 영역 : $v_{DS} > v_{GS} - V_{Tn}$ $i_D = \dfrac{1}{2}k_n'\dfrac{W}{L}(v_{GS} - V_{Tn})^2$	• 포화 영역 : $v_{SD} > v_{SG} + V_{Tp}$ $i_D = \dfrac{1}{2}k_p'\dfrac{W}{L}(v_{SG} + V_{Tp})^2$
	• 트라이오드 영역 : $v_{DS} < v_{GS} - V_{Tn}$ $i_D = k_n'\dfrac{W}{L}\left\{(v_{GS} - V_{Tn})v_{DS} - \dfrac{1}{2}v_{DS}^2\right\}$	• 트라이오드 영역 : $v_{SD} < v_{SG} + V_{tp}$ $i_D = k_p'\dfrac{W}{L}\left\{(v_{SG} + V_{Tp})v_{SD} - \dfrac{1}{2}v_{DS}^2\right\}$
	• 증가형 : $V_{Tn} > 0$ • 공핍형 : $V_{Tn} < 0$	• 증가형 : $V_{Tp} < 0$ • 공핍형 : $V_{Tp} > 0$
JFET	• 포화 영역 : $v_{DS} > v_{GS} - V_p$ $i_D = I_{DSS}\left(1 - \dfrac{v_{GS}}{V_P}\right)^2$	• 포화 영역 : $v_{SD} > v_{SG} + V_p$ $i_D = I_{DSS}\left(1 - \dfrac{v_{GS}}{V_P}\right)^2$
	* I_{DSS}는 $v_{GS} = 0$일 때 i_D의 값	

SECTION 4.2 FET의 DC 해석(바이어스 해석)

이 절에서는 FET이 포화 영역에서 증폭기 동작을, 트라이오드 영역에서 스위치 동작을 수행할 수 있도록 신호가 없을 때 직류(DC) 전원을 가지고 해당 영역에 안정된 동작점 Q를 설정하는 바이어스 해석 방법을 배운다. 또한 이때 사용되는 주요 바이어스 회로를 제시하고 DC 해석을 정리한다.

Keywords | 동작점(V_{GS}, V_{DS}, I_D) | FET 바이어스 회로 해석 | 정전류거울 회로 해석 |

4.2.1 동작점 Q 설정

MOSFET을 증폭기로 이용하기 위해 직류 바이어스 전압 V_{GS}를 인가하지 않고 소신호 V_{gs}만 직접 입력한 경우 [그림 4-33]의 ①번 신호에 대한 출력신호는 형성되지 않는다.

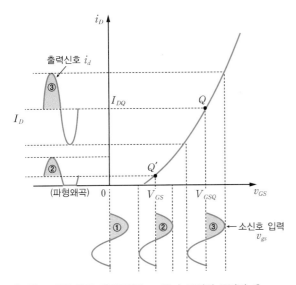

[그림 4-33] 입력 전달특성($i_D - V_{GS}$) 곡선의 동작점 Q

동작점 Q가 특성곡선의 중앙에 위치할 때 최대 진폭의 선형증폭을 수행하는데, 직류 바이어스 전압 V_{GS}가 적절하지 못하면 동작점 Q'이 하단으로 치우치게 설정되어 ②번 출력신호 파형에 왜곡이 발생하는 것을 알 수 있다. 즉 3장의 BJT에서 다루었던 것처럼 **동작점 선정과 안정성이 직류 바이어스 해석의 핵심**이다.

또한 [그림 4-34]를 보면, FET은 BJT와 달리 포화(모드) 영역인 Q에서 증폭기로서의 동작이 이루어지고, 트라이오드 영역 Q'에서는 정상적인 증폭 동작이 불가능하다는 것을 알 수 있다.

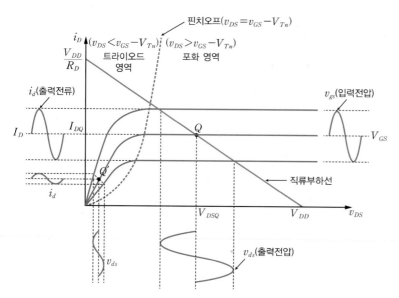

[그림 4-34] 출력특성($i_D - v_{DS}$) 곡선

FET 종류에 따라 사용할 수 있는 동작점 Q의 영역을 다음과 같이 요약할 수 있다.

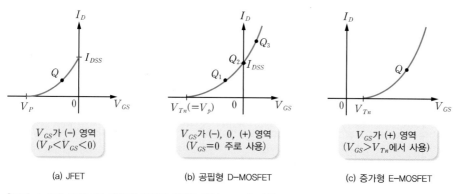

[그림 4-35] 그래프를 이용한 동작점 산출(N채널 FET의 경우)

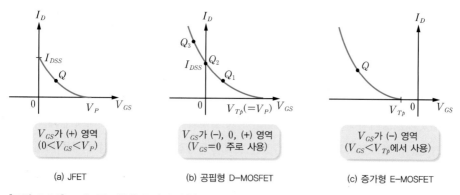

[그림 4-36] 그래프를 이용한 동작점 산출(P채널 FET의 경우)

JFET([그림 4-35(a)])는 입력 바이어스 전압 V_{GS}가 음(−)의 값일 때 역바이어스 상태이므로 (−) 영역에 동작점을 설정하며, 핀치-오프(V_P, V_{GS}(off))를 벗어나지 않는 음(−)의 범위 내에서 사용해야한다. 증가형 E-MOSFET([그림 4-35(c)])은 V_{GS}가 양(+)의 값인 순바이어스를 가해서 채널을 형성시켜 사용하므로 최소 임계전압 V_{Th} 이상인 양(+)의 범위 내에서 사용할 수 있다. 그러나 공핍형 D-MOSFET([그림 4-35(b)])은 음(−)에서 양(+)의 값 전체 범위에서 동작점을 설정하여 사용할 수 있으며, 보통 $V_{GS} = 0$인 Q_2의 제로 바이어스 방법을 주로 이용한다.

[그림 4-36]의 P채널 FET은 N채널 FET의 경우와 전압의 극성과 전류의 방향이 반대되는 것을 제외하고는 동일한 바이어스 회로 및 해석을 적용하면 된다. 따라서 이 절에서는 N채널 위주로 해석을 진행하며, P채널에 대해서는 스스로 학습하길 권한다.

4.2.2 고정 바이어스 회로

고정 바이어스(게이트 바이어스) 회로는 **고정된 전원(V_{GG})**을 가지고 입력측 게이트 소스에 직접 역바이어스 전압 V_{GS}를 공급하는 형태로서, 구성은 간단하지만 동작점 Q의 변동이 심하고, 양전원을 사용하는 단점이 있다.

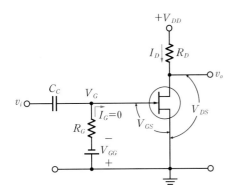

[그림 4-37] 고정 바이어스를 사용한 JFET 회로

직류 바이어스 해석을 하기 위해 결합 콘덴서 C_C를 개방(제거)시킨 직류 등가회로를 만든다.

❶ V_{GS} : JFET의 입력 게이트 전류 $I_G = 0$이므로 R_G의 전압도 0이 되어 V_{GG} 전압이 그대로 V_G가 된다. $V_G = V_{GG}$이며 V_G가 곧 V_{GS}가 되므로 V_{GS}는 다음과 같이 나타낼 수 있다.

$$V_{GS} = V_G = V_{GG} \tag{4.12}$$

❷ I_D : 접합형 FET의 드레인 출력전류 I_D를 구하는 식을 사용한다.

$$I_D = I_{DSS}\left(1 - \frac{V_{GS}}{V_P}\right)^2 \quad (V_P = V_{GS(off)}) \tag{4.13}$$

❸ V_{DS} : 출력측에 전압방정식을 세워 출력전압 V_{DS}를 구한다.

$$V_{DD} = R_D I_D + V_{DS}$$
$$V_{DS} = V_{DD} - R_D I_D$$

(4.14)

❹ 이처럼 동작점 $Q(V_{GS}, V_{DS}, I_D)$가 구해지는데, 이는 [그림 4-38]과 같이 입력 전달특성곡선과 $V_{GS} = V_{GG}$의 교점으로 Q점을 결정하거나 출력 드레인 특성$(v_{DS} - i_D)$ 곡선과 직류 부하선의 교점으로 Q점을 결정할 수 있다. 즉 동작점 $Q(V_{GSQ}, I_{DQ}, V_{DSQ})$이다.

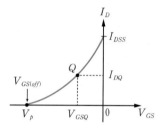

[그림 4-38] 그래프를 이용한 동작점 Q 산출

[그림 4-39]는 JFET의 고정 바이어스 회로이다. 직류 바이어스 Q점(V_{GS}, V_{DS}, I_D)을 구하여라.

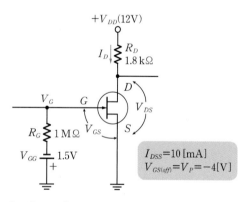

[그림 4-39] JFET의 고정 바이어스 회로

풀이

먼저 게이트 전압 V_G를 구하고 입력측에 전압방정식을 세워서 V_{GS}를 구한다.

$$V_G = V_{GG} = -1.5[\text{V}] \quad (\because I_G = 0 이므로 R_G의 전압도 0이 된다)$$

드레인 전류 I_D는 접합형이므로 다음과 같다.

$$I_D = I_{DSS}\left(1 - \frac{V_{GS}}{V_P}\right)^2 = 10\left(1 - \frac{-1.5}{-4}\right)^2 = 3.9[\text{mA}]$$

출력측에 전압방정식을 세워서 출력 드레인 전압 V_{DS}를 구한다.

$$V_{DD} = R_D I_D + V_{DS}$$
$$V_{DS} = V_{DD} - R_D I_D = 12 - 1.8 \times 3.9 = 4.98[\text{V}]$$

따라서 동작점 $Q(V_{GS},\ V_{DS},\ I_D) = (-1.5[\text{V}],\ 4.98[\text{V}],\ 3.9[\text{mA}])$이다.

4.2.3 자기 바이어스 회로

자기 바이어스$^{\text{self bias}}$ 회로는 별도의 고정된 전원을 사용하지 않고 소스에 연결된 소스저항 R_S를 이용해서 $\boldsymbol{R_S}$에 걸리는 전압 그 자체를 입력측 바이어스 전압 V_{GS}에 공급시키는 형태이다. R_S 저항을 크게 하면 드레인 전류 I_D는 더욱 안정해지므로 R_S 값을 조절하여 안정된 동작점을 얻을 수 있다. 증가형 E-MOSFET에는 사용이 불가하다.

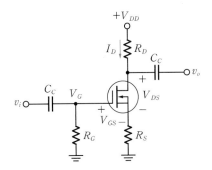

[그림 4-40] 자기 바이어스를 사용한 공핍형 D-MOSFET

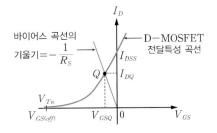

[그림 4-41] 그래프를 이용한 동작점 산출

직류 바이어스 해석을 하기 위해 결합 콘덴서 C_C를 개방시킨 직류 등가회로를 만든다.

❶ V_{GS} : FET의 게이트 전류 $I_G = 0$이므로 R_G의 전압도 0이 되어 V_G는 접지인 $V_G = 0$이 된다. 입력측에 전압방정식(KVL)을 세워서 V_{GS}를 구하면 R_S의 전압이 그대로 V_{GS}가 된다.

$$V_G = V_{GS} + R_S I_D$$
$$V_{GS} = V_G - R_S I_D = -R_S I_D \tag{4.15}$$

❷ I_D : MOSFET의 출력 드레인 전류 I_D를 구하는 식을 사용한다.

$$I_D = K(V_{GS} - V_{Tn})^2 = \frac{1}{2}\mu_n Cox \frac{W}{L}(V_{GS} - V_{Tn})^2 \tag{4.16}$$

❸ V_{DS} : 출력측에 전압방정식(KVL)을 세워서 출력전압 V_{DS}를 구한다.

$$V_{DD} = R_D I_D + V_{DS} + R_S I_D \tag{4.17}$$

$$V_{DS} = V_{DD} - R_D I_D - R_S I_D \tag{4.18}$$

❹ 동작점 $Q(V_{GS},\ V_{DS},\ I_D)$가 해석되었다. [그림 4-41]과 같이 입력 전달특성과 바이어스 곡선인 $V_{GS} = -R_S I_D$를 그려 교점인 동작점 Q를 결정하거나 출력 드레인 특성($v_{DS} - i_D$) 곡선과 직류 부하선의 교점으로 동작점 Q를 결정할 수도 있다.

<hr>

예제 4-11

[그림 4-42]의 자기 바이어스 회로에서 DC 해석을 하여 동작점 $Q(V_{GS},\ I_D,\ V_{DS})$를 구하라.

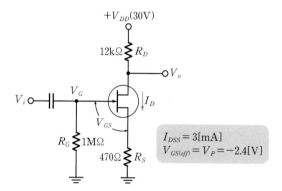

[그림 4-42] JFET의 자기 바이어스 회로

풀이

게이트 전압 $V_G = 0[\text{V}]$이며, 입력측에 전압방정식을 세워서 V_{GS}를 구한다.

$$V_G = V_{GS} + R_S I_D$$
$$V_{GS} = -R_S I_D = -470 \cdot I_D \ \cdots \ ①$$

출력전류 I_D를 구하는 식은 다음과 같다.

$$I_D = I_{DSS}\left(1 - \frac{V_{GS}}{V_P}\right)^2 = 3[\text{mA}]\left(1 - \frac{V_{GS}}{-2.4}\right)^2 \ \cdots \ ②$$

식 ①을 식 ②에 대입하여 I_D에 관한 식으로 정리한다.

$$I_D = 3[\text{mA}]\left(1 - \frac{470 \cdot I_D}{2.4}\right)^2 = 3 \times 10^{-3} \cdot (1 - 392 I_D + 196^2 I_D{}^2)$$

정리하면 $196^2 I_D{}^2 - 725 I_D + 1 = 0$으로, 2차방정식을 (근의 공식으로) 풀어서 I_D를 구한다.

$$I_D = 1.5[\text{mA}] \qquad (I_D = 17.38[\text{mA}]는 \ V_{DS} < 0가 \ 되므로 \ 부적합)$$

바이어스 전압과 출력전압은 다음과 같다.

$$V_{GS} = -R_S I_D = -470 \times (1.5 \times 10^{-3}) = -0.7[\text{V}]$$

$$V_{DS} = V_{DD} - R_D I_D - R_S I_D = 30 - (12 \times 1.5) - 0.7 = 11.3[\text{V}]$$

따라서 동작점 $Q(V_{GS}, I_D, V_{DS}) = Q(-0.7[\text{V}], 1.5[\text{mA}], 11.3[\text{V}])$ 이다.

예제 4-12

[그림 4-40]의 공핍형 D-MOSFET 회로에서 직류 바이어스(Q점) 해석을 하여라(단, $R_G = 2[\text{M}\Omega]$, $R_D = 1.85[\text{k}\Omega]$, $R_S = 150[\Omega]$, $V_{DD} = 10[\text{V}]$, D-MOSFET의 $K = \frac{1}{2}\mu_n Cox\frac{W}{L} = 4[\text{mA/V}^2]$, $V_{Tn} = -1[\text{V}]$이다).

풀이

주어진 회로에서 C_C를 개방시킨 직류 등가회로로 바이어스 해석을 한다. 자기 바이어스 회로 유도식으로부터 $V_{GS} = -R_S I_D$를 얻는다. D-MOSFET의 출력 드레인 전류 I_D를 구하는 식은 다음과 같다.

$$I_D = K(V_{GS} - V_{Tn})^2 = 4(-R_S I_D - V_{Tn})^2 = 4(-0.15 I_D + 1)^2 = 4(0.0225 I_D^2 - 0.3 I_D + 1)$$

I_D에 관한 2차방정식을 정리하여 근의 공식으로 I_D를 구한다.

$$0.09 I_D^2 - 2.2 I_D + 4 = 0 \qquad \therefore I_D = 2[\text{mA}]$$

I_D를 대입하면 입력 바이어스 전압과 출력 드레인 전압은 다음과 같다.

$$V_{GS} = -R_S I_D = -0.15 \times 2 = -0.3[\text{V}]$$

$$V_{DS} = V_{DD} - R_D I_D - R_S I_D = 10 - (1.85 + 0.15)2 = 6[\text{V}]$$

따라서 동작점 $Q(V_{GS}, V_{DS}, I_D) = (-0.3[\text{V}], 6[\text{V}], 2[\text{mA}])$ 이다.

예제 4-13

[그림 4-43]은 공핍형 D-MOSFET에 주로 사용되는 $0[\text{V}]$의 바이어스 전압을 사용하는 **제로 바이어스 회로**이다. 직류 바이어스(동작점) 해석을 하여라.

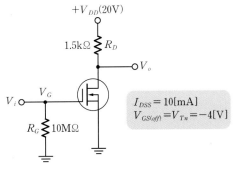

[그림 4-43] 제로 바이어스 회로

FET의 게이트 전류는 0이므로 R_G의 전압도 0이 되어 게이트 전압 $V_G = 0$이 된다.

$$V_G = V_{GS} = 0 \quad \text{(제로 바이어스임)}$$

$V_{GS} = 0[\text{V}]$인 경우, I_D를 I_{DSS}라고 정의하면 출력전압은 다음과 같다.

$$I_D = K(V_{GS} - V_{Tn})^2 = KV_{Tn}{}^2 = I_{DSS} = 10[\text{mA}]$$
$$V_{DS} = V_{DD} - R_D I_D = 20 - 1.5 \times 10 = 5[\text{V}]$$

따라서 동작점 $Q(V_{GS}, \ V_{DS}, \ I_D) = Q(0[\text{V}], \ 5[\text{V}], \ 10[\text{mA}])$ 이다.

4.2.4 전압분배기 바이어스 회로

전압분배기 바이어스(고정 바이어스 + 자기 바이어스) **회로**는 하나의 전원을 사용하며, R_1과 R_2에 의한 전압분배로 바이어스 전압을 쉽게 공급할 수 있고, 동작점의 안정도도 가장 우수하며, **모든 유형의 FET에 사용**할 수 있는 바이어스 회로이다. 따라서 BJT는 물론 FET 중에서도 **가장 실용적인 바이어스 회로**로 사용되고 있다.

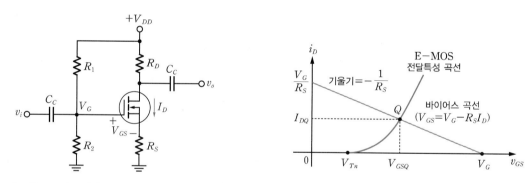

[그림 4-44] N채널 E-MOSFET의 전압분배기 바이어스 회로   [그림 4-45] 그래프를 이용한 동작점 산출

직류 바이어스 해석을 하기 위해 결합 콘덴서 C_C를 개방시킨 직류 등가회로를 만든다.

❶ V_{GS} : V_{DD} 전압을 R_1과 R_2로 전압분배시켜 V_G를 구하고, 입력측에 전압방정식(KVL)을 세워서 입력 바이어스 전압 V_{GS}를 구한다. 여기서 V_{GS} 값은 0 혹은 (+), (−) 값이 가능하므로 모든 유형의 FET에 쓸 수 있다.

$$V_G = V_{DD} \frac{R_2}{R_1 + R_2} \quad \text{전압분배} \tag{4.19}$$

$$V_G = V_{GS} + R_S I_D \quad \text{전압방정식(KVL)} \tag{4.20}$$

$$V_{GS} = V_G - R_S I_D \tag{4.21}$$

만일 온도의 변화나 채널의 길이나 폭의 변화, 절연층 두께 등의 불균일성으로 인해 I_D의 상승변화가 생기면 R_S의 전압이 증가되어 $V_{GS} = V_G - R_S I_D$에서 V_{GS}가 감소되면서 결국 I_D를 감소시키게 된다. 만약 그와 반대인 경우가 발생하더라도 R_S 저항의 역할로 인해 원래의 I_D, 즉 동작점의 안정성을 유지시켜줄 수 있다.

❷ I_D : 증가형 E–MOSFET의 포화 영역에서의 드레인 전류 I_D를 구하는 식을 사용한다. 접합형 JFET 의 경우는 $I_D = I_{DSS}\left(1 - \dfrac{V_{GS}}{V_p}\right)^2$ 을 사용하면 된다.

$$I_D = K(V_{GS} - V_{Tn})^2 = \frac{1}{2}\mu_n Cox \frac{W}{L}(V_{GS} - V_{Tn})^2 \tag{4.22}$$

❸ V_{DS} : 출력측에 전압방정식을 세워서 출력전압 V_{DS}를 구한다.

$$V_{DD} = R_D I_D + V_{DS} + R_S I_D \tag{4.23}$$

$$V_{DS} = V_{DD} - (R_D + R_S)I_D \tag{4.24}$$

❹ 이처럼 동작점 $Q(V_{GS},\ V_{DS},\ I_D)$가 구해지는데, 이는 [그림 4–45]와 같이 입력 전달 특성곡선 과 바이어스 곡선의 교점으로 결정하거나 출력 드레인 특성$(i_D - v_{DS})$ 곡선과 직류 부하선의 교점 으로([그림 4–46]) 결정할 수도 있다. 이는 BJT의 경우와 동일한 방법이다.

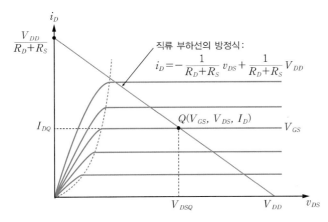

[그림 4–46] 그래프를 이용한 동작점 산출(출력 드레인 특성 곡선과 직류 부하선 이용)

■ P채널 전압분배기 바이어스 MOSFET 해석

[그림 4–44]는 N채널 MOSFET의 바이어스 회로를 해석한 것이며, [그림 4–47]은 P채널 MOSFET의 바이어스 회로를 해석한 것이다. P채널의 경우, N채널과 달리 V_{GS}, V_{DS}, V_{Tp}, V_A, λ값이 음(−) 의 값을 갖는 것에 주의해야 한다. P채널 FET용 수식은 앞서 N채널에서 사용한 수식 형태에서 $V_{GS} \rightarrow V_{SG}$, $V_{DS} \rightarrow V_{SD}$, $V_{Tn} \rightarrow V_{Tp}$, $\mu_n \rightarrow \mu_p$로 변수만 변환하여 사용하면 된다. 상세 해석 은 [예제 4–15]에서 다룬다.

[그림 4-44]의 증가형 E-MOSFET의 전압분배기 바이어스 회로를 이용하여 직류 바이어스 동작점 $Q(V_{GS},\ V_{DS},\ I_D)$를 구하여라(단, $R_1 = 8.1[\mathrm{M}\Omega]$, $R_2 = 6.9[\mathrm{M}\Omega]$, $R_D = R_S = 5[\mathrm{k}\Omega]$, $V_{DD} = 15[\mathrm{V}]$, E-MOSFET의 구조상수 $K = \dfrac{1}{2}\mu_n C_{ox}\dfrac{W}{L} = 0.5[\mathrm{mA/V^2}]$, $V_{Th} = 0.5[\mathrm{V}]$이다).

풀이

먼저 C_C를 제거하고 V_{DD}를 R_1과 R_2로 전압분배시켜 게이트 전압 V_G를 구한다.

$$V_G = V_{DD}\frac{R_2}{R_1 + R_2} = 15\,\frac{6.9}{8.1 + 6.9} = 6.9[\mathrm{V}]$$

게이트 입력측에 전압방정식을 세워서 바이어스 전압 V_{GS}를 구한다.

$$V_G = V_{GS} + R_S I_D \;\rightarrow\; V_{GS} = V_G - R_S I_D = 6.9 - 5I_D \;\cdots\; ①$$

E-MOSFET의 포화 영역에서의 드레인 전류 I_D를 구한다.

$$I_D = K(V_{GS} - V_{Th})^2 = 0.5(V_{GS} - 0.5)^2 \;\cdots\; ②$$

식 ①을 식 ②에 대입하여 I_D에 관한 2차방정식으로 나타낸다.

$$I_D = 0.5(6.9 - 5I_D - 0.5)^2 = 0.5(6.4 - 5I_D)^2$$
$$I_D{}^2 - 2.64I_D + 1.638 = 0$$

근의 공식을 사용하여 I_D를 구하면 $I_D = 1[\mathrm{mA}]$, $1.64[\mathrm{mA}]$가 나오는데, 이때 $I_D = 1.64[\mathrm{mA}]$는 $V_{GS} < 0$, $V_{DS} < 0$이므로 부적합하다. I_D에 식 ①을 대입하면 입력 바이어스 전압 $V_{GS} = V_G - R_S I_D = 6.9 - 5 \times 1 = 1.9[\mathrm{V}]$이고, 출력 드레인 전압 $V_{DS} = V_{DD} - (R_D + R_S)I_D = 15 - (5+5)1 = 5[\mathrm{V}]$이다. 따라서 동작점 $Q(V_{GS},\ V_{DS},\ I_D) = Q(1.9[\mathrm{V}],\ 5[\mathrm{V}],\ 1[\mathrm{mA}])$이다. $V_{DS}(5[\mathrm{V}]) > V_{GS}(1.9[\mathrm{V}]) - V_{Th}(0.5[\mathrm{V}])$이므로 포화 영역에서의 증폭기 동작임을 알 수 있다.

[그림 4-47]의 P채널 E-MOSFET에 대한 바이어스 회로를 문제풀이 형식으로 해석하여라. 관련 유도식은 앞의 N채널 바이어스 해석을 참조하도록 한다. 사용되는 E-MOSFET의 구조상수 $K = \dfrac{1}{2}\mu_p C_{ox}\dfrac{W}{L}$ $= 0.2[\mathrm{mA/V^2}]$ (μ_p : 정공의 이동도)이고, 임계전압 $V_{Tp} = -1[\mathrm{V}]$, $V_A = \infty$라고 가정한다.

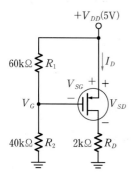

[그림 4-47] P채널 E-MOSFET의 전압분배기 바이어스 회로

풀이

먼저 V_{DD}를 R_1과 R_2로 분배시켜 직류 게이트 전압 V_G를 구한다.

$$V_G = V_{DD} \cdot \frac{R_2}{R_1 + R_2} = 5\frac{40}{60+40} = 2[\text{V}] \qquad (4.25)$$

게이트 바이어스 전압 V_{SG}는 R_1에 걸리는 전압과 같다.

$$V_{SG} = V_{DD} - V_G = 5 - 2 = 3[\text{V}] \qquad (4.26)$$

포화 영역에서의 출력 드레인 전류 I_D를 구한다.

$$I_D = K(V_{SG} + V_{Tp})^2 = \frac{1}{2}\mu_p C_{ox}\frac{W}{L}(V_{SG} + V_{Tp})^2 = 0.2(3-1)^2 = 0.8[\text{mA}] \qquad (4.27)$$

출력측에 전압방정식(KVL)을 세워서 출력 드레인 전압 V_{SD}를 구한다.

$$V_{DD} = V_{SD} + R_D I_D$$
$$V_{SD} = V_{DD} - R_D I_D = 5 - 2 \times 0.8 = 3.4[\text{V}] \qquad (4.28)$$

$V_{SD} > V_{SG} - |V_{Tp}|$(즉 $3.4 > 3-1$)을 만족하므로 포화 영역에서 증폭기로 동작할 수 있도록 동작점 $Q(V_{GS}, V_{DS}, I_D) = (-3[\text{V}], -3.4[\text{V}], 0.8[\text{mA}])$가 설정되었음을 확인할 수 있다.

> **참고** $V_{SD} > V_{SG} + V_{Tp}$ 또는 $V_{DS} < V_{GS} - V_{Tp}$를 만족해도 포화 영역임

4.2.5 드레인 궤환 바이어스 회로

[그림 4-48]의 **드레인 궤환 바이어스 회로**는 게이트 저항 R_G에 전류가 흐르지 않으므로 R_G의 전압도 0이 되어 $\boldsymbol{V_{GS} = V_{DS}}$ 관계가 성립된다. 그리고 $V_{DS} > 0$이므로 바이어스 전압인 $V_{GS} > 0$으로, 항상 양(+)인 영역에서 동작하는 **증가형 E-MOSFET**에 주로 사용된다(JFET에는 사용할 수 없다).

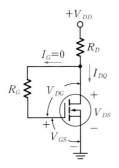

[그림 4-48] E-MOSFET의 드레인 궤환 바이어스 회로

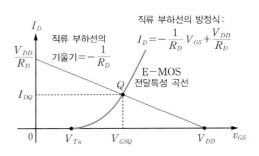

[그림 4-49] 그래프를 이용한 동작점 산출

[그림 4-48]의 직류 등가회로에서 직류 바이어스 해석을 하면 다음과 같다.

❶ V_{GS} : 입력 게이트 전류 $I_G = 0$이므로 R_G 양단의 전압 $V_{DG} = 0$을 대입한다.

$$V_{DS} = V_{DG} + V_{GS} \ \text{(FET의 3단자 간 전압관계식)}$$
$$V_{GS} = V_{DS} \tag{4.29}$$

❷ I_D : 증가형 E-MOSFET의 포화 영역에서의 I_D 식을 이용한다.

$$I_D = K(V_{GS} - V_{Tn})^2 = \frac{1}{2}\mu_n C_{ox}\frac{W}{L}(V_{GS} - V_{Tn})^2 \tag{4.30}$$

❸ V_{DS} : 출력측에 전압방정식을 세워서 V_{DS}를 유도한다.

$$V_{DD} = R_D I_D + V_{DS} \tag{4.31}$$
$$V_{DS} = V_{DD} - R_D I_D \tag{4.32}$$

❹ 이처럼 동작점 $Q(V_{GS}, V_{DS}, I_D)$가 구해지는데, 이는 입력 전달특성곡선과 직류 부하선의 교점으로도 결정할 수 있다([그림 4-49]).

예제 4-16

다음 E-MOSFET 바이어스 회로에 대한 동작점을 구하여라.

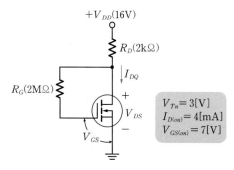

$V_{Tn} = 3[\text{V}]$
$I_{D(on)} = 4[\text{mA}]$
$V_{GS(on)} = 7[\text{V}]$

[그림 4-50] E-MOSFET 바이어스 회로

풀이

먼저 사용하는 FET의 구조상수 K를 구한다. $I_D = K(V_{GS} - V_{Tn})^2$에서 주어진 FET의 특정 스펙을 이용한다.

$$K = \frac{I_{D(on)}}{(V_{GS(on)} - V_{Tn})^2} = \frac{4[\text{mA}]}{(7-3)^2} = 0.25[\text{mA/V}^2]$$

출력전류 I_D를 구하는 식은 다음과 같다.

$$I_D = K(V_{GS} - V_{Tn})^2 = 0.25(V_{GS} - 3)^2$$

출력측에 전압방정식을 세워서 출력전압을 구한다.

$$V_{DS} = V_{DD} - R_D I_D$$

입력 바이어스 전압 V_{GS}는 V_{DS}와 같으므로 V_{GS}로 나타낸다.

$$V_{GS} = V_{DD} - R_D I_D = V_{DD} - R_D \cdot K(V_{GS} - V_{Tn})^2 = 16 - 2 \times 0.25(V_{GS} - 3)^2$$

다음의 2차방정식을 풀어 V_{GS}를 구한다.

$$V_{GS}^2 - 4V_{GS} - 23 = 0$$
$$V_{GS} = 7.2[\text{V}] \quad (V_{GS} = -3.2[\text{V}] 는 \; V_{GS} > V_{Tn} \; 조건에 \; 부적합)$$

출력전류 $I_D = K(V_{GS} - V_{Tn})^2 = 0.25(7.2 - 3)^2 = 4.41[\text{mA}]$이고, $V_{DS} = V_{GS} = 7.2[\text{V}]$이다. 따라서 동작점 $Q(V_{GS}, I_D, V_{DS}) = Q(7.2[\text{V}], 4.41[\text{mA}], 7.2[\text{V}])$이다.

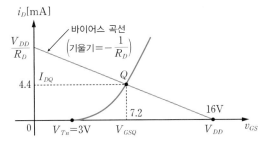

[그림 4-51] 그래프를 이용한 동작점 산출

4.2.6 정전류원 바이어스 회로

바이어스(동작점)의 안정성을 위해서 R_S 소스저항을 사용하는 자기 바이어스나 전압분배기 바이어스를 많이 사용한다. 그러나 **R_S 대신 정전류원의 바이어스 회로**를 사용하면 (V_{GS}나 g_m에 무관하게) 임의의 바이어스 전류(I_D)를 공급할 수 있어 고정된 동작점 Q를 얻는 장점이 있다.

보통 BJT나 MOSFET을 이용한 정전류원이 설계되며, 특히 **집적회로(IC)에서 직류 바이어스 회로**는 큰 R이나 C를 구현하는 데 매우 넓은 칩 면적이 소요되므로 **정전류원**을 사용하게 된다. 더구나 1개의 정전류원을 기준전류로 다른 여러 곳에서 복제하여 사용할 수 있으므로 **전류거울**Current mirror **회로**라고도 부르며, 유용하게 쓰이고 있다.

[그림 4-52(a)]는 **R_S 소스저항 대신 BJT로 구성한 정전류원**을 사용하는 E-MOSFET의 바이어스 회로이며, [그림 4-52(b)]는 정전류원의 등가회로를 나타낸 것이다.

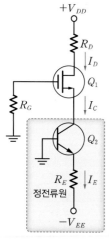

(a) 정전류원 바이어스 회로

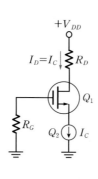

(b) 정전류원의 등가회로

[그림 4-52] 정전류원의 바이어스 회로와 등가회로

[그림 4-52]의 Q_2의 이미터 전류 $I_E \cong I_C$는 이미터 회로의 전압방정식을 통해 구할 수 있으며, 이는 일정한 크기의 정전류원이다.

$$V_{EE} = V_{BE} + R_E I_E \qquad (4.33)$$

$$I_E \cong I_C = \frac{V_{EE} - V_{BE}}{R_E} = \frac{V_{EE} - 0.7}{R_E} \qquad (4.34)$$

[그림 4-52(b)]에서 보는 것처럼 FET Q_1의 드레인 전류 I_D는 V_{GS}(즉, 동작점 Q 변동) 등에 무관하게 크기가 일정한 Q_2의 I_C와 동일하게 일정한 바이어스 전류를 갖게 된다. 상세 해석은 [예제 4-17]에서 다룬다.

$$I_D = I_C \qquad (4.35)$$

예제 4-17

다음 E-MOSFET의 정전류원 바이어스 회로를 가지고 바이어스 해석을 하여라(단, $I = I_D = 1[\text{mA}]$, $R_D = 8[\text{k}\Omega]$, $V_{DD} = V_{SS} = 10[\text{V}]$, MOSFET의 구조상수 $K = \frac{1}{2}\mu_n C_{ox}\frac{W}{L} = \frac{1}{2}[\text{mA/V}^2]$, $V_{Th} = 1[\text{V}]$이다).

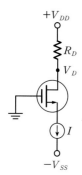

[그림 4-53] 정전류원 바이어스 회로

풀이

I_D 식을 활용하여 V_{GS}를 구한다.

$$I_D = I = K(V_{GS} - V_{Th})^2 = \frac{1}{2}(V_{GS} - 1)^2 = 1$$

$$V_{GS} = 2.41[\mathrm{V}], \quad V_S = -V_{GS} = -2.41[\mathrm{V}]$$

먼저 V_D를 구한 후 드레인 소스 전압 V_{DS}를 구한다.

$$V_D = V_{DD} - R_D I_D = 10 - 8 \times 1 = 2[\mathrm{V}]$$

$$V_D = V_{DS} + V_S$$

$$V_{DS} = V_D - V_S = 2 - (-2.41) = 4.41[\mathrm{V}]$$

$V_{DS}(4.41[\mathrm{V}]) > V_{GS}(2.41[\mathrm{V}]) - V_{Th}(1[\mathrm{V}])$ 이므로 포화 영역에 동작점 Q가 설정되었다.

4.2.7 전류거울 회로

대표적인 정전류원 회로인 **전류거울**^{current mirror} 회로는 MOS IC(집적회로) 내부의 직류 바이어스 회로에 쓰인다. 전류거울 회로는 [그림 4-54]와 같이 특성이 동일한 증가형 E-MOSFET의 Q_1과 Q_2를 이용하여 회로 한 곳에 생성된 Q_1의 **직류 기준전류(I_{REF})**를 중심으로 이에 비례하는 직류전류들을 여러 곳에 복제함으로써 여러 트랜지스터들을 바이어스시킨다. **복제된 정전류원 출력전류 I_o는 폭/길이(W/L)의 비**로 기준전류 I_{REF}와의 관계가 결정되므로 기준전류의 정수배를 발생시킬 수 있다. 또한 Q_1과 Q_2의 $\left(\dfrac{W}{L}\right)$비가 동일하면 $I_o = I_{REF}$가 된다.

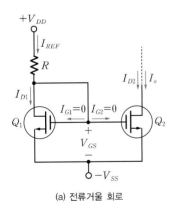

(a) 전류거울 회로

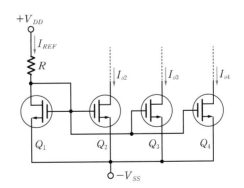

(b) 다수의 복제된 전류거울 회로

[그림 4-54] 전류거울 회로와 복제

[그림 4-54(a)]에서 Q_1의 드레인과 게이트를 단락했으므로 $V_{DS1} = V_{GS}$가 되고, $V_{DS1} > V_{GS} - V_{Th}$ 조건이 성립된다. 즉 Q_1이 포화 영역에서 동작하므로 드레인 전류는 다음과 같다.

$$I_{D1} = I_{REF} = K_1 (V_{GS} - V_{Tn})^2 = \frac{1}{2} \mu_n C_{ox} \left(\frac{W}{L} \right)_1 (V_{GS} - V_{Tn})^2 \qquad (4.36)$$

여기서 V_{GS}는 I_{REF}의 드레인 전류에 상응하는 게이트-소스 간 전압이며, 게이트 전류 $I_{G1} = I_{G2} = 0$이므로 $I_{REF} = I_{D1}$이 성립된다. 저항 R을 통해 흐르는 기준전류는 다음과 같다.

$$I_{REF} = \frac{V_{DD} - V_{GS} + V_{SS}}{R} \qquad (4.37)$$

Q_2는 Q_1과 병렬로 접속되어 있으므로 서로 동일한 V_{GS} 값을 갖는다. 따라서 I_o는 다음과 같이 표현될 수 있다.

$$I_o = I_{D2} = K_2 (V_{GS} - V_{Tn})^2 = \frac{1}{2} \mu_n C_{ox} \left(\frac{W}{L} \right)_2 (V_{GS} - V_{Tn})^2 \qquad (4.38)$$

복제된 출력전류 I_o와 기준전류 I_{REF}는 채널의 W/L 비율에 의해서 결정된다.

$$\frac{I_o}{I_{REF}} = \frac{(W/L)_2}{(W/L)_1} \qquad (4.39)$$

[그림 4-54(b)]에서 복제된 다중전류 I_{o2}, I_{o3}, I_{o4}는 다음 식으로 나타낼 수 있다. 4개 MOSFET의 특성이 전부 정합^{matching}이 되고, $\frac{W}{L}$도 동일한 경우에는 복제전류(I_o)가 기준전류(I_{REF})와 같아진다.

$$I_{o2} = I_{REF} \frac{(W/L)_2}{(W/L)_1}, \;\; I_{o3} = I_{REF} \frac{(W/L)_3}{(W/L)_1}, \;\; I_{o4} = I_{REF} \frac{(W/L)_4}{(W/L)_1} \qquad (4.40)$$

예제 4-18

[그림 4-54(a)]의 전류거울 회로에서 $\mu_n C_{ox} = 0.2 [\mathrm{mA/V^2}]$, $\frac{W}{L} = 10$, $V_{Tn} = 1[\mathrm{V}]$, $V_A = 50[\mathrm{V}]$, $V_{DD} = V_{SS} = 5[\mathrm{V}]$이다. Q_1과 Q_2가 정합이 되었을 때 기준전류 I_{REF}가 $0.3[\mathrm{mA}]$가 되기 위한 바이어스 전압 V_{GS}와 R 값을 구하고, 이 정전류원의 출력저항 R_o를 구하라.

풀이

기준전류 $I_{REF} = I_{D1} = K(V_{GS} - V_{Tn})^2 = \frac{1}{2} \mu_n C_{ox} \frac{W}{L} (V_{GS} - V_{Tn})^2 = 0.3[\mathrm{mA}]$에서 V_{GS}는 다음과 같다.

$$\frac{1}{2} \times 0.2 \times 10 (V_{GS} - 1)^2 = 1 \times (V_{GS} - 1)^2 = 0.3$$

$$V_{GS} = \sqrt{0.3} + 1 = 1.54[\mathrm{V}]$$

$I_{REF} = 0.3[\mathrm{mA}]$가 되기 위한 R 값을 구하면 다음과 같다.

$$R = \frac{V_{DD} - V_{GS} + V_{SS}}{I_{REF}} = \frac{5 - 1.54 + 5}{0.3} = 28.2[\mathrm{k\Omega}]$$

그리고 출력저항 R_o를 구하면 다음과 같다.

$$R_o = r_{o2} = \frac{V_A}{I_o} = \frac{50}{0.3} = 166.6[\text{k}\Omega]$$

예제 4-19

[그림 4-54(b)]와 같은 3개의 다중 전류거울 회로에서 $\mu_n C_{ox} = 0.2[\text{mA/V}^2]$, $V_{Tn} = 1[\text{V}]$, $V_{DD} = V_{SS} = 5[\text{V}]$이고, 모든 MOSFET의 $L = 1[\mu\text{m}]$이고 Q_1과 Q_2의 채널 폭이 $W_1 = 1[\mu\text{m}]$, $W_2 = 2[\mu\text{m}]$일 때, Q_2, Q_3, Q_4에 복제된 전류 $I_{o2} = 0.4[\text{mA}]$, $I_{o3} = 0.6[\text{mA}]$, $I_{o4} = 0.8[\text{mA}]$가 생성되기 위한 기준전류 I_{REF}와 그때 필요한 R 값과 Q_3와 Q_4, MOSFET의 채널 폭 W_3, W_4는 얼마가 되어야 하는가?

풀이

$\dfrac{I_{REF}}{I_{o2}} = \dfrac{(W/L)_1}{(W/L)_2} = \dfrac{(1/1)}{(2/1)} = \dfrac{1}{2}$ 이므로 기준전류 $I_{REF} = \dfrac{1}{2} I_{o2} = \dfrac{1}{2} \times 0.4 = 0.2[\text{mA}]$이다. 또한

$$\begin{aligned}
I_{D1} = I_{REF} &= K(V_{GS} - V_{Tn})^2 = \frac{1}{2} \mu_n C_{ox} \left(\frac{W_1}{L_1} \right) (V_{GS} - V_{Tn})^2 \\
&= \frac{1}{2}(0.2) \cdot 1 \cdot (V_{GS} - 1)^2 = 0.2
\end{aligned}$$

이므로 여기에서 V_{GS}를 구한다.

$$(V_{GS} - 1)^2 = 2$$
$$V_{GS} = \sqrt{2} + 1 = 2.414[\text{V}]$$

또한 저항 R 값을 구하면 다음과 같다.

$$R = \frac{V_{DD} - V_{GS} + V_{SS}}{I_{REF}} = \frac{5 - 2.414 + 5}{0.2} = 37.93[\text{k}\Omega]$$

Q_3와 Q_4의 Q_1에 대한 전류비는 각각의 $\dfrac{W}{L}$에 비례하므로 비례식을 세워서 구한다.

$$\frac{I_{o3}}{I_{REF}} = \frac{(W_3/L)}{(W_1/L)} = \frac{0.6}{0.2} = 3, \quad \text{즉} \quad W_3 = 3W_1 = 3 \times 1[\mu\text{m}] = [3\mu\text{m}]$$

$$\frac{I_{o4}}{I_{REF}} = \frac{(W_4/L)}{(W_1/L)} = \frac{0.8}{0.2} = 4, \quad \text{즉} \quad W_4 = 4W_1 = 4 \times 1[\mu\text{m}] = [4\mu\text{m}]$$

FET의 AC 해석(소신호 해석)

이 절에서는 포화 영역에 설정된 FET의 동작점을 중심으로 왜곡이 없는 선형증폭의 소신호 특성을 나타낼 수 있는 교류 소신호 등가모델을 살펴본다. 그리고 이를 이용하여 각 접지별(CS, CD, CG형) 소신호 해석과 회로 특성을 학습하며 JFET 증폭기와 MOSFET 증폭기 회로 해석을 최종 정리한다.

Keywords | 소신호 등가모델 | 3정수 정의 | CS, CD, CG형 소신호 해석 |

[그림 4-55]는 포화 영역 내에 설정된 N채널 JFET과 MOSFET의 동작점 Q에서 선형증폭이 된 소신호 입·출력파형을 보여준다.

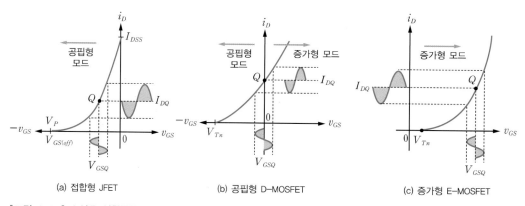

(a) 접합형 JFET   (b) 공핍형 D-MOSFET   (c) 증가형 E-MOSFET

[그림 4-55] 소신호 선형증폭

일반적으로 사용되는 N채널 FET을 중심으로 전달특성곡선상에서 입력된 신호전압인 게이트-소스 간의 전압 v_{gs}는 신호파형을 동작점 Q의 상하로 변하게 하고, 그로 인해 출력 드레인 전류 i_d가 변하게 된다. 또한 드레인 전류가 부하저항 R_D 양단에 흘러 발생되는 전압강하인 드레인 전압 v_{ds}가 소신호 증폭이 된 교류 출력전압이 된다.

[그림 4-55(a)]는 공핍형(혹은 감소형) 동작모드를 갖는 JFET이고, [그림 4-55(c)]는 임계전압 V_{Tn} 이상에서만 동작하는 증가형 모드를 갖는 E-MOSFET이다. [그림 4-55(b)]는 (−) 공핍형과 (+) 증가형의 전 영역에서 동작하는 D-MOSFET으로, $V_{GS} = 0$인 제로 바이어스 동작점에서 처리되는 신호 파형을 보여준다.

4.3.1 FET의 소신호 모델

[그림 4-55]에서 본 것처럼 FET은 게이트에 인가되는 작은 크기의 v_{gs} 소신호 전압에 의해 (왜곡이 없는) 출력 드레인 전류 i_d가 제어되는 **전압제어 전류원으로 모델링**할 수 있다. FET 증폭기 해석에 가장 널리 사용되는 **3정수를 이용하는 소신호 등가모델(혹은 하이브리드-π 소신호 등가모델)**을 [그림 4-56]에 제시하였으며, 이 등가모델을 사용해서 소신호 해석을 유도할 수 있다. (앞서 3장의 BJT 에서 다루었던 소신호 증폭의 개념이 FET에도 그대로 적용되므로 개념 이해가 부족하다고 여겨진다면 3장을 다시 한번 살펴보기 바란다)

먼저 드레인 전류 i_D를 게이트 전압 v_{GS}와 드레인 전압 v_{DS}의 함수 형식으로 나타내보자.

$$i_D = f(v_{GS}, v_{DS}) \tag{4.41}$$

FET의 3정수

FET의 소신호 모델에 사용할 3정수는 다음과 같이 정의한다.

❶ 전압 증폭정수 : $\mu \equiv \dfrac{\partial v_{DS}}{\partial v_{GS}} = \dfrac{\Delta v_{DS}}{\Delta v_{GS}}\bigg|_{I_D = 일정}$ (4.42)

❷ 드레인 저항　 : $r_d \equiv \dfrac{\partial v_{DS}}{\partial i_D} = \dfrac{\Delta v_{DS}}{\Delta i_D}\bigg|_{V_{GS} = 일정}$ (4.43)

❸ 전달 컨덕턴스 : $g_m \equiv \dfrac{\partial i_D}{\partial v_{GS}} = \dfrac{\Delta i_D}{\Delta v_{GS}}\bigg|_{V_{DS} = 일정}$ (4.44)

위의 정의로부터 3정수 사이에는 다음의 관계식이 성립한다.

$$\mu = g_m \cdot r_d \tag{4.45}$$

■ 전달 컨덕턴스 g_m

전달 컨덕턴스 g_m은 식 (4.44)와 같이 동작점에서의 드레인 전류를 미분하여 구한다. 먼저 JFET의 드레인 전류는 다음과 같다. 이때 $V_P = V_{GS(off)}$이다.

$$I_D = I_{DSS}\left(1 - \frac{V_{GS}}{V_P}\right)^2 \tag{4.46}$$

JFET의 전달 컨덕턴스 g_m을 구하면 다음과 같다.

$$g_m = \frac{\Delta i_D}{\Delta v_{GS}} = \frac{\partial i_D}{\partial v_{GS}} = \frac{\partial}{\partial v_{GS}} \left[I_{DSS} \left(1 - \frac{V_{GS}}{V_P} \right)^2 \right]$$

$$= -\frac{2I_{DSS}}{V_P} \left(1 - \frac{V_{GS}}{V_P} \right) = g_{mo} \left(1 - \frac{V_{GS}}{V_P} \right)$$

(4.47)

여기서 N채널의 경우는 $I_{DSS} > 0$, $V_P(= V_{GS(off)}) < 0$, P채널의 경우는 $I_{DSS} < 0$, $V_P > 0$이 므로 g_{mo}는 항상 양수이며, $V_{GS} = 0$일 때의 g_m 값을 의미한다.

MOSFET의 전달 컨덕턴스 g_m도 동작점에서의 드레인 전류를 미분하여 구한다. MOSFET의 포화 영역에서의 드레인 전류는 다음과 같다.

$$I_D = K(V_{GS} - V_{Tn})^2$$

(4.48)

MOSFET의 전달 컨덕턴스 g_m을 구하면 다음과 같다.

$$g_m = \frac{\Delta i_D}{\Delta v_{GS}} = \frac{\partial i_D}{\partial v_{GS}} = \frac{\partial}{\partial v_{GS}} [K(V_{GS} - V_{Tn})^2]$$

$$= 2K(V_{GS} - V_{Tn}) = (\mu_n C_{ox}) \left(\frac{W}{L} \right) (V_{GS} - V_{Tn})$$

(4.49)

식 (4.48)에서 $V_{GS} - V_{Tn} = \sqrt{\dfrac{I_D}{K}}$ 관계를 식 (4.49)에 대입하여 정리하면 g_m의 관계식을 I_D의 함수 형태로 다음과 같이 표현할 수도 있다.

$$g_m = \frac{2I_D}{(V_{GS} - V_{Tn})} = 2\sqrt{K \cdot I_D} = \sqrt{2\mu_n C_{ox}} \sqrt{\frac{W}{L}} \sqrt{I_D}$$

(4.50)

여기에서 FET의 구조상수 $K = \dfrac{1}{2} \mu_n C_{ox} \dfrac{W}{L} [\mathrm{A/V}^2]$이며, W는 채널 폭, L은 채널길이, μ_n은 전자의 이동도, C_{ox}는 단위 면적당 게이트 커패시터의 용량이다. 식 (4.50)에서 알 수 있듯이 **g_m은 MOSFET의 $\dfrac{W}{L}$ 비에 의존**하며, 소자의 채널길이 L을 짧게, 채널의 폭 W를 크게 하면 큰 g_m을 얻을 수 있다.

■ 드레인 출력저항 $r_o(r_d)$와 채널길이 변조효과

FET의 소신호 드레인-소스 간의 저항(r_d) 또는 드레인 출력저항(r_o)은 포화 영역에서 $i_D - v_{DS}$의 출력특성 기울기의 역수로서 식 (4.51)로 정의하고 있다. 보통 $r_o = \infty$ 로서 무시하지만, 3장의 **BJT의 얼리효과**와 유사하게 증폭 동작인 포화 영역에서 v_{DS}가 증가함에 따라 **채널길이 변조효과**에 의해 유효채널 길이가 감소된다. 따라서 i_D는 미세하게 증가하여 식 (4.51)에 의해 구해지는 출력저항 $r_o(= r_d)$ 값을 고려한 소신호 등가회로를 이용하여 해석해야 하며, $r_o(= r_d)$의 대표값은 50 ~ 200[kΩ] 정도로 주어진다.

드레인 출력저항(동저항)은 다음과 같다. 이때 V_A는 얼리전압, $\lambda\left(=\dfrac{1}{V_A}\right)$는 포화 영역에서의 드레인 전류 증가비율, I_{DQ}는 동작점에서의 드레인 전류를 의미한다. (3장에서 다룬 BJT의 얼리효과를 참조하기 바란다)

$$r_o(=r_d) = \frac{\partial v_{DS}}{\partial i_D} \cong \frac{1}{\lambda I_{DQ}} = \frac{V_A}{I_{DQ}} \tag{4.51}$$

이처럼 포화 영역에서 동작할 때 채널길이 변조효과를 고려하면 드레인 전류는 미세하게 증가한다. 따라서 다음과 같이 그 증가분 $(1+\lambda V_{DS})$을 곱하여 드레인 전류를 효과적으로 나타낼 수 있다.

$$I_D = K(V_{GS} - V_{Tn})^2(1 + \lambda V_{DS}) \quad \text{(MOSFET의 드레인 전류)} \tag{4.52}$$

$$I_D = I_{DSS}\left(1 - \frac{V_{GS}}{V_P}\right)^2(1 + \lambda V_{DS}) \quad \text{(JFET의 드레인 전류)} \tag{4.53}$$

이러한 FET의 3정수 값은 일반적으로 동작점에 따라 변화하며, 온도상승에 따라 캐리어의 이동도가 감소하여 g_m이 감소하는 특성을 갖는다. 또한 r_d는 온도상승에 따라 커지는 온도특성을 갖기 때문에 BJT와 달리 열폭주와 같은 현상을 일으킬 우려가 적어 BJT보다 열적으로 안정하다. BJT는 온도가 올라감에 따라 소수 캐리어 전류가 증대되는 특성 때문에 열적으로 열화특성을 갖게 된다.

예제 4-20

드레인 전압 $V_{DS} = 30[\text{V}]$인 JFET에서 게이트 전압을 0.5[V] 변화시켰더니 드레인 전류가 2[mA]만큼 변화하였다. 이 FET의 전달 컨덕턴스 g_m을 구하여라.

풀이

전달 컨덕턴스 $g_m = \dfrac{\partial i_D}{\partial v_{GS}} = \dfrac{\Delta I_D}{\Delta V_{GS}} = \dfrac{2[\text{mA}]}{0.5[\text{V}]} = 4[\text{mA/V}]$이다.

예제 4-21

다음 JFET과 MOSFET의 전달 컨덕턴스 g_m을 각각 구하여라.

(a) N채널 JFET에서 $I_{DSS} = 12[\text{mA}]$, $V_P(V_{GS(off)}) = -4[\text{V}]$, $V_{GS} = -1.5[\text{V}]$의 바이어스에 대해 g_m 값을 구하여라.

(b) N채널 증가형 MOSFET에서 $V_{Tn} = 0.8[\text{V}]$, $I_D = 1[\text{mA}]$, 구조상수 $K = \dfrac{1}{2}\mu_n C_{ox}\dfrac{W}{L} = 0.5[\text{mA/V}^2]$일 때 g_m 값을 구하여라.

풀이

(a) $g_m = \dfrac{2I_{DSS}}{|V_P|}\left(1-\dfrac{V_{GS}}{V_P}\right) = \dfrac{2\times 12}{4}\left(1-\dfrac{-1.5}{-4}\right) = 6\left(1-\dfrac{1.5}{4}\right) = 3.75[\mathrm{mA/V}]$

(b) $g_m = 2K(V_{GS}-V_{Th}) = 2\sqrt{K\cdot I_D} = 2\sqrt{\dfrac{1}{2}\times 1} = \sqrt{2} = 1.414[\mathrm{mA/V}]$

예제 4-22

N채널 MOSFET이 $I_D = 1[\mathrm{mA}]$에서 동작하고 있고, $V_A = 100[\mathrm{V}]$, $\mu_n C_{ox=20}[\mu\mathrm{A/V}^2]$을 갖고 있는 어떤 집적회로 소자가 있다. 이 소자의 $W/L = 1$일 때보다 $W/L = 100$일 때의 g_m 값은 몇 배인가? 그리고 소신호 드레인 출력저항 r_o는 얼마인가?

풀이

$W/L = 1$일 때의 g_m 값은 다음과 같다.

$$g_m = \sqrt{2\cdot \mu_n C_{ox}}\sqrt{\dfrac{W}{L}}\sqrt{I_D} = \sqrt{2\times 20\times 10^{-3}[\mathrm{mA/V}^2]}\sqrt{1\times 1} = 0.2[\mathrm{mA/V}]$$

$W/L = 100$일 때의 g_m 값은 다음과 같다. $W/L = 1$의 경우에 비해 10배가 된다.

$$g_m = \sqrt{2\times 20\times 10^{-3}}\sqrt{100\times 1} = 0.2\times 10 = 2[\mathrm{mA/V}]$$

소신호 드레인 출력저항 $r_o = \dfrac{V_A}{I_D} = \dfrac{100[\mathrm{V}]}{1[\mathrm{mA}]} = 100[\mathrm{k}\Omega]$이다.

FET의 소신호 등가모델

식 (4.54)에서는 드레인 전류 i_D를 게이트 전압 v_{GS}와 드레인 전압 v_{DS}의 함수 형태로 나타냈는데, v_{GS}, v_{DS}가 각각 Δv_{GS}, Δv_{DS} 만큼 아주 조금 변했을 때 그에 따른 i_D의 변화는 다음 식으로 나타낼 수 있다.

$$\Delta i_D = \dfrac{\partial i_D}{\partial v_{GS}}\Delta v_{GS} + \dfrac{\partial i_D}{\partial v_{DS}}\Delta v_{DS} = g_m \Delta v_{GS} + \dfrac{1}{r_d}\Delta v_{DS} \qquad (4.54)$$

소신호 동작에서 Δi_D, Δv_{GS}, Δv_{DS}는 각각 교류성분을 의미하므로 기호를 바꿔서 i_d, v_{gs}, v_{ds}로 나타낼 수 있다.

$$i_d = g_m v_{gs} + \dfrac{1}{r_d}v_{ds} \qquad (4.55)$$

식 (4.55)로부터 [그림 4-56(a)]의 FET 소신호 등가모델을 얻을 수 있다.

FET의 소신호 등가모델

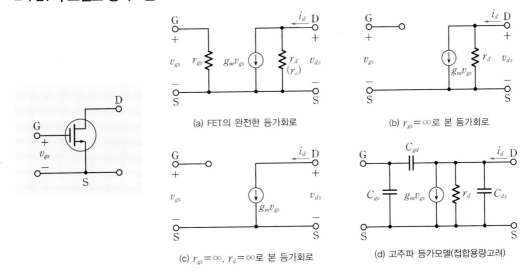

(a) FET의 완전한 등가회로

(b) $r_{gs} = \infty$로 본 등가회로

(c) $r_{gs} = \infty$, $r_d = \infty$로 본 등가회로

(d) 고주파 등가모델(접합용량고려)

[그림 4-56] FET의 소신호 등가모델

[그림 4-56]에 제시된 FET의 소신호 등가모델은 입력전압 v_{gs}로 출력전류인 $i_d = g_m v_{gs}$를 제어하는 구조로, 3장에서 살펴본 BJT의 $i_c = \beta i_b$의 경우와 대조적이다. FET 자체의 입력저항 r_{gs}는 수십 [MΩ] 정도로 매우 크므로 보통 무시되어 [그림 4-56(b)]처럼 등가화되고, 출력 드레인 저항 $r_o (= r_d)$도 부하저항 R_D보다 훨씬 크므로 무시되어 [그림 4-56(c)]처럼 개방회로로 본다. 그러나 **채널길이 변조 효과**를 고려하는 경우에는 $r_o = \infty$가 아니라, $r_o \cong V_A / I_D$로 산출된 출력 드레인 저항 $r_o (= r_d)$를 사용한 [그림 4-56(b)]의 등가회로를 이용한다.

만약 높은 주파수 범위에서도 FET의 동작을 충실하게 나타내려면 게이트-소스 간 접합용량 C_{gs}, 게이트-드레인 간 접합용량 C_{gd} 및 채널의 드레인-소스용 C_{ds}를 고려하여 그림 [그림 4-56(d)]의 고 **주파 등가모델**을 사용하여 해석한다.

4.3.2 FET 소신호 증폭기의 해석

FET은 게이트 전류가 흐르지 않으므로 입력저항을 무한대로 보며, 이상적인 전압 증폭기의 필수조건을 갖고 있다. BJT가 원칙적으로 전류 증폭기인 데 반해, FET은 전압 증폭기로서 전류 증폭은 없다 (단, [CG]형의 전류이득은 거의 1이다). 소신호 증폭의 개념은 3장에서 다룬 BJT의 개념이 그대로 적용되며, 접속(접지)방식도 BJT의 공통 이미터[CE], 공통 베이스[CB], 공통 컬렉터[CC] 형태가 FET 에서는 **공통 소스[CS], 공통 게이트[CG], 공통 드레인[CD]**로 구성된다. BJT에서 컬렉터를 입력단자로 사용하지 않듯이, FET에서도 드레인을 입력단자로 사용하지 않는다. 그리고 FET을 증폭기로 동작하게 하려면 반드시 **포화모드**로 바이어스되어야 한다(BJT는 **활성모드**로 바이어스되었다).

[그림 4-57]의 FET 소신호 증폭기의 접속(접지)방식별로 JFET, D-MOSFET, E-MOSFET의 교류신호 증폭기의 신호 해석을 수행한다.

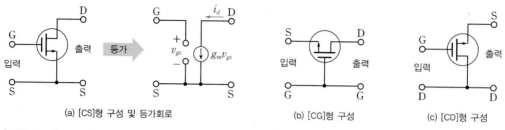

(a) [CS]형 구성 및 등가회로 (b) [CG]형 구성 (c) [CD]형 구성

[그림 4-57] FET의 접지 방식

4.3.3 공통 소스[CS] 증폭기의 신호 해석

공통 소스[CS] 증폭기는 입력신호를 게이트에 인가하고, 출력신호를 드레인에서 얻으며, 소스를 공통 접지 단자로 사용하는 구조로서, BJT의 이미터 공통[CE]에 해당된다. 이 [CS]형 증폭기는 **전압 증폭기로서 가장 좋은 특성을 가지며, 입·출력 전압의 위상은 역위상 특성을 갖는다.**

[그림 4-58]은 직류 및 교류전원을 동시에 포함하고 있는 공통 소스[CS] MOSFET 증폭기의 전체 회로이다. 소신호 해석을 하기 위해 먼저 [그림 4-58(b)]와 같이 직류 등가회로를 구성하여 직류 바이어스 값을 구한다. [그림 4-58(b)]의 **직류 등가회로**는 전체 회로에서 **결합**^{coupling} **콘덴서(C_1, C_2)와 바이패스**^{bypass} **콘덴서(C_S)를 제거**하면 된다. 즉 콘덴서는 직류적으로는 개방 기능을 한다.

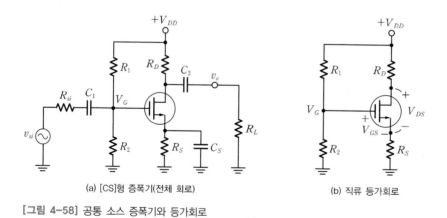

(a) [CS]형 증폭기(전체 회로) (b) 직류 등가회로

[그림 4-58] 공통 소스 증폭기와 등가회로

직류 바이어스 해석

[그림 4-58(b)]의 직류 등가회로를 이용하여 DC 동작점(V_{GS}, I_D, V_{DS})을 구한다. 상세한 직류해석은 4장 2절을 참조하기 바란다. 전압분배법칙을 사용하여 게이트의 직류전압 V_G를 구한다.

$$V_G = V_{DD} \cdot \frac{R_2}{R_1 + R_2} \quad (R_2\text{의 전압이 } V_G\text{가 되므로}) \tag{4.56}$$

[그림 4-58(b)]의 게이트 입력측에 전압방정식을 세워서 입력 게이트의 바이어스 전압 V_{GS}를 구한다.

$$V_G = V_{GS} + R_S I_D \tag{4.57}$$

$$V_{GS} = V_G - R_S I_D \tag{4.58}$$

한편, 포화 영역에서의 N-MOSFET의 드레인 출력전류 I_D를 구한다.

$$I_D = K(V_{GS} - V_{Tn})^2 = \left(\frac{1}{2}\mu_n C_{ox} \frac{W}{L}\right)(V_{GS} - V_{Tn})^2 \tag{4.59}$$

출력측에 전압방정식을 세워서 출력 드레인 전압 V_{DS}를 구한다.

$$V_{DD} = R_D I_D + V_{DS} + R_S I_D \tag{4.60}$$

$$V_{DS} = V_{DD} - (R_D + R_S)I_D \tag{4.61}$$

FET도 증폭기일 때는 BJT처럼 드레인과 소스 간의 채널이 가변저항 역할을 하므로 특정한 전압 V_{DS} 와 전류 I_D 값으로 동작점을 갖는다.

소신호 등가모델의 회로정수(3정수) 산출

직류 바이어스(동작점) 값을 이용하여 교류 소신호 해석을 위한 회로정수를 구한다. 앞서 유도한 식 (4.49)와 식 (4.50)을 이용하여 MOSFET의 회로정수 g_m과 r_o를 구할 수 있다.

- 전달 컨덕턴스 : $g_m = 2K(V_{GS} - V_{Tn}) = \dfrac{2I_D}{V_{GS} - V_{Tn}} = 2\sqrt{K \cdot I_D}$ (4.62)

  (구조상수 $K = \dfrac{1}{2}\mu_n C_{ox} \dfrac{W}{L}$)

- 드레인 출력저항 : $r_o = \dfrac{V_A}{I_D} = \dfrac{1}{\lambda I_D}$ (V_A는 얼리전압) (4.63)

- 전압 증폭 정수 : $\mu = g_m \cdot r_d$ (4.64)

교류 소신호 해석

주어진 전체 회로 [그림 4-58]에는 결합 콘덴서 C_1, C_2가 있는데, 이들은 DC 성분을 제거한 순수한 교류신호만 입력하고(C_1), 증폭된 순수한 교류신호만 출력한다(C_2). C_1, C_2는 보통 수 $[\mu F] \sim$수십 $[\mu F]$의 큰 용량으로서 동작 주파수에서는 그 리액턴스를 거의 0으로 간주하여 교류적으로는 단락시킨다. 그리고 R_S 저항은 직류 바이어스 회로의 온도 안정화를 위해 쓰이는데, 이와 병렬로 접속된 C_S를 통해 교류적으로는 단락시켜 바이패스되도록 한다. **교류이득 감소를 방지하는 C_S 바이패스 콘덴서가 있으므로 소스 접지[CS] 회로가 된다.**

그리고 직류전압원 V_{DD}는 내부저항을 거의 0으로 가정하여 교류전위차가 없으므로 접지시킨다. 즉 [그림 4-58]에서 C_1, C_2, C_S는 단락시키고, V_{DD}를 접지시켜 [그림 4-59]의 교류 등가회로를 그리고, 여기서 FET을 **등가모델**로 대체시키면 완전한 **소신호 교류 등가회로**인 [그림 4-60]을 얻게 된다.

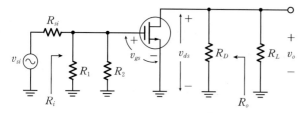

[그림 4-59] 교류 등가회로

다음의 소신호 교류 등가회로를 사용한 소신호 해석은 다음과 같다.

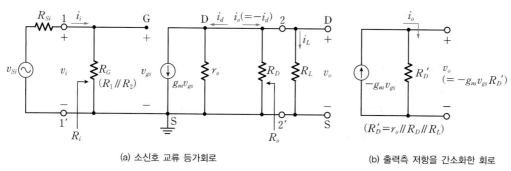

(a) 소신호 교류 등가회로   (b) 출력측 저항을 간소화한 회로

[그림 4-60] [CS]형 증폭기의 소신호 교류 등가회로

❶ **입력저항(R_i)** : 증폭기의 입력단자 1-1'에서 증폭기 쪽으로 내다본 저항 R_i는 다음과 같다.

$$R_i = \frac{v_i}{i_i} = \frac{R_G\, i_i}{i_i} = \boldsymbol{R_G} = (\boldsymbol{R_1 \parallel R_2})$$

(4.65)

❷ **증폭기 자체 전압이득(A_{vg})** : 신호원 v_{si}와 부하저항 R_L이 접속되지 않은 증폭기 자체만의 전압이득은 다음과 같다.

$$A_{vg} \equiv \frac{v_o}{v_i} = \frac{v_o}{v_{gs}} = \frac{(-g_m v_{gs}) \cdot R_D{}'}{v_{gs}} = -\boldsymbol{g_m R_D{}'} = -g_m (r_o \parallel R_D)$$

여기에서 [그림 4-60(b)]의 출력측 간소화 회로를 이용하여 출력접압 v_o를 구하면 다음과 같다.

$$v_o = i_o \cdot R_o = (-g_m v_{gs}) \cdot R_D{}' = -g_m v_{gs}(r_o \parallel R_D)$$

(4.66)

만일 부하저항 R_L도 연결되면 $R_D{}' = (r_o \parallel R_D \parallel R_L)$이 된다.

❸ **전체 전압이득(A_v)** : 신호원 v_{si}, 부하 R_L이 있는 전체 전압이득 $A_v \equiv \dfrac{v_o}{v_{si}}$를 구한다.

$$v_o = -g_m v_{gs} R_D{}' = -g_m v_{gs}(r_o /\!/ R_D /\!/ R_L) \tag{4.67}$$

$$v_{gs} = \frac{R_i}{R_{si}+R_i}v_{si} \quad \text{(신호원 } v_{si} \text{ 중 증폭기 } R_i\text{쪽 전압분배 비율)} \tag{4.68}$$

$$A_v \equiv \frac{v_o}{v_{si}} = \frac{v_o}{v_{gs}} \cdot \frac{v_{gs}}{v_{si}} = A_{vg} \cdot \frac{R_i}{R_{si}+R_i} = -g_m(r_o /\!/ R_D /\!/ R_L)\frac{R_i}{R_{si}+R_i} \tag{4.69}$$

신호전압 v_{si} 중 일부가 신호원 저항 R_{si}에서 전압강하되므로 이 성분을 제외하고 증폭기 R_i쪽으로 입력되는 전압 비율을 곱하여 A_v를 계산하면 된다. 여기에서 (−)는 입·출력 전압이 역위상을 나타내며, BJT의 [CE]형과 동일하다.

❹ **출력저항(R_o)** : 부하저항 R_L은 제외시키고, 증폭기 출력단자 2-2′에서 증폭기의 입력측으로 내다본 저항으로서, 전원은 0으로 놓고 산출하므로 전류원 $g_m v_{gs} = 0$으로 개방시키면 r_o와 R_D가 병렬로 합성된 값이 된다.

$$R_o = \frac{v_o}{i_o} = (r_o /\!/ R_D) \cong \boldsymbol{R_D} \quad (r_o\text{가 매우 커서 무시될 경우)} \tag{4.70}$$

예제 4-23

[그림 4-58(a)]의 N-MOSFET 소스 접지(CS) 증폭기 회로에서 $R_{si} = 0.1[\text{k}\Omega]$, $R_1 = R_2 = 4.7[\text{M}\Omega]$, $R_D = 6[\text{k}\Omega]$, $R_S = 0.2[\text{k}\Omega]$, $R_L = 10[\text{k}\Omega]$, $V_{DD} = 5[\text{V}]$이며, MOSFET의 $k_n{}' = \mu_n C_{ox} = 0.1[\text{mA/V}^2]$, $L = 0.5[\mu\text{m}]$, $W = 20[\mu\text{m}]$, $V_A = 100[\text{V}]$, $V_{Tn} = 2[\text{V}]$이다. 이 증폭기의 소신호 해석(R_i, A_v, R_o)을 하여라.

풀이

(i) 직류 바이어스(동작점) 해석을 하기 위해 [그림 4-58(b)]의 직류 등가회로를 이용한다.

- 게이트 전압 : $V_G = \dfrac{R_2}{R_1+R_2}V_{DD} = \dfrac{4.7}{4.7+4.7} \cdot 5[\text{V}] = 2.5[\text{V}]$
- 입력 바이어스 전압 : $V_{GS} = V_G - R_S I_D = (2.5 - 0.2 I_D)$
- 드레인 전류 : $I_D = K(V_{GS} - V_{Tn})^2 = \dfrac{1}{2}k_n{}'\dfrac{W}{L}(V_G - R_S I_D - V_{Tn})^2$

$$= \left(\frac{1}{2} \times 0.1 \times \frac{20}{0.5}\right)(2.5 - 0.2 I_D - 2)^2$$

위 식을 정리하면 I_D에 대한 2차방정식을 다음과 같이 나타낼 수 있다.

$$8 I_D{}^2 - 140 I_D + 50 = 0$$

근의 공식을 사용하여 I_D에 관한 2차방정식을 정리하여 I_D를 구하면 $0.365[\text{mA}]$, $17[\text{mA}]$가 된다. 그런데 $I_D = 17[\text{mA}]$일 때 V_D의 값은 음수가 되므로 부적합한 해이다. 즉 $I_D = 0.365[\text{mA}]$가 적합한 해가 되며, 이를 이용해 V_{GS}와 V_{DS}를 구하면 다음과 같다.

$$V_{GS} = V_G - R_S I_D = 2.5 - 0.2 \times 0.365 = 2.427 [\text{V}]$$

$$V_{DS} = V_{DD} - (R_D + R_S) I_D = 5 - (6 + 0.2) \cdot (0.365) = 2.737 [\text{V}]$$

(ii) 교류 등가모델의 회로정수인 전달 컨덕턴스 g_m과 드레인 출력저항 r_o를 구하면 다음과 같다.

$$g_m = 2K(V_{GS} - V_{Tn}) = \frac{2I_D}{(V_{GS} - V_{Tn})} = \frac{2 \times 0.365}{(2.425 - 2)} = 1.7 [\text{mA/V}]$$

$$r_o = \frac{V_A}{I_D} = \frac{100}{0.365} = 274 [\text{k}\Omega]$$

(iii) 소스 접지 증폭기의 소신호 해석을 수행한 결과는 다음과 같다.

- 입력저항 : $R_i = R_G = (R_1 /\!/ R_2) = \dfrac{4.7 \times 4.7}{4.7 + 4.7} = 2.35 [\text{M}\Omega]$

- 증폭기 자체 전압이득 : $A_{vg} = -g_m R_D{}' = -g_m (r_o /\!/ R_D /\!/ R_L) = -1.7(274\text{k} /\!/ 6\text{k} /\!/ 10\text{k}) \cong -6.29$

- 전체 전압이득 : $A_v = A_{vg} \cdot \dfrac{R_i}{R_{si} + R_i} = -6.29 \dfrac{2350}{0.1 + 2350} \cong -6.29$

- 출력저항 : $R_o = (r_o /\!/ R_D) = (274\text{k} /\!/ 6\text{k}) \cong 5.8 [\text{k}\Omega]$

4.3.4 소스저항을 가진 소스 접지 증폭기

소스 접지[CS] 증폭기를 나타낸 [그림 4-58]에서 바이패스 콘덴서 C_S를 제거하면 **R_S를 가진 소스 접지 증폭기**가 된다. 이 R_S로 인해서 전압이득은 감소될 망정, 전압이득($A_v \cong -\dfrac{R_D}{R_S}$ 형태)이 거의 저항으로 결정되고, FET의 회로정수(g_m) 파라미터와는 무관하므로 온도에 대해 안정한 동작을 하게 된다. 그런데 이러한 전압이득의 감소를 다소 증대시키면서 안정한 동작을 구현하기 위해 [CS]형 증폭기의 소스저항 R_S 중 일부만 바이패스(단락)시키는 **스웸핑**^{Swamping} **증폭기**를 응용하고 있다. 이 증폭기는 3장의 BJT에서 다룬 R_E 저항을 가진 [CE]형 증폭기 및 그의 스웸핑 증폭기와 동일한 특성을 갖고 있음을 다시 한번 기억하고, 회로 해석에 참조하도록 한다.

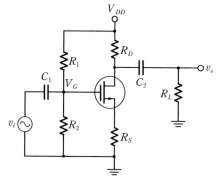

[그림 4-61] R_S를 가진 [CS]형 증폭기

직류 바이어스 해석과 소신호 모델의 회로정수 산출

[그림 4-58(a)]의 전체 회로에서 결합 콘덴서 C_1, C_2를 제거시켜 **직류 등가회로**를 그린다. 직류 등가회로와 직류 바이어스(동작점) 해석과 회로정수(g_m, $r_o(=r_d)$, μ) 산출은 앞서 다룬 소스 접지[CS] 증폭기의 경우 [그림 4-58(b)]와 동일하므로 여기서는 설명을 생략하기로 한다.

교류 소신호 해석

[그림 4-61]의 전체 회로에서 **결합 콘덴서 C_1, C_2를 단락**^{short}**시키고, 직류전원 V_{DD}를 접지**시키면 [그림 4-62(a)]의 교류 등가회로가 구성된다. 그 회로에서 FET을 등가모델로 교체하면 [그림 4-62(b) ~ (c)]의 소신호 교류 등가회로가 얻어진다. 그림 (c)는 채널길이 변조효과로 교류 출력저항인 $r_o(=r_d)$를 고려한 경우이며, 그림 (b)는 $r_o = \infty$로 무시한 경우로, 이들을 사용하여 소신호 해석을 한다.

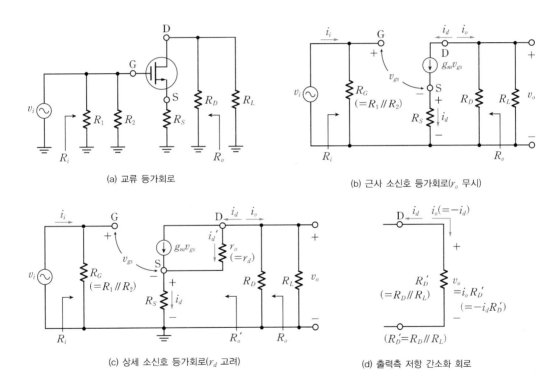

(a) 교류 등가회로

(b) 근사 소신호 등가회로(r_o 무시)

(c) 상세 소신호 등가회로(r_d 고려)

(d) 출력측 저항 간소화 회로

[그림 4-62] 교류 소신호 해석을 위한 회로

❶ **입력저항(R_i)** : $R_i \equiv \dfrac{v_i}{i_i} = R_G = (R_1 /\!/ R_2) = \dfrac{R_1 \cdot R_2}{R_1 + R_2}$ (4.71)

❷ **전압이득(A_v)** : [그림 4-62(b)]처럼 **드레인 출력저항 $r_o(=r_d)$를 무시한 경우**이다. 해당 그림의 입력측에서 입력전압 v_i와 [그림 4-62(d)]에서 출력전압 v_o를 구한다.

$$v_i = v_{gs} + R_S i_d = v_{gs} + R_S g_m v_{gs} \qquad (4.72)$$

$$v_o = i_o R_D{}' = -i_d R_D{}' = -g_m v_{gs} R_D{}' \qquad (4.73)$$

따라서 전압이득은 다음과 같다.

$$A_v \equiv \frac{v_o}{v_i} = \frac{-g_m v_{gs} R_D{}'}{v_{gs} + R_S g_m v_{gs}} = -\frac{g_m R_D{}'}{1 + g_m R_S} \cong -\frac{R_D{}'}{R_S} \qquad (4.74)$$

여기서 $R_D{}' = (R_D \parallel R_L) = \dfrac{R_D \cdot R_L}{R_D + R_L}$ 이며, 부하저항 R_L이 없을 때는 R_D를 사용한다. 이 회로

는 $g_m R_S \gg 1$ 조건일 때 $A_v \cong -\dfrac{R_D{}'}{R_S}$ 이 되면, 소신호 회로정수인 g_m 과는 무관하게 저항 R_S,

R_D로만 결정되며 전압이득의 안정화 특성을 가질 수 있다. 설사 이 조건이 만족되지 않더라도 g_m

의 변화에는 그리 민감하지 않다. 그리고 입력 소스 전원 v_{si}와 소스저항 R_{si}가 존재하는 경우는

입력 소스전원 v_{si} 중 일부가 R_{si}에서 전압강하가 되므로, 증폭기 R_i쪽으로 인가되는 전체 전압이

득 A_{vs}는 R_{si}와 R_i로 전압분배시켜 해석하면 된다.

$$A_{vs} \equiv \frac{v_o}{v_{si}} = A_v \frac{R_i}{R_{si} + R_i} = -\frac{g_m R_D{}'}{1 + R_S g_m} \cdot \frac{R_i}{R_{si} + R_i} \qquad (4.75)$$

❸ **전압이득(A_v)(상세 해석)** : [그림 4-62(c)]처럼 **드레인 출력저항 $r_o (= r_d)$를 고려하는 경우**이다.
해당 그림에서 출력전압 $v_o = r_o i_d{}' + R_S i_d$와 $v_o = i_o R_D{}' = -i_d R_D{}'$이 된다.

$$r_o i_d{}' + R_S i_d = -R_D{}' i_d \qquad (4.76)$$

$$r_o(i_d - g_m v_{gs}) + R_S i_d = -R_D{}' i_d \quad (i_d{}' = i_d - g_m v_{gs} \;\; \text{대입})$$

$i_d = \dfrac{g_m r_o v_{gs}}{r_o + R_S + R_D{}'}$ 를 다음 식에 대입하여 정리하면 A_v가 유도된다.

$$A_v \equiv \frac{v_o}{v_i} = \frac{-i_d \cdot R_D{}'}{v_{gs} + R_S i_d} = \frac{-g_m r_o R_D{}'}{r_o + R_D{}' + (1 + g_m r_o) R_S} = -\frac{\mu R_D{}'}{r_o + R_D{}' + (1 + \mu) R_S} \qquad (4.77)$$

여기서 3정수 관계식 $\mu = g_m r_d (r_o = r_d)$를 대입하면, 위의 A_v 식을 r_o로 나누어 정리하여 다음과

같이 표현할 수도 있다.

$$A_v = \frac{-g_m r_o R_D{}'}{r_o + R_D{}' + (1 + g_m r_o) R_S} = -\frac{g_m R_D{}'}{1 + g_m R_S + \dfrac{1}{r_o}(R_S + R_D{}')} \qquad (4.78)$$

마찬가지로 입력 소스전원 v_{si}와 소스저항 R_{si}가 존재하는 경우, 전체 전압이득 A_{vs}는 증폭기 R_i

가 R_{si}와 전압분배되는 비율을 곱하면 된다.

$$A_{vs} \equiv \frac{v_o}{v_{si}} = A_v \cdot \frac{R_i}{R_{si} + R_i} = - \frac{g_m R_D{}'}{1 + g_m R_S + \dfrac{1}{r_o}(R_S + R_D{}')} \cdot \left(\frac{R_i}{R_{si} + R_i} \right) \tag{4.79}$$

❹ **출력저항(R_o)** : [그림 4-62(c)]에서 드레인 측에서 들여다보는 증폭기만의 출력저항 $R_o{}'$을 먼저 구한다. 저항을 구할 때는 입력전원 $v_i = 0$으로 놓고(즉 v_i를 단락시킴) 산출하는데, $v_i = 0$이면 입력측에서 $v_i = v_{gs} + R_S i_d = 0$이 성립한다. 그러므로 $v_{gs} = - R_S i_d$가 되고 v_s는 R_S의 전압이므로 $v_s = R_S i_d$로 나타낸다. 이때 드레인 전류 i_d를 구하면 다음과 같다.

$$i_d = g_m v_{gs} + i_d{}' = - g_m R_S i_d + \frac{(v_o - R_S i_d)}{r_o} \quad (v_{gs} = - R_S i_d \text{ 대입}) \tag{4.80}$$

$$= - \left(g_m + \frac{1}{r_o} \right) R_S i_d + \frac{1}{r_o} v_o \quad (v_s = R_S i_d \text{ 대입}) \tag{4.81}$$

위의 i_d 식을 정리하여 출력저항 $R_o{}'$을 구한다.

$$R_o{}' = \frac{v_o}{i_d} = \left[1 + \left(g_m + \frac{1}{r_o} \right) R_S \right] \bigg/ \frac{1}{r_o} = R_S + r_o(1 + g_m R_S) = \boldsymbol{r_o + (1 + \mu)R_S} \tag{4.82}$$

전체 출력저항 R_o는 [그림 4-62(c)]에서 보는 것처럼 $R_o{}'$과 R_D가 병렬로 합성된다.

$$R_o = (R_o{}' /\!/ R_D) = \boldsymbol{[R_S + r_o(1 + g_m R_S)] /\!/ R_D} \tag{4.83}$$

$$R_o = (R_o{}' /\!/ R_D) = [r_o + (1 + \mu)R_s] /\!/ R_D \tag{4.84}$$

참고 [그림 4-62(c)]에서 출력 드레인에서 들여다 보면 소스저항 R_S는 원래 크기의 $(1+\mu)$배 만큼 크게 보인다는 저항의 반사법칙에 따라 $R_o{}' = r_o + (1+\mu)R_S$로 쓸 수 있다. (여기서, μ는 전압 증폭도이다)

예제 4-24

[예제 4-23]의 소스 접지[CS] MOSFET 증폭기 회로에서 바이패스 콘덴서 C_S를 제거했을 때 전압이득은 어떻게 변화되는지 해석하고, R_i와 R_o를 구하여라.

풀이

C_S를 제거하면 R_S를 가진 소스 접지[CS] 증폭기가 되므로 유도식 식 (4.79)를 사용하여 전체 전압이득을 구한다.

$$A_v = - \frac{g_m R_D{}'}{1 + g_m R_S + \dfrac{1}{r_o}(R_S + R_D{}')} \cdot \frac{R_i}{R_{si} + R_i}$$

$$= - \frac{1.7 \times 3.7}{1 + (1.7 \times 0.2) + \dfrac{1}{274}(0.2 + 3.7)} \cdot \frac{2.35\text{M}}{0.1\text{k} + 2.35\text{M}} \cong -4.64$$

여기에서 $R_D{}' = (r_o /\!/ R_D /\!/ R_L) = (274\text{k} /\!/ 6\text{k} /\!/ 10\text{k}) \cong 3.7[\text{k}\Omega]$이다.

- 입력저항 : $R_i = R_G = (R_1 /\!/ R_2) = (4.7 /\!/ 4.7) = 2.35[\text{M}\Omega]$ (동일함)
- 전압이득 : $A_v = -4.64$ (−6.2보다 감소됨)
- 출력저항 : $R_o = [R_S + r_o(1 + g_m R_S)] /\!/ R_D = [0.2 + 274(1 + 1.7 \times 0.2)] /\!/ 6\text{k}$

  $= (367.36 /\!/ 6) \cong 5.9[\text{k}]$ (거의 비슷함)

예제 4-25

다음은 접합형 FET의 증폭기 회로이다. 바이패스 콘덴서 C_2 사용할 때의 전압이득과 C_2를 제거할 때 전압이득의 변화를 비교하여라(단, $I_{DSS} = 8[\text{mA}]$, $V_P = V_{GS(off)} = -4[\text{V}]$, $r_o(= r_d) = 25[\text{k}\Omega]$, $V_{GS} = -0.94[\text{V}]$이다).

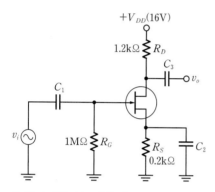

[그림 4-63] JFET 증폭기

풀이

(i) C_2를 사용하면 교류해석 시 단락^{short}되어 R_S가 없는 회로인 [CS]형 증폭회로가 된다.

- JFET 전달 컨덕턴스 : $g_m = \dfrac{2 I_{DSS}}{|V_P|}\left(1 - \dfrac{V_{GS}}{V_P}\right) = \dfrac{2 \times 8}{4}\left(1 - \dfrac{-0.94}{-4}\right) = 3.06[\text{m}\mho]$

- 전압이득 : $A_v = -g_m R_D{}' = -g_m(r_d /\!/ R_D) = -3.06 \cdot \dfrac{r_d \cdot R_D}{r_d + R_D} = -3.06 \times 1.14 = -3.48$

- 입력저항 : $R_i = R_G = 1[\text{M}\Omega]$

- 출력저항 : $R_o = (r_d /\!/ R_D) = \dfrac{25 \times 1.2}{25 + 1.2} = 1.14[\text{k}\Omega]$

(ii) C_2를 제거하면 R_S를 가진 [CS]형 증폭회로가 된다. 전압이득은 유도식 (4.74)와 식 (4.77) 혹은 식 (4.78)을 사용하여 계산할 수 있다.

- $A_v = -\dfrac{g_m R_D}{1 + g_m R_s} = -\dfrac{3.06 \times 1.2}{1 + 3.06 \times 0.2} = -2.28$ (r_d 무시)

- $A_v = -\dfrac{\mu R_D}{r_d + R_D + (1 + \mu) R_S} = -\dfrac{76.5 \times 1.2}{25 + 1.2 + (1 + 76.5)0.2} = -2.2$ (r_d 고려)

  여기서 $\mu = g_m r_d = g_m r_o = 3.06 \times 25 = 76.5$가 된다.

- 출력저항 R_o는 유도식 (4.83)이나 (4.84)를 이용하여 구한다.

$$R_o = [r_d + (1 + \mu)R_S] /\!/ R_D \cong R_D = 1.2[\mathrm{k}\Omega]$$

- 입력저항 $R_i = R_G = 1[\mathrm{M}\Omega]$이다.

결론적으로 R_S를 가진 [CS]형 증폭기는 전압이득이 감소한다는 것을 기억하기 바란다.

4.3.5 공통 드레인 증폭기의 신호 해석

드레인 접지[CD] 증폭기는 입력단자인 게이트에 인가된 입력신호가 출력단자인 소스로 따라 나오는 구조로서, **소스 폴로워**source follower라고도 부른다. BJT의 공통 컬렉터(이미터 폴로워)와 유사한 특성을 갖는다. 입·출력의 전압이 동상이므로 전압이득이 거의 1이 되는 **전압버퍼(완충 증폭기)**buffer로 사용되며, 그 필요조건인 입력저항은 매우 크고, 출력저항은 대단히 작은 구조를 갖고 있다. 따라서 **임피던스 매칭용**으로 쓰이거나 다단 증폭기의 출력단에 사용하여 전체 증폭기에 낮은 출력저항을 제공하기도 한다. 드레인 단자는 공통단자로서 접지시켜 사용한다.

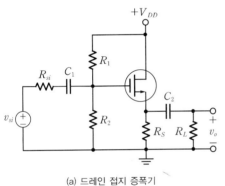

(a) 드레인 접지 증폭기

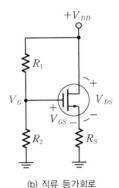

(b) 직류 등가회로

[그림 4-64] 드레인 접지(소스 폴로워) 증폭기

직류 바이어스 해석

[그림 4-64(a)]의 전체 회로에서 결합 콘덴서 C_1, C_2를 **제거**시켜 [그림 4-64(b)]의 직류 등가회로를 가지고 직류 바이어스(동작점) 해석과 소신호 모델의 회로정수(g_m, $r_o(=r_d)$, μ) 산출은 앞서 다룬 소스 접지[CS] 증폭기와 동일하므로 여기서는 설명을 생략하기로 한다.

교류 소신호 해석

[그림 4-64]의 전체 회로에서 결합 콘덴서 C_1, C_2는 **단락**short시키고, 직류전원 V_{DD}는 **접지**시키면 [그림 4-65(a)]의 교류 등가회로가 구성된다. 그 회로에 FET을 등가모델로 교체시키면 [그림

4-65(b)~(c)]의 소신호 교류 등가회로가 얻어진다. [그림 4-65(b)]에서 드레인 접지를 하단의 접지선에 붙여서 정리한 것이 [그림 4-65(c)]이다. [그림 4-65(d)]는 [그림 4-65(c)]의 출력측의 저항 r_o, R_S, R_L을 병렬로 합성시켜 $R_L{}'$로 표기한 회로이다. [그림 4-65(b)~(c)]를 이용하여 다음과 같이 소신호 해석을 한다.

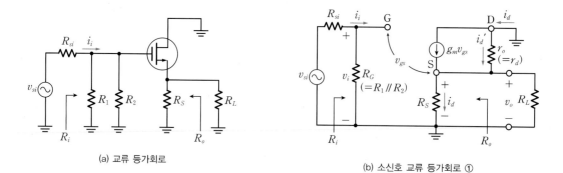

(a) 교류 등가회로

(b) 소신호 교류 등가회로 ①

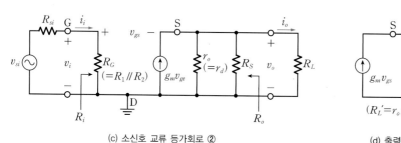

(c) 소신호 교류 등가회로 ②

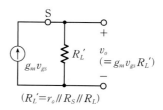

(d) 출력측 저항을 간소화한 회로

[그림 4-65] 교류 소신호 해석을 위한 회로

❶ 입력저항(R_i) : $R_i \equiv \dfrac{v_i}{i_i} = R_G = (R_1 \mathbin{/\mkern-5mu/} R_2)$ (4.85)

❷ 증폭기 자체 전압이득(A_{vg}) : $A_{vg} = \dfrac{v_o}{v_i} = \dfrac{v_o}{v_{gs} + v_o} = \dfrac{g_m v_{gs} R_L{}'}{v_{gs} + g_m v_{gs} R_L{}'} = \dfrac{g_m R_L{}'}{1 + g_m R_L{}'}$ (4.86)

[그림 4-65(b)]에서 게이트 입력측에서의 입력전압은 다음과 같다.

$$v_i = v_{gs} + v_o \tag{4.87}$$

[그림 4-65(d)]에서 소스 출력측에서의 출력전압은 다음과 같다.

$$v_o = g_m v_{gs} R_L{}' = g_m v_{gs} (r_o \mathbin{/\mkern-5mu/} R_S \mathbin{/\mkern-5mu/} R_L) \tag{4.88}$$

여기에서 부하저항 R_L이 없을 때는 $R_L{}' = (r_o \mathbin{/\mkern-5mu/} R_S)$이고, 부하저항 R_L을 연결한 경우는 $R_L{}' = (r_o \mathbin{/\mkern-5mu/} R_S \mathbin{/\mkern-5mu/} R_L)$을 사용하면 된다.

❸ 전체 전압이득(A_{vs}) : $A_{vs} \equiv \dfrac{v_o}{v_{si}} = \dfrac{v_o}{v_i} \cdot \dfrac{v_i}{v_{si}} = A_{vg} \cdot \dfrac{v_i}{v_{si}} = A_{vg} \cdot \left(\dfrac{R_i}{R_{si} + R_i} \right)$ (4.89)

여기에서 소스전원 v_{si}가 R_{si}와 증폭기 R_i로 전압분배가 되는데, 증폭기 R_i에 걸리는 성분이 v_i가 되므로 v_i는 다음과 같이 구해진다.

$$v_i = v_{si} \frac{R_i}{R_{si} + R_i}$$

$$\frac{v_i}{v_{si}} = \frac{R_i}{R_{si} + R_i}$$

이를 식 (4.89)에 대입하여 전체 전압이득 A_{vs}를 정리하면 다음과 같이 나타낼 수 있다.

$$A_{vs} = \frac{g_m R_L{}'}{1 + g_m R_L{}'} \cdot \left(\frac{R_i}{R_{si} + R_i} \right) = \frac{g_m (r_o \mathbin{/\mkern-5mu/} R_S \mathbin{/\mkern-5mu/} R_L)}{1 + g_m (r_o \mathbin{/\mkern-5mu/} R_S \mathbin{/\mkern-5mu/} R_L)} \cdot \left(\frac{R_i}{R_{si} + R_i} \right) \tag{4.90}$$

드레인 접지(소스 폴로워)는 전압이득이 1보다 조금 작은 값을 가지며, 입·출력 전압의 위상은 (−)가 없으므로 동위상임을 알 수 있다.

❹ **출력저항(R_o)** : [그림 4-65(b)]나 [그림 4-65(c)]에서 출력저항 R_o을 구할 때 입력 소스 전원을 $v_{si} = 0$으로 놓으면(단락) $v_i = 0$이 된다. 입력측에서 $v_i = v_{gs} + v_s (= v_0)$ 관계이므로 결국 $v_{gs} = -v_s = -v_o$가 된다. 전류원 $g_m v_{gs}$도 $-g_m v_s$ 또는 $-g_m v_o$로 바꿀 수 있다. [그림 4-65(c)]의 출력측에서 출력전류 i_o를 키르히호프의 전류법칙(KCL)으로 다음과 같이 나타낼 수 있다. 여기서 v_s는 R_S의 전압이다.

$$-i_o = (-g_m v_{gs}) + \frac{v_o}{r_o} + \frac{v_o}{R_S} = g_m v_o + \frac{v_o}{r_o} + \frac{v_o}{R_S} \quad (v_{gs} = -v_o \text{ 대입})$$

$$= \left(g_m + \frac{1}{r_o} + \frac{1}{R_S} \right) v_o$$

따라서 출력저항 R_o는 다음과 같다.

$$R_o \equiv \frac{v_o}{-i_o} = \frac{1}{g_m + \dfrac{1}{r_o} + \dfrac{1}{R_S}} = \frac{1}{g_m} \mathbin{/\mkern-5mu/} r_o \mathbin{/\mkern-5mu/} R_S \cong \frac{1}{g_m} \tag{4.91}$$

드레인 접지(소스 폴로워)는 출력저항이 $\dfrac{1}{g_m}$로서 매우 작다는 것을 알 수 있다.

예제 4-26

[그림 4-64(a)]에 제시된 드레인 접지(소스 폴로워) 증폭기 회로에서 각 소자의 값들과 MOSFET 정수가 다음과 같이 주어질 때 소신호 해석을 하여라(단, $R_1 = 1[\text{M}\Omega]$, $R_2 = 2[\text{M}\Omega]$, $R_S = 1[\text{k}\Omega]$, $R_L = 1[\text{k}\Omega]$, $R_{si} = 0.5[\text{k}\Omega]$, $V_{DD} = 15[\text{V}]$, MOSFET의 정수는 $\mu_n C_{ox} \dfrac{W}{L} = 2[\text{mA/V}^2]$, $V_{Tn} = 1.5[\text{V}]$, $V_A = 100[\text{V}]$이다).

풀이

(ⅰ) 주어진 전체 회로에서 C_1, C_2를 제거시킨 직류 등가회로에서 직류 바이어스(동작점) 해석을 한다.

- 게이트 직류전압 : $V_G = V_{DD} \dfrac{R_2}{R_1 + R_2} = 15 \dfrac{2}{1+2} = 10 [\text{V}]$
- 입력 바이어스 전압 : $V_{GS} = V_G - R_S I_D = 10 - 1 \times I_D = 10 - 1 \times 6.04 = 3.96 [\text{V}]$
- 드레인 출력전류 : $I_D = K(V_{GS} - V_{Tn})^2 = 1 \cdot (V_{GS} - 1.5)^2$

위의 V_{GS}를 I_D를 구하는 식에 대입하면 I_D에 관한 2차방정식이 된다.

$$I_D = (10 - I_D - 1.5)^2 = (8.5 - I_D)^2$$
$$I_D{}^2 - 18 I_D + 72.25 = 0$$

근의 공식으로 방정식을 풀면 $I_D = 6.04 [\text{mA}]$, $11.95 [\text{mA}]$가 구해지는데, $I_D = 11.95 [\text{mA}]$는 V_{GS} 값을 $(-)$로 만들게 되므로 부적절한 값이다. 따라서 $I_D = 6.04 [\text{mA}]$가 되며, 이를 사용해 V_{GS} 값을 구하면 $3.96 [\text{V}]$가 된다.

- 드레인 출력전압 : $V_{DS} = V_{DD} - R_S I_D = 15 - 1 \times 6.04 = 8.96 [\text{V}]$

(ⅱ) 소신호 등가모델의 회로정수를 산출한다.

- 전달 컨덕턴스 : $g_m = 2K(V_{GS} - V_{Tn}) = \dfrac{2 I_D}{V_{GS} - V_{Tn}} = 2\sqrt{K \cdot I_D} = 2 \times 1(3.96 - 1.5) = 4.92 [\text{m}\mho]$

  (여기에서 MOSFET 구조상수 $K = \dfrac{1}{2} \mu_n Cox \dfrac{W}{L} = \dfrac{1}{2} \times 2 = 1 [\text{mA/V}^2]$)

- 드레인 출력저항 : $r_o = r_d = \dfrac{V_A}{I_D} = \dfrac{100}{6.04 [\text{mA}]} = 16.56 [\text{k}\Omega]$
- 전압증폭 정수 : $\mu = g_m r_d = 4.92 \times 16.56 = 81.48$

(ⅲ) 본문에서 유도된 식을 사용하여 소신호 해석을 한다.
- 입력저항 : 식 (4.85) 참고

$$R_i = R_G = (R_1 /\!/ R_2) = \dfrac{R_1 \cdot R_2}{R_1 + R_2} = \dfrac{1 \times 2}{1+2} = 0.67 [\text{M}\Omega]$$

- 전체 전압이득 : 식 (4.90) 참고

$$A_v = \dfrac{g_m(r_o /\!/ R_S /\!/ R_L)}{1 + g_m(r_o /\!/ R_S /\!/ R_L)} \cdot \dfrac{R_i}{R_{si} + R_i} = \dfrac{4.92(16.56\text{k} /\!/ 1\text{k} /\!/ 1\text{k})}{1 + 4.92(16.56\text{k} /\!/ 1\text{k} /\!/ 1\text{k})} \cdot \dfrac{670\text{k}}{0.5\text{k} + 670\text{k}} \cong 0.705$$

- 출력저항 : 식 (4.91) 사용

$$R_o = \dfrac{1}{g_m} /\!/ r_o /\!/ R_S = \left(\dfrac{1}{4.92\text{m}\mho} /\!/ 16.56\text{k} /\!/ 1\text{k} \right) = (203.3 /\!/ 943) \cong 167.2 [\Omega]$$

4.3.6 공통 게이트 증폭기의 신호 해석

공통 게이트(게이트 접지)[CG] 증폭기는 입력단자인 소스에 인가되는 신호전류와 똑같은 크기와 위상을 가진 신호전류를 소스보다 훨씬 더 높은 임피던스를 갖는 출력단자의 드레인에 공급하는 **전류버퍼 (전류 폴로워)**로서 동작한다. 입·출력의 전압이 동상인 것을 제외하고는 공통 소스[CS]증폭기와 거의 같은 전압이득을 공급하되, 입력저항이 $\frac{1}{g_m}$ 정도로 훨씬 더 작다는 것을 기억해야 한다. 그리고 [CG]형 증폭기는 [CS]형 증폭기보다 대역폭이 훨씬 넓다는 장점이 있어서 복합적인 **캐스코드([CS]+[CG] 형태) 고주파 증폭기**로 응용되고 있다. 그리고 소스 폴로워[CD] 증폭기와는 상반된 특성을 보이는데, BJT의 [CB]와 유사하다.

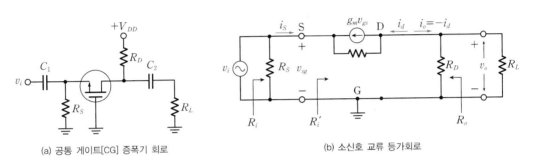

(a) 공통 게이트[CG] 증폭기 회로   (b) 소신호 교류 등가회로

[그림 4-66] 공통 게이트 증폭기와 소신호 등가회로

[그림 4-66(b)]의 소신호 교류 등가회로를 이용하여 소신호 해석을 한다. (직류 바이어스 해석은 다른 증폭기의 경우와 동일하므로 생략한다)

❶ **입력저항(R_i)** : [그림 4-66(b)]에서 입력전류 i_i인 소스전류(i_s)가 출력 드레인 전류 i_d와 거의 같으므로 $i_i = i_s = -g_m v_{gs}$이고, 입력전압 $v_i = v_{sg} = -v_{gs}$이므로 증폭기 자체만의 입력저항 $R_i{}'$은 다음과 같이 나타낼 수 있다.

$$R_i{}' \equiv \frac{v_i}{i_i} = \frac{v_{sg}}{-g_m v_{gs}} = \frac{-v_{gs}}{-g_m v_{gs}} = \frac{1}{g_m}$$

따라서 전체 입력저항은 다음과 같다.

$$R_i = \left(\frac{1}{g_m} \mathbin{/\mkern-5mu/} R_S \right) \cong \frac{1}{g_m} \tag{4.92}$$

[CG]형 증폭기의 입력저항은 $\frac{1}{g_m}$로 매우 작으며, 소스 폴로워[CD] 증폭기의 출력저항과 같다는 사실을 숙지하기 바란다.

❷ **증폭기 자체의 전압이득(A_v)** : [그림 4-66(b)]에서 v_o와 v_i를 유도해서 구한다. 해당 그림에서 내부 출력저항 $r_o(r_o \to \infty)$와 부하저항 R_L을 무시할 경우 v_o와 v_i는 다음과 같다.

- 출력전압 : $v_o = (-g_m v_{gs}) \cdot R_D = -g_m v_{gs} R_D$

- 입력전압 : $v_i = v_{sg} = -v_{gs}$

- 증폭기 자체의 전압이득 : $A_v = \dfrac{v_o}{v_i} = \dfrac{-g_m v_{gs} R_D}{-v_{gs}} = \boldsymbol{g_m R_D}$ (동위상임)   (4.93)

그리고 내부 출력저항 r_o, 부하 R_L을 고려할 경우, 병렬로 합성된 $R_D{}' = r_o /\!/ R_D /\!/ R_L$을 사용한다.

- 출력전압 : $v_o = (-g_m v_{gs}) \cdot R_D{}' = -g_m v_{gs} (r_o /\!/ R_D /\!/ R_L)$

- 증폭기 자체의 전압이득 : $A_v = \dfrac{-g_m v_{gs} R_D{}'}{-v_{gs}} = g_m R_D{}' = \boldsymbol{g_m (r_o /\!/ R_D /\!/ R_L)}$ (4.94)

❸ **전체 전압이득**$(\boldsymbol{A_{vs}})$: 입력 소스저항 R_{si}가 존재할 경우에는 전압분배를 적용한다. 입력 소스 전원 v_{si}를 인가할 때 소스저항 R_{si}에서 전압강하를 고려할 경우는 증폭기 R_i쪽과 R_{si}중 R_i쪽의 전압분배 비율을 $\dfrac{v_i}{v_{si}}$에 곱하여 계산한다.

$$A_{vs} = \frac{v_o}{v_{si}} = \frac{v_o}{v_i} \cdot \frac{v_i}{v_{si}} = A_v \cdot \frac{R_i}{R_{si} + R_i} = g_m (r_o /\!/ R_D /\!/ R_L) \cdot \frac{1}{1 + (g_m \cdot R_{si})} \quad (4.95)$$

즉 증폭기 R_i쪽으로 인가되는 전압 v_i는 소스 전원 v_{si}에 전압분배 비율을 곱해서 구해진다.

$$v_i = \frac{R_i}{R_{si} + R_i} v_{si} = \frac{\dfrac{1}{g_m}}{R_{si} + \dfrac{1}{g_m}} v_{si} = \frac{1}{1 + g_m R_{si}} v_{si}$$

따라서 $\dfrac{v_i}{v_{si}} = \dfrac{1}{1 + g_m R_{si}}$을 위 식 (4.95)에 사용한다.

❹ **출력저항**$(\boldsymbol{R_o})$: [그림 4-66(b)]에서 드레인에서 입력측을 들여다보는 출력저항 R_o를 계산할 때는 입력전원 $v_i = 0$으로 놓고 구한다. $v_i = 0$이면 $v_i = v_{sg} = -v_{gs} = 0$이므로 $g_m v_{gs} = 0$에서 R_o를 구한다.

$$R_o = r_o /\!/ R_D \cong R_D \quad\quad (4.96)$$

❺ **전류이득**$(\boldsymbol{A_i})$: 게이트 접지[CG] 증폭기는 입력 소스전류(i_s)가 출력 드레인 전류(i_d)가 되므로 **전류이득 $\boldsymbol{A_i}$는 거의 1에 가까운** 특징을 가지므로 전류버퍼로 응용되는데, 드레인 접지 증폭기의 전압이득이 1인 전압버퍼와 대조적이다. 만일 입력 소스저항 R_{si}와 부하저항 R_L이 사용될 때는 2회의 전류분배 비율을 적용하면 최종 부하저항 R_L에 공급되는 전류이득 A_{iL}을 구할 수 있다.

$$A_{iL} = A_i \cdot \left(\frac{g_m R_{si}}{1 + g_m \cdot R_{si}} \right) \cdot \left(\frac{R_D}{R_D + R_L} \right) \quad (4.97)$$

여기서 $\dfrac{R_{si}}{R_{si} + R_i} = \dfrac{g_m R_{si}}{1 + g_m \cdot R_{si}}$이다. R_i에는 $\dfrac{1}{g_m}$을 대입한다.

예제 4-27

[그림 4-66]의 MOSFET 게이트 접지 증폭기 회로에서 신호 해석을 하여라(단, $R_S = 1[\text{M}\Omega]$, $R_D = 15[\text{k}\Omega]$, $R_L = 10[\text{k}\Omega]$, $V_{GS} = 2.5[\text{V}]$, MOSFET 정수 $\left(\mu_n C_{ox}\dfrac{W}{L}\right) = 2[\text{mA/V}^2]$, $V_{Th} = 1.5[\text{V}]$, $V_A = \infty$ 이다).

풀이

직류 바이어스 값 $V_{GS} = 2.5[\text{V}]$를 제시하고 있으므로 소신호 해석이 가능하다.

- 전달 컨덕턴스 : $g_m = 2K(V_{GS} - V_{Th}) = 2 \times 1(2.5 - 1.5) = 2[\text{m}\mho]$

  (이때 구조상수 $K = \dfrac{1}{2}\mu_n Cox\dfrac{W}{L} = \dfrac{1}{2} \times 2 = 1[\text{mA/V}^2]$이다)

- 드레인 출력저항 : $r_o = r_d = \dfrac{V_A}{I_D} = \dfrac{\infty}{I_D} = \infty$ (r_o는 무시함)

- 입력저항 : $R_i = \left(\dfrac{1}{g_m} /\!/ R_S\right) = \left(\dfrac{1}{2 \times 10^{-3}} /\!/ 10^6\right) \cong 500[\Omega]$

- 전압이득 : $A_v = g_m R_D{}' = g_m(R_D /\!/ R_L) = 2 \cdot (15\text{k} /\!/ 10\text{k}) = 12$

- 출력저항 : $R_o \cong R_D = 15[\text{k}\Omega]$

- 전류이득 : $A_{iL} = A_i \cdot \dfrac{R_D}{R_D + R_L} \cong 1 \cdot \dfrac{15}{15 + 10} = 0.6$

예제 4-28

[그림 4-67]은 JFET의 게이트 접지[CG] 증폭기이다. 소신호 해석을 하여라(단, $I_{DSS} = 10[\text{mA}]$, $V_P = V_{G(off)} = -6[\text{V}]$, $V_{GS} = -3[\text{V}]$이다).

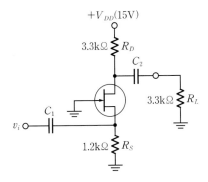

[그림 4-67] 게이트 접지 증폭기

풀이

- 전달 컨덕턴스 : $g_m = \dfrac{2I_{DSS}}{|V_P|}\left(1 - \dfrac{V_{GS}}{V_P}\right) = \dfrac{2 \times 10}{6}\left(1 - \dfrac{-3}{-6}\right) = 1.67[\text{m}\mho]$

- 입력저항 : $R_i = \left(\dfrac{1}{g_m} /\!/ R_s\right) = \dfrac{1}{1.67 \times 10^{-3}} /\!/ 1200 \cong 400[\Omega]$

- 전압이득 : $A_v = g_m R_D{}' = g_m(R_D /\!/ R_L) = 1.67 \cdot \dfrac{R_D \cdot R_L}{R_D + R_L} = 1.67 \times 1.65 = 2.76$

- 출력저항 : $R_o \cong R_D = 3.3[\text{k}\Omega]$

- 전류이득 : $A_{iL} = A_i \cdot \dfrac{R_D}{R_D + R_L} \cong 1 \cdot \dfrac{3.3}{3.3 + 3.3} = 0.5$

4.3.7 능동부하 및 CMOS 증폭기

IC MOS 증폭기는 저항대신에 MOS 트랜지스터를 부하소자로 사용하는 특징을 갖는다. 저항보다 훨씬 적은 면적을 차지하는 MOSFET를 능동부하로 사용하고, IC 내의 바이어스는 전류거울 current mirror 등의 정전류원을 주로 이용한다. 유용한 능동부하로서, 전류원의 능동부하, 다이오드 연결 능동부하, 캐스코드 단의 전류원 부하와 CMOS 캐스코드 증폭기를 학습한다.

❶ **전류원의 능동부하** : 포화상태의 MOSFET 전류원을 드레인 부하로 사용한다. [그림 4-68(a)]와 같이 NMOS는 한쪽단자가 접지된 전류원, PMOS는 [그림 4-68(b)]와 같이 V_{DD}에서 흘러내리는 전류원으로 사용할 수 있으며, 내부의 큰 소신호 출력저항 r_o(이상적 전류원 : $r_o \to \infty$)을 능동부하저항으로 사용할 수 있다.

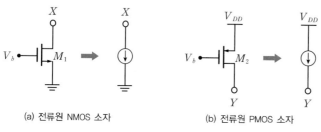

(a) 전류원 NMOS 소자   (b) 전류원 PMOS 소자

[그림 4-68] 전류원의 능동부하

[그림 4-69]에서 정전류원 부하를 사용한 [CS] 증폭기의 회로 해석을 해보자.

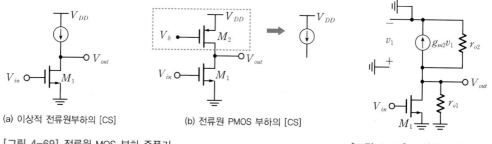

(a) 이상적 전류원부하의 [CS]   (b) 전류원 PMOS 부하의 [CS]

[그림 4-69] 전류원 MOS 부하 증폭기   **[그림 4-70]** 소신호 모델

- [그림 4-69(a)] : 이상적인 전류원의 ∞인 소신호 출력저항 r_o 값을 부하로 사용하는 [CS]증폭기 이므로, 전압이득 $A_v = -g_m \cdot r_o$에 $g_m = \sqrt{2\mu_n \cdot C_{ox}(W/L)I_D}$와 $r_o = (\lambda I_D)^{-1}$을 대입하여 구한다.

- [그림 4-69(b)] : M_2 PMOS 전류원 부하를 사용한 M_1 NMOS의 공통 소스 [CS]증폭기이므로, [그림 4-70]에서 $V_1 = 0$이고, $g_{m2}V_1 = 0$을 적용하면 M_1의 드레인 노드는 r_{o1}, r_{o2}를 모두 교류접지로 볼 수 있어, 서로 병렬접속되는 출력저항 R_o와 전압이득 A_v를 구할 수 있다.

$$A_v = -g_{m1} \cdot (r_{o1} \parallel r_{o2}) \tag{4.98}$$

$$R_o = r_{o1} \parallel r_{o2} \tag{4.99}$$

❹ MOS 캐스코드 전류원의 능동부~

[CS+CG] 구조인 MOS 캐스코~

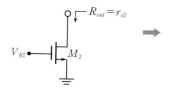

(a) NMOS 캐스코~

[그림 4-74] NMOS 및 PMOS 캐스코~

[그림 4-74(a)]에서 단독 M_2 [C~

던스를 M_1의 고유이득($\mu = g_{m1}$

다. 관련된 회로의 해석은 [예제~

예제 4-29

포화상태에서 동작하는 동일 특성의 M~

있다. 출력 임피던스가 어떻게 향상되~

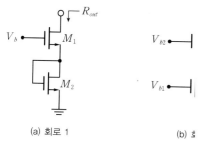

(a) 회로 1   (b) 회~

[그림 4-75] 축퇴된 [CS]단 회로

풀이

• [그림 4-75(a)]에서 M_2는 다이오드 ~

고 M_1은 이 저항(R_s로 간주)에 의해 ~

저항은 다음과 같다.

$$R_{out1} = (1+\mu_1) \cdot \frac{1}{g_{m2}} + r_c$$

• [그림 7-75(b)]에서 M_2는 V_{GS2}가 고~

$(1+\mu_1)$배 크게 보이므로 출력저항은~

$$R_{out2} = (1+\mu_1) \cdot r_{o2} + r_{o1} = $$

$$\cong g_{m1} \cdot r_{o1} \cdot r_{o2} \gg 2r_o$$

❷ 다이오드 연결 능동부하 : 다이오드가 연결된 MOSFET를 드레인 부하로 사용한다. 먼저 [그림 4-71(a)]에서와 같이 MOSFET의 드레인과 게이트를 단락시키면 BJT와 마찬가지로 '**다이오드 연결된 소자**'라고 부르는 2단자 소자를 [그림 4-71(b),(c)]를 이용하여 등가 소신호 저항 R_X, R_Y를 식 (4.100), 식 (4.101)과 같이 구할 수 있다.

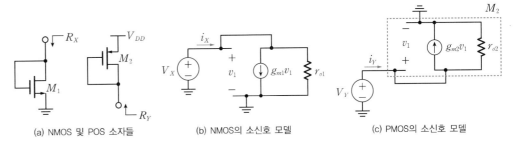

(a) NMOS 및 POS 소자들   (b) NMOS의 소신호 모델   (c) PMOS의 소신호 모델

[그림 4-71] 다이오드 연결 능동부하

[그림 4-71(b)]의 NMOS에서 R_X를 나타내면 다음과 같다.

$$R_X = V_x/i_X = V_x/(g_{m1} \cdot V_x + V_x/r_{o1}) \cdot 1/i_x = 1/g_{m1} \parallel r_{o1} \qquad (4.100)$$

[그림 4-71(c)]의 PMOS에서 R_Y를 나타내면 다음과 같다.

$$R_Y = V_Y/i_Y = V_Y(g_{m2} \cdot V_Y + V_Y/r_{o2}) \cdot 1/i_y = 1/g_{m2} \parallel r_{o2} \qquad (4.101)$$

위 식 모두 변조길이 효과가 없는 경우($\lambda = 0$)는 소신호 저항은 $\dfrac{1}{g_m}$이 된다.

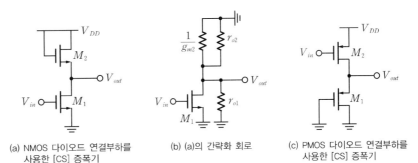

(a) NMOS 다이오드 연결부하를   (b) (a)의 간략화 회로   (c) PMOS 다이오드 연결부하를
사용한 [CS] 증폭기   사용한 [CS] 증폭기

[그림 4-72] 다이오드 연결 MOS 부하 증폭기

• [그림 4-72(a)] : M_2는 다이오드 연결 능동부하로서 소신호 등가저항은 $1/g_{m2} \parallel r_{o2}$ ($\lambda = 0$일 때 r_{o2}는 ∞로 무시하여 $\dfrac{1}{g_{m2}}$)으로, M_1은 [CS] 증폭소자로 동작한다.

• [그림 4-72(b)] : 드레인에서 내다보는 출력저항 R_o은 3개의 내부 소신호 저항들이 드레인과 접지 간에 병렬접속임을 쉽게 인식할 수 있고, 전압이득 A_v와 출력저항 R_o를 다음과 같이 구할 수 있다.

$$A_v = -g_{m1} \cdot (1/g_{m2} \parallel r_{o2} \parallel r_{o1}) \qquad (4.102)$$

$$R_o = 1/g_{m2} \parallel r_{o2} \parallel r_{o1} \qquad (4.103)$$

- [그림 4-72(c)] : M_1이 ㄷ

$$A_v$$

❸ **능동 축퇴저항** : MOSFET 소
던스, 선형성 등 특성변화(향
음)저항 R_E를 연결하여 사용

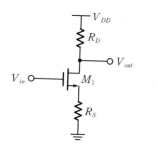

(a) Rs로 소스 축퇴된 [CS]　(b)

[그림 4-73] MOS 축퇴저항 증폭기

- [그림 4-73(a)] : 축퇴저항 R
음과 같다.

$$A_v = -$$

$$R_o = (1 + g_m$$

전체 출력저항은 $R_o' = R_o \parallel$
$= (1 + \mu)$배 크게 나타나(저

- [그림 4-73(b)] : 다이오드 연결
로 R_s를 $1/g_{m2}$로 대치하면,

$$R_o = ($$

BJT와 유사하게, 소스가 축퇴된
기나 더 이상적인 전류원을 만들

전류원 [CS] 위에 [CG] MOS를 쌓으면(캐스코드하면)출력임피던스를 캐스코드단 [CG]의 고유이득 $\mu(= g_{m1} \cdot r_{o1})$배 만큼 곱해져 증가($R_o \cong g_{m1}r_{o1} \cdot r_{o2}$)시킨다. 간략화한 등가회로를 나타내면 다음과 같다.

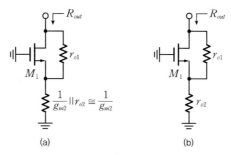

(a)　　　　　(b)

[그림 4-76] 간략화한 등가회로

예제 4-30

[그림 4-77(a)]의 MOS 증폭기에서 전압이득 A_v와 출력저항 R_{out}을 구하고, 그림 (b)의 간략화한 소신호 등가회로를 설명하여라.

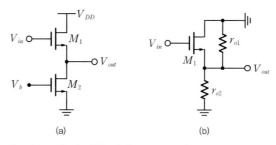

(a)　　　　　(b)

[그림 4-77] 전류원을 가진 MOS 증폭기

풀이

M_2는 V_{GS}가 고정되며, 전류원으로 동작하므로, [그림 4-77(b)]와 같이 소신호 출력 부하저항 $R_L = r_{o2}$로 대체하고, M_1은 소스 폴로워 증폭기로, 소신호 입력저항 $1/g_{m1}$과 소스합성 출력저항인 $r_{o1} \parallel r_{o2}$으로 전압분배시켜 출력전압 V_{out}를 구한다. V_{in}을 교류접지하여 소스에서 회로내부를 바라보는, 출력저항 R_{out}은 다음과 같다.

- $A_v = \dfrac{V_{out}}{V_{in}} = \dfrac{r_{o1} \parallel r_{o2}}{\dfrac{1}{g_{m1}} + (r_{o1} \parallel r_{o2})} = \dfrac{g_{m1} \cdot (r_{o1} \parallel r_{o2})}{(1 + g_{m1} \cdot (r_{o1} \parallel r_{o2}))} \simeq 1 \quad (g_{m1} \cdot (r_{o1} \parallel r_{o2}) \gg 1)$

- $R_{out} = (1/g_{m1}) \parallel r_{o1} \parallel r_{o2} \cong \dfrac{1}{g_{m1}}$

다양한 유형의 능동부하를 갖는 여러 CMOS 증폭기의 회로 해석은 [연습문제]를 통하여 넓게 학습하도록 한다.

4.3.8 고주파 밀러의 용량 해석

고주파수의 교류신호가 입력될 때는 FET의 각 접합부에 존재하는 **분포(기생) 정전용량**이 존재하므로, 고주파에서는 이득이 감소하며 주파수 특성에도 영향을 주게 된다. 특히 입력과 출력단자 사이에 존재하는 C_{gd}의 영향은 **밀러**Miller **효과**에 의해 증폭기 이득의 배수로 크게 증대되어 고주파 영역에서 C_{gd}에 의한 임피던스가 부하 임피던스로 작용하게 되므로 고역에서 이득이 감소된다.

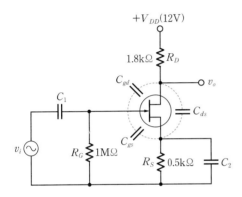

[그림 4-78] 밀러의 용량 계산

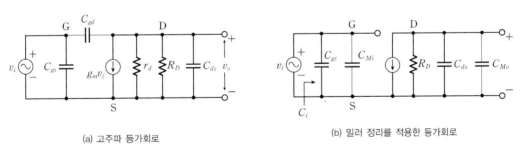

(a) 고주파 등가회로   (b) 밀러 정리를 적용한 등가회로

[그림 4-79] 고주파 밀러의 용량 해석

각 전극 간의 분포용량 C_{gd}, C_{gs}, C_{ds}가 존재하는데, 이 중에서도 입·출력 간의 C_{gd} 영향이 크며, 밀러 정리를 적용하면 입력측과 출력측에 각각 C_{Mi}**와** C_{Mo}가 병렬로 나타난다. 밀러의 등가 입·출력 커패시턴스는 다음과 같다.

$$C_{Mi} = (1 - A_v)C_{gd}, \quad C_{Mo} = \left(1 - \frac{1}{A_v}\right)C_{gd} \tag{4.110}$$

전체 **입력용량**은 다음과 같다.

$$C_i = C_{gs} + C_{Mi} = C_{gs} + (1 - A_v)C_{gd} = \boldsymbol{C_{gs} + (1 + g_m R_D{}')C_{gd}} \tag{4.111}$$

고주파 회로 해석은 5장에서 다루기로 한다.

예제 4-31

(a) [그림 4-78]의 회로에서 $C_{gd} = 3[\text{pF}]$, $C_{gs} = 4[\text{pF}]$, $C_{ds} = 2[\text{pF}]$, $I_{DSS} = 12[\text{mA}]$, $V_P = -4[\text{V}]$, $V_{GS} = -1.8[\text{V}]$인 경우, 고주파 해석 시 필요한 밀러의 용량 C_{Mi}와 전체 입력용량을 구하여라.

(b) 다음 C_{gd}, C_{gs}, C_{ds}, C_1, C_2 중 고주파 이득을 증가(개선)시키는 것은 무엇인가?

풀이

(a) • 전달 컨덕턴스 : $g_m = \dfrac{2I_{DSS}}{V_P}\left(1 - \dfrac{V_{GS}}{V_P}\right) = \dfrac{2 \times 12}{4}\left(1 - \dfrac{-1.8}{-4}\right) = 3.3[\text{ms}]$

  • 전압이득 : $A_v = -g_m \cdot R_D = -(3.3\text{ms}) \times (1.8\text{k}) = -5.94$

  • 밀러의 용량 : $C_{Mi} = (1 - A_v)C_{gd} = (1 + 5.94) \times 3[\text{pF}] = 20.82[\text{pF}]$

  • 전체 입력용량 : $C_i = C_{gs} + C_{Mi} = 4 + 20.82 = 24.82[\text{pF}]$

(b) C_2 (고주파 단락용임)

01 BJT와 MOSFET의 설명에 대하여 옳지 <u>않은</u> 것은?

㉮ BJT는 베이스 전류에 의해서 구동되며, MOSFET는 게이트 전압에 의해서 구동된다.

㉯ BJT는 한 종류의 캐리어에 의해서 전류가 흐르며, MOSFET는 전자와 정공의 두 종류 캐리어에 의해서 전류가 흐른다.

㉰ BJT는 MOSFET에 비하여 전력소모가 크며, 고속 동작에 주로 이용된다.

㉱ MOSFET는 BJT에 비하여 집적회로에서 차지하는 공간이 작아서, 능동부하 등을 사용하여 디지털 초고집적회로(VLSI)에 유리하다.

㉲ BJT 컬렉터–이미터 전압크기가 증가함에 따라 실효 베이스 폭이 감소하고, 컬렉터 전류가 증가하는 것이 얼리효과이다.

㉳ MOSFET의 드레인 전압을 계속 증가시키면 드레인 공핍영역이 소스 공핍영역과 닿는 것이 펀치–스루 현상이며, 이때 드레인 전류는 거의 0이 된다.

> **해설**
> MOSFET은 한 종류의 다수 캐리어의 드래프트 전류만 흐르는 UJT인 것이 BJT와 다르며, 소스와 드레인의 공핍층이 서로 붙는 펀치–스루 현상에서는 급격한 드레인 전류가 채널이 아닌 공핍층(기판)으로 흘러 제어가 불가능한 항복현상이다.　　　　　㉯, ㉳

02 MOSFET에 대한 설명으로 옳지 <u>않은</u> 것은?

㉮ 금속–산화물–반도체 구조로 게이트부가 절연되어 있어 게이트 전류는 극히 작게 흐른다.

㉯ 증가모드 NMOSFET는 게이트에 (+)전압을 인가하여 소스와 드레인 사이 전류를 증가시킨다.

㉰ 공핍모드 NMOSFET는 게이트에 (−)전압을 인가하여 소스와 드레인 사이에 흐르는 전류를 차단하므로 JFET와 유사하게 동작된다.

㉱ 증가영역과 공핍영역에서는 같은 드레인 전류 I_D 방정식이 적용된다.

㉲ MOSFET 게이트는 PN 접합구조가 아니라는 면에서 JFET와 다르다.

㉳ MOSFET는 공핍 또는 증가모드에서 동작할 수 있고, 입력임피던스는 일반적으로 JFET보다 충분히 낮다.

> **해설**
> MOSFET는 PN 접합구조가 아니며, 입력 임피던스는 JFET보다 충분히 높다.　　　　　㉳

03 접합형 FET(JFET)과 MOS형 FET(MOSFET)에 대한 설명으로 잘못된 항목을 2개 구하여라.

㉮ 입력 임피던스는 MOS형이 더 크다.

㉯ JFET은 게이트 접합에 역바이어스를 걸어서 감소형 모드에서 사용하며, $V_{GS}=0[\text{V}]$에서는 전류가 0이다.

㉰ MOSFET은 정(+)의 게이트–소스 간의 전압이 가해지면 증가형 모드, 부(−) 전압이 가해지면 감소형 모드에서 동작한다.

㉱ 공핍형 MOSFET은 게이트 전압이 0[V]일 때도 채널이 존재한다.

㉲ MOS형에서 게이트 전압이 임계전압 이상으로 커지면 채널이 형성되기 시작하여 점차 채널 폭은 감소한다.

㉳ 스위칭 속도는 MOS형 중에 CMOS가 가장 빠르다.

> **해설**
> MOS형은 접합형과 달리, 역(−), 순(+) 바이어스를 쓸 수 있으며, $V_{GS}=0$일 때는 I_{DSS} 전류가 흐르며, 공핍형 MOS는 제로 바이어스 동작점을 주로 사용한다. 또한 $V_G > V_{Th}$ 에서 유도채널이 형성되어 채널 폭 및 전류가 증대된다. 저속, 저소비 전력인 CMOS는 PMOS나 NMOS보다 고속 특성을 갖는다.　　㉯, ㉲

04 FET에 대한 설명으로 <u>틀린</u> 것은?

㉮ 전압 제어형 트랜지스터이다.

㉯ 다수 캐리어 전류에 의해 동작하는 단극성 소자이다.

㉰ BJT보다 잡음 특성이 양호하다.

㉱ BJT보다 온도변화(열특성)에 대한 동작이 안정하다.

㉲ BJT보다 이득과 대역폭의 곱[G·B]이 크다.

> **해설**
>
> FET은 다수 캐리어에 의존하는 단극성, 전압 제어소자로서 잡음, 온도, 방사능에 강하다.
> [G·B] 값이 작아 고주파 특성이 BJT보다 열세 특성이다. ㉲

05 BJT에 대한 FET의 특징 중 <u>잘못된</u> 것은? (2개)

㉮ 입력 임피던스가 BJT보다 크다.　　　㉯ 입력 게이트 전류로 드레인 출력전류를 제어한다.

㉰ BJT보다 잡음이 적고 온도에 강하다.　㉱ BJT보다 동작속도가 고속이다.

㉲ 오프셋 전압이 없으므로 좋은 쵸퍼로 사용할 수 있다.

> **해설**
>
> FET은 게이트 전압으로 출력전류를 제어하는 전압 제어소자 구조이며, 게이트 입력전류는 0이므로 입력저항이 매우 크다. 저속이고 [G·B] 값이 작다는 단점이 있다. 오프셋이 0이므로 확실히 off된다. 즉 스위칭 기능이 좋아 쵸퍼로 사용된다. ㉯, ㉱

06 다음 MOSFET가 포화 영역에서 동작할 때, 이에 대한 설명으로 옳지 <u>않은</u> 것은?

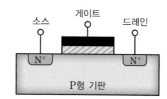

㉮ $V_{GS} \geq 0[V]$에서, 유도성 n채널이 만들어지는 증가형 NMOS 트랜지스터이다.

㉯ 게이트와 p-Substrate 사이에는 전류가 흐르지 못하도록 SiO_2가 존재한다.

㉰ 선형 및 포화 영역 동작은 전류 반송자인 전자의 드리프트 현상에 의한다.

㉱ 게이트와 드레인은 소스보다 높은 전위를 가진다.

㉲ 전자가 드레인에서 소스로 흘러 전류가 발생한다.

㉳ p-Substrate를 $+V_{DD}$에 연결해서 바디(몸체, 기판)효과를 방지하게 된다.

㉴ $V_{DS} < V_{GS} - V_{Tn}$일 때 포화 영역에서 동작한다.

㉵ CMOS 집적회로에 사용되는 소자이다.

> **해설**
>
> ㉮ $V_{GS} \geq V_{Tn}$일 때 유도성 채널이 복구되는 증가형 NMOSFET이다.
>
> ㉲ 전류는 드레인에서 소스로 흐르므로, N채널 전자들은 소스에서 드레인으로 이동한다.
>
> ㉳ MOSFET에서 기판의 존재를 완전히 무시하기 위해 P형기 판에 부(-) 전압을 인가하는데, 동시에 바디효과도 나타난다.
>
> ㉴ $V_{DS} \geq V_{GS} - V_{Tn}$일 때 포화 영역에서 동작한다. ㉮, ㉲, ㉳, ㉴

07 N형 MOSFET에 대한 설명으로 옳은 것은?

㉮ 게이트 산화막 두께가 얇아질수록 트랜지스터의 전류는 증가한다.

㉯ 드레인－소스 전압에 따라 전류의 크기가 변하는 현상을 몸체효과라고 한다.

㉰ 채널 길이가 짧아짐에 따라 채널길이 변조 현상은 줄어든다.

㉱ 게이트－소스 전압이 문턱 전압보다 크고 게이트－드레인 전압이 문턱 전압보다 작을 때 트랜지스터는 선형linear, 트라이오드 영역에서 동작한다.

> **해설**
>
> 게이트 산화막 두께가 좁을수록 전계효과가 강해져, 채널 전류가 증가하고, V_{DS}에 따라 I_D가 변하는 채널 길이 변조효과는 채널길이에 반비례하며, 선형모드는 $V_{DS} < V_{GS} - V_{Tn}$ 이다.　　　　　㉮

08 증가형 n－채널 MOSFET의 문턱전압에 대한 설명 중 옳지 <u>않은</u> 것은?

㉮ 기판의 도핑 농도가 클수록 문턱전압은 증가한다.

㉯ 채널 폭이 좁아질수록 문턱전압은 감소한다.

㉰ 채널 길이가 짧아질수록 문턱전압은 감소한다.

㉱ 드레인－소스 전압이 증가할수록 문턱전압은 감소한다.

㉲ 유전율이 높은 게이트의 산화막의 두께를 줄이면 드레인 전류가 커진다.

> **해설**
>
> 문턱전압은 채널의 도핑 농도가 크고, 채널 폭이 넓고, 길이가 짧아질수록 감소한다.　　　　　㉯

09 CMOS를 이용한 논리회로 설계에 대한 다음 설명 중 옳지 <u>않은</u> 것은?

㉮ 풀업 네트워크는 출력을 high로 만드는 역할을 하며 PMOS 트랜지스터로 구성된다.

㉯ 풀다운 네트워크는 출력을 low로 만드는 역할을 하며 NMOS 트랜지스터로 구성된다.

㉰ 정적static 전력소비는 이상적으로 없지만 동적dynamic 전력소비는 공급전압의 제곱에 비례하여 증가한다.

㉱ 전파지연은 저레벨에서 고레벨로의 전파지연과 고레벨에서 저레벨로의 전파지연 중 큰 값으로 정한다.

㉲ 회로 성능의 대칭성을 위해 NMOS와 PMOS의 채널길이 L과 넓이 W도 동일하게 사용한다.

> **해설**
>
> 전파지연은 상승/하강구간에서 입력과 출력파형의 50[%]가 되는 두 점 간의 시간의 평균으로 정의한다. PMOS의 캐리어 이동도가 NMOS보다 작으므로, 채널길이를 동일하게 할 경우에는 PMOS의 넓이를 약 2배 정도로 크게 사용해야 동일한 스위치 특성 등 대칭성능을 갖는다.　　　　　㉱, ㉲

10 MOSFET 증폭기 특성에 대한 설명으로 옳지 <u>않은</u> 것은?

㉮ 공통 소스 [CS] 증폭기는 1 이상의 전압이득과 높은 입력저항 특성을 가지며, 전압 증폭기로 이용된다.

㉯ 공통 소스 [CS] 증폭기에서 소스저항의 추가는 동작점의 안정을 주는 반면, 전압이득은 줄어든다.

㉰ 공통 게이트 [CG] 증폭기는 높은 입력저항으로 인해 단위이득 전류 증폭기나 전류 폴로워로 이용될 수 있다.

㉱ 공통 드레인 [CD] 증폭기는 높은 입력저항과 낮은 출력저항 특성을 가지며, 전압 완충기나 다단 증폭기의 출력단으로 이용된다.

㉲ 동일한 바이어스에서 소신호 입력저항은 소스 폴로워가, 소신호 출력저항은 [CG] 증폭기가 가장 작다.

㉳ 전류버퍼는 [CG] 증폭기, 전압버퍼는 [CD] 증폭기가 적합하다.

[CG]는 $A_i \cong 1$로서 전류버퍼로 적합하며, $R_i =$최소, $R_o =$최대이다. 소스 폴로워 [CD]형 증폭기는 $A_v \cong 1$로서 전압버퍼로 적합하며, [CG]와 상반된 특성을 갖는다.   ⑭, ⑯

11 FET의 3정수에 대한 설명 중 옳지 <u>않은</u> 것은?

[주관식] FET 증폭기에서 [G·B] 값을 크게 하는 방법은?

㉮ 온도가 높아지면 드레인 저항 r_d는 증가한다.

㉯ 온도가 높아지면 상호 컨덕턴스 g_m은 증가한다.

㉰ 증폭정수 μ는 온도변화에 관계없이 일정하다.

㉱ 게이트 전압이 드레인 전압 쪽으로 증가할수록 g_m은 증가한다.

FET은 온도(열)에 강해 열폭주 현상이 없으므로 온도상승 시에 r_d는 커지고, g_m은 줄어들어 캐리어 이동도가 감소한다.   ㉯

[주관식] FET의 전압이득 $A_v \cong -g_m R_L$이므로 g_m 증가 시에 [G·B]가 크게 개선된다.

12 드레인 전압 $V_{DS} = 30$[V]인 JFET에서 게이트 전압 V_{GS}를 0.5[V] 변화시킬 때 드레인 전류 I_D가 2[mA] 변화했다. $\mu = 100$일 때 이 FET의 g_m을 구하여라. [주관식] 드레인 저항 r_d는 (   )[kΩ]이다.

㉮ 0.5[ms]   ㉯ 1[ms]   ㉰ 4[ms]   ㉱ 6[ms]

FET의 3정수는 동작점에서 산출되며, $g_m \equiv \dfrac{\Delta I_D}{\Delta V_{GS}} = \dfrac{2[\text{mA}]}{0.5[\text{V}]} = 4[\text{ms}]$이다.   ㉰

[주관식] $\mu = g_m \cdot r_d$에서 $r_d = \dfrac{\mu}{g_m} = 25[\text{k}\Omega]$

13 N채널 JFET 증폭회로에서 $I_{DSS} = 5$[mA], 핀치오프 전압 $V_P = -2.5$[V], $V_{GS} = -0.5$[V]일 때, 드레인 전류 I_D를 구하여라.

㉮ 1.5[mA]   ㉯ 3.2[mA]   ㉰ 4.0[mA]   ㉱ 5.0[mA]

$I_D = I_{DSS}\left(1 - \dfrac{V_{GS}}{V_P}\right)^2 = 5\left(1 - \dfrac{-0.5}{-2.5}\right)^2 = 3.2[\text{mA}]$ ㉯

14 n채널 증가형 MOSFET에서 드레인에 흐르는 전류를 I_D라고 할 때, 채널 길이를 0.5배로 줄이고 채널 폭을 2배로 늘리면 드레인에 흐르는 전류는?(단, MOSFET은 포화 영역에서 동작하고, 산화층 정전용량, 전자 이동도, 문턱전압, 게이트-소스 간 전압은 변하지 않는다고 가정한다)

① $0.25 I_D$ ② $0.5 I_D$ ③ $2 I_D$ ④ $4 I_D$

$I_D = \dfrac{1}{2} \cdot k_n' \cdot W/L \cdot (V_{GS} - V_{Tn})^2 \propto W/L$이므로, $I_D' = \dfrac{2W}{0.5L} = 4W/L = 4I_D$이다.   ㉱

15 증가형 MOSFET가 드레인 전류 $I_D = 0.2[\text{mA}]$로 포화모드에서 동작하고 있다. 전달 컨덕턴스 $g_m = 0.4[\text{mA/V}]$가 되도록 MOS의 채널 폭과 길이의 비(W/L)를 구하여라(단, $V_{Tn} = 0.8[\text{V}]$, $\mu_n C_{ox} = 0.1[\text{mA/V}^2]$, 채널길이변조는 무시한다).

해설

전달컨덕턴스 $g_m = \sqrt{2K_n I_{DQ}}$ 로부터, $K_n = \mu_n C_{ox}\left(\dfrac{W}{L}\right) = \dfrac{g_m^2}{2I_{DQ}}$ 을 구할 수 있다. 이 식에서 트랜지스터의

채널 폭과 채널 길이의 비는 $W/L = \dfrac{g_m^2}{2I_{DQ}(\mu_n C_{ox})} = \dfrac{(0.4 \times 10^{-3})^2}{2 \times 0.2 \times 10^{-3} \times 0.1 \times 10^{-3}} = 4$이다.

16 N채널 증가형 MOSFET에서 $V_{DS} = 4[\text{V}]$일 때와 $V_{DS} = 1[\text{V}]$일 때의 각 드레인 전류 I_D의 차[mA]는? (단, $V_{Tn} = 1[\text{V}]$, $k_n{}'(W/L) = 0.05[\text{mA/V}^2]$, $V_{GS} = 3[\text{V}]$이다)

㉮ 0.025　　　　　　㉯ 0.125　　　　　　㉰ 0.25　　　　　　㉱ 0.50

해설

- $V_{DS}(=4\text{V}) > (V_{GS} - V_{Tn}) = 2[\text{V}]$ (포화 영역)　　　• $I_D = \dfrac{1}{2}k_n{}'\left(\dfrac{W}{L}\right)(V_{GS} - V_{Tn})^2 = 0.1[\text{mA}]$

- $V_{DS}(=1\text{V}) < 2[\text{V}]$ (트라이오드 영역)　　　• $I_D = k_n{}'\left(\dfrac{W}{L}\right)\left[(V_{GS} - V_{Tn})V_{DS} - \dfrac{1}{2}V_{DS}^2\right] = 0.075[\text{mA}]$　　㉮

17 증가형 N채널 MOSFET가 일정한 V_{GS}에서 포화모드로 동작하도록 바이어스되어 있다. $V_{DS1} = 4[\text{V}]$일 때 $I_{D1} = 2.5[\text{mA}]$이고, $V_{DS2} = 6[\text{V}]$일 때 $I_{D2} = 2.6[\text{m}]$이라고 했을 때, 이 MOSFET의 (a) 소신호 드레인 저항 r_d와 (b) 채널길이 변조계수 λ 값을 구하여라.

해설

(a) 소신호 드레인 저항 : $r_d = \dfrac{\Delta V_{DS}}{\Delta I_D} = \dfrac{6 - 4}{(2.6 - 2.5) \times 10^{-3}} = 20[\text{k}\Omega]$

(b) 채널길이 변조계수

- $I_{D1} = \dfrac{1}{2}K_n(V_{GS} - V_{tn})^2(1 + \lambda V_{DS1}) = \dfrac{1}{2}K_n(V_{GS} - V_{Tn})^2(1 + 4\lambda) = 2.5[\text{mA}]$ ⋯ ①

- $I_{D2} = \dfrac{1}{2}K_n(V_{GS} - V_{tn})^2(1 + \lambda V_{DS2}) = \dfrac{1}{2}K_n(V_{GS} - V_{Tn})^2(1 + 6\lambda) = 2.6[\text{mA}]$ ⋯ ②

- 식 ①을 식 ②로 나누고 정리하면, $\dfrac{1 + 4\lambda}{1 + 6\lambda} = \dfrac{2.5}{2.6} \rightarrow \lambda = 0.0217[\text{V}^{-1}]$이다.

18 다음 회로에서 각 MOSFET M_1, M_2, M_3의 채널길이 비가 $L_1 : L_2 : L_3 = 1 : 2 : 4$이고 채널 폭의 비가 $W_1 : W_2 : W_3 = 2 : 8 : 16$일 때, 드레인 전류비 $I_{D1} : I_{D2} : I_{D3}$는? (단, 모든 MOSFET은 채널길이 변조효과와 몸체효과는 무시하고 문턱전압 $V_{Tn} = 1[\text{V}]$, $V_D = 5[\text{V}]$ 이다)

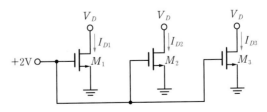

해설

$I_D \propto W/L$(종횡비), 전류비 $I_{D1} : I_{D2} : I_{D3} = 2/1 : 8/2 : 16/4 = 2 : 4 : 4 = 1 : 2 : 2$

19 다음 회로에서 $I_D = 1[\text{mA}]$일 때 $V_{GS}[\text{V}]$는?

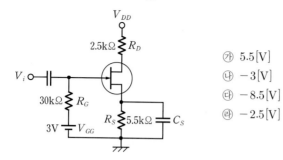

㉮ $5.5[\text{V}]$

㉯ $-3[\text{V}]$

㉰ $-8.5[\text{V}]$

㉱ $-2.5[\text{V}]$

해설

$I_G = 0$이므로 게이트 전압 $V_G = 3\text{V}$, $V_G = V_{GS} + R_S I_D \rightarrow V_{GS} = V_G - R_S I_D = 3 - 5.5 \times 1 = -2.5[\text{V}]$ ㉱

20 다음 회로에서 드레인 전류 $I_D[\text{mA}]$는? (단, $V_{GS} = -4[\text{V}]$이다)

[주관식] V_{DS}는 (　　)$[\text{V}]$이다.

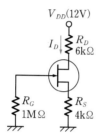

㉮ 0.1

㉯ 1

㉰ 2

㉱ 3

해설

$I_G = 0$, $V_G = 0$이므로 KVL 법칙을 적용하면 $V_G = V_{GS} + R_S I_D \rightarrow I_D = -V_{GS}/R_S = \dfrac{4}{4\text{k}} = 1[\text{mA}]$이다.   ㉯

[주관식] $V_{DS} = V_{DD} - R_D I_D - R_S I_D = 2[\text{V}]$

21 다음 증가형 MOSFET의 DC 해석(V_{GS}, V_{DS}, I_D)을 구하여라(단, 회로 (A)에서는 $V_{Tn} = 3[\text{V}]$, 회로 (B)에서는 $V_{Tn} = 5[\text{V}]$, $V_{GS(on)} = 10[\text{V}]$, $I_{D(on)} = 3[\text{mA}]$이다).

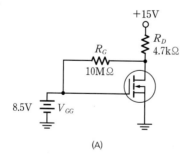

(A)

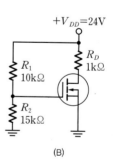

(B)

해설

• 회로 (A) : $I_G = 0$이므로 $V_{RG} = 0$, $V_{GS} = V_{DS}$이다.

$V_{GG} = V_{GS} = V_{DS} = 8.5[\text{V}]$, $V_{DD} = R_D I_D + V_{DS}$에서 $I_D = \dfrac{V_{DD} - V_{DS}}{R_D} = \dfrac{15 - 8.5}{4.7\text{k}} = 1.38[\text{mA}]$

- 회로 (B) : $V_G = V_{GS} = V_{DD} \dfrac{R_2}{R_1 + R_2} = 14.4[\text{V}]$, $V_{GS}(\text{on})$, $I_D(\text{on})$을 이용해 K를 구한다.

  $I_D = K(V_{GS} - V_{Tn})^2$에서 구조상수 $K = \dfrac{I_D}{(V_{GS} - V_{Tn})^2} = \dfrac{3[\text{mA}]}{(10-5)^2} = 0.12[\text{mA/V}^2]$이다.

  즉, $I_D = 0.12(14.4-5)^2 = 10.6[\text{mA}]$, $V_{DS} = V_{DD} - R_D I_D = 13.4[\text{V}]$이다.

22 다음 MOSFET 바이어스 회로에서 DC 해석(V_{GS}, V_{DS}, I_D)을 구하여라(단, Q는 포화 영역에서 동작하여 문턱전압 $V_{Tn} = 1[\text{V}]$, 소자 공정 파라미터 $k_n{}'(W/L) = 1[\text{mA/V}^2]$이다. 채널길이 변조 및 바디효과는 무시한다).

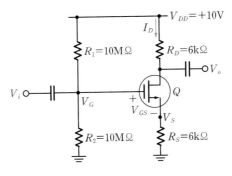

해설

- $V_G = V_{DD} \cdot \dfrac{R_2}{R_1 + R_2} = 5[\text{V}]$

- $V_{GS} = V_G - R_S I_D = 5 - 6I_D$ ⋯ ①

- $I_D = \dfrac{1}{2} k_n{}' \dfrac{W}{L}(V_{GS} - V_{Tn})^2 = \dfrac{1}{2} \times 1 (V_{GS} - 1)^2$ ⋯ ②

- 식 ①과 ②에서 V_{GS}, I_D를 구하고, $V_{DD} = R_D I_D + V_{DS} + R_S I_D$에서 V_{DS}를 구하면
  $V_{GS} = 2[\text{V}]$, $I_D = 0.5[\text{mA}]$, $V_{DS} = 4[\text{V}]$이다.

23 다음 MOSFET 바이어스 회로에서 $I_D = 0.2[\text{mA}]$, $V_{Tn} = 0.4[\text{V}]$라고 할 때 FET의 동작 영역은?

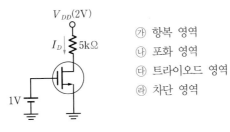

㉮ 항복 영역
㉯ 포화 영역
㉰ 트라이오드 영역
㉱ 차단 영역

해설

FET 증폭기는 전류포화 영역 모드, 스위치(on)는 트라이오드 영역 모드를 이용한다.

- $V_{DS} > V_{GS} - V_{Tn}$ (포화 영역)
- $V_{DS} < V_{GS} - V_{Tn}$ (트라이오드 영역)
- $V_{GS} = 1\text{V}$, $V_{DS} = V_{DD} - R_D I_D = 2 - 5 \times 0.2 = 1[\text{V}]$

따라서 $V_{DS} > V_{GS} - V_{Tn}$이므로 포화 영역 모드이다.   ㉯

24 다음 2-단자 회로의 소신호 저항으로 가장 적절한 것은?(단, V_D는 문턱전압인 V_{Tn}보다 높고, $r_o = \infty$ 이다)

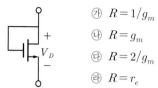

㉮ $R = 1/g_m$

㉯ $R = g_m$

㉰ $R = 2/g_m$

㉱ $R = r_e$

해설

다이오드가 연결된 MOSFET로서, 게이트와 소스 간의 소신호 저항은 $\dfrac{1}{g_m}$ 이다. ㉮

25 다음 NMOSFET 회로의 $V_x = 0.4[\mathrm{V}]$일 때 I_D의 값[mA]은? (단, $\mu_n C_{ox} W/L = 1[\mathrm{mA/V^2}]$, 문턱전압 $V_{Tn} = 0.4[\mathrm{V}]$, $V_{DD} = 1.8[\mathrm{V}]$, MOSFET의 소스와 기판은 연결되어 있다)

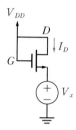

해설

- $V_G = V_{DD} = 1.8[\mathrm{V}]$, $V_G = V_{GS} + V_x$ 이므로 $V_{GS} = V_G - V_x = 1.8 - 0.4 = 1.4[\mathrm{V}]$ 이다.
- $I_D = \dfrac{1}{2} \cdot k_n{'} \cdot (V_{GS} - V_{Tn})^2 = \dfrac{1}{2} \cdot (\mu_n C_{ox} W/L) \cdot (V_{GS} - V_{Tn})^2 = \dfrac{1}{2} \cdot 1 \cdot (1.4 - 0.4)^2 = 0.5[\mathrm{mA}]$

26 다음 회로에서 V_{GS1}, V_{GS2}, I_D, V_o를 구하여라(단, $M_1 : (W/L)_1 = 60$이고, $M_2 : (W/L)_2 = 15$, $\mu_n C_{ox} = 40[\mathrm{\mu A/V^2}]$, $V_{Tn} = 1[\mathrm{V}]$, $V_{DD} = 5[\mathrm{V}]$)

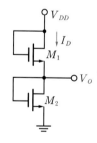

해설

M_1과 M_2의 게이트가 드레인과 연결되어있어, 모두 포화모드에서 동작하며, 두 TR이 직렬연결이므로, 드레인 전류는 같으며, 주어진 계수의 값들 대입하여 정리한다.

- $K_{n1} = \mu_n C_{ox} \cdot (W/L)_1 = 40 \times 60 = 2.4[\mathrm{mA/V^2}]$ • $K_{n2} = \mu_n C_{ox} \cdot (W/L)_2 = 40 \times 15 = 0.6[\mathrm{mA/V^2}]$
- $I_D = \dfrac{1}{2} K_{n1} (V_{GS1} - V_{Tn1})^2 = \dfrac{1}{2} K_{n2} (V_{GS2} - V_{Tn2})^2 = 1.2 \times (V_{GS1} - 1)^2 = 0.3 \times (V_{GS2} - 1)^2$ ··· ①
- $V_{GS2} = V_{DD} - V_{GS1} = 5 - V_{GS1}$ ··· ②
- 식 ②를 식 ①에 대입하면 $V_{GS1} = 2[\mathrm{V}]$이고, V_{GS1}을 식 ②에 대입하면 $V_o = V_{GS2} = 3[\mathrm{V}]$이다.
- $I_D = \dfrac{1}{2} K_{n1} (V_{GS1} - V_{Tn1})^2 = \dfrac{1}{2} \times 2.4 \times 10^{-3} \times (2-1)^2 = 1.2[\mathrm{mA}]$

27 다음 M_1, M_2의 MOSFET의 회로에서 현 동작모드와 I_D를 구하여라(단, $k'n \cdot W/L = 2[\mathrm{mA/V^2}]$, $V_{Tn} = 1[\mathrm{V}]$이고, 채널길이 변조효과와 바디효과는 무시한다).

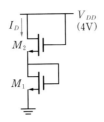

해설

M_1, M_2는 다이오드 연결소자로 동작하며, 각 $V_{DS} = V_{GS} = 2[\mathrm{V}]$이므로, $V_{DS} > V_{GS} - V_{Tn}$를 만족하므로, 포화동작을 행한다. $I_D = \frac{1}{2} \cdot k'n \cdot W/L \cdot (V_{GS} - V_{Tn})^2 = \frac{1}{2} \times 2 \times (2-1)^2 = 1[\mathrm{mA}]$이다.

28 다음 바이어스 회로에서 I_D와 V_{SD}를 구하여라(단, $R = 4[\mathrm{k\Omega}]$, PMOS의 문턱전압 $V_{Tp} = -1[\mathrm{V}]$, $K_p = 1[\mathrm{mA/V^2}]$이고, $V_{DD} = 5[\mathrm{V}]$이다. 채널 및 바디효과는 무시한다).

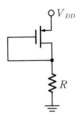

해설

게이트전압은 $V_G = RI_D = 4I_D$, 소오스-게이트 전압은 $V_{SG} = V_{DD} - V_G = 5 - 4I_D$이다. 포화모드에서 동작 시 드레인 전류 $I_D = \frac{1}{2} K_p (V_{SG} + V_{Tp})^2 = \frac{1}{2}(4 - 4I_D)^2$이므로, 다음과 같다.

• $I_D = 0.7[\mathrm{mA}]$, $V_{SD} = V_{DD} - V_G = V_{DD} - RI_D = 5 - 4 \times 0.7 = 2.2[\mathrm{V}]$
• $V_{SG} = V_{SD}$(게이트=드레인) ($V_{SD} > (V_{SG} + V_{Tp})$이므로 MOS는 포화모드에서 동작한다)

29 다음 P-MOSFET 회로의 바이어스 전류 I_D와 포화 영역에서 동작하기 위한 R_D의 최대 허용치를 구하여라 (단, $V_{Tp} = -0.5[\mathrm{V}]$, $k_p' = \mu_p C_{ox} = 50[\mathrm{\mu A/V^2}]$, $W/L = 5/0.18$, $\lambda = 0$, $R_1 = 20[\mathrm{k\Omega}]$, $R_2 = 15[\mathrm{k\Omega}]$ 이다).

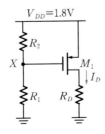

- $V_{GS} = V_{DD} \cdot R_2/R_1 + R_2 = 1.8 \times 15/35 = -0.771\,[\text{V}]$
- $I_D = 1/2 \cdot k_p' \cdot W/L \cdot (V_{GS} - V_{Tn})^2 = 56\,[\mu\text{A}]$
- M_1이 포화 영역에 있기 위해서는 $V_{SD} > V_{SG} + V_{Tn} \ \rightarrow \ V_{SD} > 0.771 - 0.5 = 0.271\,[\text{V}]$이므로

$$V_{SD} = 1.8 - R_D \cdot I_D = 0.271\,[\text{V}] \ \rightarrow \ R_D \leq \frac{(1.8 - 0.271)}{56 \times 10^{-6}} = 27.3\,[\text{k}\Omega] \ \ (\text{이하의 값})$$

30 D-MOSFET의 [CS]형 증폭기 회로이다. V_{DS}와 교류 출력전압 V_o를 구하여라(단, $I_{DSS} = 200\,[\text{mA}]$, $g_m = 200\,[\text{ms}]$이다).

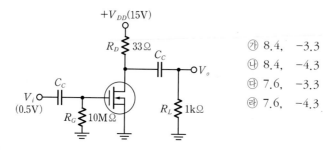

⑦ 8.4, -3.3
⑭ 8.4, -4.3
⑮ 7.6, -3.3
㉰ 7.6, -4.3

- $I_G = 0$이므로 게이트 전압 $V_G = 0$, $V_{GS} = 0$이다. 제로 바이어스로서 $V_{GS} = 0$일 때 $I_D = I_{DSS} = 200\,[\text{mA}]$이고, $V_{DS} = V_{DD} - R_D I_D = 15 - 33 \times 0.2 = 8.4\,[\text{V}]$이다.
- [CS]형의 $A_v = -g_m R_L' = -0.2 \times (33\,/\!/\,1\text{k}) \cong -6.6$이므로, $V_o = A_v \cdot V_i = -6.6 \times 0.5 = -3.3\,[\text{V}]$이다.   ⑦

31 그림의 저주파 소신호 FET 증폭기의 전압이득 $A_v(= V_o\,/\,V_i)$는? (단, $r_d = 100\,[\text{k}\Omega]$, $g_m = 1\,[\text{mA/V}]$, $R_d = 50\,[\text{k}\Omega]$, $R_s = 1\,[\text{k}\Omega]$이다) [주관식] R_d, R_s, g_m과 A_v 관계를 비교하고, g_m이 매우 클 때 간략화 된 A_v를 표현하여라.

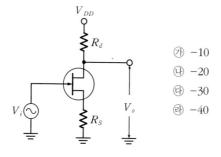

⑦ -10
⑭ -20
⑮ -30
㉰ -40

R_s를 갖는 [CS]형 증폭기의 $A_v = \dfrac{-\mu R_d}{r_d + R_d + (1+\mu)R_s} = -\dfrac{(1 \times 100) \times 50}{100 + 50 + (1+100) \cdot 1} = -19.9$ ⑭

[주관식] g_m이 매우 클 때, $A_v \cong -\dfrac{R_d}{R_s}$이므로 R_d에 비례성, R_s(부궤환)에 반비례성이며 안정된 이득을 갖는다.

32 다음 정전류원 구조의 드레인 접지(소스 폴로워) 증폭기에 대한 특징으로 <u>틀린</u> 것은?

[주관식] 전압이득 A_v와 출력저항 R_o를 해석하여라.

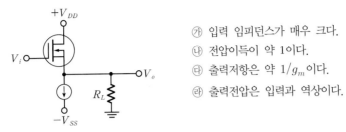

㉮ 입력 임피던스가 매우 크다.

㉯ 전압이득이 약 1이다.

㉰ 출력저항은 약 $1/g_m$이다.

㉱ 출력전압은 입력과 역상이다.

해설

소스 폴로워는 $A_v \cong 1$, R_i(최대), $R_o \cong \dfrac{1}{g_m}$(최소)로 임피던스 매칭, 버퍼로 사용되며, 입·출력 위상은 동상이다. ㉱

[주관식] $A_v = \dfrac{g_m R_L}{1 + g_m R_L} \cong 1$, $R_o = \dfrac{1}{g_m} /\!/ r_d \cong \dfrac{1}{g_m}$

33 다음 [CG]형 MOS 증폭기의 전압이득 $A_v(= V_o / V_i)$와 입력저항 R_i를 구하여라(단, 전류원 I_o의 내부저항, Q의 출력저항 $r_o = r_d$, 바디효과는 무시한다).

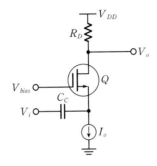

해설

$$A_v = \frac{V_o}{V_i} = \frac{g_m V_{gs} R_D}{V_{gs}} = g_m R_D, \quad R_i = \frac{V_i}{I_i} = \frac{V_{gs}}{I_d} \cong \frac{V_{gs}}{g_m V_{gs}} = \frac{1}{g_m} \quad (I_i = I_s = I_d = g_m V_{gs})$$

34 다음 증폭회로에서 $V_{out1} = - V_{out2}$을 만족하기 위해서 옳은 것은? (단, MOSFET M은 포화 영역에서 동작하고 g_m은 MOSFET M의 전달 컨덕턴스이며, 채널길이 변조와 몸체효과는 무시한다)

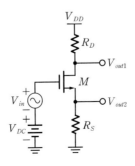

해설

- R_S를 갖는 [CS] : $V_{gs} = V_{in} \cdot [(1/g_m)/(1/g_m) + R_S]$, $V_{out1} = -g_m \cdot R_D \times V_{gs} = -g_m \cdot R_D V_{in}/1 + g_m R_S$

- 소스 폴로워 : $V_{out2} = V_{in} \cdot \left(\dfrac{R_S}{(1/g_m) + R_S} \right) = V_{in} \cdot \dfrac{g_m R_S}{1 + g_m R_S}$

- 두 출력 동일조건은 $R_S = R_D$이다.

---

35 다음 NMOSFET가 포화(sat)영역에서 동작하고 있을 때, M_1의 저주파 동작특성에 대한 설명으로 옳지 <u>않은</u> 것은? (단, M_1의 출력저항과 바디효과는 무시한다)

[주관식] V_o가 2.5[V]가 되도록 W/L을 정하고, 회로의 소신호 전압이득 $A_v(V_o/V_{in})$를 구하고, M_1의 출력저항 $r_o = 10[\text{k}\Omega]$을 고려할 때 전압이득 A_v도 구하여라(단, $V_{in} = 2.5[\text{V}]$, $k'_n = 10^{-4}[\text{A/V}^2]$, 문턱전압 $V_t = 0.5[\text{V}]$이다).

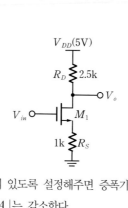

㉮ DC 동작조건을 M_1이 활성 영역에 있도록 설정해주면 증폭기로 동작한다.

㉯ R_S가 증가하면 전압이득의 크기 $|A_v|$는 감소한다.

㉰ R_D가 증가하면 전압이득의 크기 $|A_v|$는 증가한다.

㉱ 트랜지스터 M_1의 g_m가 매우 클 때, 전압이득의 크기 $|A_v|$는 R_S/R_D로 된다.

㉲ R_S에 의해 이 증폭기는 부궤환으로 동작한다.

㉳ M_1에 게이트 누설전류가 없을 때 입력에서 바라본 R_i은 무한대의 값을 갖는다.

㉴ 출력 드레인 단자에서 볼 때 R_S는 $1 + g_m \cdot r_o (\simeq A_{vo})$배 곱해져 크게 보인다.

㉵ 소스에 바이패스 C_S를 병렬로 추가하면, 교류 전압이득 $A_v = -g_m \cdot (R_D \parallel r_o)$으로 증가하지만, 직류 바이어스 안정도는 낮아진다.

해설

부궤환용 R_S를 갖는 [CS]증폭기로 $A_v = -g_m \cdot R_D/1 + g_m \cdot R_S \cong -R_D/R_S(g_m$이 클 때) 로 감소되나 안정하다. R_S에 병렬 C_S를 추가한다면, 전압이득 $A_v = -g_m \cdot (R_D \parallel r_o)$로 증대되나, 안정도는 낮아지며, 직류(안정)해석은 동일하다. FET는 포화 영역에서 증폭 동작을 한다.   **㉮, ㉱, ㉵**

[주관식]

- $I_D = (V_{DD} - V_o)/R_D = (5-3)/2.5k = 1[\text{mA}]$, $I_D = (1/2) \cdot k'_n \cdot W/L \cdot (V_{GS} - V_t)^2 = 1[\text{mA}]$

  즉, $W/L = \dfrac{2I_D}{k'_n \cdot (V_{GS} - V_t)^2} = \dfrac{2[\text{mA}]}{10^{-4}(1.5-0.5)^2} = 20$이다($V_s = I_D \times R_S = 1[\text{V}]$, $V_{GS} = V_{in} - V_s = 1.5[\text{V}]$).

- $g_m = k'_n \cdot W/L \cdot (V_{GS} - V_t) = 10^{-4} \times 20 \times (1.5 - 0.5) = 2[\text{mS}]$, $A_v = -g_m \cdot R_D/1 + g_m \cdot R_S = -5/3$

- $r_o(r_d)$ 고려 : $A_v = \dfrac{-\mu R_D}{r_d + R_D + (1+\mu)R_S} = \dfrac{-20 \times 2.5}{10 + 2.5 + (1+20) \cdot 1} = -1.49$ (여기서 $\mu = g_m \cdot r_d = 20$)

36 다음 R_s를 가진 [CS]형 MOSFET 증폭회로에서 출력 임피던스(V_o/I_o)는?

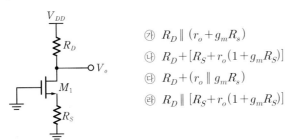

㉮ $R_D \parallel (r_o + g_m R_s)$

㉯ $R_D + [R_S + r_o(1 + g_m R_S)]$

㉰ $R_D + (r_o \parallel g_m R_s)$

㉱ $R_D \parallel [R_S + r_o(1 + g_m R_S)]$

해설

드레인 출력에서 볼 때, 축퇴 R_s는 $(1+\mu)$배 크게 보이며, 이와 M_1의 출력저항 r_o와 직렬로, $R_o{}' = [r_o + (1+\mu) \cdot R_s]$이면 전체 $R_o = R_D \parallel [r_o + (1+\mu) \cdot R_s]$이다. (전압 증폭도 $\mu = g_m \cdot r_o$).　㉱

37 다음 MOSFET 증폭기 회로의 전압이득 $A_v(V_{out}/V_{in})$은? (단, M_1, M_2의 파라미터는 g_{m1}, r_{o1} 및 g_{m2}, r_{o2}이며, 바디효과는 무시하고, 커패시터 $C \to \infty$로 가정한다)

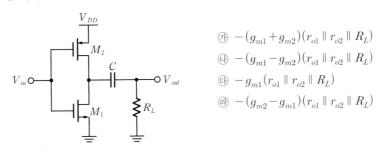

㉮ $-(g_{m1} + g_{m2})(r_{o1} \parallel r_{o2} \parallel R_L)$

㉯ $-(g_{m1} - g_{m2})(r_{o1} \parallel r_{o2} \parallel R_L)$

㉰ $-g_{m1}(r_{o1} \parallel r_{o2} \parallel R_L)$

㉱ $-(g_{m2} - g_{m1})(r_{o1} \parallel r_{o2} \parallel R_L)$

해설

$V_{in} > 0$, M_1(on)의 $A_{v1} = -g_{m1} \cdot (r_{o1} \parallel r_{o2} \parallel R_L)$, $V_{in} < 0$, M_2(on)의 $A_{v2} = -g_{m2} \cdot (r_{o1} \parallel r_{o2} \parallel R_L)$으로, 전체 $A_v = A_{v1} + A_{v2} = -(g_{m1} + g_{m2}) \cdot (r_{o1} \parallel r_{o2} \parallel R_L)$이다.　㉮

38 다음 두 회로의 소스에서 본 입력저항 R_{in}, 드레인에서 본 출력저항 R_o을 구하라(단, 전달 컨덕턴스는 g_m, 소신호 출력저항은 $r_{ds} = r_o$, 전압 증폭도 $\mu = g_m r_{ds}$이다).

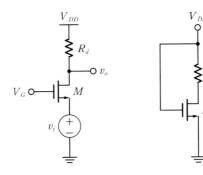

두 회로는 모두 게이트에 DC가 인가되는 [CG]회로이다. 저항 반사법칙은 식 (4.84)을 참조하기 바란다. 저항 반사법칙은 소스에서 볼 때, 드레인의 r_{ds}, R_d는 $(1/1+\mu)$배 작게, 드레인에서는 R_s는 $(1+\mu)$배 크게 보이는 것을 말한다.

- $R_{in} = \dfrac{r_{ds} + R_d}{1 + g_m r_{ds}} \cong \dfrac{1}{g_m}$ (r_{ds}로 나눔)
- $R_o = r_{ds} \parallel R_d \cong R_d$

39 출력 임피던스가 $500[\mathrm{k\Omega}]$이고, 전류가 $0.5[\mathrm{mA}]$인 NMOS 캐스코드 전류원을 그림 (a)와 같이 설계하고자 할 때, MOS의 g_m과 W/L 값을 정하여라(단, $\mu_n C_{ox} = 100[\mu\mathrm{A/V^2}]$, $\lambda = 0.1[\mathrm{V^{-1}}]$, 이고 M_1, M_2는 서로 같다고 가정한다).

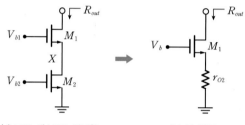

(a) MOS 캐스코드 전류원   (b) 등가회로

[CG1+CS2]의 캐스코드 전류원회로의 출력저항 $R_{out} = (1 + g_{m1} \cdot r_{o1}) \cdot r_{o2} + r_{o1} \cong g_{m1} \cdot r_{o1} \cdot r_{o2} \cong \mu_1 \cdot r_{o2}$ (전압 증폭도 $\mu_1 = g_{m1} \cdot r_{o1}$)로, 소스 축퇴저항($R_s$인 r_{o2})을 사용 시, 캐스코드 소자 M_1의 고유전압증폭도 ($\mu_1 = g_{m1} \cdot r_{o1}$)에 비례하여 증가된다. ($M_2$는 소스축퇴(늘어뜨리는)용 R_s의 대체용)

- $R_{out} \cong g_{m1} \cdot r_{o1} \cdot r_{o2} = 500[\mathrm{k\Omega}]$, $r_{o1} = r_{o2} = (\lambda I_D)^{-1} = (0.1 \times 0.5)^{-1} = 20[\mathrm{k\Omega}]$, $g_m = 1/800[\mho]$
- $g_m = \sqrt{2\mu_n C_{ox}(W/L) \cdot I_D} = 1/800$에서 $W/L = 15.6$이다. ($g_{m1} \cdot r_{o1} = 25 \gg 1$)

40 다음 회로에서 간략 등가회로를 그리고, 출력저항 R_{out}을 옳게 표기한 것은?

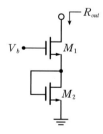

㉮ $R_{out} = r_{o2}\left(1 + g_{m2}\left(\dfrac{1}{g_{m1}} \parallel r_{o1}\right)\right) + \dfrac{1}{g_{m1}} \parallel r_{o1}$

㉯ $R_{out} = r_{o2}(1 + g_{m2}r_{o1}) + r_{o1}$

㉰ $R_{out} = r_{o1}\left(1 + g_{m1}\left(\dfrac{1}{g_{m2}} \parallel r_{o2}\right)\right) + \dfrac{1}{g_{m2}} \parallel r_{o2}$

㉱ $R_{out} = r_{o1}(1 + g_{m1}r_{o2}) + r_{o2}$

M_2는 다이오드가 연결된 부하인 $(1/g_{m2}) \parallel r_{o2}$이고, 이는 M_1의 드레인에서 볼 때 $(1+\mu_1)$배 크게 보이며, 여기서 M_1의 소신호 출력저항인 r_{o1}과 직렬이므로, 다음과 같이 나타낼 수 있다.

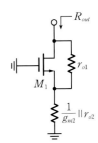

- $R_{out} = (1+\mu_1) \cdot (1/g_{m2} \parallel r_{o2}) + r_{o1} = r_{o1}[1+g_{m1} \cdot (1/g_{m2} \parallel r_{o2})] + (1/g_{m2}) \parallel r_{o2}$
  (M_1의 전압 증폭도 : $\mu_1 = g_{m1} \cdot r_{o1}$)

- $(1/g_{m2}) \parallel r_{o2} \cong 1/g_{m2}$이면 $(1+g_{m1} \cdot r_{o1}) \cdot 1/g_{m2} + r_{o1} = 2r_{o1} + 1/g_{m2} \cong 2r_{o1}$ ㉯

41 다음 회로의 전압이득으로 가장 적절한 것은?

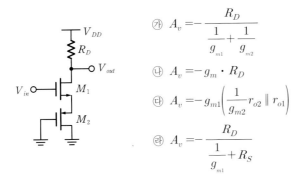

㉮ $A_v = -\dfrac{R_D}{\dfrac{1}{g_{m1}} + \dfrac{1}{g_{m2}}}$

㉯ $A_v = -g_m \cdot R_D$

㉰ $A_v = -g_{m1}\left(\dfrac{1}{g_{m2}} r_{o2} \parallel r_{o1}\right)$

㉱ $A_v = -\dfrac{R_D}{\dfrac{1}{g_{m1}} + R_S}$

M_2, M_1의 두 교류 입력저항의 직렬 합인 $R_S = 1/g_{m1} + 1/g_{m2}$를 갖는 [CS]증폭기로서 전압이득 $A_v \cong -R_D/R_S$ $= -R_D/(1/g_{m1} + 1/g_{m2})$이다 (캐스코드 접속은 아니다). ㉮

42 다음 MOSFET 증폭기의 전압이득 $A_i(V_o/V_i)$과 출력저항 R_o를 구하라(단, $M_1 = M_2$이고, 전달 컨덕턴스는 g_m이며, $r_o = \infty$로 채널 변조효과는 없다)

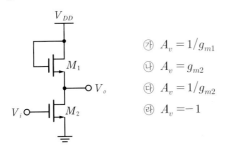

㉮ $A_v = 1/g_{m1}$

㉯ $A_v = g_{m2}$

㉰ $A_v = 1/g_{m2}$

㉱ $A_v = -1$

M_1은 다이오드 연결부하 $(1/g_{m1} \parallel r_{o1}) \cong 1/g_m$, M_2는 [CS] 증폭기므로
$A_v = -g_{m2} \cdot R_D' = -g_{m2} \cdot (1/g_{m1} \parallel r_{o1} \parallel r_{o2}) \cong -g_{m2} \cdot (1/g_{m1}) \cong -1$, $R_o = (1/g_{m1} \parallel r_{o1} \parallel r_{o2})$이다. ㉱

43 다음 회로의 간략 등가회로를 구성하고, 전압이득 A_v, 출력저항 R_o를 구하여라.

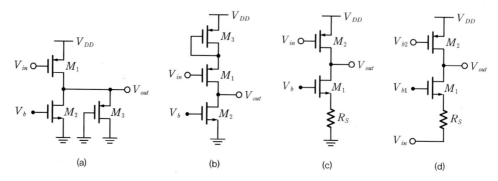

(a) (b) (c) (d)

해설

(a) [CS] 증폭기로서, M_2는 전류원 부하인 소신호 저항 r_{o2}, M_3은 다이오드로 연결된 소자의 부하로 $(1/g_{m3}) \parallel r_{o3}$로 대체될 수 있어 그림 ①이 간략 등가회로가 된다.

- M_1의 전압이득 : $A_v = -g_{m1} \cdot R_D' = -g_{m1} \cdot [(1/g_{m3}) \parallel r_{o3} \parallel r_{o2} \parallel r_{o1}]$
- 출력저항 : $R_o = (1/g_{m3}) \parallel r_{o3} \parallel r_{o2} \parallel r_{o1}$ 이다.

(b) [CS] 증폭기로서, M_3은 다이오드로 연결된 소자의 축퇴 R_S 역할인 $(1/g_{m3}) \parallel r_{o3}$, M_2는 전류원으로 부하 R_D 역할인 r_{o2}, M_1은 교류저항 $1/g_{m1}$인 R_S를 갖는 증폭기이다.

- M_1의 전압이득 : $A_v \cong -R_D/R_S = -r_{o2}/1/g_{m1} + (1/g_{m3} \parallel r_{o3})$
- 출력저항 R_o는 식 (4.83)에서 $R_S = \dfrac{1}{g_{m3}} \parallel r_{o3}$, $r_o = r_{o1}$, $g_m = g_{m1}$, $R_D = r_{o2}$를 대입한다.

(c) [CS]단 M_2의 전류원 부하 r_{o1}인 M_1과, 축퇴저항 R_S는 드레인 D_1에서 볼 땐 크게 보이므로, D_1에서 본 전체 출력저항 $R_{D1}' = [(1 + g_{m1} \cdot r_{o1}) R_S + r_{o1}] \parallel r_{o2}$이다.

- M_2의 [CS]증폭기의 전압이득 : $A_v = -g_{m2} \cdot R_{D1}' = -g_{m2} \cdot [(1 + g_{m1} \cdot r_{o1}) R_S + r_{o1}] \parallel r_{o2}$

(d) M_1은 [CG]증폭기로서 입력저항은 $1/g_{m1} + R_S$이고, M_2는 전류원 부하인 r_{o2}이므로, 전압이득 $A_v = V_{out}/V_{in} = r_{o2} \cdot i_d/(1/g_{m1} + R_S) \cdot i_e \cong r_{o2}/(1/g_{m1} + R_s)$, $R_o \cong r_{o2}$ 이다.

(a)와 (b)를 간략 등가회로로 구성하면 다음과 같다. (c)~(d)의 등가회로는 개별적으로 학습하기를 바란다.

① ②

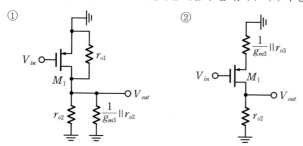

44 다음 CMOS 증폭기에서 두 출력 X, Y의 전압이득 A_X, A_Y를 구하여라(단, M_1의 $r_{o1} \to \infty$ 이다).

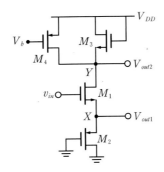

해설

- 출력 X : 다이오드 연결소자인 M_2가 $(1/g_{m2} \parallel r_{o2})$인 부하로 작용하고, 교류저항이 $1/g_{m1}$인 M_1은 소스 폴로워 동작하므로, $A_X = \dfrac{V_{out1}}{V_i} = \dfrac{(1/g_{m2} \parallel r_{o2})}{1/g_{m1} + (1/g_{m2} \parallel r_{o2})}$ 이고, $r_{o1} \to \infty$ 일 때, M_3, M_4의 교류저항들은 소스 폴로워 동작에 무관하다.

- 출력 Y : M_4는 전류원으로 부하인 r_{o4}, M_3은 다이오드 연결소자로서 $(1/g_{m3} \parallel r_{o3})$인 부하로 작용하여, $R_D = r_{o4} \parallel (1/g_{m3} \parallel r_{o3})$ 역할을 하고, $R_S = 1/g_{m1} + (1/g_{m2} \parallel r_{o2})$을 갖는 [CS] 증폭기인 M_1의
$A_Y = \dfrac{V_{out2}}{V_{in}} = \dfrac{-R_D}{R_S} = \dfrac{-r_{o4} \parallel r_{o3} \parallel (1/g_{m3})}{1/g_{m1} + (1/g_{m2} \parallel r_{o2})}$ 이다.

45 그림 (a)의 MOS 증폭기에 대한 설명 중 **틀린** 것은? 그리고 회로를 간략 회로로 도시하라.

㉮ M_1은 $1/g_{m1}$ 소신호 입력저항과 r_{o1} 소신호 출력저항을 이용하여 소스 폴로워 증폭기의 동작을 한다.

㉯ M_2는 전류원 부하로서 출력단자에서 교류접지 사이에 r_{o2}로 간략화할 수 있다.

㉰ 출력전압 V_{out}은 V_{in}을 $1/g_{m1}$과 출력 부하 $(r_{o1} \parallel r_{o2})$로 전압 분할되어 1보다 작게 나타난다.

㉱ 입력저항 $R_{in} \cong 1/g_{m1}$, 출력저항 $R_o \cong 1/g_{m1} \parallel r_{o2} \parallel r_{o1}$으로 근사화된다.

㉲ 전압이득 $A_v = \dfrac{r_{o1} \parallel r_{o2}}{1/g_{m1} + (r_{o2} \parallel r_{o1})} \cong 1 (r_{o1} \parallel r_{o2} \gg 1/g_{m1}$이면$)$이다.

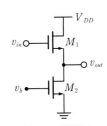

(a) MOS 증폭회로

해설

그림 (b)의 소스 폴로워 간략 등가회로를 참고하여 해석하라. 이 회로는 $R_{in} \cong \infty$(최대), $R_o \cong 1/g_{m1}$(최소)이며, 전압버퍼($A_v = 1$)로 유용하다. (b)에서 R_o은 전원 $V_{in} = 0$ 상태에서 구한다.

$R_o = \dfrac{1}{g_{m1}} \parallel r_{o2} \parallel r_{o1} \cong \dfrac{1}{g_{m1}}$

㉱

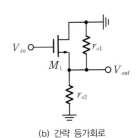

(b) 간략 등가회로

46 다음 회로에서 $\lambda = 0$일 때, 전압이득 A_v과 $\lambda > 0$일 때, 출력저항 R_{out}을 구하고 입력단, 출력단에서의 간략 등가회로를 도시하여라.

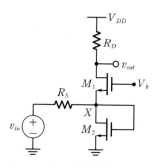

해설

주어진 회로에서 V_b는 교류 시 접지하고, [CG]의 입력부의 전원 $v_{in} = 0$으로 하여 입력부 간략 등가회로를 구한다. 간략 등가회로(a)에서 V_{in}에 대한 M_1의 입력 v_x의 비(v_x/v_{in})를 전압분배로 먼저 계산 후에, 전압이득 $A_v = v_{out}/v_{in}$을 계산하면 다음과 같으며, M_1 증폭기만의 전압이득인 $v_{out}/v_x = g_{m1} \cdot R_D$를 적용하면, 최종 A_v를 얻을 수 있다. M_2는 다이오드 연결소자로 $\frac{1}{g_{m2}} \parallel r_{o2} \cong \frac{1}{g_{m2}}$ 이다.

$$\bullet \quad \frac{v_X}{v_{in}} = \frac{\dfrac{1}{g_{m2}} \parallel \dfrac{1}{g_{m1}}}{\dfrac{1}{g_{m2}} \parallel \dfrac{1}{g_{m1}} + R_S} = \frac{1}{1 + (g_{m1} + g_{m2})R_S}$$

$$\bullet \quad \text{즉,} \quad A_v = \frac{v_{out}}{v_{in}} = \frac{v_{out}}{v_x} \times \frac{v_x}{v_{in}} = g_{m1}R_D \times \frac{1}{1 + (g_{m1} + g_{m2})R_S} = \frac{g_{m1}R_D}{1 + (g_{m1} + g_{m2})R_S}$$

아래 회로에서 M_1의 드레인에서 볼 때, 소스의 저항들$(1/g_{m2} \parallel r_{o2} \parallel R_S)$을 $(1 + \mu_1)$배 크게 한 후 직렬인 M_1의 출력저항 r_{o1}을 합한다. R_D를 고려한 전체 출력저항 R_{out}을 구하면 다음과 같다.

$$\bullet \quad R_{out} = (1 + g_{m1}r_{o1})\left(\frac{1}{g_{m2}} \parallel r_{o2} \parallel R_S\right) + r_{o1} \approx g_{m1}r_{o1}\left(\frac{1}{g_{m2}} \parallel R_S\right) + r_{o1}$$

$$\bullet \quad R_{out} = R_{out1} \parallel R_D \approx \left[g_{m1}r_{o1}\left(\frac{1}{g_{m2}} \parallel R_S\right) + r_{o1}\right] \parallel R_D$$

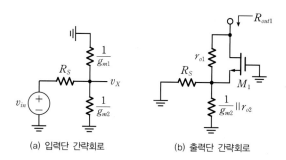

(a) 입력단 간략회로   (b) 출력단 간략회로

47 다음 NMOS 증폭기 회로에 대한 설명으로 옳지 <u>못한</u> 항목을 골라라.

[주관식] 증폭회로의 출력저항 R_o와 전압이득 A_v를 구하여라.

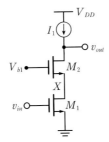

㉮ 동일한 바이어스 조건에서 [CS] 증폭기에 비해 전압이득과 출력저항이 모두 크다.

㉯ 정전류원 바이어스를 사용하는 캐스코드 증폭기이다.

㉰ MOS FET 능동부하 사용으로 입력 임피던스는 [CS]보다 매우 증가한다.

㉱ M_2은 [CD], M_1는 [CS]로 사용되는 2단 복합 증폭기이다.

㉲ 동일한 바이어스 조건에서 [CS] 증폭기에 비해 밀러효과 현상을 억제할 수 있다.

㉳ 고이득을 갖고 있어, 고주파 동작 시 안정성은 [CS] 증폭기에 비해 우수하지 못하다.

해설

[CG₁+CS₂]의 캐스코드 증폭기는 큰 출력저항과 큰 전압이득을 갖으며, 특히 고주파 증폭 시 전압 궤환율이 매우 작아, 밀러효과가 거의 없는 우수한 고주파 특성을 갖는다. 정전류원의 높은 출력 임피던스를 받으나, 입력 임피던스는 [CS] 증폭기와 비슷하다. **㉰, ㉱, ㉲**

[주관식] M_1의 축퇴 소스저항 r_{o1}이 캐스코드단 M_2의 이득 $\mu_2 = g_{m2} \cdot r_{o2}$에 비례하여 증가되므로, 출력저항 $R_o \cong g_{m2} \cdot r_{o2} \cdot r_{o1}$이고, 전압이득 $A_v = -g_{m1} \cdot R_o \cong -g_{m1}g_{m2} \cdot r_{o2} \cdot r_{o1}$이다.

48 다음 CMOS 증폭회로의 특성으로 <u>잘못된</u> 것은? [주관식] 회로의 출력저항 R_o, 전압이득 A_v을 구하여라(단, $(W/L)_{1,2} = 30$, $(W/L)_{3,4} = 40$, $I_{D1} \sim I_{D4} = 0.5[\text{mA}]$, $\mu_n C_{ox} = 100[\mu\text{A/V}^2]$, $\mu_p C_{ox} = 50[\mu\text{A/V}^2]$, $\lambda_n = 0.1[\text{V}^{-1}]$, $\lambda_p = 0.15[\text{V}^{-1}]$이다).

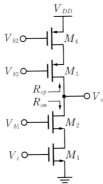

㉮ M_3, M_4에 의한 캐스코드 PMOS 전류원은 부하로 사용되며, 높은 출력저항을 제공한다.

㉯ M_1, M_2에 의한 캐스코드 NMOS부는 증폭기로 사용되며, 높은 전압이득을 갖기 위해서이다.

㉰ CMOS형 캐스코드 증폭기 회로이며, 우수한 고주파 특성을 갖는다.

㉱ 캐스코드단 [CG]은 M_2, [CS] 증폭단은 M_1, M_3이다.

㉲ [CS]증폭기와 비교하면 입력저항, 전류이득은 유사하고, 출력저항, 전압이득은 크다.

출력저항이 매우 큰 정전류원에 의한 부하를 갖는 CMOS 캐스코드 증폭기로서, 전압이득은 매우 크고, 전압궤환율은 매우 작아 고주파 특성이 우수하며, 입력저항, 전류이득은 [CS]와 유사하며, V_{DD}의 교류접지인 M_4, M_1은 [CS]형, M_3, M_2는 [CG]형이다. ㉬

[주관식] PMOS, NMOS 각 캐스코드의 출력저항 R_{op}, R_{on}의 병렬연결에서 전체 출력저항은 다음과 같다.

- $R_o = R_{op} \parallel R_{on} \cong \mu_3 \cdot r_{o4} \parallel \mu_2 \cdot r_{o1} = g_{m3} \cdot r_{o3} \cdot r_{o4} \parallel g_{m2} \cdot r_{o2} \cdot r_{o1}$ (μ_3, μ_2 : M_3, M_2의 전압이득)이다.

- $g_{m1} = g_{m2}$, $g_{m3} = g_{m4}$, $r_{o1} = r_{o2}$, $r_{o3} = r_{o4}$ → $g_m = \sqrt{2\mu_n C_{ox}\left(\dfrac{W}{l}\right)I_D}$, $r_o = \dfrac{1}{\lambda_n I_D}$

- $g_{m1} = g_{m2} = 1/577[\Omega]$, $g_{m3} = g_{m4} = 1/707[\Omega]$, $r_{o1} = r_{o2} = 20[k\Omega]$, $r_{o3} = r_{o4} = 13.3[k\Omega]$

- $R_{on} \cong g_{m2} \cdot r_{o2} \cdot r_{o1} \cong 693[k\Omega]$, $R_{op} \cong g_{m3} \cdot r_{o3} \cdot r_{o4} \cong 250[k\Omega]$이다.

- 전압이득 : $A_v = -g_{m1} \cdot R_o \cong -g_{m1} \cdot (R_{op} \parallel R_{on}) \cong -g_{m1} \cdot [g_{m3} \cdot r_{o3} \cdot r_{o4} \parallel g_{m2} \cdot r_{o2} \cdot r_{o1}] \cong -318$

49 다음 JFET 증폭기 회로의 명칭과 출력저항 R_o, 전압이득 A_v을 구하여라(단, Q_1, Q_2는 동일 소자이며, 순방향 전달 컨덕턴스는 g_m이다).

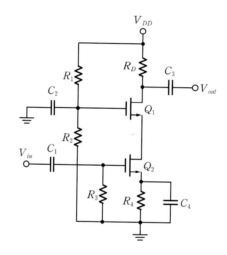

- 회로의 명칭 : Q_2, Q_1의 [CS]+[CG] 접속인 캐스코드 증폭기 회로(고주파 영역에서 우수한 성능)
- [CS]인 Q_2의 $A_{v2} = -g_{m2} \cdot r_{o2} = -g_{m2} \cdot (1/g_{m1})$이다. Q_2의 출력저항 r_{o2} = Q_1의 입력저항 $1/g_{m1}$이다.
- [CG]인 Q_1의 $A_{v1} = g_{m1} \cdot R_D$이다.
- 전체 전압이득 : $A_v = A_{v1} \cdot A_{v2} = g_{m1} \cdot R_D \times -g_{m2} \cdot (1/g_{m1}) = -g_{m2} \cdot R_D = -g_m \cdot R_D$이다.

[별해] 출력저항 $R_o \cong g_{m1} \cdot r_{o1} \cdot r_{o2} \parallel R_D \cong R_D$이고, 전압이득 $A_v = -g_{m2} \cdot R_D = -g_m \cdot R_D$ 이다.

50 다음 증폭회로의 전압이득 $A_v(V_o/V_i)$를 구하여라(단, g_{m1}, g_{m2}는 Q_1, Q_2의 트랜스 컨덕턴스이며, 채널 길이 변조효과는 없다).

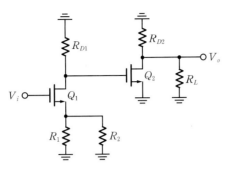

해설

[CS] With Rs와 [CS]의 복합증폭기로서, Q_2의 $R_i \cong \infty$이므로, Q_1의 부하효과로 작용하지 않으므로

$$A_v = A_{v1} \cdot A_{v2} = \frac{-g_{m1} \cdot R_{D1}}{1 + g_{m1} \cdot (R_1 \| R_2)} \times -g_{m2} \cdot (R_{D2} \| R_L) = \frac{g_{m1} \cdot g_{m2} \cdot R_{D1} \cdot (R_{D2} \| R_L)}{1 + g_{m1} \cdot (R_1 \| R_2)}$$ 이 된다.

51 다음 MOS 증폭기 회로에서 소신호 전압이득 $A_v(V_o/V_{in})$를 옳게 나타낸 것은? (단, g_m은 M_1의 전달 컨덕턴스이며, 채널길이변조와 몸체효과는 무시한다)

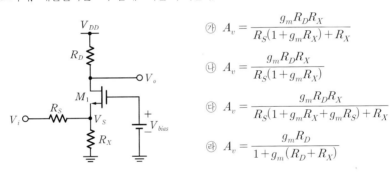

㉮ $A_v = \dfrac{g_m R_D R_X}{R_S(1 + g_m R_X) + R_X}$

㉯ $A_v = \dfrac{g_m R_D R_X}{R_S(1 + g_m R_X)}$

㉰ $A_v = \dfrac{g_m R_D R_X}{R_S(1 + g_m R_X + g_m R_S) + R_X}$

㉱ $A_v = \dfrac{g_m R_D}{1 + g_m(R_D + R_X)}$

해설

[CG] 증폭기로서, 게이트와 소스 간의 소신호 저항은 $1/g_m$이고, 소스전압 V_s는 V_i를 R_S와 $R_x \| (1/g_m)$으로 전압분배시켜 V_s/V_i를 구한다. 여기서 $R_x \| (1/g_m) = (R_x/g_m)/(R_x + 1/g_m) = R_x/1 + R_x \cdot g_m$이다.

- $V_s = V_i \cdot (R_x \| 1/g_m)/R_s + R_x \| (1/g_m)$
- $A_v(= V_o/V_i) = V_o/V_s \times V_s/V_i = g_m \cdot R_D \times [R_x \| (1/g_m)/R_S + R_x \| (1/g_m)] = \dfrac{g_m R_D R_X}{R_S(1 + g_m R_X) + R_X}$ ㉮

52 다음 증폭기 (A), (B)의 전압이득 $A_v(=V_o/V_i)$를 구하여라(단, 회로 (B)는 $g_{m1} \neq g_{m2} \neq g_{m3}$이며, 채널길이 변조와 바디효과는 무시한다).

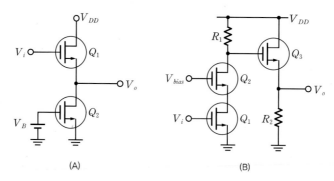

(A)　　　　　　　　　(B)

해설

- 회로 (A) : Q_2는 on으로서 능동부하 기능이고, Q_1은 소스 폴로워 [CD]형 증폭기이다.

$$A_v = \frac{R_s\,g_m}{1+R_s\,g_m} = \frac{R_s}{R_s+1/g_m} = \frac{(r_{o1}\,\|\,r_{o2})}{1/g_{m1}+(r_{o1}\,\|\,r_{o2})}　(여기서\ R_s = r_{o1}\,\|\,r_{o2},\ g_m = g_{m1}\ 대입)$$

- 회로 (B) : Q_2는 on으로서 능동부하이고, Q_1은 [CS]형 증폭기, Q_3는 소스 폴로워 최종 증폭기이다.

$$A_{v1} = -g_{m1} \cdot R_1\,(r_{o2}는\ \infty로\ 무시),\quad A_{v2} = \frac{R_2\,g_{m3}}{1+R_2\,g_{m3}}\quad(r_{o3}는\ \infty로\ 무시)$$

$$A_v = A_{v1} \cdot A_{v2} = -\frac{g_{m1}R_1\,g_{m3}R_2}{1+g_{m3}R_2}$$

53 다음 CMOS 인버터회로에서 MP1, MN2의 가장 적절한 동작모드를 결정하여라(단, NMOS와 PMOS의 각 문턱전압은 $V_{Tn} = 1[\mathrm{V}]$, $V_{Tp} = -1[\mathrm{V}]$이다).

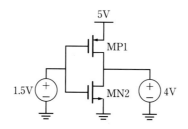

해설

MP1에서 $V_{SD} = 5-4 = 1[\mathrm{V}]$, $(V_{SG}+V_{Tp}) = (5-1.5)+(-1) = 2.5[\mathrm{V}]$ → $V_{SD} < (V_{SG}+V_{Tp})$이므로 MP1은 선형(Triod, linear) 모드이고, MN2에서 $V_{DS} = 4[\mathrm{V}]$, $(V_{GS}-V_{Tn}) = 1.5-1 = 0.5[\mathrm{V}]$ → $V_{DS} > (V_{GS}-V_{Tn})$이므로, MN2는 포화모드로 동작하고 있다.

54 다음은 CMOS 인버터의 회로도와 전압 전달특성곡선이다. 이에 대한 설명으로 옳지 <u>않은</u> 것은? (단, CMOS 트랜지스터에서 발생하는 누설전류 등 기생적인 효과는 무시한다)

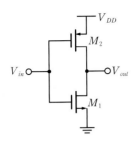 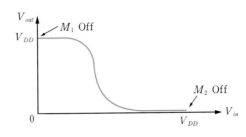

㉮ 정적^{static} 전력소모보다 동적 전력소모가 전체 전력소모에서 차지하는 비율이 더 크다.

㉯ 출력전압의 범위는 V_{DD}(공급전압)에서 GND(접지)이다.

㉰ 동적^{dynamic} 전력소모는 V_{DD}(공급전압)에 선형적으로 비례한다.

㉱ M_2의 게이트 너비 W를 증가시키면 전압 전달특성곡선이 오른쪽으로 이동한다.

㉲ 스위치의 전달지연에 따른 동작속도보다 더 빠른 주기의 신호가 입력되면 인버터로 동작할 수 없다.

㉳ CMOS 인버터 설계 시에 각 채널길이를 동일하게 할 경우에, NMOS의 캐리어 이동도가 작기 때문에 NMOS의 넓이를 PMOS보다 약 2배 정도 크게 한다.

> **해설**
> 동적인 전력소모 $P = f \cdot C_L \cdot V_{DD}^2 \propto V_{DD}^2$이고, P형의 정공 이동도가 더 작으므로 PMOS의 넓이를 약 2배 크게 해야 한다.   ㉰, ㉳

55 다음 CMOS 인버터 회로의 동작에서, PMOS와 NMOS 모두가 포화동작은 (i)에서 행하며, 각 소자의 트라이오드 동작은 PMOS는 (ii)에서, NMOS는 (iii)에서 행해진다고 할 때 입·출력 전압 특성곡선에서 (i)~(iii)의 영역을 결정하여라.

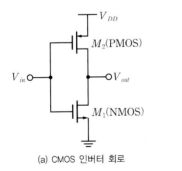

(a) CMOS 인버터 회로

(d) 입·출력 전압 특성곡선

> **해설**
> (i) ③   (ii) ①~②   (iii) ④~⑤
> [별해] 입·출력 전압 특성곡선에서 영역 ①~⑤의 상태는 아래 내용을 참고하기 바란다.
> • 영역 ① : P-MOS는 선형(triod) on 상태이고, N-MOS는 off 상태이다.
> • 영역 ② : P-MOS는 선형(triod) on 상태이고, N-MOS는 포화(sat) on 상태이다.
> • 영역 ③ : P-MOS는 포화(sat) on 상태이고, N-MOS는 포화(sat) on 상태이다.
> • 영역 ④ : P-MOS는 포화(sat) on 상태이고, N-MOS는 선형(triod) on 상태이다.
> • 영역 ⑤ : P-MOS는 off 상태이고, N-MOS는 선형(triod) on 상태이다.

56 다음 전류거울 회로에서 복제된 최종 전류 I_{copy} 값을 구하여라.

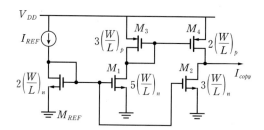

복사전류는 종횡(W/L)비에 비례하므로, M_1의 복사전류 $I_{D1} = (5/2) \cdot I_{REF}$이고, 이는 I_{D3}과 같으며, M_4의 전류 $I_{D4} = (2/3) \cdot I_{D3} = (2/3) \cdot (5/2) \cdot I_{REF} = (5/3) \cdot I_{REF}$이다. 또한 M_2의 전류는 $I_{D2} = (3/2) \cdot I_{REF}$으로, 최종 $I_{copy} = I_{D4} - I_{D2} = (5/3) \cdot I_{REF} - (3/2) \cdot I_{REF} = I_{REF}/6$이다.

57 다음 회로에서 $V_{in} = 5[\text{V}]$, $V_{GS} = 2[\text{V}]$일 경우, 출력전류 I_{out}는 몇 $[\text{mA}]$인가? (단, $K_n = \mu_n C_{ox} = 200[\mu\text{A}/\text{V}^2]$, $V_{th} = 1[\text{V}]$)

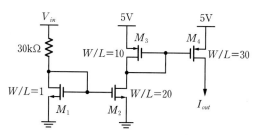

- M_1의 기준전류 : $I_{REF} = (V_{in} - V_{GS})/30k = 5 - 2/30k = 0.1[\text{mA}]$

- M_2에 복사된 전류 I_{D2} : $\dfrac{I_{D2}}{I_{REF}} = \dfrac{(W/L)_2}{(W/L)_1} = \dfrac{20}{1} = 20 \ \rightarrow \ I_{D2} = 20 \cdot I_{REF} = 2[\text{mA}]$

- M_4의 전류($I_{D3} = I_{D2} = 2[\text{mA}]$일 때) : $\dfrac{I_{out}}{I_{D3}} = \dfrac{(W/L)_4}{(W/L)_3} = \dfrac{30}{10} = 3 \ \rightarrow \ I_{D4} = I_{out} = 3I_{D3} = 3 \times 2 = 6[\text{mA}]$

58 다음 전류거울 회로에서 MOSFET Q_1의 게이트폭 W_1과 Q_2의 게이트폭 W_2의 비가 $W_2/W_1 = 10$일 때, $I_o = 1[\text{mA}]$가 되도록 하는 저항 R 값을 결정하여라(단, Q_1의 $k_n'(W/L)_1 = 0.8[\text{mA/V}^2]$이고, 문턱전압 $V_{Tn} = 1[\text{V}]$이고, k_n은 공정 전달 컨덕턴스 파라미터이고, $k_n' = \mu_n C_{ox}$이다).

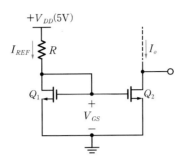

해설

전류거울 회로에서 복제전류 I_o와 I_{REF}의 관계식 $\dfrac{I_o}{I_{REF}} = \dfrac{(W/L)_2}{(W/L)_1} = 10$에서 $I_{REF} = \dfrac{I_o}{10} = \dfrac{1[\text{mA}]}{10} = 0.1[\text{mA}]$

$I_{REF} = 0.1 = \dfrac{1}{2} \times 0.8(V_{GS} - 1)^2$에서 $V_{GS} = 1.5, 0.5[\text{V}]$인데, 임계전압 $V_{Tn} = 1[\text{V}]$이므로 $V_{GS} = 1.5[\text{V}]$가 된다. Q_1의 I_{REF} 회로에서 $R = \dfrac{V_{DD} - V_{GS}}{I_{REF}} = \dfrac{5 - 1.5}{0.1[\text{mA}]} = 35[\text{k}\Omega]$이다.

59 정합된 Q_2, Q_3의 전류거울에 의한 바이어스와 Q_2 전류원의 능동부하를 사용하는 CMOS 증폭기에서 소신호 전압이득 A_v을 구하여라(단, $I_{REF} = 100[\mu\text{A}]$, $V_{Tn} = 1[\text{V}]$, $V_{Tp} = -1[\text{V}]$, $\mu_n C_{ox} = \mu_p C_{ox} = 20[\mu\text{A/V}^2]$, $L = 10[\mu\text{m}]$, $W = 100[\mu\text{m}]$, $|V_A| = 100[\text{V}]$, $V_{DD} = 10[\text{V}]$이다).

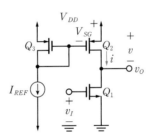

해설

전체 구조상수 $K_n = 1/2 \cdot \mu_n C_{ox}(W/L) = 1/2 \times 20 \times (100/10) = 100[\mu\text{A/V}^2]$이다.

$g_{m1} = \sqrt{2 \cdot (\mu_n C_{ox})(W/L) \cdot I_{REF}}$, $r_{o1} = r_{o2} = |V_A|/I_{REF}$을 대입하면 소신호 전압이득은 다음과 같다.

$A_v = -g_{m1} \cdot (r_{o1} \| r_{o2}) = \sqrt{K_n} \cdot |V_A| / \sqrt{I_{REF}} = \sqrt{100 \times 10^{-6}} \times 100 / \sqrt{10^{-4}} = 100$

증폭기의 주파수 특성과 고주파 증폭회로

Frequency response of Amplifier & High frequency Amplifier

이 장에서는 커패시턴스의 리액턴스를 고려한 저주파 및 고주파의 특성을 상세히 해석하고, 증폭기 전대역의 주파수 응답을 학습한다. 또한 고주파 증폭의 장애현상과 그 대책을 정리한다.

증폭기의 주파수 특성

신호원 입력전압의 주파수의 변화에 대해 저주파 영역, 중간주파 영역, 고주파 영역에서 출력전압이득의 변화 여부를 파악하고 정리한다. 주파수 특성에 필요한 데시벨(dB), 보드 선도의 기본 이론과 BJT와 FET의 하이브리드-π 고주파 등가회로를 구성하고 학습한다.

Keywords | 주파수 특성 | dB | 보드 선도 | 고주파 등가회로 | f_T |

5.1.1 증폭기 주파수 특성의 개요

증폭 시스템의 이득과 위상이 입력되는 주파수에 따라 변화되는 특성을 **주파수 응답**이라고 한다. 이러한 특성변화를 일으키는 요인은 인덕터(L), 커패시터(C) 소자의 임피던스가 주파수에 따라 변하기 때문이다. 이와 같은 현상은 증폭기를 구성하는 능동소자 내부에 기생하는 **기생(표유)용량** stray capacitance과 **기생 인덕턴스 성분** 때문인데, 기생 인덕턴스는 초고주파 정도의 극히 높은 주파수대에서 영향을 미친다. 그리고 **결합 콘덴서** coupling capacitor나 **바이패스 콘덴서** 등을 외부적으로 연결할 때 형성된 용량 때문에 중간 주파수 영역에서 나타나지 않는 현상들이 저주파 및 고주파 영역에서 나타나게된다.

능동소자 **내부에 기생하는 표유용량**은 피코패럿(pF) 단위의 용량이므로 저주파 영역에서는 거의 개방과 같고, **고주파 영역에서는 이득을 감소시키는 영향**을 준다. **외부적으로 접속되는 콘덴서들은 용량**이 $[\mu F]$ 수준이므로 고주파 영역에서는 거의 단락short과 같고, **저주파 영역에서는 이득을 감소시키는 영향**을 준다.

[그림 5-1]은 입력 주파수에 따른 증폭기의 응답특성의 변화를 보여준다. 결과를 보면 저주파 영역에서는 주파수가 감소할수록, 고주파 영역에서는 주파수가 증가할수록 이득이 감소함을 알 수 있다.

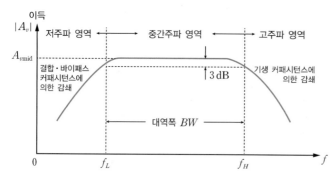

[그림 5-1] 증폭기의 응답특성(A_v)의 변화

■ 대역폭

주파수에 무관한 평탄한 특성을 갖는 중간주파 영역의 이득($A_{vm\,id}$)보다 3[dB](=0.707배) 감소하는 저주파 영역 지점인 3[dB]의 **저역 차단 주파수**(혹은 3[dB] 하한 임계 주파수)를 f_L, 고주파 영역 지점인 3[dB]의 **고역 차단 주파수**(혹은 3[dB] 상한 임계 주파수)를 f_H로 정의할 때, 이 증폭기의 **대역폭**^{band width} BW를 다음과 같이 정의한다.

$$BW = f_H - f_L \tag{5.1}$$

- **중역 주파수대**^{medium frequency range} : 각종 커패시턴스의 영향을 무시할 수 있는 대역
- **저역 주파수대**^{low frequency range} : **결합 콘덴서와 바이패스 콘덴서의 영향**을 받는 대역
- **고역 주파수대**^{high frequency range} : **기생(표유)용량의 영향**을 받는 대역

■ 데시벨

데시벨(dB)^{Decibel}은 전압 증폭도, 전력이득 또는 감쇠량의 배수를 대수로 표현하는 단위로, 한 전력과 다른 전력과의 측정비, 또는 한 전압(전류)과 다른 전압(전류)과의 측정비를 나타낸다.

$$10\log A_p = 20\log A_v = 20\log A_i$$

전력이득 $G_p[\text{dB}]$, 전압이득 $G_v[\text{dB}]$, 전류이득 $G_i[\text{dB}]$는 다음과 같다. 이때 $P_1 = V_1^2/R_1 = I_1^2 R_1$ 이고, $P_2 = V_2^2/R_2 = I_2^2 R_2$이다.

$$G_p = 10\log_{10}\frac{P_2}{P_1}[\text{dB}], \quad G_v = 20\log\frac{V_2}{V_1}[\text{dB}], \quad G_i = 20\log\frac{I_2}{I_1}[\text{dB}] \tag{5.2}$$

■ 절대 레벨에 의한 표현 방법

❶ 전압의 경우
- **dBμ** : 기준 전압을 1[μV]로 하고, 여러 가지 전압을 [dB]로 표시하는 경우에 사용되는 단위이다. [dBμ]는 주로 SSG(표준신호 발생기)의 출력 레벨을 표현할 때 사용된다.
- **dBv** : 기준 전압을 1[V]로 하고, 여러 가지 전압의 크기를 [dB]로 표시하는 경우에 사용되는 단위이다.

❷ 전력의 경우
- **dBm** : 기준 전력을 1[mW]로 하고, 여러 가지 전력의 크기를 나타낼 때 사용되는 단위이다.
  (**예** $10\log\dfrac{1[\text{W}]}{1\text{m}[\text{W}]} = 10\log 10^3 = 30[\text{dBm}] \leftrightarrow 1\text{W}$ 전력)
- **dBw** : 기준 전력을 1[W]로 하고 여러 가지 큰 전력의 크기를 나타낼 때 사용되는 단위이다.
  (**예** $10\log\dfrac{100[\text{W}]}{1[\text{W}]} = 10\log 10^2 = 20[\text{dBw}] \leftrightarrow 100\text{W}$ 전력)

■ 보드 선도

소신호 증폭기의 전달이득의 주파수 응답곡선을 생각해보자. 그래프의 횡축에는 주파수를 대수척도로 표시하고, 종축에는 '전달이득의 진폭(dB)', '주파수 함수로서의 위상각(°)'의 두 곡선을 표시하는데, 이와 같은 특성곡선을 **보드 선도**$^{Bode\ plot}$(이득 보드 선도, 위상 보드 선도)라고 한다. octave와 decade 표현의 의미는 다음과 같이 구분할 수 있다.

- octave : 한 옥타브는 진동수(주파수)가 2배로 되는 간격이다. 주파수가 2배(또는 1옥타브)로 증가하는 동안 이득은 $6[\mathrm{dB}]$만큼 변화한다면, 이때 이득의 기울기는 $6[\mathrm{dB/octave}]$이다.
- decade : 주파수가 10배(또는 decade)로 증가하는 동안 이득은 $20[\mathrm{dB}]$만큼 변화한다면, 이때 이득의 기울기는 $20[\mathrm{dB/decade}]$이다.

5.1.2 트랜지스터의 고주파 등가회로

고주파 신호 해석에 큰 영향을 미치는 능동소자 내부에 존재하는 **기생용량(부유용량)**에는 ❶ PN 접합부의 공간전하 영역 내에 축적되는 이온에 의한 **공간전하용량** C_t(보통 무시할 정도의 소량)와 ❷ 순바이어스 시에 공간전하 영역의 접합부 부근에 주입된 소수 캐리어들의 축적에 의한 **확산(축적)용량** C_D가 있다. 그래서 베이스-이미터 간의 총 기생용량 $C_{be} = C_t + C_D \cong C_D$가 된다. 반면 베이스-컬렉터 간의 역바이어스에 의한 $C_{bc} \cong C_t$는 C_{be}보다 충분히 작다. 베이스 분포저항 $r_{bb'} \cong 100[\Omega]$ 이하 수준이라 $h_{ie}(= r_\pi) = r_{bb'} + r_{b'e} \cong r_{b'e}$가 된다. 베이스-컬렉터 간의 분포저항 $r_{b'c}$는 $\dfrac{1}{h_{oe}}(= r_o)$보다 충분히 커서 무시할 수 있으며, 출력저항 $\dfrac{1}{h_{oe}}$도 부하에 비해 매우 크므로 상대적으로 무시할 수 있다. 그래서 3장에서 유도한 BJT 저주파 등가회로로는 미흡하므로 [그림 5-2]와 같은 **BJT의 고주파 등가회로**, 즉 **하이브리드-π 등가회로**를 사용하도록 한다.

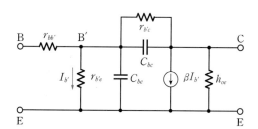

[그림 5-2] BJT 고주파(하이브리드-π) 등가회로

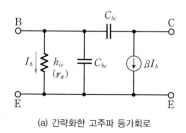

(a) 간략화한 고주파 등가회로

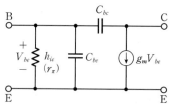

(b) 전달 컨덕턴스(g_m) 형태 등가회로

[그림 5-3] 간략화한 BJT 고주파 등가회로

천이 주파수 f_T : 단위이득 대역폭

천이 주파수transition frequency는 단락 전류이득을 구하기 위해 증폭기 출력을 단락시킨 상태([그림 5-4])에서 구한다. 여기서는 복소 임피던스를 이용한다.

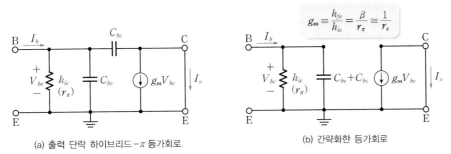

(a) 출력 단락 하이브리드-π 등가회로   (b) 간략화한 등가회로

[그림 5-4] 출력을 단락시킨 하이브리드-π 등가회로

[그림 5-4(b)]에서 출력전류 $I_o = -g_m V_{be}$이고 입력전압 V_{be}를 구하면 다음과 같다.

$$V_{be} = \frac{I_b}{Y_b} = \frac{I_b}{1/h_{ie} + j\omega(C_{be} + C_{bc})} \tag{5.3}$$

따라서 출력을 단락한 상태에서의 전류이득을 가리키는 **단락 전류이득 A_i**는 다음과 같다.

$$A_i = \frac{I_o}{I_b} = -\frac{g_m}{1/h_{ie} + j\omega(C_{be} + C_{bc})} = \frac{-g_m}{1/r_\pi + j\omega(C_{be} + C_{bc})} \tag{5.4}$$

위 식에 $g_m \equiv h_{fe}/h_{ie}(=\beta/r_\pi)$을 대입하여 정리하고 f_β를 정의한다.

$$A_i = \frac{-\beta}{1 + j(f/f_\beta)} \tag{5.5}$$

$$f_\beta \equiv \frac{1}{2\pi r_\pi(C_{be} + C_{bc})} = \frac{1}{\beta}\left[\frac{g_m}{2\pi(C_{be} + C_{bc})}\right] \tag{5.6}$$

주파수 $f = f_\beta$에서 단락 전류이득은 최대치의 0.707배가 되므로 f_β는 회로의 대역폭에 해당된다. **[CE]형의 단락 전류이득 A_i의 크기가 1이 되는 주파수를 f_T라 하며**, 식 (5.5) ~ (5.6)을 이용하면 다음과 같이 구해진다.

$$f_T \cong \beta f_\beta = \frac{g_m}{2\pi(C_{be} + C_{bc})} \tag{5.7}$$

여기서 f_T를 단위이득 대역폭unity gain band width, **천이 주파수**transition frequency라고 정의한다.

f_T를 이용하여 단락 전류이득 A_i를 다음과 같이 나타낼 수 있다.

$$A_i = - \frac{\beta}{1 + j\beta(f/f_T)} \tag{5.8}$$

파라미터 f_T는 증폭기의 고주파 특성을 규명하는 또 하나의 중요한 의미를 갖는다. 즉 파라미터 $h_{fe}(=\beta)$는 최대 전류이득이고 파라미터 f_β는 대역폭이므로 **f_T는 출력이 단락된 상태에서의 이득과 대역폭의 곱 [G · B]**이라는 매우 중요한 의미를 갖게 된다.

[그림 5-5]는 $h_{fe}(=\beta)$, f_β, f_T의 관계를 보여주는데, 대역폭(BW)과 이득(A_v)이 서로 상쇄관계를 띠는 것을 볼 수 있다. 즉 이득을 크게 하면 대역폭이 감소하고, 역으로 대역폭을 증가시키면 이득이 감소하게 된다. 이와 같이 **이득과 대역폭의 곱 [G · B]이 일정**하다는 성질은 **선형 증폭기의 일반법칙**으로, 증폭기 해석과 설계 과정에서 매우 중요한 개념이 된다.

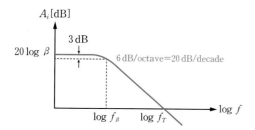

[그림 5-5] [CE]형 증폭기의 단락 전류이득

BJT 증폭기의 접지별 [G · B] 관계를 정리하면 다음과 같다.

$$\beta \cdot f_\beta = \alpha \cdot f_\alpha = 1 \cdot f_T \quad (f_\alpha > f_T > f_\beta) \tag{5.9}$$

여기서 $\beta = h_{fe}$, f_β는 [CE]형 증폭기의 전류이득, 3[dB]의 고역 차단 주파수이고, $\alpha = h_{fb}$, f_α는 [CB]형 증폭기의 전류이득, 3[dB]의 고역 차단 주파수이다.

$$f_\alpha = \frac{D_B}{\pi W_B^2} = \frac{1}{2\pi t_B}$$

(D_B: 베이스 확산계수, W_B: 베이스 폭, t_B: 베이스 횡단시간)

FET의 고주파 등가회로

FET에는 역바이어스에 의한 공간전하 용량인 기생용량이 존재한다. 게이트–드레인 간의 역 바이어스가 게이트–소스 간보다 크므로 $C_{gd} < C_{gs}$ 관계이며, C_{ds}는 C_{gd}, C_{gs}보다 작아 보통 무시한다. 출력저항 $r_{ds}(=r_o)$도 매우 커서 무시하며, 기생용량은 보통 수 [pF] 수준이다.

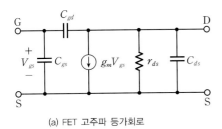

(a) FET 고주파 등가회로

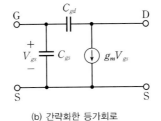

(b) 간략화한 등가회로

[그림 5-6] FET 고주파 등가회로의 표현

예제 5-1

다음의 조건에서 BJT와 MOSFET의 천이 주파수 f_T를 구하여라.

(a) NPN BJT : $I_C = 1[\text{mA}]$에서 동작하며, $C_{be} = 10[\text{pF}]$, $C_{bc} = 2[\text{pF}]$의 분포용량을 갖고 있다.

(b) N채널 MOSFET : $k_n{'}(W/L) = 0.5[\text{mA/V}^2]$, $V_{Tn} = 1[\text{V}]$, $V_{GS} = 3[\text{V}]$, $C_{gs} = 1[\text{pF}]$, $C_{gd} = 0.4[\text{pF}]$ 의 분포용량을 갖고 있다.

풀이

(a) $g_m = \dfrac{I_C}{V_T} = \dfrac{1[\text{mA}]}{26[\text{mV}]} = 38.5[\text{mA/V}]$를 구하여 f_T를 구한다.

$$f_T = \frac{g_m}{2\pi(C_{be} + C_{bc})} = \frac{38.5 \times 10^{-3}}{2\pi(10+2) \times 10^{-12}} = 510.6[\text{MHz}]$$

(b) $g_m = k_n{'}(W/L)(V_{GS} - V_{Tn}) = 0.5 \cdot (3-1) = 1\text{m}[\text{A/V}]$를 구해 f_T를 구한다.

$$f_T = \frac{g_m}{2\pi(C_{gs} + C_{gd})} = \frac{1 \times 10^{-3}}{2\pi(1+0.4) \times 10^{-12}} = 113.7[\text{MHz}]$$

예제 5-2

[CE]형 BJT 증폭기에서 출력단락 전류이득이 1이 되는 주파수 f_T가 80[MHz]이고 충분히 낮은 저주파의 전류이득($h_{fe} = \beta$)이 40일 때, β의 차단 주파수 f_β를 구하여라.

풀이

선형 증폭기는 이득과 대역폭의 곱($\text{G} \cdot \text{B}$)이 일정하므로 f_β는 다음과 같이 구한다.

$$\beta \cdot f_\beta = 1 \cdot f_T \text{에서 } f_\beta = \frac{f_T}{\beta} = \frac{80\text{M}}{40} = 2[\text{MHz}]$$

SECTION 5.2 증폭기의 저주파 응답

중역대보다 낮은 저주파 영역에서 용량적 C 결합 증폭기의 전압이득과 위상지연이 어떤 영향을 받는지 고찰한다. 즉 결합 커패시터와 바이패스 커패시터를 사용함으로써 저주파 입력신호에 대해 전압이득이 감소되는 저주파 응답을 해석하고, 임계(차단) 주파수, 이득, 위상차에 대한 보드 선도 등 증폭기의 저주파 특성 전반을 학습한다.

Keywords | **결합 및 바이패스 콘덴서** | **하한 임계 주파수(f_L, ω_L)** | **보드 선도** |

5.2.1 BJT 증폭기의 저주파 응답

BJT증폭기에서 결합 콘덴서와 바이패스 콘덴서에 의한 저주파 이득의 감소 특성을 해석해보자.

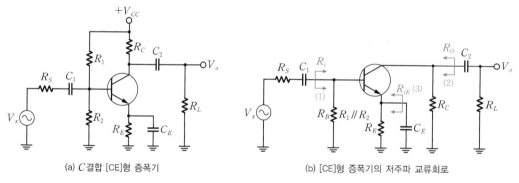

(a) C결합 [CE]형 증폭기　　　(b) [CE]형 증폭기의 저주파 교류회로

[그림 5-7] C 결합 [CE]형 증폭기

[그림 5-7(a)]의 C 결합 이미터 접지인 [CE]형 증폭기를 살펴보자. **결합 콘덴서 C_1, C_2와 바이패스 콘덴서 C_E**가 입력신호의 주파수와 무관하게 이상적으로 단락되었다고 가정하는 3장의 중역 응답 해석과 달리, 저주파의 입력신호에 대해서는 $[\mu F]$ 수준의 결합 및 바이패스 콘덴서의 교류저항인 리액턴스$\left(X_C = \dfrac{1}{2\pi f C}[\Omega]\right)$가 무시될 만큼 충분히 작지 않다. 따라서 신호의 전압강하^{drop}가 발생되어 출력이득이 감소된다. 그리고 결합 콘덴서로 인해 출력전압의 위상이 앞서는 진상회로이므로, 입·출력 신호 간에 위상차도 발생시킨다.

[그림 5-7(b)]에 **주파수가 낮을수록 이득을 떨어뜨리는** 요인이 되는 **고역통과 RC 회로망^{HPF} 3개를** 제시한다. 이 3개 회로망으로 인한 증폭기의 저주파 응답특성(임계 주파수, 이득저하, 위상지연 등)을 해석해보자. 한편, 증폭소자 내부에 존재하는 기생(표유)용량은 $[pF]$ 단위 수준으로, 저주파 영역에서는 리액턴스가 충분히 커서($X_C \cong \infty$) 개방회로로 간주하므로 그 영향은 저주파 응답 해석에서는 무시한다.

고역통과 RC 회로의 전달(함수) 이득 해석

[그림 5-8]에서 저주파 응답특성에 영향을 미치는 고역통과 RC 회로(HPF)의 전달(함수)이득 $A_v(S)$ 를 먼저 고찰하여 증폭기의 해석을 좀 더 쉽게 유도해보자.

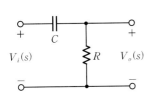

(a) 기본 고역통과 RC 회로 (HPF)

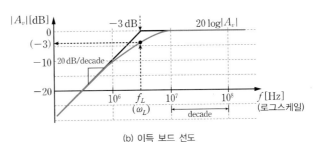

(b) 이득 보드 선도

[그림 5-8] 고역통과 RC 회로와 보드 선도

[그림 5-8(a)]에서 콘덴서의 교류저항의 크기인 리액턴스 $X_C = \dfrac{1}{\omega C} = \dfrac{1}{2\pi f C}\,[\Omega]$을 구해서 R과 전압분배법칙으로 출력전압 V_o를 구한다. 여기서 복조 주파수 $s = j\omega = j2\pi f$이다.

$$V_o = V_i \cdot \frac{R}{R - jX_C} = V_i \frac{R}{R - j\dfrac{1}{\omega C}} = V_i \frac{1}{R + \dfrac{1}{sC}} = V_i \frac{s}{s + \dfrac{1}{RC}} \tag{5.10}$$

그런데 입력신호의 주파수가 낮을수록 X_C가 커지므로, C에서 전압강하가 증대되어 R에 나타나는 출력전압 V_o가 감소하는 HPF 특성을 갖게 된다.

일반적으로 증폭기 응답의 임계점은 출력전압이 입력의 $70.7[\%]$($V_o = 0.707\,V_i$) 정도일 때이다. 이 때를 전후로 감쇠가 발생되므로 이 조건이 발생하는 입력 주파수 f_c를 **3[dB]의 하한 임계 주파수(또는 저역 차단 주파수)** f_L이라고 부른다. [그림 5-8(a)]에서 $X_C = R$일 때 V_o의 크기가 V_i의 $70.7[\%]$($= \dfrac{1}{\sqrt{2}}$ 혹은 $-3[\text{dB}]$)가 된다.

$$V_o = \frac{R}{\sqrt{R^2 + X_C^2}}\,V_i \quad (V_o \text{의 크기}) \tag{5.11}$$

$$= \frac{R}{\sqrt{R^2 + R^2}}\,V_i = \frac{R}{\sqrt{2}\,R}\,V_i = \frac{1}{\sqrt{2}}\,V_i = 0.707\,V_i \tag{5.12}$$

증폭기 전압이득 $A_v = \dfrac{V_o}{V_i}$이므로, 이 식을 $[\text{dB}]$로 환산하면 다음과 같다.

$$A_v(\text{dB}) = 20\log\left(\frac{V_o}{V_i}\right) = 20\log(0.707) = -3[\text{dB}] \tag{5.13}$$

즉 전체 이득이 중역 주파수에서의 이득보다 3[dB] 감소하게 되는 3[dB] 하한 임계(차단) 주파수는 $X_C = R$일 때이며, 그 값은 다음과 같이 구해진다.

$$X_C = R \tag{5.14}$$

$$\frac{1}{\omega_L C} = R \quad (X_C = \frac{1}{\omega_L C} \text{ 대입})$$

$$\omega_L = \frac{1}{RC} \quad (3[\text{dB}] \text{ 하한 임계(차단) 각주파수}) \tag{5.15}$$

$$f_L = \frac{1}{2\pi RC} \quad (3[\text{dB}] \text{ 하한 임계(차단) 주파수}) \tag{5.16}$$

위 V_o의 식 (5.10)에서 전압이득 $A_v(s)$, $A_v(j\omega)$, $A_v(jf)$를 구하면 다음과 같다.

$$A_v(s) = \frac{V_o(s)}{V_i(s)} = \frac{R}{R + 1/sC} = \frac{s}{s + 1/RC} \quad (s = j\omega = j2\pi f) \tag{5.17}$$

$$A_v(j\omega) = \frac{V_o(j\omega)}{V_i(j\omega)} = \frac{R}{R - jX_C} = \frac{R}{R - j\left(\frac{1}{\omega C}\right)} = \frac{1}{1 - j\left(\frac{1}{\omega RC}\right)} = \frac{1}{1 - j\left(\frac{\omega_L}{\omega}\right)} \tag{5.18}$$

$$A_v(jf) = \frac{1}{1 - j(f_L/f)} \tag{5.19}$$

여기서 $\omega_L = \dfrac{1}{RC}$, $f_L = \dfrac{1}{2\pi RC}$ 은 3[dB]의 하한 임계 각주파수이다. 전압이득 $A_v(jf)$의 크기 $|A_v(jf)|$와 위상 θ_L은 다음과 같이 구해진다.

$$|A_v(jf)| = \frac{1}{\sqrt{1 + (f_L/f)^2}} \quad \left(= \frac{1}{\sqrt{1 + (\omega_L/\omega)^2}} \right) \tag{5.20}$$

$$\theta = \angle A_v(jf) = \angle \frac{V_o(s)}{V_i(s)} = \angle V_o(s) - \angle V_i(s) = \tan^{-1}\frac{f_L}{f} = \tan^{-1}\frac{\omega_L}{\omega} \tag{5.21}$$

위 식에서 $f = f_L$이면 $|A_v(jf)| = \dfrac{1}{\sqrt{2}} = 0.707$배$(-3[\text{dB}])$로서 중간 주파수 대역의 이득 A_{vmid}(여기서는 1)의 $-3[\text{dB}]$가 된다. 그리고 $f = 0.1f_L$이면 $|A_v(jf)| \cong \dfrac{1}{10}$배$(-20[\text{dB}])$이고, $f = 0.01f_L$이면 이득 $|A_v(jf)| \cong \dfrac{1}{100}$배$(-40[\text{dB}])$가 된다. [그림 5-8(b)]는 주파수가 10배당 $\dfrac{1}{10}$배(-20dB) 비율인 $-20[\text{dB/decade}]$의 기울기로 A_{vmid}보다 떨어지는 고역통과 회로(HPF)의 저주파 응답특성을 보여준다.

입·출력 간의 위상변화를 살펴보면 식 (5.21)의 경우 $f = f_L$에서는 $\theta = \tan^{-1}\dfrac{f_L}{f} = \tan^{-1}(1)$이므로 위상이 $\theta = +45°$만큼 출력전압이 앞서는 진상회로이며, $f \ll f_L$에서는 $\theta = \tan^{-1}(\infty) = +90°$이므로 위상이 최대 90°만큼 앞서는 특성을 보인다.

1폴 시스템 RC 회로망

RC 회로망의 전달(함수)이득 $A_v(s)$를 일반적인 형태로 표현하면 다음과 같다. 여기서 p_1, $p_2, \cdots$, p_n을 폴^{pole}이라 하고, z_1, $z_2, \cdots$, z_n을 제로^{zero}라고 부른다.

$$A_v(s) = A_o \frac{(s-z_1)(s-z_2)\cdots(s-z_n)}{(s-p_1)(s-p_2)\cdots(s-p_n)} \tag{5.22}$$

[그림 5-8(a)]의 회로는 독립 커패시터 1개로 구성된 1개의 폴(P_1)을 갖는 고역통과 RC 회로망으로, 그 전달(함수)이득은 다음과 같이 나타낸다(식 (5.17) 참고).

$$A_v(s) = \frac{V_o(s)}{V_i(s)} = A_o \frac{s}{(s+p_1)} = A_o \frac{s}{(s+\omega_L)} = A_o \frac{s}{s+1/RC} \quad (A_o\,\text{중역이득}) \tag{5.23}$$

즉 커패시터 C 1개는 1개의 폴 $p_1 = \omega_L = \dfrac{1}{RC}$을 갖는 1폴 시스템으로, 이득은 $20[\text{dB/decade}]$ 비율로 감소되고, 위상은 최대 $90°$까지 변화한다. 폴이 2개 이상인 시스템에서는 이득 감쇠변화 기울기와 위상변화가 폴 개수의 배수로 증가한다. [예제 5-3]을 통해 3폴 시스템인 경우 이득특성의 보드선도를 통해 각 폴의 임계 주파수마다 $-20[\text{dB/decade}]$씩 추가로 감소하는 것을 확인할 수 있다.

C 결합 [CE]형 증폭기의 저주파 응답 해석

앞서 제시한 [그림 5-7]의 회로를 보자. [그림 5-7(b)]의 회로를 해석하기 위해서는 저주파 응답에 영향을 주는 3개의 콘덴서 C_1, C_2, C_E에 대해 각각 1개씩 독립적으로 해석한 후, 그 결과들을 모아서 최종적으로 저주파 응답을 결론짓는다. 이때 어느 하나의 콘덴서를 고려할 때 나머지 2개는 이상적으로 교류적 단락으로 간주한다.

■ 결합 콘덴서 C_1만의 영향

[그림 5-9(a)]는 [그림 5-7(b)] 회로에서 C_2와 C_E를 단락시키고 C_1만이 영향을 미치는 회로이다.

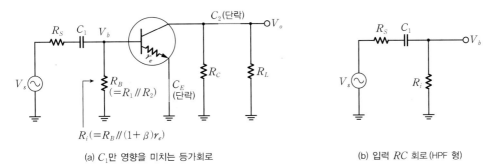

(a) C_1만 영향을 미치는 등가회로   (b) 입력 RC 회로(HPF 형)

[그림 5-9] C_1 결합 [CE]형 증폭기

[그림 5-9(a)]에서 증폭기만의 전압이득 A_{vb}와 C_1에 의해 영향을 받는 전체 전압이득 A_v는 다음과 같이 구한다. 이때 V_b는 V_s를 전압분배시켜 구한다($R_i = R_B \mathbin{/\!/} (1+\beta)r_e$).

$$A_{vb} \equiv \frac{V_o}{V_b} = -\frac{R_L{'}}{r_e} = -g_m R_L{'} \quad (R_L{'} = R_C /\!/ R_L) \tag{5.24}$$

$$V_b = V_s \cdot \frac{R_i}{R_S + \dfrac{1}{s\,C_1} + R_i} \tag{5.25}$$

$$A_v = \frac{V_o}{V_s} = \frac{V_o}{V_b} \cdot \frac{V_b}{V_s} = \frac{-R_i}{R_S + \dfrac{1}{s\,C_1} + R_i} \cdot \frac{R_L{'}}{r_e} = \frac{-R_i}{R_S + \dfrac{1}{s\,C_1} + R_i}\, g_m R_L{'} \tag{5.26}$$

위 회로는 C_1 1개의 커패시터로 구성된 1폴(p_1) 시스템으로, 다음 형태로 나타낼 수 있다. 이는 식 (5.23)을 참고하기 바란다.

$$A_v = A_o \frac{s}{(s + p_1)} = A_{v\mathrm{mid}} \frac{s}{(s + \omega_{L1})} \tag{5.27}$$

여기서 $A_{v\mathrm{mid}}$는 중간주파 영역의 이득이고, 폴 $p_1 = \omega_{L1}(= 2\pi f_{L1})$은 [그림 5-9(b)]의 입력 RC 회로망에서 $X_C = R$일 때(식 (5.14) 참조) 구해지는 **제1 하한 임계 각주파수**이다. $X_C = R_s + R_i$(여기서는 $R = R_S + R_i$)이므로 $\dfrac{1}{\omega_{L1} C_1} = R_S + R_i$에서 구한다. f_{L1}은 3[dB]의 **제1 하한 임계 주파수**를 나타낸다.

$$\omega_{L1} = \frac{1}{(R_S + R_i) C_1} = \frac{1}{[R_S + R_B /\!/ (1 + \beta) r_e] C_1} \tag{5.28}$$

$$f_{L1} = \frac{1}{2\pi (R_S + R_i) C_1} = \frac{1}{2\pi [R_S + R_B /\!/ (1 + \beta) r_e] C_1} \tag{5.29}$$

중역이득 $A_{v\mathrm{mid}}$는 모든 커패시터의 영향을 무시한 상태에서(C_1도 단락) 얻는 이득이다. 여기서 $R_i = R_B /\!/ (1 + \beta) r_e$이고, $R_L{'} = R_C /\!/ R_L$이다. 상세한 설명은 3장의 BJT를 참조하기 바란다.

$$A_{v\mathrm{mid}} = -\frac{R_i}{R_S + R_i} \cdot \frac{R_L{'}}{r_e} = -\frac{R_i}{R_S + R_i} \cdot g_m R_L{'} \tag{5.30}$$

■ 결합 콘덴서 C_2만의 영향

[그림 5-10(a)]는 [그림 5-7(b)] 회로에서 C_1과 C_E를 단락시키고 C_2만이 영향을 미치는 회로이다.

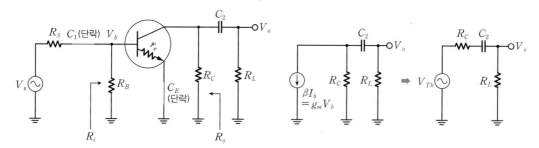

(a) C_2만 영향을 미치는 등가회로   (b) 출력 RC 회로와 테브난 등가회로

[그림 5-10] C_2 결합 [CE]형 증폭기

[그림 5-10(b)]의 회로는 C_2 1개의 커패시터로 구성된 1폴(p_2) 시스템으로, 전체 전압이득 A_v는 앞 절의 식 (5.23)에 의해 다음의 형태로 나타낼 수 있다. 여기서 $A_{v\mathrm{mid}}$는 식 (5.30)과 동일하게 된다.

$$A_v = A_o \frac{s}{(s+p_2)} = A_{v\mathrm{mid}} \frac{s}{(s+\omega_{L2})} \tag{5.31}$$

[그림 5-10(b)]를 통해 $X_C = R_C + R_L$ (식 (5.14) 참조)에서 3[dB]의 제2 하한 임계 각주파수 ω_{L2} 및 임계 주파수 f_{L2}를 구할 수 있다. 즉 $\dfrac{1}{\omega_{L2}C_2} = R_C + R_L$이므로 다음과 같다.

$$\omega_{L2} = \frac{1}{(R_C + R_L)C_2} \tag{5.32}$$

$$f_{L2} = \frac{1}{2\pi(R_C + R_L)C_2} \tag{5.33}$$

■ 바이패스 콘덴서 C_E만의 영향

[그림 5-11(a)]는 [그림 5-7(b)]의 회로에서 C_1과 C_2를 단락시키고 C_E만이 영향을 미치는 회로 이다.

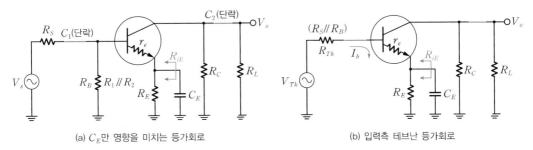

(a) C_E만 영향을 미치는 등가회로   (b) 입력측 테브난 등가회로

[그림 5-11] C_E 결합 [CE]형 증폭기

위 회로는 C_E 1개의 커패시터로 구성된 1폴(p_3) 시스템으로 전체 전압이득 A_v는 식 (5.23)에 의해 다음 형태로 나타낼 수 있다.

$$A_v = A_o \frac{s}{(s+p_3)} = A_{v\mathrm{mid}} \frac{s}{(s+\omega_{L3})} \tag{5.34}$$

여기서 $A_{v\mathrm{mid}}$는 중간주파 영역의 이득으로서 앞의 C_1, C_2의 경우와 동일한 식 (5.30)이 된다. ω_{L3} ($= 2\pi f_{L3}$)와 f_{L3}는 제3 하한 임계 각주파수와 임계 주파수를 의미하며, 이 두 값은 [그림 5-11(b)] 의 이미터에서 들여다본 전체저항 R_{iE}와 C_E로 구성되는 RC 회로망에서 $X_C = R_{iE}$ 관계(식 (5.14) 참조)로 구할 수 있다.

$$\omega_{L3} = \frac{1}{R_{iE} \cdot C_E} = \frac{1+\beta}{[(R_S /\!/ R_B) + (1+\beta)r_e]C_E} \tag{5.35}$$

$$f_{L3} = \frac{1}{2\pi R_{iE}C_E} = \frac{1+\beta}{2\pi[(R_S /\!/ R_B) + (1+\beta)r_e]C_E} \tag{5.36}$$

$$R_{iE} = \frac{(R_S /\!/ R_B) + (1+\beta)r_e}{1+\beta} /\!/ R_E \cong \frac{(R_S /\!/ R_B) + (1+\beta)r_e}{1+\beta} \tag{5.37}$$

여기서 R_{iE}는 [그림 5-11(b)]의 이미터에서 볼 때 $\dfrac{1}{1+\beta}$ 배로 보이는 **저항의 반사법칙**(3장 참조)으로 쉽게 구할 수 있다.

■ 전체 저주파 응답

최종적으로 [그림 5-7(a)]의 이미터 접지 증폭기의 저주파 응답은 전술한 바와 같이 3개의 콘덴서 영향을 각각 해석한 결과를 하나의 전달(함수)이득 식으로 합성하여 완성할 수 있다. 즉 식 (5.27), (5.31), (5.34)를 합하여 다음과 같이 나타낸다.

$$A_v \equiv \frac{V_o}{V_S} = A_{vmid} \cdot \left(\frac{s}{s+\omega_{L1}}\right)\left(\frac{s}{s+\omega_{L2}}\right)\left(\frac{s}{s+\omega_{L3}}\right) \tag{5.38}$$

이 경우는 서로 다른 RC 회로망을 갖는다. 즉 임계 주파수도 서로 다른 값 3개를 갖게 되는 **3폴 시스템**이라고 할 수 있다. 임계 주파수가 모두 같을 필요는 없다. 서로 다른 임계(차단) 주파수 중에서 가장 높은 주파수를 우성(우세)[dominant] 하위 차단 주파수, 그 회로망과 폴을 **우성 회로망, 우성 폴(극점)**이라고 하며, 이 증폭기의 **저주파 응답은 이 우성(우세) 하위 차단 주파수만으로 결정**된다고 해도 무방하다.

증폭기의 주파수(응답) 특성은 주파수의 변화에 따른 전압이득(또는 위상)의 변화를 **보드 선도**를 이용하여 나타낸다. 보드 선도에서 알 수 있듯이 우성 회로망은 증폭기의 전체 이득(중역이득)이 $-20[\mathrm{dB/decade}]$로 떨어지기 시작하는 최초의 절점[break-point]인 임계(차단) 주파수를 결정한다. 그런데 이상적인 보드 선도 곡선이 아닌 실제 곡선에서는 정확한 절점을 판독하기 어려우므로 **중역이득에서 $-3[\mathrm{dB}]$이 되는 지점의 주파수를 임계(차단) 주파수로 정의**하여 사용한다. 또 다른 RC 회로망이 있는 경우에는 그들 각각의 임계 주파수 이하에서 $-20[\mathrm{dB/decade}]$씩 추가로 감소시킨다. 상세한 보드 선도는 [예제 5-3]에서 제시한다.

예제 5-3

다음의 C 결합 [CE]형 증폭기의 저주파 응답(A_{vmid}, f_{L1}, f_{L2}, f_{L3}와 f_L)을 구하여라(단, $\beta=100$, $r_e = 14.5[\Omega]$, $g_m = 69[\mathrm{mA/V}]$, $V_A = \infty$이다).

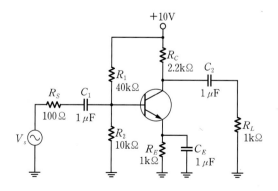

[그림 5-12] [CE]형 증폭기의 저주파 응답회로

풀이

❶ ~ ❸과 같이 각각의 하한 임계 주파수를 3개의 RC 회로망별로 해석한다.

❶ C_1 **영향** : C_2와 C_E는 단락시키고 **입력** RC **회로망**에서 구한다.

$$R_i = (R_1 \mathbin{/\!/} R_2 \mathbin{/\!/} (1+\beta)r_e = (40 \mathbin{/\!/} 10 \mathbin{/\!/} 1.45) = 1.22[\mathrm{k\Omega}]$$

$$f_{L1} = \frac{1}{2\pi(R_S + R_i)C_1} = \frac{1}{2\pi(0.1 + 1.22)K \cdot (1 \times 10^{-6})} \cong 120[\mathrm{Hz}]$$

❷ C_2 **영향** : C_1과 C_E는 단락시키고 **출력** RC **회로망**에서 구한다.

$$f_{L2} = \frac{1}{2\pi(R_C + R_L)C_2} = \frac{1}{2\pi(2.2 + 1)K \cdot (1 \times 10^{-6})} \cong 50[\mathrm{Hz}]$$

❸ C_E **영향** : C_1과 C_2는 단락시키고 **바이패스** RC **회로망**에서 구한다.

$$R_{iE} \cong \frac{(R_S \mathbin{/\!/} R_B) + (1+\beta)r_e}{1+\beta} = \frac{(0.1 \mathbin{/\!/} 8) + 1.45}{101} = 15.33[\Omega]$$

$$f_{L3} = \frac{1}{2\pi R_{iE} \cdot C_E} = \frac{1}{2\pi(15.33) \cdot 1 \times 10^{-6}} \cong 10.3[\mathrm{kHz}]$$

❹ **전체 저주파수 응답** : 각각에서 해석한 ω_{L1}, ω_{L2}, ω_{L3}를 합성하면 전압이득은 다음과 같다.

$$A_v(s) = A_{v\mathrm{mid}}\left(\frac{s}{s+\omega_{L1}}\right)\left(\frac{s}{s+\omega_{L2}}\right)\left(\frac{s}{s+\omega_{L3}}\right)$$

여기서 중역이득 $A_{v\mathrm{mid}}$는 C_1, C_2, C_E를 단락시켜 구한다. 여기서 $R_B = R_1 \mathbin{/\!/} R_2 = 40 \mathbin{/\!/} 10 = 8[\mathrm{k\Omega}]$, $R_L' = R_C \mathbin{/\!/} R_L = 2.2 \mathbin{/\!/} 1 = 688[\Omega]$이다. 상세한 설명은 3장의 BJT를 참조하기 바란다.

$$A_{v\mathrm{mid}} = \frac{R_i}{R_S + R_i} \cdot \left(\frac{-R_L'}{r_e}\right) = \frac{R_i}{R_S + R_i}(-g_m R_L')$$

$$= -\frac{R_B \mathbin{/\!/} (1+\beta)r_e}{[R_B \mathbin{/\!/} (1+\beta)r_e] + R_S} \cdot \frac{R_L'}{r_e} = \frac{(8 \mathbin{/\!/} 1.45)}{(8 \mathbin{/\!/} 1.45) + 0.1} \cdot \frac{(2.2 \mathbin{/\!/} 1)}{14.5}$$

$$= -43.8 \ (32.8[\mathrm{dB}])$$

3개의 임계 주파수에서 $f_{L3} = 10.3[\mathrm{kHz}]$가 가장 크므로 주어진 증폭기의 3[dB] 하한 임계 주파수 $f_L = 10.3[\mathrm{kHz}]$가 된다.

❺ **보드 선도** : 각 절점의 임계 주파수마다 $-20[\mathrm{dB/decade}]$씩 추가 감쇠를 나타내고 있으며, 가장 높은 주파수인 f_{L3}가 3[dB] 하한 임계 주파수 f_L이 된다.

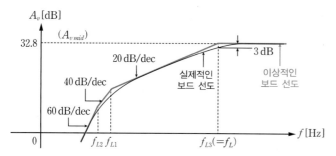

[그림 5-13] 저주파 보드 선도

5.2.2 MOSFET 증폭기의 저주파 응답

FET 증폭기의 경우도 기본적으로 BJT와 유사하게 생각하면 된다. [그림 5-14]의 C 결합 소스 접지 [CS] 증폭기에서 결합 콘덴서 C_1, C_2와 바이패스 콘덴서 C_S를 독립적으로 해석한 후 그 결과를 합성하는 최종적인 저주파 응답 해석을 행한다. 상세한 회로 해석은 [예제 5-4]에서 수행한다.

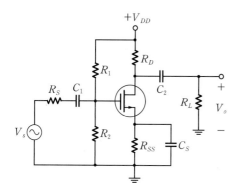

[그림 5-14] C 결합 [CS]형 증폭기

[CS]형 MOSFET 증폭기의 저주파 응답 해석을 위해 [그림 5-15]를 이용한다. 여기서 소스 쪽의 소스 저항 R_{SS}와 C_S 병렬회로는 저주파 영역에서는 C_S의 리액턴스가 매우 작아서 소스에 흐르는 전류가 거의 C_S로 흐른다는 가정 하에 R_{SS}는 무시했으며, FET 자체의 드레인 출력저항 $r_o(=r_d)$도 매우 크므로 무시한다.

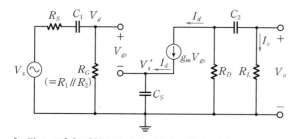

[그림 5-15] [CS]형 증폭기의 저주파 교류 등가회로

입력 RC 회로망에서 식 (5.14)인 $X_C = R\,(R = R_G + R_S)$에서 하한 임계 주파수 f_{L1}을 구한다.

$$f_{L1} = \frac{1}{2\pi(R_G + R_S)C_1} \quad \text{(제1의 3[dB] 하한 임계 주파수)} \tag{5.39}$$

출력 RC 회로망에서 식 (5.14)인 $X_C = R\,(R = R_D + R_L)$에서 하한 임계 주파수 f_{L2}를 구한다.

$$f_{L2} = \frac{1}{2\pi(R_D + R_L)C_2} \quad \text{(제2의 3[dB] 하한 임계 주파수)} \tag{5.40}$$

참고로, 출력 RC 회로망에서 전류원과 R_D를 테브난의 정리로 바꾸면 R_D와 R_L이 직렬접속형이 된다. 그리고 C_1과 C_S는 단락으로 간주된다.

$R_{SS}C_S$ **회로망**에서 드레인 전류 I_d를 이용하여 $A_v(s)$를 구할 수 있다.

$$I_d = g_m V_{gs} = g_m(V_g - V_s^{\,'}) = g_m\left(V_g - I_d \cdot \frac{1}{sC_S}\right) \tag{5.41}$$

$R_{SS}C_S$ 회로망도 C_S에 의한 1폴 시스템으로, 식 (5.23)을 사용하여 C_S에 의해 영향을 받는 전압이득 $A_v(s)$를 손쉽게 구할 수 있다.

$$A_v(s) = \frac{V_o(s)}{V_s(s)} = \frac{-I_d(R_D \,/\!/\, R_L)}{V_g(R_S + R_G)/R_G} = A_{v\text{mid}}\frac{s}{s + \omega_{L3}}$$

$$= A_{v\text{mid}} \cdot \frac{s}{s + (g_m/C_S)} \tag{5.42}$$

$$\omega_{L3} = 2\pi f_{L3} = \frac{g_m}{C_S} \quad (R_{SS} \text{ 고려 시 } \omega_{L3} = \frac{1 + g_m R_{SS}}{R_{SS}C_S}) \tag{5.43}$$

$$f_{L3} = \frac{g_m}{2\pi C_S} \quad \text{(제3의 3[dB] 하한 임계 주파수)} \tag{5.44}$$

C_1, C_2, C_S **해석을 종합**하면 [CS]형 증폭기의 저주파 영역에서의 전압이득 $A_v(s)$와 중역이득 $A_{v\text{mid}}$는 다음과 같이 나타낼 수 있다. 4장의 FET을 참조하기 바란다.

$$A_v(s) = \frac{V_o(s)}{V_s(s)} = -\frac{R_G}{R_G + R_S}(g_m R_L')\frac{s^3}{(s + \omega_{L1})(s + \omega_{L2})(s + \omega_{L3})} \tag{5.45}$$

$$A_{v\text{mid}} = -\frac{R_G}{R_G + R_S}(g_m R_L') \tag{5.46}$$

3개의 임계 주파수 중에서 가장 높은 우성 폴의 주파수 f_{L3}를 3[dB] 하한 임계 주파수(혹은 저역 차단 주파수) f_L이라고 하며, 각 폴의 임계 주파수마다 $-20[\text{dB/decade}]$씩 추가로 감소된다.

이처럼 여러 개의 폴(f_{L1}, f_{L2}, f_{L3})이 존재할 경우, 폴 사이가 10배(1[decade]) 이상 떨어져 있을 때는 서로 영향을 미치지 않는 것으로 간주할 수 있다. 일반적으로 바이패스 커패시터 C_S에 의한 폴 주파수가 최상위에 위치하므로 $f_L = f_{L3}$가 되도록 C_S를 설정하고, 나머지는 10배 이하의 주파수가 되도록 C_1, C_2 값을 설정하되 최대한 작은 값으로 설계해야 함을 기억하기 바란다.

예제 5-4

[그림 5-14]의 MOSFET [CS]형 증폭기에서 저주파 응답(A_{vmid}, f_{L1}, f_{L2}, f_{L3}, f_L)을 구하고, 저역 3[dB] 차단 주파수 $f_L = 100$[Hz]가 되도록 설계하려 할 때 커패시터 값을 설정하여라(단, $R_S = 10$[kΩ], $R_1 = R_2 = 20$[MΩ], $R_D = R_L = 10$[kΩ], $g_m = 2$[mA/V], $C_1 = C_2 = C_S = 1[\mu\text{F}]$, $r_o = \infty$, 소스저항 R_{SS}는 무시한다).

풀이

❶ 중역이득 : $A_{vmid} = -\left(\dfrac{R_G}{R_S + R_G}\right)g_m(R_D /\!/ R_L) = -\dfrac{10}{(0.01+10)} \times 2 \times (10 /\!/ 10) = -9.99$

     여기서 $R_G = (R_1 /\!/ R_2) = (20 /\!/ 20) = 10$[MΩ]이다.

❷ 입력 RC 회로망 : $f_{L1} = \dfrac{1}{2\pi(R_G + R_S)C_1} = \dfrac{1}{2\pi(10+0.01) \times 1} = 0.016$[Hz]

❸ 출력 RC 회로망 : $f_{L2} = \dfrac{1}{2\pi(R_D + R_L)C_2} = \dfrac{1}{2\pi(20+10^3) \times (1 \times 10^{-6})} \cong 8$[Hz]

❹ 바이패스 RC 회로망 : $f_{L3} = \dfrac{g_m}{2\pi C_S} = \dfrac{2 \times 10^{-3}}{2\pi \times 1 \times 10^{-6}} = 318.4$[Hz]

❺ 저역 3[dB] 차단 주파수 : $f_L = f_{L3} = 318.4$[Hz]

❻ 바이패스 콘덴서 C_s : $f_{L3} = f_L$이므로 $f_{L3} = \dfrac{g_m}{2\pi C_S} = 100$에서 C_S를 구하면 다음과 같다.

$$C_S = \dfrac{g_m}{2\pi \times 100} = \dfrac{2 \times 10^{-3}}{200\pi} = 3.18[\mu\text{F}]$$

참고 이 주파수 응답의 보드 선도는 [예제 5-3]의 형태를 참고하라.

<table>
</table>

SECTION 5.3

증폭기의 고주파 응답

고주파 영역에서의 결합 커패시터나 바이패스 커패시터는 실효적으로 단락되어 아무런 영향을 미치지 않지만, 증폭기 소자 내부에 존재하는 수 [pF] 이하의 매우 작은 기생 커패시턴스는 전압이득의 감소, 위상차 발생 등 주파수 특성에 영향을 준다. 이 절에서는 증폭기의 고주파 응답의 전반을 학습하고, 대역폭, 이득-대역폭적 및 증폭기의 완전응답의 특성을 정리한다.

Keywords | 기생(내부) 커패시터 | 밀러의 정의 | 상한 임계 주파수 | [G · B] |

5.3.1 BJT 증폭기의 고주파 응답

[그림 5-16(a)]를 보면, [CE]형 증폭기의 경우 고주파 입력신호에 대해 결합 및 바이패스 커패시터는 실효적으로 단락되어 영향을 미치지 않는다. 그러나 증폭기 소자 내부의 접합(전극) 간에 존재하는 수 pF의 기생 커패시턴스의 리액턴스는 무한대(∞)로 근사화할 수 없다. 따라서 [그림 5-16(b)]의 고주파 교류 등가회로를 이용하여 **기생 커패시터에 의한 고주파 특성**을 해석한다. [그림 5-16(b)]의 고주파 등가회로의 C_1, C_2, C_E는 단락으로 간주한다.

[그림 5-16(b)]에서 **입력 커패시턴스 C_{be}**는 고주파 시에 리액턴스 X_C 값이 작아져 외부입력 V_s가 소스저항 R_S와 X_C와의 전압분배 시에 증폭기로 유입되는 입력 크기를 저하시킨다. 그리고 **출력 커패시턴스 C_{bc}**는 출력신호와 입력신호 간에 $180°$ 역상인 부궤환을 행하게 되어 전압이득을 감소시킨다. 그런데 C_{ce}는 크기도 작고 출력측 커패시터의 영향은 작게 나타나므로 보통 무시한다.

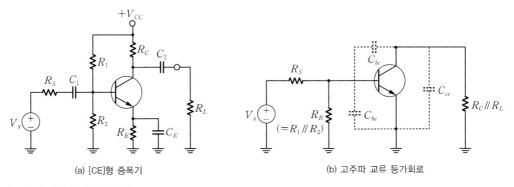

(a) [CE]형 증폭기   (b) 고주파 교류 등가회로

[그림 5-16] [CE]형 증폭기

밀러의 정리

밀러Miller**의 정리**는 [그림 5-16(b)]의 부궤환 위치에 있는 C_{bc}를 궤환이 없는 회로로 등가 변환하는 유용한 방법으로, BJT의 내부 커패시턴스(C_{bc})에 의한 고주파 해석을 손쉽게 할 수 있게 해준다(연산 증폭기 같은 반전 증폭기에 유용한 정리이다).

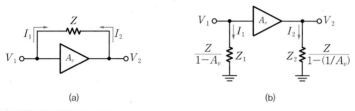

[**그림 5-17**] 밀러의 정리

[그림 5-17(a)]에서처럼 두 단자 1과 2의 전압을 각 V_1, V_2라 하고, 입·출력 간에 궤환소자 임피던스 Z가 연결되어 있고, 전압이득 $A_v = \dfrac{V_2}{V_1}$라고 한다. V_1과 V_2를 통해 흘러나가는 전류 I_1, I_2가 다음과 같을 때 $Z_1 \equiv \dfrac{Z}{1-A_v}$ 으로, $Z_2 \equiv \dfrac{Z}{1-1/A_v}$ 로 정의한다.

$$I_1 = \frac{V_1 - V_2}{Z} = \frac{V_1(1-A_v)}{Z} = \frac{V_1}{Z/(1-A_v)} = \frac{V_1}{Z_1} \tag{5.47}$$

$$I_2 = \frac{V_2 - V_1}{Z} = \frac{V_2(1-1/A_v)}{Z} = \frac{V_2}{Z/(1-1/A_v)} = \frac{V_2}{Z_2} \tag{5.48}$$

궤환요소 Z를 없애고 I_1, I_2를 [그림 5-17(b)]처럼 접속했을 때, [그림 5-17(b)]와 [그림 5-17(a)]에 흐르는 전류 I_1, I_2는 서로 동일하므로 [그림 5-17(b)]처럼 궤환이 없는 회로로 바꾸어 사용할 수 있다.

[그림 5-16(b)]에서는 궤환요소가 C_{bc}이므로 밀러의 정리에 의해 밀러 등가 입력용량 C_{Mi}와 밀러 등가 출력용량 C_{Mo}를 다음과 같이 구할 수 있다. 이때 $Z_1 = \dfrac{Z}{1-A_v}$ 와 $Z_2 = \dfrac{Z}{1-1/A_v}$ 에 $Z_1 = \dfrac{1}{j\omega C_{Mi}}$, $Z_2 = \dfrac{1}{j\omega C_{Mo}}$, $Z = \dfrac{1}{j\omega C_{bc}}$ 을 대입하여 구한다.

$$C_{Mi} = C_{bc}(1-A_v) \tag{5.49}$$

$$C_{Mo} = C_{bc}(1-1/A_v) \tag{5.50}$$

이때 C_{bc}의 **밀러효과**Miller effect**에 의해 밀러 등가 입력용량** C_{Mi}**이 약** A_v**배 만큼 증가되므로** 증폭기의 고주파 특성을 거의 좌우하게 되고, 출력측의 커패시턴스는 거의 영향을 미치지 않는다.

이제, 증폭기 해석을 위해 먼저 고주파 응답특성에 영향을 미치는 [그림 5-18]의 저역통과 RC 회로(LPF)의 전달(함수)이득 $A_v(s)$를 고찰하는 것으로부터 시작해보자.

저역통과 RC 회로(LPF)의 전달(함수) 이득 해석

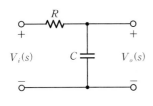

(a) 기본 저역통과 RC 회로(LPF)

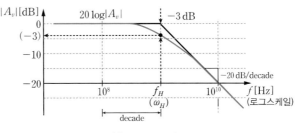

(b) 이득 보드 선도

[그림 5-18] 저역통과 RC 회로와 보드 선도

[그림 5-18(a)]에서는 입력신호의 주파수가 높을수록 커패시터의 리액턴스가 감소되고, 출력전압 V_o가 감소되어 전압이득이 감소되는 **저역통과 특성(LPF)**을 갖는다. 그리고 이 회로는 커패시터 양단의 전압이 출력이므로 출력이 입력보다 위상이 느린(C는 전압을 늦게 충전하므로) 지상회로이다. 콘덴서의 리액턴스 $X_C\left(=\dfrac{1}{\omega C}=\dfrac{1}{2\pi f C}\right)$와 R의 전압분배로 출력전압 V_o를 구한다.

$$V_o(s) = V_i(s)\frac{X_C}{R-jX_C} = V_i(s)\frac{1/sC}{R+(1/sC)} = V_i(s)\frac{1}{1+sRC} \tag{5.51}$$

식 (5.14)인 $X_C = R$일 때, V_o의 크기가 V_i의 70.7%$\left(=\dfrac{1}{\sqrt{2}}, -3[\text{dB}]\right)$가 된다. 이때의 입력 주파수를 3[dB]의 상한 임계 주파수(또는 고역 차단 주파수) f_H라고 하며, 다음과 같이 구해진다.

$$X_C = \frac{1}{\omega_H C} = \frac{1}{(2\pi f_H)C} = R \quad (X_C = R \text{ 관계식}) \tag{5.52}$$

$$\omega_H = \frac{1}{RC} \quad (3[\text{dB}]\text{상한 임계 각주파수}) \tag{5.53}$$

$$f_H = \frac{1}{2\pi RC} \quad (3[\text{dB}] \text{ 상한 임계 주파수}) \tag{5.54}$$

식 (5.51)에서 전압이득 $A_v(s)$를 구하면 다음과 같다.

$$A_v(s) \equiv \frac{V_o(s)}{V_i(s)} = \frac{1}{1+sRC} = \frac{1}{1+(s/\omega_H)} \quad \left(\omega_H = \frac{1}{RC}\right) \tag{5.55}$$

독립 커패시터 1개로 구성된 이 LPF의 전달(함수)이득 $A_v(s)$는 1폴 시스템으로, 다음과 같은 일반형태로 표현할 수 있다. 여기서 $A_{v\text{mid}}$는 중역이득이다.

$$A_v(s) = A_{v\text{mid}} \cdot \frac{1}{1+sRC} = A_{v\text{mid}}\frac{1}{1+(s/\omega_H)} \tag{5.56}$$

1폴 시스템은 3[dB] 상한 차단 주파수에서 이득이 20[dB/decade] 비율로 감소하고, 위상은 최대 90°까지 (지상)변화한다. 폴이 2개 이상인 시스템의 경우는 이득 감쇠 변화 기울기와 위상변화가 폴의 개수의 배수로 증가한다. 여기서 $f_H = \dfrac{1}{2\pi RC}$로서 3[dB] 상한 임계(차단) 주파수이다.

$$A_v(j\omega) = \frac{1}{1 + j\omega RC} = \frac{1}{1 + j(\omega/\omega_H)} \tag{5.57}$$

$$A_v(jf) = \frac{1}{1 + j(f/f_H)} \qquad \text{(복소수 형태)} \tag{5.58}$$

전압이득 $A_v(jf)$의 크기 $|A_v(jf)|$와 위상 θ_H는 다음과 같이 구해진다.

$$|A_v(jf)| = \frac{1}{\sqrt{1 + (f/f_H)^2}} \left(= \frac{1}{\sqrt{1 + (\omega/\omega_H)^2}} \right) \tag{5.59}$$

$$\theta_H = \angle A_v(jf) = \angle V_o(s) - \angle V_i(s) = -\tan^{-1}(f/f_H) = -\tan^{-1}(\omega/\omega_H) \tag{5.60}$$

그리고 $f = f_H$일 때 전압이득은 중간 주파수 대역의 이득 A_{vmid}의 $-3[\text{dB}]$ (0.707배)가 되는 상한 임계 주파수(혹은 고역 차단 주파수)로 정의하여 사용한다. 만일 $f = 10f_H,\ 20f_H,\ \cdots$ 의 비율로 주파수가 증대하면 그때의 이득은 중역이득 A_{vmid}의 $\dfrac{1}{10}(-20[\text{dB}])$, $\dfrac{1}{100}(-40[\text{dB}])$, $\cdots$, 즉 $-20[\text{dB/decade}]$ 비율로 감쇠하는 고주파 응답특성을 보이게 된다.

C 결합 [CE]형 증폭기의 고주파 응답 해석

[그림 5-16(b)] 회로를 밀러의 정리를 적용한 고주파 교류 등가회로로 바꾸면 [그림 5-19]와 같이 나타낼 수 있다. 2개의 밀러 등가용량은 고주파 입력 RC 회로망과 고주파 출력 RC 회로망을 구성하고 있으며, 이 2개의 회로망은 앞 절의 저주파 응답 해석과 반대로 위상이 지상인 RC **저역통과 회로** (LPF)로 동작한다.

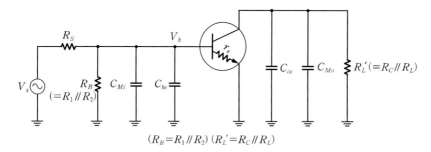

[그림 5-19] 밀러 정리를 적용한 고주파 교류 등가회로

■ 입력 RC 회로망

[그림 5–19] 회로의 입력부를 [그림 5–20(a)]와 같이 재정리한 후 [그림 5–20(b)]와 같은 테브난의 등가회로로 바꾼다.

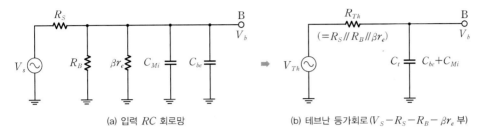

(a) 입력 RC 회로망   (b) 테브난 등가회로($V_S - R_S - R_B - \beta r_e$ 부)

[그림 5–20] 입력 RC 회로와 테브난 등가회로

입력 회로망을 해석할 때는 출력 회로망의 C_{ce}, C_{Mo}는 개방시켜 무시한다. 먼저 [그림 5–20(b)]에서 식 (5.14)인 $X_C = R$을 통해 상한 임계 주파수 f_H를 구할 수 있다.

$$\frac{1}{\omega_{H1} C_t} = \frac{1}{(2\pi f_{H1}) C_t} = R_{Th} \quad (X_C = R \text{ 관계식임}) \tag{5.61}$$

$$\omega_{H1} = \frac{1}{R_{Th} C_t} = \frac{1}{(R_S \mathbin{/\mkern-5mu/} R_B \mathbin{/\mkern-5mu/} \beta r_e)[C_{be} + C_{Mi}]} \tag{5.62}$$

$$f_{H1} = \frac{1}{2\pi R_{Th} C_t} = \frac{1}{2\pi (R_S \mathbin{/\mkern-5mu/} R_B \mathbin{/\mkern-5mu/} \beta r_e)[C_{be} + C_{Mi}]} \tag{5.63}$$

1폴 시스템인 입력 RC 회로망의 전달(함수)이득 $A_v(s)$는 식 (5.56)으로 쉽게 구해진다.

$$A_v(s) = \frac{V_o(s)}{V_s(s)} = A_{vmid} \cdot \frac{1}{1 + (s/\omega_{H1})} \quad (\omega_{H1} = 1/R_{Th} C_t) \tag{5.64}$$

중역이득 A_{vmid}는 [그림 5–19]에서 기생 커패시터를 개방(무시)하여 구한다.

$$A_{vmid} = \frac{R_i}{R_S + R_i} \cdot (-g_m R_L{'}) = \frac{R_i}{R_S + R_i}\left(-\frac{R_L{'}}{r_e}\right) \tag{5.65}$$

여기서 $R_i = R_B \mathbin{/\mkern-5mu/} \beta r_e$이고 $R_L{'} = R_C \mathbin{/\mkern-5mu/} R_L$이다. 상세한 설명은 3장의 BJT를 참조하기 바란다.

■ 출력 RC 회로망

[그림 5-19]의 고주파 출력 RC 회로망을 테브난의 등가회로로 변환해보자.

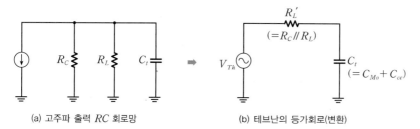

(a) 고주파 출력 RC 회로망   (b) 테브난의 등가회로(변환)

[그림 5-21] 출력 RC 회로와 테브난 등가회로

[그림 5-21(b)]에서 $X_C = R$(식 (5.14))에서 상한 임계 주파수 f_{H2}를 구한다.

$$\frac{1}{\omega_{H2} C_t} = R_C \mathbin{/\mkern-5mu/} R_L$$

$$\omega_{H2} = \frac{1}{(R_C \mathbin{/\mkern-5mu/} R_L) C_t} = \frac{1}{(R_C \mathbin{/\mkern-5mu/} R_L)(C_{Mo} + C_{ce})} \tag{5.66}$$

$$f_{H2} = \frac{1}{2\pi (R_C \mathbin{/\mkern-5mu/} R_L)(C_{Mo} + C_{ce})} \tag{5.67}$$

전체 전압이득 $A_v(s)$는 식 (5.56)으로 쉽게 구할 수 있다. 중역이득 $A_{v\mathrm{mid}}$는 식 (5.65)와 동일하다.

$$A_v(s) = \frac{V_o(s)}{V_s(s)} = A_{v\mathrm{mid}} \frac{1}{1 + (s / \omega_{H2})}$$

■ 전체 고주파 응답

[그림 5-22]는 이상적인 보드 선도를 보여준다. 2개의 임계 주파수(f_{H1}, f_{H2}) 중 낮은 것이 3[dB] 상한 임계 주파수 f_H가 된다. 첫 번째 절점에서 -20[dB/decade] 감쇠가 시작되고, 두 번째 절점에서는 -40[dB/decade] 감쇠가 된다. 그리고 실제 임계 주파수는 중역이득보다 -3[dB] 떨어진다.

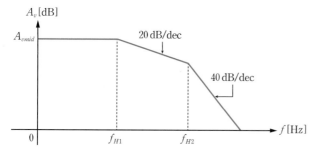

[그림 5-22] 고주파 보드 선도

[그림 5-16(b)]의 [CE]형 증폭기 회로에서 $C_{be} = 7[\text{pF}]$, $C_{bc} = 1[\text{pF}]$, $C_{ce} = 4[\text{pF}]$일 때 이 증폭기의 고역 차단 주파수와 대역폭을 구하여라. 이때 각 소자의 값들은 [그림 5-12]를 참고하라.

풀이

❶ 중역이득

$$A_{vmid} = \frac{R_i}{R_i + R_S}\left(\frac{-R_L{'}}{r_e}\right) = \frac{R_i}{R_i + R_S} \cdot (-g_m R_L{'}) = -43.8$$

$$R_i = R_B \mathbin{/\!/} (1+\beta)r_e \cong 8\text{k} \mathbin{/\!/} 1.45\text{k} = 1.22[\text{k}]$$

$$R_L{'} = R_C \mathbin{/\!/} R_L = 2.2\text{k} \mathbin{/\!/} 1\text{k} = -0.688\text{k}, \quad r_e = 14.5[\Omega]$$

❷ 입력 RC 회로망 : [그림 5-20(b)] 회로 참고

$$R_{th} = R_S \mathbin{/\!/} R_B \mathbin{/\!/} \beta r_e = 0.1 \mathbin{/\!/} 8 \mathbin{/\!/} 1.45 = 92.4[\Omega]$$

$$C_t = C_{be} + C_{Mi} = 7 + (1 - A_v)C_{bc} = 7 + (1 + (R_L{'}/r_e)) \cdot 1 = 55.4[\text{pF}]$$

• 증폭기 자체 전압이득 : $A_v = -\dfrac{R_L{'}}{r_e} = \dfrac{688}{14.5} = -47.4$

• 제1의 고역 차단 주파수 : $f_{H1} = \dfrac{1}{2\pi R_{th} \cdot C_t} = 31.1[\text{MHz}]$

❸ 출력 RC 회로망 : [그림 5-21(b)] 회로 참고

$$R_L{'} = R_C \mathbin{/\!/} R_L = 688[\Omega]$$

$$C_t = C_{Mo} + C_{ce} = [C_{bc} \times (1 - (1/A_v))] + C_{ce} = \left(\frac{1}{1 + 1/47.4}\right) + 4 = 4.98[\text{pF}]$$

• 제2의 고역 차단 주파수 : $f_{H2} = \dfrac{1}{2\pi R_L{'} C_t} = \dfrac{1}{2\pi \times 688 \times 4.98 \times 10^{-12}} = 46.5[\text{MHz}]$

❹ 3[dB] 고역 차단 주파수 : $f_H = 31.1[\text{MHz}]$ (차단 주파수 중에서 낮은 주파수임)

❺ 3[dB] 저역 차단 주파수 : $f_L = 10.3[\text{kH}]$ ([예제 5-3] 참조)

❻ 증폭기의 대역폭 : $BW = f_H - f_L = 31.09[\text{MHz}]$

❼ 전체 고주파 응답 : [그림 5-22] 보드 선도 참고

$$A_v(s) = A_{vmid} \cdot \frac{1}{(1 + (s/\omega_{H1}))(1 + (s/\omega_{H2}))}$$

각각의 ω_{H1}, ω_{H2}를 합성하면 전체 전압이득을 구할 수 있다.

5.3.2 MOSFET 증폭기의 고주파 응답

FET 증폭기인 경우도 기본적으로 BJT와 유사하게 접근하면 된다. [그림 5-23(a)]의 공통 소스 증폭기가 고주파로 동작할 때, C_1, C_2, C_S는 단락시키고 [그림 5-23(b)]와 같이 내부 기생용량인 C_{gs}, C_{gd}를 고려하는 고주파 교류 등가회로로 나타낼 수 있다.

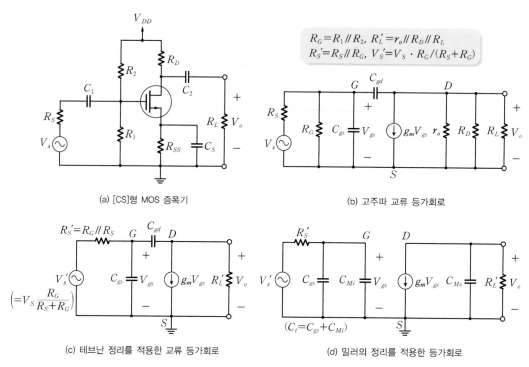

$$R_G = R_1 /\!/ R_2, \quad R_L' = r_o /\!/ R_D /\!/ R_L$$
$$R_S' = R_S /\!/ R_G, \quad V_S' = V_S \cdot R_G / (R_S + R_G)$$

(a) [CS]형 MOS 증폭기

(b) 고주파 교류 등가회로

(c) 테브난 정리를 적용한 교류 등가회로

(d) 밀러의 정리를 적용한 등가회로

[그림 5-23] [CS]형 MOS 증폭기와 등가회로

[그림 5-23(c)]는 [그림 5-23(b)]의 입력부($V_S - R_S - R_G$)를 테브난의 등가회로($V_S' - R_S'$)로 바꾸고 출력부를 $R_L' = (r_o /\!/ R_D /\!/ R_L)$인 R_L'으로 정리하여 제시하고 있다. [그림 5-23(d)]는 [그림 5-23(c)]의 C_{gd}를 밀러의 정리의 C_{Mi}와 C_{Mo}로 구성한 것이다.

■ 전체 고주파 응답

2개의 임계 주파수(f_{H1}, f_{H2}) 중 낮은 주파수가 3[dB] 상한 임계 주파수 f_H가 된다. 전체 전압 이득은 식 (5.56)을 이용하여 다음과 같이 나타낼 수 있다. 상세한 회로 해석은 [예제 5-6]에서 수행한다.

$$A_v(s) = \frac{V_o(s)}{V_s(s)} = A_{vmid} \cdot \frac{1}{(1 + s/\omega_{H1})(1 + s/\omega_{H2})} \tag{5.68}$$

[그림 5-23(a)]의 [CS]형 MOS 증폭기에서 다음 항목들을 해석하여라(단, $R_S = 80[\text{k}\Omega]$, $R_1 = R_2 = 10[\text{M}\Omega]$, $R_D = R_L = 20[\text{k}\Omega]$, $g_m = 1[\text{mA/V}]$, $r_o = 200[\text{k}\Omega]$, 소스저항 R_{SS}는 무시한다. $C_{gs} = 1[\text{pF}]$, $C_{gd} = 0.3[\text{pF}]$, $f_L = 100[\text{Hz}]$로 한다).

(a) 중역이득 $A_{v\text{mid}}$를 구하여라.
(b) 증폭기의 전체 입력용량 C_{in}을 구하여라.
(c) 3[dB] 상위 임계 주파수 f_H를 구하여라.
(d) 이 증폭기의 3[dB] 대역폭(BW)를 구하여라.
(e) 이 증폭기의 전체 주파수 응답특성(보드 선도)을 구하여라.

풀이

(a) 중간 주파수 영역의 이득은 C_1, C_2, C_S는 단락시키고, 기생(내부) 커패시터는 개방시켜 커패시터 영향을 무시함으로써 얻는 이득이다(4장의 FET 참조).

$$A_{v\text{mid}} = -\frac{R_G}{R_S + R_G} \cdot g_m R_L' = \frac{5}{0.08 + 5} \cdot (1 \times 10^{-3} \times 9.5 \times 10^3) = -9.35$$

$$(R_G = R_1 \,/\!/\, R_2 = 10 \,/\!/\, 10 = 5[\text{M}\Omega], \; R_L' = r_o \,/\!/\, R_D \,/\!/\, R_L = 9[\text{k}\Omega])$$

(b) 전체 입력용량은 다음과 같다. (여기서 $A_v = -g_m R_L' = -1 \times 9.5 = -9.5$임)

$$C_{in}(= C_t) = C_{gs} + C_{Mi} = 1 + (1 - A_v)C_{gd} = 1 + (1 + 9.5) \cdot (0.3) = 4.15[\text{pF}]$$

$$C_{Mo} = C_{gd}(1 - 1/A_v) = 0.3(1 + 1/9.5) \cong 0.3[\text{pF}]$$

(c) [그림 5-23(d)]에서 입력 RC 회로망과 출력 RC 회로망의 상한 임계 주파수 f_{H1}, f_{H2}를 구한다.

$$f_{H1} = \frac{1}{2\pi(R_S \,/\!/\, R_G)[C_{gs} + C_{Mi}]} = \frac{1}{2\pi(80 \,/\!/\, 5000)(4.15 \times 10^{-12})} = 487[\text{kHz}]$$

$$f_{H2} = \frac{1}{2\pi(r_o \,/\!/\, R_D \,/\!/\, R_L)C_{Mo}} = \frac{1}{2\pi \times 9.5 \times 10^3 \times 0.3 \times 10^{-12}} = 55.8[\text{MHz}]$$

따라서 3[dB] 상위 임계 주파수 $f_H = f_{H1} = 487[\text{kHz}]$이다.

(d) 증폭기의 3[dB] 대역폭을 구하면 다음과 같다.

$$BW = f_H - f_L = (487\text{k} - 0.1\text{k}) = 486.9[\text{kHz}]$$

(e) 이 증폭기의 전체 응답특성을 보려면 식 (5.69) ~ (5.70)과 보드 선도를 참고하기 바란다.

- 전압이득의 저주파 응답특성

$$A_v(S) = \left(-\frac{R_G}{R_S + R_G}\right) \cdot g_m (R_D /\!/ R_L) \cdot \left(\frac{s}{s + \omega_{L1}}\right)\left(\frac{s}{s + \omega_{L2}}\right)\left(\frac{s}{s + \omega_{L3}}\right) \qquad (5.69)$$

- 전압이득의 고주파 응답특성

$$A_v(s) = \left(-\frac{R_G}{R_S + R_G}\right) \cdot g_m (R_D /\!/ R_L) \cdot \left(\frac{1}{1 + s/\omega_{H1}}\right)\left(\frac{1}{1 + s/\omega_{H2}}\right) \qquad (5.70)$$

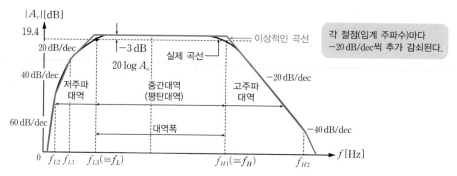

[그림 5-24] [CS]형 증폭기의 전체 주파수 응답특성(보드 선도) 예시

SECTION
5.4

다단 및 동조형 증폭기

이 절에서는 여러 단의 증폭기를 종속접속할 때 전체 증폭기의 주파수 응답을 해석하고, 무선통신 등에서 취급하는 특정 주파수를 중심으로 하는 협대역 신호 증폭인 동조형 증폭기를 학습한다. 고주파 증폭 시 자기발진의 장애현상 및 증폭기의 왜곡, 잡음지수 등의 개념과 회로상의 개선책을 학습한다.

Keywords | 다단 증폭기 | 동조 증폭기 | 자기발진 | 왜곡 및 잡음지수 |

5.4.1 다단 증폭기의 이득과 주파수 응답

5.3.2절에서 선형 증폭기의 중요한 파라미터인 **이득과 대역폭의 곱** $[G \cdot B]$이 일정함을 학습하였다. 고이득을 위해 여러 단의 증폭기를 **종속접속**^{cascaded arrangement}하면 전압이득은 증대하지만, 사용할 수 있는 대역폭 BW는 감소하는 특성을 갖는다. 이 경우 3[dB] **저역 및 고역 차단 주파수**에 변화가 생기는데, 지금부터 그 변화를 해석해볼 것이다.

다단 증폭기의 이득

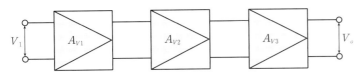

[그림 5-25] 3단 종속접속 증폭기 예시

[그림 5-25]의 3단 증폭기에서 전체 전압 증폭도 A_v는 각각의 곱으로 증대된다.

$$|A_V| = |A_{V1}||A_{V2}||A_{V3}| \tag{5.71}$$

양변에 로그를 취해 이득 $G_V[\text{dB}]$를 구하면 다음과 같다.

$$
\begin{aligned}
G_V[\text{dB}] &= 20\log_{10}|A_V| \\
&= 20\log_{10}|A_{V1}||A_{V2}||A_{V3}| \\
&= 20\log_{10}|A_{V1}| + 20\log_{10}|A_{V2}| + 20\log_{10}|A_{V3}| \\
&= G_{V1} + G_{V2} + G_{V3} \ [\text{dB}]
\end{aligned} \tag{5.72}
$$

따라서 전체 전압이득 $G_V[\text{dB}]$는 각각의 전압이득의 합이 된다.

$$G_V[\text{dB}] = G_{V1} + G_{V2} + G_{V3}[\text{dB}]$$

[그림 5-25]의 3단 종속 증폭기에서 $V_i = 50[\mu V]$가 인가될 때 출력전압 $V_o[V]$와 전체 전압이득 $G_V[dB]$를 구하여라(단, $A_{V1} = 10$, $A_{V2} = 50$, $A_{V3} = 100$이다).

풀이

❶ 전체 전압 증폭도 : $A_V = 10 \times 50 \times 100 = 5 \times 10^4$

❷ 출력전압 : $V_o = V_i \cdot A_v = 50 \times 10^{-6} \times 5 \times 10^4 = 2.5[V]$

❸ 전체 전압이득 : $G_V[dB] = 20\log 10 + 20\log 50 + 20\log 100 = 20 + 34 + 40 = 94[dB]$

다단 증폭단의 대역폭 ΔW

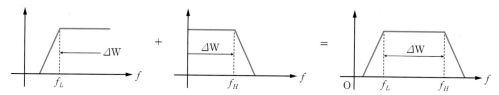

[그림 5-26] 종속 증폭단의 대역폭

모든 증폭기들의 특성이 동일한 경우, 각 증폭기의 주파수 응답 $A_k(f)$를 다음과 같이 나타낼 수 있다. 따라서 n단 증폭기 전체 이득의 응답 $A_n(f)$도 다음과 같다.

$$A_k(f) = A_{mid}\left(\frac{1}{1 - j(f_L/f)}\right)\left(\frac{1}{1 + j(f/f_H)}\right) \tag{5.73}$$

$$A_n(f) = A_{mid}^n\left(\frac{1}{1 - j(f_L/f)}\right)^n \cdot \left(\frac{1}{1 + j(f/f_H)}\right)^n \tag{5.74}$$

식 (5.74)를 이용해서 n단 전체 증폭기의 3[dB] **상위 차단 주파수** f_H^*와 **하위 차단 주파수** f_L^*을 다음과 같이 구할 수 있다.

$$\left|\frac{A_n(f)}{A_{mid}^n}\right| = \left|\left(\frac{1}{1 - j(f_L/f_L^*)}\right)^n\right| = \frac{1}{\sqrt{2}}, \quad \left|\left(\frac{1}{1 + j(f_H^*/f_H)}\right)^n\right| = \frac{1}{\sqrt{2}}$$

위 식으로부터 f_H^*부터 구한다.

$$\frac{1}{\sqrt{1 + \left(f_H^*/f_{H1}\right)^2}} \cdot \frac{1}{\sqrt{1 + \left(f_H^*/f_{H2}\right)^2}} \cdots \frac{1}{\sqrt{1 + \left(f_H^*/f_{Hn}\right)^2}} = \frac{1}{\sqrt{2}} \tag{5.75}$$

한편 n개가 모두 동일한 상측 3[dB] 주파수를 갖는 경우에 f_H는 $f_{H1} = f_{H2} = \cdots = f_{Hn} = f_H$로 된다. 이 식과 식 (5.75)를 정리하면 다음과 같이 나타낼 수 있다.

$$\left[\frac{1}{\sqrt{1+\left(f_H^*/f_H\right)^2}}\right]^n = \frac{1}{\sqrt{2}}, \quad \left[1+\left(f_H^*/f_H\right)^2\right]^n = 2 \tag{5.76}$$

위의 식을 이용해서 f_H^*를 구하면 다음과 같다.

$$\frac{f_H^*}{f_H} = \sqrt{2^{\frac{1}{n}}-1} \tag{5.77}$$

$$\boldsymbol{f_H^*} = \sqrt{2^{\frac{1}{n}}-1} \cdot f_H \tag{5.78}$$

동일한 방법으로 $\dfrac{f_L^*}{f_L}$을 구하면 다음과 같다.

$$\boldsymbol{f_L^*} = \frac{1}{\sqrt{2^{\frac{1}{n}}-1}} \cdot f_L \tag{5.79}$$

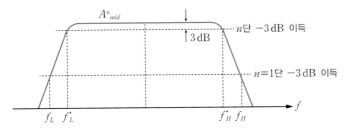

[그림 5-27] 다단 증폭회로의 대역폭 변화

예제 5-8

상위 임계 주파수 $f_H = 20[\text{MHz}]$, 하위 임계 주파수 $f_L = 500[\text{Hz}]$인 증폭기를 2단 종속접속할 때의 대역 폭을 구하여라. 또한 3단 종속접속한 경우의 응답과 비교하여라.

풀이

- $n=2$인 경우 : $f_H^* = \sqrt{2^{\frac{1}{2}}-1} \times 20[\text{MHz}] = 12.87[\text{MHz}]$

$$f_L^* = \frac{1}{\sqrt{2^{\frac{1}{2}}-1}} \times 500[\text{Hz}] = \frac{500}{0.64} = 781[\text{Hz}]$$

$$BW = 12.87[\text{MHz}] - 781[\text{Hz}] \cong 12.869[\text{MHz}]$$

- $n=3$인 경우 : $f_H^* = \sqrt{2^{\frac{1}{3}}-1} \times 20[\text{MHz}] = 10.2[\text{MHz}]$

$$f_L^* = \frac{1}{\sqrt{2^{\frac{1}{3}}-1}} \times 500[\text{Hz}] \cong \frac{500}{\sqrt{0.25}} = 1000[\text{Hz}]$$

$$BW = 10.2[\text{MHz}] - 1000[\text{Hz}] \cong 10.199[\text{MHz}]$$

즉 증폭단이 증가할수록 대역폭(ΔW)은 작아진다. 따라서 대역폭이 감소하면 f_L이 증가하고, f_H는 감소하는 결과를 가져온다. **다단 증폭기의 대역폭은 각각의 증폭단 대역폭보다는 작아진다.**

5.4.2 동조 증폭기

동조^{tuning}란 공진회로의 L 또는 C를 조정하여 그 공진 주파수를 입력신호의 중심 주파수에 맞추는 것을 의미한다. **동조 증폭기**는 [그림 5-28(a)]의 중심 주파수 f_0를 중심으로 대역폭이 BW인 주파성분만 이득 A_{mid}로 증폭하는 **협대역 증폭기**$^{narrowband\ amp}$로서, 음성이나 영상신호의 무선통신 등에 주로 사용된다.

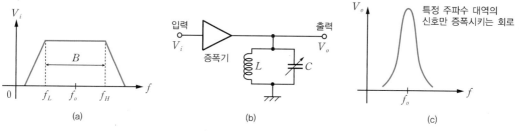

[그림 5-28] 동조회로의 주파수 특성

동조회로(동조형 증폭기)

일반적으로 TR은 증폭기 역할을 한다. 동조회로는 증폭기의 부하에 동조회로(공진회로)를 접속한 트랜지스터(BJT, FET 등) 회로로서, 부하의 LC, RLC 공진회로를 통해 주파수, 위상, 양호도, 대역폭 등에 대한 특성을 얻을 수 있다.

동조회로의 의미는 회로정수가 만드는 회로 주파수와 신호 주파수를 맞추는 것이다. 어떤 특정한 주파수 대역만을 증폭하는 경우에 동조 증폭기를 사용하는데, 공진회로가 부하로 사용된다. 공진회로를 설계할 때 가장 중요하게 고려해야 할 것은 **선택도**이다. [그림 5-29]는 공진회로의 **주파수 대역폭**($\Delta \omega$)과 Q(선택도)의 관계를 보여준다.

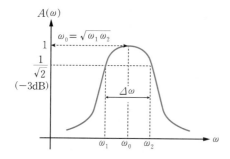

[그림 5-29] 공진회로 곡선

공진에서 Q가 클수록 공진곡선이 첨예해지고 대역폭 $\Delta\omega$가 좁아진다. 따라서 주파수 선택성은 좋아진다.

$$Q = \frac{\omega_0}{\omega_2 - \omega_1} = \frac{\omega_0}{\Delta\omega} = \frac{f_O}{f_2 - f_1} = \frac{f_O}{BW} \tag{5.80}$$

[표 5-1] 각 공진회로의 Q

구분	직렬 공진	병렬 공진
RL 회로	$\omega L/R$	$R/\omega L$
RC 회로	$1/\omega CR$	ωCR
RLC 회로	$1/R \cdot \sqrt{L/C}$	$R\sqrt{C/L}$

예제 5-9

중심 주파수 $f_o = 455[\text{kHz}]$이고, -3dB 상한 및 하한 차단 주파수는 $f_H = 460[\text{kHz}]$, $f_L = 450[\text{kHz}]$가 되는 단일 동조형 증폭기에서 이 회로 부하의 선택도 Q를 구하라.

풀이

$$Q = \frac{f_o}{f_H - f_L} = \frac{f_o}{BW} = \frac{455}{(460-450)} = 45.5$$

단일 동조형 증폭기(협대역 증폭기)

RC 결합 **단일 동조 증폭기**는 TV의 음성회로에 가장 많이 사용된다.

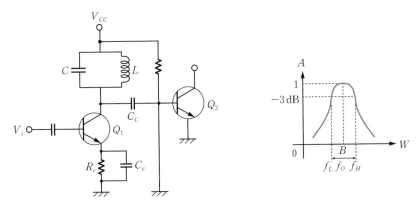

[그림 5-30] 단일동조 RC 결합회로

광대역 증폭회로

■ 복동조 증폭기

복동조 증폭기^{double tunned amplifier}는 대역폭의 차단특성이 급경사를 보이며, 선택도 Q를 저하시키지 않으면서 대역폭을 넓힐 수 있는 특성이 있는 회로로, 무선주파를 증폭시킬 때 사용한다. 즉 동일 공진 주파수 **2개의 공진회로**를 전자결합 또는 정전결합한 복동조 회로를 부하로 사용하는 증폭기로, 변압기의 결합계수(k)를 적당히 변화시켜 대역폭을 변화시킨다. **쌍봉특성**으로 2배의 광대역폭을 사용한다.

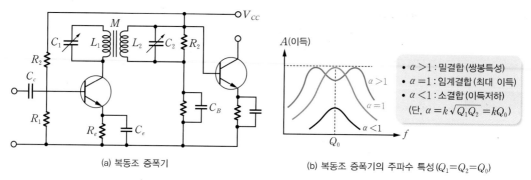

(a) 복동조 증폭기

(b) 복동조 증폭기의 주파수 특성 ($Q_1 = Q_2 = Q_0$)

- $\alpha > 1$: 밀결합 (쌍봉특성)
- $\alpha = 1$: 임계결합 (최대 이득)
- $\alpha < 1$: 소결합 (이득저하)
  (단, $\alpha = k\sqrt{Q_1 Q_2} = kQ_0$)

[그림 5-31] 복동조 증폭기 회로와 주파수 특성

■ 스태거 동조 증폭기

스태거 동조 증폭기^{stagger tunned amplifier}는 단일 동조회로 몇 개를 **종속으로 접속**하여 각 단의 동조 주파수를 조금씩 늘림으로써 대역폭을 넓히는 증폭기이다. 즉 동조 주파수 2개를 이웃하게 하여 대역폭을 넓혀준다. TV 영상신호와 같이 중간주파 증폭단에서 매우 넓은 대역을 증폭하는 것으로, **영상주파 증폭**이라고도 한다. 결합에 가장 많이 사용하는 방식이다. 고주파에서 광대역, 고이득의 증폭에 사용되며, 조정이 매우 간단하다.

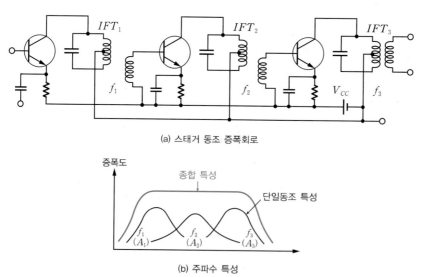

(a) 스태거 동조 증폭회로

(b) 주파수 특성

[그림 5-32] 스태거 동조 증폭기 및 주파수 특성

5.4.3 고주파 증폭의 자기발진 현상

중화회로

트랜지스터의 컬렉터 접합에서의 **접합용량** C_{bc}는 고주파 또는 중간주파 증폭에서 이득을 저하시키는 요인이 된다. 따라서 고주파 트랜지스터 모델에서 C_{bc}를 거쳐 컬렉터 출력전압의 일부가 베이스 측에 **정궤환되어 자기발진**의 원인이 된다. 이 자기발진을 방지하기 위해 중화용 콘덴서 C_N을 접속하여 걸어준다. 이 중화용 콘덴서 C_N은 컬렉터 접합에서 생기는 접합 정전용량의 영향을 제거한다. 이와 같은 방법을 중화법이라 하며, 이렇게 구성된 회로를 **중화회로**라고 한다. 즉 궤환소자의 영향을 제거하기 위해 입력단자에 $180°$ 위상차를 갖는 신호를 인가하는 회로이다.

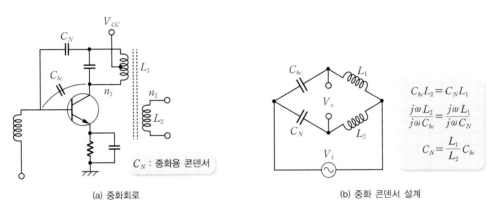

[그림 5-33] 중화회로와 중화 콘덴서 산출

캐스코드 증폭기

캐스코드 cascode **증폭기**는 [CE]형 증폭회로와 [CB]형 증폭회로를 종속접속한 회로이다. [CB]단의 낮은 입력저항 때문에 [CE]단의 Q_1은 거의 단락 상태에서 동작하므로 **고주파 특성이 양호하다**. 또한 **전압 궤환율이 작아 자기발진의 가능성이 적고, 회로의 안정성이 높아** 동조 증폭기 등에 응용된다. 즉 캐스코드 증폭기는 [CE]형 회로의 동작 주파수를 훨씬 높게 한 효과를 준 셈이다. 상세한 설명은 3장의 BJT를 참조하기 바란다.

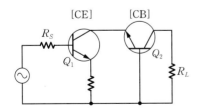

[그림 5-34] 캐스코드 증폭회로

5.4.4 증폭기의 주파수 보상회로

고역 보상회로

트랜지스터에서는 주파수가 증가하면 회로의 **기생(표유)용량**에 의해 부하 임피던스가 저하되며 증폭도가 감소하는 현상이 일어난다. 따라서 고주파에 대한 영상증폭 회로나 광대역 증폭기에서 주파수 대역을 크게 하면 이득이 감소한다. 이 경우 이득의 보상을 위해 출력측에 다음과 같은 **코일을 삽입하게 되는데, 이렇게 만들어진 회로를 고역 보상회로라고** 한다.

❶ **병렬 피킹코일** : 컬렉터 저항 R_C와 직렬로 L_p를 넣고 표유용량 C_s와 **병렬 공진**시켜 고역 차단 주파수(f_H) 부근에서 부하 임피던스를 높인다. 즉 공진 주파수를 f_H 근처에 오게 한다.

❷ **직렬 피킹코일** : 확산용량 C_e와 L_s를 **직렬 공진**시킴으로써 Q_2의 고주파 전류를 증가시킨다. 그리고 Q_1의 출력 임피던스가 크면 직렬 공진의 효과가 작아지기 때문에 컬렉터의 저항 R_C를 작게 해야 한다.

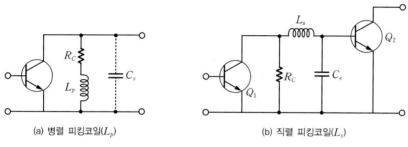

(a) 병렬 피킹코일(L_p) (b) 직렬 피킹코일(L_s)

[그림 5-35] 고역 보상회로

저역 보상회로

저주파 신호의 이득감소를 보상하기 위해 바이패스 콘덴서 C를 사용하는 저역 보상회로를 해석해보자.

- 고주파일 경우 : C는 단락 상태, 부하저항 $R_L = R_1$, 전압이득 $A_v = -\dfrac{R_1}{r_e}$ (감소)
- 저주파일 경우 : C는 개방 상태, 부하저항 $R_L = R_1 + R_2$, 전압이득 $A_v = -\dfrac{R_1 + R_2}{r_e}$ (증가)

즉, 저주파일수록 이득을 증대시켜 저역보상을 수행한다.

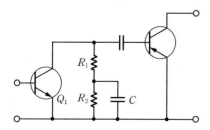

[그림 5-36] 저역 보상회로의 구성도

5.4.5 증폭기의 잡음지수와 왜곡

대표적인 잡음으로는 열잡음이 있으며, 트랜지스터의 내부 원인으로 인한 잡음으로는 산탄잡음^{shot}_{noise}과 플리커 잡음^{flicker noise}, 고역 잡음 등이 있다. 여기서 외부잡음은 다루지 않는다.

증폭회로의 잡음

■ 열잡음

열잡음은 모든 도체 상에서 이루어지는 전하와 원자의 **열운동**에 의해 발생한다. 여기서 볼츠만 상수 $K = 1.38 \times 10^{-23}[\text{J/K}]$, T는 절대온도, B는 전력이 측정되는 대역의 대역폭이다. 열잡음을 최소로 만들기 위해서는 대역폭을 좁게 한다.

$$저항\ R에\ 의한\ 열잡음\ 전압\ = \sqrt{4KTBR} \tag{5.81}$$

여기서 유능 잡음전력 P_n을 생각하면 다음과 같다.

$$P_n = \frac{(\sqrt{4KTBR})^2}{4R} = KTB \tag{5.82}$$

■ 산탄잡음

산탄잡음^{shot noise}은 캐리어가 이미터에서 불규칙하게 이동함으로써 발생한다.

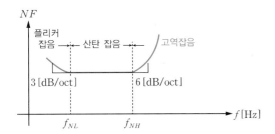

[그림 5-37] 주파수에 따른 잡음 분포

■ 플리커 잡음

플리커 잡음^{flicker noise}은 베이스와 이미터 접합면에서 이루어지는 전자운동이 천천히 변하기 때문에 생기는 것으로, 주파수에 반비례($1/f$)하는 잡음이다. 저역에서 주파수가 $\frac{1}{2}$이 되면 NF가 3[dB] 증가한다. 기울기는 3[dB/cot]이다.

잡음지수

■ 잡음지수

잡음은 회로 외부의 전원 또는 회로나 TR 등 소자 내부에서 발생하는 것으로, **잡음지수(NF)**[noise factor]는 TR 내부에서 발생하는 시스템 내부의 잡음의 양을 나타낸다.

입력측의 $\dfrac{S}{N}$ 비 $\left(\dfrac{S_i}{N_i}\right)$ $\quad S_i \longrightarrow$ 시스템 $\longrightarrow S_o \quad$ 출력측의 $\dfrac{S}{N}$ 비 $\left(\dfrac{S_o}{N_o}\right)$

$N_i \longrightarrow \qquad \longrightarrow N_o$

[그림 5-38] 시스템의 잡음지수 정의

잡음지수 NF는 항상 1보다 크거나 같다. 즉 잡음이 많이 발생할수록 NF는 1보다 커진다. **무잡음 상태**는 $NF=1$이거나 $S/N=60[\text{dB}]$ 이상으로 정의한다.

$$NF = \frac{\text{입력측의 } S/N (\text{전력, 전압}) \text{비}}{\text{출력측의 } S/N (\text{전력, 전압}) \text{비}} = \frac{S_i}{N_i} \bigg/ \frac{S_o}{N_o} = \frac{S_i}{S_o} \cdot \frac{N_o}{KTB} = \frac{N_o}{G} \cdot \frac{1}{KTB} \tag{5.83}$$

■ 종합 잡음지수

잡음지수가 NF_1, NF_2, NF_3, $\cdots$ 이고, 각 단의 이득이 G_1, G_2, G_3, $\cdots$ 이며, 통과대역 특성이 같고, 등가잡음 대역폭이 B인 다단 증폭기를 종속접속했을 경우, **종합 잡음지수**는 다음과 같이 나타난다.

$$NF_0 = NF_1 + \frac{NF_2 - 1}{G_1} + \frac{NF_3 - 1}{G_1 G_2} + \cdots \cong NF_1 \tag{5.84}$$

각 잡음지수를 더하는 과정에서, 이들은 그 이전의 이득에 의해 나누어지므로 **전체 잡음지수는 첫 단의 잡음지수에 의해 결정**된다. 그러므로 잡음을 감소시키려면 첫 단의 잡음지수를 개선하는 데 집중해야 한다. 즉 **FET과 같은 저잡음 증폭회로**를 이용하거나 신호원 내부 임피던스와 증폭기의 입력 임피던스 사이의 결합도를 적당히 선정해야 한다.

예제 5-10

다음에 주어진 조건의 증폭 시스템에 대해 잡음지수를 구하여라.

(a) 어느 증폭 시스템의 입력전압의 $S/N=80$, 출력전압의 $S/N=40$일 때의 잡음지수

(b) 2단 증폭 시스템에서 초단 잡음지수 $NF_1=10$, 초단 이득 $G_1=10$, 다음 단 잡음지수 $NF_2=11$, 다음 단 이득이 10일 때의 종합 잡음지수

풀이

(a) 잡음지수 : $NF = \dfrac{(S/N)_{\text{in}}}{(S/N)_{\text{out}}} = \dfrac{80}{40} = 2$, $\quad NF[\text{dB}] = 20\log 2 = 6[\text{dB}]$

(b) 종합 잡음지수 : $NF_o = 10 + \dfrac{11-1}{10} = 11$

증폭회로의 왜곡

왜곡^{distortion}은 크게 다음과 같이 나눌 수 있다.

■ 진폭 왜곡

진폭 왜곡$^{\text{amplitude distortion}}$은 비직선 왜곡 또는 고조파 왜곡이라고 한다. 능동소자(진공관, 트랜지스터, FET 등) 특성의 비직선성으로 인해 생기는 왜곡이다. 왜곡률은 다음과 같이 나타내며, 이때 V_1은 기본파 전압의 실효값, V_2, V_3는 제2, 제3 고조파 전압의 실효값을 나타낸다.

$$
\begin{aligned}
\text{왜곡률} \quad D &= \frac{\sqrt{V_2^2 + V_3^2 + \cdots}}{V_1} \times 100\,[\%] \\
&= 20\log\frac{\sqrt{V_2^2 + V_3^2 + \cdots}}{V_1}\,[\text{dB}]
\end{aligned}
\tag{5.85}
$$

■ 주파수 왜곡

능동소자의 부하는 순저항성이 아니며 리액턴스 성분을 포함한다. 따라서 입력 주파수 성분이 달라지면 증폭도도 변하여 **주파수 왜곡**$^{\text{frequency distortion}}$이 생긴다.

■ 위상 왜곡

증폭기에 가해지는 입력신호가 단일 주파수가 아닌 경우, 각각의 주파수에 따라 지연시간이 달라지게 되고, 그에 따라 출력측에 **위상 왜곡**$^{\text{phase distortion}}$이 생긴다.

예제 5-11

저주파 증폭기의 출력에서 기본파 전압성분이 50[V], 제2 고조파 전압성분이 4[V], 제3 고조파 성분이 3[V]가 발생되었을 경우, 이 증폭기의 왜곡률을 구하여라.

풀이

$$
D = \frac{\sqrt{V_2^2 + V_3^2}}{V_1} \times 100\,[\%] = \frac{\sqrt{4^2 + 3^2}}{50} = \frac{5}{50} \times 100 = 10\,[\%]
$$

01 주파수가 높아짐에 따라 동일한 트랜지스터에서 이득이 점점 떨어지는 이유는?

⑦ 표피효과$^{skin\ effect}$ 때문이다.

⑭ 반도체의 유전상수가 변하기 때문이다.

⑭ 반도체 내의 불순물이 표면으로 이동하기 때문이다.

⑭ 접합용량$^{junction\ capacitance}$ 때문이다.

해설

RC 결합 증폭기에서 C_C(결합용량)과 C_E(바이패스 용량)는 직류, 저주파 신호의 출입을 저지시켜 '저역이득 감소'가 된다. 전극 간 형성되는 접합(기생, 내부, 밀러, 병렬) 용량은 고역 이득 감소의 요인이 된다. ⑭

02 RC 결합 저주파 증폭회로의 이득이 낮은 주파수에서 감소되는 이유는 (ⓐ)이고, 높은 주파수에서 감소되는 이유는 (ⓑ)이다. ⓐ, ⓑ에 들어갈 내용은?

⑦ 출력회로의 병렬 커패시턴스 때문에

⑭ 결합 커패시턴스의 영향 때문에

⑭ 부성저항 특성 때문에

⑭ 부품 소자의 특성이 변하기 때문에

해설

ⓐ 저역 감소 : C_C , C_E

ⓑ 고역 감소 : 접합(기생, 병렬) 용량

⑭, ⑦

03 트랜지스터 증폭기 회로의 주파수 특성에 대한 설명으로 옳지 <u>않은</u> 것은?

⑦ 밀러효과$^{Miller\ effect}$는 상한 차단 주파수를 낮추는 효과가 있다.

⑭ 기생^{parasitic} 커패시터의 값이 클수록 상한 차단 주파수는 낮아진다.

⑭ 커플링^{coupling} 커패시터의 값이 클수록 하한 차단 주파수는 낮아진다.

⑭ 일반적으로 공통 소스[CS] 증폭기는 공통 게이트[CG] 증폭기보다 상한 차단 주파수가 높다.

⑭ 상한 차단 주파수는 증폭기 회로의 저주파 응답특성을 나타낸다.

해설

트랜지스터의 내부 커패시터에 의한 상한 차단 주파수는 고주파 응답특성을 나타낸다.

전압궤환율이 작은 [CG], [CB]방식은 고주파 특성이 좋기 때문에 상한 차단 주파수가 높으며 캐스코드 형태로 주로 사용된다. ⑭, ⑭

04 다음 회로에서 저주파 대역과 고주파 대역에서 전압이득이 감소하는 이유로 옳지 <u>않은</u> 것은?

[주관식] R_E에 흐르는 전류성분은 (　　　)이다.

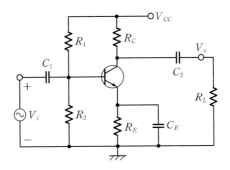

㉮ 고주파에서 C_E에 의한 바이어스 효과가 크기 때문에 이득이 저하된다.

㉯ 트랜지스터의 접합용량은 고주파에서 이득감쇄의 주원인이 된다.

㉰ C_1, C_2는 저주파에서 그 양단의 전압강하로 인해 전압이득을 감소시킨다.

㉱ C_E는 저주파에서 부궤환$^{negative\ feedback}$을 일으켜서 이득을 감소시킨다.

해설

바이패스 콘덴서(C_E)는 저주파 이득감소의 요인이다. 직류나 저주파는 C_E에 거의 개방효과이므로 이때는 R_E(부궤환)가 나타나서 이득이 감소되지만, 안정한 증폭 동작을 한다. ㉮

[주관식] R_E에는 직류성분이 흐른다.

05 [연습문제 04]의 회로에 대한 주파수 응답특성으로 옳은 항목은?

[주관식] 중역이득과 C_E 바이패스 RC 회로의 차단 주파수 f_{LE}를 구하라.

㉮ 저역 차단 주파수 f_L은 C_1과 $R_1 \parallel R_2$에 의해 결정된다.

㉯ 고역 차단 주파수 f_H는 R_c, R_L와 C_2에 의해 결정된다.

㉰ C_E는 중간주파 대역에서 전압이득을 증가시킨다.

㉱ R_c를 크게 하거나, R_E를 작게 하면 중간주파 대역에서 전압이득이 커진다.

㉲ 결합 커패시터와 바이패스 커패시터에 의해서 고주파 대역 응답특성과 상측 차단 주파수가 결정된다.

㉳ 중간 주파수 대역에서 출력전압 V_o은 입력전압 V_i와 180° 의 위상차가 난다.

해설

• C_1, C_2, C_E에 의해 저주파 대역 응답특성과, 하측 차단 주파수가 결정이 되며, 이들의 영향을 무시하는 중역에서는 모두 단락 상태가 되어 이득을 증가시킨다(중역에서 C_E 단락으로 R_E는 없는 [CE]이다).

• 중역 전압이득 $A_{vmid} = -g_m R_L' = \dfrac{-R_L'}{r_e}$ $(R_L' = r_o \parallel R_C \parallel R_L)$

• $f_{LE} = \dfrac{1}{2\pi R_{i_E} \cdot C_E}$ (여기서 $R_{i_E} = \dfrac{R_1 \parallel R_2 \parallel R_\pi}{(1+\beta)} \parallel R_E$) ㉮, ㉰, ㉲

06 회로의 대역폭을 결정하는 소자에 대한 올바른 설명은?

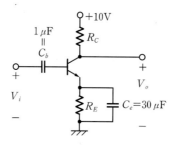

㉮ C_b는 주로 저역 차단 주파수를 결정한다.
㉯ C_e는 주로 저역 차단 주파수를 결정한다.
㉰ R_E는 주로 고역 차단 주파수를 결정한다.
㉱ R_C는 주로 고역 차단 주파수를 결정한다.

해설

C_b, C_e는 저역이득 감소 특성의 요인이며 입력측의 C_b에 의해 저역 차단 주파수(f_L)가 결정된다.　㉮

07 [연습문제 06]에 나타낸 회로의 하한 주파수 변화 상태는?

㉮ C_b는 적고 R_E가 적을수록 낮아진다.
㉯ C_b가 크고 C_e가 클수록 낮아진다.
㉰ C_e가 크고 R_E가 클수록 낮아진다.
㉱ R_L이 크고 R_E가 클수록 낮아진다.

해설

C_b나 C_e 용량을 크게 하면 리액턴스를 감소시키므로 더 낮은 주파수 신호의 출입이 가능해진다.
즉 f_L이 더 낮아 저역보상이 된다.　㉯

08 다음은 그림의 베이스 단자 콘덴서 C를 설명한 것이다. 이 중 올바른 것은? (단, 신호전원은 이상적이
아니다)

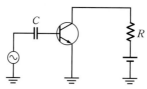

㉮ 이미터와 베이스 사이의 바이어스 전압에 관여한다.
㉯ 베이스와 콜렉터 사이의 분포용량을 나타낸다.
㉰ 교류전원에 포함된 직류를 막아 트랜지스터를 교류적으로 동작시킨다.
㉱ 부궤환되는 것을 막는다.

해설

결합 콘덴서 C는 직류(DC) 성분의 혼입을 차단하고, 교류신호는 단락시켜 유입되도록 하는 기능을 한다.　㉰

09 다음 회로에서 콘덴서 C의 역할은?

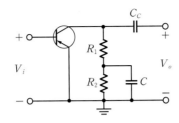

㉮ 중화용

㉯ 기생 진동 방지용

㉰ 피킹용

㉱ 저주파 특성 개선용

해설

[CE]형 증폭기의 전압이득 $A_v = -\dfrac{R_L}{r_e}$에서 C는 저역이득 보상용이다.

• 고주파 입력 : C는 단락 → $R_L = R_1 → A_v = -\dfrac{R_1}{r_e}$

• 저주파 입력 : C는 개방 → $R_L = R_1 + R_2 → A_v = -\dfrac{R_1 + R_2}{r_e}$ (증대) ㉱

10 소신호 증폭기의 차단 주파수에서 이득은 최대 이득의 몇 [%]인가?

㉮ 60.5 ㉯ 70.7 ㉰ 75.5 ㉱ 78.5

해설

차단 주파수는 중역이득의 $-3[\text{dB}]$(즉, $\dfrac{1}{\sqrt{2}} = 0.707$배)일 때의 그 주파수로 정의한다. ㉯

11 다음 그림에서 $C = 1[\mu\text{F}]$, $R = 20[\text{k}\Omega]$ 회로의 하한 차단 주파수 f_L은 몇 [Hz]인가?

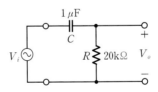

㉮ 7.962[Hz] ㉯ 9.511[Hz] ㉰ 8.453[Hz] ㉱ 6.125[Hz]

해설

주어진 HPF에서의 하한(저역) 차단 주파수 : $f_L = \dfrac{1}{2\pi RC} = \dfrac{1}{2\pi \times 20 \times 10^3 \times 10^{-6}} \cong 7.96[\text{Hz}]$ ㉮

12 그림의 회로에서 상한 차단 주파수 f_H를 구한 값은 몇 [MHz]인가?

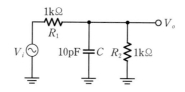

㉮ 7.96   ㉯ 31.85   ㉰ 43.12   ㉱ 55.55

해설

주어진 LPF에서의 상한(고역) 차단 주파수는 다음과 같다.

$$f_H = \frac{1}{2\pi(R_1 /\!/ R_2)C} = \frac{1}{2\pi \times 0.5 \times 10^3 \times 10 \times 10^{-12}} = 31.85[\text{MHz}]$$ ㉯

13 증폭회로의 고주파 응답을 결정하는 요소는?

㉮ 롤–오프Roll-off   ㉯ 트랜지스터의 내부 커패시턴스
㉰ 바이패스 커패시턴스   ㉱ 이득–대역폭적

해설

고주파 이득 감소 특성은 접합(전극, 분포, 내부, 밀러) 용량이 요인이다.   ㉯

14 트랜지스터 고주파 특성의 α 차단 주파수(f_α)는 무엇에 의해 결정되는가?

㉮ 베이스 폭의 자승에 반비례하고 확산계수에 비례한다.
㉯ 컬렉터에 인가하는 전압에 비례한다.
㉰ 컬렉터 용량에만 반비례한다.
㉱ 베이스 폭과 컬렉터 용량에 각각 반비례한다.

해설

[CB]형은 고주파 특성이 양호하다는 장점이 있으며, 차단 주파수 $f_\alpha = \dfrac{D_B}{\pi W_B^2}$ 로 정의한다.
(D_B : 베이스 확산계수, W_B : 베이스 폭)   ㉮

15 이미터 용량 C_e, 컬렉터 용량 C_c, 상호 컨덕턴스 g_m, [CE] 증폭기 전류 증폭률을 $h_{fe}(=\beta)$라고 할 때, β 차단 주파수 f_β의 관계는?

㉮ $f_\beta = \dfrac{g_m}{2\pi C_e h_{fe}}$ ㉯ $f_\beta = \dfrac{2\pi C_e h_{fe}}{g_m}$

㉰ $f_\beta = \dfrac{g_m}{h_{fe}}$ ㉱ $f_\beta = \dfrac{h_{fe}}{g_m}$

해설

[CE]형의 고역 차단 주파수 f_β는 다음과 같다. 즉 β가 클수록 C_e가 클수록 f_β가 떨어지고 g_m이 클수록 특성이 개선된다.   ㉮

16 고주파 트랜지스터의 정수 f_T의 의미는?

㉮ β 차단 주파수의 $\dfrac{1}{\sqrt{2}}$이 되는 주파수

㉯ [CE]의 출력을 단락했을 때 전류이득이 1이 되는 주파수

㉰ [CE]의 고주파 전류이득이 중간 주파수 전류이득의 $\dfrac{1}{\sqrt{2}}$이 되는 주파수

㉱ β 차단 주파수 f_β와 동일한 주파수

해설

f_T(천이 주파수)는 단위이득($h_{fe} = \beta = 1$ 또는 0[dB])의 고역 차단 주파수로서 곧 대역폭(BW)를 의미하며, 고주파 특성을 파악하는 중요 파라미터로 쓰인다. ㉯

17 증폭기의 전압이득이 증가할 때 대역폭은?

㉮ 불변한다.　　　　㉯ 증가한다.　　　　㉰ 감소한다.　　　　㉱ 일그러진다.

해설

선형 증폭기는 $[G \cdot B]$ = 일정한 규칙을 만족해야 한다. G(이득)가 증가하면 사용 가능한 B(대역폭)는 좁아진다. ㉰

18 베이스 접지 증폭회로에서 차단 주파수가 30[MHz]인 트랜지스터를 이미터 접지로 했을 때의 차단 주파수는 몇 [kHz]인가? (단 $\beta = 99$이다)

㉮ 800　　　　㉯ 600　　　　㉰ 400　　　　㉱ 300

해설

$[G \cdot B]$ = 일정 조건에서 구한다.

$\alpha \cdot f_\alpha = \beta \cdot f_\beta$에서 $f_\beta = \dfrac{\alpha}{\beta} f_\alpha = \dfrac{\beta/(1+\beta)}{\beta} \cdot f_\alpha = \dfrac{1}{1+\beta} \cdot f_\alpha = \dfrac{30\text{M}}{(1+99)} = 300[\text{kHz}]$ ㉱

19 [CE]형 TR 증폭기에서 출력단락 전류이득이 1이 되는 주파수 f_T가 80[MHz]인 트랜지스터를 사용하여 충분히 낮은 저주파의 전류이득 $\beta(= h_{fe})$가 40이라면, β차단 주파수 f_β는 얼마인가?

㉮ 8[MHz]　　　　㉯ 6[MHz]　　　　㉰ 2[MHz]　　　　㉱ 1[MHz]

해설

$1 \cdot f_T = \beta \cdot f_\beta$에서 $f_\beta = \dfrac{1}{\beta} f_T = \dfrac{1}{40} \times 80\text{M} = 2[\text{MHz}]$ ㉰

20 개방루프 이득이 1,000이고, 대역폭이 10[MHz]인 연산 증폭기가 있다. 비반전 연산 증폭기를 구성한 결과 폐루프 이득이 100일 때, 대역폭[MHz]

㉮ 1　　　　㉯ 10　　　　㉰ 100　　　　㉱ 1,000

해설

$[G \cdot B]$ = 일정 조건에서 구한다.

$[A_o \cdot B_o] = [A_l \cdot B_l] \rightarrow$ 대역폭 $B_l = \dfrac{[A_o \cdot B_o]}{A_l} = \dfrac{1000 \times 10\text{M}}{100} = 100[\text{MHz}]$ ㉰

21 어떤 연산 증폭기의 개루프$^{\text{open-loop}}$ 보드 선도$^{\text{bode plot}}$는 그림과 같고, 3[dB] 주파수는 100[MHz]이다. 이 증폭기에 피드백^{feedback} 회로를 추가하여 폐루프$^{\text{closed-loop}}$ 증폭기로 구성하였더니 DC 전압이득이 20[dB]가 되었다. 이 폐루프 증폭기의 3[dB] 주파수 f_c와 f_T를 구하여라.

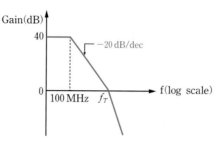

해설

개루프 전압이득 A_o이 40[dB]는 $A_o = 100$이고, 폐루프 전압이득 $A_l = 20$[dB]는 $A_l = 10$이다. 폐루프 증폭기의 3[dB] 및 단위이득 차단 주파수 f_c, f_T는 $[G \cdot B] = [A_o \cdot f_o] = [A_l \cdot f_l]$에서 구한다.

- $f_c = f_l = \dfrac{[A_o \cdot B_o]}{A_l} = \dfrac{100 \times 100\text{M}}{10} = 1000\text{M} = 1[\text{GHz}]$

- $f_T = f_l = \dfrac{[A_o \cdot B_o]}{A_l} = \dfrac{100 \times 100\text{M}}{1} = 10[\text{GHz}]$

22 2단 증폭기에서 1단은 1[kHz]의 하한 임계 주파수와 100[kHz]의 상한 임계 주파수를 갖고, 2단은 3[kHz]의 하한 임계 주파수와 250[kHz]의 상한 임계 주파수를 가질 때, 전체 대역폭[kHz]을 구하여라.

㉮ 97   ㉯ 99   ㉰ 247   ㉱ 249

해설

대역폭(BW)=(낮은 상한 임계 주파수 – 높은 하한 임계 주파수)=$100k - 3k = 97$[kHz]   ㉮

23 중심 주파수가 455[kHz]이고, 대역폭이 10[kHz]가 되는 단동조 회로를 만들려면 이 회로 부하의 Q로 옳은 것은?

㉮ 42.3   ㉯ 45.5   ㉰ 52.3   ㉱ 55.4

해설

선택도 $Q \equiv \dfrac{f_o}{B} = \dfrac{f_o}{f_2 - f_1} = \dfrac{455k}{10k} = 45.5$ ㉯

24 어떤 증폭기의 입력전압의 S/N비가 80, 출력전압의 S/N비가 40일 때, 이 증폭기의 잡음지수 NF는?

㉮ 6   ㉯ 4   ㉰ 2   ㉱ 0.5

해설

- 잡음지수 $NF = \dfrac{(S/N)_i}{(S/N)_o} > 1$로 정의되며 $NF = 1$일 때 무잡음 상태이다.

- $NF = 80/40 = 2$ ㉰

25 2단 증폭기에서 처음 단 증폭기의 잡음지수 $F_1 = 10$, 이득 $G_1 = 10$이고, 다음 단 증폭기의 잡음지수 $F_2 = 11$, 이득 $G_2 = 20$일 때 종합 잡음지수 F는?

㉮ 10　　　　　　　㉯ 11　　　　　　　㉰ 21　　　　　　　㉱ 110

해설

다단 증폭기의 잡음지수는 거의 초단 증폭기의 잡음지수로 결정된다.

$$F = F_1 + \frac{F_2 - 1}{G_1} + \frac{(F_3 - 1)}{G_1 G_2} + \cdots = 10 + \frac{(11 - 1)}{10} = 11$$

잡음지수가 [dB] 값으로 주어진 경우도 위의 식을 동일하게 사용하면 된다.　　㉯

26 저주파 증폭기의 출력에서 기본파 전압성분이 50[V], 제2 고조파와 제3 고조파 전압성분이 각각 4[V]와 3[V]일 때, 이 증폭기의 왜율[%]은?

㉮ 5　　　　　　　㉯ 10　　　　　　　㉰ 15　　　　　　　㉱ 20

해설

왜곡된 파형에는 기본파의 정수배가 되는 많은 고조파 성분이 혼입될 때 왜곡된다.

$$D = \frac{\sqrt{V_2^2 + V_3^2 + \cdots}}{V_1} = \frac{\sqrt{4^2 + 3^2}}{50} \times 100[\%] = 10[\%]$$　　㉯

27 다음 3단 직렬접속된 증폭기의 입력전압 $V_i = 2[\mu V]$일 때 출력전압 V_o는? (단, $G[dB]$는 각 단의 전압 이득이다)

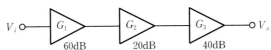

㉮ 20[V]　　　　　㉯ 2[V]　　　　　㉰ 0.2[V]　　　　　㉱ 20[mV]

해설

$$G[dB] = G_1[dB] + G_2[dB] + G_3[dB] = 60 + 20 + 40 = 120[dB]$$
$$G = 10^6 \text{배이므로} \quad V_o = G \cdot V_i = 10^6 \times 2[\mu V] = 2[V]$$　　㉯

28 BJT 증폭기의 입력전력이 4[mW]이고 출력전력이 8[W]일 때, 전력이득은 몇 [dB]인가? 그리고 이 증폭기의 출력전력은 약 몇 [dBm]인가?

해설

$$A_p[dB] = 10\log\frac{8[W]}{4[mW]} = 10\log 2000 = 33[dB], \quad A_p[dBm] = 10\log\frac{8[W]}{1[mW]} = 39[dBm]$$

29 어떤 증폭기의 단위입력(즉 1V, 1A, 1W)에 대한 전압이득 A_v, 전류이득 A_i, 전력이득 A_p가 각각 3[dB]와 -3[dB]일 때, 출력전압, 전류, 전력을 구하여라.

해설

- -3[dB] 레벨 : 전압 $= 0.707$[V], 전류 $= 0.707$[A], 전력 $= 0.5$[W]
- 3[dB] 레벨 : 전압 $= \sqrt{2}$[V], 전류 $= \sqrt{2}$[A], 전력 $= 2$[W]

30 고주파 대역 3[dB] 차단 주파수가 1[GHz]인 1단 증폭기 2개를 종속^{cascade}으로 연결하여 2단 증폭기를 구성할 때, 이 2단 증폭기의 고역 3[dB] 차단 주파수를 구하여라.

> **해설**
>
> n단 증폭기의 고역 차단 주파수인 $f_{Hn} = \sqrt{2^{\frac{1}{n}} - 1} \cdot f_H$ 이므로 $n = 2$일 때는 $f_{H2} = \sqrt{2^{\frac{1}{2}} - 1} \cdot f_H = \sqrt{\sqrt{2} - 1} \cdot f_H \cong 0.64 \times 1[\text{GHz}] = 640[\text{MHz}]$ 이다.

31 $R = 10[\text{k}\Omega]$, $L = 0.1[\text{mH}]$, $C = 0.01[\mu\text{F}]$인 병렬 공진회로의 공진 주파수 f_o와 Q를 구하여라.

> **해설**
>
> • $f_o = \dfrac{1}{2\pi\sqrt{LC}} = \dfrac{1}{2\pi\sqrt{0.1 \times 10^{-3} \times 0.01 \times 10^{-6}}} \cong 159.2[\text{kHz}]$
>
> • 선택도 $Q_p = R\sqrt{\dfrac{C}{L}} = 10^4\sqrt{\dfrac{0.01 \times 10^{-6}}{0.1 \times 10^{-3}}} = 100$

32 RC 결합 증폭기에 구형파 전압을 입력했을 때, 출력 V_o의 모양이 (A), (B)와 같을 때 이 증폭기의 주파수 특성을 각각 설명하여라.

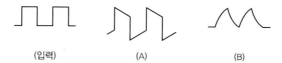

(입력)　　　　　　(A)　　　　　　(B)

> **해설**
>
> • 회로 (A) : 미분기(HPF)의 출력이므로 저역특성이 좋지 않다.
> • 회로 (B) : 적분기(LPF)의 출력이므로 고역특성이 좋지 않다.

33 고주파 신호를 증폭할 때 증폭소자의 입·출력단자의 전극 간에 형성되는 접합(기생) 용량 때문에 자기발진현상이 발생되어 선형증폭에 영향을 준다. 자기발진의 방지대책을 설명하여라.

> **해설**
>
> 중화회로 및 [CB]형 증폭기(즉 캐스코드) 사용

34 BJT 증폭기의 주파수 대역별 잡음 특성과 잡음의 종류를 설명하여라. 그리고 낮은 주파수 대역에서 높은 주파수 대역에 걸쳐 일정한 크기의 스펙트럼을 갖는 연속성 잡음을 특히 무엇이라고 하는가? 대표적인 예를 제시하여라.

> **해설**
>
> ① 주파수 대역별 잡음
> • 저역잡음 : 플리커 잡음(즉 $\dfrac{1}{f}$)
> • 중역잡음 : 산탄잡음(백색잡음 특성)
> • 고역잡음 : 저역잡음의 2배로 감쇠되는 특성
> ② 백색 잡음 : 평탄한 스펙트럼 특성 잡음(대표적으로 열잡음, TR의 산탄잡음)

35 트랜지스터의 고주파 특성을 향상시키는 방법 중 **틀린** 것은?

㉮ 베이스 폭을 좁게 한다.   ㉯ 확산 저항을 작게 한다.

㉰ 베이스의 불순물 농도를 크게 한다.   ㉱ 확산 접합의 면적을 적게 한다.

> **해설**
>
> 베이스의 불순물 농도를 크게 할수록, 베이스에서 캐리어 재결합이 많아져 고주파 응답특성이 나빠진다. ㉰

36 그림 (a)의 단자 a, b 사이의 커패시턴스가 그림 (b)의 C_{eq1}, 그림 (c)의 C_{eq2}와 등가인 것을 골라라.

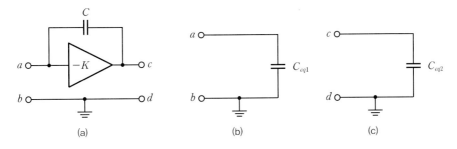

(a)   (b)   (c)

㉮ $C(1-K)$ ㉯ $C(1+K)$ ㉰ $C(1-1/K)$

㉱ $C(1+1/K)$ ㉲ $\dfrac{C}{1+K}$

> **해설**
>
> 식 (5.49)~식 (5.50)에서 설명한 밀러의 정리를 활용하면(식 (5.49)~식 (5.50) 참고) 그림 (b)는 ㉮이고, 그림 (c)는 ㉱이다.

37 다음 회로를 고주파 해석할 때 필요한 입력 커패시턴스 $C_{IN}[\mu\mathrm{F}]$을 구하여라(단, M_1의 $g_{m1}=1[\mathrm{mA/V}]$, $r_{o1}=\infty$, M_1의 기생 커패시턴스는 무시한다)

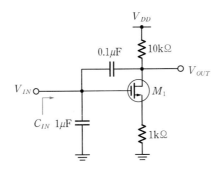

> **해설**
>
> 식 (5.49)~식 (5.50)으로 D-G간 궤환용량 C_{dg}의 밀러 등가 입·출력 용량을 구하면 다음과 같다.
>
> • $C_{Mi}=C_{dg}\cdot(1-A_v)=0.1\mu(1+5)=0.6[\mu\mathrm{F}]$이므로, 전체 입력용량 $C_{IN}=1\mu+0.6\mu=1.6[\mu\mathrm{F}]$이다.
>
> • $C_{Mo}=C_{dg}\cdot(1-\dfrac{1}{A_v})=0.1\mu(1+\dfrac{1}{5})=0.12[\mu\mathrm{F}]$이다. 여기서 $A_v=\dfrac{-g_mR_D}{1+g_mR_s}=\dfrac{-1\times10}{1+1}=-5$이다.

38 다음 회로에서 트랜지스터가 포화 영역에 바이어스되어 있다고 가정할 때, 4개의 커패시터 중 고주파 영역에서 전압이득(V_o / V_i)을 증가시키는 것은?

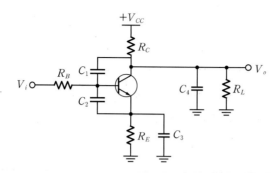

해설

- 이미터 바이패스용 C_3는 고주파 영역에서 R_E를 단락시켜서 전압이득을 증가시킨다.

- 저역(직류) 이득 $A_L = -\dfrac{(R_c \parallel R_L)}{R_E} \langle$ 고역 이득 $A_H = -\dfrac{(R_c \parallel R_L)}{r_e}$ (이득증대)

- C_1, C_2 : (접합용량) 고역 전압이득 감소, C_4 : (바이패스 용량) 저역 전압이득 증가

39 다음은 공통 소스 증폭기의 고주파회로 구성도이다. 상위 3[dB] 주파수 f_H와 중간주파 대역의 전압이득 A_v을 구하여라(단, $f_H = 1/2\pi R_i C_i$이다).

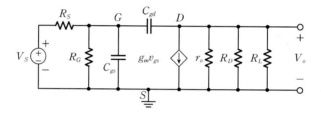

해설

- 중역이득 $A_v = -g_m \cdot (r_o // R_D // R_L)$이다.

- 기생용량 C_{gd}에 대한 밀러의 등가 입력용량 $C_{Mi} = C_{dg}(1 - A_v)$이므로, 전체 입력용량 $C_i = C_{gs} + C_{Mi} = C_{gs} + C_{gd} \cdot [1 + g_m \cdot (r_o // R_D // R_L)]$이고, 입력부를 테브난의 등가회로로 바꾸면, $V_{th} = V_s \times (R_G / R_s + R_G)$, $R_{th} = R_s // R_G$되므로, $R_i = R_s // R_G$이 된다.

- $f_H = \dfrac{1}{2\pi R_i C_i}$로 구해진다.

40 다음 MOSFSET 증폭기의 고주파 영역 해석을 수행하여 입력 및 출력측의 등가 커패시턴스 C_{in}과 C_{out}의 대략값[pF]을 구하라. 고주파에서의 전압이득 $A_v = V_o / V_s$의 표현식을 구하여라(단, $g_m = 50[\text{mS}]$, $C_{gs} = 10[\text{pF}]$, $C_{gd} = C_{ds} = 1[\text{pF}]$, $R_G \cong \infty$ 이다).

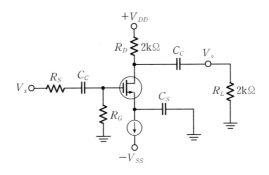

해설

- 저주파 전압이득 $A_v = -g_m R_D{'} = -50(R_D /\!/ R_L) = -50 \times 1 = -50$
- $C_{in} = C_{gs} + C_{Mi} = C_{gs} + (1 - A_v)C_{gd} = 10 + (1 + 50) \cdot 1 = 61[\text{pF}]$
- $C_{out} = C_{ds} + C_{Mo} = C_{ds} + (1 - 1/A_v)C_{gd} = 1 + (1 + 1/50) \cdot 1 \cong 2[\text{pF}]$
- 고주파 전압이득 $A_v = \dfrac{V_o}{V_s} = -g_m R_D{'} \times \dfrac{1/j\omega C_{in}}{R_s + \dfrac{1}{j\omega C_{in}}} = \dfrac{-g_m R_D{'}}{1 + j\omega R_s C_{in}}$ (단 $R_D{'} = R_D \parallel R_L$)

41 다음 공통 소스 증폭기 회로에서 (a) ~ (e) 항목을 구하여라(단, M은 포화상태에 있고, 채널길이 변조와 바디효과는 무시한다).

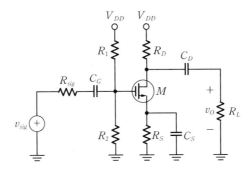

(a) C_G에 의한 하한 임계 주파수

(b) C_s에 의한 하한 임계 주파수

(c) 출력측 RC 회로망에 의한 상한 임계 주파수

(d) 입력측 RC 회로망에 의한 상한 임계 주파수

(e) $|A_v| \gg 1$일 때, 고주파 대역에서 R_s 값이 클수록, 증폭기의 입력용량 C_i 값은?

해설

(a) C_G에 의한 하한 임계 주파수, $f_{L1} = 1/2\pi C_G \cdot (R_1 \parallel R_2)$: 교재 식 (5.39)

(b) C_s에 의한 하한 임계 주파수 $f_{L2} = g_m/2\pi C_s$: 교재 식 (5.44)

(c) 출력측 RC 회로망에 의한 상한 임계 주파수는 $f_{H2} = 1/2\pi R_L' C_o$에서 출력측 용량

$C_o = C_{ds} + C_{Mo} = C_{ds} + C_{gd}(1 - \dfrac{1}{A_v}) \simeq C_{ds} + C_{gd}(A_v \gg 1$인 경우$)$을 대입하여 구한다.

C_{Mo}는 밀러 출력 등가용량이다.

→ $f_{H2} = 1/2\pi R_L' C_o = 1/2\pi(R_D \parallel R_L) \cdot (C_{ds} + C_{gd})$: [예제 5-6] 참조

(d) 입력측 RC 회로망에 의한 상한 임계 주파수 $f_{H1} = 1/2\pi \cdot (Rsig \parallel R_1 \parallel R_2) \cdot C_i$에서 입력용량 C_i를 대입하여 구한다. 입력용량 $C_i = C_{gs} + C_{Mi} = C_{gs} + (1 - A_v)C_{gd}$이고, C_{Mi}는 밀러 입력 등가용량이다.

→ $f_{H1} = 1/2\pi \cdot (Rsig \parallel R_1 \parallel R_2) \cdot C_{gs} + (1 - A_v)C_{gd}$: [예제 5-6] 참조

(e) 고주파에서 C_s는 단락되어, 소스 접지로 동작하며 전압이득 $A_v = -g_m \cdot (R_D \parallel R_L)$이다. 전압이득은 R_S와는 무관하므로, 입력용량 C_i도 R_S와는 무관하다.

42 다음 조건에서 고주파 대역에서 다음 회로의 입력 커패시턴스 C_i와 R_i, R_o를 구하여라.

$g_{m1} = g_{m2} = g_{m3} = g_{m4} = g_m$	$r_{o1} = r_{o2} = r_{o3} = r_{o4} = r_o$
$C_{gs1} = C_{gs2} = C_{gs3} = C_{gs4} = C_{gs}$	$C_{gd1} = C_{gd2} = C_{gd3} = C_{gd4} = C_{gd}$

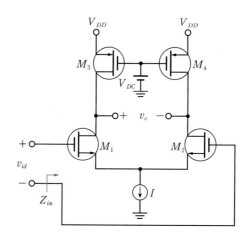

해설

- 회로의 차동 증폭기는 평형형으로 전압이득 $A_v = v_o/v_{id} = -g_m \cdot R_L = -g_m \cdot (r_{o3} \parallel r_{o1}) = -g_m \cdot r_o/2$이고, 좌측 M_1의 입력용량 C_{i1}와 우측 M_2의 C_{i2}가 서로 직렬접속이다. M_1의 C_{i1}을 구하면 $C_{i1} = C_{gs} + C_{Mi}$(밀러 등가 입력용량)$= C_{gs} + C_{gd}(1 - A_v) = C_{gs} + C_{gd}(1 + g_m \cdot r_o/2)$이고 $C_{i1} = C_{i2}$이다.

- 전체 입력용량 $C_i = C_{i1} // C_{i2} = C_{i1}/2 = [C_{gs} + C_{gd}(1 + g_m \cdot r_o/2)]/2$이다. ($M_3$, M_4 : 능동부하)

- 입력저항 : $R_i = \infty$

- 출력저항 : $R_o = r_{o2} \parallel r_{o4}$

궤환 증폭기
Negative Feedback Amplifier

이 장에서는 기본 증폭기 자체의 출력신호 일부를 입력으로 되돌리는 궤환 증폭기에 대해 학습한다. 또한 부가되는 궤환회로를 조정하여 증폭기의 특성을 개선하고 제어할 수 있는 다양한 형태의 부궤환 증폭기의 구현과 해석을 진행하고 선형 증폭기의 필수적인 부궤환 기법을 정리한다.

궤환 증폭기의 기본 이론

궤환 증폭기의 기본 블록 구성도와 궤환율, 궤환량, 개방루프 이득, 폐루프 이득, 루프이득에 대한 정의를 정확히 숙지하여 부궤환(NFB) 증폭기 회로 해석의 기본 이론을 정리한다.

Keywords | 궤환율 β | 궤환량 N | 루프이득($A,\ A_f,\ \beta A$) | NFB 증폭기 구성 |

6.1.1 궤환율(β)과 부궤환 증폭기의 이득(A_f)

[그림 6-1]의 궤환 증폭기의 기본 블록 구성도에서와 같이 외부 입력신호 X_s와 출력에서 궤환되어 오는 신호 X_f와의 합이나 혹은 차인 X_i가 증폭되는 형태로 된다. 입력신호와는 다른 역 위상의 궤환 신호가 들어와 두 신호의 차를 증폭기로 입력시키는 방식을 **부궤환(NFB)**Negative Feedback이라고 하며, 입력신호와 동위상의 궤환신호가 들어와 두 신호의 합을 증폭기로 입력시키는 방식을 **정궤환(PFB)** Positive Feedback이라고 한다. 일반화된 해석을 위해서 궤환신호 X_f가 입력신호 X_s와 동위상으로 들어와 두 신호의 합인 X_i가 증폭되는 형태로 해석을 전개한다. [그림 6-1]에서 A는 **기본 증폭기의 이득 또는 개루프**open-loop 이득이다.

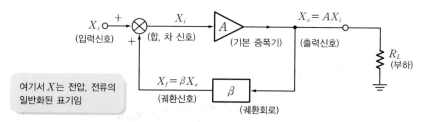

[그림 6-1] 궤환 증폭기의 기본 블록 구성도

궤환시스템에서 출력신호 X_o의 일부가 입력으로 궤환 X_f되는 궤환율 β로 정의하며, 이러한 궤환 회로는 R, C와 같은 수동소자만으로 구성된 수동 회로망이다.

$$\beta = \frac{X_f}{X_o} \quad \text{(궤환율)} \tag{6.1}$$

$X_o = AX_i$이므로 무궤환 시 기본 증폭기의 이득은 다음과 같다.

$$A \equiv \frac{X_o}{X_i} \tag{6.2}$$

$X_i = X_s + X_f$이므로 $X_f = \beta X_o$를 대입하면 다음을 얻는다.

$$X_i = X_s + X_f = X_s + \beta X_o \tag{6.3}$$

$X_i = X_s + \beta X_o$를 $X_o = AX_i$에 대입하여 정리하면 다음과 같다.

$$X_o = A(X_s + \beta X_o) = \beta A X_o + A X_s \tag{6.4}$$

따라서 전체 궤환 증폭기의 폐루프 이득은 다음과 같이 구할 수 있다.

$$A_f \equiv \frac{X_o}{X_s} = \frac{A}{1 - \beta A} \tag{6.5}$$

이러한 일반화된 궤환 증폭기의 이득인 A_f는 다음과 같이 정리할 수 있다.

- $(1 - \beta A) > 1$인 경우, $A_f < A$, $\beta = (-)$ (역상) : 부궤환(NFB), 증폭기에 사용
- $(1 - \beta A) < 1$인 경우, $A_f > A$, $\beta = (+)$ (동상) : 정궤환(PFB), 발진기에 사용
- $(1 - \beta A) = 1$인 경우, $\beta A = 1$, $A_f = \infty$: $V_s = 0$인 경우도 유한값 출력존재(발진 조건)

이 장에서는 부궤환 증폭기에 국한되어 있으므로 $\beta = (-)$인 역상을 적용시킨 **폐루프**closed-loop **이득**은 다음과 같이 표기하여 해석하기로 한다.

$$A_f = \frac{A}{1 + \beta A} \tag{6.6}$$

결국 부궤환을 걸지 않았을 때 개루프 이득 A보다 $\dfrac{1}{(1 + \beta A)}$만큼 감소됨을 알 수 있다. 따라서 $\dfrac{1}{(1 + \beta A)}$을 궤환량으로 정의한다.

많은 경우에 있어서 $\beta A \gg 1$이 되므로 이 경우는 다음과 같이 근사화할 수 있다.

$$A_f \cong \frac{1}{\beta} \quad \text{(이득 안정)} \tag{6.7}$$

전체 이득 A_f는 개루프 이득 A(증폭기의 특성)와는 무관하며, **궤환요소인 β가 저항 등에 의해서만 결정되므로 안정한 이득을 갖는다는 장점**이 있음을 기억하자.

6.1.2 루프이득과 궤환량

[그림 6-1]에서 궤환신호 X_f는 $X_f = \beta X_o = (\beta A)X_i$이며, 입력신호 X_i가 기본 증폭기(A)와 궤환 회로(β)로 구성된 루프를 거쳐서 입력에 나타난 것이다. 그 의미에서 $\beta A \left(= \dfrac{X_f}{X_i}\right)$를 **루프이득**loop-gain 이라고 정의한다.

$$T = \beta A \quad \text{(루프이득)} \tag{6.8}$$

루프이득은 부궤환 회로에 있어서 안정성을 평가하는 데 매우 중요한 요소가 된다. 만일 루프이득 βA의 크기가 1이고 βA의 위상이 $-180°$가 되어 동상이 되면, 외부 입력신호 X_s가 0이 되어도 궤환신호(X_f)가 입력신호(X_i)가 됨으로써 출력신호 X_o가 계속 나타나는 정궤환이 된다. 그러면 이 궤환 증폭기는 불안정 상태로 발진한다. 따라서 이 증폭기는 발진회로에 쓰이게 된다.

만일 외부 입력신호 $X_s = 0$이고 $|\beta A| < 1$인 경우에는 $X_f = (\beta A)X_i$에서 $X_f < X_i$가 되므로 입력 신호 X_i가 점차 작아져 발진이 소멸되고 안정상태가 된다. 반면 $|\beta A| > 1$인 경우는 $X_f > X_i$가 되므로 정궤환이 되면서 불안정 상태가 된다.

궤환의 크기(궤환량)는 '궤환에 의해 증폭기의 이득이 얼마나 변화했는가'로 평가되며, 보통 [dB] 값 으로 정의한다.

$$N = 20\log\left|\frac{A_f}{A}\right| = 20\log\left|\frac{1}{1+\beta A}\right| [\text{dB}] \quad \text{(궤환량)} \tag{6.9}$$

예제 6-1

전압이득이 -100인 증폭기에 부궤환을 걸었을 때, 전압이득이 -10으로 감소되었다. 이 경우 궤환율이 얼마인지, 궤환량 N은 몇 [dB]인지를 해석하여라.

풀이

기본 증폭기 이득 $A_v = -100$이고, 궤환 증폭기 폐루프 이득 $A_{vf} = -10$이다. $A_{vf} = \dfrac{1}{1+\beta A_v}A_v$에서 $(1+\beta A) = \dfrac{A_v}{A_{vf}} = \dfrac{-100}{-10} = 10$이므로 $\beta A_v = 10-1 = 9$이다. 따라서 β는 다음과 같다.

$$\beta = \frac{9}{A_v} = \frac{9}{100} = 0.09 \ (\text{별해} : \beta = \frac{1}{A_{vf}} - \frac{1}{A_v} = \frac{1}{10} - \frac{1}{100} = 0.09)$$

궤환량은 다음과 같이 구한다.

$$N = 20\log\left|\frac{A_{vf}}{A_v}\right| = 20\log\left|\frac{1}{1+\beta A_v}\right| = 20\log\frac{1}{10} = -20[\text{dB}]$$

[별해] $N[\text{dB}] = 20\log A_{vf} - 20\log A_v = 20\log 10 - 20\log 100 = -20[\text{dB}]$

다음의 연산 증폭기 회로에서 궤환율 β, 루프이득 βA_v, 전체 폐루프 이득 A_{vf}를 구하고, 이상적인 연산 증폭기($A_v \rightarrow \infty$)로 근사화한 전체 폐루프 이득과 거의 일치하는지를 해석하여라(단, 연산 증폭기의 개방루프 전압이득 $A_v = 10^5$이다).

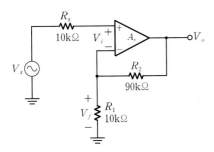

[그림 6-2] 부궤환 증폭기

풀이

주어진 회로는 출력전압 V_o의 일부가 R_1과 R_2에 의해 반전된 궤환전압 $-V_f$가 입력전압 V_s에 합쳐지는 전압 부궤환 증폭기로 동작한다.

- 전압 궤환율 : $\beta = \dfrac{V_f}{V_o} = \dfrac{R_1}{R_1 + R_2} = \dfrac{10}{10 + 90} = 0.1$ $\left(V_f = V_o \dfrac{R_1}{R_1 + R_2} \text{이므로} \right)$

- 루프이득 : $T = \beta A_v = 0.1 \times 10^5 = 10^4$

- 전체 폐루프 이득 : $A_{vf} = \dfrac{V_o}{V_s} = \dfrac{A_v}{1 + \beta A_v} = \dfrac{10^5}{1 + (0.1 \times 10^5)} = 9.99$

- 근사화한 전체 폐루프 이득 : $A_{vf} = \dfrac{A_v}{1 + \beta A_v} \bigg|_{A_v = \infty} \cong \dfrac{1}{\beta} = \dfrac{R_1 + R_2}{R_1} = 1 + \dfrac{R_2}{R_1} = 10$

이상적인 연산 증폭기($A_v \rightarrow \infty$)로 근사화한 비반전 증폭기 이득 $\left(1 + \dfrac{R_2}{R_1} \right)$와 거의 같다.

부궤환 증폭기의 일반 특성

부궤환을 사용하여 증폭기의 이득은 감소하지만, 그 대가로서 안정성, 주파수 특성, 왜곡이나 잡음이 제거되는 선형성 등을 개선할 수 있고, 증폭기의 입·출력 임피던스 등을 변화시킬 수 있는 고급화된 증폭기의 주요 특성을 정리한다.

Keywords | **이득 안정** | **왜곡 및 잡음 감소** | **대역폭 증가** | **입·출력 저항의 변화** |

6.2.1 이득의 안정

증폭기의 이득은 온도, 전원전압, 품질 불균일 등으로 인해 변화되어 불안정해지는데, 부궤환 증폭기를 사용하면 **이득 변동률을 감소시켜** 안정한 이득을 유지할 수 있다

$A_f = \dfrac{1}{1+\beta A}A$를 A에 관하여 미분하면 다음을 얻는다.

$$\frac{dA_f}{dA} = \frac{1}{(1+\beta A)^2} \rightarrow dA_f = \frac{1}{(1+\beta A)^2}dA \qquad (6.10)$$

식 (6.10)에 $\dfrac{1}{(1+\beta A)} = \dfrac{A_f}{A}$를 대입하면 다음과 같은 이득 변동률 관련 식을 얻는다.

$$\frac{dA_f}{A_f} = \frac{1}{(1+\beta A)}\frac{dA}{A} \qquad (6.11)$$

이때 $\dfrac{dA_f}{A_f}$는 NFB 증폭기의 이득 변동률이고, $\dfrac{dA}{A}$는 기본 증폭기의 이득 변동률이다. 위 관계식에서 보듯이 이득 변동률이 $\dfrac{1}{(1+\beta A)}$만큼 감소되어 안정해진다.

또한 $\beta A \gg 1$인 충분한 부궤환이 걸리면 식 (6.12)와 같이 이득이 외부 궤환회로 β에만 의존한다. 즉 증폭기 자체의 파라미터와 관계되지 않아 일정한 이득이 유지되므로 안정해진다.

$$A_f = \frac{1}{(1+\beta A)}A \cong \frac{1}{\beta} \quad (\beta A \gg 1인\ 경우) \qquad (6.12)$$

6.2.2 주파수 특성의 개선

선형 증폭기에서 [G · B]는 일정하므로, 부궤환으로 이득이 감소하면 사용할 대역폭(B)이 증대된다. 따라서 주파수 및 위상 일그러짐이 감소되어 주파수 특성이 개선된다.

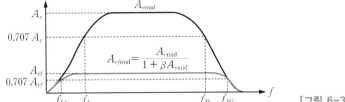

[그림 6-3] NFB 증폭기의 주파수 특성

이득 · 대역폭 곱인 $[G \cdot B] = A_{vf\text{mid}} \cdot f_{Hf} = A_{v\text{mid}} \cdot f_H$ 에서 부궤환 시 고역 차단 주파수 f_{Hf}는 $(1 + \beta A_{v\text{mid}})$배 높아지고, 저역 차단 주파수 f_{Lf}는 $\dfrac{1}{(1 + \beta A_{v\text{mid}})}$ 배 낮아지므로 대역폭은 넓어지며 주파수 특성이 개선된다.

$$f_{Hf} = (1 + \beta A) f_H \quad \text{(고역 차단 주파수가 } f_H \to f_{Hf} \text{로 증가)} \tag{6.13}$$

$$f_{Lf} = \frac{1}{(1 + \beta A)} f_L \quad \text{(저역 차단 주파수가 } f_L \to f_{Lf} \text{로 감소)} \tag{6.14}$$

6.2.3 비직선 일그러짐 감소

부궤환으로 이득이 감소하면 TR의 선형 영역에서 동작하게 되므로 비직선 일그러짐이 감소된다. 이때 D와 D_f는 기본 증폭기와 NFB 증폭기의 일그러짐 정도(왜율)를 나타낸다.

$$D_f = \frac{1}{(1 + \beta A)} D \tag{6.15}$$

TR의 비선형 특성 곡선으로 인해 일정한 동작점 Q에서 큰 입력이 인가될 경우에는 그림 Ⓐ의 출력파형처럼 비직선 왜곡이 크며, 작은 크기의 입력이 인가될 경우에는 Ⓑ처럼 거의 비직선 왜곡이 없다.

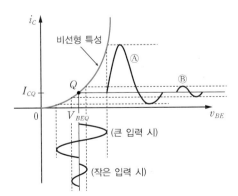

[그림 6-4] 비직선 왜곡 감소

6.2.4 잡음의 감소

비직선 왜곡과 마찬가지로 부궤환에 의해 잡음도 감소한다. 이때 N과 N_f는 기본 증폭기와 NFB 증폭기의 잡음을 의미한다.

$$N_f = \frac{1}{1+\beta A} N \tag{6.16}$$

여기서 고려할 사항은 부궤환에 의한 신호이득 감소를 보상하기 위해 앞 증폭단에서 회로정수의 값 등을 조정하여 이득을 $(1+\beta A)$배 높이고, 저잡음 증폭소자를 사용할 경우에는 신호대 잡음비(S/N)도 개선할 수 있음을 기억하자.

6.2.5 입력 및 출력 임피던스 변화

NFB 형태에 따라 입력 임피던스 Z_i, 출력 임피던스 Z_o를 $(1+\beta A)$배 혹은 $\dfrac{1}{(1+\beta A)}$ 배씩 가변시킬 수 있다.

직렬형태로 접속할 때는 합성저항이 증가하므로 **직렬궤환**인 경우는 입력저항이 증가하고, **전류궤환**인 경우에는(출력측에서 직렬접속임) 출력저항이 증가한다. 반대로 병렬형태로 접속할 때는 합성저항이 감소하므로 **병렬궤환**이면 입력저항이 감소하고, **전압궤환**이면(출력측에서 병렬접속임) 출력저항이 감소한다.

예제 6-3

전압이득 $A_v = 100$, 입력 및 출력저항이 $R_i = 10[\text{k}\Omega]$ 및 $R_o = 33[\text{k}\Omega]$인 기본 증폭기에 $\beta = -0.1$만큼 부궤환이 걸려 있는 직렬전압 궤환 증폭기에서 A_{vf}, R_{if}, R_{of}를 구하여라.

풀이

이득은 감소하지만 안정해지고 다른 특성이 개선된다.

- A_{vf}(감소) : $\dfrac{1}{(1+\beta A)} A_v = \dfrac{100}{1+0.1 \times 100} = \dfrac{100}{11} = 9.09$

- R_{if}(증가) : $(1+\beta A_v) \cdot R_i = 11 \times 10\text{k} = 110[\text{k}\Omega]$

- R_{of}(감소) : $\dfrac{R_o}{(1+\beta A_v)} = \dfrac{33}{11} = 3[\text{k}\Omega]$

예제 6-4

개루프 전압이득이 $A_v = 1000 \pm 100$인 기본 증폭기가 있다. 여기에 NFB를 걸어 전압이득의 변화율을 $\pm 1[\%]$ 이내로 만들고자 할 때, NFB의 비율 β와 A_{vf}를 구하여라.

풀이

$\left| \dfrac{dA_{vf}}{A_{vf}} \right| = \dfrac{1}{(1 + \beta A_v)} \left| \dfrac{dA_v}{A_v} \right|$에 값을 대입하면 $(1 + \beta A_v) = 10$을 얻는다.

$\searrow (1\%)$ $\qquad\qquad\searrow (\dfrac{100}{1000} = 10\%)$

A_v에 1000을 대입하여 β를 구한 후, 이를 통해 A_{vf}를 구한다.

$$1 + \beta A_v = 10, \quad \beta = \frac{9}{1000} \cong 0.01$$

$$A_{vf} = \frac{1}{(1 + \beta A)} A_v = \frac{1}{10} \times 1000 = 100$$

예제 6-5

이득이 $60[\text{dB}]$인 저주파 증폭기가 $10[\%]$의 왜율을 가지고 있다. 이것을 $0.1[\%]$ 이내로 만들려면 부궤환을 어느 정도 걸어주어야 하는지 $\beta[\text{dB}]$를 구하여라.

풀이

기본 증폭기의 이득은 $60[\text{dB}]$이므로 이득은 $A = 10^3$이 된다. 식 (6.15)에서 $D = 10[\%]$를 $D_f = 0.1[\%]$로 개선시켜야 하므로 $(1 + \beta A) = 100$이다. 따라서 β를 구하고, 이를 $[\text{dB}]$로 나타내면 다음과 같다.

$$\beta = \frac{99}{1000} \cong \frac{100}{1000} = \frac{1}{10} = 10^{-1}$$

$$\beta[\text{dB}] = 20 \log 10^{-1} = -20[\text{dB}] \quad (약 \ -20[\text{dB}] \ 부궤환)$$

예제 6-6

대역폭을 10배 넓게 개선하고자 할 때 부궤환 증폭기의 폐루프 이득은 기본 증폭기의 개루프 이득의 몇 $[\text{dB}]$이 되어야 하는가?

풀이

선형 증폭기는 이득과 대역폭의 곱인 $[\text{G} \cdot \text{B}]$가 일정해야 하므로 대역폭 B가 10배 넓어지는 대신 이득 G가 $\dfrac{1}{10}$배가 되어야 한다.

$$G[\text{dB}] = 20 \log \frac{1}{10} = 20 \log 10^{-1} = -20[\text{dB}]$$

이득이 100이고 고역 차단 주파수가 $500[\text{kHz}]$인 증폭기에 궤환율이 0.5×10^{-2}이 되도록 부궤환을 걸었을 때 고역 차단 주파수 f_{Hf}는 얼마인가?

풀이

이득은 감소되지만 주파수 특성이 개선되어 대역폭이 넓어지므로 고역 차단 주파수는 더 높은 쪽으로 넓어진다.

$$f_{Hf} = (1 + \beta A) \cdot f_H = (1 + 0.5 \times 10^{-2} \times 100) f_H = 1.5 f_H$$
$$= 1.5 \times 500[\text{kHz}] = 750[\text{kHz}]$$

궤환 증폭기의 회로 해석

궤환 증폭기의 구성 방법과 종류별 기능, 신호 및 전달비, 입·출력 임피던스 변화 특성들을 정리하고, 전반적인 궤환 증폭기의 신호 해석을 체계적으로 학습한다.

Keywords | 궤환회로 연결 방법 | 궤환 증폭기 종류 및 특성 | 궤환 증폭기의 신호 해석 |

6.3.1 기본 증폭기와 궤환회로 β와의 연결 방법

출력측과 연결

[그림 6-5(a)]는 궤환회로 β가 출력측과 병렬로 접속된 형태이고, [그림 6-5(b)]는 직렬로 접속된 형태이다. 전자는 출력전압 V_o를 샘플링(추출)하는 **전압 NFB**이고, 후자는 출력전류 I_o를 샘플링(추출)하는 **전류 NFB** 구성이 된다. 궤환회로 β가 R_f일 경우, 병렬로 접속된 전압 NFB는 전체 출력저항 R_{of}가 감소하며, 직렬접속인 전류 NFB는 전체 출력저항 R_{of}가 증가한다.

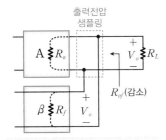
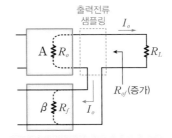

(a) 전압 NFB   (b) 전류 NFB

[그림 6-5] 궤환회로 β와 기본 증폭기 A의 출력측과 연결 방법

입력측과 연결

[그림 6-6(a)]는 궤환회로 β가 입력측과 직렬로 접속된 형태이고, [그림 6-6(b)]는 병렬로 접속된 형태이다. 전자는 궤환전압신호 V_f를 입력에 주입시키고, 후자는 궤환전류신호 I_f를 입력에 주입시키는 구성이 된다. 궤환회로 β가 R_f일 경우, 직렬접속인 **직렬 NFB**는 부궤환으로 인해 전체 입력저항 R_{if}가 증가하고, 병렬접속인 **병렬 NFB**는 전체 입력저항 R_{if}가 감소한다.

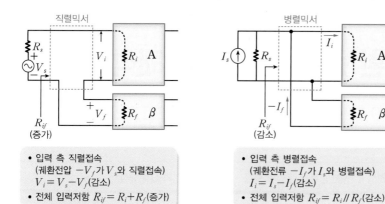

- 입력 측 직렬접속
  (궤환전압 $-V_f$가 V_s와 직렬접속)
  $V_i = V_s - V_f$(감소)
- 전체 입력저항 $R_{if} = R_i + R_f$(증가)

- 입력 측 병렬접속
  (궤환전류 $-I_f$가 I_s와 병렬접속)
  $I_i = I_s - I_f$(감소)
- 전체 입력저항 $R_{if} = R_i /\!/ R_f$(감소)

(a) 직렬 NFB   (b) 병렬 NFB

[그림 6-6] 궤환회로 β와 기본 증폭기 A의 입력측과 연결 방법

입력측과 출력측 접속 형태에 따라서 다음과 같이 4가지 형태의 궤환 증폭기가 구성될 수 있다.

- 직렬-전압(혹은 병렬) 궤환 증폭기   • 직렬-전류(혹은 직렬) 궤환 증폭기
- 병렬-전압(혹은 병렬) 궤환 증폭기   • 병렬-전류(혹은 직렬) 궤환 증폭기

이와 같은 부궤환 형태에 따라 입력저항(임피던스)이나 출력저항(임피던스)을 $(1+\beta A)$배 증가시키거나 $\dfrac{1}{(1+\beta A)}$배 감소시켜 증폭기의 입·출력특성을 개선할 수 있다. [표 6-1]에 부궤환 증폭기에 따른 각 신호의 정의와 궤환율 β, 기본 증폭기의 정의, 입·출력 임피던스 변화 특성 등을 정리했다.

[표 6-1] NFB 증폭기의 신호 및 전달비와 입·출력 임피던스 변화

	직렬전압	직렬전류	병렬전압	병렬 전류
X_o(출력신호)	V_o	I_o	V_o	I_o
X_f(궤환신호) X_s, X_i(입력신호)	V_f	V_f	I_f	I_f
β(궤환율)$=\dfrac{X_f}{X_o}$	V_f/V_o	V_f/I_o	I_f/V_o	I_f/I_o
A(기본 증폭기)$=\dfrac{X_o}{X_i}$	$A_v = \dfrac{V_o}{V_i}$ (전압 증폭기)	$G_m = \dfrac{I_o}{V_i}$ (전달 컨덕턴스)	$R_m = \dfrac{V_o}{I_i}$ (전달 저항기)	$A_i = \dfrac{I_o}{I_i}$ (전류 증폭기)
Z_i(입력 임피던스)	증가	증가	감소	감소
Z_o(출력 임피던스)	감소	증가	감소	증가

6.3.2 부궤환 증폭기의 종류

앞서 제시한 4가지 형태의 궤환 증폭기들의 구성도와 특성을 비교해보자.

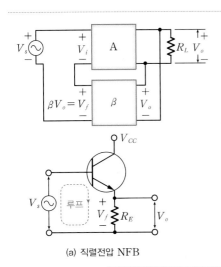

$A = \dfrac{V_o}{V_i}$ (기본 증폭기는 전압 증폭기)

$\beta = \dfrac{V_f}{V_o}$, $R_{if} \rightarrow$ 증가, $R_{of} \rightarrow$ 감소

직렬궤환은 전압 V_f를 만들어 궤환시킴

- NFB 저항 : R_E
- 출력(단자)전압 V_o와 병렬(전압 V_o 추출)
- 입력 V_s와 루프 형성(직렬접속) $\rightarrow V_f$ 주입

(a) 직렬전압 NFB

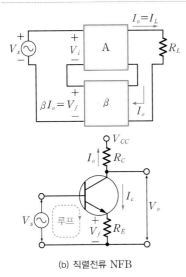

$A = \dfrac{I_o}{V_i}$ (기본 증폭기는 전달 컨덕턴스기)

$\beta = \dfrac{V_f}{I_o}$, $R_{if} \rightarrow$ 증가, $R_{of} \rightarrow$ 증가

직렬궤환은 전압 V_f를 만들어 궤환시킴

- NFB 저항 : R_E
- 출력전류 I_o 루프 형성(전류 I_o 추출)
- 입력 V_s와 루프 형성(직렬접속) $\rightarrow V_f$ 주입

(b) 직렬전류 NFB

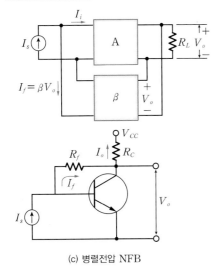

$A = \dfrac{V_o}{I_i}$ (기본 증폭기는 전달 저항기)

$\beta = \dfrac{I_f}{V_o}$, $R_{if} \rightarrow$ 감소, $R_{of} \rightarrow$ 감소

병렬궤환은 전류 I_f를 만들어 궤환시킴

- NFB 저항 : R_f
- 출력(단자)전압 V_o와 병렬(전압 V_o 추출)
- 입력 I_s와 브랜치 형성(병렬접속) $\rightarrow I_f$ 주입
  (베이스에서는 병렬접속)

(c) 병렬전압 NFB

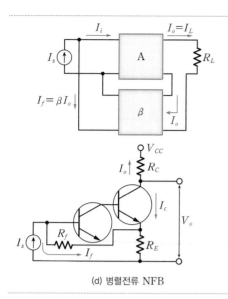

$$A = \frac{I_o}{I_i} \quad (\text{기본 증폭기는 전류 증폭기})$$

$$\beta = \frac{I_f}{I_o}, \ R_{if} \rightarrow \text{감소}, \ R_{of} \rightarrow \text{증가}$$

병렬궤환은 전류 I_f를 만들어 궤환시킴

- NFB 저항 : R_f
- 출력전류 I_o 루프 형성(전류 I_o 추출)
- 입력 I_s와 브랜치 형성 (병렬접속) : I_f 주입
  (베이스에서는 병렬접속)

(d) 병렬전류 NFB

[그림 6-7] 부궤환 증폭기의 구성도 및 종류

6.3.3 궤환 증폭기의 해석

궤환 증폭기의 해석은 궤환이 없을 때보다 복잡하므로 궤환을 제거시킨 등가회로상에서 먼저 쉽게 해석한 후에, 궤환회로의 특성을 적용시켜 **근사적인 방법**을 적용하여 이후에 소개하는 절차에 따라 해석하면 된다.

이상적인 궤환 증폭기의 기본 조건은 기본 증폭기와 궤환회로가 모두 단방향이어야 한다는 점이다. 그리고 기본 증폭기에 대한 궤환회로의 부하작용은 무시되어야 한다. 그러나 실제 궤환 증폭기는 궤환회로가 기본 증폭기에 부하로 작용한다. 따라서 궤환 증폭기를 정확하게 해석하기 위해서는 **궤환회로가 입·출력측에 미치는 부하효과**를 고려한 상태에서 개방루프 이득을 구하고, 이를 이용해서 폐루프 이득, 입·출력저항을 해석하면 된다. 그러므로 **궤환을 제거시킨 등가회로**는 궤환회로가 부하효과로만 작용하도록 다음 조건하에서 구해야 한다.

■ 궤환회로의 부하효과

기본 증폭기의 입력단에서 본 경우
- 전압궤환일 때 : $V_o = 0$(출력단락)시켜 전압이 샘플링되지 않게 한 뒤 입력측에 나타나는 저항값
- 전류궤환일 때 : $I_o = 0$(출력개방)시켜 전류가 샘플링되지 않게 한 뒤 입력측에 나타나는 저항값

기본 증폭기의 출력단에서 본 경우
- 직렬궤환일 때 : $I_i = 0$(입력개방)시켜 궤환전압이 입력에 도달하지 못하게 한 뒤 출력측에 나타나는 저항값
- 병렬궤환인 때 : $V_i = 0$(입력단락)시켜 궤환전류가 입력에 도달하지 못하게 한 뒤 출력측에 나타나는 저항값

■ 궤환 증폭기 해석 절차

❶ 궤환율 β 산출

❷ 궤환을 제거하여 무궤환 시 등가회로 설정

❸ 무궤환 시 신호 해석(A_v, A_i, R_i, R_o)

❹ 궤환 시 신호 해석(A_{vf}, A_{if}, R_{if}, R_{of})

　(부궤환 형태에 따른 특성을 적용시켜 간접적으로 해석함)

직렬전압 궤환회로

출력전압을 추출해서 (−)의 궤환전압을 만들어서 입력측과 직렬로 접속시키므로 증폭기의 전체 입력을 감소시키는 부궤환 방식이다. [그림 6-8(a)]의 회로로 부궤환 저항과 종류를 판단해보자.

- **NFB 저항** : 입력과 출력 양쪽에 공유하는 저항이므로 R_E가 된다.
- **NFB 형태** : R_E 저항이 일정한 출력전압 V_o가 나오는 출력단자에 붙어 있으면 전압궤환이고, R_E 저항이 입력전원 V_s와 루프 형태로 접속되어 있으면 직렬궤환이다.

　(직렬궤환이므로 V_f 궤환전압을 만들어서 입력측에 주입)

- **NFB가 되는 이유** : R_E에 걸리는 궤환전압 V_f가 외부 입력전압 V_s에 역 위상으로 작용하게 되므로 입력 V_{be}는 $(V_s - V_f)$인 작은 신호가 입력된다.

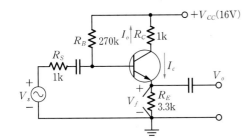

(a) 이미터 폴로워 회로

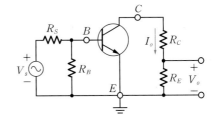

(b) 궤환이 없는 등가회로

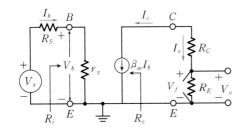

(c) 소신호 등가모델($R_S \gg r_\pi$로 R_B 무시)

단, $h_{fe} = \beta_{ac} = 100$,
$h_{ie} = r_\pi = (1 + \beta_{ac}) r_e = 1.1[\text{k}\Omega]$

[그림 6-8] [CC]형 이미터 폴로워 증폭기

■ 무궤환 시 해석

먼저 궤환을 제거시킨 등가회로는 앞 페이지에서 언급했던 것처럼, 입력측에 나타나는 부하효과는 단락($V_o = 0$) 상태에서 R_E에 대한 회로이므로 R_E 저항이 단락되어 나타나지 않는다. 출력측에 나타나는 부하효과는 직렬궤환으로, 입력개방시킨 상태에서 R_E에 대한 회로이므로 R_E 저항 그 자체가 출력측에서 나타난다. 이는 [그림 6-8(b)]와 같이 나타낼 수 있다.

❶ 궤환율 $\beta = \dfrac{X_f}{X_o} = \dfrac{V_f}{V_o} = \dfrac{V_o}{V_o} = 1$ ($V_f = V_o$인 100[%] 궤환)

❷ $A_v = \dfrac{V_o}{V_s} \cong \dfrac{V_o}{V_i} = \dfrac{I_o R_E}{I_i R_i} = \dfrac{I_c R_E}{I_b R_i} = \dfrac{\beta_{ac} I_b \cdot R_E}{I_b \cdot (R_s + r_\pi)}$

      $= \dfrac{\beta_{ac} R_E}{R_s + r_\pi} = \dfrac{100 \times 3.3\text{k}}{1.1\text{k}} = 300$ (R_s는 무시함)

❸ $A_i = (1 + \beta_{ac}) = 101$ ($R_E \ll r_o \left(= \dfrac{1}{h_{oe}}\right)$이므로 r_o 무시함)

❹ $R_i = R_s + r_\pi \cong r_\pi = 1.1[\text{k}\Omega]$ (R_s는 무시함)

❺ $R_o = (r_o + R_c) /\!/ R_E \cong R_E = 3.3[\text{k}\Omega]$ (r_o는 매우 크므로 무시)

■ 부궤환 시 전체 회로 해석 (입력저항 증가, 출력저항 감소)

$(1 + \beta A)$를 구하여 궤환회로 특성을 적용시켜 해석하면 다음과 같다.

❶ A_{vf}(감소) $\equiv \dfrac{A_v}{1 + \beta A_v} = \dfrac{\dfrac{\beta_{ac} \cdot R_E}{R_s + r_\pi}}{1 + \dfrac{\beta_{ac} R_E}{R_s + r_\pi}} = \dfrac{\beta_{ac} R_E}{R_s + r_\pi + \beta_{ac} R_E} = \dfrac{300}{1 + 300} = 0.99$

❷ $A_{if} \cong A_i = (1 + \beta_{ac}) = 101$ (궤환의 영향을 받지 않으므로 불변)

❸ R_{if}(증가) $= (1 + \beta A) \cdot R_i = \left(1 + \dfrac{\beta_{ac} R_E}{R_s + r_\pi}\right) \cdot (R_s + r_\pi)$

      $= R_s + r_\pi + (\beta_{ac} R_E)$

      $\cong 1.1 + (100 \times 3.3) = 331.1[\text{k}\Omega]$ (R_s 무시)

❹ R_{of}(감소) $= \dfrac{R_o}{1 + \beta A} = \dfrac{R_E}{1 + \dfrac{\beta_{ac} R_E}{R_s + r_\pi}} = \dfrac{(R_s + r_\pi) R_E}{R_s + r_\pi + \beta_{ac} R_E}$

      $\cong \dfrac{R_s + r_\pi}{\beta_{ac}} \cong \dfrac{1.1\text{K}}{100} = 11[\Omega]$ (R_s 무시)

이 모든 해석의 결과식은 3장의 TR의 신호 해석 결과와 비교해 볼 때 $(1 + \beta_{ac})$ 대신 β_{ac}로 나타낸 것과 같다. 그 이유는 궤환 시의 특성들을 루프이득을 통해 간접적으로 구하는 근사적인 해석 방법이기 때문이다. 상세한 신호 해석은 3장을 참조하면 된다.

[그림 6-9]는 연산 증폭기의 비반전 증폭기 회로이다. 루프이득을 이용하는 부궤환의 특성을 이용하여 A_{vf}, R_{if}, R_{of}를 구하여라(단, 증폭기의 개루프 이득 $A = 10^5$, 입력저항 $R_i = 98[\text{k}\Omega]$, 출력저항 $R_o = 50[\Omega]$이다).

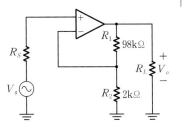

[그림 6-9] 비반전 증폭회로

풀이

[그림 6-10(a)]는 주어진 회로를 궤환 형태로 고친 것이고, [그림 6-10(b)]는 궤환을 없앤 등가회로이다.

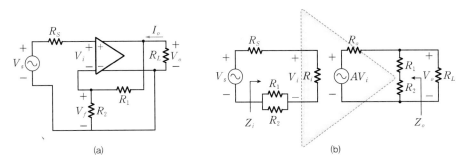

(a)   (b)

[그림 6-10] 수정된 비반전 증폭회로

궤환을 없앤 등가회로는 전압궤환이므로 입력측에서는 출력을 단락($V_o = 0$)시킨 상태에서는 R_1과 R_2의 병렬형태로 나타나고, 직렬궤환이므로 출력측에서는 입력개방($I_i = 0$)시켜 출력측에서 보면 궤환회로는 R_1과 R_2의 직렬형태로 나타난다.

❶ 무궤환 시의 해석

- 궤환율 : $\beta = \dfrac{V_f}{V_o} = \dfrac{R_2}{R_1 + R_2} = \dfrac{2}{98 + 2} = 0.02$

- 전압이득 : 계산을 간략히 하기 위해 R_i와 A가 매우 크고, R_o가 매우 작은 이상적인 연산 증폭기라고 하면 $V_i' \cong V_s$, $V_o = A V_i'$이므로, 무궤환 시 전압이득은 $A_v = \dfrac{V_o}{V_s} = A$가 된다.

- 루프이득 : $T = -\beta A = \dfrac{R_2}{R_1 + R_2} A = -0.02A$이고,

  $(1 - T) = (1 + \beta A) = \left(1 + \dfrac{R_2}{R_1 + R_2} A\right) = (1 + 0.02A)$이다.

- 입력 임피던스 : $Z_i = R_s + R_i + (R_1 \parallel R_2) \cong R_i = 98[\text{k}\Omega]$

- 출력 임피던스 : $Z_o = R_o \parallel (R_1 + R_2) \cong R_o = 50[\Omega]$

❷ 궤환 시의 해석($(1+\beta A)$ 사용)

- 전압이득

$$A_{vf} = \frac{A_v}{(1+\beta A)} = \frac{A(R_1+R_2)}{R_1+(A+1)R_2} = \frac{100,000}{(1+0.02A)} = 49.97 \left(A_{vf} \cong \frac{R_1+R_2}{R_2} = 50 \right)$$

- 입력 임피던스

$$Z_{if} = (1+\beta A)Z_i = \left(\frac{R_1+(A+1)R_2}{R_1+R_2} \right) R_i \cong R_i \left(\frac{AR_2}{R_1+R_2} \right) = R_i \left(\frac{A}{A_{vf}} \right) = 196[\mathrm{M}\Omega]$$

- 출력 임피던스

$$Z_{of} = \frac{Z_o}{(1+\beta A)} \cong R_o \left(\frac{R_1+R_2}{AR_2} \right) \cong R_o \left(\frac{A_{vf}}{A} \right) = 50 \left(\frac{50}{100000} \right) = 0.025[\Omega]$$

직렬전류 궤환회로

출력전류를 추출해서 (−)의 궤환전압을 만들어 입력측과 직렬로 접속시키므로, 증폭기의 전체 입력을 감소시키는 부궤환 방식이다. [그림 6-11]로 부궤환 저항과 종류를 판단해보자.

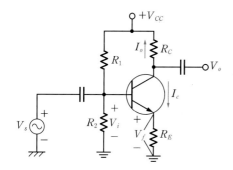

[그림 6-11] R_E를 가진 [CE]형 증폭기

- **NFB 저항** : R_E (입력과 출력 양쪽에 공유하므로)
- **NFB 형태** : 부궤환 저항 R_E가 출력단자가 아니라 일정한 출력전류 I_o가 흐르는 출력라인(루프)에 있어 I_o를 추출하는 전류궤환이며, R_E 저항이 입력전원 V_i와 루프를 형성하므로 직렬궤환이 된다. (직렬궤환은 궤환전압 V_f를 만들어서 궤환시킴)
- **NFB가 되는 이유** : R_E에 걸리는 궤환전압 V_f가 외부에서 입력되는 전압 $V_s(=V_i)$에 역 위상으로 작용하게 되므로, 실제 $V_{be} = (V_i - V_f)$로 감소되어 증폭기로 입력된다.

■ 무궤환 시 해석

먼저 궤환을 제거시킨 등가회로는 전류궤환으로, 입력측에서는 출력개방($I_o=0$)시킨 상태에서 R_E 저항은 I_b만 흐르므로 그대로 R_E가 나타난다. 출력측에서는 직렬궤환으로, 입력개방($I_i=0$)시켜 출력측에서 본 R_E 저항은 I_c만 흐르는 R_E가 그대로 나타난다. 이는 [그림 6-12(a)]와 같이 구성된다.

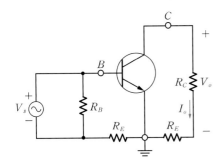

| (a) 궤환이 없는 등가회로 | (b) 소신호 등가회로 |

[그림 6-12] R_E를 가진 [CE]형 증폭기의 등가회로

❶ 궤환율 : $\beta = \dfrac{X_f}{X_o} = \dfrac{V_f}{I_o} = \dfrac{-I_o R_E}{I_o} = -R_E$ (−는 역상임)

❷ 기본 증폭기 : $A = \dfrac{X_o}{X_i} = \dfrac{I_o}{V_i} = G_m$ (A는 전달 컨덕턴스형 증폭기)

$A = \dfrac{I_o}{V_i} = \dfrac{-I_c}{I_b R_i} = \dfrac{-\beta_{ac} I_b}{I_b \cdot (r_\pi + R_E)} = -\dfrac{\beta_{ac}}{r_\pi + R_E}$

❸ 입력저항 : $R_i = r_\pi + R_E$

❹ 출력저항 : $R_o = \left(r_o \left(= \dfrac{1}{h_{oe}} \right) + R_E \right) \parallel R_C \cong r_o \left(= \dfrac{1}{h_{oe}} \right) \parallel R_C$

■ 부궤환 시 전체 회로 해석(입력저항 증가, 출력저항 증가)

$(1 + \beta A)$를 구해 궤환회로 특성을 적용시켜 해석하면 다음과 같다.

❶ A_f(감소) $= G_{mf} = \dfrac{A}{1 + \beta A} = \dfrac{\dfrac{-\beta_{ac}}{r_\pi + R_E}}{1 + (-R_E) \cdot \left(-\dfrac{\beta_{ac}}{r_\pi + R_E} \right)} = \dfrac{-\beta_{ac}}{r_\pi + (1 + \beta_{ac}) R_E}$

❷ $A_{vf} = \dfrac{V_o}{V_s} = \dfrac{V_o}{V_i} = \dfrac{I_o R_C}{V_i} = A_f \cdot R_C = \dfrac{-\beta_{ac} \cdot R_C}{r_\pi + (1 + \beta_{ac}) R_E} \cong -\dfrac{R_C}{R_E}$ (안정 : 감소)

❸ R_{if}(증가) $= (1 + \beta A) R_i = \left(1 + R_E \dfrac{\beta_{ac}}{R_E + r_\pi} \right) \cdot (R_E + r_\pi) = r_\pi + (1 + \beta_{ac}) R_E$ (증대)

❹ R_{of}(증가) $= (1 + \beta A) R_o = \left(1 + R_E \dfrac{\beta_{ac}}{R_E + r_\pi} \right) \cdot r_o \left(= \dfrac{1}{h_{oe}} \right)$

$\qquad = \left(\dfrac{r_\pi + (1 + \beta_{ac}) R_E}{R_E + r_\pi} \right) \cdot r_o \cong (1 + \beta_{ac}) \cdot r_o$ (매우 증대)

R_C 저항도 고려하면 $R_{of} = (1 + \beta_{ac}) r_o \parallel R_C) \cong R_C$이다.

❺ $A_{if} = A_i$ (직렬전류 궤환 시 전류이득은 궤환의 영향을 받지 않음)

[그림 6-13]은 R_E 저항을 가진 [CE]형 증폭회로이다. 부궤환의 특성을 이용하여 신호 해석을 하여라 (단, $r_\pi = (1 + \beta_{ac})r_e = 1[\text{k}\Omega]$, $\beta_{ac} = 100$, R_s 저항은 무시한다).

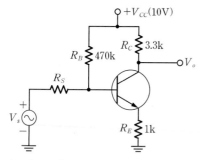

[그림 6-13] R_E를 가진 [CE]형 증폭기

풀이

궤환을 제거한 상태에서 등가회로([그림 6-12(a)]를 참조)에서 신호 해석을 먼저 한 후에 부궤환의 특성을 적용시켜 해석한다.

- 궤환율 : $\beta = \dfrac{V_f}{I_o} = \dfrac{-I_o R_E}{I_o} = -R_E = -1\text{k} = -1000$

- $A = \dfrac{X_o}{X_i} = \dfrac{I_o}{V_i} = G_m$ (기본 증폭기 A는 전달 컨덕턴스형 G_m)

  $= -\dfrac{\beta_{ac}}{r_\pi + R_E} = \dfrac{-100}{1\text{k} + 1\text{k}} = -0.05$

- A_f(감소) $= \dfrac{A}{1 + \beta A} = \dfrac{-0.05}{1 + (-1000 \times -0.05)} = \dfrac{-0.05}{1 + 50} = -9.8 \times 10^{-4}$

- $A_{vf} = A_f \cdot R_C = (-9.8 \times 10^{-4}) \times 3.3\text{k} = -3.23$

- $R_i = r_\pi + R_E = 1\text{k} + 1\text{k} = 2[\text{k}\Omega]$

- R_{if}(증가) $= (1 + \beta A) \cdot R_i = (1 + 50) \cdot 2\text{k} = 102[\text{k}\Omega]$

- $R_o = r_o \left(= \dfrac{1}{h_{oe}} \right)$, R_{of}(증가) $= (1 + \beta A) \cdot R_o = (1 + 50) \cdot r_o \left(= \dfrac{1}{h_{oe}} \right)$

- R_C 저항을 고려한 출력저항 : $R_{of} = (1 + 50) \cdot r_o \left(= \dfrac{1}{h_{oe}} \right) /\!/ R_C \cong R_C = 3.3[\text{k}\Omega]$

- $A_{if} = A_i = -\beta_{ac} \cdot \left(\dfrac{R_B}{R_B + R_{if}} \right) = -82.2$

병렬전압 궤환회로

출력전압을 추출해서 (-)의 궤환전류 I_f를 만들어 입력측과 병렬로 접속시켜 증폭기의 전체 입력을 감소시키는 부궤환 방식이다. [그림 6-14(a)]의 회로로 부궤환 저항과 종류를 판단해보자.

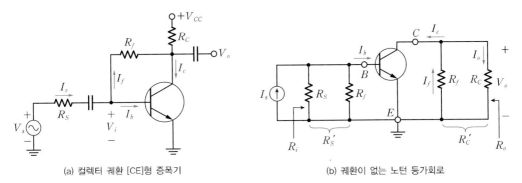

(a) 컬렉터 궤환 [CE]형 증폭기   (b) 궤환이 없는 노턴 등가회로

[그림 6-14] 병렬전압 궤환회로

- **NFB 저항** : R_f(입력과 출력 양쪽에 공유)
- **NFB 형태** : 부궤환 저항 R_f가 출력전압 V_o인 출력단자에 접속되어 있으므로 전압궤환이며, R_f 저항이 입력측 I_s와 분리(브랜치) 접속(혹은 베이스와 연결)되므로 병렬궤환이 된다.
- **NFB가 되는 이유** : [CE]형 방식은 입·출력 위상이 역상이므로 R_f에 의한 궤환전류 I_f가 입력 소스전류 I_s에 역 위상이므로, 실제 증폭기의 입력전류는 $I_b = (I_s - I_f)$로 감소되어 들어간다. 즉 입력 소스전류 I_s가 R_f쪽으로도 일부가 누설되므로 증폭기 입력전류 I_b가 감소되는 것이다.

■ 무궤환 시 해석

먼저 궤환을 제거시킨 등가회로는 전압궤환로서, 입력측에서는 출력을 단락($V_o = 0$)시킨 상태에서 R_f에 대한 회로이므로 R_f 저항은 베이스에서 접지 사이에 존재한다. 출력측에서는 병렬궤환으로, 입력을 단락($V_i = 0$)시킨 상태에서 R_f에 대한 회로이므로 R_f 저항은 컬렉터에서 접지 사이에 나타난다. 이는 [그림 6-14(b)]와 같이 구성된다.

❶ **궤환율** : $\beta = \dfrac{X_f}{X_o} = \dfrac{I_f}{V_o} \cong \dfrac{-\dfrac{V_o}{R_f}}{V_o} = -\dfrac{1}{R_f} \left(-I_f = \dfrac{V_o - V_{be}}{R_f} \cong \dfrac{V_o}{R_f} \right)$

❷ **기본 증폭기** : $A = \dfrac{X_o}{X_i} = \dfrac{V_o}{I_s} = R_m$ (기본 증폭기 A는 전달 저항기)

$$= \dfrac{I_o \cdot R_C}{I_s} = \dfrac{-I_c \cdot R_C^{'}}{I_s} = \dfrac{-\beta_{ac}I_b \cdot R_C^{'}}{I_s} = \dfrac{-\beta_{ac}R_C^{'}R_s^{'}}{R_s^{'} + r_\pi}$$

$$(R_s^{'} = R_s \mathbin{/\mkern-5mu/} R_f, \ R_C^{'} = R_C \mathbin{/\mkern-5mu/} R_f, \ I_b = I_s \cdot \dfrac{R_s^{'}}{R_s^{'} + r_\pi} \text{을 적용시킴})$$

❸ **입력저항** : $R_i = (R_s \mathbin{/\mkern-5mu/} R_f \mathbin{/\mkern-5mu/} r_\pi)$

❹ **출력저항** : $R_o = (R_f \mathbin{/\mkern-5mu/} R_C)$

■ 부궤환 시 전체 회로 해석 (입력저항 감소, 출력저항 감소)

$(1+\beta A)$를 구하여 궤환회로 특성을 적용시켜 해석하면 다음과 같다.

❶ $A_f(감소) = R_{mf} = \dfrac{A}{1+\beta A} = \dfrac{-\beta_{ac} R_C{}' R_s{}'/(R_s{}'+r_\pi)}{(\beta_{ac} R_C{}'/R_f)} \cong -R_f$

$\left(1+\beta A = 1 + \dfrac{1}{R_f} \cdot \dfrac{\beta_{ac} I_b \cdot R_C{}'}{I_s} \cong 1 + \dfrac{\beta_{ac} R_C{}'}{R_f} \cong \dfrac{\beta_{ac} R_C{}'}{R_f}\quad 대입\right)$

❷ $A_{vf} = \dfrac{V_o}{V_s} = \dfrac{V_o}{I_s R_s} = \dfrac{A_f}{R_s} \cong -\dfrac{R_f}{R_s}$

❸ $R_{if}(감소) = \dfrac{1}{1+\beta A} R_i \cong \dfrac{R_f}{\beta_{ac} R_C{}'} r_\pi = \dfrac{r_\pi R_f}{\beta_{ac} R_C{}'}$

❹ $R_{of}(감소) = \dfrac{1}{1+\beta A} R_o \cong \dfrac{R_f \cdot R_o}{\beta_{ac} R_C{}'} \cong \dfrac{R_f}{\beta_{ac}}\quad (R_o \cong R_C{}'\,이므로)$

예제 6-10

[그림 6-14(a)]의 회로에서 $R_s = 10[\mathrm{k\Omega}]$, $R_f = 39[\mathrm{k\Omega}]$, $R_C = 3.9[\mathrm{k\Omega}]$, $r_\pi = (1+\beta_{ac})r_e = 1.1[\mathrm{k\Omega}]$, $\beta_{ac} = 50$일 경우에 부궤환의 특성을 이용하여 신호 해석을 하여라.

풀이

- 궤환율 : $\beta = -\dfrac{1}{R_f} = -\dfrac{1}{39\mathrm{k}}$

- 기본 증폭기 : $A = \dfrac{-\beta_{ac} R_C{}' R_s{}'}{R_s{}'+r_\pi} = \dfrac{-50 \times 3.55 \times 9.75}{9.75 \times 1.1} = -159.5[\mathrm{k\Omega}]$

- $R_C{}' = R_C /\!/ R_f = (3.9\mathrm{k} /\!/ 39\mathrm{k}) = 3.55[\mathrm{k\Omega}]$

- $R_s{}' = R_s /\!/ R_f = (10\mathrm{k} /\!/ 39\mathrm{k}) = 9.75[\mathrm{k\Omega}]$

- 기본 증폭기 : $A_f = \dfrac{A}{1+\beta A} \cong \dfrac{-159.5}{1+\left(159.5 \times \dfrac{1}{39}\right)} = \dfrac{-159.5}{5.1} = -31.3[\mathrm{k\Omega}]$

- $A_{vf} = \dfrac{A_f}{R_s} = \dfrac{-31.3[\mathrm{k\Omega}]}{10[\mathrm{k\Omega}]} = -3.13$

- $R_i = (R_s /\!/ R_f /\!/ r_\pi) = (9.75\mathrm{k} /\!/ 1.1\mathrm{k}) = 988[\Omega]$

- $R_{if}\,(감소) = \dfrac{R_i}{1+\beta A} = \dfrac{988}{5.1} = 193.7[\Omega]$

- $R_o = (R_f /\!/ R_C) = 3.55[\mathrm{k\Omega}]$

- $R_{of}(감소) = \dfrac{R_o}{1+\beta A} = \dfrac{3.55[\mathrm{k\Omega}]}{5.1} = 696[\Omega]$

병렬전류 궤환회로

출력전류를 추출해서 (−)의 궤환전류 I_f를 만들어 입력측과 병렬로 접속시켜 증폭기의 전체 입력을 감소시키는 부궤환 방식이다. [그림 6−15]의 회로로 부궤환 저항과 종류를 판단해보자.

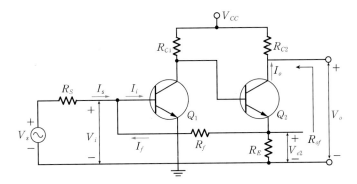

[그림 6−15] 2단 병렬전류 궤환 증폭기

- **NFB 저항** : R_f (입력과 출력 양쪽에 공유하므로)
- **NFB 형태** : 부궤환 저항 R_f가 출력전류 I_o가 흐르는 라인(루프)에서 I_o를 추출하는 전류궤환이며, R_f 저항이 입력측 I_s와 분리(브랜치) 접속(혹은 베이스와 연결)되므로 병렬궤환이 된다.
- **NFB가 되는 이유** : Q_1은 [CE]형 방식으로, 입·출력 위상이 역상이다. Q_1의 컬렉터를 Q_2에 입력시켰을 때 Q_2의 이미터 출력 V_{e2}는 Q_1의 컬렉터와 동상이므로 Q_1의 입력과는 역상이 된다. Q_1의 입력과 Q_2의 이미터 출력 V_{e2}는 역상이므로, 궤환되는 전류 I_f는 입력 소스전류 I_s에 역 위상되어 증폭기 입력전류 $I_i = (I_s − I_f)$로 감소시킨다.

■ 무궤환 시 해석

먼저 궤환을 제거시킨 등가회로는 전류궤환으로, 입력측에서는 출력을 개방$(I_o = 0)$시킨 상태에서 R_f에 대한 회로이므로 R_f와 R_E가 직렬로 Q_1의 베이스와 접지 사이에 존재한다. 출력측에서는 병렬궤환으로, 입력을 단락$(V_i = 0)$시킨 상태에서 R_f에 대한 회로이므로, R_f 저항은 R_E와 병렬이 되어 나타나기 때문에 [그림 6−16]과 같이 구성된다.

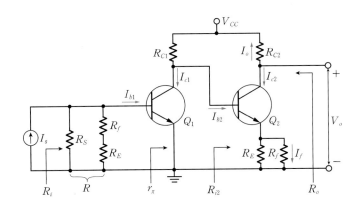

[그림 6−16] 궤환이 없는 등가회로

❶ 궤환율 : $\beta = \dfrac{X_f}{X_o} = \dfrac{I_f}{I_o} = (-I_o) \cdot \dfrac{R_E}{R_E + R_f} \times \dfrac{1}{I_o} = \dfrac{-R_E}{R_E + R_f} \cong -\dfrac{R_E}{R_f}$ $(R_f \gg R_E$인 경우$)$

❷ 기본 증폭기 : $A = \dfrac{X_o}{X_i} = \dfrac{I_o}{I_s} = A_i$ (기본 증폭기는 전류 증폭기)

$$= \dfrac{-I_{c2}}{I_s} = \dfrac{-I_{c2}}{I_{b2}} \cdot \dfrac{I_{b2}}{I_{c1}} \cdot \dfrac{I_{c1}}{I_{b1}} \cdot \dfrac{I_{b1}}{I_s}$$

위 등가회로에서 R은 R_s와 $(R_f + R_E)$의 병렬이므로 다음과 같이 나타낼 수 있다.

$$R = R_S /\!/ (R_f + R_E)$$
$$R_{i2} = r_\pi + (1 + \beta_{ac})(R_E /\!/ R_f)$$
$$\dfrac{-I_{c2}}{I_{b2}} = -\beta_{ac}, \quad \dfrac{I_{c1}}{I_{b1}} = \beta_{ac}, \quad \dfrac{I_{b2}}{I_{c1}} = -\dfrac{R_{C1}}{R_{C1} + R_{i2}}, \quad \dfrac{I_{b1}}{I_s} = \dfrac{R}{R + r_\pi}$$

❸ 입력저항 : $R_i = (R /\!/ r_\pi) = [R_s /\!/ (R_f + R_E)] /\!/ r_\pi$

❹ 출력저항 : $R_o = r_o\left(= \dfrac{1}{h_{oe}}\right)$

■ 부궤환 시 전체 회로 해석(입력저항 감소, 출력저항 증가)

$(1 + \beta A)$를 구하여 궤환회로 특성을 적용시켜 해석하면 다음과 같다.

❶ A_{if}(감소)$= \dfrac{1}{(1 + \beta A_i)} A_i \cong \dfrac{1}{\beta} = \dfrac{R_E + R_f}{R_E} = \dfrac{R_f}{R_E}$ $(\beta A \gg 1$ 경우, 안정$)$

❷ $A_{vf} = \dfrac{V_o}{V_s} = \dfrac{I_o R_L}{I_s R_s} = A_{if} \cdot \dfrac{R_{C2}}{R_s} = \dfrac{R_f \cdot R_{C2}}{R_E \cdot R_s}$ (안정)

❸ R_{if}(감소)$= \dfrac{1}{(1 + \beta A_i)} \cdot R_i$

❹ R_{of}(증가)$= (1 + \beta A_i) \cdot R_o$ $(R_{C2}$ 고려하면 $R_{of} \cong R_{C2}$ 임)

그러므로 R_E, R_f, R_{C2}, R_s가 안정하게 되면 전류 및 전압이득은 TR의 파라미터, 온도, 혹은 V_{CC} 전압변화에 관계없이 안정해진다.

[그림 6-17]은 2단 병렬전류 궤환 증폭회로이다. 부궤환의 특성을 이용해서 신호 해석을 하여라(단, $r_\pi = (1+\beta)r_e = 1.1[\mathrm{k\Omega}]$, $\beta_{ac} = 50$, $r_o\left(= \dfrac{1}{h_{oe}}\right) = 40[\mathrm{k\Omega}]$이다).

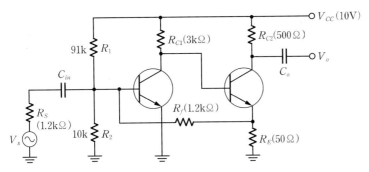

[그림 6-17] 2단 병렬전류 궤환 증폭기

풀이

궤환을 제거시킨 등가회로([그림 6-16] 참조)에서 신호 해석을 한 후에 부궤환의 특성을 적용시켜 해석한다.

- 궤환율 : $\beta = -\dfrac{R_E}{R_f} = \dfrac{50\Omega}{1200\Omega} = -0.042$

- 전류이득 : $A_i = \dfrac{-I_{c2}}{I_s} = \dfrac{-I_{c2}}{I_{b2}} \cdot \dfrac{I_{b2}}{I_{c1}} \cdot \dfrac{I_{c1}}{I_{b1}} \cdot \dfrac{I_{b1}}{I_s} = (-50) \cdot (-0.458) \cdot (50) \cdot (0.358) = 410$

- $R = R_s /\!/ (R_f + R_E) = 1.2\mathrm{k} /\!/ (1.2\mathrm{k} + 50\Omega) = 0.61[\mathrm{k\Omega}]$

- $R_{i2} = r_\pi + (1 + \beta_{ac})(R_E /\!/ R_f) = 1.1 + (1 + 50)(50\Omega /\!/ 1.2\mathrm{k}) = 3.55[\mathrm{k\Omega}]$

- $\dfrac{-I_{c2}}{I_{b2}} = -\beta_{ac} = -50$, $\quad \dfrac{I_{c1}}{I_{b1}} = \beta_{ac} = 50$, $\quad \dfrac{I_{b2}}{I_{c1}} = -\dfrac{R_{C1}}{R_{C1} + R_{i2}} = -0.458$, $\quad \dfrac{I_{b1}}{I_s} = \dfrac{R}{R + r_\pi} = 0.358$

- A_{if}(감소)$= \dfrac{A_i}{(1 + \beta A_i)} = \dfrac{410}{1 + (0.042 \times 410)} = 23.1 \quad \left(A_{if} \cong -\dfrac{1}{\beta} = \dfrac{R_f}{R_E} = 23.9\right)$

- $A_{vf} = A_{if}\dfrac{R_{C2}}{R_s} = (23.1) \cdot \dfrac{500\Omega}{1200\Omega} = 9.6$

- R_{if}(감소)$= \dfrac{R_i}{(1 + \beta A_i)} = \dfrac{0.394\mathrm{k}}{1 + (0.042 \times 410)} = 21.6[\Omega]$

- $R_i = [R_s /\!/ (R_f + R_E)] /\!/ r_\pi = (0.61\mathrm{k}) /\!/ (1.1\mathrm{k}) = 0.394[\mathrm{k\Omega}]$

- R_{of}(증가)$= (1 + \beta A_i)r_o = (1 + 0.042 \times 410) \cdot (40\mathrm{k}) = 728.8[\mathrm{k\Omega}]$

- R_{C2} 저항까지 고려한 출력저항 : $R_{of} = (728.8\mathrm{k}) /\!/ R_{C2} \cong R_{C2} = 500[\Omega]$

부궤환 증폭기의 안정성 판별

부궤환 증폭기의 안정성을 판별하는 대표적인 방법인 나이퀴스트 판별법과 보드 선도 판별법에 대해 살펴보자.

Keywords | **나이퀴스트 판별법** | **보드 선도 판별법** |

부궤환 증폭기에서 루프이득 βA가 위상이 $-180°$에서 그 크기가 얼마인가에 따라 안정, 불안정 여부를 판별할 수 있다. 즉 βA가 $-180°$에서 그 크기가 1보다 크면, 발진하게 되는 불안정한 상태가되고, βA 크기가 1보다 작으면 발진이 일어나지 않고 증폭기가 안정하게 동작하게 된다. 이러한 내용을 토대로 부궤환 증폭기의 안정성을 판별하는 방법들이 여러 가지 있는데, 대표적으로 **나이퀴스트**^{Nyquist} **판별법**과 **보드 선도**^{Bode plot} **판별법**이 있다.

6.4.1 나이퀴스트 판별법

βA의 궤적으로 이루어지는 폐곡선의 내부에 점 $-1+j0$가 포함되어 있으면 이 증폭기는 불안정하고, 이 점이 폐곡선 밖에 있으면 이 증폭기는 안정하다. $|1+\beta A|=1$은 점 $-1+j0$을 중심으로 한 단위의 반지름을 가진 원을 표시한다. 만일 임의의 주파수에서 βA가 단위원 밖에 있으면 NFB이다.

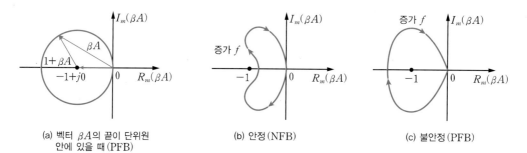

(a) 벡터 βA의 끝이 단위원   (b) 안정(NFB)   (c) 불안정(PFB)
안에 있을 때(PFB)

[그림 6-18] 나이퀴스트 선도

나이퀴스트 선도의 내부에 −1인 점을 포함한다는 것은 위상추이가 −180°일 때 루프이득(βA)이 1보다 크다는 것을 의미한다. 따라서 궤환신호는 입력신호와 동위상이고 증폭기에 인가되는 신호는 입력신호보다 더 커지므로 발진이 일어나게 된다.

요약하면, 나이퀴스트 선도의 내부에 −1인 점을 포함하면 그 증폭기는 불안정하고, −1인 점을 포함하지 않으면 안정하다.

6.4.2 보드 선도 판별법

극좌표 선도로 되어 있는 루프이득의 나이퀴스트 선도를 주파수의 변화에 대한 크기와 위상으로 나누어 표시한 것이 **보드 선도**Bode plot이다. 앞 장에서 이미 다룬 내용이지만, 나이퀴스트 선도에서처럼 이 보드 선도의 결과를 가지고도 안정성 판별이 가능하다.

[그림 6-19]는 안정도 판별을 위한 보드 선도를 보여준다. 이 그림의 결과로부터 위상이 $-180°$에서 루프이득의 크기는 $0[\mathrm{dB}](=1)$보다 작으므로 안정하다는 점을 알 수 있다. 또한 위상이 $-180°$에서의 크기와 $0[\mathrm{dB}]$과의 차를 **이득여유**gain margin, 크기가 $0[\mathrm{dB}]$일 때의 위상과 위상이 $-180°$일 때의 위상차를 **위상여유**phase margin라고 한다. 여기서 이들의 여유가 크면 클수록 부궤환 증폭기는 강인한 안정성을 갖는다고 할 수 있다. 이와 반대로 위상이 $-180°$에서의 크기가 $0[\mathrm{dB}](=1)$보다 크거나 $0[\mathrm{dB}]$에서 위상이 $-180°$를 초과할 때는 불안정한 증폭기가 된다.

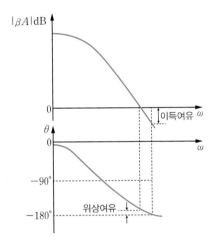

[그림 6-19] 보드 선도

예제 6-12

부궤환 증폭기에서 루프이득(βA)에 대한 이득여유, 위상여유가 지시하는 것은?

풀이

보드 선도에서는 이 값들이 클수록 안정한 증폭기가 된다. 즉 안정성이다.

01 가청 주파수 증폭기에서 부궤환 회로를 사용하는 목적을 설명한 것 중 틀린 것은?

㉮ 왜곡^{distortion}을 개선하기 위해 　　　㉯ 잡음을 감소시키기 위해

㉰ 이득을 크게 하기 위해 　　　　　　　㉱ 주파수 특성을 좋게 하기 위해

㉲ 안정도를 개선하기 위해

해설

부궤환 증폭기는 출력(이득)을 감소시키는 대신 안정성이 향상되므로 왜곡, 잡음이 감소되고, 대역폭을 넓게 하여 주파수 특성이 개선되며, 입·출력 임피던스의 가변도 가능하다. 　　　㉰

02 부궤환 증폭기 특성으로 옳지 않은 것은?

㉮ 잡음이 $1/(1+\beta A)$ 만큼 감소한다.

㉯ 주파수 대역이 $1/(1+\beta A)$ 로 좁아진다.

㉰ 이득이 $1/(1+\beta A)$ 만큼 감소한다.

㉱ 안정도가 $1/(1+\beta A)$ 만큼 개선된다.

해설

부궤환으로 저역 및 고역 차단 주파수를 각각 넓게 개선시켜 대역폭이 증대된다. 　　　㉯

03 다음과 같은 궤환 증폭기^{feedback amplifier}에서 폐루프 이득^{closed-loop gain} A_f가 100이라고 가정한다. 만약 개루프 이득^{open-loop gain} A가 100배 커졌을 때 A_f 값이 200으로 바뀌었다면, 이때 기본 증폭기의 개루프 이득 A와 이 증폭기의 궤환감쇠율 β에 가장 근접한 값은? (단, A_f는 A와 β에 의해서만 결정된다)

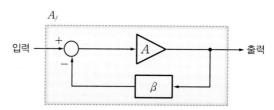

해설

- 기본 증폭기 이득 A가 100배 변동이 될 때, 폐루프 이득 A_f의 이득 변동률은 $\Delta A_f/A_f = 2$가 된다.

  (이득 변동률 관계식 : $\dfrac{\Delta A}{A} = \dfrac{\Delta A_f}{A_f} \cdot \dfrac{1}{1+\beta A} \rightarrow 2 = \dfrac{1}{1+\beta A} \cdot 100 \rightarrow 1+\beta A = 50$)

- $A_f = 200$일 때, $A_f = A/(1+\beta A) \rightarrow A = A_f \cdot (1+\beta A) = 200 \times 50 = 10^4$

- $A_f \cong \dfrac{1}{\beta}$에서 $\beta \cong \dfrac{1}{A_f} = \dfrac{1}{200} = 0.005$ (또는 $\beta \cong \dfrac{1}{A_f} = \dfrac{1+\beta A}{A} = \dfrac{50}{10^4} = 0.005$)

04 [연습문제 03]과 같은 부궤환 시스템의 특징으로 옳지 <u>않은</u> 것은?

㉮ 이득, 잡음, 왜곡이 감소하나, 주파수 특성은 개선된다.

㉯ 선형성이 증가되고, S/N이 크게 개선된다.

㉰ 대역폭은 확장되나, 이득이 감소한다.

㉱ 이득의 감소 정도는 궤환요소 β에 의해 결정된다.

㉲ [이득×대역폭] 값은 크게 증가된다.

㉳ 부궤환 시스템의 구성에 따라 입출력 임피던스를 조절할 수 있다.

㉴ 부궤환 시스템이 발진회로 구현의 기본 이론이 된다.

해설

부궤환 시스템은 이득(출력)이 감소되지만 비선형 왜곡, 잡음이 감소되고, 사용 주파수 대역폭이 확장되어 주파수 특성이 개선된다. 왜곡 감소로 선형성이 개선되지만, 잡음과 출력(신호)가 모두 감소되므로, S/N의 증가라고 단정할 수는 없다. 부궤환 구성 형태에 따라 입/출력 임피던스를 조절할 수 있고 부궤환 시스템에서도 [이득×대역폭]=일정값을 유지한다. 발진기는 정궤환을 사용한다.　　㉯, ㉲, ㉴

05 전압이득 $A=-100$인 기본 증폭기와 궤환율 $\beta=-0.04$인 궤환회로를 접속한 궤환 증폭기가 있다. 이때 폐루프 이득 A_f는?

㉮ -4　　　　　㉯ -20　　　　　㉰ -25　　　　　㉱ -50

해설

$A_f=\dfrac{A}{1+\beta A}$에서 $A=100$, $\beta=0.04$를 대입하여 구하면 $A_f=\dfrac{100}{1+0.04\times100}=20$이다. 기본 증폭기 이득이 $(-)$ 역상이므로 $A_f=-20$이다.　　㉯

06 부궤환 증폭기에서 궤환이 없을 때 전압이득이 $60[\mathrm{dB}]$이고, 궤환율이 0.01일 때 증폭기의 이득은?

㉮ $30[\mathrm{dB}]$　　　　㉯ $40[\mathrm{dB}]$　　　　㉰ $60[\mathrm{dB}]$　　　　㉱ $80[\mathrm{dB}]$

해설

전압이득 $60[\mathrm{dB}]=20\log10^3$이므로 $A_v=10^3$이다.

$$A_f=\frac{A}{1+\beta A}=\frac{10^3}{1+0.01\times10^3}=\frac{1000}{101}\cong10^2,\quad A_f[\mathrm{dB}]=20\log10^2=40[\mathrm{dB}]$$　　㉯

07 이득 $60[\mathrm{dB}]$의 저주파 증폭기가 $10[\%]$의 왜율을 가지고 있을 때, 이것을 $0.1[\%]$ 이내로 하는 방식 중 옳은 것은?

㉮ 약 $-20[\mathrm{dB}]$의 부궤환을 걸어준다.

㉯ $20[\mathrm{dB}]$의 정궤환을 걸어준다.

㉰ 증폭도를 $10[\mathrm{dB}]$ 낮게 한다.

㉱ 전압 변동률을 $1/10$로 낮게 한다.

해설

왜율 개선 : $D_f=\dfrac{1}{1+\beta A}D$에서 $D_f=0.1[\%]$, $D=10[\%]$이므로 $1+\beta A=100$에서 $A=10^3$, $\beta=0.1$이다. 따라서 $\beta[\mathrm{dB}]=20\log10^{-1}=-20[\mathrm{dB}]$이다.　　㉮

08 궤환 증폭기에서 무궤환 시 전압이득이 100이고 고역 3[dB] 차단 주파수가 20[kHz]일 때, 궤환 시 전압 이득이 50이라고 한다면 궤환 시 고역 3[dB] 차단 주파수는?

㉮ 10[kHz]　　　　　㉯ 20[kHz]　　　　　㉰ 40[kHz]　　　　　㉱ 80[kHz]

해설

이득이 1/2배이면 대역폭은 2배(즉, 20[kHz]×2 = 40[kHz])가 된다. $A_f = \dfrac{1}{1+\beta A} A$에서 $A = 100$, $A_f = 50$ 이므로 $(1+\beta A) = 2$와 $f_H = 20[\text{kHz}]$를 대입하면 $f_{Hf} = (1+\beta A) \cdot f_H = 2 \times 20 = 40[\text{kHz}]$이다. ㉰

09 출력측에서 샘플링되는 신호의 형태(전압, 전류)와 입력측으로 되돌아 오는 궤환 신호에 따라서, 궤환 증폭기를 (a)~(d)로 구분할 수 있다. 각 궤환 증폭기의 기본 증폭형태를 옳게 연결하여라.

> (a) 직렬−직렬 궤환 증폭기　　　　　(b) 직렬−병렬 궤환 증폭기
> (c) 병렬−직렬 궤환 증폭기　　　　　(d) 병렬−병렬 궤환 증폭기

① 전류 증폭기　　　　　　　　② 전압 증폭기
③ 전달 임피던스 증폭기　　　　　④ 전달 컨덕턴스 증폭기

해설

(a) ④, (b) ②, (c) ①, (d) ③

10 다음 이상적인 궤환 증폭기 회로에서 다음 항목을 구하여라.

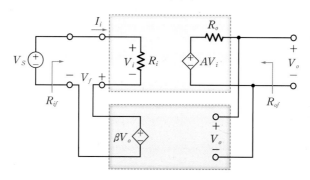

(a) 궤환의 종류　　　　　　　　(b) 궤환율 β
(c) 폐루프 이득 A_f　　　　　　(d) 증폭기 형태
(e) R_{if}, R_{of}

해설

(a) 궤환의 종류 : 직렬−병렬(전압) 부궤환

(b) 궤환율 : $\beta \equiv X_f/X_o = V_f/V_o$

(c) 폐루프 이득 $A_f = A_{vf}$

(d) 증폭기 형태 : $A_{vf} \equiv V_o/V_s = A/(1+\beta A)$이므로 전압 증폭기이다.

(e) R_{if}, R_{of} : $R_{if} = (1+\beta A) \cdot R_i$이므로 R_{if}는 증가하고 $R_{of} = R_o/(1+\beta A)$이므로, R_{of}는 감소한다.

11 다음과 같은 회로는 어떤 궤환 형태에 해당되는가? [주관식] 궤환율 β를 구하라.

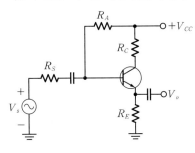

㉮ 직렬전압 궤환
㉯ 직렬전류 궤환
㉰ 병렬전압 궤환
㉱ 병렬전류 궤환

해설

부궤환 저항 R_E가 이미터 출력단자 V_o에 접속된 '전압 부궤환'이고, 입력측과는 회로망(루프)을 형성하므로 '직렬 부궤환' 형태이다. [주관식] 궤환율 $\beta \equiv \dfrac{X_f}{X_o} = \dfrac{-V_f}{V_o} = \dfrac{-V_o}{V_o} = -1$　　　　　　㉮

12 다음 궤환회로의 형태로 옳은 것은? [주관식] 궤환율 β를 구하라.

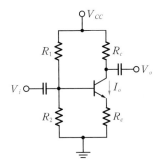

㉮ 직렬전류 부궤환
㉯ 병렬전류 부궤환
㉰ 병렬전압 부궤환
㉱ 직렬전압 부궤환

해설

부궤환 저항 R_e가 출력전류 I_o가 흐르는 출력라인에 있으므로 전류 부궤환이고, 입력측과는 회로망(루프)를 형성하므로 '직렬 부궤환'이다. [주관식] 궤환율 $\beta \equiv \dfrac{X_f}{X_o} = \dfrac{-V_f}{I_o} = \dfrac{-R_e I_o}{I_o} = -R_e$　　　　　㉮

13 그림과 같은 궤환된 회로에서 입력 임피던스는 궤환이 없을 때와 비교해 어떤가?
[주관식] 궤환율 β를 구하라.

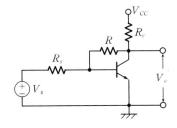

㉮ 증가
㉯ 감소
㉰ 일정
㉱ R이 된다.

해설

부궤환 저항 R이 컬렉터 출력단자 V_o에 접속된 '전압 부궤환'이고, 입력측에는 베이스에 노드(교차점)로 접속되므로 '병렬 부궤환'이다. 병렬전압 부궤환은 입·출력 각각 병렬접속이므로 합성저항은 감소된다(즉, R_{if}와 R_{of} 감소). [주관식] 궤환율 $\beta = \dfrac{X_f}{X_o} = \dfrac{-I_f}{V_o} \cong -\dfrac{V_o/R}{V_o} = -\dfrac{1}{R}$　　　　㉯

14 그림의 궤환 증폭기에서 C를 제거하면 어떤 현상이 발생하는가?

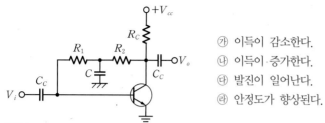

㉮ 이득이 감소한다.
㉯ 이득이 증가한다.
㉰ 발진이 일어난다.
㉱ 안정도가 향상된다.

해설

C를 제거하면 $R_1 + R_2 = R$이므로 병렬전압 부궤환이 걸리므로 이득은 감소된다. 만일 C를 사용하면 컬렉터 교류 출력전류가 베이스로 혼입되지 못하게 C를 통해 접지로 바이패스시켜 부궤환을 해제시키므로 이득은 증가한다.   ㉮

15 다음 회로에서 궤환율 β는 얼마인가?

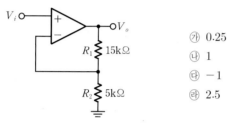

㉮ 0.25
㉯ 1
㉰ -1
㉱ 2.5

해설

• 궤환전압 $V_f = V_o \dfrac{R_2}{R_1 + R_2} = \dfrac{5}{20} V_o = \dfrac{1}{4} V_o$ • 궤환율 $\beta \equiv \dfrac{X_f}{X_o} = \dfrac{V_f}{V_o} = \dfrac{1}{4} = 0.25$ ㉮

16 직렬전류 부궤환 회로에서 부궤환을 걸지 않았을 때와 비교해서 증가되지 <u>않는</u> 것은?

㉮ 입력 임피던스   ㉯ 출력 임피던스   ㉰ 비직선 왜곡   ㉱ 대역폭

해설

부궤환이 걸리면 비직선 왜곡과 잡음이 감소한다.   ㉰

17 다음 중 직렬전류 궤환 증폭기의 궤환요소는?

㉮ 전압   ㉯ 전류   ㉰ 커패시터   ㉱ 임피던스

해설

직렬 부궤환은 궤환전압 V_f가 입력에 부가되고, 병렬 부궤환은 궤환전류 I_f가 입력에 부가된다.   ㉮

18 병렬전압(병렬) 궤환 증폭기의 궤환율 β는?

㉮ $\dfrac{V_f}{V_o}$ ㉯ $\dfrac{I_f}{V_o}$ ㉰ $\dfrac{V_f}{I_o}$ ㉱ $\dfrac{I_f}{I_o}$

해설

병렬전압 부궤환은 출력전압(V_o) 일부를 샘플링해서 입력측에 궤환전류(I_f)를 만들어 부가시킨다.
$\beta \equiv \dfrac{X_f}{X_o} = \dfrac{I_f}{V_o}$ ㉯

19 소스 폴로워의 궤환 형태는?

    ㉮ 직렬전압 궤환   ㉯ 직렬전류 궤환

    ㉰ 병렬전압 궤환   ㉱ 병렬전류 궤환

> **해설**
>
> 소스 폴로워는 BJT의 이미터 폴로워와 동일하게 직렬 전압 부궤환 형태이다.   ㉮

20 이상적인 전압 증폭기와 전류 증폭기로 사용하기에 적합한 부궤환 증폭기 형태를 각각 설명하여라.

> **해설**
>
> - 이상적인 전압 증폭기 : R_{if} 증가(직렬), R_{of} 감소(전압)
> - 이상적인 전류 증폭기 : R_{if} 감소(병렬), R_{of} 증가(전류)

21 다음 궤환 증폭기의 부궤환 여부와 형태, 궤환율 β, 폐루프 전달저항 A_{Rf}, 폐루프 전압이득 A_{vf}를 부궤환의 특성을 이용해 근사 해석을 하여라.

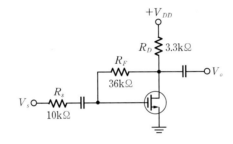

> **해설**
>
> - 궤환회로와 명칭 : R_F(병렬전압 부궤환)
> - $\beta \equiv \dfrac{X_f}{X_o} = \dfrac{I_f}{V_o} \cong \dfrac{(-V_o/R_F)}{V_o} = -\dfrac{1}{R_F} = -\dfrac{1}{36k} = 27.78[\mu A/V]$
> - $A_{Rf} \equiv \dfrac{V_o}{I_s} \cong \dfrac{-I_s \cdot R_F}{I_s} = -R_F = -36[k\Omega]$ $A_{vf} \equiv \dfrac{V_o}{V_s} \cong \dfrac{V_o}{R_s I_s} = \dfrac{A_{Rf}}{R_s} = \dfrac{-36}{10} = -3.6$

22 다음 궤환 증폭기의 부궤환 여부와 형태, 궤환율 β, 폐루프 전달저항 A_{Rf}, 폐루프 전압이득 A_{vf}를 부궤환의 특성을 이용해 근사 해석을 하여라.

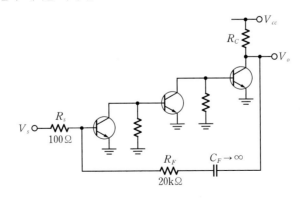

해설

- 궤환회로와 명칭 : R_F(병렬전압 부궤환)

- $\beta \equiv \dfrac{X_f}{X_o} = \dfrac{I_f}{V_o} \cong \dfrac{-(V_o/R_F)}{V_o} = -\dfrac{1}{R_F} = -50[\mu\mathrm{A/V}]$

- $A_{Rf} \equiv \dfrac{V_o}{I_s} \cong \dfrac{-I_s R_F}{I_s} = -R_F = -20[\mathrm{k\Omega}]$　　　・$A_{vf} = \dfrac{V_o}{V_s} \cong \dfrac{V_o}{R_s I_s} = \dfrac{A_{Rf}}{R_s} = \dfrac{-20}{0.1} = -200$

23 다음 궤환 증폭기의 부궤환 여부와 형태, 궤환율 β, 폐루프 전류이득 A_{if}를 부궤환의 특성을 이용해 근사 해석을 하여라.

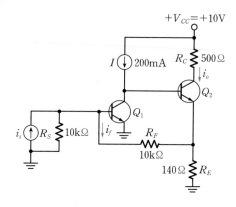

해설

- 궤환회로와 명칭 : R_F(병렬전류 부궤환)

- $\beta \equiv \dfrac{X_f}{X_o} = \dfrac{I_f}{I_o} \cong -I_o\left(\dfrac{R_E}{R_E + R_F}\right)\bigg/I_o = -13.8 \times 10^{-3}$

- $A_{if} = \dfrac{I_o}{I_s} \cong \dfrac{1}{\beta} = -\dfrac{R_E + R_F}{R_E} = -72.43$

24 [연습문제 23]의 증폭기에 대한 설명으로 옳은 것은?

㉮ 2단 궤환형 전압 증폭기로 입력저항은 작아진다.

㉯ 병렬-직렬 궤환 전류 증폭기이다.

㉰ 궤환에 의해서 입력저항이 커진다.

㉱ 궤환에 의해서 출력저항이 작아진다.

㉲ 궤환 신호는 V_f이고, 궤환율 $\beta = V_f/I_o$이다.

㉳ 전류이득(I_o/I_s)은 근사적으로 $-(1 + R_F/R_E) = -72.4$이다.

해설

병렬-직렬(전류) 궤환회로이며, 궤환신호는 I_f, 궤환율 $\beta = I_f/I_o$이다. 폐루프 이득 A_{if}인 전류 증폭기로서, 전류이득 $A_{if}(I_o/I_s) \approx -72.4$이다. 궤환에 의해 R_{if}는 감소하고 R_{of}는 증가한다.　　㉯, ㉳

25 다음 궤환 증폭기의 부궤환 형태, 궤환율 β, 폐루프 전압이득 A_{vf}를 부궤환 특성을 이용해 근사 해석을 하여라. 그리고 R_F에 대한 전압이득의 변화를 설명하여라.

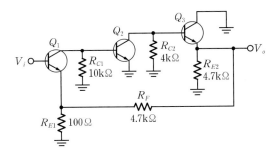

- 궤환회로와 명칭 : R_F(직렬전압 부궤환)
- $\beta \equiv \dfrac{X_f}{X_o} = \dfrac{V_f}{V_o} = \left(\dfrac{R_{E1}}{R_{E1} + R_F}\right) V_o / V_o = \left(\dfrac{R_{E1}}{R_{E1} + R_F}\right) = 0.02$
- $A_{vf} = \dfrac{V_o}{V_i} \cong \dfrac{1}{\beta} = 50$
- R_F 증가시 β가 감소되어 전압이득은 증가한다.

26 다음 궤환 증폭회로에서 다음 항목을 구하여라(단, $R_L = R_f = 0.5[\mathrm{k\Omega}]$이다).

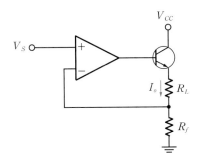

(a) 궤환의 종류   (b) 궤환율 β (c) 폐루프 이득 A_f (d) 증폭기 형태

(a) 입력결선은 직렬, 출력결선은 직렬이므로 직렬–직렬(전류) 부궤환이다. 입력단에서는 전압원 V_s와 연산증폭기의 두 입력단자, 그리고 저항 R_f가 루프를 이루고 있으므로 직렬연결이다. BJT의 이미터 전류 I_o가 저항 R_f를 통해 흐르고 있으므로 출력전류 I_o가 샘플링되는 직렬연결이다.

(b) 연산 증폭기의 반전단자에 흐르는 전류는 0이므로, $V_f = R_f \cdot I_o$이다. 따라서 궤환율 $\beta_z \equiv \dfrac{X_f}{X_o} = \dfrac{V_f}{I_o} = \dfrac{(R_f \cdot I_o)}{I_o} = R_f = 0.5[\mathrm{k\Omega}]$이다.

(c) 폐루프 이득 $A_f \equiv \dfrac{X_o}{X_s} = \dfrac{I_o}{V_s} = A_{gf} \equiv \dfrac{A_g}{1 + \beta_z A_g} \simeq \dfrac{1}{\beta_z} = \dfrac{1}{R_f} = 2.0[\mathrm{mA/V}]$

(d) 전달 컨덕턴스 증폭기(A_{gf})

27 다음 궤환 증폭회로에서 다음 항목을 구하여라(단, $R_L = R_1 = 2[\text{k}\Omega]$, $R_f = 56[\text{k}\Omega]$이다).

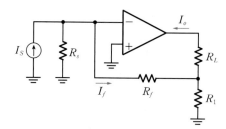

(a) 궤환의 종류   (b) 궤환율 β (c) 폐루프 이득 A_f (d) 증폭기 형태

해설

(a) 입력결선은 병렬이고, 출력결선은 직렬이므로 병렬-직렬(전류) 부궤환이다. 입력단에서는 전류원 I_s와 R_f 즉, I_f가 분기를 이루고 있으므로 병렬연결이다. 연산 증폭기의 출력전류 I_o가 저항 R_1과 R_f로 분배되어, R_f를 통해 궤환되고 있으므로, 출력전류 I_o가 샘플링되는 직렬연결, 즉 전류궤환이다.

(b) $I_f = I_o \cdot (R_1/R_1 + R_f)$로부터 궤환율 $\beta_i = I_f/I_o = R_1/R_1 + R_f$이다.

(c) 폐루프 이득 $A_f \equiv X_o/X_i = I_o/I_s = A_{if} \equiv I_o/I_s = A_i/(1 + \beta_i A_i \simeq 1/\beta_i = 1 + (R_f/R_1) = 1 + (56/2) = 29$

(d) 전류 증폭기(A_{if})

28 다음 궤환 증폭기에서 폐루프 이득 A_{vf}와 출력저항 R_{of}를 구하여라(단, 모든 전류원은 이상적이며, 채널 길이 변조효과는 고려한다).

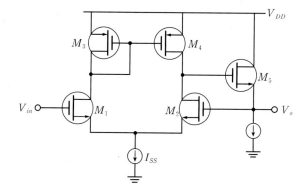

해설

M_2의 게이트 입력과 M_5의 출력인 이미터가 병렬전압 NFB이므로, 무궤환 시 전압이득이 A_o이면, 궤환 시 전압이득 $A_{vf} = A_o/1 + \beta \cdot A_o$이다. M_5는 소스 폴로워 버퍼($\beta = 1$)이다

- $A_o = g_{m1}(r_{o2} \| r_{o4}) \times \dfrac{g_{m5} \cdot r_{o5}}{1 + g_{m5} \cdot r_{o5}} \cong g_{m1}(r_{o2} \| r_{o4})$ (소스 폴로워 $A_v \cong 1$이므로)

  $A_{vf} = \dfrac{A_o}{1 + \beta \cdot A_o} \cong \dfrac{g_{m1}(r_{o2} \| r_{o4})}{1 + g_{m1}(r_{o2} \| r_{o4})}$ ($\beta = 1$ 대입함)

- 무궤환 시 $R_o = (1/g_{m5}) \| r_{o5}$이므로, $R_{of} = \dfrac{R_o}{1 + \beta \cdot A_o} \cong \dfrac{1}{g_{m5}} \| \dfrac{r_{o5}}{1 + g_{m1}(r_{o2} \| r_{o4})}$

전력 증폭기
Power Amplifier

이 장에서는 실제 다단 증폭 시스템에서 출력단의 종단 증폭기인 전력(대신호) 증폭기를 학습한다. 최종 부하인 스피커, 브라운관, 안테나 등에 대출력을 공급하기 위한 회로를 구현하고, 입·출력 전력과 효율, 방열 대책, 파형왜곡 정형에 대해 해석해본다.

전력 증폭기의 기본 이론

수[W] 이상의 대전력을 공급하는 대신호 증폭기의 바이어스의 방법과 왜곡된 출력파형의 정형과 전력손실에 의한 전력변환 효율, 증폭소자의 정격전력을 해석하고 동작점에 따른 전력 증폭회로의 종류와 특성을 정리하고 방열 대책을 학습한다.

Keywords | 전력 증폭기 종류 | 전력손실 | 전력효율 | 방열 대책 |

7.1.1 전력 증폭기의 종류

전력 증폭기는 [그림 7-1]과 같이 동작점의 위치에 따라 A급, B급, AB급, C급 증폭기로 구분할 수 있으며, 이 외에도 D급, E급, S급 증폭기 등이 있다.

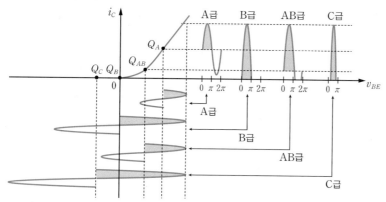

[그림 7-1] 동작점에 따른 전력 증폭기의 분류

A급 증폭기

전달특성곡선(활성 영역의 선형 특성곡선)의 중앙에 동작점을 두는 형태로서 입력신호 1주기(유통각 2π)가 왜곡없이 선형증폭되는 장점이 있다. 그러나 항상 직류 바이어스 전압(V_{BE}, V_{CE}), 전류(I_B, I_C)가 흐르기 때문에 DC 전력손실이 크므로 **최대 교류 전력효율은 50[%] 미만**에 불과하여 대신호 전력 증폭기보다는 1[W] 이하의 소신호 선형 증폭기(3장~4장 참조)로 사용된다.

B급 증폭기

전달특성곡선의 차단점에 동작점을 두어 무신호 시에는 직류 바이어스가 공급되지 않는 제로-바이어스 형태로서, DC 전력손실이 크게 감소되므로 **최대 전력효율이 78.5[%]인** 대신호 증폭기로 쓰인다.

이 방식은 교류 입력신호에 의한 신호 바이어스로 동작하므로 (+)의 반주기 신호(유통각 π)만 선형증 폭이 되고, 나머지 반주기는 차단되는 왜곡이 발생되므로 **증폭소자 2개의 교번**^{push-pull} **동작**에 의해 왜곡된 파형을 정형한다. 그런데 신호에 의한 바이어스를 이용하는 B급 증폭기의 경우, 2개의 능동소 자(BJT, FET)의 임계전압(Cut-in 전압, 문턱전압) 미만인 신호는 그 출력이 0이 되는 **교차왜곡** Crossover distortion이 발생하는 것에 유념해야 한다.

AB급 증폭기

신호에 의한 바이어스를 쓰는 B급 증폭기의 출력에 발생되는 **교차왜곡을 제거**하기 위해 증폭소자인 BJT의 Cut-in 전압, 혹은 MOSFET의 문턱전압에 해당하는 DC 바이어스를 추가하여 동작점을 A급 바이어스 쪽으로 다소 이동시켜 사용하는 전력 증폭기를 AB급 증폭기라고 한다. 이 경우는 무신호 시에도 턴-온^{turn-on}되므로 입력신호가 $\frac{1}{2}$ 주기보다 다소 길게(유통각은 π보다 조금 증가) 증폭되므로 전력효율은 B급보다 다소 낮아지게 된다.

C급 증폭기

전달특성곡선의 차단점 이하에 동작점을 두어 입력신호의 $\frac{1}{2}$ 주기 이하(유통각은 π 미만)인 짧은 기 간 동안만 턴-온되어 증폭되고, 나머지 대부분의 구간에서는 턴-오프 차단되므로 출력신호가 가장 심하게 왜곡된다. 증폭소자의 도통시간이 짧을수록 DC 전력손실이 작아져 **전력효율이 증대**(78.5[%] ~거의 100%)되므로 고효율의 **고주파 동조형 증폭기**에만 제한적으로 쓰이며, 저주파 증폭에는 거의 사용되지 않는다.

D급, E급, F급 증폭기

A, B, C급 증폭기는 TR을 전류원(즉, 증폭기 동작)으로 사용하기 때문에 TR을 통해 흐르는 전류와 TR 양단의 출력전압의 곱에 해당되는 전력소모(P_C)가 발생된다. 그러나 D, E, F급 증폭기는 TR의 **스위칭 기능을 이용**하여 TR의 전력소모를 크게 줄임으로써 **거의 100[%]의 전력**효율을 갖도록 한다.

[표 7-1] 전력 증폭기의 특성 비교

구분 항목	A급	B급	AB급	C급
동작점 Q	전달특성곡선의 중앙점	전달특성곡선의 차단점	중앙 ~ 차단점	전달특성곡선의 차단점 밖(이하)
유통각 (동작주기)	$\theta = 2\pi$ (1주기)	$\theta = \pi$ ($\frac{1}{2}$ 주기)	$\pi < \theta < 2\pi$ ($\frac{1}{2}$ ~ 1주기)	$\theta < \pi$ ($\frac{1}{2}$ 주기 미만)
파형	전파	반파	반파~전파	반파 미만
왜곡	거의 없음	반파 정도 왜곡	약간 왜곡	반파 이상 왜곡
전력손실	크다.	작다.	약간 있다.	거의 없다.
전력효율	50[%] 이하	78.5[%] 이하	50[%] 이상	78.5[%] 이상

7.1.2 전력(변환 효율)과 방열대책

전력(변환) 효율

전력 증폭기는 직류(DC) 공급전력을 받아서 부하에 전달할 교류(AC) 신호전력을 만들어 공급하는데, 이 비율을 **전력(변환) 효율**power conversion efficiency(η)이라고 한다. 전력(변환)효율은 직류전원으로 공급된 평균 DC 입력전력(P_i, P_{dc})과 부하에 공급된 교류 출력전력(P_o, P_L)의 비율로, 다음과 같은 식으로 정의한다. 여기서 I_{CC}는 전원으로부터 흐르는 평균 전류 I_{dc}, V_{rms}, I_{rms}는 출력 교류전압, 전류의 실효값을 의미한다.

$$\eta = \frac{P_o}{P_i} = \frac{P_L(\text{AC 출력전력})}{P_{dc}(\text{DC 공급전력})} = \frac{V_{rms} \cdot I_{rms}}{V_{CC} \cdot I_{CC}} \tag{7.1}$$

예제 7-1

전력 증폭기의 DC 공급전압은 12[V]이고, 전류는 400[mA]일 때 부하에서의 출력전력은 3.8[W]일 때, 이 증폭기의 전력효율을 구하여라.

풀이

- DC 공급전력 : $P_{dc} = V_{CC} \cdot I_{CC} = 12 \times 0.4 = 4.8[\text{W}]$
- AC 출력전력 : $P_o = P_L = 3.8[\text{W}]$

즉 전력효율 $\eta = \dfrac{P_L}{P_{dc}} = \dfrac{3.8}{4.8} \times 100(\%) = 79[\%]$이다.

예제 7-2

다음 A급 증폭회로에서 출력전압의 V_m이 10[V]일 때, 공급전력 $P_i(P_s)$, 출력전력 $P_o(P_L)$ 및 전력효율 η, $\eta_{\max}$를 구하여라(단, $V_{DD} = V_{SS} = 12[\text{V}]$, $I = 120[\text{mA}]$, $R_L = 100[\Omega]$이다).

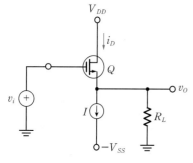

[그림 7-2] A급 증폭회로

풀이

양전원 정전류원 바이어스의 소스 폴로워이며 P_s, P_o, η, η_{max} 은 다음과 같다.

- $P_s = 2V_{DD} \cdot I = 2 \times 12 \times 0.12 = 2.88[\mathrm{W}]$

- $P_o = \dfrac{V_m I_m}{2} = \dfrac{V_m^2}{2R_L} = \dfrac{10^2}{200} = 0.5[\mathrm{W}]$ $\bullet$ $P_{omax} = \dfrac{V_{DD}^2}{2R_L} = \dfrac{12^2}{2 \times 100} = 0.72[\mathrm{W}]$

  ($V_m = V_{DD} = IR_L = 12[\mathrm{V}]$ 시 최대출력전력임)

- $\eta = \dfrac{P_o}{P_s} = \dfrac{0.5}{2.88} \simeq 0.17 = 17\%$ $\bullet$ $\eta_{max} = \dfrac{P_{omax}}{P_s} = \dfrac{0.72}{2.88} = 0.25 = 25\%$

방열 대책

신호전력으로 소비되고 남은 나머지 전력은 증폭소자의 **소비전력(P_D, P_C)**, 즉 TR의 컬렉터 소비전력으로서 열에너지로 소비된다. 이 발열은 컬렉터 출력전압(V_{CE})과 컬렉터 출력전류(I_C)의 곱, 즉 컬렉터 소비전력 $P_C(P_D)$로 정해지고 다음과 같이 정의된다.

$$P_C = V_{CE} \cdot I_C \ [\mathrm{W}] \tag{7.2}$$

이때 열로 발생되는 소비전력이 증폭소자의 **적정 온도범위(T_{jmax})**를 초과하게 되면 열폭주[thermal runaway]에 의해 TR이 파괴되는 현상이 발생한다. 따라서 증폭기의 소비전력(P_D, P_C)이 증폭소자가 견딜 수 있는 최대 한계인 **최대 정격소비전력(P_{Dmax}, P_{Cmax})**보다 작아야 하므로, 소비전력이 낮은 전력 증폭회로 설계를 해야 한다. 또한 온도 상승에 의한 소자의 손상을 방지하기 위해 그 발열을 대기로 방출하기 위한 **방열판**[heat-sink]도 고려해야 한다.

방열판을 설계하기 위해서는 [그림 7-3] ~ [그림 7-4]와 같이 제조업체에서 제공되는 주위 온도와 P_{Cmax} 관계나 방열판 면적에 따른 온도와 P_{Cmax} 관련 자료를 참고해야 한다.

❶ 열방산 : $P_{D(Watt)} = k \cdot (T_j - T_a) = \dfrac{T_j - T_a}{\theta_T} \ [\mathrm{W}]$ (7.3)

  (T_j는 TR의 접합 온도, T_a는 주위 온도, θ_T는 비례상수(열저항))

❷ 열저항 : $\theta_T[℃/\mathrm{W}] = \dfrac{\Delta T}{P_D} = \dfrac{T_j - T_a}{P_D} \ [℃/\mathrm{W}]$ (7.4)

  θ_T는 TR 컬렉터 접합부에서 단위 전력소비당 온도 상승비율로서 TR 자체구조, 방열판 유무, 냉각방식 및 주위 환경에 따라 다르다. 열저항이 작을수록 발생된 열이 외부로 잘 방출되며 허용 가능한 최대 소비전력(P_{Dmax}, P_{Cmax})이 커진다.

❸ TR의 동작온도 : $T_j = T_a + \theta_T \cdot P_C$ (7.5)

$$T_{j\max} = 150 \sim 200℃ \text{ (Si)}, \quad T_{j\max} = 60 \sim 100℃ \text{ (Ge)}$$

❹ 컬렉터 소비전력 : $P_C[\text{W}] = \dfrac{T_j - T_a}{\theta_T}$ (7.6)

$$P_{C\max} = \dfrac{T_{j\max} - T_a}{\theta_T}$$ (7.7)

[그림 7-3]은 제조회사에서 제시된 주위 온도가 25℃일 때의 $P_{C\max}$의 값을 나타낸 것으로, 방열판이 없는 소전력용 TR의 경우를 나타낸 것이다. 반면에 [그림 7-4]의 대전력용 TR의 경우는 방열판을 사용한 경우는 열저항 θ_T를 작게 할 수 있으므로 $P_{C\max}$가 커지는 것을 알 수 있다. $T_a = 25℃$일 경우, 무한대 방열판을 부착하면 ❶의 경우 $P_{C\max} = 54[\text{W}]$, ❷의 경우 $P_{C\max} = 20[\text{W}]$, ❸의 경우 $P_{C\max} = 10[\text{W}]$, 방열판이 없는 ❹의 경우는 $P_{C\max}$는 수 [W]에 불과하여 정상적으로 사용이 불가능하다는 것을 보여준다.

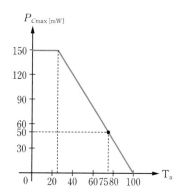

[그림 7-3] 주위 온도와 $P_{C\max}$ 관계(소전력 TR)

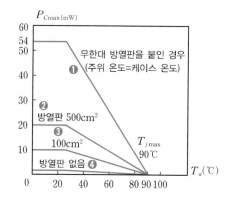

[그림 7-4] 주위 온도와 $P_{C\max}$ 관계(대전력 TR)

예제 7-3

[그림 7-3]의 소전력 TR의 경우에서, $T_a = 25℃$일 때의 열저항과 $T_a = 75℃$일 때의 $P_{C\max}$ 및 $T_a = 100℃$일 때의 $P_{C\max}$를 구하여라.

풀이

- $T_a = 25℃$인 경우의 열저항 $\theta_T = \dfrac{T_{j\max} - T_a}{P_{C\max}} = \dfrac{100 - 25}{150} = 0.5[℃/\text{mW}]$

- $T_a = 75℃$인 경우의 $P_{C\max} = \dfrac{T_{j\max} - T_a}{\theta_T} = \dfrac{100 - 75}{0.5} = 50[\text{mW}]$

- $T_a = 100℃$인 경우의 $T_{j\max}$는 100℃이므로 $P_{C\max}$가 0[W]가 되어 TR이 열에 견디지 못하므로 사용할 수 없게 된다.

<table>
<tr><td>

SECTION

7.2

</td><td>

A급 전력 증폭기

</td></tr>
</table>

3장 ~ 4장에서 배운 DC 바이어스 해석을 이용하여 공급전력과 전력효율, 소비전력($P_{D\max}$)을 해석하고, 전력손실을 보상하고 전력효율을 높이기 위한 인덕터(변압기) 결합 A급 증폭기를 학습한다.

Keywords | DC 바이어스 손실 | 소비전력과 전력효율 | 직접 결합 A급 증폭기 | 인덕터 결합 A급 증폭기 |
| 변압기 결합 A급 증폭기 |

A급 증폭기는 입력신호의 전 주기에 대하여 항상 활성 영역에서 증폭하므로 입·출력 파형은 일그러짐(왜곡)이 없이 똑같은 형태를 유지하기 때문에 소신호 선형증폭에 주로 사용한다. A급 증폭기에도 부하를 출력에 직접 접속하는 직접 결합 방식(최대 효율 25[%])과 DC 바이어스 손실을 줄이기 위한 인덕터(변압기) 결합 방식(최대 효율 50[%])으로 구분할 수 있다.

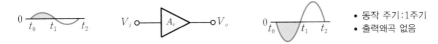

• 동작 주기 : 1주기
• 출력왜곡 없음

[그림 7-5] A급 전력 증폭기의 입·출력 파형도

7.2.1 직렬 부하 A급 전력 증폭기

직접 결합(직렬 부하) A급 전력 증폭기 방식은 [그림 7-6]과 같이 무신호 시에도 DC 바이어스 전류가 흐르므로 출력저항 R_C 뿐만 아니라 R_1, R_2, R_E에서의 DC 바이어스 손실과 TR 내부에서의 DC 손실전력 등이 크게 발생된다. 따라서 효율이 최대 25[%]로 효율이 가장 낮은 증폭 방식이기 때문에 전력 증폭기로는 사용하지 않는다. 각 DC 손실전력은 $I_{CQ}{}^2 R_C$, $I_1^2 R_1$, $I_1^2 R_2$, $I_{CQ}{}^2 R_E$, P_C(컬렉터 내 소비전력) 등으로 나타낼 수 있다. 상세한 신호 해석은 3장을 참조하기 바란다.

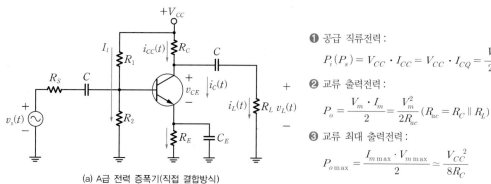

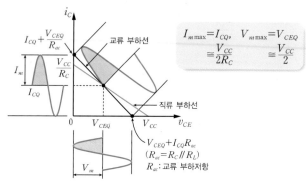

❶ 공급 직류전력:

$$P_i(P_s) = V_{CC} \cdot I_{CC} = V_{CC} \cdot I_{CQ} = \frac{V_{CC}^2}{2R_C}$$

❷ 교류 출력전력:

$$P_o = \frac{V_m \cdot I_m}{2} = \frac{V_m^2}{2R_{ac}} \quad (R_{ac} = R_C \| R_L)$$

❸ 교류 최대 출력전력:

$$P_{o\,\max} = \frac{I_{m\,\max} \cdot V_{m\,\max}}{2} \cong \frac{V_{CC}^2}{8R_C}$$

❹ 효율: $\eta = \dfrac{P_o}{P_s}$

❺ 최대 효율: $\eta_{\max} = \dfrac{P_{o\,\max}}{P_{s\,\max}} = \dfrac{1}{4} = 0.25 = 25\,[\%]$

(a) A급 전력 증폭기(직접 결합방식)

$$\boxed{\begin{aligned} I_{m\,\max} &= I_{CQ}, & V_{m\,\max} &= V_{CEQ} \\ &\cong \frac{V_{CC}}{2R_C} & &\cong \frac{V_{CC}}{2} \end{aligned}}$$

(b) 동작점 Q와 직류 및 교류 부하선

[그림 7-6] A급 전력 증폭기 회로와 동작점 Q

7.2.2 병렬 부하 A급 전력 증폭기

앞서 설명한 직접 결합방식 A급 증폭기에서는 무신호 시에도 출력저항 R_C에서는 큰 직류 컬렉터 전류 I_{CQ}가 흘러 가장 큰 바이어스 손실전력을 발생시켜 최대 효율이 25[%]에 불과했다. 그러나 [그림 7-7(a)]와 같이 R_C 저항 대신 **인덕터 L(RFC 초크)**을 사용하면 직류 시는 단락^{short}이므로 DC 저항값 이 0[Ω]이 되고, 이로써 DC 손실이 줄어 최대 전력효율을 50[%]로 개선할 수 있다.

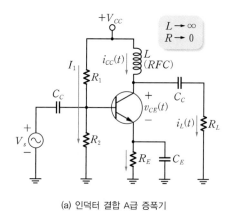

(a) 인덕터 결합 A급 증폭기

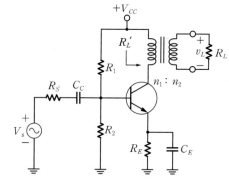

(b) 변압기 결합 A급 증폭기

[그림 7-7] 인덕터와 변압기 결합 A급 전력 증폭기

그런데 [그림 7-7(b)]처럼 인덕터 2개를 결합시킨 **변압기**^{trans} **결합**으로 대체시키면 1차와 2차의 권선 비를 조정하여 증폭기와 부하 간에 임피던스 매칭을 시켜 최대 부하전력을 공급할 수 있고, 교류 동작점을 최적으로 설정할 수 있어서 회로를 효율적으로 구성할 수 있다. 그러나 변압기의 무게, 넓은 공간의 필요성, 가격 및 L로 인한 주파수 특성의 변동 등 **삽입손실** 등으로 인한 비경제적인 문제가 수반되므로, 결론적으로 A급 전력 증폭기들은 전력 증폭에는 부적합하다.

7.2.3 병렬 부하 A급 전력 증폭기의 회로 해석

인덕터 결합 A급 전력 증폭기 해석

먼저 [그림 7-7(a)]에서 직류 부하선과 교류 부하선을 먼저 구하고, 동작점에서 출력전력을 구한다.

❶ **직류 부하선** : 직류 등가회로(즉 C_C와 C_E 제거)의 출력측에 KVL 법칙으로 전압방정식을 세운다.

$$V_{CC} = V_{CE} + R_E I_C \tag{7.8}$$

여기서 인덕터 L은 DC 해석 시 단락^{short}이므로 저항값은 0이고, R_E 저항은 DC 바이어스 회로의 전력손실을 최소화하기 위해 최대한 작게 한다. 출력단의 직류 부하저항 R_{dc}, 직류 최대 포화전류 $I_{C(sat)}$, 직류 최대 차단전압 $V_{CE(off)}$는 다음과 같다.

$$R_{dc} = R_E, \ I_{C(sat)} = \frac{V_{CC}}{R_E} \cong \infty \ (R_E \to 거의 \ 0으로 \ 고려 \ 시)$$

$$V_{CE(off)} = V_{CC} \ (L의 \ 직류저항 = 0, \ L의 \ 직류 \ 전압강하 = 0이므로)$$

직류 부하선의 차단점$(0[\mathrm{A}], V_{CC}[\mathrm{V}])$, 포화점$\left(\dfrac{V_{CC}}{R_E} \cong \infty [\mathrm{A}], \ V_{CC}[\mathrm{V}]\right)$이 구해진다. 또한 직류 부하선의 기울기는 $-\dfrac{1}{R_E} \cong \dfrac{1}{0} = \infty$ 이므로 [그림 7-9]처럼 거의 수직선이 된다.

❷ **교류 부하선 구하기** : [그림 7-8]의 교류 등가회로(L은 차단시킴)에 전압방정식을 세운다.

$$v_{CE} = V_{CC} + i_c R_L \cong 2 V_{CC} \tag{7.9}$$

여기서 v_{CE}는 공급전원 $+ V_{CC}$ 인가 시에 콘덴서 C_C에 $+ V_{CC}$ 전압이 충전된 직류전압 V_{CC}와 음(−)의 반주기 교류신호가 인가되므로 교류 출력전압 v_{CE}는 V_{CC}의 2배까지 나온다는 것이 중요하다.

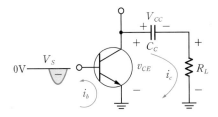

[그림 7-8] 교류 등가회로

이때 i_c의 최대 진폭은 [그림 7-9]와 같이 $I_{CQ} \cong \dfrac{V_{CC}}{R_L}$의 값이 된다. 반면, 양(+)의 반주기 동안에는 i_c 전류가 [그림 7-8]의 반대가 되므로 식 (7.9)에서 $v_{CE} = V_{CC} - V_{CC} = 0$인 최소값을 갖는다.

출력단의 교류 부하저항 R_{ac}, 교류 최대 포화전류 $I_{c(sat)}$, 교류 최대 차단전압 $V_{ce(off)}$는 다음과 같다.

$$I_{c(sat)} = \frac{v_{CE}}{R_L} = \frac{2 V_{CC}}{R_L}, \quad V_{ce(off)} = 2 V_{CC}$$

이로써 교류 부하선의 차단점($0[\mathrm{A}]$, $2V_{CC}[\mathrm{V}]$), 포화점 $\left(\dfrac{2V_{CC}}{R_L}[\mathrm{A}], \ 0[\mathrm{V}]\right)$이 구해지고, 교류 부하선의 기울기는 $-\dfrac{1}{R_L}$이 된다.

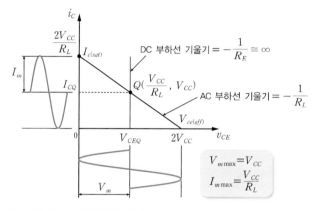

[그림 7-9] 부하선과 동작점 Q

❸ 공급전력 $\boldsymbol{P_i} (= \boldsymbol{P_{dc}})$: 여기서 I_{CC}는 전원 V_{CC}에 의해 공급되는 컬렉터 전류 $i_{CC}(t)$의 평균값으로 $i_{CC}(t) = I_{CQ} + i_c(t)$이므로 평균값 I_{CC}는 I_{CQ}가 된다.

$$P_i = P_{dc} = V_{CC} I_{CC} = V_{CC} I_{CQ} = V_{CC} \cdot \frac{V_{CC}}{R_L} = \frac{V_{CC}^{\,2}}{R_L} \tag{7.10}$$

❹ 교류 출력전력(실효값) P_o와 최대 교류 출력전력(실효값) $P_{o\max}$

$$P_o = P_L = \frac{V_m}{\sqrt{2}} \cdot \frac{I_m}{\sqrt{2}} = \frac{1}{2} V_m \cdot I_m = \frac{1}{2} I_m^{\,2} R_L = \frac{V_m^{\,2}}{2 R_L} \tag{7.11}$$

$$P_{o\max} = P_{L\max} = \frac{1}{2} V_{m\max} \cdot I_{m\max} = \frac{1}{2} V_{CC} \cdot \frac{V_{CC}}{R_L} = \frac{V_{CC}^{\,2}}{2 R_L} \tag{7.12}$$

❺ 최대 전력효율 $\eta_{\max}$

$$\eta_{\max} = \frac{P_{o\max}}{P_i} = \frac{P_{L\max}}{P_{dc}} = \frac{1}{2} \times 100(\%) = 50[\%] \tag{7.13}$$

❻ TR의 컬렉터 소비전력 P_C와 최대 컬렉터 소비전력 $P_{C\max}$: 무신호 시에는 거의 대부분의 공급 전력이 최대 손실전력이 되며, 바이어스 회로손실은 작아서 무시한다.

$$P_C = P_{dc} - P_L \quad (R_1,\ R_2,\ R_E\text{의 바이어스 회로 손실은 무시})$$

$$P_{C\max} \cong P_{dc} = \frac{V_{CC}^{\,2}}{R_L} \tag{7.14}$$

❼ 성능지수 F : 전력용 TR은 최대 출력전력의 2배 이상을 견딜 수 있는 $P_{C\max}$를 갖는 것으로 선정해야 한다. ($P_{C\max} = 2P_{o\max}$)

$$F_o = \frac{P_{C\max}}{P_{o\max}} = 2 \tag{7.15}$$

$$P_{o\max} = P_{L\max} = \frac{1}{2} \cdot P_{C\max} \tag{7.16}$$

변압기 결합 A급 전력 증폭기 해석

변압기 결합은 인덕터 결합 특징에 권선비에 의한 부하 임피던스 변화작용으로 증폭기와 부하 간에 임피던스 매칭을 시킬 수 있다. 또한 모든 해석은 인덕터 결합과 동일한데, 부하저항 R_L 대신 실효 부하저항 $R_L{}'$으로 대체시켜 다음과 같이 정리할 수 있다([그림 7-10] 참조). 참고로 실효 부하저항은 변압비 2차측의 부하 R_L을 1차측으로 반사시킨 저항을 의미한다.

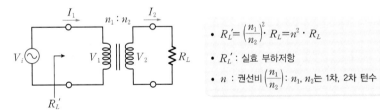

[그림 7-10] 변압기의 실효 부하저항

❶ 공급전력 : $P_i = P_{dc} = V_{CC} I_{CQ} = \dfrac{V_{CC}^{\,2}}{R_L{}'}$ (7.17)

❷ 교류 출력전력 : $P_o = P_L = \dfrac{1}{2} V_m I_m = \dfrac{V_m^{\,2}}{2R_L{}'}$ (7.18)

$$P_{o\max} = \frac{V_{CC}^{\,2}}{2R_L{}'} \tag{7.19}$$

❸ 최대 컬렉터 소비전력 : $P_{C\max} = \dfrac{V_{CC}^{\,2}}{R_L{}'}$ (7.20)

❹ 성능지수 : $F_o = \dfrac{P_{C\max}}{P_{o\max}} = 2$ (7.21)

[그림 7-11]의 회로에서 $R_L = 100[\Omega]$이고, a, b에서 본 부하저항 $R_{ab} = 10[\mathrm{k}\Omega]$일 때 변압기의 권선비 n_1/n_2를 구하여라(단, 변압기의 권선저항은 무시한 이상적인 변압기이다).

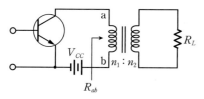

[그림 7-11] 변압기의 권선비 회로

풀이

변압기를 경유하여 1차측에 나타나는 실효 부하저항 $R_L{}'$이 R_{ab}이다.

$$R_{ab} = \left(\frac{n_1}{n_2}\right)^2 \cdot R_L$$

$$\left(\frac{n_1}{n_2}\right)^2 = n^2 = \frac{R_{ab}}{R_L} = \frac{10 \times 10^3}{100} = 100$$

따라서 권선비는 $n = \dfrac{n_1}{n_2} = 10$이다.

[그림 7-12]와 같은 변압기 결합 방식의 증폭회로에서 다음을 구하여라(단, R_E는 충분히 작다고 가정한다).

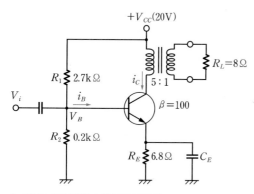

[그림 7-12] 변압기 방식의 증폭회로

(a) 입력 공급전력, 교류 출력전력, 컬렉터 소비전력, 효율, 바이어스 저항의 소비전력
(b) 컬렉터 교류 출력전류의 크기 I_m이 $0.9 I_{CQ}$인 경우에 교류 출력전력과 전력효율을 구하여라.

풀이

먼저 DC 해석(3장 참고)을 하여 동작점 Q를 구하고, 부하선을 그려 출력전력을 구한다.

$$V_B = V_{CC} \cdot \frac{R_2}{R_1 + R_2} = 20 \cdot \frac{0.2}{2.7 + 0.2} = 1.38[\text{V}]$$

- 입력측 전압방정식 : $V_B = V_{BE} + R_E I_E$

- 출력측 전압방정식 : $V_{CC} = V_{CE} + R_E I_E$ (코일 L은 DC에서 단락되므로 저항은 $0[\Omega]$임)

- 동작점 $Q(I_{CQ},\ V_{CEQ}) = (100[\text{mA}],\ 20[\text{V}])$

- 실효 부하저항 $R_L{}' = \left(\dfrac{n_1}{n_2}\right)^2 \cdot R_L = \left(\dfrac{5}{1}\right)^2 \cdot 8 = 200[\Omega]$

직류 부하선은 $I_C = \infty$와 $V_{CE} = V_{CC}$를 연결하므로 [그림 7-13]에서와 같이 수직선이 되며 교류 부하선의 포화점 $\left(0[\text{V}],\ \dfrac{2V_{CC}}{R_L{}'}\right)$와 차단점 $(2V_{CC}, 0[\text{A}])$를 연결하면 교류 부하선이 그려진다.

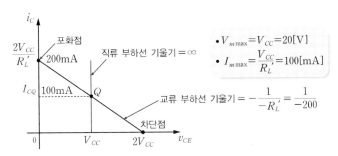

[그림 7-13] 부하선과 동작점

(a) 동작점이 교류 부하선의 중앙에 위치하므로 최대 출력전력과 최대 효율을 갖는다.

- 입력 공급전력 : $P_{dc} = V_{CC} \cdot I_{CC} = V_{CC} \cdot I_{CQ} = 20 \times 0.1 = 2[\text{W}]$

- 교류 출력전력 : $P_o = \dfrac{V_m{}^2}{2R_L{}'} = \dfrac{V_m \cdot {}_{\max}{}^2}{2R_L{}'} = \dfrac{V_{CC}{}^2}{2R_L{}'} = \dfrac{20^2}{2 \times 200} = 1[\text{W}]$

- 컬렉터 소비전력 : $P_{C\max} = P_{dc} = 2[\text{W}]$

- 전력효율 : $\eta = \dfrac{P_{o\max}}{P_{dc}} = 50[\%]$

- 바이어스 저항 $R_1,\ R_2,\ R_E$에서의 직류 소비전력 P_l : V_{CC} 전원으로 R_1과 R_2에 흐르는 전류 $I \cong \dfrac{V_{CC}}{R_1 + R_2}$가 흐르고, R_E에는 I_{CQ}가 흐를 때의 소비전력을 합한다.

$$\begin{aligned} P_l &= (V_{CC} \cdot I) + (I_{CQ}{}^2 R_E) \\ &= \left(V_{CC} \cdot \frac{V_{CC}}{R_1 + R_2}\right) + (I_{CQ}{}^2 R_E) \\ &= (0.138) + (0.068) = 0.206[\text{W}] \end{aligned}$$

(b) $I_m = 0.9I_{CQ}$인 경우의 출력전력 P_o와 전력효율 η는 다음과 같다.

$$P_o = \frac{1}{2}V_m I_m = \frac{1}{2}I_m{}^2 R_L{}' = \frac{1}{2}(0.9I_{CQ})^2 \cdot R_L{}'$$

$$= \frac{1}{2}(0.9)^2 \cdot (0.1)^2 \cdot (200) = 0.81[\text{W}]$$

$$\eta = \frac{P_o}{R_{dc}} = \frac{0.81[\text{W}]}{2[\text{W}]} \times 100\% = 40.5[\%]$$

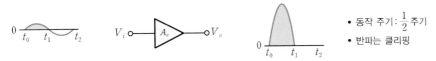

SECTION 7.3 B급 및 AB급 전력 증폭기

직류 바이어스에 의한 손실전력을 제거시켜 전력효율을 증대시킬 수 있는 B급 및 AB급 전력 증폭기의 회로 해석 및 반주기 신호의 왜곡을 정형할 수 있는 회로기법과 상보 대칭형 SEPP 등의 회로 설계를 학습한다.

Keywords | 푸시풀 증폭기 | 교차왜곡 | 상보 대칭형과 SEPP |

A급 전력 증폭기는 무신호 시에도 출력측에 DC 바이어스 전류가 흐르기 때문에 이 DC 전류는 손실이 되어 효율이 낮아진다. 따라서 **동작점 Q를 차단상태 근처**에 설정하여 무신호 시에는 DC 전류가 흐르지 않고 오로지 신호가 인가되어야 동작할 수 있게 하면, DC 소모전력이 감소되어 전력효율을 증대시킬 수 있다. B급 증폭기는 이처럼 별도의 바이어스 전압을 공급하지 않고 직접 신호에 의해 구동시키는 **제로 바이어스 회로** 혹은 **신호 바이어스**이므로 오히려 반파 정류기로서 동작한다고 볼 수 있다.

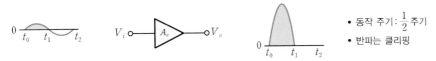

• 동작 주기: $\frac{1}{2}$ 주기
• 반파는 클리핑

[그림 7-14] B급 전력 증폭기의 입·출력 파형도

7.3.1 B급 증폭기

B급 증폭기는 반파만 증폭시키므로 A급보다 동작점 Q가 낮아져 비직선상에서 오는 일그러짐도 감소될 수 있고, 차단된 반파만 복원할 수 있다면 큰 출력(대신호)을 얻을 수 있으므로, 2개의 TR의 대칭 구조를 갖는 **푸시풀**push-pull**(교번동작)** 방식의 증폭회로가 사용된다.

[그림 7-15(a)]는 고정 바이어스가 걸린 [CE]형 A급 증폭기인데, 여기에서 직류 V_{BB} 바이어스 전압을 제거시켜 버리면 제로 바이어스인 [그림 7-15(b)]의 B급 증폭기가 된다. B급 증폭기는 신호만 인가되므로 (−) 신호(정확히는 커틴전압 약 +0.7[V] 이하)는 역바이어스 off되므로 출력으로 나오지 못하고 반파만 출력된다. 따라서 입력신호를 충실히 재현하기 위해서는 TR 2개를 사용하는 B급 푸시풀 증폭기여야 한다.

그리고 [그림 7-15(b)]에서 B급인 경우는 [CC](이미터 폴로워)가 전류이득이 최대가 되고, 출력 임피던스가 낮으므로 작은 임피던스를 갖는 부하와 직접 접속해도 임피던스 매칭(정합)이 되므로 최대 전력을 공급할 수 있는 유용한 회로가 된다.

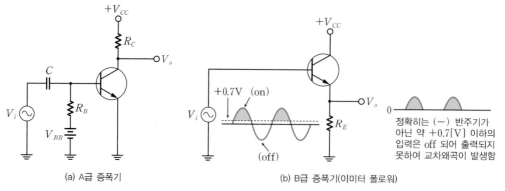

(a) A급 증폭기

(b) B급 증폭기(이미터 폴로워)

정확히는 (−) 반주기가 아닌 약 +0.7[V] 이하의 입력은 off 되어 출력되지 못하여 교차왜곡이 발생함

[그림 7-15] B급 증폭기의 동작과 출력파형

DEPP 증폭기

먼저 [그림 7-16(a)]를 보자. TR 2개는 모두 동일형 NPN이므로 입력에는 위상을 분리시키는 변압기(입력 트랜스$^{IPT : Input Trans}$)를 사용하여 서로 역상인 신호 2개가 생성되어 각 Q_1과 Q_2가 (+)쪽만 반씩 증폭을 시킨다. 따라서 출력측에도 변압기(출력 트랜스$^{OPT : Output Trans}$)를 사용하여 위상을 조정하여 입력신호와 동일한 증폭된 신호를 부하에 공급한다. 이런 변압기 형태를 DEPP$^{Double End Push Pull}$ B급 증폭기라고 한다. 이 형태는 별도의 위상분리(반전)용 변압기(IPT와 OPT)가 필요하므로 실용적이지 못하다.

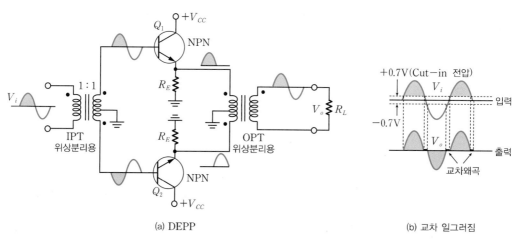

(a) DEPP

(b) 교차 일그러짐

[그림 7-16] B급 DEPP형 증폭기와 교차왜곡

상보 대칭형 SEPP 증폭기

상보 대칭형 SEPP 증폭기는 [그림 7-17]과 같이 DEPP형의 입·출력 변압기를 제거시키고, 입력측에는 형태는 다르지만 동일한 특성을 갖는 NPN과 PNP의 조합인 **상보 대칭**^{complementary} 구조를 사용한다. 그리고 출력측에도 출력 변압기 없이(OTL) 직접 싱글 부하를 접속하는 SEPP$^{Single End push-pull}$ 증폭기를 실용적으로 사용하고 있다.

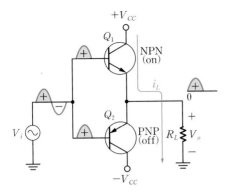

(a) Q_1에 의한 (+)입력 반주기 증폭 (2전원용)

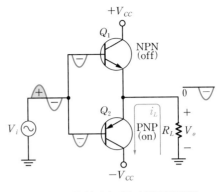

(b) Q_2에 의한 (−)입력 반주기 증폭 (2전원용)

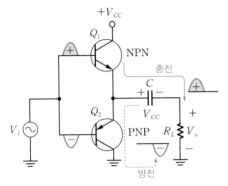

(c) Q_1(+ 반주기), Q_2(− 반주기) 증폭 (V_{CC} 1전원용)

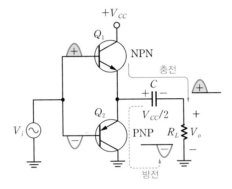

(d) Q_1(+ 반주기), Q_2(− 반주기) 증폭 (V_{CC}/2 1전원용)

[그림 7-17] B급 상보 대칭형 SEPP 증폭기

[그림 7-17(a) ~ (b)]는 + V_{CC}와 − V_{CC}를 사용하는 2전원용이고, [그림 7-17(c) ~ (d)]는 1전원용인 상보 대칭형 SEPP 증폭기를 나타내고 있다.

[그림 7-17(a)]에서는 (+) 반주기 입력신호가 Q_1 만 도통(on)되어 증폭을 하며, [그림 7-16(b)]에서는 (−) 반주기 입력신호는 Q_2 만이 도통^{on}이 되어 증폭하게 된다. 따라서 출력의 부하 R_L에 Q_1과 Q_2의 교번(푸시풀) 동작으로 1주기의 출력신호를 공급하게 된다. 반면에 [그림 7-17(c) ~ (d)]에서는 충분한 크기의 콘덴서 C를 사용하여 Q_1이 동작할 때 C에 V_{CC} 공급전원을 충전하고, 그 전압을 Q_2가 동작할 때 사용하면 단일 전원으로도 회로를 구성할 수 있다. [그림 7-17(c)]는 2배 크기인 2V_{CC}를 사용하므로 [그림 7-17(a) ~ (b)]의 2전원을 사용하는 경우와 동일한 효과인 데 반해, [그림 7-17(d)]는 V_{CC}만 쓰므로 최대 출력전압은 $\frac{1}{2}$이 되는 회로가 된다. 그리고 [그림 7-17]의 SEPP도 [그림 7-16]의 DEPP와 동일하게 교차$^{Cross\text{-}over}$ 일그러짐이 발생하게 된다.

B급 푸시풀 증폭기의 특징

B급 푸시풀 증폭기의 회로상의 특징을 다음과 같이 정리할 수 있다.

❶ 입력신호가 없을 때 컬렉터 전류가 흐르지 않으므로 소비전력이 적고 효율이 높다(78.5[%]).

❷ 싱글인 경우보다 푸시풀인 경우가 4배 이상 출력전력을 얻는다.

❸ 일그러짐이 감소된다. $\frac{1}{2}$ 왜곡된 (+) 반파와 (−) 반파를 푸리에 급수로 해석하여 합성한 출력파형에는 **우수 고조파 성분**이 서로 상쇄되어 나타나지 않으므로 왜곡이 크게 감소된 출력신호를 얻을수 있다.

❹ 출력 트랜스의 직류자화를 받지 않으므로 자기포화에 의한 비직선 왜곡(일그러짐)을 제거할 수 있고, 공급전원에 리플이 포함되어 있더라도, 서로 상쇄되고 출력에 나타나지 않는다. (DEPP 경우에 출력 변압기의 1차 코일에 흐르는 두 개의 직류성분은 크기가 같고 방향이 반대이므로 변압기의 철심은 직류자화를 받지 않는다.)

❺ 전파 정류기로도 사용할 수 있다.

❻ **교차 일그러짐**crossover distortion이 발생한다.

❼ **부정합 일그러짐**mismatch distortion이 발생한다. 2개의 TR의 특성(β나 입·출력 간 위상차 등) 차이로 생기는 왜곡을 의미한다.

❽ 특성이 동일한 PNP와 NPN을 서로 상보 대칭형complementary 푸시풀 증폭기라고 한다(IPT와 OPT 변압기가 필요 없다 : SEPP형)

7.3.2 B급 푸시풀 증폭기의 회로 해석

[그림 7–18]의 2전원용 B급 상보 대칭형 SEPP 증폭기의 직류와 교류 부하선(이 경우는 동일함)을 구하여 회로 해석을 해보자.

[그림 7–18(b)]의 교류 부하선에서 보여주듯이 [그림 7–18(a)]에서 (+)의 반주기 입력신호가 인가될때는 Q_1이 도통on되고, Q_2는 차단off된다.

따라서 [그림 7–18(b)]의 차단점에 있는 동작점 Q에서 Q_1은 교류컬렉터 출력전압 V_m을 최대로 V_{CC} 레벨까지 증폭시키고, 교류 컬렉터 출력전류 I_m은 최대로 $\frac{V_{CC}}{R_L}$ 레벨까지 증폭시키게 된다. Q_2도 (−) 반주기 입력신호에 대해 동일한 크기의 출력을 발생시키므로 합성하면 최대 출력전압과 최대 출력전류 및 그 실효값은 다음과 같다.

• 최대 출력전압 : $V_{m\max} = V_{CC}$ (실효값 $V_{rms} = \dfrac{V_{m\max}}{\sqrt{2}} = \dfrac{V_{CC}}{\sqrt{2}}$)

• 최대 출력전류 : $I_{m\max} = \dfrac{V_{CC}}{R_L}$ (실효값 $I_{rms} = \dfrac{I_{m\max}}{\sqrt{2}} = \dfrac{V_{CC}}{\sqrt{2}\,R_L}$)

출력전력(P_o, P_L)과 최대 출력전력($P_{o\max}$, $P_{L\max}$)은 실효값으로 다음과 같이 구해진다.

$$P_o = P_L = \frac{V_m}{\sqrt{2}} \cdot \frac{I_m}{\sqrt{2}} = \frac{1}{2} V_m \cdot I_m = \frac{V_m{}^2}{2R_L} = \frac{1}{2} I_m{}^2 R_L \tag{7.22}$$

$$P_{o\max} = P_{L\max} = \frac{1}{2} V_{m\max} \cdot I_{m\max} = \frac{V_{CC}{}^2}{2R_L} \tag{7.23}$$

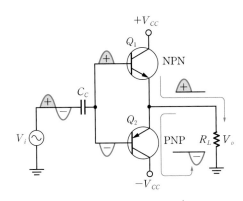

(a) SEPP (2전원)

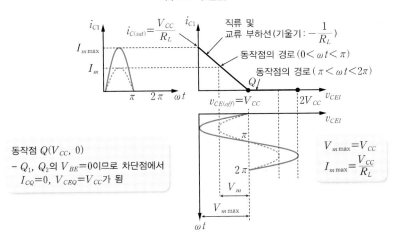

(b) B급 SEPP의 동작점 Q와 부하선

[그림 7-18] B급 상보 대칭형 SEPP 증폭기

한편 V_{CC}의 직류전원으로 공급되는 컬렉터 전류 i_{CC}는 최대값 $I_m = \dfrac{V_m}{R_L}$인 사인파의 반파형태가 되므로 평균 전류 $I_{CC} = I_{dc} = \dfrac{I_m}{\pi} = \dfrac{V_m}{\pi R_L}$(2장의 반파 정류회로 참조)이 된다. 따라서 V_{CC} 직류전원으로 공급되는 평균 공급전력 $P_i(= P_{dc})$는 다음과 같이 구해진다.

$$P_i = P_{dc} = V_{CC} \cdot I_{CC} = V_{CC} \cdot \frac{V_m}{\pi R_L} \tag{7.24}$$

전체 직류 공급(입력) 전력은 2개의 전원($2V_{CC}$)를 사용하는 경우는 2배가 되므로 다음과 같다.

$$P_i = P_{dc} = \frac{2V_m}{\pi R_L} V_{CC} \tag{7.25}$$

$$P_{i\max} = P_{dc\max} = \frac{2V_{CC}^2}{\pi R_L} \quad (V_m = V_{CC}\text{인 경우 최대 공급전력임}) \tag{7.26}$$

그러므로 B급 전력 증폭기의 전력(변환) 효율은 다음과 같이 구해진다.

$$\eta \equiv \frac{P_o}{P_i} = \frac{P_L}{P_{dc}} = \left(\frac{V_m^2}{2R_L}\right)\Big/\left(\frac{2V_m}{\pi R_L} V_{CC}\right) = \frac{\pi V_m}{4V_{CC}} \tag{7.27}$$

최대 전력효율은 $V_m = V_{CC}$일 경우이므로 다음과 같이 구해진다.

$$\eta_{\max} = \frac{\pi}{4} \cdot \frac{V_{m\cdot\max}}{V_{CC}} \times 100 = \frac{\pi}{4} \times 100\,[\%] = 78.5\,[\%] \tag{7.28}$$

그리고 B급 증폭기는 무신호인 경우에 차단점인 동작점에서는 직류 바이어스 전류가 0이므로 소비전력도 0이다. 따라서 신호가 인가될 때는 2개의 TR에서 소비되는 총 소비전력은 공급(입력)전력과 출력전력의 차($P_i - P_o$)로써 구해진다.

$$P_i - P_o = P_{dc} - P_L = \frac{2V_m}{\pi R_L} \cdot V_{CC} - \frac{V_m^2}{2R_L} \tag{7.29}$$

이 관계식을 V_m으로 미분하여, 그 값이 0이 되는 $V_m = \dfrac{2V_{CC}}{\pi}$인 이 값을 (7.29)의 식에 대입하면 2개 TR의 최대 총 소비전력 $\dfrac{2V_{CC}^2}{\pi^2 R_L}$을 얻는다(최대값 정리 적용).

각 1개의 TR당 최대 소비전력($P_{C\max}$, $P_{D\max}$)은 이 값의 $\dfrac{1}{2}$이므로 다음과 같이 구해진다.

$$P_{C\max} = \frac{V_{CC}^2}{\pi^2 R_L} \tag{7.30}$$

성능지수 F_o를 구하면 다음과 같다.

$$F_o \equiv \frac{P_{C\max}}{P_{o\max}} = \frac{V_{CC}^2/\pi^2 R_L}{V_{CC}^2/2R_L} = \frac{2}{\pi^2} = 0.203 \cong \frac{1}{5} \tag{7.31}$$

$$P_{o\max}(= P_{L\max}) = 5 \cdot P_{C\max} \tag{7.32}$$

이는 B급 푸시풀 증폭기는 트랜지스터의 최대 정격소비전력($P_{C\max}$)의 약 5배 정도의 출력전력을 얻을 수 있다.

반면, 사용하고자 하는 TR의 $P_{C\max}$는 최대 출력전력의 약 $\frac{1}{5}(=20[\%])$ 정도 이상이면 가능하다는 것을 기억하면 된다. 즉 A급 전력 증폭기에 비해 성능지수가 10배 정도 향상되었다. 만일 $P_{o\max}$가 25[W]인 전력 증폭기를 A급으로 설계한다면 50[W] 이상의 $P_{C\max}$가 필요하지만, B급으로 설계하는 경우에는 $P_{C\max}$가 5[W]인 전력용 TR을 선정하면 된다.

2전원용 B급 SEPP 해석

❶ 전원 공급전력 : $P_i = P_{dc} = V_{CC} I_{CC} = V_{CC} \cdot \frac{2}{\pi} I_m = V_{CC} \cdot \frac{2 V_m}{\pi R_L}$ 　　　　　(7.33)

$$P_{i\max} = \frac{2 V_{CC}^{\,2}}{\pi \cdot R_L} \quad (V_m = V_{CC}\text{인 경우 최대 공급전력임})$$ 　(7.34)

❷ 출력전력(실효값) : $P_o = P_{ac} = P_L = \frac{V_m^{\,2}}{2 R_L} = \frac{1}{2} I_m^{\,2} \cdot R_L = \frac{1}{2} V_m I_m$ 　(7.35)

$$P_{o\max} = P_{L\max} = \frac{V_{m\max}^2}{2 R_L} = \frac{1}{2} V_{m\max} \cdot I_{m\max} = \frac{V_{CC}^{\,2}}{2 R_L}$$ 　(7.36)

❸ 컬렉터 소비전력 : $P_{C\max} = \left.\dfrac{P_{dc} - P_o}{2}\right|_{V_m = \frac{2 V_{cc}}{\pi}} = \dfrac{V_{CC}^{\,2}}{\pi^2 R_L} \quad (\text{TR 1개당})$ 　(7.37)

❹ 전력(변환) 효율 : $\eta = \dfrac{P_o}{P_i} = \dfrac{P_L}{P_{dc}} = \left(\dfrac{V_m^{\,2}}{2 R_L}\right) \Big/ \left(\dfrac{2 V_m}{\pi R_L} \cdot V_{CC}\right) = \dfrac{\pi V_m}{4 V_{CC}}$ 　(7.38)

$$\eta_{\max} = \frac{P_{o\max}}{P_{dc}} \times 100\% = 78.5[\%]$$ 　(7.39)

❺ $P_{o\max}(= P_{L\max}) = 5 \cdot P_{C\max}$ 　　　　　　　　　　　　　　　　　　　(7.40)

1전원용 B급 SEPP 해석 (2전원 유도식에 $V_{CC} \to \frac{1}{2} V_{CC}$로 대체)

[그림 7-19(a)]의 1전원용 B급 상보대칭형 SEPP 증폭기를 보자. 직류 등가회로(C_C, C 제거)에서 직류 부하저항 $R_{dc} = 0$이고 Q_1, Q_2의 $V_{BE} = 0$이므로 $I_{CQ} = 0$인 동작점 $Q(I_{CQ} = 0, V_{CEQ} = \frac{V_{CC}}{2})$가 차단점에 위치하는 직류 부하선의 기울기($\frac{-1}{R_{dc}} = \frac{1}{0} = \infty$)인 수직선 직류 부하선과 교류 등가회로($C$ 단락시킴)에서 교류 부하저항 $R_{ac} = R_L$, 컬렉터 최대 차단전압 $V_{CE(off)} = \frac{V_{CC}}{2}$, 컬렉터 최대 포화전류 $I_{C(sat)} = \frac{V_{CC}}{2 R_L}$인 교류 부하선의 기울기($-\frac{1}{R_L}$)를 갖는 교류 부하선을 [그림 7-19(b)]처럼 나타낼 수 있다.

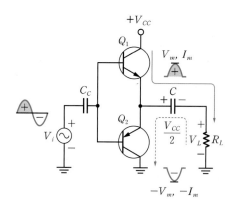

(a) 1전원용 B급 상보 대칭형 SEPP 증폭기

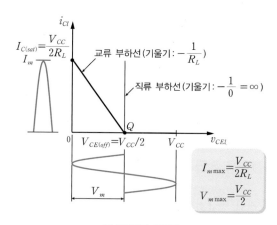

(b) 부하선과 동작점

[그림 7-19] 1전원용 B급 상보 대칭형 SEPP 증폭기 회로와 동작점

❶ 전원 공급전력 : $P_i = P_{dc} = V_{CC}I_{CC} = V_{CC} \cdot \dfrac{I_m}{\pi} = V_{CC} \cdot \dfrac{V_m}{\pi R_L}$　　　(7.41)

$$P_{i\max} \equiv \dfrac{V_{CC}^2}{2\pi R_L} \quad (V_m = \dfrac{V_{CC}}{2} \text{인 경우 최대 공급전력임})$$　　　(7.42)

❷ 출력전력(실효값) : $P_o = P_{ac} = P_L = \dfrac{V_m^2}{2R_L} = \dfrac{1}{2}I_m^2 \cdot R_L = \dfrac{1}{2}V_m \cdot I_m$　　　(7.43)

$$P_{o\max} = P_{L\max} = \dfrac{1}{2}V_{m\max} \cdot I_{m\max} = \dfrac{V_{m\max}^2}{2R_L} = \dfrac{V_{CC}^2}{8R_L}$$　　　(7.44)

❸ 컬렉터 소비전력 : $P_{C\max} = \dfrac{P_{dc} - P_o}{2}\bigg|_{V_m = \frac{2V_{CC}}{\pi}} = \dfrac{V_{CC}^2}{4\pi^2 \cdot R_L}$　　　(7.45)

❹ 전력(변환) 효율 : $\eta = \dfrac{P_o}{P_i} = \dfrac{P_L}{P_{dc}} = \left(\dfrac{V_m^2}{2R_L}\right)\bigg/\left(\dfrac{V_m}{\pi R_L}\right) \cdot V_{CC} = \dfrac{\pi V_m}{2V_{CC}}$　　　(7.46)

$$\eta_{\max} = \dfrac{P_{o\max}}{P_{dc}} \times 100[\%] = 78.5[\%]$$　　　(7.47)

❺ 최대 출력전력 : $P_{o\max}(=P_{L\max}) = 5 \cdot P_{C\max}$　　　(7.48)

[그림 7-20]의 회로를 사용하여 주어진 물음에 답하라.

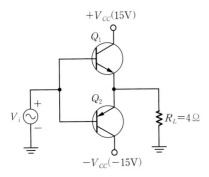

[그림 7-20] B급 상보 대칭형 SEPP 증폭기

(a) B급 SEPP 전력 증폭회로에서 최대 출력전력과 TR 1개당 최대 소비전력($P_{C\text{max}}$)을 구하여라.

(b) 주어진 회로에서 교류 출력전압의 진폭이 10[V]일 경우에 공급 DC 전력, 교류 출력전력, 전력효율, TR의 $P_{C\text{max}}$를 구하여라.

풀이

(a) [그림 7-20]은 2전원용 SEPP이다. 공급전력 P_{dc}, 최대 출력전력 $P_{o\text{max}}$, TR의 최대 소비전력 $P_{C\text{max}}$를 구하면 다음과 같다.

$$P_{dc} = \frac{2V_{CC}^2}{\pi R_L} = \frac{2 \times 15^2}{\pi \times 4} = 35.8[\text{W}]$$

$$P_{o\text{max}} = \frac{V_{CC}^2}{2R_L} = 28.13[\text{W}]$$

$$P_{C\text{max}} = \frac{P_{dc} - P_{o\text{max}}}{2} = 3.84[\text{W}]$$

(b) 공급전력 P_{dc}, 출력전력 P_o, 전력효율 η, TR의 최대 소비전력 $P_{C\text{max}}$을 구하면 다음과 같다.

$$P_{dc} = \frac{2V_m}{\pi R_L} \cdot V_{CC} = \frac{2 \times 10}{3.14 \times 4} \times 15 = 23.88[\text{W}]$$

$$P_o = P_L = \frac{V_m^2}{2R_L} = \frac{10^2}{2 \times 4} = 12.5[\text{W}]$$

$$\eta = \frac{P_o}{P_i} = \frac{P_L}{P_{dc}} = \frac{12.5}{23.88} \times 100\% = 52.3[\%]$$

$$P_{C\text{max}} = \frac{P_i - P_o}{2} = \frac{23.88 - 12.5}{2} = 5.69[\text{W}]$$

B급 상보 대칭형 SEPP 증폭기의 10[W] 출력으로 16[Ω]의 부하(스피커)를 동작시키고자 한다. 이 회로에 같은 크기의 2개의 전원을 사용할 때 각 1개의 전원전압 V_{CC}는 얼마인가? (단, 25[%] 정도의 출력여유를 갖도록 한다)

풀이

출력전력 $P_o = 10[\text{W}]$이고, 25[%]($10[\text{W}] \times 0.25 = 2.5[\text{W}]$)의 여유출력을 합하여 최대 출력전력 $P_{o\max}$ $= 10[\text{W}] + 2.5[\text{W}] = 12.5[\text{W}]$인 B급 SEPP를 구성하고 V_{CC}를 구하면 된다.

양전원 SEPP의 $P_{o\max} = \dfrac{V_{CC}^{\ 2}}{2R_L}$에서 $V_{CC} = \sqrt{P_{o\max} \cdot 2R_L}$ 이므로 V_{CC}는 다음과 같이 구해진다.

$$V_{CC} = \sqrt{(12.5) \cdot (2 \times 16)} = \sqrt{25 \times 16} = 20[\text{V}]$$

7.3.3 AB급 푸시풀 증폭기

■ B급 푸시풀 증폭기의 교차 일그러짐

B급 푸시풀$^{\text{Push-pull}}$ 증폭기의 출력전압에 나타나는 **교차왜곡**$^{\text{crossover distortion}}$은 MOSFET의 문턱전압 ($V_{Th}$), 또는 BJT의 커트인$^{\text{Cut-in}}$ 전압(약 0.7[V])의 영향을 보상할 수 있는 DC 바이어스 전압을 인가시킴으로써 제거할 수 있다. 이렇게 동작하는 전력 증폭기를 **AB급 증폭기**라고 한다. 즉 BJT 경우는 약간의 DC 바이어스 전압(약 0.7[V] 정도)을 인가시켜 완전히 차단상태가 아닌 활성 영역 근처에 동작점 Q를 설정하는 AB급을 사용하게 된다.

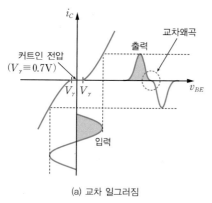

(a) 교차 일그러짐

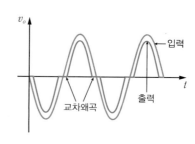

(b) 입력과 출력파형

[그림 7-21] B급 증폭기의 교차 일그러짐과 입·출력파형

■ AB급 푸시풀 증폭기의 바이어스 회로

[그림 7-22(a)] ~ [그림 7-22(b)]는 각각 MOSFET 게이트와 소스 간에 문턱전압(V_{Th})에 상당하는 바이어스 전압인 $\dfrac{V_{GG}}{2}$를, BJT의 경우는 각 베이스와 이미터 간에 커트인 전압에 상당하는 바이어스 전압인 $\dfrac{V_{BB}}{2}$를 인가시킨 AB급 증폭기의 기본 구성도를 보여준다.

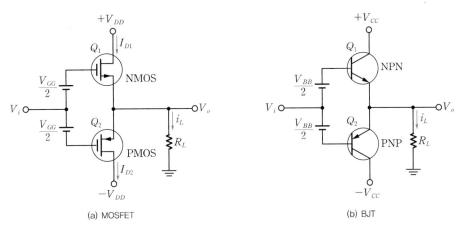

(a) MOSFET   (b) BJT

[그림 7-22] MOSFET과 BJT의 AB급 증폭기의 기본 구성도

교차왜곡을 제거시키기 위한 **AB급 푸시풀 증폭기의 바이어스 회로**는 다음과 같다.

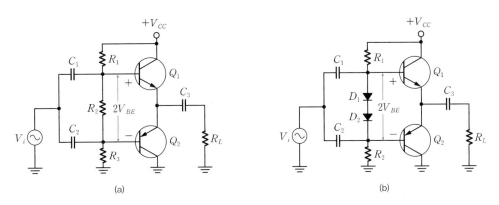

(a)   (b)

[그림 7-23] AB급 푸시풀 증폭기의 바이어스 회로

B급 푸시풀 증폭기의 바이어스 회로에서 저항을 사용해서 V_{CC}를 분배시켜 각 TR의 V_{BE}의 2배 전압을 공급하는 분압기 바이어스 회로가 [그림 7-23]에 (a), (b)로 제시되어 있다. 그런데 [그림 7-23(b)]인 경우 다이오드를 쓰거나 대신 TR을 이용하면 저항의 경우보다 정확하게 안정된 바이어스를 공급할 수 있다.

다음 AB급 증폭기에서 바이어스 다이오드를 최소한 1[mA] 이상의 전류가 흘러 항상 턴-온 상태를 유지시키기 위한 정전류원 I_B 값을 구하여라(단, 출력의 최대 전압은 5[V], $V_{CC} = 10$[V], $\beta = 50$이다).

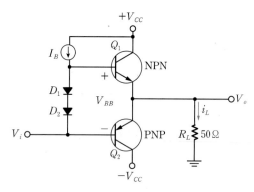

[그림 7-24] 다이오드를 사용한 AB급 증폭기

풀이

Q_1을 통해 흐르는 최대 전류 I_{C1}은 출력전압이 5[V]일 때 부하 R_L을 흐르는 전류와 같다.

$$I_{C1} = i_{L\max} = \frac{5[\text{V}]}{50[\Omega]} = 100[\text{mA}]$$

이때 Q_1의 베이스 전류는 다음과 같다.

$$I_{B1} = \frac{I_{C1}}{\beta} = \frac{100}{50} = 2[\text{mA}]$$

즉, 다이오드로 최소한 1[mA] 이상 흐르게 하기 위해서는 정전류원 I_B는 3[mA] 이상은 되어야 한다.

7.3.4 AB급 푸시풀 증폭기의 회로 해석

AB급 증폭기는 B급 증폭기와 달리 Q_1과 Q_2에 미소한 직류 바이어스 전류가 공급되므로 이 바이어스 전류 (I_{CQ}, I_{DQ})에 의한 전력손실이 발생하므로 전력효율이 B급보다 다소 감소할 수 있다. 그러나 미소한 바이어스 전류값은 매우 작으므로 B급 증폭기의 경우와 동일하게 해석할 수 있다.

[그림 7-25]의 회로는 1전원용 AB급 상보 대칭형 SEPP 증폭기이다. 교류 입력신호가 Q_1과 Q_2의 Cut-in 전압 이하인 $-0.7 \sim +0.7$[V] 사이에 있을 때 TR이 차단되어 발생하는 교차왜곡^{cross-over} distortion을 제거시키기 위해 다이오드를 이용해서 **약간의 DC 바이어스를 주는 AB급 증폭기**이다.

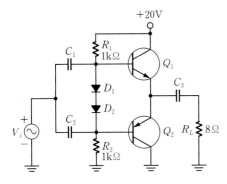

[그림 7-25] AB급 상보형 SEPP 증폭기

여기서 다이오드 D_1, D_2는 TR Q_1 및 Q_2의 베이스-이미터의 접합과 특성이 동일한 것을 사용하므로 다이오드에 의한 전압강하로 TR의 V_{BE} 전압을 약 0.7[V] 정도로 바이어스되어 있게 한다. 그러므로 2개의 다이오드 양단의 전압강하는 1.4[V]가 된다.

■ 직류 바이어스 해석

C_1, C_2, C_3를 개방시킨 [그림 7-25]의 직류 등가회로를 사용하여 Q_1, Q_2의 베이스와 이미터의 전압과 V_{CEQ}를 해석하면 다음과 같다.

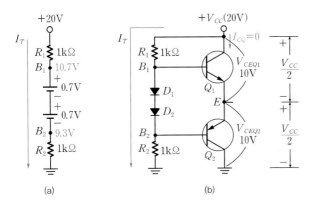

[그림 7-26] 직류 등가회로

[그림 7-26(b)]에서 Q_1과 Q_2 TR의 V_{BE}가 차단 영역 근처에 동작점이 위치하도록 바이어스되어 있다. 따라서 $I_{CQ} \cong 0$이 되므로 V_{CC}에 의한 직류전류는 R_1, D_1, D_2, R_2의 바이어스 회로망으로만 흐르게 된다. 이때 [그림 7-26(a)]에서 전체 직류전류 I_T를 다음 식으로 구하면 V_{B1}, V_{B2}, V_E도 구할 수 있다.

$$I_T = \frac{V_{CC} - V_{D1} - V_{D2}}{R_1 + R_2} = \frac{20 - 0.7 - 0.7}{2[\text{k}\Omega]} = 9.3[\text{mA}]$$

(7.49)

R_1과 R_2의 각 저항에 걸리는 전압강하는 $1\text{k}\Omega \times I_T(9.3\text{mA}) = 9.3[\text{V}]$가 됨을 알 수 있다.

$$V_{B1} = V_{CC} - I_T R_1 = 20 - 9.3 = 10.7[\text{V}] \tag{7.50}$$
$$V_{B2} = V_{B1} - V_{D1} - V_{D2} = 10.7 - 0.7 - 0.7 = 9.3[\text{V}] \tag{7.51}$$

이미터의 전압을 구하면 다음과 같다. 혹은 간단히 V_{CC}의 $\dfrac{1}{2}$인 지점의 전압이므로 $10[\text{V}]$가 된다.

$$V_E = V_{B1} - V_{BE1} = 10.7 - 0.7 = 10[\text{V}] \tag{7.52}$$
$$V_{CEQ1} = V_{CEQ2} = \frac{V_{CC}}{2} = \frac{20}{2} = 10[\text{V}] \tag{7.53}$$

■ 교류신호 해석

[그림 7-25]의 회로에서 R_1, R_2, D_1, D_2는 직류 바이어스를 공급하기 위한 소자이며, 이들은 교류 신호 해석과는 무관하다. AB급 푸시풀 증폭기의 교류 해석은 B급 푸시풀 증폭기의 교류 해석과 동일 하므로, 주어진 회로의 해석은 [그림 7-19]의 1전원용 B급 푸시풀 증폭기 해석을 이용하면 된다.

예제 7-9

다음은 상보 대칭형 AB급 SEPP 증폭기이다. 다이오드 D_1, D_2 특성이 Q_1, Q_2의 베이스와 이미터 접합 부의 특성과 일치하며 $V_{BE1} = V_{BE2} = 0.7[\text{V}]$라고 가정할 때 주어진 물음에 답하여라.

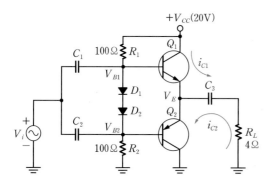

[그림 7-27] 상보형 AB급 SEPP 증폭기

(a) 최대 교류출력(전압, 전류, 전력, 효율)과 직류 공급전력 P_{dc} 각 TR의 $P_{c\max}$를 구하여라.

(b) 다이오드 D_1과 D_2의 용도를 설명하여라. (직류해석은 본문을 참고할 것)

풀이

(a) C_1, C_2, C_3를 단락시킨 교류 등가회로 [그림 7-19]에서 해석한다.

- 최대 교류 출력전압 : $V_{m\max} = \dfrac{1}{2}V_{CC} = \dfrac{20}{2} = 10[\text{V}]$

- 최대 교류 출력전류 : $I_{m\max} = \dfrac{V_{CC}}{2R_L} = \dfrac{20}{2 \times 4} = 2.5[\text{A}]$

- 최대 교류 출력전력(실효값) : $P_{o\max} = \dfrac{1}{2} V_{m\max} \cdot I_{m\max} = \dfrac{1}{2} \times 10 \times 2.5 = 12.5[\text{W}]$

- 직류 공급전력 : $P_i = P_{dc} = V_{CC} \cdot I_{CC} = V_{CC} \cdot \dfrac{I_{m\max}}{\pi} = \dfrac{20 \times 2.5}{\pi} \cong 15.9[\text{W}]$

- 최대 전력효율 : $\eta_{\max} = \dfrac{P_{o\max}}{P_{dc}} = \dfrac{12.5}{15.9} \times 100[\%] = 78.5[\%]$

- TR의 최대 소비전력 : $P_{C\max} = V_{CC}^2 / 4\pi^2 R_L = 20^2 / 4 \times (3.14)^2 \times 4 = 2.5[\text{W}]$

(b) 교차왜곡을 제거시키기 위한 직류 바이어스 전압을 공급하는 용도

예제 7-10

최대 소비전력 P_D가 20[W]인 출력 트랜지스터가 A급 및 B급 전력 증폭기에서 동작할 때, 공급할 수 있는 이론적인 최대 교류전력 $P_{o\max}$는 얼마인가?

풀이

TR의 최대 정격소비전력이 P_{cmax}[W]일 때, A급의 $P_{o\max} = P_{c\max}/2 = 20/2 = 10[\text{W}]$이고, B급으로 사용 시 $P_{o\max} = 5 \cdot P_{c\max} = 5 \times 20 = 100[\text{W}]$이다.

SECTION 7.4 C급 전력 증폭기

이 절에서는 C급 전력 증폭회로의 해석과 왜곡된 출력신호의 정형 및 고주파 전력 증폭기와 주파수 체배기 등에 대한 회로 응용 등을 학습한다.

Keywords | 고효율과 동조형 증폭기 | 고주파 전력 증폭기 | 주파수 체배기 |

C급 전력 증폭기는 [그림 7-28]과 같이 $(-)\,V_{BB}$인 음전압원으로 **차단점 이하에 바이어스**를 걸어 TR 이 대부분의 시간동안 차단상태에 있고, 단지 입력주기 중 짧은 기간($\frac{1}{2}$ 주기 미만, 즉 유통각 $\theta < \pi$ 미만) 동안만 on이 되어 직류 전력손실이 작다. 따라서 최대 전력효율이 거의 100[%]에 근접하고 성능지수도 B급 수준으로 우수한 특성을 갖는다.

[그림 7-28] C급 전력 증폭기의 입·출력 파형도

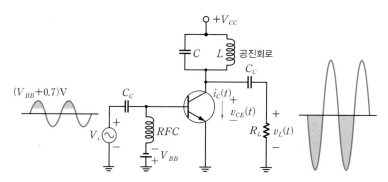

[그림 7-29] 기본적인 C급 증폭기(고정 바이어스)

그러나 [그림 7-29]에서 보이는 것처럼 입력전압 V_i가 $V_{BB} + 0.7[\text{V}]$ 이상인 정(+) 첨두 부분에서 짧은 기간 동안에만 트랜지스터가 도통^{on}되므로 출력 컬렉터 전류파형이 정현파인 입력전압 파형과 다른, 비선형 왜곡이 심한 폭이 좁은 **펄스열 형태의 출력전류**가 흐르게 된다.

이러한 왜곡된 펄스열의 신호를 푸리에 급수로 전개하면 입력된 기본파의 주파수 성분과 이의 정수배의 주파수 성분인 고조파^{harmonics} 성분들의 합으로 구성된다. 따라서 부하에 LC 동조회로(탱크회로, 공진회로)를 사용하여 입력 기본파의 주파수에 동조(공진)시키면 [그림 7-30(c)]와 같이 출력 펄스열의 전류파형 내의 기본파의 주파수 신호만 정형되어 출력되는 것이다.

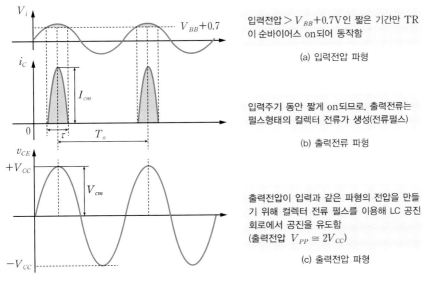

(a) 입력전압 파형

입력전압 > $V_{BB}+0.7V$인 짧은 기간만 TR
이 순바이어스 on되어 동작함

입력주기 동안 짧게 on되므로, 출력전류는
펄스형태의 컬렉터 전류가 생성(전류펄스)

(b) 출력전류 파형

출력전압이 입력과 같은 파형의 전압을 만들
기 위해 컬렉터 전류 펄스를 이용해 LC 공진
회로에서 공진을 유도함
(출력전압 $V_{PP} \cong 2V_{CC}$)

(c) 출력전압 파형

[그림 7-30] C급 전력 증폭기의 각 파형

C급 증폭기는 출력파형이 심하게 왜곡되므로 통상 부하에 LC 병렬 동조회로를 갖는 **고주파 고전력 동조형 증폭기**, 즉 무선통신 등에서 고주파인 반송파 전력 증폭기나 혹은 C급의 비선형 왜곡된 출력파 형에서 정수배의 고조파(2 ~ 3배 고조파 등)를 추출하여 발진 주파수를 회로적으로 높이는 **주파수 체 배기** 등에 응용된다. C급 증폭기는 큰 L, C 소자값의 한계로 인해 저주파 증폭에는 사용하지 않는다.

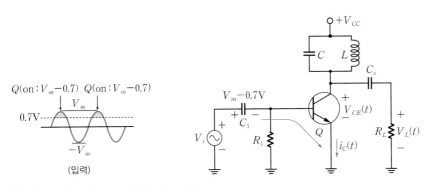

[그림 7-31] 클램퍼 바이어스 C급 증폭기

입력측에 있는 TR Q의 V_{BE} 다이오드와 C_1, R_1에 의해 부(−) 클램퍼 회로가 되면, 베이스에 재생되 는 −$(V_m - 0.7)[\text{V}]$의 역바이어스 전압에 의해 차단점 이하에 C급 동작점이 설정된다. 그러면 입력 신호 중에 짧은 (+) 첨두 $V_m - 0.7[\text{V}]$ 이상에서만 도통^{on}이 되고 입력신호의 대부분의 구간에서는 차단^{off} 상태인 C급 동작을 하게 된다. 이 경우에는 양호한 클램핑 동작을 위해서는 입력신호의 주기보 다 **클램퍼 회로의 시정수를 훨씬 크게** 하여, 너무 빠르게 방전되지 않도록 주의해야 한다.

주파수가 $200[\text{kHz}]$ 신호에 의해 C급 증폭기가 구동되고 있다. 이 TR은 $1[\mu s]$동안 도통^{on}되고, 증폭기는 전부하선에 대해 동작하고 있다. 이때 출력전력과 평균 전력손실, 효율과 최대 출력전압을 구하여라 (단, $I_{CE(sat)} = 100[\text{mA}]$, $V_{CE(sat)} = 0.2[\text{V}]$, $V_{CC} = 20[\text{V}]$, $R_C' = 50[\Omega]$이다).

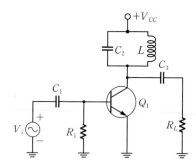

[그림 7-32] C급 동조형 증폭기

풀이

출력전력을 구하면 다음과 같다. R_C'은 탱크회로의 등가 병렬저항으로서 코일의 권선저항과 부하저항의 병렬 합성저항이다.

$$P_o = P_L = \frac{V_{CC}^2}{2R_C'} = \frac{20^2}{2 \times 50} = 4[\text{W}]$$

평균 손실전력을 구하면 다음과 같다. $P_{C(on)}$은 TR이 도통^{on}되었을 때의 전력손실이다.

$$P_{C(av)} = \frac{t_{on}}{T} \cdot P_{C(on)} = f \cdot t_{on} \cdot P_{C(on)}$$

$$= 200 \times 10^3 \times 1 \times 10^{-6} \times 20[\text{mW}] = 4[\text{mW}]$$

$$P_{C(on)} = V_{CE(sat)} \cdot I_{C(sat)} = 0.2 \times 100 = 20[\text{mW}]$$

효율을 구하면 다음과 같다. (C급은 거의 100[%] 효율에 근접한다.)

$$\eta = \frac{P_o}{P_i} = \frac{P_L}{P_{dc}} = \frac{P_L}{P_L + P_C} = \frac{4[\text{W}]}{4[\text{W}] + 4[\text{mW}]} \times 100[\%] = 99[\%] \cong 100[\%]$$

최대 출력전압은 $V_{L\max} = V_{CE\max} \cong V_{CC} = 20[\text{V}]$이다.

D급, E급, F급 전력 증폭기

TR(혹은 MOSFET)을 스위치로 동작시켜 구형파 펄스인 출력을 LC로 동조시켜 100[%]에 근접한 전력효율을 구현하기 위한 전력 증폭기를 학습한다.

Keywords | D급, E급, F급 증폭기 | LC 직렬 및 병렬 공진회로 |

A급, B급, C급은 TR이 전류원으로 사용되어 TR을 통해 흐르는 출력전류와 TR 양단의 출력전압의 곱에 해당하는 전력소모(P_C)가 발생한다. 그러나 TR의 또 다른 중요작용인 **스위칭 작용**을 이용하면 TR의 전력소모를 크게 줄일 수 있다. (결국 효율은 거의 100[%] 달성한다.)

이상적인 스위치에서 단락(on)인 경우는 출력전압 $V_{CE(sat)} = 0.1 \cong 0$이고, 개방^{off}인 경우는 출력 전류 $I_{C(off)} \cong 0$이다. 따라서 어느 하나가 0이 되어 결국 전력소모($P_C = V_{CE} \cdot I_C$)는 0이 되므로 효율 100[%]를 실현할 수 있게 되는 것이 D급(E, F급) 전력 증폭기의 기본 이론이다.

7.5.1 D급 전력 증폭기

[그림 7-33]은 D급 **전력 증폭기**의 기본적인 회로를 나타낸 것으로, 두 개의 MOSFET이 상보 대칭형 푸시풀로 연결되어 있다. FET의 출력 드레인 전류인 I_D는 입력신호전압에 따라 구형파와 같이 흐르므로 구형파의 출력파형은 LC 직렬 공진회로를 구동시키고, LC 공진에 의해 구형파에 포함된 정현파를 얻도록 한 것으로, 이론적인 전력효율은 100[%]가 된다. 그리고 PMW에 의한 D 증폭기의 회로구성 및 해석은 [예제 7-14]에서 다룬다.

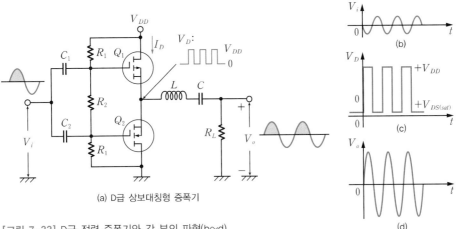

(a) D급 상보대칭형 증폭기

[그림 7-33] D급 전력 증폭기와 각 부의 파형(b~d)

7.5.2 E급과 F급 전력 증폭기

[그림 7-34]는 E급과 F급 전력 증폭기의 기본적인 회로를 보여준다. [그림 7-34(a)]는 베이스에 정현파의 입력을 가하면 Q_1이 $I_C - I_B$의 특성곡선을 적당히 선정하여 출력전압의 파형이 구형파와 같은 모양으로 동작한다. 콘덴서 C_1은 Q_1이 차단^{off}될 때 출력전압을 충전하여 포화^{on}될 때 방전을 하며, C_2는 L과 직렬 공진회로가 되어 최대의 정현파 전류를 얻도록 함으로써 부하저항 R_L에서 큰 정현파 출력전압을 얻고 있다. 이 회로 역시 이론적인 전력효율은 100[%]가 된다.

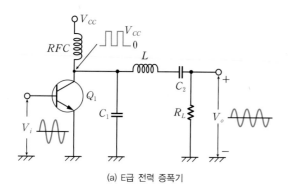

(a) E급 전력 증폭기

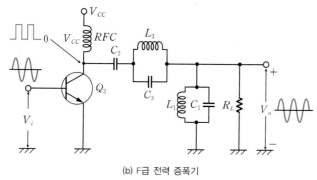

(b) F급 전력 증폭기

[그림 7-34] E급과 F급 전력 증폭기

[그림 7-34(b)]의 F급 전력 증폭기는 병렬 동조회로 2개가 있어서 Q_2의 베이스에 입력신호를 가하면 L_1, C_1은 기본파에, L_3, C_3은 제3 고조파(필요에 따라 다른 고조파에 동조되는 회로를 사용해도 됨)에 동조된다. 이때 컬렉터측에는 기본파와 제3 고조파가 합성된 구형파와 비슷한 모양의 합성파가 나타난다. 트랜지스터에서는 합성파와 같은 모양의 스위치 동작을 하므로 소비전력이 거의 없는 증폭기가 되어 효율이 매우 높아진다. L_1, C_1 병렬 동조회로와 부하저항 R_L이 병렬로 연결되어 있으므로 L_1, C_1 병렬 동조회로에 의한 기본파의 출력전압이 부하저항 R_L에 나타난다.

참고 A~C급은 TR의 증폭기 동작인 반면, D~F급은 TR의 스위치 동작을 이용한다.

짧은 on 시간과 긴 off 시간을 가지며 펄스신호를 사용하는 증폭기에서 주로 쓰이는 증폭기는?

㉮ A급   ㉯ B급
㉰ C급   ㉱ D급

풀이

㉱ 트랜지스터의 스위치 동작을 이용하는 것은 D, E, F급 증폭기이다.

[그림 7-35]와 같이 PWM 파를 이용한 D급 증폭기를 구성하여 동작 설명을 하고, [그림 7-36]의 블록 다이어그램에서 A, B, C에 적절한 명칭을 구하여라.

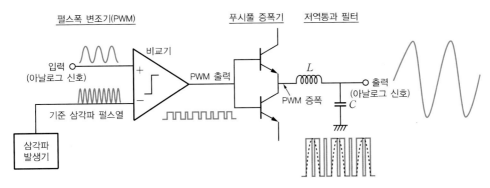

[그림 7-35] PWM을 이용한 D급 증폭기 구성(예시)

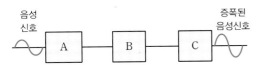

[그림 7-36] 상보형 MOSFET을 이용한 D급 증폭기의 블록 다이어그램

풀이

발생시킨 삼각파에 신호파를 합성하여 PWM 형태의 펄스파 출력을 만들어 상보형 SEPP 스위칭 증폭기 (즉, D급 증폭기)로 크게 고효율 증폭한다. 그리고 LPF를 이용하여 고조파를 제거하고 원래 아날로그 신호만을 복원하여 출력시킨다.

(A) : PWM 변조기,   (B) : SEPP-증폭기,   (C) : 저역 통과필터(LPF)

01 입력신호의 전주기(360°)에 대해 선형(직선) 영역에서 동작하는 증폭기는?

    ㉮ A급 증폭기   ㉯ B급 증폭기

    ㉰ C급 증폭기   ㉱ AB급 증폭기

> **해설**
>
> A급 증폭기는 동작점 Q를 활성(=선형) 영역에 두어 1주기(유통각$=2\pi$)의 전신호를 왜곡없이 선형증폭하는 소신호 증폭기이다.   ㉮

02 FM 증폭 방식으로 사용하고 저주파 증폭기에는 사용되지 않는 증폭 방식은?

    ㉮ AB급   ㉯ C급   ㉰ B급   ㉱ A급

> **해설**
>
> FM파는 진폭에 정보가 실리지 않으므로 왜곡이 심한 C급 증폭을 사용할 수 있고, 출력에 동조회로를 설치하여 왜곡된 파형을 정형한다(저주파 신호는 C급을 사용하지 않는다).   ㉯

03 이미터 폴로워 증폭기에서 그림과 같은 전류신호를 얻었다면, 어느 방식에 해당되는가?

    ㉮ A급   ㉯ B급   ㉰ C급   ㉱ AB급

> **해설**
>
> 출력파형은 입력신호의 1/2 주기보다 더 많은 왜곡을 갖는, 즉 유통각 $\theta < \pi$인 C급 증폭을 보여준다.   ㉰

04 짧은 on 시간과 긴 off 시간을 가지며, 펄스신호를 사용하는 증폭기 회로에서 주로 쓰이는 증폭기는?

    ㉮ A급   ㉯ B급   ㉰ C급   ㉱ D급

> **해설**
>
> 펄스 형태의 출력신호 파형은 능동소자를 스위치(자체 손실전력$\cong 0$)로 동작시키는 방식으로 D, E, F, S급 등이 있다. 효율이 거의 100[%]이며, 동조회로를 이용하여 파형을 정형하게 된다.   ㉱

05 다음 중 신호의 일그러짐이 가장 적고 안정한 증폭기로서, 완충^{buffer} 증폭기에 많이 쓰이는 증폭 방식은?

    ㉮ A급   ㉯ B급   ㉰ C급   ㉱ AB급

> **해설**
>
> 왜곡이 거의 없는 선형증폭은 A급 방식이다.   ㉮

06 C급 증폭기의 큰 장점은?

    ㉮ 잡음 감소   ㉯ 효율 증대

    ㉰ 회로 구성이 간단함   ㉱ 파형의 일그러짐이 감소

> **해설**
> C급 증폭기의 큰 장점은 고효율($\eta = 78.5$에서 거의 $100[\%]$)로서 고주파 전력증폭에 쓰인다.   **㉯**

07 B급 증폭기의 최대 효율은?

    ㉮ $25[\%]$ ㉯ $48.5[\%]$ ㉰ $78.5[\%]$ ㉱ $98.5[\%]$

> **해설**
> B급의 최대 효율 $\eta = 78.5[\%]$이다.   **㉰**

08 A급 증폭기의 최대 효율은? (변압기 사용 시)

    ㉮ $25[\%]$ ㉯ $40[\%]$ ㉰ $50[\%]$ ㉱ $60[\%]$

> **해설**
> A급 증폭기는 직렬(직접) 부하 방식은 $25[\%]$, 변압기 결합(병렬) 부하 방식은 $\eta_{max} = 50[\%]$이다.   **㉰**

09 전력 증폭기의 직류 공급전력이 $10[\text{V}]$, $400[\text{mA}]$이고, 부하에서의 출력전력이 $3.2[\text{W}]$일 때, 이 증폭기의 효율은?

    ㉮ $60[\%]$ ㉯ $65[\%]$ ㉰ $80[\%]$ ㉱ $85[\%]$

> **해설**
> 효율 $\eta \equiv \dfrac{P_o}{P_i} = \dfrac{P_{ac}}{P_{dc}} = \dfrac{P_{ac}}{V_{CC}\,I_{CC}} = \dfrac{3.2[\text{W}]}{(10 \times 0.4)[\text{W}]} \times 100[\%] = 80[\%]$ **㉰**

10 전력 증폭기의 직류 공급전압은 $12[\text{V}]$, 전류는 $400[\text{mA}]$이고, 효율은 $60[\%]$일 때, 부하의 출력전력은?

    ㉮ $0.7[\text{W}]$ ㉯ $1.44[\text{W}]$ ㉰ $2.88[\text{W}]$ ㉱ $4.8[\text{W}]$

> **해설**
> $P_o = \eta(V_{CC} \cdot I_{CC}) = 0.6 \times 12 \times 0.4 = 2.88[\text{W}]$ **㉰**

11 전력 증폭기에 대한 설명으로 <u>틀린</u> 것은?

    ㉮ 대신호 동작용으로 사용된다.

    ㉯ 증폭기의 선형동작에 의해 고조파 왜곡이 생긴다.

    ㉰ 고출력 증폭을 위해 사용된다.

    ㉱ 부궤환 회로를 적용하면 저왜곡 고출력이 가능하다.

> **해설**
> 전력 (대신호) 증폭은 비선형 특성을 이용한 고효율 증폭 방식으로, 고조파 왜곡파형을 정형하여 사용한다.   **㉯**

12 다음의 전력 증폭기에 관한 설명으로 옳지 **않은** 것은?

㉮ A급 증폭기는 동작점이 차단과 포화 영역의 중앙에 위치하도록 하면 최대출력의 신호를 얻을 수 있으나, 직접부하 접속시 이론상최대 효율은 25[%]를 넘지 못한다.

㉯ B급 증폭기는 입력신호를 인가했을 때, 출력에는 반주기만 전류가 흐르도록 하는 방식으로 이론상 최대 효율은 대략 78.5[%]로 높은 편이다.

㉰ A급 증폭기는 손실이 높아서 이론상 최대 효율이 50[%] 이하로, 주로 고주파 전력증폭에 널리 사용된다.

㉱ AB급 증폭기는 이론상 최대 효율이 78.5[%] 미만이고, DC 바이어스를 사용하므로 주로 저주파 전력 증폭기 용도로 사용된다.

㉲ C급 전력 증폭기는 동작점이 차단점 이하에 위치하며, 최대 효율이 100[%]에 근접하여, RF 송신 출력단에 주로 사용된다.

해설

A급은 왜곡이 작고 선형성이 좋으나 손실이 크고, 저효율이라 고주파 전력증폭에는 부적합하여, 주로 저주파 증폭에 사용한다. C급은 저손실, 고효율이라서 고주파 전력증폭에 주로 쓰이며, 파형재생은 동조회로를 사용한다. B급 & AB급은 푸시풀 증폭이며, 효율이 높고 파형왜곡이 작아, 주로 저주파 증폭에 쓰며, AB급은 교차왜곡도 없다.　　　　　　　　　㉰

13 다음 중 전력 증폭기에 대한 설명으로 옳은 것은?

㉮ A급 전력 증폭기는 활성 영역에서 동작하므로 무왜곡, 선형성, 저손실, 고효율의 특성으로 저주파의 선형증폭에 적합하다.

㉯ B급 전력 증폭기는 반주기 동안만 동작하므로, 2개 TR의 교번동작으로 파형을 재생하며, 교차왜곡이 발생한다.

㉰ AB급 전력 증폭기는 교차 일그러짐이 없으며, 선형성이 좋아 고주파 증폭에 쓰인다.

㉱ C급 증폭기는 저손실, 고효율, 고전력, 동조형 증폭기로서 고주파 전력증폭이나 주파수 체배기에 주로 쓰인다.

㉲ 증폭소자의 스위치 동작에 의한 펄스형태 출력을 내는 증폭기에는 D, E, F 급 등이 있으며, 왜곡과 손실이 작아, 저주파 증폭에 적합하다.

해설

• A급 : 고손실, 저효율, 저주파 증폭

• B급, AB급 : 고효율, 저주파 증폭

• C급 : 저손실, 고효율, 대전력, 동조형, 고주파 증폭 & 주파수 체배기

• D, E, F급 : TR의 스위치 동작에 의한 펄스파가 출력된다. 동조회로로 정형되고 고효율, 고왜곡, 고주파용 증폭기이다.　　　　　　　　　㉯, ㉱

14 B급 푸시풀 증폭기의 특징이 <u>아닌</u> 것은?

㉮ 차단상태 근처에 바이어스되어 있다.

㉯ 컬렉터 손실을 2개로 분산할 수 있으므로 큰 출력을 얻을 수 있다.

㉱ 컬렉터 효율이 높다.

㉲ 입력신호가 없을 때 전력손실이 극히 적다.

㉳ 교차cross-over 일그러짐이 없다.

해설

B급 푸시풀 증폭기는 원점(차단점)에 동작점을 두는 No-Bias이므로 무신호 시 직류 손실이 거의 없어 효율이 높고(78.5[%]), 2개의 TR을 사용하므로 TR의 손실이 분산된다. 그러나 No-Bias로 인해 교차왜곡이 생긴다.　　　　　　　　　　　　　　　　　　　　　　　　　　　　　　㉳

15 푸시풀 트랜지스터 전력 증폭기에서 바이어스를 완전 B급으로 하지 <u>않은</u> 이유는?

㉮ 효율을 높이기 위해

㉯ 출력을 크게 하기 위해

㉱ 큰 위상변화를 얻기 위해

㉲ 교차왜곡을 줄이기 위해

해설

B급 푸시풀 증폭기의 교차왜곡을 없애기 위해 약간 DC 바이어스를 공급하는 (완전 B급이 아닌) AB급을 사용한다.　　　　　　　　　　　　　　　　　　　　　　　　　　　　　　㉲

16 B급 푸시풀 전력 증폭기에서 출력신호 파형의 일그러짐이 작아지는 장점을 갖게 되는 이유는?

㉮ 기수차 고조파가 상쇄되기 때문이다.

㉯ 우수차 고조파가 상쇄되기 때문이다.

㉱ 기수차 및 우수차 고조파가 상쇄되기 때문이다.

㉲ 직류성분이 없어지기 때문이다.

해설

B급 푸시풀 증폭기는 2개의 반파 정류파형을 합성하여 원신호를 정형하는데, '우수파' 고조파는 서로 상쇄되므로 출력신호의 왜곡이 적다.　　　　　　　　　　　　　　　　　　　　㉯

17 PNP와 NPN 트랜지스터를 조합하여 이루어진 푸시풀 증폭회로를 무슨 회로라 하는가?

㉮ OTL　　　　　　　　　　　　　　　㉯ OCL

㉱ 위상 반전회로　　　　　　　　　　　㉲ 상보 대칭형 회로

해설

타입은 달라도 특성이 동일한 한 쌍의 구조(PNP+NPN)를 상보대칭형이라고 한다.　　㉲

18 그림과 같은 전력 증폭 회로의 동작에 관한 설명 중 <u>틀린</u> 것은?

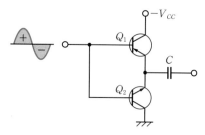

㉮ Q_1은 양(+)의 반주기 신호에, Q_2는 부(−)의 반주기 신호에 동작한다.

㉯ V_{CC}에 부(−)의 전원전압을 공급한다.

㉰ 단일 출력회로에 비해 약 2배의 이득을 얻는다.

㉱ 낮은 출력 임피던스로 스피커와 직접 결합할 수 있다.

> **해설**
>
> 양(+)의 반주기 신호는 Q_2(NPN)의, 음(−)의 반주기 신호는 Q_1(PNP)의 입력(V_{BE})을 순바이어스 on시켜 동작한다. 출력저항이 매우 작은 이미터 폴로워 구조이므로 스피커(8Ω)를 직접 연결하여 쓸 수 있다. ㉮

19 상보대칭 SEPP^{Complementary Symmetric Ended Push-pull} 회로의 특징으로 옳지 <u>않은</u> 것은?

㉮ 내부 저항이 낮아서 출력변압기를 사용하지 않아도 된다.

㉯ 전기적 특성이 꼭 같은 NPN과 PNP 트랜지스터를 사용한다.

㉰ 입력측에 위상 반전 회로가 필요없다.

㉱ 두 트랜지스터가 부하에 대해 직렬로 연결된 회로이다.

> **해설**
>
> 상보대칭형은 입력에 위상 반전용 변압기가 불필요하고, SEPP는 부하 R_L 하나가 두 TR의 공용(즉, 병렬) 부하로 동작한다. ㉱

20 B급 푸시풀 증폭기에서 $V_i = 20\sin\omega t [\mathrm{V}]$일 때, 다음 항목을 구하여라.

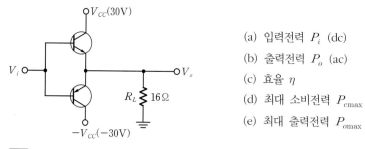

(a) 입력전력 P_i (dc)

(b) 출력전력 P_o (ac)

(c) 효율 η

(d) 최대 소비전력 P_{cmax}

(e) 최대 출력전력 P_{omax}

> **해설**
>
> (a) $P_{dc} = \dfrac{2V_m}{\pi R_L} \cdot V_{CC} = \dfrac{2 \times 20}{\pi \times 16} \times 30 = 23.8 [\mathrm{W}]$
>
> (b) $P_o = \dfrac{V_m^2}{2R_L} = \dfrac{20^2}{2 \times 16} = 12.5 [\mathrm{W}]$
>
> (c) $\eta = \dfrac{P_o}{P_{dc}} = \dfrac{12.5}{23.8} \times 100 [\%] = 52.3 [\%]$
>
> (d) $P_{cmax} = \dfrac{P_{dc} - P_o}{2} = \dfrac{23.8 - 12.5}{2} = 5.65 [\mathrm{W}]$
>
> (e) $P_{omax} = \dfrac{V_{CC}^2}{2R_L} = \dfrac{30^2}{2 \times 16} = 28.12 [\mathrm{W}]$

21 다음 푸시풀 증폭기에서 다음 항목들을 해석하여라($V_{BE1} = V_{BE2} = 0.7[\text{V}]$이다).

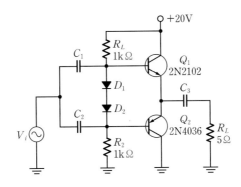

(a) DC 바이어스 해석(V_{B1}, V_{B2}, V_E, V_{CEQ1}, V_{CEQ2})

(b) AC 신호 해석($V_{o\text{peak}}$, $I_{o\text{peak}}$, P_i (dc), $P_{o\max}$, $P_{c\max}$, $\eta_{\max}$)

(c) 다이오드 D_1, D_2와 커패시터 C_3의 용도

(d) 증폭기의 명칭

해설

입력쪽 2개 다이오드의 전압강하는 $1.4[\text{V}]$이므로 $(20-1.4)=18.6[\text{V}]$가 R_1과 R_2에 1/2씩 걸린다. 그리고 출력쪽에서 $20[\text{V}]$가 1/2씩 Q_1, Q_2에 걸리므로 $V_E = 10[\text{V}]$가 된다.

(a) $V_{B1} = 10.7[\text{V}]$, $V_{B2} = 9.3[\text{V}]$, $V_E = 10[\text{V}]$, $V_{CEQ1} = V_{ECQ2} = 10[\text{V}]$

(b) $V_{o\text{peak}} = \dfrac{1}{2}V_{CC} = \dfrac{1}{2} \times 20 = 10[\text{V}]$, $I_{o\text{peak}} = \dfrac{V_{o\text{peak}}}{R_L} = \dfrac{10}{5} = 2[\text{A}]$,

$P_i(dc) = V_{CC}I_{CC} = V_{CC} \cdot \dfrac{I_{o\text{peak}}}{\pi} = \dfrac{20 \times 2}{\pi} = 12.7[\text{W}]$,

$P_{o\max} = \dfrac{1}{2}V_{o\text{peak}} \cdot I_{o\text{peak}} = \dfrac{1}{2} \times 10 \times 2 = 10[\text{W}]$,

$P_{c\max} = \dfrac{V_{CC}^2}{4\pi^2 \cdot R_L} \cong \dfrac{20^2}{4 \times 10 \times 5} = 2[\text{W}]$, $\eta_{\max} = \dfrac{P_{o\max}}{P_i(dc)} = \dfrac{10}{12.7} \times 100[\%] \cong 78.5[\%]$

(c) 다이오드 D_1, D_2는 교차왜곡을 제거하기 위한 DC 바이어스 공급용이며, C_3는 1전원을 사용하기 위한 V_{CC} 충전용이다.

(d) 상보대칭형 AB급 SEPP 증폭기

22 [그림 7-32]의 C급 전력증폭 회로에 대한 다음 항목을 구하라(단, R_c 코일저항과 부하저항 R_L의 병렬합성저항 이다).

(a) 이상적인 경우에 최대효율(%)

(b) 출력전압의 피크-피크 전압 V_{pp} 약 [V]?

(c) 최대 출력전력 $P_{o\max}$은 약 몇 [W]?

(d) 주용도는?

해설

(a) $100[\%]$ (b) 약 $2V_{CC}$ (c) 약 $V_{CC}^2/2R_c$ (d) 고주파 증폭기, 주파수 체배(곱셈)기

23 다음 병렬 부하 A급 전력 증폭기에서 다음 항목들을 해석하여라(단, R_E는 충분히 작다).

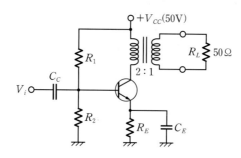

(a) 실효 부하저항 $R_L{}'$, P_i (dc), $P_{o\max}$, $\eta_{\max}$

(b) 출력신호의 전압진폭이 최대 전압진폭의 $\dfrac{1}{2}$인 경우의 효율 η, 출력전력 P_o

해설

(a) $R_L{}' = n^2 R_L = \left(\dfrac{2}{1}\right) \times 50 = 200\,[\Omega]$ (여기서 n은 권선비임)

$P_i(dc) = V_{CC} I_{CQ} = \dfrac{V_{CC}^2}{R_L{}'} = \dfrac{50^2}{2 \times 200} = 12.5\,[\text{W}]$

$P_{o\max} = \dfrac{V_{CC}^2}{2R_L{}'} = \dfrac{50^2}{2 \times 200} = 6.25\,[\text{W}]$, $\eta_{\max} = \dfrac{6.25}{12.5} \times 100\% = 50\,[\%]$

(b) $P_o = \dfrac{V_m^2}{2R_L{}'} = \dfrac{(V_{CC}/2)^2}{2R_L{}'} = \dfrac{1}{4} \times 6.25 = 1.5625\,[\text{W}]$, $\eta = \dfrac{1.5625}{12.5} \times 100\,[\%] = 12.5\,[\%]$

24 [연습문제 21]의 회로에서 전압이득 A_v, 공급전력 P_s, 출력전력 P_o, 전력변환 효율 η을 구하여라(단, $R_1 = 0.7\,[\text{k}\Omega]$, $R_2 = 1.6\,[\text{k}\Omega]$, $R_L = 8\,[\Omega]$, $R_E = 20\,[\Omega]$, $V_{CC} = 10\,[\text{V}]$, $\beta = 25$, 권선비 3:1, $V_{BE} = 0.7\,[\text{V}]$, $v_i = 20 \cdot \sin wt\,[\text{mV}]$이다).

해설

(a) DC 바이어스 해석 : 입력부를 테브난 등가회로로 변환한 후에 해석한다.

$V_{TH} = \dfrac{R_2}{R_1 + R_2}V_{CC} = \dfrac{1.6}{0.7 + 1.6} \times 10 = 6.96\,[\text{V}]$, $R_{TH} = R_1 \| R_2 = 0.49\,[\text{k}\Omega]$,

$I_B = \dfrac{V_{TH} - V_{BE(on)}}{R_{TH} + (1+\beta)R_E} = \dfrac{6.96 - 0.7}{0.49 + 26 \times 0.02} = \dfrac{6.26}{1.01} = 6.2\,[\text{mA}]$, $I_C = 25 \times 6.2 = 155\,[\text{mA}]$,

$g_m = \dfrac{I_C}{V_T} = \dfrac{155}{26} = 5.96\,[\text{A/V}]$, 실효 부하저항 $R_L{}' = n^2 \cdot R_L = 3^2 \cdot 8 = 72\,[\Omega]$

(b) AC 해석 : 교류 등가회로에서 전압이득 $A_v(= v_o/v_i)$, P_s, P_o, η을 다음과 같이 구한다.

권선비 $n : 1 = 3 : 1$에서 1차측 전압 $v_1 = n \cdot v_2 = n \cdot v_o = i_c \cdot R_L{}' = i_c \cdot n^2 \cdot R_L = (g_m v_i) \cdot n^2 \cdot R_L$에서

$A_v = n g_m R_L = 3 \times 5.96 \times 8 = 143$, 출력전압 : $v_O = A_v \cdot v_i = 143 \times 0.02 = 2.86\text{V}$,

$P_S = V_{CC} \cdot I_C = 10 \times 155 = 1550\,[\text{mW}]$, $P_L = \dfrac{v_O^2}{2R_L} = \dfrac{2.86^2}{2 \times 8} = \dfrac{8.18}{2 \times 8} = 511\,[\text{mW}]$,

$\eta \equiv \dfrac{P_L}{P_S} = \dfrac{511}{1550} = 0.33 = 33\,[\%]$ [별해] $P_L = \dfrac{v_c^2}{2RL'} = \dfrac{(g_m R_L{}' \cdot v_i)^2}{2R_L{}'}$ 이용 (여기서 $v_c = v_1$ 임)

25 다음 전력 증폭회로에서 (a)~(f) 항목을 구하여라(단, $V_{cc}=V_{EE}=10[\text{V}]$, $I=100[\text{mA}]$, $\beta=49$, $R_L=50[\Omega]$, $n=3$, $v_{si}(t)=27\sin wt[\text{V}]$이다).

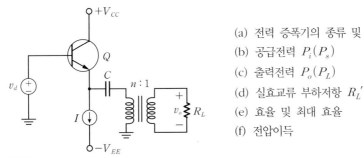

(a) 전력 증폭기의 종류 및 최대 효율
(b) 공급전력 $P_i(P_s)$
(c) 출력전력 $P_o(P_L)$
(d) 실효교류 부하저항 $R_L{}'$
(e) 효율 및 최대 효율
(f) 전압이득

해설

(a) 양전원 정전류원 바이어스의 이미터 폴로워의 변압기결합 A급 전력 증폭기($\eta_{\max}=50[\%]$)

(b) $P_s=2V_{cc}\cdot I=2\times10\times0.1=2[\text{W}]$

(c) $P_o=V_o^2/2R_L=9^2/2\times50=81/100=810[\text{mW}]\,(V_o=V_e/n=27/3=9[\text{V}])$
   (또는 $P_o=V_e^2/2R_L{}'=27^2/2\times450=810[\text{mW}]$)

(d) $R_L{}'=n^2\cdot R_L=3^2\times50=450[\Omega]$, $r_\pi=V_T/I_B\cong13[\Omega]$

(e) $\eta=\dfrac{P_o}{P_s}=\dfrac{0.81[\text{W}]}{2[\text{W}]}=0.405=40.5[\%]$, $\eta_{\max}=\dfrac{P_{omax}}{P_{smax}}=\left(\dfrac{2V_{cc}}{\sqrt{2}}\right)\times\dfrac{\left(\dfrac{I}{\sqrt{2}}\right)}{2V_{cc}\cdot I}=0.5=50[\%]$

(f) $A_v=\dfrac{v_o}{v_{si}}=\dfrac{v_o}{v_e}\cdot\dfrac{v_e}{v_{si}}=\dfrac{1}{n}\cdot[(1+\beta)R_L{}'/r_\pi+(1+\beta)R_L{}']=\dfrac{1}{3}\cdot[50\times450/13+(50\times450)]\simeq\dfrac{1}{3}\simeq0.33$

26 다음 디지털 전력증폭기 회로에 대한 설명으로 옳지 않은 것은? (단, 연산증폭기는 이상적이다)
[주관식] 디지털 스위칭 증폭기로 사용이 될 때, 회로의 명칭과 각 A1, A2, A3의 기능을 제시하라.

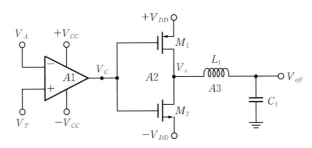

㉮ $V_A>V_T$일 때, V_C는 $-V_{CC}$이다.
㉯ $V_A>V_T$일 때, M_1은 도통(on), M_2는 차단(off)된다.
㉰ $V_A<V_T$일 때, V_o는 대략 $+V_{DD}$이다.
㉱ $V_C=+V_{CC}$일 때, M_1은 차단, M_2는 도통된다.

해설

$V_A<V_T$일 때, $V_C=+V_{CC}$이므로, M_1은 off, M_2는 on되어, V_o는 대략 $-V_{DD}$이다.　　㉰

[주관식]
• 아날로그 신호를 PWM 변조시켜 고효율 펄스증폭인 D급 전력증폭기의 회로 구성도이다.
• A1 = 비교기로 PWM 변조기, A2 = 상보형 SEPP 증폭기, A3 = LPF([예제 7-13] 참조)

27 다음과 같은 B급 증폭기 회로에서 회로 특징과 V_o 을 구하여라.

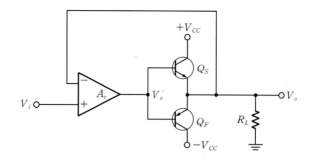

해설

(a) 고이득(A_o)의 연산 증폭기를 사용해, 회로 전체에 부궤환을 걸어서 교차왜곡을 크게 줄일 수 있도록 하였다. 이때 $\pm 0.7[\text{V}]$의 데드대역을 $-0.7/A_o < V_i < +0.7/A_o$ 로 감소시킨다.

(b) $V_o' = V_d \cdot A_o = V_{BE} + V_o$ 이므로 $V_d = \dfrac{V_{BE} + V_o}{A_o} = V_i - V_o$ 에서 출력 V_o 를 구하면 다음과 같다.

$$V_o = \frac{A_o V_i - V_{BE}}{A_o + 1} = \left[\frac{A_o V_i}{A_o + 1} - \frac{V_{BE}}{A_o + 1} \right] \simeq V_i - \frac{V_{BE}}{A_o + 1} \simeq Vi$$

교차왜곡의 대역을 큰 이득 A_o 로 나누어 감소시킨다. ($\pm \dfrac{V_{BE}}{A_o} = \dfrac{\pm 0.7[\text{V}]}{A_o} \simeq 0$)

28 다음 증폭기 회로에서 부하 $R_L = 8[\Omega]$에 평균전력 $P_L = 4[\text{W}]$을 공급하고 있다. 이때 전원의 공급전력 P_s, Q_1, Q_2의 소비전력 P_c, 효율 η을 구하고, Q_3, Q_4, D_1, D_2의 기능은 무엇인가? (단, $V_{cc} = V_{EE} = 10[\text{V}]$이다).

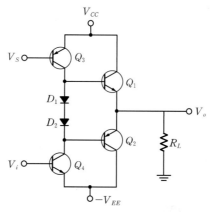

해설

(a) 회로 기능 : 전류원용 TR Q_1, Q_2와 D_1, D_2에 의한 바이어스를 제공하는 AB급 SEPP 증폭회로이다. 교차왜곡을 제거하고, Q_1, Q_2의 온도에 대한 동작점 안정에 기여하는 D_1, D_2를 사용하며, 입력신호 V_i는 큰 전압이득을 위한 Q_4의 [CE]의 베이스에 인가한다.

(b) 출력전력 : $P_o(P_L) = V_{om}^2 / 2R_L = 4[\text{W}]$에서 출력전압 $V_{om} = \sqrt{2R_L \cdot P_L} = \sqrt{2 \times 8 \times 4} = 8[\text{V}]$이다.

(c) 전원 공급전력 : $P_s = 2V_{cc} V_{om} / \pi R_L = 2 \times 10 \times 8 / 8\pi = 20/\pi = 6.37[\text{W}]$이다.

(d) Q_1, Q_2의 각 소비전력 : $P_c(P_D) = (P_s - P_o)/2 = (20/\pi - 4)/2 = 1.18[\text{W}]$이다.

(e) 효율 : $\eta = P_o / P_s = 4[\text{W}]/6.37[\text{W}] = 0.628 = 62.8[\%]$

차동 증폭기
Differential Amplifier

차동 증폭기는 2개의 트랜지스터(BJT, MOSFET)를 대칭적으로 사용해서 2개의 입력신호의 차에 비례한 출력을 얻는 회로를 의미한다. 차동 증폭기의 대표적인 장점은 두 입력단자에 유기되는 불필요한 동상신호인 잡음, 간섭신호 등이 제거되어 출력에 나타나지 않는 것이다.

이 장에서는 잡음 등에 대한 동상신호 제거비(CMRR)를 크게 향상시킬 수 있는 고성능 차동 증폭회로를 구현하는 과정과 이를 해석하는 방법을 학습한다.

SECTION 8.1 차동 증폭기의 기본 이론

2개의 입력을 갖는 차동 증폭기의 기본 회로 구성과 기본 동작(동상 모드와 차동 모드)을 숙지하고, 동상신호 제거비(CMRR)를 해석하여 차동 증폭기의 주요 기능과 용도를 살펴본다.

Keywords | 차동 증폭기 | 동상 모드 동작 | 차동 모드 동작 | 동상신호 제거비 |

8.1.1 차동 증폭기의 기본 구성과 특성

차동 증폭기$^{\text{differential amplifier}}$는 [그림 8-1]과 같이 동일한 특성을 갖는 이미터 접지 증폭기(또는 소스 접지 증폭기)의 두 회로를 병렬대칭하여 연결한 형태로, **두 입력의 차**^{difference}**를 증폭**하여 출력시키는 회로이다. 차 성분을 추출하는 출력구조를 통해 **외부의 잡음이나 전자파 간섭 등 동상신호**^{common} $^{\text{mode input signal}}$의 영향을 제거하는 **동상잡음을 제거**하는 특성이 있다.

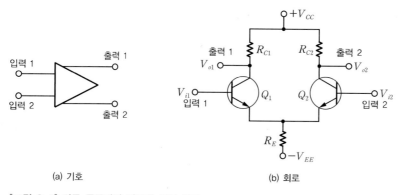

(a) 기호   (b) 회로

[그림 8-1] 차동 증폭기의 기호와 기본 회로

차동 증폭기는 직류^{DC}를 포함한 낮은 주파수의 신호를 다루는 직류 증폭기$^{\text{direct current amplifier}}$에서의 공급전원의 변동, 트랜지스터의 온도변화에 따른 출력 변화인 **드리프트**^{drift} **현상을 억제**할 수 있는 특성을 갖고 있다. 차동 증폭기는 커플링 콘덴서나 바이패스 콘덴서를 사용하지 않고 **직접 결합 구조**로 되어 있어 **직류증폭**이 가능하다. 또한 칩상에서 콘덴서가 차지하는 면적을 줄일 수 있어 집적회로^{IC}에 적합하다는 특징이 있다. 따라서 차동 증폭회로는 아날로그 IC인 **연산 증폭기**$^{\text{op-amp}}$의 **입력단**에 사용되고, **디지털 고속 논리 IC인 ECL**$^{\text{emitter coupled logic}}$(FET의 경우) 등에 쓰인다.

실제 차동 증폭기는 두 입력의 차에 대한 **차동이득**(A_d) 외에, 잡음이나 외란이 발생할 경우 두 입력에 동상으로 인가되는 신호에 대한 **동상이득**(A_c)도 존재한다. 따라서 동상신호가 출력에 나타나지 않도록 동상신호를 제거하는 정도인 **동상신호 제거비**^{CMRR : Common Mode Rejection Ratio}가 차동 증폭기의 성능을 평가하는 중요한 파라미터가 된다.

이상적인 차동 증폭기는 차동이득(A_d)은 매우 높으며, 동상이득(A_c)은 거의 0인 경우를 말하는데, 즉 **동상신호 제거비가 무한대**가 되어 잡음 출력이 0이 되는 것이다.

$$\text{동상신호 제거비(CMRR)} = \frac{\text{차동이득}(A_d)}{\text{동상이득}(A_c)} \tag{8.1}$$

$$\text{CMRR}\,[\text{dB}] = 20\log\left(\frac{A_d}{A_c}\right)\,[\text{dB}] \tag{8.2}$$

[그림 8-1]과 같은 차동 증폭기는 Q_1이나 Q_2의 출력전압 중 어느 하나인 단일 출력을 사용하는 **불평형**과 양쪽 출력전압의 차를 출력으로 사용하는 **평형 차동 증폭기** ^{balanced differential amplifier}로 나뉜다.

Q_1이나 Q_2의 특성이 동일한 대칭성 회로가 있다고 하자. 이때 평형 차동 증폭기인 경우는 동상신호에 대한 출력전압이 $V_o = V_{o2} - V_{o1} = 0$으로 동상이득$(A_c)$이 0이 되어 동상신호 제거비가 무한대이지만, 불평형 차동 증폭기는 동상신호 제거비가 크게 되도록 회로를 구성해야 한다.

- **평형 차동 증폭기** : $V_o = V_{o2} - V_{o1}$을 출력으로 사용
- **불평형 차동 증폭기** : $V_o = V_{o1}$ 또는 $V_o = V_{o2}$를 출력으로 사용

8.1.2 차동 증폭기의 신호 동작모드

지금부터 차동 증폭기의 교류신호와 관련한 3가지 동작(단일 입력, 차동 입력, 동상 입력) 모드에 대해 살펴보자.

단일 입력 모드

단일 입력 모드 ^{single-ended input mode}는 [그림 8-2]와 같이 **한쪽 입력단자에만 신호를 인가**하고, 다른 쪽 입력단자는 접지시키는 회로 구성을 말한다.

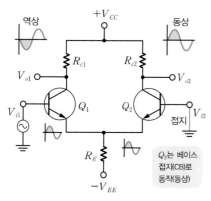

(a) V_{i1}에만 단일 입력이 있는 경우의 출력

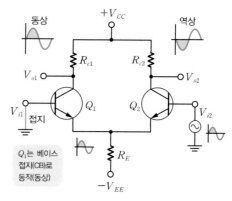

(b) V_{i2}에만 단일 입력이 있는 경우의 출력

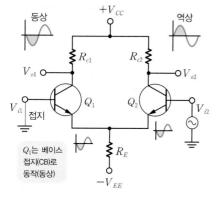

(c) V_{i2}에만 단일 반전 입력이 있는 경우의 출력

- 동상 입력 모드 : 그림 (a)와 그림 (b)를 중첩하는 형태이면 출력 V_{o1}, V_{o2}는 모두 0이 된다.
- 차동 입력 모드 : 그림 (a)와 그림 (c)를 중첩하는 형태이면 출력 V_{o1}, V_{o2}는 2배로 커진다.

[그림 8-2] 단일 입력 시 차동 증폭기의 동작

[그림 8-2(a)]의 경우, Q_1의 베이스 base에 사인파 입력 V_{i1}이 가해질 때 이 신호가 [CE] 증폭되어 컬렉터에서는 그림과 같이 역상이 되어 V_{o1}에 출력된다. 또 Q_1의 입력은 Q_2의 이미터에 그대로 인가되므로 Q_2는 베이스 접지[CB]로 동작하여 Q_2의 출력은 입력과 동상으로 증폭되어 V_{o2}에 출력된다.

[그림 8-2(b)]와 [그림 8-2(c)]는 Q_2의 베이스에 입력신호 V_{i2}가 가해진 경우로 위의 논의와 동일하게 적용된다. 요약하면 입력신호가 Q_1의 베이스에 인가될 때, Q_1의 출력 V_{o1}은 V_{i1}이 증폭되어 역상으로 출력되며, Q_2의 출력 V_{o2}는 동상으로 증폭되어 출력된다. 반면 Q_2의 입력신호는 Q_2의 출력에는 역상, Q_1의 출력에는 동상으로 증폭되어 출력됨을 보여준다.

차동 입력 모드

[그림 8-3]과 같이 위상이 서로 다른 두 신호를 차동신호라 하며, 이와 같은 **차동신호를 입력**으로 할 때의 동작 상태를 **차동 입력 모드** differential input mode라 한다. 상세한 회로 구성은 [그림 3-2(a)]와 [그림 3-2(c)]를 중첩하면 되는데, 이때 **출력전압과 차동 전압이득(A_d)이 클수록** 이상적이다.

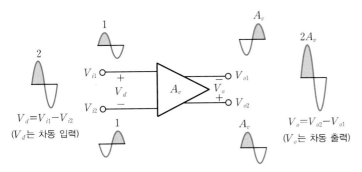

[그림 8-3] 차동 입력 모드 시의 차동 증폭기의 동작

동상 입력 모드

[그림 8-4]와 같이 주파수, 위상, 진폭이 동일한 신호를 동상신호라 하며, 이와 같은 **동상신호를 입력**
으로 할 때의 동작 상태를 동상 입력 모드 common input mode라 한다. 상세한 회로 구성은 [그림 3-2(a)]
와 [그림 3-2(b)]를 중첩하면 되는데, 이때 동상신호는 잡음(간섭) 신호이므로 출력전압과 동상 전압
이득(A_c)은 0이 될수록 동상신호 제거비 CMRR가 좋은 이상적인 증폭기가 된다.

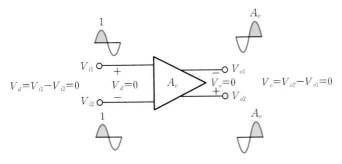

[그림 8-4] 동상 입력 모드 시의 차동 증폭기의 동작

예제 8-1

차동 증폭기의 차동 전압이득이 2,000이고, 동상이득은 0.2일 때 이 증폭기의 CMRR을 구하고, 이 값을
[dB]로 나타내라.

풀이

이 증폭기의 차동이득은 $A_d = 2 \times 10^3$, 동상이득은 $A_c = 0.2$이므로 CMRR은 다음과 같다.

$$\text{CMRR} = \frac{A_d}{A_c} = \frac{2 \times 10^3}{0.2} = 10^4$$

이를 [dB] 값으로 나타내면 다음과 같다.

$$\text{CMRR[dB]} = 20 \log 10^4 = 80[\text{dB}]$$

[그림 8-5]의 차동 증폭기는 차동 전압이득이 10^4, CMRR은 25,000이다. 그리고 두 입력단자에는 1[mV], 60[Hz]의 전원의 잡음(V_c 동상신호)이 동시에 유기되고 있다. 이 회로에 실효값 $100[\mu V]$의 차동 입력신호가 인가될 때 (a) 동상이득 A_c, (b) CMRR[dB], (c) 출력전압 V_{o1}, V_{o2}, (d) 잡음 출력전압을 구하여라(단, V_{i1}과 V_{i2}는 서로 역 위상이다).

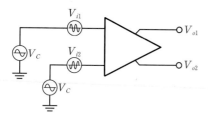

[그림 8-5] 차동 증폭기 회로

풀이

(a) 식 (8.1)을 이용해 A_c를 구하면 다음과 같다.

$$A_c = \frac{A_d}{\text{CMRR}} = \frac{10^4}{25000} = 0.4$$

(b) 식 (8.2)를 이용해 CMRR[dB]를 구하면 다음과 같다.

$$\text{CMRR} = 20 \log 25000 = 87.9[\text{dB}]$$

(c) 차동 입력전압 V_d를 구하면 다음과 같다.

$$V_d = V_{i1} - V_{i2} = 100 - (-100) = 200[\mu V]$$

두 차동 입력의 차(V_{d1}, V_{d2})에 대한 출력전압 V_{o1}, V_{o2}를 구하면 다음과 같다.

$$V_{o1} = A_d \cdot V_{d1} = A_d \cdot (V_{i1} - V_{i2}) = 10^4 \times 200 \times 10^{-6}[\text{V}] = 2[\text{V}]$$
$$V_{o2} = A_d \cdot V_{d2} = A_d \cdot (V_{i2} - V_{i1}) = 10^4 \times -200 \times 10^{-6}[\text{V}] = -2[\text{V}]$$

(d) 잡음 출력전압 V_{oc}는 잡음의 동상 입력전압 $V_c = 1[\text{mV}]$와 동상이득 A_c를 곱한 값이다. 이를 계산하면 다음과 같다.

$$V_{oc} = A_c \cdot V_c = 0.4 \times 1[\text{mV}] = 0.4[\text{mV}]$$

<table>
<tr><td>

SECTION

8.2

</td><td>

차동 증폭기의 회로 해석

</td></tr>
</table>

이 절에서는 먼저 BJT와 MOSFET형 차동 증폭기의 기본 회로에 대해 DC 해석과 교류신호 해석 방법을 배운다. 그런 다음 정전류원 회로의 구성과 특징을 이해한 후 실용적인 정전류원 차동 증폭기를 해석하는 과정을 익힌다.

Keywords | 차동 증폭기의 DC 해석 | 교류해석 | 정전류원 회로 |

8.2.1 직류 바이어스 해석

[그림 8-6(a)]의 회로에서 DC 해석을 위해 두 교류 입력신호 V_{i1}, V_{i2}는 0으로 접지시키고, $-V_{EE}$ 나 정전류원에 의해 Q_1과 Q_2의 베이스-이미터 접합(V_{BE})이 순바이어스 상태가 되고, Q_1과 Q_2의 대칭성(정합)이 유지된다면 $i_{B1} = i_{B2} = i_B$, $i_{E1} = i_{E2} = i_E$가 되므로 R_E에는 $i_{E1} + i_{E2} = 2i_E$가 흐른다. 그러므로 [그림 8-6(a)]의 경우 R_E 전압은 $2i_E \cdot R_E$이고, [그림 3-6(b)]의 경우 R_E 전압은 $i_E \cdot 2R_E$가 되어 서로 일치하므로 두 회로는 서로 동일(등가)하다. 따라서 [그림 8-6(b)]에서 어느 **반쪽** 회로만 이용하면 **손쉽게 직류해석**을 할 수 있다.

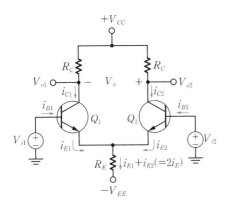

(a) BJT 차동 증폭기의 기본 회로

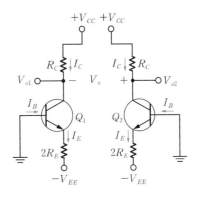

(b) 2분할한 직류 등가회로

[그림 8-6] BJT 차동 증폭회로

[그림 8-6(b)]의 Q_1의 베이스-이미터 루프에 전압방정식[KVL]을 세워보자.

$$V_{EE} = V_{BE} + 2R_E \cdot I_E$$

전압방정식을 이용해 I_E를 구하고 DC 해석을 하면 다음과 같다.

$$I_E = (V_{EE} - V_{BE})/2R_E \tag{8.3}$$

$$I_B = I_E / (1 + \beta)$$

$$I_C = \beta I_B \cong I_E \qquad\qquad (8.4)$$

Q_1과 Q_2의 직류출력(컬렉터) 전압 V_{o1}, V_{o2}와 전체 직류 출력전압 V_o는 다음과 같다.

$$V_{o1} = V_{o2} = V_{CC} - R_C I_C \qquad\qquad (8.5)$$

$$V_o = V_{o2} - V_{o1} = 0 \qquad\qquad (8.6)$$

즉, 전체 직류 출력전압 V_o는 Q_1, Q_2의 대칭성에 의해 당연히 0이 된다.

예제 8-3

[그림 8-6(a)]의 BJT 차동 증폭기에 대한 DC 해석을 하여라(단, $R_C = 6.8[\mathrm{k}\Omega]$, $R_E = 4.7[\mathrm{k}\Omega]$, $\beta = 100$, $V_{CC} = V_{EE} = 10[\mathrm{V}]$이다).

풀이

DC 해석이므로 주어진 회로에서 교류 입력신호 V_{i1}, V_{i2}는 0으로 접지시킨다. TR Q_1, Q_2는 동일 특성을 갖는 대칭성 회로이므로, 다음과 같은 Q_1쪽 직류 등가(2분할) 회로를 이용하여 입력부와 출력부에 전압방정식(KVL)을 세운다.

$$V_{EE} = V_{BE} + 2R_E \cdot I_E$$

Q_1의 입력부에서 I_E를 구하고 DC 해석을 하면 다음과 같다.

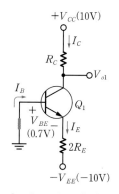

$$I_E = \frac{V_{EE} - V_{BE}}{2R_E} = \frac{10 - 0.7}{2 \times 4.7\mathrm{k}} = 0.989[\mathrm{mA}]$$

$$I_B = \frac{I_E}{1 + \beta} \cong \frac{I_E}{\beta} = \frac{0.989[\mathrm{mA}]}{100} = 9.89[\mu\mathrm{A}]$$

$$I_C = \beta I_B \cong I_E = 0.989[\mathrm{mA}]$$

Q_1의 출력부에서 컬렉터 출력전압 V_{o1}을 구한다.

[그림 8-7] 2분할한 직류 등가회로

$$V_{o1} = V_{CC} - R_C I_C = 10 - 6.8 \times 0.989 = 3.274[\mathrm{V}]$$

Q_2쪽의 직류해석도 대칭성에 의해 동일한 값을 갖는다. 그러므로 주어진 [그림 8-6(a)]의 차동 증폭기의 DC 해석은 다음과 같이 정리할 수 있다.

$$I_E = I_{E1} = I_{E2} = 0.989[\mathrm{mA}], \quad I_C = I_{C1} = I_{C2} \cong 0.989[\mathrm{mA}]$$

$$I_B = I_{B1} = I_{B2} = 9.89[\mu\mathrm{A}], \quad V_{o1} = V_{o2} = 3.274[\mathrm{V}]$$

평형형인 경우, 전체 출력전압은 $V_o = V_{o2} - V_{o1}$이므로 0이다. 그리고 R_E에 흐르는 전류는 $I_{R_E} = I_{E1} + I_{E2} = 2I_E$이므로 1.978[mA]이다.

참고 [그림 8-6(a)]의 회로에서 이미터의 전압 $V_E = 0 - 0.7 = -0.7[\text{V}]$ 이므로 R_E에 흐르는 전류(I_{R_E})를 계산하면 다음과 같이 나타낼 수 있다.

$$I_{R_E} = \frac{V_E - (-V_{EE})}{R_E} = \frac{10 - 0.7}{4.7\text{k}} = 1.978[\text{mA}]$$

8.2.2 교류신호 해석

차동 증폭기는 대부분의 경우 입력신호의 차이를 증폭하는 데 사용되기 때문에 이 점을 잘 나타내도록 **차동 입력전압** V_d를 사용한다.

$$V_d = V_{i1} - V_{i2} \tag{8.7}$$

그리고 입력신호들을 완전히 나타내기 위해 두 입력의 평균값을 나타내는 **동상(공통) 입력전압**인 V_c를 사용한다.

$$V_c = \frac{V_{i1} + V_{i2}}{2} \tag{8.8}$$

앞의 두 식을 연립하면 두 입력 V_{i1}, V_{i2}를 V_c, V_d로 나타낼 수 있다.

$$V_{i1} = V_c + \frac{V_d}{2} \tag{8.9}$$

$$V_{i2} = V_c - \frac{V_d}{2} \tag{8.10}$$

이처럼 차동 증폭기의 두 입력전압을 동상 입력전압(V_c)과 차동 입력전압(V_d)으로 나타낼 수 있음을 알았다. 동상 입력 V_c는 두 입력단자에 공통으로 인가하되 차동 입력 V_d는 $\frac{V_d}{2}$와 반전된 $-\frac{V_d}{2}$로 두 입력에 인가함으로써 결국 두 입력의 차인 V_d 만큼의 차동 입력이 인가하도록 하는 것이다. 그러므로 교류신호를 해석할 때는 [그림 8-8(a)]보다는 [그림 8-8(b)]와 같은 표기법을 사용하는 것이 여러모로 편하므로 차후 교류해석 과정에서도 적용하기로 한다.

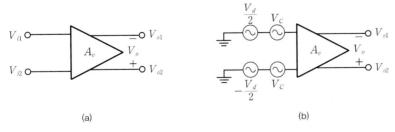

(a)   (b)

[그림 8-8] 차동 증폭기의 입력 표기 방법 2가지

동상(공통) 모드 해석

[그림 8-9(a)]는 BJT 차동 증폭기의 기본 회로인 [그림 8-6(a)]의 동상 모드에 대한 교류 등가회로이다. 두 입력신호의 크기 및 위상이 동일한 동상 입력 V_c이므로, 두 TR의 베이스 및 이미터 전류도 I_b 및 I_e로 서로 동일하다. 따라서 **이미터 저항 R_E에 흐르는 전류는 이미터 전류 I_e의 2배인 $2I_e$**가 되므로 [그림 8-9(b)]와 같이 각 TR의 **이미터에 $2R_E$를 사용하여 2분할한 교류 등가회로**를 이용하면 손쉽게 교류해석을 할 수 있다. [그림 8-9]는 교류 등가회로이므로 직류전원 $+V_{CC}$, $-V_{EE}$는 접지시켜 제거되었다.

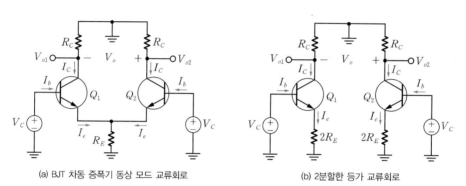

(a) BJT 차동 증폭기 동상 모드 교류회로   (b) 2분할한 등가 교류회로

[그림 8-9] BJT 차동 증폭기의 동상이득 해석

[그림 8-9(b)]에서 **등가 반쪽 회로**를 이용하여 각각의 출력전압에 대한 전압이득을 구해보자.

$$A_{c1} \equiv \frac{V_{o1}}{V_c} = -\frac{R_C}{2R_E + r_e} \cong -\frac{R_C}{2R_E} \quad (R_E\text{를 갖는 [CE]형}) \tag{8.11}$$

$$A_{c2} \equiv \frac{V_{o2}}{V_c} = -\frac{R_C}{2R_E + r_e} \cong -\frac{R_C}{2R_E} \quad (R_E\text{를 갖는 [CE]형}) \tag{8.12}$$

앞의 두 값은 동일한 값인 것을 알 수 있다. **평형 차동 증폭기**의 경우 전체 출력전압 V_o에 대한 동상 모드의 전압이득(A_c)은 대칭성에 의해 0이 된다.

$$A_c \equiv \frac{V_o}{V_c} = \frac{V_{o2} - V_{o1}}{V_c} = -\frac{R_C}{2R_E} - \left(-\frac{R_C}{2R_E} \right) = 0 \tag{8.13}$$

그러므로 앞에서 정의한 동상신호 제거비CMRR가 무한대 값을 갖게 됨을 알 수 있다. 반면 단일 출력을 사용하는 **불평형 차동 증폭기**의 전압이득은 $A_{c1} = A_{c2} = -\dfrac{R_C}{2R_E}$이므로 R_E **값을 크게 하여** CMRR을 **향상**시킬 수 있다. 그런데 R_E를 크게 사용할 경우 출력 DC 바이어스 전류가 감소할 수 있으므로 저항 R_E **대신 정전류원의 회로로** 대체함으로써 출력 직류전류를 일정하게 유지하면서 교류 이미터 저항 $R_E \cong \infty$를 실현시킬 수 있다.

차동 모드 해석

[그림 8-10(a)]는 BJT 차동 증폭기의 기본 회로인 [그림 8-6(a)]의 차동 모드에 대한 교류 등가회로이다. 두 입력단의 차동 입력신호의 크기는 $\dfrac{V_d}{2}$로 같지만, 부호는 서로 반대이다. 따라서 입력 $\dfrac{V_d}{2}$에 의해 Q_1의 I_c가 증가할 경우 입력 $-\dfrac{V_d}{2}$에 의한 Q_2의 I_c는 Q_1과 동일한 크기로 감소되는 전류가 되어야 한다. 두 TR Q_1과 Q_2의 베이스 및 이미터 전류의 방향은 동상 모드일 때와 다르게 [그림 8-10(a)]처럼 표기할 수 있고, **저항 R_E에 흐르는 교류전류는 0**이므로 **이미터 접지([CE]형)**으로 간주할 수 있다.

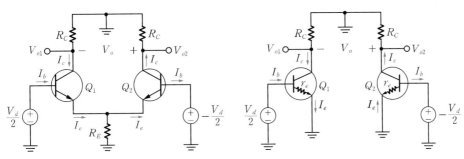

(a) BJT 차동 증폭기의 차동 모드 교류회로   (b) 2분할한 등가 교류회로

[그림 8-10] BJT 차동 증폭기의 차동이득 해석

[그림 8-10(b)]에서 **등가 반쪽 회로**를 이용하여 각각의 출력전압에 대한 전압이득을 구해보자.

$$V_{o1} = -g_m R_C \cdot \frac{V_d}{2} \cong -\frac{R_C}{r_e} \cdot \frac{V_d}{2} \tag{8.14}$$

$$V_{o2} = -g_m R_C \cdot \left(-\frac{V_d}{2}\right) \cong -\frac{R_C}{r_e} \cdot \left(-\frac{V_d}{2}\right) \tag{8.15}$$

$$A_{d1} \equiv \frac{V_{o1}}{V_d} = -\frac{1}{2}g_m R_C \cong -\frac{R_C}{2r_e}\left(\cong -\frac{h_{fe}}{2h_{ie}}R_C\right) \text{ [CE]형} \tag{8.16}$$

$$A_{d2} \equiv \frac{V_{o2}}{V_d} = \frac{1}{2}g_m R_C \cong \frac{R_C}{2r_e}\left(\cong \frac{h_{fe}}{2h_{ie}}R_C\right) \text{ [CE]형} \tag{8.17}$$

평형 차동 증폭기인 경우, 전체 출력전압 V_o에 대한 차동 모드의 전압이득(A_d)은 다음과 같으며, 그 크기는 불평형 차동 증폭기의 전압이득 A_{d2}(또는 A_{d1})의 2배가 된다. 여기서 $r_e \cong \dfrac{1}{g_m}$의 관계이다.

$$A_d \equiv \frac{V_o}{V_d} = \frac{V_{o2} - V_{o1}}{V_d} = g_m R_C \cong \frac{R_C}{r_e}\left(\cong \frac{h_{fe}}{h_{ie}}R_C\right) \tag{8.18}$$

■ 차동 증폭기의 입력 임피던스(저항) R_i와 출력 임피던스(저항) R_o

[그림 8-10(a)]의 회로를 보면 두 개의 TR Q_1, Q_2가 동일 특성이며 회로가 좌우대칭이므로 Q_1의 비반전 입력에서 본 입력 임피던스(R_i)를 구할 수 있다. 이때 Q_2는 Q_1의 입력을 [CB]형으로 볼 수 있다.

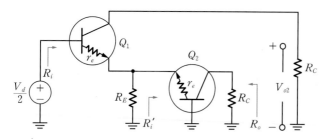

[그림 8-11] Q_1의 입력에서 본 등가 교류회로

[그림 8-11]에서 Q_2만의 입력저항이 $R_i{}'$이라고 하면, $R_i{}'$과 R_E가 병렬로 합성된 $(R_E /\!/ R_i{}')$이 Q_1 이미터에 접속된 형태이다. $R_i{}' = r_e$이고, $R_E \gg r_e$인 경우 $R_E /\!/ R_i{}' \cong R_i{}' = r_e$이므로 이는 Q_1만 의 내부 입력저항인 r_e와 직렬로 연결되어 Q_1의 이미터에는 $2r_e$ 저항이 접속된 회로가 된다. 따라서 Q_1의 베이스에서 보는 전체 입력 임피던스 R_i는 임피던스 반사법칙에 의해 다음과 같이 구해진다.

$$R_i = (1 + \beta) \cdot 2r_e \cong 2\beta r_e \ \ (\cong 2r_\pi \cong 2h_{ie}) \tag{8.19}$$

물론 Q_2의 입력단에서 보는 입력 임피던스도 이와 동일하다. 출력 V_{o2}(또는 V_{o1})에서 보는 출력 임 피던스(저항) R_o는 R_c이고, 평형형 차동 출력 임피던스(저항)는 $2R_c$이다.

$$R_o \cong R_C \tag{8.20}$$

동상신호 제거비

앞에서 논의한 바와 같이 차동신호이득 A_d는 크고, 잡음 등의 동상신호이득 A_c는 가능한 한 작아야 바람직하다. 따라서 이 두 신호의 이득의 비(A_d / A_c)로 정의되는 동상잡음 제거능력인 **동상신호 제 거비** CMRR가 차동 증폭기의 성능을 평가하는 중요한 파라미터로 사용된다.

$$\mathrm{CMRR} \equiv \frac{A_d}{A_c}$$

$$\mathrm{CMRR[dB]} = 20\log\frac{A_d}{A_c} \ \ [\mathrm{dB}] \tag{8.21}$$

이 CMRR 값은 클수록(∞) 이상적이다. 보통 상품화된 증폭기는 80 ~ 120[dB] 정도의 값을 갖는데, 이 정도면 출력단에 잡음신호가 거의 나오지 않는다고 볼 수 있다.

[그림 8-6(a)]의 차동 증폭기 회로에서 **평형 차동 증폭기**로 사용할 경우에는 식 (8.13)과 같이 동상 이득 $A_c = 0$이므로 CMRR$= \infty$ 값을 갖게 된다. 반면 **불평형 차동 증폭기**로 사용할 경우에는 식 (8.11) ~ (8.12)와 같이 동상이득 $A_c = -\dfrac{R_C}{2R_E}$이므로 저항 R_E를 크게 하고, 식 (8.16) ~ (8.17)과 같이 차동이득 $A_d = \dfrac{1}{2}g_m R_C = \dfrac{R_C}{2r_e}$이므로 저항 R_C를 크게 해야 CMRR을 증대시킬 수 있다. 그런 데 $\boldsymbol{R_C}$, $\boldsymbol{R_E}$를 크게 사용하면 DC 바이어스 전류가 감소되므로 공급할 직류전원을 높여야 한다. 이 경우 **정전류원 바이어스 회로를 사용**하는 방안을 고려해야 한다.

예제 8-4

[그림 8-6(a)]의 BJT 차동 증폭기를 평형과 불평형 증폭기로 사용할 경우, 차동 전압이득 A_d, 동상 전압 이득 A_c, CMRR[dB], 입력저항 R_i 및 출력저항 R_o를 구하여라(단, $R_C = 6.8[\mathrm{k}\Omega]$, $R_E = 4.7[\mathrm{k}\Omega]$, $\beta = 100$, $V_{CC} = V_{EE} = 10[\mathrm{V}]$이고 두 TR은 대칭성이다).

풀이

❶ 평형 증폭기로 사용할 경우

- $A_d = g_m R_C = \dfrac{R_C}{r_e} = \dfrac{6.8[\mathrm{k}\Omega]}{26.3[\Omega]} = 258.55$

  $r_e = \dfrac{V_T}{I_E} = \dfrac{26[\mathrm{mV}]}{0.989[\mathrm{mA}]} = 26.3[\Omega]$

  $I_E = \dfrac{V_{EE} - V_{BE}}{2R_E} = \dfrac{10 - 0.7}{2 \times 4.7\mathrm{k}} = 0.989[\mathrm{mA}]$

- $A_c = 0$

- CMRR$= \infty$

❷ 불평형 증폭기로 사용할 경우

- $A_{d2} = \dfrac{R_C}{2r_e} = \dfrac{6.8\mathrm{k}}{2 \times 26.3} = 129.28 \ (A_{d1} = -129.28)$

- $A_{c2} = \dfrac{R_C}{2R_E + r_e} \cong \dfrac{R_C}{2R_E} = \dfrac{6.8\mathrm{k}}{2 \times 4.7\mathrm{k}} = -0.72 \ (A_{c1} = -0.72)$

- CMRR$= \dfrac{A_d}{A_c} = \dfrac{129.28}{0.72} = 179.55$

- CMRR$[\mathrm{dB}] = 20\log 179.55 = 45[\mathrm{dB}]$

- $R_i \cong 2\beta r_e = 2 \times 100 \times 26.3 = 5.26[\mathrm{k}\Omega]$

- $R_o \cong R_C = 6.8[\mathrm{k}\Omega]$

[그림 8-12]는 이미터에 스웸핑^{swamping} 저항 R_e를 사용하는 스웸핑 차동 증폭기이다. 이때 다음 물음에 답하여라(단, Q_1, Q_2의 $V_{BE}=0.6[\text{V}]$, $\beta=100$, 열전압 $V_T=25[\text{mV}]$이고, TR의 내부 출력저항 r_o는 무시한다).

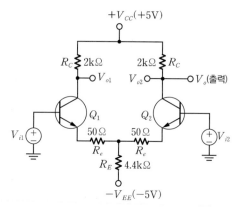

(a) R_e의 용도와 이 회로의 특성을 설명하여라.

(b) 차동 전압이득 A_d, 동상 전압이득 A_c CMRR과 입력저항 R_i를 구하여라.

[그림 8-12] 스웸핑 차동 증폭기

풀이

(a) 이미터에 스웸핑 저항 R_e를 부착하면 전압이득이 감소되지만, 대신 이득변동의 불안정을 억제할 수 있다. 이때 이득($-R_c/2R_e$)은 TR 내부의 정수값(h_{ie}, h_{fe}, β, r_e 등)에 무관하게 외부저항으로만 결정되어 **안정**하게 된다.

그리고 두 TR의 특성이 일치하지 않는 경우에는 각 TR의 스웸핑 저항 R_e를 서로 다르게 조정함으로써 두 TR의 이미터 직류 바이어스 전류를 같게 만드는 **매칭(평형) 용도**로 사용된다. 또한 R_e를 사용해서 **입력저항을 증대**시키기도 한다.

(b) 주어진 회로는 Q_2의 출력을 V_o로 사용하는 불평형 증폭기이다. 좀 더 쉽게 교류해석을 하기 위해 앞 절에서 이미 다루었던 [그림 8-10(b)]의 차동 모드 2분할 등가 교류회로와 [그림 8-9(b)]의 동상 모드 2분할 등가 교류회로(이들 회로의 이미터에 스웸핑 저항 R_e만 부착시킨 회로임)를 사용한다.

- $A_d = \dfrac{R_C}{2(r_e+R_e)} \cong \dfrac{R_C}{2R_e}$ ($R_e > r_e$인 경우 : 안정 동작) $= \dfrac{2\text{k}}{2(50+50)}=10$

  여기서 $Q_2(Q_1)$의 이미터 교류저항 $r_e = \dfrac{V_T}{I_E} \cong \dfrac{25[\text{mV}]}{0.5[\text{mA}]}=50[\Omega]$이고, $Q_2(Q_1)$의 직류전류 $I_E = \dfrac{V_{EE}-V_{BE}}{R_e+2R_E} = \dfrac{5-0.6}{50[\Omega]+8.8[\text{k}\Omega]} \cong 0.5[\text{mA}]$이다.

- 동상 전압이득 : $A_c = -\dfrac{R_C}{R_e+2R_E} \cong -\dfrac{R_C}{2R_E} = -\dfrac{2\text{k}}{8.8\text{k}} = -0.227$

- CMRR : $\dfrac{A_d}{A_c} = \left| \dfrac{10}{-0.227} \right| \cong 44$

- V_{i1} 입력에서 본 입력저항 : $R_i \cong 2(1+\beta)(r_e+R_e) \cong 20[\text{k}\Omega]$ (증대됨)

참고 평형 차동 증폭기로 사용할 경우

- 차동 전압이득 : $A_d = \dfrac{R_C}{(r_e+R_e)} \cong \dfrac{R_C}{R_e} = \dfrac{2\text{k}}{50+50} = 20$ • 동상 전압이득 : $A_c = 0$
- CMRR : $\dfrac{A_d}{A_c} = \infty$

8.2.3 정전류원을 가진 차동 증폭기

앞 절에서 언급했듯이 차동 증폭기에서는 컬렉터 저항 R_C(드레인 저항 R_D)를 크게 할수록 차동이득이 증가하며, 이미터 저항 R_E(소스저항 R_S)를 크게 할수록 동상이득이 감소되어 CMRR이 증가하게 된다. 반면 직류 바이어스 전류 I_E가 감소하므로 공급전원인 V_{CC}와 V_{EE}를 크게 해야 하는 문제가 발생한다. 이때 직류 바이어스 전류는 일정하게 유지하면서 **교류 이미터 저항 R_E(소스저항 R_S)를 크게 향상시키는 정전류원 바이어스 회로**를 사용하여 이와 같은 문제를 해결할 수 있다. 왜냐하면 이상적인 정전류원은 그 내부저항이 거의 ∞이므로, $R_E(R_S)$ 대신 정전류원으로 대체시키면 교류 $R_E(R_S)$ 값을 ∞로 간주할 수 있어 CMRR이 크게 개선된다.

이러한 정전류원 회로 중 BJT나 MOSFET으로 구성한 **전류거울 회로** current mirror circuit는 전류값을 임의로 정할 수 있고, 여러 개의 전류원을 간단히 복제할 수도 있어 **IC 회로의 바이어스 회로**에 매우 유용하게 쓰인다.

정전류원을 가진 BJT 차동 증폭기

[그림 8-13(a)]는 이미터 저항 R_E 대신 정전류원의 기본 표기 방법으로 나타낸 정전류원 차동 증폭기의 기본 회로이다. [그림 8-13(b)]에서처럼 정전류원 파트는 직류해석 시에 일정한 크기인 I_o 바이어스 전류를 제공하고, 교류에 대해서는 $R_E(R_S)$ 저항 역할을 하는 출력저항 R_o를 제공한다.

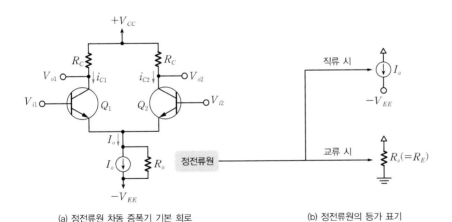

(a) 정전류원 차동 증폭기 기본 회로   (b) 정전류원의 등가 표기

[그림 8-13] 정전류원 차동 증폭기

[그림 8-14]는 [그림 8-13(a)]에서 본 기본 회로에 대한 직류 및 교류회로로, 이에 대한 회로 해석은 [예제 8-6]에서 다루도록 한다.

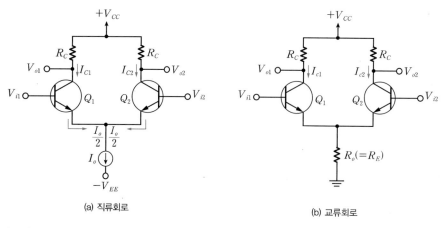

(a) 직류회로

(b) 교류회로

[그림 8-14] [그림 8-13(a)] 회로의 직류 및 교류회로

■ 제너 다이오드, FET을 사용한 실제의 정전류원 회로

[그림 8-15]의 정전류원 회로의 정전류원 크기 I_o는 외부소자와는 상관없이 오로지 정전류원 회로에 의해서만 결정된다. 그리고 Q_3의 컬렉터에서 들여다본 출력저항 R_o는 $\dfrac{1}{h_{oe}}$(수십 $[\mathrm{k\Omega}]$ 이상 큰 값)로서 교류에 대해서는 Q_1과 Q_2의 R_E와 같은 역할을 한다.

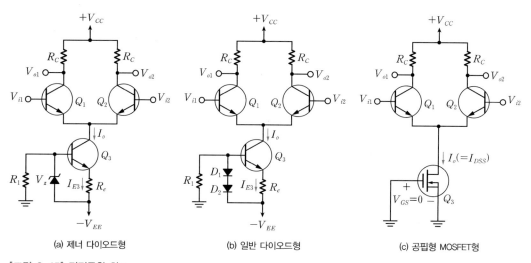

(a) 제너 다이오드형

(b) 일반 다이오드형

(c) 공핍형 MOSFET형

[그림 8-15] 정전류원 회로

[그림 8-15(a)]와 [그림 8-15(b)]의 R_e에 흐르는 이미터 전류 $I_{E3}\,(\cong I_{C3})$인 정전류원 I_o는 다음과 같다.

- [그림 8-15(a)] : $I_o \cong I_{E3} = \dfrac{V_Z - V_{BE3}}{R_e} = \dfrac{V_Z - 0.7}{R_e}$ \hfill (8.22)

- [그림 8-15(b)] : $I_o \cong I_{E3} = \dfrac{V_{D1} + V_{D2} - V_{BE3}}{R_e} = \dfrac{0.7 + 0.7 - 0.7}{R_e} = \dfrac{0.7}{R_e}$ \hfill (8.23)

- [그림 8-15(c)] : $V_{GS} = 0[\text{V}]$인 제로 바이어스의 경우 드레인 전류 $I_D (= I_{DSS})$가 정전류원 I_o가 된다. 출력저항 $R_o (= R_E) \cong \dfrac{1}{h_{oe}}$ (수십 $[\text{k}\Omega]$ 이상 큰 값)로 구할 수 있다.

예제 8-6

[그림 8-16]의 정전류원 BJT 차동 증폭기에서 차동 모드 전압이득 A_d, 동상 모드 전압이득 A_c, CMRR 을 구하여라(단, 두 TR은 서로 대칭성이며 $\beta = 100$, $I_o = 0.8[\text{mA}]$, $R_o = 25[\text{k}\Omega]$, $V_A = \infty$이다).

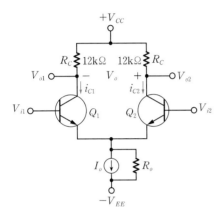

[그림 8-16] BJT 차동 증폭기

풀이

교류신호 해석을 위해 차동 입력과 동상 입력을 적용한 차동 모드와 동상 모드 등가 교류회로를 이용한다.

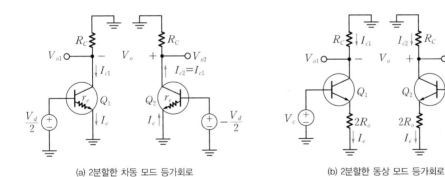

(a) 2분할한 차동 모드 등가회로   (b) 2분할한 동상 모드 등가회로

[그림 8-17] 차동 증폭기 등가 교류회로

❶ 평형 증폭기로 사용할 경우

- 차동 모드 해석([그림 8-17(a)] 참고)

$$A_d \equiv \frac{V_o}{V_d} = \frac{V_{o2} - V_{o1}}{V_d} = \frac{R_C}{2r_e} - \left(- \frac{R_C}{2r_e} \right) = \frac{R_C}{r_e} = \frac{I_o R_C}{2 V_T} = \frac{0.8 \times 12\text{k}}{2 \times 26 [\text{mV}]} = 184.6$$

$$\left(r_e \equiv \frac{V_T}{I_E} = \frac{V_T}{(I_o / 2)} = \frac{2 V_T}{I_o} \right)$$

- 동상 모드 해석([그림 8-17(b)] 참고) : $A_c \equiv \dfrac{V_o}{V_c} = \dfrac{V_{o2} - V_{o1}}{V_c} = -\dfrac{R_C}{2R_o} - \left(-\dfrac{R_C}{2R_o} \right) = 0$

- CMRR $= \dfrac{A_d}{A_c} = \infty$

❷ 불평형 증폭기로 사용할 경우

- 차동 모드 해석([그림 8-17(a)] 참고) : $A_{d2} \equiv \dfrac{V_{o2}}{V_d} = \dfrac{R_C}{2r_e} = \dfrac{I_o R_C}{4V_T} = 92.3 \;\; (A_{d1} = -92.3)$

- 동상 모드 해석([그림 8-17(b)] 참고) : $A_{c2} \equiv \dfrac{V_{o2}}{V_c} = -\dfrac{R_C}{2R_o + r_e} \cong -\dfrac{R_C}{2R_o} = -0.24 \;\; (A_{c1} = -0.24)$

- CMRR : $\left| \dfrac{A_d}{A_c} \right| = \left| \dfrac{92.3}{-0.24} \right| = 384.58$

정전류원을 가진 MOSFET 차동 증폭기

[그림 8-18]은 정전류원 MOSFET 차동 증폭기이다. 저항 R_o는 정전류원의 출력저항으로서 매우 큰 값이 주어지므로 보통 무시하여 나타내지 않는데, 동상 입력에 대한 신호를 해석할 때는 이 저항 R_o가 필요하므로 나타내기로 한다. 앞 절의 BJT 차동 증폭기와 동일한 방법으로 해석하면 되므로 [예제 8-7]을 이용해서 간략히 정리하도록 한다.

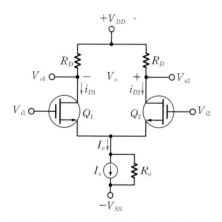

[그림 8-18] MOSFET 차동 증폭기의 기본 회로

예제 8-7

[그림 8-18]에 주어진 정전류원 MOSFET 차동 증폭기 회로에 대해 교류신호 해석을 위해 (a) 차동 전압이득 A_d, (b) 전달 컨덕턴스 g_m, (c) 동상 전압이득 A_c, (d) 동상신호 제거비 CMRR을 구하여라(단, $V_{DD} = V_{SS} = 5[\text{V}]$, $R_D = 5[\text{k}\Omega]$, $I_o = 0.8[\text{mA}]$, $R_o = 250[\text{k}\Omega]$, MOSFET 정수 $k_n{}' = 0.2[\text{mA/V}^2]$, $(W/L) = 100$이다).

풀이

[그림 8-19(a) ~ (b)]는 주어진 회로를 차동 입력(V_d)과 동상 입력(V_c)을 적용한 차동 모드 등가 교류 회로이고, [그림 8-19(c) ~ (d)]는 동상 모드 등가 교류회로이다. 이들 회로를 이용하여 교류신호를 해석해보자.

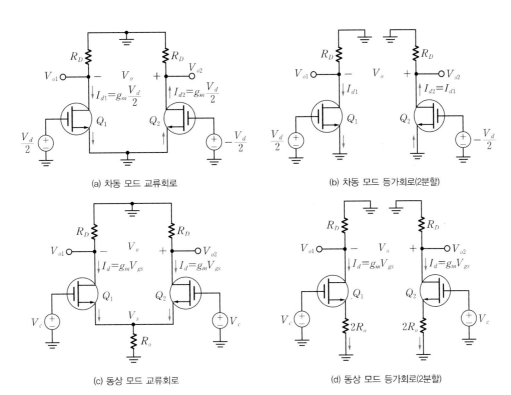

(a) 차동 모드 교류회로

(b) 차동 모드 등가회로(2분할)

(c) 동상 모드 교류회로

(d) 동상 모드 등가회로(2분할)

[그림 8-19] MOSFET 차동 증폭기 교류 등가회로

(a) 차동 전압이득(A_d) 구하기

2분할된 등가회로인 [그림 8-19(b)]를 이용하면 반쪽 회로만으로도 차동 전압이득을 손쉽게 구할 수 있다. 차동 모드인 경우 Q_2의 I_{d2}가 Q_1의 I_{d1}과 부호만 반대이고 동일한 크기의 전류가 흐른다고 볼 수 있다. 따라서 [그림 8-19(a)]처럼 소스 접지형[CS] 회로로 간주할 수 있다.

Q_1과 Q_2의 각 출력전압 V_{o1}, V_{o2}와 전압이득 A_{d1}, A_{d2}를 구하면 다음과 같다.

$$V_{o1} = -g_m R_D \cdot \frac{V_d}{2}$$

$$V_{o2} = -g_m R_D \cdot \left(-\frac{V_d}{2}\right) = g_m R_D \cdot \frac{V_d}{2}$$

(8.24)

$$A_{d1} \equiv \frac{V_{o1}}{V_d} = -\frac{g_m R_D}{2} = \frac{-4\mathrm{m} \times 5\mathrm{k}}{2} = -10 \text{ (불평형인 경우)}$$

(8.25)

$$A_{d2} \equiv \frac{V_{o2}}{V_d} = \frac{g_m R_D}{2} = \frac{4\mathrm{m} \times 5\mathrm{k}}{2} = 10 \text{ (불평형인 경우)}$$

(8.26)

주어진 회로는 평형형이므로 최종 출력전압 V_o와 차동 모드의 전압이득 A_d는 다음과 같다.

$$V_o = V_{o2} - V_{o1} = g_m R_D V_d \tag{8.27}$$

$$A_d \equiv \frac{V_o}{V_d} = g_m R_D = 4\text{m} \times 5\text{k} = 20 \quad \text{(평형인 경우)} \tag{8.28}$$

(b) 전달 컨덕턴스 구하기

$$g_m = \sqrt{2k_n'\left(\frac{W}{L}\right)I_D} = \sqrt{2 \times 0.2 \times 100 \times \frac{0.8}{2}} = 4[\text{mA/V}] \quad \text{(여기서 } I_D = \frac{I_o}{2} \text{ 임)}$$

(c) 동상 전압이득(A_c) 구하기

[그림 8-19(c) ~ (d)]를 이용하는데, 2분할된 등가회로인 [그림 8-19(d)]를 이용하면 반쪽 회로만으로도 동상 전압이득을 손쉽게 구할 수 있다. 앞 절의 BJT와 마찬가지로 동상 모드인 경우 Q_1, Q_2의 I_d가 서로 동일하므로 소스저항($R_S = R_o$)에 합성된 I_d가 흐르는 회로로 볼 수 있다. 따라서 [그림 8-19(c)]처럼 $R_S(=R_o)$를 갖는 소스 접지형[CS] 회로로 간주할 수 있다.

Q_1과 Q_2의 각 출력전압 V_{o1}, V_{o2}와 전압이득 A_{c1}, A_{c2}를 구하면 다음과 같다.

$$V_{o1} = -R_D I_{d1} = -R_D g_m V_{gs} (= V_{o2}) \tag{8.29}$$

입력전압 V_c는 [그림 8-19(d)]의 Q_1 입력루프에 전압법칙(KVL)을 세워서 구한다.

$$V_c = V_{gs} + 2R_o \cdot I_{d1} = V_{gs} + 2R_o g_m V_{gs} = (1 + 2R_o g_m)V_{gs} \tag{8.30}$$

동상 전압이득 A_{c1}, A_{c2}를 구하면 다음과 같다.

$$A_{c1} \equiv \frac{V_{o1}}{V_c} = \frac{-R_D g_m}{1 + 2R_o g_m} \cong \frac{-R_D}{2R_o} = -0.01 \quad \left(R_o \gg \frac{1}{g_m}\right) \quad \text{(불평형인 경우)} \tag{8.31}$$

$$A_{c2} \equiv \frac{V_{o2}}{V_c} \cong -\frac{R_D}{2R_o} = -\frac{5\text{k}}{2 \times 250\text{k}} = -0.01 \quad \text{(불평형인 경우)} \tag{8.32}$$

최종적인 전체 출력전압 V_o와 동상 모드의 전압이득 A_c를 얻는다.

$$V_o = V_{o2} - V_{o1} = 0 \tag{8.33}$$

$$A_c \equiv \frac{V_o}{V_c} = 0 \quad \text{(평형인 경우)} \tag{8.34}$$

(d) CMRR 구하기

$$\text{CMRR} = \frac{A_d}{A_c} = \frac{g_m R_D}{0} = \infty \quad \text{(평형인 경우)} \tag{8.35}$$

$$\text{CMRR} = \frac{A_{d1}}{A_{c1}} = \left|\frac{-g_m R_D/2}{-R_D/2R_o}\right| = \frac{A_{d2}}{A_{c2}} = \left|\frac{-10}{-0.01}\right| = 1000 \quad \text{(불평형인 경우)} \tag{8.36}$$

<table>
<tr><td>

SECTION

8.3
</td><td>

전류거울 회로를 이용한
능동부하 차동 증폭기
</td></tr>
</table>

전류거울 회로는 다수의 전류원을 간단히 복제할 수 있어 IC의 바이어스 회로 등에 매우 유용하다. 이 절에서는 정전류원 회로인 전류거울 회로를 살펴보고, 이를 이용하는 능동부하 차동 증폭기를 구현하는 과정과 회로 해석 방법을 살펴본다.

Keywords | **전류거울 회로** | **능동부하** | **능동부하 차동 증폭기** | **IC 차동 증폭기** |

8.3.1 전류거울 회로

앞 절에서 정전류원 회로를 (제너) 다이오드, BJT, FET 등을 사용해서 구현할 수 있음을 배웠다. [그림 8-20(b)]는 BJT를 이용한 **전류거울 회로** current mirror circuit이다. 이 회로에서 복사된 정전류 I_o는 BJT의 β 값 또는 R_B, R_C 등에 무관하게 전류거울 회로를 사용해 임의로 정할 수 있고, 복제도 할 수 있어서 **증폭기의 IC화에 적합한 바이어스 회로**로 사용되고 있다. MOSFET 전류거울 회로에 관한 내용은 4장을 참고하기 바란다.

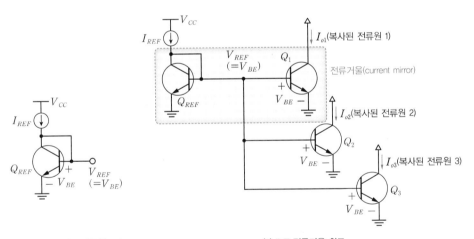

(a) 전류거울 기준 전류(I_{REF})

(b) BJT 전류거울 회로

[그림 8-20] BJT에 의한 전류거울 회로

[그림 8-20(a)]에 사용하고 있는 BJT는 컬렉터와 베이스를 묶어 **다이오드 기능을 하는 TR**을 사용하고 있음에 주목하자. 기준 능동소자인 Q_{REF}가 제공하는 기준전류 I_{REF}가 Q_1, Q_2, Q_3, $\cdots$ 등 복사용 TR의 출력에도 동일하게 흐르도록, Q_{REF}와 정합(대칭성)이 되는 복사용 TR들의 베이스에 동일한 $V_{REF}(= V_{BE})$가 인가되므로 기준용 Q_{REF}의 베이스, 이미터 전류와 동일한 베이스, 이미터 전류가 흐르게 된다. 그래서 복사용 TR인 Q_1, Q_2, Q_3, $\cdots$ 등의 컬렉터에는 $I_{oN}(\cong I_{REF})$인 정전류가 복사

되어 흐른다. 이 정전류는 기준전류 I_{REF}를 거울처럼 그대로 따르므로 전류거울 current mirror이라 부르며, [그림 8-20(b)]에 보이는 것처럼 TR을 여러 개 복제(확장)할 수 있다. 이 경우 모든 TR은 특성이 서로 동일(정합, 대칭)해야 한다.

[그림 8-21]은 기준전류의 배수복사, 확대복사, 부분복사를 위한 전류거울 회로의 구성도를 보여준다. 여기서 I_{o1}, I_{o2}, I_{o3}, $\cdots$, I_{oN}이 복사된 정전류원이다.

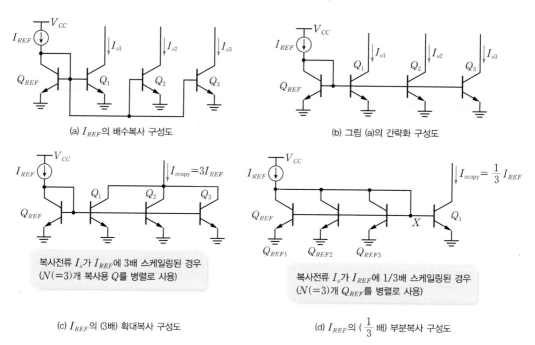

(a) I_{REF}의 배수복사 구성도

(b) 그림 (a)의 간략화 구성도

복사전류 I_o가 I_{REF}에 3배 스케일링된 경우
($N(=3)$개 복사용 Q를 병렬로 사용)

(c) I_{REF}의 (3배) 확대복사 구성도

복사전류 I_o가 I_{REF}에 1/3배 스케일링된 경우
($N(=3)$개 Q_{REF}를 병렬로 사용)

(d) I_{REF}의 ($\frac{1}{3}$ 배) 부분복사 구성도

[그림 8-21] BJT 전류거울의 복사 구성도

예제 8-8

$0.2[\text{mA}]$의 밴드 갭 기준전류 I_{REF}를 사용하여 주어진 조건의 구성도를 설계하여라(단, 베이스 전류 효과는 무시한다).

(a) $0.6[\text{mA}]$와 $0.4[\text{mA}]$ 전류원을 위한 확대복사 구성도
(b) $50[\mu\text{A}]$와 $500[\mu\text{A}]$ 전류원을 위한 부분복사 구성도

풀이

I_{REF}가 적절히 스케일링되도록 복사용 TR Q나 Q_{REF}를 병렬로 사용하면 된다. 주어진 조건의 각 구성도는 [그림 8-22]와 같다.

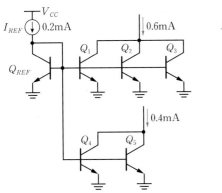

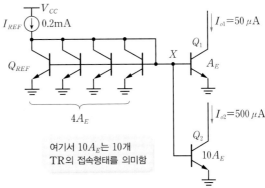

(a) 0.6[mA]와 0.4[mA] 전류원 확대복사 구성도

(b) 50[μA]와 500[μA] 전류원 부분복사 구성도

여기서 $10A_E$는 10개 TR의 접속형태를 의미함

[그림 8-22] BJT 전류거울의 복사 구성도

8.3.2 전류거울 회로 해석

IC형 증폭기(OP-Amp 등)에서 높은 입력 임피던스를 요구하므로 입력단의 차동 증폭기는 직류 바이어스 전류가 가능한 낮을수록(수 [μA] 정도) 유리하다. 따라서 [그림 8-23(a)]와 같은 전류거울의 정전류원을 사용하며, 별도로 출력 임피던스를 크게 하고 안정도를 높인 [그림 8-23(b)]의 회로가 유용하다.

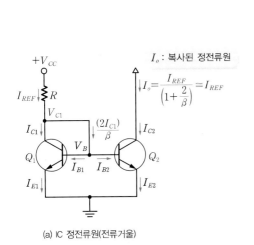

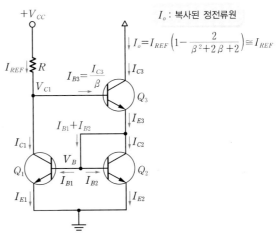

(a) IC 정전류원(전류거울)

(b) 고출력 임피던스(윌슨) 정전류원

[그림 8-23] IC용 전류거울의 정전류원

[그림 8-23(a)]에서 두 TR Q_1과 Q_2가 완전히 정합되었다면 V_{BE} 전압이 서로 같으므로 베이스 전류와 이미터 전류가 동일하고, 기준전류 I_{REF}는 다음과 같다.

$$I_{B1} = I_{B2} = I_B, \ I_{C1} = I_{C2} = I_o \tag{8.37}$$

$$I_{REF} = I_{C1} + I_{B1} + I_{B2} = I_{C1} + 2I_B = I_{C2} + 2\frac{I_{C2}}{\beta} = I_o\left(1 + \frac{2}{\beta}\right) \tag{8.38}$$

$$\cong I_{C2} = I_o \quad (\beta가 \ 충분히 \ 큰 \ 경우) \tag{8.39}$$

[그림 8-23(a)]의 Q_1은 베이스와 컬렉터 단락이므로 전압 $V_{C1} = V_B = V_{BE}$이다. 따라서 기준전류 I_{REF}는 다음과 같이 정해지고, 복사된 정전류원 $I_o(= I_{C2})$를 구할 수 있다.

$$I_{REF} = \frac{V_{CC} - V_{C1}}{R} = \frac{V_{CC} - V_{BE}}{R} = I_o\left(1 + \frac{2}{\beta}\right) \tag{8.40}$$

$$I_o = I_{C2} = \frac{I_{REF}}{(1 + 2/\beta)} \cong I_{REF} \quad (\beta가 \ 충분히 \ 큰 \ 경우) \tag{8.41}$$

[그림 8-23(b)]에서 Q_1과 Q_2가 서로 정합되면 V_{BE} 전압이 서로 동일하다.

$$I_{B1} = I_{B2} = I_B, \ I_{C1} = I_{C2} = I_C \tag{8.42}$$

따라서 Q_3에서 $I_{C3}(= I_o)$를 구하기 위해 다음과 같이 전개하면 된다.

$$I_{C3} = I_o = I_{E3}\left(\frac{\beta}{1 + \beta}\right) = I_{C2} + 2I_B = I_{C2}\left(1 + 2\frac{I_B}{I_{C2}}\right) = I_{C2}\left(1 + \frac{2}{\beta}\right) \tag{8.43}$$

$$I_{C1} = I_{C2} = I_{REF} - I_{B3} = I_{REF} - \left(\frac{I_{C3}}{\beta}\right) \tag{8.44}$$

식 (8.44)를 식 (8.43)에 대입하여 복사된 정전류원 $I_o(= I_{C3})$를 구한다.

$$I_o = I_{C3} = I_{REF}\left(1 - \frac{2}{\beta^2 + 2\beta + 2}\right) \cong I_{REF} \quad (\beta가 \ 대단히 \ 큰 \ 경우) \tag{8.45}$$

[그림 8-23(b)]의 회로에서 Q_1의 컬렉터 전압 V_{C1}은 Q_3와 Q_1의 V_{BE}의 합($2V_{BE}$)이므로 기준전류 I_{REF}는 다음과 같이 정해진다.

$$I_{REF} = \frac{V_{CC} - 2V_{BE}}{R} \tag{8.46}$$

또한 [그림 8-23(b)]의 윌슨^{Wilson} 정전류원에는 TR Q_3를 부가시켜 출력 임피던스$\left(\cong \dfrac{1}{h_{oe3}}\right)$를 크게 하여 이상적인 전류원의 조건을 갖는다. 그리고 정전류원의 결과식인 식 (8.45)를 식 (8.41)과 비교해 보면 전류의 안정성이 높다고 볼 수 있다.

[그림 8-23]의 각 회로에서 정전류 $I_o = 100[\mu A]$를 얻기 위한 R을 구하여라(단, $V_{CC} = 10[\mathrm{V}]$, $V_{BE} = 0.7[\mathrm{V}]$이며, 모든 TR의 베이스 전류는 0으로 본다).

풀이

모든 TR의 $I_B \cong 0$이므로 $\beta = \infty$로 매우 큰 조건으로 볼 수 있다. 따라서 복사 정전류 $I_o \cong I_{REF}$로 해석하면 된다.

- [그림 8-23(a)] : $R = \dfrac{V_{CC} - V_{BE}}{I_{REF}} = \dfrac{V_{CC} - V_{BE}}{I_o} = \dfrac{10 - 0.7}{100 \times 10^{-6}} = 93[\mathrm{k}\Omega]$

  만약 양전원 V_{CC}, $-V_{EE}$를 사용할 경우에는 $R = \dfrac{V_{CC} + V_{EE} - V_{BE}}{I_{REF}}$ 로 구한다.

- [그림 8-23(b)] : $R = \dfrac{V_{CC} - 2V_{BE}}{I_{REF}} = \dfrac{10 - 2 \times 0.7}{100 \times 10^{-6}} = 86[\mathrm{k}\Omega]$

8.3.3 능동(정전류)부하 차동 증폭기 해석

집적회로[IC]나 디지털 회로 등에서 사용되는 부하저항(R_C, R_D)은 칩 면적을 많이 차지하거나 전력소모가 크다는 문제가 있다. 따라서 BJT나 MOSFET 등의 **능동소자의 출력저항을 부하저항**으로 활용하는 방법을 **능동부하(혹은 정전류원 부하)**라고 한다. 즉, 정전류원은 [그림 8-13]에서 언급했듯이 직류에 대해서는 일정한 DC 바이어스 전류를 흘려주는 역할을 하며, 교류에 대해서는 그 능동소자 내부의 출력저항(r_o)이 부하(R_C, R_D)의 역할을 수행한다. 그러므로 **BJT나 MOSFET의 전류거울 회로를 부하저항 대용으로 사용**하게 된다.

[그림 8-24(a)]는 [그림 8-13(a)]의 부하저항 R_C 대신 Q_3, Q_4와 같이 BJT를 사용하는 능동부하를 갖는 BJT 차동 증폭기이다. 여기서 Q_3, Q_4는 PNP를 이용하고 있으며 회로 형태는 전류거울 회로의 구성으로 되어 있고, Q_3, Q_4의 내부 출력저항 r_{o3}, r_{o4}가 R_C 대신 쓰인다. $Q_1 = Q_2$ 및 $Q_3 = Q_4$로 각 쌍의 BJT 특성이 동일(정합)하다고 가정할 때 베이스 전류(i_B)는 매우 작은 값을 가지므로 보통 무시하고 해석한다. 따라서 [그림 8-24(a)]에서 보이는 것처럼 $Q_1 \sim Q_4$의 모든 DC 바이어스 전류 I_C는 정전류원 I_o의 $\dfrac{1}{2}$로 주어진다고 가정하고 교류신호 해석을 진행한다.

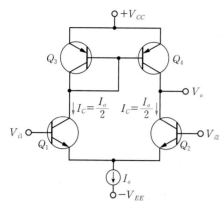

(a) 능동부하를 갖는 BJT 차동 증폭기

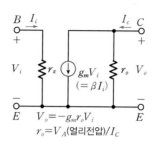

$$V_o = -g_m r_o V_i$$
$$r_o = V_A(\text{얼리전압})/I_C$$

(b) BJT 소신호 등가회로

[그림 8-24] 능동부하 BJT 차동 증폭기

교류신호 해석을 위해서 [그림 8-25]와 같이 차동 모드 교류회로로 변형하고 [그림 8-24(b)]의 BJT 소신호 등가회로(여기서 $i_B \cong 0$으로 무시하므로 입력부는 개방으로 간주)를 Q_2와 Q_4에 적용하여 출력 V_o 부분을 나타내면 [그림 8-26]으로 정리된다. 교류 등가회로에서는 직류전원 V_{CC}, V_{EE}는 접지시켜 제거한다.

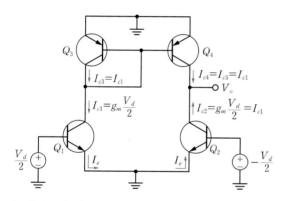

[그림 8-25] 차동 모드 교류회로

[그림 8-25]에서 Q_3, Q_4는 전류거울 회로에 의한 능동부하용으로 V_{BE}가 동일하므로 $I_{c3} = I_{c4}$ 이고 $I_{c3} = I_{c1}$이 된다. 그런데 Q_2는 $\left(-\dfrac{V_d}{2}\right)$ 입력이 인가되므로 교류 출력전류 I_{c2}는 $Q_1\left(+\dfrac{V_d}{2}\right)$ 입력시 I_{c1}과 반대(−)가 된다. 따라서 차동 입력 모드일 때는 $R_o(= R_E)$ 쪽으로 흐르지 않으므로 [그림 8-25]처럼 이미터 접지형([CE])으로 간주할 수 있다.

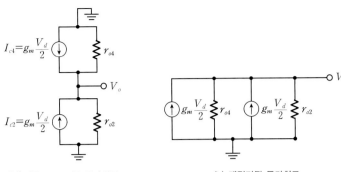

(a) 차동 모드 교류 등가회로   (b) 재정리된 등가회로

[그림 8-26] 차동 모드 교류 등가회로

[그림 8-26(b)]로부터 단일 출력전압 V_o와 차동 모드의 전압이득 A_d를 구하면 다음과 같다.

$$V_o = g_m V_d \cdot (r_{o2} /\!/ r_{o4}) \tag{8.47}$$

$$A_d \equiv \frac{V_o}{V_d} = g_m (r_{o2} /\!/ r_{o4}) = \frac{V_A}{2 V_T} \tag{8.48}$$

$$(g_m \equiv \frac{I_C}{V_T} = \frac{I_o/2}{V_T}, \quad r_{o2} = r_{o4} = \frac{V_A}{I_C} = \frac{V_A}{I_o/2} \quad 대입) \tag{8.49}$$

여기서 V_A는 얼리전압, V_T는 열전압을 의미한다.

<hr />

예제 8-10

[그림 8-24(a)]로 주어지는 BJT 차동 증폭기에서 $I_o = 0.4[\mathrm{mA}]$, 얼리전압 $V_A = 150[\mathrm{V}]$, 열전압 $V_T = 26[\mathrm{mV}]$일 때, 차동 전압이득 A_d를 구하여라.

풀이

차동 전압이득을 구하기 위해서는 먼저 전달 컨덕턴스와 출력 저항값을 구해야 한다.

$$g_m \equiv \frac{I_C}{V_T} = \frac{I_o/2}{V_T} = \frac{0.2[\mathrm{mA}]}{26[\mathrm{mV}]} = 7.69[\mathrm{mA/V}]$$

$$r_{o2} = r_{o4} \equiv \frac{V_A}{I_C} = \frac{V_A}{I_o/2} = \frac{150[\mathrm{V}]}{0.2[\mathrm{mA}]} = 750[\mathrm{k\Omega}]$$

앞서 구한 값을 식 (8.48)에 대입하면 다음과 같다.

$$A_d \equiv g_m (r_{o2} /\!/ r_{o4}) = 7.69 \times \frac{750}{2} = 2883.7$$

$$(혹은 \ A_d = V_A/2 V_T = 150/2 \times 26 \times 10^{-3} = 2884)$$

MOSFET의 능동부하 차동 증폭기는 [예제 8-11]에서 다룬다.

예제 8-11

[그림 8-27]은 능동부하를 갖는 MOSFET 차동 증폭기 회로를 나타낸다. $I_o = 1[\text{mA}]$, $R_o = 30[\text{k}\Omega]$, $\left(\dfrac{W}{L}\right)_n = 50$, $\left(\dfrac{W}{L}\right)_p = 100$, $\mu_n C_{ox} = 2\mu_p C_{ox} = 0.8[\text{mA/V}^2]$, $V_{An} = |V_{Ap}| = 50[\text{V}]$일 때, 출력전압 V_o 와 차동 전압이득 A_d를 구하여라.

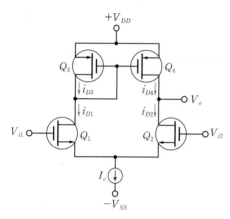

[그림 8-27] 능동부하 MOS 차동 증폭기

풀이

[그림 8-24(a)]의 능동부하 BJT 차동 증폭기의 해석과 마찬가지로 [그림 8-28]의 차동 모드 교류(등가) 회로를 이용하여 다음과 같이 구할 수 있다.

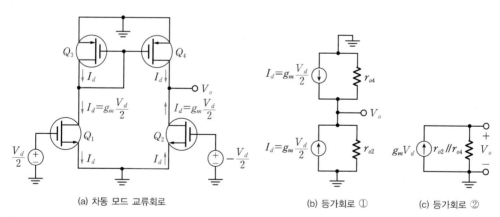

(a) 차동 모드 교류회로   (b) 등가회로 ①   (c) 등가회로 ②

[그림 8-28] 능동부하 MOS 차동 증폭기의 교류 등가회로

[그림 8-28(a)]에서 Q_3과 Q_4는 전류거울에 의한 능동부하로서, 출력 드레인 전류는 동일하고 그 전류가 Q_1의 드레인 전류로 흐른다. 즉, $I_{d3} = I_{d4} = I_{d1} = I_d$가 된다. 그러나 Q_2는 $(-V_d/2)$ 입력이 인가되므로 $Q_1(+V_d/2$ 입력)의 I_{d1}과 반대$(-)$ 방향이 되므로 $I_{d2} = -I_{d1} = -I_d$가 흐르게 된다.

[그림 8-28(b) ~ (c)] 등가회로에서 교류회로 정수인 전달 컨덕턴스 g_m, 출력저항 r_o를 구하고, 출력전압 V_o와 차동 모드의 전압이득 A_d를 구한다.

- 전달 컨덕턴스 : $g_m = \sqrt{2k_n{'}\left(\dfrac{W}{L}\right)I_D} = \sqrt{2 \times 0.4 \times 10^{-3} \times 50 \times \dfrac{1}{2} \times 10^{-3}} = 6.3[\text{mA/V}]$ (8.50)

- 출력저항 : $r_{o2} = r_{o4} = \dfrac{V_A}{I_D} = \dfrac{V_A}{(I_o/2)} = \dfrac{50[\text{V}]}{(1[\text{mA}]/2)} = \dfrac{50}{(0.5 \times 10^{-3})} = 100[\text{k}\Omega]$

- 출력전압 : $V_o = g_m V_d \cdot (r_{o2} /\!/ r_{o4})$ (8.51)

- 차동 전압이득 : $A_d = g_m(r_{o2} /\!/ r_{o4}) = 6.3(100 /\!/ 100) = 6.3 \times 50 = 315$ (8.52)

참고 능동부하 차동 증폭기는 두 출력단자에서 출력을 따내지 않고 단일 출력(불평형)해도 출력손실이 거의 없다.

예제 8-12

다음 CMOS 차동 증폭기의 회로기능을 파악하고, 전압이득 $\dfrac{V_{out}}{V_{in}}$ 과 출력저항 R_o을 구하여라(단, $M_1 \sim M_4$의 전달컨덕턴스 $g_{m1} = g_{m2} = 8[\text{mS}]$, $g_{m3} = g_{m4} = 4[\text{mS}]$, 출력저항 $r_{o1} = r_{o2} = 10[\text{k}\Omega]$, $r_{o3} = r_{o4} = 20[\text{k}\Omega]$, $R_1 = 18[\text{k}\Omega]$, $R_2 = 2[\text{k}\Omega]$이며, I_o는 이상적 정전류이다).

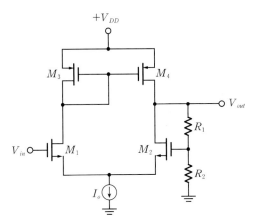

[그림 8-29] 능동부하 MOS 부궤환 차동 증폭기

풀이

[그림 8-29]는 $M_3 \sim M_4$ **전류거울**에 의한 능동부하 및 정전류원 바이어스를 사용하며, R_1, R_2에 의한 **직렬(V_f) 전압(V_o) 부궤환**을 사용하는 차동증폭기로서, 궤환율 $\beta = V_f/V_o = R_2/(R_1 + R_2) = 0.1$이다.

- M_2의 게이트를 개방시킨 무궤환에서, 외부 게이트 입력이 없는 M_2를 [CG]증폭기로 등가화시켜 M_2의 소스전압 $V_{S2} = V_{in}$일 때 개방루프이득 $A_o = g_{m2} \cdot R_o = 8 \times (r_{o4} /\!/ r_{o2} /\!/ R_1 + R_2) = 8 \times (20 /\!/ 10 /\!/ 20)$ $= 8 \times 5 = 40$이다.

- 전체 페루프 전압이득 $A_f(= V_o/V_{in}) = A_o/1 + \beta A_o = 40/1 + 0.1 \times 40 = 40/5 = 8$이다.

- 출력저항 $R_o = r_{o4} /\!/ r_{o2} /\!/ (R_1 + R_2) = 20 /\!/ 10 /\!/ 20 = 5[\text{k}\Omega]$이다.

01 차동 증폭기에서 차동신호에 대한 전압이득은 A_d이고, 동상신호에 대한 전압이득은 A_c이다. 이때 동상신호 제거비^{CMRR}는?

　㉮ $\dfrac{A_c + A_d}{2}$ 　　㉯ $\dfrac{A_d}{A_c}$ 　　㉰ $\dfrac{A_c}{A_d}$ 　　㉱ $\dfrac{A_c - A_d}{2}$

> **해설**
>
> 잡음에 대한 동상이득 A_c에 대한 차의 신호에 대한 차동이득 A_d의 비율인 $\text{CMRR} \equiv \dfrac{A_d}{A_c}$로 나타낼 수 있으며, 이는 ∞일 때 이상적이다. 　　㉯

02 어떤 차동 증폭기의 동상신호 제거비가 $80[\text{dB}]$이고, 차동이득(A_d)이 $1,000$일 때, 동상이득 A_c는 얼마인가?

　㉮ 0.1 　　㉯ 1 　　㉰ 10 　　㉱ 12.5

> **해설**
>
> $\text{CMRR}[\text{dB}] = 20\log\dfrac{A_d}{A_c} = 80[\text{dB}]$에서 $A_d = 1000$, $A_c = 0.1$이다. 　　㉮

03 차동 전압이득이 $100[\text{dB}]$인 어떤 연산 증폭기의 CMRR은 $80[\text{dB}]$이다. 이 증폭기에 차동성분과 동상성분이 각각 $0.1[\text{mV}]$와 $10[\text{mV}]$인 입력신호가 인가될 때, 차동 출력전압 V_{od}과 동상 출력전압 V_{oc}을 옳게 나타낸 것은?

　㉮ 차동 출력전압 : $10[\text{V}]$, 동상 출력전압 : $1.0[\text{V}]$
　㉯ 차동 출력전압 : $10[\text{V}]$, 동상 출력전압 : $0.1[\text{V}]$
　㉰ 차동 출력전압 : $1.0[\text{V}]$, 동상 출력전압 : $0.1[\text{V}]$
　㉱ 차동 출력전압 : $1.0[\text{V}]$, 동상 출력전압 : $1.0[\text{V}]$

> **해설**
>
> $A_d[\text{dB}] = 100[\text{dB}] = 20\log A_d$에서 차동이득 $A_d = 10^5$이다.
>
> $\text{CMRR } 80[\text{dB}] = 20\log\dfrac{A_d}{A_c}$에서 $\dfrac{A_d}{A_c} = 10^4$이므로, $A_c = \dfrac{A_d}{10^4} = 10$이다.
>
> $V_o = V_{od}$(차동 출력전압)$+ V_{oc}$(동상 출력전압)$= A_d V_d$(차동 입력)$+ A_c V_c$(동상 입력)에 $V_d = 0.1[\text{mV}]$, $V_c = 10[\text{mV}]$을 대입하여 V_{od}와 V_{oc}를 구하면 다음과 같다.
>
> ∙ V_{od}(차동 출력전압)$= A_d V_d = 10^5 \times 0.1[\text{mV}] = 10[\text{V}]$
> ∙ V_{oc}(동상 출력전압)$= A_c V_c = 10 \times 10[\text{mV}] = 0.1[\text{V}]$ 　　㉯

04 차동 증폭기에서는 동상신호 제거비 (CMRR)가 클수록 양호한 특성을 갖는다. 이상적으로 $\text{CMRR} = \infty$인 차동 증폭기 회로에서 발생하는 잡음은 출력단자에 어떻게 나타나는가?

　㉮ 발생한 잡음의 크기 그대로 나타난다. 　　㉯ 발생한 잡음은 증폭되어 출력에 나타난다.
　㉰ 발생한 잡음의 크기보다 작아져서 나타난다. 　　㉱ 잡음이 발생해도 출력단자에 나타나지 않는다.

> **해설**
>
> 이상적인 차동 증폭기는 $\text{CMRR} = \infty$로서 잡음, 간섭의 동상신호를 확실히 제거한다. 　　㉱

05 다음 차동 증폭기에서 R_E가 증가하면 어떤 현상이 일어나는가?

[주관식] CMRR은 어떻게 변하는가?

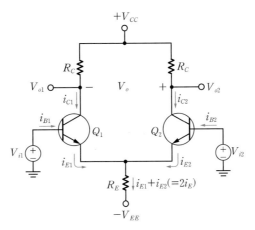

㉮ 차동이득 감소   ㉯ 차동이득 증가

㉰ 동상이득 감소   ㉱ 동상이득 증가

해설

동상이득 $A_c = -\dfrac{R_C}{2R_E}$ 이므로, R_E를 크게 할수록 $A_c \to 0$으로 감소한다.   ㉰

[주관식] $\text{CMRR} = \dfrac{A_d}{A_c}$ 가 증대된다.

06 [연습문제 05]의 회로에 대한 설명으로 <u>틀린</u> 것은? [주관식] 이상적인 CMRR 값은?

㉮ CMRR을 높이려면 $\beta(=h_{fe})$가 큰 TR을 쓴다.

㉯ CMRR을 높이려면 R_E 값을 증가시킨다.

㉰ 차동이득은 R_{C2}를 크게 하면 증가한다.

㉱ 동상이득은 R_{C2}를 감소시키면 증가한다.

㉲ Q_1, Q_2의 특성이 동일할 때, CMRR이 증가한다.

해설

동상이득 $A_c = -\dfrac{R_C}{2R_E}$, 차동이득 $A_d = \dfrac{R_C}{R_i}\beta \simeq \dfrac{R_C}{2r_e}$

• R_C가 클수록 A_d 증가, CMRR 증가
• $\beta(h_{fe})$가 클수록 A_d 증가, CMRR 증가
• R_E가 클수록 A_c 감소, CMRR 증가
• Q_1, Q_2 동일 특성일 때 A_c 감소, CMRR 증가   ㉱

[주관식] 이상적인 CMRR은 ∞이다.

07 이미터 결합 차동 증폭기에서 이미터 저항을 정전류 전원작용을 하는 트랜지스터로 대치하면 양호한 성능을 갖는다. 그 이유를 구하여라.

㉮ 이미터 저항이 실효적으로 커서 동상신호 제거비가 커지므로

㉯ 각 트랜지스터의 드리프트가 감소하기 때문으로

㉰ 두 입력 및 출력회로의 균형을 완전히 취할 수 있으므로

㉱ 각 트랜지스터의 바이어스 안정을 기여할 수 있으므로

> **해설**
>
> 이상적인 정전류원은 출력저항 $r_o = \infty$이므로 정전류원 구조로 이미터 회로부를 사용하면 실효 이미터(출력)
> 저항 $R_E = r_o = \infty$로 CMRR을 크게 향상시킨다.　　　　　　　　　　　　　　　　　　　　　　　　㉮

08 차동 증폭기를 사용하는 주 이유를 설명하여라.

> **해설**
>
> • 외부의 유도잡음이나 전자파 간섭을 제거하기 위해
>
> • 직류 증폭기에서의 공급전원 변동이나 온도에 따른 출력 변화인 드리프트 현상을 제거하기 위해

09 차동 증폭기의 반전 입력이 5[V], 비반전 입력이 10[V]이고, 출력전압 $V_o = 2.3$[V]일 때, 이 차동 증폭기의 동상신호이득 A_c는 얼마인가? (단, CMRR = 20[dB]이다)

> **해설**
>
> • 동상 입력 : $V_c = \dfrac{1}{2}(V_1 + V_2) = \dfrac{1}{2}(10 + 5) = 7.5$[V]
>
> • 차동 입력 : $V_d = (V_1 - V_2) = 10 - 5 = 5$[V]
>
> • CMRR[dB] $= 20\log\dfrac{A_d}{A_c} = 20$[dB], $\dfrac{A_d}{A_c} = 10$이므로 $A_d = 10A_c$이다. 출력 $V_o = A_d V_d + A_c V_c \rightarrow A_c = 0.04$

10 다음 회로에서 입력 V_i가 그림과 같이 인가될 때, 각 항목의 요구 사항을 구하여라(단, $V_{BE} = 0.7$[V], $V_T = 26$[mV], $\beta = 50$, $C = \infty$, 트랜지스터 Q_1과 Q_2의 모든 특성이 동일하며, 컬렉터 전류는 이미터 전류와 같다).

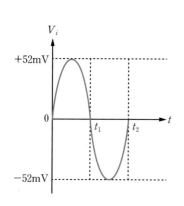

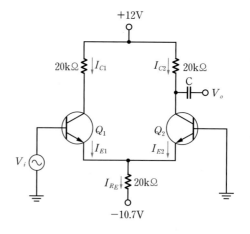

(a) 입력신호 V_i와 이미터 신호 V_e, 출력신호 V_o 간의 위상 관계를 파악하라.

(b) I_{E_1}, I_{E_2}, I_{R_E}, V_{C_1}, V_{CE_1}, Q_2의 교류 이미터저항 r_e을 구하여라.

(c) 구간 0 ~ t_1에서 교류 출력전압 V_o의 피크값[V]과 입력 임피던스 Z_{in}[kΩ]은?

해설

(a) $V_i \leftrightarrow V_e$: 동상, $V_i \leftrightarrow V_o$: 동상 ([CB]인 Q_2의 $V_e = V_i$와 V_o는 동상임)

(b) $2R_E$를 사용한 2분할시킨 등가회로에서 입력측 KVL에서 직류 $I_{E2} = I_{E1} = I_E$를 구한다.

$10.7 = V_{BE2} + 2R_E \cdot I_E$이므로, $I_E = \dfrac{10.7 - 0.7}{2 \times 20k} = \dfrac{10}{40k} = 0.25$[mA] (여기서, $I_C = I_E$)이다.

- $I_{R_E} = I_{E1} + I_{E2} = 2I_E = 2 \times 0.25 = 0.5$[mA]
- $V_{C_1} = V_{cc} - R_c I_c = 12 - (20 \times 0.25) = 7$[V],
  $V_{CE1} = (12 + 10.7) - I_E \times (R_c + R_E) = 22.7 - 0.25 \times 40 = 12.7$[V]
- Q_2의 교류 이미터저항 r_e : $r_e = V_T / I_{E2} = 26$[mV]$/0.25$[mA] $= 104$[Ω]

(c) • 식 (8.17)에서 불평형 Q_2의 전압이득 $A_{d2} = \dfrac{R_C}{2r_e}$을 이용하여 V_o를 구한다.

$V_o = V_i \times A_{d2} = 52\text{m} \times (R_c / 2r_e) = 52\text{m} \times (20k / 2 \times 104) = 20 / 4 = 5$[V]의 피크값을 갖는다.

- 입력 임피던스 $Z_{in} = 2 \times (1 + \beta) r_e = 2 \times 51 \times 104 = $ 약 10.6[kΩ]

11 다음 FET 차동 증폭기에서 차동 모드 전압이득(A_d), 동상 모드 전압이득(A_c), CMRR을 평형 차동 증폭기와 불평형(단일 출력) 차동 증폭기별로 해석하여라(단, $g_m = 1$[ms], $R_D = 62$[kΩ], $R_S = 62$[kΩ], $V_{DD} = V_{SS} = 12$[V]이다).

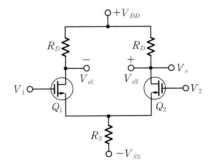

해설

- 평형형 : $A_d = A_{d2} - A_{d1} = \dfrac{1}{2}g_m R_D - \left(-\dfrac{1}{2}g_m R_D\right) = g_m R_D = 1 \times 62 = 62$,

$A_c = A_{c2} - A_{c1} = \left(-\dfrac{R_D}{2R_S}\right) - \left(-\dfrac{R_D}{2R_S}\right) = 0$, $\text{CMRR} = \infty$

- 불평형 : $A_d = \dfrac{1}{2}g_m R_D = 31$, $A_c = \dfrac{-g_m R_D}{1 + 2R_S g_m} \cong \dfrac{-R_D}{2R_S} = -0.5$,

$\text{CMRR} = \left|\dfrac{31}{-0.5}\right| = 62$ (Q_2의 V_{o2}를 출력 V_o)

12 다음 회로에 대한 각 항목의 요구 사항을 구하여라.

(a) 회로의 기능은 무엇인가?

(b) 트랜지스터의 차동 입력 differential input에 대한 전압이득 A_d의 크기는?

(c) 트랜지스터의 공통 입력 common input에 대한 전압이득 A_c의 크기는?

(d) 회로의 동상신호 제거비 CMRR는 ?

(e) 회로상 R_o의 기능과 R_o의 변화에 따른 회로상태를 설명하여라.

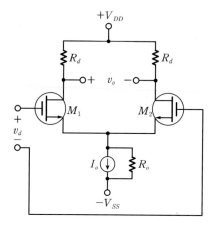

해설

(a) 차동 모드 시 평형형인 [CS]와 동상 모드 시 평형형인 [CS] with R_o인 정전류원 바이어스의 차동 증폭 회로이다.

(b) 2분할 등가회로를 이용하면 $A_{d1} = -g_m R_d/2$, $A_{d2} = g_m R_d/2$이므로, 전체 차동 전압이득 $A_d = A_{d1} - A_{d2}$ $= -g_m R_d/2 - g_m R_d/2 = -g_m R_d$이다.

(c) $2R_o$을 사용한 2분할 등가회로를 이용하면, 소스에 $2R_o$가 있는 [CS] with R_o 형태(식 (4.74))이다. 트 랜지스터 내부의 출력저항인 r_o을 ∞로 가정한 $r_o \gg R_o$ 조건에서 근사 해석하면, $A_{c1} = -g_m R_d/1 + 2R_o g_m$, $A_{c2} = -g_m R_d/1 + 2R_o g_m$이 된다. 따라서 전체 동상전압이득 $A_c = A_{c1} - A_{c2} = 0$이 된다.

(d) CMRR $= A_d/A_C = \infty$(이상적인 차동 증폭기 조건 만족)

(e) R_o을 포함한 앞의 전류원 회로는 공통 모드 입력에 대해서만 부궤환 역할을 하므로, [CS] with R_s 형 태로 동작하며, R_o는 전류원의 출력저항이다. 이상적인 전류원은 출력저항이 ∞인데, 만일 R_o을 감소 시키면 앞의 A_{c1}, A_{c2}값이 증대되어, 일반적으로 (동상신호의) 잡음, 간섭의 영향을 크게 받게 된다.

13 다음 회로의 차동이득(A_d), 동상이득(A_c), CMRR을 구하여라. Q_1, Q_2, Q_3, Q_4는 서로 동일 특성이며, 바디효과는 무시한다.

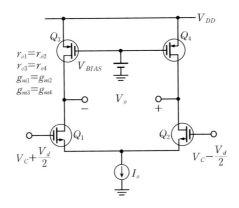

해설

Q_3, Q_4는 on으로서 능동부하이고, 전류원 바이어스이다. 평형형이므로 Q_1 측 $A_{d1} = -\dfrac{g_{m1}}{2}(r_{o1} /\!/ r_{o3})$, Q_2 측 $A_{d2} = \dfrac{g_{m2}}{2}(r_{o2} /\!/ r_{o4})$이다.

- 전체 차동이득 : $A_d = A_{d2} - A_{d1} = \dfrac{g_{m1}}{2}(r_{o1} /\!/ r_{o3}) \times 2 = g_{m1}(r_{o1} /\!/ r_{o3})$

- 전체 동상이득 : $A_c = A_{c2} - A_{c1} = \left(-\dfrac{r_{o1} /\!/ r_{o3}}{2R_S}\right) - \left(-\dfrac{r_{o1} /\!/ r_{o3}}{2R_S}\right) = 0$, CMRR $= \dfrac{A_d}{A_c} = \infty$

14 다음의 전류거울 회로에서 TR Q_1, Q_2는 동일한 소자이고, 전류증폭률 $\beta = 140$이며, 출력저항 $r_o = \infty$ (무한대), $V_{BE} = 0.7[\text{V}]$, $V_o > V_{BE}$, $R_1 = 50[\text{k}\Omega]$로 주어진 경우, $I_o = 0.4[\text{mA}]$가 되기 위한 V_{CC}의 값[V]과 I_o/I_{ref} 값은?

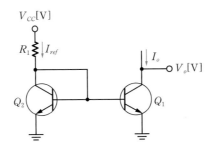

해설

$\dfrac{I_o}{I_{rdf}} = \dfrac{\beta}{1+\beta} = 0.992 \cong 1$이고, $I_o \cong I_{ref} = \dfrac{V_{CC} - 0.7}{R_1} = 0.4[\text{mA}]$에서 $V_{CC} = 20.7[\text{V}]$이다.

15 다음 전류거울 회로에서 복사된 전류 I_{copy}를 I_{REF}로 적절하게 나타내라.

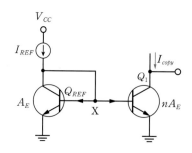

해설

A_E를 n배 확대복사하면 $n \cdot A_E$이다. $I_{B1} = \dfrac{I_{copy}}{\beta}$, $I_{B \cdot REF} = \dfrac{I_{copy}}{n\beta}$ 이고, 회로 중점노드 X에 KCL을 적용하여

I_{copy}를 유도하면 $I_{REF} = I_{c \cdot REF} + (I_{B \cdot REF} + I_{B1}) = \dfrac{I_{copy}}{n} + \left(\dfrac{I_{copy}}{n\beta} + \dfrac{I_{copy}}{\beta} \right)$ 이므로 $I_{copy} = \dfrac{n I_{REF}}{1 + \dfrac{1}{\beta}(n+1)}$ 이다.

16 MOSFET Q_1의 $k_n(W/L) = 0.8[\mathrm{mA/V^2}]$이며, 문턱전압 $V_{TH} = 1[\mathrm{V}]$, Q_1의 게이트 폭 W_1과 Q_2의 게이트 폭 W_2의 비가 $W_2/W_1 = 10$일 때, $I_o = 1[\mathrm{mA}]$가 되도록 하는 저항 $R[\mathrm{k\Omega}]$은? (단, $V_{DD} = 5[\mathrm{V}]$, k_n은 공정 전달 컨덕턴스이고, $k_n = \mu_n C_{ox}$이다)

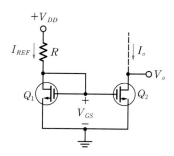

해설

I_{REF}와 I_o는 Q의 종횡비(W/L)에 비례하므로 $\dfrac{I_o}{I_{REF}} = \dfrac{W_2}{W_1} \rightarrow I_{REF} = \dfrac{1}{10} = 0.1[\mathrm{mA}]$이다. 드레인 전류

$I_D = I_o = \dfrac{1}{2} \cdot k_n(W/L) \cdot (V_{GS} - V_{TH})^2 = 1[\mathrm{mA}]$이므로 $V_{GS} = 1.5[\mathrm{V}]$이다. Q_1에 대한 전압방정식(KVL)을 세우면 다음과 같다.

- $I_{REF} = \dfrac{V_{DD} - V_{GS1}}{R}$

- $R = \dfrac{V_{DD} - V_{GS1}}{I_{REF}} = \dfrac{5 - 1.5[\mathrm{V}]}{0.1[\mathrm{mA}]} = 35[\mathrm{k\Omega}]$

17 전류거울 회로에서 MOSFET M_1, M_2, M_3, M_4의 채널 폭은 각각 W_1, W_2, W_3, W_4로 주어질 때, $I_4 = 2I_1$ 조건을 만족하지 않는 것은? (단, M_1, M_2, M_3, M_4는 채널 폭을 제외하고 동일한 MOSFET이며, 모든 MOSFET은 포화 영역에서 동작하고 채널길이 변조는 무시한다)

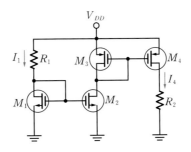

㉮ $W_2 = W_1$, $W_4 = 0.5W_3$　　　　　㉯ $W_2 = 2W_1$, $W_4 = W_3$

㉰ $W_2 = 0.5W_1$, $W_4 = 4W_3$　　　　㉱ $W_2 = 4W_1$, $W_4 = 0.5W_3$

해설

- MOSFET의 출력전류 I_D는 채널의 종횡비(W/L)에 비례하므로, 주어진 M의 채널 폭 W에 비례관계로, 최종 출력전류 $I_4 = 2I_1$의 조건 성립 여부를 파악해야 한다.

- $I_4/I_1 = (I_2/I_1) \times (I_4/I_3) = (W_2/W_1) \times (W_4/W_3) = A_1 \times A_2$일 때 $A_1 \times A_2 = 2$인지 확인한다.
  (㉮ $A_1 \times A_2 = 1 \times 0.5 = 0.5$, ㉯ $A_1 \times A_2 = 2 \times 1 = 2$, ㉰ $A_1 \times A_2 = 0.5 \times 4 = 2$, ㉱ $A_1 \times A_2 = 4 \times 0.5 = 2$)

㉮

18 다음의 회로에서 I_{out} 전류의 값으로 올바른 것은? (단, 바이어스 전류인 I_{REF}는 $1[\text{mA}]$이고, M_1의 W/L 비율은 1, M_2의 W/L 비율은 2, M_3의 W/L 비율은 4, M_4의 W/L 비율은 6로 설계되었다고 가정한다)

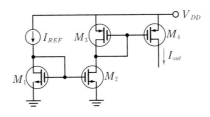

해설

M_1에서 M_2로 복사된 전류 $I_{d2} = [(W/L)_2/(W/L)_1] \cdot I_{REF} = [2/1] \cdot I_{REF} = 2 \times 1[\text{mA}] = 2[\text{mA}]$이고,
$I_{d2} = 2[\text{mA}]$가 M_3의 기준전류(I_{REF})로 작용하면서, M_4로 복사된 전류 $I_{d4} = I_{out}$를 구한다.
$I_{out} = I_{d4} = [(W/L)_4/(W/L)_3] \cdot I_{REF} = [6/4] \cdot I_{d2} = 1.5 \times 2[\text{mA}] = 3[\text{mA}]$가 된다.

19 다음 회로에서 전류 I_o의 최적의 값을 결정하여라(단, Q의 $V_{BE} = 0.7[V]$, $V_{cc} = V_{CC} = 5[V]$, $R_{c2} = 1[k\Omega]$, β는 매우 크다고 가정한다).

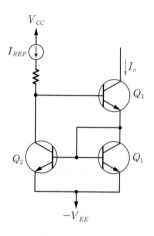

해설

윌슨의 전류거울 회로로서 식 (8.45)를 이용하면 복사된 정전류원 $I_o = I_{REF} \cdot \left(1 - \dfrac{2}{\beta^2 + 2\beta + 2}\right) \cong I_{REF}$이기

때문에 $I_o = I_{REF} = \dfrac{(V_{CC} + V_{EE}) - (V_{BE3} + V_{BE2})}{R} = \dfrac{5 + 5 - 0.7 - 0.7}{1k} = 8.6[mA]$이다.

20 다음 회로에서 M_o와 M_3 트랜지스터의 사용 목적을 설명하고, 제시된 지문 중에서 가장 옳은 것을 고르시오.

㉮ 얼리효과^{early effect}를 방지한다.

㉯ 회로의 파워소모를 감소시켜서 발열현상을 완화시켜 준다.

㉰ 바디효과^{body effect}를 방지한다.

㉱ 채널길이 변조^{channel-length modulation} 현상을 완화시켜 준다.

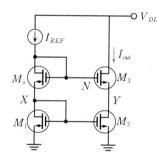

해설

- M_1과 M_2의 [CS]형 기본적인 전류거울의 정전류원 회로에 M_o과 M_3이 추가되어, 이들의 게이트가 기준 DC 전류인 I_{REF}에 연결되어 [CG] 구조를 갖는다. 결국 캐스코드 정전류원 회로를 구성하고 있다. 식 (8.31)에서 다루었듯이, 차동 증폭기의 동상신호이득 A_c는 출력저항 R_o에 반비례하므로 R_o가 클수록 CMRR이 커져서 바람직하다.

- 출력저항 $R_o \to \infty$인 경우, 출력 $V - I$ 특성이 전류포화 평탄특성을 갖게 되어, 채널길이 변조현상을 무시할 수 있고, 가능한 큰 R_o값을 가질 때 채널길이 변조현상이 완화된다. 이런 효과가 BJT에서는 얼리 효과(베이스 폭 변조효과)라고 한다.

- M_o, M_3가 없는 기본 회로에서 $R_o \cong r_{o2}$일 때 비해, 캐스코드 회로에서 R_o가 $(g_{m3} \cdot r_{o3})$배, 즉 20~100배 (BJT 경우에는 β배) 정도 출력저항 R_o가 증대되며, 이외로 윌슨 전류원, 위들러 전류원 등이 사용되고 있다.

㉱

21 대칭인 BJT와 MOS 차동쌍 증폭회로의 차동 전압이득을 절반회로를 사용하여 구하여라.

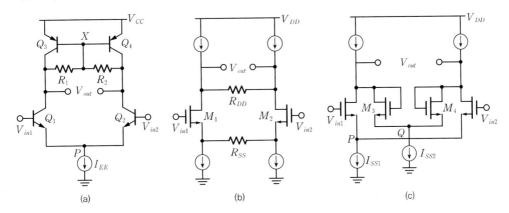

(a)   (b)   (c)

해설

차동이득은 출력들 간의 차이가 입력들 간의 차이에 의해 나누는 것으로 정의되므로, 이 이득은 각 **절반회로의 싱글앤드 이득**과 동일하다. 차동쌍 회로의 **대칭성**은 점 P(대칭축상 모든 노드들에 유효함)에 **가상접지**(교류접지로 단락)를 형성시킬 수 있어, 이 가상접지를 적용한 절반회로를 이용하면 손쉽게 회로 해석을 할 수 있다.

(a) 회로의 대칭성에 의해 R_1, R_2의 중점, P점, X점에 가상접지를 적용할 수 있어, 등가 절반회로 ①에서 $A_v = -g_{m1}(r_{o1} \parallel r_{o3} \parallel R_1)$이 쉽게 구해진다. Q_3, Q_4는 전류원 부하로 동작한다.

(b) 동일하게 R_{SS}, R_{DD}의 중점을 가상접지시킨 등가 절반회로 ②에서 [CS With R_S] 증폭기의 해석을 하면
$$A_v = -\frac{R_L}{R_S} = -\frac{R_{DD}/2}{R_{SS}/2 + 1/g_{m1}}$$ 이다.

(c) 공통인 점 P, Q에 가상접지를 적용하여 등가 절반회로 ③을 구하며, M_3는 다이오드 연결부하($1/g_{m3} \parallel r_{o3} \cong 1/g_{m3}$)이며, [CS] 증폭기의 해석을 하면 $A_v = -g_{m1}(r_{o1} \parallel 1/g_{m3}) \cong -g_{m1}/g_{m3}$이다.

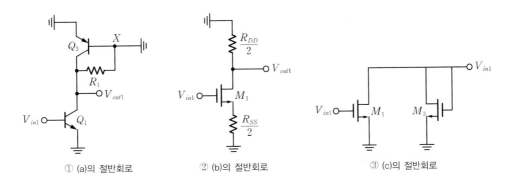

① (a)의 절반회로   ② (b)의 절반회로   ③ (c)의 절반회로

22 다음과 같이 대칭성을 갖는 MOS 차동쌍의 증폭회로 (A)와 등가회로 (B)가 주어질 때 차동전압이득 A_d, 출력저항 R_o를 구하고, (B)의 회로 구성을 설명하여라.

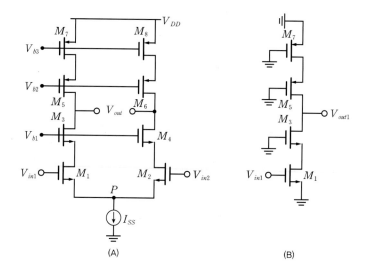

(A)   (B)

해설

- (A)는 **MOS 캐스코드 차동 증폭기**이다. 회로의 대칭성은 중점 P, 중앙축과 교점들인 각 소자들의 게이트가 가상접지를 의미하므로, 교류 등가 절반회로(B)가 구성되며, 이를 사용해 쉽게 신호 해석을 할 수 있다.

- 차동 전압이득 : $A_d = -g_{m1}(R_{on} \parallel R_{op}) = -g_{m1}[(g_{m3} \cdot r_{o3} \cdot r_{o1}) \parallel (g_{m5} \cdot r_{o5} \cdot r_{o7})]$ (4장 참고)

- 출력저항 : $R_o = (R_{on} \parallel R_{op}) = (g_{m3} \cdot r_{o3} \cdot r_{o1}) \parallel (g_{m5} \cdot r_{o5} \cdot r_{o7})$ (R_{op}, R_{on} : P, NMOS 부 출력저항)

연산 증폭기
Operational Amplifier Circuit

연산 증폭기는 TR이나 FET 등 개별소자를 집적한 고이득 선형 아날로그 IC 증폭기이다. 이 절에서는 연산 증폭기의 특징을 살펴보고, 기본 및 응용 회로를 구현하는 과정과 이를 해석하는 방법을 학습한다

연산 증폭기의 기본 이론

먼저 이상적인 연산 증폭기의 특성을 숙지하고, 회로 해석에 중요한 가상적인 단락(short)의 개념을 도입하여 기본 연산 증폭기 회로의 구현과 해석을 한다. 그리고 연산 증폭기 사용에 필요한 정수 개념과 사용 방법 등을 학습한다.

Keywords | 연산 증폭기 | 이상적인 연산 증폭기 | 가상적인 단락(접지) | 오프셋 | 슬루율 |

9.1.1 연산 증폭기의 기본 구성과 특성

연산 증폭기는 TR이나 FET 등 개별소자를 집적^{IC}한 **고이득 선형 아날로그 IC 증폭기**이다. 사용이 편하고 구동전압이 낮을 뿐만 아니라, 신뢰성이 높고 가격도 저렴하며 개별소자와 달리 이상적인 회로 특성을 얻을 수 있다는 장점이 있다. 또한 가산기, 감산기, 미분기, 적분기, 비교기 등 연산회로의 응용과 비선형회로, A/D 및 D/A 컨버터 회로, 계측 및 제어회로, 능동^{active} 필터 등 광범위한 아날로그 시스템의 기본 구조로 응용되고 있다.

연산 증폭기의 응용 회로를 해석할 경우, 이상적인 연산 증폭기로 가정하고 해석해도 실제 결과와의 오차가 크지가 않다. 그러므로 이상적인 연산 증폭기에 대한 개념을 확실히 숙지해야만 회로의 동작을 이해하고 해석하기가 쉬워진다.

이상적인 특성을 통해 이상적인 연산 증폭기를 설명해보자. 입력회로에 MOSFET이나 달링턴 쌍의 구조를 사용하여 입력저항 $R_i = \infty$ 로 크게 하면 입력 구동에 필요한 전류가 작아짐으로써 회로구동이 용이해진다. 또한 차동 증폭기 구조를 사용하면 온도 변화에 따른 드리프트^{drift} 현상 및 잡음신호를 효율적으로 제거할 수 있게 된다. 그리고 출력단에 이미터 폴로워(소스 폴로워)를 사용하여 출력저항 $R_o = 0$ 으로 작게 함으로써 부하에 의한 출력전압의 변동이 적어 큰 부하를 구동하기가 유리하다. 더욱이 주파수 제한의 요인인 콘덴서를 제거한 직접 결합 구조로, 직류^{DC} 증폭이 가능한 무한대의 대역 폭 및 부궤환에 의한 안정된 선형특성을 보인다. 또한 개별소자인 BJT, FET을 다단으로 구성하여 전압이득 $A_v = \infty$ 를 갖게 되므로 **차동 증폭기, DC 증폭기, 부궤환 증폭기**로 대변할 수 있는 **고이득 전압 증폭기**이다.

이상적인 연산 증폭기의 특성은 다음과 같다.

❶ 입력 임피던스(Z_i)가 무한대이다($I_i = 0$).

❷ 출력 임피던스(Z_o)는 거의 0이다.

❸ 전압이득(A_v)은 무한대이다.

❹ 주파수 대역폭[BW]은 무한대이다.

❺ 동상신호 제거비[CMRR]가 무한대이다$\left(\mathrm{CMRR} = \dfrac{A_d}{A_c}\right)$.

❻ 온도 드리프트[dirft] 특성이 거의 없다.

❼ 완전 평형인 경우($V_1 = V_2$), 출력전압 $V_o = 0$이다.

❽ 입력 오프셋 전류 $I_{io} = I_{B1} - I_{B2}$는 0이다.

❾ 입력 바이어스 전류 $I_B = \dfrac{I_{B1} + I_{B2}}{2}$이다.

❿ 이상적일 때는 입력 오프셋 전류와 전압이 0이다.

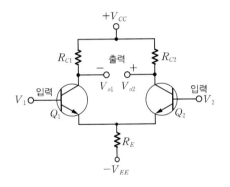

(a) 차동 증폭기 구조

(b) 연산 증폭기의 기호 표기

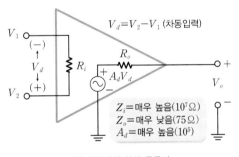

(c) 이상적인 연산 증폭기

(d) 실제적인 연산 증폭기

[그림 9-1] 연산 증폭기 내부 구조와 기호 및 이상적·실제적 연산 증폭기 구성

9.1.2 연산 증폭기의 정수

연산 증폭기에는 [표 9–1]과 같이 다양한 정수값이 존재한다. 각각의 값에 대해 자세히 설명하면 다음과 같다.

[표 9–1] 범용 IC형 연산 증폭기의 주요 정수값

정수값	타입			
	741C	LF353(BiFET)	LM108	LM218
입력 오프셋 전압(input offset voltage)	$1[\text{mV}]$	$5[\text{mV}]$	$0.7[\text{mV}]$	$2[\text{mV}]$
입력 바이어스 전류(input bias current)	$80[\text{nA}]$	$50[\text{pA}]$	$0.8[\text{nA}]$	$120[\text{nA}]$
입력 오프셋 전류(input offset current)	$20[\text{nA}]$	$25[\text{pA}]$	$0.05[\text{nA}]$	$6[\text{nA}]$
입력 임피던스(input impedance)	$2[\text{M}\Omega]$	$10^6[\text{M}\Omega]$	$70[\text{M}\Omega]$	$3[\text{M}\Omega]$
출력 임피던스(output impedance)	$75[\Omega]$	–	–	–
개루프 이득(open-loop gain)	$200,000$	$100,000$	$300,000$	$200,000$
슬루율(slew rate)	$0.5[\text{V}/\mu\text{s}]$	$13[\text{V}/\mu\text{s}]$	–	$70[\text{V}/\mu\text{s}]$
CMRR	$90[\text{dB}]$	$100[\text{dB}]$	$100[\text{dB}]$	$100[\text{dB}]$

입력 오프셋 전압 V_{io}

입력 오프셋offset 전압이란 두 입력전압 $V_1 = V_2 = 0$일 때도 출력전압이 0이 되지 못하는 경우 **출력 전압 $V_o = 0$이 되도록 입력측에 가해주는 전압**을 의미한다. 이런 현상은 내부의 능동소자 불균일, 저항 특성 차이 등으로 인해 차동 증폭기의 $V_{BE1} \neq V_{BE2}$가 되어 약간의 DC 출력전압이 발생된다. 이를 출력 오프셋 전압이라고 한다.

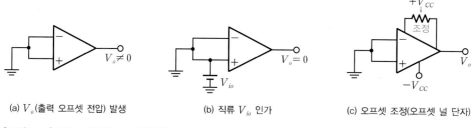

(a) V_o(출력 오프셋 전압) 발생   (b) 직류 V_{io} 인가   (c) 오프셋 조정(오프셋 널 단자)

[그림 9–2] 연산 증폭기의 오프셋 전압 개념

[그림 9–2(c)]를 보면 오프셋 널offset-null 단자에 가변저항을 추가하여 연산 증폭기 내부에 있는 차동 증폭기의 BJT(또는 MOSFET)에 흐르는 전류를 조정함으로써 [그림 9–2(b)]의 입력 오프셋 전압 (V_{io})을 보상하게 되는 것을 알 수 있다. 이때 차동 증폭기의 출력전류 $i_{C1} = i_{C2}$에서 입력 오프셋 전압 $V_{io} = V_{BE1} - V_{BE2}$를 다음과 같이 구할 수 있다. 이상적인 경우 오프셋 전압은 $0[\text{V}]$이지만 보통은 $2[\text{mV}]$ 범위 내 정도이다.

$$i_{C1} = i_{C2} \text{에서 } I_{o1} e^{\frac{V_{BE1}}{V_T}} = I_{o2} e^{\frac{V_{BE2}}{V_T}} \tag{9.1}$$

$$e^{\frac{V_{BE1} - V_{BE2}}{V_T}} = e^{\frac{V_{io}}{V_T}} = \frac{I_{o2}}{I_{o1}} \tag{9.2}$$

$$V_{io} = V_T \ln \frac{I_{o2}}{I_{o1}} \tag{9.3}$$

입력 오프셋 전압 드리프트

온도 1℃ 당 입력 오프셋 전압의 변화를 의미하며, 보통 $5 \sim 50[\mu V / \text{℃}]$ 정도의 값을 갖는다.

입력 바이어스 전류 I_B

차동 증폭기의 입력단자는 TR의 베이스이므로 증폭기의 입력전류는 베이스 전류이다. 바이어스 전류는 증폭기를 적절한 동작 영역에 있게 하기 위한 직류전류로서, 두 입력전류의 평균값으로 정의한다.

$$I_B = \frac{I_{B1} + I_{B2}}{2} \tag{9.4}$$

입력 오프셋 전류 I_{io}

이상적인 경우일 때는 바이어스 전류 I_{B1} 과 I_{B2} 는 동일하지만, 실제는 정확히 같지 않기 때문에 두 바이어스 전류 사이에 차이가 발생한다. 이를 입력 오프셋 전류라고 하며, 출력측에는 이로 인해 오차 전압이 증폭되어 출력 오프셋 전압이 발생한다.

$$I_{io} = I_{B1} - I_{B2} \quad \text{(온도계수는 } 0.5[\text{nA} / \text{℃}] \text{ 정도)} \tag{9.5}$$

이상적인 경우 $I_{io} = 0$ 이지만, 보통 바이어스 전류의 $\frac{1}{10}$ 정도로 작은 값이지만 온도에 따른 변화는 문제가 될 수 있다. 이때 발생되는 오프셋 전압은 다음과 같다.

$$V_{io} = I_{io} \cdot R_i \quad (R_i \text{는 입력저항}) \tag{9.6}$$

개루프 전압이득 A_o, 폐루프 전압이득 A_f

출력에서 입력으로 어떠한 외부 궤환회로도 부가하지 않은 연산 증폭기 자체의 이득을 **개루프 전압이득** open-loop gain (A_o)이라 하고, 보통 50,000 ~ 200,000 정도의 매우 높은 이득을 갖는다. 그러나 실제는 부궤환을 걸어서 안정한 이득을 내도록 사용하게 되는데, 그 외부 궤환 루프가 형성된 상태에서의 이득을 **폐루프 전압이득** closed-loop gain (A_f)이라고 한다.

슬루율

일반적으로 시스템은 입력의 변화에 대해서 출력이 즉각적으로 반응하지 못하며, 일정시간의 지연을 갖고 반응하게 된다. [그림 9-3]과 같이 이득이 1인 비반전 증폭기를 구성하여 계단파 입력전압(대신호)이 인가되었을 때, **출력전압이 시간에 따라 변화하는 속도(비율)**, 즉 연산 증폭기의 **출력 반응속도**를 **슬루율**SR : slew rate이라 한다. 이 슬루율은 연산 증폭기 내부의 증폭단의 주파수 응답에 관계된다.

$$\text{슬루율} = \frac{\Delta V_o}{\Delta t} = \frac{V_{\max} - (- V_{\max})}{\Delta t} \ [\text{V}/\mu\text{s}] \tag{9.7}$$

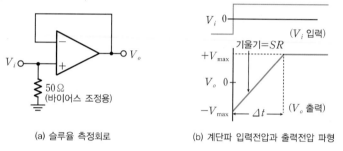

(a) 슬루율 측정회로   (b) 계단파 입력전압과 출력전압 파형

[그림 9-3] 슬루율 측정

연산 증폭기의 슬루율이 무한대인 경우는 출력전압이 계단입력과 동일한 모양이 된다. 하지만 계단입력의 진폭이 충분히 큰 값이고, 유한한 슬루율을 갖는 경우에는 [그림 9-3(b)]처럼 일정한 기울기를 갖고 상승하여 출력파형에 왜곡이 발생한다. 이와 같이 **슬루율은 큰 진폭의 신호가 출력되는 경우에 영향을 미치게 되는 대신호 특성**이다.

연산 증폭기의 정현파 출력 $v_o(t) = V_p \sin(2\pi f_p t)$에 대한 슬루율을 고찰하기로 한다.

$$SR \equiv \left(\frac{dv_o}{dt} \right)_{\max} = V_p \cdot 2\pi f_p \cos(2\pi f_p t)_{\max} = V_p \cdot 2\pi f_p \tag{9.8}$$

이 식은 출력 정현파가 슬루율의 영향을 받게 되는 임계조건을 의미한다. 즉, 정현파의 최대 기울기 $V_p \cdot 2\pi f_p$가 연산 증폭기의 슬루율보다 클 때 슬루율의 영향을 받아 출력에 왜곡이 발생한다. 그러므로 출력에 최대 진폭인 정현파를 증폭할 경우 피크왜곡 없이 얻을 수 있는 출력의 최대 주파수(혹은 최대 전력 대역폭, **대신호 대역폭**) f_p와, 그 반대로 신호 주파수 f_p인 정현파를 증폭할 경우 피크왜곡 없이 얻을 수 있는 출력의 최대 진폭 V_p는 다음의 관계식으로 구할 수 있다.

$$f_p = \frac{SR}{2\pi V_p} \quad \text{(왜곡 없이 출력을 얻는 최대 주파수)} \tag{9.9}$$

$$V_p = \frac{SR}{2\pi f_p} \quad \text{(왜곡 없이 출력을 얻는 최대 진폭)} \tag{9.10}$$

참고로, 출력전압의 진폭이 작아 슬루율의 영향을 받지 않는 경우의 대역폭은 **소신호 대역폭**으로 구분한다.

연산 증폭기 입력에 계단신호를 인가했을 때 출력전압이 $0.6[\mu s]$ 동안 $-8[V]$에서 $+10[V]$를 얻었다. 이때 슬루율은 얼마인가?

풀이

$$SR \equiv \frac{\Delta V_o}{\Delta t} = \frac{10-(-8)}{0.6} = 30[V/\mu s]$$

슬루율이 $1[V/\mu s]$인 연산 증폭기로 정현파를 왜곡 없이 증폭하고자 한다. 이때 다음 물음에 답하여라.

(a) $f = 50[kHz]$의 정현파를 증폭할 경우 피크왜곡 없이 얻을 수 있는 출력의 최대 진폭 V_{op}와 허용 가능한 입력의 최대 진폭전압 V_{ip}는 얼마인가?(단, 폐루프 전압이득 $A_f = 10$이다).

(b) 출력전압의 최대 진폭 V_p가 $10[V]$가 되도록 증폭할 경우, 피크왜곡 없이 얻을 수 있는 최대 주파수 f_p(대신호 대역폭)를 구하여라. 그리고 연산 증폭기의 **단위이득 차단 주파수** f_T가 $1[MHz]$라면, 폐루프 전압이득 $A_f = 10$일 경우에 소신호 대역폭 f_H는 얼마 정도가 되는가?

풀이

(a) 출력전압의 최대 진폭 : $V_{op} = \dfrac{SR}{2\pi f_p} = \dfrac{1[V/\mu s]}{2\pi \times 50 \times 10^3} = \dfrac{10^6}{10^5 \pi} = 3.18[V]$

　　 입력전압의 최대 진폭 : $V_{ip} = \dfrac{V_{op}}{A_f} = \dfrac{3.18}{10} = 0.318[V]$

(b) 대신호 대역폭 : $f_p = \dfrac{SR}{2\pi V_p} = \dfrac{1[V/\mu s]}{2\pi \times 10} = \dfrac{10^6}{20\pi} = 15.923[kHz]$

　　 소신호 대역폭 : $f_H = \dfrac{f_T}{A_f} = \dfrac{1[MHz]}{10} = 100[kHz]$

　　 ($[G \cdot B = 일정]$ 조건 : $1 \cdot f_T = A_f \cdot f_H$에서 f_H를 구한다)

결국, 출력전압 진폭 $V_p = 10[V]$인 경우의 대신호 대역폭은 소신호 대역폭의 약 $\dfrac{1}{6.25}$ 정도이다. 이러한 결과는 슬루율에 의해 출력전압에 왜곡이 발생했기 때문이다.

주파수 응답

연산 증폭기는 내부에 결합 콘덴서가 없는 **직접 결합 구조**라서 하한 차단 주파수는 거의 0[Hz]에 가깝다. [그림 9-4]에서 알 수 있듯이 중역에서의 개방루프 이득은 2×10^5 (106[dB])에 이르지만, 상위 임계 차단 주파수는 고작 10[Hz] 정도로 매우 낮아 대역폭이 대단히 작아진다. 이것은 고이득을 위해 다단으로 결합하는 과정에서 소자 내부의 **부유용량**stray capacitance(기생용량)들의 영향이 누적되기 때문이다. 따라서 연산 증폭기를 실제로 사용하기 위해서는 **외부 부궤환 회로**를 결합하여 전압이득 (A_f)을 낮추면서 대역폭을 넓게 확대해야 한다는 것을 기억하자.

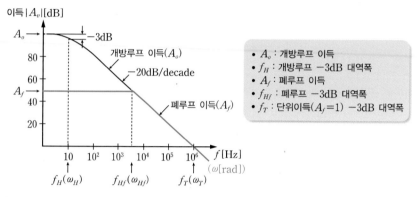

[그림 9-4] 실용 연산 증폭기(1-폴) 주파수 응답특성

[그림 9-4]에서 볼 수 있듯이 개루프 상태의 이득(A_o)과 그때의 -3[dB] 대역폭(즉, 고역 차단 주파수 f_H, ω_H)의 곱은 폐루프 상태의 이득(A_f)과 대역폭(f_{Hf}, ω_{Hf})의 곱과 같음을 의미한다. 식 (9.11)은 선형 연산 증폭기의 이득과 대역폭의 관계식으로, **이득과 대역폭의 곱** [G·B]이 **일정할 때 선형증폭**이 이루어진다는 것을 보여준다. 이를 이용하면 궤환을 통해 이득과 대역폭을 조절할 수 있다. 이때 연산 증폭기 저역 차단 주파수는 0[Hz]이므로 고역 차단 주파수가 곧 대역폭이 된다.

$$[\mathrm{G} \cdot \mathrm{B}] = A_o \cdot f_H = A_f \cdot f_{Hf} = 1 \cdot f_T \tag{9.11}$$

예제 9-3

개방루프 전압이득 100[dB]이고, 단위이득 대역폭 $f_T = 3$[MHz]인 μA741 연산 증폭기를 사용해서 폐루프 이득이 50인 비반전 증폭기를 설계했을 때, 이 증폭기의 대역폭 f_{Hf}는 얼마인가?

풀이

선형 증폭기는 [G·B]가 일정한 조건을 만족해야 하므로 다음 [G·B]의 관계식에서 f_{Hf}를 구하면 된다.

$$[\mathrm{G} \cdot \mathrm{B}] = A_f \cdot f_{Hf} = 1 \cdot f_T$$

$$f_{Hf} = \frac{f_T}{A_f} = \frac{3\mathrm{M}}{50} = \frac{3 \times 10^6}{50} = 60[\mathrm{kHz}]$$

동상신호 제거비

차동 증폭기에서 논의되었던 **동상신호 제거비** ^{CMRR}는 동상신호를 제거하는 연산 증폭기의 성능을 나타내는 하나의 척도가 된다. 여기서 동상신호는 $60[\text{Hz}]$ 전원의 리플, 유도잡음 전압 등 불필요한 간섭신호들을 말한다. 이때 A_c는 동상이득, A_o는 증폭기 개루프 이득(차동이득 A_d임)을 뜻한다. CMRR이 무한대라는 것은 동일한 동상신호가 두 입력단에 인가되면 출력이 0임을 의미한다.

$$\text{CMRR} = \frac{A_d(\text{차동이득})}{A_c(\text{동상이득})}$$

예제 9-4

연산 증폭기의 개루프 이득이 10^5이고 동상이득이 0.4일 때의 CMRR을 구하고, 이를 [dB] 값으로 나타내라.

풀이

$$\text{CMRR} = \frac{A_d}{A_c} = \frac{A_o}{A_c} = \frac{10^5}{0.4} = 250,000$$
$$\text{CMRR(dB)} = 20\log(250,000) = 108[\text{dB}]$$

9.1.3 CMOS 연산 증폭기

[그림 9-5]는 CMOS로 구현한 연산 증폭기(MC 14573)의 구조를 보여준다. 이 연산 증폭기는 2단 증폭단으로 구성되어 있다. 첫 번째 증폭단은 $Q_1 - Q_2$의 차동 증폭기 쌍과 $Q_3 - Q_4$의 능동부하로 구성되고, $Q_5 - Q_6$의 전류거울 정전류원 Q_6에 의해 I_o 직류 바이어스 전류가 공급되고 있다. 두 번째 증폭단 Q_7은 공통 소스 증폭기로서, 정전류원 $Q_5 - Q_8$의 회로에서 Q_8에 의해 복제된 I_o 직류 바이어스를 공급하는 동시에 Q_8을 능동부하로 쓰고 있다.

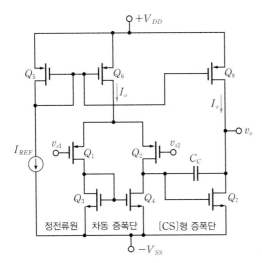

[그림 9-5] 2단 CMOS 연산 증폭기의 내부 회로도

■ 주파수 보상

연산 증폭기 내부의 기생용량으로 고주파 대역에서 발진이 발생할 수 있으므로 두 번째 증폭단의 입·출력 사이에 커패시터 C_c를 삽입하여(1-폴 형성) 고주파 성분일수록 강한 부궤환 작용을 시켜 고주파 대역에서의 이득을 감소함으로써 **고주파 발진**을 막는다. 즉, C_c에 의한 고주파의 주파수 보상용 보상 커패시터를 보여주고 있다.

■ 전압이득

첫째 단과 둘째 단, 그리고 전체 전압이득(A_1, A_2, A_v)은 다음과 같다. 여기서 컨덕턴스 $g_{m1} = g_{m2} = g_{m7} = \dfrac{I_o}{V_{GS} - V_T}$ 이고, 출력저항 $r_{o2} = \dfrac{V_{A2}}{I_o/2}$, $r_{o4} = \dfrac{V_{A4}}{I_o/2}$, $r_{o7} = \dfrac{V_{A7}}{I_o/2}$, $r_{o8} = \dfrac{V_{A8}}{I_o/2}$, V_A는 얼리전압, V_T는 열전압을 가리킨다. [그림 9-5]의 회로 해석은 '8장 차동 증폭기'의 해석 부분을 참고하기 바란다.

$$A_1 = -g_{m1} \ (r_{o2} /\!/ r_{o4}) \tag{9.12}$$

$$A_2 = -g_{m7} \ (r_{o7} /\!/ r_{o8}) \tag{9.13}$$

$$A_v = A_1 \cdot A_2 = g_{m1}g_{m7}(r_{o2} /\!/ r_{o4}) \cdot (r_{o7} /\!/ r_{o8}) \tag{9.14}$$

9.1.4 기본 연산 증폭기 회로

앞서 [그림 9-1]에서 연산 증폭기의 기호와 구조 등을 학습했다. 출력전압의 위상을 반전시킬 때 사용되는 V_1(-, **반전**) 입력과 동위상의 출력을 발생시킬 때 사용되는 V_2(+, **비반전**) 입력에 대한 출력전압과의 관계를 [그림 9-6]에 나타내었다.

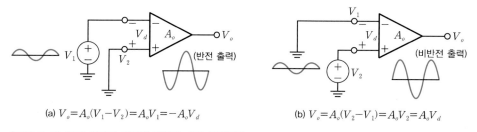

(a) $V_o = A_o(V_1 - V_2) = A_oV_1 = -A_oV_d$ (b) $V_o = A_o(V_2 - V_1) = A_oV_2 = A_oV_d$

[그림 9-6] 반전 입력과 비반전 입력에 대한 출력전압

연산 증폭기는 보통 **양전원**($+V_{CC}$, $-V_{CC}$)을 사용하는데, 증폭된 출력전압은 최대 $+V_{CC}$와 최소 $-V_{CC}$ 사이의 값으로 동작해야 선형증폭이 가능해진다. 일반적으로 연산 증폭기는 개루프 이득이 10^5 이상으로 매우 크기 때문에 입력전압 V_d가 $\pm 0.1[\mathrm{mV}]$ 정도만 초과해도 출력이 $\pm V_{CC}$에 도달하여 포화되므로, 따라서 [그림 9-7]처럼 **클리핑(왜곡)**되어 선형증폭을 할 수 없게 된다. 따라서 연산 증폭기를 선형 증폭기로 이용하는 경우에는 출력의 일부를 반전(-) 입력으로 궤환시키는 **부궤환** negative feedback 기법을 적용하여 작은 전압이득을 갖게 하면 안정된 선형 증폭이 가능해지고 사용 주파수 대역폭도 확장시킬 수 있다.

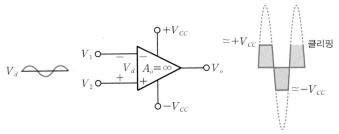

[그림 9-7] 출력전압의 포화(클리핑)

■ 가상적인 단락(접지)

[그림 9-9]는 R_2 저항을 통해 출력전압을 입력으로 부궤환시키고, R_1 저항을 입력저항으로 사용한 선형 반전 증폭기의 기본 회로도이다. 이상적인 연산 증폭기라고 가정할 때, [그림 9-8]과 같이 입력 저항 $R_i \to \infty$ 이므로 반전 입력단자나 비반전 입력단자로 흘러 들어가는 입력전류 $I_{in} = 0$이다. 반면 에 전압이득 $A_v \to \infty$ 이므로 출력전압 V_o가 일정한 크기가 되려면 두 입력 사이의 차동 입력전압 V_d ($= V_2 - V_1$) $= \dfrac{V_o}{A_v} = \dfrac{V_o}{\infty} = 0$이 되어야 하므로, 두 입력은 $V_1 = V_2$가 되어 마치 두 입력단자가 단락된 것처럼 볼 수 있다.

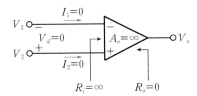

[그림 9-8] 이상적인 연산 증폭기의 조건

[그림 9-9]처럼 비반전(+) 입력이 접지된 경우는 $V_1 = V_2 = 0$이 되므로 **가상접지** ᴳᴺᴰ라고도 부른다. 결국 두 입력단자의 **가상적인 단락** ˢʰᵒʳᵗ은 **단락과 개방의 성질을 동시에 띠게 된다.** 단락 성질에 의해 $V_1 = V_2$이며, 개방 성질에 의해 두 입력단으로 흘러 들어가는 전류 $I_{in} = I_d = 0$이라는 조건은 실제 연산 증폭기 회로를 해석할 때도 근사적으로 적용할 수 있는 매우 유용한 조건임을 기억해야 한다.

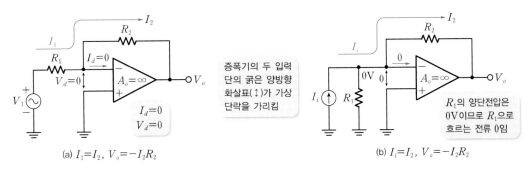

증폭기의 두 입력 단의 굵은 양방향 화살표(↕)가 가상 단락을 가리킴

(a) $I_1 = I_2$, $V_o = -I_2 R_2$

R_1의 양단전압은 0V이므로 R_1으로 흐르는 전류 0임

(b) $I_i = I_2$, $V_o = -I_2 R_2$

[그림 9-9] 가상적인 단락(접지)의 개념

반전 증폭기

[그림 9-10]은 비반전(+) 입력은 접지시키고, 반전(−) 입력만 사용한다. 출력 위상은 입력위상이 반전되어 증폭되므로 **반전 증폭기**라고 한다. 가상적인 단락(접지)을 적용하면 (−) 입력단자의 전위도 $0[\mathrm{V}]$가 되고, 연산 증폭기 내부 단자로 유입되는 전류는 0이다. 따라서 $I_1 = I_2$가 되어야 하며, 이는 전류방정식을 세워서 해석할 수 있다.

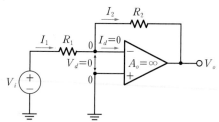
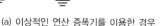
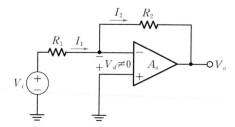

(a) 이상적인 연산 증폭기를 이용한 경우   (b) 실제 연산 증폭기를 이용한 경우

[그림 9-10] 반전 증폭기

$I_1 = I_2$이고 $\dfrac{(V_i - 0)}{R_1} = \dfrac{(0 - V_o)}{R_2}$이므로, 이를 정리하면 출력전압($V_o$)과 전압이득($A_v$)을 다음과 같이 구할 수 있다.

$$V_o = -\frac{R_2}{R_1} V_i \tag{9.15}$$

$$A_v = \frac{V_o}{V_i} = -\frac{R_2}{R_1} \tag{9.16}$$

입력저항 R_{if}는 [그림 9-10(a)]에서 가상적인 접지를 적용하면 R_1 값이 됨을 직관적으로 알 수 있다. 그리고 출력저항 R_{of}는 연산 증폭기 자체의 출력저항(R_o)과 같으므로 다음과 같이 나타낼 수 있다. [그림 9-10(a)]의 반전 증폭기는 R_2 저항에 의한 **병렬전압 부궤환 증폭기**이므로 6장에서 배운 부궤환 해석 방법에 따라 입력저항(감소), 출력저항(감소) 결과와 일치한다.

$$R_{\mathrm{if}} = \frac{V_i}{I_i} = \frac{V_i}{I_1} = \frac{V_i}{(V_i/R_1)} = R_1 \tag{9.17}$$

$$R_{of} = R_o \tag{9.18}$$

이번에는 [그림 9-10(b)]와 같이 전압이득이 ∞가 아닌 실제의 연산 증폭기를 이용할 때의 해석 결과는 어떠한지 살펴보자. 단, 해석의 편의상 입력저항 R_i는 ∞로 가정했고, 이상적인 경우와 동일한 방법으로 해석하면 된다. 이 경우에는 두 입력단자 간의 전압 $V_d \neq 0$이다. $I_1 = I_2$는 $\dfrac{V_i - (-V_d)}{R_1}$ $= \dfrac{(-V_d) - V_o}{R_2}$로 나타낼 수 있고, 이 식에 식 (9.19)를 대입하면 식 (9.20)과 같다. 이를 정리하면 출력전압(V_o)과 전압이득(A_v)을 구할 수 있다.

$$V_d = \frac{V_o}{A_o} \quad (A_o\text{는 개루프 이득}) \tag{9.19}$$

$$A_v = \frac{V_o}{V_i} = \frac{-R_2/R_1}{1 + \dfrac{(1+R_2/R_1)}{A_o}} \tag{9.20}$$

식 (9.20)을 식 (9.16)과 비교해보면 서로 다르게 보이지만, 실제 연산 증폭기의 개방루프 이득이 $A_o \gg \left(1 + \dfrac{R_2}{R_1}\right)$로 충분히 큰 값일 때는 두 식이 동일해진다. 따라서 **대부분의 연산 증폭기 회로를 이상적인 증폭기로 가정하여 해석해도 큰 오차가 발생하지 않음**을 보여준다.

예제 9-5

[그림 9-11]은 반전 증폭기이다. 전압이득, 입·출력 임피던스와 부하저항 R_L에 흐르는 전류를 구하여라(단, 사용한 연산 증폭기는 $A_o = 10^5$, $R_i = 4[\mathrm{M}\Omega]$, $R_o = 75[\Omega]$이다).

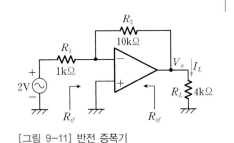

[그림 9-11] 반전 증폭기

풀이

- 전압이득 : $A_v = -\dfrac{R_2}{R_1} = -10$

- 입·출력 임피던스 : $R_{if} \cong R_1 = 1[\mathrm{k}\Omega]$, $R_{of} \cong R_o = 75[\Omega]$

- 출력전압 : $V_o = \left(-\dfrac{R_2}{R_1}\right)V_i = -10 \times 2 = -20[\mathrm{V}]$

- 출력 부하전류 : $I_L = \dfrac{V_o}{R_L} = \dfrac{-20}{4\mathrm{k}} = -5[\mathrm{mA}]$

비반전 증폭기

[그림 9-12]와 같이 반전(−) 입력은 접지시키고, 비반전(+) 입력만 사용하므로 출력은 입력과 동상으로 증폭되므로 **비반전 증폭기**라고 한다.

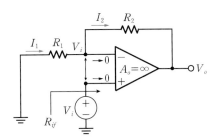

[그림 9-12] 비반전 증폭기

가상적인 단락의 개념을 적용하면 반전(−) 입력단자의 전압은 V_i가 되고 연산 증폭기 내부로 유입되는 전류는 0이다. 따라서 $I_1 = I_2$이고 $\dfrac{(0 - V_i)}{R_1} = \dfrac{(V_i - V_o)}{R_2}$이므로, 이를 정리하면 출력전압($V_o$)과 전압이득($A_v$)을 구할 수 있다.

$$V_o = \left(1 + \frac{R_2}{R_1}\right) V_i \tag{9.21}$$

$$A_v = \frac{V_o}{V_i} = \left(1 + \frac{R_2}{R_1}\right) \tag{9.22}$$

여기서 폐루프의 전압이득 A_v는 개루프 이득 A_o와 무관하고, 외부의 저항 R_1과 R_2의 비로 결정되므로 전압이득이 안정하게 됨을 알 수 있다. 이는 앞서 반전 증폭기도 마찬가지이다.

입력저항 R_{if}는 [그림 9−12]에 표기한 것처럼 비반전(+) 입력단자로 유입되는 전류가 0이므로 직관적으로 거의 ∞ 임을 알 수 있고, 이는 반전 증폭기와 달리 매우 크다.

$$R_{if} = \frac{V_i}{I_i} = \frac{V_i}{0} \cong \infty \tag{9.23}$$

$$R_{of} = R_o \cong 0 \ \ (R_o \text{는 연산 증폭기 자체 출력저항}) \tag{9.24}$$

[그림 9−12]의 비반전 증폭기는 R_2 저항에 의한 **직렬전압 부궤환 증폭기**이므로 6장에서 배운 부궤환 해석 방법에 따라 입력저항(증가), 출력저항(감소) 결과와 거의 일치한다. 만약 전압이득이 ∞ 가 아닌 실제의 연산 증폭기를 이용할 때의 해석 결과는 다음 식으로 구할 수 있다. 연산 증폭기의 개방루프 이득이 $A_o \gg \left(1 + \dfrac{R_2}{R_1}\right)$로 충분히 클 때는 이상적인 증폭기의 경우와 동일해진다.

$$A_v = \frac{V_o}{V_i} = \frac{(1 + R_2/R_1)}{1 + \dfrac{(1 + R_2/R_1)}{A_o}} \tag{9.25}$$

식 (9.25)의 유도 과정은 반전 증폭기 유도 과정인 식 (9.20)을 참고하기 바란다.

예제 9-6

[그림 9−13]은 비반전 증폭기이다. 전압이득과 입·출력 저항 및 부하전류를 구하여라(단, 사용하는 증폭기는 $A_o = 10^5$, $R_i = 2[\text{M}\Omega]$, $R_o = 75[\Omega]$이다).

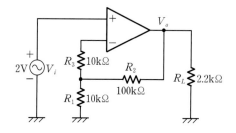

[그림 9−13] 비반전 증폭기

풀이

- 전압이득 : $A_v = \left(1 + \dfrac{R_2}{R_1}\right) = 11$

- 출력전압 : $V_o = \left(1 + \dfrac{R_2}{R_1}\right)V_i = 22[\mathrm{V}]$

- 출력 부하전류 : $I_L = \dfrac{V_o}{R_L} = \dfrac{22[\mathrm{V}]}{2.2[\mathrm{k}]} = 10[\mathrm{mA}]$

- 입력저항과 출력저항 : $R_{if} \cong \infty$, $R_{of} \cong 0$

> **참고** 회로에서 R_3 저항은 내부 차동 증폭기의 입력 바이어스 전류 조정용으로 해석 시 무관하다.

버퍼 증폭기

입력전압이 출력으로 따라 나가는 **버퍼 증폭기**(전압 폴로워, 완충 증폭기)는 TR의 경우에는 이미터 폴로워, FET의 경우에는 소스 폴로워와 함께 **완충 증폭기**로 널리 사용되고 있다. 이 전압 폴로워는 [그림 9-12]의 비반전 증폭기에서 $R_1 = \infty$, $R_2 = 0$으로 한 경우로서, 100[%] 부귀환이 걸린 형태이므로 전압이득은 1배가 된다. 회로입력에 가상적인 단락을 적용하면 입력전압 V_i가 그대로 출력전압 V_o가 된다.

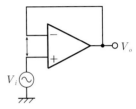

[그림 9-14] 전압 폴로워

$$출력전압 : V_o = V_i \tag{9.26}$$

$$전압이득 : A_v = \frac{V_o}{V_i} = 1 \tag{9.27}$$

전압 폴로워도 비반전 증폭기처럼 궤환율 $\beta = 1$인 **직렬전압 부귀환 증폭기**이다. 따라서 6장에서 배운 부궤환 해석 방법을 적용하면 무궤환 시에 비해 입력저항 R_{if}는 $(1 + \beta A_o)$배만큼 증가하고, 출력저항 R_{of}는 $\dfrac{1}{(1 + \beta A_o)}$만큼 감소하는 특성을 갖는다. 여기에서 R_i, R_o, A_o는 연산 증폭기 자체의 입력, 출력저항, 개방루프 이득을 나타낸다.

$$R_{if} = (1 + \beta A_o)R_i \ \ (\beta = 1 \ \ 대입) \tag{9.28}$$

$$R_{of} = \frac{1}{(1 + \beta A_o)}R_o \ \ (\beta = 1 \ \ 대입) \tag{9.29}$$

이 전압 폴로워 회로의 전압이득은 1이고, 입력저항은 매우 높고, 출력저항은 매우 낮으므로 이상적인 **전압버퍼**의 조건을 만족한다. 또한 이와 같은 입·출력저항의 특성을 이용하여 부하효과^{loading effect}에 의한 전압이득 저하를 막거나 회로의 **임피던스를 매칭**하는 용도로 쓰이기도 한다.

연산 증폭기의 응용 회로

고이득 선형 IC 증폭기로서 가산기, 감산기, 미분기, 적분기, log 대수기 등의 연산회로와 비교기 회로, 신호 변환기, 계측, 제어회로 및 능동필터 회로 등을 구성하고 해석하는 방법을 살펴보자.

Keywords | 가산기 · 감산기 | 미분기 · 적분기 | 비교기 | 능동필터 회로 (연습문제에서 다룸) |

9.2.1 가산기 회로

반전 가산기

[그림 9-15]와 같이 반전 증폭기를 이용하여 여러 개의 입력전압을 가산하고 또 증폭하여 출력시키는 **반전 가산기 회로** inverting summing amplifier를 구현할 수 있다.

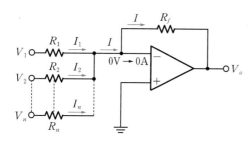

[그림 9-15] 반전 가산기 회로

이상적인 연산 증폭기로 가정하면, (−) 입력단자는 $0[\mathrm{V}]$로 가상접지가 되므로 출력전압 V_o는 다음과 같이 구한다. 또한 증폭기의 전체입력 전류 I는 각 저항에 흐르는 전류의 합이 된다.

$$V_o = - IR_f \tag{9.30}$$

$$I = I_1 + I_2 + \cdots + I_n = \frac{V_1}{R_1} + \frac{V_2}{R_2} + \cdots + \frac{V_n}{R_n} \tag{9.31}$$

즉, 출력전압 V_o는 각각의 입력전압을 더하는 가산기 동작을 한다.

$$V_o = - \left(\frac{R_f}{R_1} V_1 + \frac{R_f}{R_2} V_2 + \cdots + \frac{R_f}{R_n} V_n \right) \tag{9.32}$$

만약 $R_1 = R_2 = \cdots = R_n = R$로 같을 때는 다음과 같은 $-\dfrac{R_f}{R}$ 배 증폭이 되는 가산기가 된다.

$$V_o = -\frac{R_f}{R}(V_1 + V_2 + \cdots + V_n) \tag{9.33a}$$

만일 $R_1 = R_2 = \cdots = R_n = R_f = R$로 같을 때는 완전한 가산기로 동작한다.

$$V_o = -(V_1 + V_2 + \cdots + V_n) \tag{9.33b}$$

별해 · 주어진 회로에 가상적인 단락(접지)을 적용하여 다음의 전류방정식을 세운다. 다음 식에서 V_o를 유도하여 구하면 식 (9.32)를 구할 수 있다.

$$I_1 + I_2 + \cdots + I_n = I$$

$$\frac{(V_1 - 0)}{R_1} + \frac{(V_2 - 0)}{R_2} + \cdots + \frac{(V_n - 0)}{R_n} = \frac{(0 - V_o)}{R_f}$$

· 입력이 2개 이상이 있는 경우에는 **중첩의 정리**를 이용하면 간단히 해석되기도 한다. 중첩의 정리는 다수 입력 중 (다른 입력들은 $0[\mathrm{V}]$로 놓고) 어느 1개 입력 V_1만 입력한 후 출력을 구한다. 다음에는 다른 입력들은 $0[\mathrm{V}]$로 놓고 V_2만 입력한 후 중간출력을 구하고, 반복해서 모든 경우에 대해 중간출력을 구한 후 합하면 전체 회로의 출력이 된다. 각 입력에 대해 반전 증폭기이므로 결국 출력전압 V_o는 다음과 같이 구할 수 있다.

$$V_o = -\left(\frac{R_f}{R_1}V_1 + \frac{R_f}{R_2}V_2 + \cdots + \frac{R_f}{R_n}V_n\right)$$

예제 9-7

[그림 9-16]은 반전 증폭기의 응용 회로이다. $V_1 = 1[\mathrm{V}]$, $V_2 = 2[\mathrm{V}]$, $V_3 = 3[\mathrm{V}]$일 때 출력전압을 구하여라(단, $R_1 = R_2 = R_3 = 1[\mathrm{k\Omega}]$, $R_f = 20[\mathrm{k\Omega}]$이다).

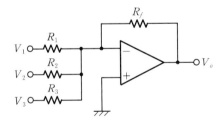

[그림 9-16] 반전 가산기 회로의 예

풀이

[그림 9-16]의 회로는 3개의 입력을 갖고 있는 가산기 회로이다. 반전 증폭기이므로 각 입력에 대해 중첩의 정리를 적용하면 출력전압을 구할 수 있다.

$$V_o = -\left(\frac{R_f}{R_1}V_1 + \frac{R_f}{R_2}V_2 + \frac{R_f}{R_3}V_3\right) = -20(1 + 2 + 3) = -120[\mathrm{V}]$$

비반전 가산기

[그림 9-12]의 비반전 증폭기로 [그림 9-17]을 이용한 n개 입력의 비반전 가산기를 구현할 수 있다.

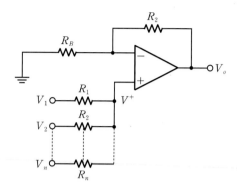

[그림 9-17] 비반전 가산기 회로

편의상 3개 입력으로 가정하고, 중첩의 원리(또는 노드 V^+에 KCL)를 적용한다. 먼저 비반전 입력전압 V^+를 구하면 다음과 같다.

$$V^+ = \frac{R_2 \parallel R_3}{R_1 + R_2 \parallel R_3} V_1 + \frac{R_1 \parallel R_3}{R_2 + R_1 \parallel R_3} V_2 + \frac{R_1 \parallel R_2}{R_3 + R_1 \parallel R_2} V_3 \tag{9.34a}$$

여기서 $R_A = (R_1 \parallel R_2 \parallel R_3)$라고 가정하면 앞의 식은 다음과 같이 간략화할 수 있다.

$$V^+ = \frac{R_A}{R_1} V_1 + \frac{R_A}{R_2} V_2 + \frac{R_A}{R_3} V_3$$

한편 출력전압 v_o는 비반전 증폭에서 다음과 같이 계산하여 최종적으로 정리할 수 있다.

$$V_o = \left(1 + \frac{R_F}{R_B}\right) V_x$$

$$V_o = \left(1 + \frac{R_F}{R_B}\right)\left(\frac{R_A}{R_1} V_1 + \frac{R_A}{R_2} V_2 + \frac{R_A}{R_2} V_3\right) \tag{9.34b}$$

만일 $R_1 = R_2 = R_3 = R$이면, $R_A = R/3$이 되므로, 이 경우의 출력전압 V_o는 다음과 같다.

$$V_o = \frac{1}{3}\left(1 + \frac{R_F}{R_B}\right)(V_1 + V_2 + V_3) \tag{9.34c}$$

여기서 $R_F = 2R_B$를 취하면 $V_o = V_1 + V_2 + V_3$인 가산기로 구현된다.

다음 회로에서 출력전압 V_o[V]를 구하여라(단, 연산 증폭기는 이상적이다).

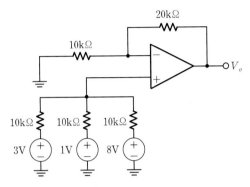

[그림 9-18] 비반전 가산기 회로의 예

풀이

이 회로는 3입력의 비반전 가산기 회로이며, [그림 9-17]의 해석을 이용하면 $R_F/R_B = 20k/10k = 2$이고, $R_1 = R_2 = R_3 = 10[\text{k}\Omega]$으로 동일하기 때문에 출력전압 V_o는 다음 식에 의해서 간략히 구해진다.

$$V_o = \frac{1}{3}\left(1 + \frac{R_F}{R_B}\right)(V_1 + V_2 + V_3) = \frac{1}{3} \cdot (1+2) \cdot (V_1 + V_2 + V_3) = 3 + 1 + 8 = 12[\text{V}]$$

다음 회로에서 $v_o = v_a + v_b + v_c$가 되기 위한 적절한 n 값은?

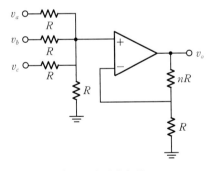

[그림 9-19] 비반전 가산기 회로

풀이

비반전 가산기를 구현하기 위해 중첩의 원리로 비반전 입력전압 V^+와 이득 A^+을 구하면 다음과 같다.

$$V^+ = \frac{v_a}{4} + \frac{v_b}{4} + \frac{v_c}{4} = \frac{(v_a + v_b + v_c)}{4}$$

이득 $A^+ = 1 + \dfrac{nR}{R} = 1 + n$ 이므로 $n = 3$일 때 출력전압 v_o는 다음과 같다.

$$v_o = (A^+) \cdot V^+ = (1+n) \cdot \frac{(v_a + v_b + v_c)}{4} = v_a + v_b + v_c$$

9.2.2 T형 회로의 반전 증폭기

이득이 매우 높은 반전 증폭기를 구현할 경우, 궤환저항 R_2는 수백 MΩ 정도의 저항값을 사용해야 한다. 이처럼 수백 MΩ 정도의 값이면 거의 개방회로나 다름없기 때문에 회로적으로는 의미가 없다고 보면 된다. 이러한 경우, 큰 저항을 사용하지 않더라도 매우 높은 이득을 갖는 현실적인 증폭기를 구현하기 위해 궤환저항 R_2 대신 **T형 궤환회로**를 적용한다.

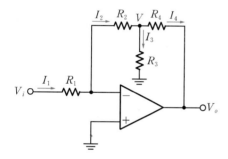

[그림 9-20] T형 궤환회로를 갖는 반전 증폭기

[그림 9-20]의 회로에서는 $V_i = I_1 R_1$이므로 $I_1 = \dfrac{V_i}{R_1}$이며, $I_2 = I_1$이 된다. 따라서 전압 V는 다음과 같다.

$$V = -I_2 R_2 = -I_1 R_2 = -\frac{R_2}{R_1} V_i$$

또한 전류 $I_3 = \dfrac{V}{R_3}$이고, $I_4 = I_2 - I_3 = I_1 - I_3 = \dfrac{V_i}{R_1} + \dfrac{R_2}{R_1 R_3} V_i$이다. 따라서 출력전압 V_o는 다음과 같다. 여기서 $A_v = \dfrac{V_o}{V_i}$로 구해진다.

$$V_o = -I_4 R_4 + V = -\frac{R_2}{R_1}\left(1 + \frac{R_4}{R_2} + \frac{R_4}{R_3}\right)V_i = -\frac{\left(R_2 + R_4 + \dfrac{R_2 R_4}{R_3}\right)}{R_1} V_i \qquad (9.35)$$

결국 여기서 R_2나 R_4를 크게 하는 대신에 R_3를 작게 하여 큰 이득을 구현할 수 있음을 기억하자.

[그림 9-20]의 T형 반전 증폭기에서 $R_1 = R_2 = R_4 = 1[\text{M}\Omega]$일 때 전압이득의 크기를 -200으로 만들기 위한 R_3 값은 얼마인가? 그리고 이 문제를 일반 반전 증폭기로 구현한다면 R_2 값은 얼마가 되는가?

풀이

T형 전압이득 A_v를 구하는 식은 다음과 같으며, 이 식을 정리하여 R_3를 구한다.

$$A_v = \frac{R_2}{R_1}\left(1 + \frac{R_4}{R_2} + \frac{R_4}{R_3}\right) = 1 \cdot \left(1 + 1 + \frac{1\text{M}}{R_3}\right) = -200$$

$$R_3 = \frac{1\text{M}}{198} = \frac{1000\text{k}}{198} \cong 5[\text{k}\Omega]$$

일반 반전 증폭기의 전압이득을 구하는 식은 다음과 같으며, 이 식을 정리하여 R_2를 구한다.

$$A_v = -\frac{R_2}{R_1} = -\frac{R_2}{1\text{M}} = -200, \quad R_2 = 200[\text{M}\Omega]$$

$R_2 = 200[\text{M}\Omega]$으로 대단히 큰 값이다. 이는 비현실적이어서 회로로 구현할 수 없다.

9.2.3 기본 차동 증폭기 회로

[그림 9-21]은 두 입력 V_1과 V_2의 차를 증폭하는 기본 **차동 증폭기 회로**를 보여준다. 이 회로의 (+) 입력단자에는 V_2 신호가 인가되어도 R_3를 통해 전류가 내부로 유입되지 못하므로 (+) 입력단자의 전압은 그대로 V_2이며, 가상적인 단락에 의해 (−) 입력단자의 전압도 V_2가 된다. 여기서 R_3는 내부 바이어스 전류를 조정하는 역할을 한다. 증폭기 내부로 유입되는 전류가 0이므로 $I_1 = I_2$가 되어야 한다.

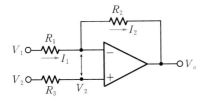

[그림 9-21] 기본 차동 증폭기

$$I_1 = I_2$$
$$\frac{(V_1 - V_2)}{R_1} = \frac{(V_2 - V_o)}{R_2} \tag{9.36}$$

앞의 식을 정리하면 출력전압 V_o는 다음과 같이 나타낼 수 있다.

$$V_o = -\frac{R_2}{R_1} V_1 + \left(1 + \frac{R_2}{R_1}\right) V_2 \tag{9.37}$$

참고 주어진 회로는 입력이 2개이므로 중첩의 정리를 이용하면 된다. V_1은 반전 증폭기의 입력이고, V_2는 비반전 증폭기 입력이므로 V_o는 식 (9.37)과 같이 구해진다.

9.2.4 감산기 회로

연산 증폭기의 두 입력을 동시에 사용하는 차동 증폭기로 [그림 9-22(a)]와 같은 **감산기 회로** difference amplifier를 구현할 수 있다.

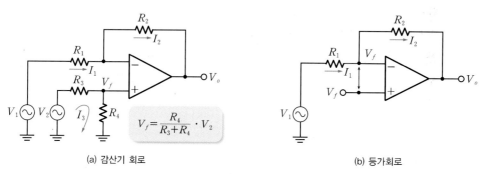

(a) 감산기 회로   (b) 등가회로

[그림 9-22] 감산기 회로와 등가회로

[그림 9-22(a)]는 [그림 9-21]의 기본적인 차동 증폭기 회로와 달리 (+) 입력단자에 R_4 저항이 추가되어 있다. 따라서 V_2 입력전압에 의해 I_3 전류가 R_3와 R_4 회로 내에서 흐르게 된다. 이때 V_2 전압을 R_3와 R_4로 전압분배시켜 R_4에 인가되는 전압을 V_f라고 하면, (+) 입력단자 전압이 V_f가 되는 [그림 9-22(b)]와 같은 등가회로가 구해진다. 가상적인 단락으로 (−) 입력단자 전압도 V_f가 되며, [그림 9-22(b)]의 등가회로를 사용하여 중첩의 정리로 회로를 해석하면 다음과 같다.

❶ V_1은 입력, $V_2 = 0$인 경우, 반전 증폭기가 되므로 중간출력 V_{o1}은 다음과 같다.

$$V_{o1} = -\frac{R_2}{R_1} V_1 \tag{9.38}$$

❷ V_2는 입력, $V_1 = 0$인 경우, 비반전 증폭기가 되므로 중간출력 V_{o2}는 다음과 같다.

$$V_{o2} = \left(1 + \frac{R_2}{R_1}\right) V_f \tag{9.39}$$

❸ V_1, V_2가 모두 인가되는 전체 회로 출력은 각각 중간출력을 합하면 된다.

$$V_o = V_{o1} + V_{o2} = \left(-\frac{R_2}{R_1} V_1\right) + \left(1 + \frac{R_2}{R_1}\right) V_f \tag{9.40}$$

여기에서 $V_f = V_2 \cdot \dfrac{R_4}{R_3 + R_4}$ 를 대입한다.

$$V_o = -\frac{R_2}{R_1} V_1 + \left(1 + \frac{R_2}{R_1}\right) \cdot \left(\frac{R_4}{R_3 + R_4}\right) V_2 \tag{9.41}$$

❹ 만약 $R_1 = R_3$, $R_2 = R_4$ $\left(\text{혹은 } \dfrac{R_1}{R_2} = \dfrac{R_3}{R_4}\right)$인 경우에는 증폭된 감산기가 된다.

$$V_o = \frac{R_2}{R_1}(V_2 - V_1) \tag{9.42}$$

❺ 만약 $R_1 = R_2 = R_3 = R_4$ (혹은 $R_1 = R_2$, $R_3 = R_4$)인 경우에는 완전한 감산기가 된다.

$$V_o = (V_2 - V_1) \tag{9.43}$$

예제 9-11

[그림 9-23]에 주어진 차동 증폭기 회로의 출력전압을 구하여라.

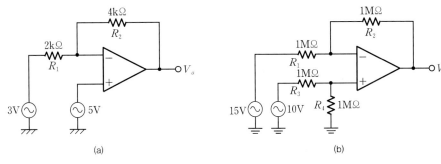

[그림 9-23] 차동 증폭기 회로

풀이

① [그림 9-23(a)]의 경우 : 가상적인 단락을 적용하면 I_1(R_1의 전류) $= I_2$(R_2의 전류)이므로 다음과 같이 구해진다.

$$\frac{3-5}{2\text{k}} = \frac{5 - V_o}{4\text{k}}, \ \text{즉} \ V_o = 9[\text{V}]$$

② [그림 9-23(b)]의 경우 : $R_1 = R_2 = R_3 = R_4$인 감산기이므로 $V_o = (10-15) = -5[\text{V}]$이다.

9.2.5 계장용 증폭기

계장용 증폭기 instrumentation amp는 차동 증폭기의 입력에 비반전 증폭기 한 쌍으로 입력버퍼를 구성하여 큰 이득에서도 입력저항이 작아지지 않게 하고, CMRR도 크게 만들며, R_1에 의해 이득을 가변시킨다. 이와 같은 감산기 회로는 센서의 전압이라든가 어떤 회로 내 소자 양단의 낮은 전압을 증폭시키는, 큰 입력저항을 갖는 고이득의 계측(계장) 증폭기로 폭넓게 사용되고 있다.

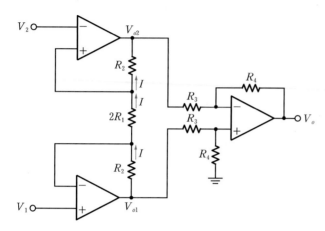

[그림 9-24] 계장용 차동 증폭기

최종 종단 증폭기가 감산기이므로 출력전압 V_o를 구하는 식은 다음과 같다.

$$V_o = \frac{R_4}{R_3}(V_{o1} - V_{o2})$$

(9.44)

$(V_{o1} - V_{o2})$는 회로로부터 다음과 같이 구해진다.

$$V_{o1} - V_{o2} = 2I(R_1 + R_2)$$

(9.45)

그리고 I는 회로로부터 다음과 같이 구해진다.

$$I = \frac{V_1 - V_2}{2R_1}$$

(9.46)

이를 식 (9.45)에 대입하고, 그 결과식을 식 (9.44)에 대입하면 출력전압 V_o를 구할 수 있다.

$$V_o = \frac{R_4}{R_3}\left(1 + \frac{R_2}{R_1}\right)(V_1 - V_2)$$

(9.47)

식 (9.47)을 보면 일반적인 감산기 회로에 비해 전압이득이 $\left(1 + \dfrac{R_2}{R_1}\right)$배 증가되었음을 알 수 있다.

[그림 9-25]는 이상적인 연산 증폭기로 구현한 계측 증폭기이다. 출력전압 V_o를 구하여라.

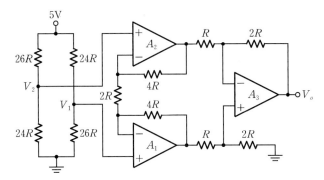

[그림 9-25] 계측 증폭기

풀이

이 회로의 출력전압 V_o의 식 (9.47)을 이용하면 다음과 같이 구해진다.

$$V_o = \frac{2R}{R}\left(1 + \frac{4R}{R}\right) \cdot (V_1 - V_2) = 10(2.6 - 2.4) = 2[\text{V}]$$

(여기서 입력 $V_1 = 5[\text{V}] \cdot \dfrac{26R}{26R + 24R} = 2.6[\text{V}]$이고 입력 $V_2 = 5[\text{V}] \cdot \dfrac{24R}{24R + 26R} = 2.4[\text{V}]$이다)

9.2.6 미분기 회로와 적분기 회로

연산 증폭기는 입력값과 출력값에 따라 미분기 회로와 적분기 회로로 구분할 수 있다.

미분기 회로

연산 증폭기에 수동소자 R과 C를 사용하면 다음과 같이 미분기 회로를 구성할 수 있다.

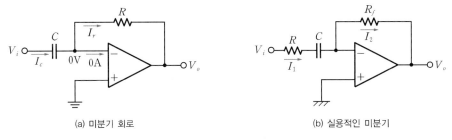

(a) 미분기 회로　　　　　(b) 실용적인 미분기

[그림 9-26] 미분기 회로

회로의 입력에 가상적인 단락(접지)를 적용하면 (−) 단자전압이 0이 되고, (−) 단자의 내부로 흐르는 전류는 0이므로 C에 흐르는 전류 I_c는 R에 흐르는 전류 I_r과 같아야 한다. 콘덴서에 충전되는 전기량 Q를 I_c와 V_c로 나타내어 콘덴서의 전류 I_c와 전압 V_c를 정의한다.

$$Q = I_c t = CV_c \tag{9.48}$$

$$I_c \equiv \frac{CV_c}{t} = C\frac{\Delta V_c}{\Delta t} = C\frac{dV_c}{dt} \tag{9.49}$$

$$V_c \equiv \frac{I_c}{C}t = \frac{1}{C}\int I_c dt \tag{9.50}$$

회로의 전류방정식 $I_c = I_r$을 이용하여 V_o를 유도한다.

$$C\frac{d(V_i - 0)}{dt} = \frac{(0 - V_o)}{R} \tag{9.51}$$

$$V_o = -RC \cdot \frac{dV_i}{dt} \tag{9.52}$$

유도된 출력전압 V_o는 입력전압 V_i를 미분한 형태이므로 이를 **미분기** [HPF]라고 한다. 이 미분기의 출력전압을 주파수 영역에서 해석하면 C의 리액턴스는 $\frac{1}{j\omega C} = \frac{1}{sC}$이므로 다음과 같은 형태가 된다.

$$V_o = -RC\frac{dV_i}{dt} = -RC \cdot sV_i(s) \quad (\frac{dV_i}{dt} \text{의 라플라스 } s \text{의 변환}) \tag{9.53}$$

주파수 $f(s \equiv j\omega = j2\pi f)$의 증가에 따라 출력전압이 증가하는 **고역통과 필터의 특성**을 보인다.

■ 실용적인 미분기(능동 고역통과 필터)

미분기는 그 특성으로 인해 어느 한계 이상의 고주파 영역에서는 포화상태가 되어 기능을 상실하게 된다. 이와 같은 문제를 방지하기 위해 [그림 9–26(b)]처럼 저항 R을 C에 직렬로 부가시켜서 차단 주파수 이상의 특정 주파수에서도 특정한 레벨$\left(-\frac{R_f}{R}\right)$의 이득을 갖도록 제한한다.

먼저 두 입력에 가상적인 접지를 적용하여 전류방정식($I_1 = I_2$)을 세운다.

$$\frac{(V_i - 0)}{R + \frac{1}{j\omega C}} = \frac{(0 - V_o)}{R_f} \tag{9.54}$$

$$V_o = -\frac{R_f}{R + \frac{1}{j\omega C}} \cdot V_i = -\frac{R_f}{R + \frac{1}{sC}}V_i \tag{9.55}$$

$$= -\frac{R_f}{R} \cdot \frac{sRC}{1 + sRC}V_i \quad (s = j\omega) \tag{9.56}$$

$$V_o = -\frac{R_f}{R} \cdot \frac{1}{1 - j(f_c/f)} V_i \quad (\text{저역 차단 주파수 } f_c = \frac{1}{2\pi RC}) \tag{9.57}$$

결론적으로 입력 주파수가 $f < f_c$인 경우는 미분기로 동작하고, 반대로 $f > f_c$인 경우는 이득이 $-\dfrac{R_f}{R}$인 반전 증폭기가 되어 고주파의 이득을 $-\dfrac{R_f}{R}$로 제한시켜 포화상태를 억제시킨다.

예제 9-13

[그림 9-27]과 같은 삼각파를 미분기에 입력시킬 때 출력파형을 구하여라.

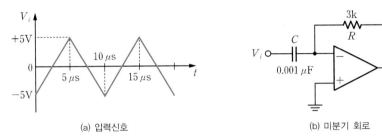

(a) 입력신호   (b) 미분기 회로

[그림 9-27] 미분기 회로와 입력신호

풀이

입력파형의 기울기는 $5[\mu s]$ 동안 $10[\mathrm{V}]$만큼 변화되므로 $\dfrac{dV_i}{dt} = 2[\mathrm{V}/\mu s]$이다. 미분기의 시정수는 $RC = 3[\mathrm{k\Omega}] \times 0.001[\mu F] = 3[\mu s]$이다.

- $t = 0 \sim 5[\mu s]$ 동안의 출력전압 : $V_o = -RC\dfrac{dV_i}{dt} = -3 \times 2 = -6[\mathrm{V}]$

- $t = 5 \sim 10[\mu s]$ 동안의 출력전압 : $V_o = -RC\dfrac{dV_i}{dt} = -3 \times (-2) = 6[\mathrm{V}]$

- $t \geq 10[\mu s]$ 이후의 출력전압 : 앞서의 출력이 반복됨

입·출력 파형도를 그리면 다음과 같다.

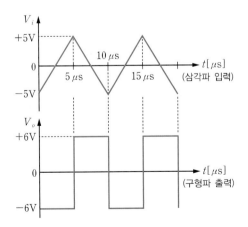

[그림 9-28] 입·출력 파형도

적분기 회로

앞서 설명한 미분기 회로에서 R과 C의 위치를 바꾸면 적분기 회로이다.

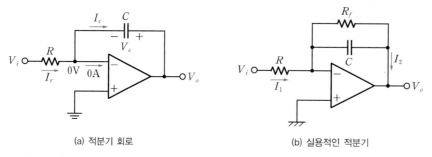

(a) 적분기 회로   (b) 실용적인 적분기

[그림 9-29] 적분기 회로

회로의 입력에 가상적인 접지를 적용하면 (−) 단자전압이 0이 되고, (−) 단자의 내부로 흐르는 전류는 0이므로 $I_r = I_c$가 되어야 한다. 회로의 전류방정식 $I_r = I_c$를 이용하여 V_o를 유도한다. 출력 V_o를 구하기 위해서는 식 (9.58)의 양변을 적분한다.

$$\frac{(V_i - 0)}{R} = C\frac{d(0 - V_o)}{dt} \quad (\text{콘덴서 } C\text{의 전류 } I_c = C\frac{dV_c}{dt}) \tag{9.58}$$

$$V_o = -\frac{1}{RC}\int V_i dt \tag{9.59}$$

유도된 출력전압 V_o는 입력전압 V_i를 적분한 형태이므로 이를 **적분기** LPF라고 한다. 이 적분기의 출력전압을 주파수 영역에서 해석하면 C의 리액턴스는 $\frac{1}{j\omega C} = \frac{1}{sC}$이므로 다음과 같은 형태가 된다.

$$V_o = -I_c \cdot \frac{1}{sC} = -\frac{V_i(s)}{R} \cdot \frac{1}{sC} = -\frac{1}{sRC}V_i(s) \quad (\text{라플라스의 변환}) \tag{9.60}$$

주파수 $f(s = j\omega = j2\pi f)$가 증가할수록 출력전압이 감소하는 **저역통과 필터의 특성**을 보인다.

■ 실용적인 적분기(능동 저역통과 필터)

적분기의 특성으로 인해 차단 주파수 이하의 극저주파 입력이 인가되면 출력이 포화상태가 된다. 이와 같은 문제를 방지하기 위해 [그림 9-29(b)]처럼 R_f를 C에 병렬로 부가시켜서 특정한 레벨 $\left(-\frac{R_f}{R}\right)$의 이득을 갖도록 제한한다.

먼저 두 입력에 가상적인 접지를 적용하여 전류방정식($I_1 = I_2$)을 세운다.

$$\frac{(V_i - 0)}{R} = \frac{(0 - V_o)}{(R_f /\!/ Z_c)} \quad (\text{콘덴서 임피던스 } Z_c = \frac{1}{j\omega C} = \frac{1}{sC}) \tag{9.61}$$

$$V_o = -\frac{(R_f /\!/ Z_c)}{R}V_i = -\frac{R_f}{R} \cdot \frac{\frac{1}{j\omega C}}{\left(R_f + \frac{1}{j\omega C}\right)}V_i = -\frac{R_f}{R} \cdot \frac{1}{(1 + R_f sC)}V_i \tag{9.62}$$

$$V_o = -\frac{R_f}{R} \cdot \frac{1}{1+j(f/f_c)} V_i \quad (\text{고역 차단 주파수 } f_c = \frac{1}{2\pi R_f C}) \tag{9.63}$$

결론적으로 입력 주파수 $f > f_c$인 경우는 적분기로 동작하고, 반대로 $f < f_c$인 경우는 이득이 $-\frac{R_f}{R}$인 반전 증폭기가 되어 저주파의 이득을 $-\frac{R_f}{R}$로 제한시켜 포화상태를 억제시킨다.

예제 9-14

주어진 적분기 회로에 입력신호로 (A)와 (B)가 인가될 때 각각의 출력파형을 구하여라.

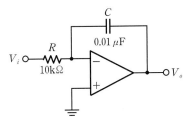 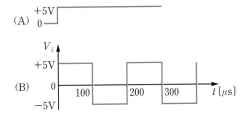

[그림 9-30] 적분기 회로와 입력신호

풀이

❶ 신호 (A)가 인가된 경우

$$V_o = -\frac{1}{RC} \int_0^t V_i dt = -\frac{V_i}{RC} \cdot t = -\frac{5}{RC} t = -50t [\text{mV}/\mu\text{s}]$$

$$(-\frac{5}{RC} = \frac{5}{10\text{k} \times 0.01 [\mu\text{F}]} = -50 [\text{mV}/\mu\text{s}] \text{가 출력전압 변화율임})$$

❷ 신호 (B)가 인가된 경우

- $0 \le t \le 100[\mu\text{s}]$: $V_o = -\frac{1}{RC} \int_0^t V_i \, dt = -\frac{5}{RC} t + V(0) = -50t [\text{mV}/\mu\text{s}]$

  여기서 $V(0)$은 $t = 0$일 때의 초기값으로 0이다.

  $t = 100[\mu\text{s}]$일 때 $V_o = -50 \cdot t = -50 \times 100 = -5[\text{V}]$이다.

- $100 \le t \le 200[\mu\text{s}]$: $V_o = -\frac{1}{RC} \int_{100}^t V_i \, dt = -\frac{(-5)}{RC}[t]_{100}^t + V(100[\mu\text{s}])$

  $\qquad\qquad = 50t - (50 \times 100)[\text{mV}] - 5 = 50t - 10$

  여기서 $V(100[\mu\text{s}])$는 $t = 100[\mu\text{s}]$일 때의 초기값으로 $-5[\text{V}]$이다.

- $t = 100[\mu\text{s}]$: $V_o = 50t - 10 = 5 - 10 = -5[\text{V}]$

- $t = 200[\mu\text{s}]$: $V_o = 50t - 10 = 10 - 10 = 0[\text{V}]$

- $t \ge 200[\mu\text{s}]$: 앞의 과정이 반복된다.

입력 (A)와 (B)의 입·출력 파형도를 그리면 다음과 같다.

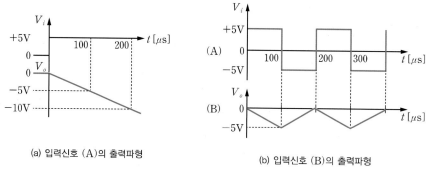

(a) 입력신호 (A)의 출력파형

(b) 입력신호 (B)의 출력파형

[그림 9-31] 입·출력 파형도

9.2.7 전압-전류 변환기와 전류-전압 변환기

[그림 9-32]에서는 부하 R_L에 일정 전류 I_L이 공급된다. 입력전압 V_i에 따라 출력(부하)전류가 변한다.

$$I_i = I_L \text{이므로} \quad I_L = \frac{V_i}{R_i} \tag{9.64}$$

[그림 9-33]에서는 부하 R_L에 일정한 출력전압 V_o가 공급된다. 입력전류 I_i와 비례하여 출력전압 V_o가 변한다.

$$I_i = I_L \text{이므로} \quad V_o = -I_i \cdot R_L \tag{9.65}$$

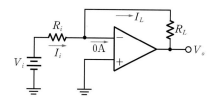

[그림 9-32] 전압-전류 변환기(정전류원)

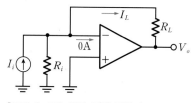

[그림 9-33] 전류-전압 변환기

9.2.8 정밀 반파 정류회로

다음은 다이오드의 순방향 전압강하(약 0.7[V]) 없이 전압파형 그대로 정류되는 회로이다.

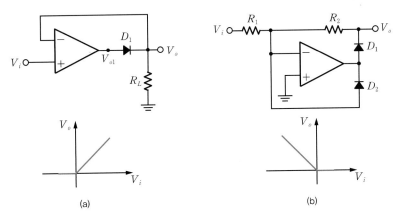

[그림 9-34] 정밀 반파 정류회로와 전달특성

■ **회로 (a)의 경우 : 전압 폴로워의 구성**

- $V_i > 0$일 때 : $V_{o1} > 0$, 다이오드 on이므로 $V_o = V_i$인 출력이 나온다.
- $V_i < 0$일 때 : $V_{o1} < 0$, 다이오드 off이므로 $V_o = 0$으로 출력이 없다.
- 입력의 (+)반주기가 출력되는 반파 정류이다.

■ **회로 (b)의 경우 : 반전 증폭기의 구성**

- $V_i > 0$일 때 : D_2는 on, D_1은 off이므로 $V_o = 0$으로 출력이 없다.
- $V_i < 0$일 때 : D_1은 on, D_2는 off이므로 $V_o = -\dfrac{R_2}{R_1} V_i$인 반전 증폭되는 출력이 나온다.
- 입력의 (−)반주기가 반전되어 출력되는 반파 정류이다.

9.2.9 대수 증폭기 회로와 지수 증폭기 회로

[그림 9-35]의 회로는 자연로그(log) 대수 증폭기와 지수(역 log) 증폭기를 나타낸다.

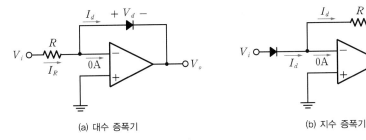

(a) 대수 증폭기   (b) 지수 증폭기

[그림 9-35] 대수 증폭기와 지수 증폭기

대수 증폭기

[그림 9-35(a)]와 같이 가상의 접지를 적용하고, 다이오드를 흐르는 전류 I_d를 이용해서 전류방정식을 세워서 출력전압 V_o를 구할 수 있다. 여기서 $V_T\left(=\dfrac{KT}{e}\right)$는 열전압을 의미한다.

$$I_R\left(=\frac{V_i}{R}\right)=I_d \tag{9.66}$$

$$I_d \cong I_o\, e^{V_d/V_T} \tag{9.67}$$

식 (9.67)의 양변에 자연로그를 취해 다음과 같이 V_d를 구한다.

$$\ln\frac{I_d}{I_o}=\ln e^{V_d/V_T}=\frac{V_d}{V_T} \tag{9.68}$$

$$V_d = V_T\ln\frac{I_d}{I_o}=V_T\ln\frac{(V_i/R)}{I_o}=V_T\ln\frac{V_i}{RI_o} \tag{9.69}$$

출력전압은 다음과 같으며, 입력전압 V_i에 $\ln$을 취한 값이므로 **자연로그 대수 증폭기**라고 한다.

$$V_o =- V_d =- V_T\ln\frac{V_i}{RI_o} \tag{9.70}$$

지수 증폭기

출력전압은 다음과 같으며, 여기에서 다이오드 양단의 전압 $V_d=(V_i-0)=V_i$를 대입했다. 출력전압은 입력전압 V_i에 지수함수exponential를 취한 값이므로, **지수 증폭기**라고 한다.

$$V_o =- I_dR =- RI_o e^{V_d/V_T}=- RI_o e^{\frac{V_i}{V_T}} \tag{9.71}$$

9.2.10 비교기 회로

비교기 comparator 회로는 궤환 없는 개루프로 구성되어 있다. 연산 증폭기의 어느 입력에 대해 기준 전압을 설정해놓고, 다른 입력에 신호를 인가하여 그 결과가 **기준 전압보다 큰지 작은지를 검출**하는 회로이다. 비교기는 일반 증폭기와 달리 부궤환NFB 회로가 없는 것이 특징이다.

영전위 검출기와 기준전위 검출기

[그림 9-36]은 영전위 기준과 비교하여 검출하는 회로이고, [그림 9-37]은 특정 기준전위와 비교하여 검출하는 회로이다. 연산 증폭기는 개루프 이득이 매우 높기 때문에, 두 입력 사이의 전압차가 매우 작더라도 증폭기를 포화시켜 출력전압을 최대로 만든다.

따라서 비교 검출된 결과는 $+V_{o\max} \cong +V_{CC}$나 $-V_{o\max} \cong -V_{CC}$로 포화상태가 된다.

[그림 9-36]의 **영전위 검출기**의 경우, (+) 입력단자의 신호가 기준인 0보다 큰 입력이면 출력은 $V_{o\max}$가 되고, 기준인 0보다 작은 입력이면 출력은 $-V_{o\max}$가 되어 구형파 발생 회로도 사용된다.

[그림 9-37]의 **특정 기준전위 검출기**의 경우, 0이 아닌 특정 기준 전압 V_{REF}는 [그림 9-38]과 같이 전압분배기를 사용하거나 제너 다이오드를 이용하여 설정할 수 있다.

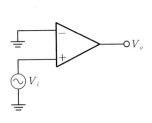
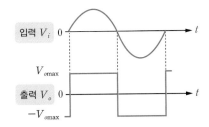

[그림 9-36] 영전위 검출기

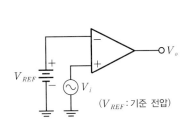
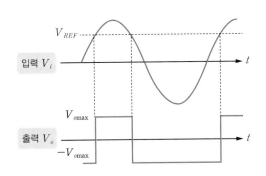

[그림 9-37] 특정 기준전위 검출기

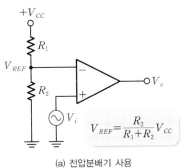

$$V_{REF} = \frac{R_2}{R_1 + R_2} V_{CC}$$

(a) 전압분배기 사용

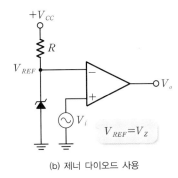

$$V_{REF} = V_Z$$

(b) 제너 다이오드 사용

[그림 9-38] 기준 전압 V_{REF} 설정

출력제한 비교기

어떤 비교기 응용 회로에서는 비교기의 출력을 연산 증폭기의 포화출력 $V_{o(\max)} \cong V_{CC}$ 이내로 제한시키기도 한다. 이런 경우에는 [그림 9-38]의 회로처럼 **제너 다이오드를 이용하여 출력 범위를 제한시킨 비교기 회로**를 사용하기도 한다.

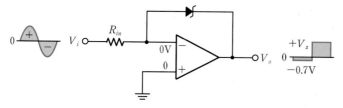

[그림 9-39] (+) 출력제한 비교기

[그림 9-39]의 (+) 입력은 제너 다이오드를 순바이어스 on시키므로 가상접지로 $V_o \cong 0[V]$를(정확히 $-0.7[V]$는 순바이어스 시 전압강하함), (−) 입력은 제너 다이오드를 역바이어스 on시켜서 일정전압($+V_z$)으로 제한된 출력이 나오게 한다.

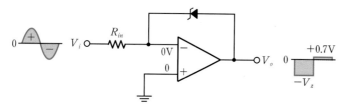

[그림 9-40] (−) 출력제한 비교기

[그림 9-40]의 (−) 입력은 제너 다이오드를 순바이어스 on시키므로 가상접지로 $V_o \cong 0[V]$를 (정확히 $+0.7[V]$는 순바이어스 시 전압강하함), (+) 입력은 제너 다이오드를 역바이어스 on시켜서 일정전압($-V_Z$)으로 제한된 출력이 나오게 한다.

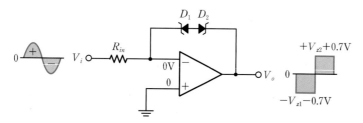

[그림 9-41] 이중 제한 비교기

[그림 9-41]의 (+) 입력은 D_2를 순바이어스 on($-0.7[V]$), D_1을 역바이어스 on시켜서 일정전압 ($-V_{z1}$)을 갖게 한다. 그러면 출력전압 $V_o = -V_{z1} - 0.7[V]$가 되고, (−) 입력은 D_1을 순바이어스 on시키고($+0.7[V]$), D_2는 역바이어스 on시켜 일정전압($+V_{z2}$)으로 제한된 출력이 나오게 한다. 이때 제한된 출력전압은 $V_o = +V_{z2} + 0.7[V]$이다. 연산 증폭기 비교기는 IC 형태로, 비교기 동작에 적당하며 LM307, LF353이 대표적이다.

[그림 9-42]는 2개의 연산 증폭기로 설계된 윈도우 비교기^{window-comparator} 회로이다(단, $V_H = 5.5[\text{V}]$, $V_L = 3[\text{V}]$, $V_i = 2[\text{V}]$, $+V_{CC} = +10[\text{V}]$, $-V_{CC} = -10[\text{V}]$이다).

(a) 윈도우 비교기 회로의 기능과 입·출력 파형도를 그려라.

(b) 주어진 입력에 대한 출력전압을 구하여라.

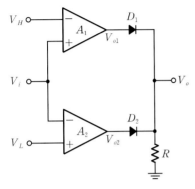

[그림 9-42] 윈도우 비교기

풀이

(a) 윈도우 비교기 회로는 입력전압의 일정구간($V_i \geq V_H$ 또는 $V_i \leq V_L$)에서만 출력 $V_o = +V_{CC}$를 얻을 수 있다. 즉, 입력신호가 특정 범위 안에 있는지 검출하는 기능을 한다. 입·출력 파형도는 다음과 같다.

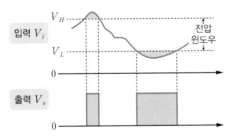

[그림 9-43] 입·출력 파형도

(b) 증폭기 A_1과 A_2의 출력(V_{o1}, V_{o2})이 $+V_{CC}$가 되어, 다이오드 D_1이나 D_2가 on이 될 때만 최종 출력전압 $V_o = V_{CC}(=V_{o\max})$가 나온다.

- 입력 $V_i \geq V_H$: $V_{o1} = +V_{CC}$, D_1(on), 출력 $V_o = +V_{CC}$, D_2(off)
- 입력 $V_i \leq V_L$: $V_{o2} = +V_{CC}$, D_2(on), 출력 $V_o = +V_{CC}$, D_1(off)
- 입력 $V_L < V_i < V_H$: $V_{o1} = V_{o2} = 0$, D_1과 D_2 (모두 off), 출력 $V_o = 0$

현재 회로는 $V_i = 2[\text{V}]$로서, $V_i \leq V_L(3[\text{V}])$인 경우이므로 D_2는 on, D_1는 off가 되어 출력전압 $V_o = +V_{CC} = +10[\text{V}]$가 된다. $V_L \leq V_i \leq V_H$ 범위 밖에 있는 신호임을 검출하고 있다.

히스테리시스(이력)^{hysteresis}를 갖는 비교기

[그림 9-44]는 기준 전압(V_{REF})를 갖는 **비반전·반전 비교기**와 각 회로의 입·출력 전달특성곡선을 보여준다.

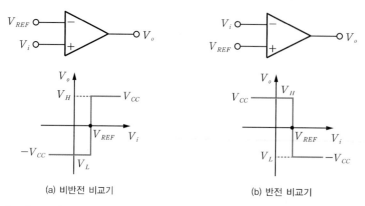

(a) 비반전 비교기   (b) 반전 비교기

[그림 9-44] 비반전·반전 비교기의 전달특성곡선

[그림 9-44(a)]는 입력 $V_i > V_{REF}$(기준 전압)이면 양(+)의 최대 포화전압인 $V_H(+V_{o\max} \cong +V_{CC})$를 출력하고, $V_i < V_{REF}$이면 부(−)의 최대 포화전압 $V_L(-V_{o\max} \cong -V_{CC})$을 출력하는 전달특성곡선을 보여준다. [그림 9-44(b)]는 [그림 9-44(a)]와 반대의 출력을 내는 반전 비교기의 전달특성곡선을 보여준다.

■ 입력잡음이 비교기에 미치는 영향

편의상 비교기의 기준 전압 $V_{REF} = 0[\text{V}]$인 영전위 검출 비교기를 놓고 이야기하자. [그림 9-45(a)]를 보면, 기준 전압 0[V] 근처에서 발생하는 **잡음으로 인해 출력이 토글되는 모습(채터링 현상)**을 볼 수 있는데, 이로 인해 검출기에 오류가 발생하게 된다. 이는 단순 비교기의 경우, 기준 전압 (V_{REF})이 하나뿐이기 때문이다.

만약 [그림 9-45(b)]처럼 서로 다른 **2개의 기준 전압(V_{TH} : 고 문턱전압, V_{TL} : 저 문턱전압)**을 사용한다면, 그 차이 폭(**히스테리시스 폭** $V_{HW} = V_{TH} - V_{TL}$)만큼에 해당하는 잡음 여유도를 갖게 되므로, 그 폭만큼의 애매한 잡음신호에는 반응하지 않게 하여 출력이 토글되는 것을 막을 수 있다. 즉, [그림 9-45(b)]에서는 입력신호 V_i가 확실히 V_{TH} 이상($V_i \geq V_{TH}$)일 때만 출력이 토글되어 $V_o = V_L(\cong -V_{CC})$가 되고, V_i가 확실히 V_{TL} 이하($V_i \leq V_{TL}$)일 때만 출력이 토글되어 $V_o = V_H(\cong +V_{CC})$가 되는(반전 비교기의 경우) 정상적인 동작의 입·출력 전달특성곡선을 보여준다.

참고 V_{TH}(high threshold voltase) : 상측(고) 문턱(임계)전압, 상측 기준 전압(레벨)
       V_{TL}(low threshold voltase) : 하측(저) 문턱(임계)전압, 상측 기준 전압(레벨)

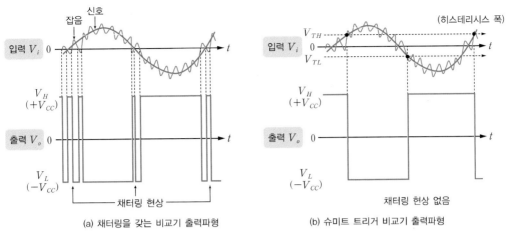

(a) 채터링을 갖는 비교기 출력파형

(b) 슈미트 트리거 비교기 출력파형

[그림 9-45] 입력잡음이 비교기에 미치는 영향

■ 슈미트 트리거 회로

슈미트 트리거(쌍안정 멀티 바이브레이터) 회로는 2개의 안정상태(즉, $V_o = V_H$와 $V_o = V_L$)를 갖고 있으며, 그 안정된 출력 상태가 바뀌는 지점인 V_{TH}와 V_{TL}을 서로 다르게 이용함으로써 입력잡음에 의한 출력의 **채터링 현상**을 **제거**하는 특성을 가진 **비교기** 회로이다.

[그림 9-46]은 (반전)슈미트 트리거 회로와 전달특성곡선을 보여준다.

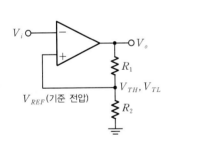

(a) 반전 슈미트 트리거 회로

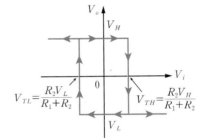

(b) 입·출력(히스테리시스) 전달특성곡선

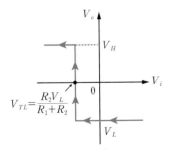

(c) 입력이 감소할 때 V_{TL}의 전달특성

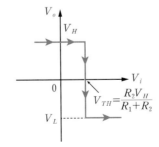

(d) 입력이 증가할 때 V_{TH}의 전달특성

[그림 9-46] 반전 슈미트 트리거 회로와 전달특성곡선

[그림 9-46(a)] 회로는 단순한 비교기에 별도로 R_1과 R_2에 의한 정궤환 회로를 부가하여 (+) 비반전 입력에 서로 다른 **2개의 기준 전압레벨**(즉 V_{TH}, V_{TL} : 히스테리시스)을 갖도록 구현한 슈미트 트리거 회로이다. [그림 9-46(d)]는 상측 기준 전압레벨(V_{TH})을, 그림 (c)는 하측 기준 전압레벨(V_{TL})을 보여준다. 슈미트 트리거 회로의 기본 동작은 다음과 같이 정리할 수 있다.

❶ **출력 $V_o = V_H (= V_{o\max}, V_{CC})$인 경우의 간격**([그림 9-46(d)]) : (+) 비반전 입력에 궤환되는 기준 전압 V_{TH}는 다음과 같다.

$$V_{TH} = \frac{R_2}{R_1 + R_2} V_o = \frac{R_2}{R_1 + R_2} V_H \tag{9.72}$$

이 경우는 입력 V_i가 V_{TH} 이상이 되면 출력은 V_L로 반전(토글)되지만, V_i가 V_{TH}보다 작을 때는 이전 상태인 V_H를 그대로 유지한다([그림 9-46(b)]의 파형 참조).

❷ **출력 $V_o = V_L (= -V_{o\max}, -V_{CC})$인 경우의 간격**([그림 9-46(c)]) : (+) 비반전 입력에 궤환되는 기준 전압 V_{TL}은 다음과 같다.

$$V_{TL} = \frac{R_2}{R_1 + R_2} V_o = \frac{R_2}{R_1 + R_2} V_L \tag{9.73}$$

이 경우는 입력 V_i가 V_{TL} 이하가 되면 출력은 V_H로 반전(토글)되지만, V_i가 V_{TL}보다 클 때는 이전 상태인 V_L을 그대로 유지한다([그림 9-46(b)] 파형 참조).

결론적으로 [그림 9-46(c) ~ (d)]를 합성하여 구성한 [그림 9-46(b)]의 반전 슈미트 트리거 회로의 입·출력 전달특성곡선으로부터 히스테리시스(루프, 이력) 특성이 존재하는 것을 알 수 있다.

[그림 9-47]은 비반전 입력을 갖는 슈미트 트리거(쌍안경 멀티 바이브레이터) 회로의 구성과 그 히스테리시스 전달특성을 보여준다. 이는 [그림 9-46(b)]와는 반대이다. 2개의 기준 전압인 상측 기준 전압 V_{TH}와 하측 기준 전압 V_{TL}은 다음과 같이 나타낼 수 있다.

$$V_{TH} = -\frac{R_1}{R_2} V_L, \quad V_{TL} = -\frac{R_1}{R_2} V_H \tag{9.74}$$

식 (9.74)의 유도과정은 [예제 9-16]에서 다룰 예정이다.

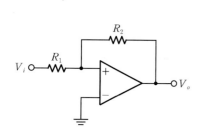

(a) 비반전 슈미트 트리거 회로

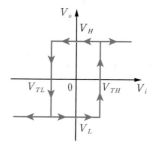

(b) 히스테리시스 전달 특성곡선

[그림 9-47] 비반전 슈미트 트리거 회로와 전달특성곡선

[그림 9-48]에 주어진 회로를 기준으로 주어진 물음에 답하여라.

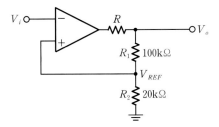

[그림 9-48] 반전 슈미트 트리거 회로

(a) 2개의 기준 전압(V_{REF})인 V_{TH}와 V_{TL} 및 V_o를 구하고, 이 회로의 용도를 설명하여라.

(b) R_2 저항 하단에 별도의 기준 전압 $V_R = +3[\text{V}]$를 접속시킬 때, 히스테리시스 특성곡선이 수평이동함을 보여라.

풀이

(a) 먼저 V_{TH}와 V_{TL} 및 V_o를 구해보자.

$$V_{TH} = + V_{o\max} \cdot \frac{R_2}{R_1 + R_2} = 9[\text{V}] \cdot \frac{20}{100 + 20} = 1.5[\text{V}]$$

$$V_{TL} = - V_{o\max} \cdot \frac{R_2}{R_1 + R_2} = -9[\text{V}] \cdot \frac{20}{100 + 20} = -1.5[\text{V}]$$

$$V_o = +9[\text{V}]와 -9[\text{V}]인 \ 구형파 \ 출력$$

주어진 회로는 연산 증폭기에 정궤환을 이용한 반전 슈미트 트리거 회로로, 입력 V_i가 $V_{TH} = 1.5[\text{V}]$ 이상일 때는 $V_o = -9[\text{V}]$가 되고, 입력 V_i가 $V_{TL} = -1.5[\text{V}]$ 이하일 때는 $V_o = 9[\text{V}]$가 되어 반복적인 구형파(방형파)를 발생시키는 히스테리시스 특성을 갖는다.

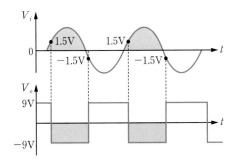

[그림 9-49] 입·출력 파형도

이 회로는 전압비교기 회로, 구형파(방형파) 발생 회로, 파형정형 회로(정현파 → 구형파 : ADC), 쌍안정 MV 회로, 리미터 회로(잡음제거), 접촉식 스위치의 잡음(채터링) 제거(냉온방 on/off 조절 장치 등)와 같은 다양한 용도로 쓰인다.

(b) 먼저 2개의 기준 전압 V_{TH}와 V_{TL}을 중첩의 정리로 구하면 다음과 같다.

$$V_{TH} = \frac{R_2}{R_1 + R_2} \cdot V_{o\max} + \frac{R_1}{R_1 + R_2} \cdot V_R = 1.5 + 2.5 = 4[\text{V}]$$

$$V_{TL} = \frac{R_2}{R_1 + R_2} \cdot (-V_{o\max}) + \frac{R_1}{R_1 + R_2} \cdot V_R = -1.5 + 2.5 = 1[\text{V}]$$

결국 히스테리시스 특성곡선을 수평으로 $\dfrac{R_1}{R_1 + R_2} V_R = 2.5[\text{V}]$만큼 이동시키게 된다.

참고 히스테리시스 특성곡선 수평이동 크기 : $V_s = \dfrac{R_1}{R_1 + R_2} V_R$

예제 9-17

다음 회로에서 (a)~(e)를 구하여라(단, $R_1 = 100[\text{k}\Omega]$, $R_2 = 400[\text{k}\Omega]$, $V_z = 3.6[\text{V}]$, $V_\gamma = 0.7[\text{V}]$, $V_{cc} = \pm 5[\text{V}]$, $V_{o\max} = -V_{o\max} = 4.8[\text{V}]$이다).

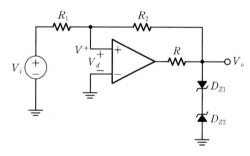

[그림 9-50] 비반전 슈미트 트리거 회로

(a) 회로의 기능
(b) 출력전압 V_o
(c) 비반전 입력준위 V^+
(d) 상측 문턱전압 V_{TH}, 하측 문턱전압 V_{TL}
(e) 히스테리시스 폭 V_{HW}

풀이

(a) 본 회로는 연산 증폭기의 출력전압 V_o가 R_1과 R_2를 통해, 비반전 단자로 정궤환이 인가되어 포화된 출력($V_H = V_{o\max}$, $V_L = -V_{o\max}$)이 나오는 비반전 슈미트 트리거(비교기) 회로이다. 2개의 제너 다이오드 리미터를 가지므로 포화출력 $V_H = 0.7 + 3.6 = 4[\text{V}]$, $V_L = -3.6 - 0.7 = -4[\text{V}]$가 되도록 출력전압 레벨을 조정하며 히스테리시스(이력) 특성을 갖는다.

(b) 차동 입력 $V_d(= V^+ - 0 = V^+) > 0)$일 때 출력 $V_o = V_H = 4[\text{V}]$가 된다. 그리고 $V_d < 0$일 때 출력 $V_o = V_L = -0.7 - 3.6 = -4[\text{V}]$가 된다.

(c) 회로에 중첩의 원리를 적용하여, 비반전 단자의 전압 V^+을 구한다. 따라서 출력 V_o가 $V_L \rightarrow V_H$, 또는 $V_H \rightarrow V_L$로 천이되는 임계전압인 V_{TH}, V_{TL}은 $V^+ = 0$으로 만드는 입력전압이 된다.

$$V^+ = \left(\frac{R_2}{R_1 + R_2} \right) V_i + \left(\frac{R_1}{R_1 + R_2} \right) V_o$$

(d) 출력이 $V_L \rightarrow V_H$로 천이되기 위해서는 $V^+ > 0$이 되어야 한다. $V^+ = 0$으로 만드는 입력전압인 상측 기준 전압(V_{TH})을 구하기 위해, V^+ 식에 $V^+ = 0$, $V_o = V_L$, $V_i = V_{TH}$을 대입하여 정리하면 출력이 $V_L \rightarrow V_H$로 천이되는 임계전압인, 상측 기준 전압 V_{TH}은 다음과 같다.

$$V_{TH} = -\frac{R_1}{R_2} V_L$$

여기서 $V_L < 0$이므로, $V_{TH} > 0$이다. $V_i < V_{TH}$이면 $V^+ < 0$이 되어 출력 $V_o = V_L$을 유지한다.

$$V_{TH} = -\frac{R_1}{R_2} \times V_L = -\frac{100}{400} \times (-4[\text{V}]) = 1[\text{V}]$$

반면에, 출력이 $V_H \rightarrow V_L$로 천이되기 위해서는 $V^+ < 0$이어야 하며, $V^+ = 0$으로 만드는 입력전압인 하측 기준 전압 V_{TL}은 V^+ 식에 $V^+ = 0$, $V_o = V_H$, $V_i = V_{TL}$을 대입하면 다음과 같다.

$$V_{TL} = -\frac{R_1}{R_2} V_H$$

여기서 $V_H > 0$이므로, $V_{TL} < 0$이다. $V_i > V_{TL}$이면, $V^+ > 0$이 되어 출력 $V_o = V_H$을 유지한다.

$$V_{TL} = -\frac{R_1}{R_2} \times V_H = -\frac{100}{400} \times (+4[\text{V}]) = -1[\text{V}]$$

(e) 히스테리시스 폭 $V_{HW} = V_{TH} - V_{TL} = 1 - (-1) = 2[\text{V}]$이다. 입출력 히스테리시스 특성은 [그림 9-46(b)]를 참조하기 바란다.

9.2.11 능동필터(여파기) 회로

R, L, C 수동소자만으로 구성되는 수동필터는 높은 주파수에서도 잘 동작하는 유리한 점이 있으나, 신호감쇠나 저주파대에서 큰 인덕터를 요구하며, 특성저하의 문제점이 있다. 반면에 능동필터는 전달함수 최대값을 1보다 크게 **증폭이 가능**하여 신호감쇠가 해소되고 인덕터를 OP-Amp와 RC 회로로 구현할 수 있어 IC(소형)화에 **적합**하고, 출력 임피던스 조절이 용이하여 **부하효과의 영향을 해소**할 수 있는 장점을 갖는다.

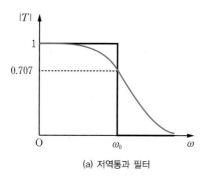

(a) 저역통과 필터

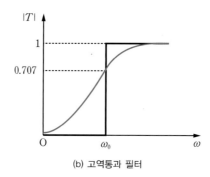

(b) 고역통과 필터

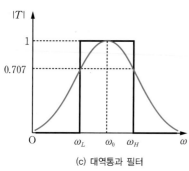

(c) 대역통과 필터

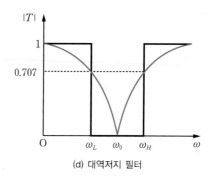

(d) 대역저지 필터

[그림 9-51] 각종 필터의 전달특성

일반적으로 **1차 필터**의 전달함수는 다음 식으로 주어진다.

$$T(s) = \frac{a_1 s + a_o}{s + \omega_o} \tag{9.75}$$

$\omega = \omega_o$에 극 pole점을 가지며, 계수 a_1, a_0 값에 따라서 $a_1 = 0$인 경우는 저역통과 필터 LPF, $a_0 = 0$인 경우는 고역통과 필터 HPF를 나타낸다. 다음 식은 2차 필터의 일반적인 전달함수(**2차 Biquadratic 전달함수**)를 나타낸다.

$$T(s) = \frac{a_2 s^2 + a_1 s + a_0}{s^2 + \dfrac{\omega_0}{Q} s + \omega_0^2} \tag{9.76}$$

계수 $a_2 = a_1 = 0$이면 저역통과 필터이고, $a_1 = a_0 = 0$이면 고역통과 필터이다. 또한 $a_2 = a_o = 0$이면 대역통과 필터 BPF를 나타낸다. 이 전달함수의 극점은 $T(s)$의 분모 = 0인 2차 방정식의 근이다.

$$s_1, s_2 = -\frac{\omega_0}{2Q} \pm j\omega_0 \sqrt{1 - \left(\frac{1}{2Q}\right)^2} \tag{9.77}$$

이 식에서 ω_0는 **고유(공진) 주파수**라 하고, Q는 **선택도**라고 한다.

[표 9-2] 필터의 차수와 종류

필터의 종류	1차 필터	2차 필터
저역통과 필터(LPF)	$H(s) = \dfrac{a_0}{s + b_0}$	$H(s) = \dfrac{a_0}{s^2 + b_1 s + b_0}$
대역통과 필터(BPF)	×	$H(s) = \dfrac{a_1 s}{s^2 + b_1 s + b_0}$
고역통과 필터(HPF)	$H(s) = \dfrac{a_1 s}{s + b_0}$	$H(s) = \dfrac{a_2 s^2}{s^2 + b_1 s + b_0}$
대역제거 필터(BRF)	×	$H(s) = \dfrac{a_2(s^2 + b_0)}{s^2 + b_1 s + b_0}$

1차 능동필터

■ 저역통과 필터

[그림 9-52(a)]는 저주파 영역에서는 C에 의한 리액턴스가 R_2보다 훨씬 크므로, C의 영향이 무시되어 R_2 / R_1인 일정 크기의 이득을 가지고, 고주파 영역이 될수록 [dB/dec]에 의한 리액턴스가 R_2보다 훨씬 작아지므로, 출력전압 v_o가 감소되어 이득이 감소하는 **저역통과 필터** LPF : Low Pass Filter**의 특성**을 갖는다.

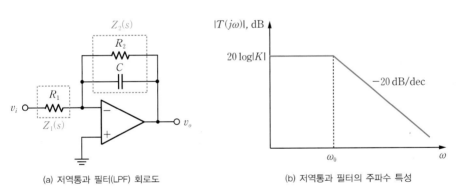

(a) 저역통과 필터(LPF) 회로도   (b) 저역통과 필터의 주파수 특성

[그림 9-52] 저역통과 필터

회로에서 각 합성 임피던스가 $Z_1(s) = R_1$, $Z_2(s) = R_2 / 1 + s\,CR_2$이고, 반전 증폭기의 이득인 $(-Z_2/Z_1)$을 이용하여 이 저역통과 필터의 전달함수 $T(s)$를 구할 수 있다.

$$T(s) = \frac{v_o(s)}{v_i(s)} = -\frac{Z_2(s)}{Z_1(s)} = -\frac{R_2}{R_1} \cdot \frac{\dfrac{1}{CR_2}}{s + \dfrac{1}{CR_2}} = \frac{K\omega_o}{s + \omega_o} \tag{9.78}$$

여기서 $K = -R_2/R_1$은 직류이득이고, $\omega_o = 1/CR_2$는 LPF의 차단 주파수를 나타낸다.

[그림 9-52(a)]의 LPF 회로에서 차단 주파수가 $10[\text{kHz}]$이고, 직류이득 $K = 10$이 되도록 R_2와 C의 값과 주파수 특성의 저지대역에서 감쇠율$[\text{dB/dec}]$을 구하여라(단 $R_1 = 10[\text{k}\Omega]$이다).

풀이

먼저 $K = |10| = R_2/R_1$이므로 R_2와 C를 각각 계산하면 다음과 같다.

$$R_2 = K \cdot R_1$$
$$= 10 \times 10[\text{k}\Omega] = 100[\text{k}\Omega]$$

$\omega_o = 2\pi f_o = 1/CR_2$이므로,

$$C = 1/2\pi f_o \cdot R_2$$
$$= 1/(2\pi 10^4 \times 10^5) = 10^{-9}/6.28 = 0.16[\text{nF}]$$

1pole의 경우 저지대역에서 롤-오프 특성, 즉 감쇠율은 $-20[\text{dB/dec}]$이다.

■ 고역통과 필터

[그림 9-53(a)]는 고주파 영역에서는 C에 의한 리액턴스가 작아지므로, R_2/R_1인 일정한 크기의 이득을 갖게 되고, 저주파 영역이 될수록 C에 의한 리액턴스가 커지므로, Z_1이 증대되어 출력전압 v_o가 감소되어 이득이 감소해가는 **고역통과 필터** ^{HPF : High Pass Filter}의 특성을 갖는다.

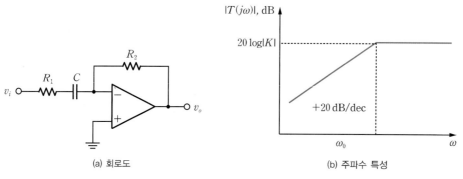

(a) 회로도   (b) 주파수 특성

[그림 9-53] 고역통과 필터(LPF) 회로도와 주파수 특성

회로에서 각 합성 임피던스가 $Z_1(s) = R_1 + 1/sC$, $Z_2(s) = R_2$이고, 반전 증폭기의 이득인 $(-Z_2/Z_1)$을 이용하여 이 HPF의 전달함수 $T(s)$를 구할 수 있다.

$$T(s) = -\frac{R_2}{R_1} \cdot \frac{s}{s + \dfrac{1}{CR_1}} = \frac{K_S}{s + \omega_o} \tag{9.79}$$

$K = -R_2/R_1$은 고역 이득이고, $\omega_o = 1/CR_1$는 HPF의 차단 주파수를 나타낸다.

[그림 9-53]의 HPF 회로에서 $R_1 = 10[\text{k}\Omega]$, $R_2 = 120[\text{k}\Omega]$, $C = 0.01[\mu\text{F}]$의 값을 가질 때, 이 필터의 고역 이득 K와 차단 주파수 ω_o를 구하여라.

풀이

$$|K| = R_2/R_1 = 120k/10k = 12$$

$$\omega_o = 2\pi f_o = 2\pi \times (1/2\pi CR_1)$$
$$= 1/CR_1 = 1/10^{-8}\cdot10^4 = 10^4[\text{rad/sec}]$$

2차 능동필터

■ 저역통과 필터 : SK(Sallen & Key) 필터

[그림 9-54]는 2개의 R과 2개의 C로 구성되며, 이득을 위한 능동소자 비반전 연산 증폭기를 사용하는 2차 능동 저역통과 필터이다.

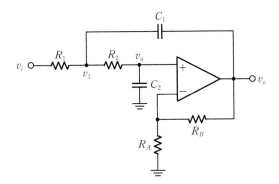

[그림 9-54] 2차 능동 저역통과 필터(LPF)

비반전 입력전압 v_a에 대한 v_o의 비반전 이득을 K라고, 다음과 같이 정의한다.

$$\frac{v_o}{v_a} = 1 + \frac{R_B}{R_A} = K \tag{9.80}$$

노드 v_1과 v_a에 전류방정식을 적용하여 다음과 같이 2개의 회로 방정식을 세운다. 여기서 $v_a = v_o/K$이고, R_1, R_2의 컨덕턴스는 G_1, G_2이다.

$$G_1(v_i - v_1) = sC(v_1 - v_o) + G_2\left(v_1 - \frac{v_o}{K}\right)$$
$$G_2\left(v_1 - \frac{v_o}{K}\right) = sC_2\frac{v_o}{K} \tag{9.81}$$

두 식을 다음과 같이 행렬로 표현한 다음, v_o를 구하여 $T(s) = v_o(s)/v_i(s)$를 유도한다.

$$\begin{bmatrix} sC_1 + G_1 + G_2 & -\left(sC_1 + \dfrac{G_2}{K}\right) \\ -G_2 & \dfrac{1}{K}(sC_2 + G_2) \end{bmatrix} \tag{9.82}$$

이 식으로부터 이 필터의 전달함수를 구하면 다음과 같이 된다.

$$T_{LP}(s) \equiv \frac{v_o(s)}{v_i(s)} = \frac{\dfrac{K}{R_1 R_2 C_1 C_2}}{s^2 + \left\{ \dfrac{1}{R_1 C_1} + \dfrac{1}{R_2 C_1} + \dfrac{1}{R_2 C_2}(1-K) \right\} s + \dfrac{1}{R_1 R_2 C_1 C_2}} \tag{9.83}$$

이 결과식을 2차 필터의 일반적인 전달함수 표현식인 식 (9.76)의 형태와 비교하여 다음과 같이 선택도 Q와 차단 주파수 ω_o를 정의할 수 있다.

$$T_{LP}(s) = \frac{K\omega_o^2}{s^2 + \dfrac{\omega_o}{Q}s + \omega_o^2} \tag{9.84}$$

$$\omega_o = \frac{1}{\sqrt{R_1 R_2 C_1 C_2}}, \quad Q = \frac{1}{\sqrt{\dfrac{R_2 C_2}{R_1 C_1}} + \sqrt{\dfrac{R_1 C_2}{R_2 C_1}} + (1-K)\sqrt{\dfrac{R_1 C_1}{R_2 C_2}}} \tag{9.85}$$

간편 해석을 위해서 $R_1 = R_2 = R$, $C_1 = C_2 = C$이라면, ω_o와 Q는 다음과 같다.

$$\omega_o = 1/RC, \quad Q = \frac{1}{(3-K)}$$

예제 9-20

[그림 9-54]의 LPF 회로에서 $R_1 = R_2 = 2.26[\text{k}\Omega]$, $C_1 = C_2 = C = 0.01[\mu\text{F}]$, $K = 2$ 일 때, 이 필터의 차단 주파수 ω_o와 Q를 구하고, 주파수 특성을 도시하여라.

풀이

$$\omega_o = \frac{1}{RC} = \frac{1}{0.01\mu \times 2.26k} = \frac{10^5}{2.26}$$
$$= 44247.8[\text{rad/s}]$$

$$Q = 1/(3-K) = 1/(3-2) = 1$$

직류이득 $K = 2$이므로 $20\text{Log}2 = 6.02[\text{dB}]$이다. 2 pole인 2차 필터이므로 저지대역에서 감쇠율은 $-20[\text{dB}] \times 2 = -40[\text{dB/dec}]$이다.

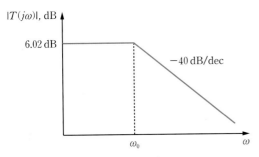

[그림 9-55] 전달함수 $|T(j\omega)|$[dB]의 주파수 특성

참고 증폭기가 단위이득 버퍼($R_A = R_B$ 경우) 시 최대 대역폭을 제공하게 된다.

예제 9-21

[그림 9-56]의 회로에서 전달함수 $T(s) = V_o(s)/V_i(s)$, 차단 주파수 ω_o와 Q, 직류이득 K, 저지대역에서 감쇠율[dB/dec]은 얼마인가?

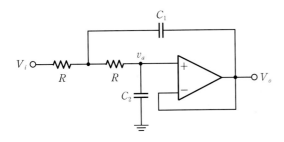

[그림 9-56] 2차 능동 LPF

풀이

단위이득 비반전 버퍼 증폭기를 사용하는 DC 이득 $K=1$인 2차 능동 LPF이다.

2차 능동 저역통과 필터의 전달함수 $T_{LP}(s)$의 식 (9.83)에서 $K=1$, $R_1 = R_2 = R$을 대입하면 다음과 같이 $T(s)$, ω_o, Q를 구할 수 있다.

$$T(s) = \frac{1}{S^2 \cdot R_1 R_2 C_1 C_2 + S \cdot (R_1 + R_2)C_2 + 1}$$
$$= \frac{1}{S^2(R^2 C_1 C_2) + S(2RC_2) + 1}$$

$$\omega_o = \frac{1}{\sqrt{R_1 R_2 C_1 C_2}} = \frac{1}{R\sqrt{C_1 C_2}}$$

$$Q = \frac{1}{R_1 + R_2}\sqrt{\left(R_1 R_2 \frac{C_1}{C_2}\right)} = \frac{\sqrt{C_1}}{2\sqrt{C_2}}$$

별해 주어진 회로에서 입력측 2개의 노드에 [KCL]을 적용하여 직접 구할 수도 있다.

■ 고역통과 필터 : SK 필터

[그림 9-57]은 2개의 R과 2개의 C로 구성되며, 이득 K는 능동소자 비반전 연산 증폭기를 사용하는 2차 능동 고역 통과필터이다.

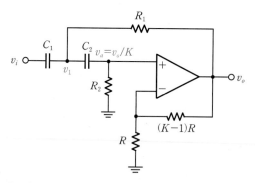

[그림 9-57] 2차 능동 고역통과 필터(HPF)

노드 v_1과 v_a에 KCL을 적용하여, 다음과 같이 2개의 회로 방정식을 세운다(여기서, $v_a = v_o/K$이고, R_1, R_2의 컨덕턴스는 G_1, G_2이다).

$$sC_1(v_i - v_1) = G_1(v_i - v_o) + sC_2\left(v_1 - \frac{v_o}{K}\right) \tag{9.86}$$

$$sC_2\left(v_1 - \frac{v_o}{K}\right) = G_2\frac{v_o}{K} \tag{9.87}$$

두 식으로부터 이 필터의 전달함수 $T(s) = v_o(s)/v_i(s)$를 구하면 다음과 같다.

$$T_{HP}(s) = \frac{v_o(s)}{v_i(s)} = \frac{Ks^2}{s^2 + \left\{\frac{1}{R_2}\left(\frac{1}{C_1} + \frac{1}{C_2}\right) + \frac{1-K}{R_1 C_1}\right\}s + \frac{1}{R_1 R_2 C_1 C_2}} \tag{9.88}$$

이 식을 ω_o와 Q에 대해 정리하여 나타내면 다음과 같다.

$$T_{HP}(s) = \frac{Ks^2}{s^2 + \frac{\omega_o}{Q}s + \omega_o^2} \tag{9.89}$$

$$\omega_o = \frac{1}{\sqrt{R_1 R_2 C_1 C_2}}, \quad Q = \left[\sqrt{\frac{R_1}{R_2}}\left(\sqrt{\frac{C_2}{C_1}} + \sqrt{\frac{C_1}{C_2}}\right) + \sqrt{\frac{R_2 C_2}{R_1 C_1}}(1-K)\right]^{-1} \tag{9.90}$$

만일 간편 해석을 위해서 $R_1 = R_2 = R$, $C_1 = C_2 = C$이라면, ω_o와 Q는 다음과 같다.

$$\omega_o = 1/RC, \quad Q = \frac{1}{3-K} \tag{9.91}$$

[그림 9-57]의 HPF 회로에서 $R_1 = 20[\text{k}\Omega]$, $R_2 = 10[\text{k}\Omega]$, $C_1 = C_2 = 0.001[\mu\text{F}]$, $K = 2$일 때, 이 필터의 차단 주파수 f_o와 Q를 구하고, 저지대역에서 감쇠율 $[\text{dB/dec}]$은 얼마인지 구하여라.

풀이

식 (9.90)의 ω_o에 관한 계산식을 푼 다음, f_o를 구하면 다음과 같다.

$$\omega_o = \frac{1}{\sqrt{R_1 R_2 C_1 C_2}} = \frac{1}{\sqrt{200 \times 10^6 \times 0.001^2 \times 10^{-12}}} = 70711.4[\text{rad/s}]$$

$$f_o = \omega_o/2\pi = 70711.4/2\pi = 11.26[\text{KHz}]$$

식 (9.90)의 Q에 관한 식에서 $R_1 = 20[\text{k}\Omega]$, $R_2 = 10[\text{k}\Omega]$, $C_1 = C_2 = 0.001[\mu\text{F}]$, $K = 2$을 각각 대입하면 다음과 같다.

$$Q = \left[\sqrt{\frac{R_1}{R_2}} \left(\frac{C_2}{C_1} + \sqrt{\frac{C_1}{C_2}} \right) + \sqrt{\frac{R_2 C_2}{R_1 C_1}} (1 - K) \right]^{-1}$$

$$= [1.414 \times 2 - 0.707]^{-1} = 2.121^{-1} = 0.47$$

직류이득 $K = 2$, 또는 $20\log 2 = 6.02[\text{dB}]$이고, 2 pole인 2차 필터이므로, 저지대역에서 감쇠율은 $-20[\text{dB}] \times 2 = -40[\text{dB/dec}]$이다.

■ **대역통과 필터**

[그림 9-58]은 2개의 R 과 2개의 C로 구성되며, 능동소자 반전 연산 증폭기를 사용하는 **2차 능동 대역 통과필터** BPF : Band Pass Filter이다. C_1은 저역 pass용과 C_2는 고역 pass용의 조합인 대역 pass의 특성을 갖는다.

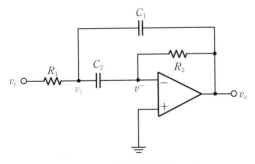

[그림 9-58] 2차 능동 대역통과 필터(BPF)

$v_1 - v_o$ 관계와 v_1 노드에 [KCL]을 적용하여 다음 두 방정식을 구한다.

$$v_o = -\frac{s\,C_2}{G_2} v_1 \tag{9.92}$$

$$G_1(v_i - v_1) = s\,C_1(v_1 - v_o) + s\,C_2 v_1 \tag{9.93}$$

이 두 식에서 v_1을 소거하여, 전달함수를 구하면 다음과 같다.

$$T_{BP}(s) \equiv \frac{v_o(s)}{v_i(s)} = \frac{-\dfrac{1}{R_1 C_1} s}{s^2 + \dfrac{1}{R_2}\left(\dfrac{1}{C_1} + \dfrac{1}{C_2}\right)s + \dfrac{1}{R_1 R_2 C_1 C_2}} \tag{9.94}$$

식 (9.94)를 식 (9.95)에 대입시켜 $T(s)$ 분자의 1차 s의 계수인 a_1과 대역통과 필터의 중심 주파수 ω_o, 선택도 Q를 구하면 다음과 같다.

$$T_{BP}(s) = \frac{a_1 s}{s^2 + \dfrac{\omega_o}{Q} + \omega_o^2} \tag{9.95}$$

$$a_1 = -\frac{1}{R_1 C_1}, \quad \omega_o = \frac{1}{\sqrt{R_1 R_2 C_1 C_2}}, \quad Q = \sqrt{\frac{R_2}{R_1}} \cdot \frac{\sqrt{C_1 C_2}}{C_1 + C_2} \tag{9.96}$$

중심 주파수 $\omega_o(f_o) \equiv \sqrt{\omega_2 \cdot \omega_1}$: **중심 주파수는 두 차단 주파수의 기하평균**

2차 대역통과 필터의 전달함수의 주파수 특성을 [그림 9-59]와 같이 나타낼 수 있다.

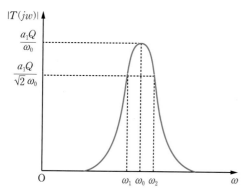

[그림 9-59] 2차 대역통과 필터의 주파수 특성

여기서, 최대치 $T_{\max}$는 $\omega = \omega_o$일 때 다음과 같다.

$$T_{\max} = \frac{a_1 Q}{\omega_o} \tag{9.97}$$

또한 최대치의 -3[dB]($= 1/\sqrt{2}$)에 해당하는 두 차단 주파수 ω_1, ω_2는 다음과 같다.

$$\omega_1, \omega_2 = \omega_o \sqrt{1 + \left(\frac{1}{2Q}\right)^2} \pm \frac{\omega_o}{2Q} \tag{9.98}$$

이 식으로부터 2차 대역통과 필터의 대역폭$^{\text{BW : bandwidth}}$는 다음과 같이 정의된다.

$$\text{BW} \equiv \omega_2 - \omega_1 = \frac{\omega_o}{Q} \tag{9.99}$$

$$\text{BW} = \frac{1}{R_2}\left(\frac{C_1 + C_2}{C_1 C_2}\right) \tag{9.100}$$

이 식으로부터 Q가 클수록 뾰족해서 대역폭은 좁아지고, 최대치 $T_{\max}$가 증가하므로 주파수 ω_o에 대한 선택도가 훨씬 높아지고, 반대로 Q가 작으면 선택도는 낮아진다.

예제 9-23

[그림 9-58]의 BPF 회로에서 $R_1 = 2[\text{k}\Omega]$, $R_2 = 150[\text{k}\Omega]$, $C_1 = C_2 = 1[\text{nF}]$일 때 다음의 정수 파라미터 a_1, ω_o, Q, BW를 구하여라.

풀이

- $a_1 = \dfrac{1}{R_1 C_1} = \dfrac{1}{2 \times 10^3 \times 10^{-9}} = \dfrac{10^6}{2} = 500{,}000[\text{rad/sec}]$

- $\omega_o = \dfrac{1}{\sqrt{R_1 R_2 C_1 C_2}} = \dfrac{1}{\sqrt{2 \times 150 \times 10^6 \times 10^{-18}}} = 57{,}735[\text{rad/sec}]$

- $Q = \sqrt{\dfrac{R_2}{R_1}} \cdot \dfrac{\sqrt{C_1 C_2}}{C_1 + C_2} = \sqrt{\dfrac{150}{2}} \cdot \dfrac{1}{2} = \dfrac{\sqrt{75}}{2} = 4.33$

- $\text{BW} = \omega_o / Q = 57{,}735/4.33 = 13.333[\text{kHz}]$

예제 9-24

다음의 회로에서 전달함수를 구하고 회로의 기능을 설명하여라.

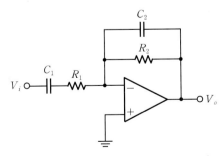

[그림 9-60]

풀이

C_1의 고역 pass 기능과 C_2의 저역 pass 기능의 복합^{cascade}된 능동 2차 대역통과 필터이며, 입력측 임피던스 $Z_1(S) = R_1 + 1/sC_1$, 궤환 측 임피던스 $Z_2(S) = R_2 \parallel \dfrac{1}{sC_2} = \dfrac{R_2}{1+sR_2C_2}$ 일 때 전달함수는 다음과 같이 구할 수 있다.

$$T(S) = -\frac{Z_2(S)}{Z_1(S)} = \frac{\dfrac{R_2}{1+sR_2C_2}}{R_1 + \dfrac{1}{sC_1}} = \frac{-sR_2C_1}{(1+sR_1C_1)(1+sR_2C_2)}$$

예제 9-25

다음 능동필터 회로에서 중심 주파수 f_o와 대역폭 BW, 선택도 Q를 구하여라(단, $R_1 = R_2 = R_3 = R_4 = 3[\text{k}\Omega]$, $C_1 = C_2 = 10[\text{nF}]$, $C_3 = C_4 = 5[\text{nF}]$, 연산 증폭기는 이상적이다).

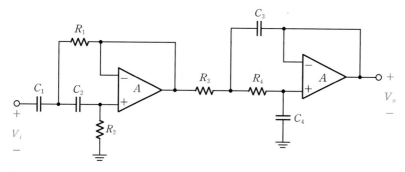

[그림 9-61]

풀이

이 회로는 앞 2차 HPF와 뒤 2차 LPF를 직렬접속하여 구현한 2차 대역통과 필터이다.

- HPF의 차단 주파수 : $f_{c1} = 1/2\pi\sqrt{R_1R_2C_1C_2}$

$$= 1/2\pi \times 3 \times 10^3 \times 10^{-8} = 5.3[\text{kHz}]$$

- LPF의 차단 주파수 : $f_{c2} = 1/2\pi\sqrt{R_3R_4C_3C_4}$

$$= 1/2\pi \times 3 \times 10^3 \times 5 \times 10^{-9} = 10.61[\text{kHz}]$$

- 대역폭 : $BW = f_{c2} - f_{c1} = 10.61 - 5.3 = 5.31[\text{kHz}]$
- 중심 주파수 : $f_o = \sqrt{f_{c2} \cdot f_{c1}} = \sqrt{5.3 \times 10.61[\text{kHz}]} = 7.5[\text{kHz}]$
- 선택도 : $Q = f_o/BW = 7.5/5.31 = 1.4$

■ 대역저지 필터

대역저지 필터 ^{BSF : Band Stop Filter}는 HPF와 LPF의 직렬접속 구성인 BPF와 달리, 병렬접속함으로써 구현할 수 있고 저지 대역폭 BW, 중심 주파수 f_o는 다음과 같이 정의한다.

$$BW = f_{c1} - f_{c2} \tag{9.101}$$

$$f_o \equiv \sqrt{f_{c2} \cdot f_{c1}} \quad \text{(기하평균)} \tag{9.102}$$

여기서 HPF의 차단 주파수 f_{c1}, LPF의 차단 주파수 f_{c2}라고 할 때, BSF는 $f_{c1} > f_{c2}$이고 BPF는 $f_{c2} > f_{c1}$이다. 참고로 BSF 관련 회로구현과 해석은 9장의 [연습문제 44]에서 다룰 예정이다.

모놀리식 IC형 2차 능동필터

모놀리식 IC형 2차 능동필터를 구현하기 위해서는 전력소모를 줄여야 하고, 정확한 RC 시정수가 요구된다.

지금까지 제시한 2차 능동−RC 필터 SK ^{Sallen & Key} 필터들은 저전력을 위해 비인덕터형으로 구현하였는데, 이외로 저항 R을 C와 스위치 역할을 하는 두 개의 MOSFET로 대체하는 비저항 형태인 스위치드−커패시터 ^{switched-capacitor} 필터가 모노 IC형 제조에 최적임을 소개한다. 또한 적분기 기반의 바이쿼드 회로를 이용하여, LPF, HPF, BPF를 2개의 적분기로 동시에 실현하는, 2차 KHN ^{Kerwin, Huelsman & Newcomb(고안자명)} 바이쿼드와 토우−토마스 ^{Tow & Thomas} 바이쿼드 등도 개발되어 사용되고 있다.

그리고 IC에서는 on−chip 인덕터 제작이 곤란하여 흉내내는 ^{simulated} 인덕터를 사용하는(즉, L이 없는) 바이쿼드를 구현하여 사용되고 있다. 이러한 여러 **특이한 바이쿼드 회로 해석**은 [연습문제]를 통해서 다룬다.

01 다음 회로는 이상적인 연산 증폭기이다. 특성으로서 옳지 않은 것은?

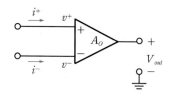

㉮ 개루프 이득은 $A_o = \infty$ 이다.

㉯ 대역폭이 무한대이다.

㉰ i^+, i^- 는 입력 전원의 내부 임피던스에 의해 결정된다.

㉱ 입력 임피던스는 무한대이다.

㉲ 출력 임피던스는 0이다.

해설

입력전류 i^+, i^- 는 연산 증폭기의 입력 임피던스에 의해 결정된다($Z_{in} \to \infty$ 로, i^+, $i^- \cong 0$).   ㉰

02 연산 증폭기가 갖는 특성 파라미터의 이상적인 값을 표기하여라.

개방루프 이득 : ( )	입력 임피던스 : ( )	출력 임피던스 : ( )
입력 오프셋 전류 : ( )	입력 오프셋 전압 : ( )	출력 오프셋 전압 : ( )
동상신호 제거비 : ( )	단위이득 대역폭 : ( )	온도 드리프트 : ( )
입력 바이어스 전류 : ( )	슬루율 : ( )	

해설

이상적인 연산 증폭기는 오프셋, 드리프트 성분이 0이며, 고이득 전압 증폭소자이므로 입력 임피던스가 크고, 출력 임피던스가 작은, 전압 증폭기의 필수조건을 갖고 있다.

• 개방루프 이득, 입력 임피던스, 동상신호 제거비, 단위이득 대역폭, 슬루율 : ∞

• 출력 임피던스, 입력 오프셋 전류, 입력 오프셋 전압, 출력 오프셋 전압, 온도 드리프트, 입력 바이어스 전류 : 0

03 다음 중 연산 증폭기의 응용 회로가 아닌 것은?

㉮ A/D 변환기   ㉯ 비교기

㉰ 계수기(카운터)   ㉱ 발진기

㉲ 반가산기, 반감산기   ㉳ 능동 여파기

해설

연산 증폭기는 아날로그 IC형 소자이다. 카운터(계수기)와 반가산기, 반감산기는 디지털 회로이므로 연산 증폭기로 구현할 수 없다.   ㉰, ㉲

04 어떤 연산 증폭기에 펄스가 입력되었을 때 $0.6[\mu s]$ 동안 출력전압이 $-9[V]$에서 $+9[V]$까지 변했을 때 슬루율은? [주관식] 슬루율이 연산 증폭기의 어떤 특성에 큰 영향을 주는가?

㉮ $18[V/\mu s]$ ㉯ $30[V/\mu s]$ ㉰ $0.6[V/\mu s]$ ㉱ $9[V/\mu s]$

해설

$$SR = \frac{\Delta V_o}{\Delta t} = \frac{9-(-9)}{0.6} = 30[V/\mu s]$$ ㉯

[주관식] 슬루율은 연산 증폭기의 스위칭 특성에 가장 큰 영향을 주는 파라미터이다.

05 다음 회로에서 R_L에 흐르는 전류 I_L은? [주관식] 이 회로의 전압이득은?

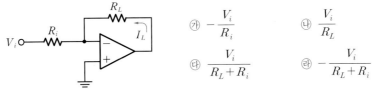

㉮ $-\dfrac{V_i}{R_i}$ ㉯ $\dfrac{V_i}{R_L}$

㉰ $\dfrac{V_i}{R_L+R_i}$ ㉱ $-\dfrac{V_i}{R_L+R_i}$

해설

이상적인 연산 증폭기의 가상적인 접지 개념을 적용하면 $I_L = I_i = \dfrac{(0-V_i)}{R_i} = -\dfrac{V_i}{R_i}$ 이다.   ㉮

[주관식] 반전 증폭기의 전압이득 $A_v = -R_L/R_i$ 이다.

06 다음 연산 증폭기 회로에서 $V_{out}/I_s[V/A]$은? (단, $R_1 = 4[k\Omega]$, $R_s = 2[k\Omega]$, $R_f = 30[k\Omega]$, $R_L = 6[k\Omega]$ 이고, 연산 증폭기는 이상적이다)

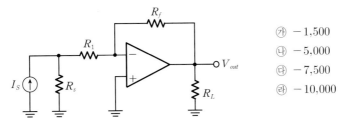

㉮ $-1,500$

㉯ $-5,000$

㉰ $-7,500$

㉱ $-10,000$

해설

가상접지를 적용하여 R_1의 전류는 (전류분배로) $I_{R1} = I_s \times \dfrac{R_s}{R_s + R_1} = \dfrac{I_s}{3}[A]$ 이다.

즉, $V_{out} = -I_{R1} \times R_f = \dfrac{-I_s}{3} \times R_f = -10 \cdot I_s[kV]$ 이므로 $\dfrac{V_{out}}{I_s} = -10 \cdot k = -10 \times 1,000 = -10,000[V/A]$ ㉱

07 다음 회로의 전압이득은 얼마인가?

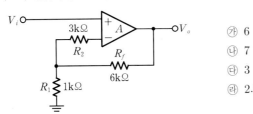

㉮ 6

㉯ 7

㉰ 3

㉱ 2.25

해설

비반전 증폭기의 전압이득 $A_v = \left(1 + \dfrac{R_f}{R_1}\right) = 7$ (여기서 R_2는 내부 오프셋 조정용이다)   ㉯

08 유한한 전압이득 A_0인 값을 갖는 연산 증폭기의 회로를 보고, 다음 물음에 답하여라(단, $R_2 = 3R_1$이다).

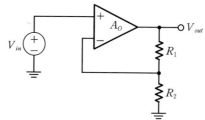

(a) 회로의 전압이득 $A_v = \dfrac{V_{\text{out}}}{V_{\text{in}}}$은?

(b) $A_0 = 3$일 때와 $A_0 = \infty$일 때의 전압이득을 비교하여라.

해설

(a) 이상적인 증폭기가 아니므로 $A_0 \neq \infty$이다. 반전과 비반전의 두 입력의 전위차도 $V_d \neq 0$이므로 차동증폭으로 해석한다. 먼저, 출력을 구하면 $V_{\text{out}} = A_0 \cdot V_d = A_0 \cdot (V^+ - V^-) = A_0 \cdot \left(V_{\text{in}} - V_{\text{out}} \cdot \dfrac{R_2}{R_1 + R_2} \right)$

이다. 여기서 $A_v = V_{\text{out}}/V_{\text{in}}$을 유도하면 $A_v = \dfrac{A_o \left(1 + \dfrac{R_1}{R_2} \right)}{A_o + 1 + \dfrac{R_1}{R_2}} = \dfrac{4A_o}{3A_o + 4}$이다.

(b) $A_0 = 3$일 때 $A_v = \dfrac{4 \times 3}{(3 \times 3) + 4} = \dfrac{12}{13}$이고 $A_0 = \infty$일 때 $A_v = 1 + \dfrac{R_1}{R_2} = \dfrac{4}{3}$이다.

09 다음 회로의 설명 중 틀린 것은?

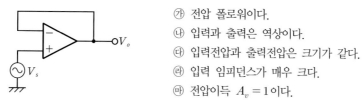

㉮ 전압 폴로워이다.

㉯ 입력과 출력은 역상이다.

㉰ 입력전압과 출력전압은 크기가 같다.

㉱ 입력 임피던스가 매우 크다.

㉲ 전압이득 $A_v = 1$이다.

해설

전압 폴로워(버퍼) 증폭기로서 $V_o = V_s$(동상), $A_v = 1$, R_i는 매우 크고, $R_o \to 0$이므로 임피던스 매칭용으로 쓰이는 전압버퍼이다. ㉯

10 다음 회로에서 부하 R_L에 흐르는 전류 $I_L[\text{mA}]$는?

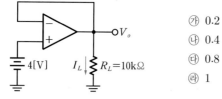

㉮ 0.2

㉯ 0.4

㉰ 0.8

㉱ 1

해설

전압 폴로워이므로 $V_o = 4[\text{V}]$이므로 부하전류 $I_L = \dfrac{V_o}{R_L} = \dfrac{4[\text{V}]}{10[\text{k}\Omega]} = 0.4[\text{mA}]$ ㉯

11 다음 회로에서 출력전압 $V_{\text{out}}[\text{V}]$는? 단, $V_{\text{in}} = 1[\text{V}]$, $R_1 = R_2 = R_3 = R_4 = 1[\text{k}\Omega]$이고, 연산 증폭기는 이상적이다)

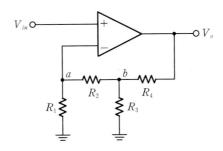

가상단락으로 $V_a = V_{\text{in}} = 1$이고, 노드 b에 전류법칙(KCL)을 적용하여 V_o를 구한다.

$$\frac{(V_b - V_a)}{R_2} + \frac{V_b}{R_3} + \frac{(V_b - V_o)}{R_4} = 0 \quad \rightarrow \quad \frac{(V_b - 1)}{1k} + \frac{V_b}{1k} + \frac{(V_b - V_o)}{1k} = 0$$

정리하면 $(V_b - 1) + V_b + (V_b - V_o) = 0$이므로 $V_o = 3V_b - 1 = (3 \times 2) - 1 = 5[\text{V}]$이다.

(단, $I_{R1} = I_{R2}$이므로 $\dfrac{V_a}{R_1} = \dfrac{(V_b - V_a)}{R_2} = \dfrac{1}{1k} = \dfrac{(V_b - 1)}{1k}$ 이기 때문에 $V_b = 2[\text{V}]$이다)

12 다음 이상적인 연산 증폭기 회로에서 출력전압 $V_{\text{out}}[\text{V}]$ 값은?

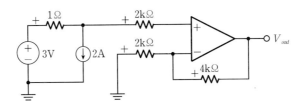

• 좌측의 2[A] 전류원은 (증폭기 내부로 불가) 1[Ω]에만 흘러서 1[Ω] 우측 편에 $-2[\text{V}]$의 전압을 발생시키고, 동시에 전압원 3[V]도 인가되므로 $(3 - 2) = 1[\text{V}]$가 증폭기 비반전 입력전위 V^+ 값이다. 입력 $V^+ = 1[\text{V}]$인 비반전 증폭회로이므로 출력 $V_{\text{out}} = \left(1 + \dfrac{4k}{2k}\right) \times 1[\text{V}] = 3[\text{V}]$이다.

[별해] 좌측의 전원부를 전원변환시키면 1[V]의 전압원과 1[Ω]이 직렬로 접속되어 비반전 증폭회로가 된다. 출력 $V_{\text{out}} = \left(1 + \dfrac{4k}{2k}\right) \times 1[\text{V}] = 3[\text{V}]$이다.

13 다음 회로의 출력전압 $V_o[\text{V}]$는 얼마인가? [주관식] 이 회로는 어떤 기능을 하는가?

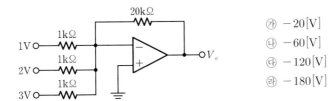

㉮ $-20[\text{V}]$

㉯ $-60[\text{V}]$

㉰ $-120[\text{V}]$

㉱ $-180[\text{V}]$

해설

각 입력에 대한 전압이득 $A_v = -\dfrac{20\text{k}}{1\text{k}} = -20$이며, 3개 입력에 중첩의 정리로 해석한다.

$V_o = -A_v(1\text{V} + 2\text{V} + 3\text{V}) = -20 \times 6 = -120[\text{V}]$　　　　　　㉓

[주관식] 이 회로는 아날로그 반전 가산기 기능을 한다.

14 다음 이상적인 연산 증폭기 회로의 출력전압 $V_{\text{out}}[\text{V}]$과 기능은?

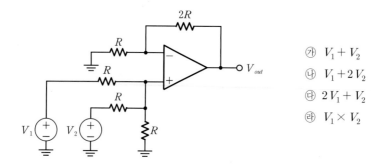

㉮　$V_1 + V_2$

㉯　$V_1 + 2V_2$

㉰　$2V_1 + V_2$

㉱　$V_1 \times V_2$

해설

반전 입력 전위 $V^- = V_{\text{out}} \times \dfrac{R}{(R+2R)} = \dfrac{V_{\text{out}}}{3}$이고, 가상단락으로 비반전 입력전위 V^+도 V^-와 같다.

비반전 입력의 공통노드에 전류법칙(KCL)을 세워서 V_{out}을 다음과 같이 구한다.

$$\frac{\left(\dfrac{V_{\text{out}}}{3} - V_1\right)}{R} + \frac{\left(\dfrac{V_{\text{out}}}{3} - V_2\right)}{R} + \frac{\left(\dfrac{V_{\text{out}}}{3}\right)}{R} = 0$$

여기서, $V_{\text{out}} = V_1 + V_2$이며 이 회로는 아날로그 비반전 가산기 기능을 한다.　　㉮

15 다음 회로의 출력전압 $V_{\text{out}}[\text{V}]$는 얼마인가?

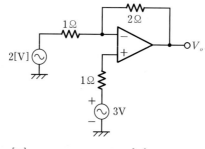

㉮ $2[\text{V}]$　　　　　　㉯ $3[\text{V}]$　　　　　　㉰ $4[\text{V}]$　　　　　　㉱ $5[\text{V}]$

해설

차동 증폭기 회로이며, 중첩의 정리로 구한다. $2[\text{V}]$ 입력은 반전 증폭기, $3[\text{V}]$ 입력은 비반전 증폭기이다.

$V_o = \left(-\dfrac{2}{1}\right) \times 2[\text{V}] + \left(1 + \dfrac{2}{1}\right) \times 3[\text{V}] = 5[\text{V}]$

16 다음 회로에서 출력전압 $V_{out}[V]$는? (단, 연산 증폭기는 이상적이다).

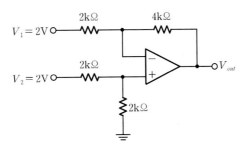

전압분배로 비반전 입력 전위 $V^+ = 2[V] \times \dfrac{2k}{(2+2)k} = 1[V]$이며, 가상단락으로 반전 입력 전위도 $V^- = 1[V]$이다. 반전 입력 노드에 전류법칙(KCL)을 적용하면 $\dfrac{(V_1 - V^-)}{2k} = \dfrac{(V^- - V_{out})}{4k} \rightarrow \dfrac{(2-1)}{2k} = \dfrac{(1 - V_{out})}{4k}$ 이므로 이를 정리하면 $V_{out} = -1[V]$이다.

17 다음 이상적인 연산 증폭기 회로의 부하 $5[k\Omega]$에 흐르는 전류 $I_o[mA]$는?

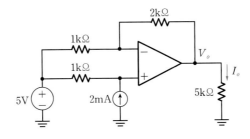

먼저, 중첩원리로 비반전 입력 전위 $V^+ = 5[V] + (1k \times 2[mA]) = 7[V]$를 구한다. 가상단락으로 $V^- = 7[V]$이고, V^- 반전노드에 전류법칙(KCL)을 적용하면 $\dfrac{(5-7)}{1k} = \dfrac{(7 - V_o)}{2k} \rightarrow V_o = 11[V]$이므로, $I_o = \dfrac{V_o}{5k} = \dfrac{11}{5k} = 2.2[mA]$이다.

18 다음 연산 증폭회로의 출력전압 e_o는? (단, $R_1 = R_3$, $R_2 = R_4$이다)

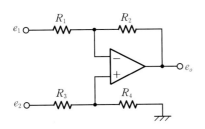

㉮ $e_o = e_2 - e_1$

㉯ $e_o = \dfrac{R_3}{R_2}(e_1 - e_2)$

㉰ $e_o = \dfrac{R_2}{R_1}(e_2 - e_1)$

㉱ $e_o = \dfrac{R_2}{R_1}(e_1 - e_2)$

차동 증폭기 형태로 전압이득 $A_v = \dfrac{R_2}{R_1}$를 갖는 감산기 기능을 한다. ㉰

$e_0 = A_v(e_2 - e_1) = \dfrac{R_2}{R_1}(e_2 - e_1)$

19 다음 회로의 출력전압 V_o는 얼마인가? [주관식] 이 회로는 어떤 기능을 하는가?

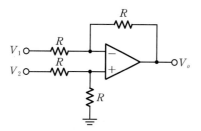

㉮ $V_o = V_1 - V_2$

㉯ $V_o = V_2 - V_1$

㉰ $V_o = V_1 + V_2$

㉱ $V_o = \dfrac{V_1 + V_2}{2}$

> **해설**
>
> $V_o = V_2 - V_1$
> ㉯
>
> [주관식] 차동 증폭기 형태로, 전압이득 $A_v = \dfrac{R}{R} = 1$인 감산기 기능을 한다.

20 다음 그림과 같은 연산 증폭회로의 전압이득(V_o / V_s)는 얼마인가? (단, 증폭기는 이상적이라고 가정하며, $R_1 = R_2 = R_3 = 30[\text{k}\Omega]$, $R_4 = 2[\text{k}\Omega]$이다)

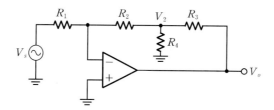

㉮ -14 ㉯ -20 ㉰ -17 ㉱ -23

> **해설**
>
> T형 궤환회로를 갖는 반전 증폭기이다. 전압이득 $A_v = -\dfrac{R_2 + R_3 + (R_2 R_3 / R_4)}{R_1} = -17$
> ㉰

21 다음 회로에서 V_o와 V_i의 관계식을 유도하여라(단, $R_1 = R_2 = R_3 = R_4 = R_5 = R_6 = R$이며, 이상적인 연산 증폭기이다).

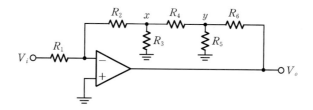

> **해설**
>
> • 가상접지를 적용하고, R_1의 전류 I_{R1}를 $I_i (= V_i/R)$라고 하면, $I_{R2} = I_{R1} = I_i$이며, $V_x = -V_i$이다.
> $I_{R3} = V_x/R = -V_i/R = -I_i$, $I_{R4} = I_{R2} + (-I_{R3}) = 2 \cdot I_i$이며, $V_y = V_x - I_{R4} \times R = -3V_i$가 된다.
> • 노드 y에 전류법칙(KCL)인 $I_{R4} = I_{R5} + I_{R6} \rightarrow 2 \cdot I_i = V_y/R_5 + (V_y - V_o)/R_6$에서 V_o을 구한다.
> 정리하면, $\dfrac{2V_i}{R} = -\dfrac{3V_i}{R} + \left(-\dfrac{3V_i}{R}\right) - \dfrac{V_o}{R}$이므로 $V_o = -8 \cdot V_i$이다.

22 다음 회로에서 출력전압 v_z를 v_x, v_y로 옳게 나타내라(단, 연산 증폭기의 특성은 이상적이다).

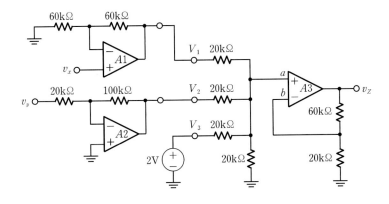

- 증폭기 A_3은 이득 $G_3 = (1+60/20) = 4$인 3입력 비반전 증폭기로, 3입력은 $V_1 \sim V_3$이다.
  입력 $V_1 (= A_1$ 출력$) = v_x (1+60/20) = 4v_x$,
  입력 $V_2 (= A_2$ 출력$) = v_y (-100/20) = -5v_y$,
  입력 $V_3 = 2$
- 출력 : 3입력의 비반전 가산기로서 중첩원리나 노드 a에 전류법칙(KCL)으로 해석한다([예제 9-9]).
- 중첩원리로 비반전 입력 $V^+ (= V_a)$를 구하면, $V_a = \dfrac{V_1}{4} + \dfrac{V_2}{4} + \dfrac{V_3}{4} = \dfrac{V_1 + V_2 + V_3}{4}$이다.
- 이득 $G_3 = (1+60/20) = 4$이므로, 최종출력 $v_z = V_a \cdot G_3 = V_1 + V_2 + V_3 = 4v_x - 5v_y + 2$이다.

23 다음 회로의 출력전압 V_o, 전류 I_o를 구하여라.

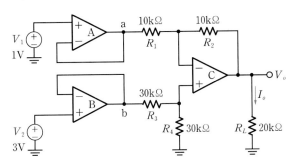

- 연산 증폭기 A, B는 전압 폴로워이므로 점 a, b의 전압은 $V_a = 1[\text{V}]$, $V_b = 3[\text{V}]$이다.
- 연산 증폭기 C는 감산기이므로 $V_o = V_b - V_a = 3-1 = 2[\text{V}]$이다.
- 출력전류 $I_o = \dfrac{V_o}{R_L} = \dfrac{2[\text{V}]}{20[\text{k}]} = 0.1[\text{mA}]$

24 다음 이상적인 연산 증폭기의 회로에서 출력전압 $V_o[\text{V}]$는?

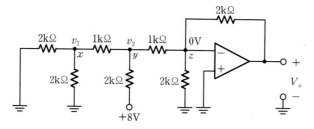

해설

$R/2R$ 사다리형 D/A 변환기이며, 해석은 다음과 같다.

- 노드 x에 KCL을 적용하면 $\dfrac{v_1}{2000}+\dfrac{v_1}{2000}+\dfrac{v_1-v_2}{1000}=0$이므로 $v_2=2v_1$이다.

- 노드 y에 KCL을 적용하면 $\dfrac{v_2-v_1}{1000}+\dfrac{v_2-8}{2000}+\dfrac{v_2-0}{1000}=0$이므로 $5v_2-2v_1=8$이다.

- 두 식을 연립으로 풀면, $v_1=1[\text{V}]$, $v_2=2[\text{V}]$이고, 노드 z에 KCL을 적용하면 $\dfrac{0}{2000}+\dfrac{0-v_2}{1000}+\dfrac{0-v_o}{2000}=0$ 이므로 $v_o=-2v_2=-4[\text{V}]$이다.

25 다음 증폭기 회로에 대한 출력전압 v_o을 구하여라(단, $R=1[\text{k}\Omega]$, $v_i=1[\text{V}]$, $I_s=10^{-14}[\text{A}]$, $V_T=0.026[\text{V}]$이다).

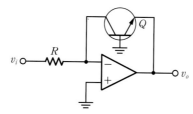

해설

- 회로는 로그대수 증폭기([그림 9-35] 참조)로서 출력전압 $v_o=-V_{BE}$가 된다. 반전 V^- 노드에 KCL을 적용하면 $i_i=i_c\cong i_e=I_D=I_S\left(e^{\frac{v_D}{V_T}}-1\right)\simeq I_S\,e^{\frac{v_D}{V_T}}$이다. 양변에 자연로그를 취하면, Q의 V_{BE}의 다이오드 $v_D=V_{BE}=V_T\ln\dfrac{i_c}{I_S}$이 된다. 이때 $i_c=\dfrac{v_i}{R}=\dfrac{1[\text{V}]}{1[\text{k}\Omega]}=1[\text{mA}]$, $I_s=10^{-14}[\text{A}]$를 대입하면 $V_{BE}=0.026\ln\dfrac{10^{-3}}{10^{-14}}=$ $=0.66[\text{V}]$이다.

- 출력전압 $v_o=-V_{BE}=-0.66[\text{V}]$ $\left(v_o=-V_T\ln\dfrac{v_i}{RI_S}\right)$

26 다음 회로의 명칭은? [주관식] 필터의 종류는?

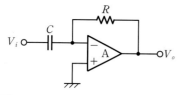

㉮ 미분기
㉯ 적분기
㉰ 가산기
㉱ 증폭기

해설

입력신호를 미분한 값을 출력하는 미분기 회로이다. $V_o=-RC\dfrac{dV_i}{dt}$

[주관식] C를 이용하여 입력의 고주파 성분을 증폭기로 결합시키는 능동 HPF이다.

㉮

27 다음 회로의 명칭은? [주관식] 필터의 종류는?

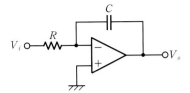

㉮ 미분기
㉯ 적분기
㉰ 분주기
㉱ 가산기

해설

입력신호를 적분한 값을 출력하는 적분기 회로이다. $V_o = -\dfrac{1}{RC}\displaystyle\int V_i\,dt$ ㉯

[주관식] C를 이용하여 출력단의 고주파 성분을 입력측으로 궤환을 걸어 접지로 바이패스시키는 능동 LPF 이다.

28 다음 회로에 펄스가 가해질 때 Δt 구간에서 출력전압의 변화율$[\mathrm{mV}/\mu s]$은?
(단, 출력전압의 초기값은 $0[\mathrm{V}]$이고, 연산 증폭기는 이상적이라고 가정한다)

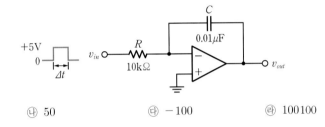

㉮ -50 　　　　㉯ 50 　　　　㉰ -100 　　　　㉱ $100\,100$

해설

- 가상접지를 적용하고, 반전 V^- 노드에 전류법칙(KCL) 적용하여 dv_{out}/dt를 구한다.

  $I_R = I_c$이므로 $\dfrac{v_{\mathrm{in}}-0}{R} = \dfrac{C\cdot d(0-v_{\mathrm{out}})}{dt}$ 을 정리하면 $v_{\mathrm{in}}/R = -C\cdot dv_{\mathrm{out}}/dt$ 이다.

- 전압변화율 : $dv_{\mathrm{out}}/dt = -v_{\mathrm{in}}/RC = -5[\mathrm{V}]/10^4 \times 10^{-2}[\mu \mathrm{F}] = -0.05[\mathrm{V}/\mu s] = -50[\mathrm{mV}/\mu s]$ 이다. ㉮

29 다음 그림의 연산 증폭기 출력전압 V_o를 구하여라.

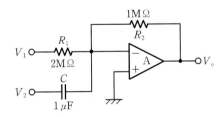

해설

V_1은 반전 증폭기, V_2는 미분기의 입력이므로 중첩의 정리로 해석한다.

$$V_o = \left(-\frac{R_2}{R_1}V_1\right) + \left(-R_2 C\frac{dV_2}{dt}\right) = \left(-\frac{1}{2}V_1\right) + \left(-10^6 \times 10^{-6}\cdot\frac{dV_2}{dt}\right) = -\frac{1}{2}V_1 - \frac{dV_2}{dt}$$

30 다음 회로들의 기능을 기술하여라.

(a)
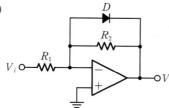

(b)
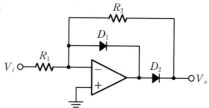

(c)
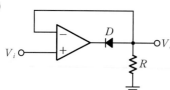

(d)
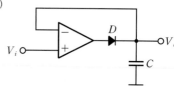

(e)
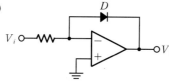

(f)
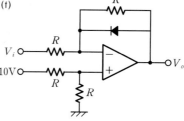

㉮ 반파 정류기   ㉯ 전파 정류기

㉰ log 증폭기   ㉱ Anti-log 증폭기

㉲ 피크 검출기$^{peak\ detector}$ ㉳ 클리퍼

해설

(a)~(c) : 반파 정류기, (d) : 피크 검출기, (e) : 자연로그 대수 증폭기, (f) : 클리퍼

- (a) : $V_i > 0 : D(\text{on}),\ V_o = 0$ $V_i < 0 : D(\text{off}),\ V_o = -\dfrac{R_2}{R_1} V_i$

- (b) : $V_i > 0 : D_1(\text{on}),\ D_2(\text{off}),\ V_o = 0$ $V_i < 0 : D_1(\text{off}),\ D_2(\text{on}),\ V_o = -\dfrac{R_2}{R_1} V_i$

- (c) : $V_i > 0 : D(\text{off}),\ V_o = 0$ $V_i < 0 : D(\text{on}),\ V_o = V_i$

- (d) : V_i 중에 최대값을 '전압 폴로워' 동작으로 콘덴서 C에 충전시켜 검출시킨다.

- (e) : 지수함수적으로 급증하는 다이오드 전류에 의해 입력전압의 자연(로그) 대수값이 출력되어 나오는 자연로그 증폭기이다.

- (f) : 비반전 입력 $V^+ = 10/2 = 5[\text{V}]$이고, 가상단락으로 반전 입력 V^-도 5[V]가 된다.

  $V_i < 5[\text{V}]$인 경우 : 다이오드가 on되며, $V_o = 5[\text{V}]$(일정)

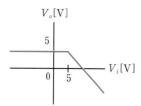

  $V_i > 5[\text{V}]$인 경우 : 다이오드가 off되며, $V_o = -(R/R) \cdot V_i = -V_i$ (비례)

31 다음 회로에서 입력신호 V_{in}는 피크 전압 V_p이고, 주파수 f인 정현파일 때 출력전압 V_{out}의 파형으로 옳은 것은? (단, $CR_L \gg 1/f$로 가정한다)

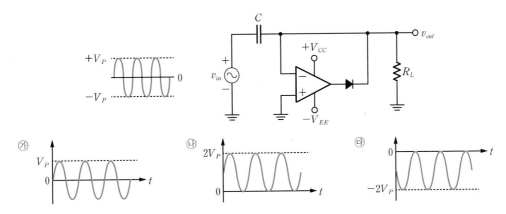

- $V_{\text{in}} < 0$인 경우 : 다이오드 on되어, 가상접지로 폐루프의 C에 $|V_p|$ 크기의 양(+) 직류전압 충전된다.
- $V_{\text{in}} > 0$인 경우 : 다이오드 off되어(OP-Amp 개방됨), 입력된 $+V_p$가 C에 충전된 양(+) 직류전압과 합해져 출력 V_{out}이 되는, 양(+)의 직류재생 회로인 (+) 클램퍼 회로이다.
- 출력전압 파형은 최소값(0[V])~최대값($+2V_p$)에 해당한다.   ㉯

32 귀환^{feeback}이 없는 연산 증폭기의 비반전 입력단자는 접지되어 있고 반전 입력단자의 전압은 5[mV]일 때, 연산 증폭기의 출력전압[V]은? (단, 연산 증폭기의 개방루프 이득은 3×10^4, 최대 출력전압은 10[V], 최소 출력전압은 -10[V]이다)

㉮ -5 ㉯ -10 ㉰ -15 ㉱ -50

- 부궤환이 걸리지 않은 차동 증폭회로인 (0 전위 검출기) 비교기 동작 회로이므로, 개방루프 이득이 적용된다. 따라서 출력은 양의 포화전압(V_H) 또는 음의 포화전압(V_L) 중 하나가 된다.
- $V_o = V_d \cdot A_o = (0 - 5 \times 10^{-3}) \cdot 3 \times 10^4 = -V_L = -10$[V]   ㉯

33 다음 회로에 대해 입력신호 $V_i = 5\sin(\omega t)$일 때 출력파형을 그려보라. 다이오드의 순방향 전압은 0.7[V]이고, 제너 전압은 4.7[V]이다.

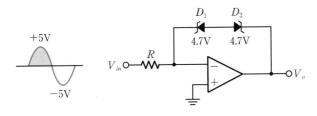
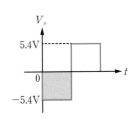

- $V_i \geq 4.7$[V] : D_1(역, on) -4.7[V], D_2(순, on) -0.7[V], $V_o = -5.4$[V]
- $V_i \leq -4.7$[V] : D_1(순, on) 0.7[V], D_2(역, on) 4.7[V], $V_o = 5.4$[V]

34 이상적인 연산 증폭기로 구성된 다음 회로에서 (a) ~ (e)를 구하여라(단, 다이오드의 $V_z = 4.7[\text{V}]$, $V_T = 0.7[\text{V}]$, $V_{CC} = 10[\text{V}]$, $V_{EE} = -10[\text{V}]$이다).

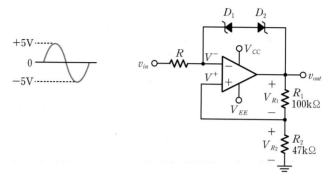

(a) 회로의 기능

(b) V_{R1}, V_{R2}

(c) V^+, V^-

(d) V_{out} (최대값, 최소값)

(e) V_{TH}(상측 문턱전압), V_{TL}(하측 문턱전압)

해설

(a) 히스테리시스 특성과 출력제한을 갖는 비교기(슈미트 트리거) 회로

(b) $V_{R1} = \pm(0.7 + 4.7) = \pm 5.4[\text{V}]$ (두 제너 다이오드 모두 on 시 두 양단 간의 전압)

V_{R2}는 I_{R1}과 R_2의 곱이므로, $V_{R2} = \pm 5.4[\text{V}] \times (47k/100k) \cong \pm 2.54[\text{V}]$

(c) 가상단락으로 $V^- = V^+ = V_{R2} = \pm 2.54[\text{V}]$

(d) $V_{\text{out}} = V_{R1} + V_{R2}$이므로 최대값은 $+(5.4 + 2.54) = +7.94[\text{V}]$, 최소값은 $-(5.4 + 2.54) = -7.94[\text{V}]$이다.

(e) $V_{TH} = +V_{\text{out}} \cdot \dfrac{R_2}{R_1 + R_2} = +7.94 \times (47k/147k) = +2.54[\text{V}]$

$V_{TL} = -V_{\text{out}} \cdot \dfrac{R_2}{R_1 + R_2} = -7.94 \times (47k/147k) = -2.54[\text{V}]$

35 다음 두 쌍안정^{bistable} 회로에 대하여 V_{TH}, V_{TL}과 출력 전달특성곡선을 구하여라.

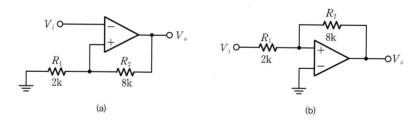

(a)   (b)

해설

• (a)는 반전 슈미트 트리거 회로로 V_{TH}와 V_{TL}은 다음과 같다.

$V_{TH} = V_H \cdot (R_1/R_1 + R_2) = +10 \cdot (2k/10k) = +2[\text{V}]$

$V_{TL} = V_L \cdot (R_1/R_1 + R_2) = -10 \cdot (2k/10k) = -2[\text{V}]$

- (b)는 비반전 슈미트 트리거 회로로, V_{TH}와 V_{TL}은 다음과 같다.

$$V_{TH} = -(R_1/R_2) \cdot V_L = -(2k/8k) \cdot (-10[\text{V}]) = +2.5[\text{V}]$$

$$V_{TL} = -(R_1/R_2) \cdot V_H = -(2k/8k) \cdot (+10[\text{V}]) = -2.5[\text{V}]$$

- (a)의 입출력 전달특성곡선

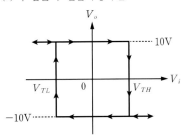

- (b)의 입출력 전달특성곡선

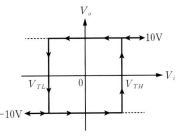

36 다음 비반전 슈미트 트리거 회로에서 하측 문턱전압 V_{TL}과 상측 문턱전압 V_{TH}[V]는? (단, $R_1 = 25[\text{k}\Omega]$, $R_2 = 50[\text{k}\Omega]$, $V_R = 1[\text{V}]$, 음의 포화전압 $V_L = -4[\text{V}]$, 양의 포화전압 $V_H = 4[\text{V}]$이고 연산 증폭기는 이상적이다)

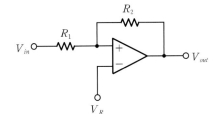

㉮ $-0.5, 3.5$

㉯ $0.5, 3.5$

㉰ $-2, 2$

㉱ $0.5, 2$

해설

- V_{in}과 V_{out}에 의한 비반전 입력의 전위 V^+를 중첩의 원리로 계산하여, 반전 입력의 전위 $V^-(=V_R = 1[\text{V}])$와 비교하여, $V^+ \geqq 1[\text{V}]$일 때 $V_o = V_H = +4[\text{V}]$이고, $V^+ \leqq 1[\text{V}]$일 때 $V_o = V_L = -4[\text{V}]$가 되는 비교기다.

- $V^+ = \left(\dfrac{R_2}{R_1 + R_2}\right) \cdot V_{\text{in}} + \dfrac{R_1}{R_1 + R_2} \cdot V_{\text{out}}$에서 현재 출력은 $V_o = V_L = -4[\text{V}]$일 때 $V^+ \geqq 1$이 되게 하는 입력 V_{in}인 V_{TH}를 구한다.

$$V^+ = \frac{R_2}{(R_1 + R_2)} \cdot V_{\text{in}} + \frac{R_1}{(R_1 + R_2)} \cdot V_{\text{out}} = \frac{2}{3} V_{\text{in}} + \left(\frac{1}{3} \cdot V_L\right) = \frac{2}{3} V_{\text{in}} - \left(\frac{4}{3}\right) = 1$$에서

$$V_{\text{in}} = V_{TH} = \left(1 + \frac{4}{3}\right) \times \frac{3}{2} = \frac{7}{2} = 3.5[\text{V}]$$이다.

($V_{\text{in}} = V_{TH} \geqq 3.5[\text{V}]$일 때 $V_o = V_H = +4[\text{V}]$)

- 마찬가지로 현재 출력은 $V_o = V_L(=+4[\text{V}])$일 때, $V^+ \leqq 1[\text{V}]$이 되게 하는 입력 V_{in}인 V_{TL}을 구한다.

$$V^+ = \left(\frac{R_2}{(R_1 + R_2)} \cdot V_{\text{in}}\right) + \left(\frac{R_1}{(R_1 + R_2)} \cdot V_{\text{out}}\right) = \frac{2}{3} V_{\text{in}} + \left(\frac{1}{3} \cdot V_H\right) = \frac{2}{3} V_{\text{in}} + \frac{4}{3} = 1$$에서

$$V_{\text{in}} = V_{TL} = (1 - 4/3) \times 3/2 = -1/3 \times 3/2 = -1/2 = -0.5[\text{V}]$$이다. 0

($V_{\text{in}} = V_{TL} \leqq -0.5[\text{V}]$일 때 $V_o = V_L = -4[\text{V}]$이다.) ㉮

[별해] $V_{TH} = -(R_1/R_2) \cdot V_L + (1 + R_1/R_2) \cdot V_R = -(25/50) \cdot (-4[\text{V}]) + (1 + 25/50) \cdot 1 = +3.5[\text{V}]$

$V_{TL} = -(R_1/R_2) \cdot V_H + (1 + R_1/R_2) \cdot V_R = -(25/50) \cdot (+4[\text{V}]) + (1 + 25/50) \cdot 1 = -0.5[\text{V}]$

37 다음 회로에 대한 설명으로 <u>틀린</u> 항목을 구하여라. [주관식] 상측 문턱전압 V_{TH}, 하측 문턱전압 V_{TL}, 히스 테리시스 폭 V_{HW}, V_o을 구하여라(단, $R_1 = 3R_2$이고, 각 다이오드의 항복전압은 4.3[V], 순방향 커트인 전압은 0.7[V]이며, 연산 증폭기는 이상적이다)

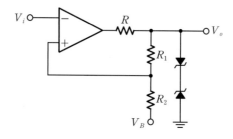

㉮ 두 개의 안정한 상태를 갖는 쌍안정 MV 회로의 일종이다.

㉯ 정궤환에 의한 두 개의 문턱전압을 갖는 비교기 회로이다.

㉰ 서로 다른 문턱전압을 갖는 이력특성을 이용하여 회로에 미치는 잡음을 제거할 수 있다.

㉱ 제너 다이오드에 의한 출력 레벨을 조절할 수 있는 리미터 회로이다.

㉲ 아날로그 입력신호를 추종하여, 첨두값을 검출하는 회로에 사용된다.

㉳ 교류를 직류로 만드는 회로이다.

㉴ 구형파 발생기, 펄스 발생기, 정현파 발생기, ADC 등에 사용된다.

㉵ R은 적절한 제너 다이오드 전류값을 조정하기 위한 용도이다.

해설

• 정궤환에 의해 2개의 문턱전압이 나타나는 이력(히스테리시스)현상을 이용하여 회로에 미치는 (채터링)잡음을 제거할 수 있는 반전 슈미트 트리거(비교기)회로이다.

• 두 개의 제너다이오드 리미터에 의해 출력 레벨을 조절하는 유형의 회로이다.

• 구형파(방형파), 펄스파 발생기, 정현파를 구형파로 파형정형, ADC 회로에 사용된다.   ㉲, ㉳, ㉴

[주관식]

$$V_{TH} = V_H \times \frac{R_2}{(R_1 + R_2)} = 5 \times \frac{1}{4} = 1.25[V], \quad V_o = V_H = 0.7 + 4.3 = +5[V]$$

$$V_{TL} = V_L \times \frac{R_2}{(R_1 + R_2)} = -5 \times \frac{1}{4} = -1.25[V], \quad V_o = V_L = -4.3 + (-0.7) = -5[V]$$

$$V_{HW} = V_{TH} - V_{TL} = 1.25 - (-1.25) = 2.5[V]$$

38 다음 회로에 대하여 (a) ~ (e)를 해석하여라(단, D_z의 항복전압은 3.6[V], $D_1 \sim D_4$의 커틴 전압 $V_\gamma = 0.7$[V], $R_1 = 10$[kΩ], $R_2 = 40$[kΩ]이고, 연산 증폭기는 이상적이다).

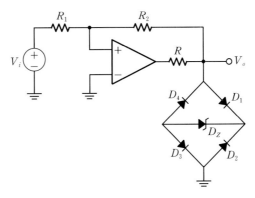

(a) 회로의 기능
(c) 상측, 하측 문턱전압(V_{TH}, V_{TL})
(e) R의 기능은?

(b) 양, 음의 포화 출력전압(V_H, V_L)
(d) 히스테리시스 폭(V_{HW})

해설

(a) 출력 레벨을 조정하기 위한 다이오드 브리지 리미터를 갖는 비반전 슈미트 트리거(비교기)

(b) (+) 출력일 때 : D_1, D_z, D_3이 on되므로, 양(+) 포화 출력전압(V_H) = $V_z + 1.4 = 5$[V]
　　(−) 출력일 때 : D_4, D_z, D_2이 on되므로, 음(−) 포화 출력전압(V_L) = $-(V_z + 1.4) = -5$[V]

(c) $V_{TH} = -(R_1/R_2) \cdot V_L = -(10/40) \times (-5) = 5/4 = 1.25$[V]
　　$V_{TL} = (-R_1/R_2) \cdot V_H = -(10/40) \times 5 = -5/4 = -1.25$[V]

(d) 히스테리시스 폭 : $V_{HW} = V_{TH} - V_{TL} = 1.25 - (-1.25) = 2.5$[V]

(e) R은 적절한 제너 다이오드 전류값을 조정하기 위한 용도이다.

39 연산 증폭기의 개방루프 이득이 100[dB], 단위이득 대역폭이 3[MHz], 롤-오프$^{roll\text{-}off}$는 −20[dB/dec] 일 때, 다음 증폭회로의 대역폭[kHz]을 구하여라.

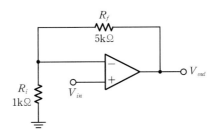

해설

회로의 폐루프 이득 $A_f = 1 + (R_f/R_i) = 1 + (5k/1k) = 6$이고, 단위이득 대역폭 $B_1 = 3$[MHz]이다.
선형 증폭기의 이득과 대역폭의 곱 $[G \cdot B]$ = 일정하므로, 폐루프의 대역폭 B_f는 다음과 같다.
$1 \times B_1 = A_f \times B_f$에서 대역폭 $B_f = B_1/A_f = 3M/6 = 3000k/6 = 500$[kHz]이다.

40 다음은 OP-Amp를 이용한 1차 능동필터이다. 각 필터의 명칭, 차단 주파수, 전달함수 $T(s)$, 전압이득을 구하여라.

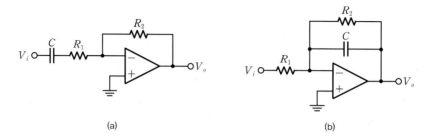

(a)

(b)

해설

(a) 1차 능동 고역통과 필터(HPF)

- 차단 주파수 : $f_o = \dfrac{1}{2\pi R_1 C}$, $\omega_o = \dfrac{1}{R_1 C}$ • 전압이득 : $K = -\dfrac{R_2}{R_1}$

- 전달함수 : $T(s) = \dfrac{V_o(s)}{V_i(s)} = -\dfrac{R_2}{R_1} \cdot \dfrac{s}{s + (1/R_1 C)} = \dfrac{K \cdot s}{s + \omega_o}$

(b) 1차 능동 저역통과 필터(LPF)

- 차단 주파수 : $f_o = \dfrac{1}{2\pi R_2 C}$, $\omega_o = \dfrac{1}{R_2 C}$ • 전압이득 : $K = -\dfrac{R_2}{R_1}$

- 전달함수 : $T(s) = \dfrac{V_o(s)}{V_i(s)} = -\dfrac{R_2}{R_1} \cdot \dfrac{(1/R_2 C)}{s + (1/R_2 C)} = \dfrac{K \cdot \omega_o}{s + \omega_o}$

41 다음 이상적인 연산 증폭기의 회로에서 $V_o / V_i = 10$일 때 해석이 <u>틀린</u> 항목은?

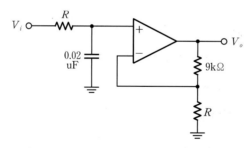

㉮ 1개의 pole을 갖는, 능동 1차 저역통과 필터 회로이다.

㉯ 차단 주파수는 $25/\pi [\text{kHz}]$이다.

㉰ 저지대역의 감쇠율은 $-3[\text{dB}]$이다.

㉱ 폐루프 단위이득$^{\text{unit gain}}$ 대역폭은 $250/\pi [\text{kHz}]$이다.

㉲ $R = 0.9[\text{k}\Omega]$이며, R이 클수록 $-3[\text{dB}]$ 차단 주파수와 이득은 낮아진다.

해설

- 1pole의 1차 능동 LPF이며, 차단 주파수는 $f_c = 1/2\pi RC = 1/2\pi \cdot 10^3 \times 2 \times 10^{-8} = 25/\pi [\text{kHz}]$이다. R, C가 클수록 차단 주파수가 낮아지며, 이득은 $(1 + 9k/R) = 10$이고 $R = 1[\text{k}\Omega]$이다.

- 주파수 특성에서 1pole인 1차는 감쇠율이 $-20[\text{dB/dec}]$이며, 이득과 대역폭의 곱은 일정하므로 $10 \times (25/\pi) = 1 \times BW_1$에서 단위이득 대역폭 BW_1은 $250/\pi [\text{kHz}]$이다. ㉲, ㉱

42 이상적인 연산 증폭기의 다음 회로에서 항목 (a) ~ (f)를 구하여라.

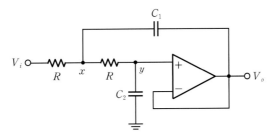

(a) 회로의 명칭은?   (b) 필터의 차단 주파수 f_c는?

(c) 이득과 Q는?   (d) 주파수 응답의 저지대역에서 감쇠율은?

(e) 전달함수 $H(s)$는?

(f) 주어진 2차 LPF 2개를 종속으로 연결할 때 감쇠율, 이득, 차단 주파수는?

> **해설**

(a) 단위이득을 갖는 2차 능동(SK) 저역통과 필터이다.

(b) $f_c = \dfrac{1}{2\pi R\sqrt{C_1 C_2}}[\text{Hz}]\,(R_1 = R_2 = R$ 조건)

(c) 이득 $K = 1$(단위이득)이고, 식 (9.85)를 정리하면 $Q = \dfrac{1}{2}\cdot\sqrt{\dfrac{C_1}{C_2}}$ 이므로 $C_1 = C_2$ 일 때 $Q = \dfrac{1}{(3-K)} = 0.5$ 이다.

(d) 2pole인 2차형 전달함수를 가지므로, 감쇠율은 $-40[\text{dB/dec}]$ 이다.

(e) $H(s) = \dfrac{V_o}{V_i} = \dfrac{1}{s^2 C_1 C_2 R^2 + 2s C_2 R + 1} = \dfrac{\dfrac{1}{R^2 C_1 C_2}}{s^2 + \dfrac{2}{RC_1}s + \dfrac{1}{R^2 C_1 C_2}}$

(f) 4차 LPF가 되므로 큰 감쇠특성인 감쇠율은 $-80[\text{dB/dec}]$ 이다. 이득 $K = K_{1단} \times K_{2단} = 1 \times 1 = 1$ 이고, 차단 주파수 f_c는 변화 없다.

43 2차 버터워스 특성을 갖는 다음 SK 2차 필터 회로에서 차단 주파수가 $10[\text{kHz}]$ 일 때 다음 물음에 답하여라 (단, 연산 증폭기는 이상적이며, $R_A = R_B = R_2 = 3.3[\text{k}\Omega]$, 댐핑계수 $DF = 2 - (R_1/R_2) = 1.414$ 를 적용한다).

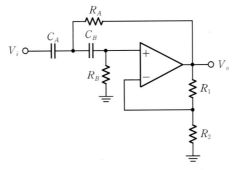

(a) 회로의 명칭은?   (b) 필터의 차단 주파수 f_c는?

(c) 커패시턴스 $C_A(= C_B)[\mu\text{F}]$는?   (d) 궤환저항 R_1

(e) 이득과 Q는?

(a) 2차 버터워스 특성을 갖는 SK $^{Sallen\ \&\ Key}$ 2차 능동 고역통과 필터 회로이다.

(b) 필터의 차단 주파수 $f_c = 1/2\pi RC$이다.

(c) 커패시턴스 $C = C_A = C_B = 1/2\pi R f_c = 1/2\pi \times 3.3 \times 10^3 \times 10^4 = 0.004[\mu F]$ 이다.

(d) 2차 버터워스 특성을 갖기 위해서는 $DF = 2 - (R_1/R_2) = 1.414$를 만족해야 한다. $R_1/R_2 = 0.586$이어야 하므로, $R_1 = 0.586 \times 3.3k = 1.93[k\Omega]$이다.

(e) 전압이득 $K = A_v = V_o/V_i = 1 + (R_1/R_2) = 1.586$이므로 비반전 증폭기 이득이다. $C_1 = C_2$일 때 식 (9.91)을 이용하면 $Q = \dfrac{1}{(3-K)} = \dfrac{1}{(3-1.586)} = \dfrac{1}{1.414} = 0.707$이다.

44 다음 다중-궤환$^{multiple\text{-}feedback}$인 두 회로의 특성 중 옳은 항목들을 고르시오(단, $C_1 = C_2 = C$, $R_1 < R_2$ 이다). [주관식] (a)와 (b)의 중심 주파수를 구하라.

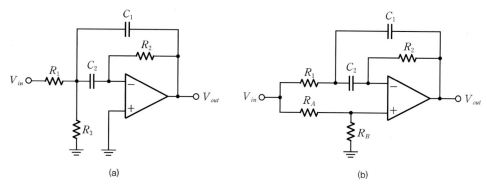

(a) (b)

㉮ R_1과 C_1의 관계는 low-pass filter(LPF)이다.

㉯ R_2와 C_2의 관계는 high-pass filter(HPF)이다.

㉰ 전체 회로는 band-pass filter(BPF)이다.

㉱ 전체 회로는 band-stop filter(BSF)이다.

㉲ 2 pole인 능동 2차 필터로, 저지대역에서 감쇠율은 $-20[dB/decade]$이다.

본 회로는 R_2와 C_1에 의해 궤환되는 다중 궤환형 2차 능동 대역필터이다. R_1, C_1에 의한 LPF와 R_2, C_2에 의한 HPF의 조합이며 BPF와 BSF 회로로 구현할 수 있다. 2개의 C(2 pole)인 2차형이므로 저지대역에서 감쇠율은 $-40[dB/decade]$이다.

• 회로 (a) : 2차 능동 대역통과 필터(BPF)이며, 중심 주파수 $f_o[Hz]$는 다음과 같다.

$$f_o = \frac{1}{2\pi\sqrt{(R_1 \parallel R_3)R_2 C_1 C_2}} = \frac{1}{2\pi C\sqrt{(R_1 \parallel R_3)R_2}} = \frac{1}{2\pi C}\sqrt{\frac{R_1+R_3}{R_1 R_2 R_3}} \qquad ㉮, ㉯, ㉰$$

• 회로 (b) : 2차 능동 대역저지 필터(BSF)이며, 회로 (a)에서 R_3 대신에 R_A와 R_B를 첨가한 것이다. 반전 입력단자 측은 BPF가 되며, 입력전압 V_i의 일부($\alpha = \dfrac{R_B}{R_A + R_B}$ 비율)인 $\alpha \cdot V_{in}$를 비반전 단자에 인가하여 연산 증폭기를 차동 입력형으로 동작시킨다. 이후 전 대역에서 BPF의 통과대역을 차감시켜 대역소거(저지) 필터 작용을 하도록 한 BSF(=BEF) 회로가 된다. 즉, 1(전체) - BPF = BSF 관계이다. 2차 능동 대역저지 필터(BSF)의 중심 주파수 $f_o[Hz]$는 $f_o = 1/2\pi C\sqrt{R_1 R_2}$ 이다. ㉮, ㉯, ㉱

45 다음 회로의 명칭과 A_1과 A_2회로부의 각 차단 주파수 f_{c1}, f_{c2}와 전체 회로의 중심 주파수 f_r, 대역폭 BW, 선택도 Q, 대역 외의 감쇠율을 구하여라((단, $R_1 = R_2 = R_3 = R_4 = 3[\mathrm{k\Omega}]$, $C_1 = C_2 = 10[\mathrm{nF}]$, $C_3 = C_4 = 5[\mathrm{nF}]$이다).

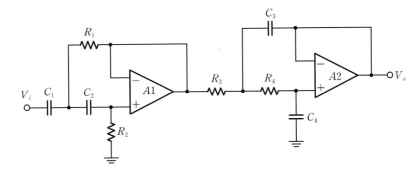

해설

본 회로는 2차 HPF와 LPF를 종속접속하여 구현한 2차 능동 대역통과 필터이다.

- A_1(HPF)와 A_2(LPF)의 차단 주파수 :

$$f_{c1} = \frac{1}{2\pi\sqrt{R_1 R_2 C_1 C_2}} = \frac{1}{2\pi \times 3\times 10^3 \times 10\times 10^{-9}} = 5.305[\mathrm{KHz}]$$

$$f_{c2} = \frac{1}{2\pi\sqrt{R_3 R_4 C_3 C_4}} = \frac{1}{2\pi \times 3\times 10^3 \times 5\times 10^{-9}} = 10.610[\mathrm{KHz}]$$

- 대역폭 : $BW = f_{c2} - f_{c1} = 10.610 - 5.305 = 5.31[\mathrm{KHz}]$

- 중심 주파수 : $f_r = \sqrt{f_{c1}f_{c2}} = \sqrt{5.305\times 10^3 \times 10.61\times 10^3} = 7.5[\mathrm{kHz}]$

- 선택도 : $Q = f_r / BW = 7.5[\mathrm{kHz}]/5.31[\mathrm{kHz}] = 1.415$

  (일반적으로 $Q \geq 10$일 때 협대역 필터, 그 이하일 때는 광대역 필터로 분류한다)

- 감쇠율 : $-40[\mathrm{dB/decade}]$(2 pole인 2차형 필터)

46 다음 연산 증폭기-RC 회로의 입력 임피던스 Z_in를 구하고, 이와 등가적으로 대체할 수 있는 소자를 결정하여라. 그리고 가능한 또 다른 성분의 조합을 결정하여라(단, $Z_1 = Z_3 = Z_4 = R_x$, $Z_5 = R_y$, $Z_2 = (sC)^{-1}$이고, 증폭기는 이상적이다).

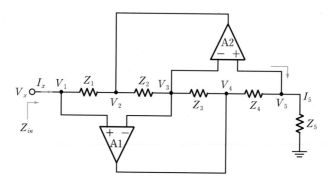

해설

- 회로 해석 : 가상단락을 적용하면 $V_x = V_1 = V_3 = V_5$이므로 Z_5의 전류 $I_5 = \dfrac{V_x}{Z_5}$이다.

$$V_4 = (I_5 \cdot Z_4) + V_5 = \left(\frac{V_x}{Z_5} \cdot Z_4\right) + V_x \text{이므로, } I_{z3} = I_{z2} = \frac{(V_4 - V_3)}{Z_3} = \frac{V_x}{Z_5} \cdot \frac{Z_4}{Z_3} \text{이다.}$$

$$V_2 = V_3 - (Z_2 \cdot I_{Z3}) = V_x - \left(Z_2 \cdot \frac{V_x}{Z_5} \cdot \frac{Z_4}{Z_3}\right) \text{이므로, } I_x = \frac{(V_x - V_2)}{Z_1} = V_x \cdot \frac{Z_2 Z_4}{Z_1 Z_3 Z_5} \text{이다.}$$

따라서 입력 임피던스 $Z_\text{in} = \dfrac{V_x}{I_x}$가 구해진다.

- 입력 임피던스 : $Z_\text{in} = \dfrac{V_x}{I_x} = Z_5 \cdot \dfrac{Z_1 Z_3}{Z_2 Z_4} = R_y \cdot \dfrac{R_x \cdot R_x}{R_x (sC)^{-1}} = R_x R_y sC = jw R_x R_y C\,[\Omega]$

  (주어진 회로는 유도성 임피던스를 갖는 인덕터를 대체한다)

- $Z_\text{in} = \dfrac{V_x}{I_x} = Z_5 \cdot \dfrac{Z_1 Z_3}{Z_2 Z_4}$가 되므로 $Z_1 \sim Z_4$를 적절히 선택하면 회로가 Z_5를 임피던스의 다른 형태로 변환할 수 있다. 즉, 연산 증폭기-RC로 인덕터를 대체하여 IC용 2차 능동필터를 구현할 수 있다.

- 또 다른 조합 : ① $Z_1 = Z_3 = Z_2 = R_x$, ② $Z_5 = R_y$, ③ $Z_4 = (sC)^{-1}$

  입력 임피던스 : $Z_\text{in} = R_x R_y sC = jw R_x R_y C\,[\Omega]$ (유도성 임피던스를 갖는 인덕터를 대체한다)

발진회로

Oscillator Circuit

발진회로는 대부분의 전자회로의 동작이나 통신 시스템 등에 사용되는 일정 진폭, 일정 주파수의 전기적인 진동을 발생시키는 회로이다. 외부 입력이 없어도 정현파, 구형파, 삼각파, 펄스파 등의 출력을 발생시킨다.

이 장에서는 발진회로의 원리 및 회로 동작을 해석하고, 정현파 발진회로의 다양한 종류를 살펴본다. 비정현파 발진회로(신호 발생기)에 대해서는 12장에서 다룰 것이다.

SECTION 10.1

발진회로의 기본 이론

이 절에서는 외부로부터 주어지는 입력신호 없이 직류(DC)만으로 주기적인 전기적 진동(교류신호)을 발생시키는 발진회로의 매커니즘인 궤환(feed back)의 관점과 부성저항의 관점에서 발진의 원리를 고찰한다. 그리고 정상적인 발진이 유지되기 위한 발진 조건, 발진 과정, 발진 요인 및 발진기의 종류를 학습한다.

Keywords | 발진의 원리 | 발진의 생성 과정 및 조건 | 발진기의 종류 |

10.1.1 정궤환에 의한 발진의 원리

발진기는 공급된 직류전원만으로 교류 형태의 출력을 만들어내는 회로이며, 별도의 외부 입력신호는 인가되지 않는다. 즉 자체적으로 입력을 만들어서 공급해야 하기 때문에 출력이 출력 자신을 증가시키는 **정궤환(PFB)**Positive FeedBack 기법을 이용한다. 따라서 궤환 증폭기에서 증폭기 출력신호의 일부를 입력으로 되돌려, 먼저 **가해준 입력과 위상과 크기가 같도록 궤환**을 걸어주면 원래 가해진 입력을 제거해도 지속적으로 회로 내부를 순환하여 진동을 유지하는 발진 작용이 발생한다. 이러한 기본적인 발진기는 이득을 키우기 위한 증폭기와 동위상을 위한 위상천이(지연) 및 감쇠를 가져오는 정궤환 회로로 구성된다.

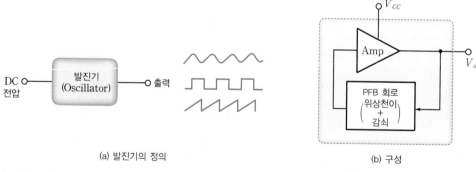

(a) 발진기의 정의   (b) 구성

[그림 10-1] 발진기의 기본 구성

발진의 조건

[그림 10-2]는 궤환 발진기의 원리를 나타낸 것이다. 처음에 스위치 S를 접점 1에 놓고 이득이 A인 증폭기에 정현파를 가하면 출력은 $X_o = AX_s = AX_i$가 된다. 그림과 같이 출력의 일부를, 주파수 선택적 특성을 갖는 L, C 등으로 구성된 궤환회로 β를 거쳐 입력쪽으로 궤환시킨다고 생각해보자.

이때 **궤환되는 신호인 X_f의 크기와 위상을 입력신호 X_i와 동일**하게 만들 수 있다면, 이 상태에서 스위치 S를 접점 2로 옮겨 외부 입력신호 X_s가 들어오지 않아도 증폭기의 동작 상태는 변하지 않고 계속하여 정현파의 출력신호를 얻을 수 있다. 이것이 정궤환 발진기의 기본적인 동작원리이다.

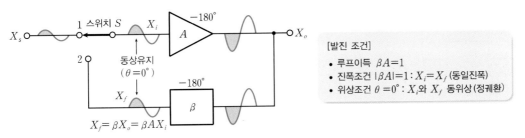

[그림 10-2] 궤환 발진기의 기본 구성 및 발진 조건

지금까지 논의로부터 [그림 10-2]의 궤환 증폭기가 발진기가 되기 위한 조건을 살펴보자.

$X_f = \beta X_o = \beta(A X_i) = X_i$로, 즉 $\beta A = 1$일 때 X_f가 입력 X_i가 되면 발진할 수 있다. [그림 10-2]에서 스위치 S가 접점 2에 붙은 것을 궤환 증폭기로 본다면, 그 이득은 $A_f = \dfrac{A}{(1 - \beta A)}$가 된다(식 (6.5) 참조). 여기서 $\beta A = 1$일 때 $A_f = \infty$이므로, 이는 외부로부터 **입력신호가 없더라도 유한의 출력**을 얻을 수 있음을 의미한다. 이러한 조건을 바크하우젠의 발진 조건이라고 하며, 다음 식으로 나타낼 수 있다.

$$\beta A = 1 \tag{10.1}$$

식 (10.1)에서 부궤환 증폭기의 (폐)루프이득 βA는 입력신호 X_i가 증폭되어 출력신호 X_o가 되고, 그 출력신호가 궤환회로(β)에서 감쇠되어 궤환신호 X_f가 될 때, 주파수 f_o에서 다음과 같이 정의한다.

$$T(f_o) \equiv \frac{X_f}{X_i} = \beta(f_o) A(f_o) \tag{10.2}$$

그런데 루프이득 $|T(f_o)| = |\beta A| = 1$이 되도록 설계해도 온도변화 같이 주위환경의 영향을 받으면 실제 값이 1보다 작아져 [그림 10-4(a)]처럼 출력이 소멸되어 발진이 형성되지 않는다. 즉 이러한 문제를 감안하여 **초기에는 $|\beta A|$를 1보다 약간(3[%] 정도) 크게 설정**한다.

발진의 과정(발진 생성과 소멸)

[그림 10-2]의 회로에서 스위치를 접점 2로 전환시키면 정궤환 회로인 [그림 10-3(a)]의 발진회로가 구성된다. 이 발진회로에 V_{CC} 전원을 $t = 0$에서 인가하고, 초기에는 βA를 1보다 약간 크게 ($\beta A > 1$) 설정하면 [그림 10-3(b)]와 같이 출력이 점점 증가하고, 이후 βA가 감소하여 $\beta A = 1$이 되면 출력파형이 일정하게 유지된다.

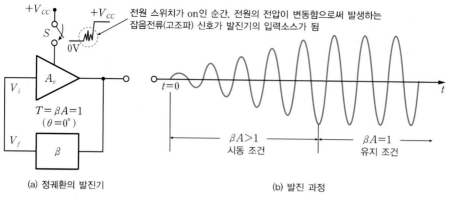

[그림 10-3] 정궤환에 의한 발진기 및 발진 과정

[그림 10-3(a)]의 정궤환 회로에서 루프이득 βA 의 크기에 따라 출력파형을 다음과 같이 구분할 수 있다.

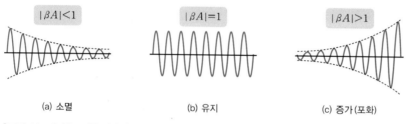

[그림 10-4] 루프이득 βA에 따른 발진 출력파형

실제로 발진 출력의 진폭을 임의로 조절하기 위해서는 발진을 시작하기 위한 루프이득 βA 는 1보다 커야 하며, 이후에 출력의 레벨을 일정하게 유지하기 위해서는 βA 가 1까지 감소되어야 한다. 따라서 발진이 일어난 후 이득을 감소시키기 위한 방법을 고려해야 한다([예제 10-15] 참고).

발진의 시동

발진기는 외부 입력신호 없이 정현파 같은 교류신호가 출력되는 회로이다. 이때 최초로 발진의 시동을 걸어줄 입력신호원을 어떻게 공급하는지 살펴보자.

[그림 10-3(a)]를 보면 발진기를 가동하기 위해 V_{CC} 직류전원 스위치를 접속(on)시키는 순간에는 전원전압의 불규칙한 시간적 변동으로 인해 왜곡된 잡음전류가 증폭기로 공급된다. 왜곡된 잡음신호는 무수한 고조파 신호를 내포하고 있으므로 이 중에서 루프이득 $\beta A = 1$이 되는 특정 주파수 f_o에 대해서만 발진이 시작되는 것이다. 즉 발진의 최초 시동은 전원 스위치를 접속(on)시키는 것만으로 충분함을 인식해야 한다.

결국 **발진회로의 입력은 잡음**이 되는 셈인데, 주요 요소들을 정리하면 다음과 같다.

❶ 전원전압의 시간적 변동
❷ 증폭회로에 가해지는 기계적인 진동
❸ 열잡음 전류성분
❹ 발진기의 주파수를 높이기 위해 주파수 체배기 회로 사용

예제 10-1

발진기가 증폭기와 다른 특성을 설명하여라.

풀이

발진기는 입력신호가 없어도 직류전원 V_{CC}만 공급하면 교류신호가 발생되는 회로로, 자체에서 입력신호를 만들어 공급하기 위해 정궤환(PFB)을 사용한다. 그러나 증폭기는 외부로부터 특정의 입력신호를 받아 부궤환(NFB)을 사용하여 안정하게 증폭한다.

예제 10-2

회로가 발진하기 위한 조건과 발진의 (최초) 시동 조건을 설명하여라.

풀이

• 발진 조건 : 궤환루프에서 루프이득 $T(=\beta A)$의 진폭 $|\beta A|=1$이고, $T(=\beta A)$의 위상천이(지연)는 $0°$인 조건(즉 궤환신호(X_f)=입력신호(X_i)가 되는 조건이다)
• (최초) 시동 조건 : 루프이득($=\beta A$) > 1이고, 위상천이(지연)는 $0°$인 조건

예제 10-3

궤환형 발진기에서 증폭기의 전압이득 $A_v = 50$일 때, 궤환회로의 궤환율 β값을 구하여라.

풀이

바크하우젠의 발진 조건인 $\beta A = 1$에서 β를 구하면 $\beta = \dfrac{1}{A} = \dfrac{1}{50} = 0.02$이다.

10.1.2 부성저항에 의한 발진의 원리

부성저항 발진기는 LC 공진회로 내에 발생하는 손실전력을 **부성저항**$(-R_n)$에 **의해 보상**시켜 지속적인 진동을 얻는 구조로 이루어져 있다. [그림 10-5]와 같이 LC 공진회로의 C를 충전해놓고 스위치 S를 개방하면, C와 L의 반복된 방전과 충전에 의해 C의 정전 에너지와 L의 전자 에너지가 소비되지 않고 일정 주기마다 C와 L을 왕복한다. 그 결과, 회로에는 주파수 $f = \dfrac{1}{2\pi\sqrt{LC}}[\mathrm{H_z}]$인 정현파 전류가 계속 흐르게 된다.

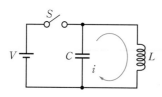 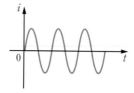

[그림 10-5] LC 공진회로에 흐르는 전류

그러나 실제 회로에서는 손실이 있기 마련이다. 이 손실을 [그림 10-6]과 같이 병렬저항인 R_p(즉 코일의 권선저항 등)로 나타내면 전류 i는 감쇠 진동이 된다.

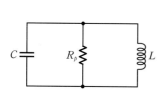 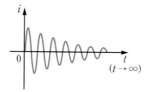

[그림 10-6] 손실이 있는 LC 공진회로에 흐르는 감쇠 전류

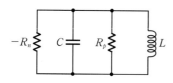

[그림 10-7] 부성저항$(-R_n)$ 발진기의 발진 원리

그러므로 지속적인 진동을 유지하려면 [그림 10-7]과 같이 부성저항$(-R_n)$을 삽입하여 코일의 권선저항 R_p로 인한 에너지 손실을 보충하게 되면 상쇄효과가 일어나 [그림 10-8(a)]의 파형처럼 감쇠가 없는 지속적인 진동(발진)을 얻을 수 있다. 이 회로에서는 **부성저항의 특성을 갖는 터널 다이오드를 이용**하고 있으며, 전원 V_{DD}를 R_1과 R_2로 분배시켜 TD의 동작점 Q를 [그림 10-8(b)]의 부성저항 영역 내에 설정되도록 바이어스를 가하면 된다.

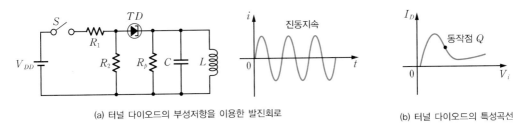

(a) 터널 다이오드의 부성저항을 이용한 발진회로

(b) 터널 다이오드의 특성곡선

[그림 10-8] 터널 다이오드의 발진기

[그림 10-8]의 회로에서 지속 진동(발진)을 유지하기 위한 진폭 조건과 주파수 조건은 다음과 같다 (단, 터널 다이오드의 교류저항인 $-R_n$이 부성저항이다).

$$|-R_n| = R_p \quad \text{(진폭 조건)}$$
$$f_o = \frac{1}{2\pi\sqrt{LC}} \quad \text{(주파수 조건)}$$

(10.3)

예제 10-4

다음과 같은 터널 다이오드를 사용하는 발진기에서 발진이 일어날 수 있는 진동 진폭과 발진 주파수를 구하여라(단, 코일의 권선저항 $R_p = 135[\Omega]$, 터널 다이오드의 기생용량 $C_n = 7[\text{pF}]$이다).

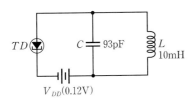

[그림 10-9] 터널 다이오드 발진기

풀이

터널 다이오드의 부성저항 $|R_n|$의 크기가 R_p와 같을 때 발진 조건이 된다. 발진이 일어나는 진폭은 $|-R_n| = R_p = 135[\Omega]$이다. 발진 주파수는 $f_o = \dfrac{1}{2\pi\sqrt{LC}}$ 식에 L과 C를 대입하여 구할 수 있다. $L = 10[\text{mH}] = 10^{-2}[\text{H}]$이고, $C_t = C + C_n = 93 + 7 = 100[\text{pF}]$이므로 주파수는 다음과 같이 구해진다.

$$f_o = \frac{1}{2\pi\sqrt{10^{-2} \times 100 \times 10^{-12}}} = 159.2[\text{kHz}]$$

10.1.3 발진기의 종류

발진기는 **정현파 발진기**와 **비정현파 발진기**로 나뉜다. 정현파용 LC 발진기는 주파수 선택회로인 LC 동조회로를 사용하므로 RC 발진기보다 높은 Q(선택도)를 가지며, 왜곡의 원인인 고조파 성분이 동조회로에서 제거될 수 있으므로 C급 바이어스 증폭기로 효율이 좋게 사용할 수 있다. 반면, RC 발진기는 동조회로가 없으므로 일그러짐을 줄이기 위해 A급 바이어스 증폭기를 사용해야 한다.

그리고 LC 발진기(동조형과 3소자형)는 수백 [MHz] 내 고주파를 발생시킬 수 있으나, RC 발진기에 비해 발진 주파수의 가변(조정) 범위가 좁다는 단점을 갖고 있다. 또한 수정(크리스탈) 발진기는 Q가 10^4 정도로 매우 높아 안정성이 우수하고, 수정 진동자의 고유 주파수로만 동작하므로 주파수 가변은 불가하며, LC 발진기와 고주파용으로 쓰인다. 반면 RC 발진기(이상형과 빈브리지형)는 1[MHz] 이하인 저주파용에 주로 사용한다. 이 장에서는 정현파 발진기에 대해 주로 다루며, 비정현파 발진기는 11장에서 다루기로 한다.

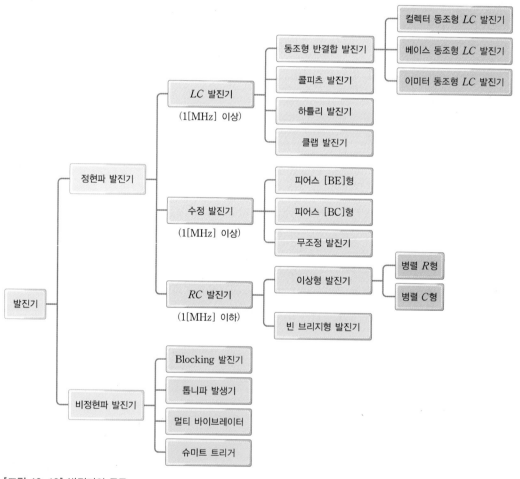

[그림 10-10] 발진기의 종류

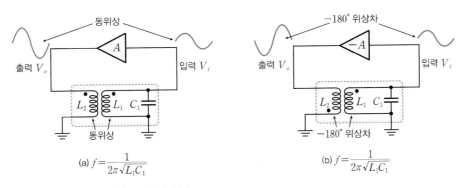

LC 발진회로

주파수 선택소자인 L과 C를 사용하는 동조형 LC 발진기와 3개의 리액턴스 소자를 사용하는 3소자형 LC 발진기의 회로 구성과 특징을 숙지하고, 발진기의 회로 해석을 학습한다.

Keywords | **동조형 발진기** | **콜피츠와 하틀리 발진기** | **클랩 발진기** |

10.2.1 LC 동조형 발진기

[그림 10–11]과 같이 변압기로 결합된 공진회로 또는 동조회로를 이용하는 **LC 동조형 발진기**이다. [그림 10–11(a)]는 증폭기의 입·출력 전압이 동상이므로 변압기의 1차측과 2차측의 위상이 같도록 권선의 방향(점 표시)을 정했다. [그림 10–11(b)]는 입·출력 전압이 서로 역상이므로 변압기에서 1차와 2차측의 위상이 반대가 되도록 권선의 방향(반대점 표시)을 정함으로써, 결국 [그림 10–11]에는 동위상인 정궤환에 의한 발진이 이루어지는 LC 동조형 발진기가 구성된다.

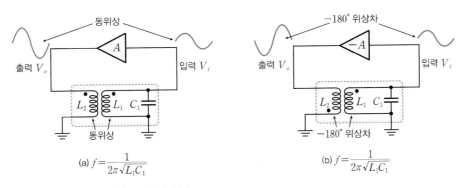

[그림 10–11] LC 동조형 발진기의 원리

동조형 발진기는 [그림 10–12]와 같이 LC 공진(혹은 동조)회로가 TR의 어느 단자에 있는가에 따라 유형이 나뉜다. 어느 경우이든 발진 주파수는 동조회로의 L_1과 C_1으로 다음과 같이 결정된다.

$$f = \frac{1}{2\pi \sqrt{L_1 C_1}}$$

(10.4)

그리고 동조회로는 **유도성**을 갖도록 하기 위해 공진 주파수를 발진 주파수보다 약간 높게 조정한다.

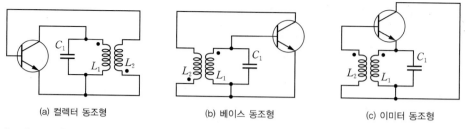

(a) 컬렉터 동조형   (b) 베이스 동조형   (c) 이미터 동조형

[그림 10-12] 동조형 발진기의 유형

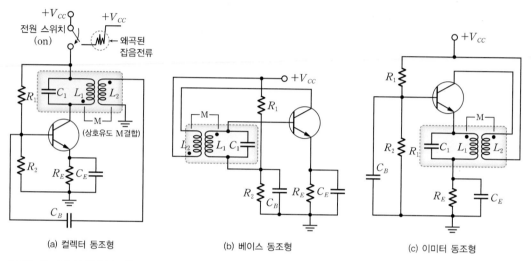

(a) 컬렉터 동조형   (b) 베이스 동조형   (c) 이미터 동조형

[그림 10-13] 유형별 동조형 발진기의 전체 회로

[그림 10-13(a)]는 컬렉터 동조형 발진기의 전체 회로로서, 전원 스위치를 on시키는 순간에 컬렉터에 왜곡된 잡음전류가 발생되면 L_1, C_1 공진회로에 과도적으로 작은 진동이 발생하게 된다. 이 진동이 베이스로 정궤환되어 베이스 진동전류를 유발하며, 이는 TR에 의해 증폭되므로 L_1C_1 공진회로의 출력 진동전류는 계속 증대된다. 그러다 결국 일정한 출력진폭을 유지하게 되어 다음과 같은 발진 주파수를 갖는 발진을 형성한다.

$$f = \frac{1}{2\pi\sqrt{L_1 C_1}}$$

(10.5)

이와 동일한 원리를 갖는 베이스 동조형 발진기와 이미터 동조형 발진기의 전체 회로를 [그림 10-13(b) ~ (c)]에 제시했다. 이들의 발진 주파수도 식 (10.5)와 같다.

10.2.2 LC 3소자형 발진기

[그림 10-14]와 같은 **LC 3소자형 발진기**의 일반적인 구성 형식에서 능동소자는 BJT나 FET, OP-AMP 등을 사용한다. 여기서는 발진기에 미치는 부하 영향이 작아지도록 입력 임피던스가 매우 큰 FET이나 연산 증폭기를 이용하여 구성한다.

궤환요소는 리액턴스를 표시하는데, $X > 0$ 일 때 인덕턴스(유도성), $X < 0$ 일 때 커패시턴스(용량성)를 표시한다. 여기에서는 출력신호 $X_o(V_o)$ 가 X_3 와 X_1 을 통해 입력측에 궤환될 때 궤환회로의 각 임피던스인 $Z_1(=jX_1)$, $Z_2(=jX_2)$, $Z_3(=jX_3)$ 사이에 어떤 관계가 만족되어야 발진이 형성되는지를 살펴본다.

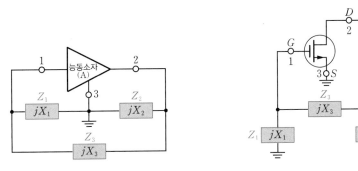

(a) 3소자형 발진기 기본 형식

(b) FET을 사용한 기본 구성도

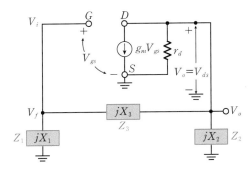

(c) FET의 소신호 등가회로 발진기

[그림 10-14] FET 3소자형 발진기

[그림 10-14(c)]의 등가회로에서 출력회로의 부하 Z_L 은 Z_1 과 Z_3 의 직렬인 $(Z_1 + Z_3)$ 와 Z_2 와 병렬회로이므로 다음과 같이 나타낼 수 있다.

$$Z_L = (Z_1 + Z_3) \mathbin{/\!/} Z_2 = \frac{(jX_1 + jX_3) \cdot jX_2}{(jX_1 + jX_3) + jX_2} = j\frac{(X_1 + X_3)X_2}{X_1 + X_2 + X_3} \tag{10.6}$$

따라서 개방루프의 전압이득 A_v는 $V_o = - g_m V_{gs} \cdot (r_d /\!/ Z_L)$을 이용하여 구할 수 있다. 이때 전압 증폭률 $\mu = g_m \cdot r_d$이다.

$$A_v \equiv \frac{V_o}{V_i} = \frac{V_{ds}}{V_{gs}} = - g_m (r_d /\!/ Z_L) = \frac{\mu X_2 (X_1 + X_3)}{j r_d (X_1 + X_2 + X_3) - X_2 (X_1 + X_3)} \tag{10.7}$$

반면 궤환비율 β는 식 (10.8)로 주어진다. [그림 10-14(c)]에서 $V_f = V_i = V_{gs}$이고 $V_o = V_{ds}$이 므로 V_o를 Z_1과 Z_3로 전압분배시키면 궤환전압 $V_f = V_o \dfrac{Z_1}{Z_1 + Z_3}$을 구할 수 있다.

$$\beta \equiv \frac{V_f}{V_o} = \frac{V_{gs}}{V_{ds}} = \frac{Z_1}{Z_1 + Z_3} = \frac{j X_1}{j X_1 + j X_3} = \frac{X_1}{X_1 + X_3} \tag{10.8}$$

따라서 바크하우젠의 발진 조건 $\beta A = 1$로부터 다음 관계식이 성립해야 한다.

$$\text{루프이득 } T = \beta A_v = \frac{\mu X_1 X_2}{j r_d (X_1 + X_2 + X_3) - X_2 (X_1 + X_3)} = 1 \tag{10.9}$$

식 (10.9)가 성립하기 위해서는 분모가 실수가 되어야 한다. 따라서 [그림 10-14(a)]가 3소자형으로 발진하기 위해서는 먼저 다음 조건을 만족해야 한다.

$$Z_1 + Z_2 + Z_3 = X_1 + X_2 + X_3 = 0 \tag{10.10}$$

식 (10.9)에 식 (10.10)을 적용하여 다음과 같이 정리할 수 있다.

$$1 = - \mu \frac{X_1}{X_1 + X_3} = - \mu \frac{X_1}{(- X_2)} = \mu \frac{X_1}{X_2} \tag{10.11}$$

식 (10.11)로부터 X_1과 X_2는 동일한 부호를 가져야 함을 알 수 있다. $X_1 + X_2 + X_3 = 0$에서 $X_1 + X_2 = - X_3$으로부터 X_3는 X_1, X_2와는 다른 부호를 가져야 한다. 그리고 발진이 지속되기 위한 능동소자의 최소한의 이득 A의 조건은 식 (10.11)에서 구할 수 있다. FET 소자의 전압이득이 μ이 므로 이득 조건 $A_v(= \mu)$는 다음과 같다.

$$A_v(= \mu) = \frac{Z_2}{Z_1} = \frac{X_2}{X_1} \tag{10.12}$$

그런데 실제로 발진기를 구현할 때는 자기 시동을 위해 $\beta A_v > 1$이 되도록 이득 A_v를 X_2 / X_1 값 보다 약간 크게 설정해야 한다. 그리고 궤환율 β는 식 (10.8)과 식 (10.10)에 의해 $\beta = \dfrac{X_1}{X_1 + X_3} = \dfrac{X_1}{X_2}$으로 정리할 수 있다.

지금까지 해석을 종합하면, [그림 10-14(a)]가 발진회로가 되는 경우는 **이득 조건과 발진 주파수 조 건**이 다음과 같을 때이다.

- 이득 조건$(A_v) = \dfrac{Z_2}{Z_1} = \dfrac{X_2}{X_1}$ $\left(\text{전류 증폭률 } (h_{fe},\ \beta) = \dfrac{Z_1}{Z_2} = \dfrac{X_1}{X_2}\right)$

- 발진 주파수 조건 : $Z_1 + Z_2 + Z_3 = X_1 + X_2 + X_3 = 0$

  $X_1,\ X_2 > 0$ (유도성), $X_3 < 0$ (용량성) → 하틀리 발진회로

  $X_1,\ X_2 < 0$ (용량성), $X_3 > 0$ (유도성) → 콜피츠 발진회로

예제 10-5

다음 그림 중 LC 발진기의 구성도를 찾아라.

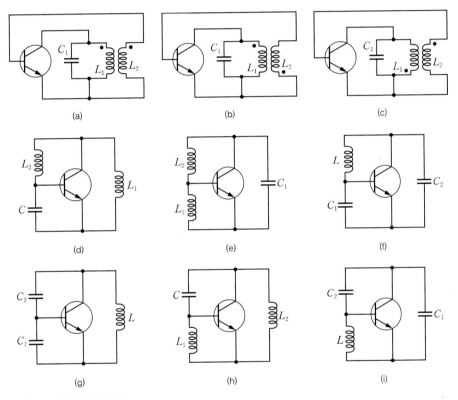

[그림 10-15] 발진기 종류

풀이

- 그림 (b), (c) : 컬렉터 동조형 발진기
- 그림 (f) : 콜피츠 발진기
- 그림 (h) : 하틀리 발진기
- 그림 (a), (d), (e), (g), (i) : 발진 조건을 만족하지 않아 발진기가 구성되지 않는다.

[그림 10-16]은 컬렉터 동조형 발진기의 구성도이다. $L_1 = 800[\mu H]$, $L_2 = 200[\mu H]$, $M = 300[\mu H]$, $C_1 = 300[\mathrm{pF}]$, TR의 전류 증폭률$(h_{fe} = \beta) = 100$일 때 발진 주파수를 구하여라(단, 이득 조건 $h_{fe} \geq \dfrac{M}{L_1}$).

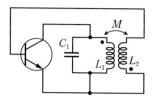

[그림 10-16] 동조형 발진기

풀이

발진 주파수 : $f = \dfrac{1}{2\pi\sqrt{L_1 C_1}} = \dfrac{1}{2\pi\sqrt{800 \times 10^{-6} \times 300 \times 10^{-12}}} = 325[\mathrm{kHz}]$

콜피츠 발진기

공진 궤환회로의 궤환율과 이득을 용량성 C_1, C_2에 의해 구현한 LC 3소자형 콜피츠^{Collpitts} 발진기에 대해 학습한다. [그림 10-17]에서 3소자 C_1, C_2, L의 임피던스를 Z_1, Z_2, Z_3라 하자.

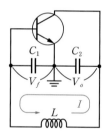

[그림 10-17] 콜피츠 발진기

$$Z_1 = jX_1 = j\left(-\frac{1}{\omega C_1}\right)$$

$$Z_2 = jX_2 = j\left(-\frac{1}{\omega C_2}\right)$$

$$Z_3 = jX_3 = j\omega L$$

바크하우젠의 발진 조건인 식 (10.13)을 활용하여 발진 주파수를 구한다.

$$Z_1 + Z_2 + Z_3 = X_1 + X_2 + X_3 = 0 \tag{10.13}$$

$$-\frac{1}{\omega C_1} - \frac{1}{\omega C_2} + \omega L = 0, \quad \omega^2 L = \frac{1}{C_1} + \frac{1}{C_2} \tag{10.14}$$

여기서, $\omega = 2\pi f$이므로 식 (10.14)에 대입하여 발진 주파수 f를 구한다.

$$f = \frac{1}{2\pi \sqrt{L \cdot \left(\frac{1}{\frac{1}{C_1} + \frac{1}{C_2}} \right)}} = \frac{1}{2\pi \sqrt{L \cdot \left(\frac{C_1 \cdot C_2}{C_1 + C_2} \right)}} = \frac{1}{2\pi \sqrt{L \cdot C_T}} \qquad (10.15)$$

[그림 10-17]에서 C_1과 C_2는 실제로 직렬결합이므로 전체 합성용량 $C_T = \dfrac{C_1 \cdot C_2}{C_1 + C_2}$가 된 것이다. 그리고 발진이 지속되기 위한 최소한의 이득(전압이득 A_v) 조건을 구하면 다음과 같다.

$$A_v = \frac{Z_2}{Z_1} = \frac{X_2}{X_1} = \frac{1/\omega C_2}{1/\omega C_1} = \frac{C_1}{C_2} \qquad (10.16)$$

실제로 발진기가 자기 시동을 하기 위해서는 βA_v가 1보다 커야 한다. 그러므로 전압이득 A_v는 $\dfrac{C_1}{C_2}$ 보다 약간 커야 하므로 결국 $A_v \geq \dfrac{C_2}{C_1}$여야 한다. 또한 궤환율 β는 다음과 같이 나타낼 수 있으며, **궤환요소는 용량성**(C_1, C_2)이다. 여기서 I는 순환하는 탱크 전류이다.

$$\beta = \frac{V_f}{V_o} = \frac{IZ_1}{IZ_2} = \frac{Z_1}{Z_2} = \frac{X_1}{X_2} = \frac{1/j\omega C_1}{1/j\omega C_2} = \frac{C_2}{C_1} \qquad (10.17)$$

예제 10-7

[그림 10-18]에 제시된 콜피츠 발진기의 전체 회로를 보고, 주어진 문제에 답하여라.

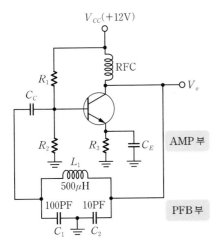

[그림 10-18] 콜피츠 발진회로

(a) 발진 주파수 f

(b) 궤환율 β, 궤환요소

(c) 발진에 필요한 최소 전압이득 A_v

참고 RFC(Radio frequency choke)는 바이어스 전류에 포함되는 노이즈를 저감시키는 역할을 하며 교류 등가회로에서는 리액턴스가 매우 커서 개방회로로 간주한다.

풀이

(a) 발진 주파수 : 공진회로의 C_1과 C_2가 직렬접속이므로 G와 L을 식에 대입하면 다음과 같다.

- $C_T = \dfrac{C_1 \cdot C_2}{C_1 + C_2} = \dfrac{10 \times 100}{10 + 100} = 9.09[\text{pF}] = 9.09 \times 10^{-12}[\text{F}]$

- $L = 500[\mu\text{H}] = 5 \times 10^{-4}[\text{H}]$이므로

$$f = \frac{1}{2\pi\sqrt{LC_T}} = \frac{1}{2\pi\sqrt{L\left(\dfrac{C_1 \cdot C_2}{C_1 + C_2}\right)}} = \frac{1}{2\pi\sqrt{(500 \times 10^{-6})(9.09 \times 10^{-12})}} \cong 2362[\text{kHz}]\text{이다.}$$

(b) 궤환율 : $\beta = \dfrac{Z_1}{Z_2} = \dfrac{X_1}{X_2} = \dfrac{1/\omega C_1}{1/\omega C_2} = \dfrac{C_2}{C_1} = 0.1$이고, 궤환요소는 C_1, C_2(용량성)이다.

(c) 전압이득 : $A_v = \dfrac{X_2}{X_1} = \dfrac{C_1}{C_2} = \dfrac{100[\text{pF}]}{10[\text{pF}]} = 10$이므로, 최소한 $A_v \geq 10$이 되어야 한다.

예제 10-8

[그림 10-19]는 MOSFET을 이용한 발진기 회로이다. 발진기로 지속하기 위한 C_1의 크기와 발진 주파수를 구하여라(단, $C_2 = 0.01[\mu\text{F}]$, $L = 100[\mu\text{H}]$, $g_m = 1.25[\text{mA/V}]$, $r_d = 40[\text{k}\Omega]$, $R_L = 10[\text{k}\Omega]$이다).

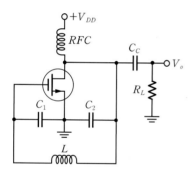

[그림 10-19] [CS]형 MOSFET 발진기

풀이

먼저 소스 접지형[CS] FET 전압이득을 구한다.

$$A_v = -g_m R_L{'} = -g_m(r_d /\!/ R_L) = -1.25 \times (40 /\!/ 10) = -1.25 \times 8 = -10$$

발진 이득 조건 $A_v = \dfrac{Z_2}{Z_1} = \dfrac{X_2}{X_1} = \dfrac{C_1}{C_2} = -10$이므로 $C_1 = 10C_2 = 10 \times 0.01[\mu\text{F}] = 0.1[\mu\text{F}]$이다.
발진 주파수를 구하면 다음과 같다.

$$f = \frac{1}{2\pi\sqrt{LC_T}} = \frac{1}{2\pi\sqrt{L\left(\dfrac{C_1 \cdot C_2}{C_1 + C_2}\right)}} = \frac{1}{2\pi\sqrt{(100 \times 10^{-6})(9.09 \times 10^{-9})}} \cong 167[\text{kHz}]$$

여기서 $A_v \geq 10\left(=\dfrac{C_1}{C_2}\right)$일 때만 발진이 되는 것을 숙지해야 한다.

클랩 발진기

[그림 10-20(a)]의 콜피츠 발진기에서 고주파의 신호를 처리하는 과정에서 **밀러(접합, 부유)**용량 C_{M1}, C_{M2}가 접합부에 발생하게 된다. 이는 C_1과 C_2와 접지에 대해서는 병렬형태로 작용하여 [그림 10-20(b)]와 같이 합성이 되는 값을 갖는 변형된 LC 탱크(공진)회로를 사용하게 될 것이다. 따라서 밀러용량 때문에 발생하는 발진 주파수의 변동과 손실을 보상하기 위해 [그림 10-20(c)]와 같이 또 하나의 커패시터 C_3를 L과 직렬로 결합한 형태를 **클랩 발진기**^{clap oscillator}라고 한다.

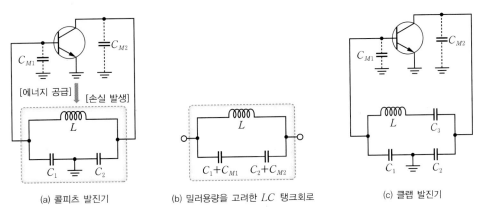

(a) 콜피츠 발진기   (b) 밀러용량을 고려한 LC 탱크회로   (c) 클랩 발진기

[그림 10-20] 클랩 발진기

[그림 10-20(c)]의 탱크(공진)회로의 전체 합성용량 C_T는 3개의 커패시터를 직렬로 결합한 식 (10.18)로 주어진다. 여기서 C_3를 C_1과 C_2에 비해 충분히 작게 (대략 C_1, C_2의 $\frac{1}{20}$ 정도) 설정하면 전체용량 C_T는 C_3 값으로 결정된다. 따라서 발진 주파수는 C_1과 C_2에 무관하게 식 (10.19)를 사용할 수 있고 **부유용량에 의한 발진 주파수의 변동을 막을 수 있어** 콜피츠 발진기보다 안정한 발진기가 된다. 그러나 클랩 발진기는 발진 출력이 작고, 발진 주파수 조정(가변) 범위가 작다.

$$C_T = \cfrac{1}{\cfrac{1}{C_1 + C_{M1}} + \cfrac{1}{C_2 + C_{M2}} + \cfrac{1}{C_3}} \cong C_3 \qquad (10.18)$$

$$f = \frac{1}{2\pi\sqrt{LC_3}} \quad \text{(안정)} \qquad (10.19)$$

[그림 10-21]은 콜피츠 발진기를 변형한 발진회로이다. 안정한 주파수를 얻기 위해 C_3에 비해 C_1, C_2 값을 훨씬 더 크게 하였을 때 발진 주파수를 구하고, C_3의 역할을 설명하여라(단, $C_3 = 0.001[\mu F]$, $L = 1[mH]$, C_1, $C_2 \gg C_3$이다).

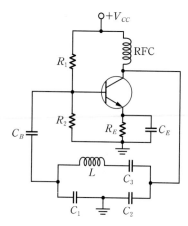

[그림 10-21] 클랩 발진기

풀이

주어진 회로는 콜피츠 발진기를 개선시킨 클랩 발진기로, C_3에 비해 C_1, C_2 값을 훨씬 더 크게 사용하므로 L과 C_3에 의해 발진 주파수가 결정된다.

$$f = \frac{1}{2\pi\sqrt{LC_3}} = \frac{1}{2\pi\sqrt{(1 \times 10^{-3})(0.001 \times 10^{-6})}} \cong 159[kHz]$$

이때 C_3는 접합부의 밀러(부유)용량 등의 영향을 감소시켜 발진 주파수를 안정되게 한다.

하틀리 발진기

하틀리 발진기^{Hartley Oscillator}는 [그림 10-22]와 같이 궤환회로에 직렬결합된 L(인덕터) 2개와 병렬로 결합된 C(커패시터) 외에는 콜피츠 발진기와 동일하다.

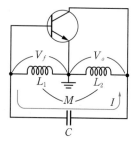

[그림 10-22] 하틀리 발진기

3개의 소자(L_1, L_2, C)의 임피던스가 $Z_1 = j\omega(L_1 + M)$, $Z_2 = j\omega(L_2 + M)$, $Z_3 = \dfrac{1}{j\omega C}$ 일 때 바크하우젠의 발진 조건에 따라 해석한다. 여기서 L_1과 L_2에 의한 상호 인덕턴스 M을 고려하여 해석한다.

발진 주파수 조건은 다음과 같다.

$$Z_1 + Z_2 + Z_3 = 0 \tag{10.20}$$

$$j\omega(L_1 + L_2 + 2M) - j\frac{1}{\omega C} = 0, \ \omega^2 L_T C = 1 \tag{10.21}$$

여기서 합성 인덕턴스 $L_T = L_1 + L_2 + 2M$이라고 한다. $\omega = 2\pi f$이므로 발진 주파수 f를 구하면 다음과 같다.

$$f = \frac{1}{2\pi\sqrt{L_T C}} = \frac{1}{2\pi\sqrt{(L_1 + L_2 + 2M)C}} \tag{10.22}$$

$$\cong \frac{1}{2\pi\sqrt{(L_1 + L_2)C}} \quad (M = 0 \text{일 때}) \tag{10.23}$$

이득 조건은 다음과 같다.

$$A_v = \frac{Z_2}{Z_1} = \frac{X_2}{X_1} = \frac{j\omega(L_2 + M)}{j\omega(L_1 + M)} = \frac{L_2 + M}{L_1 + M} \cong \frac{L_2}{L_1} \quad (M = 0 \text{일 때}) \tag{10.24}$$

실제로 발진을 시작하기 위해서는 $\beta A_v > 1$이어야 한다. 그러므로 전압이득 A_v는 $\dfrac{L_2}{L_1}$보다 약간 커야 하므로 결국 $A_v \geq \dfrac{L_2}{L_1}$여야 한다.

궤환율은 다음과 같이 나타낼 수 있으며, **궤환요소는 유도성**(L_1, L_2)이다(여기서 I는 탱크 전류이다).

$$\beta = \frac{V_f}{V_o} = \frac{IZ_1}{IZ_2} = \frac{Z_1}{Z_2} = \frac{j\omega L_1}{j\omega L_2} = \frac{L_1}{L_2} \tag{10.25}$$

하틀리 발진기와 콜피츠 발진기의 특성 비교

LC 발진기는 RC 발진기에 비해 고주파용이며 Q(선택도)가 높지만, 발진 주파수의 가변(조정) 범위가 좁다는 단점이 있다. 그런데 **하틀리 발진기**는 콜피츠 발진기에 비해 발진 출력이 크고, 발진 주파수의 가변(조정) 범위가 비교적 넓으나 상호 인덕턴스(M)의 영향으로 고주파에 불안정하다. 반면 **콜피츠 발진기**는 궤환요소가 용량성이므로 고조파 성분에 대한 임피던스가 매우 낮아 접지로 바이패스시킨다. 따라서 발진 주파수의 안정성이 좋고 인덕턴스(L)를 작게 사용할 수 있어 하틀리 발진기보다 높은 주파수를 얻을 수 있으므로 VHF 대역에서 많이 사용된다.

[그림 10-23]은 하틀리 발진기에서 발진 주파수와 발진에 필요한 최소한 트랜지스터의 전류 증폭률 $h_{fe}(=\beta)$은 얼마여야 하는가? (단, 상호 인덕턴스 $M=0$으로 무시한다)

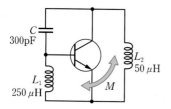

[그림 10-23] 하틀리 발진기

풀이

- 발진 주파수 : $f = \dfrac{1}{2\pi\sqrt{L_T C}} = \dfrac{1}{2\pi\sqrt{(L_1 + L_2)C}}$

$$= \dfrac{1}{2\pi\sqrt{(250+50)10^{-6} \times 300 \times 10^{-12}}} \cong 530.7[\text{kHz}]$$

- 최소 전류 증폭률 : $h_{fe}(=\beta) \geq \dfrac{X_1}{X_2} = \dfrac{250}{50} = 5$ 이상

[그림 10-24]의 발진회로를 보고, 주어진 물음에 답하여라.

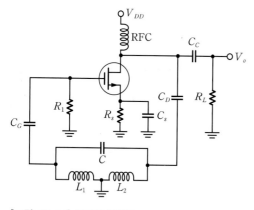

[그림 10-24] 하틀리 발진기

(a) $L_1 = 100[\mu\text{H}]$, $L_2 = 500[\mu\text{H}]$, $C = 600[\text{pF}]$일 때 발진 주파수와 전압이득 조건

(b) $g_m = 20[\text{mA/V}]$, $C = 0.01[\mu\text{F}]$, $R_L = 1[\text{k}\Omega]$일 때 발진 주파수 $f = 800[\text{kHz}]$가 되도록 L_1과 I_2를 결정하여라.

풀이

(a) 발진 주파수 : $f = \dfrac{1}{2\pi\sqrt{(L_1 + L_2)\,C}} = \dfrac{1}{2\pi\sqrt{600 \times 10^{-6} \times 600 \times 10^{-12}}} = 265.4\,[\text{kHz}]$

　　전압이득 : $\mu = \dfrac{Z_2}{Z_1} = \dfrac{j\omega L_2}{j\omega L_1} = \dfrac{L_2}{L_1} = \dfrac{500}{100} = 5$　이상

(b) FET의 전압이득 $A_v = -g_m R_L = 20 \times 1 = -20$이다. 이득 조건을 적용하면 $A_v = \dfrac{Z_2}{Z_1} = \dfrac{L_2}{L_1} = 20$이므로

$L_2 = 20L_1$이 된다. 발진 주파수 $f = \dfrac{1}{2\pi\sqrt{(L_1 + L_2)\,C}}$ 에서 $L_1 + L_2 = \dfrac{1}{4\pi^2 C f^2} = 21L_1$이므로, L_1,

L_2는 다음과 같다.

$$L_1 = 84\pi^2 \times 0.01 \times 10^{-6} \times 800^2 \times 10^6 \cong 0.189\,[\mu\text{H}]$$

$$L_2 = 20L_1 = 20 \times 0.189 = 3.78\,[\mu\text{H}]$$

수정 발진회로

이 절에서는 LC 동조회로에 수정을 이용하는 수정 발진기의 구동 원리와 등가회로를 살펴본다.

Keywords | 압전기 효과 | 수정 발진회로 | 수정 발진회로의 특징

L, C, R로 구성된 동조회로에서는 온도에 따른 L과 C 소자의 특성변화와 공진특성인 Q(선택도)가 수십 정도에 불과하기 때문에 높은 주파수에서 정확한 발진을 이루는 데 한계가 있다. 그러므로 **압전기 효과**$^{\text{piezoelectric effect}}$를 이용하는 수정(진동자)을 LC 동조회로로 이용하는 **수정**^{Crystal} **발진기**는 Q가 10^4 **정도**로 대단히 높고, 주파수 안정도는 $10^{-5} \sim 10^{-8}$(즉 $10^5 \sim 10^8[\text{Hz}]$당 $1[\text{Hz}]$ 오차)으로 매우 안정하다. 또한 수정 진동자의 온도계수도 대단히 작아 다른 발진회로와 비교할 수 없을 만큼 주파수 안정도가 높다. 반면 수정 자체의 고유 주파수로 발진하므로 발진 주파수의 가변은 불가능하다.

10.3.1 압전기 효과와 수정의 등가회로

수정은 자르는 방향에 따라 X-cut, Y-cut으로 나누는데, 그 **절단 방향과 두께, 면적**에 따라 특성이 달라진다. 절단된 수정편에 기계적인 힘을 가하면 특정한 방향으로 기전력(+, − 전하)이 유도되고, 반대로 수정표면에 전압을 걸어 표면에 전하를 발생시키면 결정체에 기계적인 진동이 유발된다. 주어진 **수정 진동자는 기계적으로 가장 잘 진동하는 고유한 진동수**를 갖는다.

이러한 전기−기계 상호작용을 **압전기 효과**라고 한다. 수정 진동자의 전극 양단에 교류전압을 가하여 기계적인 진동이 발생할 때, 교류전압의 전기적인 주파수와 수정 진동자의 기계적 고유 주파수가 일치하는 경우에는 진동 진폭이 대단히 커져 회로에 흐르는 전류가 최대가 된다. 이는 전기회로의 공진회로에서 일어나는 동조현상과 동일하게 해석할 수 있다. 이는 [그림 10−25(b)]와 같이 전기적으로 직렬 공진회로와 등가적인 특성을 가지므로, 이때 **수정편의 고유 진동 주파수**를 수정의 **직렬 공진 주파수** (f_s)라고 간주할 수 있다.

[그림 10−25(b)]에서 R_o, L_o, C_o는 수정 진동자의 고유값으로, 이 값들은 수정편의 절단 방법, 두께, 면적 등에 의해 결정된다. L_o는 수 $[\text{H}]$ 정도 이상의 큰 값, 직렬 커패시터 C_o는 $0.001[\text{pF}]$ 정도의 작은 값, R_o는 매우 작은 값으로 무시할 수 있다.

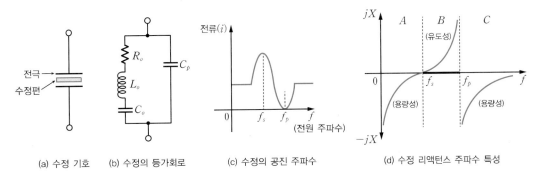

(a) 수정 기호   (b) 수정의 등가회로   (c) 수정의 공진 주파수   (d) 수정 리액턴스 주파수 특성

[그림 10-25] 수정의 등가회로와 리액턴스 특성

그리고 수정편에서 발생하는 기전력을 외부로 뽑아 쓰기 위해서는 수정편의 양면에 전극을 부착한다. 이때 발생되는 **전극간의 정전용량 C_p** 는 수 pF의 값을 가지므로 $C_p \gg C_o$ 이며, 수정편의 등가회로와 병렬로 결합된다. 따라서 [그림 10-25(b)]에서 보듯이 수정 진동자는 직렬 공진 또는 병렬 공진의 두 형태로 동작할 수 있다.

수정은 선택도 $\left(Q = \dfrac{w_s L_o}{R_o} \right)$ 가 10^4 이상 큰 값이므로 $R_o \cong 0$ 으로 무시하는 [그림 10-26]의 등가회로를 이용해서 전체 합성 임피던스 $Z(S)$ 를 구한다. $Z(S) = 0$ 일 때 직렬 공진, $Z(S) = \infty$ 일 때 병렬 공진이 되므로 이 관계를 이용하여 **직렬 공진 주파수 f_s, 병렬 공진 주파수 f_p** 를 구할 수 있다.

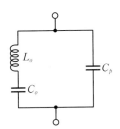

[그림 10-26] $R_o = 0$ 인 등가회로

[그림 10-26]의 전체 임피던스는 다음과 같다.

$$Z(S) = \left(j\omega L_o - j\frac{1}{\omega C_o} \right) /\!/ \left(-j\frac{1}{\omega C_p} \right)$$

$$Z(S) = \frac{-j\dfrac{1}{\omega C_p}\left(j\omega L_o - j\dfrac{1}{\omega C_o} \right)}{\left(j\omega L_o - j\dfrac{1}{\omega C_o} \right) - j\dfrac{1}{\omega C_p}} = \frac{\dfrac{1}{\omega C_p}\left(\omega L_o - \dfrac{1}{\omega C_o} \right)}{j\left(\omega L_o - \dfrac{1}{\omega C_o} - \dfrac{1}{\omega C_p} \right)} \qquad (10.26)$$

- $Z(S)$ 의 극점(분모 = 0일 때) – 병렬 공진 주파수(f_p) : 임피던스(∞), 전류(최소)
- $Z(S)$ 의 영점(분자 = 0일 때) – 직렬 공진 주파수(f_s) : 임피던스(0), 전류(최대)

❶ **직렬 공진 주파수(f_s)** : 수정 자체의 직렬 공진 주파수이다. ($Z(S)$의 분자가 0인 조건)

$$j\omega L_o - j\frac{1}{\omega C_o} = 0 \;\rightarrow\; \omega L_o = \frac{1}{\omega C_o} \;\rightarrow\; \omega^2 L_o C_o = 1 \tag{10.27}$$

$\omega^2 L_o C_o = 1$에 $\omega_s = 2\pi f_s$를 대입하면 다음과 같다.

$$f_s = \frac{1}{2\pi\sqrt{L_o C_o}} \tag{10.28}$$

❷ **병렬 공진 주파수(f_p)** : 수정편을 전극판에 넣었을 때의 병렬 공진 주파수이다.
($Z(S)$의 분모가 0인 조건)

$$j\omega L_o - j\frac{1}{\omega C_o} - j\frac{1}{\omega C_p} = 0 \;\rightarrow\; \omega L_o = \frac{1}{\omega C_o} + \frac{1}{\omega C_p} \;\rightarrow\; \omega^2 = \frac{1}{L_o}\left(\frac{1}{C_o} + \frac{1}{C_p}\right) \tag{10.29}$$

여기서 $\omega^2 = \dfrac{1}{L_o}\left(\dfrac{1}{C_o} + \dfrac{1}{C_p}\right) = \dfrac{1}{L_o}\left(\dfrac{C_o + C_p}{C_o C_p}\right)$이며, $\omega_p = 2\pi f_p$를 대입하면 다음과 같다.

$$f_p = \frac{1}{2\pi\sqrt{L_o(C_o /\!/ C_p)}} = \frac{1}{2\pi\sqrt{L_o\dfrac{C_o C_p}{C_o + C_p}}} \cong f_s\left(1 + \frac{C_o}{2C_p}\right) \tag{10.30}$$

❸ **수정의 리액턴스 주파수 특성** : 수정의 전체 임피던스 $Z(S)$에 대한 주파수 특성을 다음과 같이 구분할 수 있다([그림 10-25(d)] 참고).

- 영역 A, C : 용량성($\omega L < 1/\omega C$)
- 영역 B ($f_s < f < f_p$) : 유도성($\omega L > 1/\omega C$)

그런데 실제는 $C_p \gg C_o$이므로 수정의 유도성인 폭 $f_p - f_s = f_s\dfrac{C_o}{2C_p} \cong 0$이 되므로 f_p는 f_s와 아주 가까워 서로 일치한다고 볼 수 있다. 더욱이 f_p 근처에서는 Q가 대단히 큰 LC 동조회로와 같은 임피던스 특성을 나타낸다는 점에 주목하자. 따라서 이 근처의 주파수(즉 $f_s < f < f_p$)에서 발진하고 있을 때는 설령 C_o가 변동되더라도 수정의 유효 인덕턴스 L_o는 0에서 무한대까지 가변이 이루어진다. 따라서 다른 소자의 영향을 거의 받지 않고 독단적으로 결정되는 수정의 고유 주파수로 아주 안정된 발진 주파수를 얻을 수 있는 것이다.

❹ **선택도 Q** : 수정은 Q가 10^4 이상으로, 고유 주파수를 사용하여 안정한 공진특성을 갖는다.

$$Q = \frac{\omega_s L_o}{R_o} = \frac{1}{\omega_s R_o C_o} = \frac{1}{R_o}\sqrt{\frac{L_o}{C_o}} \tag{10.31}$$

[그림 10-25(b)]의 수정의 등가회로에서 $L_o = 4.8[\text{mH}]$, $C_o = 0.23[\text{pF}]$, $R_o = 0.44[\Omega]$, $C_p = 48[\text{pF}]$ 일 때 f_s, f_p, Q와 안정하게 발진되는 영역을 구하여라.

풀이

• 직렬 공진 주파수 : $f_s = \dfrac{1}{2\pi\sqrt{L_o C_o}} = \dfrac{1}{2\pi\sqrt{4.8 \times 10^{-3} \times 0.23 \times 10^{-12}}} = 4.792[\text{MHz}]$

• 병렬 공진 주파수 : $f_p = \dfrac{1}{2\pi\sqrt{L \cdot \left(\dfrac{C_o \cdot C_p}{C_o + C_p}\right)}} = \dfrac{1}{2\pi\sqrt{4.8 \times 10^{-3} \times \dfrac{11.04}{48.23} \times 10^{-12}}} = 4.803[\text{MHz}]$

• $Q = \dfrac{\omega_s L_o}{R_o} = \dfrac{2\pi f_s \cdot L_o}{R_o} = 3.28 \times 10^5$ • 안정 발진 영역(유도성 영역) $= f_p - f_s = 11[\text{kHz}]$ 범위

10.3.2 수정 발진회로

압전효과를 이용하는 수정 발진회로는 근본적으로 동조형 발진회로이다. 동작 주파수를 유도성 영역에 있도록 유도성 소자 L 대신 수정 진동자를 사용하여 구현하는 발진기를 **피어스**^{pierce}**형 수정 발진기**라고 한다. 이때 발진 주파수는 수정^{crystal}의 고유 공진 주파수에 의해 결정된다. 수정의 기본 주파수는 결정편의 두께에 반비례하므로 그 한계성을 고려할 때 상한은 $20[\text{MHz}]$ 이하이며, 그 이상의 주파수는 배조파(기본 주파수의 정수배) 수정을 사용하는 **오버-톤 발진기**^{Overtone Oscillator}에서 사용할 수 있다.

직렬 공진형 수정 발진기

[그림 10-27]에서는 수정이 직렬 공진 탱크회로로 사용된다. 수정의 임피던스는 직렬 공진 주파수에서 최소가 되므로 최대의 전류궤환을 입력쪽(베이스)으로 발생시키면 발진이 생성된다. C는 수정의 공진 주파수를 올리거나 내리는 풀링^{pulling}을 통해 발진 주파수를 정밀하게 맞추는 역할을 한다.

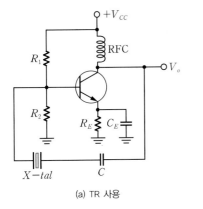

(a) TR 사용   (b) 연산 증폭기 사용

[그림 10-27] 수정의 직렬 공진형 발진기

병렬 공진형 수정 발진기(피어스 [BC]형, [BE]형)

3소자형 LC 발진기인 콜피츠와 하틀리의 유도성 소자 L 대신에 수정 진동자로 구현한 피어스형 수정 발진기를 학습해보자.

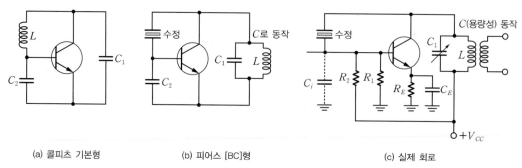

(a) 콜피츠 기본형   (b) 피어스 [BC]형   (c) 실제 회로

[그림 10-28] 피어스 [BC]형 수정 발진회로

[그림 10-28(b)~(c)]는 3소자형 콜피츠 발진기에 쓰인 L 대신 수정을 사용한 **피어스 [BC]형 수정 발진기**이다. [그림 10-28(c)]에서 수정은 유도성으로 작용하고, C_i는 TR의 입력 접합부의 용량으로, C_2 대신 이용하고 있으며, LC_1 탱크회로는 용량성(C)이어야 발진할 수 있다.

LC_1 공진 주파수는 발진 주파수보다 다소 낮아야 용량성이 될 수 있다. 수정이 유도성이 되는 범위 $(f_s \sim f_p)$는 대단히 좁으므로 발진 주파수는 대개 수정에 의해 결정된다. 컬렉터에 LC_1 탱크(공진) 회로를 사용하는 이유는 임피던스를 높이 잡아 선택도 Q를 높일 수 있고, L, C 변화로 발진 진폭을 변화시키고, 발진 주파수를 미세하게 조정하거나 발진 출력을 빼내기가 쉽기 때문이다.

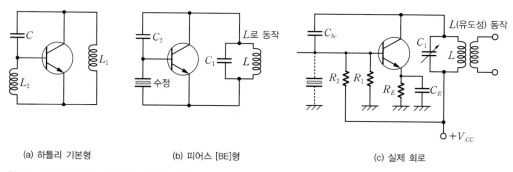

(a) 하틀리 기본형   (b) 피어스 [BE]형   (c) 실제 회로

[그림 10-29] 피어스 [BE]형 수정 발진회로

[그림 10-29(b)~(c)]는 하틀리 발진기에 쓰인 L 대신 수정을 사용한 **피어스 [BE]형 수정 발진기**로, LC 공진 주파수를 발진 주파수보다 다소 높게 설정하여 LC 탱크회로가 유도성(L)으로 동작할 때 발진이 이루어진다. 콘덴서 C_2 대신 TR의 컬렉터–베이스간 접합용량(C_{bc})을 사용할 수도 있다.

수정 발진회로의 특징

❶ 수정 발진회로의 발진 주파수는 수정 진동자의 공진 주파수(고유 주파수)로 결정된다.
  (주파수 가변은 불가)

❷ 수정 발진회로의 발진 주파수는 매우 안정하다.
  (이는 발진 조건을 만족하는 유도성 주파수의 범위($f_s < f < f_p$)가 매우 좁기 때문이다)

❸ 수정 진동자의 Q는 매우 높다.($Q = 10^4 \sim 10^6$)

❹ 수정 진동자는 기계적으로나 물리적으로 매우 안정하다.

❺ 주위 온도의 영향이 적다.

❻ 주파수 안정도(S)가 좋다. (10^{-6} 정도)

예제 10-13

[그림 10-30]의 발진회로에서 안정한 발진이 지속되기 위해서는 동조회로의 임피던스는 어떻게 되어야 하는가? 그리고 발진 주파수를 구하여라.

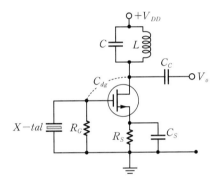

[그림 10-30] 수정 발진회로

풀이

주어진 회로는 3소자형인 하틀리 발진기를 변형시킨 회로로, 유도성 소자인 수정(X-tal)을 게이트(G)와 소스(S) 사이에 접속시킨 피어스 [GS]형 수정 발진기이다. 이 경우 출력 드레인의 **동조회로는 유도성(L) 임피던스**가 되도록 조정해야 하틀리 구성이 되어 발진하게 되며, 필요한 C_2 성분은 FET의 드레인과 게이트 사이에 형성되는 접합용량(C_{dg})을 이용하면 된다. **발진 주파수는 수정 자체의 고유 주파수**가 된다.

Q 01 수정 발진기는 $Q = 10^4$ 이상으로 안정성이 매우 양호하지만, 외부요인으로 인해 발진 주파수가 변동되기도 한다. 이때 주요 외부요인과 그에 대한 대응책은 무엇인가요?

A 01
- 온도 영향 : 항온조 사용
- 전원전압 변동 : 정전압 회로 사용
- 부하 영향 : 버퍼(완충기) 사용

RC 발진회로

이 절에서는 낮은 저주파 대역에 주로 쓰이는 RC 발진회로의 구동 원리를 이해하고 대표적인 발진회로를 살펴본다.

Keywords | **빈 브리지 발진회로** | **이상형 발진회로** |

발진 주파수가 낮은 저주파 대역에서는 L과 C의 값이 커져야 하므로 불편하고 비경제적이 되므로 C와 R을 이용하는 **RC** 발진기를 주로 사용한다. RC 발진기는 LC 발진기와 달리 발진 주파수의 범위도 좁다(보통 $1[\text{MHz}]$ 이하 정도). 또한 왜곡으로 인한 고조파 성분을 제거시킬 수 있는 LC 동조회로가 없기 때문에 발진파형의 일그러짐을 감소시키기 위해 A급 바이어스 증폭을 사용해야 하므로 효율도 높지 않다. RC 발진기에는 진상(위상선행)과 지상(위상지연)회로를 궤환으로 사용하는 **빈 브리지형**Wien bridge과 RC로 위상을 천이시켜 사용하는 **이상형**phase shift이 있는데, 주로 안정도가 우수한 빈 브리지형 RC 발진기를 주로 사용한다.

10.4.1 빈 브리지 발진회로

[그림 10-31(a)]에서 C_1, R_1의 임피던스가 Z_1이고 C_2, R_2의 임피던스를 Z_2라고 할 때, Z_1, Z_2, R_3, R_4가 [그림 10-31(b)]처럼 브리지를 형성한다. [그림 10-31(c)]의 궤환회로에서 C_1과 R_2 (HPF)에 의해 궤환전압 V_f 위상이 **진상(선행)회로**가 되고, R_1과 C_2 (LPF)에 의해 V_f 위상이 **지상(지연)회로**가 된다. 그 진상위상과 지상위상의 위상(θ)의 크기가 같도록 구성해주면 궤환신호 V_f는 출력 V_o와 동위상($\theta = 0°$)으로 정궤환이 되어 발진이 된다.

즉 [그림 10-31(d)]에서처럼 진상-지상의 궤환회로에서 위상천이가 $0°$이고, $\beta = \dfrac{1}{3}$일 때 최대 출력을 갖는 공진 주파수 f_o을 갖는다. 증폭기의 이득 A가 3이 되도록 해주면 궤환회로의 루프이득 $\beta A = 1$이고, 위상천이 $\theta = 0°$인 발진 조건을 만족하므로 공진 주파수 f_o에서 발진이 형성된다.

[그림 10-31(a)]에서 증폭기의 궤환 입력전압을 V_f, 출력전압을 V_o라고 하고, R_1, C_1의 직렬 임피던스를 $Z_1 \left(= R_1 + \dfrac{1}{j\omega C_1} \right)$, R_2, C_2의 병렬 임피던스를 $Z_2 \left(= R_2 \mathbin{/\mkern-5mu/} \dfrac{1}{j\omega C_2} \right)$라고 하여 발진 주파수와 진폭 조건을 해석한다.

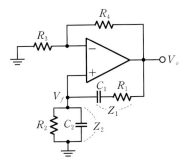

(a) 빈 브리지 발진회로

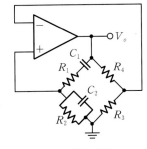

(b) 브리지 등가회로

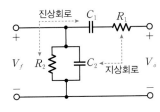

(c) 위상 진상-지상의 궤환회로

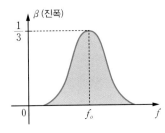

(d) 궤환회로의 응답곡선

[그림 10-31] 빈 브리지 발진기

먼저 궤환율 $\beta \equiv \dfrac{V_f}{V_o}$ 를 다음과 같이 나타낼 수 있다.

$$\beta = \frac{V_f}{V_o} = \frac{Z_2}{Z_1 + Z_2} = \frac{\dfrac{(R_2/j\omega C_2)}{R_2 + (1/j\omega C_2)}}{R_1 + \dfrac{1}{j\omega C_1} + \dfrac{(R_2/j\omega C_2)}{R_2 + (1/j\omega C_2)}} \tag{10.32}$$

$$= \frac{\dfrac{R_2}{j\omega C_2}}{\left(R_1 + \dfrac{1}{j\omega C_1}\right)\left(R_2 + \dfrac{1}{j\omega C_2}\right) + \dfrac{R_2}{j\omega C_2}} \tag{10.33}$$

$$= \frac{1}{1 + \left(R_1 + \dfrac{1}{j\omega C_1}\right)\left(j\omega C_2 + \dfrac{1}{R_2}\right)} \tag{10.34}$$

$$= \frac{1}{1 + \dfrac{R_1}{R_2} + \dfrac{C_2}{C_1} + j\left(\omega C_2 R_1 - \dfrac{1}{\omega C_1 R_2}\right)} \tag{10.35}$$

여기서 증폭기 이득 A 는 비반전 증폭인 $A = \left(1 + \dfrac{R_4}{R_3}\right)$ 로서, 실수이므로 발진 조건인 $\beta A = 1$ 이 되기 위해서는 β 도 실수여야 한다. 따라서 식 (10.35)의 허수부가 0이 되어야 한다.

$$\omega C_2 R_1 - \frac{1}{\omega C_1 R_2} = 0, \quad \omega = \frac{1}{\sqrt{R_1 C_1 R_2 C_2}} \tag{10.36}$$

이때 발진 주파수 f는 다음과 같이 구해진다.

$$f = \frac{1}{2\pi \sqrt{R_1 C_1 R_2 C_2}} \tag{10.37}$$

이득 조건 A는 발진 조건인 $\beta A = 1$에서 $A = \dfrac{1}{\beta}$ 이므로 다음과 같이 구해진다.

$$A = 1 + \frac{R_1}{R_2} + \frac{C_2}{C_1} \quad (\text{단}, \ \beta = \frac{1}{1 + (R_1/R_2) + (C_2/C_1)} \ \text{이므로}) \tag{10.38}$$

만일, $R_1 = R_2 = R$, $C_1 = C_2 = C$일 경우 발진 주파수 f와 이득 A는 다음과 같다.

$$f = \frac{1}{2\pi RC}, \quad A = 3 \tag{10.39}$$

본 회로에서는 비반전 증폭기의 전압이득 $A_v = \left(1 + \dfrac{R_4}{R_3}\right) = 3$일 때, 즉 $\dfrac{R_4}{R_3} = 2$여야 발진이 이루어진다. 그런데 실제 설계 시에는 발진의 시동 조건($A_v > 3$)을 고려하여 $\dfrac{R_4}{R_3}$의 값을 2보다 약간 큰 값으로 설정해야 할 것이다. 따라서 발진 이득 조건은 다음과 같이 된다.

$$R_4 \geq 2R_3 \tag{10.40}$$

예제 10-14

[그림 10-31(a)]의 회로에서 발진을 일으킬 수 있는 최소한의 R_4 값과 이때의 발진 주파수를 구하여라 (단, $R_1 = R_2 = 10[\text{k}\Omega]$, $C_1 = C_2 = 1.5[\text{nF}]$, $R_3 = 20[\text{k}\Omega]$이다).

풀이

- 발진 이득 조건 : $A_v \geq 3$이어야 하고, 비반전 증폭기의 이득 $A_v = 1 + \dfrac{R_4}{R_3} \geq 3$, $\dfrac{R_4}{R_3} \geq 2$이므로 $R_4 \geq 2R_3$
  여야 한다. $R_4 \geq (2 \times 20)[\text{k}\Omega]$에서 R_4는 최소한 $40[\text{k}\Omega]$ 이상인 값이어야 한다.

- 발진 주파수 : $f = \dfrac{1}{2\pi RC} = \dfrac{1}{2\pi \times 10^4 \times 1.5 \times 10^{-9}} \cong 10.6[\text{kHz}]$

[그림 10-32]의 빈 브리지 발진회로에서 '자기 시동' 조건을 만족할 수 있는 R_2 값과 발진 주파수를 구하여라. 그리고 제너 다이오드의 회로 동작을 설명하여라.

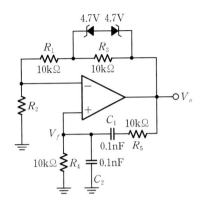

[그림 10-32] 자기 시동 빈 브리지 발진기

풀이

주어진 회로는 2개의 제너 다이오드를 사용한 자기 시동 빈 브리지 발진회로이다. 발진회로의 자기 시동 조건은 초기에는 궤환루프 이득 $\beta A_v > 1$(즉 기본 증폭기 이득 $A_v > 3$)이 되게 하여 출력을 증가시킨 다음, 출력이 요구되는 레벨을 유지하기 위해 루프이득 $\beta A_v = 1$(즉 $A_v = 3$)로 감소시켜 발진을 유지한다.

- 최초 상태($V_o = 0$) : 제너 다이오드가 off되므로 전압이득은 다음과 같다.

$$A_v = 1 + \frac{R_1 + R_3}{R_2} = \left(1 + \frac{R_1}{R_2}\right) + \frac{R_3}{R_2} = 3 + \frac{R_3}{R_2} > 3 \text{으로 동작}$$

- 이후 동작 상태(V_o 존재) : 출력 $V_o = 4.7 + 0.7 = 5.4[\text{V}]$가 제너 전압 값에 이르면 2개 제너 다이오드가 도통(on)되며 R_3를 단락시킨다. 이때 전압이득 $A_v = 1 + \frac{R_1}{R_2} = 3$으로 감소되어 발진을 유지시킨다. 그러므로 $R_2 = 5[\text{k}\Omega]$을 사용하면 최초 $A_v = 3 + \frac{R_3}{R_2} = 5$로 동작하다가 $A_v = 3$으로 자기 시동 조건을 만족하며, 정상적인 발진을 유지시킨다.

- 발진 주파수 : $f = \dfrac{1}{2\pi RC} = \dfrac{1}{2\pi \times 10^4 \times 0.1 \times 10^{-9}} = 159.2[\text{kHz}]$ ($R_4 = R_5 = R$, $C_1 = C_2 = C$임)

10.4.2 이상형 발진회로

입·출력이 역상인 반전 증폭기의 출력전압 V_o를 3단의 RC 궤환회로를 이용하여 어떤 특정한 주파수 f_o에 대해 60°씩 3회(=180°)의 위상천이를 발생시킨다. 그러면 궤환회로 루프 내에서 전체 위상천이가 360°(즉 0°)가 된다. **이상형**phase shift type ***RC*** 발진기는 반전 증폭기의 이득 A_v를 적절하게 선정하여 루프이득 $\beta A_v = 1$이 되도록 하여 발진시킨다.

이상형 병렬 R형 발진회로(HPF형)

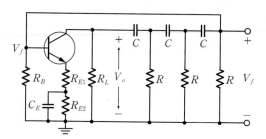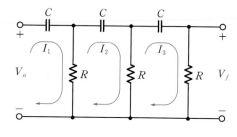

(a) 이상형 병렬 R형 발진회로   (b) 3단 위상 진상(선행) 궤환회로

[그림 10-33] 이상형 병렬 R형 발진기

[그림 10-33(b)]의 위상이 진상(선행)형인 3단 궤환회로에 키르히호프의 전압법칙을 적용하여 다음과 같이 3개의 연립방정식을 세운다.

$$V_o = (R - jX_C)I_1 - RI_2 + 0I_3 \tag{10.41}$$

$$0 = -RI_1 + (2R - jX_C)I_2 - RI_3 \tag{10.42}$$

$$0 = 0I_1 - RI_2 + (2R - jX_C)I_3 \tag{10.43}$$

행렬을 이용해 위의 연립방정식을 풀면 I_3는 다음과 같다.

$$I_3 = \frac{\begin{vmatrix} R - jX_C & -R & V_o \\ -R & 2R - jX_C & 0 \\ 0 & -R & 0 \end{vmatrix}}{\begin{vmatrix} R - jX_C & -R & 0 \\ -R & 2R - jX_C & -R \\ 0 & -R & 2R - jX_C \end{vmatrix}} \equiv \frac{\Delta 3}{\Delta} \tag{10.44}$$

$$= \frac{R^2 V_o}{R^3 - 5RX_C^2 - jX_C(6R^2 - X_C^2)} \tag{10.45}$$

$V_f = RI_3$이므로, 궤환율 β를 다음 식으로 나타낼 수 있다.

$$\beta = \frac{V_f}{V_o} = \frac{R^3}{R^3 - 5RX_C^2 - jX_C(6R^2 - X_C^2)} \tag{10.46}$$

여기서 증폭기 이득 $A_v = -\dfrac{R_L}{R_{E1}}$ 로서 실수이므로, 발진 조건인 $\beta A_v = 1$이 되기 위해서는 β도 실수여야 한다. 따라서 식 (10.46)의 허수부가 0이 되어야 한다.

$$6R^2 - X_C^{\,2} = 0, \quad 6R^2 = X_C^{\,2} = \left(\frac{1}{\omega C}\right)^2 \tag{10.47}$$

$$6R^2 \omega^2 C^2 = 1, \quad \omega = \frac{1}{\sqrt{6}\,RC} \tag{10.48}$$

이때 발진 주파수 f는 다음과 같이 구해진다.

$$f = \frac{1}{2\pi\sqrt{6}\,RC} \tag{10.49}$$

식 (10.46)으로부터 허수부가 0인 조건 $6R^2 = X_C^{\,2}$을 대입하여 궤환율 β를 구한다.

$$\beta = \frac{V_f}{V_o} = -\frac{1}{29} \tag{10.50}$$

발진 조건인 루프이득 $\beta A = 1$에서 발진하기 위한 증폭기 이득은 다음과 같다.

$$A_v = -29 \quad (-\text{는 역상의 의미}) \tag{10.51}$$

실제 설계할 때는 발진의 시동 조건을 고려하여 $A_v > 29$인 29배보다 약간 크게 설정한다.

결론적으로 3단의 RC 궤환회로에 의해 $180°$의 위상천이와 $\dfrac{1}{29}$의 이득 감소가 발생했지만, 반전 증폭기를 사용하여 다시 $180°$의 위상천이와 29배의 이득증가를 만들어 보상함으로써 궤환루프 이득 $\beta A = 1$이 되어 발진이 이루어진다.

예제 10-16

[그림 10-33(a)]의 스웸핑 증폭기를 사용한 이상형 발진기에서 발진이 일어날 수 있는 부하저항 R_L 값을 결정하여라(단, $R_{E1} = 0.5[\text{k}\Omega]$, $R_{E2} = 1[\text{k}\Omega]$이다).

풀이

발진 이득 조건은 $A_v = -\dfrac{R_L}{R_{E1}} = -29$에서 $R_L = 29R_{E1} = 14.5[\text{k}\Omega]$이 된다. 실제는 초기 시동 조건을 고려하여 $A_v > 29$이므로 $R_L \geq 14.5[\text{k}\Omega]$을 설정하면 된다.

[그림 10-34]의 연산 증폭기를 이용한 이상형 발진기에서 발진하기 위한 R_f 값과 이때의 발진 주파수를 구하여라.

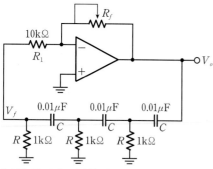

[그림 10-34] 이상형 발진기

풀이

발진을 지속하기 위해서는 $A_v \geq -29$여야 하므로, $A_v = -\dfrac{R_f}{R_1} \geq -29$이다. 따라서 $R_f \geq 29R_1 = 29 \times 10[\mathrm{k\Omega}] = 290[\mathrm{k\Omega}]$이상을 사용하면 된다. 이때 발진 주파수는 다음과 같다.

$$f = \frac{1}{2\pi \sqrt{6} \times 10^3 \times 0.01 \times 10^{-6}} = 6.5[\mathrm{kHz}]$$

이상형 병렬 C형 발진회로(LPF형)

궤환회로가 병렬 C형 구조인 이상형은 LPF형이므로, 고주파성분을 감쇠시켜 **왜곡이 작은 출력**을 가질 수 있으나, 입력 임피던스가 작은 편이라서 병렬 R형에 비해 **동작의 안정성**은 다소 떨어진다. 회로 해석은 병렬 R형을 참고하도록 한다. 주요 결과식을 이용하여 회로 예시를 해석한다.

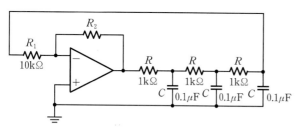

(a) 연산 증폭기를 이용한 발진기   (b) TR을 이용한 발진기

[그림 10-35] 이상형 병렬 C형 발진기

3단 위상 지상(지연)형 궤환회로에서 해석을 한다(병렬 R형 발진회로의 해석 참조).

- 발진 주파수 : $f = \dfrac{\sqrt{6}}{2\pi RC} = \dfrac{\sqrt{6}}{2\pi \times 10^3 \times 0.1 \times 10^{-6}} = 1.59[\text{kHz}]$ (10.52)

- 이득 조건 : $A_v = -29$ (10.53)

[그림 10-35(a)]는 $A_v = -\dfrac{R_2}{R_1} = -29$ 이므로 $R_2 \geq 29R_1 = 290[\text{k}\Omega]$ 이상을 사용하면 된다.

01 정궤환을 사용하는 발진회로에서 발진을 위한 궤환루프의 조건은?

㉮ 궤환루프의 이득은 없고, 위상천이가 180°이다.

㉯ 궤환루프의 이득은 1보다 작고, 위상천이가 90°이다.

㉰ 궤환루프의 이득은 1이고, 위상천이는 0°이다.

㉱ 궤환루프의 이득은 1보다 크고, 위상천이는 180°이다.

해설

$\beta A = 1$ 조건은 궤환루프 이득 $|\beta A| = 1$이고, 궤환루프의 (입·출력) 위상차는 0°이다. ㉰

02 정현파 발진기에 대한 설명으로 옳지 않은 것을 골라라.

㉮ 선형발진기에 속하며, 발진기 동작에는 외부 입력신호가 필요치 않다.

㉯ 폐루프 이득이 정상상태에서 1이어야 한다.

㉰ 폐루프 이득이 시동상태에서 1보다 커야 한다.

㉱ 폐루프의 위상변이가 180°이어야 한다.

㉲ 기본 증폭기의 입력신호와 궤환신호의 크기는 같고, 동일한 위상을 가져야 한다.

㉳ 선형발진기 내의 능동소자는 스위칭 메카니즘을 이용하여 정현파를 출력시킨다.

㉴ LC 궤환형인 콜피츠, 하틀리, 수정 발진기 등은 정궤환 회로를 포함하지만, RC 궤환형 빈 브리지 발진기는 부궤환 회로와 정궤환 회로를 모두 포함하고 있으며, 양호도 Q는 파형 크기의 안정성을 나타내는데, 이 Q 값은 수정 발진기가 가장 높다.

㉵ 궤환회로의 구성을 비교하면 콜피츠는 용량성 전압분배기, 하틀리는 유도성 전압분배기, 클랩 발진기는 커패시터와 인덕터의 직렬회로를 사용하는 것이 서로 다르다.

㉶ 진상-지상 RC 궤환 원-발진기와 3개의 위상천이 RC 궤환 이상 발진기는 감쇠가 각 1/3, 1/29이고, 위상변이는 모두 0°이며, 폐루프 증폭기의 전압이득 $A_{vf} = 1$일 때 정현파 발진이 유지된다, 이 회로는 1[MHz]이내 저주파용으로 주로 쓰인다.

해설

• 발진기는 외부 입력신호 없이 정궤환에 의해, 특정 주파수를 갖는 파형을 만들어내는 회로이다. 발진(유지)조건은 폐궤환 루프이득(βA)의 크기가 1이고, 루프의 위상변이($\triangle\theta$)가 0°(동위상)이어야 하며, 발진 초기의 시동 조건은 $\beta A > 1$이어야 한다.

• TR 등 능동소자는 선형발진기에서는 증폭기 동작을, 멀티 바이브레이터 등 비선형 발진기에서는 스위칭 동작을 이용한다.

• 클랩 발진기는 콜피츠의 변형으로 C, L의 직렬회로를 궤환에 사용한다. 빈 브리지와 이상형 RC 발진기에서 각 증폭기의 이득은 빈 브리지는 $A_{vf} \geq 3$, 이상형은 $A_{vf} \geq 29$여야 한다. ㉱, ㉳, ㉶

03 발진회로와 관계가 없는 것은?

㉮ 부성저항　　　　㉯ 정궤환　　　　㉰ 부궤환　　　　㉱ 재생회로

해설

부궤환은 출력을 감소시키는 형태이므로 지속적인 교류신호가 출력에 유지되게 하는 발진기에는 부적합하다. ㉰

04 궤환 발진기에 바크하우젠의 발진 조건을 나타낸 것은?

㉮ $A\beta = 1$　　　　　㉯ $A\beta = 0$　　　　　㉰ $A\beta < 1$　　　　　㉱ $A\beta > 1$

해설

궤환 증폭회로에서 $\beta A = 1$이 될 때 정궤환이 되어 발진상태가 된다.　　　　　㉮

05 궤환이 걸리지 않을 때의 증폭회로의 전압이득을 A, 궤환율을 β라 할 때 발진 조건은?

㉮ $A\beta < 1$　　　　　㉯ $A = -\beta$　　　　　㉰ $A\beta \geq 1$　　　　　㉱ $A = \beta$

해설

발진기의 초기 시동 시에는 $\beta A > 1$이 되도록 하고, 점차 $\beta A = 1$인 발진 조건으로 계속 유지된다.　　　　　㉰

06 바크하우젠의 발진 조건에서 증폭기의 증폭도 $A = 100$일 때, 궤환회로의 궤환율 β를 구하라.

㉮ 10　　　　　㉯ 1　　　　　㉰ 0.1　　　　　㉱ 0.01

해설

$\beta A = 1$에서 β를 구한다. $\beta = \dfrac{1}{A} = \dfrac{1}{100} = 0.01$　　　　　㉱

07 정현파 발진기로서 부적합한 것은?

㉮ LC 발진기　　　　㉯ 수정 발진기　　　　㉰ 멀티 바이브레이터　　　　㉱ CR 발진기

해설

멀티 바이브레이터는 구형파 발진기로 쓰인다.　　　　　㉰

08 수정 발진기의 발진 주파수가 안정한 이유로 가장 옳은 것은?

㉮ 고유 진동수를 가지고 있기 때문이다.
㉯ 온도계수가 작기 때문이다.
㉰ 압전기 현상을 보이기 때문이다.
㉱ LC 동조회로보다 Q가 아주 높기 때문이다.

해설

수정 발진기는 수정 진동자의 고유 주파수로만 선택되는 Q(선택도)가 10^5 이상으로 매우 안정된 공진특성을 갖는다.　　　　　㉱

09 수정 발진기에 대한 설명으로 가장 옳지 <u>않은</u> 것은?

㉮ 수정 발진기는 수정의 압전 piezo-electric 효과를 이용한 것이다.
㉯ 수정 발진기는 LC 동조회로보다 Q 값이 낮아 주파수 안정도가 좋다.
㉰ 수정의 등가회로는 직병렬 RLC 회로이다.
㉱ 수정의 병렬 공진 주파수는 직렬 공진 주파수보다 높다.
㉲ 수정은 매우 좁은 유도성 영역에서 동작할 때 안정한 주파수 가변이 가능하다.

해설

압전기 현상을 이용한 수정 진동자는 $f_p - f_s$의 좁은 유도성 영역에서 동작할 때 매우 안정한 공진특성(높은 $Q \simeq 10^4$)을 가지며, 주파수의 가변은 불가하다.　　　　　㉯, ㉲

10 수정 발진기는 임피던스가 어떤 조건일 때 가장 안정된 발진을 하는가?

㉮ 저항성   ㉯ 용량성   ㉰ 유도성   ㉱ 공진성

> **해설**
>
> 수정은 유도성 특성을 갖는 매우 좁은 영역에서 매우 안정된 공진특성을 나타내는 유도성 소자이다.   ㉰

11 수정 발진기의 직렬 공진 주파수를 f_s, 병렬 공진 주파수를 f_p라 할 때, 안정된 발진을 하기 위한 동작 주파수 f의 범위로 가장 적합한 것은?

㉮ $f_s < f < f_p$ ㉯ $f_s > f$

㉰ $f_p < f < f_s$ ㉱ $f_p < f$

> **해설**
>
> 유도성 동작 영역은 $f_s < f < f_p$이다.   ㉮

12 RC 발진기의 설명으로 옳지 <u>않은</u> 것은?

㉮ LC 발진기에 비해 주파수 범위가 좁으며 대체로 1[MHz] 이하의 저주파용 발진기이다.

㉯ 이상형과 빈 브리지형으로 분류된다.

㉰ 이상형 발진회로의 입·출력 위상은 180°의 위상차를 갖는다.

㉱ 대개 C급으로 동작시켜 효율을 높인다.

㉲ C 및 R로서 정궤환에 의해 발진한다.

> **해설**
>
> RC 회로는 어떤 주파수의 신호를 선택(동조)하는 기능이 없으므로 왜곡이 극심한 C급 증폭기의 출력파형을 정형할 수 없다(주로 A급 사용).   ㉱

13 인가되는 역전압의 직류전압에 의해 커패시턴스가 가변되는 소자를 이용하여 발진 주파수를 가변하는 발진회로는?

㉮ 빈 브리지 발진회로   ㉯ 위상천이 발진회로

㉰ 전압제어 발진회로   ㉱ 비안정 멀티 바이브레이터

> **해설**
>
> 인가전압으로 발진회로의 발진 주파수를 제어하는 발진기를 전압제어 발진기(VCO)라고 한다.   ㉰

14 발진회로의 발진 주파수가 변동하는 요인으로 가장 적합하지 <u>않은</u> 것은?

㉮ 부하의 변동   ㉯ 주위 온도의 변화

㉰ 발진회로의 차폐   ㉱ 전원전압의 변동

> **해설**
>
> 발진 주파수의 주요 변동요인과 대책은 다음과 같다.
> - 온도 → 항온조
> - 전원전압 → 정전압 회로
> - 부하의 변동 → 버퍼(완충 증폭기)   ㉰

15 다음 회로에 대한 설명으로 옳지 <u>못한</u> 것은?

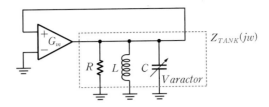

(단, 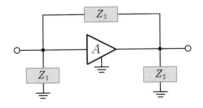 i_o 이고, $G_m = \dfrac{i_o}{v_{i1} - v_{i2}}$ 이다)

㉮ 전압 폴로워이며, 폐루프 전압이득은 $A_{vf} = -1$ 이다.

㉯ 동조형 발진회로로, 탱크회로의 공진 주파수가 발진주파수 $f_o = 1/2\pi\sqrt{LC}$ 가 된다.

㉰ 바렉터^{varactor}는 인가전압에 따라서 커패시턴스 값이 바뀌는 소자이며, 이 소자를 사용하면 이 회로를 전압제어 발진기(VCO)로 구현할 수 있다.

㉱ 점선 안의 회로에서 R값이 커질수록 회로의 Q 값은 커진다.

㉲ 발진이 지속되기 위한 정궤환 루프의 궤환비 $\beta = 1$ 이다.

㉳ $G_m Z_{TANK} = -1$ 일 때 발진 조건이 만족된다.

해설

- 전압 폴로워로서 루프 전압이득 $A_{vf} = 1$, 궤환비 $\beta = V_f/V_o = 1$ 이므로, 발진 조건 $\beta \cdot A_{vf} = 1$을 만족하는 동조형 발진회로이며, 병렬 공진 시 $Q = R/\omega L = \omega RC \propto R$에 비례한다.

- 가변용량 다이오드를 사용하면 VCO를 구현할 수 있으며, $G_m Z_{TANK} = i_o \cdot R/v_d = v_o/v_i = A_v = 1$ 이므로, $\beta A = 1$인 발진 조건이 만족된다. ㉮, ㉳

16 다음 회로에서 바크하우젠의 발진 조건 $\beta A = 1$이 되는 것으로 옳은 것은?
(단, $Z_1 = jX_1$, $Z_2 = jX_2$, $Z_3 = jX_3$ 이다.)

㉮ $X_1 < 0$, $X_2 < 0$, $X_3 < 0$ ㉯ $X_1 < 0$, $X_2 < 0$, $X_3 > 0$

㉰ $X_1 < 0$, $X_2 > 0$, $X_3 < 0$ ㉱ $X_1 > 0$, $X_2 < 0$, $X_3 < 0$

해설

Z_1과 Z_2는 동일 특성 소자이며, Z_3는 이들과 다른 리액턴스 특성의 소자를 사용하여 3소자형 LC 발진기를 구현한다. 본 회로는 콜피츠 발진기이다. ㉯

17 다음 회로에서 (a) 회로의 명칭과 발진 주파수, 그리고 (b) 발진지속을 위한 β, A_{vf}, g_m을 구하여라(단, $L = 5[\mu H]$, $C_1 = C_2 = 1[nF]$, $R = 1[k\Omega]$이고, TR의 내부용량, 입력저항은 무시한다).

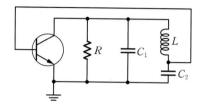

해설

(a) • 회로의 명칭 : 콜피츠 발진기
 • 발진 주파수 : $f_o = 1/2\pi \sqrt{LC_t} = 1/2\pi \sqrt{(5 \times 10^{-6} \times 0.5 \times 10^{-9})} \simeq 3.18[MHz]$
  (여기서, 합성용량 $C_t = C_1 \parallel C_2 = 0.5[nF] = 0.5 \times 10^{-9}[F]$)

(b) • 궤환비(감쇠비) : $\beta = V_f/V_o = I \cdot Z_2/I \cdot Z_1 = Z_2/Z_1 = (1/j\omega C_2)/(1/j\omega C_1) = C_1/C_2 = 1$
 • 전압이득 : 발진 조건 $\beta \cdot A_{vf} = 1$에서 $A_{vf} = 1/\beta = C_2/C_1 = 1$
 • 전달컨덕턴스 : $g_m = A_v/R = 1/1[k\Omega] = 1[mA/V]$ ($\because A_v = g_m \cdot R$)

18 다음 회로에서 (a) 회로의 명칭과 발진 주파수, 그리고 (b) 발진지속을 위한 β, A_{vf}, g_m을 구하여라(단, $C = 200[pF]$, $L_1 = 180[\mu H]$, $L_2 = 20[\mu H]$, $R = 1[k\Omega]$, 상호 인덕턴스 $M = 90[\mu H]$이고, L_1, L_2는 동일한 방향에서 유도결합을 하며, TR의 내부용량, 입력저항은 무시한다).

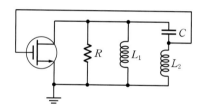

해설

(a) • 회로의 명칭 : 하틀리 발진기
 • 발진 주파수 : 합성 $L_t = L_1 + L_2 + 2M = 380[\mu H]$이므로,
$$f = \frac{1}{2\pi \sqrt{L_t C}} = \frac{1}{2\pi \sqrt{380 \times 10^{-6} \times 200 \times 10^{-12}}} = 577.6[kHz]$$

(b) • 궤환비(감쇠비) : $\beta = V_f/V_o = I \cdot Z_2/I \cdot Z_1 = Z_2/Z_1 = j\omega L_2/j\omega L_1 = L_2/L_1 = 1/9$
 • 발진 조건 : $\beta \cdot A_{vf} = 1$에서 $A_{vf} = 1/\beta = L_1/L_2 \geq 9$
 • 전달 컨덕턴스 : $A_{vf} = g_m \cdot R = 9$에서 $g_m = A_v/R = 9/1[k\Omega] = 0.9[mA/V]$

19 다음 발진기 회로의 명칭과 특징, 발진 주파수를 구하여라(단, $C_1 = 0.3[\mu\mathrm{F}]$, $C_2 = 0.1[\mu\mathrm{F}]$, $C_3 = 0.01[\mu\mathrm{F}]$, $L = 2[\mathrm{mH}]$이다).

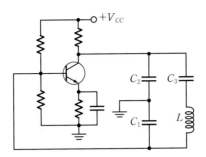

해설

- 회로의 명칭 : 클랩 발진기
- 발진 주파수 : $f \cong \dfrac{1}{2\pi\sqrt{LC_3}} = \dfrac{1}{2\pi\sqrt{2\times10^{-3}\times0.01\times10^{-6}}} = 35.6[\mathrm{kHz}]$
- TR의 접합(표류)용량이 C_1과 C_2에는 병렬이나 C_3에는 영향을 미치지 못하므로 콜피츠보다 주파수 안정성이 높다. 각 증폭기 [CS]에서 180° 위상변화 된 신호가 다른 증폭기의 입력에 정궤환으로 작용한다.

20 다음 회로가 발진하기 위한 R_1의 조건과 발진 주파수를 구하여라(단, M_1과 M_2는 동일특성이며, g_m은 M_1, M_2의 전달 컨덕턴스이며 채널길이 변조와 몸체효과는 무시한다).

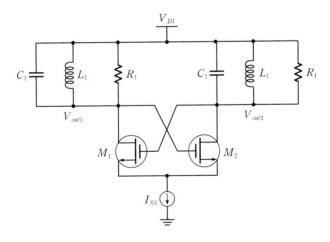

해설

- 교차결합 동조(병렬 LC 탱크)형 발진기로서, 공진 시 부하 임피던스는 실수 R_1이 된다. 이때 이득 $A_v = -g_m \cdot R_1$이고 궤환비 $\beta = V_G/V_o = 1$이므로, $\beta \cdot A \geq 1$인 발진 조건이 만족될 때 발진한다.
- $\beta \cdot A \geq 1$에서 $|-g_m \cdot R_1| \geq 1 \rightarrow R_1 \geq 1/g_m$이고, 발진(공진) 주파수는 $f_o = 1/2\pi\sqrt{L_1 C_1}$이다. 각 증폭기 [CS]에서 180° 위상변화된 신호가 다른 증폭기의 입력에 정궤환으로 작용한다.

21 다음의 RC 이상형 발진기의 발진 조건(R_f 조건)과 발진 주파수를 구하여라.

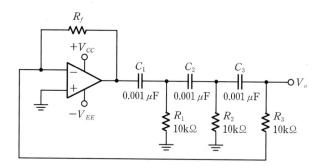

병렬 R형 이상형 발진 주파수 $f = \dfrac{1}{2\pi\sqrt{6}\,RC} = \dfrac{1}{2\pi\sqrt{6}\times 10^4 \times 0.001 \times 10^{-6}} = 6.5[\text{kHz}]$ 이다. 이때 이득 조건 $A_v \geq 29$이고, 이 회로는 반전 증폭기이므로 $A_v = -\dfrac{R_f}{R_3} = -\dfrac{R_f}{10\text{k}} \geq -29$에서 R_f를 구한다. 따라서 $R_f \geq 290[\text{k}\Omega]$일 때 발진한다.

22 다음 발진기의 발진 주파수와 발진을 지속시키기 위한 R_C 값을 구하여라(단, $R = 15[\text{k}\Omega]$, $C = 0.005[\mu\text{F}]$, $R_1 = 10[\text{k}\Omega]$, $R_2 = 1[\text{k}\Omega]$, $R_E = 1[\text{k}\Omega]$이다).

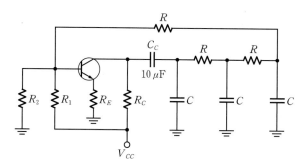

병렬 C형 이상형 발진기의 발진 주파수 $f = \dfrac{\sqrt{6}}{2\pi RC} = 5.2[\text{kHz}]$ 이다. 이득 조건 $A_v \geq 29$이고, 이 회로는 R_E를 갖는 [CE]형이므로 $A_v = -\dfrac{R_C}{R_E} \geq 29$에서 구한다. 따라서 $R_C \geq 29R_E = 29[\text{k}\Omega]$이다.

23 다음 발진기의 발진(이득)조건과 발진 주파수를 구하여라. [주관식] R, C의 주용도는?

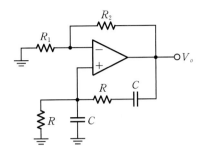

해설

빈 브릿지 RC 발진기의 발진 주파수 $f = \dfrac{1}{2\pi RC}$이다. 이득 조건 $A_v \geq 3$이고, 이 회로는 비반전 증폭기이므로 $A_v = \left(1 + \dfrac{R_2}{R_1}\right) \geq 3$에서 구한다. 따라서 $R_2 \geq 2R_1$일 때 발진한다.

[주관식] R, C에 의한 진상-지상 궤환회로이며, 위상천이가 0°되어 발진시킨다.

24 [연습문제 23]의 회로에 대한 설명으로 틀린 항목은?

㉮ 전압분배기 부궤환 루프와 진상-지상$^{\text{lead-lag}}$의 정궤환 루프로 구성되어 있다.

㉯ 발진하기 위해 정궤환 루프 위상변이는 0°이고, 루프이득은 $\beta \cdot A_f = 1$이어야 한다.

㉰ 정궤환 루프의 감쇠비 $\beta(= V_f / V_o)$는 1/3이다.

㉱ 발진을 위한 증폭기의 폐루프 이득 $A_f \geq 3$이며, $R_2 \geq 3R_1$을 만족해야 한다.

㉲ 발진주파수는 R, C와 관련이 있고, 회로의 이득은 R_1, R_2와 관련이 있다.

㉳ 시정수가 2배가 되면, 발진 주파수 ω_o는 $1/4\pi$배로 감소된다.

㉴ 부궤환 루프가 내장되어 있어, 주로 고효율의 C급 바이어스를 사용하여 저주파 대역의 안정성이 좋은 표준 발진기로 사용한다.

해설

- 발진하기 위한 위상조건으로는 위상천이 = 0°이다. 그리고 이득 조건으로는 폐루프 이득 $\beta \cdot A_f = 1$, 루프의 감쇠비 $\beta = 1/3$이다. 증폭기 루프이득 $A_f \geq 3 \rightarrow R_2 \geq 2R_1$(비반전 증폭)을 만족해야 한다.
- $\omega_o = 1/RC$에서 시정수 RC가 2배인 경우 ω_o는 1/2배로 감소한다.
- RC 발진기는 파형왜곡 시 파형조정용 LC 동조회로가 없어 C급 사용이 불가하다.(A급 사용) ㉱, ㉳, ㉴

25 [연습문제 23]의 회로에서 발진을 하기 위해 요구되는 저항 R_2값의 조건과 발진 주파수 f_o를 구하여라 (단, $R_1 = 1[\text{k}\Omega]$, $R = 10[\text{k}\Omega]$, $C = 10[\text{nF}]$이다).

해설

- 루프 전압이득 : $A_f = (1 + R_2/R_1) \geq 3 \rightarrow R_2 \geq 2R_1 = 2[\text{k}\Omega]$
- 발진 주파수 : $f_o = \dfrac{1}{2}\pi RC = \dfrac{1}{2} \times 3.14 \times 10^4 \times 10 \times 10^{-9} = \dfrac{10000}{6.28} \simeq 1.6[\text{kHz}]$

변 · 복조회로
Mod & Demodulation Circuit

통신은 음성, 영상 또는 데이터 등의 정보를 먼 거리에 전송하는 것으로, TV나 라디오 방송, 장거리 전화통신, 이동통신, 위성통신, 원격제어 및 측정시스템 등에 다양하게 응용되고 있다. 신호를 멀리 보내기 위해서는 정보를 고주파에 실어주는 변조, 그리고 그 반대로 정보를 되찾는 복조에 대한 통신이론을 이해해야 한다. 이 장에서는 아날로그 변 · 복조, 디지털 변 · 복조, 펄스(PCM) 변 · 복조회로의 구현 및 해석 등 통신 방식의 기초에 대해 학습한다.

아날로그 변·복조

이 절에서는 송신측에서 이루어지는 아날로그 변조의 정의, 변조의 필요성, 변조의 방식(AM, FM, PM)과 특성을 정리한다. 그리고 수신측에서 이루어지는 아날로그 복조에 대한 회로의 구현과 해석을 통해 아날로그 통신 방식의 기본 개념을 이해할 수 있도록 한다.

Keywords | **변조의 필요성** | **AM** | **FM** | **PM** | **변·복조회로** |

11.1.1 통신시스템의 구성

통신시스템의 구성요소는 [그림 11-1]과 같이 **송신기, 수신기, 전송채널**의 3가지로 나눌 수 있다. 송신측에서는 보내고자 하는 정보(음성, 영상, 데이터, 기호, 부호 등)를 고주파의 전자파에 실어서(변조) 진공, 공기, 전선, 광섬유 등의 매질로 이루어진 다양한 경로의 전송채널을 통해 보내고, 수신측에서는 고주파에 실려 온 정보를 추출(복조 또는 검파)하여 복원하게 된다. 이 과정을 가리켜 **변·복조 과정**이라고 한다.

[그림 11-1] 통신시스템 블록 다이어그램

[그림 11-1]은 음성 및 영상신호의 변·복조의 과정을 보여준다. 이 과정에서 다양한 용어가 쓰이는데, 다음 설명을 통해 주요 용어인 변조파^{modulatingwave}, 신호파^{signal}, 반송파^{carrier wave}, 피변조파^{modulated wave} 변조, 복조(검파) 등의 용어를 이해해보자.

음성은 마이크(전화기)를 통해 교류의 전기적인 신호(통상 $300 \sim 3.4\,[\mathrm{kHz}]$)로, 영상은 카메라(캠코더)를 통해 전기적인 신호($0 \sim 4\,[\mathrm{MHz}]$)로 변환된 정보의 신호를 **변조파(신호파)**라고 정의한다. 변조파는 고주파 신호인 **반송파**^{carrier}**(캐리어)**에 실리고(즉 변조되어), **피변조파**(변조가 완료된 고주파 신호)는 전송채널(매체)을 통해 멀리 전송된다. 전송된 피변조파는 전송채널 상에서 감쇠, 왜곡, 간섭, 잡음 등의 장애현상을 거친 후 수신기로 들어간다. 그런 다음 피변조파 내의 변조파(신호파)를 추출(**복조**^{demodulation} **또는 검파**^{detection})하여 스피커(전화기)나 캠코더에 음성이나 영상의 정보를 출력하게 된다.

변조의 정의와 필요성(목적)

변조modulation는 정보를 담은 신호를 고주파인 반송파에 싣는 것을 말하며, 고주파수이므로 신호의 스펙트럼을 높은 쪽으로 천이시킨다. 이는 **신호를 해당 전송로의 특성**에 가장 적합하면서도 효율적인 방법으로 **변환시키는 기술**이라고 정의할 수 있다.

예를 들어, 음성 주파수 $f = 3[\text{kHz}]$인 신호를 변조하지 않고 전송한다고 하자. 이는 운동장에서 확성기를 사용한다면 가능할 수 있지만, 생각보다 멀리 보낼 수는 없다. 즉 $f = 3[\text{kHz}]$의 파장에 해당되는 길이의 안테나가 있어야 장거리 통신이 가능하다. $f = 3[\text{kHz}]$의 파장(λ)에 맞는 안테나 길이 $(l = \dfrac{\lambda}{4})$는 다음과 같이 구할 수 있다.

$$\lambda \equiv \frac{C(광속)}{f} = \frac{3 \times 10^8}{3 \times 10^3} = 100[\text{km}], \quad l = \frac{\lambda}{4} = 25[\text{km}]$$

이 식의 $25[\text{km}]$ 안테나는 구현할 수 없으므로 저주파 신호는 멀리 전송할 수 없게 된다. 그래서 $100[\text{MHz}]$ 대역을 사용하는 FM 방송이나 $850[\text{MHz}]$, $2.3[\text{GHz}]$를 쓰는 셀룰러 이동전화 등에서는 고주파를 사용하여 변조하므로 소형 안테나를 만들 수 있다.

이와 같이 고주파 회로들에서 부품 크기가 소형화되면 **소비전력이 작아지기 때문에 효과**를 얻는다. 그리고 주파수가 높아질수록 송신 안테나의 **회절각(빔폭 : $\theta \propto \dfrac{\lambda}{D}$)이 작아져서** 안테나 복사패턴의 빔beam이 날카로워지므로 주변에서 유입되는 **잡음이나 간섭의 영향을 덜 받고**, 에너지(전계강도)의 집중도가 높아져 원하는 방향으로 멀리 갈 수 있다. 또한 FM 방송채널처럼 $f_1 = 89.1[\text{MHz}]$, $f_2 = 91.9[\text{MHz}]$, $\cdots$, $f_n = 107.7[\text{MHz}]$ 등 서로 다른 고주파 신호로 변조함으로써 **주파수 분할 다중통신(FDM)**Frequency Division Multiplexing을 구현하여 여러 통신채널을 사용할 수 있으므로 전파자원을 효율적으로 활용할 수 있게 된다. 변조의 특징과 장점을 간단히 정리하면 다음과 같다.

❶ 장거리 통신 수행(복사 용이)을 위해 필요하다.
❷ 안테나의 크기를 소형화할 수 있다.
❸ 다중 통신(FDM)을 수행할 수 있다.
❹ 잡음 및 간섭을 억제하여 S/N비를 개선할 수 있다.
❺ 전송 과정의 손실을 보상할 수 있다(중계장치 등).
❻ 전송신호를 전송매체에 매칭(정합)하기 쉽다.
❼ 회로소자의 단순화, 시스템 소형화를 실현할 수 있다.

11.1.2 진폭 변조 통신 방식

진폭 변조(AM) Amplitude Modulation는 신호파의 크기에 비례하여 **반송파의 진폭을 변화**시키는 방식으로, 단파대 이하의 통신&방송에 주로 쓰인다. 진폭이 변하는 정도를 **변조도**라고 하며, 다음과 같이 나타낸다.

$$m_a = \frac{E_s}{E_c} \tag{11.1}$$

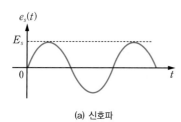

(a) 신호파

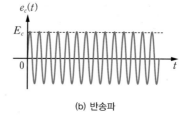

(b) 반송파

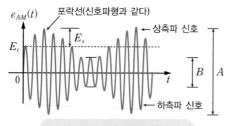

- 변조도 $m_a = \dfrac{E_s}{E_c} = \dfrac{A-B}{A+B}$
- E_c : 반송파 전압, E_s : 신호파 전압

(c) 피변조파

- 과변조 : 왜곡으로 다수의 고조파 발생
  → 대역폭 증대(통신방해)

(d) 과변조($m > 1$)

[그림 11-2] AM파의 파형

반송파 전송 양측파대 통신 방식

- $e_c(t) = E_c \sin \omega_c t$ $(\omega_c = 2\pi f_c,\ f_c$는 반송파 주파수$)$
- $e_s(t) = E_s \cos \omega_s t$ $(\omega_s = 2\pi f_s,\ f_s$는 신호파 주파수$)$

AM 피변조파는 반송파 진폭 E_c에 정보 $e_s(t)$를 실어 보낸다.

$$e_{AM}(t) = (E_c + e_s(t))\sin\omega_c t = (E_c + E_s\cos\omega_s t)\sin\omega_c t = E_c(1 + \frac{E_s}{E_c}\cos\omega_s t)\sin\omega_c t$$

$$e_{AM}(t) = E_c(1 + m_a\cos\omega_s t)\sin\omega_c t \tag{11.2}$$

■ AM 피변조파의 스펙트럼과 대역폭(BW)

AM파는 반송파와 진폭이 $\dfrac{E_c m_a}{2}$ 이고, 반송파 주파수보다 신호 주파수 만큼 높은 $(f_c + f_s)$인 상측파대(USB)$^{\text{Upper Side Band}}$ 신호와 반송 주파수보다 신호 주파수 만큼 낮은 $(f_c - f_s)$인 하측파대(LSB) $^{\text{Lower Side Band}}$ 신호로 구성된다. 이를 **양측파대**(DSB−LC$^{\text{Double Side band Large Carrier}}$) **통신방식**이라고 한다. 보통 AM은 이 방식을 말하며, AM 방송에 주로 사용된다.

$$\begin{aligned}
e_{AM}(t) &= E_c(1 + m_a\cos\omega_s t)\sin\omega_c t = E_c\sin\omega_c t + E_c m_a \sin\omega_c t\cos\omega_s t \\
&= E_c\sin\omega_c t + \frac{E_c m_a}{2}\sin(\omega_c + \omega_s)t + \frac{E_c m_a}{2}\sin(\omega_c - \omega_s)t \\
&= E_c\sin\omega_c t + \frac{E_c m_a}{2}\sin 2\pi(f_c + f_s)t + \frac{E_c m_a}{2}\sin 2\pi(f_c - f_s)t
\end{aligned} \tag{11.3}$$

(반송파)   (상측파대 USB)   (하측파대 LSB)

AM(DSB)의 점유 주파수 대역폭 $BW^{\text{Band Width}}$는 정보가 실리는 주파수 폭으로서 하측파대 하한 주파수에서 상측파대 상한 주파수까지의 폭으로 정의한다.

$$BW = (f_c + f_s) - (f_e - f_s) = 2f_s \tag{11.4}$$

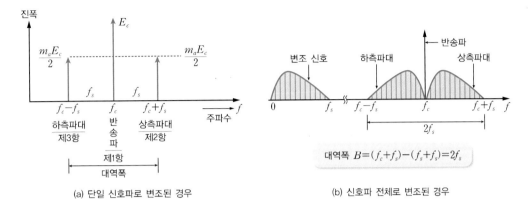

[그림 11-3] AM파의 주파수 스펙트럼

■ AM 피변조파의 해석

❶ AM 피변조 평균전력 P_m (교류전력은 실효값)

$$P_m = P_C + P_U + P_L = P_C\left(1 + \frac{m_a^2}{2}\right) \ (m_a : \text{변조도}, \ R_a : \text{안테나 복사저항}) \tag{11.5}$$

반송파 전력 $P_C = \left(\dfrac{E_c}{\sqrt{2}}\right)^2 \cdot \dfrac{1}{R_a} = \dfrac{E_c^2}{2R_a}$ (실효값은 $\dfrac{E_c(\text{최대값})}{\sqrt{2}}$)

측파대 전력 $P_U = P_L = \left(\dfrac{E_c \cdot m_a}{2\sqrt{2}}\right)^2 \cdot \dfrac{1}{R_a} = \dfrac{E_c^2 \cdot m_a^2}{8R_a} = \dfrac{m_a^2}{4} \cdot P_C$

❷ 각 전력 성분비 : $P_C : P_U : P_L = 1 : \dfrac{m_a^2}{4} : \dfrac{m_a^2}{4}$ \hfill (11.6)

❸ 피변조파 전류 I_{rms}

$$P_m = P_C\left(1 + \frac{m_a^2}{2}\right)$$

$$\left(\frac{I_m}{\sqrt{2}}\right)^2 \cdot R_a = \left(\frac{I_c}{\sqrt{2}}\right)^2 \cdot R_a \cdot \left(1 + \frac{m_a^2}{2}\right)$$

$$I_m = I_c\sqrt{1 + \frac{m_a^2}{2}} \ , \ I_{rms} = \frac{I_c}{\sqrt{2}} \cdot \sqrt{1 + \frac{m_a^2}{2}} \ (\text{실효값 전류}) \tag{11.7}$$

❹ 변조도 : $m_a = \dfrac{E_s}{E_c} = \dfrac{A-B}{A+B} = \sqrt{2(P_m/P_c - 1)} = \sqrt{2\left[(I_m/I_c)^2 - 1\right]}$ % $\hspace{2cm}$ (11.8)

❺ 점유 대역폭 : $BW = 2f_s$ $\hspace{6cm}$ (11.9)

❻ 전송 효율 $\eta = \dfrac{\text{측파대 전력}}{\text{공급전력}} = \dfrac{P_C(m^2/2)}{P_C(1+m^2/2)} = \dfrac{m^2}{2+m^2}$ $\hspace{2cm}$ (11.10)

변조도 $m_a = 1$일 때 최대 효율은 $1/3 = 33.3\,[\%]$에 불과한데, 그 이유는 반송파의 전력소모가 크기 때문이다. 결국 AM은 전체 송신전력 중 1/3만이 신호전송에 사용되는 셈이다. 하지만 반송파의 크기가 커서 수신기의 동조회로와 복조 회로 구성, 즉 검파(복조)가 용이하다는 장점이 있고, 송·수신 장치가 간단하고 저렴하다는 특징이 있다.

[그림 11-3(b)]의 AM파의 주파수 스펙트럼에서 볼 수 있듯이, 정보신호는 하측파대나 상측파대 모두에 포함되어 있다. 한편, 둘 중 어느 한쪽만 전송되는 **단측파대(SSB) 통신**으로도 정보를 전달할 수 있는데, 이 경우에는 어느 한쪽 측파대 전력($P_C \cdot \dfrac{m^2}{4}$)만 소요된다.

예제 11-1

AM 피변조파의 전압이 $e_{AM}(t) = (10 + 4\sin 2\pi \times 400t) \cdot \sin 2\pi \times 10^6 t$ [V]일 때 (a) 변조도, (b) 반송파 전력 및 전체 평균전력, (c) 각 전력의 비율, (d) 대역폭, (e) 전송 효율, 그리고 (f) 상·하측파의 주파수를 구하여라(단, 부하 안테나 복사저항 $R_a = 1\,[\Omega]$이다).

풀이

(a) 변조도 : $m_a = \dfrac{E_s}{E_c} = \dfrac{4}{10} \times 100\,[\%] = 40\,[\%]$

(b) 반송파 전력 : $P_C = \dfrac{(E_c/\sqrt{2})^2}{R_a} = \dfrac{E_c^2}{2R_a} = \dfrac{10^2}{2 \times 1} = 50[\text{W}]$

$\quad$ 전체 평균전력 : $P_m = P_C\left(1 + \dfrac{m_a^2}{2}\right) = 50\left(1 + \dfrac{0.4^2}{2}\right) = 54[\text{W}]$

(c) 전력의 비율 : $1 : \dfrac{m^2}{4} : \dfrac{m^2}{4} = 1 : \dfrac{(0.4)^2}{4} : \dfrac{(0.4)^2}{4} = 1 : 0.04 : 0.04$

(d) 대역폭 : $BW = 2f_s = 2 \times 400[\text{Hz}] = 800\,[\text{Hz}]$

(e) 전송 효율 : $\eta = \dfrac{P_C \dfrac{m^2}{2}}{P_m} = \dfrac{m^2}{2+m^2} = \dfrac{(0.4)^2}{2+(0.4)^2} = 7.4\,[\%]$

(f) 상측파 주파수 : $f_c + f_s = (10^6 + 400)[\text{Hz}]$, 하측파 주파수 : $f_c - f_s = (10^6 - 400)[\text{Hz}]$

■ AM 변조 및 복조회로

AM 변조는 **곱셈기 회로**나 다이오드, 트랜지스터의 **비선형 특성(내부의 곱셈 기능)**을 이용하여 구현할 수 있다.

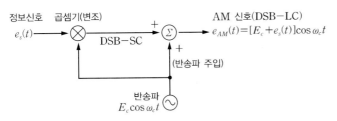

[그림 11-4] AM파의 기본 구성도

❶ AM 컬렉터 변조회로

[그림 11-5]는 컬렉터 변조회로를 보여준다. 반송파는 베이스에 인가해 C급 전력증폭시키고, 신호파는 변조기에서 크게 증폭시킨 후 TR의 컬렉터에 주입시키는 **고전력 AM 변조회로**가 구현된다. 이 회로는 직선성이 매우 좋고, 효율이 높아 대전력 송신기에 사용된다.

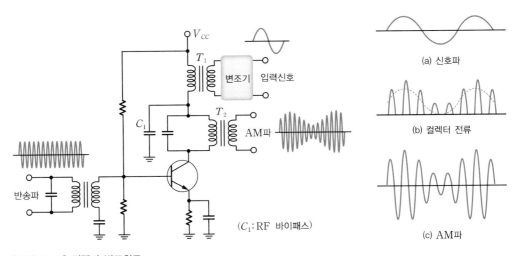

[그림 11-5] 컬렉터 변조회로

❷ AM 다이오드(직선) 복조(검파) 회로

AM 피변조파를 입력시켜 다이오드에서 반파 정류시킨 후(평균값 존재), 콘덴서의 충·방전 동작에 의해 포락선의 **신호파를 복조(검파)**한다. 이때 시정수($\tau = RC$)를 너무 크게 하면 [그림 11-6(b)]와 같이 클리핑 왜곡이 발생한다.

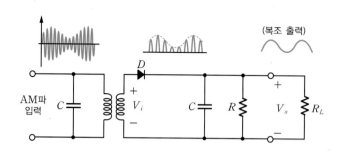
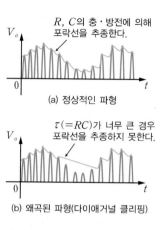

(a) 정상적인 파형

(b) 왜곡된 파형(다이애거널 클리핑)

[그림 11-6] AM 검파회로

단측파대 통신 방식

단측파대(SSB)^{Single Side Band} 통신 방식은 상측파대나 하측파대 어느 한쪽만을 전송하는 방식이다. 대역폭을 절반으로 절약하여 주파수 효율을 높이며, **소전력을 사용하는 양질(S/N 향상)의 통신 방식이다.**

■ SSB 변조회로

SSB 변조기에는 두 가지 종류가 있다. 다이오드(TR, FET) 2개를 사용한 [그림 11-7(a)]의 **평형 변조기(BM)**^{balanced modulator}는 반송파 억압된 양측파대(DSB-SC) 신호를 만들고, 대역통과 필터(BPF)를 사용해서 어느 한쪽의 측파대를 뽑아내는 **필터법**이다. 그러나 이런 예리한 차단특성을 갖는 이상적인 측파대 필터를 설계하는 데는 어려움이 많다. 따라서 수학적으로 동일한 결과를 낼 수 있도록 신호파와 반송파의 위상 특성만 각각 90° 만큼 천이시켜 구현하는 방식이 있는데, 이를 **위상천이**^{phase shift} **방식**이라고 하며, 주로 사용한다. 이 **위상천이**^{phase shift} **방식**(힐버트 변환 방식)은 [그림 11-7(b)]로 구현한다. 위 2가지 방법을 절충한 **웨버**^{Weaver}**법**은 구성이 너무 복잡하여 실용적이지 못하다.

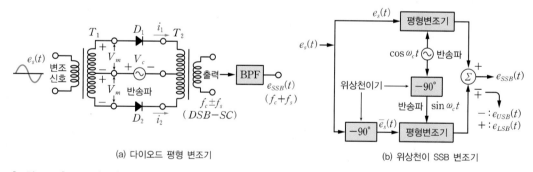

[그림 11-7] SSB 변조기

■ SSB 복조회로

SSB 복조기의 경우, SSB 피변조파에는 반송파가 없으므로(no-carrier) 송신측에 사용했던 반송파와 동일한 **복조용 동기 반송파**를 국부 발진기로 발생시켜 곱하여 정보신호를 복조하는 **동기 복조(검파)**

방식을 사용한다. 이때 주파수의 오차나 위상 오차가 있으면 왜곡이 발생하므로 주파수 오차를 조정하는 **동기 조정**speech clarifier **회로**도 필요하다. 따라서 SSB 복조기는, 수신기 쪽의 검파가 어렵고 복잡하다는 사실을 기억하자.

[그림 11-8]은 SSB 동기 복조기를 나타낸 것이다.

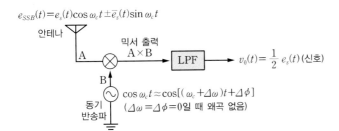

[그림 11-8] SSB의 동기 복조(검파)

SSB 피변조파 $e_{SSB}(t)$를 안테나로 수신하여 동기 반송파($\cos \omega_c t$)와 곱하여 아래와 같이 출력되는 3개의 항 중에서, 저주파인 정보신호파 $e_s(t)$만 LPF로 추출하여 복조한다.

$$e_{SSB}(t) \cdot \cos \omega_c t = \frac{1}{2} e_s(t) + \underbrace{\frac{1}{2}[e_s(t) \cos 2\omega_c t \mp \overline{e_s(t)} \sin 2\omega_c t]}_{\text{LPF로 제거됨}} = \frac{1}{2} e_s(t) \qquad (11.11)$$

■ SSB와 AM(DSB-LC)과의 특성 비교

❶ 전력 : SSB의 평균전력과 피크전력(=첨두전력)은 크기가 같다($P_{SSB} = P_C \dfrac{m^2}{4}$).

　• AM과 평균전력의 비 : $\dfrac{P_C(m^2/4)}{P_C(1+m^2/2)} = \dfrac{1}{6}$ 배 : $m = 1$일 때 (소비전력이 작다)

　• AM과 피크전력의 비 : $\dfrac{P_C(m^2/4)}{P_C} = \dfrac{1}{4}$ 배 : $m = 1$일 때 (소비전력이 작다)

❷ 신호 대 잡음비(S/N 비) : SSB는 대역폭이 $\dfrac{1}{2}$ 이고, 선택성 페이딩 영향이 $\dfrac{1}{2}$, 신호전력은 3배(평균전력으로 비교할 때)의 조건을 가지므로 S/N 비가 $2 \times 2 \times 3 = 12$ 배($10 \log 12 = 10.8 [\text{dB}]$) 높다.

❸ 동기검파(비화성 유지) : 반송파를 모르면 일반적인 AM 수신기로는 복조가 불가하므로 비화성 통신이 가능하다.

❹ 단점 : 송신기 구성, 수신기 구성이 복잡하고, 발진 주파수의 안정을 요구한다. 그리고 반송파가 없으므로 페이딩 현상에 대한 AGC(자동이득조절)를 걸기가 곤란하다.

잔류측파대 통신 방식

잔류측파대(VSB) Vestigial Side Band **통신 방식**은 [그림 11-9]에서 보는 것처럼 한쪽 측파대의 대부분과 다른 쪽 측파대의 일부를 송신하는데, 이렇게 하면 직류성분에 가까운 저주파 신호를 보호할 수 있다.

TV의 영상신호를 변조할 때 주로 사용된다. VSB의 대역폭은 SSB에 비해 약 1.25배 정도가 되게 하며, DSB-LC와 SSB의 장점을 절충한 특성을 갖는다. 반송파가 존재하므로 동기 및 비동기 복조 모두 가능하다.

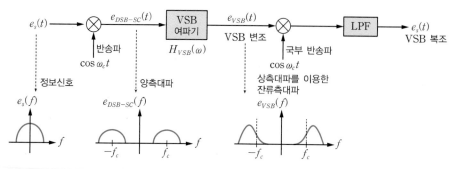

[그림 11-9] VSB의 변조와 복조

예제 11-2

첨두전력이 $100[\text{W}]$인 SSB 송신기가 있다고 할 때, 다음에 주어진 문제를 풀어라.

(a) AM 송신기로 이것과 동일한 측파대 전력을 얻으려면 반송파 전력은 얼마나 필요할까?
  (단, 변조도는 $100[\%]$)

(b) 무변조 시, 이 SSB 송신기의 공급(소비)전력은 얼마인가?

풀이

(a) SSB의 첨두(평균) 전력이 $P_{SSB} = P_C \dfrac{m^2}{4} = 100[\text{W}]$일 때, 반송파 전력 $P_C = 400[\text{W}]$이다. 이와 동일한 통신효과를 위해서는 AM 송신기의 반송파 전력은 $400[\text{W}]$가 되어야 한다.

(b) 무변조($m = 0$)일 때, SSB 송신기의 소비전력은 $0[\text{W}]$이다.

11.1.3 각도 변조 통신 방식

주파수 변조(FM)$^{\text{Frequency Modulation}}$는 변조파를 반송파의 주파수에 실어 **반송파의 주파수를 변화**시키는 방식이며, **위상 변조(PM)**$^{\text{Phase Modulation}}$는 변조파를 반송파의 위상에 실어 **반송파의 위상을 변화**시키는 방식이다. 반송파의 위상변화는 주파수 변화를, 주파수 변화는 위상변화를 초래하는 불가분의 관계가 있어 본질적으로는 동일하다. FM과 PM을 **각도 변조**$^{\text{angle modulation}}$라고 한다.

$$\omega(2\pi f) = \frac{d\theta}{dt}, \quad \theta = \int \omega \cdot dt \quad \text{(주파수와 위상 관계)} \tag{11.12}$$

[그림 11-10(b)]는 신호 $e_s(t)$의 크기에 비례하여 FM 신호의 주파수가 높고 낮게 변하는데, 이를 **최대 주파수 편이** Δf라고 한다. [그림 11-10(c)]는 신호 $e_s(t)$의 크기에 비례하여 PM 신호의 위상이 빠르고 느리게 변하는데, 이를 **최대 위상편이** $\Delta \theta$라고 한다. 이와 같은 변조를 FM과 PM 변조라고 한다.

$$\text{최대 주파수 편이} : \Delta f = K_f \cdot e_s(t) = K_f \cdot E_s \cos \omega_s t \qquad (11.13)$$

$$\text{최대 위상편이} \quad : \Delta \theta = K_p \cdot e_s(t) = K_p \cdot E_s \cos \omega_s t \qquad (11.14)$$

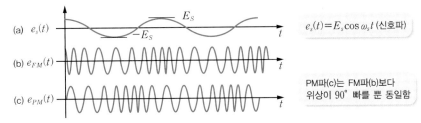

[그림 11-10] FM 신호와 PM 신호의 파형

FM파 해석

반송파와 신호파의 순시값은 다음과 같다.

- $e_c(t) = E_c \sin \omega_c t \ (\omega_c = 2\pi f_c, \ f_c$는 반송파 주파수)
- $e_s(t) = E_s \cos \omega_s t \ (\omega_s = 2\pi f_s, \ f_s$는 신호파 주파수)

신호파를 반송파의 주파수에 실었을 때 주파수의 변화 ω_{FM}과 위상의 변화 θ_{FM}는 다음과 같다.

$$
\begin{aligned}
\omega_{FM} &= \omega_c + k_f \cdot e_s(t) \\
&= \omega_c + k_f \cdot E_s \cos \omega_s t \\
&= \omega_c + \Delta \omega \cos \omega_s t \qquad (11.15) \\
&(\Delta \omega = k_f \cdot E_s) \\
&(\Delta f = k_f{}' \cdot E_s)
\end{aligned}
$$

$$
\begin{aligned}
\theta_{FM} &= \int_o^t \omega_{FM} \cdot dt \ : \text{식 (11.12)참고} \\
&= \omega_c t + \frac{k_f \cdot E_s}{\omega_s} \cdot \sin \omega_s t \\
&= \omega_c t + \frac{\Delta \omega}{\omega_s} \cdot \sin \omega_s t \\
&= \omega_c t + \underline{\frac{\Delta f}{f_s}} \cdot \sin \omega_s t \qquad (11.16) \\
&\qquad\qquad \hookrightarrow m_f : \text{FM 변조지수}
\end{aligned}
$$

FM 피변조파 $e_{FM}(t)$는 반송파 $e_c(t)$의 위상에 θ_{FM}을 쓰면 다음으로 나타낼 수 있다.

$$e_{FM} = E_c \sin \left(\omega_c t + \frac{\Delta f}{f_s} \sin \omega_s t \right) \qquad (11.17)$$

$$e_{FM} = E_c \sin (\omega_c t + m_f \sin \omega_s t) \qquad (11.18)$$

식 (11.18)은 신호파를 적분한 값으로 PM시켜 **FM파(간접, 등가 FM)**가 됨을 보여주고 있다.

$$m_f = \frac{\Delta f}{f_s}, \quad \Delta f = k_f \cdot E_s, \quad BW = 2(f_s + \Delta f) = 2f_s(1 + m_f)$$

- m_f : FM 변조지수
- Δf : 최대 주파수 편이
- k_f : 주파수 감도 계수
- BW : 점유 대역폭

여기서 FM의 변조지수 $m_f = \dfrac{\Delta\omega}{\omega_s} = \dfrac{\Delta f}{f_s}$ 는 반송파의 주파수가 정보신호에 의해 변화된 주파수 편이의 정도를 나타내며, 상업용 FM 방송에서는 최대 주파수 편이량 Δf 가 $\pm 75[\text{kHz}]$ 내로 규정되어 있고, 이 정격치를 초과하지 않도록 송신기에 **순시 주파수 편이 제어(IDC)** 회로를 달아 과변조되는 것을 막는다. 특히 변조지수 m_f 가 0.5 이하인 경우를 **협대역 FM(NBFM)** 이라고 하는데, 이는 AM과 대역폭이 같으므로 음질은 다소 떨어져도 다수 채널의 차량 음성통신에 사용되고 있다. 변조지수 m_f 가 0.5를 초과하는 경우를 **광대역 FM(WBFM)** 이라고 한다. 전파법에서는 각도 변조의 점유 대역폭 B가 무수히 많은 측파대로 구성되어 있어 이론적으로는 무한대이다. 하지만 전 에너지의 99[%]를 포함하는 측파대까지로 정하여(**Carson의 법칙**) $B = 2(f_s + \Delta f)$ 를 사용하고 있으며, BW 가 넓을수록 원 신호에 가깝게 신호를 재생할 수 있다.

PM파 해석

반송파와 신호파의 순시값은 다음과 같다.

- $e_c(t) = E_c \sin\omega_c t$ ($\omega_c = 2\pi f_c$, f_c는 반송파 주파수)
- $e_s(t) = E_s \sin\omega_s t$ ($\omega_s = 2\pi f_s$, f_s는 신호파 주파수)

신호파를 반송파의 위상에 실었을 때 위상의 변화 θ_{PM}와 주파수의 변화 ω_{PM}은 다음과 같다.

$$
\begin{aligned}
\theta_{PM} &= \omega_c t + k_p \cdot e_s(t) \\
&= \omega_c t + k_p \cdot E_s \sin\omega_s t \\
&= \omega_c t + \Delta\theta \sin\omega_s t \qquad (11.19) \\
&\underset{\;\;\;\;\;\;\;\;\;\;\;\hookrightarrow\; m_p : \text{FM 변조지수}}{(\Delta\theta = m_p = k_p \cdot E_s)}
\end{aligned}
$$

$$
\begin{aligned}
\omega_{PM} &= \frac{d}{dt}(\theta_{PM}) : \text{식 (11.12)에서} \\
&= \frac{d}{dt}(\omega_c t + m_p \sin\omega_s t) \\
&= \omega_c + m_p \omega_s \cos\omega_s t \qquad (11.20) \\
&\qquad\;\; \hookrightarrow \Delta\omega(= 2\pi\Delta f) \\
&(\Delta f = m_p \cdot f_s = k_p \cdot E_s \cdot f_s)
\end{aligned}
$$

PM 피변조파 e_{PM}은 다음과 같이 나타낼 수 있다.

$$
e_{PM} = E_c \sin(\omega_c t + m_p \sin\omega_s t) \tag{11.21}
$$

$$
m_p = \Delta\theta = k_p \cdot E_s \;,\quad \Delta f = k_p \cdot E_s \cdot f_s \;,\quad BW = 2(f_s + \Delta f)
$$

- m_p : PM 변조지수
- k_p : 위상감도 계수
- BW : 점유 대역폭
- $\Delta\theta$: 최대 위상편이
- Δf : 최대 주파수 편이

FM과 PM 관계(변조 특성)

[그림 11-11]에서 변조지수(m)와 Δf의 신호 주파수 f_s와의 관계를 보여주고 있다.

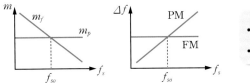

$$\bullet \text{ FM의 경우} : m_f = \frac{\Delta f}{f_s},\ \Delta f = k_f \cdot E_s$$
$$\bullet \text{ PM의 경우} : m_p = k_p \cdot E_s,\ \Delta f = k_p \cdot E_s \cdot f_s$$

[그림 11-11] m과 Δf의 f_s와의 관계

❶ FM과 PM의 차이점은 변조지수 m_f, m_p의 차이와 신호파 정의에서 $\cos \omega_s t$, $\sin \omega_s t$의 차이다(식 (11.18), (11.21) 참고). 신호파의 위상차가 $\frac{\pi}{2}$로 되어 있지만, 본질적인 문제는 아니므로 동일하다고 볼 수 있다.

❷ 최대 위상편이 $\Delta \theta$와 최대 주파수 편이 Δf는 모두 신호파의 진폭에 비례하지만, PM인 경우 Δf는 신호 주파수 f_s에도 비례한다.

❸ 변조지수 m_f는 신호 주파수 f_s에 반비례하지만, m_p는 f_s와 무관하다.

❹ 위의 변조 특성곡선에서 $f = f_{so}$에서는 $m_f = m_p$가 되므로 FM파와 PM파는 동일하게 된다.

❺ FM과 PM은 서로 유사하므로, 적당한 회로(**전치 보상회로**)를 통해 상호변환시킬 수 있다. 즉 **등가 (간접) 변조회로**이다.

(a) 간접 FM과 PM 변조

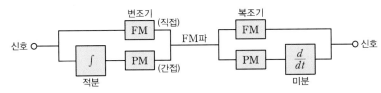

(b) FM 변·복조기 구성

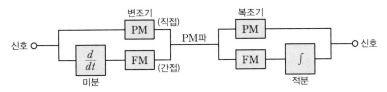

(c) PM 변·복조기 구성

[그림 11-12] FM과 PM의 관련 구성도

FM의 잡음 특성과 한계레벨

FM 방식에서 [그림 11-13]과 같이 Δf를 크게 하여 $\Delta f'$으로 하면 잡음전압 e_n 분포가 감소되어 S/N비가 개선된다. 이를 **광대역 개선**이라고 한다. FM은 신호의 주파수가 높을수록 잡음이 커지는 **삼각 잡음 특성**을 보상하는 방법으로 변·복조 시에 미분기와 적분기를 사용한다. 즉 변조 시에는 신호의 고역을 강조하는 **프리 엠파시스**pre-emphasis **회로**인 미분기(HPF)를, 복조 시에는 고역을 억압하여 원래의 주파수 특성으로 되돌리는 **디-엠파시스**de-emphasis **회로**인 적분기(LPF)를 조합함으로써 전 대역의 S/N비를 향상시킨다.

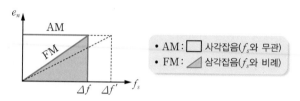

[그림 11-13] 잡음 특성

■ FM의 한계레벨

FM의 경우, 수신입력이 큰 경우는 S/N비가 AM보다 월등히 좋지만, 입력 C/N비가 한계레벨 Threshold-level($8 \sim 9[\text{dB}]$) 이하인 경우에는 S/N비가 급격히 열화되므로 전계강도(C/N비)가 **한계레벨** 이상인 강전계 통신에 사용되어야 한다.

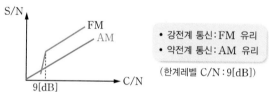

[그림 11-14] FM의 한계레벨

FM과 AM의 S/N비 비교

FM이 AM보다 변조지수에 따라 크게 향상됨을 보인다.

$$\frac{(S/N)_{FM}}{(S/N)_{AM}} = 3m_f{}^2 \quad \text{(S/N 전력비)}$$

$$\frac{(S/N)_{FM}}{(S/N)_{AM}} = \sqrt{3}\, m_f \quad \text{(S/N 전압비)}$$

(11.22)

FM 평균전력

FM 신호의 진폭은 항상 일정하므로, FM 신호의 전력은 변조되기 전 반송파의 전력과 같다(부하저항 $R_L = 1[\Omega]$: 정규화 전력). $e_{FM}(t) = E_c(\cos\omega_c t + m_f \sin\omega_s t)$에서 반송파의 전압(실효값)을 구하면 $\dfrac{E_c}{\sqrt{2}}$ 이다. 따라서 FM 신호의 평균전력은 다음과 같이 구할 수 있다.

$$P = \left(\frac{E_c}{\sqrt{2}}\right)^2 = \frac{1}{2}E_c{}^2 \tag{11.23}$$

FM 변조기 회로

전압제어 발진기(VCO)^{Voltage Controlled Oscillator}를 사용하는 **직접 FM 방식**은 정보신호로 반송파의 주파수를 직접 변화시키는 방식으로, 발진 주파수의 안정성이 매우 중요한 요건이 된다. 그림 11-15]는 바렉터^{varactor} 다이오드를 이용한 VCO인, 직접 FM 변조회로를 보여준다. 한편, 이들과 달리 구성은 다소 복잡하지만, 안정성이 우수한 **간접 FM 방식**도 많이 사용되고 있다.

■ 바렉터 다이오드를 이용한 직접 FM 변조회로

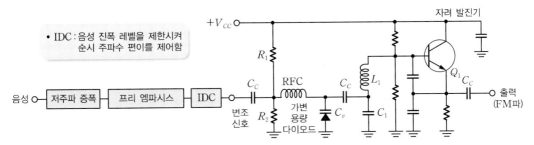

[그림 11-15] 직접 FM 변조회로

음성신호의 진폭레벨에 따라 가변용량 다이오드의 정전용량 ΔC_v가 가변되므로 Q_1이 구성하는 LC 발진기의 발진 주파수를 직접 가변시키므로 FM파가 발생한다. 회로로 구성된 **클랩 발진기**^{Clap Oscillator}의 발진 주파수가 FM파의 출력신호가 되며 다음과 같이 구해진다.

$$f = \frac{1}{2\pi\sqrt{L_1(C_1 \pm \Delta C_v)}} \tag{11.24}$$

■ PLL을 이용한 직접 FM 변조 및 복조회로

위상 고정 루프(PLL) ^{Phase locked loop} 회로에서 위상 검출기의 출력인 위상차($\pm\Delta\theta$)에 해당되는 $\pm$DC 오차 전압이 VCO에 입력되어 순시 출력 주파수를 조절하여 FM 신호를 발생시키는 **VOC의 출력**을 **직접 FM 변조기**로 사용할 수 있다. 반면, 복조 시에는 입력되는 FM파인 $e_{FM}(t)$가 반송파를 중심으로 주파수 편이를 갖는 형태의 신호로 들어와 위상 검출기와 LPF를 거치면서 발생된 **DC 오차 전압**을 **FM 복조(검파)**기의 출력으로 사용할 수 있다.

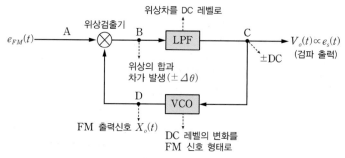

[그림 11-16] FM 변조 및 복조회로

FM 통신의 특징(AM과 비교)

FM 통신은 **외부 잡음, 페이딩, 간섭방해에 강한 변조 방식**으로, S/N비가 높고 원 신호가 충실하게 전달된다는 장점을 갖는다. 또한 C급 전력증폭과 저전력 변조 방식을 사용하므로 소비전력이 작아 전력효율이 우수하다는 특징을 갖는다. 그러나 주파수 대역폭이 증대되므로 **VHF 이상의 대역**에서만 쓸 수 있고 구성이 복잡하며, **약전계 통신**에서는 사용하기 어려운 단점이 있음에 유념하자.

예제 11-3

$100[\mathrm{MHz}]$의 반송파를, 최대 주파수 편이를 $60[\mathrm{kHz}]$로 하고 $10[\mathrm{kHz}]$의 신호파로 주파수 변조를 하였다. 이때 변조지수 m_f와 대역폭 BW를 구하여라.

풀이

- FM의 변조지수 : $m_f = \dfrac{\Delta f}{f_s} = \dfrac{60\mathrm{k}}{10\mathrm{k}} = 6$
- FM의 대역폭 : $BW = 2(f_s + \Delta f) = 2(10 + 60) = 140[\mathrm{kHz}]$

예제 11-4

다음에 주어진 FM 피변조파의 수식을 보고 FM 피변조파의 평균전력과 대역폭을 구하여라. 그리고 이 경우 S/N비는 AM의 몇 배 정도가 되는지 구하여라.

$$e_{FM}(t) = 10\cos(\omega_c t + 10\sin 2000\pi t) \ [\mathrm{V}]$$

풀이

- FM파 전력 : $P_m = \dfrac{1}{2} E_c^{\,2} = \dfrac{1}{2} \times 10^2 = 50[\mathrm{W}]$
- 대역폭 BW : $B = 2f_s(1 + m_f) = 2 \times 1\mathrm{k} \times 11 = 22[\mathrm{kHz}]$

  (여기서 $m_f = 10$, 변조신호의 주파수 $f_s = 1[\mathrm{kHz}]$)

- $\dfrac{(S/N)_{\mathrm{FM}}}{(S/N)_{\mathrm{AM}}} = 3m_f^{\,2} = 3 \times 10^2 = 300$배

디지털 변·복조

디지털화된 정보를 고주파인 전파에 실어주는 디지털 변조인 ASK, FSK, PSK, QAM 방식의 특징과 회로를 살펴보고, 이에 대한 동기 검파와 비동기 검파 등의 복조 방식을 학습한다. 디지털 통신에서 중요한 비트 에러율, 변조속도, 신호속도 및 전송 채널용량들의 파라미터에 대한 해석을 중심으로 디지털 변·복조의 기본 이론을 정리한다.

Keywords | ASK | FSK | PSK | QAM | 통신속도 | 채널용량 |

11.2.1 디지털 변·복조 통신 방식

0과 1로 구성된 디지털 신호에 대해 AM, FM, PM을 행하는 변조 방식을 진폭 편이 변조(ASK), 주파수 편이 변조(FSK), 위상편이 변조(PSK), 직교 진폭 변조(QAM 또는 APK)라고 한다.

ASK

진폭 편이 변조(ASK) Amplitude Shift Keying 는 디지털 신호인 0과 1에 따라 **반송파 진폭을 변화**시키는 변조 방식이다. 즉 반송파 신호를 on시키거나 off시키는 것으로 OOK on-off keying가 ASK 중 가장 기본적인 방식이며, 2진 ASK와 한 번에 n비트를 전송하는 다원변조인 M진 ASK($M = 2^n$: n은 정보비트, M은 전송 레벨 수)가 있다. ASK는 구성은 간단하지만 외부 간섭이나 잡음에 약해서 거의 사용하지 않는 편(보통 $300[\text{bps}]$)이다.

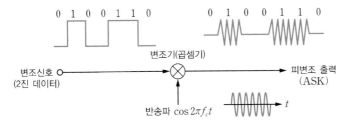

[그림 11-17] ASK의 구성도

■ ASK 복조(검파)

변조할 때 사용했던 동일한 동기 반송파를 발생시켜 수신된 신호파와 곱한 후(신호성분을 증가시키고, 동시에 잡음을 억압시켜서) 적분기(LPF)를 사용하여 기저대역 신호를 복원하는 **동기 검파(매칭필터)** matched filter 방식과 효율은 다소 낮아도 구성이 간단한 **비동기(포락선) 검파** 방식이 있다.

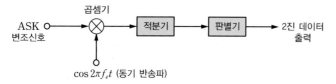

[그림 11-18] ASK의 동기 검파기(정합 필터)

FSK

주파수 편이 변조(FSK)[Frequency Shift Keying](는 디지털 신호 0과 1에 따라 서로 다른 2개의 **반송파 주파수**)
로 **변화**시키는 변조 방식이다.

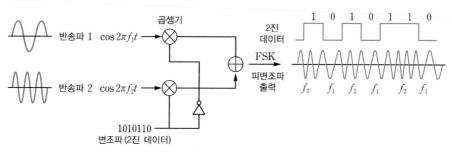

[그림 11-19] FSK의 구성도

FSK는 포락선이 일정하므로 **외부 잡음이나 간섭에 강해** ASK보다 비트오율이 작다는 장점이 있다.
그러나 전송 대역폭$(B = \Delta f + \dfrac{2}{T_b})$을 많이 차지하여 스펙트럼 효율이 떨어지므로 주로 2진 FSK의
저속 비동기식 모뎀(1200[bps])에 사용된다. (여기서 $\Delta f = f_2 - f_1$이다.)

■ CPFSK(연속 위상 FSK)

FSK 변조는 f_1과 다른 f_2 주파수로 변화시킬 때, 변화되는 지점에서 위상이 끊어지는 불연속성으로
인해 이 부분에서 측파대[side lobe](부엽)가 발생하여 대역폭이 증대된다. 이를 줄이기 위해 **2진 기저대
역 신호를 정현파로 부호화(필터링)**하고, 검파 시에 정보신호가 겹치지 않도록 최소 주파수 편이비를
0.5 정도가 되게 하는 **CPFSK**[Continuous Phase FSK]를 사용하는데, 이를 **MSK**[Minimum Shift Keying]라고 한다.
여기에 2진 정보신호를 가우시안[Gaussian] LPF로 샤프[sharp]하게 필터링하여 MSK에서의 넓은 주엽[main
lobe]을 좁혀주는 **GMSK** 변조는 유럽의 이동통신시스템 GSM의 표준으로 쓰이고 있다.

■ FSK 복조(검파)

ASK 복조와 동일한 포락선(비동기) 검파와 매칭필터(상관기, 동기 검파) 모두 사용할 수 있다.

[그림 11-20] 2개의 포락선 검파기를 사용하는 비동기 검파

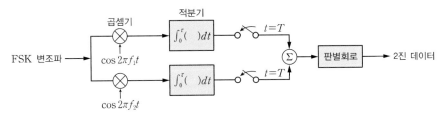

[그림 11-21] 매칭필터(상관기)를 사용하는 FSK 동기 검파

PSK

위상편이 변조(PSK)^{Frequency Shift Keying}는 디지털 신호 0과 1에 따라 **반송파의 위상을 변화**시키는 변조 방식이다. PSK 변조는 일정한 포락선(진폭)을 가지므로 전송로 등에 의한 레벨변동이 적으며 복조는 동기 검파를 행하므로 **심벌 에러가 우수하여 고정 통신망의 고속 전송 기술이나 위성 통신망** 등에 많이 사용된다.

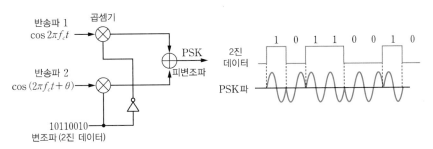

[그림 11-22] PSK의 구성도

PSK 방식은 크게 2PSK(BPSK), QPSK, 8PSK로 구분해 볼 수 있다. BPSK는 1비트 PSK 방식으로, 데이터가 0(또는 1)인 경우는 위상이 0°인 반송파를, 1(또는 0)인 경우는 위상이 180° 차이가 나는 반송파를 전송하는 방식이다. **M진 PSK는 n비트를 PSK로 보내는 방식**으로, 반송파 간의 위상차를 $\theta_d = \dfrac{2\pi}{M}$가 되게 하여 그 위상차 만큼씩 다른 반송파들을 전송하면 된다. (이때 $M = 2^n$으로, M은 진수, n은 한 번에 전송할 수 있는 비트 수를 의미한다.) 4PSK(QPSK)는 2비트, 8PSK에서는 3비트를 동시에 전송할 수 있기 때문에 비트율이 높아진다. 반면 QPSK의 점유 대역폭은 BPSK의 $\dfrac{1}{2}$이고, 8진 PSK의 점유 대역폭은 BPSK의 $\dfrac{1}{3}$이다. 그러나 진수를 증가시키면 잡음에 대한 부호오율이나 장치의 복잡성이 커지기 때문에 일반적으로 QPSK를 주로 사용한다.

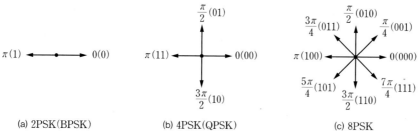

(a) 2PSK(BPSK) (b) 4PSK(QPSK) (c) 8PSK

[그림 11-23] PSK의 성상도

■ QPSK

4진 PSK(QPSK)^{Quadrature PSK}는 한 번에 2비트를 전송하는 PSK 방식으로서, 00, 01, 10, 11 형태의 2비트 각각에 대해 위상이 90°(즉 $\theta_d = \dfrac{2\pi}{4} = 90°$)씩 다른 반송파들을 보내면 된다. (ITU-T에서는 A방식(0°, 90°, 180°, 270°), B방식(45°, 135°, 225°, 315°)으로 권고한다.)

[그림 11-24(a)]의 QPSK는 한 번에 1비트를 전송하는 **BPSK 2개를 선형으로 합성**하면 얻을 수 있다. 입력 2진 데이터열은 직·병렬 변환기에 의해 코사인축과 사인축으로 분배되어 들어가며, 이는 동위상 채널(I채널)과 직교위상 채널(Q채널)로 나뉘어 진폭변조된 후 합성된다. 따라서 **주파수 스펙트럼 효율**($n = \log_2 4 = 2[\mathrm{bps/Hz}]$)이 2배로 증대되고 점유 주파수 대역폭은 1/2로 줄어든다. QPSK는 하나의 심벌이 2비트로 구성되어 있어 **심벌오율**은 2배 증가하나 2배의 비트를 전송하므로 **비트오율**은 BPSK와 같게 되어 효율적으로 응용되고 있다.

[그림 11-24(b)]의 QPSK 복조기는 원래 정보를 추출하기 위해 변조 때와 마찬가지로 동위상 반송파와 직교위상 반송파로 **각각 동기 검파**하여 병·직렬로 변환하면 2진 정보가 출력된다. 이때 QPSK의 반송파 전력은 $A_c{}^2$으로, BPSK의 반송파 전력($A_c{}^2/2$)의 2배가 된다. QPSK 변조 기술은 CDMA 시스템의 순방향 링크에 사용된다.

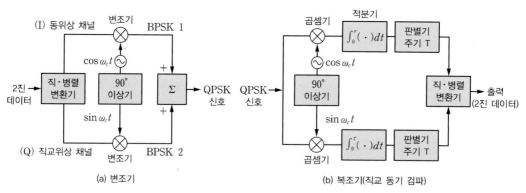

(a) 변조기 (b) 복조기(직교 동기 검파)

[그림 11-24] QPSK 변·복조기의 구성도

■ OQPSK

QPSK에서 어느 한 순간에 I채널과 Q채널의 2진 데이터가 00 → 11 또는 01 → 10으로 동시에 2비트가 변하면 반송파의 위상이 180°로 급격히 변동하여 PSK의 장점인 일정한 포락선을 유지할 수 없다(즉 진폭의 불연속점 발생). 위성통신과 같은 비선형 증폭기를 사용하는 경우에는 이로 인해 측파대 성분이 증대하여 인접채널에 영향을 미친다. 그래서 I 채널 혹은 Q채널 어느 한쪽에 $\frac{1}{2}T_s(=T_b)$만큼 시간지연^{offset}을 시켜 변조된 신호 간의 **최대 위상변화를 ±90° 이내로 제한**하는데, 이와 같은 방식을 OQPSK$^{\text{Offset QPSK}}$라고 한다.

■ DPSK

PSK의 복조(검파)는 동기 검파 방식을 사용하는데, 비동기 검파 방식보다 약 3[dB] 정도 S/N비가 개선되지만, 동기용 기준 반송파 생성회로가 필요하므로 회로가 복잡해진다. 이를 개선하기 위해 [그림 11-25(c)]에 보이는 것처럼 데이터가 '0'일 때는 이전과 비교해 위상을 180° 반전시키고, '1'일 때는 이전과 동일한 위상을 그대로 유지시키는 방법을 사용한다. 이와 같은 변조 방식을 **차동 PSK(DPSK)**$^{\text{Differential PSK}}$라고 하는데, 실제로 데이터 전송에 많이 쓰이고 있다.

반면, 복조(검파) 시에는 별도의 반송파 없이, 1구간(T초) 전위상과 비교하여 지금(후)의 위상이 동일한 위상이면 '1', 이전 위상과 180° 위상차가 있으면 '0'으로 **차동 위상 검파** 방식으로 복조한다. 특히 전후 신호구간 사이의 위상차가 정보에 대응하도록 송신측에서 먼저 차동 부호화$^{\text{differential encoding}}$를 수행한 후에 BPSK 변조를 행하면 DPSK가 이루어진다. DPSK의 S/N비는 비동기 ASK 및 비동기 FSK에 비해 3[dB] 만큼 크지만, BPSK, QPSK, MSK에 비해서는 1[dB] 만큼 작다.

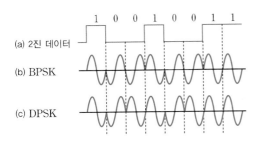

(a) 2진 데이터
(b) BPSK
(c) DPSK

[그림 11-25] BPSK와 DPSK의 비교

QAM

직교 진폭 변조(QAM)$^{\text{Quadrature Amplitude Modulation}}$는 디지털 신호 0과 1에 따라 **반송파의 진폭과 위상을 동시에 변화**시키는 변조 방식이다. APK$^{\text{Amplitude Phase Keying}}$ 방식의 한 종류로, ASK 방식이 갖는 협대역 특성과 PSK 방식이 갖는 비트오율 특성을 조합한 형태이다(QAM = ASK + PSK). QAM은 직·병렬 변환기로 2진 데이터 신호를 I채널(동상채널)과 Q채널(직교채널)로 나누고 90° 위상차를 갖는 직교 반송파를 ASK 변조시켜 서로 합성한 후 동일한 통신로에 송출시킴으로써 **비트 전송속도와 스펙트럼 효율을 2배로 향상**시킨 변조 방식이다. 이 방식은 높은 데이터 전송률, 대역폭의 효율적 사용, 낮은 오율, 복조의 용이성 등의 장점이 있어 현재 대부분의 데이터 통신과 무선통신에서 주로 사용되고 있다.

[그림 11-26]에 다양한 QAM 변조의 진폭과 위상도를 보여준다.

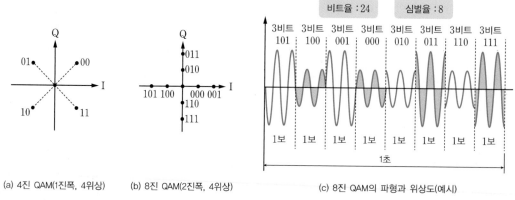

(a) 4진 QAM(1진폭, 4위상)   (b) 8진 QAM(2진폭, 4위상)   (c) 8진 QAM의 파형과 위상도(예시)

[그림 11-26] QAM의 진폭과 위상도

■ 16진 QAM 변조기의 구성도

16진 QAM은 직·병렬 변환기를 통해 2진 데이터 신호를 짝수 번째(2비트씩) I채널, 홀수 번째(2비트씩) Q채널로 분리한다. [그림 11-27(a)]를 보자. I_2, Q_2는 크기('1'은 $0.821[\mathrm{V}]$, '0'은 $0.22[\mathrm{V}]$)를 결정하여 진폭펄스를 형성하므로 ASK가 발생한다. 또한 I_1, Q_1은 극성('1'은 +, '0'은 −)을 결정하여 BPSK가 발생한다. 이 2개의 I, Q채널의 신호를 합성하여 16진 QAM 피변조파가 생성된다. [그림 11-27(b)]는 각 신호의 배치도를 보여준다.

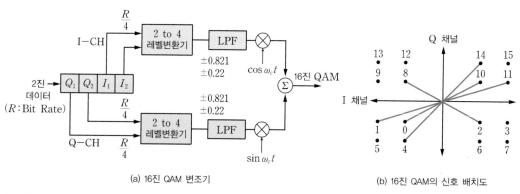

(a) 16진 QAM 변조기   (b) 16진 QAM의 신호 배치도

[그림 11-27] 16진 QAM 변조기와 신호 배치도

■ QAM 시스템의 특징

QAM 시스템의 주요 특징은 다음과 같다.

❶ QAM의 전송 대역폭은 $f_s = \dfrac{r_b}{2}$ 이다.

　(여기서 f_s는 심벌율$^{\text{simbol rate}}$, 보율$^{\text{baud rate}}$ 또는 전송 대역폭 B, r_b는 비트율$^{\text{bit rate}}$ [bps]이다.)

❷ QAM의 스펙트럼은 I채널과 Q채널의 베이스밴드 신호의 스펙트럼에 의해 결정된다.

❸ QAM 신호는 2개의 직교성 양측파대(DSB-SC) 신호를 선형적으로 합성한 것이다.

❹ QAM은 동일 수의 정보를 갖는 PSK의 전력 스펙트럼과 대역폭 효율이 일치한다.

❺ M진 QAM(또는 M진 PSK)의 대역폭 효율은 $\log_2 M$[bit/sec/Hz]이다. 예를 들면, 16진 QAM의 최대 전송 대역폭 효율 $n = 4$[bit/sec/Hz]이다.

❻ M진 QAM 시스템은 M진 PSK보다 신호점 간의 거리가 더 크므로 오율 면에서 다소 우수하다.

❼ QAM은 동기 검파(동기 직교 검파) 방식을 사용한다.

❽ QAM은 APK 변조 방식으로 중속(9600[bps]) 데이터 전송에 좋으며, 잡음과 위상변화에 우수하다는 특성이 있다.

11.2.2 통신속도와 채널용량

■ 전송 대역폭

전송에 필요한 대역폭(B)은 다음 식으로 구한다. 여기서 r_b는 비트율, n은 비트의 개수(대역폭 효율)인 $\log_2 M$[bps/Hz]를 뜻한다.

$$\text{전송 대역폭} = \text{신호 방식률} = \text{기호율} = \frac{1}{\text{기호 지속시간}} = \frac{r_b}{n} \text{ [Hz], [Baud]} \tag{11.25}$$

대역폭 효율(주파수 스펙트럼 효율)은 다음과 같은 식으로 구한다.

$$n = \log_2 M = \frac{\text{비트율}}{\text{전송 대역폭}} = \frac{r_b}{B} \text{ [bps/Hz]} \tag{11.26}$$

■ 변조속도

변조속도^{Baud}는 1초에 수행한 변조 횟수(심벌율, 부호율, 기호율)를 가리킨다.

$$B = \frac{1}{T} \text{ [Baud]} \quad (T\text{는 최단 펄스의 시간 길이}) \tag{11.27}$$

$$B = \frac{\text{데이터 신호속도 [bps]}}{\text{단위신호당 비트 수}} = \frac{S}{n} \text{ [Baud]} \tag{11.28}$$

■ 데이터 신호속도

1초 동안 전송할 수 있는 비트 수를 말하며, 다음 식으로 나타낸다.

$$S = \frac{n}{T} = n \times B \text{ [bps]} \tag{11.29}$$

■ 데이터 전송속도

데이터 회선을 통해 전송되는 문자^{character} 또는 블록^{block} 수를 말한다. 여기서 n은 한 문자를 구성하는 비트 수를 뜻한다.

$$L = \frac{B}{n} \ [문자/초] \ ([블록/초], \ [워드/초]) \tag{11.30}$$

■ 통신로(채널) 용량

❶ 샤논^{Shannon}의 용량 : 백색잡음(AWGN)이 존재하는 채널상태에서 전송 가능한 정보의 최대량을 나타낸다. 이때 B는 채널 대역폭, S/N은 신호 대 잡음의 전력비를 뜻한다.

$$통신용량 \ \ C = B\log_2(1 + S/N) \ [bps] \tag{11.31}$$

❷ 나이퀴스트^{Nyquist} 용량 : 무잡음 채널, 지연왜곡에 의한 ISI가 없는 조건에서, 전송 가능한 정보의 최대량을 나타낸다. 이때 B는 채널 대역폭, M은 진수를 뜻한다.

$$통신용량 \ \ C = 2B\log_2 M = 2B \cdot n \ [bps] \tag{11.32}$$

■ 오류확률(심벌오율)

어떠한 디지털 변조 방식을 사용하느냐에 따라 전송과정에서 오류가 발생할 확률이 달라지게 된다. 같은 진수인 경우에는 ASK보다는 FSK가, FSK보다는 DPSK가, DPSK보다는 PSK가, PSK보다는 QAM이 오류가 발생할 확률이 낮다. 또한 같은 변조 방식을 사용하는 경우에는 진수가 증가할수록 오류가 발생할 확률이 높아지는데, 이 경우 다음과 같은 식이 성립한다.

$$M진 \ 오류확률 = 2진 \ 오류확률 \times \log_2 M (= n) \tag{11.33}$$
$$M진 \ 에너지 = E_b \cdot \log_2 M = E_b \cdot n \tag{11.34}$$

여기서 E_b는 2진(기본) 1비트당 에너지를 뜻하며, 진수(M)가 증가할수록 에너지는 증가한다.

각 변조 방식에 따른 오류확률의 증감 변화를 정리하면 [표 11-1]과 같다.

[표 11-1] 디지털 변조 방식의 오류확률 변화

ASK	FSK	DPSK	PSK	QAM	
2진 ASK	2진 FSK	2진 DPSK	2진 PSK(BPSK)		감소
		4진 DPSK	4진 PSK(QPSK)	4진 QAM	↑
		8진 DPSK	8진 PSK	8진 QAM	오류확률
			16진 PSK	16진 QAM	↓
M진 ASK	M진 FSK	M진 DPSK	M진 PSK	M진 QAM	증가
증가	←	오류확률	→	감소	

■ 디지털 통신시스템의 성능 측정

아날로그 통신시스템에서는 성능을 측정할 때 S/N비를 많이 사용하지만, 디지털 통신시스템에서는 C/N비 또는 **비트 에러율(BER)**$^{\text{bit error rate}}$을 사용한다. 여기서 r_b는 데이터 전송율, B_o는 수신기의 잡음 대역폭([Hz]) N_o는 잡음전력밀도([W/Hz]), E_b는 비트당 에너지를 뜻한다.

$$\frac{C}{N} = \frac{E_b}{N_o} \cdot \frac{r_b}{B_o} \qquad (11.35)$$

$$\text{BER} = E_b / N_o \qquad (11.36)$$

예제 11-5

다음 디지털 변조에 대한 요구 항목을 구하여라.

(a) 16진 PSK의 전송 대역폭과 대역폭 효율(스펙트럼 효율)은 QPSK의 몇 배인가?

(b) 8진 PSK의 오류확률은 BPSK의 오류확률의 몇 배인가?

(c) QPSK 변조를 사용한 모뎀에서 데이터 신호속도가 2400[bps]일 때 변조속도는?

(d) 통신속도가 300[Baud]이고, 보오당 신호레벨이 4일 때 1분 간 송신 가능한 신호속도는?

(e) 주파수 대역폭이 30[kHz], S/N 비가 7인 채널을 통해 전송할 수 있는 정보량은?

(f) 16진 PSK 변조 방식을 사용하고 채널 대역폭이 4[kHz]일 때 채널용량은?

(g) 정보비트의 전송률이 일정할 때 QPSK의 채널 대역폭이 5000[Hz]라면 16진 PSK의 채널 대역폭은?

풀이

(a) 16진 PSK의 전송 대역폭은 QPSK의 $\frac{1}{2}$이다. QPSK의 대역폭 효율은 $n = \log_2 4 = 2[\text{bps/Hz}]$이고 16진 PSK의 대역폭 효율은 $n = \log_2 16 = 4[\text{bps/Hz}]$이므로 16진 PSK 대역폭 효율은 QPSK의 2배 이다.

(b) 8진 오류확률 : 2진 오류확률 $\times \log_2 8 = 3$배 $\times$ 2진 오류확률

(c) 변조속도 : $B = \dfrac{S}{n} = \dfrac{2400}{\log_2 4} = \dfrac{2400}{2} = 1200\,[\text{Baud}]$

(d) 신호속도 : $S = \log_2 4 \times 300 \times 60 = 2 \times 300 \times 60 = 36000\,[\text{bps}]$

(e) 샤논의 용량 : $C = \log_2\left(1 + \dfrac{S}{N}\right) = 30 \times 10^3 \times \log_2(1 + 7) = 90\,[\text{kbps}]$

(f) 나이퀴스트 용량 : $C = 2B \cdot n = 2 \times 4\text{k} \times \log_2 16 = 32\,[\text{kbps}]$

(g) QPSK의 전송률은 $r_b = \log_2 4 \times 5000[\text{Hz}] = 10\,[\text{kbps}]$이다. 16진 PSK의 대역폭은 다음과 같이 구할 수 있다.

$$r_b = \log_2 16 \times B = 4B = 10\,[\text{kbps}]$$

$$B = \frac{10[\text{kbps}]}{4} = 2.5\,[\text{kHz}]$$

(a) 반송파의 진폭과 위상에 정보를 실으며, 대역폭 효율은 2[bps/Hz]이다.

(b) 서로 직교하는 2개의 반송파의 주파수 차이를 최소화하고, 위상의 변화가 연속적으로 유지되는 디지털 변조 방식이다.

(c) 한 구간 전의 반송파 위상을 기준으로 하여, 간단한 회로 구성의 복조기를 사용하기 위한 변조 방식이다.

(d) 2000[bps] 이하의 비동기식 모뎀에 넓게 사용되며, 잡음 특성이 우수하다.

(e) 2개의 직교성 DSB-SC 신호를 선형적으로 합성한 것이며, 잡음과 위상 변화에 우수하고 오율특성이 좋다.

(f) 180°의 위상변화를 제거시켜 왜곡을 방지하는 PSK 방식이다.

풀이

상세한 해설은 본문을 참고하기 바란다.

(a) QAM, (b) MSK, (c) DPSK, (d) FSK, (e) QAM, (f) OQPSK

다중 M진 변조방식의 특성을 서술하여라.

(a) M이 증가하면 전송대역폭은 (   ).
(b) M이 증가하면 신호 방식률(변조속도)은 (   ).
(c) M이 증가하면 에너지는 (   ).
(d) M이 증가하면 심벌오율은 (   ).
(e) M이 증가하면 스펙트럼 효율은 (   ).

풀이

(a) 좁아진다, (b) 낮아진다, (c) 증가한다, (d) 증가한다, (e) 높아진다

펄스 변·복조

아날로그 정보를 표본화, 양자화, 부호화하여 얻은 디지털 신호인 펄스 부호변조(PCM)파에 대해 소개한다. 송신측에서 디지털 신호인 PCM 신호를 전송하고, 수신측에서 다시 아날로그 정보로 환원하는 디지털 PCM 통신 방식의 구성 및 특징, 고효율 PCM 등을 살펴봄으로써 PCM 통신의 전반을 학습한다.

Keywords | 펄스 변조 | 표본화 | 양자화 | 부호화 | 고효율 PCM |

11.3.1 펄스 변조 통신 방식

펄스 변조 방식은 반복되는 펄스^{Pulse}를 반송파로 사용하며, 연속적인 아날로그 신호(변조신호)의 진폭에 따라 펄스의 진폭, 주기(폭), 위치, 펄스 수, 주파수를 주기적으로 변화시킨다.

■ 펄스 변조 분류

펄스 변조 방식으로는 PAM, PPM, PWM, PFM 등과 펄스부호를 변조하는 방식인 PCM이 있는데, 이들은 불연속적인 펄스 디지털 변조(PNM, PCM)와 연속적인 펄스 아날로그 변조로 구분할 수 있다.

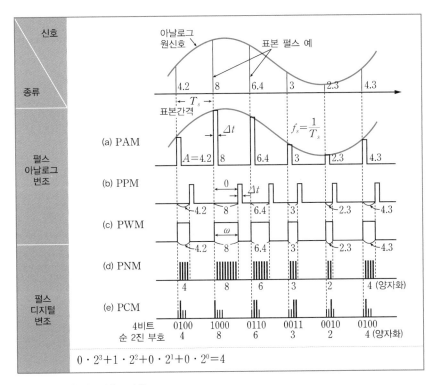

[그림 11-28] 펄스 변조 파형

❶ **펄스 진폭 변조(PAM)** : 펄스의 주기와 폭은 일정, 입력신호에 따라 진폭을 변화시키는 방식
❷ **펄스 폭 변조(PWM)** : 펄스의 진폭과 주기는 일정, 입력신호에 따라 펄스폭을 변화시키는 방식 (전력소모가 크고, 모터 구동 등에 사용)
❸ **펄스 주파수 변조(PFM)** : 펄스의 진폭과 폭은 일정, 입력신호에 따라 펄스의 반복 주파수를 변화시키는 방식
❹ **펄스 위상 변조 또는 위치 변조(PPM)** : 펄스의 진폭과 폭은 일정, 입력신호에 따라 펄스의 위상(또는 위치)을 변화시키는 방식(PWM의 미분형, S/N 큼)
❺ **펄스 밀도 변조(PNM)** : 변조 신호파의 진폭에 따라, 폭이 일정한 단위펄스의 개수를 일정 시간 동안 변화시키는 방식(상용화 불가 변조 방식)
❻ **펄스 부호 변조(PCM)** : 신호파의 진폭을 양자화하고 이 숫자를 2진법으로 표시하여 2진 부호에 따른 펄스를 전송하는 방식으로, 현재 쓰이는 펄스 변조 방식 중 가장 우수하다.

11.3.2 PCM

펄스 부호 변조(PCM) Pulse Code Modulation 는 유선전화나 음악 CD 등 **아날로그 신호를 디지털 신호로 바꿀 때** 주로 사용하는데, 신호파의 진폭에 따라 펄스의 유무에 의해 부호화된 신호를 전송하는 방식이다. 장치가 다소 복잡하지만, **잡음누적이 없는 가장 우수한 방식**이다.

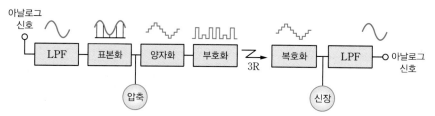

[그림 11-29] PCM 통신 구성도

[표 11-2]에 PCM 방식의 장·단점을 정리했다.

[표 11-2] PCM 방식의 장·단점

장점	단점
• **잡음에 강하다(S/N비 향상).** • 누화(cross-talk) 현상에 강하다. • 전송과정에서 잡음이 축적되지 않는다. • **고가의 여파기(filter)가 필요 없다.** • 경로 변경이나 회선전환이 용이하다.	• **점유 대역폭이 넓다.** • PCM 특유의 잡음이 존재한다.

PCM 변환 과정

❶ **표본화** Samling : 샤논의 표본화 정리에 따르면, 주파수 대역이 $f_m = 4[\text{kHz}]$로 제한되어 있는 아날로그 음성신호를 1초당 $2f_m[\text{Hz}]$ 이상으로 샘플링하여 디지털 신호로 만들면, 왜곡 없이 원래의 신호로 복원할 수 있다. 이에 따라 **PAM 표본 신호를 발생**시킨다. 이때 f_m은 신호의 최고 주파수를 말한다.

$$\text{표본화 주파수}:\ f_s \geq 2f_m \quad \text{(샤논의 표본화 정리)} \tag{11.37}$$

$$\text{표본화 주기}:\ T_s \leq \frac{1}{2f_m} \tag{11.38}$$

❷ **양자화** Quantization : 연속적인 신호의 진폭값을 **유한한 수의 진폭값(이산적 대표값)**에 대응시킨다. PAM 진폭이 디지털양으로 변환되는 과정이다.

- 양자화 계단 수 : n은 양자화 시 사용한 비트 수이다.

$$M = 2^n \tag{11.39}$$

- 양자화 잡음(granular 잡음) : N_q는 양자화 잡음전력, S는 양자화 계단 전압의 크기를 나타낸다.

$$N_q = \frac{S^2}{12} \tag{11.40}$$

- 잡음 감소 대책 : 계단 수 다수, 비선형 양자화 수행, 압축과 신장 Companding을 실시한다.
- 양자화 S/N_q비(6[dB] 법칙) : 1비트가 증가할 때마다 양자화 S/N비는 6[dB]씩 증가한다.

$$S/N_q = 6n + 1.8[\text{dB}] \tag{11.41}$$

❸ **부호화** Encoding : ADC 회로에 해당하며, 인접부호 간 최소 1비트 차이를 갖는 **그레이 코드** gray code 를 이용해 부호화한다.

❹ **재생 중계기** Repeater : 파형 재생, 위상 재생, 식별 재생이 있으며 3R이라고도 한다.

- 파형 재생 Reshaping : 전송도중 감쇠나 잡음에 의해 왜곡된 파형을 등화 증폭기 EQ-Amp를 통과시켜 파형을 재생한다(S/N 개선).
- 위상 재생 Retiming : 수신파형을 가지고 클록을 추출해내어 다시 타이밍 timing파를 생성하여 위상을 재생시킨다.
- 식별 재생 Regeneration : 재생된 타이밍파로 수신파형을 순간적으로 표본화하여 1과 0을 식별한 후 재생시킨다.

❺ **복호화** decoding : DAC 회로에 해당하며, 수신된 PCM에서 PAM(순시값)을 되찾는 과정이다.

❻ **저역통과 여파기(LPF)** : 복호화된 PCM으로부터 원래 신호파(정보)를 찾는다.

고효율 PCM 방식

❶ **델타변조 DM(ΔM)** : 실제 표본값과 예측기에서 만든 추정 표본값 차이를 **1비트 양자화하는 기법**이다. (1비트 양자화기 사용)

❷ **적응형 DM(ADM)**[Adaptive DM] : DM에서 발생하는 양자화 잡음에서 양자화 잡음과 과부화 잡음을 줄이기 위해 양자화기의 최소 레벨과 최대 레벨을 변조신호 크기에 따라 변화시키는 기법이다(**적응형 양자화기 사용**).

❸ **차동 PCM(DPCM)**[Differential PCM] : 양자화기에 입력되는 순시 진폭값(실제 표본값)과 예측기에서 만든 추정 표본값과의 **차이를 양자화**하는 기법이다(**4~5비트 양자화기 사용**).

❹ **적응형 차동 PCM(ADPCM)**[Adaptive DPCM] : DPCM의 양자화 잡음과 과부하 잡음을 줄이기 위해 양자화기의 최소 레벨과 최대 레벨을 변조신호 크기에 따라 변화시키는 적응형 양자화기와 예측기의 필터계수를 변조신호의 진폭에 따라 변화시키는 적응형 예측기를 사용하는 기법이다(**적응형 양자화기와 적응형 예측기 사용**).

예제 11-8

15[kHz]의 음성신호를 8비트 양자화 및 부호화를 시켜 PCM으로 전송하고자 할 때, 질문에 답하라.

(a) 나이퀴스트 표본화 주파수 f_s와 표본화 주기 T_s를 구하여라.

(b) 양자화 계단의 수와 양자화 S/N_q[dB]를 구하여라.

(c) 1초당 비트의 전송속도 r_b는 몇 [bps]인가?

풀이

(a) 표본화 주파수 : $f_s = 2f_m = 2 \times 15\text{k} = 30\,[\text{kHz}]$, 표본화 주기 : $T_s = \dfrac{1}{2f_m} = \dfrac{1}{30 \times 10^3} = 33.3\,[\mu s]$

(b) 양자화 계단의 수 : $M = 2^8 = 256$, 양자화 $S/N_q[\text{dB}] = 6n + 1.8 = (6 \times 8) + 1.8 = 49.8[\text{dB}]$

(c) 전송속도 : $r_b = f_s \times 8\,비트 = (30 \times 10^3) \times 8 = 240\,[\text{kbps}]$

예제 11-9

디지털 TV 화면을 PCM 전송하여 화면의 손상 없이 수신하기 위한 송신측의 최소 데이터 전송률 $R_b[\text{bps}]$는? (단, 1화면=400×500화소, 각 화소는 6개 레벨 중 1개에 해당하며, 송상수는 1초당 30화면을 전송한다)

풀이

• 각 화소의 정보량 : $I = \log_2 6 \cong 3\text{bit}$ (즉, 3bit 양자화임)

　1화면의 정보량 : $N = (400 \times 500) \times 3 = 6 \times 10^5\,[\text{bps}]$

• 데이터 전송률 : $R_b = 6 \times 10^5 \times 30 = 18[\text{Mbps}]$

01 무선통신에서 전송하고자 하는 신호를 변조하는 이유로 옳은 항목은?

(a) 안테나의 길이를 축소할 수 있다.

(b) 채널에 유입되는 잡음을 줄일 수 있다.

(c) 다중통신이 가능하다.

(d) 주파수 효율을 높일 수 있다.

(e) 원거리 복사가 용이하다.

㉮ (b), (c), (e)   ㉯ (a), (b), (c)

㉰ (b), (c), (d), (e)   ㉱ (a), (b), (c), (d), (e)

> **해설**
>
> 변조는 고주파를 이용하므로, 짧은 파장의 소형 안테나를 제작하여, 고전력을 멀리 복사하여, 외부 잡음, 간섭을 억제하고, 여러 반송파에 의한 FDM 다중통신 채널을 운용하고, 주파수 이용효율도 향상시킬 수 있다.
>
>   ㉱

02 안테나가 무선전파를 효율적으로 복사하거나 수신하기 위해서는 그 길이가 $\lambda/4$ 이상이 되어야 한다. 1,000[MHz]의 무선전파를 수신하기 위한 안테나 $\lambda/4$의 길이[cm]는? (빛의 속도는 3×10^8[m/s]이다)

㉮ 5.5   ㉯ 6.5   ㉰ 7.5   ㉱ 9.5

> **해설**
>
> $f = 1,000$[MHz]의 파장 $\lambda = C/f = 3 \times 10^8 / 10^9 = 0.3$[m]이므로, $l = \lambda/4 = 30/4 = 7.5$[cm]이다.   ㉰

03 $v_c(t) = 20\cos\omega_c t$[V]의 반송파를 $v_s(t) = 14\cos\omega_s t$[V]의 신호파로 진폭 변조했을 때 변조도는 몇 [%]인가?

㉮ 60[%]   ㉯ 70[%]   ㉰ 80[%]   ㉱ 90[%]

> **해설**
>
> AM의 변조도 $m_a = \dfrac{E_s}{E_c} = \dfrac{14}{20} \times 100[\%] = 70[\%]$ ㉯

04 $v(t) = 50(1 + 0.2\cos 4\pi \times 10t)\cos 2\pi \times 10t$로 주어지는 진폭 변조파에서 신호파의 최대 진폭과 주파수는 각각 얼마인가? [주관식] 변조도는 얼마인가?

㉮ 10[V], 10[Hz]   ㉯ 10[V], 20[Hz]

㉰ 50[V], 10[Hz]   ㉱ 50[V], 20[Hz]

> **해설**
>
> 신호(변조)파 $v_s(t) = 50 \times 0.2(\cos 4\pi \times 10t)$이므로 진폭 $E_s = 50 \times 0.2 = 10$[V]
>
> 각주파수 $\omega_s = 4\pi \times 10$, 주파수 $f_s = \dfrac{\omega_s}{2\pi} = 20$[Hz]   ㉯
>
> [주관식] 변조도 $m_a = 0.2(20[\%])$

05 1[kHz]에서 10[kHz] 사이의 주파수 성분을 가진 음성 입력신호를 1[MHz]의 반송파로 진폭 변조를 할 경우, 변조된 출력신호에 나타나지 않는 주파수[kHz]는?

㉮ 990.1 ㉯ 995 ㉰ 1000.1 ㉱ 1005

해설

상측신호($f_c + f_m$) : $1001 \sim 1010$[kHz], 하측신호($f_c - f_m$) : $990 \sim 999$[kHz], 반송파 f_c ㉰

06 진폭 변조에서 반송파의 평균전력이 20[kW]이고, 변조도가 40[%]일 때 피변조파의 평균전력은?

㉮ 40.4[kW] ㉯ 21.6[kW] ㉰ 12.2[kW] ㉱ 8.6[kW]

해설

$$P_m = P_c \left(1 + \frac{m_a^2}{2}\right) = 20 \left(\frac{1 + (0.4)^2}{2}\right) = 21.6[\text{kW}]$$ ㉯

07 진폭 변조에서 변조율이 100[%]인 경우, 피변조파의 전력은 반송파 전력의 몇 배가 되는가? (단, P_m은 피변조파의 전력, P_c는 반송파의 전력이다)

㉮ $P_m = P_c$ ㉯ $P_m = \frac{1}{2}P_c$ ㉰ $P_m = 2P_c$ ㉱ $P_m = \frac{3}{2}P_c$

해설

$$P_m = P_c \left(1 + \frac{m_a^2}{2}\right) = P_c \left(1 + \frac{1^2}{2}\right) = P_c \cdot \frac{3}{2} = 1.5 P_c$$ ㉱

08 변조도가 100[%]인 AM파의 출력전력이 6[kW]라면 반송파 성분의 전력은?

㉮ 2[kW] ㉯ 4[kW] ㉰ 8[kW] ㉱ 12[kW]

해설

$$P_m = 1.5 P_c \text{에서 } P_c = \frac{P_m}{1.5} = \frac{6}{1.5} = 4[\text{kW}]$$ ㉯

09 AM 피변조파의 반송파, 상측파대, 하측파대의 각 전력성분의 비는? (단, m은 변조도이다)

㉮ $1 : m^2/2 : m^2/4$ ㉯ $1 : m^2/4 : m^2/2$
㉰ $1 : m^2/2 : m^2/2$ ㉱ $1 : m^2/4 : m^2/4$

해설

AM의 각 성분의 전력의 비율 $P_c : P_c \dfrac{m^2}{4} : P_c \dfrac{m^2}{4} = 1 : \dfrac{m^2}{4} : \dfrac{m^2}{4}$ ㉱

10 반송파 전력 20[kW]일 때 변조율 70[%]로 진폭을 변조했을 때 상측파대 전력은?

㉮ 20[kW] ㉯ 10[kW] ㉰ 4.9[kW] ㉱ 2.45[kW]

해설

상측(=하측)파대 전력 $= P_c \dfrac{m^2}{4} = 20 \cdot \dfrac{0.7^2}{4} = 2.45[\text{kW}]$ ㉱

11 다음은 AM 변조된 DSB-LC 파형이다. 변조도 m, 전력비율($P_c : P_U : P_L$), 전송효율 η을 구하여라(여기서 P_c, P_U, P_L은 반송파, 상측, 하측파대의 전력이다).

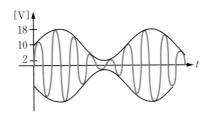

> **해설**
>
> • 변조도 $m = \dfrac{A-B}{A+B} = \dfrac{36-4}{36+4} = \dfrac{32}{40} = 0.8$
>
> • 효율 $\eta = \dfrac{P_c \cdot m^2/2}{P_c(1+m^2/2)} = \dfrac{m^2}{2+m^2} = \dfrac{0.64}{2.64} = 0.24 = 24[\%]$
>
> • 전력비 $P_c : P_U : P_L = 1 : \dfrac{m^2}{4} : \dfrac{m^2}{4} \rightarrow 1 : \dfrac{0.64}{4} : \dfrac{0.64}{4} = 1 : 0.16 : 0.16$

12 AM 변조 방식에서 피변조파 전력이 반송파 전력의 1.32배일 때, 상측파(USB) 전력은 반송파 전력의 몇 배인가?

㉮ 0.64　　　　　㉯ 0.32　　　　　㉰ 0.16　　　　　㉱ 0.12

> **해설**
>
> AM 피변조파전력 $P_m = P_c\left(\dfrac{m^2}{2}+1\right) \rightarrow \dfrac{m^2}{2} = \dfrac{P_m}{P_c} - 1 = 1.32 - 1 = 0.32$이므로, $P_c \cdot \dfrac{m^2}{4} = P_c \cdot \dfrac{0.32}{2} = P_C \times$
> 0.16이다. 즉, 상측파 전력은 반송파의 0.16배이다.　　　　　㉰

13 AM 변조된 신호의 최대 피크-피크 전압(V_{p-p})이 16[V]이고, 변조지수 $m = 0.6$일 때 최소 피크-피크 전압(V_{p-p})으로 가장 옳은 것은?

㉮ 2.5[V]　　　　　㉯ 4.0[V]　　　　　㉰ 9.6[V]　　　　　㉱ 15.4[V]

> **해설**
>
> 변조도 $m_a = \dfrac{A-B}{A+B} = 0.6$에서 $A = 16$이므로 $B = \dfrac{0.4}{1.6}A = \dfrac{1}{4}A = \dfrac{16}{4} = 4[V]$　　　　　㉯

14 AM 변조 방식 중 가장 효율이 좋은 방식은?

㉮ 이미터 변조　　　　　㉯ 평형 변조
㉰ 베이스 변조　　　　　㉱ 컬렉터 변조

> **해설**
>
> 반송파를 고효율인 C급 증폭을 시키고, 큰 신호(변조)파를 컬렉터에서 합성(변조)시키는 컬렉터 변조는 고효율의 대전력 송신기에 적합하다.　　　　　㉱

15 다이오드 직선 검파회로에서 진폭 $10\sqrt{2}\,[\text{V}]$인 피변조파가 인가되었을 때 부하저항에 나타나는 출력 변조파 전압의 실효값은? (단, 변조도는 $50[\%]$, 검파효율은 $80[\%]$이다.)

㉮ 1[V]   ㉯ 2[V]   ㉱ 3[V]   ㉳ 4[V]

> **해설**
>
> 검파 출력신호의 실효값 $= \dfrac{m_a E_c}{\sqrt{2}} \times \eta = \dfrac{10\sqrt{2} \times 0.5}{\sqrt{2}} \times 0.8 = 4[\text{V}]$
>
> (변조도 $m_a = \dfrac{E_s}{E_c}$에서 신호파 진폭은 최대값이다. $E_s = m_a \cdot E_c$이므로)   ㉳

16 다음 회로의 설명으로 옳지 않은 것은? [주관식] 입력반송파 주파수는 $50[\text{MHz}]$, 부하저항 $R = 10[\text{k}\Omega]$, $C = 16[\text{pF}]$일 때, 회로의 시정수는 반송파 주기의 몇 배인가? (단, 다이오드는 이상적이다)

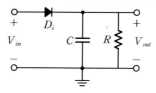

㉮ 다이오드와 C는 피크^{peak} 검출기이다.

㉯ AM 신호의 포락선 검파(복조)에 사용할 수 있다.

㉱ C, R은 고역통과 필터 역할을 하며, 저주파 신호는 통과하기 어렵다.

㉳ RC 시정수가 클수록 리플전압이 줄어든다.

㉬ RC 시정수가 크면 클수록 회로 내의 충방전 특성이 빠르다.

㉭ RC 시정수가 너무 크면 포락선에 왜곡이 생긴다.

> **해설**
>
> C의 충방전 특성을 이용하여 AM신호의 포락선(비동기) 검파를 하여, 저주파(LPF)신호를 복조할 수 있다. 시정수가 크면 충방전 특성은 느리고, 리플전압은 감소한다. 그러나 너무 크면 정상신호의 포락선을 추종하지 못하여 다이애그널 왜곡이 생긴다.   ㉱, ㉬
>
> [주관식] 주기 $T = \dfrac{1}{f} = \dfrac{1}{(50 \times 10^6)} = 2 \times 10^{-8}$, $\tau = RC = 10^4 \times 16 \times 10^{-12} = 16 \times 10^{-8}$ $\rightarrow$ $\tau = 8$배 $\times\, T$

17 다음 진폭 변조시 발생되는 측파대의 수는?

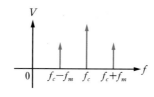

㉮ 0   ㉯ 1   ㉱ 2   ㉳ 3

> **해설**
>
> AM은 DSB-LC로서, 반송파 회로 상측과 하측 1개씩 총 2개의 측파대를 이용한다.   ㉱

18 단일측파대(SSB) 통신 방식에 사용되는 변조회로는?

㉮ 베이스 변조   ㉯ 컬렉터 변조

㉰ 평형(링) 변조   ㉱ 제곱 변조

> **해설**
>
> 평형(링) 변조기는 DSB−SC(캐리어 억압)를 출력시키므로 여기에서 BPF로 상측파대만 걸러내어 SSB 변조를 수행하는 회로이다.   ㉰

19 다음 중 SSB 검파기로 사용되지 <u>않는</u> 것은?

㉮ 비 검파기   ㉯ 링 검파기

㉰ 승적 검파기   ㉱ 싱크로다인 검파기

> **해설**
>
> 비(ratio) 검파기는 FM 검파기이다.   ㉮

20 다음 중 주파수 변조(FM)을 진폭 변조(AM)와 비교한 설명으로 <u>틀린</u> 것은? (2개)

㉮ S/N비가 개선된다.

㉯ 점유 주파수 대역폭이 넓다.

㉰ 에코의 영향이 많아진다.

㉱ 저전력 변조가 가능하다.

㉲ 수신 전기장의 세기에 영향을 많이 받는다.

> **해설**
>
> FM은 외부잡음, 간섭방해, 페이딩(전기장 변동현상)에 강해 S/N이 크다. 그러나 넓은 대역폭이 필요하고 구성이 복잡하다는 단점이 있다. C급 증폭이 가능해 소비전력이 작고, 고전력 변조가 가능하다. 반면 약전계($C/N < 9$[dB]) 통신에는 부적합하다.   ㉰, ㉲

21 동일한 메시지 신호에 대해서 FM 방식을 AM 방식과 비교할 때, 일반적인 특징으로 옳은 항목은?

㉮ 잡음성능이 좋기 때문에 AM보다 강전계나 약전계 통신에 모두 적합한 방식이다.

㉯ AM보다 대역폭이 증대되므로, 초단파대^{VHF} 이상의 통신에 적합하다.

㉰ 변조된 신호의 전력은 메시지 신호와 관계가 있다.

㉱ 메시지 신호의 진폭에 따라 반송파의 주파수를 변화시킨다.

㉲ 변조된 신호의 위상은 메시지 신호와는 아무런 관련성이 없다.

㉳ 변조지수 m_f가 10일 때 S/N비가 AM의 약 10배 정도 개선된다.

> **해설**
>
> FM파는 $C/N \geq 9$[dB] 이상의 강전계 통신과 대역폭이 넓어 VHF 이상 대역에 적합하다. 전력은 신호와는 무관하며, FM파의 주파수는 신호에 비례하고, 위상은 신호의 적분에 비례 관계를 가지며, m_f가 클수록 S/N비가 AM보다 $3 \cdot m_f^2 (= 300)$배만큼 개선된다.   ㉯, ㉱

22 주파수 변조(FM)에서 S/N을 개선하기 위한 방법으로 적당치 <u>않은</u> 것은?

㉮ 변조지수 m_f를 크게 한다.

㉯ 신호파의 진폭(증폭도)을 크게 한다.

㉰ 주파수 대역폭을 넓게 한다.

㉱ 프리 엠파시스나 디 엠파시스를 사용한다.

> **해설**
>
> AM의 변조도를 크게 개선하는 방법은 신호(변조)파 진폭을 크게 하는 것이다. ㉯

23 1[kHz]의 신호파로 100[MHz]의 반송파를 주파수 변조했을 때, 최대 주파수 편이 Δf가 ± 49[kHz]이면 점유 주파수 대역폭은?

㉮ 200[kHz]   ㉯ 100[kHz]

㉰ 50[kHz]   ㉱ 1[kHz]

> **해설**
>
> FM의 대역폭 $BW = 2(f_s + \Delta f) = 2(1k + 49k) = 100[\text{kHz}]$ ㉯

24 주파수 변조에서 변조지수가 6, 신호의 최고 주파수가 10[kHz]라고 할 때, BW 값을 구하여라.

㉮ 20[kHz]   ㉯ 60[kHz]

㉰ 120[kHz]   ㉱ 140[kHz]

> **해설**
>
> $BW = 2f_s(1 + m_f) = 2 \times 10k(1 + 6) = 140[\text{kHz}]$ ㉱

25 주파수 변조(FM) 방식에서 카슨의 법칙$^{\text{Carson's rule}}$을 이용하여 변조된 신호의 대역폭을 구할 때 관계가 <u>없는</u> 것은?

㉮ 반송파의 주파수   ㉯ 변조파의 주파수

㉰ 주파수 편이   ㉱ 변조 지수

> **해설**
>
> FM의 $BW = 2(f_s + \triangle f) = 2f_s(1 + m_f)$에서, f_s는 변조파 주파수를, $\triangle f$는 주파수 편이를, m_f는 변조지수를 나타낸다. ㉮

26 변조신호의 대역폭이 W일 때, 협대역 FM$^{\text{Narrow-band FM}}$의 대역폭은?

㉮ W ㉯ $2W$ ㉰ $4W$ ㉱ 무한대

> **해설**
>
> 보통 변조도 m_a가 0.5 이하인 FM의 경우는 대역폭이 AM과 동일한 협대역인 장점을 가지므로 다채널 아날로그 차량 이동통신에 쓰이고 있다. ㉯

27 정보신호가 $s(t) = 5\cos 100t$일 때, FM 신호는 다음과 같이 표현될 때 주파수 편이 $\triangle \omega$와 변조지수 m_f 구하여라.

$$x_{FM}(t) = A\cos\left[w_c t + 100\int_0^t s(\tau)d\tau\right]$$

해설

FM파의 $\triangle\theta(= 100\int s(\tau)d\tau)$을 미분하여 $\triangle\omega(\equiv \triangle\theta/\triangle t)$를 구하면 $\triangle\omega = 100 \cdot s(t)$이다.

$\triangle\omega(t) = 100 \cdot 5\cos 100t = 500\cos 100t$이므로, $\triangle\omega = 500$이고 $m_f \equiv \triangle\omega/\omega_s = 500/100 = 5$이다.

28 FM 통신 방식에서 변조 시에 주파수의 높은 쪽을 특히 강조하여 주파수에 대한 S/N비 저항을 방지하기 위한 회로는?

㉮ 프리 엠파시스　　　　　　　㉯ 디 엠파시스

㉰ AGC　　　　　　　　　　　㉱ AFC

해설

FM 통신방식에서 S/N비 개선을 위해서 변조 시 프리 엠파시스, 복조 시에 디 엠파시스 회로를 사용한다. ㉮

29 신호 $s(t)$를 다음 시스템에 입력하였을 때, 주파수 변조(FM) 신호가 만들어졌다면 블록 (a)와 (b)로 옳은 것은?

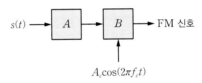

㉮ (a) : 미분기, (b) : 진폭 변조기
㉯ (a) : 적분기, (b) : 진폭 변조기
㉰ (a) : 미분기, (b) : 위상 변조기
㉱ (a) : 적분기, (b) : 위상 변조기

해설

각변조의 간접방식을 사용할 때, A를 pre-distorter(전치보상(왜곡)회로)라고 하며, 이 A는 간접 FM 구현 시는 적분기, 간접 PM시는 미분기가 사용된다.　　　　　　　　　　　㉱

30 FM 변복조에서 프리 엠파시스회로와 디 엠파시스회로에 대한 설명으로 <u>틀린</u> 것은?

㉮ 신호파의 저주파 성분 신호대 잡음비를 개선하기 위한 회로이다.

㉯ 프리 엠파시스회로는 FM 변조기의 전단에, 디 엠파시스회로는 복조기 후단에 위치한다.

㉰ 프리 엠파시스회로는 HPF회로, 디 엠파시스회로는 LPF회로에 해당한다.

㉱ 프리 엠파시스회로는 신호파의 일부를 의도적으로 강화시키기 위한 회로이다.

㉲ 수신단 출력 잡음의 고주파 성분을 줄이기 위해 사용한다.

> **해설**
> FM의 3각(고역)잡음 특성 등으로, 송신 시 고역신호를 강조(프리엠파시스, HPF)하고, 수신시 고역억압 (디엠파시스, LPF)으로 원래의 특성을 유지하며 고역 S/N비를 개선시킨다.   ㉮

31 다음 블록도는 신호 $S(t)$를 입력받아 협대역 FM 신호를 출력하는 시스템이다. ㉮ ~ ㉰ 중 블록의 회로도 로 옳은 것은?

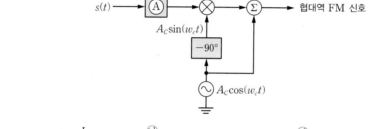

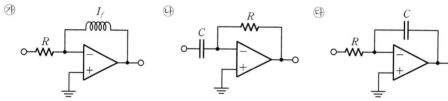

> **해설**
> 신호를 적분(㉰ : 적분기) 한 후에, PM시키면 FM(간접 방식)이 구현된다.   ㉰

32 PLL^{Phase locked loop} 회로의 구성요소가 <u>아닌</u> 것은?

㉮ 위상 검출기(비교기)

㉯ 저역통과 필터(LPF)

㉰ 주파수 변별기

㉱ 전압제어 발진기(VCO)

> **해설**
> 주파수 변별기는 주파수의 변화를 감지하는 FM 검파기의 명칭이다.   ㉰

33 다음은 위상 고정 루프$^{\text{Phase Locked Loop, PLL}}$의 블록 다이어그램이다. (a) ~ (c)의 질문에 답하고 다음 중 회로에 대한 설명으로 옳지 <u>않은</u> 항목을 골라라.

(a) 출력 주파수 f_{out}을 현재보다 2배 증가시킬 수 있는 방법은?

(b) FM 복조기로 사용할 때 복조 출력을 얻을 수 있는 곳은?

(c) PLL의 대표적인 용도는?

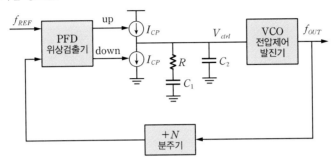

㉮ 전하 펌프 PLL이며, R, C_1, C_2로 구성된 부분은 저역통과 필터로도 작용한다.

㉯ 출력신호(V_{out})의 크기는 분주비 D에 의해 나눠진 후 입력신호(V_{in})와 비교되며, D는 정수만 가능하다.

㉰ 입력신호와 출력신호의 위상이 일치하면 VCO의 제어전압은 일정하게 유지된다.

㉱ 출력신호의 전압 크기는 전류원($I_{p,u}$, $I_{p,d}$)의 크기와 무관하다.

㉲ 위상검출기는 입력신호 주파수와 전압제어발진기의 주파수를 비교하고, 고역통과 필터의 출력은 위상차에 비례하며, 전압제어 발진기의 제어전압으로 사용된다.

㉳ 위상동기루프가 잠김^{lock} 상태가 되면 입력 주파수와 전압제어 발진기의 주파수가 같아진다.

해설

PLL은 루프필터로 LPF를 사용하여, 위상차를 DC 전압차로 바꾸어, VCO를 제어한다. 분주비 D는 분수값도 가능하며, 위상이 일치(로킹)되면 두 주파수는 일치한다.　　　　㉯, ㉲

(a) 출력 주파수 $f_{out} = N \cdot f_{REF}$에서 기준 주파수 f_{REF}를 2배 증가시킨다.

(b) FM 복조 출력 : 전압제어 발진기(VCO)의 입력 혹은 루프필터의 출력

(c) PLL 용도 : FM신호의 변·복조, FSK신호의 변·복조, AM신호의 복조, 주파수 합성기(PLL 발진기)등

34 다음은 위상동기루프^{PLL}를 이용한 주파수 발생 회로의 구성도이다. ㉠ 부분의 회로 명칭과 f_o의 값은?

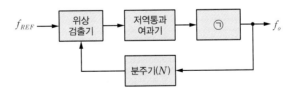

해설

㉠은 전압제어 발진기(VCO)이며, $f_{REF} = f_o / N$에서 $f_o = N \cdot f_{REF}$이다.

35 FM 검파 방식 중 주파수 변화에 의한 전압제어 발진기(VCO)의 제어신호를 이용하여 복조하는 방식은?

  ㉮ 계수형 검파기   ㉯ PLL형 검파기
  ㉰ 포스터−실리 검파기   ㉱ 비 검파기

> **해설**
> VCO는 FM 변조, FM 복조기에 사용되는 중요 회로로서, PLL을 구성하는 요소 중 하나이다.   ㉯

36 FM 검파회로로 사용되지 <u>않는</u> 회로는?

  ㉮ ratio 검파   ㉯ foster−seeley형 검파
  ㉰ gated baem 검파   ㉱ 컬렉터 검파
  ㉲ PLL 검파

> **해설**
> 컬렉터 검파는 AM 검파 방식이며, PLL 검파는 유용한 FM 검파이다.   ㉱

37 수퍼 헤테로다인 수신기의 특징 중 잘못된 것은?

  ㉮ 선택도가 좋다.   ㉯ 충실도가 좋다.
  ㉰ 영상 혼신이 없다.   ㉱ 감도가 좋다.

> **해설**
> 수퍼 헤테로다인 수신기는 영상 주파수가 혼신되는 것이 단점이다.   ㉰

38 다음 디지털 변조부의 블록도에서 (a), (b), (c)에 적합한 것은? 그리고 오류정정 기능과 관련이 있는 블록은 어디인가?

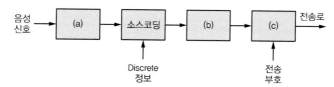

  ㉮ (a) : D/A 변환부, (b) : 소스샘플, (c) : 디지털 변조부
  ㉯ (a) : A/D 변환부, (b) : 채널코딩, (c) : 디지털 변조부
  ㉰ (a) : D/A 변환부, (b) : 채널코딩, (c) : 디지털 변조부
  ㉱ (a) : A/D 변환부, (b) : 소스샘플, (c) : 디지털 변조부

> **해설**
> 디지털 변조를 행하기에 앞서, 2진 정보를 압축부호화(소스코딩) 후에, 오류제어를 위한 채널부호화(채널코딩)의 과정을 거친 후에, 고주파 반송신호에 디지털 변조를 행한다.   ㉯, (b)

39 2진 디지털 정보에 따라 반송파의 진폭과 위상을 변화시키는 APK(ASK+PSK)의 한 종류는?

  ㉮ QPSK   ㉯ QAM   ㉰ FSK   ㉱ DPSK

> **해설**
> 직교 진폭 변조(QAM)은 ASK와 PSK의 복합변조로, 고속 전송에 유용하다.   ㉯

40 FSK^Frequency Shift Keying에 대한 설명으로 옳지 <u>않은</u> 것은?

㉮ 비동기 복조^non-coherent demodulation 방식을 사용할 수 있어 PSK보다 수신기 구현이 간단하다.

㉯ FSK는 진폭이 일정한 변조 방식이므로 채널에 의한 진폭 변화에 둔감하다.

㉰ 동기 복조^coherent demodulation 방식을 사용할 때, FSK의 비트오율(BER)이 PSK의 비트오율보다 낮다.

㉱ 동일한 정보신호를 전송할 때, AM보다 넓은 주파수 대역폭을 점유한다.

해설

FSK는 반송파 진폭은 일정하며, 비동기 및 동기 복조(검파)가 모두 가능하지만, 대역폭이 큰 단점이 있어서, PSK보다는 비트오율은 크다. ㉰

41 디지털 변조 기법 중 BPSK 방식과 QPSK 방식에 대한 설명으로 옳지 <u>않은</u> 것은?

㉮ BPSK와 QPSK 방식의 비트^bit 오류확률 성능은 동일하다.

㉯ 전송 심볼 에너지가 동일한 경우, 심볼^symbol 오류확률은 BPSK 방식이 QPSK 방식에 비해 우수하다.

㉰ 심볼 전송률이 동일한 경우, 데이터의 전송속도는 QPSK 방식이 BPSK 방식의 2배이다.

㉱ 데이터 전송속도가 동일한 경우, 전송 대역폭은 QPSK 방식이 BPSK 방식에 비해 2배이다.

해설

QPSK는 주파수 스펙트럼 효율 $n = 2[\text{bps/Hz}]$이 BPSK의 2배이므로, BPSK에 비해 데이터의 전송속도는 2배, 대역폭은 1/2배이다. 심벌오율은 2배이지만, 비트오율은 동일하므로 디지털 변조 방식에서 QAM과 함께 매우 유용하게 쓰인다. ㉱

42 그림과 같이 45°, 135°, 225°, 315°의 위상과 동일한 진폭을 갖는 4개 정현파 심볼이 있다. 심볼의 주기당 2비트 정보를 전송하는 이 디지털 변조 방식은?

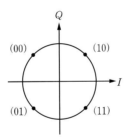

해설

진폭은 일정한 4개의 반송파 위상에, 2비트 정보를 실어 전송하는 QPSK 성상도이다.

43 QPSK 변조 방식에서 반송파의 위상차는?

㉮ 45°　　　　　㉯ 90°　　　　　㉰ 180°　　　　　㉱ 270°

해설

QPSK(4진 PSK)는 위상차 $\theta = \dfrac{2\pi}{4} = \dfrac{\pi}{2} = 90°$씩 반송파의 위상을 변화시켜 2비트씩 전송한다. ㉯

44 다음 중 정보를 전송할 때 대역폭 효율[bps/Hz]이 가장 우수한 변조 방식은?

㉮ 4PSK   ㉯ FSK   ㉰ ASK   ㉱ 16QAM

> **해설**
>
> 대역폭 효율 n은 1[Hz]당 전송되는 비트의 양으로서, 진수가 큰 변조일수록 증대된다. 16진 QAM의 $n = \log_2 16 = 4[\text{bps/Hz}]$로 높다.   ㉱

45 다음 디지털 변조 방식 중 오류확률이 가장 낮은 것은?

㉮ 4진 QAM   ㉯ 4진 FSK   ㉰ 4진 DPSK   ㉱ 4진 PSK

> **해설**
>
> 오율도 진수가 큰 변조일수록 높아진다. 진수가 동일할 때는 QAM < PSK < DPSK < FSK < ASK 순으로 오율이 높아진다.   ㉮

46 8진 PSK 신호에 5000[Hz]의 대역폭이 주어졌을 때 비트율은?

㉮ 40[kbps]   ㉯ 15[kbps]   ㉰ 5[kbps]   ㉱ 625[kbps]

> **해설**
>
> 8진 PSK의 $n = 3[\text{bps/Hz}]$이므로 비트율 $r_b[\text{bps}] = 3[\text{bps/Hz}] \times 5000[\text{Hz}] = 15[\text{kbps}]$ ㉯

47 정보비트의 전송율이 일정할 때, QPSK의 채널 대역폭이 5000[Hz]라면 16진 PSK의 채널 대역폭은?

㉮ 1.25[kHz]   ㉯ 2.5[kHz]   ㉰ 5[kHz]   ㉱ 80[kHz]

> **해설**
>
> QPSK의 전송 비트율 $r_b = 2[\text{bps/Hz}] \times 5000[\text{Hz}] = 10[\text{kbps}]$이다. 16진 QAM의 대역폭 효율 $n = 4[\text{bps/Hz}]$로 2배이므로 소요 대역폭은 $\frac{1}{2}$인 2500[Hz]만 필요하다.   ㉯

48 DPSK 복조에 주로 이용되는 방식은?

㉮ 포락선 검파   ㉯ 동기 검파   ㉰ 비동기식 검파   ㉱ 차동위상 검파

> **해설**
>
> DPSK(차동 PSK) 변조의 복조(검파)는 구성이 복잡한 '동기 검파'가 아닌, 앞서 전송된 위상과 비교만 하는 '차동 위상 검파' 방식으로 구성된다.   ㉱

49 BPSK 변조 방식의 에러 확률은 QPSK 변조 방식의 에러 확률의 몇 배인가?

㉮ 1/2배   ㉯ 1/4배   ㉰ 2배   ㉱ 4배

> **해설**
>
> 대역폭 효율 $n = 2[\text{bps/Hz}]$인 QPSK가 2배 전송이므로 심벌 에러 확률도 2배나 높다.   ㉮

50 QPSK의 변조속도가 2400[Baud]일 때 정보신호 속도([bps])를 구하여라.

> **해설**
>
> $S = n \times B = 2 \times 2400 = 4800[\text{bps}]$

51 격자코드 변조^{trellis-coded modulation}를 사용하는 모뎀에서 매 심벌당 한 비트를 중복비트로 추가하여 32 QAM 변조 방식을 사용하였다. 변조속도가 2,400[baud]일 때 데이터 속도 [bps]는?

> **해설**
> 32 QAM의 한 심벌은 $n=5$비트인데, 그중에서 순수한 정보 데이터는 4비트이므로 데이터 전송속도 $S = n \cdot B = 4 \times 2400 = 9,600[\text{bps}]$이다.

52 신호의 변화값에 대해 펄스의 진폭은 일정하고 그 위상(위치)만 변하는 것은?

⑦ PCM   ⓝ PPM   ⓓ PWM   ⓡ PFM

> **해설**
> PPM은 펄스의 위상(위치)을 변화시키는 변조 방법이다.   ⓝ

53 신호레벨에 따라 펄스의 폭을 변화시키는 변조는?

⑦ PAM   ⓝ PWM   ⓓ PPM   ⓡ PCM

> **해설**
> 펄스폭 변조(PWM)은 소요전력이 큰 단점이 있다. 모터의 구동 등에 쓰인다.   ⓝ

54 다음 중 불연속 레벨 변조에 해당되는 것은?

⑦ PCM   ⓝ PWM   ⓓ PPM   ⓡ PFM

> **해설**
> 불연속 레벨(=디지털) 변조에는 PNM, PCM이 있으나, PNM은 상용화되지 않았다.   ⑦

55 다음 회선을 구성할 때 시분할 방식으로 하려면 어떠한 변조 방식이 필요한가?

⑦ AM   ⓝ FM   ⓓ 펄스 변조   ⓡ PM

> **해설**
> 시분할 다중화(TDM)는 연속적이 아닌 이산적(불연속적)인 펄스 변조된 신호를 이용한다.   ⓓ

56 다음 중 음성신호의 송신측 PCM 과정이 <u>아닌</u> 것은?

⑦ 표본화   ⓝ 부호화   ⓓ 양자화   ⓡ 복호화

> **해설**
> 음성 → 표본화 → 압축 → 양자화 → 부호화 → PCM 송신 (복호화는 수신기의 구성이다.)   ⓡ

57 음성신호를 PCM 신호로 만들기 위해 샘플링을 했다. 이때 앨리어싱을 피하기 위해서는 샘플링 주파수를 최소한 얼마 이상으로 해야 하는가? (단, 음성신호의 최고 주파수는 4[kHz]이다.)

⑦ 4[kHz]   ⓝ 8[kHz]   ⓓ 10[kHz]   ⓡ 12[kHz]

> **해설**
> 표본화 주파수 : $f_s \geq 2f_m \geq 2 \times 4\text{k} = 8[\text{kHz}]$ ⓝ

58 다음 중 최고 주파수가 $8[kHz]$인 신호파를 펄스 코드 변조(PCM)할 경우, 표본화 주기로 적합한 것은?

㉮ $1.25[\mu s]$ ㉯ $6.25[\mu s]$ ㉰ $12.5[\mu s]$ ㉱ $62.5[\mu s]$

해설

표본화 주기 $T_s = \dfrac{1}{f_s} \leq \dfrac{1}{2f_m} = \dfrac{1}{2 \times 8k} = 62.5[\mu s]$ ㉱

59 일정시간 동안 200개의 비트가 전송되고, 전송된 비트 중 15개 비트에서 오류가 발생했을 때, 비트 에러율 (BER)은?

㉮ $7.5[\%]$ ㉯ $15[\%]$ ㉰ $30[\%]$ ㉱ $40.5[\%]$

해설

$\gamma_e = \dfrac{15}{200} \times 100[\%] = 7.5[\%]$ ㉮

60 아날로그 신호를 디지털 신호로 변환하는 전송에 대한 설명으로 옳지 않은 것은?

㉮ 표본화율$^{sampling\ rate}$이 증가하면 그만큼 필요 전송 대역폭이 증가한다.
㉯ 양자화 준위의 수가 늘어나면, 오차가 증가하지만 필요 전송 대역폭이 감소한다.
㉰ 표본으로부터 원 신호를 정보손실 없이 복원하려면, 표본화 율을 아날로그 신호의 최고 주파수 성분의 2배 이상으로 해야 한다.
㉱ 디지털 신호는 저역통과 필터를 사용하여 원래의 아날로그 신호로 복원할 수 있다.

해설

양자화 비트를 증가하여 양자화 준위(레벨)수가 많아지면, 양자화 잡음(오차)은 감소하지만, 많은 비트를 전송하게 되어 전송 대역폭은 증가한다. 표본화 주파수 $f_s \geq 2f_m$ 을 만족해야 원신호를 충실히 복원할 수 있고, LPF에 의해 종단에서 원 아날로그 신호를 복원한다.   ㉯

61 PCM$^{Pulse\ Code\ Modulation}$ 방식에 대한 설명으로 옳지 않은 것은?

㉮ 샘플링된 신호에 이산적인 값을 할당하는 양자화와 펄스 부호로 변환하는 부호화가 필요하다.
㉯ 양자화 레벨 수가 증가하면 양자화 오차가 늘어난다.
㉰ 디지털 전송신호 방식으로 원거리통신에 중계기의 사용이 가능하다.
㉱ 아날로그 방식보다 잡음 및 왜곡의 영향에 강한 장점이 있다.
㉲ 누화가 없고 고가의 필터^{BPF}가 필요하지 않다.
㉳ 대역폭이 작아서 저질의 전송선로에서도, S/N비 좋은 통신을 할 수 있다.

해설

양자화 비트, 레벨 수가 많아지면 양자화 잡음(오차)이 감소하나, 대역폭은 증대되며, 잡음, 왜곡, 누화에 강하고, 필터 처리가 필요치 않으며, S/N이 향상된다. 그러나 대역폭이 넓고, 동기가 필요하며, 특유(양자화, 과부하)잡음 등이 존재한다.   ㉯, ㉳

62 $20[\text{kHz}]$의 음성신호를 8비트 양자화 및 부호화를 거쳐 PCM으로 전송하고자 할 때, 신호의 손실 없이 최소화하여 표본화할 경우 이 신호의 전송속도$[\text{kbps}]$는?

㉮ 80　　　　　　　㉯ 160　　　　　　　㉰ 240　　　　　　　㉱ 320

해설

표본화 최소 주파수 $f_s = 2 \times 20 = 40[\text{kHz}]$이고, 1표본당 $n = 8$비트 양자화 및 부호화시켜 전송한다. 비트신호 전송속도 $r_b = n \cdot f_s = 8 \times 40k = 320[\text{kbps}]$이다.

63 최고 주파수가 $8[\text{kHz}]$인 아날로그 신호를 240레벨로 양자화하여 PCM 전송하고자 한다. 아날로그 신호로 복원 시 왜곡이 발생하지 않기 위한 신호의 전송속도$[\text{bps}]$는?

해설

양자화 레벨수 $240 (\leq 256 = 2^8)$은 최소 8비트를 양자화 및 부호화시켜 전송할 때 왜곡 없이 원신호를 복원하기 위한 최소전송속도 $S = n \cdot f_s = 8 \times (2 \times 8k) = 128[\text{kbps}]$이다

64 다음 조건으로 변환된 오디오 데이터를 전송속도 $2[\text{kbps}]$인 네트워크를 이용하여 실시간으로 전송할 때, 이론적으로 필요한 최소 압축률$[\%]$은? (단, $1[\text{kbps}] = 1{,}000[\text{bps}]$이며, 오디오 데이터 이외의 부가정보는 무시한다)

- 표본화율 : $1{,}000[\text{Hz}]$
- 양자화 비트수 : 5
- 채널 : 스테레오(stereo)

㉮ 20　　　　　　　㉯ 40　　　　　　　㉰ 60　　　　　　　㉱ 80

해설

전송할 데이터의 전송속도 $S = n \cdot f_s = 5 \times 1000 \times 2$채널 $= 10000[\text{kbps}]$일 때, 사용 네트워크의 가용전송속도는 $2000[\text{kbps}]$이므로, 전체의 $80[\%]$ 분량($8000[\text{kbps}]$)을 압축해야 한다.　　㉱

65 1초에 1백만 개의 심벌을 전송하는 디지털 전송시스템이 있다고 할 때, 이 시스템이 전송하는 심벌이 8개의 신호레벨을 가진다면 비트 전송속도$[\text{Mbit/s}]$는?

㉮ 1　　　　　　　㉯ 3　　　　　　　㉰ 8　　　　　　　㉱ 256

해설

비트 전송속도 $S = n \cdot B = 3 \times 10^6 = 3[\text{Mbps}]$ (1심벌=3비트, B : 심벌(변조)속도)　　㉯

66 디지털 TV 화면을 전송하려고 한다. 한 화면을 나타내기 위해 400×500 화소^pixel를 사용하는데, 각 화소는 1024개의 색상 중, 어느 하나의 그림 데이터를 갖는다고 하자. 초당 화면 10개를 전송하는 경우 화면의 손상없이 디지털화한 모든 데이터를 전송하기 위한 송신측에서의 최소 데이터 전송률$[\text{bps}]$은?

해설

총 화소 $N = 400 \times 500$개, 양자화 비트$= 10$비트, 송상수$= 10[$화면$/$초$]$이므로 총 비트 전송율 $S = r_b = (400 \times 500 \times 10)$비트$\times 10/\text{sec} = 20[\text{Mbps}]$이다. 여기서 $2^{10} = 1024$이다.

67 300[Hz]에서 4,300[Hz]까지의 주파수 대역과 신호 대 잡음비(S/N)가 255와 30[dB]인 경우의 통신링크에서 얻을 수 있는 각 최대 채널용량[kbps]은?

해설

$C_1 = B \cdot \log_2(1 + S/N) = 4000\log_2(1 + 255) = 4000 \times 8 = 32[\text{kbps}]$ 이고, $S/N = 30[\text{dB}]$는 $S/N = 1000$이므로,

$C_2 = B \cdot \log_2(1 + S/N) = 4000\log_2(1 + 1000) \approx 4000 \times 10 = 40[\text{kbps}]$ 이다

68 다음 파형은 2진 디지털 데이터를 전송하기 위한 두 개의 라인코드 펄스파형이다. (가)와 (나)에 해당하는 라인코드 방식을 〈보기〉에서 옳게 고르시오.

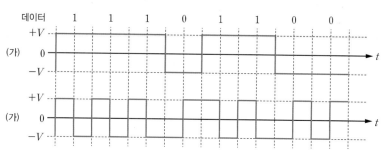

〈보기〉   양극성 NRZ, 양극성 RZ, 단극성 NRZ, 단극성 RZ
맨체스터^{manchester}, AMI$^{\text{Alternate Mark Inversion}}$, CMI

해설

기저대역 전송에 사용하는 전송부호(라인코드)에서 동기검출이 용이한 맨체스터, AMI, CMI 등이 많이 쓰인다. 즉 (가)는 양극성 NRZ이고 (나)는 맨체스터이다.

- 맨체스터 : "1" → 한펄스 구간의 반은 (+)전압, 나머지 반은 (−)전압을 유지한다. 그리고 0은 1의 반대 형태를 유지한다.
- AMI : 0은 0[V], 1은 (+) 전압, (−) 전압 펄스를 교대로 사용한다.
- 양극성 RZ : 50[%] 점유율의 (+),(−)의 전압펄스를 사용하고, 나머지 50[%]는 0[V]를 경유한다.
- NRZ는 100[%] 점유펄스를 사용한다.

69 패킷교환망의 두 방식인 데이터그램망과 가상회선망에 대한 설명으로 틀린 것은?

㉮ 데이터그램망에 의해서 전달되는 패킷들이 최종 목적지에 도착하는 순서는 송신된 패킷의 순서와 다를 수 있다.

㉯ 가상회선망에서는 모든 패킷이 동일한 경로를 따라 전달되므로 최종 목적지에 도착하는 순서가 송신되는 순서와 동일하다.

㉰ 데이터그램망의 교환기는 고정된 경로지정표$^{\text{routing table}}$를 이용하여 경로를 선택한다.

㉱ 인터넷 기반 음성전화 서비스를 위해서는 가상회선망이 데이터그램망보다 적합하다.

해설

교환회선을 이용한 데이터 패킷을 전송할 때, 사전에 논리적인 회선(경로)를 설정하여 전송하는 가상회선망 방식은 장거리, 많은 양의 데이터를 전송하는 인터넷 기반 음성전화 서비스에 적합하다. 데이터그램 방식은 수시로 최적경로를 받아 전송하며, 패킷 재순서 정리 등이 필요하며, 주로 적은양의 데이터를 짧은 시간에 보내는 경우에 적합하다.   ㉰

70 유선 LAN$^{\text{local area network}}$에서 사용되는 표준 이더넷 프레임에 포함되지 **않는** 필드는?

㉮ 길이^{length} 또는 형태^{type} ㉯ 목적지 주소$^{\text{destination address}}$

㉰ 송신자 주소$^{\text{source address}}$ ㉱ 패킷 번호$^{\text{packet number}}$

해설

이더넷 프레임 : DA(목적지 주소), SA(전송측 주소), L/T(데이터 형태), FCS, 유료 데이터 ㉱

71 그림과 같은 선형 시불변 시스템 H_1, H_2, H_3가 각각 임펄스 응답함수 $h_1(t)$, $h_2(t)$, $h_3(t)$를 갖는다고 할 때, 점선으로 표시한 등가시스템 H에 대한 설명으로 옳지 **않은** 것은?

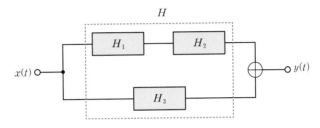

㉮ 시스템 H의 특성은 시간에 상관없이 일정한 특성을 나타낸다.
㉯ 시스템 H의 임펄스 응답은 $h_1(t) \cdot h_2(t) + h_3(t)$이다.
㉰ 시스템 H에 입력신호 $x(t-a)$를 인가하였을 때 어떠한 상수 a에 대해서도 출력은 $y(t-a)$로 나타난다.
㉱ 시스템 H에 입력신호를 $bx(t)$로 인가하였을 때 어떠한 상수 b에 대해서도 출력은 $by(t)$로 나타난다.

해설

선형시불변(LTI) 시스템에서 H는 주파수 영역에서의 전달함수로서, $H = (H_1 \cdot H_2) + H_3$이며 H의 임펄스 응답인 $h(t) = [h_1(t) * h_2(t)] + h_3(t)$가 된다. ㉰는 시불변성, ㉱는 선형성이 성립됨을 의미한다. 출력 $y(t) = x(t) * h(t)$으로 구해진다. ㉯

72 신호 $h[n]$을 임펄스 응답으로 갖는 선형시불변 이산시스템에 대해 이산 신호 $x[n]$을 인가하였을 때, 출력되는 응답을 $y[n]$이라고 한다. $n = 2$일 때의 출력값 $y[2]$는? (단, $x[0] = 3$, $x[1] = 1$, $x[2] = -3$, $x[3] = -1$, 그 외의 모든 n에 대해서 $x[n] = 0$이고, $h[0] = 1$, $h[1] = 4$, $h[2] = -2$, $h[3] = 1$, 그 외의 모든 n에 대해서 $h[n] = 0$이다)

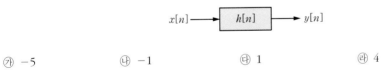

㉮ -5 ㉯ -1 ㉰ 1 ㉱ 4

해설

선형 시불변(LTI)시스템에서 임펄스 응답 $h[n]$을 알게 되면 그 시스템의 출력 $y[n]$을 입력 $x[n]$과 $h[n]$와의 컨벌루션의 합으로 쉽게 구할 수 있다. 컨벌루션의 합의 연산을 하기 위해 각 변수의 이산값을 그림 (a)~(c)에 도시하였다. 그림 (a)와 (c)의 이산값으로 출력 $y[n]$을 구하면 다음과 같다.

$$y[n] = x[n] * h[n] = \sum_{K=-\infty}^{\infty} x[n-K]h[K] = \sum_{K=-\infty}^{\infty} x[K]h[n-K] = \sum_{K=-\infty}^{\infty} x[K]h[2-K]$$
$$= 3 \times (-2) + (1 \times 4) + (-3 \times 1) = -5$$
  ㉮

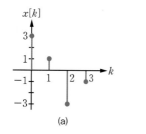

(a)

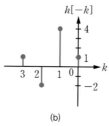

(b)

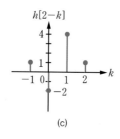

(c)

73 그림과 같은 임펄스 응답 $h[n]$을 갖는 선형시불변 이산시스템에서 입력신호 $x[n]$에 대한 출력신호를 $y[n]$이라고 할 때, 이에 대한 설명으로 옳지 <u>않은</u> 것은? (단, $h[0]=1$, $h[1]=-1$이고 그 외의 모든 n에 대해서는 $h[n]=0$이다).

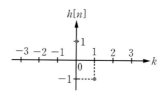

㉮ $x[n]$이 $n=0$에서는 1이고 그 외의 모든 n에 대해서는 0이라면, $y[1]=-1$이다.

㉯ 모든 n에 대하여 $x[n]=1$이라면, 모든 n에 대하여 $y[n]=0$이다.

㉰ 입력신호 $x[n-2]$에 대한 출력신호는 $y[n-2]$이다.

㉱ $y[n]$은 $x[n+1]$의 영향을 받는다.

해설

출력 $y[n]$은 $y[n]=x[n]*h[n]$의 컨벌루션으로 결정되므로, $x[n+1]$과는 무관하다. 입력 $x[n]$에 대해 출력 $y[n]$이므로, $x[n-2]$의 입력에 대한 출력은 선형·시불변성에 의해 $y[n-2]$임을 쉽게 인식할 수 있다. ㉱

74 무왜곡 전송$^{distortionless\ transmission}$ 채널의 특성에 대한 설명으로 옳지 <u>않은</u> 것은?

㉮ 모든 주파수 성분에 대하여 감쇠율(혹은 증폭률)이 일정하다.

㉯ 주파수에 대한 위상 특성이 선형적이다.

㉰ 출력은 입력과 동일한 형태^{shape}를 유지하되 상수 배가 되고 일정 시간 지연될 수 있다.

㉱ 주파수 영역에서 전달함수가 델타 함수이다.

해설

무왜곡 전송시스템은 입·출력 신호의 크기는 다르다 하더라도, 모양 자체는 같아야하며 유한한 시간지연을 갖는다. 무왜곡 선형 시불변 시스템은 주파수 영역에서 크기응답은 일정 상수값 K를, 위상응답은 선형특성을 갖는다. $y(t)=K\cdot x(t-t_d)$

㉱

75 OSI 7계층에 대한 설명으로 옳지 <u>않은</u> 것은?

㉮ 데이터링크 계층은 인접 노드 간의 신뢰성 있고 안정적인 통신을 위한 기능을 수행한다.

㉯ 패킷 전송망의 네트워크 계층은 라우팅을 통해 효율적인 경로를 지정하는 기능을 수행한다.

㉰ 물리 계층은 전기적, 기계적, 물리적 인터페이스 특성을 정의하여 기기 간의 원활한 연결을 수행한다.

㉱ 전송 계층에서는 효율적 전송을 위한 데이터의 암호화 및 압축 기능을 수행한다.

해설

개방형 시스템 간에 신뢰성 있는 정보를 교환하기 위해, 많은 기능 요소에 대한 규칙인 통신 규약(프로토콜)을 준수해야하며, 대표적인 OSI-7계층의 프로토콜이 있다

- 1(물리)계층 : 기계적, 전기적, 기능적, 절차적 규격을 정의(비트)
- 2(데이터-링크)계층 : 인접노드간 링크설정과 정보전달(프레임)
- 3(네트워크)계층 : 송수신 간의 정보전달(교환, 중계, 경로설정 기능(패킷)
- 4(전송)계층 : 양 종단간에 투명하고 신뢰성 있는 정보전송(세그먼트)
- 5(세션)계층 : 응용프로세스 간에 대화제어(송신권 및 동기제어)
- 6(표현)계층 : 응용프로그램의 데이터표현, 구문(코드)변환, 암호화, 압축, 인증 기능
- 7(응용)계층 : 사용자의 응용프로그램 활용하기 위한 인터페이스 기능을 행한다.　　㉱

76 TCP/IP 프로토콜을 구성하는 계층이 <u>아닌</u> 것은?

㉮ 응용^{application} 계층　　　　　　　㉯ 네트워크^{network} 계층

㉰ 전송^{transport} 계층　　　　　　　㉱ 세션^{session} 계층

해설

TCP/IP 프로토콜은 인터넷에 사용되는 프로토콜로서 OSI-7계층과 달리, 네트워크 환경에 따라 여러 개의 프로토콜을 사용할 수 있는, 실용적 측면의 4계층으로 구성되어 있으며 OSI 7계층과 비교하면 다음과 같다.

- 네트워크 계층 : 1층+2층 / 인터넷 계층 : 3층 / 전송 계층 : 4층 / 응용 계층 : 5~7층　　㉱

77 TCP/IP 프로토콜에 대한 설명으로 옳지 <u>않은</u> 것은?

㉮ 네트워크 계층은 패킷이 근원지에서 목적지까지 갈 수 있도록 경로를 라우팅하고 포워딩하는 역할을 수행한다.

㉯ 7개의 계층으로 구성되어 있다.

㉰ TCP는 종단 대 종단의 논리적 연결을 구성하고 흐름제어, 오류제어, 혼잡제어 서비스들을 제공한다.

㉱ IP는 흐름제어, 오류제어, 혼잡제어 서비스들을 제공하지 않는 비연결형 프로토콜이다.

해설

네트워크 계층(인터넷, IP 계층)은 송/수신 간의 교환, 경로설정(라우팅) 관련 규약이며 TCP는 신뢰성을 보장(오류, 흐름제어 등)하는 정보전송을 행하는 전송 계층 규약이며, IP 프로토콜은 패킷을 전달하는 비연결형 인터넷 계층의 프로토콜이다.　　㉯

78 TCP와 UDP에 대한 설명으로 옳지 <u>않은</u> 것은?

㉮ UDP는 8바이트 크기의 헤더^{header}를 포함한다.

㉯ TCP는 UDP보다 신뢰성 있는 연결형 서비스를 제공한다.

㉰ TCP 세그먼트의 헤더^{header}는 체크섬^{checksum} 항목을 포함하지 않는다.

㉱ UDP는 흐름제어와 혼잡제어 기능을 수행하지 않는다.

[해설]

TCP/IP 전송 계층의 대표적 프로토콜로서 TCP는 오류 및 흐름제어를 행하며, 신뢰성 있는 긴 데이터 전송에 적합한 연결형 프로토콜이지만, UDP는 헤더의 체크섬(오류 검출)기능도 무시하며, 오류 및 흐름제어를 거의 행하지 않는 비연결형 프로토콜이고, 헤더(8바이트)도 단순하며, 안정성이 높은 전송매체를 사용한 짧고, 빠른 전송에는 적합하다. ㉰

펄스 회로
Pulse Circuit

전자회로가 동작하기 위해서는 다양한 형태의 파형이 필요하다. 이 장에서는 멀티 바이브레이터 회로나 연산 증폭기, 특수 반도체 소자 및 IC 등을 이용하는 이장 발진회로를 이용하여 구형파, 삼각파, 톱니파, 임펄스 등 비정현파를 발생시키는 회로를 구현하고 해석할 것이다.

펄스 파형의 기본 이론

이 절에서는 비정현파인 펄스의 파형과 선형소자(R, L, C 등), 비선형소자(다이오드, TR, FET 등)에 의해 펄스 파형이 변화되는 펄스정형 회로를 살펴보고 이를 해석해보자.

Keywords | **충격계수** | **실제 펄스 파형** | **미분 · 적분기** |

12.1.1 펄스의 정의 및 파형의 종류

펄스[pulse]는 시간적으로 불연속적이고, 충분히 짧은 시간에만 존재하는 전압 및 전류를 말한다. 가장 많이 쓰이는 구형파, 계단[step]파, 램프[ramp]파, 톱니파, 삼각파, 지수 함수파, 폭이 매우 좁은 임펄스[impulse]파 등 다양한 형태를 갖는다.

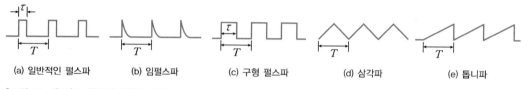

(a) 일반적인 펄스파   (b) 임펄스파   (c) 구형 펄스파   (d) 삼각파   (e) 톱니파

[그림 12-1] 펄스 회로의 파형의 종류

펄스 파형에 관한 정의

[그림 12-2]는 가장 많이 사용되는 구형파 펄스의 이상적인 모습이다.

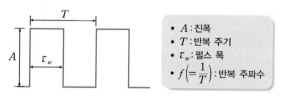

- A : 진폭
- T : 반복 주기
- τ_w : 펄스 폭
- $f\left(=\dfrac{1}{T}\right)$: 반복 주파수

[그림 12-2] 이상적인 펄스

이때 1주기에 해당하는 T에 대한 펄스폭 τ_w의 비를 **충격계수 D**[Duty factor, Duty cycle](**펄스 점유율**)로 정의한다. 충격계수 D는 펄스 파형의 형태를 나타내는 중요한 파라미터로 쓰이며, 식 (12.1)로 정의할 수 있다. 또한 피크전력 P_m에 충격계수 D를 곱하면 평균전력 P를 구할 수 있다.

$$D = \frac{\tau_w}{T} = f \cdot \tau_w \tag{12.1}$$

$$P = P_m \cdot \frac{\tau_w}{T} = P_m \cdot f \cdot \tau_w \tag{12.2}$$

실제적인 펄스

펄스 파형은 왜곡된 파형으로서 주파수 성분에 직류와 많은 고조파^{harmonics} 성분이 포함되어 있다. 따라서 [그림 12-2]와 같은 이상적인 펄스라도 어떤 회로망을 통과하면 회로망의 주파수 특성에 의해 실제 파형이 [그림 12-3]과 같이 된다.

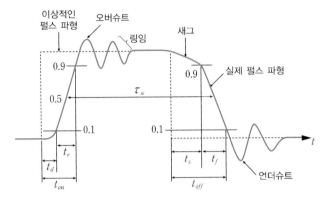

[그림 12-3] 실제적인 펄스 파형

❶ $t_r^{\text{rise time}}$: 펄스의 상승시간($t_r = 2.2 \times$ 시정수), 즉 펄스가 최대 진폭의 10[%]에서 90[%]까지 상승하는 시간을 나타낸다.

❷ $t_f^{\text{fall time}}$: 펄스의 하강시간, 즉 펄스가 최대 진폭의 90[%]에서 10[%]까지 하강하는 시간을 나타낸다.

❸ $t_d^{\text{delay time}}$: 펄스의 지연시간, 즉 입력펄스가 들어온 후 출력펄스가 최대 진폭의 10[%]가 되기까지의 지연시간을 나타낸다.

❹ $t_s^{\text{stotage time}}$: 펄스의 축적시간, 즉 입력펄스가 끝난 후 출력펄스가 최대 진폭의 90[%] 되기까지 감소하는 시간을 나타낸다.

❺ $t_{on}^{\text{turn off time}}$: 상승시간 + 지연시간을 나타낸다.

❻ $t_{off}^{\text{turn off time}}$: 축적시간 + 하강시간을 나타낸다.

❼ **펄스의 폭**$^{\text{pulse width}}$: 진폭이 50[%]가 되는 상승과 하강 사이의 시간을 나타낸다.

❽ **새그**^{sag} : 하강속도의 비를 나타낸다. 구형파 펄스의 파형에서 뒤쪽 부분의 진폭이 감소하여 **증폭기의 저역특성**이 나쁠 때, 즉 낮은 주파수 성분이나 직류 성분이 잘 통하지 않을 때 발생한다.

❾ **링잉**^{Ringing} : 펄스의 상승부분에서 진동의 정도(**고주파 성분의 공진** 때문에 발생)를 나타낸다.

❿ **언더슈트**$^{\text{under shoot}}$: 하강 파형에서 이상적 펄스파의 기준 레벨보다 아래 부분의 높이를 나타낸다.

⓫ **오버슈트**$^{\text{over shoot}}$: 상승 파형에서 이상적 펄스파의 진폭 A 보다 높은 부분의 높이를 나타낸다.

충격계수가 0.1이고 주기가 30[μs]인 펄스의 폭을 구하여라.

풀이

$D = \dfrac{\tau_\omega}{T}$ 이므로 펄스폭을 구하면 다음과 같다.

$$\tau_\omega = D \cdot T = 0.1 \times 30 = 3[\mu s]$$

RC 회로의 출력에서 최종치의 10[%]에서 90[%]까지 얻는 데 소요되는 시간을 (ⓐ)이라고 하며, 이 값은 (ⓑ)가 된다(단, RC 시정수는 2[μs]이다).

풀이

- ⓐ : 상승시간
- ⓑ : $t_r \equiv 2 \cdot 2RC = 2.2 \times 2 = 4.4[\mu s]$

12.1.2 미분기와 적분기 회로에 의한 펄스 파형정형 회로

비정현파의 신호파형은 R, L, C 등 선형소자나 다이오드, TR, FET 등 비선형 특성을 갖는 소자들을 이용하면 입력파형과 다른 파형으로 출력된다. 이와 같은 현상을 이용하여 신호파형을 변화시키는 과정을 **파형정형**wave shaping이라고 한다.

R, L, C 선형회로의 펄스 응답을 통해 시정수에 따라 펄스 파형을 변화시키는 파형정형 회로를 구현할 수 있다. [그림 12-4]의 미분기에서는 시정수를 매우 작게 설정하여 **구형파 신호로부터 폭이 대단히 좁은 트리거 펄스(임펄스)**를 얻을 수 있고, [그림 12-5]의 적분기에서는 시정수를 매우 크게 설정하여 **구형파 신호로부터 시간에 비례하는 삼각파(톱니파)**를 얻을 수 있다. 이 절에서는 R, L, C로 구현된 미분기 및 적분기 회로와 시정수에 따라 정형된 출력파형([그림 12-6])에 대해 살펴볼 것이다. (다이오드 같은 비선형 소자를 이용한 클리퍼, 리미터, 슬라이서, 클램퍼 등 파형정형 회로는 1장에서 다루었다.)

직관적으로 해석해보면, [그림 12-4(a)]의 경우 크기가 $V[\text{V}]$인 스텝펄스를 V_i에 인가하면 출력 R에는 초기에 $V_o = V[\text{V}]$이다가 점차 $V_o = 0$이 되는, 폭이 좁은 임펄스 형태의 출력전압이 나타난다. [그림 12-5(a)]의 경우 출력 C에는 초기에 충전전압이 없어 $V_o = 0$이다가 점차 $V_o = V[\text{V}]$까지 증가하는, 램프파를 조합한 삼각파 형태의 출력전압이 나타난다.

■ 미분기 회로

RC 미분기와 RL 미분기 회로를 해석해보자. 여기서 t_p는 입력펄스의 폭이며, **시정수를 매우 작게** 설정한다.

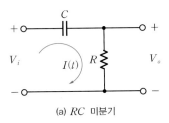

(a) RC 미분기

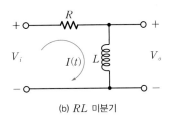

(b) RL 미분기

- $V_i = \dfrac{1}{C} \displaystyle\int I(t)dt + RI(t)$ (전압방정식)

- $CV_i = \displaystyle\int I(t)dt + RCI(t)$

- 시정수 $RC \ll t_p$ 경우, RC를 무시하면

  $CV_i = \displaystyle\int I(t)dt \;\rightarrow\; I(t) = C\dfrac{dV_i}{dt}$ 이므로

  $V_o = I(t)R = RC\dfrac{dV_i}{dt}$ (12.3)

- $V_i = RI(t) + L\dfrac{dI(t)}{dt}$ (전압방정식)

- $\dfrac{V_i}{R} = I(t) + \dfrac{L}{R}\dfrac{dI(t)}{dt}$

- 시정수 $\dfrac{L}{R} \ll t_p$ 경우, $\dfrac{L}{R}$을 무시하면

  $I(t) = \dfrac{V_i}{R}$ 이므로

  $V_o = L\dfrac{dI(t)}{dt} = \dfrac{L}{R}\dfrac{dV_i}{dt}$ (12.4)

[그림 12-4] 미분기 회로와 해석

■ 적분기 회로

RC 적분기와 RL 적분기 회로를 해석해보자. 이때 **시정수를 매우 크게** 설정한다.

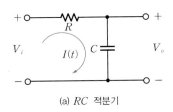

(a) RC 적분기

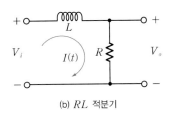

(b) RL 적분기

- $V_i = RI(t) + \dfrac{1}{C}\displaystyle\int I(t)dt$ (전압방정식)

- $\dfrac{V_i}{R} = I(t) + \dfrac{1}{RC}\displaystyle\int I(t)dt$

- 시정수 $RC \gg t_p$ 경우, $\dfrac{1}{RC}$을 무시하면

  $I(t) = \dfrac{V_i}{R}$ 이므로

  $V_o = \dfrac{1}{C}\displaystyle\int I(t)dt = \dfrac{1}{RC}\displaystyle\int V_i dt$ (12.5)

- $V_i = L\dfrac{dI(t)}{dt} + RI(t)$ (전압방정식)

- $\dfrac{V_i}{L} = \dfrac{dI(t)}{dt} + \dfrac{R}{L}I(t)$

- 시정수 $\dfrac{L}{R} \gg t_p$ 경우, $\dfrac{R}{L}$을 무시하면

  $I(t) = \dfrac{1}{L}\displaystyle\int V_i dt$ 이므로

  $V_o = RI(t) = \dfrac{R}{L}\displaystyle\int V_i dt$ (12.6)

[그림 12-5] 적분기 회로와 해석

■ 미분기와 적분기로 구형파를 정형시킨 출력파형

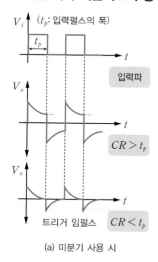

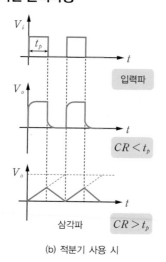

(a) 미분기 사용 시   (b) 적분기 사용 시

[그림 12-6] 정형된 구형파의 출력파형

■ 미분기 회로의 주파수 영역 해석

[그림 12-4]의 RC와 RL 미분기 회로의 주파수 영역에서 전달함수 $T(s)$를 구하면 다음과 같이 나타낼 수 있다. 주파수$(f,\ \omega,\ s = j\omega)$에 따른 감쇠특성에 대해 살펴보자.

$$RC \text{ 회로}: T(s) = \frac{V_o(s)}{V_i(s)} = \frac{R}{R + 1/sC} = \frac{R}{R + (1/j\omega C)} \tag{12.7}$$

$$RL \text{ 회로}: T(s) = \frac{V_o(s)}{V_i(s)} = \frac{sL}{R + sL} = \frac{1}{1 + (R/sL)} = \frac{1}{1 + (R/j\omega L)} \tag{12.8}$$

위 전달함수는 주파수가 증가할수록 출력전압 V_o가 증가하는 고역통과 필터(HPF) 특성을 갖게 되어 **미분기는 HPF**라고 정의할 수 있다.

■ 적분기 회로의 주파수 영역 해석

[그림 12-5]의 RC와 RL 적분기 회로의 주파수 영역에서 전달함수 $T(s)$를 구하면 다음과 같이 나타낼 수 있다. 주파수$(f,\ \omega,\ s = j\omega)$에 따른 감쇠특성에 대해 살펴보자.

$$RC \text{ 회로}: T(s) \equiv \frac{V_o(s)}{V_i(s)} = \frac{1/sC}{R + (1/sC)} = \frac{1}{1 + sRC} = \frac{1}{1 + j\omega RC} \tag{12.9}$$

$$RL \text{ 회로}: T(s) \equiv \frac{V_o(s)}{V_i(s)} = \frac{R}{R + sL} = \frac{R}{R + j\omega L} \tag{12.10}$$

위 전달함수는 주파수가 증가할수록 출력전압 V_o가 감소하는 저역통과 필터(LPF) 특성을 갖게 되어 **적분기는 LPF**라고 정의할 수 있다.

예제 12-3

저역통과 RC 회로에 계단파를 입력으로 공급할 때의 출력파형을 나타내고, 이 회로가 어떤 기능을 하는지 설명하여라.

풀이

이 회로는 적분기 동작을 하며, 출력파형은 시간에 비례하는 램프파형이 된다.

예제 12-4

다음 괄호 안에 정형시킨 출력파형의 명칭을 기술하여라.

구형파 펄스 ─┬─ 적분 : (ⓐ)   삼각파 ─┬─ 적분 : (ⓒ)
(입력)   └─ 미분 : (ⓑ)   (입력)   └─ 미분 : (ⓓ)

풀이

ⓐ : 삼각파, ⓑ 임펄스, ⓒ 정현파, ⓓ 구형파

비정현파 펄스발생 회로

구형파, 톱니파, 펄스파 등 비정현파 발진은 대부분 커패시터의 충·방전을 번갈아 일으키는 이장(relaxation) 발진기를 사용한다. 그 중에 트랜지스터의 스위칭 동작을 이용하는 멀티 바이브레이터 회로와 연산 증폭기, 특수 반도체 소자나 IC를 이용하는 발생 회로를 구현하고 이를 해석하는 방법을 배운다.

Keywords | 멀티 바이브레이터 회로 | 이장형 발진기 | 삼각파 발생 회로 | 톱니파 발생 회로 |

12.2.1 멀티 바이브레이터 회로

멀티 바이브레이터(MV)^{Multi-vibrator} 회로는 한쪽이 전도상태(on)일 때 다른 한쪽은 차단상태(off)가 되도록 2개의 능동소자(TR, FET, OP-AMP 등)를 연결한 일종의 재생회로이다. [그림 12-7]은 기본적인 MV 회로를 나타낸 것으로, 2단 증폭기에서 **정궤환**을 걸어서 형성된 발진기(클릭발생기)이다. 현재는 거의 IC화되어 사용되고 있으며, 2단 증폭단의 **결합소자로서 R과 C**가 사용된다. 종류에 따라 [표 12-1]과 같이 분류한다.

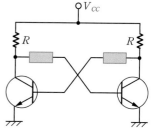

[그림 12-7] 기본적인 MV 회로

[표 12-1] MV 회로의 분류

분류	결합소자	결합상태	안정
쌍안정 MV	$R + R$	DC적 + DC적	2개
단안정 MV	$R + C$	DC적 + AC적	1개
비안정 MV	$C + C$	AC적 + AC적	없음

쌍안정 MV 회로

쌍안정^{bi-stable} MV 회로는 2개의 R 직류 결합회로로 구성되어 있으며, **2개의 안정상태**가 있다. 따라서 1개의 트리거 펄스가 가해지면 다른 안정상태로 천이하고, 두 번째 트리거 펄스를 가하면 원래의 안정상태로 천이한다. 한 번 설정된 안정상태에서는 별도의 트리거 펄스가 없다면 **재생 스위칭 동작**에 의해 안정상태를 유지하게 된다. 이 2개의 안정상태를 각각 2진 정보 0, 1에 대응시킬 수 있으므로, 2진 1비트 정보를 기억하는 장치, 즉 **플립플롭**에 이용할 수 있다. 또한 2개의 TR의 스위칭 속도를 높이기 위해서는 [그림 12-8(b)]처럼 베이스 저항(R_1과 R_1)에 스피드 콘덴서 C_S 2개를 병렬로 부착하여 사용할 수 있다.

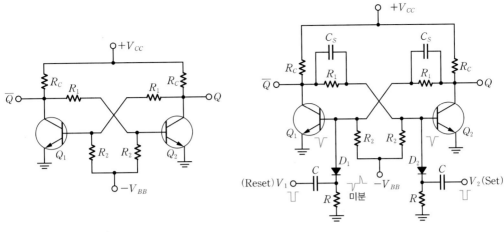

| (a) 기본 회로 | (b) 외부 트리거 입력단자를 가진 회로 |

[그림 12-8] 쌍안정 MV 회로

[그림 12-8(b)]는 쌍안정 MV의 현재 안정상태가 다른 안정상태로 변화를 일으키려 할 때, 외부에서 부(−) 트리거 펄스를 TR의 베이스에 인가하도록 구성한 회로이다. 이는 V_1(Reset 단자), V_2(Set 단자)에서 R, C 미분회로의 임펄스 출력을 다이오드 D_1, D_2에서 통과시키는 부(−) 트리거 펄스가 해당 TR을 강제로 off시켜 상태변화를 초래하게 된다.

예를 들어, V_2(set 단자)에서 부(−) 트리거 펄스를 Q_2의 베이스에 인가시키면 Q_2가 off 상태가 되어 출력 $Q =$ High(1, Set) 상태로 변한다. V_1은 $Q =$ Low(0, Reset)으로 만든다. 이는 디지털 논리회로에서 RS 플립플롭의 두 입력인 Set, Reset 단자를 의미한다.

예제 12-5

[그림 12-8(b)]의 쌍안정 MV에서 스피드 콘덴서에 의해 TR의 스위칭 속도가 향상되는 과정을 설명하여라(여기서 C_i는 내부에 형성된 접합용량이다).

풀이

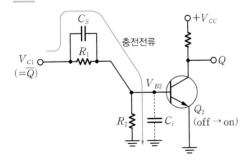

[그림 12-9] 스피드 콘덴서의 동작

Q_2가 off 상태에서 on 상태로 천이되는 순간, Q_1이 off되면서 콜렉터 출력전압 V_{C1}이 순간적으로 ΔV_{C1} 만큼 상승했다면 [그림 12-9]의 C_i의 충전전류처럼 R_1과 R_2로는 흐르지 않고(콘덴서의 초기상태는 단락으로 볼 수 있으므로) C_s와 C_i로만 흐르게 된다. 이때 C_i에 충전되는 전압이 Q_2를 포화시킬 수 있는 충분한 전압(ΔV_{B2})을 순간적으로 공급하여 Q_2가 빠르게 on 상태가 되도록 반전시킨다. 결국 C_s는 C_i의 충·방전 속도를 빠르게 하여 출력상태를 빨리 반전시키게 된다. 이때 ΔV_{B2}는 C_s의 비례 형태로 다음과 같이 구해지며, 입력 정전용량 C_i의 영향을 제거시킨다.

$$\Delta V_{B2} = \frac{C_s}{C_s + C_i} \cdot \Delta V_{C1} \qquad (12.11)$$

예제 12-6

[그림 12-8(b)]의 쌍안정 MV 회로에서 재생 스위칭 동작을 설명하여라.

풀이

• 루프 1 : 외부의 부(−) 트리거 펄스를 Q_1의 베이스에 가한 경우(Q_1 : off, Q_2 : on)

$$\rightarrow (\overline{Q}=H) - I_{B2}\uparrow - I_{C2}\uparrow - V_{CE2}(Q=L)\downarrow - V_{BE1}\downarrow - I_{B1}\downarrow - I_{C1}\downarrow - V_{CE1}\uparrow(\overline{Q}=H)$$

• 루프 2 : 외부의 부(−) 트리거 펄스를 Q_2의 베이스에 가한 경우(Q_2 : off, Q_1 : on)

$$\rightarrow (Q=H) - I_{B1}\uparrow - I_{C1}\uparrow - V_{CE1}(\overline{Q}=L)\downarrow - V_{BE2}\downarrow - I_{B2}\downarrow - I_{C2}\downarrow - V_{CE2}\uparrow(Q=H)$$

위의 2개 루프 과정처럼 어떤 안정상태를 계속 유지하려는 재생 동작을 의미한다.

단안정 MV 회로

단안정^{mono-stable} MV 회로는 결합회로의 한쪽을 *CR* 결합의 **교류결합**으로, 다른 한쪽은 *R* **직류결합**으로 구성되어 있다. 외부로부터 트리거 펄스(기동신호)를 가하지 않는 한 하나의 **안정상태**에 정지되어 있으며, 외부 트리거 펄스가 가해지면 반드시 안정상태에서 **준안정상태**로 천이한다. 회로에서 정한 일정 기간(T 시간) 동안 준안정상태를 유지하고 나면 트리거 펄스 없이도 원래의 안정상태로 천이한다. 따라서 **단발의 펄스를 생성하여 지연시간을 설정**하는 데 쓰인다. 컬렉터와 베이스의 결합저항 R_1에는 스피드 콘덴서 C_S가 병렬로 연결되어 있는데, C_S는 트리거에 따라 Q_1 TR이 on, Q_2 TR이 off가 되게 하는 스위칭 시간을 단축하는 작용을 한다.

■ 회로 동작 상태

먼저 [그림 12-10(a)]에서 Q_1은 부전원($-V_{BB}$)에 따라 약간의 역바이어스 전압($-0.5[\text{V}]\sim$
$-2[\text{V}]$)이 베이스에 주어져 있다. 한편 Q_2는 R을 통해 V_{CC}로부터 바이어스 전류가 공급되고 있으
므로 **정상상태에서는 Q_1이 off, Q_2가 on**의 안정상태가 된다.

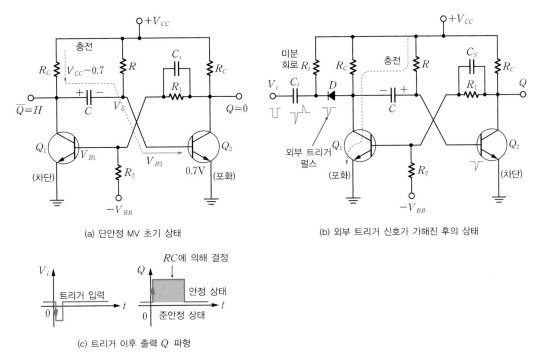

(a) 단안정 MV 초기 상태

(b) 외부 트리거 신호가 가해진 후의 상태

(c) 트리거 이후 출력 Q 파형

[그림 12-10] 단안정 MV 회로

[그림 12-10(b)]에서 Q_1이 on 상태일 때는 다이오드 D가 역바이어스 off 상태가 되지만, Q_2가 on
인 정상상태에서는 다이오드 D를 통해 부의 트리거 펄스를 가하면 콘덴서 C를 통해 Q_2의 베이스에
전해진다. 그 결과 Q_2의 베이스-이미터 간이 역바이어스가 되고 Q_2는 차단상태가 된다. 그 때문에
Q_2의 컬렉터 전압 $V_{CE2}(=Q)$는 V_{CC}까지 상승하고 이 변화가 R_1을 통해 Q_1의 베이스에 가해져
Q_1은 도통상태가 된다. 이 상태가 준안정상태이다. 준안정상태 동안에는 콘덴서 C에 축적된 $-V_{CC}$
의 부의 전압은 V_{CC}로부터 R을 통해 충전되는 전류에 따라 전위를 높이다가 Q_2의 베이스가 순바이
어스에 이르면 종료한다. 이와 같이 Q_2의 베이스 전류가 흐르기 시작하면 컬렉터 전류도 흘러 V_{CE2}
($=Q$) 전위가 낮아지고, 이것이 R_1을 통해 Q_1의 베이스에 가해지면 Q_1은 다시 off, Q_2도 on 상태
가 되어 최초의 안정상태로 돌아가게 된다.

여기에서 Q_1의 V_{BE1}은 [그림 12-10(a)]에서 $Q\cong 0[\text{V}]$이므로 다음 식으로 구해질 수 있다. 외부
트리거 펄스가 인가된 후 출력 $Q=H$인 준안정상태 기간인 펄스폭 T는 오직 RC 시정수 값으로
결정됨을 기억하자. [예제 12-7]에서 이를 유도해보기로 하자.

$$V_{B1} = -V_{BB}\left(\frac{R_1}{R_1 + R_2}\right) \cong (-0.5 \sim -2[\mathrm{V}]) \tag{12.12}$$

$$T = RC\ln 2 = 0.69RC \tag{12.13}$$

예제 12-7

단안정 MV 회로인 [그림 12-10(b)]에서 출력펄스의 폭 T가 $0.69RC$로 결정되는 것을 유도하여라.

풀이

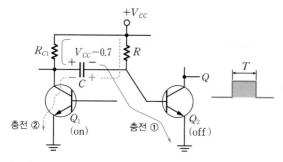

[그림 12-11] 펄스폭 T를 해석하기 위한 등가회로

출력 Q의 펄스폭 T는 출력 $Q = H(V_{CC})$인 Q_2가 차단상태(Q_1=on)를 유지하는 기간이다. 직전 상태 (Q_2=on)에서는 충전루프 ①을 통해 콘덴서 C에 $-(V_{CC}-0.7) \cong -V_{CC}[\mathrm{V}]$가 충전되어 있다. 이후 Q_2 의 베이스에 외부 트리거 펄스를 인가하여 off 상태로 변화시키면 Q_1이 on 상태가 되므로, 콘덴서 C는 충전루프 ②를 통해 이전($-V_{CC}$) 값은 방전하면서 새롭게 $+V_{CC}$를 향해 충전을 하게 된다. 이때 C의 전압인 V_C 값이 Q_2를 on시킬 수 있는 컷인 전압($V_\gamma \cong 0.7[\mathrm{V}]$)에 도달하면 Q_2는 다시 on되어 초기의 안정상태로 복귀하게 된다.

V_C는 $-V_{CC}$가 지수 함수적으로 방전하는 값 $-V_{CC}e^{-t/RC}$와 $+V_{CC}$를 향해 지수 함수적으로 충전하는 값 $V_{CC}(1-e^{-t/RC})$의 합이다. 따라서 $V_C = V_\gamma$가 성립되는 시간 T를 다음과 같이 구할 수 있다.

$$V_C = -V_{CC}e^{-t/RC} + V_{CC}(1-e^{-t/RC}) = V_\gamma \tag{12.14}$$

$$V_{CC}(1-2e^{-t/RC}) = V_\gamma \tag{12.15}$$

$$e^{-t/RC} = \frac{V_{CC}-V_\gamma}{2V_{CC}} \text{ (양변에 ln을 취함)} \tag{12.16}$$

$$t = RC\ln\frac{2V_{CC}}{V_{CC}-V_\gamma} \cong RC\ln 2 \ (V_{CC} \gg V_\gamma) \tag{12.17}$$

$$\text{출력펄스의 폭} : T = RC\ln 2 = 0.69RC \tag{12.18}$$

비안정(무안정) MV 회로

비안정astable MV 회로는 2개의 결합회로 모두 **CR** 결합의 교류결합으로 구성되어 있다. 안정상태가 없으며, 외부 트리거 펄스신호가 없어도 회로의 시정수로 정해지는 주기에 따라 **2개의 준안정상태** 사이를 번갈아 천이하는 free-running 동작을 한다. 이 회로는 **클록펄스 발생 회로**에 쓰인다.

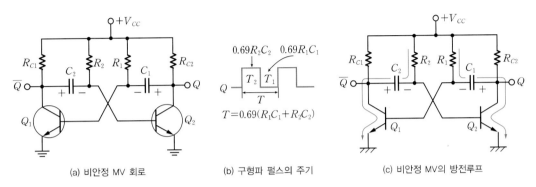

(a) 비안정 MV 회로   (b) 구형파 펄스의 주기   (c) 비안정 MV의 방전루프

[그림 12-12] 비안정 MV 회로

비안정 MV 회로의 출력 구형파 펄스의 주기 T와 주파수 f는 다음과 같다. 이때 $R_1 = R_2 = R$, $C_1 = C_2 = C$라고 하자.

$$T = T_1 + T_2 = 0.69(R_1 C_1 + R_2 C_2) = 1.4\,RC\ [\mathrm{sec}] \tag{12.19}$$

$$f = \frac{1}{T} = \frac{0.7}{RC}\ [\mathrm{Hz}] \tag{12.20}$$

비안정 MV의 주기 관계식과 동작 해석은 [예제 12-8]을 참조하기 바란다.

예제 12-8

비안정 MV 회로인 [그림 12-12(a)]에서 $R_1 = R_2 = 200[\mathrm{k}\Omega]$, $R_{C1} = R_{C2} = 10[\mathrm{k}\Omega]$, $C_1 = C_2 = 0.01[\mu\mathrm{F}]$일 때 출력인 구형파 펄스의 반복 주기 T와 주파수 f를 구하여라.

풀이

- 주기 : $T = 1.4RC = 1.4 \times 200\mathrm{k} \times 0.01\mu = 2.8[\mathrm{ms}]$

- 주파수 : $f = \dfrac{1}{T} = \dfrac{0.7}{RC} = \dfrac{1}{2.8 \times 10^{-3}} \cong 357[\mathrm{Hz}]$

NAND 게이트로 설계된 [그림 12-13]의 각 회로에 대해 주어진 물음에 답하여라.

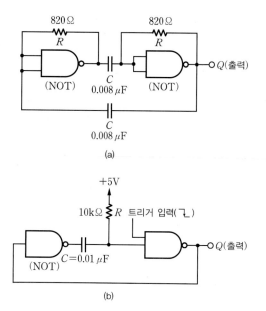

(a)

(b)

[그림 12-13] NAND로 구성한 MV 회로

(a) [그림 12-13(a)] 회로의 명칭, 출력의 주기, 출력 주파수
(b) [그림 12-13(b)] 회로의 명칭, 출력의 주기

풀이

(a) [그림 12-13(a)]는 NAND 게이트로 설계된 비안정 MV 회로로, 출력 주기와 주파수는 다음과 같다.

$$T = 0.7(R_1 C_1 + R_2 C_2) = 1.4RC$$
$$= 1.4 \times 820 \times (0.008 \times 10^{-6})$$
$$= 9.18 \times 10^{-6} [\mathrm{sec}]$$

$$f = \frac{1}{T} = \frac{1}{1.4RC} = \frac{0.7}{RC} = 108.9 \,[\mathrm{kHz}]$$

(b) [그림 12-13(b)]는 NAND 게이트로 설계된 단안정 MV 회로로, 출력의 주기는 다음과 같다.

$$T = 0.7RC$$
$$= 0.7 \times 10 \times 10^3 \times 0.01 \times 10^{-6}$$
$$= 70 [\mu s]$$

555 타이머 아날로그 IC를 이용해서 비안정 MV 회로와 단안정 MV 회로를 구현하고, 각 회로의 출력 주파수 f와 주기를 구하여라.

풀이

❶ 비안정 MV 회로

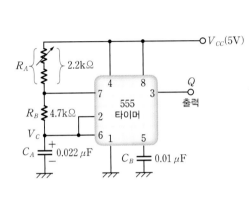

(a) 회로

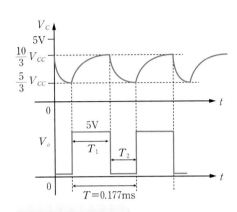

• $T = 0.69(R_A + 2R_B)C_A$ $T_1 = 0.69(R_A + R_B)C_A$

• $f = \dfrac{1}{T}$ $T_2 = 0.69R_BC_A$

(b) 출력파형

[그림 12-14] 비안정 MV 회로와 출력파형

• 구형파 출력 주파수 : $f = \dfrac{1.44}{(R_A + 2R_B)C_A} = \dfrac{1.44}{(2.2[\text{k}\Omega] + 9.4[\text{k}\Omega])0.022[\mu\text{F}]} = 5.64[\text{kHz}]$

• 구형파 출력 주기 : $T = 0.69(R_A + 2R_B)C_A = \dfrac{1}{f} = 0.177[\text{ms}]$

❷ 단안정 MV 회로

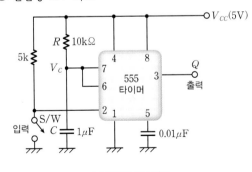

(a) 단안정 MV 회로

출력 주기 : $T = 1.1RC$

(b) 출력파형

[그림 12-15] 단안정 MV 회로와 출력파형

• 구형파 출력 주기 : $T = 1.1RC = 1.1 \times 10^4 \times 10^{-6} = 11[\text{ms}]$

슈미트 트리거 회로

슈미트Schmitt 트리거 회로는 [그림 12-16]과 같이 2개의 TR이 이미터 결합된 멀티 바이브레이터 회로로서, 어떤 기준값을 경계로 하여 출력측이 on 혹은 off로 동작한다. 따라서 정현파 혹은 임의의 아날로그 입력을 가해 **구형파(방형파) 발생 회로, 전압 비교기 회로, A/D 변환회로, 리미터(슬라이서) 회로** 등으로 사용된다. 그리고 서로 다른 2개의 출력(안정)상태를 발생시키므로 **쌍안정 MV 회로**에도 쓰인다.

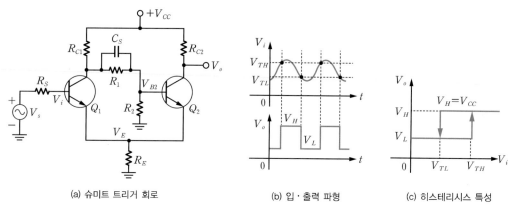

| (a) 슈미트 트리거 회로 | (b) 입·출력 파형 | (c) 히스테리시스 특성 |

[그림 12-16] 슈미트 트리거 회로와 파형 및 특성

■ 회로 동작 상태

❶ **입력전압 $V_i < V_E + 0.7$(기준 전압)일 때** : Q_1은 off, Q_2는 on 동작을 한다. 이때 Q_2를 순바이어스시키는 V_{B2}의 임계전압은 $V_{TH} = V_{CC} \cdot \dfrac{R_2}{R_{C1} + R_1 + R_2}$로서, 이 값이 $V_{B2} = V_{TH} = V_E + V_{BE2} = V_E + 0.7$이 되도록 설계해야 한다. 이 경우 출력전압은 $V_o = V_L$(일정값)을 유지한다.

❷ **입력전압 $V_i > V_E + 0.7$(기준 전압)일 때** : Q_1은 on, Q_2는 off 동작을 한다. 이때 Q_2를 역바이어스시키는 V_{B2}의 임계전압은 $V_{TL} = V_{C1} \cdot \dfrac{R_2}{R_1 + R_2}$로서, 이 값이 $V_E + V_{BE2}(= V_E + 0.7)$보다 충분히 적게 하여 Q_2가 순바이어스가 되지 않도록 구현한 것이다. 이 경우의 출력전압은 $V_o = V_H = V_{CC}$를 유지한다.

❸ **히스테리시스 특성** : [그림 12-16(c)]에 보이는 것처럼 비교기 회로 동작에서 입력잡음에 의한 오류를 제거하기 위해 TR Q_2를 on에서 off로, 혹은 off에서 on으로 반전시키는 입력의 기준 전압을 V_{TH}와 V_{TL}로 서로 다르게 사용하는 **히스테리시스 특성**을 갖는다.

$$\text{상측 기준 전압} : V_{TH} = V_{CC} \frac{R_2}{R_{C1} + R_1 + R_2} \tag{12.21}$$

$$\text{하측 기준 전압} : V_{TL} = V_{C1} \frac{R_2}{R_1 + R_2} \tag{12.22}$$

슈미트 트리거의 히스테리시스 특성에 대한 상세한 해석은 9장을 참조하기 바란다.

12.2.2 연산 증폭기를 이용한 구형파 발생 회로

[그림 12-17]은 반전 슈미트 트리거의 출력을 RC 궤환회로를 통해 커패시터 C의 충·방전에 이용하는 **구형파 이장 발진기 회로**인 비안정 MV 회로이다.

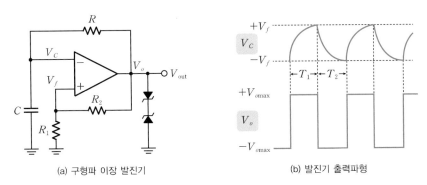

(a) 구형파 이장 발진기   (b) 발진기 출력파형

[그림 12-17] 구형파 이장 발진기 회로와 출력파형

■ 회로 동작 상태

[그림 12-17(a)]에서 (−)반전 입력은 콘덴서 C의 양단 전압이 V_C이고, (+)비반전 입력은 R_1과 R_2에 의해 출력으로부터 궤환되는 기준 전압 V_f가 인가된다. 초기상태는 C에 충전된 전압이 0이므로 반전 입력도 0이 되어, 연산 증폭기의 출력전압은 양(+)의 최대값인 $+V_{o\max}(\cong V_{CC})$가 된다. 따라서 궤환 기준 전압 V_f는 다음과 같다.

$$V_f = \frac{R_1}{R_1 + R_2} V_{o\max} \tag{12.23}$$

이때 C는 저항 R을 통해 $+V_{o\max}$를 향해 충전하며 시정수는 RC이다. 충전과정에 C의 전압 V_C 값이 (+) 단자의 궤환 기준 전압 V_f와 같아지는 순간부터 (−)반전 입력전압 V_C가 더 크므로 증폭기 출력은 음(−)의 최대값인 $-V_{o\max}(\cong -V_{CC})$로 바뀐다. 따라서 C는 V_f에서 $-V_{o\max}$를 향해 방전을 시작한다. 이때 궤환 기준 전압 V_f도 $-V_f$로 변경된다.

$$-V_f = \frac{R_1}{R_1 + R_2} \cdot (-V_{o\max}) \tag{12.24}$$

방전과정에서도 C의 전압 V_C 값이 $-V_f$와 같아지는 순간부터 (−)반전 입력전압 V_C가 더 작아진다. 그러므로 증폭기 출력은 양(+)의 최대치인 $+V_{o\max}$로 바뀐다. 따라서 C는 $-V_f$에서 $+V_{o\max}$를 향해 충전하며 동일한 과정을 반복한다. 즉 콘덴서의 전압 V_C는 $+V_f \frown -V_f$ 사이의 전압을 충·방전하며 유지하고, 증폭기 출력전압 V_o는 $+V_{o\max}$와 $-V_{o\max}$를 교대로 발생시킨다. 이 파형은 [그림 12-17(b)]에서 볼 수 있다. 그런데 [그림 12-17(a)] 회로에서처럼 최종 출력단자에 제너 다이오드 2개를 역으로 연결할 때는 최종 출력전압 V_{out}의 크기를 $V_{o\max}$와 $-V_{o\max}$가 V_z와 $-V_z$로 제한시키게 된다.

■ 구형파 펄스의 주기 T

[그림 12-17(b)]의 T_1 구간에서는 콘덴서 C가 충전모드이다. C는 $-V_f$에서 $+V_{o\max}$를 향해 충전되므로 C의 전압 $V_C(t)$는 다음 식으로 나타낼 수 있다.

$$V_C(t) = -V_f e^{\frac{-t}{RC}} + V_{o\max}(1 - e^{\frac{-t}{RC}}) \tag{12.25}$$

$$= -\frac{R_1}{R_1 + R_2} e^{\frac{-t}{RC}} + V_{o\max}(1 - e^{\frac{-t}{RC}}) \tag{12.26}$$

그런데 [그림 12-17(b)]와 같이 $t = T_1$일 때는 $V_C = V_f = \dfrac{R_1}{R_1 + R_2} \cdot V_{o\max}$ 이므로, 식 (12.26)과 연립하여 풀면 다음과 같이 T_1을 구할 수 있다.

$$\frac{R_1}{R_1 + R_2} V_{o\max} = -\frac{R_1}{R_1 + R_2} V_{o\max} \cdot e^{-T_1/RC} + V_{o\max}(1 - e^{-T_1/RC}) \tag{12.27}$$

$$\left(1 - \frac{R_1}{R_1 + R_2}\right) V_{o\max} = \left(1 + \frac{R_1}{R_1 + R_2}\right) V_{o\max} \cdot e^{-T_1/RC} \tag{12.28}$$

$$\frac{R_2}{R_2 + 2R_1} = e^{-T_1/RC} \quad \text{(양변에 ln을 취함)} \tag{12.29}$$

$$T_1 = RC \ln\left(1 + \frac{2R_1}{R_2}\right) \tag{12.30}$$

[그림 12-17(b)]의 T_2 구간에서는 콘덴서 C가 방전모드이다. C는 $+V_f$에서 $-V_{o\max}$를 향해 방전되므로 C의 전압 $V_C(t)$는 다음 식으로 나타낼 수 있다.

$$V_C(t) = V_f e^{-t/RC} - V_{o\max}(1 - e^{-t/RC}) \tag{12.31}$$

그리고 [그림 12-17(b)]와 같이 $t = T_2$일 때는 $V_C = -V_f = -\dfrac{R_1}{R_1 + R_2} \cdot V_{o\max}$ 이므로, 식 (12.31)과 연립하여 T_2를 구하면 T_1과 동일한 식이 된다. [그림 12-17]의 구형파 펄스의 주기 T와 주파수 f는 다음 식으로 구할 수 있다.

$$T = T_1 + T_2 = 2RC \ln\left(1 + \frac{2R_1}{R_2}\right) \tag{12.32}$$

$$f = \frac{1}{T} = \frac{1}{2RC \ln\left(1 + \dfrac{2R_1}{R_2}\right)} \tag{12.33}$$

[그림 12-17(a)]의 구형파 이장 발진기에서 발진 주파수 f를 구하여라(단, $R_1 = R_2 = 10[\text{k}\Omega]$이고, $R = 4.5[\text{k}\Omega]$, $C = 0.1[\mu\text{F}]$이다).

풀이

$$f = 1/2RC \ln\left(1 + \frac{2R_1}{R_2}\right) = \frac{1}{2 \times 4.5\text{k} \times 0.1\mu \times \ln3} \cong 1[\text{kHz}]$$

12.2.3 연산 증폭기를 이용한 삼각파 발생 회로

연산 증폭 적분기는 삼각파 발진기의 기본으로 사용될 수 있다. [그림 12-18(a)]의 회로는 연산 증폭기 A_1을 사용한 비반전 슈미트 트리거(즉 비교기) 회로의 구형파 펄스 출력을 연산 증폭기 A_2의 적분기에 입력시켜 삼각파를 발생시킨다. [그림 12-18(b)]는 각 부의 파형을 보여준다.

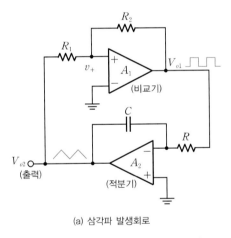

(a) 삼각파 발생회로

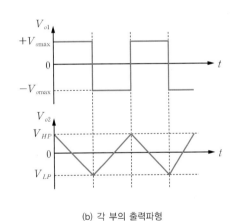

(b) 각 부의 출력파형

[그림 12-18] 삼각파 발생 회로와 출력파형

[그림 12-18(a)]에서 삼각파 출력의 최대값(V_{HP}), 최소값(V_{LP}) 레벨과 발진 주파수 f는 다음과 같이 나타낼 수 있다.

$$V_{HP} = + V_{o\max}\left(\frac{R_1}{R_2}\right) \tag{12.34}$$

$$V_{LP} = - V_{o\max}\left(\frac{R_1}{R_2}\right) \tag{12.35}$$

$$\text{발진 주파수} : f = \frac{1}{4RC}\left(\frac{R_2}{R_1}\right) \tag{12.36}$$

[그림 12-18(a)] 회로에서 $R_1 = 10[\text{k}\Omega]$, $R_2 = 20[\text{k}\Omega]$, $R = 50[\text{k}\Omega]$, $C = 0.01[\mu\text{F}]$일 때, 삼각파 출력 주파수 f를 구하여라.

풀이

$$f = \frac{1}{4RC}\left(\frac{R_2}{R_1}\right) = \frac{1}{4 \times 50 \times 10^3 \times 0.01 \times 10^{-6}}\left(\frac{20}{10}\right) = 1[\text{kHz}]$$

12.2.4 단일 정션 TR을 이용한 톱니파, 임펄스 발생 회로

단일 정션(UJT)^{Unijunction} TR은 낮게 도핑된 N형 실리콘 반도체 양끝에 베이스 B_1, B_2가 붙어 있고, 중간에 높게 도핑된 P형 반도체의 이미터 E로 구성된 **단일 PN 접합 하나를 갖는 3단자 스위칭 소자**이다. 1개의 PN 접합이므로 BJT나 FET과 동작특성이 완전히 다르며, FET과 달리 $E-B_1$ 간에는 순바이어스를 걸어준다. 베이스만 B_1, B_2 2개이므로 **이중 베이스**$^{\text{double base}}$ **다이오드**라고 하며, **부성저항** 특성이 있으므로 발진 작용으로 SCR이나 트라이액의 트리거 펄스발생 회로, 이장 발진기, 스위칭 회로 등에 매우 유용하게 사용된다.

[그림 12-19] ~ [그림 12-20]은 **톱니파와 트리거 펄스를 발생시키는 이장 발진기**를 구성하였다.

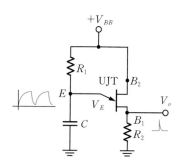

[그림 12-19] UJT의 이장 발진기 회로

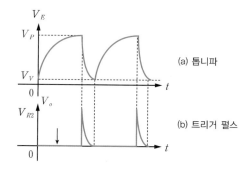

[그림 12-20] 톱니파와 트리거 펄스의 출력파형

전원이 공급된 순간 C가 단락되므로 이미터 전압 $V_E = 0[\text{V}]$이며, UJT의 저항은 $R_{B1} + R_{B2}$로 큰 값을 유지하기 때문에 그 전류값은 매우 작다. 그러므로 R_2 양단의 전압 V_{R2}는 매우 낮은 상태를 유지한다. 즉 이미터-베이스 1(B_1)의 PN 접합은 순바이어스가 걸리지 않았으므로 차단상태이다.

시간이 지남에 따라 C 양단에서는 시정수 $R_1 C$에 따라 지수 함수적으로 전압 $V_E = V_C$가 증가한다. C의 충전전압이 $V_P(= \eta V_{BB} + V_\gamma(0.7))$를 넘는 순간, 이미터-베이스 1 간의 PN 접합에 순바이어스가 인가되고, UJT가 on으로 바뀌면서 큰 전류가 흐른다. 이때 콘덴서 충전전압 V_E는 $E-B_1-R_2$를 통해 방전하기 시작하므로, B_1 측의 저항 R_2 양단에는 펄스pulse 모양의 전압파형이 발생된다. 방전으로 이미터 전압 V_E가 밸리Valley 전압 V_V보다 낮아지면 UJT는 off로 바뀌고, 다시 콘덴서에는 R_1과 C를 통해 충진이 시작되는데, 이와 같은 동작을 반복함으로써 발진회로로 동작한다. [그림 12-20]은 각 부의 전압파형을 나타낸다.

$$\text{발진 주파수} : f_o \cong \frac{1}{R_1 C \ln\left(\dfrac{1}{1-\eta}\right)} = \frac{1}{R_1 C \ln 2} = \frac{1.44}{R_1 C} \cong \frac{1.5}{R_1 C} \qquad (12.37)$$

진성 이탈비 η는 $0.5 \sim 0.85$이고, 여기서는 $\eta = 0.5$인 경우를 나타낸다.

예제 12-13

[그림 12-19]의 UJT를 이용한 이장 발진기에서 임펄스 출력의 발진 주파수를 구하여라(단, $\eta = 0.6$, $R_1 = 2.2[k\Omega]$, $C = 0.1[\mu F]$, $V_{BB} = 30[V]$이다).

풀이

$$f = \frac{1}{R_1 C \ln\left(\dfrac{1}{1-\eta}\right)} = \frac{1}{2.2k \times 0.1\mu \cdot (\ln 2.5)} = 4.96[kHz]$$

12.2.5 실리콘 제어 정류기를 이용한 톱니파(삼각파) 발생 회로

실리콘 제어 정류기(SCR) Silicon-Controlled Rectifier는 반도체 4층 구조인 PNPN 소자에 게이트 단자를 추가한 회로이다. 게이트 전류를 이용하여 SCR을 on으로 변화시키는 교류전력, 위상 제어 및 교류 스위치 등에 사용되는 특수 반도체이다. **SCR의 부성저항** 특성을 이용하여 다음과 같이 톱니파 발생 회로를 구성할 수 있다.

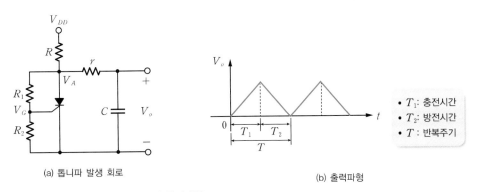

(a) 톱니파 발생 회로

(b) 출력파형

[그림 12-21] 톱니파 발생 회로와 출력파형

[그림 12-21(a)] 회로는 **SCR을 사용한 톱니파 발생 회로**이다. SCR이 차단상태일 때 입력전압 V_{DD} 는 저항 r을 통해 콘덴서 C에 충전된다. 그러나 게이트 전압 V_G와 애노드 전압 V_A가 임의의 레벨까지 상승하면 SCR은 도통한다. SCR이 도통상태이면 콘덴서 C는 SCR을 통해 방전하기 시작한다. 방전시간이 빠를수록 [그림 12-21(b)]처럼 직선성이 좋은 톱니파를 얻을 수 있다. (충전루프 : $V_{DD} \rightarrow R \rightarrow r \rightarrow C$, 방전루프 : $C \rightarrow r \rightarrow$ SCR)

12.2.6 CMOS 인버터 링 발진기

앞에서 시간지연을 생성하는 RC 네트워크와 능동소자(BJT, FET, OP-Amp, 특수 반도체) 또는 2~3개의 논리 게이트, MSI 등을 접속하여 파형 발생기를 만들 수 있다는 것을 직접 학습하였다. 그러나 NOT 게이트인, 인버터[inverter]만을 사용하여, 즉 추가로 수동 구성요소를 연결하지 않고 구형파 발생기를 만들 수 있는 유용한 방법을 학습해보자.

홀수 개의 CMOS 인버터형 링 발진기

[그림 12-23]에서 R_D 대신에 PMOS(M_4, M_5, M_6) 전류원으로 대체하게 되면 [그림 12-22(a)]와 같이 3개의 CMOS형 인버터[inverter]와 [그림 12-22(b)]와 같이 논리 게이트 인버터로 구성된 **링 발진기** [ring oscillator]를 보여주고 있다.

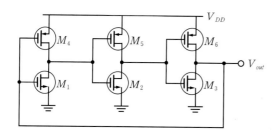

(a) 3개의 CMOS 인버터로 구현된 링 발진기 회로

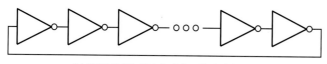

(b) 3개의 CMOS 인버터 게이트 링 발진기 회로

(c) 링 발진기의 출력 파형

[그림 12-22] CMOS 인버터 링 발진기

CMOS 인버터 게이트 3개(5개로 확장 가능)를 사용하여 [그림 12-22(b)]와 같이 링 발진기를 간단하게 구현할 수 있다. **"홀수 개의 인버터로 루프를 만들면 언제나 발진기가 된다."**라는 성질을 이용한 구형파 링 발진기는 [그림 12-22(b)]와 같이 인버터 N(N=홀수)개가 체인 형태로 연결된 폐루프 회로이다. [그림 12-22(b)]에서 링 발진기의 동작은 입력단에 Low 0 신호가 인가된다면, 홀수 개의 단stage를 거쳐 출력단에 High 1 신호가 출력된다. 이 출력신호 High 1이 다시 입력단에 재인가되고, 홀수 개의 단을 거치면 출력단에 Low 0 신호가 출력되므로, 결국 출력단에서 'Low 0'과 'High 1' 신호가 반복되는 [그림 12-22(c)]와 같은 주기적인 구형파의 발진을 보인다.

발진 주파수는 링 내에서 사용되는 인버터의 총 전파지연에 의해 결정되며, 그 자체는 인버터를 구성하는 게이트 기술, TTL, CMOS, BiCMOS의 유형에 따라 결정된다. 또한 링 발생기 회로의 경우 공급전압, 온도 및 부하 커패시턴스 C_D의 변화가 모두 논리 게이트의 전파지연에 영향을 주게 된다. 일반적으로 평균 전파지연시간은 발진 주파수와 함께 사용되는 디지털 논리 게이트 유형에 대한 제조업체의 데이터 시트에서 제공된다.

전파지연 또는 전파시간 T_p는 신호가 입력에 도달하는 논리 0에서 출력에서 논리 1을 생성하기까지 1개의 인버터를 직접 통과하는 데 필요한 총 시간을 나타낸 것으로, 단위는 나노초이다. 인버터 총 단수가 홀수 개(N개)로 구성된 폐루프인 [그림 12-22(b)]에서 2회 반복하는 시간이 링 발진기의 1주기(즉, 입력 0에서 다시 입력 0되는 시간)가 되며, 발진 주파수 $f = 1/T$을 이용하여, 입출력 신호의 1주기 값을 구할 수 있다.

$$T = 2N \cdot T_p \tag{12.38}$$

여기서 N은 사용된 게이트 수, T_p는 각 게이트당 전파지연이다. 따라서 발진 주파수 f는 다음과 같이 정리할 수 있다.

$$\text{발진 주파수} : f = \frac{1}{T} = \frac{1}{2N \cdot T_p} \tag{12.39}$$

이러한 링 발진기는 지연delay을 이용하여, 각 자기회로에 맞는 속도를 갖는, 여러 클럭신호를 생성하는 용도를 갖는데, 그 구조가 단순하여 마이크로프로세서, 메모리 등 IC 칩 내의 클럭 발생기로 많이 사용된다.

예제 12-14

74C 시리즈 CMOS형 인버터 게이트 3개를 사용한 링 발진기에서 발진 주파수를 결정하여라(단, sheet : $V_{cc} = 10[\text{V}]$, 부하 커패시턴스 $C_L = 8[\text{pF}]$, 게이트 전파지연=17[ns]이다).

풀이

$$f = \frac{1}{T} = \frac{1}{2N \cdot T_p} = \frac{1}{2 \times 3 \times 17 \times 10^{-9}} = 9.8[\text{MHz}]$$

3개의 공통 소스[CS]로 구성된 링 발진기

[그림 12-23]은 홀수(3개)의 공통 소스[CS] 반전 증폭기를 루프 순환 형태로 직렬접속한 순차 논리형 구형파 **링 발진기** 회로이다. 각 증폭단에서 반전(−180°, 역상) 3회와 R_D, C_D에 의한 1pole(극점)에서 −60° 위상지연을 3회를 행하여, 총 −360°(0°)의 동상의 정궤환으로 발진 조건을 만족시킨다.

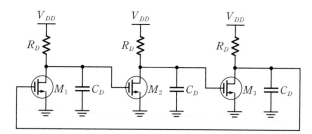

[그림 12-23] 3개의 [CS]로 구현된 링 발진기 회로

정상적인 발진을 유지하기 위한 발진 주파수 ω_o, 이득 조건, R_D 선정을 위한 회로 해석을 [예제 12-15]에서 학습해보자.

예제 12-15

[그림 12-23]의 링 발진기 회로에서 발진이 일어나기 위한 발진각 주파수 $\omega_o[\text{rad/s}]$와 $R_D[\Omega]$의 최소값을 결정하여라(단, M_1, M_2, M_3는 동일한 MOSFET이고, g_m은 MOSFET M_1, M_2, M_3의 전달 컨덕턴스이며, 채널길이 변조와 몸체효과는 무시한다).

풀이

M_1단에서 $A_{v1} = -g_m \cdot (R_D \parallel \frac{1}{j\omega C_D}) = -g_m \cdot \frac{R_D}{1 + j\omega R_D C_D} = |-g_m \cdot \frac{R_D}{\sqrt{1^2 + \omega^2 R_D^2 C_D^2}} | \angle \theta_1$의 경우 A_{v1}의 크기는 다음과 같이 구할 수 있다.

$$|H_1| = \left| \frac{g_m \cdot R_D}{\sqrt{1^2 + \omega^2 R_D^2 C_D^2}} \right|$$

위상 $\theta_1 = -\tan^{-1} \omega R_D C_D = -60°$에서 $\omega R_D C_D = \sqrt{3}$이므로, $\omega_o = \frac{\sqrt{3}}{R_D C_D}$이다. RC에 60°씩 3단이면 총 −180° 변화되고, 증폭기 3단으로 총 −180° 변화시키면, 최종 0°(동상)의 정궤환 발진 조건이 만족된다. 회로에서 $\beta = V_f / V_o = 1$이므로, 발진 이득 조건 $\beta \cdot A_{vt} = 1$이므로, $A_{vt} = 1$이다. 3단 전체 전압 이득 A_{vt} 크기는 다음과 같다(A_{vt}는 실제 1보다 조금 크게 유지함).

$$|H_t| = \left| g_m \cdot R_D / \sqrt{1^2 + \omega^2 R_D^2 C_D^2} \right|^3$$

위 식에서 $\omega_o = \frac{\sqrt{3}}{R_D C_D}$을 대입하면, $|H_t| = \left| g_m \cdot \frac{R_D}{2} \right| = 1$이므로 $R_D = \frac{2}{g_m}$이다(조건 : $g_m R_D \geq 2$).

01 다음과 같은 출력파형에서 주파수는 몇 [Hz]인가?

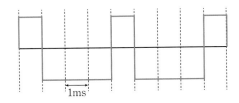

1ms

㉮ 200[Hz]　　　　㉯ 250[Hz]　　　　㉰ 300[Hz]　　　　㉱ 350[Hz]

해설

주기 $T=4[\text{ms}]$이므로 주파수 $f=\dfrac{1}{T}=\dfrac{1}{4\times10^{-3}}=250[\text{Hz}]$　　　　㉯

02 다음과 같은 주기적인 펄스 파형의 충격계수 D는 얼마인가? (단, $t_o=30[\mu\text{s}]$, $T=150[\mu\text{s}]$이다)

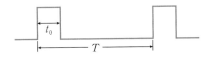

㉮ 10[%]　　　　㉯ 12[%]　　　　㉰ 20[%]　　　　㉱ 22[%]

해설

충격계수 $D=\dfrac{t_o}{T}=\dfrac{30[\mu\text{s}]}{150[\mu\text{s}]}\times100[\%]=20[\%]$　　　　㉰

03 듀티 사이클이 0.1이고, 주기가 40[μs]인 펄스의 폭은?

㉮ 1[μs]　　　　㉯ 2[μs]　　　　㉰ 3[μs]　　　　㉱ 4[μs]

해설

$D=\dfrac{\tau_w}{T}$에서 펄스의 폭 $\tau_w=D\cdot T=0.1\times40=4[\mu\text{s}]$이다.　　　　㉱

04 펄스 폭이 10[μs], 펄스 점유율이 50[%]인 펄스의 주파수는?

㉮ 50[kHz]　　　　㉯ 20[kHz]　　　　㉰ 10[kHz]　　　　㉱ 5[kHz]

해설

$D=\dfrac{\tau_w}{T}=f\cdot\tau_w$에서 $f=\dfrac{D}{\tau_w}=\dfrac{0.5}{10\times10^{-6}}=50[\text{kHz}]$이다.　　　　㉮

05 다음 펄스파에 대한 펄스 반복 주파수[kHz], 듀티 사이클[%], 평균값[V]은?

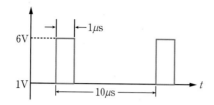

해설

- 펄스 주기 : $T = 10[\mu s]$, 주파수 : $f = \dfrac{1}{T} = 10^5 = 100[\text{kHz}]$
- 듀티 사이클 : $D = \dfrac{\tau_w}{T} = \dfrac{1[\mu s]}{10[\mu s]} = 0.1 = 10[\%]$
- 평균값 $V_{av} = V_{DC} + V_{peak} \times D = 1 + (6-1) \times 0.1 = 1.5[\text{V}]$

06 구형파 펄스에서 펄스폭이 $10[\mu s]$, 펄스 반복 주파수가 $1[\text{kHz}]$일 때, 그 평균전력이 $20[\text{W}]$이었다면 이 펄스의 첨두 전력은?

㉮ $1[\text{kW}]$　　　　　㉯ $2[\text{kW}]$　　　　　㉰ $3[\text{kW}]$　　　　　㉱ $4[\text{kW}]$

해설

$P_{av} = P_p \cdot D = P_p \cdot f \cdot \tau_w$ 에서 피크(첨두) 전력 $P_p = \dfrac{P_{av}}{f \cdot \tau_w} = \dfrac{20}{10^3 \times 10 \times 10^{-6}} = 2[\text{kW}]$이다.　　　㉯

07 상승시간$^{\text{rise time}}$은 진폭의 몇 [%]부터 몇 [%]까지 상승하는 데 걸리는 시간인가?

㉮ $0 \sim 90[\%]$　　　　㉯ $10 \sim 90[\%]$
㉰ $10 \sim 100[\%]$　　　㉱ $0 \sim 100[\%]$

해설

상승시간(t_r)은 최대값의 $10[\%] \sim 90[\%]$ 레벨에 도달하는 데 소요되는 시간　　　㉯

08 트랜지스터의 스위칭 작용에 의해 발생된 펄스 파형에서 턴 오프 시간은 무엇인가?

㉮ 하강시간 + 축적시간　　　　　㉯ 상승시간 + 지연시간
㉰ 축적시간 + 상승시간　　　　　㉱ 지연시간 + 상승시간

해설

턴 오프 시간 = 축적시간($100 \sim 90[\%]$) + 하강시간($90 \sim 10[\%]$)　　　㉮

09 펄스파에서 낮은 주파수 성분이나 직류분이 잘 통하지 않기 때문에 생기는 것으로, 펄스 하강 부분이 낮아 진 크기를 무엇이라 하는가?

㉮ 새그^{sag}　　　　　　　　㉯ 링잉^{ringing}
㉰ 언더슈트^{undershoot}　　　㉱ 오버슈트^{overshoot}

해설

새그현상이 일어나면 증폭기의 저역특성이 나쁠 때 펄스 하강 부분의 크기가 낮아진다.　　　㉮

10 고주파 성분의 공진으로 인해 발생하는 것으로, 펄스파에서 펄스의 상승부분에서 일어나는 진동을 무엇이라 하는가?

㉮ 새그 ㉯ 오버슈트 ㉰ 링잉 ㉱ 듀티비

해설
링잉은 펄스의 상승부분에서 고주파 성분의 공진 때문에 진동하는 상태이다. ㉰

11 다음 그림과 같은 회로의 상승시간은?

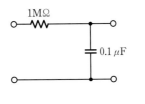

㉮ 0.1초 ㉯ 0.22초 ㉰ 0.42초 ㉱ 0.62초

해설
t_r(상승시간 : $10 \sim 90[\%]$ 소요시간)$= 2.2 \times$ 시정수 $= 2.2 \times RC = 2.2 \times 10^6 \times 0.1 \times 10^{-6} = 0.22$초 ㉯

12 다음과 같은 회로에 구형파 입력 V_i가 공급될 때 출력 V_o의 파형 모양은? (단, $RC \ll t_p$이다)

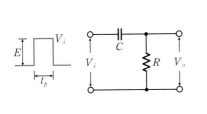

해설
구형파가 미분기(HPF)를 거치면 구형파의 레벨폭이 좁은 임펄스 형태가 된다. 이때 회로의 시정수 RC는 짧게 설정한다. ㉮

13 다음과 같은 회로에 구형파 입력을 가하는 경우, 출력단 전압 V_o의 파형은? (단, $RC \gg t_p$이다)

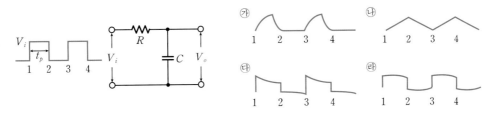

해설
구형파가 적분기(LPF)를 거치면 서서히 누적되며 정상값에 도달하는 삼각파 형태가 된다. 이때 시정수 RC는 크게 설정한다. ㉯

14 다음 중 멀티 바이브레이터의 동작으로 옳지 <u>않은</u> 것은?

㉮ 출력에 고차의 고주파를 포함한다.
㉯ 회로의 시정수로 출력파형의 주기가 결정된다.
㉰ 전원전압 변동에 영향이 적다.
㉱ 부궤환 회로의 구성이다.

> **해설**
>
> MV 회로는 구형파의 출력을 발생시키는 발진기(정궤환 구조) 형태로 RC의 충·방전의 시정수 값으로 주기가 결정된다. 구형파는 왜곡된 파형으로 많은 고차의 고조파 성분을 갖는다. ㉱

15 멀티 바이브레이터에 대한 설명으로 옳지 <u>않은</u> 것은?

㉮ 플립플롭은 쌍안정 멀티 바이브레이터이다.
㉯ 단안정 멀티바이브레이터는 단일 펄스를 발생시킬 수 있다.
㉰ 멀티 바이브레이터는 쌍안정, 단안정, 비안정으로 분류된다.
㉱ 비안정 멀티 바이브레이터는 외부 트리거 펄스신호에 의해 동작한다.

> **해설**
>
> 비안정 MV는 외부 트리거 신호없이 free-running 동작으로 펄스를 발생시킨다. ㉱

16 멀티 바이브레이터의 단안정, 무안정, 쌍안정은 어떻게 결정되는가?

㉮ 결합회로 구성
㉯ 전원전압 크기
㉰ 바이어스 전압 크기
㉱ 전원전류의 크기

> **해설**
>
> MV 회로는 결합회로의 결합소자(R, C)의 구성 형태로 구분한다. ㉮

17 다음 회로 중 결합상태가 DC(직류)로 구성된 멀티 바이브레이터 회로는?

㉮ 무안정 멀티 바이브레이터
㉯ 쌍안정 멀티 바이브레이터
㉰ 단안정 멀티 바이브레이터
㉱ 무·단안정 멀티 바이브레이터

> **해설**
>
> • 쌍안정 MV: R (직류적)+R (직류적) 결합
> • 단안정 MV: R (직류적)+C (교류적) 결합
> • 비(무)안정 MV: C (교류적)+C (교류적) 결합 ㉯

18 다음 중 외부로부터 트리거 신호 없이 스스로 하나의 준안정상태에서 다른 준안정상태로의 전이를 되풀이하는 회로는?

㉮ 비안정 멀티 바이브레이터
㉯ 단안정 멀티 바이브레이터
㉰ 쌍안정 멀티 바이브레이터
㉱ 슈미트 트리거

> **해설**
>
> 준안정(=불안정) 상태가 반복되는 비안정 MV는 출력이 안정적으로 유지되지 않으므로 클록펄스 발생기로 유용하게 쓰인다. ㉮

19 쌍안정 멀티 바이브레이터 회로에서 저항에 병렬로 접속된 콘덴서의 주 목적은?

    ㉮ 증폭도를 높이기 위해   ㉯ 스위칭 속도를 높이기 위해

    ㉰ 베이스 전위를 일정하게 하기 위해   ㉱ 이미터 전위를 일정하게 하기 위해

> **해설**
>
> MV 내의 TR이 스위치 동작을 하는 경우, 저항과 병렬로 베이스에 콘덴서를 부착하여 PN 접합에서 순바이어스 시에 발생되는 확산용량(C_D)의 영향을 감소시켜 스위칭 속도를 높이는 스피드 콘덴서를 사용한다. ㉯

20 쌍안정 멀티 바이브레이터 회로의 응용 분야는?

    ㉮ 분주기   ㉯ 전압분배기

    ㉰ AD 변환기   ㉱ 전압비교기

> **해설**
>
> 쌍안정 MV는 Set(1) 혹은 Reset(0)의 2개의 안정된 출력상태를 유지하므로 1비트 메모리인 플립플롭이라고 한다. 분주기, 카운터, 레지스터 등 순차(순서) 논리회로 설계에 쓰인다. ㉮

21 슈미트 트리거 회로에 대한 설명 중 틀린 것은?

    ㉮ 입력이 어느 레벨이 되면 비약하여 방향파형을 발생시킨다.

    ㉯ 입력전압의 크기가 on, off 상태를 결정한다.

    ㉰ 펄스 파형을 만드는 회로로 사용한다.

    ㉱ 증폭기에 궤환을 걸어 입력신호의 진폭에 따른 1개의 안정상태를 갖는 회로이다.

    ㉲ 입력신호의 잡음 제거 목적으로 입력단에 사용된다.

> **해설**
>
> 슈미트 트리거는 비교기 회로로서, 1과 0의 2개의 출력상태를 가지므로 쌍안정 MV(플립플롭)와 유사하고 비교기에서의 채터링(잡음)을 제거하는 히스테리시스 특성을 갖는다. ㉱

22 잡음을 포함하고 있는 입력신호를 정형하여 깨끗한 구형파로 변환하는 회로는?

    ㉮ 슈미트 트리거^{Schmitt Trigger}   ㉯ 주, 종 플립플롭^{Master-Slave Flip-Flop}

    ㉰ 이미터-결합 논리^{Emitter Coupled Logic}   ㉱ 위상 분배기^{Phase Splitter}

> **해설**
>
> 아날로그인 정현파 신호나 잡음신호를 구형파로 정형하는 회로는 슈미트 트리거이다. ㉮

23 슈미트 트리거 회로의 응용 예로 틀린 것은? (2개)

    ㉮ 전압비교기 회로   ㉯ 쌍안정 회로

    ㉰ 방형파 회로   ㉱ 증폭회로

    ㉲ DA 변환회로   ㉳ 정현파 → 구형파 정형회로

> **해설**
>
> 슈미트 트리거는 증폭기가 아닌 스위치 동작을 하는 비교기이고, 아날로그(정현파) 입력을 비교하여 디지털 펄스(방형파)를 발생시키는 ADC 회로에도 응용된다. ㉱, ㉲

24 다음 회로에 대한 설명으로 옳지 <u>않은</u> 것은?

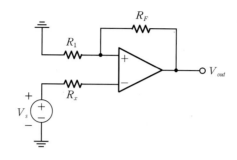

㉮ 반전 증폭기로 동작하며, 전압이득은 $-R_F/R_1$이다.

㉯ 전압 전달함수에 히스테리시스 특성이 있는 비교기의 일종이다.

㉰ V_s가 양의 값일 때 V_{out}은 음의 값을 갖고, V_s가 음의 값일 때 V_{out}은 양의 값을 갖는다.

㉱ 잡음신호를 제거한 펄스 구형파를 얻을 수 있다.

㉲ 주어진 회로는 반전형 슈미트 트리거 회로로 동작한다.

해설

포화출력을 내는 비교기(반전 슈미트 트리거)로서, 히스테리시스 특성을 갖기 위해 V_s가 양의 값이라도, 상측 기준 전압(V_{TH})보다 클 때 V_{out}은 음의 값을, 작을 때는 양의 값을 갖는다.   ㉮, ㉰

25 다음 단안정 MV 회로의 출력파형의 주기 T를 구하는 식으로 옳은 것은?

[주관식] 이때 T는 (   )$[\mu s]$이다.

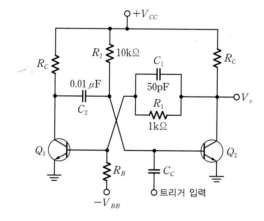

㉮ $T = R_1 C_2 \ln 2$ ㉯ $T = R_2 C_2 \ln 2$

㉰ $T = R_1 C_1 \ln 2$ ㉱ $T = R_2 C_1 \ln 2$

해설

$T = R_2 C_2 \ln 2$

[주관식] $T = 0.69 R_2 C_2 = 0.69 \times 10^4 \times 10^{-8} = 69[\mu s]$ ㉯

26 그림의 멀티 바이브레이터 회로에서 반복 주기는? (단, $R_a = 10[\text{k}\Omega]$, $R_b = 200[\text{k}\Omega]$, $C = 0.01[\mu\text{F}]$이다)

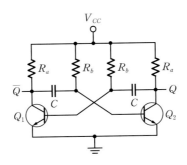

㉮ $1.0[\text{ms}]$

㉯ $2.8[\text{ms}]$

㉰ $1.4[\text{ms}]$

㉱ $3.2[\text{ms}]$

해설

• 비안정 MV로, 구형파 발생기이다.

• 주기 : $T = 1.4 R_b C = 1.4 \times 200\text{k} \times 0.01[\mu\text{F}] = 2.8[\text{ms}]$

• 주파수 : $f = \dfrac{1}{T} = \dfrac{0.7}{R_b C} \cong 357[\text{Hz}]$ ㉯

27 다음의 구형파 발진회로에서 V_o가 $V_H = 5[\text{V}]$, $V_L = -5[\text{V}]$일 때, V_c가 변화하는 범위와 회로 동작, 주기 T를 구하여라(단, 연산 증폭기는 이상적이다).

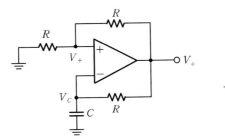

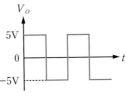

해설

$V^+ = V_o/2 = \pm 5/2 = \pm 2.5[\text{V}]$이므로, $V_c > 2.5[\text{V}]$이면 $V_o = -5[\text{V}]$, $V_c < 2.5[\text{V}]$이면 $V_o = 5[\text{V}]$인 구형파를 발생시키며, V_o에 대한 C의 충·방전 동작으로 $-2.5[\text{V}] < V_c < +2.5[\text{V}]$ 범위의 삼각파를 발생시킨다. 이 회로는 쌍안정 MV에 RC 궤환루프를 접속한 비안정 MV회로이다.

• 주기 $T = 2RC \cdot \ln(1 + 2R_1/R_2) = 2\ln 3 \cdot RC[\text{s}]$: 교재 식 (12.32) 참조

28 다음 회로의 명칭과 V_o와 V_o' 파형을 그려라.

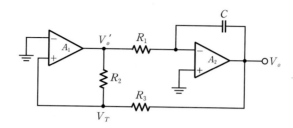

A_1은 기준(임계) 전압(V_T)이 비반전 입력인 비교기(=쌍안정 MV)로, 출력 V_o'에는 구형파가 출력되고, 이 구형파가 적분기(LPF) A_2를 거치면 출력 V_o에는 삼각파가 출력된다. 이 회로는 비정현파 발생 회로이다.

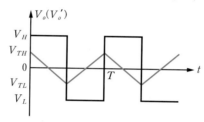

29 [연습문제 28]의 회로에서 $R_1 = R_3 = 10[\text{k}\Omega]$, $R_2 = 33[\text{k}\Omega]$, $C = 0.01[\mu\text{F}]$일 때 회로의 발진 주파수 [kHz]는 얼마인가?

삼각파 출력 주파수 $f_o = \dfrac{1}{4R_1 C} \cdot \left(\dfrac{R_2}{R_3}\right) = \dfrac{1}{4} \times (3.3 \times 10^4) \times 10^{-8} = 8.25[\text{kHz}]$: 교재 식 (12.36) 참조

30 다음 회로 (A), (B)의 명칭과 V_o 파형을 그려라. 그리고 두 회로 중 트리거 펄스발생 소자로서 성능이 우수한 것을 찾아라.

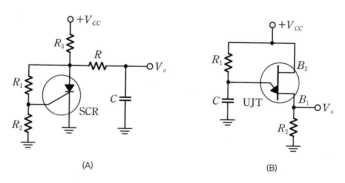

(A)   (B)

• 회로 (A) : 특수 반도체 SCR을 이용한 톱니파 파형을 출력시키는 발진기이다.
• 회로 (B) : UJT 소자를 이용하여 트리거용 임펄스 파형을 출력시키는 발진기이다.

31 다음은 특수 반도체 PUT(프로그램 가능한 단일 접합 트랜지스터)를 이용한 발진기 회로이다. 출력파형 V_{out}을 표기하여라(단, 출력파형의 피크값은 V_p이다).

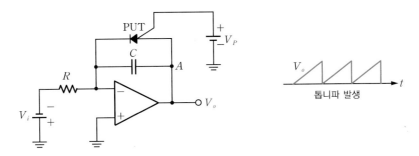

톱니파 발생

해설

PUT는 SCR과 달리 게이트 단자가 A(애노드)단자에 부착되어, 게이트 전압 V_P를 임의로 변화(=프로그램 가능)할 수 있는 특징을 갖는다. A(애노드)전압이 $V_G+0.7 = V_P+0.7[\text{V}]$ 이상일 때, PUT이 on된다. 초기에는 $-V_i$와 C의 전압이 0이고, PUT이 off 상태에서 일반 적분기로 동작하기 시작하며(C는 전압충전을 하며), 출력 V_o는 **(+) 기울기의 램프파**를 보이며, $V_C(=V_A)$가 $V_p+0.7[\text{V}]$에 도달 시 PUT이 on되어 C가 **급속한 방전** 동작으로 전환하며, V_o는 **톱니파를 발생**시킨다.

32 다음 555타이머 IC를 사용한 신호 발생기 회로가 정상동작할 때, 이에 대한 설명으로 옳지 않은 것은?
[주관식] 회로의 명칭과 V_C, V_o의 파형, V_o의 주기 T, 주파수 f, 듀티비를 각각 구하여라(단, $R_A = 6[\text{k}\Omega]$, $R_B = 2[\text{k}\Omega]$, $C = 5[\text{nF}]$, $\ln2 = 0.69$이다).

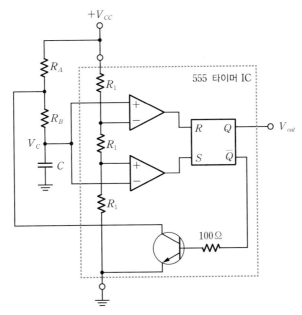

㉮ 비안정 모드로 동작한다.

㉯ 출력되는 구형파의 ON($V_{out} = V_{cc}$) 시간은 R_A, R_B, C가 결정한다.

㉰ 출력되는 구형파의 OFF($V_{out} = 0$) 시간은 R_B, C가 결정한다.

㉱ 출력되는 구형파의 듀티 사이클은 50[%] 보다 작다.

구형파의 듀티 사이클은 80[%]로 50[%]보다 크다.　　　　　　　　　　　　　　　　㉣

[주관식]

- 회로의 명칭 : 비안정 MV 회로
- V_o의 주기 : $T = 0.69(R_A + 2R_B) \cdot C = 0.69 \cdot (10^4 \times 5 \times 10^{-9}) = 34.5 \times 10^{-6} = 34.5[\mu sec]$
- 주파수 : $f = \dfrac{1}{T} = \dfrac{1.44}{(R_A + 2R_B) \cdot C} = \dfrac{1.44}{5 \times 10^{-5}} = 28.8[\text{kHz}]$
- 듀티비 : $D = \dfrac{t_H}{T} = \dfrac{t_H}{t_H + t_L} = \dfrac{R_A + R_B}{R_A + 2R_B} = \dfrac{8}{10} = 0.8 \ (80[\%])$
- V_c와 V_o의 파형 :

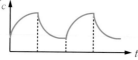 

33 다음 그림의 회로의 명칭과 음의 펄스에 의해 트리거되었을 때의 출력 파형의 주기 $T[\text{ms}]$를 구하여라.

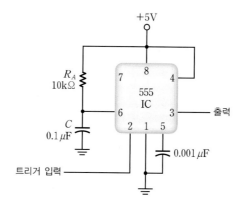

555 타이머 IC에 의해 구현된, 외부 트리거 펄스신호에 의해 동작하는 **단안정** MV 회로이며, 이때 발생되는 출력 구형파의 주기 $T = 1.1 \cdot R_A C = 1.1 \times 10^4 \times 10^{-7} = 1.1[\text{ms}]$이다.

34 다음 회로는 CMOS 인버터 5단을 이용하여 만든 링 발진기이다. 이에 대한 설명으로 옳지 <u>않은</u> 것은? [주관식] 발진 주파수는?

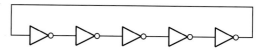

㉮ 인버터의 단 수를 3단으로 줄이면 발진 주파수가 올라간다.

㉯ 인버터의 단 수를 6단으로 늘리면 발진하지 않는다.

㉰ 지연시간이 더 작은 인버터를 이용하면 발진 주파수가 올라간다.

㉱ 인버터의 공급전압을 올려도 발진 주파수에는 변함이 없다

CMOS 링 발진기는 **인버터를 홀수 개**를 직렬접속하여 사용하며, 접속단수를 줄여 총 지연시간이 짧아지면 발진 주파수는 올라가며, CMOS 로직의 전파지연은 공급전압에 반비례성, 부하용량 C_L에 비례성의 의존특성이 있어 발진 주파수 변동이 존재한다.　　　　　　　　　㉱

[주관식] 발진 주파수 : $f = \dfrac{1}{T} = \dfrac{1}{2N \cdot T_p} = \dfrac{1}{2 \times 5 \times T_p} = \dfrac{1}{10 \times T_p}[\text{Hz}]$

디지털 회로
Digital Logic Circuit

디지털 회로는 반도체 IC와 그 기술의 발달과 더불어 다양한 응용 분야로 급속하게 발전하는 회로의 형태
이다. 이 장에서는 이전 장들에서 학습했던 아날로그 회로의 기본 지식들을 토대로 IC 내부의 논리회로인
논리 게이트, 조합 논리회로, 순서 논리회로, D/A 변환기와 A/D 변환기 등 디지털 회로의 기초 지식 전반
을 학습할 것이다.

디지털 회로의 기본 이론

이 절에서는 2진수와 2진 코드를 숙지하고, 대표적인 논리함수와 이에 대한 부울 대수(Boolean algebra)의 정리와 법칙 및 회로 간소화 방법 등을 적용하여 최소한의 게이트를 사용하는 디지털 논리회로의 구현 방법 등을 학습한다. 또한 기본 논리 게이트와 논리 전자회로의 회로 동작을 해석하는 방법을 살펴볼 것이다.

Keywords | 진수와 코드 | 논리함수와 부울 대수 법칙 | 카르노맵 | 논리 게이트 | 논리 전자회로 |

13.1.1 2진수와 코드

디지털 논리회로는 하이^{High} 레벨과 로우^{Low} 레벨의 2가지 값을 사용하여 신호와 회로의 상태를 나타내고 처리하므로, 모든 수를 2진수(0, 1)로 표현해야 한다. 8진수와 16진수는 2진수의 3비트와 4비트로 표현할 수 있으므로 함께 학습하도록 한다.

수의 구성과 진법

컴퓨터에서 수를 표현하는 방법은 크게 다음과 같이 나뉜다. 예를 들어 2진수로 표현하는 방법을 가리켜 **2진법**이라고 한다. 이때 한 진법에서 다른 진법으로 고치는 것을 **변환**이라고 하며, 보통 10진수를 2진수 또는 16진수로 변환한다.

- **2진수**$^{Binary\ Number\ System}$: 0과 1을 사용하여 수를 표현한다.
- **8진수**$^{Octal\ Number\ System}$: 0부터 7까지 8개의 숫자를 사용하며, 숫자 하나를 표현하는 데 **3비트를 사용**한다.
- **16진수**$^{Hexadecimal\ Number\ System}$: 0부터 9까지 10개의 숫자와 A~F까지 6개의 문자를 사용하며, 숫자 하나를 표현하는 데 **4비트를 사용**한다.

[표 13-1] 각 진법에 따른 수 변환표

10진수	0	1	2	3	4	5	6	7	8	9	10	11	12	13	14	15	16
2진수	0	1	10	11	100	101	110	111	1000	1001	1010	1011	1100	1101	1110	1111	10000
8진수	0	1	2	3	4	5	6	7	10	11	12	13	14	15	16	17	20
16진수	0	1	2	3	4	5	6	7	8	9	A	B	C	D	E	F	10

진수 간 변환 방법

2, 8, 10, 16진수 간에 변환 방법을 살펴보자.

■ 10진수 → 2진수, 16진수

[표 13-2]는 10진수를 2, 16진수로 변환하는 예를 나타낸 것이다.

[표 13-2] 10진수 → 2진수, 16진수 변환(예시)

10진수	변환	2, 16진수
21	2) 21) 10 ···1) 5 ···0) 2 ···1 1 ···0	$(10101)_2$
0.625	0.625 $\times$ 2 ①.250 ···1 $\times$ 2 ⓪.50 ···0 $\times$ 2 ①.0 ···1	$(0.101)_2$
511	16) 511) 31 ···F 1 ···F	$(1FF)_{16}$

■ 2진수 → 10, 8, 16진수

[표 13-3]은 2진수를 10, 8, 16진수로 변환하는 예를 나타낸 것이다.

[표 13-3] 2진수 → 10진수, 8진수, 16진수 변환(예시)

2진수	변환	10, 8, 16진수
1101.101	1 1 0 1 1 0 1_2 ↑ ↑ ↑ ↑ ↑ ↑ ↑ 2^3 2^2 2^1 2^0 2^{-1} 2^{-2} 2^{-3} $1\times2^3+1\times2^2+0\times2^1+1\times2^0+$ $1\times2^{-1}+0\times2^{-2}+1\times2^{-3}=13.625$	$(13.625)_{10}$: 10진수
	1101.101 1 5 5	$(15\cdot5)_8$: 8진수(3비트)
	1101.1010 D A (맨 우측의 0은 4비트 맞춤용임)	$(D.A)_{16}$: 16진수(4비트)

■ 16진수 → 10, 2진수

[표 13-4]는 16진수를 10, 2진수로 변환하는 예를 나타낸 것이다.

[표 13-4] 16진수 → 10, 2진수 변환(예시)

16진수	변환	10, 2진수
1A7	$\begin{array}{ccc} 1 & A & 7_{16} \\ \uparrow & \uparrow & \uparrow \\ 16^2 & 16^1 & 16^0 \end{array}$ $: 1 \times 16^2 + A \times 16^1 + 7 \times 16^0$ $= 256 + 160 + 7 = 423$	$(423)_{10}$
AD3	$\begin{array}{ccc} A & D & 3_{16} \\ \swarrow & \downarrow & \searrow \\ 1010 & 1101 & 0011 \end{array}$ (4비트)	$(101011010011)_2$

■ 8진수 → 10, 2진수

[표 13-5]는 8진수를 10, 2진수로 변환하는 예를 나타낸 것이다.

[표 13-5] 8진수 → 10, 2진수 변환(예시)

8진수	변환	10, 2진수
267	$\begin{array}{ccc} 2 & 6 & 7_8 \\ \uparrow & \uparrow & \uparrow \\ 8^2 & 8^1 & 8^0 \end{array}$ $2 \times 8^2 + 6 \times 8^1 + 7 \times 8^0$ $= 128 + 48 + 7 = 183$	$(183)_{10}$
3124	$\begin{array}{cccc} 3 & 1 & 2 & 4_8 \\ 011 & 001 & 010 & 100 \end{array}$ (3비트)	$(011001010100)_2$

2진 코드

■ BCD 코드(8421 코드) : 2진화 10진 코드

10진수 숫자 0~9를 4비트의 2진수로 표시한 코드이다. 따라서 10 이상인 숫자가 표시되면 에러가 발생한 것으로 검출된다. 1010, 1101, 1011 등과 같이 10 이상이 되는 숫자는 BCD 코드로 표시할 수 없다. BCD 코드는 보수를 취하지 않으므로 연산이 불가능하다.

예 10진수 439를 8421 코드로 표시해보자.

$\begin{array}{ccc} 4 & 3 & 9_{10} \\ \swarrow & \downarrow & \searrow \\ 0100 & 0011 & 1001 \end{array}$

■ 그레이 코드

그레이[Gray] 코드는 1비트 변화되는 코드로, 연산 동작에 부적합하다. 입력 정보를 나타내는 코드로서 오류가 적으며 A/D 변환기를 비롯해 입·출력장치, 기타 주변 장치용으로 주로 쓰인다. [그림 13-1]은 2진수를 그레이 코드로, 그레이 코드를 2진수로 변환하는 코드 변환기를 보여준다.

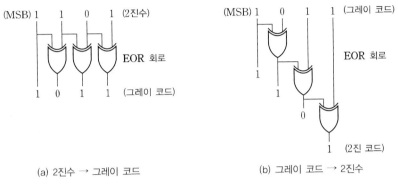

(a) 2진수 → 그레이 코드   (b) 그레이 코드 → 2진수

[그림 13-1] 코드 변환기

■ 3초과 코드

3초과 코드[excess-3 code]는 8421 코드 연산을 보조하기 위한 코드로, 8421 코드에 $3(0011_2)$을 더하여 표시한다. 단, 0000, 0001, 0010, 1101, 1110, 1111은 해당되는 코드가 없다. [표 13-6]은 대표적인 자기 보수[Self-complement] 성질 코드를 보여준다.

[표 13-6] 자기 보수 성질 코드

10진수	8421 코드	3초과 코드
0	0000	0011
1	0001	0100
2	0010	0101
3	0011	0110
4	0100	0111
5	0101	1000
6	0110	1001
7	0111	1010
8	1000	1011
9	1001	1100

보수 관계

■ 패리티 체크 비트 : 오류 검출용 코드

패리티 체크 비트[parity check bit]는 2진수로 이루어진 코드를 그대로 두거나 1비트를 추가하여 오류를 검출한다. 1의 비트 수가 짝수 개이면 **짝수 패리티**[even parity], 홀수 개이면 **홀수 패리티**[odd parity]이다.

■ 해밍 코드 : 자기 정정 코드

패리티 체크 비트는 오류 검출만 하는 반면, **해밍 코드**hamming code는 오류 검출뿐만 아니라 교정까지 할 수 있다(1비트 오류 정정 코드용).

■ 2-Out of 5 코드 : 정마크 코드

5비트로 이루어진 **언웨이티드 코드**unweighted code로서, 4비트는 디지트 비트digit bit이고, 1비트는 체크 비트check bit이다. 그리고 5비트 안에는 1의 개수가 2개이며 **오류 검출용**으로 쓰인다.

예제 13-1

주어진 물음에 답하여라.

(a) 8진수 $(67)_8$을 16진수로 표현하여라.

(b) 10진수 10.375를 2진수로 표현하여라.

(c) 10진수 13을 그레이 코드로 나타내시오.

(d) 3초과 코드 0111의 10진수 값과 그레이 코드 0111의 10진수 값 합을 구하여라.

풀이

(a) $(67)_8 \xrightarrow{\text{2진수}} 110111 \xrightarrow{\text{16진수(4비트)}} (37)_{16}$

(b) $10.375 \xrightarrow{\text{2진수}} (1010.011)_2$

$$\begin{array}{c} \quad\quad\quad 0.125 \\ \quad\quad 0.25 \end{array}$$

(c) $13 \xrightarrow{\text{2진수}} 1101 \xrightarrow{\text{그레이 코드}} 1011$

(d) 3초과 코드 0111(7) $\xrightarrow{\text{10진수}} (7-3) = 4$

  그레이 코드 0111 $\xrightarrow{\text{2진수}} 0101 \xrightarrow{\text{10진수}} 5$

$$\Rightarrow 4+5 = 9$$

예제 13-2

2진수 110100의 1의 보수와 2의 보수를 구하여라.

풀이

1의 보수는 NOT시키면 되므로 $110100 \xrightarrow{\text{NOT}} 001011$이 된다.

2의 보수는 '1의 보수 +1'이므로 $(001011+1) \longrightarrow 001100$이 된다.

13.1.2 부울 대수(논리 대수)의 정리와 법칙

디지털 논리회로를 설계하는 과정에서는 **게이트 수를 최소화하는 작업**이 필수적인데, 게이트 수를 줄이려면 우선 논리식을 간략하게 만들어야 한다. 이를 위해 필요한 것이 부울^{Boolean} 대수의 정리와 법칙이다. 모든 부울(논리) 대수에는 **쌍대성**$^{duality\ principle}$이 **적용**되는데, 어느 하나의 대수 표현을 쌍대로 바꾸면(OR와 AND, 1과 0을 서로 맞바꾸면 쌍대가 됨), 그렇게 바뀐 대수 표현도 성립이 된다.

[표 13-7]은 **부울 대수의 정리와 기본 법칙**을 정리한 것이다. 특히 분배 법칙 (b)는 매우 유용한데, 이 법칙은 논리 대수에서만 성립한다. 또한 11행의 합의의 정리는 변수 A와 $\overline{A}$가 있을 때 나머지 변수로 된 **컨센서스 항**은 제거할 수 있다.

[표 13-7] 부울 대수의 정리와 법칙

	정리		법칙
1	(a) $A+B=B+A$	(b) $A \cdot B = B \cdot A$	교환 법칙
2	(a) $(A+B)+C=A+(B+C)$	(b) $(A \cdot B) \cdot C = A \cdot (B \cdot C)$	결합 법칙
3	(a) $A \cdot (B+C) = A \cdot B + A \cdot C$	(b) $A+(B \cdot C) = (A+B) \cdot (A+C)$	분배 법칙
4	(a) $A+A=A$	(b) $A \cdot A = A$	일치 법칙
5	(a) $(\overline{A}) = \overline{A}$	(b) $(\overline{\overline{A}}) = A$	–
6	(a) $A+A \cdot B = A$	(b) $A \cdot (A+B) = A$	흡수 법칙
7	(a) $0+A=A$ (c) $1+A=1$	(b) $1 \cdot A = A$ (d) $0 \cdot A = 0$	항등 법칙
8	(a) $\overline{A}+A=1$	(b) $\overline{A} \cdot A = 0$	보완 법칙
9	(a) $A+\overline{A} \cdot B = A+B$	(b) $A \cdot (\overline{A}+B) = A \cdot B$	흡수 법칙
10	(a) $\overline{A+B} = \overline{A} \cdot \overline{B}$	(b) $\overline{A \cdot B} = \overline{A}+\overline{B}$	드 모르간의 정리(부정)
11	(a) $AB+BC+\overline{A}C = AB+\overline{A}C$ (b) $(A+B) \cdot (B+C) \cdot (\overline{A}+C) = (A+B)(\overline{A}+C)$		합의의 정리

예제 13-3

다음의 논리식을 간략화하여라.

(a) $F = (A+B) \cdot A + A + C$

(b) $F = (A+B)(\overline{A}+B)$

(c) $F = \overline{A}B + AB + \overline{A}\,\overline{B}$

(d) $F = \overline{\overline{xy} + x\overline{y}}$

풀이

(a) $F = (A+B) \cdot A + A + C$

$\quad = A \cdot A + B \cdot A + A + C$

$\quad = A + BA + C$

$\quad = A(1+B) + C$

$\quad = A + C$

(b) $F = (A+B)(\overline{A}+B)$

$\quad = A\overline{A} + AB + B\overline{A} + BB$

$\quad = AB + B\overline{A} + B$

$\quad = B(A + \overline{A} + 1)$

$\quad = B$

(c) $F = \overline{A}B + AB + \overline{A}\,\overline{B}$

$\quad = (\overline{A}+A)B + \overline{A}\,\overline{B}$

$\quad = B + \overline{A}\,\overline{B}$

$\quad = (B+\overline{A}) \cdot (B+\overline{B})$

$\quad = B + \overline{A}$

(d) $F = \overline{\overline{xy} + x\overline{y}}$

$\quad = \overline{\overline{xy}} \cdot \overline{x\overline{y}}$

$\quad = (\overline{\overline{x}} + \overline{\overline{y}}) \cdot (\overline{x} + \overline{\overline{y}})$

$\quad = (x + \overline{y}) \cdot (\overline{x} + y)$

$\quad = x\overline{x} + xy + \overline{x}\,\overline{y} + y\overline{y}$

$\quad = xy + \overline{x}\,\overline{y}$

13.1.3 논리함수의 표현

논리함수의 논리(부울) 대수식을 표현할 때는 **최소항의 합(SOP)**^{Sum Of Product}이나 **최대항의 곱(POS)** ^{Product Of Sum}의 형태로 나타낼 수 있으며, 보통 **최소항의 합 형태를 주로 사용**한다.

[표 13-8]은 3변수의 최소항과 최대항 표현 방법을 보여준다. 최소항(민텀)^{minimum term} 방법은 입력변수의 값이 0일 때는 바를 붙이고, 값이 1일 때는 바를 붙이지 않는다. 곱 형태로 항을 표현하며, 항 번호를 소문자(m_0, m_1, $\cdots$)로 표현한다. 반대로 최대항(맥스텀)^{maximum term} 방법은 입력변수의 값이

[표 13-8] 3변수의 최소항(민텀)과 최대항(맥스텀) 표현

입력변수	최소항(민텀)	최대항(맥스텀)
A B C	항 표시	항 표시
0 0 0	$\overline{A}\,\overline{B}\,\overline{C} = m_0$	$A + B + C = M_0$
0 0 1	$\overline{A}\,\overline{B}C = m_1$	$A + B + \overline{C} = M_1$
0 1 0	$\overline{A}B\overline{C} = m_2$	$A + \overline{B} + C = M_2$
0 1 1	$\overline{A}BC = m_3$	$A + \overline{B} + \overline{C} = M_3$
1 0 0	$A\overline{B}\,\overline{C} = m_4$	$\overline{A} + B + C = M_4$
1 0 1	$A\overline{B}C = m_5$	$\overline{A} + B + \overline{C} = M_5$
1 1 0	$AB\overline{C} = m_6$	$\overline{A} + \overline{B} + C = M_6$
1 1 1	$ABC = m_7$	$\overline{A} + \overline{B} + \overline{C} = M_7$

[표 13-9] 다수결 회로의 진리표

x	y	z	f
0	0	0	0
0	0	1	0
0	1	0	0
0	1	1	1
1	0	0	0
1	0	1	1
1	1	0	1
1	1	1	1

0일 때는 바^{bar}를 붙이지 않고, 값이 1일 때는 바를 붙인다. 덧셈 형태로 항을 표현하며, 항 번호를 대문자(M_0, M_1, $\cdots$)로 표현한다.

예를 들어, [표 13-9]와 같이 3개 입력 중 2개 이상이 1일 때 출력이 1이 되는 **다수결 회로**의 진리표가 있다고 하자. 출력 f를 최소항의 합(SOP)과 최대항의 곱(POS)으로 표기해보자.

■ **최소항의 합 형태의 논리식**

출력이 1인 항의 입력변수를 최소항(민텀)으로 표현해서 합의 형태로 표현하거나 간략하게 항 번호의 합으로 나타낼 수 있다.

$$f = m_3 + m_5 + m_6 + m_7 = \sum(3,\ 5,\ 6, 7)$$
$$= \overline{x}yz + x\overline{y}z + xy\overline{z} + xyz \quad (곱의\ 합(SOP)\ 형태) \tag{13.1}$$

■ **최대항의 곱 형태의 논리식**

출력이 0인 항의 입력변수를 최대항(맥스텀)으로 표현해서 곱의 형태로 표현하거나 간략하게 항 번호의 곱으로 나타낼 수 있다.

$$f = M_o \cdot M_1 \cdot M_2 \cdot M_4 = \Pi(0, 1, 2, 4)$$
$$= (x+y+z) \cdot (x+y+\overline{z}) \cdot (x+\overline{y}+z) \cdot (\overline{x}+y+z) \ (합의\ 곱(POS)\ 형태) \tag{13.2}$$

13.1.4 논리함수의 간소화 방법

디지털 논리회로를 설계할 때, 게이트를 최소화하는 작업을 진행하기 위해서는 부울(논리) 대수식을 간략화해야 한다. 여기서는 **카르노맵**$^{Karnaugh-Map}$을 이용하는 방법을 학습할 것이다. 보통 4변수 입력 이하의 논리함수에 적용하며, 기계적으로 적용하면 쉽게 간소화할 수 있다. [그림 13-2]와 같은 모양이 되는데, 모서리 줄에 숫자 0, 1 옆에 표기된 입력 변수들의 알파벳 보조문자를 활용하면 좀 더 쉽게 논리식을 판독할 수 있다.

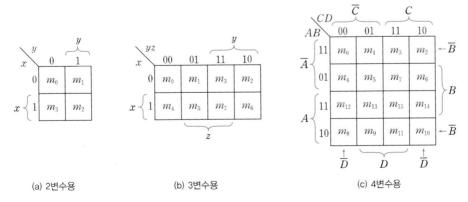

(a) 2변수용 (b) 3변수용 (c) 4변수용

[그림 13-2] 카르노맵

■ 간소화하는 방법

- '1' 혹은 '0'으로 표시되는 이웃하는 항들끼리 짝수로 크게 묶는다. 16개, 8개, 4개, 2개 순으로 묶되, 크게 묶을수록 문자의 개수가 감소한다. (주로 '1' 항을 사용한다)
- 사용했던 항들을 재사용할 수 있으므로 중복되어도 무방하다.
- 모서리로 이웃하는 경우도 묶을 수 있다.
- 각 묶음에 대해 포함되는 변수로 나타내 각 묶음을 OR 값으로 표시한다.
- 묶음 내부에 보수 관계의 변수(즉 A와 $\overline{A}$)가 있으면 그 변수는 버린다.
  (표기된 알파벳 보조문자를 활용하면 판독하기가 쉬워진다)

[표 13-10]은 간소화 예시를 정리하여 나타낸 것이다.

[표 13-10] 논리화 간소화 예시

논리식	카르노맵	간략화
$x+y$		① $(\overline{x}+x)y = y$ • [x변수] $x=0$, $x=1$인 경우가 모두 묶음에 포함된다. 즉 $\overline{x}$와 x는 보수 관계이므로 $\overline{x}+x=1$이 되어 x는 버린다. • [y변수] $y=1$이어야 하므로 y로 간소화된다. ② $x(y+\overline{y}) = x$ • [x변수] 반드시 $x=1$이므로 x가 된다. • [y변수] $y=0$, $y=1$인 경우가 모두 묶음에 포함되므로 y 값은 버린다. 그러므로 x로 간소화된다.
$\overline{x}y + x\overline{y}$		① $\overline{x}y(\overline{z}+z) = \overline{x}y$ • $x=0$이므로 $\overline{x}$이고, $y=1$이므로 y이다. • $z=0$, $z=1$ 모두 묶음에 포함되므로 버린다. 그러므로 $\overline{x}y$가 된다. ② $x\overline{y}(z+\overline{z}) = x\overline{y}$ • $x=1$이므로 x이고, $y=0$이므로 $\overline{y}$이다. • $z=0$과 $z=1$ 모두 포함되므로 z는 버린다. 그러므로 $x\overline{y}$가 된다.
$\overline{B}C + A\overline{C}$		① $(A+\overline{A})BC = BC$ • B에 있고, C에 있으므로 BC이다. • A는 $\overline{A}$에도 A에도 있으므로 버린다. ② $A(B+\overline{B})\overline{C} = A\overline{C}$ • A에 있고, $\overline{C}$에 있으므로 $A\overline{C}$이다. • B는 $\overline{B}$, B 모두에 있으므로 버린다.
$C+\overline{A}B$		① $\overline{A}B(C+\overline{C}) = \overline{A}B$ • B에 있고, $\overline{A}$에 있으므로 $\overline{A}B$이다. • C는 버린다. ② $(\overline{A}+A)(B+\overline{B}) \cdot C = C$ • C에만 있으므로 C가 된다. • A, B는 버린다.

논리식	카르노맵	간략화
$\overline{C}+\overline{D}$	(카르노맵)	① $\overline{C}$ • $\overline{C}$에만 있으므로 $\overline{C}$이다. • A, B, D는 버린다. ② $\overline{D}$ • $\overline{D}$에만 있으므로 $\overline{D}$이다 • A, B, C는 버린다.
$\overline{B}\overline{D}+AB+BD$	(카르노맵)	① $\overline{B}\overline{D}$ • 4개 모서리가 $\overline{B}$에 있고, $\overline{D}$에 있으므로 $\overline{B}\overline{D}$이다. ② AB • A에 있고, B에 있으므로 AB이다. ③ BD • B에 있고, D에 있으므로 BD이다.
$\overline{B}\overline{D}+\overline{A}\overline{D}+A\overline{B}C$	(카르노맵)	① $(A+\overline{A})\overline{B}(C+\overline{C})\overline{D}=\overline{B}\overline{D}$ • 4개 모서리로 $\overline{B}$, $\overline{D}$에 있으므로 $\overline{B}\overline{D}$이다. ② $A\overline{B}C(D+\overline{D})=A\overline{B}C$ • A에 있고, $\overline{B}$에 있고, C에 있으므로 $A\overline{B}C$이다. ③ $\overline{A}(B+\overline{B})(C+\overline{C})\overline{D}=\overline{A}\overline{D}$ • $\overline{A}$에 있고, $\overline{D}$에 있으므로 $\overline{A}\overline{D}$이다.
$\overline{C}\overline{D}+CD$	(카르노맵)	① $\overline{C}\overline{D}$ • $\overline{C}$에 있고 $\overline{D}$에 있으므로 $\overline{C}\overline{D}$이다. ② CD • C에 있고, D에 있으므로 CD이다. [참고] 이때 X는 0, 1 **무관조건**으로, 간소화할 때 1로 간주하여 사용하고 나머지는 0으로 간주하여 버린다.

13.1.5 논리함수와 논리 게이트 및 논리 전자회로

디지털 시스템의 논리 레벨

아날로그 회로에서는 신호 및 시스템의 상태를 연속적인 양으로 표현하므로 10진수를 사용한다. 반면 디지털 논리회로에서는 두 가지 수로만 표현하므로 2진수(0, 1)를 사용한다. 이때 0과 1은 아날로그 개념이 아닌 다른 의미를 갖기 때문에 **논리값 0, 논리값 1로 구분하여 쓰는데**, 이 장에서는 편의상 0, 1이라 부르기로 한다. 여기서 논리값의 의미는 '신호가 있다(1)' 또는 '신호가 없다(0)'를 말한다. 이와 같이 **정상적인 관점의 논리를 정논리라고 하며**, 경우에 따라 **반대로 논리값을 부여하는 방식을 부논리 방식**이라고 한다.

한편, 디지털 시스템에서는 on/off의 극단적인 두 상태를 쓰기 위해 트랜지스터로 하여금 **포화와 차단 영역을 이용하여 스위칭 동작**을 하게 한다. 즉 입력전압 $V_i \leq 0.2[\text{V}]$(Low 레벨)에서는 차단^{off} 동작을 하고, $V_i \geq 0.75[\text{V}]$(High 레벨)에서 포화^{on} 동작을 하게 된다. 따라서 입력의 0은 0 ~ $0.2[\text{V}]$ 범위를, 입력의 1은 $0.75 \sim V_{CC}[\text{V}]$ 범위의 전압이 인가된다고 생각하면 된다. 한편, 트랜지스터가 포화동작을 할 경우 출력전압 $V_o \leq 0.2[\text{V}]$(Low 레벨)이고, 차단동작을 할 경우 출력전압 V_o는 거의 $V_{CC}(3.5 \sim V_{CC})$(High 레벨)가 나온다. 따라서 출력이 0이면 0 ~ $0.2[\text{V}]$ 범위를, 출력이 1이면 $3.5 \sim V_{CC}[\text{V}]$가 출력된다고 생각하면 된다. 디지털 IC별 입·출력의 0과 1의 논리 레벨은 절 후반부에 제시된 [표 13-11]에서 살펴보기 바란다.

대표적인 논리함수와 논리 게이트

2진 신호(1, 0)인 논리변수를 다루는 함수를 **논리함수**라고 한다. 논리함수를 구현하기 위해서는 많은 반도체 스위칭 소자가 쓰이는데, 이렇게 구현된 디지털 논리회로의 소자를 **논리 게이트**$^{\text{logic gate}}$라고 한다. 지금부터 대표적인 논리함수와 논리 게이트의 함수식, 논리 게이트의 기능, 동작 상태의 진리표, **논리 전자회로**를 살펴본다.

■ NOT(인버터) 함수 : 논리 부정 기능

NOT 게이트는 [그림 13-3(a)]와 같이 나타낸다. NOT 함수에 대한 이해를 돕기 위해 [그림 13-3(b)]와 같이 NOT 함수를 접점으로, 스위치의 개폐 상태를 논리 입력변수 A로, 전구에 불이 켜지고 꺼지는 상태를 출력 논리변수 F로 나타낸다. NOT 함수는 A에서 스위치가 닫히면($A = 1$) 전구는 꺼지고($F = 0$), 스위치가 열리면($A = 0$) 전구는 켜지므로($F = 1$), 출력 F는 입력 A와 반대(부정) 관계이다.

$$F = \overline{A} = A'$$

(13.3)

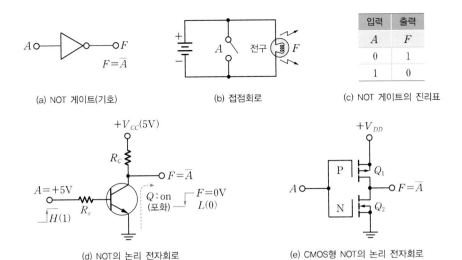

(a) NOT 게이트(기호)   (b) 접점회로   (c) NOT 게이트의 진리표

입력	출력
A	F
0	1
1	0

(d) NOT의 논리 전자회로   (e) CMOS형 NOT의 논리 전자회로

[그림 13-3] NOT 게이트와 논리 전자회로

[그림 13-3(d)]의 회로에 대해 살펴보자.

- 입력 $A = H(1)$이면 Q가 on(포화)되므로 출력 $F = L(0)$, 즉 접지된다.
- 입력 $A = L(0)$이면 Q가 off(차단)되므로 $+V_{CC}$가 출력에 연결된다.
  즉 출력 $F = H(1) = V_{CC}$가 된다.

[그림 13-3(e)]의 회로에 대해 살펴보자.

- CMOS(=PMOS+NMOS) 1개로 구현한 NOT 게이트 회로이다.
- 입력 $A = H(1)$이면 Q_2가 on(포화)되어 N채널이 형성되고, Q_1은 off(차단)되어 P채널이 형성되지 않아 출력 $F = L(0)$, 즉 접지된다.
- 입력 $A = L(0)$이면 Q_1이 on(포화)되어 P채널만 형성되고, Q_2는 off(차단)되어 출력 $F = H(1)$ $= V_{DD}$가 된다.
- CMOS 속도는 느리지만, 어느 논리 상태에서나 전류 $I_D \cong 0$이므로 소비전력이 거의 없어 **대규모 용량**의 IC에 유용하게 쓰인다.

■ 버퍼 함수 : 완충 기능

버퍼^{Buffer} 게이트는 [그림 13-4(a)]와 같이 나타낸다. 논리회로는 앞서 NOT 함수의 [그림 13-3(b)]에서 스위치를 전구와 직렬로 접속하면 된다. 버퍼 함수는 스위치가 닫히면($A = 1$) 전구가 켜지고 ($F = 1$), 스위치가 열리면($A = 0$) 전구는 꺼지므로($F = 0$), 출력 F는 입력 A와 동일한 관계로 NOT의 반대 함수이다.

$$F = A$$

(13.4)

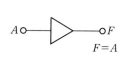

입력	출력
A	F
0	0
1	1

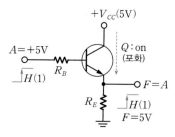

(a) 버퍼 게이트(기호) (b) 버퍼의 진리표 (c) 버퍼의 논리 전자회로

[그림 13-4] 버퍼 게이트와 논리 전자회로

- 입력 $A = H(1)$이면 Q가 on(포화)되므로 출력 $F = H(1) = V_{CC}$가 된다.
- 입력 $A = L(0)$이면 Q가 스위치 off(차단)되므로 $F = L(0)$, 즉 접지된다.

■ AND 함수 : 논리곱

AND 게이트는 [그림 13-5(a)]와 같이 나타낸다. AND 함수는 [그림 13-5(b)]와 같이 스위치 A와 B가 동시에 모두 닫혔을 때, 즉 입력변수 $A = B = 1$일 때만 전구가 켜지며($F = 1$), 그 외에 스위치가 하나라도 열리면(0이면) 전구가 꺼지는($F = 0$) 동시 동작을 한다.

$$F = A \cdot B$$

(13.5)

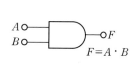

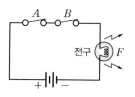

입력		출력
A	B	F
0	0	0
1	0	0
0	1	0
1	1	1

(a) AND 게이트(기호) (b) 접점회로 (c) AND 게이트의 진리표

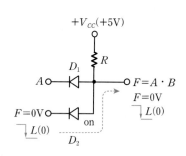

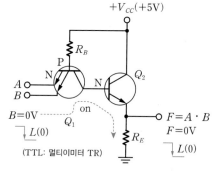

(d) 다이오드 AND의 논리 전자회로 (e) 2입력 TTL AND의 논리 전자회로

[그림 13-5] AND 게이트와 논리 전자회로

[그림 13-5(d)]의 회로에 대해 살펴보자.

- 입력 A나 B가 $L(0)$이면 다이오드가 on되어 그 입력이 출력되므로 $F = L(0)$이다.
- 입력 $A = H(1)$이고 $B = H(1)$일 때만 다이오드가 모두 off되므로 출력 $F = H(1) = V_{CC}$이다.

[그림 13-5(e)]의 회로에 대해 살펴보자.

- 입력 A나 B가 하나라도 $L(0)$이면 Q_1이 on(포화)되어 그 입력이 들어와서 Q_2(버퍼)를 통해 출력되므로 $F = L(0)$이다.
- 입력 $A = B = H(1)$일 때만 Q_1이 off(차단)되므로 V_{CC}가 $R_B \rightarrow Q_2$ 베이스 $\rightarrow Q_2$ 이미터를 통해 출력되므로 $F = H(1)$이다.

■ OR 함수 : 논리합

OR 게이트는 [그림 13-6(a)]와 같이 나타낸다. OR 함수는 [그림 13-6(b)]와 같이 2개의 스위치 A와 B가 병렬로 연결되어 있어서 두 개의 스위치 A 또는 B 중에서 어느 1개만 닫혀도($A = 1$ 또는 $B = 1$) 전구가 켜지는($F = 1$) 선택적인 동작을 한다.

$$F = A + B \qquad (13.6)$$

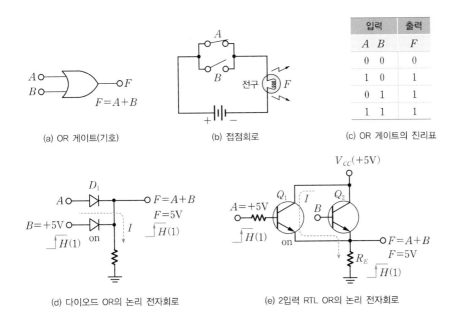

(a) OR 게이트(기호)

(b) 접점회로

(c) OR 게이트의 진리표

입력		출력
A	B	F
0	0	0
1	0	1
0	1	1
1	1	1

(d) 다이오드 OR의 논리 전자회로

(e) 2입력 RTL OR의 논리 전자회로

[그림 13-6] OR 게이트와 논리 전자회로

[그림 13-6(d)]의 회로에 대해 살펴보자.

- 입력 A, B 중 어느 하나라도 $H(1)$이면(여기서는 $B = H(1)$) 다이오드 D_2가 on되어 그 입력이 출력되므로 $F = H(1)$이다.
- 입력 $A = B = L(0)$이면 다이오드가 모두 off되므로 출력 $F = L(0)$, 즉 접지된다.

[그림 13-6(e)]의 회로에 대해 살펴보자.

- 입력 A, B 중 어느 하나라도 $H(1)$이면(여기서는 $A = H(1)$) Q_1이 on되어 $V_{CC}(+5\text{V})$가 Q_1 스위치를 거쳐 출력되므로 $F = H(1) = V_{CC}$가 된다.
- 입력 $A = B = L(0)$이면 Q_1과 Q_2 모두 off되므로 출력 $F = L(0)$, 즉 접지된다.

■ NAND 함수 : 부정 논리곱

NAND 게이트는 [그림 13-7(a)]와 같이 나타낸다. NAND 함수는 [그림 13-7(b)]와 같이 AND 출력을 부정(NOT)시킨 논리로 2개를 직렬로 연결한 것과 같은 기능을 한다. 두 스위치가 모두 닫힐 때만 ($A = B = 1$) 전구가 꺼지고($F = 0$), 두 스위치 중 하나만 열려도($A = 0$ 또는 $B = 0$) 전구가 켜진다($F = 1$). 이 NAND 게이트는 모든 논리(게이트)회로를 구현할 수 있어 **가장 많이 사용하는 표준 게이트**이다.

$$F = \overline{A \cdot B} = \overline{A} + \overline{B}$$

(13.7)

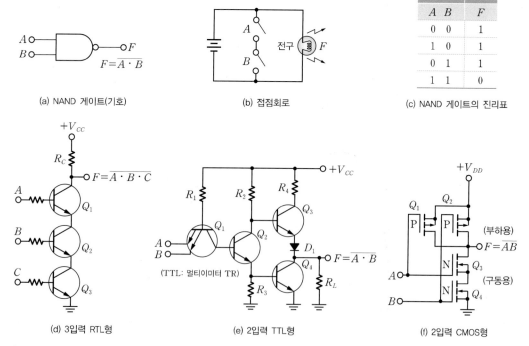

입력		출력
A	B	F
0	0	1
1	0	1
0	1	1
1	1	0

(a) NAND 게이트(기호)   (b) 접점회로   (c) NAND 게이트의 진리표

(d) 3입력 RTL형   (e) 2입력 TTL형   (f) 2입력 CMOS형

[그림 13-7] NAND 게이트와 논리 전자회로

[그림 13-7(d)]의 회로에 대해 살펴보자.

- 입력 A, B, C 중 어느 하나라도 $L(0)$이면 그 TR은 off되므로 출력 $F = H(1) = V_{CC}$가 된다.

[그림 13-7(e)]의 회로에 대해 살펴보자.

- 멀티 이미터 구조인 **TTL형**으로 입력 A, B 중 어느 하나라도 $L(0)$이면 Q_1이 on되어 그 입력(0)이 Q_2(버퍼)를 거쳐 Q_4의 베이스에 $L(0)$이 입력된다. Q_4는 NOT 회로이므로 입력이 0이면 off되어 출력 $F = H(1)$이 된다. (반면 Q_2의 컬렉터와 이미터의 전압은 위상이 반전 관계이므로 Q_3와 Q_4는 서로 반대로 동작하는 **토템-폴**$^{totem\text{-}pole}$ 구조로 Q_3는 on이 된다.)
- 이 다이오드는 Q_4가 포화일 때 Q_3를 확실히 차단되도록 하는 기능이다.
- 입력 $A = B = H(1)$이면 Q_1은 off되고, V_{CC}가 Q_1 베이스-컬렉터의 PN 접합을 통해 Q_2의 베이스와 이미터 및 Q_4의 베이스에 $H(1)$을 공급하므로 Q_4가 on되어 출력 $F = L(0)$이 된다.

[그림 13-7(f)]의 회로에 대해 살펴보자.

- CMOS(=PMOS+NMOS) 2개로 구현한 NAND 게이트 회로이다. 입력 A, B가 모두 $H(1)$이면 구동용 Q_3, Q_4는 on되어 N채널이 형성되지만, 부하용 Q_1과 Q_2는 off되어 P채널은 형성되지 않으므로 출력 $F = L(0)$, 즉 접지된다.
- 두 입력 중 하나라도 $L(0)$이면 Q_3, Q_4는 off되고, 부하용 Q_1나 Q_2는 on되어 부하채널이 형성되어 출력 $F = H(1) = V_{DD}$가 된다.
- CMOS는 느리지만, 전류 $I_D \cong 0$이므로 소비전력이 거의 없어 대규모 용량의 IC에 유용하다.

■ NOR 함수 : 부정 논리합

NOR 게이트는 [그림 13-8(a)]와 같이 나타낸다. NOR 함수는 [그림 13-8(b)]와 같이 OR 함수의 출력을 부정(NOT) 시킨 논리로 2개를 직렬 연결한 것과 같은 기능을 한다. 두 스위치 중 하나만 닫혀도 ($A = 1$ 또는 $B = 1$) 전구는 꺼지므로(출력 $F = 0$) 두 입력 모두 $A = B = 0$일 경우에만 전구가 켜진다($F = 1$). 이 NOR 게이트는 **표준 게이트**로서 모든 논리(게이트) 회로를 구현할 수 있어 많이 사용한다.

$$F = \overline{A + B} = \overline{A} \cdot \overline{B} \tag{13.8}$$

[그림 13-8(d)]의 회로에 대해 살펴보자.

- 입력 A, B, C 중 하나라도 $H(1)$이면 그 TR은 on되어 출력 $F = L(0)$, 즉 접지된다.
- 입력이 전부 0이면 모든 TR이 off되어 V_{CC}가 그대로 $F = H(1) = V_{CC}$가 된다.

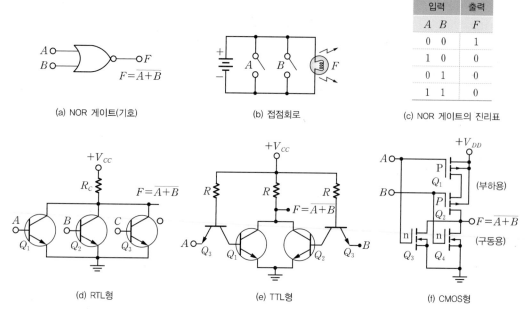

입력		출력
A	B	F
0	0	1
1	0	0
0	1	0
1	1	0

(a) NOR 게이트(기호) (b) 접점회로 (c) NOR 게이트의 진리표

(d) RTL형 (e) TTL형 (f) CMOS형

[그림 13-8] NOR 게이트와 논리 전자회로

[그림 13-8(e)]의 회로에 대해 살펴보자.

- 좌우에 있는 A, B 이미터는 TTL의 2개 입력을 쓰게 되는 **TTL형**으로 입력 A, B 중 하나라도 $H(1)$이면 TTL Q_3의 베이스와 콜렉터의 PN 접합을 통해 V_{CC}가 Q_1, Q_2의 베이스에 $H(1)$을 인가시켜 on되므로 출력 $F = L(0)$, 즉 접지된다.
- $A = B = L(0)$일 때, Q_3이 on되어 Q_1과 Q_2의 베이스가 $L(0)$이므로 모두 off되어 $F = H(1)$ $= V_{CC}$가 된다.

[그림 13-8(f)]의 회로에 대해 살펴보자.

- CMOS 2개로 구현한 NOR 게이트 회로이다.
- 입력 A, B가 모두 $L(0)$이면 구동용 Q_3, Q_4는 off되어 N채널이 형성되지 않고 부하용 Q_1, Q_2가 on되고 P채널이 형성되어 출력 $F = H(1) = V_{CC}$가 된다. 그리고 입력 중 하나만 $H(1)$이 되어도 Q_1나 Q_2는 off되지만 구동용 FET인 Q_3나 Q_4는 on되어 N채널이 형성되므로 출력 $F = L(0)$, 즉 접지된다.

■ EOR, XOR(Exclusive-OR) 함수 : 배타적 논리합

EOR 함수는 두 입력이 배타적으로 논리값이 $H(1)$일 경우, 즉 두 입력 A, B가 서로 다를 때만 출력 $F = H(1)$인 함수이다. 이 회로를 **반일치 회로**라고 하는데, 회로에 자주 사용된다. 입력이 3개 이상인 경우, 입력의 논리값 1이 홀수 개일 때만 출력 $F = 1$이 된다.

$$F = A \oplus B = A\overline{B} + \overline{A}B$$

(13.9)

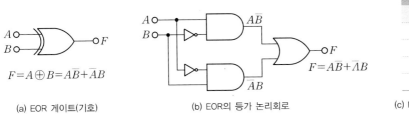

$$F = A \oplus B = A\overline{B} + \overline{A}B$$

(a) EOR 게이트(기호)

(b) EOR의 등가 논리회로

$$F = A\overline{B} + \overline{A}B$$

입력		출력
A	B	F
0	0	0
1	0	1
0	1	1
1	1	0

(c) NOR 게이트의 진리표

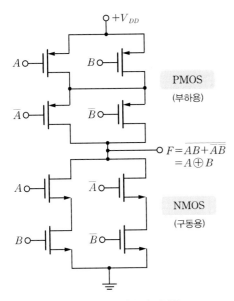

PMOS
(부하용)

$$F = \overline{A B + \overline{A}\,\overline{B}}$$
$$= A \oplus B$$

NMOS
(구동용)

(d) COMS형 EOR의 논리 전자회로

[그림 13-9] EOR 게이트와 논리 전자회로

[그림 13-9(d)]의 회로에 대해 살펴보자.

- 구동용 NMOS 블록에서 A와 B는 직렬이다. 따라서 AND(AB), $\overline{A}$와 $\overline{B}$도 직렬로서 AND($\overline{A}\,\overline{B}$) 논리회로를 형성하고, 이 두 부분은 병렬로서 NOR 논리를 구현하고 있다.

$$F = \overline{AB + \overline{A}\,\overline{B}} = \overline{A \odot B} \tag{13.10}$$
$$= A \oplus B = A\overline{B} + \overline{A}B \tag{13.11}$$

- 부하용 PMOS 블록은 NMOS 블록과 상보complement 관계에 있으므로 A와 B는 병렬, $\overline{A}$와 $\overline{B}$도 병렬이다. 이 두 부분은 직렬로 구현되는 CMOS형 구조이다.
- 입력 A와 B가 동시에 $H(1)$이거나 $\overline{A}$와 $\overline{B}$가 동시에 $H(1)$, 즉 $A = B = 0$일 때만 구동용 N채널이 형성되어(부하용 P채널은 off) 출력 $F = L(0)$, 즉 접지된다.

■ ENOR, XNOR(Exclusive-NOR) 함수 : 부정 배타적 논리합

ENOR 함수는 EOR의 부정기능을 하는 함수로, 입력 A, B가 서로 같을 때에만 출력 $F = H(1)$이 되므로 **일치회로**라고도 한다. 3입력 이상일 때는 입력의 논리값 1의 개수가 짝수일 때 출력 $F = 1$로 동작한다.

$$F = A \odot B = AB + \overline{A}\,\overline{B}$$

(13.12)

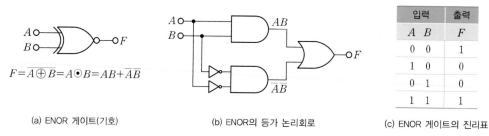

$$F = \overline{A \oplus B} = A \odot B = AB + \overline{A}\overline{B}$$

(a) ENOR 게이트(기호)

(b) ENOR의 등가 논리회로

입력		출력
A	B	F
0	0	1
1	0	0
0	1	0
1	1	1

(c) ENOR 게이트의 진리표

[그림 13-10] ENOR 게이트와 논리

예제 13-4

다음의 논리 전자회로의 기능을 해석하여라.

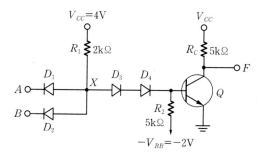

[그림 13-11] DTL형 논리회로

풀이

다이오드 D_1, D_2는 AND 논리회로를 구성하고, Q는 NOT(인버터) 회로이므로 주어진 회로는 **DTL형 NAND 논리회로**이다. 이 회로는 동작속도가 느려서 주로 TTL형으로 개선되고 있으며, D_3, D_4는 잡음 여유도를 높이는 용도로 쓰인다. 출력 $F = \overline{A \cdot B}$이다.

예제 13-5

다음의 **이미터-결합 논리**$^{\text{ECL : Emitter-Coupled Logic}}$ 회로의 기능과 특성을 설명하여라.

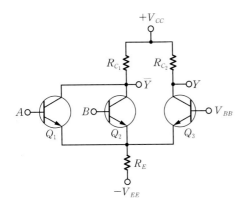

[그림 13-12] ECL형 논리회로

풀이

앞서 다룬 디지털 논리 게이트는 포화와 차단 영역에서 스위칭 동작을 수행하는 포화형 논리회로이다. 이들은 포화 시에 베이스에 축적된 과잉전하로 인해 게이트의 스위칭 동작속도에 한계가 생긴다.

ECL형 논리회로는 차단과 활성 영역에서 동작하게 하는 **불포화형 논리회로**이다. TR을 완전 포화시키지 않음으로써 저장 지연시간을 없애고, 출력신호의 진폭^{swing}을 비교적 작게 하여 각종 부하 및 기생용량을 충·방전하는 시간을 줄여 **가장 빠른 동작을 구현**하는 것이다. 회로의 저항 R_E는 **부궤환용으로 활성 영역에서 안정한 동작**을 지원한다. ECL 게이트는 상보출력(NOR와 OR 출력)을 동시에 얻을 수 있어 논리설계가 간략하고 고속으로 동작하는 장점이 있다. 반면 전력소모는 크다.

입력 A, B 중 어느 하나라도 $H(1)$이면 Q_1이나 Q_2는 도통(on)되고 출력 $\overline{Y} = L(0)$가 되어 $\overline{Y} = \overline{A+B}$가 된다(NOR 회로). 반면, 높은 $H(1)$ 입력은 Q_3의 이미터 전위이며, V_{BB}보다 높으므로 Q_3가 차단(off)되어 출력 $Y = H(1)$, 즉 V_{CC}가 되므로 $Y = A+B$가 된다(OR 회로).

정상 출력 : $Y = A + B$
부정 출력 : $\overline{Y} = \overline{A+B}$

■ 디지털 IC의 분류와 파라미터

디지털 논리회로에서 2진 신호값을 고전위 H레벨로, 저전위를 L레벨로 표시하기 위해, H는 논리 1, L은 논리 0으로 정의하는 방식을 **정논리 체계**, H는 논리 0, L은 논리 1로 정의하는 방식을 **부논리 체계**라고 한다.

SECTION 13.1 디지털 회로의 기본 이론 **729**

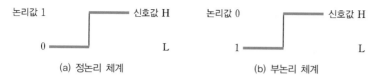

논리값 1	신호값 H	논리값 0	신호값 H
0	L	1	L
(a) 정논리 체계		(b) 부논리 체계	

[그림 13-13] 신호 높이와 논리형(정논리, 부논리)

[표 13-11] IC SPEC 상의 H레벨, L레벨의 대표값

고 단계 전압[V]		저 단계 전압[V]		IC군의 형	전력 공급 [V]
범위	표준	범위	표준		
$2.4 \sim 5$	3.5	$0 \sim 0.4$	0.2	TTL	$V_{CC} = 5$
$-0.95 \sim -0.7$	-0.8	$-1.9 \sim -1.6$	-1.8	ECL	$V_{EE} = -5.2$
V_{DD}	V_{DD}	$0 \sim 0.5$	0	CMOS	$V_{DD} = 3 \sim 15$
논리 1		논리 0		정논리	
논리 0		논리 1		부논리	

디지털 논리 IC의 주요 파라미터는 다음과 같다.

- 팬아웃 fan-out : 정상 동작에 영향을 주지 않고 게이트 출력에 걸 수 있는 표준부하(즉 게이트)의 수
- 전력소모 power dissipation : 게이트를 작동하기 위해 필요한 전력으로 단위는 $[\mathrm{mW}]$ 이다.
- 전파 지연시간 propagation delay time : 2진 신호가 그 값을 바꿨을 때 입력에서 출력까지 신호가 전달되는 데 걸리는 평균 시간
- 잡음 여유도 noise margin : 회로의 출력을 바꾸지 않으면서 입력에 첨가되는 최대 잡음 전압

[표 13-12] 디지털 IC 패밀리의 특성 비교

	RTL	DTL	HTL	TTL	ECL	MOS	CMOS
기본 게이트	NOR	NAND	NAND	NAND	OR/NOR	NAND	NOR 또는 NAND
팬아웃	5	8	10	10	25	20	50
소비전력 $[\mathrm{mW}]$	12	8	55	10	40	1	0.01
전파지연 $[\mathrm{ns}]$	12	30	90	10	2	100	50
클록펄스 속도 $[\mathrm{MHz}]$	8	12	4	15	60	2	10
잡음 여유도	보통	좋음	매우 좋음	좋음	보통	보통	좋음
기능 수	많다	약간 많다	매우 적다	매우 많다	많다	적다	매우 많다

참고 **특성에 따른 비교**
- 동작처리 속도 순 : ECL > TTL > DTL > CMOS
- 소비전력 순 : ECL > TTL > DTL > CMOS
- 팬아웃 순 : CMOS > ECL > TTL > DTL
- 잡음 여유도 최대(모터 구동, FA 용도) : HTL
- 멀티 이미터 구조(포화형, 고속) : TTL
- 이미터 결합 구조(불포화형, 최고속) : ECL
- 상보 대칭형 MOS 구조(최저 소비전력, 최대 팬아웃) : CMOS

13.1.6 논리 게이트 회로 구현

■ 기본 게이트

NAND와 NOR 게이트는 TR로 만들기 쉽고, 이 두 게이트만 있으면 모든 논리함수를 쉽게 설계할 수 있어서 **표준 게이트**로 널리 쓰이고 있다.

[표 13-13] 기본 논리 게이트(SSI)의 표기와 진리표

명칭	기호	논리식	진리표
AND		$F = xy$	x y F / 0 0 0 / 0 1 0 / 1 0 0 / 1 1 1
OR		$F = x + y$	x y F / 0 0 0 / 0 1 1 / 1 0 1 / 1 1 1
인버터		$F = \bar{x}$	x F / 0 1 / 1 0
버퍼		$F = x$	x F / 0 0 / 1 1
NAND (AND–NOT)		$F = \overline{(xy)}$	x y F / 0 0 1 / 0 1 1 / 1 0 1 / 1 1 0
NOR (OR–NOT)		$F = \overline{(x + y)}$	x y F / 0 0 1 / 0 1 0 / 1 0 0 / 1 1 0
XOR (Exclusive–OR)		$F = x\bar{y} + \bar{x}y = x \oplus y$	x y F / 0 0 0 / 0 1 1 / 1 0 1 / 1 1 0
XNOR (Exclusive–NOR)		$F = xy + \bar{x}\bar{y} = x \odot y$	x y F / 0 0 1 / 0 1 0 / 1 0 0 / 1 1 1

표준 게이트

[그림 13-14]의 회로에서 출력 Y에 대한 부울식을 구하여라.

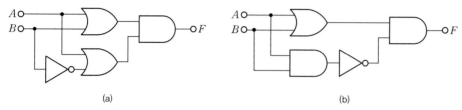

(a)
(b)

[그림 13-14] 기본 게이트 논리회로

풀이

(a) $F = (A+B)(A+\overline{B})$를 전개하면 다음과 같다.

$$F = (A+B)(A+\overline{B})$$
$$= AA + A\overline{B} + AB + B\overline{B} \quad (B\overline{B} = 0 \text{이므로 제거})$$
$$= A + A\overline{B} + AB = A(1+\overline{B}+B) = A$$

(b) $F = (A+B) \cdot (\overline{AB})$를 전개하면 다음과 같다.

$$F = (A+B) \cdot (\overline{AB}) = (A+B) \cdot (\overline{A} + \overline{B})$$
$$= A\overline{A} + A\overline{B} + \overline{A}B + B\overline{B} \quad (A\overline{A} = B\overline{B} = 0)$$
$$= A\overline{B} + \overline{A}B = A \oplus B$$

■ 논리회로의 NAND 및 NOR화 설계

표준 게이트로 만들기 위해 다이어그램 방식을 사용한다.

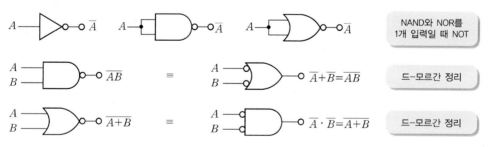

[그림 13-15] NAND와 NOR의 등가 게이트

❶ NAND화(다이어그램)

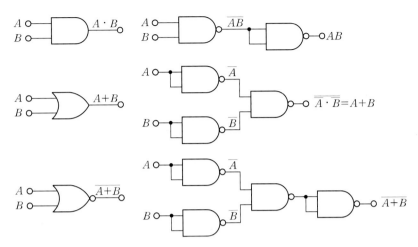

[그림 13-16] AND, OR, NOR의 NAND화

❷ NOR화(다이어그램)

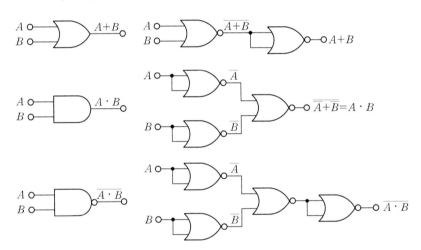

[그림 13-17] OR, AND, NAND의 NOR화

예제 13-7

다음에 주어진 NOR, NAND 논리회로의 출력식을 구하여라.

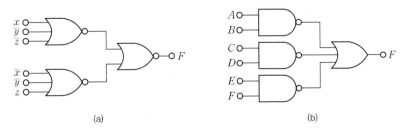

(a)   (b)

[그림 13-18] NOR, NAND 논리회로

풀이

(a) 주어진 회로를 다이어그램 방식으로 해석하기 위해 등가회로로 변형하면 다음과 같다. 그리고 2중 부정은 상쇄된다.

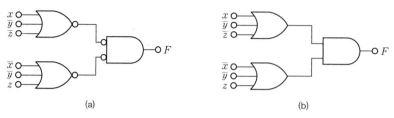

[그림 13-19] 등가회로(1)

최종 출력은 $F = (x + \overline{y} + \overline{z}) \cdot (\overline{x} + \overline{y} + z)$ 이다.

(b) 주어진 회로를 다이어그램 방식으로 적용하기 위해 등가회로로 변형하면 다음과 같다.

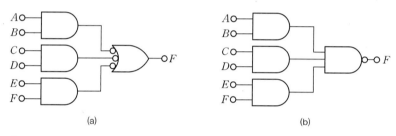

[그림 13-20] 등가회로(2)

최종 출력은 $F = \overline{AB \cdot CD \cdot EF}$ 이다.

예제 13-8

[그림 13-21]은 표준 게이트인 NAND를 이용하여 설계한 회로이다. 이 회로의 출력식을 구하여라. 그리고 회로가 어떤 기능을 하는지 설명하여라.

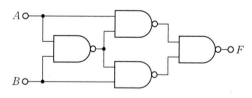

[그림 13-21] NAND 논리회로

풀이

손쉽게 해석하기 위해 맨 우측에 있는 NAND 게이트부터 등가적인 그림을 적용하면 [그림 13-22(a)]를 거쳐 [그림 13-22(b)]와 같이 $F = A(\overline{A} + \overline{B}) + B(\overline{A} + \overline{B}) = A\overline{B} + \overline{A}B = A \oplus B$가 된다.

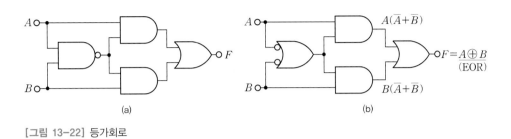

[그림 13-22] 등가회로

SECTION

13.2

조합 논리회로

이 절에서는 논리 게이트인 소규모 IC(SSI)에 의한 설계 및 해석과 중규모 IC(MSI), 대규모 IC(LSI)의 특성 및 이를 이용한 조합 논리회로를 구현하고 해석하는 방법에 대해 학습한다.

Keywords | **다수결 회로** | **가산기** | **감산기** | **디코더** | **인코더** | MUX | Demux | ROM |

조합 논리회로^{combination logic circuit}는 외부로부터 인가되는 입력요소에 의해서만 새로운 출력이 결정되는 논리회로를 의미한다.

13.2.1 소규모 IC를 이용한 조합 논리회로 설계

[그림 13-23]은 소규모 IC(SSI)^{Small Scale IC}를 이용한 설계 순서도를 보여준다.

[그림 13-23] 조합 논리회로 설계 순서도

다수결 회로

다수결 회로는 다수의 입력 중 1이 과반수 이상일 때 출력이 1이 되어 다수결의 입력임을 감지하는 회로를 말한다. 입력은 3개, 출력은 1개로 설정하고, 입력변수를 x, y, z로, 출력변수를 f로 사용한다.

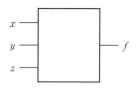

[그림 13-24] 다수결 회로의 입·출력 구성도

❶ 진리표 작성

	입력			출력
항	x	y	z	f
m_0	0	0	0	0
m_1	0	0	1	0
m_2	0	1	0	0
m_3	0	1	1	1
m_4	1	0	0	0
m_5	1	0	1	1
m_6	1	1	0	1
m_7	1	1	1	1

❷ 출력식(최소항의 합) : 출력 $f = 1$인 항의 입력을 최소항으로 표현한다.

$$f = \sum(3,\ 5,\ 6, 7) \tag{13.13}$$
$$= m_3 + m_5 + m_6 + m_7 \tag{13.14}$$
$$= \overline{x}yz + x\overline{y}z + xy\overline{z} + xyz \tag{13.15}$$

❸ 간소화 : 카르노맵을 사용하여 논리식을 간소화한다.

f＼yz x	00	01	11	10
0			1	
1		1	1	1

$$f = xy + yz + zx \tag{13.16}$$

❹ EOR, ENOR 확인 : 카르노맵으로 간소화했지만, EOR나 ENOR가 되는지 설계자가 재확인한다.

❺ 회로 설계 : 간소화된 논리식을 SSI의 게이트를 사용하여 설계한다. 설계된 회로를 MSI로 변환하는 것까지 고려한다면, 표준 게이트인 NAND나 NOR로 재설계하여 회로를 표준화하는 것이 바람직하다.

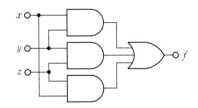

[그림 13-25] 다수결 회로

❻ 회로 해석 : 진리표 내용대로 동작하는지 회로적으로 확인한다.

비교기 회로

비교기 회로comparator는 1비트 수의 크기를 비교하는 회로로서, 입력 A, B(2개)와 출력 $A > B$, $A = B$, $A < B$(3개)로 결정한다. 1비트 비교기를 종속으로 연결하면 다수 비트의 비교기도 설계할 수 있다.

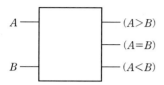

[그림 13-26] 1비트 비교기의 입·출력 구성도

❶ 진리표 작성

A	B	$A > B$	$A = B$	$A < B$
0	0	0	1	0
0	1	0	0	1
1	0	1	0	0
1	1	0	1	0

❷ 출력식(최소항의 합)

$$(A > B) = A\overline{B} \qquad (13.17)$$

$$(A = B) = \overline{A}\,\overline{B} + AB = A \odot B \qquad (13.18)$$

$$(A < B) = \overline{A}\,B \qquad (13.19)$$

❸ 간소화

❹ EOR, ENOR 체크 : $(A = B) = A \odot B$

❺ 회로 설계

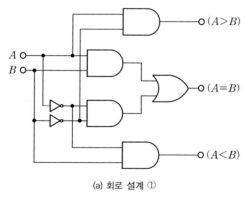

(a) 회로 설계 ①

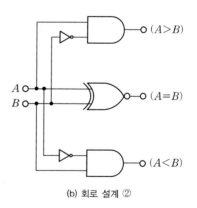

(b) 회로 설계 ②

[그림 13-27] 비교기 회로

❻ 회로 해석 : 4비트 비교기 MSI(7485)

반가산기와 반감산기 회로

반가산기(HA)[Half Adder]와 반감산기(HS)[Half Subtractor] 회로는 1비트의 2진수를 가산하거나 감산하는 연산을 한다. 이들 회로는 입력과 출력을 각각 2개로 설정한다.

■ 반가산기 : 1비트의 2진수 덧셈 회로

입력은 x, y로, 출력은 합[sum]의 출력인 S, 올림[carry] 출력인 C를 사용한다.

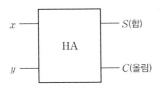

[그림 13-28] 반가산기의 입·출력 구성도

❶ 진리표 작성

x	y	S	C
0	0	0	0
0	1	1	0
1	0	1	0
1	1	0	1

❷ 출력식(최소항의 합)

$$S = \overline{x}y + x\overline{y} = x \oplus y$$
$$C = xy$$

(13.20)

❸ 간소화

❹ EOR, ENOR 체크

❺ 회로 설계

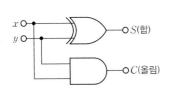

(a) 회로 설계

(NOT)
(NAND+NOT=AND)

(b) NAND화 설계

[그림 13-29] 반가산기 회로

■ 반감산기 : 1비트의 2진수 뺄셈 회로

입력은 x, y로, 출력은 차difference의 출력인 D, 빌림borrow 출력인 B를 사용한다.

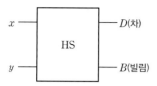

[그림 13-30] 반감산기의 입·출력 구성도

❶ 진리표 작성

x	y	D	B
0	0	0	0
0	1	1	1
1	0	1	0
1	1	0	0

❷ 출력식(최소항의 합)

$$D = \overline{x}y + x\overline{y} = x \oplus y$$
$$B = \overline{x}y$$

(13.21)

❸ 간소화

❹ EOR, ENOR 체크

❺ 회로 설계 : 반감산기는 반가산기의 올림 출력에 NOT 회로가 1개 추가되는 것 말고는 동일하다.

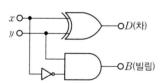

[그림 13-31] 반감산기 회로

전가산기 회로

전가산기(FA)Full Adder는 2비트 이상의 2진수 덧셈을 수행하는 논리회로이다. 아랫자리에서 올라온 올림 비트를 함께 연산해야 하므로 입력은 x, y, z(올림비트)로 3개, 출력은 합sum의 출력인 S, 올림carry 출력인 C를 사용한다.

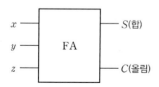

[그림 13-32] 전가산기의 입·출력 구성도

❶ 진리표 작성

x	y	z	S	C
0	0	0	0	0
0	0	1	1	0
0	1	0	1	0
0	1	1	0	1
1	0	0	1	0
1	0	1	0	1
1	1	0	0	1
1	1	1	1	1

❷ 출력식(최소항의 합)

$$S = \sum(1,\ 2,\ 4,\ 7) = m_1 + m_2 + m_4 + m_7 \tag{13.22}$$

$$C = \sum(3,\ 5,\ 6,\ 7) = m_3 + m_5 + m_6 + m_7 \tag{13.23}$$

❸ 간소화

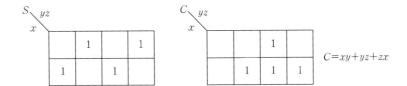

$C = xy + yz + zx$

❹ EOR, ENOR 체크

$$S = \overline{x}\,\overline{y}z + \overline{x}y\overline{z} + x\overline{y}\,\overline{z} + xyz = (\overline{x}\,\overline{y} + xy)z + (\overline{x}y + x\overline{y})\overline{z}$$

$$= (x \odot y)z + (x \oplus y)\overline{z} = (\overline{x \oplus y})z + (x \oplus y)\overline{z} = (x \oplus y) \oplus z$$

$$C = xy + yz + zx$$

이때 올림출력 C를 다음처럼 변형할 수도 있다.

$$C = \overline{x}yz + x\overline{y}z + xy\overline{z} + xyz = (\overline{x}y + x\overline{y})z + xy(\overline{z} + z) = (x \oplus y)z + xy \tag{13.24}$$

❺ 회로 설계 : 결과적으로 전가산기는 반가산기 2개와 OR 게이트 1개로 구현할 수 있다.

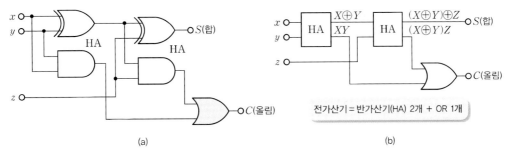

(a)   (b)

[그림 13-33] 전가산기 회로

전감산기(FS)$^{Full\ Subtractor}$ 회로를 설계하여라. 그리고 NAND화를 구현하여라.

풀이

- **전감산기 설계**

  전감산기는 입력은 x, y, z(빌림비트)로, 출력은 차^{difference}의 출력인 D, 빌림^{borrow} 출력인 B를 사용한다. 출력식은 다음과 같이 간소화하여 나타낼 수 있다. 결과적으로 **전감산기도 반감산기 2개와 OR 게이트 1개로 구현**할 수 있다.

$$D = m_1 + m_2 + m_4 + m_7$$
$$= \overline{x}\,\overline{y}z + \overline{x}y\overline{z} + x\overline{y}\,\overline{z} + xyz$$
$$= (x \oplus y) \oplus z \quad \text{(전가산기와 동일)}$$

$$B = m_1 + m_2 + m_3 + m_7$$
$$= \overline{x}\,\overline{y}z + \overline{x}y\overline{z} + \overline{x}yz + xyz$$
$$= (\overline{x}\,\overline{y} + xy)z + (\overline{z} + z)\overline{x}y$$
$$= (\overline{x \oplus y})z + \overline{x}y$$

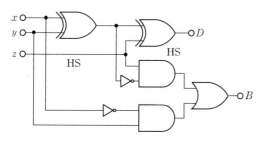

[그림 13-34] 전감산기 회로

- **NAND화 구현**

  [그림 13-15]의 NOT, [그림 13-16]의 AND, OR, [그림 13-21]의 EOR을 이용하여 NAND 게이트에 의한 회로 구성을 학습하기 바란다.

13.2.2 중·대규모 IC를 이용한 조합 논리회로 설계

좀 더 복잡하고, 실용적인 디지털 시스템을 설계하기 위해서라면 SSI가 아니라, **중규모 IC(MSI)**$^{Midium\ Scale\ IC}$나 **대규모 IC(LSI)**$^{Large\ Scale\ IC}$를 이용하여 설계를 해야 한다. 여기에서는 디지털 시스템에 범용적으로 사용되는 대표적인 MSI 및 LSI인 **디코더, 인코더, MUX, DEMUX, ROM, PLA** 회로의 기능과 특성, 그리고 회로가 어떻게 구현되는지를 살펴볼 것이다.

디코더(해독기, 복호기)

디코더^{Decoder}는 2진수 입력을 10진수로 **변환**하거나 부호화된 명령이나 번지를 **해독(복호)**하는 데 사용하며, 다수 입력과 다수 출력(즉 $n \times 2^n$) 구조를 갖는 IC이다.

[그림 13-35]는 **2×4 디코더 회로**를 보여준다. 보통 AND와 NOT으로 구현되며, 디코더를 사용하여 모든 조합 논리회로를 설계할 수 있다. [그림 13-35(a)]는 사용가능 여부를 나타내는 E(인에이블) 단자가 1(high active 형)일 때만 정상적으로 동작한다. 예를 들면, [그림 13-35(c)]의 회로에서 입력 $A = 1$, $B = 0$인 경우는 D_2 출력만 1이 되는 것을 알 수 있다.

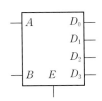

(a) 기호

인에이블	입력		출력			
E	A	B	D_0	D_1	D_2	D_3
0	×	×	0	0	0	0
1	0	0	1	0	0	0
1	0	1	0	1	0	0
1	1	0	0	0	1	0
1	1	1	0	0	0	1

(b) 진리표 (X는 1, 0 무관조건)

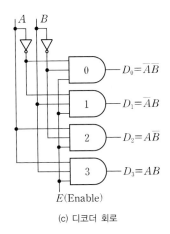

(c) 디코더 회로

[그림 13-35] 2×4 디코더($E=1$일 때 사용 가능)

[그림 13-36]은 $E = 0$일 때(low active 형) 사용가능 상태로 동작하고 디코더의 출력도 $A = 1$, $B = 0$인 경우는 $D_2 = 0$으로 출력되는 구조이다.

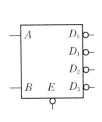

(a) 기호

입력			출력			
E	A	B	D_0	D_1	D_2	D_3
1	×	×	1	1	1	1
0	0	0	0	1	1	1
0	0	1	1	0	1	1
0	1	0	1	1	0	1
0	1	1	1	1	1	0

(b) 진리표 (X는 1, 0 무관조건)

(c) 디코더 회로

[그림 13-36] 2×4 디코더($E=0$일 때 사용 가능)

디코더를 사용하여 전가산기를 설계하여라.

풀이

먼저 전가산기 진리표에서 최소항의 합으로 나타내는 출력식을 구한다.

$$S(x,\ y,\ z) = \sum(1,\ 2,\ 4,\ 7)$$
$$C(x,\ y,\ z) = \sum(3,\ 5,\ 6,\ 7)$$

전가산기는 입력이 3개$(x,\ y,\ z)$이므로, 3×8 디코더를 사용한다. 디코더는 3개의 입력에 대해 8개의 최소항을 산출하는데, 이렇게 산출된 최소항을 OR 게이트로 묶어주면 된다.

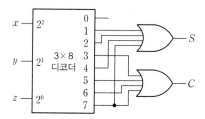

[그림 13-37] 디코더에 의한 전가산기 설계

인코더(부호기, 암호기)

인코더^{Encoder}는 10진수 입력을 2진수로 **변환**하거나 **숫자나 문자를 n비트의 부호로 변환**할 때 사용되는 **부호기(암호기)**를 말하는데, 디코더의 기능과 반대로 동작한다. [그림 13-38]의 8×3 인코더 회로를 보면 입·출력 구조는 $2^n \times n$이며, OR 회로만으로 구현된다는 사실을 알 수 있다. 예를 들어, 진리표에서 입력 $D_7 = 1$일 때 출력은 111이 되어 십진수 7에 해당하는 2진 부호가 출력된다.

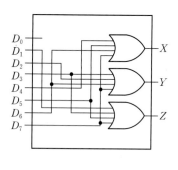

입력								출력		
D_0	D_1	D_2	D_3	D_4	D_5	D_6	D_7	X	Y	Z
1	0	0	0	0	0	0	0	0	0	0
0	1	0	0	0	0	0	0	0	0	1
0	0	1	0	0	0	0	0	0	1	0
0	0	0	1	0	0	0	0	0	1	1
0	0	0	0	1	0	0	0	1	0	0
0	0	0	0	0	1	0	0	1	0	1
0	0	0	0	0	0	1	0	1	1	0
0	0	0	0	0	0	0	1	1	1	1

(a) 회로도

(b) 진리표

[그림 13-38] 8×3 인코더 회로와 진리표

다중화기(데이터 선택기)

다중화기(MUX)^{Multiplexer}**는 여러 개의 입력신호 중 1개를 선택하여 출력하게 해주는 회로를 말한다.** 디지털 PCM 통신에서는 단일 출력 회선을 사용하여 여러 입력신호를 전송하게 해주는 다중화 장치를 MUX라고 한다. 이 회로에는 선택선$^{\text{select line}}$이 있어서 선택선의 값에 따라 다수의 입력 중 하나를 선정하여 출력하는 구조로, **선택선이 n비트일 때 MUX의 입·출력 구조는 $2^n \times 1$이 된다.** 모든 조합 논리회로는 MUX를 사용해서 설계할 수 있다.

[그림 13–39]는 선택선(S_1, S_0)이 2개인 4×1 MUX 회로와 진리표를 보여준다. 예를 들어 선택선이 $S_1 = 1$, $S_0 = 0$이면 (10진수로 2에 해당되므로) 입력 I_2가 선택된다. 따라서 출력 $Y = I_2$가 된다.

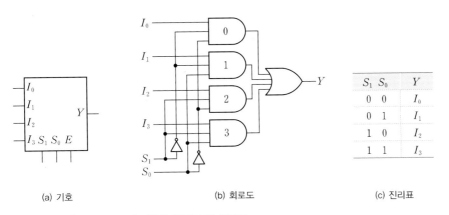

| (a) 기호 | (b) 회로도 | (c) 진리표 |

S_1	S_0	Y
0	0	I_0
0	1	I_1
1	0	I_2
1	1	I_3

[그림 13–39] 4×1 MUX의 기호와 회로도 및 진리표

■ MUX에 의한 조합 논리회로 설계 방법

❶ **MUX 크기 결정** : n개 변수 논리함수에서는 선택선 개수가 $(n-1)$인 MUX를 선정한다. 즉 $2^{n-1} \times 1$이다.

❷ **변수 선정** : n개 변수 중 MUX 입력용 변수와 선택선용 변수를 선정한다.

❸ **구현표 작성** : 논리함수에 대한 구현표$^{\text{implementation table}}$를 작성한다.

❹ **입력값 결정** : 구현표에서 MUX의 각 입력값(I_0, I_1, I_2, I_3)을 결정한다.

❺ **논리회로 설계 및 해석**

다음 논리함수에 대한 논리 시스템을 MUX로 설계하여라.

$$F(A,\ B,\ C) = \sum(1, 3, 5, 6)$$

풀이

❶ **MUX 크기 결정** : $2^2 \times 1 = 4 \times 1$이다.

❷ **변수 설정** : 입력 A는 MUX 입력, 입력 B, C는 선택선 S_1, S_0에 배정한다.

❸ **구현표 작성**

	I_0	I_1	I_2	I_3	
$\overline{A}$	0	①	2	③	→ $A=0$이 되는 항 번호 : $m_0 \sim m_3$
A	4	⑤	⑥	7	→ $A=1$이 되는 항 번호 : $m_4 \sim m_7$
배정	0	1	A	$\overline{A}$	

- 구현표 작성 후 출력이 1인 최소항을 원으로 표기한다.
- 2개가 전부 원이면 1로, 2개 모두 원이 없으면 0으로 표기한다.
- A 변수에 원이면 A, $\overline{A}$ 변수에 원이면 $\overline{A}$로 표기한다.

❹ **입력값 결정** : 구현표에 따라 $I_0 = 0$, $I_1 = 1$, $I_2 = A$, $I_3 = \overline{A}$가 된다.

❺ **논리회로 설계 및 해석** : 0은 접지, 1은 V_{CC}를 연결한다.

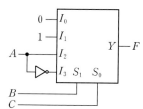

[그림 13-40] MUX에 의한 회로 설계

역 다중화기(데이터 분배기)

역 다중화기(DEMUX)^{Demultiplexer}는 1개의 입력 데이터(신호)를 **여러 개의 출력으로 분배해주는 데이터 분배기 역할을 하는 회로**로, MUX로 다중화된 신호를 원래의 신호로 분리해준다. 선택선이 n비트일 때 DEMUX의 입 · 출력 구조는 1×2^n이 된다.

[그림 13-41]은 선택선(S_1, S_0)이 2개인 1×4 DEMUX 회로도와 진리표를 보여준다. 예를 들어 선택선이 $S_1 = 1$, $S_0 = 0$이면 (10진수로 2에 해당되므로) 입력 I가 D_2 출력단자로 전송되므로 $D_2 = I$가 된다.

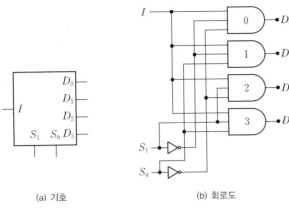

| (a) 기호 | (b) 회로도 | (c) 진리표 |

선택선		출력			
S_1	S_0	D_0	D_1	D_2	D_3
0	0	I	0	0	0
0	1	0	I	0	0
1	0	0	0	I	0
1	1	0	0	0	I

[그림 13-41] 4×1 DEMUX의 기호와 회로도 및 진리표

ROM

ROM$^{\text{Read Only Memory}}$은 1개의 IC 내에 **디코더와 OR 게이트들로 구성된 조합 논리회로**를 말한다. ROM을 프로그래밍한다는 것은 디코더의 출력과 OR 게이트의 입력과의 연결^{link} 상태를 결정하는 것을 뜻하며, 진리표를 바탕으로 매우 복잡한 조합 논리회로를 직접 설계할 수 있다. (모든 조합 논리회로는 ROM으로 설계할 수 있다)

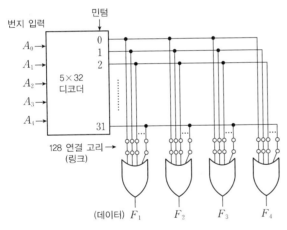

[그림 13-42] 32×4비트 ROM 구조(예시)

■ ROM에 의한 조합 논리회로 설계 방법

❶ ROM 크기 결정 : 설계하고자 하는 조합 논리회로의 입력개수 n, 출력개수 m인 ROM, 즉 $2^n \times m$ 비트 ROM을 사용한다.

❷ 진리표(ROM 테이블) 작성

❸ ROM 프로그래밍 : 연결고리를 제거한다(0은 제거, 1은 연결). ROM은 디코더의 출력인 모든 최소항들이 OR 게이드에 연결되어 있는 구조이다. 따라서 진리표 상에서 출력이 0인 최소항들의 연결을 제거하면 출력이 1인 최소항으로만 구성된 조합 논리회로가 설계된다. (NOT이 연결된 형태의 ROM을 쓰면 출력이 0인 최소항으로 회로를 구현할 수 있다)

ROM을 사용하여 전가산기를 설계하여라.

풀이

❶ **ROM 크기 결정** : 전가산기는 입력 3개(주소 번지 $2^3 = 8$개), 출력 2개(데이터는 2비트)이므로 필요한 ROM 크기는 $2^3 \times 2 = (8 \times 2) = 16$비트용이다.

❷ **진리표(ROM 테이블) 작성**

번호	x	y	z	S	C
m_0	0	0	0	0	0
m_1	0	0	1	1	0
m_2	0	1	0	1	0
m_3	0	1	1	0	1
m_4	1	0	0	1	0
m_5	1	0	1	0	1
m_6	1	1	0	0	1
m_7	1	1	1	1	1

❸ **ROM 프로그래밍** : 진리표 상의 출력이 1이 되는 최소항들만 연결하고, 출력이 0이 되는 최소항들은 제거한다.

$$S(x, \ y, \ z) = \sum(1, 2, 4, 7), \quad C(x, \ y, \ z) = \sum(3, 5, 6, 7)$$

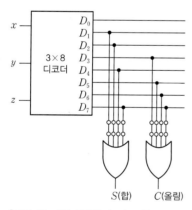

[그림 13-43] 전가산기 ROM 회로

[그림 13-44]는 각 셀이 NMOS로 구성되고, N채널 DMOS의 능동부하 구조의 ROM 회로이다. 4비트의 데이터로 구성된 워드 4개(W_o, W_1, W_2, W_3)의 각 정보를 구하여라.

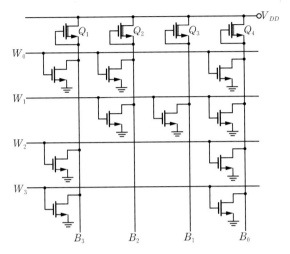

[그림 13-44] ROM의 기본 회로도(4비트 워드)

풀이

$Q_1 \sim Q_4$는 IC 내부의 저항용(능동부하)으로 쓰이고, 각 셀의 NMOS는 게이트에 $+V_{DD}$가 접속되어 있어 스위치 on 상태에서 출력이 접지되므로 비트 값 0을 저장하고 있음을 알 수 있다.

W_n	B_3	B_2	B_1	B_0
W_0	0	0	1	0
W_1	1	0	0	0
W_2	0	1	1	0
W_3	0	1	1	0

순차(순서) 논리회로

이 절에서는 순차 논리회로에 속하는 플립플롭, 레지스터, 카운터 등의 회로를 구현하고 해석해본다.

Keywords | 플립플롭 | 레지스터 | 동기식과 비동기식 카운터 | 링 카운터 |

순차 논리회로 Sequential logic Circuit는 현재의 입력과 (기억장치 내에 저장한) 과거의 출력에 의해 새로운 출력이 결정되는 논리회로이다.

[그림 13-45]와 같이 **조합 논리회로**에 이전 상태의 출력을 저장할 수 있는 **메모리 장치(플립플롭)**를 부가하여 구성되며, 순차 논리회로에는 플립플롭Flip-Flop, 레지스터Register, 카운터Counter 회로 등이 포함된다.

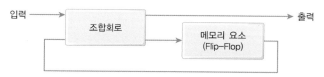

[그림 13-45] 순차 논리회로의 구성도

13.3.1 플립플롭

플립플롭Flip-Flop은 12장에서 다룬 **쌍안정 MV 회로**라고 하는 1비트 메모리(메모리셀)를 의미하며, 정보 1비트를 기억하는 **래치**latch **회로**이다.

RS 래치

쌍안정 MV 회로에서 트랜지스터 스위치(NOT) 대신 NOR나 NAND 게이트를 사용하여 [그림 13-46]과 같이 구성할 수 있다. 그런데 NAND 게이트는 부논리로 동작하므로 NOR 게이트 경우처럼 정논리로 사용하기 위해서는 [그림 13-46(d)]와 같이 NOT(NAND 1, 2로 구현)을 입력단에 추가해야 한다. 또한 입력 *S*와 *R*은 플립플롭의 상태를 바꾸는 제어입력이다.

> 참고 래치는 정보의 1비트를 기억하고, 플립플롭은 래치의 상태를 바꾸는 데 필요한 (에지)트리거 회로를 갖고 있는 래치이다.

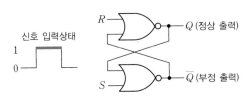

입력		출력
S	R	Q(t+1)
0	0	Q(t) (보존)
0	1	0 (reset)
1	0	1 (set)
1	1	× (부정)

• $Q(t)$: 현재 출력상태
• $Q(t+1)$: 새로운 출력상태

(a) NOR형 플립플롭(정논리)　　　　　　　(b) 기본 플립플롭의 진리표

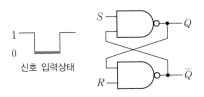

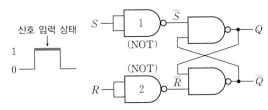

(c) NAND형 플립플롭(부논리)　　　　　　(d) NAND형 플립플롭(정논리)

[그림 13-46] RS 래치 회로(래치는 레벨 트리거 방식임)

■ 동작 상태

[그림 13-46(a)]를 보면 NOR 게이트는 입력 중 하나라도 $H(1)$이면 출력은 $L(0)$이 된다. 그러나 입력 중 하나라도 $L(0)$이면 다른 입력들의 상태를 살펴본 다음에야 출력을 결정할 수 있다.

- $S = R = 0$인 경우 : $Q(t+1) = Q(t)$ (보존 상태)
  현재 $Q(t)$, $\overline{Q}(t)$ 값을 회로에 입력시켜 판정하면 새로운 출력은 현재 출력 그대로 유지되므로 입력값이 출력에 영향을 주지 않는다.
- $S = 1$, $R = 0$인 경우 : $Q(t+1) = 1$ (set 상태)
  $S = 1$이므로 $\overline{Q} = 0$이 되고, 이 값이 $R = 0$과 NOR 동작으로 $Q = 1$이 된다.
- $S = 0$, $R = 1$인 경우 : 출력 $Q(t+1) = 0$ (reset 상태)
  $R = 1$이므로 $Q = 0$이 되고, 이 값이 $S = 0$과 NOR 동작으로 $\overline{Q} = 1$이 된다.
- $S = R = 1$인 경우 : $Q(t+1) =$ 부정 상태
  $Q = \overline{Q} = 1$로서 사용 금지된다.

[그림 13-46(c)~(d)]를 보면 NAND 게이트는 입력 중 하나만이라도 $L(0)$이면 출력이 $H(1)$이 된다. [그림 13-46(c)]의 동작 상태는 다음과 같다. (그림 (a)와 반대인 부논리 동작임)

- $S = R = 1$인 경우 : $Q(t+1) = Q(t)$ (보존 상태)
- $S = 0$, $R = 1$인 경우 : $Q(t+1) = 1$ (set 상태)
- $S = 1$, $R = 0$인 경우 : $Q(t+1) = 0$ (reset 상태)
- $S = R = 0$인 경우 : $Q(t+1) =$ 부정 상태 ($Q = \overline{Q} = 1$로서 사용 금지)

[그림 13-47]은 [그림 13-46(a)]에서 NOR 게이트 2개로 구현한 기본 RS 플립플롭을 NMOS를 사용하여 설계한 회로이다.

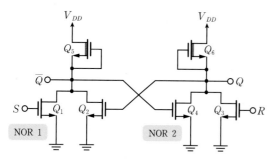

[그림 13-47] NMOS형 NOR 2개를 사용한 RS 플립플롭 회로

Q_1과 Q_2로 구성된 NOR 게이트와 Q_3와 Q_4로 구성된 또 하나의 NOR 게이트가 되며, Q_5와 Q_6는 저항 대용으로 IC에 주로 사용되는 능동부하용 NMOS로 항상 on 동작을 한다. 동작에 대한 설명은 앞서 [그림 13-46(a)]의 동작 설명을 참고하기 바란다.

RS 플립플롭

실제로 사용되는 플립플롭은 입력측에 가해지는 **클록펄스의 타이밍에 맞춰 동작하는 동기식**으로, 외부에서 클록펄스(CP)가 공급되어야 한다. 그리고 클록펄스에 동기를 맞추는 트리거 방식에는 **레벨 트리거 방식과 에지**(Edge) **트리거 방식**이 있는데, 오동작이 거의 없다는 장점으로 인해 **플립플롭에는 에지 트리거 방식**이 주로 쓰이고 있다. 그 방법에는 다음과 같이 정 에지(상승 에지)(positive edge)와 부 에지(하강 에지)(negative edge)로 구분할 수 있다.

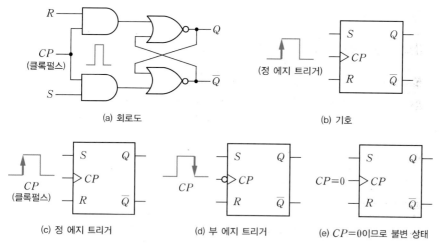

[그림 13-48] RS 플립플롭의 회로도와 기호, 에지 트리거 방식

[그림 13-48(c)]의 **정 에지 트리거**는 클록이 $0 \to 1$로 바뀌는 순간에 맞춰 동작이 이루어지고, [그림 13-48(d)]의 **부 에지 트리거**는 클록이 $1 \to 0$으로 바뀌는 순간에 맞춰 동작이 이루어진다. [그림 13-48(e)]와 같이 $CP = 0$이면 S와 R에 어떤 입력 인가되어도 동작이 되지 않으므로 출력은 불변상태이다.

반면 $CP = 1$이면 S와 R의 입력조건에 따라 [그림 13-49(a)]와 같은 진리표처럼 동작하게 된다. 이때 현재 출력 $Q(t)$ 상태까지 입력으로 고려해 동작 상태를 나타낸 표를 **특성표**라고 하며, 이 특성표의 각 동작을 식으로 표현한 것을 **특성방정식**이라 한다.

S	R	$Q(t+1)$
0	0	$Q(t)$ (보존)
0	1	0 (reset)
1	0	1 (set)
1	1	✕ (부정)

- $Q(t)$: 현재 출력상태
- $Q(t+1)$: 새로운 출력상태

(a) 진리표

$$Q(t+1) = S + \overline{R}Q$$
$$SR = 0$$

(b) 특성방정식

$Q(t)$	S	R	$Q(t+1)$
0	0	0	0
0	0	1	0
0	1	0	1
0	1	1	✕ (부정)
1	0	0	1
1	0	1	0
1	1	0	1
1	1	1	✕ (부정)

(c) 특성표

[그림 13-49] RS 플립플롭의 진리표와 특성표

D 플립플롭

D 플립플롭은 RS 플립플롭의 S 입력에서 **NOT을 추가하여** R 입력으로 접속하여 1개의 D 입력만 갖도록 변형시킨 플립플롭이다. D 입력단자에 인가된 데이터가 지연만 된 상태로 그대로 출력되는 **지연**delay **혹은 데이터 전송**data transfer **기능**을 갖는 플립플롭이다.

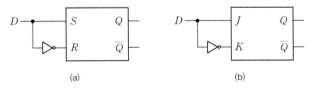

[그림 13-50] RS, JK 플립플롭을 이용하여 D 플립플롭으로 변환하기

D 플립플롭은 [그림 13-50(a)]에서 보듯이 RS 플립플롭의 Set 입력을 D 입력으로 사용하므로 $D = 1$일 때는($S = 1$, $R = 0$인 경우) 출력 $Q = 1$이 되고, $D = 0$일 때는 $Q = 0$으로 입력 데이터가 그대로 지연되어 전송되고 있다.

[그림 13–51]에는 D 플립플롭의 회로도와 기호, 진리표, 특성표 등을 보여준다.

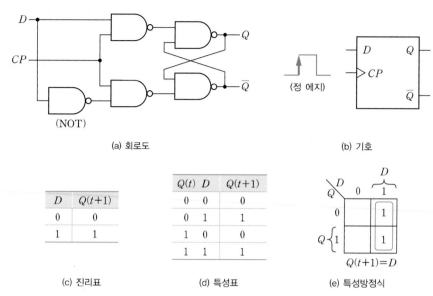

(a) 회로도   (b) 기호

D	$Q(t+1)$
0	0
1	1

(c) 진리표

$Q(t)$	D	$Q(t+1)$
0	0	0
0	1	1
1	0	0
1	1	1

(d) 특성표

(e) 특성방정식

[그림 13–51] D 플립플롭 회로도와 기호, 진리표 및 특성표

예제 13-14

D 플립플롭에 다음과 같은 CP 및 D 신호가 인가될 때 출력파형 Q를 그리시오(단, 플립플롭은 클리어 clear되어 있다).

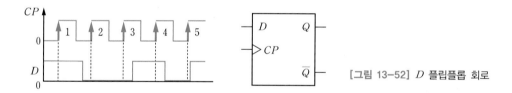

[그림 13–52] D 플립플롭 회로

풀이

D 플립플롭은 입력 데이터가 CP의 상승 에지에 맞춰 출력으로 그대로 전송되므로 다음과 같은 타이밍– 차트로 나타낼 수 있다.

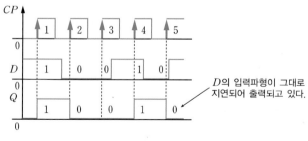

D의 입력파형이 그대로 지연되어 출력되고 있다.

[그림 13–53] 출력파형 Q

JK 플립플롭

JK **플립플롭**은 RS 플립플롭에서의 부정 상태를 사용할 수 있도록 보완한 **개량형 플립플롭**이다. 부정 상태를 초래하는 입력이 들어오면 **출력을 반전**^{toggle}**시키는 동작**을 수행하여 클록펄스를 발생시킨다.

■ JK 플립플롭의 변환

[그림 13-54]는 RS 플립플롭에 2개의 AND를 사용하여 JK 플립플롭으로 변환한 회로이다. RS 플립플롭에서 $S=1$, $R=1$일 때는 부정 상태로 사용하지 못하지만, JK 플립플롭은 [그림 13-54(a)]에서 $J=K=1$이고 현재 출력이 $Q(t)=0$, $\overline{Q}(t)=1$인 상태라고 하자. 그러면 위쪽 AND 출력은 $J\cdot\overline{Q}(t)=1\cdot1=1$이므로 $S=1$이 되고, 아래쪽 AND 출력은 $K\cdot Q(t)=1\cdot0=0$이므로 $R=0$이 되고, 그 다음 새로운 출력 $Q(t+1)=1$ (set 상태)이 되어 그 이전의 현재 출력 $Q(t)=0$을 **반전(토글)시키는 기능**을 한다. 같은 방법으로 이어지는 그 다음 동작 상태를 확인해보면 반전(토글) 기능을 확인할 수 있다. [그림 13-55(a)]는 개량한 실제의 JK 플립플롭 회로이며 기호, 진리표와 특성표 등을 제시한다.

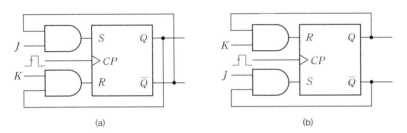

(a)   (b)

[그림 13-54] RS 플립플롭을 이용하여 JK 플립플롭으로 변환하기

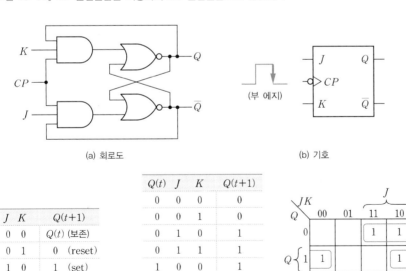

(a) 회로도   (b) 기호

J	K	$Q(t+1)$
0	0	$Q(t)$ (보존)
0	1	0 (reset)
1	0	1 (set)
1	1	$\overline{Q}(t)$ (반전)

(c) 진리표

$Q(t)$	J	K	$Q(t+1)$
0	0	0	0
0	0	1	0
0	1	0	1
0	1	1	1
1	0	0	1
1	0	1	0
1	1	0	1
1	1	1	0

(d) 특성표

$$Q(t+1)=J\overline{Q}+\overline{K}Q$$

(e) 특성방정식

[그림 13-55] JK 플립플롭 회로도와 기호, 진리표 및 특성표

■ JK 플립플롭의 토글 및 분주기능

[그림 13-55(c)]의 진리표에서 알 수 있듯이 JK 플립플롭은 반전(토글) 상태를 제외하고는 RS 플립플롭과 동작 상태가 동일하다. 추가로 $J = K = 1$일 때는 CP의 인가에 따라 출력이 계속 반전(토글)되므로 입력된 클록펄스의 주파수를 $\frac{1}{2}$로 낮추는 분주기로 사용할 수 있다.

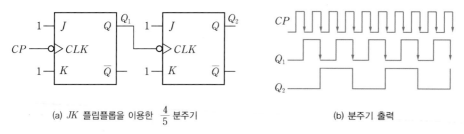

(a) JK 플립플롭을 이용한 $\frac{4}{5}$ 분주기   (b) 분주기 출력

[그림 13-56] JK 플립플롭의 분주 기능

예를 들어, 입력 클록펄스(CP) 주파수가 $100[\text{Hz}]$일 때, Q_1은 입력 CP의 1/2분주이므로 $50[\text{Hz}]$가 되고, Q_2는 입력 CP의 1/4분주이므로 $25[\text{Hz}]$가 된다.

■ JK 플립플롭의 레이싱(폭주) 현상

$J = K = 1$인 경우(또는 T 플립플롭의 $T = 1$인 경우), 매 클록펄스(CP)마다 반전된 출력이 나온다. 만일 클록펄스의 **레벨 지속시간이 플립플롭을 통과하여 나가는 신호 전파 지연시간보다 길어지면** 출력값의 반전 동작이 1회가 아니라, 여러 번 반전이 되풀이되는 오동작을 일으키게 된다. 이러한 현상을 **레이싱**Racing **폭주 현상**이라고 하는데, 이와 같은 현상을 제거하기 위해서는 다음의 방법을 사용한다.

❶ CP의 지속시간을 짧게 한다(또는 플립플롭 내에 특이한 지연 장치를 둔다).
❷ 주종Master-Slave 방식의 플립플롭 2개를 사용한다.
❸ 에지 트리거(정 에지, 부 에지 트리거) 방식의 플립플롭을 사용한다.

T 플립플롭

JK 플립플롭의 두 입력단자를 묶어서 만든 **토글 전용 플립플롭**으로서, 현재 상태 Q에 무관하게 입력 $T = 1$이면 매 CP마다 출력이 **반전(토글)작용**을 하는 플립플롭이다. **입력 $T = 0$이면 보존 상태**로 이전 출력이 그대로 유지된다.

■ T-플립플롭으로의 변환

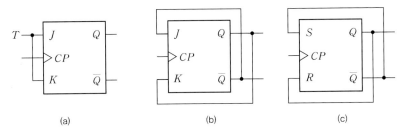

(a)   (b)   (c)

[그림 13-57] JK 플립플롭과 RS 플립플롭에 의한 T 플립플롭으로 변환

[그림 13-58]은 T 플립플롭의 회로와 기호, 진리표 및 특성표 등을 보여준다.

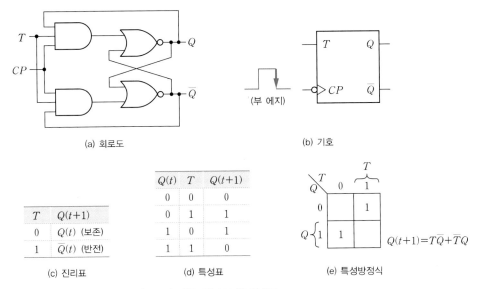

(a) 회로도   (b) 기호

T	$Q(t+1)$
0	$Q(t)$ (보존)
1	$\overline{Q}(t)$ (반전)

(c) 진리표

$Q(t)$	T	$Q(t+1)$
0	0	0
0	1	1
1	0	1
1	1	0

(d) 특성표

$$Q(t+1)=T\overline{Q}+\overline{T}Q$$

(e) 특성방정식

[그림 13-58] T 플립플롭 회로도와 기호, 진리표 및 특성표

예제 13-15

[그림 13-59]와 같은 플립플롭을 직렬로 3개 접속한 후 입력에 1000[Hz]의 펄스를 인가했을 때 마지막 단의 플립플롭에 나타나는 신호의 주파수를 구하여라.

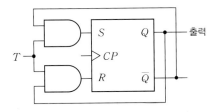

[그림 13-59] T 플립플롭의 분주기

풀이

주어진 회로는 RS 플립플롭과 2개의 AND로 구성한 JK 플립플롭을 두 입력 J와 K를 묶어서 구현한 T 플립플롭 회로이다. $T=1$일 때 반전(토글) 기능을 수행하여 1/2분주가 되므로 3단 직렬로 접속하면 1/8 분주기 회로가 된다. 즉 출력은 다음과 같다.

$$\frac{1}{2} \times \frac{1}{2} \times \frac{1}{2} \times 입력 = \frac{1}{8} \times 1000 = 125[\text{Hz}]$$

예제 13-16

[그림 13-60]의 회로에서 클록(CLK)의 주파수가 $100[\text{kHz}]$일 때 단자 D의 출력신호 D_o의 주기는?

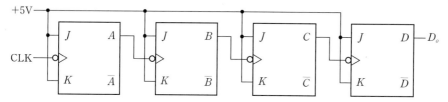

[그림 13-60] JK 플립플롭의 분주기

풀이

JK 플립플롭의 입력 $J=K=1$이므로 토글 기능을 수행하는 4단 직렬로 연결되었으므로 출력 D_o는 1/16분주된 클록이 출력된다.

- 출력 주파수 $f_o = \dfrac{1}{16} \times 100[\text{kHz}] = 6.25[\text{kHz}]$

- 출력 주기 $T_o = \dfrac{1}{f_o} = \dfrac{1}{6.25 \times 10^3} = 160[\mu s]$

13.3.2 카운터 회로 설계

카운터^{counter}는 순차 논리회로의 대표적인 응용 회로로, 입력되는 펄스의 수를 계수하거나 주파수를 분주하는 기능을 한다. 클록펄스를 공급하는 방식에 따라 **동기식과 비동기식으로 구분**할 수 있다. 동기식 카운터(병렬 카운터)는 CP가 모든 플립플롭에 동시에 병렬로 인가되어 출력도 동시에 결정되므로 고속 계수회로로 사용된다. 반면, **비동기식 카운터**는 전단의 플립플롭의 출력이 그 다음 단의 **플립플롭의 클록으로 인가**되어 동작한다. 따라서 구성은 간단하지만 출력도 순차적으로 늦게 나오며 지연시간도 누적되므로 저속형 카운터이다. 이를 **리플 카운터**라고도 한다.

동기식 카운터

동기식 카운터는 크게 2^n진 **카운터**(n비트 2진 카운터)와 MOD^1-N진 **카운터**(임의진 카운터)로 나뉜다. 지금부터 [그림 13-61]과 같이 카운트 순차$^{count\ sequence}$가 반복되는 3비트 2진 카운터를 동기식으로 설계해보자.

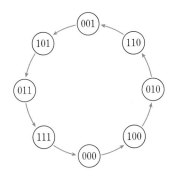

[그림 13-61] 8진 카운터의 상태도

3비트의 출력상태가 8개(즉 Modulus가 8개)로 구성된 **상태도**$^{state\ diagram}$를 갖는 동기식 카운터를 구현하기 위해 다음과 같은 순서대로 설계한다.

플립플롭 선정 → 상태도 → 상태표 → 여기표
→ 조합회로 설계 → 전체 순차회로 설계 → 해석

❶ 플립플롭 선정 및 표 작성

T 플립플롭 3개(A, B, C)와 각 입력(T_A, T_B, T_C)을 이용하여 주어진 **상태도**(카운터 순차)를 **상태표**로 작성하고(좌측), 그 상태표의 반복될 다음 다음의 출력상태에 대한 입력조건인 **여기표**를 작성한다(우측).

카운트 순차(상태표)			플립플롭 입력(여기표)		
C	B	A	T_C	T_B	T_A
0	0	0	0	0	1
0	0	1	0	1	1
0	1	0	0	0	1
0	1	1	1	1	1
1	0	0	0	0	1
1	0	1	0	1	1
1	1	0	0	0	1
1	1	1	1	1	1

---

1 (Modulus=MOD 수) = 카운터의 상태 수

T 플립플롭의 여기표

여기표는 새로운 출력 $Q(t+1)$이 나오게 하기 위해 필요한 입력을 나타낸다. 현재 출력 $Q(t)=0$인데, 다음 출력 $Q(t+1)=0$이 되기 위해서는 T 플립플롭의 보존상태 기능을 행하도록 입력 $T=0$을 준비한다. 또한 $Q(t)=0$인데 $Q(t+1)=1$이거나 반대로 현재 $Q(t)=1$인데 $Q(t+1)=0$으로 바뀌기 위해서는 T 플립플롭의 반전(토글) 기능을 행하도록 입력 $T=1$을 준비한다.

$Q(t)$	$Q(t+1)$	T
0	0	0
0	1	1
1	0	1
1	1	0

JK 플립플롭의 여기표

여기서 X는 0이든 1이든 무관$^{don't\ care}$하다는 의미이다.

• 새로운 출력 $Q(t+1)=0$은 reset 상태 조건($J=0$, $K=1$)
  새로운 출력 $Q(t+1)=1$은 set 상태 조건($J=1$, $K=0$)
• $Q(t)=0 \rightarrow Q(t+1)=0$
  $Q(t)=1 \rightarrow Q(t+1)=1$ ⎦ 보존상태 조건($J=0$, $K=0$)
• $Q(t)=0 \rightarrow Q(t+1)=1$
  $Q(t)=1 \rightarrow Q(t+1)=0$ ⎦ 토글상태 조건($J=1$, $K=1$)

$Q(t)$	$Q(t+1)$	J	K
0	0	0	X
0	1	1	X
1	0	X	1
1	1	X	0

❷ 플립플롭 입력부의 조합 논리회로 설계

여기표의 T_C, T_B, T_A를 카르노맵을 이용하여 간소화한다.

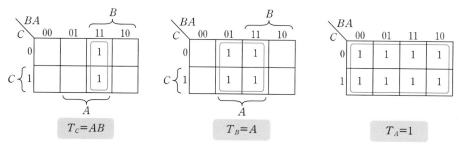

[그림 13-62] 여기표 간소화

❸ 전체 순차회로 설계(동기식 3비트 8진 카운터)

준비된 T 플립플롭(3개)을 위치시키고 클록펄스를 동시에 인가한다. 각 플립플롭의 입력에 대해 설계된 조합 논리회로(T_A, T_B, T_C)를 각 플립플롭의 입력에 부가하면 카운터 설계가 끝난다.

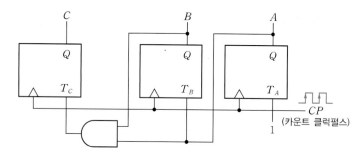

[그림 13-63] 8진 카운터

❹ 해석

설계된 카운터 회로의 초기상태($C = 0$, $B = 0$, $A = 0$)부터 외부 CP가 인가될 때마다 바뀌는 새로운 출력상태(CBA 값)가 상태표나 상태도의 순차와 일치되는지 해석한다.

예제 13-17

동기식 4비트(16진) 상향^{UP} 카운터를 JK 플립플롭으로 설계하여라.

풀이

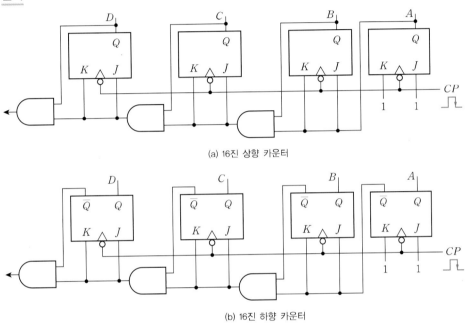

(a) 16진 상향 카운터

(b) 16진 하향 카운터

[그림 13-64] 동기식 4비트(16진) 카운터

서로 다른 출력상태^{Modulus}가 16개이므로 4비트 출력이다. 따라서 플립플롭 4개가 필요하며, JK 플립플롭의 두 입력을 붙이면 T 플립플롭과 동일하다. [그림 13-63]을 참고하면, 가장 낮은 자리 T_A(즉 $J_A = J_B$) = 1, 두 번째 T_B(즉 $J_B = K_B$) = A, 세 번째 T_C(즉 $J_C = K_C$) = AB, 네 번째 T_D(즉 $J_D = K_D = ABC \cdots$와 같은 식으로 **아랫자리의 Q 출력을 AND화하여 윗자리의 플립플롭 입력으로 연결하는 규칙성을 적용**하면 쉽게 구현할 수 있다. 반면, **아래 자리 부정출력($\overline{Q}$)들을 AND화하여 윗자리의 플립플롭 입력으로 연결하면 하향^{Down} 카운터가 구현**된다.

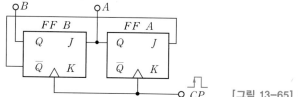

[그림 13-65]는 Modulo-N진 계수기의 한 종류이다. N 값은 얼마인가?

[그림 13-65] 동기식 MOD-N진 카운터

풀이

초기상태의 출력은 $BA = 00$이다. 클록이 인가될 때마다 출력값(BA)을 해석하면 $00 \rightarrow 01 \rightarrow 10 \rightarrow$
00이므로 **MOD-3진 계수기**이다. 따라서 $N = 3$이다. (준회로에서 K의 개방입력은 $K = 1$로 간주한다.)
상세 동작 해석은 JK 플립플롭의 진리표를 참고하여 독자들 스스로 학습하길 바란다.

비동기식 카운터

비동기식 카운터는 크게 2^n진 카운터(n비트 2진 카운터)와 MOD[2]-N진 카운터(N진 카운터)로 나뉜
다. 동기식 카운터와 달리 CP가 모든 플립플롭에 동시에 인가되지 않고, 아랫자리의 출력이 그 윗자
리 플립플롭의 CP로 사용되어 트리거되는 방식이다. 회로 구성은 간단하지만, 전달이 지연되는 방식
이므로 처리 속도가 느리다.

■ 2^n진 비동기식 카운터 설계

먼저 카운터 순차에서 일정한 규칙을 이용하여 손쉽게 설계할 수 있다.

카운트	C	B	A
0	0	0	0
1	0	0	1
2	0	1	0
3	0	1	1
4	1	0	0
5	1	0	1
6	1	1	0
7	1	1	1
	0	0	0

(a) 8진 상향 카운트

카운트	C	B	A
0	1	1	1
1	1	1	0
2	1	0	1
3	1	0	0
4	0	1	1
5	0	1	0
6	0	0	1
7	0	0	0
	1	1	1

(b) 8진 하향 카운트

[그림 13-66] 8진 상향·하향 카운트 순차

---

2 Modulus＝MOD 수 = 카운터의 상태 수

■ 2^n진 비동기식 카운터 설계 방법(부 에지 트리거 방식 플립플롭 기준)

❶ 2^n진 상향 카운터

아랫자리 플립플롭 $\begin{array}{l} \text{정상출력 } Q : 1 \rightarrow 0 \text{일 때} \\ \text{부정출력 } \overline{Q} : 0 \rightarrow 1 \text{일 때} \end{array}$ 윗자리 플립플롭을 반전시킴

❷ 2^n진 하향 카운터

아랫자리 플립플롭 $\begin{array}{l} \text{정상출력 } Q : 0 \rightarrow 1 \text{일 때} \\ \text{부정출력 } \overline{Q} : 1 \rightarrow 0 \text{일 때} \end{array}$ 윗자리 플립플롭을 반전시킴

■ 8진 상향 카운터 순차 규칙성[그림 (a) 위주 설명]

❶ 가장 낮은 자리 플립플롭 A는 항상 반전출력이므로 클록펄스(CP)를 인가하여 계속 반전시킨다. ($J = K = 1$로 고정시킴)

❷ 2번째 플립플롭 B는 아래 출력 A가 $1 \rightarrow 0$으로 먼저 바뀐 다음에 반전시키면 되므로, A가 $1 \rightarrow 0$ (⌐‾⌐ 부 에지 클록)으로 될 때 형성된 클록을 B 플립플롭에 입력하여 반전시키면 된다.

❸ 3번째 플립플롭 C는 바로 아랫자리 출력 B가 $1 \rightarrow 0$으로 바뀐 후에 B가 $1 \rightarrow 0$(⌐‾⌐ 클록)으로 될 때 형성된 클록으로 C를 반전시키면 된다.

❹ 그 이상으로 확장할 때도 같은 요령으로, 바로 아랫자리 출력 Q가 $1 \rightarrow 0$으로 바뀔 때, 윗자리를 반전시키면 된다. 즉, **아랫자리 출력 Q를 윗자리의 클록펄스로 사용한다.**

예제 13-19

부 에지 트리거 방식의 JK 플립플롭을 사용하여 비동기식 4비트(16진) 상향·하향 카운터를 설계하여라.

풀이

규칙성에 의한 설계 방법을 적용하면 쉽게 구현할 수 있다. 상향 카운터는 아랫자리 정상출력 Q가 $1 \rightarrow 0$으로 변할 때 하향 카운터는 아랫자리 부정출력 $\overline{Q}$가 $1 \rightarrow 0$으로 변할 때 윗자리를 반전시킨다.

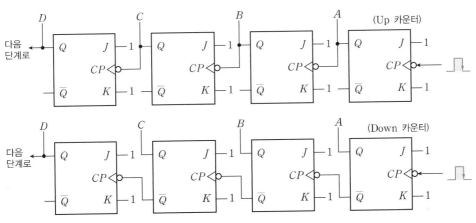

[그림 13-67] 비동기식 (리플) 16진 상향·하향 카운터

다음 카운터는 직접 reset형 MOD-N진 카운터이다. N 값을 구하여라(CL은 직접 입력 클리어 단자이다).

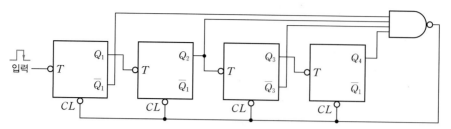

[그림 13-68] 직접 reset형 비동기식 N진 카운터

풀이

NAND 출력이 0이면 각 플립플롭 출력을 0으로 클리어시켜 처음 상태로 되돌린다. $\overline{Q_1}=1$, $Q_2=1$, $\overline{Q_3}=1$, $Q_4=1$인 경우, 즉 $Q_1 Q_2 Q_3 Q_4 = 0101$인 경우는 십진수로 10인 경우인데, 이 값을 클리어시켰으므로 0~9 범위만 유효한 **MOD-10진 비동기식 카운터**가 된다. 즉 N 값은 10이다.

13.3.3 레지스터 회로 설계

레지스터^{register}는 1비트 메모리인 플립플롭의 집합체이다. 기억장치에 2진 데이터를 저장하거나 혹은 읽어올 때 잠시 그 데이터를 저장하는 기억장소로 사용되기도 하고, 2진수 연산을 위한 연산장치(ALU)에도 사용되는데, **시프트 레지스터**라는 특별한 형태도 있다.

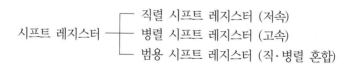

4비트(left) 직렬 시프트 레지스터 설계

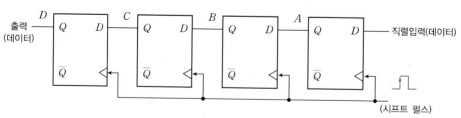

[그림 13-69] 4비트 직렬 시프트 레지스터

[표 13-14]는 4비트 직렬 시프트 레지스터의 입·출력상태를 표로 나타낸 것으로, 각각의 경우에 따라 값이 다르게 나온다.

- (a) : 초기 reset에서 일정한 논리입력 '1'을 A단의 데이터 입력에 인가한 경우
- (b) : 초기 set에서 일정한 논리입력 '0'과 '1'을 교대로 데이터 입력에 인가한 경우
- (c) : 초기 '0101'에서 일정한 논리입력 '0'을 데이터 입력에 인가한 경우

[표 13-14] 4비트 직렬 시프트 레지스터 상태표

시프트 펄스	D	C	B	A	시프트 펄스	D	C	B	A	시프트 펄스	D	C	B	A
0	0	0	0	0	0	1	1	1	1	0	0	1	0	1
1	0	0	0	1	1	1	1	1	0	1	1	0	1	0
2	0	0	1	1	2	1	1	0	1	2	0	1	0	0
3	0	1	1	1	3	1	0	1	0	3	1	0	0	0
4	1	1	1	1	4	0	1	0	1	4	0	0	0	0
		(a)					(b)					(c)		

6비트(right) 직렬 시프트 레지스터 설계

6비트 2진수를 6비트 직렬 시프트 레지스터에 기억시키려면 클록펄스(CP)를 6개만 가하고 정지시켜야 한다.

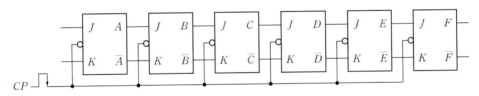

[그림 13-70] 6비트 직렬 시프트 레지스터

링 카운터(환상 시프트 레지스터) 설계

링 카운터^{Ring counter}는 레지스터에 저장된 데이터가 없어지지 않고 그대로 레지스터 내부에서 순환하도록 만든 카운터로, [그림 13-71]의 경우는 4개의 시프트 펄스에 의해 다시 처음 값으로 복귀하므로 특수한 4진 카운터로 사용할 수 있다. 즉 시프트 레지스터 출력을 입력쪽으로 피드백시켜 구성한 것으로, **플립플롭 4개가 소요되는 MOD-4진 링 카운터**라는 특수 카운터가 된다.

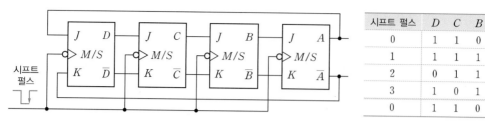

시프트 펄스	D	C	B	A
0	1	1	0	1
1	1	1	1	0
2	0	1	1	1
3	1	0	1	1
0	1	1	0	1

[그림 13-71] MOD-4진 링 카운터와 상태표

존슨 카운터 설계

존슨 카운터$^{Johnson Counter}$는 링 카운터와 달리 시프트 레지스터의 출력의 보수값($\overline{Q}$값)을 처음 플립플롭의 입력에 연결시킨 것으로, **꼬리바꿈 환상 카운터**$^{switch-tail\ ring\ counter}$라고도 한다.

링 카운터의 **2배에 이르는 상태의 수가 반복**되며, 각 플립플롭의 출력파형은 클록의 정수배인 직사각형파이며, 동작 상태가 주기적으로 반복되고, 플립플롭을 시프트해가는 출력파형을 가지므로 시프트 카운터 혹은 존슨 카운터라고 한다.

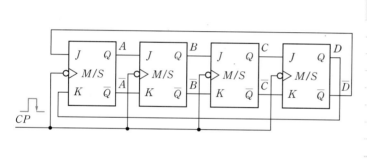

카운트 상태	A	B	C	D	등가계수 값
1	0	0	0	0	0
2	1	0	0	0	8
3	1	1	0	0	12
4	1	1	1	0	14
5	1	1	1	1	15
6	0	1	1	1	7
7	0	0	1	1	3
8	0	0	0	1	1
1	0	0	0	0	0

[그림 13-72] MOD-8진 존슨 카운터와 상태표

[그림 13-72] 회로의 상태 수는 링 카운터 상태 수의 2배인 8개가 되며, 각 플립플롭의 출력파형 주기는 클록펄스(CP)의 8배이다. 이는 **플립플롭 4개가 소요되는 MOD-8진 존슨 카운터**라는 특수 카운터가 된다.

SECTION 13.4 D/A 및 A/D 변환기 회로

이 절에서는 데이터 변환기(ADC, DAC)의 회로 구현과 해석 등을 학습한다.

Keywords | ADC | DAC | **분해능**

13.4.1 데이터 변환기의 정의

디지털 전자공학의 소형화, 고속, 고신뢰성의 장점을 갖기 위해서는 아날로그 신호를 디지털 회로를 통해 저장, 처리, 전송할 수 있어야 한다. 그러기 위해서는 **아날로그 신호를 디지털 신호로 변환할 회로**가 필요한데, 이런 역할을 하는 회로를 **A/D 변환기**라고 한다. 반면, 원신호를 인식할 수 있게 **디지털로 처리된 신호를 아날로그 신호로 변환시키는 회로**가 필요한데, 이런 역할을 하는 회로를 **D/A 변환기**라고 한다.

즉 A/D, D/A 변환기는 [그림 13-73]과 같이 아날로그와 디지털 시스템 사이의 인터페이스 역할을 한다.

[그림 13-73] A/D 변환기와 D/A 변환기를 이용한 디지털 시스템

이때 변환기의 출력에서 식별할 수 있는 두 변환 값의 최소 차이를 의미하는 값으로 **분해능**resolution이라는 것이 있는데, 이는 **계단 크기**step size라고 하며 다음과 같이 나타낼 수 있다.

$$\% \text{ 분해능} = \frac{1}{2^n - 1} \times 100\,[\%] \tag{13.25}$$

다음 데이터 변환기의 분해능을 구하여라.

(a) 5비트 D/A 변환기의 % 분해능을 구하여라.

(b) 이상적인 6비트 A/D 변환기에서 아날로그 입력 범위가 $0.52 \sim 1.8$[V]일 때, 이 변환기의 분해능에 해당하는 전압은?

풀이

(a) 5비트에서 나타낼 수 있는 최대값은 $2^5 - 1 = 31$이며, 계단의 크기를 구하면 되므로 식 (13.25)를 이용하면 다음과 같다.

$$\frac{1}{2^n - 1} 100[\%] = \frac{1}{2^5 - 1} \times 100[\%] = 3.23[\%]$$

(b) 계단 전압(분해능) $= \dfrac{1.8 - 0.52}{2^n - 1} = \dfrac{1.28}{2^6 - 1} = 0.02$[V]

13.4.2 D/A 변환기 회로의 종류

❶ 래더 저항(R-2R)형 D/A 변환기

[그림 13-74]는 래더 저항형 D/A 변환기이며, 입력 단자가 4비트일 경우에 아날로그 출력 전압 V_o는 다음과 같이 구해진다. (좌측 0전위부터 전압분배에 의한 회로망 해석을 적용한다)

$$V_o = \frac{(2^0 \times V_0) + (2^1 \times V_1) + (2^2 \times V_2) + (2^3 \times V_3)}{2^4} \tag{13.26}$$

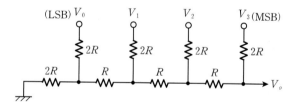

[그림 13-74] 4비트 R-2R형 DAC

❷ 가산 증폭기형 D/A 변환기

[그림 13-75]는 연산 증폭기의 가산기 회로를 이용하여 구현한 가산 증폭기형 D/A 변환기이며, 출력은 다음과 같다.

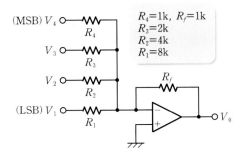

$R_4=1k,\ R_f=1k$
$R_3=2k$
$R_2=4k$
$R_1=8k$

[그림 13-75] 가산기형 DAC

$$V_o = -R_f\left(\frac{V_4}{R_4}+\frac{V_3}{R_3}+\frac{V_2}{R_2}+\frac{V_1}{R_1}\right)$$
$$= -(V_4+0.5V_3+0.25V_2+0.125V_1)$$

(13.27)

❸ R-2R 사다리형 D/A 변환기

[그림 13-76]은 래더망과 연산 증폭기를 조합한 래더형 4비트 DAC 회로로, 출력은 다음과 같다.

$$V_o = -I_fR_f = -\frac{V_R}{2^n\cdot R}(2^0V_1+2^1V_2+2^2V_3+2^3V_4)\cdot R_f$$

(13.28)

별해 $R_f=2R$의 경우: $V_{out}=-(V_R\times B/8)$ (B : 2진수의 10진값)

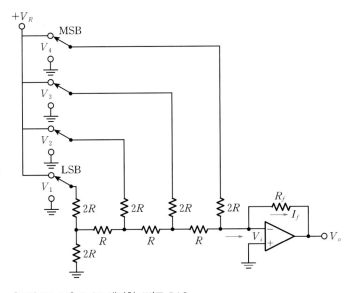

[그림 13-76] R-2R 래더형 4비트 DAC

[그림 13-76]의 4비트 DAC 회로에서 $R=10[\text{k}\Omega]$, $R_f=20[\text{k}\Omega]$, $V_R=5[\text{V}]$이고 입력 논리값 1010 $(V_1 V_2 V_3 V_4)$일 때 출력전압 V_o를 구하여라.

풀이

식 (13.28)를 이용하여 V_o를 구한다.

$$V_o = -\frac{V_R}{2^n R}(2^0 V_1 + 2^1 V_2 + 2^2 V_3 + 2^3 V_4) \cdot R_f = -\frac{5}{16 \times 10\text{k}}(1+4) \cdot 20\text{k} = -3.125[\text{V}]$$

별해 $V_{out} = -(V_R \times B/8) = -5 \times (1010)_2/8 = -5 \times 5/8 = -3.125[\text{V}]$

13.4.3 A/D 변환기 회로의 종류

❶ 계수 비교형 A/D 변환기

A/D 변환기는 D/A 변환기의 역과정으로 동작하며, [그림 13-77]은 D/A 변환기, AND 게이트, 비교기 등으로 구성된 계수형 A/D 변환기이다. 이 변환기에 미지의 아날로그 전압(V_A)이 입력으로 가해지면 기준값(= 이전 출력값 V_o)과 반복비교하여 일치할 때까지의 비교횟수를 계수한 값에 해당하는 디지털 전압이 나타나게 된다.

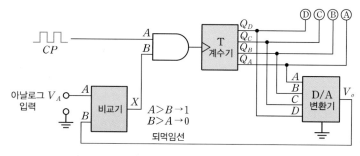

[그림 13-77] 계수 비교형 A/D 변환기

❷ 연속근사 A/D 변환기

MSB부터 한번에 1비트씩 처리함으로써 아날로그 전압을 근사시키는 방법이며, 변환속도가 빠르고 분해도가 높아 많이 사용되고 있다.

❸ 병렬형 A/D 변환기(플래시^{flash} 변환기)

A/D 변환기 중에 가장 변환속도가 빠르지만, 많은 수의 비교기가 필요(n비트 출력시 $2^n - 1$개 비교기 필요)하므로 회로 구성이 복잡하다.

01 2진수 10110.1101을 10진수로 환산한 값은? [주관식] 8진수 값 : (ⓐ), 16진수 값 : (ⓑ)

㉮ 23.6135   ㉯ 22.8125   ㉰ 31.2350   ㉱ 19.3125

해설

㉯

16 8 4 2 1 (정수부 자리값)
↑ ↑ ↑ ↑ ↑
1 0 1 1 0 · 1 1 0 1 $= (16+4+2) \cdot \left(\dfrac{1}{2} + \dfrac{1}{4} + \dfrac{1}{16} \right) = 22.8125$
↓ ↓ ↓ ↓
$\dfrac{1}{2}$ $\dfrac{1}{4}$ $\dfrac{1}{8}$ $\dfrac{1}{16}$ (소수부 자리값)

[주관식] ⓐ 8진수 값(3비트씩 묶음) : 1 0 1 1 0 · 1 1 0 1 0 0 [00 추가해서 3비트] → 26.64
             2   6   ·   6   4

ⓑ 16진수 값(4비트씩 묶음) : 1 0 1 1 0 · 1 1 0 1 [4비트로 표현함] → 16.D
             1   6   ·   D

02 BCD 연산 6+7의 연산결과로 옳은 것은? [주관식] 결과에 대한 3초과 코드는?

㉮ 0 1101 (BCD)   ㉯ 1 0011 (BCD)
㉰ 1 1101 (BCD)   ㉱ 1 0011 (BCD)

해설

㉯

6 + 7 = 1 3

0001   0011   [BCD 코드 십진수 1자리를 4비트]

[주관식] 13 ──3초과 코드──→ 46(0100 0110)

03 3초과 코드 0111의 10진수 값과 그레이 코드 0111의 10진수 값을 각각 나열한 것은?

㉮ 4.5   ㉯ 5.6   ㉰ 10.5   ㉱ 7.8

해설

㉮

• 3초과 코드 0111(7) ──10진수──→ 7−3=4   • 그레이 코드 0111 ──2진수──→ $(0101)_2$ ──10진수──→ 5

0 1 1 1
 ⊕ ⊕ ⊕ 대각선끼리 ⊕(EOR) 연산을 한다.
0 1 0 1

04 10진수 3_{10}의 4비트 BCD 코드를 3초과 코드로 변환하고, 다시 그레이 코드로 변환하여라.

해설

3_{10}의 BCD 코드는 0011이다. 이를 3초과(3+3=6)의 코드로 변환하면 0110이며, 그레이 코드로 변환하면 0101이 된다.

05 수와 코드에 관한 설명으로 옳지 <u>않은</u> 것은?

⑦ 8진수 45.3은 2진수로 100101.011이므로, BCD 코드는 01000101.0011으로 16진수로는 25.6으로, 10진수로는 37.375으로 등가 변환이 된다.

④ 2진 연산 시 감산은 보수를 취하여 가산하는 방법으로 처리한다.

④ 그레이 코드는 사용할 경우 연속되는 두 숫자는 한 비트만 다르나, MSB는 해당하는 2진 코드의 MSB와 항상 일치한다.

㉰ 3초과 코드는 자기보수 특성을, 그레이 코드는 최소 비트변화 특성을 갖고 있으며, 둘 다 가중치를 갖는 코드이므로 효율적인 연산을 하는 데 유리하다.

㉯ 해밍코드는 코드의 오류가 발생되면 이를 검출하여 교정할 수 있도록 한 코드이다.

㉺ ASCII 코드는 미국 표준 코드로 영문 대소문자, 특수 문자 등을 표현하기 위해 7비트를 사용하며 1비트의 패리티 비트를 추가한 확장 ASCII 코드도 있고, 주로 μ-컴퓨터의 기본코드로 사용된다.

㉳ EBCDIC는 10비트 중 4개 Zone 비트와 6개 Data 비트를 표현하며 대형기종 컴퓨터에 주로 쓰인다.

해설

8진수 45.3은 10진수로 37.375이므로 BCD 코드로 변환하면 00110111.001101110101이다. 3초과 코드와 그레이 코드는 비가중 코드이므로 연산이 불가하며, EBCDIC는 8비트 중 4개 Zone 비트와 4개 Data 비트를 사용한다. 최소 비트변화의 그레이 코드는 오차가 작아 ADC 등에 유용하다. ㉮, ㉰, ㉳

06 다음 식은 2의 보수를 활용한 2진수의 뺄셈연산 수행과정을 나타낸 것이다. 이때 ㉠, ㉡에 들어갈 값으로 가장 옳은 것은?

$$010110 - 001100 = 010110 + (\ ㉠\ ) = (\ ㉡\ )$$

⑦ 110011 1001010 ④ 110100 1001010

④ 110011　001010 ㉰ 110100　001010

해설

빼는 감수(001100)의 2의 보수인 ㉠은 110100이며, 피감수(010110)와 가산하여 보수감산을 행한 결과 ㉡을 구하면 010110+110100 = 1 001010 = 001010이다. (여기서, 2의 보수를 사용할 때는 1의 보수 때와 달리 상위-오버플로워는 제거함) ㉰

07 논리식 $\overline{A} + B + \overline{A} + \overline{B}$를 최소화하여 정리하면?

⑦ A　　　　　④ B　　　　　④ 1　　　　　㉰ $\overline{A} + 1$

해설

$(\overline{A} + \overline{A}) + (B + \overline{B}) = \overline{A} + 1 = 1$ ④

08 논리식 $AB + \overline{A}B + A\overline{B}$를 간소화한 값은?

⑦ $A + B$　　　　④ $A + \overline{B}$　　　　④ AB　　　　㉰ $A \cdot \overline{B}$

해설

$(A + \overline{A})B + A\overline{B} = B + A\overline{B} = (B + A)(B + \overline{B}) = (B + A)$ ⑦

09 $Y = (A+B)(A+\overline{B})$을 간소화한 값은?

㉮ A ㉯ B ㉰ $A+B$ ㉱ $A\overline{B}$

해설

$(A+B)(A+\overline{B}) = AA + A\overline{B} + AB + B\overline{B} = A + A\overline{B} + AB = A(1 + \overline{B} + B) = A$ ㉮

10 다음 중 잘못된 부울 대수의 법칙은?

㉮ $A + \overline{A}B = A + B$ ㉯ $A + AB = A$

㉰ $(A+B)(A+C) = A + BC$ ㉱ $A(A+B) = B$

해설

$A(A+B) = AA + AB = A + AB = A(1+B) = A$ ㉱

11 다음 논리식과 동일한 논리식은?

$$Y = (\overline{A+B+C}) + A(\overline{B+C}) + (\overline{A+B})C + A\overline{B}C$$

① A ② B ③ $\overline{A}$ ④ $\overline{B}$

해설

전개하면 $Y = \overline{A}\,\overline{B}\,\overline{C} + A\overline{B}\,\overline{C} + \overline{A}\,\overline{B}C + A\overline{B}C = \overline{B}(\overline{A}\,\overline{C} + A\overline{C} + \overline{A}C + AC) = \overline{B} \cdot 1 = \overline{B}$ 이다.   ㉱

12 논리식 $Y = \overline{A}\,\overline{B}\,\overline{C} + \overline{A}BD + \overline{A}\,\overline{B}C + A\overline{B}\,\overline{C} + ABD + A\overline{B}C$를 간단히 하여라.

해설

$\overline{B}(\overline{A}\,\overline{C} + \overline{A}C + A\overline{C} + AC) + BD(\overline{A} + A) = \overline{B} \cdot 1 + BD = (\overline{B} + B)(\overline{B} + D) = \overline{B} + D$

13 논리식 $x = \overline{A}BC + A\overline{B}C + AB\overline{C} + ABC$를 간략화시킨 것은?

㉮ $x = \overline{A} + A\overline{B} + BC$ ㉯ $x = \overline{A}B + B\overline{C} + AB$ ㉰ $x = BC + AC + AB$

해설

논리식 x를 관찰하면 3입력 중 두 입력 이상 1일 때, 출력 x가 나오는 다수결 회로이다.   ㉰

14 다음 논리식 f를 옳게 간략화시킨 것은?

$$f = (A+B)(A+\overline{B})(\overline{A}+B)(\overline{A}+\overline{B})$$

㉮ $A+B$ ㉯ $\overline{A}+\overline{B}$ ㉰ 1 ㉱ 0

해설

f를 보면 출력 0이 되는 곱(POS)형태의 최대항 4개가 모두 나왔으므로 출력 $f = 0$이다.   ㉱

15 다음 두 논리회로의 출력 Y의 논리식은?

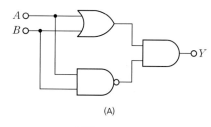

(A)

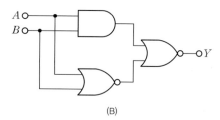

(B)

㉮ 1 　　　㉯ $\overline{AB}+(A+B)$ 　　　㉰ $AB+\overline{(A+B)}$ 　　　㉱ $\overline{A}B+A\overline{B}$

해설

$Y=(A+B)\cdot\overline{AB}=(A+B)(\overline{A}+\overline{B})=A\overline{B}+\overline{A}B$

$Y=\overline{AB+\overline{(A+B)}}=\overline{AB}\cdot(A+B)$로 두 회로 모두 EOR가 된다.

 ㉱

16 다음의 각 게이트를 NAND화시킨 등가회로가 잘못된 것은? (단, 두 입력은 A, B이다)

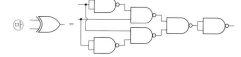

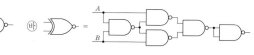

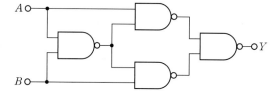

해설

㉭, ㉮의 우측 끝의 NAND는 NOT이고, 나머지를 그림변환을 적용하면, 중간출력은 $\overline{A}B+A\overline{B}$(EOR)이므로, 여기에 NOT를 취하면 최종출력은 ENOR가 된다.　　㉭

17 다음 논리회로와 같은 게이트의 회로는?

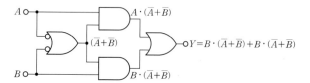

㉮ AND
㉯ NOR
㉰ NAND
㉱ Exclusive OR

해설

표준 게이트인 NAND 4개로 구성된 매우 유용한 EOR로, 그림변환을 적용하여 쉽게 해석한다.

$Y=A(\overline{A}+\overline{B})+B(\overline{A}+\overline{B})=A\overline{B}+\overline{A}B$　　㉱

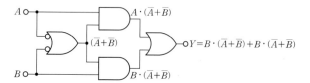

18 다음 논리회로에서 출력 F의 논리식은?

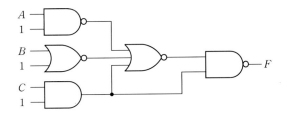

해설
중앙의 NOR에 그림변환을 적용하면, 중간출력 $=(A\cdot 1)(B+1)\overline{C}$이므로, $F=\overline{(A\cdot 1\cdot \overline{C})\cdot C}=\overline{0}=1$이다.

19 다음 논리회로에서 출력 Z의 논리식은?

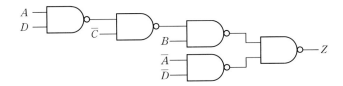

해설
2번째와 끝 NAND에 각각 그림등가변환하면, 2번째 NAND의 중간출력 $=AD+C$이며 최종출력
$Z=(AD+C)B+\overline{AD}=B\cdot C+A\cdot B\cdot D+\overline{A}\cdot \overline{D}$이다.

20 다음 논리회로의 출력을 구하고, 입력이 다를 때만 1을 출력하는 것은?

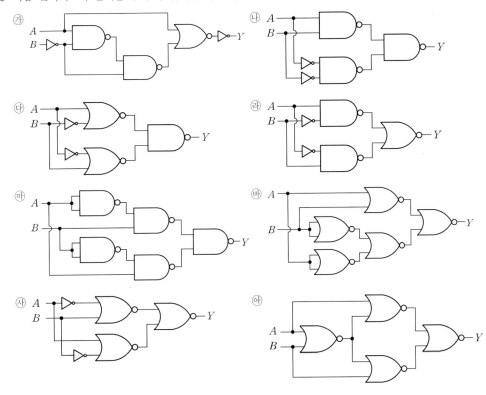

해설

그림등가변환법으로 쉽게 해석하면 다음과 같다.

㉮ : OR,   ㉯ : ENOR,   ㉰ : 1,   ㉱ : 0,   ㉲ : EOR,   ㉳ : EOR,   ㉴ : ENOR,   ㉵ : ENOR

입력이 다를 때만 1을 출력하는 것은 EOR이다.

㉲, ㉳

21 다음 논리회로의 $A=0$, $B=1$, $C=1$, $D=0$일 때, 출력 X, Y, Z의 논리값을 구하여라.

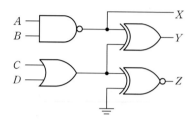

해설

$X = \overline{0 \cdot 1} = 1$, $Y = X \oplus (C+D) = 1 \oplus 1 = 0$, $Z = (C+D) \odot 0 = 1 \odot 0 = 0$

22 아래 게이트 회로가 수행하는 역할로 옳은 것은?

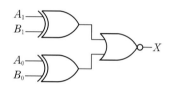

㉮ 멀티플렉서   ㉯ 인코더   ㉰ 등가비교기   ㉱ 패리티 발생기

해설

그림등가변환시키면, ENOR1, ENOR2가 AND 연결된 구성되어, 두 입력씩 같을 때 각 ENOR=1, 최종 AND 출력 $X=1$되어, 일치(등가)함을 파악하는 2비트 비교기이다.

㉰

23 다음 회로 (A), (B)의 명칭을 순서대로 쓰시오.

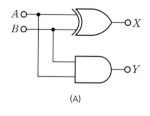   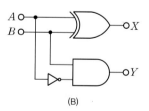

(A)   (B)

㉮ 반가산기   ㉯ 전가산기   ㉰ 반감산기   ㉱ 디코더

해설

• 회로 (A) : 반가산기 (X(합) $= A \oplus B$, Y(올림)$= AB$)

• 회로 (B) : 반감산기 (X(차) $= A \oplus B$, Y(빌림)$= \overline{A}B$)

㉮, ㉰

24 전가산기의 구조는?

㉮ 입력 2개, 출력 4개   ㉯ 입력 3개, 출력 2개

㉰ 입력 2개, 출력 3개   ㉱ 입력 3개, 출력 3개

> **해설**
> 전가산기(FA) = 입력 3개 + 출력 2개 = 반가산기(2개) + OR(1개)

㉯

25 2진수의 전가산기의 합 S의 식은? (A, B는 입력, C는 올림)

㉮ $S = A \oplus B \oplus C$ ㉯ $S = A + B + C$

㉰ $S = (A+B) \cdot C$ ㉱ $S = A \cdot B \oplus C$

> **해설**
> 전가산기는 입력이 3개이므로 합의 출력 $S = (A \oplus B) \oplus C$이다.

㉮

26 전가산기의 회로 구성은?

㉮ 2개 EOR, 3개의 AND

㉯ 2개 EOR, 2개의 AND, 1개의 OR

㉰ 2개 EOR, 2개의 OR, 1개의 AND

㉱ 1개 EOR, 2개의 AND, 2개의 OR

> **해설**
> 전가(감)산기 = 반가(감)산기 2개 + OR 1개
>   = (EOR+AND) 2개 + OR 1개
>   = EOR 2개, AND 2개, OR 1개

㉯

27 다음 논리회로의 명칭은?

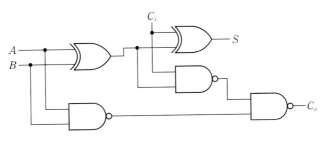

㉮ 디코더   ㉯ 반가산기   ㉰ 계수기   ㉱ 전가산기

> **해설**
> 다음 회로는 입력 3개 + 출력 2개인 전가산기이다.
> - S(합) $= (A \oplus B) \oplus C_i$
> - C_o(올림) $= (A \oplus B)C_i + AB$(위 회로도에서는 NAND화 시킴)

㉱

28 그림과 같은 가감산기 회로에서 B입력에 대한 2의 보수 처리를 위하여 사각형 점선에 삽입되어야 할 논리 게이트로 옳은 것은?

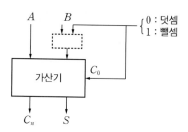

해설

B입력을 갖는 EOR의 다른 한 입력을 0으로 고정하면 버퍼로 동작하여, B값이 그대로 가산기의 입력으로 가해져 덧셈을 행한다. 반대로 한 입력을 1로 고정하면 NOT로 보수동작하여, B값의 2의보수로 변환된 값이 가산기의 입력(캐리 C_o에도 +1 추가되어 2의 보수값으로 입력됨)으로 가해져 뺄셈도 할 수 있는 가감산기이다. 점선은 EOR이다($S = A \oplus B$, $C_n = AB$이다).

29 어떤 논리회로에서 입력은 A, B, C이며 출력은 입력 중에서 둘 이상이 1일 때 출력 $Y=1$이 되려면 이 논리회로의 논리식은 어떻게 되는가? [주관식] 회로의 명칭은 (   )이다.

㉮ $Y = \overline{A}B + \overline{B}C + \overline{C}A$

㉯ $Y = AB + \overline{B}\,\overline{C} + CA$

㉰ $Y = \overline{A}B + BC + C\overline{A}$

㉱ $Y = AB + BC + CA$

해설

논리식 간소화시키면 논리식의 항에는 부정이 나타나지 않는다. $Y = AB + BC + CA$이다.   ㉱
[주관식] 입력 3개 중 2개 이상이 1일 때 출력이 1이 되는 **다수결 회로**이다.

30 그림과 같은 논리회로 출력의 값과 기능은?

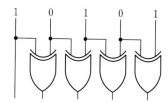

㉮ 10000, 패리티 변환

㉯ 11000, 양수, 음수 점검

㉰ 11111, 코드 변환

㉱ 11011, 패리티 점검

해설

다음 회로는 이웃하는 높은 자리의 비트와 EOR를 행하여 2진수를 그레이 코드로 바꾸는 코드 변환기이다. 결과는 11111이 나온다.   ㉰

31 그림 (b)와 같은 전송 게이트(TG)$^{\text{Transmission Gate}}$는 $S=1$일 때 X의 값이 Y로 전송된다. 이 전송 게이트를 이용한 그림 (a)의 논리회로가 수행하는 논리 연산은?

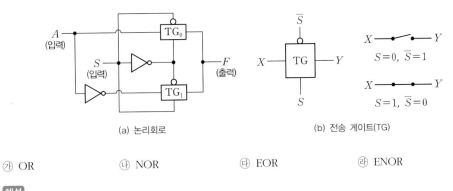

(a) 논리회로   (b) 전송 게이트(TG)

㉮ OR   ㉯ NOR   ㉰ EOR   ㉱ ENOR

해설
- 제어신호 $S=0$인 경우 : TG_0이 on되어 $F=A(A=0$이면 $F=0,\ A=1$이면 $F=1)$
- 제어신호 $S=1$인 경우 : TG_1이 on되어 $F=\overline{A}(A=0$이면 $F=1,\ A=1$이면 $F=0)$

따라서 출력 $F=S \oplus A$이다.

㉰

32 입력 A, B, 제어단자 S인 다음 회로와 동일한 기능을 수행하는 논리회로는 무엇인가?
(단, CMOS형 TG 전송 게이트는 NMOS와 PMOS를 병렬로 연결한 것이다)

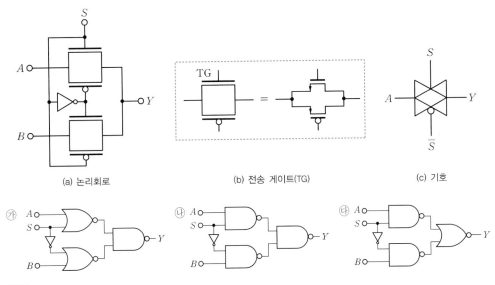

(a) 논리회로   (b) 전송 게이트(TG)   (c) 기호

해설
전송 게이트 TG는 제어신호 S에 따라 입력정보 A, B가 출력에 전달되기도 안 되기도 한다. 회로 (a)에서 $S=1$이면 상측 TG만 on되어 $Y=A$가 되고, $S=0$이면 하측 TG만 on되어 $Y=B$이다. 이는 ㉯의 등가변환시킨 회로 그림을 그려서 쉽게 파악할 수 있다.

㉯

33 다음 중 논리식이 다른 하나는?

㉮
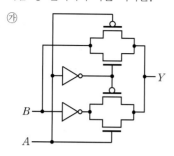

㉯
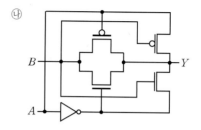

㉰
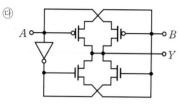

㉱
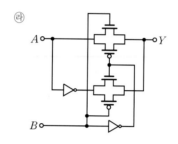

[해설]

㉮ **제어단자 A, 정보 B**
- $A=0$일 때 상측게이트만(on), $Y=B$일 때 $(A,B,Y)=(0,0,0),\ (0,1,1)$
- $A=1$일 때 하측게이트만(on), $Y=\overline{B}$일 때 $(A,B,Y)=(1,0,1),\ (1,1,0)$
⟹ $A \ne B$일 때 $Y=1$(EOR)

㉯ **제어, 정보 A, B 혼합형**
- $A=0,\ \ Y=B$일 때 $(A,B,Y)=(0,0,0),\ (0,1,1)$
- $A=1,\ \ Y=\overline{B}$일 때 $(A,B,Y)=(1,0,1),\ (1,1,0)$
⟹ $A \ne B$일 때 $Y=1$(EOR)

㉰ **제어, 정보 A, B 혼합형** ⟹ $A \ne B$일 때 Y=1 (EOR),

㉱ **제어단자 B, 정보 A**
- $B=0$일 때 하측게이트만(on), $Y=\overline{A}$일 때 $(A,B,Y)=(0,0,1),\ (1,0,0)$
- $B=1$일 때 상측게이트만(on), $Y=A$일 때 $(A,B,Y)=(0,1,0),\ (1,1,1)$
⟹ $A = B$일 때 $Y=1$(ENOR)

즉, 4개의 전송 게이트 회로 중에 ㉱만 다르다.

㉱

34 카르노맵을 보고 올바른 논리식을 구하여라.

Y \ CD AB	00	01	11	10
00	0	1	1	1
01	0	0	0	1
11	1	1	0	1
10	1	1	0	1

㉮ $\overline{A}\,\overline{B}D + AC + C\overline{D}$

㉯ $\overline{A}\,\overline{B}D + A\overline{C} + CD$

㉰ $\overline{A}\,\overline{B}D + A\overline{C} + C\overline{D}$

㉱ $\overline{A}\,\overline{B}D + AC + CD$

[해설]

그룹핑 방법은 교재를 참고하세요.

35 카르노맵을 보고 올바른 논리식을 구하여라.

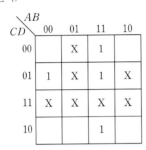

㉮ $\overline{A}B+BC+\overline{B}\overline{D}$

㉯ $A\overline{B}+\overline{B}\overline{D}+\overline{A}\,\overline{C}$

㉰ $\overline{A}B+BD+\overline{B}\overline{D}$

㉱ $\overline{A}B+AC+\overline{B}\overline{D}$

[해설]

그룹핑 방법은 교재를 참고하세요.   ㉰

36 다음과 같이 표현된 함수 $f(A,B,C,D)$를 실현한 것으로 옳지 않은 것은? (단, X는 'don't care' 상태를 의미한다)

CD\AB	00	01	11	10
00		X	1	
01	1	X	1	X
11	X	X	X	X
10			1	

㉮ $AB+BD+CD$

㉯ $AB+\overline{B}D$

㉰ $AB+\overline{C}D$

㉱ $AB+B\overline{C}+D$

[해설]

㉮의 CD는 3번째 행의 불필요한 4개 X묶음이다. 따라서 $\overline{C}D$로 교체해야 한다.   ㉮

37 다음은 논리회로 출력 $Y(A,B,C,D)$의 카르노맵이다. 간략화시킨 출력 Y 중 옳지 않은 것은?

[주관식] 출력 Y를 최소항의 합, 최대항의 곱, 형태로 표기하고, 간략화된 합의 곱(POS)의 출력 Y를 구하여라.

AB\CD	00	01	11	10
00	1	1	0	1
01	1	1	0	1
11	1	1	0	0
10	1	1	0	1

㉮ $Y=\overline{C}+\overline{A}C\overline{D}+A\overline{B}\overline{D}$

㉯ $Y=\overline{C}+\overline{A}C\overline{D}+A\overline{B}C\overline{D}$

㉰ $Y=\overline{C}+\overline{A}\overline{D}+C\overline{D}$

㉱ $Y=\overline{C}+\overline{A}\overline{D}+\overline{B}C\overline{D}$

㉲ $Y=(\overline{C}+\overline{D})(\overline{A}+\overline{B}+\overline{C})$

㉳ $\overline{Y}=\overline{C}D+\overline{A}\overline{B}\overline{C}$

[해설]

카르노맵에서 맨 우측 줄은 모두 1이 아니므로 ㉰의 $C\overline{D}$불가. ㉳는 Y가 아니라 $\overline{Y}$(부정출력)이다.   ㉰, ㉳

[주관식] • $Y=\sum m(0,1,2,4,5,6,8,9,10,12,13)$: 최소항 합

• $Y=M_3\cdot M_7\cdot M_{11}\cdot M_{14}\cdot M_{15}$: 최대항 곱

• 출력이 0인 항을 묶으면 부정출력 $\overline{Y}=m_3+m_7+m_{11}+m_{14}+m_{15}$이다. 이를 간소화하면, 출력 $\overline{Y}=CD+ABC$이므로 부정을 취하면 정상출력 $Y=\overline{CD+ABC}=(\overline{C}+\overline{D})(\overline{A}+\overline{B}+\overline{C})$가 된다.

38 여러 신호를 단일회선을 이용하여 공동으로 전송하기 위해 사용하는 조합 논리회로는?

[주관식] 입·출력 크기는 (ⓐ)이며, (ⓑ) 기능을 한다.

㉮ 인코더   ㉯ 디코더   ㉰ 멀티플렉서   ㉱ 디멀티플렉서

> **해설**
>
> 멀티플렉서(다중화기)는 다수의 입력 데이터를 1개의 출력선을 이용(공유)하여 전송한다.   ㉰
>
> [주관식] ⓐ : $2^n \times 1$, 선택선 n개, ⓑ : 데이터 선택기

39 10진수(0~7) 입력을 넣고, 2진수(000 ~ 111)의 출력이 나오도록 해주는 회로와 BCD 부호를 10진수로, 2진수를 8진수나 16진수로 변환시켜주는 회로는 서로 반대 기능을 행하는 조합 논리회로이다. 이때 두 회로를 각각 순서대로 써라. [주관식] 각 회로의 크기는 (ⓐ)이며, 각각 (ⓑ) 기능을 한다.

㉮ 인코더   ㉯ 디코더   ㉰ 멀티플렉서   ㉱ 디멀티플렉서

> **해설**
>
> 디코더는 2진수(암호, 부호)를 10진수 값으로 풀어준다.
> 인코더는 10진수 입력을 2진수(부호, 암호)로 바꿔준다.   ㉮, ㉯
>
> [주관식] ⓐ : 디코더의 경우 $n \times 2^n$, 인코더의 경우 $2^n \times n$
>   ⓑ : 해독기(복호기), 인코더의 경우 부호기(암호기)

40 하나의 입력 데이터를 여러 개의 출력으로 데이터를 분배시킬 때 사용하는 조합 논리회로는?

[주관식] 입·출력 크기는 (ⓐ)이며, (ⓑ) 기능을 한다.

㉮ MUX   ㉯ Demux   ㉰ Inverter   ㉱ PLA

> **해설**
>
> 디멀티플렉서(역 다중화기)는 1개의 입력 데이터를 다수의 출력으로 전송한다.   ㉯
>
> [주관식] ⓐ : 1×2^n, 선택선 n개, ⓑ : 데이터 분배기

41 다음 논리회로 (A), (B)의 회로 명칭을 순서대로 써라.

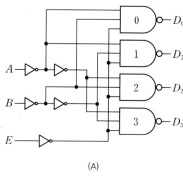

(A)   (B)

㉮ 멀티플렉서   ㉯ 디멀티플렉서   ㉰ 인코더   ㉱ 디코더

> **해설**
>
> • 회로 (A) : 2×4 디코더(복호기) 회로
> • 회로 (B) : 4×1 멀티플렉서(다중화기) 회로   ㉱, ㉮

42 다음 논리회로에서 출력 F가 1이 되는, 입력 AB와 $VWXY$의 값은?

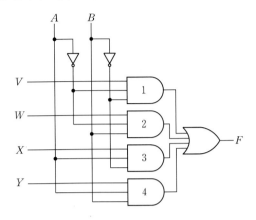

㉮ $AB=00$, $VWXY=0101$
㉯ $AB=01$, $VWXY=0110$
㉰ $AB=10$, $VWXY=0101$
㉱ $AB=11$, $VWXY=1010$

해설

2×4 디코더의 중간출력(AND) 1~4를 OR시킨 구성이다. 선택선 (A, B)가 (0,0)이면 AND1=1이 되기 위해 외부입력 $V=1$이어야 최종 $F=1$이 된다. 동일하게, (0,1)이면 $W=1$일 때, AND2=1, $F=1$되고, (1,0)이면 $X=1$일 때, AND3=1, $F=1$이 되며, (1,1)이면 $Y=1$일 때, AND4=1, $F=1$이 된다. ㉯

43 3×8 디코더를 사용하는 ROM이 다음과 같을 때, 입력 데이터 A_2 A_1 A_0가 011로 주어지는 경우 출력 데이터 $D_3 D_2 D_1 D_0$를 결정 하여라(단, A_2가 MSB이고, A_0는 LSB이다).

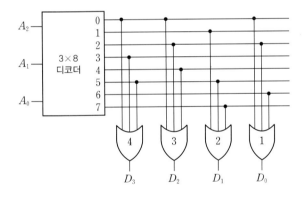

해설

디코더 입력(3비트)이 주소비트, OR 갯수가 저장된 데이터의 비트 수이다. 어드레스 011(3번지)에 저장된 데이터는, 011의 디코더 출력 $D_3 = 1$ (나머지는 모두 0임)인 데이터가 이 OR4를 통해 출력되므로 011 주소의 데이터는 $D_3, D_2, D_1, D_0 = 1, 0, 0, 0$이다.

44 다음 멀티플렉서^{multiplexer}가 구현하는 부울 대수 표현으로 옳은 것은?

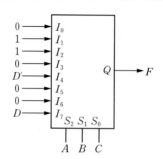

㉮ $F = \overline{A}B + \overline{A}C + BCD + A\overline{B}\,\overline{C}D$

㉯ $F = \overline{A}\,\overline{B} + AC + BCD + A\overline{B}\,\overline{C}D$

㉰ $F = \overline{A}\,\overline{B} + \overline{A}C + B\overline{C}D + A\overline{B}\,\overline{C}D$

㉱ $F = \overline{A}\,\overline{B} + \overline{A}\,\overline{C} + BCD + A\overline{B}\,\overline{C}D$

해설

회로 해석은 [예제 13–11]을 참고하세요.　　　　　　　　　　　　　　　　　　　　　　　　　　㉮

45 다음 중 조합 논리회로에 속하지 않는 것은? (2개)

㉮ Encoder　　　　　　　　㉯ Decoder　　　　　　　　㉰ Counter

㉱ Adder　　　　　　　　　㉲ ROM　　　　　　　　　　㉳ Flip–Flop

해설

외부 입력과 메모리에 저장된 현재 출력에 의해 새로운 출력이 결정되는 순차(순서) 논리회로에는 기억장치인 플립플롭, 레지스터, RAM 등이 필요하며, 카운터 회로도 여기에 속한다.　　㉰, ㉳

46 플립플롭$^{\text{Flip-Flop}}$으로 구성할 수 <u>없는</u> 것은? (2개)

㉮ Decoder　　　　　　　　㉯ RAM　　　　　　　　　㉰ Register

㉱ Counter　　　　　　　　㉲ Half Adder　　　　　　㉳ 분주기

해설

별도의 기억장치가 필요 없는 조합 논리회로는 새로운 외부입력에 의해서만 출력이 결정된다.　　㉮, ㉲

47 다음 중 레지스터의 주 기능에 해당하는 것은?

㉮ 스위칭 기능　　　　　　　　　　　　㉯ 데이터의 일시저장

㉰ 펄스 발생기　　　　　　　　　　　　㉱ 회로 동기 장치

해설

소규모 기억장치인 레지스터는 데이터의 일시저장 등의 용도에 주로 사용된다.　　　　　　　　㉯

48 플립플롭과 래치의 차이점에 대한 설명으로 옳은 것은?

⑦ 플립플롭은 입력이 0일 때, 래치는 입력이 1일 때 토글된다.

⑭ 플립플롭은 클락에 동기되나, 래치는 클락에 동기 되지 않는다.

⑭ 플립플롭은 부 에지$^{\text{negative edge}}$, 래치는 정 에지$^{\text{positive edge}}$에서 동작이 일어난다.

⑭ 플립플롭은 에지 트리거 동작을 하고, 래치는 레벨 트리거 동작을 한다.

해설

둘 다 1비트 기억장치이며, 플립플롭은 클럭의 에지트리거 동작을 이용하여 레이싱 현상을 제거할 수 있고, 래치는 레벨 트리거 동작을 한다. ⑭

49 래치 회로에 대한 설명 중 옳지 <u>않은</u> 것은?

⑦ 래치 회로는 데이터를 저장하고 유지하는 능력이 있는 기본적인 메모리 장치이고, 플립플롭도 래치를 이용해 만들 수 있다.

⑭ 래치 회로는 일반적으로 플립–플롭 회로와 혼동되지만, 플립플롭은 래치에 클럭 신호를 추가한 것이다.

⑭ SR 래치는 가장 기본적인 래치 회로로, 설정^{Set}과 리셋^{Reset} 입력을 사용한다.

⑭ D 플립플롭은 데이터(D) 입력과 클럭 입력을 사용하여 정보를 저장하고 전달한다.

⑭ 래치 회로는 출력상태가 입력에 의존적이지 않은 비동기식 장치이다.

⑭ 래치 회로는 클럭이 인가되는 동안 출력값이 바뀔 수 있다.

해설

래치 회로는 입력값에 따라 출력상태가 결정이 되는, 레벨 트리거 동작을 하므로, 클럭이 인가되는 동안에 출력이 바뀔 수(레이싱 현상) 있다. ⑭

50 다음 RS 플립플롭의 동작 설명 중 <u>틀린</u> 것은?

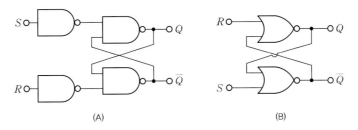

(A)   (B)

⑦ 입력 S가 1일 때, Q는 1이 되고, 입력 R이 1일 때 출력 Q는 0이 된다.

⑭ S, R이 모두 0일 때, 출력의 상태는 달라지지 않는다.

⑭ S, R이 모두 1일 때, 출력의 상태는 정해지지 않는다.

⑭ 입력 S가 0일 때, 출력 Q는 1이 되고 입력 R이 0일 때 출력 Q는 0이 된다.

해설

회로 (A), (B)는 모두 정논리로, 동일한 동작 상태를 보인다. 데이터가 R이나 S에 입력될 때는 0이 아니라 1일 때로 정의되어야 정논리 동작이므로 ⑭는 잘못되었다(즉, 부논리 개념). ⑭

51 JK 플립플롭에서 $J = K = 1$일 때와 $J = K = 0$일 때, 클록펄스가 인가된 후 다음의 각 출력상태는?

㉮ 모두 부정 상태　　　　　　　　　㉯ 모두 보존 상태

㉰ 토글(반전) 상태-보존 상태　　　　㉱ 보존 상태-토글(반전) 상태

㉲ Set 상태-Reset 상태

해설

• $J = K = 1$일 때 : 이전 출력의 토글(반전) 기능을 한다.

• $J = K = 0$일 때 : 이전 출력을 보존(유지)하는 기능을 한다.　　　　　　　㉰

52 RS나 JK 플립플롭의 입력 양단에 NOT(인버터)을 접속한 형태로 시간지연용으로 쓰이는 플립플롭은?

㉮ D 플립플롭　　　　　　　　　　㉯ MS 플립플롭

㉰ T 플립플롭　　　　　　　　　　㉱ 동기식 플립플롭

해설

D 플립플롭은 S 입력이나 J 입력을 통해 입력 데이터를 그대로 시간지연시켜 전송할 때 쓰인다.
NOT(인버터)을 접속시켜 다른 R이나 K 입력은 사용하지 않게 구성한다.　　　　　㉮

53 마스터 슬레이브(MS) 플립플롭은 어떤 현상을 해결하기 위한 플립플롭인가?

㉮ 딜레이delay 현상　　　　　　　　㉯ 레이스race 현상

㉰ 토글toggle 현상　　　　　　　　　㉱ 셋set 현상

해설

JK나 T 플립플롭의 토글(반전) 기능을 클록펄스의 레벨 트리거 형태로 구동시킬 때 레벨 지속시간이 긴 클록펄스일 경우 수차례 토글(반전)을 행하는 폭주(race) 현상이 발생한다. 이 경우 2개의 주(M), 종(S)의 레벨 트리거 방식의 플립플롭을 사용하거나 에지 트리거 방식의 플립플롭으로 교체하면 된다.　㉯

54 다음 그림 (A)의 회로에서 Q 값은 초기에 '0'인 논리 값에서 시작한다. 그림 (B)와 같이 클럭 CLK와 두 개의 입력 R, S가 주어질 때, 구간 T3 – T4와 구간 T6 – T7에서 Q의 논리값은? (단, 각 논리 게이트에서 지연은 없다)

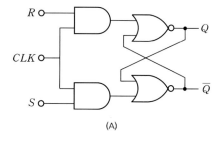

(A)

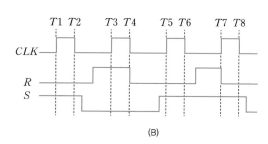

(B)

해설

$R = 1$, $S = 0$ 입력이 T3의 상승클럭에서 트리거되면, T3-T4에서 $Q = 0$(**리셋**)이고, T5에서 $R = 0$, $S = 1$ 입력으로 $Q = 1$(셋)발생되고, T6-T7에서 클럭은 0이므로 $Q = 1$(**보존**)이 된다.

55 다음 논리회로에서 입력 X에 따른 출력 Y와 Z의 상태를 바르게 표현한 것은?

(단, $t1$ 시간 동안 A는 "1"이고, $t2$ 시간 동안 A는 "0"이다)

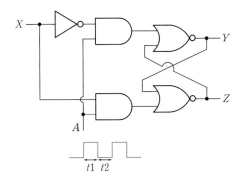

① $X=0$일 때, $t1$ 시간 동안 $Y=1$, $Z=0$이고, $t2$ 시간 동안 $Y=0$, $Z=1$이다.

② $X=0$일 때, $t1$ 시간 동안 $Y=0$, $Z=1$이고, $t2$ 시간 동안 $Y=1$, $Z=0$이다.

③ $X=1$일 때, $t1$ 시간 동안 $Y=1$, $Z=0$이고, $t2$ 시간 동안 $Y=0$, $Z=1$이다.

④ $X=1$일 때, $t1$ 시간 동안 $Y=1$, $Z=0$이고, $t2$ 시간 동안 $Y=1$, $Z=0$이다.

해설

입력 $X=1$이 클럭이 1로 인가되는 $t1$에서, 아래 AND$=1$이 출력되어 $Z=0$, $Y=1$이 발생하고, 클럭이 0인 $t2$에서는 두 AND는 모두 0이므로 보존($Z=0$, $Y=1$)되며 개조된 D 플립플롭이다. **④**

56 다음 상승에지 JK 플립플롭 회로에서 입력신호 CP, J, K가 인가되었을 때 출력 $Q(t)$의 파형은?

(단, 출력 Q는 1로 초기화되어 있고, 게이트의 전파 지연은 없다)

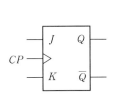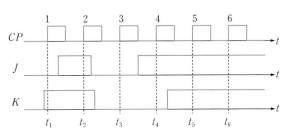

해설

- $CP1$: 입력 $(0,1) \rightarrow$ (reset), $Q(t1)=0$,
- $CP2$: 입력 $(1,1) \rightarrow$ (토글), $Q(t2)=1$,
- $CP3$: 입력 $(0,0) \rightarrow$ (보존), $Q(t3)=1$,
- $CP4$: 입력 $(1,0) \rightarrow$ (set), $Q(t4)=1$,
- $CP5$: 입력 $(1,1) \rightarrow$ (토글), $Q(t5)=0$,
- $CP6$: 입력 $(1,1) \rightarrow$ (토글), $Q(t6)=1$,

출력 $Q(t)=1$(초기) $\rightarrow 0 \rightarrow 1 \rightarrow 1 \rightarrow 1 \rightarrow 0 \rightarrow 1$

57 비동기 리셋을 가진 D 플립플롭을 이용한 회로에 아래와 같이 입력 신호 CK, Reset, X가 가해졌을 때 출력 Y의 파형을 구하여라(단, 플립플롭의 전달지연시간은 무시한다).

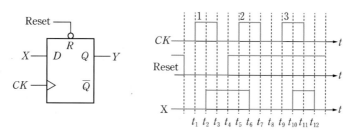

해설

클럭이나 입력에 무관한 강제 Reset은 $t_0 \sim t_4$에서 발생되어 그때 $Y=0$이 된다. 그 후 t_5 때의 (+)클럭 CK2를 받으면, 그때 입력 $X=1$이 출력 $Y=1$로 전달되어 계속 t_9까지 유지된다. t_9에서 입력 $X=0$이 3번째 (+)클럭 CK3를 받으면, 출력 $Y=0$으로 계속 전달된다.

출력 Y의 파형

58 그림 (A)의 두 개의 T 플립플롭 회로에서 Q의 초기 논리값은 '0'에서 시작한다. 그림 (B)와 같이 클럭 CLK와 입력 T가 주어질 때, 구간 T3 – T4에서 출력 Q_1, Q_2의 논리값은? (단, 각 논리 게이트에서 지연은 없다)

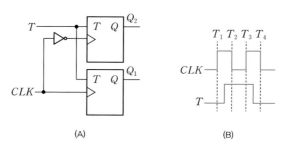

(A)   (B)

해설

부(−) CLK인 $T_2 - T_3$에서 Q_2의 F/F는 Q_2가 $0 \rightarrow 1$로 토글 동작하고, Q_1은 0으로 보존하며, 정(+) CLK인 $T_3 - T_4$에서 Q_1쪽이 토글$(0 \rightarrow 1)$, Q_2쪽은 보존$(1 \rightarrow 1)$한다. 즉, $(Q_1, Q_2) = (1, 1)$이다.

59 다음과 같은 JK 플립플롭을 이용한 회로에서 XY 입력이 11, 10으로 순차적으로 들어갈 경우의 변화는? (단, Q의 현재 값은 1이다)

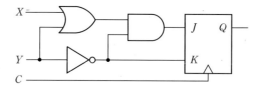

해설

$XY = 11$이면 $J=0$, $K=0$이므로 $Q=1$(보존상태), $XY=10$이면 $J=1$, $K=1$이므로 $Q=0$(토글 상태)이 되므로, 출력 Q는 1(초기) $\rightarrow 1 \rightarrow 0$으로 변화한다.

60 다음 CMOS형 RS 플립플롭 회로의 동작 상태를 해석하고, S, R의 입력에 대한 출력 X, Y 파형을 결정하여라.

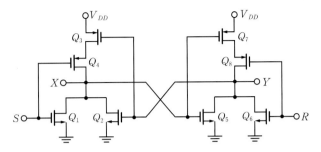

해설

- $S=1$, $R=0$이면, Q_1 =on, $Q_3 = Q_4$ =off, Q_2 =on이므로 부정출력 $X(=\overline{Q})=0$이고, $X=0$, $R=0$이므로 $Q_5 = Q_6$ =off, $Q_7 = Q_8$ =on, 정상출력 $Y(=Q)=1$로서 셋 상태가 된다.
- $S=0$, $R=0$이면 Q_1 =off 되지만, $Q_7 = Q_8$ =on이므로 $Y(=Q)=1$이다. Q_2 =on 상태를 유지시켜 $X(=\overline{Q})=0$이 되어, 이전상태가 그대로 유지되어 보존(저장) 상태가 된다.
- $S=1$, $R=1$이면 출력 $X=1$, $Y=1$이 되는 모순(부정) 상태가 되어 이 입력은 사용하지 않는다.
- $S=0$, $R=1$이면 출력 $X=1$, $Y=0$인 Reset 상태로 동작한다(해석은 $S=1$, $R=0$을 참고한다).

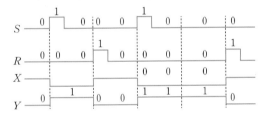

61 다음은 전송 게이트 ㉠~㉡과 CMOS로 구성된 순차 논리회로이다. 이 회로의 명칭과 동작 상태를 해석하여라(단, 전송 게이트(TG) ㉠의 전송 특성은 $C=1(\overline{C}=0)$이면 입력정보가 출력에 전달되고, $C=0(\overline{C}=1)$이면 입력정보는 출력에 전달되지 못한다. 반면에 전송 게이트 ㉡은 ㉠과 반대의 전송 특성을 가진다)

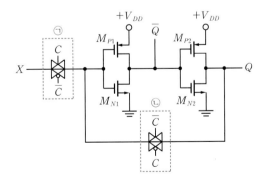

해설

제어신호 $C=1$, $X=1$일 때, 전송 게이트(TG)인 ㉠이 on되어, CMOS1 인버터로 들어와 $\overline{Q}=0$이 되고, 다시 CMOS2 인버터를 거쳐 $Q=1$이 된다. $C=0$이면, 궤환요소인 ㉡이 on되어 $Q=1$인 정보가 유지되는 저장 기능을 한다. 외부 입력 X가 지연되며 Q에 저장되는 D-F/F이다.

62 3개의 T형 플립플롭을 직렬로 연결했다. 입력단(첫 단)에 $1000[\text{Hz}]$의 펄스 입력신호를 인가하면 마지막 플립플롭의 출력신호의 주파수는 몇 $[\text{Hz}]$인가?

㉮ 3000   ㉯ 333   ㉰ 167   ㉱ 125

> **해설**
>
> 토글(반전) 기능은 입력 클록펄스(CP)의 주파수를 1/2 분주시키는 출력을 발생시키므로 3개의 T 플립플롭을 직렬접속하면 1/8 분주된 클록펄스가 최종적으로 출력된다($1000 \times \dfrac{1}{8} = 125[\text{Hz}]$).   ㉱

63 $30 : 1$의 리플 계수기를 설계할 때 최소로 필요한 플립플롭의 수는?

㉮ 4   ㉯ 5   ㉰ 6   ㉱ 8

> **해설**
>
> 30진 카운터이므로 5비트(자리)는 있어야($2^5 = 32$개 출력상태)한다. 즉 플립플롭 5개는 꼭 필요하다.   ㉯

64 카운터를 이용하여 컨베이어 벨트를 통과하는 생산품의 개수를 파악하려고 한다. 최대 500개의 생산품을 세는 카운터를 플립플롭을 이용하여 제작할 때 최소로 필요한 플립플롭의 수는?

㉮ 5   ㉯ 7   ㉰ 9   ㉱ 11

> **해설**
>
> 500진 카운터이므로 최소한 9비트($2^9 = 512$개 출력상태), 즉 플립플롭 9개는 꼭 필요하다.   ㉰

65 지연시간 $50[\text{ns}]$의 플립플롭을 사용한 5단의 리플 카운터가 있다. 카운터의 동작 최고 주파수$[\text{MHz}]$는?

㉮ 1   ㉯ 4   ㉰ 10   ㉱ 20

> **해설**
>
> • 전체 지연시간 $t = 50 \times 5 = 250[\text{ns}]$ • 주파수 $f = \dfrac{1}{t} = \dfrac{1}{250 \times 10^{-9}} = \dfrac{10^9}{250} = 4[\text{MHz}]$ ㉯

66 플립플롭의 클록^{clock} 주파수가 $25[\text{MHz}]$이고 클록펄스폭이 $30[\text{ns}]$일 때, 듀티 사이클$[\%]$은?

> **해설**
>
> $D = \tau_w / T = f \cdot \tau_w = 25 \times 30 \times 10^{-3} = 0.75 = 75[\%]$

67 비동기식 카운터 설명으로 틀린 항목은? (2개)

㉮ 동기식 카운터에 비해 신호의 전달 지연시간이 길다.
㉯ 전단의 출력이 다음 단의 트리거 입력이 된다.
㉰ 회로가 단순하므로 설계가 쉽다.
㉱ 같은 클록펄스에 의해 트리거된다.
㉲ 리플 카운터라고 한다.
㉳ 플립플롭의 단수는 동작속도와 무관하다.

> **해설**
>
> 동기식 카운터는 모든 플립플롭에 동시에 클록펄스가 인가되므로 단수에 무관하게 동시에 출력되므로 고속이며, 구성이 복잡하다. 비동기식(리플) 카운터는 아랫자리의 출력을 윗자리의 클록펄스로 사용하므로 출력이 지연되며, 단수가 많을수록 저속이다.   ㉱, ㉳

68 다음 논리회로도가 나타내는 카운터 형태는?

[주관식] $CP = 100[\text{kHz}]$일 때 최종 출력 Q_d의 주파수와 주기는?

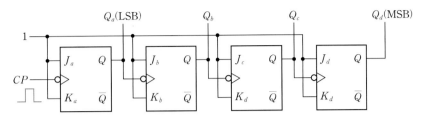

㉮ 4비트 2진 상향 카운터

㉯ 4비트 2진 하향 카운터

㉰ 4비트 2진 상향/하향 카운터

㉱ 4비트 MOD-2진 카운터

해설

가장 낮은 자리에만 클록펄스가 인가되고 아랫자리 출력 Q를 다음 윗자리의 클록펄스로 사용하는 비동기식 4비트(16진) 상향 카운터이다. ㉮

[주관식] Q_d의 주파수 $= 100\text{k} \times \dfrac{1}{16}$ 분주 $= 12.5[\text{kHz}]$, Q_d의 주기 $T = \dfrac{1}{f} = 0.08[\text{ms}]$

69 다음 그림과 같은 JK 플립플롭 회로에서 클록펄스가 몇 개 입력될 때 $Q_1 = Q_2 = 0$이 출력되는가? 단, 초기상태는 $Q_1 = Q_2 = 0$이다. [주관식] 카운터 순차($Q_2 Q_1$) : $(0\ 0) \to (\quad) \to (\quad) \to (0\ 0)$

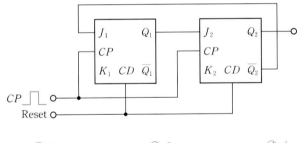

㉮ 1 ㉯ 2 ㉰ 3 ㉱ 4

해설

클록펄스가 동시에 인가된 동기식 3진 카운터이다. 무입력 K_1, K_2는 1로 본다. ㉰

[주관식] $[Q_2\ Q_1]$: $00 \to 01 \to 10 \to 00$

70 다음의 D형 플립플롭으로 구성된 카운터 회로의 명칭은?

[주관식] 회로의 최종 부정출력 $\overline{Q_2}$를 처음 단의 입력 D로 순환되도록 구성한 카운터는 무엇인가?

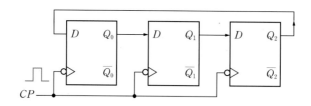

㉮ 3진 링 카운터　　　　　　　　　　　㉯ 6진 링 카운터
㉰ 8비트 시프트 레지스터　　　　　　　　㉱ 16진 시프트 레지스터

해설

3비트 순환 시프트 레지스터로서 **MOD-3진 링 카운터**로 동작한다.　　　　　　　　　　　㉮

[주관식] 부정출력 $\overline{Q}$의 값을 궤환시킨 순환형 시프트 레지스터는 링 카운터보다 2배 많은 출력상태를 갖는 **존슨 카운터**가 된다(회로는 MOD-6진 존슨 카운터가 된다).

71 8진 링 카운터와 8진 존슨 카운터 각각에 필요한 플립플롭의 개수는?

㉮ 4, 8　　　　　　㉯ 8, 8　　　　　　㉰ 8, 16　　　　　　㉱ 8, 4

해설

8진 링 카운터는 8비트(8개)용 레지스터로, 8진 존슨 카운터는 4비트(4개)용 레지스터로 구현된 특수 카운터이다.　　　　　　　　　　　㉱

72 다음 논리회로에서 클럭에 따른 카운트 순차($Q_1Q_2Q_3Q_4$)와 회로기능을 해석하여라(단, $Q_1Q_2Q_3Q_4$의 초기값은 각각 1001이고, 모든 D 플립플롭은 상승 에지 트리거에 동작한다).

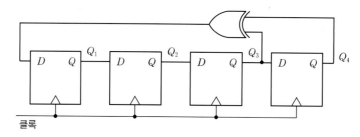

해설

회로는 4비트의 저장된 데이터중에 Q_3과 Q_4의 데이터를 EOR시킨 값을 입력으로 궤환시키는 4비트 순환형 레지스터로서, 동기식 mod-15진 특수(링)카운터이다. 카운트 순차는 다음과 같다.

1001(초기값) → 1100 → 0110 → 1011 → 0101 → 1010 → 1101 → 1110 → 1111→ 0111 → 0011 → 0001 → 1000 → 0100 → 0010 → 1001(반복)

73 우측 이동 순환 레지스터에 데이터 1101이 기억되어 있는 경우에 3개의 펄스가 인가되면 어떻게 변화하는가?

㉮ 1101   ㉯ 1110   ㉰ 0111   ㉱ 1011

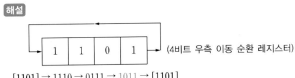

[1101] → 1110 → 0111 → <u>1011</u> → [1101]
(최초 출력)   (3번째 출력)

㉱

74 이상적인 6비트 아날로그–디지털 변환기에서 아날로그 입력 범위가 $0.52[\mathrm{V}]$에서 $1.8[\mathrm{V}]$일 때, 이 데이터 변환기의 분해능에 해당되는 전압$[\mathrm{mV}]$은?

해설
ADC의 분해능 전압 $= \dfrac{(1.8-0.52)}{2^6} = 0.02[\mathrm{V}] = 20[\mathrm{mV}]$

75 다음 D/A^Digital to Analog Converter 회로에서 입력 논리값이 1010 $(D_0 D_1 D_2 D_3)$일 때, 출력전압$(V_{out})[\mathrm{V}]$은? (단, 연산증폭기의 특성은 이상적이라고 가정하며, 논리값 '1' $= 5[\mathrm{V}]$, 논리값 '0' $= 0[\mathrm{V}]$이다)

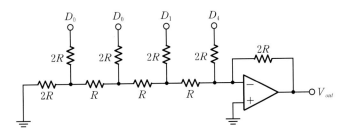

해설
$$V_{out} = -\frac{V_R}{2^n \cdot R} \cdot (2^0 D_0 + 2^1 D_1 + 2^2 D_2 + 2^3 D_3) R_f = -\frac{5[\mathrm{V}]}{2^4 \cdot R} \cdot (1+4) R_f = \frac{-5 \times 5 \times 2R}{16R} = \frac{-50}{16} = -3.125[\mathrm{V}]$$
(식 (13.28) 참조)
[별해] $R_f = 2R$의 경우 : $V_{out} = -(V_R \times B/8) = -5 \times (1010)_2/8 = -5 \times 5/8 = -3.125[\mathrm{V}]$

76 다음 논리 전자회로 (A)~(F)의 각 기능을 쓰시오.

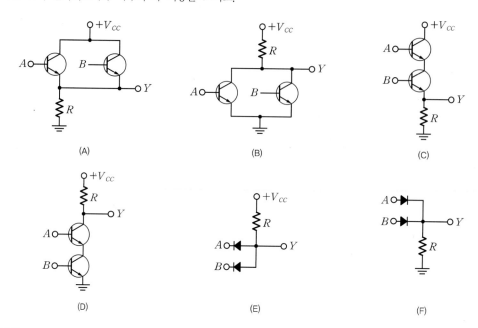

(A)   (B)   (C)

(D)   (E)   (F)

해설

- 회로 (A) : 입력 A나 B가 1이면 TR이 스위치 on되므로 V_{CC}가 Y에 접속되어 $Y = V_{CC}(1)$이 되는 OR 기능을 한다($Y = A + B$).

- 회로 (B) : 입력 A나 B가 1이면 TR이 스위치 on되므로 GND가 Y에 접속되어 $Y = GND(0)$이 되는 NOR 기능을 한다($Y = \overline{A + B}$).

- 회로 (C) : 입력 A나 B가 0이면 TR이 스위치 off되므로 GND가 Y에 그대로 걸려 $Y = GND(0)$이 되는 AND 기능을 한다($Y = AB$).

- 회로 (D) : 입력 A나 B가 0이면 TR이 스위치 off되므로 V_{CC}가 Y에 그대로 걸려 $Y = V_{CC}(1)$이 되므로 NAND 기능을 한다($Y = \overline{AB}$).

- 회로 (E) : 입력 A나 B가 0이면 다이오드가 스위치 on되어 그 입력 0이 들어와 출력 $Y = 0$이 되는 AND 기능을 한다($Y = AB$).

- 회로 (F) : 입력 A나 B가 1이면 다이오드가 스위치 on되어 그 입력 1이 들어와 출력 $Y = 1$이 되는 OR 기능을 한다($Y = A + B$).

77 다음과 같은 멀티(복수) 이미터 TR 구조인 논리소자의 회로 기능과 유형은?

㉮ TTL AND
㉯ TTL NAND
㉰ TTL NOR
㉱ ECL AND

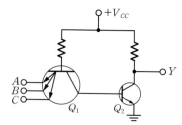

해설

다수 이미터 TR인 TTL 유형으로서, 이미터를 다이오드로 사용하므로 고속으로 처리된다. 3개 다이오드가 나가는 방향인 AND 기능과 Q_2 TR은 스위치로서 NOT 기능을 하므로 **TTL NAND**이다. ㉯

78 다음 BJT형 논리 전자회로 (A)~(E)의 동작기능과 출력 F를 구하여라(단, 입력 A, B는 V_{CC} 또는 $0[\text{V}]$를 사용한다).

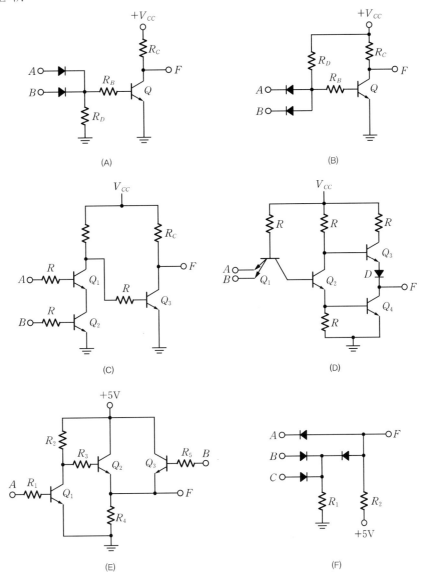

(A)　　　　　　　　　　　　　　　　(B)

(C)　　　　　　　　　　　　　　　　(D)

(E)　　　　　　　　　　　　　　　　(F)

해설

- (A) : 다이오드가 들어오는 OR + Q의 NOT → DTL형 NOR, $F = \overline{A+B}$
- (B) : 다이오드가 나가는 AND + Q의 NOT → DTL형 NAND, $F = \overline{AB}$
- (C) : 입력 A, B가 직렬접속된 NAND + Q의 NOT → RTL형 AND, $F = AB$
- (D) : 다이오드가 나가는 AND + Q_2의 버퍼 후, Q_4의 NOT → TTL형 NAND, $F = \overline{AB}$
- (E) : 입력 A가 Q_1에서 NOT된 $\overline{A}$와 입력 B가 (버퍼인 Q_2와 Q_3를 그대로 통과하는) 서로 병렬이므로 OR인 최종출력 F를 구현한다. → RTL형 $F = \overline{A} + B$회로
- (F) : 다이오드가 들어오는 입력 B, C는 OR인 (B+C)이고, 이와 입력 A가 함께 나가는 AND의 최종출력 Y를 구현한다. → DRL형 $F = (B+C) \cdot A$ 회로

참고 다수의 들어오는 다이오드 입력은 OR, 나가는 입력은 AND를 형성한다.

79 다음 논리 전자회로 (A), (B)의 유형과 기능을 써라.

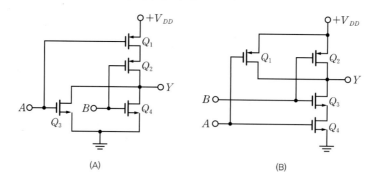

(A) (B)

- 회로 (A) : NMOS Q_3, Q_4가 병렬 구조로(입력 A나 B가 1이면 스위치 on되어 $Y = GND(0)$이 되므로) NOR 기능을 한다($Y = \overline{A+B}$). Q_1, Q_2는 PMOS이므로 결국 **CMOS형 NOR** 기능을 한다.
- 회로 (B) : NMOS Q_3, Q_4가 직렬 구조로(입력 A나 B가 0이면 스위치 off되어 $Y = GND(0)$이 될 수 없고, 위에서 Q_1이나 Q_2가 on되어 V_{DD}가 내려와 $Y = V_{DD}(1)$이 되는 **CMOS형 NAND** 기능을 한다($Y = \overline{AB}$).

80 다음 CMOS 논리회로 중 서로 등가회로 쌍을 골라라.

㉮

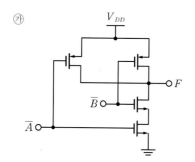

㉯

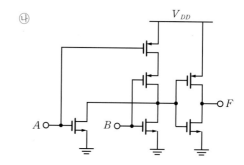

㉰

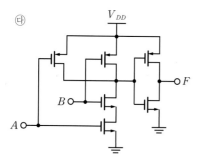

㉱

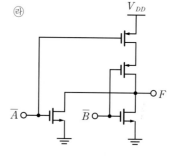

㉮ : 두 입력 $\overline{A}$, $\overline{B}$가 최종 직렬접속의 NAND → $F = \overline{(\overline{A} \cdot \overline{B})} = A + B(\text{OR})$

㉯ : 두 입력 A, B가 최종 병렬접속의 NOR 후 NOT → $F = \overline{\overline{A+B}} = A + B(\text{OR})$

㉰ : 두 입력 A, B가 최종 직렬접속의 NAND 후 NOT → $F = \overline{\overline{A \cdot B}} = A \cdot B(\text{AND})$

㉱ : 두 입력 $\overline{A}$, $\overline{B}$가 최종 병렬접속의 NOR → $F = \overline{(\overline{A}+\overline{B})} = A \cdot B \ (\text{AND})$

㉮와 ㉯는 동일 $A + B(\text{OR})$쌍이고, ㉰와 ㉱는 동일 $A \cdot B(\text{AND})$ 쌍이다.

81 다음 논리회로의 출력 Y의 논리식을 표현하여라.

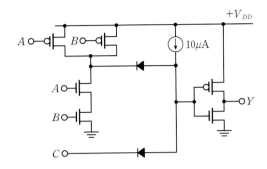

해설

N–MOS의 두 입력(A, B)이 직렬로 되어 NAND의 중간출력을 만들고, 그 값과 C 입력 다이오드가 출력에서 나가는 방향인 AND 출력($\overline{AB} \cdot C$)을 만든다. 그 출력은 최후의 CMOS 인버터(NOT)를 거쳐서 최종 Y가 출력된다. $Y = \overline{\overline{AB} \cdot C} = AB + \cdot \overline{C}$

82 다음 CMOS 논리회로에서 출력 Z의 논리식은?

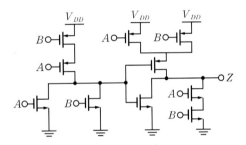

해설

좌측 A, B의 병렬로 NOR $\overline{A+B}$인 중간출력 1과 우측 A, B의 직렬로 AND($A \cdot B$)인 중간출력 2가 최종 NOR의 출력을 발생시킨다.

$$Z = \overline{\overline{(A+B)} + (A \cdot B)} = (A+B) \cdot \overline{AB} = (A+B) \cdot (\overline{A} + \overline{B}) = (\overline{A}B + A\overline{B}) = A \oplus B$$

83 다음 CMOS 논리회로에서 각 출력 Y의 논리식과 입력 A, B, C가 〈보기〉의 값을 가질 때, 해당 출력의 값을 구하여라.

〈보기〉 $(1, 1, 0)$, $(0, 1, 1)$, $(1, 1, 1)$, $(0, 0, 0)$ 〉

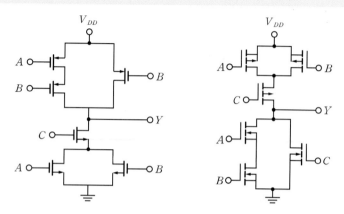

해설

- 입력 A, B가 병렬접속인 OR$(A+B)$의 중간출력과 C가 직렬로 NAND의 최종출력 Y_a를 발생시킨다.
  $$Y_a = \overline{(A+B) \cdot C} = (\overline{A} \cdot \overline{B}) + \overline{C}$$
- 입력 A, B가 직렬접속인 AND$(A \cdot B)$의 중간출력과 C가 병렬로 NOR의 최종출력 Y_b를 발생시킨다.
  $$Y_b = \overline{AB + C} = (\overline{A} + \overline{B}) \cdot \overline{C}$$
- $(1,1,0)$: $Y_a = 1$, $Y_b = 0$, $(0,1,1)$: $Y_a = 0$, $Y_b = 0$, $(1,1,1)$: $Y_a = 0$, $Y_b = 0$, $(0,0,0)$: $Y_a = 1$, $Y_b = 1$

84 다음 논리 전자회로 (A), (B)의 논리식을 구하여라.

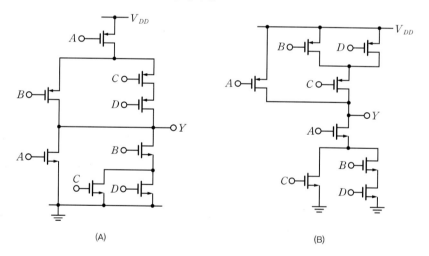

(A)　　　　　　　　　　　(B)

해설

- 회로 (A) : Y 출력을 만드는 하단부 회로에서 입력 C와 D는 서로 대등한 선택적 동작이므로 OR 기능 $(C+D)$을 한다. B는 이와 동시동작이 되어야 하는 AND 구조이므로 $B \cdot (C+D)$로 나타낼 수 있다. 결국 이는 A와 병렬 구조로 출력 Y를 구성하므로 CMOS형 NOR 기능을 하게 된다. $\left(Y = \overline{A + B \cdot (C+D)} \right)$
- 회로 (B) : Y 출력을 만드는 하단부 회로에서 입력 B와 D는 동시에 동작해야 하는 AND 기능(BD)을 한다. C는 이와 서로 선택적 동작인 OR 기능$(C+BD)$을 하며, 이 파트와 입력 A가 직렬 구조로 출력 Y를 구성하는 CMOS형 NAND 기능을 하게 된다. $\left(Y = \overline{A \cdot (C + BD)} \right)$

85 [연습문제 84]에서 상단부의 PMOS 회로 블록을 이용하여 출력 Y를 해석하고, [연습문제 84]에서의 출력 Y와 비교하여라.

해설

- 회로 (A) : 주어진 PMOS 회로에서는 부논리로 동작하므로, 부논리의 부정출력 $\overline{Y}$를 구한 후 부정을 취하여 정논리 출력 Y를 구한다. 먼저 두 입력 C, D는 직렬접속이므로 동시동작하는 AND($\overline{CD}$)출력이고, 이와 입력 B는 병렬접속이므로 선택하는 OR($\overline{CD}+\overline{B}$)이 출력된다. 최후 입력 A와는 직렬접속이므로, 최종 NAND 출력을 발생한다. 부정출력 $\overline{Y} = \overline{(\overline{CD}+\overline{B}) \cdot \overline{A}}$ 이고, 여기에 부정을 취하면, 정상출력 $Y = \overline{[(\overline{CD}+\overline{B}) \cdot \overline{A}]} = \overline{A + B(C+D)}$ 이다.

- 회로(B) : 동일한 요령으로, PMOS 회로에서 부논리의 부정출력 $\overline{Y} = \overline{(\overline{B}+\overline{D})\overline{C}+\overline{A}}$ 이므로 여기에 부정을 취하면 정상출력 $Y = \overline{[(\overline{B}+\overline{D})\overline{C}+\overline{A}]} = \overline{A \cdot (C+BD)}$ 이다.

참고 PMOS와 NMOS 회로는 서로 상보형(duality)이며, 어떤 회로로 해석해도 출력은 동일하다.

86 다음 논리소자 IC 중 전력소모가 가장 적은 것은?

㉮ TTL   ㉯ ECL   ㉰ CMOS   ㉱ DTL

해설

CMOS는 저속이지만 전력소모가 매우 작아 고밀도의 IC에 유용하다.   ㉰

87 MOS 논리회로의 특징이 아닌 것은?

㉮ 높은 입력 임피던스를 갖는다.   ㉯ 소비전력이 작다.
㉰ 잡음 여유도가 크다   ㉱ TTL과 혼용하기 쉽다.

해설

MOS형은 UJT(FET) 소자로서, TTL형 BJT와 구동 원리가 달라 혼용하기 어렵다.   ㉱

88 CMOS의 특징에 속하지 않는 것은? (2개)

㉮ 소비전력이 매우 작다.   ㉯ 잡음 여유도가 높다.
㉰ 동작속도가 고속이다.   ㉱ 제작 및 취급(정전기 등)이 용이하다.
㉲ 소형 및 경량이다.

해설

CMOS-FET은 동작속도가 느리고, 정전기 등에 약해서 관리할 때 어려움이 있다.   ㉰, ㉱

89 다음 디지털 IC 중 팬아웃이 가장 큰 것은?

㉮ TTL   ㉯ DTL   ㉰ RTL   ㉱ CMOS

해설

CMOS형 IC는 소비전력이 매우 작고, 팬아웃이 제일 크며, 잡음에 강하다. 저항 대용으로 쓰이는 능동부하로, 작고 가벼워 IC화에 필요한 최적의 조건을 갖추고 있다.   ㉱

90 메모리에 대한 설명으로 옳지 <u>않은</u> 것은?

㉮ EEPROM은 전기적인 신호로 내용을 지울 수 있다.

㉯ 플래시 메모리는 전력소모는 적으나 동작속도가 느리다.

㉰ RAM은 휘발성 메모리로 전원이 꺼지면 데이터를 잃게 된다.

㉱ UV EPROM은 일정한 시간 동안 자외선에 노출될 경우 그 값이 초기값으로 복구된다.

㉲ 데이터를 플립플롭에 저장하는 SRAM과 콘덴서에 저장하는 DRAM 유형이 있는데 SRAM은 고속, 소용량이고, DRAM은 저속, 대용량의 특성을 가진다. 이때 데이터 소멸을 방지하기 위한 리프레시 장치는 두 유형 모두 필요하다.

해설

플래시 메모리는 부도체를 이용한 구조로서 에러가 작으며, 초고속($40[\text{ns}]$), 대용량($64[\text{GB}]$) 저소비 전력, 비휘발성으로, MP3용 등 대용량 저장에 사용된다. 콘덴서에 데이터를 저장하는 DRAM 경우만, C의 방전에 의해 데이터 소멸이 발생되므로, 주기적으로 재충전(리프레시) 장치가 필요하다. ㉯, ㉲

찾아보기